Einführung in die
Statische Berechnung
von Bauwerken

Einführung in die Statische Berechnung von Bauwerken

von
Prof. Dr. phil. Dipl.-Ing (FH) Helmut Nikolay

4. Auflage

Reguvis

Bibliografische Information der Deutschen Nationalbibliothek
Die Deutsche Nationalbibliothek verzeichnet diese Publikation in der Deutschen Nationalbibliografie; detaillierte bibliografische Daten sind im Internet über http://dnb.d-nb.de abrufbar.

Reguvis Fachmedien GmbH
Amsterdamer Str. 192
50735 Köln

www.reguvis.de

ISBN (Print): 978-3-8462-1558-6

Druck und buchbinderische Verarbeitung: Appel & Klinger Druck und Medien GmbH, Schneckenlohe

Printed in Germany

Vorwort

Die Einführung in die Statische Berechnung von Bauwerken sowie das Kennenlernen der Aufgaben, des Aufbaus und der Inhalte dieser Statischen Berechnung – dargestellt an sehr einfachen Beispielen – sind die Themen dieses Buches.

Der Leser soll ganzheitlich erkennen und verstehen, wie eine Statische Berechnung aufgestellt werden kann und wie man ein Bauwerk nach der konventionellen Methode berechnen kann.

Als konventionelle Methode wird hierbei die herkömmliche Vorgehensweise verstanden, bei der nicht das Gesamttragwerk, sondern die einzelnen tragenden Bauteile sukzessive berechnet werden und die entstehenden Auflagerreaktionen an das nächste tragende Bauteil weitergegeben werden.

Die Themen dieses Buches sind an den Inhalten der Statischen Berechnung eines einfachen Bauwerkes angelehnt. Nach einer allgemeinen Einleitung folgt die Reihenfolge der Kapitel dem – nachfolgend kurz skizzierten – **Ablauf der Statischen Berechnung in der Praxis:**

1) Tragwerksplanung und gedankliche Zerlegung des Gesamtbauwerkes in seine einzelnen, tragenden Bauteile, die sogenannten Positionen. Die tragenden Bauteile werden im Positionsplan gezeichnet und gekennzeichnet.

2) Statische Berechnung der tragenden Bauteile, bei der jede einzelne Position des Bauwerkes sukzessive berechnet wird.

3) Übersetzung der Formeln und Zeichen aus der eigentlichen Statischen Berechnung in verständliche Zeichnungen für die Baustelle.

4) Berechnung der Massen und Kosten der tragenden Bauteile.

Diese vier Schritte sind der „rote Faden“ für das Vorgehen beim Aufstellen der Statischen Berechnung in der Baupraxis, für die Inhalte im Rahmen dieses Buches und für die gewählte Reihenfolge der Kapitel.

Auf Grund der Komplexität des gesamten Themas „Einführung in die Statische Berechnung von Bauwerken“ und speziell des o. a. zweiten Schrittes werden im Rahmen dieses Buches lediglich Erläuterungen, Beispiele und Übungen von Bauteilen aufgezeigt, welche in der Praxis häufig vorkommen und relativ einfach nachvollziehbar sind. Zeichnungen und Massenermittlungen zu den vorher dimensionierten Bauteilen weisen beispielhaften Charakter auf. Auf Grund der breit angelegten Vorgehensweise besteht weder ein Anspruch auf Tiefgründigkeit noch auf Vollständigkeit oder gar Wissenschaftlichkeit. Die Inhalte dieser Einführung gehen also in die Breite, nicht in die Tiefe. Weiterführende, ergänzende und tiefergehende Lerninhalte bzw. Informationen werden in den jeweiligen Kapiteln und/oder im Literaturverzeichnis angegeben.

Die Intention zum Schreiben des Buches war, einen leicht verständlichen ersten Einstieg zu dem Thema “Statische Berechnung von Bauwerken“ zu ermöglichen und Hilfestellung zu geben, um den gesamten Zusammenhang der einzelnen Themen zu durchschauen. Oftmals wurden und werden immer noch von Schülern, Studierenden und Studenten in der Ausbildung Einzelwissen bzw. Einzelfakten erwartet und geprüft, ohne dass der Gesamtkontext erfasst wird.

Bei der Erarbeitung der Kapitel, Beispiele und Übungen stand das Prinzip der didaktischen Reduktion ebenso im Vordergrund wie die Prinzipien der Anschaulichkeit und der Projektbezogenheit. Redundanzen sollten vermieden werden.

Beispiele in diesem Buch dienen in den jeweiligen Kapiteln der Veranschaulichung des vorher dargestellten Lerninhaltes und werden direkt anschließend an das jeweilige Thema mit Lösungen dargestellt.

Übungen am Ende der jeweiligen Kapitel in diesem Buch werden mit Ziffern nummeriert und sollen dazu dienen, das vorhergehende Thema zu festigen. Sie ähneln den Beispielen; allerdings findet man ihre Lösungen am Ende des jeweiligen Kapitels.

Es wurde angestrebt, den aktuellen Stand der Normung zu berücksichtigen. Die Einführung der neuen Normen in der Tragwerkslehre, die erste Generation der Eurocodes, wurde berücksichtigt. An manchen Stellen erfolgt – aus Gründen des Vergleichs – ein Hinweis auf die jeweils „alte“ deutsche Norm.

Dieses Buch ist aus Unterrichtsskripten der Fachrichtung Bautechnik an der Fachschule für Technik in Trier sowie aus Vorlesungen im Modul Grundlagen im Massivbau der Internationalen Universität (IU) hervorgegangen. Die Themen des Buches entsprechen denjenigen der Module acht „Statisches Bearbeiten von Tragwerken“ und neun „Bemessen und Konstruieren von Tragwerken“ für die Ausbildung der Hoch- und Tiefbautechniker in Rheinland-Pfalz. An dieser Stelle möchte ich mich deshalb bei den Studierenden am Balthasar-Neumann-Technikum Trier (BNT) und der Handwerkskammer Trier für die Hilfestellungen und konstruktiv begleitende Kritik bedanken. An der Internationalen Universität werden viele Themen des Buches in den Modulen „Konstruktionssysteme“ und „Grundlagen im Massivbau“ gelehrt. Hier gilt mein Dank für Hinweise der IU-Studierenden des Fernstudiums im Bauingenieurwesens. Bei den Lesern des Buches möchte ich mich vorab für die nicht immer einheitlichen Darstellungsweisen entschuldigen. Anregungen und Hinweise aus dem Leserkreis werden von mir gerne und dankbar angenommen und bei zukünftigen Änderungen bzw. Ergänzungen beachtet.

Da im Rahmen dieses Buches nicht alle notwendigen Tabellen dargestellt werden können und sowohl in der Praxis als auch in der Ausbildung sehr häufig mit „Schneider-Bautabellen für Ingenieure“ gearbeitet wird, sind an vielen Stellen der vierten Auflage des vorliegenden Buches die Verweise auf die entsprechenden Seiten der 26. Auflage dieser Bautabellen, 2024, angegeben. Die Zustandsflächen der Schnittgrößen wurden, teilweise aus Gründen der besseren Anschauung modifiziert, von den Statik-Programmen der Fa. Friedrich / Lochner übernommen.

Dank gilt Herrn Prof. Dr.-Ing. Ekkehardt Neurath und Herrn Prof. Dr.-Ing. Uwe Zimmermann von der Hochschule Trier, Herrn Prof. Dr.-Ing. Frank Fingerloos und Herrn M. Sc. Alexander Heser für das Korrekturlesen. Bei der zweiten Auflage hat mich Herr Prof. Dr.-Ing. Markus Schäfer von der Universität Luxemburg bei den Kapiteln des EC 3 und EC 4 unterstützt. In der dritten Auflage wurde das Kapitel Aussteifungen von IR Prof. Dr. Simon Wong, THEi Hong Kong, durch ein Beispiel ergänzt. Dank auch an Frau M. Eng. Davina Berg und Dr. Michael Schäfer vom BNT Trier für Ihre Anregungen, Mitarbeit und Ergänzungen. In der vierten Auflage wurden die Kapitel Holzbau und Stahlbau von Prof. Dr.-Ing. Simon Schaffrath, IU, rezensiert. Nicht zuletzt danke ich meiner Familie für ihr Verständnis, die Unterstützung und das Korrekturlesen!

Trier, im März 2025

Helmut Nikolay

Inhaltsverzeichnis

Farblegende

Farben in Zeichnungen

blau: ständige Einwirkungen, Bewehrungen

pink: Nutzlasten als Einwirkungen

rot: Zugspannungen, Zugkräfte

cyan: Druckspannungen, Druckkräfte

grün: Mauerwerk, Schubspannungen

grau: Zustandsflächen, Querschnitte

Farben im Text

grün: Erläuterungen

rot umrandet: Formeln, Hinweise zur alten Norm

lila: Fazit, Merksätze

Im EBook:
Erläuterungen, Formeln, Hinweise zur alten deutschen Norm, Fazit und Merksätze: kursiv

1 Einleitung

Wie berechnet man ein einfaches Bauwerk?

Nach der Lektüre dieses Buches sollte der Leser[1] in der Lage sein, diese Frage zu beantworten. Er sollte erkennen und verstehen, wie Statische Berechnungen[2] von einfachen Bauwerken nach der konventionellen Methode aufgestellt werden und was sie beinhalten.

Wie bereits im Vorwort synoptisch erwähnt wurde, orientiert sich die Reihenfolge der Buchkapitel - nach einer allgemeinen Einleitung - an der Vorgehensweise bei der Aufstellung einer Statischen Berechnung, welche hier nochmals dargestellt wird:

Der Aufsteller der Statischen Berechnung erhält im Hochbau den Entwurf des Bauwerkes meist vom Planer; dies ist bei Hochbauten i. d. R. der Architekt. Diese Entwürfe bestehen aus Grundrissen, Schnitten und Ansichten. Im Tiefbau oder Ingenieurbau erstellen häufig spezielle Ingenieurbüros diese Entwürfe. Wurden die Zeichnungen mit CAD (Computer Aided Design) erstellt, kann mit Übergabe der entsprechenden Daten die Arbeit bei der Erstellung der Positionspläne erheblich erleichtert werden. Hier beginnt oft die Arbeit des Aufstellers der Statischen Berechnung, sprich des Statikers oder Tragwerksplaners.

Zunächst wird in der Tragwerksplanung das Gesamtbauwerk anhand der Entwurfspläne vom Aufsteller der Statischen Berechnung analysiert und so bearbeitet bzw. modifiziert, dass es standsicher und gebrauchstauglich ist sowie den Anforderungen der Dauerhaftigkeit genügt. Überlegungen zur sicheren und wirtschaftlichen, vertikalen und horizontalen Lastabtragung stehen hier im Mittelpunkt der Überlegungen. Das Bauwerk muss aber auch ausgesteift sein. Falls nicht, müssen Maßnahmen getroffen werden, damit die Aussteifung des Bauwerkes gewährleistet ist.

Dann wird das Bauwerk gedanklich in seine einzelnen tragenden Bauteile, die sogenannten Positionen, zerlegt; es wird in Positionen gegliedert.[3] Die tragenden Bauteile werden im Positionsplan gezeichnet und als statische Positionen gekennzeichnet.

Anschließend erfolgt die eigentliche Berechnung der einzelnen Positionen. Bei der sukzessiven Berechnung der einzelnen tragenden Bauteile ist die nachfolgende Reihenfolge üblich,[4] die hier als **Schema der Berechnung einer statischen Position** (siehe auch 1.2.6) bezeichnet wird:

1) Wahl eines statischen **Systems** für das tatsächliche Bauteil (Idealisierung des Tragwerks)

2) Ermittlung der darauf wirkenden **Einwirkungen** und Beanspruchungen (Belastungen)

3) Berechnung der **Schnittgrößen** (Kräfte und Momente)

4) **Bemessung** des Bauteiles (Wahl des Baustoffes und des Querschnittes, Nachweise).

---

[1] Wenn in diesem Buch Wörter wie z. B. „Leser“ vorkommen, so sind immer auch die Leserinnen gemeint. Im Folgenden dient der Verzicht von männlicher und weiblicher Form der besseren Lesbarkeit und dem Lesefluss.

[2] Die Statische Berechnung wird hier als feststehender Begriff definiert und deshalb großgeschrieben.

[3] Wagner / Erlhof, 1975, S. 6.

[4] Wagner / Erlhof, 1975, S. 7.

Bei der Bemessung des Bauteils erfolgt zunächst die Wahl eines geeigneten Baustoffes und der Querschnittsform und Querschnittsabmessungen. Mit den vorher ermittelten Schnittgrößen und den vorhandenen Querschnittswerten erfolgen die Nachweise der Tragfähigkeit und der Gebrauchstauglichkeit.

Meistens muss das berechnete Bauteil auch gezeichnet werden, d. h. die Formeln und Zeichen aus der eigentlichen Statischen Berechnung müssen in verständliche Zeichnungen für die Baustelle „übersetzt" werden.

Deshalb können in der Auftragsvergabe auch die Anfertigung von Zeichnungen für die Baustelle sowie die zugehörige Massenermittlung (Dimensionierung im Grundbau, Mauerwerksbau, Betonbau, Stahlbetonbau, Spannbetonbau, Holzbau, Stahlbau u. a.) gefordert werden.

Beispielsweise können Fundamentpläne oder Schal- und Bewehrungspläne im Stahlbetonbau angefertigt werden. Im Holz- bzw. Stahlbau können Konstruktionszeichnungen erfolgen, bei denen die Ergebnisse der Berechnung für die Ausführenden auf der Baustelle in eindeutigen und klar verständlichen Zeichnungen dargestellt werden.

Letztlich müssen die Baustoffe bestellt und auch die Kosten kalkuliert werden. Deshalb ist die Massenermittlung (= Mengenermittlung) sowie die Kostenermittlung mit Hilfe der vorher angefertigten Zeichnungen durchzuführen.

Vereinfacht kann der zeitliche Ablauf bei der Aufstellung der Statischen Berechnung nach der hier genannten konventionellen Methode - Vorlage der Entwürfe vorausgesetzt - wie folgt veranschaulicht werden:

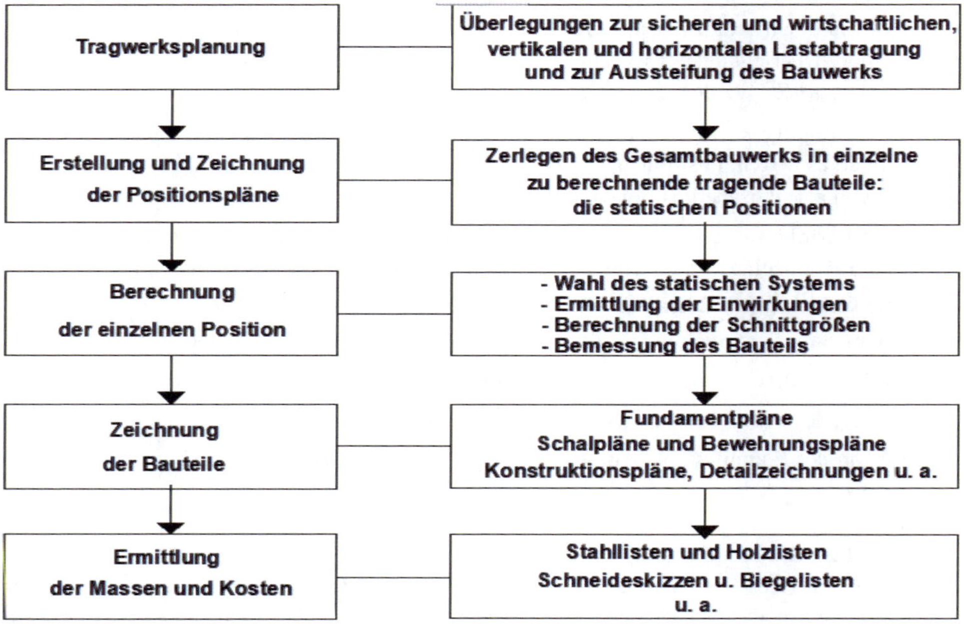

Abbildung 1.1

Man erkennt, dass jeder Punkt in diesem Ablauf auf dem vorhergehenden aufbaut. Fehler zu Beginn der Statischen Berechnung führen sich zwangsläufig fort bis zum letzten Punkt, mit allen zugehörigen Konsequenzen.

Die dargestellte Abbildung veranschaulicht sowohl die Vorgehensweise in der Baupraxis als auch die Themenwahl und die gewählte Reihenfolge der Kapitel im Rahmen dieses Buches.

Das vorliegende Werk beabsichtigt, einen ersten ganzheitlichen Überblick in die Statische Berechnung von einfachen Bauwerken zu geben. Als Titel des Buches wurde bewusst das Wort „Einführung" gewählt, denn die behandelten Themen werden nicht in der Tiefe, sondern in der Breite erläutert.

Der erste Einstieg in das Thema „Statische Berechnung von Bauwerken" erfolgt daher mit einfachen, leicht verständlichen Erläuterungen, Beispielen und Übungen ausgewählter Themen im Kontext der Statischen Berechnung, welche didaktisch reduziert wurden.

Seit ca. 2012 sind die neuen Normen der Tragwerkslehre, die Eurocodes, eingeführt. Deshalb wurde bei allen Kapiteln das neue Sicherheitskonzept und die Eurocodes berücksichtigt. An manchen Stellen erfolgt aus Vergleichsgründen ein Hinweis auf die jeweils „alte" deutsche Norm – in roter Farbe.

Die Statische Berechnung und deren Inhalte spielen nicht nur in der Ingenieurausbildung an Universitäten und Hochschulen, sondern auch in der deutschen Ausbildung zum staatlich geprüften Techniker sowie in der Meisterausbildung der Maurer, Stahlbetonbauer und Zimmerer eine wesentliche Rolle. Das Kennenlernen der Aufgaben, des Aufbaus und der Inhalte der Statischen Berechnung nehmen einen sehr großen Anteil der Technikerausbildung ein und sind essentieller Bestandteil dieses Buches.

In einigen Bundesländern werden diese Themen für die Techniker an Fachschulen und Akademien in Unterrichtsfächern abgehandelt, in anderen Bundesländern in Modulen. Beispielsweise werden in Rheinland-Pfalz die Themen „Systeme, Einwirkungen und Schnittgrößen" im Modul 08 und das Thema „Bemessung" im Modul 09 der Fachrichtung Bautechnik unterrichtet.

Nur wenige der ausgebildeten Bautechniker werden später im Beruf Statische Berechnungen erstellen.[5] Dennoch sollte jeder Bautechniker in der Lage sein, Statische Berechnungen und dazu gehörige Zeichnungen zu lesen und zu verstehen. Dies kann gut gelingen, wenn man die Kenntnisse besitzt, selbständig einfache Statische Berechnungen mit Konstruktionszeichnungen und Massenermittlung aufzustellen und nachzuvollziehen.

Es soll hier nicht unerwähnt bleiben, dass Absolventen der Meister- und Fachschulen (z. B. staatlich geprüfte Techniker) in dem - am 01.05.2013 in Kraft getretenen - Deutschen Qualifikationsrahmen in Stufe sechs, also dem gleichen Niveau wie die Studenten mit Bachelor-Abschluss, eingeordnet wurden.[6] Diese Einstufung bedeutet keine Gleichheit der Abschlüsse, sondern eine Gleichwertigkeit.

Die Zielgruppen für diese Einführung in die Statische Berechnung von Bauwerken sind in erster Linie Studierende der Meisterausbildung in Bauberufen, staatlich geprüfte Techniker und Studierende des Bauingenieurwesens an Hochschulen und Universitäten.

---

[5] Die Aufstellung von Statischen Berechnungen ist in einigen Bundesländern für staatlich geprüfte Bautechniker erlaubt.

[6] https://www.dqr.de/, abgerufen am 01.08.2024.

Das Buch eignet sich ebenfalls für die Ausbildung an Beruflichen Gymnasien mit Leistungsfach Bautechnik, für die Ausbildung der Bauzeichner, speziell mit Schwerpunkt konstruktiver Ingenieurbau und andere Schüler berufsbildender Schulen.

In den Kapiteln dienen die Beispiele der Veranschaulichung des vorher dargestellten Lerninhaltes und werden anschließend mit Lösungen dargestellt.

Am Ende der jeweiligen Kapitel werden nach den Beispielen Übungen mit Ziffern nummeriert. Sie sollen dazu dienen, das vorhergehende Thema zu festigen. Die Lösungen dieser Übungen sind am Ende des jeweiligen Kapitels aufgeführt. Die Beispiele und Übungen können ohne Kenntnisse der höheren Mathematik verstanden und gelöst werden. Das Umstellen von Formeln, das Bruchrechnen, die Potenzrechnung sowie das Umrechnen von Einheiten genügen hierbei als mathematische Grundlagen. Herleitungen mit Anwendung der höheren Mathematik werden nur exemplarisch an sehr wenigen Stellen des Buches vorgestellt, um dort den engen Zusammenhang zwischen der Mathematik und der Ingenieurwissenschaft zu demonstrieren. Die oft zitierte „wissenschaftliche Begleitmusik" bleibt bei dem hier vorliegenden Einstieg in die Statische Berechnung die Ausnahme. Stattdessen werden an manchen Stellen Tipps für die praktische Berechnung, sogenannte „Eselsbrücken" und Überschlagsformeln – in grüner Farbe - angegeben.

Bei der Bemessung von Bauteilen wird das Kapitel Stahlbetonbau extensiver als die Kapitel des Grundbaus, Mauerwerksbaus, Holzbaus, Stahlbaus und Verbundbaus behandelt. Bei letztgenannten Kapiteln werden nur wenige, einfache Beispiele aus dem Hochbau dargelegt, die ausreichen, um einen Einblick in die Bemessung des jeweiligen Baustoffes zu erhalten. Nach der intensiven Lektüre dieses Buches sollte der Leser in der Lage sein, ein sehr einfaches Bauwerk, wie beispielsweise eine Garage, statisch zu berechnen. Dies wird am Ende des Buches, am Beispiel eines einfachen Projektes, demonstriert. Dort wird die Statische Berechnung für eine Garage - manuell und EDV-gestützt - aufgestellt.

In dieser Einleitung werden im Anschluss an die terminologische Abgrenzung von Begriffen, welche im Kontext der Statischen Berechnung stehen, Hinweise zur Geschichte, zur Aufgabe und Bedeutung sowie Angaben zu den Bestandteilen und zum Aufbau der Statischen Berechnung aufgezeigt. Die Vorstellung und Erläuterungen des bereits erwähnten und hilfreichen Schemas zur Vorgehensweise bei der Berechnung einer einzelnen Position runden die Einleitung ab.

1.1 Terminologische Abgrenzungen

1.1.1 Statik

Statik ist die Lehre vom Gleichgewicht der Kräfte und Momente. Sie ist ein Teilgebiet der Mechanik, welches sich mit dem Gleichgewicht von Kräften an Körpern befasst. Die Mechanik ist wiederum ein Teilgebiet der Physik. Die Endung „ik" ist ein griechisches Suffix und bedeutet „die

Lehre von" oder „Handwerk" oder „Kunstfertigkeit"; statos bedeutet im Griechischen „stillstehend".[7]

1.1.2 Baustatik

Baustatik oder die Statik der Baukonstruktionen ist die Lehre von der Sicherheit und Zuverlässigkeit von Tragwerken im Bauwesen. Wagner / Erlhof nennen sie die Statik des Bauwesens.[8] In der Baustatik werden sowohl die Kräfte als auch Momente und deren gegenseitige Auswirkungen in einem Bauwerk sowie in jedem dazugehörigen Bauteil berechnet. Die Berechnungsverfahren der Baustatik sind Hilfsmittel der Tragwerksplanung und mit der Lehre der Modellbildung und der Konstruktionslehre Teil der Tragwerkslehre.[9]

1.1.3 Statische Berechnung

Statische Berechnungen werden im Bauingenieurwesen, im Maschinenbau, im Flugzeugbau, im Schiffsbau u. a. Ingenieurdisziplinen angewandt, um die jeweilige Konstruktion sicher und wirtschaftlich zu bauen.

Im Eurocode 0 wird unter dem Begriff „Statische Berechnung" eine Methode oder ein Rechenverfahren zur Ermittlung der Schnittgrößen in jedem Punkt eines Tragwerkes verstanden.[10] Weiterhin ist dort angemerkt, dass eine Statische Berechnung in drei Stufen mit verschiedenen Verfahren durchgeführt werden kann: Berechnung des gesamten Tragwerks, Berechnung eines Bauteils und örtliche Untersuchung.

Im Rahmen dieses Buches wird unter dem Terminus „Statische Berechnung" die konventionelle Methode verstanden, bei der das Gesamtbauwerk zunächst in einzelne Positionen zerlegt, anschließend jede einzelne Position berechnet und evtl. auch gezeichnet wird sowie die erforderlichen Massen ermittelt werden.

Die Statische Berechnung ist ein Bestandteil der Tragwerksplanung im weiteren Sinn. Im Wesentlichen handelt es sich dabei um den rechnerischen Teil.

Bestandteil der Statischen Berechnung sind aber auch statische Übersichtspläne (sogenannte statische Positionspläne), in denen sich die einzelnen Positionen der Berechnung und auch die wesentlichen Bauteilabmessungen, Baustoffe usw. wiederfinden.

---

[7] Siehe: Birger vom Ufer / Tobias Renno: Die Statik als Teilgebiet der Mechanik, URL: http://www.statik-lernen.de/gesch_einordnung.html, abgerufen am 10.07.2014.

[8] Wagner/Erlhof, 1975, S. 4.

[9] Wikipedia, abgerufen am 02.08.2024.

[10] Handbuch Eurocode 0, S. 21.

1.1.4 Tragwerksplanung

Eine exakte Definition des Begriffs Tragwerksplanung existiert m. E. nicht. Selbst im Eurocode 0 mit dem Titel „Grundlagen der Tragwerksplanung“ und einer Vielzahl von Definitionen anderer Begriffe im Kontext der Bautechnik wird keine Definition für die Tragwerksplanung angegeben.[11] Im Bauingenieurwesen bezeichnet man die gesamte Konstruktionsplanung eines Bauwerks als Tragwerksplanung.

In der Honorarordnung für Architekten und Ingenieure (HOAI) werden im § 49 als Leistungen der Tragwerksplanung die statische Fachplanung für Gebäude und Ingenieurbauwerke genannt. Weiter heißt es dort in Absatz 2: „Das Tragwerk bezeichnet das statische Gesamtsystem der miteinander verbundenen, lastabtragenden Konstruktionen, die für die Standsicherheit von Gebäuden, Ingenieurbauwerken und Traggerüsten bei Ingenieurbauwerken maßgeblich sind“.[12]

Die gedankliche, rechnerische und zeichnerische Lösung einer sicheren und wirtschaftlichen, sowohl vertikalen als auch horizontalen Lastabtragung am Bauwerk wird im engeren Sinn als Tragwerksplanung bezeichnet. Dies impliziert auch die Gedankengänge zur sicheren Aussteifung des Bauwerkes.

Das Resultat dieser gedanklichen Lösung wird im Positionsplan sichtbar.

1.1.5 Tragwerksplaner

Der Aufsteller der Statischen Berechnung ist in der Regel der Tragwerksplaner. Oftmals spricht man, nicht nur auf der Baustelle, auch vom „Statiker“ - und meint den Aufsteller der Statischen Berechnung.

In den meisten Fällen ist der Tragwerksplaner ein an der Hochschule oder Universität ausgebildeter Bauingenieur mit der Vertieferrichtung konstruktiver Ingenieurbau. In manchen Bundesländern ist es auch Architekten, staatlich geprüften Bautechnikern und Meistern erlaubt, bei kleineren Bauvorhaben die Statische Berechnung hierfür zu erstellen.

Auch in der Ausbildung von Maurer-, Stahlbetonbau- und Zimmerer-Meistern des Handwerkes spielen Inhalte der Statischen Berechnung eine wesentliche Rolle, da jeder der Vorgenannten als Unternehmer und Bauleiter Grundkenntnisse der Tragwerksplanung aufweisen sollte und die Sprache sowie die Formelzeichen des Tragwerksplaners verstehen sollte.

Tragwerksplaner bzw. Aufsteller der Statischen Berechnung haben eine sehr große Verantwortung; sie haften für evtl. auftretende Schäden.

---

[11] Handbuch Eurocode 0, S. 15 ff.

[12] HOAI 2013, Teil 4 Fachplanung, S. 54.

1.2 Die Statische Berechnung von Bauwerken

1.2.1 Geschichte der Statischen Berechnung

Bis zum 18. Jahrhundert wurden die Bauwerke in der Regel statisch nicht berechnet. Man baute mit den bis dahin vorhandenen Erfahrungswerten, also empirisch. Die Bauwerke waren damals zwar relativ sicher, aber oftmals weniger wirtschaftlich.

Im Mittelalter mussten die Baumeister die Qualität ihrer Arbeit beweisen, indem sie mit ihren Familien unter die von ihnen konstruierten Brücken zogen und die Bewohner des Dorfes - als Belastung (heute: Einwirkung) - über die Brücke zogen. Als „die erste Statik der Welt" wird die 1742 aufgestellte Berechnung zur Peterskuppel in Rom bezeichnet.[13] Sehr interessant und ausführlich wird die „Geschichte der Baustatik" von Kurrer beschrieben[14] bzw. die Geschichte des (Bau-)Ingenieurwesens im Überblick von Gebekken dargestellt.[15]

Heute muss gemäß den Landesbauordnungen der jeweiligen Bundesländer jedes größere Bauwerk berechnet werden. Je nach Landesbauordnung kann bei untergeordneten Bauwerken auf die Erstellung einer Statischen Berechnung verzichtet werden. Das Erstellen von Statischen Berechnungen ist also in der Regel bei Bauwerken Pflicht; oftmals ist auch die Prüfung dieser Statischen Berechnung verbindlich.

Ob nun die Statische Berechnung geprüft wird, hängt ebenfalls von den jeweiligen Vorschriften des Bundeslandes, der Größe und dem Schwierigkeitsgrad des Bauvorhabens ab. Die Prüfung erfolgt von Prüfingenieuren, die sich durch Prüfungen beweisen und hoheitlich handeln. Im benachbarten Ausland, z. B. Luxemburg und Belgien, erfolgt die Prüfung oft durch Ingenieure der involvierten Versicherungen.

Auch der Umfang einer Statischen Berechnung änderte und ändert sich zunehmend: Während zu Beginn des 20. Jahrhunderts die Statische Berechnung eines Wohnhauses wenige Seiten umfasste und nur die wichtigsten tragenden Bauteile berechnet wurden, umfasst eine Statische Berechnung eines Einfamilienhauses heute nicht selten zwischen 50 und 100 Seiten, gelegentlich auch mehr. Wie so oft sagt auch hier die Quantität nichts über die Qualität der Berechnung aus.

Computergestützte Berechnungen sind heute absolut üblich und erleichtern die Rechenprozesse erheblich. Hier ist neben den in der Praxis üblichen Statik-Programmen vor allem die 1955 entwickelte Finite-Element-Methode (FEM) zu nennen, die am weitesten verbreitete Methode für die Untersuchung physikalischer und technischer Phänomene und Prozesse.[16]

Ebenso können Modelle von Bauwerken zur Berechnung eingesetzt werden. Für einfache Bauwerke ist jedoch die hier im Buch vorgestellte konventionelle Methode der Statischen Berechnung

---

[13] Wapenhans / Richter: Die erste Statik der Welt vor 260 Jahren. URL: http://www.wundr.com/pdf/05_06_04.pdf, abgerufen am 17.08.2014. In der Umgangssprache wird und wurde die Statische Berechnung häufig als Statik bezeichnet.

[14] Kurrer, 2002, S. 156 ff.

[15] Gebbeken, 2014, S. 56.

[16] Dinkler, 2012, S. 5.

die Regel, bei der das Bauwerk in seine tragenden Bauteile zerlegt und diese dann einzeln und sukzessiv berechnet werden. Alle EDV-Ergebnisse müssen stets kritisch geprüft werden; am besten mit einfachen Vergleichsrechnungen, was letztlich nur mit Grundkenntnissen der hier vorgestellten konventionellen Methode möglich ist.

1.2.2 Aufgabe der Statischen Berechnung

Früher sollte die Statische Berechnung dem Aufsteller und dem Prüfer primär den lückenlosen Nachweis liefern, dass der entsprechend ausgeführte Bau keine Gefahr für Menschenleben mit sich bringt.[17]

Die Tragfähigkeit des Bauwerks stand im Vordergrund, die Nachweise der Gebrauchstauglichkeit oder der Dauerhaftigkeit wurden nicht oder nur selten geprüft. Mayer nennt als Beispiel hierfür einen Wasserbehälter, dessen Dichtigkeit für die prüfende Bauaufsicht wohl belanglos, für den Konstrukteur aber wichtig war.[18]

Natürlich müssen neben der Sicherheit auch andere Aspekte bei der Statischen Berechnung berücksichtigt werden. Heute werden in der Statischen Berechnung neben dem Nachweis für die Tragfähigkeit auch die Nachweise für die Gebrauchstauglichkeit[19] und die Dauerhaftigkeit gefordert (vgl. Kapitel 10 „Sicherheitskonzepte, Eurocodes, Nachweise“).

Aber auch die Wirtschaftlichkeit spielt für den Bauherrn des geplanten Bauwerks eine nicht unerhebliche Rolle. Die Statische Berechnung soll also gewährleisten, dass das zu berechnende Bauwerk einerseits sicher (standfest), gebrauchstauglich und dauerhaft, andererseits auch wirtschaftlich (kostengünstig) hergestellt wird.

So steht die Statische Berechnung heute in einem „Spannungsfeld” - zwischen Sicherheit (Tragfähigkeit), Gebrauchstauglichkeit, Dauerhaftigkeit und Wirtschaftlichkeit (vgl. nachfolgende Abbildung).

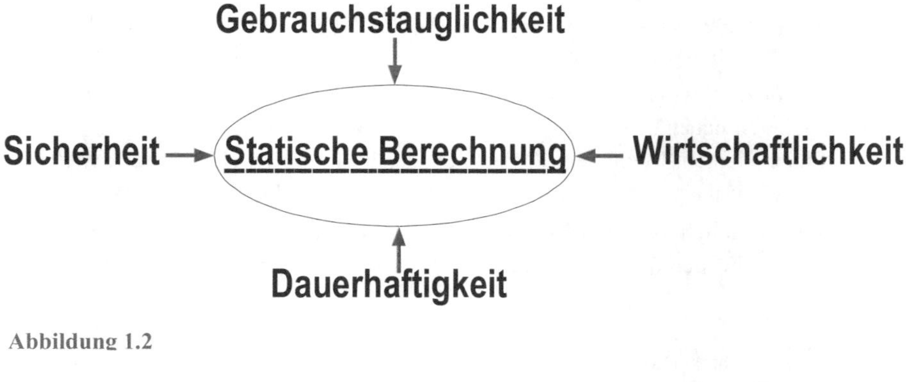

Abbildung 1.2

[17] Mayer, 1965, S. 21.

[18] Mayer, 1965, S. 21.

[19] Lohmeyer, 2010, S. 5.

Weitere Parameter, die Einfluss auf die Statische Berechnung haben können, sind u. a. die Interessen des Bauherrn, der Bauaufsicht, des Bauunternehmers und anderer am Bau Beteiligten sowie Nachhaltigkeit, Bauphysik und Ästhetik.[20, 21]

Statiker mit geringer Berufserfahrung neigen gelegentlich dazu, sich bei der Erstellung einer Statischen Berechnung auf die „sichere Seite zu legen". Auf der Baustelle wird in diesem Kontext von sogenannten „Angsteisen" gesprochen, wobei dieser Ausdruck nicht nur im Stahlbetonbau zutreffen kann. Erfahrene Statiker versuchen, das Bauwerk nicht nur sicher, sondern auch wirtschaftlich zu konstruieren. Obwohl der Sicherheit die absolute Priorität eingeräumt wird, darf diese Priorität die Wirtschaftlichkeit jedoch nicht ausschließen.

1.2.3 Bedeutung der Statischen Berechnung

„Wenn man es einmal mitgemacht hat, welche Rolle die Statische Berechnung im Falle eines Bauschadens spielt, und gar erst, wenn man fortlaufend Bauschäden zu behandeln hat, unterschätzt man die Wichtigkeit der Statischen Berechnung nicht so, wie man es bei Unerfahrenen häufig beobachten muß" schrieb Max Mayer bereits im Jahr 1952.[22]

Seither sind viele Schäden an Bauwerken entstanden, teilweise mit tödlichen Folgen, und nicht selten mussten dabei der bzw. die Aufsteller Statischer Berechnungen sich vor Gericht verantworten.

Deshalb sei an dieser Stelle einerseits darauf hingewiesen, dass jeder Aufsteller einer Statischen Berechnung eine ausreichende Versicherung für evtl. Schäden abgeschlossen haben sollte und andererseits, dass die Statische Berechnung klar und gründlich, lesbar und nachvollziehbar (prüfbar) sowie verantwortungsvoll nach bestem Wissen und Gewissen aufgestellt werden muss, damit sie auch vor Gericht bestehen kann. In keinem anderen Bereich der Bautechnik können Fehler in einer Statischen Berechnung derart gravierende Folgen haben.

Gebbeken beschreibt ausführlich die Anforderungen und die Verantwortung im Bauwesen und fragt schließlich: „In welchem anderen Beruf gibt es eine vergleichbare Verantwortung?".[23]

1.2.4 Bestandteile der Statischen Berechnung

Die einzelnen Bestandteile der Statischen Berechnung hängen u. a. von der Größe des Bauvorhabens und den Vereinbarungen zwischen Bauherrn und Statiker ab. Die Bestandteile der Statischen Berechnung sind normalerweise:

---

[20] Siehe hierzu auch: Dinkler, 2012, S. 6 ff.

[21] Gebbeken, 2016, S. 35.

[22] Mayer, 1965, S. 8.

[23] Gebbeken, 2014, S. 57.

- Positionspläne (Grundrisse und Schnitt des Bauwerkes, i. d. R. Maßstab 1: 100)
- Statische Berechnung (Deckblatt, Vorwort, Berechnungen, Nachweise, ergänzende Anlagen, Literatur, etc.)
- Konstruktionszeichnungen (Schalpläne, Bewehrungspläne, Details etc.)
- Massenermittlung (Stahlliste, Biegeliste, Schneideskizze, Holzliste etc.)

Bei größeren Bauvorhaben ist eine Vorbemessung, auch Vorstatik genannt, sinnvoll und ebenfalls Bestandteil der Statischen Berechnung.

Die vereinbarten Leistungsphasen (LP) bestimmen u. a. das Honorar des Statikers. Im Leistungsbild Tragwerksplanung der Honorarordnung für Architekten und Ingenieure, HOAI, finden sich die folgenden Leistungsphasen: Leistungsphase (LP) 1: Grundlagenermittlung, LP 2: Vorplanung, LP 3: Entwurfsplanung, LP 4: Genehmigungsplanung, und LP 5: Ausführungsplanung.[24]

1.2.5 Aufbau der Statischen Berechnung[25]

Auf den ersten Seiten der Statischen Berechnung findet man i. d. R. das Deckblatt (= Titelseite), das Inhaltsverzeichnis, das Vorwort bzw. die Vorbemerkungen. Entweder wird auf dem Deckblatt oder auf der letzten Seite der Berechnung der Name des Aufstellers, des Architekten und des Bauherrn mit Anschrift und Datum aufgeführt. Auch sollten die jeweiligen Unterschriften hier zu finden sein.

Das Deckblatt gibt Auskunft über das Bauvorhaben, den Bauherrn, den Planer, den Ort des Bauvorhabens und den Aufsteller der Statischen Berechnung. In den Vorbemerkungen wird Bezug genommen auf die Baubeschreibung, die Dachdeckung und Dachneigung, die Nutzung des Bauwerks, zugrundeliegende Normen, Anordnung von Fugen, Besonderheiten des Bauvorhabens und des Baugrundes, evtl. vorliegende Bodengutachten usw. Wichtig sind vor allem die Angaben zur Annahme der Nutzlasten (Verkehrslasten). Weichen die Nutzlasten bei dem später realisierten Gebäude von denjenigen ab, die in der Berechnung angenommen wurden, kann es zu Rechtsstreitigkeiten kommen, und der Aufsteller der Statischen Berechnung kann evtl. in Haftung genommen werden.

Nach dem Deckblatt, dem Beiblatt und den Vorbemerkungen beginnt die eigentliche Statische Berechnung der einzelnen statischen Positionen.

Jede einzelne Position, beginnend mit der Pos 1, wird in einer logischen Reihenfolge behandelt: System, Einwirkung, Schnittgrößen und Bemessung (vgl. Kap.1.2.6: Schema der Statischen Berechnung einer zu berechnenden Position). Mayer hat für die Aufstellung von Statischen Berechnungen von Hochbauten bereits 1965 seine 23 Regeln formuliert, die größtenteils heute noch Gültigkeit besitzen.[26]

---

[24] HOAI 2013, § 51.

[25] Siehe hierzu: Schneider, 2008, S. 15.9 und 15.10: Cziesielski: Statische Berechnung.

[26] Mayer, 1965, S. 15 – 20.

Statische Berechnungen werden heute i. d. R. entweder in Gänze oder zum Teil mit EDV-Baustatik-Programmen durchgeführt. Diese EDV-gestützten Berechnungen werden entweder in die jeweilige Position integriert oder im Anhang beigefügt.

Jede einzelne Position muss hierbei den Anforderungen der Tragfähigkeit, der Tauglichkeit für den Gebrauch sowie den Anforderungen der Dauerhaftigkeit genügen. Dies wird jeweils bei der Berechnung der Position nachgewiesen.

Aber nicht nur die einzelnen Positionen, sondern auch das gesamte Bauwerk muss diversen Anforderungen genügen. Beispielsweise muss die Gesamtstabilität gewährleistet sein, bei hochwassergefährdeten Bauwerken im Tiefbau muss der Auftrieb nachgewiesen werden u. ä. Diese weiteren Nachweise werden i. d. R. nicht an einzelnen Positionen, sondern am Gesamtbauwerk durchgeführt. Hierbei ist nicht nur der Gebrauchszustand (nach der Errichtung), sondern auch der Bauzustand (während der einzelnen Bauphasen) zu beachten. Die tragenden Bauteile des Bauwerkes werden in der Statischen Berechnung als (statische) „Positionen" bezeichnet und dürfen dabei nicht mit den Betonstahl-Positionen bei den Bewehrungsplänen verwechselt werden. Diese einzelnen statischen Positionen werden - nach dem nachfolgend aufgeführten Schema - sukzessive berechnet. Wie später im Kapitel 2 „Positionspläne" ausführlich beschrieben, werden die Positionen in dem sogenannten Positionsplan zeichnerisch dargestellt und die Positionen mit Ziffern (z. B.: Pos 1) oder Buchstaben und Ziffern (z. B.: Pos D1) o. ä. bezeichnet.

Es besteht allerdings auch die Option, das geplante Gebäude „in toto", also nicht in einzelne Positionen zerlegt, zu berechnen. Manche Firmen bieten hierzu Statik-Software an, die das Bauwerk in seiner Gesamtheit berechnen. Auch ist eine 3D-Berechnung oder das Building Information Modeling (BIM) als digitales Datenmodell eine Option, um bei komplexeren Bauwerken eine Statische Berechnung durchzuführen.

Auch bei diesen komplexen Berechnungen muss sich der Aufsteller anhand von Überschlagsrechnungen von der Plausibilität der Ergebnisse überzeugen.[27] Dies kann allerdings nur gelingen, wenn Grundkenntnisse der Statischen Berechnung nach der hier dargelegten konventionellen Methode vorhanden sind.

Die zu bemessenden tragenden Bauteile, also die statischen Positionen des Bauwerkes, werden von oben nach unten - also entgegengesetzt zur späteren Bauausführung - berechnet.[28] Beispielsweise beginnt man bei einem Wohnhaus mit der Berechnung des Daches und endet mit der Berechnung der Gründung.

Es folgen die Positionspläne, falls diese nicht am Anfang der Statischen Berechnung - nach den Vorbemerkungen - zu finden sind sowie der Anhang mit Literaturangaben und evtl. Ergänzungen und/oder Nachträgen.

Die Zeichnungen für die Ausführung am Bau und die Massenermittlung schließen die Statische Berechnung im weiteren Sinne ab. Dies sind Konstruktionszeichnungen, Schalpläne, Bewehrungspläne, Detailpläne etc.

Die Massenermittlung kann im Stahlbetonbau mit Biegelisten bei Stabstahl sowie Schneideskizzen bei Matten oder Holzlisten im Holzbau erfolgen. Mit den Massen können Bestellungen durchgeführt und überschlägig die Materialkosten für die Positionen berechnet werden.

---

[27] Von Spiess, 2013, S. 27.

[28] Vgl. hierzu auch EC 2, NA. 2.8 Bautechnische Unterlagen und NA 2.8.3 Statische Berechnungen.

1.2.6 Schema der Statischen Berechnung einer zu berechnenden Position

Nach der Tragwerksplanung und dem Erstellen des Positionsplanes erfolgt als nächster Schritt die eigentliche Statische Berechnung jedes einzelnen tragenden Bauteiles - der statischen Position. Jede statische Position des Positionsplanes wird in der folgenden Reihenfolge mit den jeweilig zugehörigen Inhalten behandelt.

Schema der Statischen Berechnung:

1) System:[29]	Vorstellung und Idealisierung des tatsächlichen Bauteils
2) Einwirkungen:	Einwirkungen (i. d. R. Lasten) auf das Bauteil werden rechnerisch erfasst
3) Schnittgrößen:[30]	Innere und äußere Kräfte und Momente werden ermittelt:[31] V (Q), N, M
4) Bemessung:	Baustoffe und Querschnitte werden gewählt, mit denen die entsprechenden Nachweise geführt werden

Baustoffe:	Nachweise:
- Holz - Mauerwerk - unbewehrter Beton - Stahlbeton - Spannbeton - Stahl - Kunststoff - Aluminium - Glas - Verbundbau u. a.	- Grenzzustand der Tragfähigkeit - Grenzzustand der Gebrauchstauglichkeit - Anforderungen an die Dauerhaftigkeit - weitere Nachweise

Abbildung 1.3

---

[29] Wie bereits oben erwähnt wurde, werden die Punkte 1 bis 3 an Fachschulen in Rheinland-Pfalz den Modulen 08 (= M 08) und der Punkt 4 dem Modul 09 (= M 09) zugeordnet.

[30] Querkräfte, Normalkräfte und Momente im und am Bauteil werden auch Schnittkräfte genannt. Besser geeignet erscheint hierbei der Begriff Schnittgrößen, da neben den Kräften auch Momente (Biege- und Torsionsmomente) ermittelt werden.

[31] Es werden die ungünstigsten Schnittgrößen der verschiedenen Lastfälle ermittelt. Man unterscheidet Last- und Zwangsschnittgrößen. Lastschnittgrößen entstehen infolge verschiedener Einwirkungen; Zwangsschnittgrößen können u. a. infolge von Temperaturdifferenzen, Stützensenkungen, Schwinden, Kriechen auftreten.

Bei den ersten drei Punkten des o. a. Schemas „bewegt man sich auf dem Gebiet der Baustatik“.[32] Diese drei Punkte sind i. d. R. Voraussetzung zur Bemessung. Sowohl das statische System als auch die Einwirkungen und primär die vorhandenen Schnittgrößen sind wichtige Parameter, welche in den Bemessungsformeln zu berücksichtigen sind.

Der vierte Punkt, die Bemessung, wird auch die Dimensionierung genannt und dient dazu, den Baustoff und den Querschnitt auszuwählen und damit die entsprechenden Nachweise durchzuführen.

Dieser Punkt ist komplexer als die drei vorhergehenden. Er „setzt zwar ebenfalls viele baustatische Kenntnisse voraus, verlangt aber auch die Beachtung einer großen Zahl von Regeln und Bestimmungen, die jeweils nur für einen Baustoff oder eine Bauweise gelten.“[33]

Gemeint sind hier Kenntnisse der Festigkeitslehre, der möglicherweise zur Verwendung kommenden Baustoffe und der zugehörigen Normen. Zur Festigkeitslehre zählen in diesem Buch die Themen: Beanspruchungen, Querschnitte und Querschnittswerte, Spannungen, Dehnungen und Baustoffwerte, wie z. B. das Elastizitätsmodul, kurz E-Modul genannt.

Als Baustoffe zur Bemessung können Mauerwerk, Beton, Stahlbeton, Spannbeton, Holz, Stahl, Verbundbau, Kunststoff, Aluminium, Glas und/oder Mischformen (Verbundbaustoffe) dienen. Zu jedem der Baustoffe, die für eine Bemessung in Frage kommen, gibt es zugehörige Normen und Vorschriften.

Als Normen für die Tragwerksplanung sind im Jahr 2012 die sogenannte erste Generation der Eurocodes, die Eurocodes 0 bis 9, eingeführt worden, vgl. Kapitel 10.

Zu den Punkten zwei bis vier des oben angeführten Schemas der Statischen Berechnung - Einwirkungen, Schnittgrößen und Bemessung - existieren eine Vielzahl von Vorschriften und Fachbüchern.

Dagegen wird der erste Punkt des Schemas, die Idealisierung des Bauteiles mit statischen Systemen und statischen Symbolen, in der Fachliteratur nur marginal angesprochen. Gleiches trifft auch beim Thema Positionspläne zu.

Deshalb werden im folgenden Kapitel Grundlegendes, Erläuterungen sowie Hilfestellungen zu den Positionsplänen angeboten und einfache Beispiele dargestellt.

---

[32] Wagner, 1975, S. 7.

[33] Wagner, 1975, S. 7.

2 Positionspläne

Jede Tragwerksplanung bzw. Statische Berechnung beginnt mit den Überlegungen zum Abtragen der Einwirkungen am Bauwerk bzw. der Weiterleitung dieser Einwirkungen bis letztlich in den Baugrund. Dazu werden Positionspläne angefertigt, in denen der Statiker die zu berechnenden Bauteile kennzeichnet und an denen man den Lastabtrag in vertikaler und horizontaler Richtung anschaulich und gedanklich verfolgen kann. Insofern geben die fertigen Positionspläne einen großen Teil der gedanklichen Tragwerksplanung zeichnerisch wieder.

Gemäß DIN 1356-1, 3.1, sind Positionspläne „Zeichnungen des Tragwerkes - gegebenenfalls in skizzenhafter Darstellung - zur Erläuterung der statischen Berechnung mit Angabe der einzelnen Positionen. Sie werden auf der Grundlage der Entwurfszeichnungen erstellt."

Die Entwurfszeichnungen werden bei Hochbauten in der Regel vom Architekten erstellt und beinhalten auch Angaben, die für die Erstellung der Positionspläne nicht von Bedeutung sind. Deshalb sollten auf Positionsplänen ausschließlich tragende und aussteifende Bauteile gezeichnet und Angaben darüber gemacht werden.

Positionspläne findet man entweder am Anfang oder am Ende einer Statischen Berechnung. Sie werden vom Bauzeichner, Bautechniker oder dem Aufsteller der Statischen Berechnung gezeichnet und normalerweise, bei kleineren Bauwerken, als Grundrisse und Schnitte im Maßstab 1:100 erstellt. Andere Maßstäbe, z. B. 1:50 oder 1:200, sind jedoch auch zulässig.

Bei einem einfachen Einfamilienhaus erstellt man zum Beispiel je einen Positionsplan für das Dach, das Obergeschoss, das Erdgeschoss und das Kellergeschoss. In diesen Plänen findet man alle für die Tragwerksplanung wichtigen Angaben und die sogenannten statischen Positionen.

Alle nicht tragendenden Elemente des Bauwerkes, wie z. B. Möbel, Personen und Entwässerungsleitungen, werden im Positionsplan nicht dargestellt; ebenfalls sollte man auf redundante Maßlinien verzichten.

Früher wurden die Positionspläne bei einem Gebäude maßstäblich auf Transparentpapier gezeichnet und anschließend übereinander gelegt, um zu erkennen, ob die tragenden Wände und Stützen übereinander stehen. Heute werden die Positionspläne meist mit CAD (Computer Aided Design) am PC (Personal Computer) gezeichnet und die jeweiligen Geschosse durch verschiedene Layer bzw. Teilbilder getrennt.

Einige Software-Firmen bieten spezielle Programm-Module zur Erstellung der Positionspläne an. Bei fast allen Zeichenprogrammen besteht die Option, die Grundrisse der einzelnen Geschosse auf dem Bildschirm mit Teilbildern oder Layern übereinanderzulegen und so festzustellen, ob und wo ein tragendes Bauteil auf dem darunter liegenden tragenden Bauteil steht und welche Abweichungen existieren.

Jede Abweichung von übereinanderstehenden, tragenden Wänden und Stützen bedeutet einen konstruktiven und damit verbundenen finanziellen Mehraufwand, der nach Möglichkeit im Interesse des Bauherrn vermieden werden sollte.

2.1 Aufgabe der Positionspläne

Positionspläne dienen der Erläuterung der Tragwerksplanung des Bauwerkes. Man kann sie als eine Art „Wegweiser" in der Statischen Berechnung bezeichnen. Wie bereits erwähnt, werden in Positionsplänen i. d. R. alle tragenden Bauteile des Bauwerkes dargestellt und in logischer Reihenfolge beziffert.

Sie sind das Ergebnis der eigentlichen Tragwerksplanung und wichtiger Bestandteil der gesamten Statischen Berechnung. An ihnen kann der Abtrag der vertikalen und horizontalen Lasten (Einwirkungen) sowie die vorhandenen Aussteifungen des Bauwerks verfolgt und geprüft werden. Nicht zuletzt kann an ihnen die folgerichtige, sukzessive Abfolge der berechneten Positionen nachvollzogen werden. Die Positionspläne werden neben dem Prüfingenieur auch den bauausführenden Firmen, z. B. der Baufirma für den Rohbau und dem Zimmermann für den Dachstuhl, zur Verfügung gestellt.

Der Prüfingenieur prüft mit Hilfe des Positionsplanes die Aussteifung, die logische Reihenfolge der Positionen und die Berechnung der einzelnen Positionen des zu prüfenden Bauwerkes.[1] Die Baufirmen entnehmen dem Positionsplan viele wichtige Angaben für die Bauausführung, wie z. B. statische Systeme, Spannrichtungen, Stöße bzw. Fugen und Baustoffe sowie Dimensionen der tragenden Bauteile.

2.2 Positionen und deren Kennzeichnung

Alle tragenden Bauteile eines Bauwerkes müssen in der Statischen Berechnung bezeichnet und berechnet bzw. dimensioniert werden. Den tragenden Bauteilen werden Baustoffe zugewiesen, die zugehörigen Querschnitte werden festgelegt und die geforderten Nachweise durchgeführt.

Die Kennzeichnung der Positionen erfolgt i. d. R. durch fortlaufende Nummerierung, beginnend mit der Ziffer „1". Die Nummerierung der Positionen eines Bauwerkes beginnt von oben (z. B. beim Wohnhaus mit den Dachsparren) und verläuft nach unten, also entgegen der späteren Bauausführung. Sie endet unten mit der Positionierung der Gründung (z. B. Fundamente) des Bauwerkes.

Diese Reihenfolge ist häufig Ursache von Konflikten auf der Baustelle, da die Baufirmen mit denjenigen Positionen beginnen (Gründung), die der Aufsteller der Statischen Berechnung als letztes berechnet. Positionen werden mit Ziffern, z. B. Pos 1, und/oder mit Buchstaben und Ziffern bezeichnet, z. B. T 1 für die Treppe 1, S 3 für Stütze Nr. 3 oder W 7 für die Wand Nr. 7.

Die Nummerierung muss logisch und folgerichtig sein:

So erhält das last<u>ab</u>gebende Bauteil eine kleinere Ziffer als das last<u>auf</u>nehmende Bauteil. Reihenfolge, Kennzeichnung und Vorgehensweise bei der Nummerierung sind allerdings nicht genormt. So könnten für ein Bauwerk mehrere Positionspläne richtig und folgerichtig sein.

---

[1] Zu den Aufgaben des Prüfingenieurs: Vgl. http://www.bvpi.de/, Editorial, abgerufen am 06.09.2014.

Beispiel: Pfettendach einer Garage (Abb. 2.1):

„Pos 1: Sparren". Der Sparren gibt seine Last oben an die Firstpfette, „Pos 2, Firstpfette", ab.

„Pos 2: Firstpfette". Diese Firstpfette nimmt die Last (= Einwirkung) des Sparrens, Pos 1, auf.

Falsch wäre es beispielsweise, wenn zuerst die Firstpfette als Pos 1 und anschließend der Sparren mit der Pos 2 bezeichnet und berechnet würden, da der Sparren seine Last an die Pfette weiterleitet und bei der Berechnung der Pfette die Einwirkung aus dem Sparren bekannt sein muss.

Abbildung 2.1

An den folgenden beiden Beispielen kann ebenfalls die Reihenfolge der Positionierung leicht nachvollzogen werden:

Beispiel 1: Ausschnitt eines Pfettendaches (Abb. 2.2):

Pos 1 Sparren liegt oben auf der Firstpfette, in der Mitte auf der Mittelpfette und unten auf der Fußpfette auf.

Pos 2 Firstpfette

Pos 3 Mittelpfette liegt mittig auf dem Türsturz auf.

Pos 4 Fußpfette liegt auf dem Ringbalken auf.

Pos 5 Ringbalken

Pos 6 Stütze steht mittig auf Türsturz (diese Position kann entfallen, falls der Stahlbetonsturz die Einzellast abträgt).

Pos 7 Türsturz usw.

Abbildung 2.2

Beispiel 2: Ausschnitt einer Halle (Abb. 2.3):

Pos 1 Sparrenpfette

Pos 2 Querbinder

Pos 3 Längsbinder

Pos 4 Stütze

Pos 5 Fundament usw.

Auch die Dachdeckung bzw. die Dachhaut kann eine Positionsnummer erhalten.

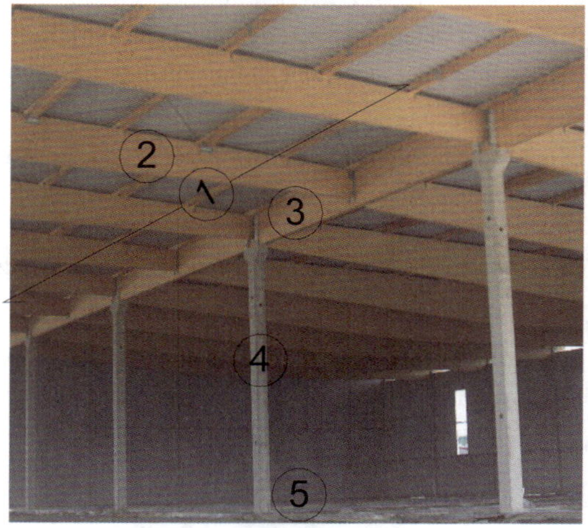

Abbildung 2.3

Oftmals werden z. B. bei einem Wohnhaus die Positionen des Daches von 1 bis 99 beziffert, die Positionen des darunterliegenden Geschosses mit 100 bis 199, darunter mit 200 bis 299 usw. beziffert. Damit kann man anhand der Positionszahl erkennen, in welchem Geschoss sich die Position befindet. Beispielsweise liegt, o. a. Bezifferung vorausgesetzt, dann die Position 113 im obersten Geschoss, unter dem Dach.

Bei größeren Bauwerken kann es sinnvoll sein, das Bauwerk - und damit auch die Positionen - zu unterteilen: Z. B. Teil A, Teil B, Teil C usw.

Um einen besseren Überblick bei größeren Bauwerken zu erhalten, kann in diesem Fall die Anordnung von Achsen und Reihen durchaus sinnvoll sein.[2]

Die Lage der Positionen muss ausführlich und unzweideutig angegeben werden. Hierzu können auch Hinweise wie „längs der Straße, quer zur Straße, außen, innen, an der Treppe, nach Himmelsrichtungen usw.“ angegeben werden.[3]

Bei längeren Bauteilen ist es oft wichtig, ob und wo Stöße bzw. Fugen angeordnet werden. Diese sind im Prinzip „Unterbrechungen“ der Bauteile und müssen unbedingt im Positionsplan vermerkt sein, da sie das angenommene statische System des jeweiligen Bauteils erheblich verändern. Beispielsweise muss bei einer Dachpfette überlegt werden, ob und wann ein Stoß, evtl. auch aus Transportgründen, angeordnet werden muss.

Auch die Fugen müssen im Positionsplan eindeutig angegeben werden. Z. B. haben Dehnungsfugen bei einer Stützwand aus Stahlbeton erhebliche Auswirkungen auf die Bewehrungsführung.

Positionen, welche die gleiche oder ähnliche Spannweite und Einwirkungen aufweisen, können die gleiche Positionsnummer erhalten.

Bei einer Position, welche die gleiche Bemessung wie eine davor berechnete „Position x” erhält, kann das wie folgt beschrieben werden: „wie Pos x”.

Werden tragende Bauteile, z. B. eine Wendeltreppe, nicht vom Aufsteller der Berechnung, sondern von anderen am Bau Beteiligten ausgeführt oder geliefert, kann für diese Bauteile trotzdem eine Positionsnummer, z. B. Pos. x, vergeben werden mit dem Hinweis: „Die Berechnung der Pos x, Wendeltreppe, wird vom Hersteller geliefert und nachgereicht“.

Gelegentlich muss eine Statische Berechnung bzw. einzelne Positionen auch modifiziert und/oder ergänzt werden. Die Gründe hierfür können durch evtl. Änderungen der Planung, Änderungen der Einwirkungen (geplante Nutzlasten), Wünsche des Bauherrn oder der Bauausführenden (alternativer Baustoff), aber auch in einer fehlerhaften Berechnung der vorhergehenden Positionen liegen.

Positionen, welche also in sogenannten Nachträgen vom Aufsteller der Statischen Berechnung modifiziert oder neu berechnet werden, erhalten oftmals als Kennzeichnung ein „N“ (für Nachtrag) vor die jeweilige Ziffer.

---

[2] Schneider, 2024, S. 3.8.

[3] Mayer, 1965, S. 16.

So wird also beispielsweise die in der ersten Berechnung bezifferte Position 14 im Nachtrag zur Position „Pos N 14“. Möglich ist auch die nachträgliche Bezifferung mit Buchstaben, z. B. Pos 14a, Pos 14b, 14c.

Der Buchstabe „a“ hinter der Ziffer der jeweiligen Position kann aber auch als Alternative für diese Position gekennzeichnet werden. Steht beispielsweise noch nicht fest, ob die Dachpfette, Pos 8, aus Bauholz oder Brettschichtholz bemessen wird, kann die eine Position mit „Pos 14“ (Bauholz) und die Alternative mit „Pos 14a“ (Brettschichtholz) gekennzeichnet werden.

Häufig wird gefordert, dass die Positionspläne bereits die gewählten Baustoffe und die exakten Dimensionen der jeweiligen tragenden Bauteile bzw. Positionen aufweisen sollen.[4]

Hierbei sollte jedoch bedacht werden, dass im zeitlichen Ablauf der Statischen Berechnung zuerst der Positionsplan und erst anschließend die Berechnung und Bemessung, also die Dimensionierung erfolgt.

Nach Meinung des Verfassers ist es sinnvoller, die Positionspläne zunächst ohne Angabe der gewählten Baustoffe und der Dimensionierung aufzustellen und evtl. später, nach Prüfung und Besprechung mit den am Bau Beteiligten, zu ergänzen.

Zum einen können die Baustoffe und Dimensionen in der Statischen Berechnung und in den Konstruktionsplänen gefunden werden, zum anderen müssen bei Änderungen nicht die Positionspläne geändert werden. Ansonsten müsste jede Änderung eines Baustoffes oder Änderung eines Querschnittes die Modifizierung der Positionspläne zur Folge haben.

Dies schließt natürlich nicht aus, dass - evtl. auf expliziten Wunsch der am Bau Beteiligten - die Baustoffe und Dimensionen der tragenden Bauteile nach der Bemessung in den Positionsplan eingetragen werden können.

2.3 Darstellung der Positionen

Für die Darstellung der einzelnen Positionen existiert keine Norm. Balken, wie z. B. Stürze oder Plattenbalken, werden in Positionsplänen oftmals entweder als durchgezogene Linie, gestrichelt oder strich-punktiert dargestellt.

Beispiel: Pos 4, Sturz, hier als strich-punktierte Linie gezeichnet.

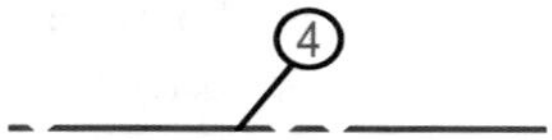

Bei flächigen Bauteilen, wie z. B. Decken, Wänden und Bodenplatten, werden im Positionsplan die Spannrichtungen (Tragrichtungen) der Decken (Platten) durch Pfeile dargestellt.

[4] Mayer, 1965, S. 17.

Beispiele: Kennzeichnungen der Spannrichtung von Stahlbetondecken oder -wänden (Platten):

Die Spannrichtung wird durch Pfeile symbolisiert. In der Regel werden Decken und Wände über die kurze Spannweite gespannt.

1) Einachsig gespannte, zweiseitig gelagerte Stahlbetondecke:

Die Decke liegt ausschließlich auf den beiden gegenüberliegenden Wänden auf. Der rechte und der linke Deckenrand haben keine Stützung. Die Diagonale gibt an, von wo bis wo die Decke, so wie dargestellt, gespannt ist.

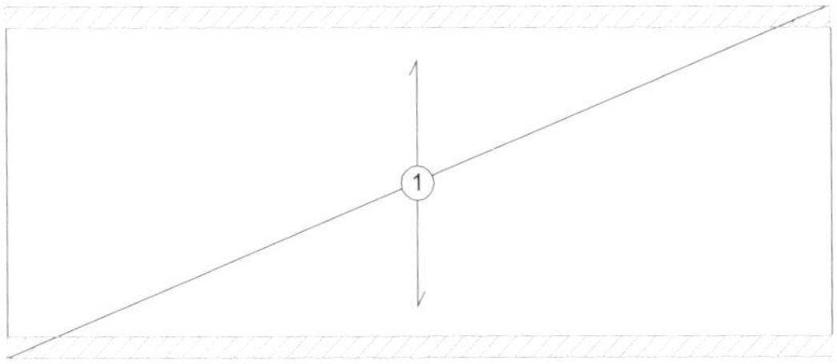

2) Dreiseitig gelagerte Stahlbetondecke:

Die Decke liegt auf den beiden gegenüberliegenden Wänden und auf der linken Wand auf. Der rechte Deckenrand hat keine Stützung.

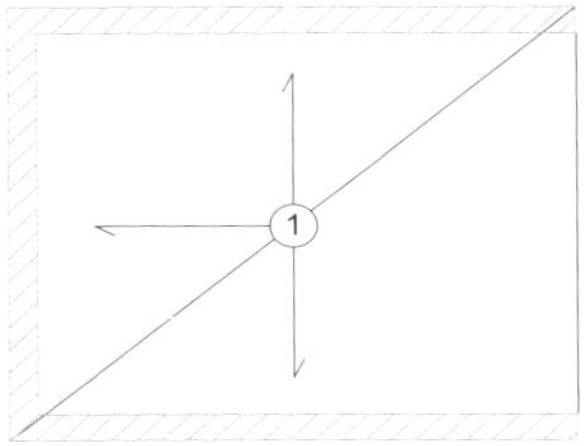

3) Vierseitig gelagerte Stahlbetondecke:

Zweiachsig gespannte Stahlbetondecke. Die Decke liegt auf allen vier Wänden auf. Man nennt dies auch kreuzweise gespannte Decke.

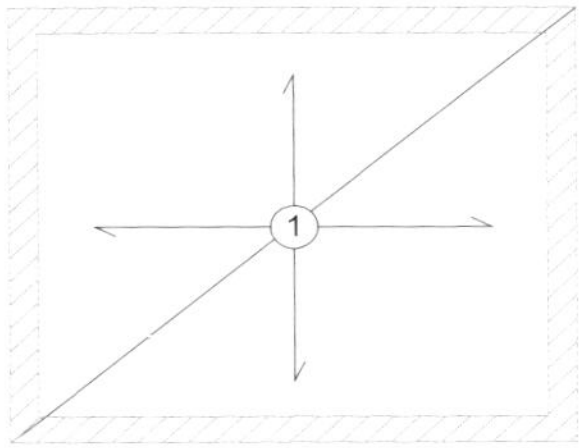

4) Einachsig gespannte Stahlbetondecke mit Kragarm rechts:

Die Decke liegt ausschließlich auf den beiden gegenüberliegenden Wänden links und rechts auf. Rechts kragt die Decke über der Wand aus. Diese Auskragung kann z. B. ein Balkon sein.

Der untere und der obere Deckenrand haben hierbei keine Stützung.

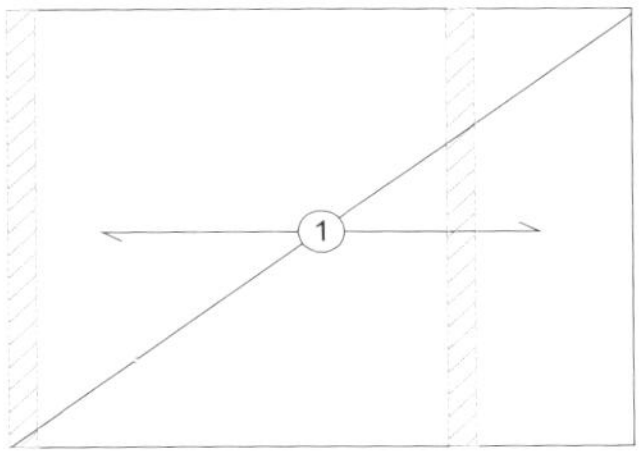

Beispielsweise bieten sich bei der nachfolgend im Grundriss skizzierten vierseitig gelagerten Stahlbetondecke mit der Breite b = 12 m und Länge l = 4 m mehrere Optionen der Berechnung - und damit der Positionsvergabe - an:

a) Einachsig gespannte Decke: Die beiden kurzen Wände werden bei der Berechnung nicht berücksichtigt.

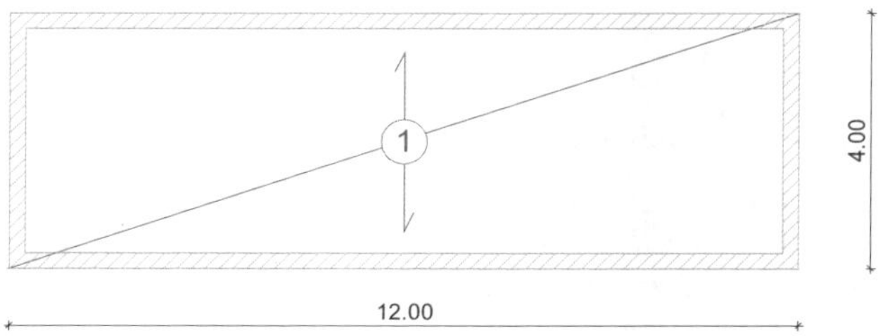

oder b) zweiachsig gespannte Decke (kreuzweise gespannt): Alle vier Wände werden bei der Berechnung berücksichtigt.

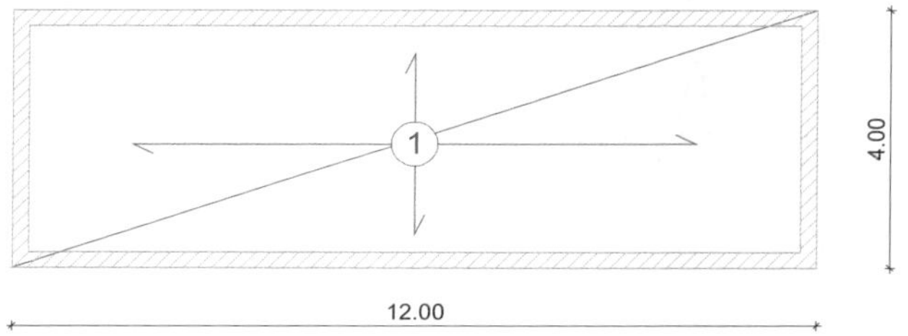

oder c) Aufteilung der Decke in eine einachsig gespannte Platte in der Mitte und zwei dreiseitig gelagerte Platten jeweils außen.

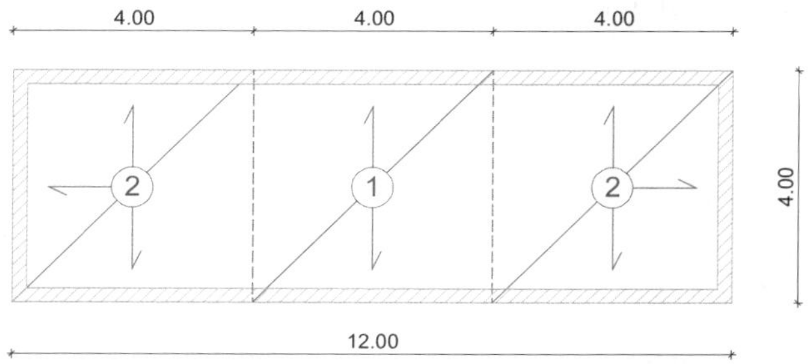

Der jeweilige Rechenaufwand und die Wirtschaftlichkeit der hier gezeigten Optionen sind jedoch stark unterschiedlich. Die Berechnung der einachsig gespannten Decke (Balkentheorie) erfordert weniger Rechenaufwand als die drei- oder vierseitig gelagerte Decke (Plattentheorie). Die Wirtschaftlichkeit ist bei der Aufteilung c) am größten; diese Option kommt von den drei Optionen dem realen Tragverhalten am nächsten. Möglich wäre auch eine Berechnung mit der Finite-Elemente-Methode (FEM).

2.4 Weitere Erläuterungen im Positionsplan

Gelegentlich erhält der Tragwerksplaner Entwurfspläne, deren Ausführung problematisch ist, da z. B. die Standsicherheit nicht gewährleistet ist oder die Spannweiten von Balken oder Decken zu groß sind, um eine wirtschaftliche Bemessung durchzuführen. Dies führt dann zwangsläufig zu Korrekturen des Entwurfes. Der Tragwerksplaner muss sich bereits in der Phase der Tragwerksplanung von der Gesamtstabilität des geplanten Bauwerkes überzeugen und evtl. Maßnahmen anordnen, um diese Standsicherheit zu erreichen. Die Sicherheit und die Aussteifung eines Bauwerkes muss, auch während der Bauphase, gewährleistet sein. So kann z. B. bei einer nicht ausgesteiften Außenwand eine zusätzliche Aussteifung in Form einer Wandstütze in einer Wand angeordnet werden. Möglich wäre hier auch die Anordnung einer zusätzlich aussteifenden Wand oder eines Ringbalkens. Diese Änderungen müssen dann jedoch im Positionsplan eingetragen werden und dem Entwurfsplaner mitgeteilt werden. Bei zu großen Spannweiten von Balken oder Decken kann beispielsweise ein zusätzliches Auflager angeordnet werden. Dies kann durch die Vergrößerung der Wanddicke einer vorher nicht tragenden Wand erfolgen oder durch ein zusätzliches Auflager. Stellt also der Tragwerksplaner in den Entwurfsplänen des Architekten statische Mängel fest, werden diese Mängel – oftmals nach Absprache mit dem Architekten – behoben und im Positionsplan vermerkt. Sinnvoll ist immer eine Absprache mit dem Entwurfsplaner und dem Bauherrn.

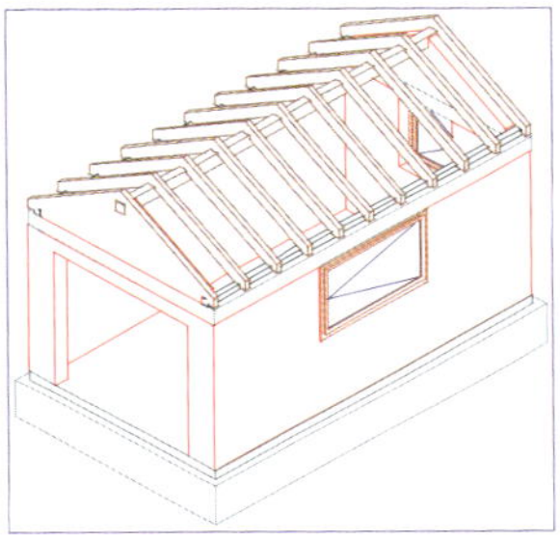

Beispiele:

1) Erstellen Sie den Positionsplan (Grundriss, Schnitt) für die skizzierte Garage im Maßstab 1:100!

Grundriss

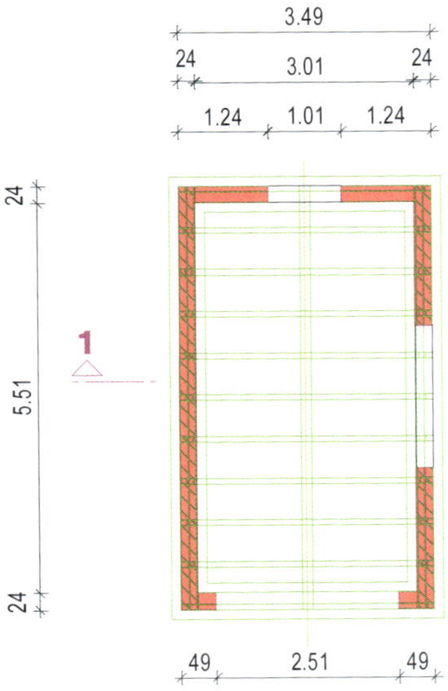

Schnitt 1-1

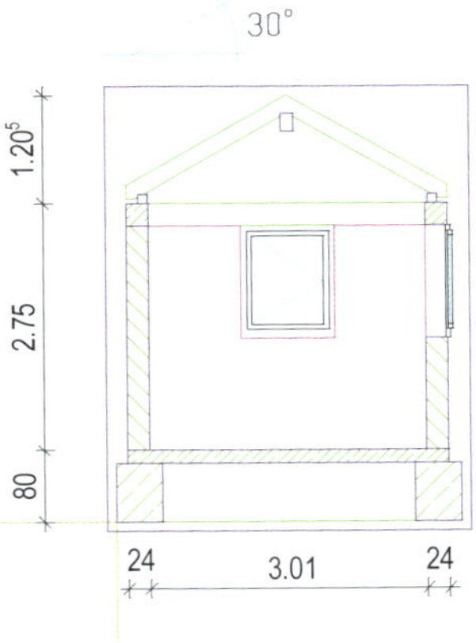

Lösung: Positionsplan Garage (hier ohne Maßstab)

Grundriss

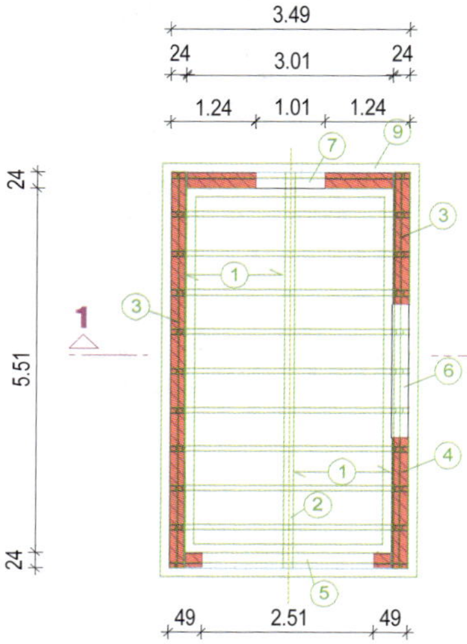

Schnitt 1-1

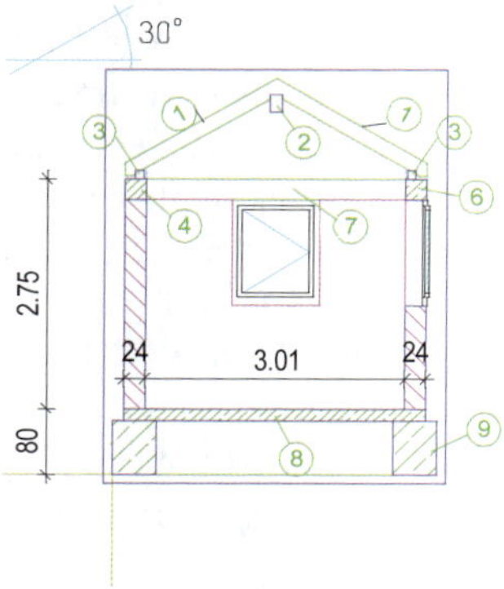

Pos 1: Sparren

Pos 2: Firstpfette

Pos 3: Fußpfette

Pos 4: Ringbalken (Der Ringbalken verläuft über den Wänden und schräg an den Giebeln; er kann aber auch mit den Stürzen vereinigt werden.)

Pos 5: Torsturz

Pos 6: Fenstersturz seitlich

Pos 7: Fenstersturz hinten

Pos 8: Bodenplatte

Pos 9: Streifenfundament

Isometrie

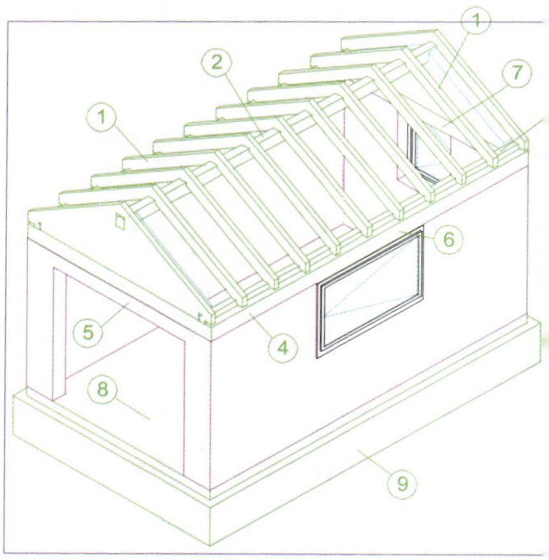

Die Aussteifungsmaßnahmen im Dach (z. B. Windrispenbänder, Kopfbänder o. ä.) und die Verankerungsmaßnahmen können ebenfalls positioniert werden. Auch die Wände können eine Positionsnummer erhalten. Die Reihenfolge der Positionen kann differieren.

Vorausgesetzt, die Positionen sind in den Positionsplänen folgerichtig und vollständig angeordnet, können mehrere Lösungen richtig sein. Die hier gezeigten Positionspläne sind als Vorschläge zu verstehen.

2) Gegeben sei ein Verbindungsschacht aus Stahlbeton im Tiefbau.

Zeichnen Sie den Positionsplan des Verbindungsschachtes im Maßstab 1:100!

Isometrie:

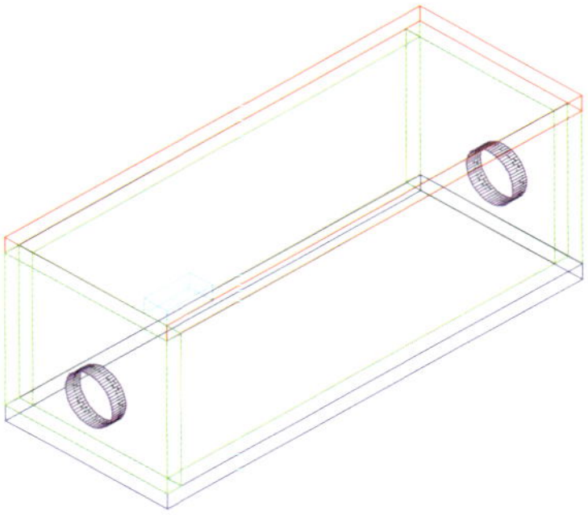

Ansicht

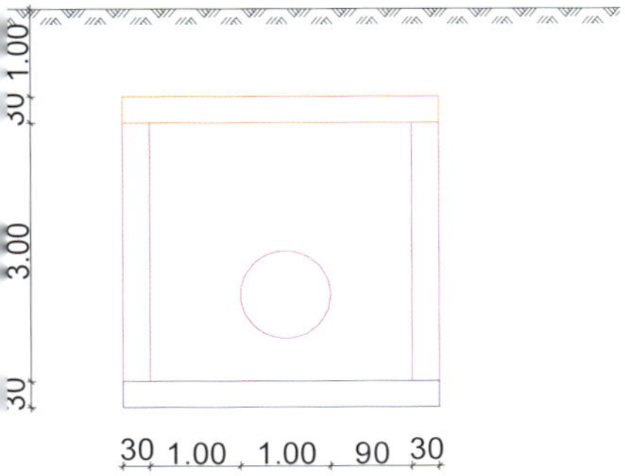

Vorderansicht

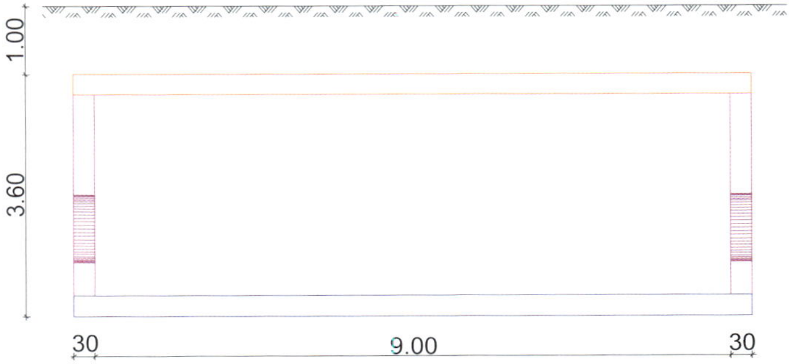

Lösung: Positionsplan Verbindungsschacht (hier ohne Maßstab)

Pos 1: Decke

Pos 2: Wand (2x)

Pos 3: Bodenplatte

Pos 4: Stirnwand (2x)

(evtl.) Pos 5: Öffnung

Da die Positionen 1 - 4 monolithisch miteinander verbunden sind, können sie z. B. auch als Rahmen berechnet werden.

Ansicht

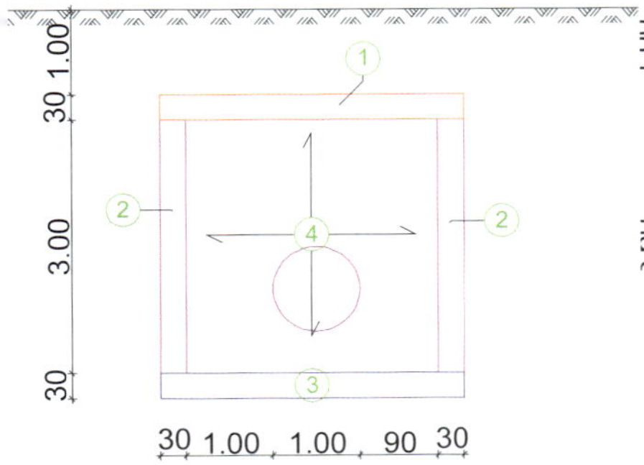

Vorderansicht

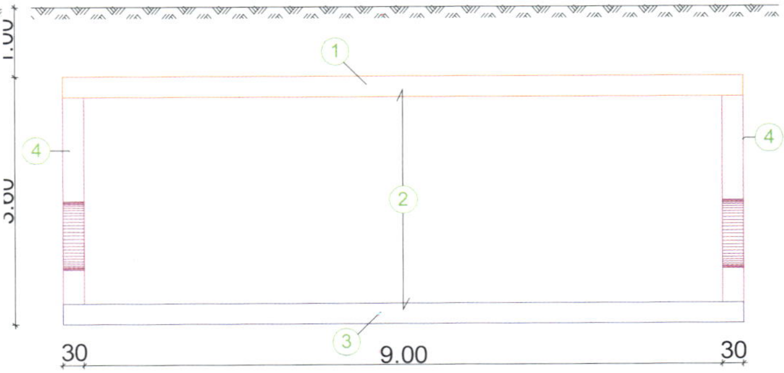

3) geg.: Halle

ges.: Positionsplan der skizzierten Halle im Maßstab 1:100!

- Isometrie
- Grundriss
- Vorderansicht
- Seitenansicht

(von oben nach unten)

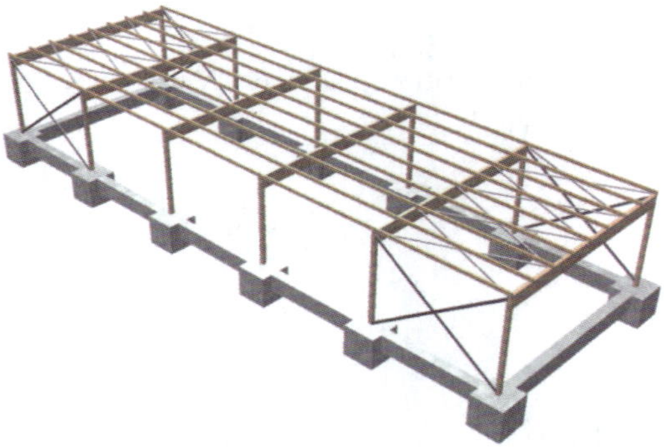

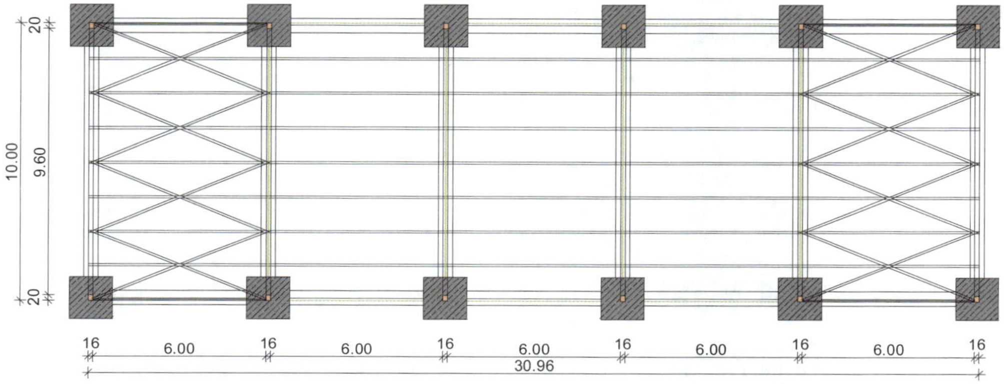

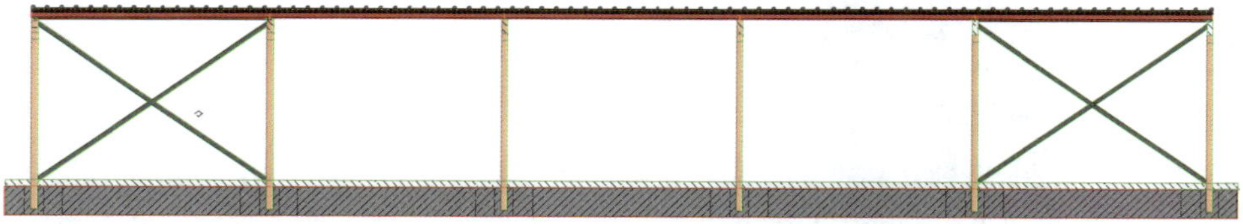

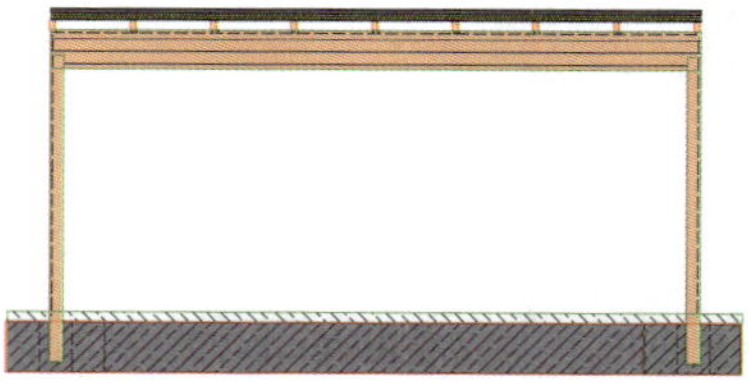

Lösung: Positionsplan Halle (hier ohne Maßstab)

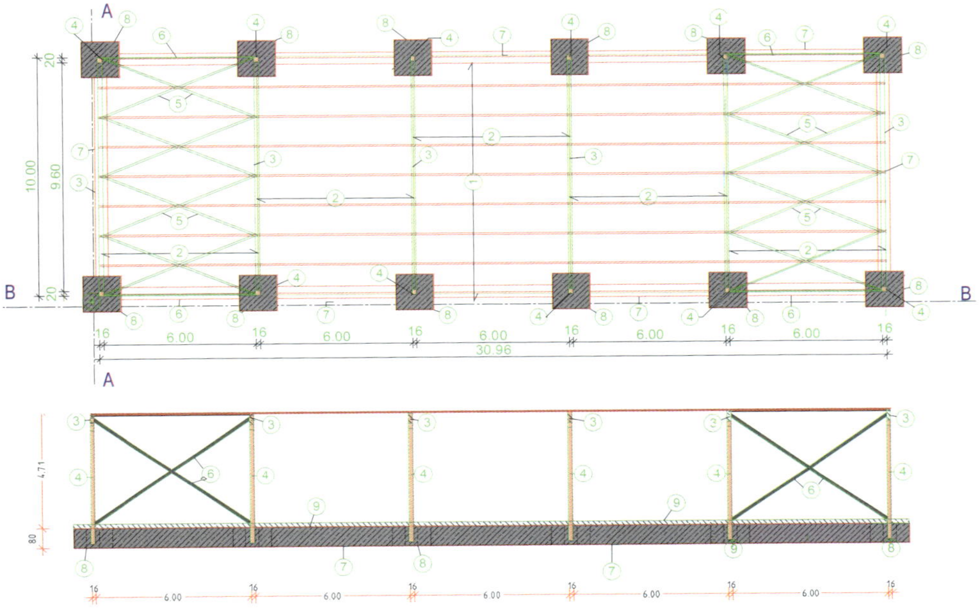

Einzelne Positionen können auch in der Reihenfolge getauscht werden, solange die Abfolge der Positionen logisch aufeinander aufbaut.

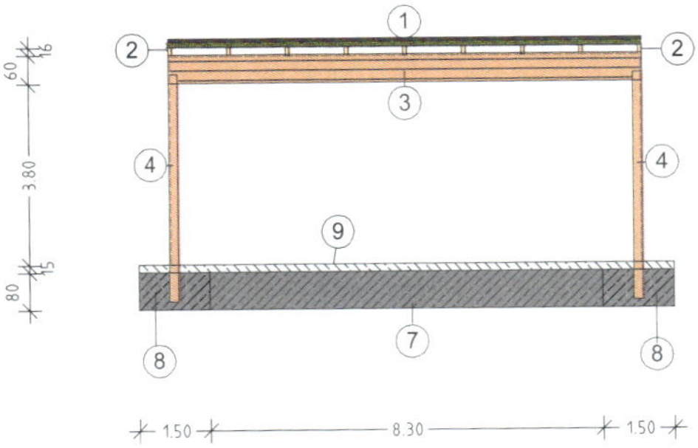

POS	Bezeichnung
1	Dacheindeckung
2	Sparrenpfetten
3	Binder
4	Stüze
5	Dachverband
6	Wandverband
7	Streifenfundament
8	Einzelfundament
9	Bodenplatte

4) Hubschrauberlandeplatz

Das folgende Beispiel zeigt, dass auch eine Kombination von Positionsplan und Konstruktionsplan möglich ist.[5]

[5] Die Zeichnungen dieses Hubschrauberlandeplatzes wurden freundlicherweise vom Ingenieurbüro Sänger / Gorges aus Reinsfeld zur Verfügung gestellt. Die Positionspläne sind hier unmaßstäblich dargestellt. Bauherr: Krankenhaus der Barmherzigen Brüder, Trier; Architekten: Architekten Naujack / Rind / Hof, Koblenz.

TRÄGERROST LANDEPLATTFORM

OK. B. +32,16m

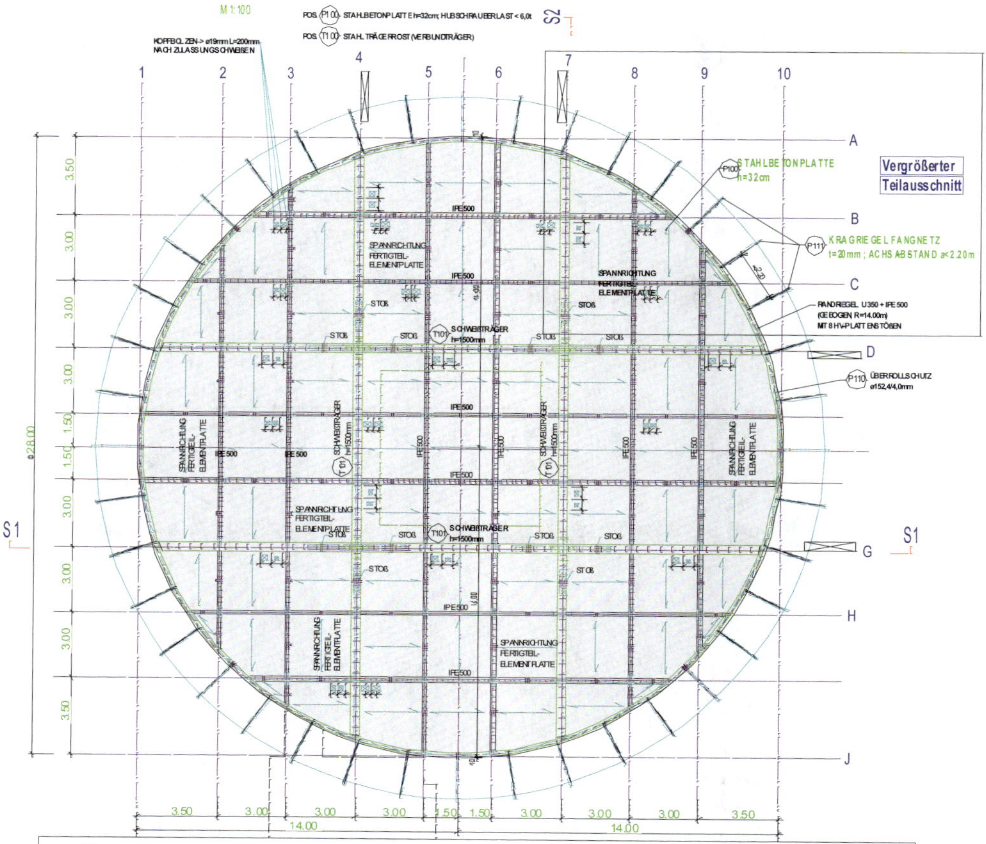

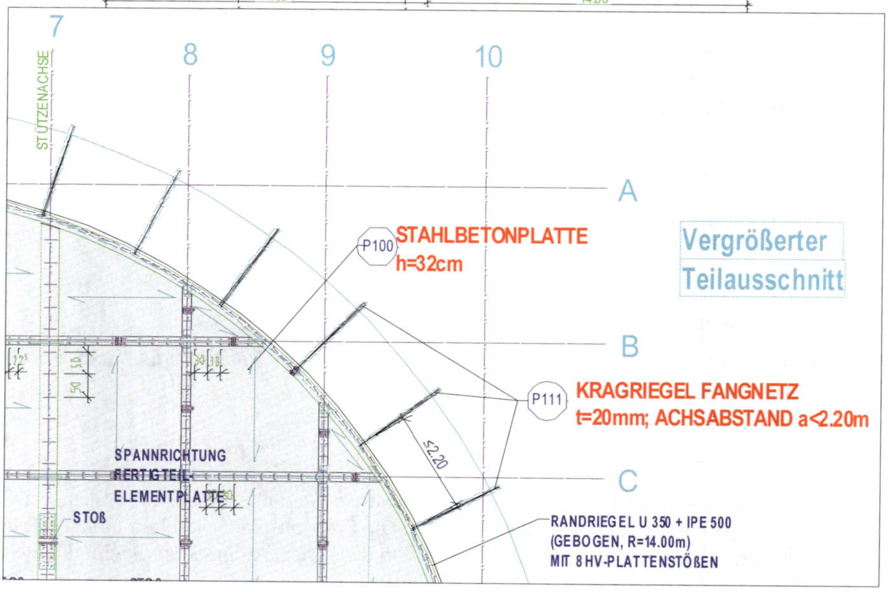

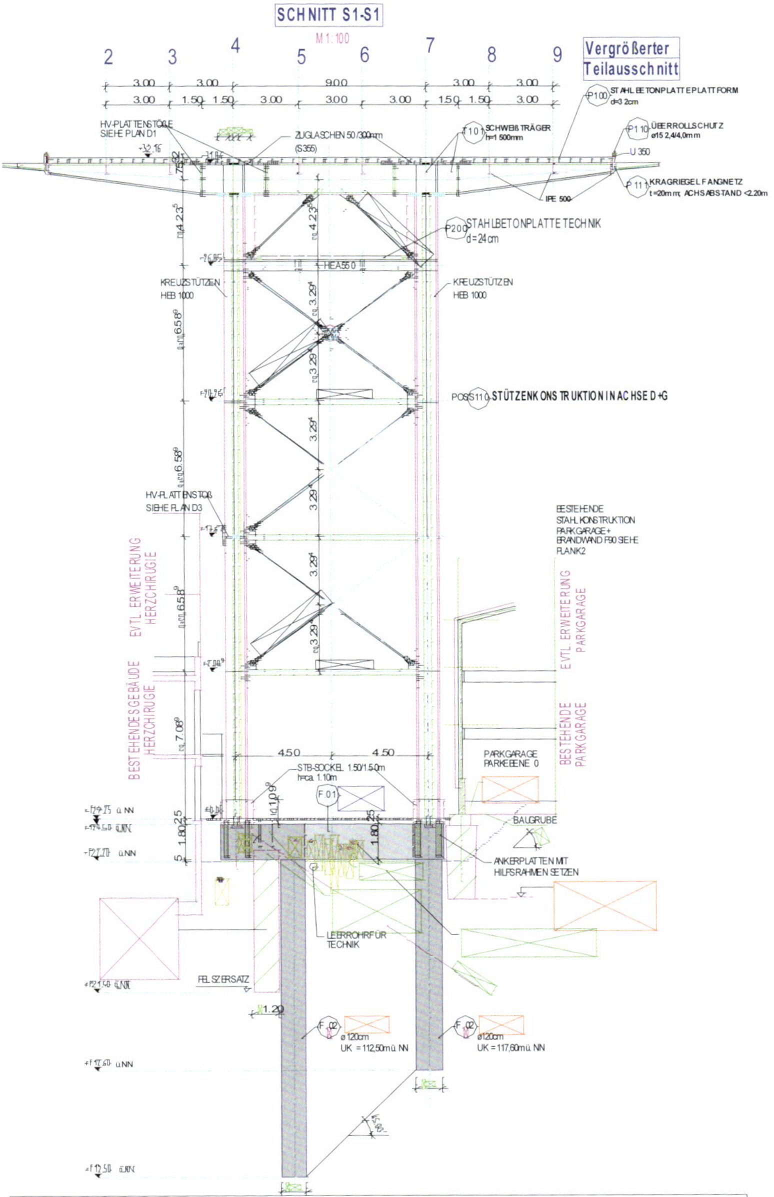
SCHNITT S1-S1
M 1:100
Vergrößerter Teilausschnitt
P100 STAHLBETONPLATTE PLATTFORM d=32cm
T101 SCHWEIßTRÄGER h=1500mm
P110 ÜBERROLLSCHUTZ ø152,4/4,0mm
U 350
P111 KRAGRIEGEL FANGNETZ t=20mm; ACHSABSTAND <2.20m
IPE 500
HV-PLATTENSTÖßE SIEHE PLAN D1
ZUGLASCHEN 50/300mm (S355)
P200 STAHLBETONPLATTE TECHNIK d=24cm
HEA550
KREUZSTÜTZEN HEB 1000
POS S110 STÜTZENKONSTRUKTION IN ACHSE D+G
HV-PLATTENSTOß SIEHE PLAN D3
BESTEHENDE STAHLKONSTRUKTION PARKGARAGE + BRANDWAND F90 SIEHE PLANK2
EVTL. ERWEITERUNG HERZCHIRUGIE
BESTEHENDES GEBÄUDE HERZCHIRUGIE
EVTL. ERWEITERUNG PARKGARAGE
BESTEHENDE PARKGARAGE
PARKGARAGE PARKEBENE 0
STB-SOCKEL 1.50/1.50m h=ca. 1.10m
F.01
BAUGRUBE
ANKERPLATTEN MIT HILFSRAHMEN SETZEN
LEERROHR FÜR TECHNIK
FELSZERSATZ
F.02 ø120cm UK = 112,50m ü. NN
F.02 ø120cm UK = 117,60m ü. NN

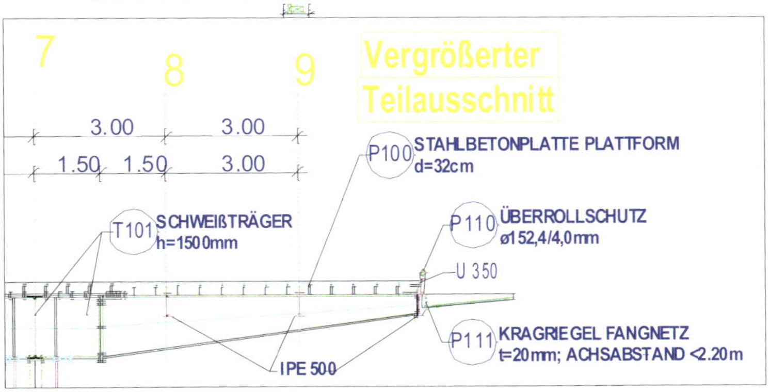
7
8
9
Vergrößerter Teilausschnitt
3.00
3.00
1.50
1.50
3.00
P100 STAHLBETONPLATTE PLATTFORM d=32cm
T101 SCHWEIßTRÄGER h=1500mm
P110 ÜBERROLLSCHUTZ ø152,4/4,0mm
U 350
P111 KRAGRIEGEL FANGNETZ t=20mm; ACHSABSTAND <2.20m
IPE 500

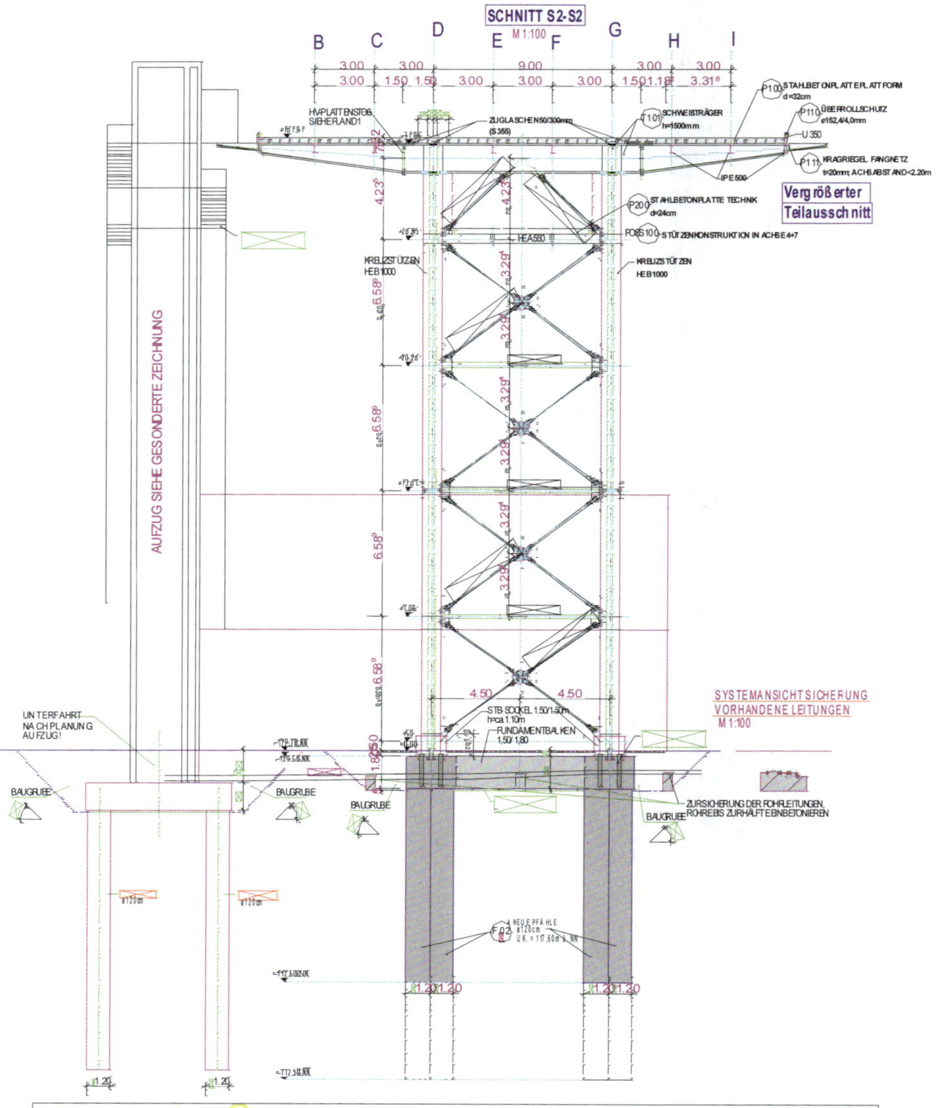
SCHNITT S2-S2
M 1:100
B
C
D
E
F
G
H
I
STAHLBETONPLATTE PLATTFORM d=32cm
ÜBERROLLSCHUTZ ø152,4/4,0mm
U 350
KRAGRIEGEL FANGNETZ t=20mm; ACHSABSTAND<2.20m
Vergrößerter Teilausschnitt
SCHWEIßTRÄGER h=1500mm
ZUGLASCHEN 50/300mm (S355)
IPE 500
STAHLBETONPLATTE TECHNIK d=24cm
STÜTZENKONSTRUKTION IN ACHSE 4+7
HEA550
KREUZSTÜTZEN HEB1000
AUFZUG SIEHE GESONDERTE ZEICHNUNG
UNTERFAHRT NACH PLANUNG AUFZUG!
BAUGRUBE
STB-SOCKEL 1.50/1.50m h=ca.1.10m
FUNDAMENTBALKEN 1,50/1,80
SYSTEMANSICHT SICHERUNG VORHANDENE LEITUNGEN
ZURSICHERUNG DER ROHRLEITUNGEN, ROHRE BIS ZUR HÄLFTE EINBETONIEREN
NEUE PFÄHLE ø120cm U.K. = 117,60m ü. NN
ø120cm

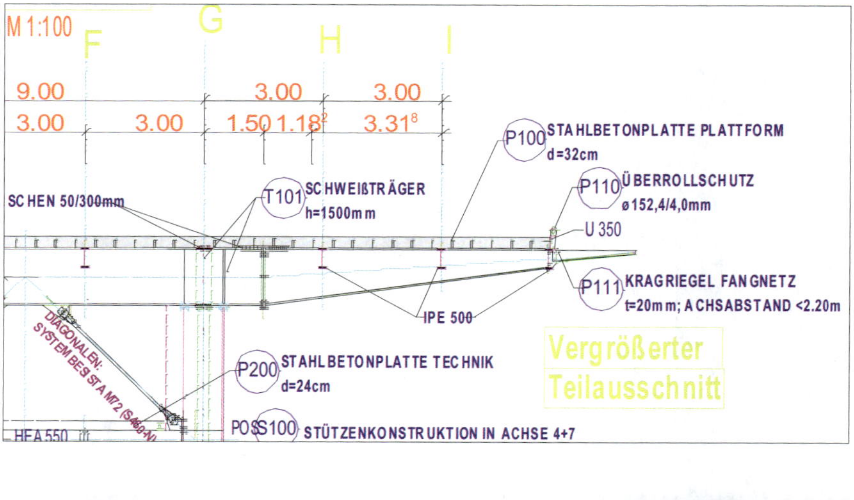
M 1:100
F
G
H
I
9.00
3.00
3.00
3.00
3.00
1.50
1.18
3.31
P100 STAHLBETONPLATTE PLATTFORM d=32cm
P110 ÜBERROLLSCHUTZ ø152,4/4,0mm
U 350
SCHEN 50/300mm
T101 SCHWEIßTRÄGER h=1500mm
P111 KRAGRIEGEL FANGNETZ t=20mm; ACHSABSTAND <2.20m
IPE 500
DIAGONALEN: SYSTEM BESTSTAHL2 (S460-N)
P200 STAHLBETONPLATTE TECHNIK d=24cm
Vergrößerter Teilausschnitt
HEA 550
POSS100 STÜTZENKONSTRUKTION IN ACHSE 4+7

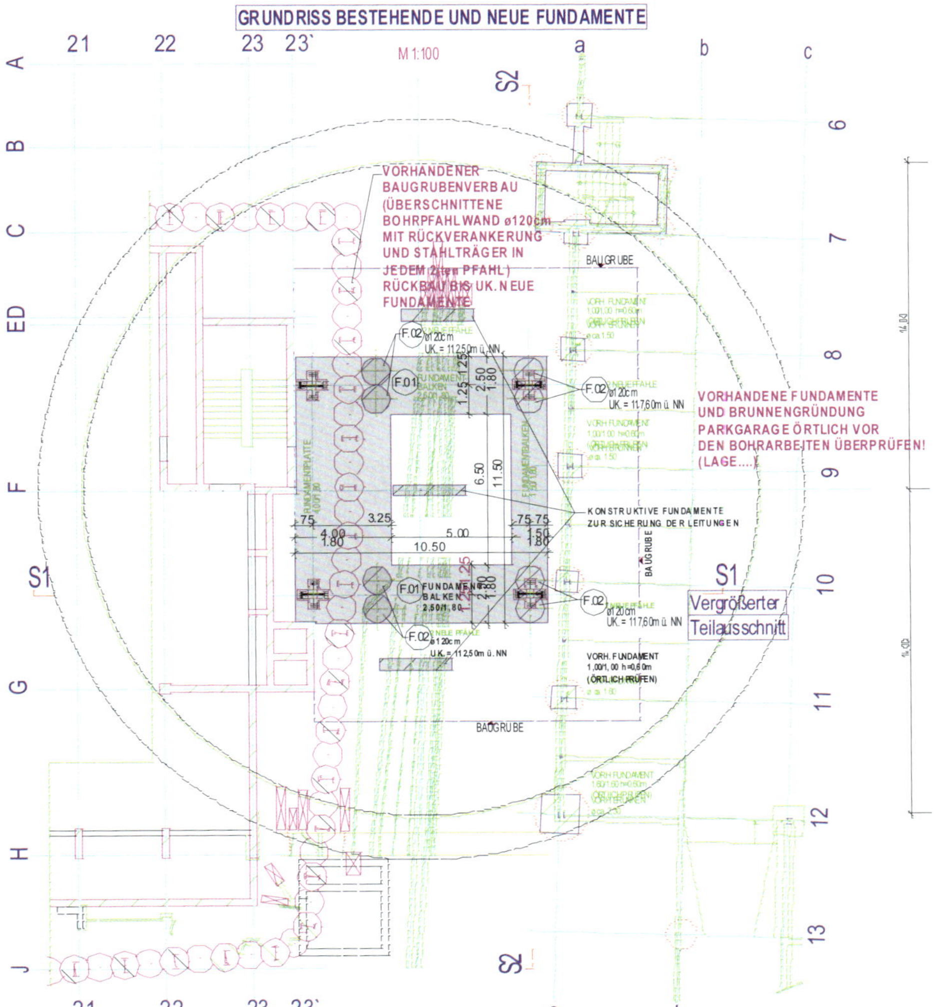
GRUNDRISS BESTEHENDE UND NEUE FUNDAMENTE
M 1:100
VORHANDENER BAUGRUBENVERBAU (ÜBERSCHNITTENE BOHRPFAHLWAND ø120cm MIT RÜCKVERANKERUNG UND STAHLTRÄGER IN JEDEM 2.ten PFAHL) RÜCKBAU BIS UK. NEUE FUNDAMENTE
VORHANDENE FUNDAMENTE UND BRUNNENGRÜNDUNG PARKGARAGE ÖRTLICH VOR DEN BOHRARBEITEN ÜBERPRÜFEN! (LAGE....)
KONSTRUKTIVE FUNDAMENTE ZUR SICHERUNG DER LEITUNGEN
BAUGRUBE
VORH. FUNDAMENT 1,00/1,00 h=0,60m (ÖRTLICH PRÜFEN)
Vergrößerter Teilausschnitt
S1
S2

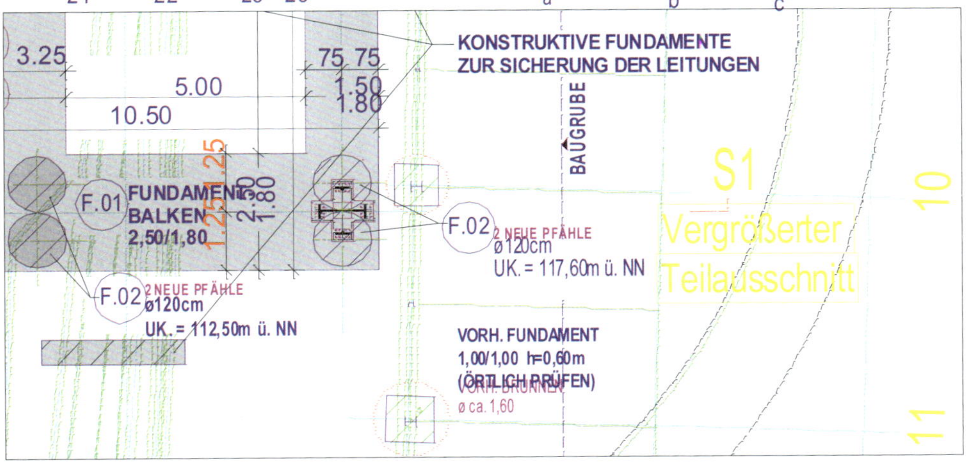
KONSTRUKTIVE FUNDAMENTE ZUR SICHERUNG DER LEITUNGEN
BAUGRUBE
F.01 FUNDAMENT BALKEN 2,50/1,80
F.02 2 NEUE PFÄHLE ø120cm UK. = 117,60m ü. NN
F.02 2 NEUE PFÄHLE ø120cm UK. = 112,50m ü. NN
VORH. FUNDAMENT 1,00/1,00 h=0,60m (ÖRTLICH PRÜFEN)
VORH. BRUNNEN ø ca. 1,60
S1
Vergrößerter Teilausschnitt
3.25
5.00
10.50
75 75
1.50
1.80
2.50
1.25
1.25

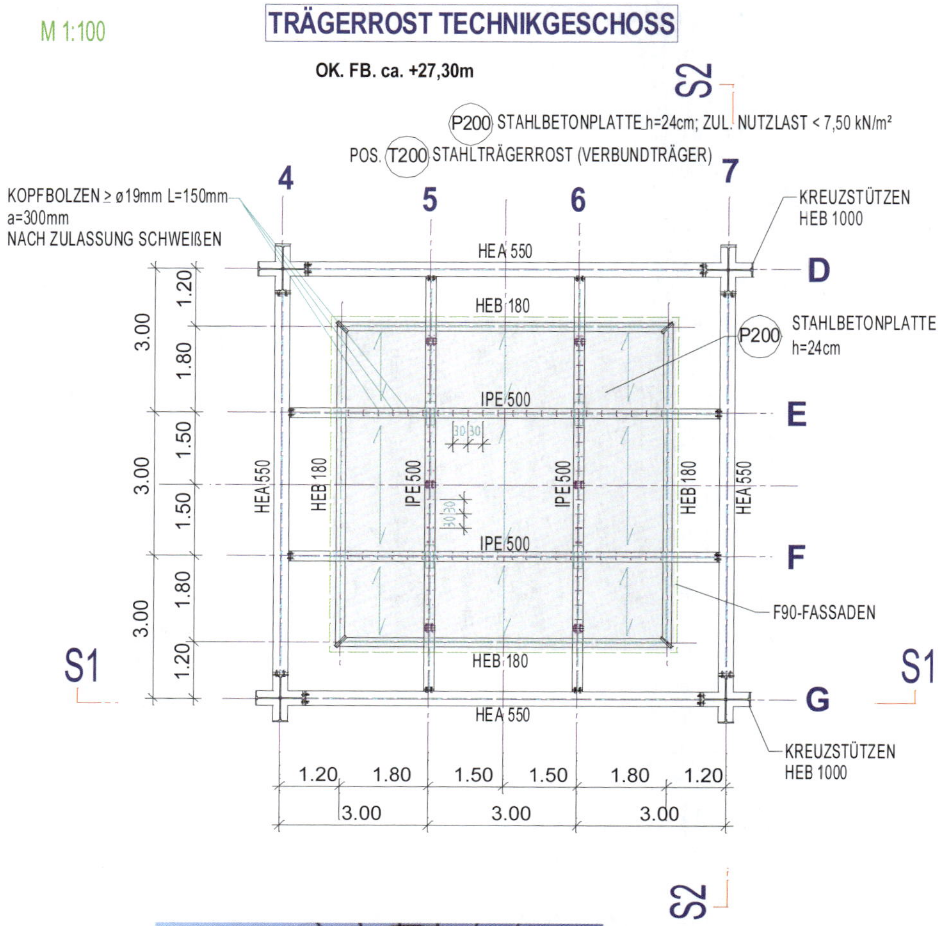

Abbildung 2.4

2.5 Übungen

1) geg.: Garage für vier Fahrzeuge mit Stahlbeton-Flachdach, Plattenbalken, Fensterstürzen, Stütze und Gründung. Garagenhöhe: OK Bodenplatte bis UK Decke: 2,50 m

ges.: Positionspläne im Maßstab 1:100

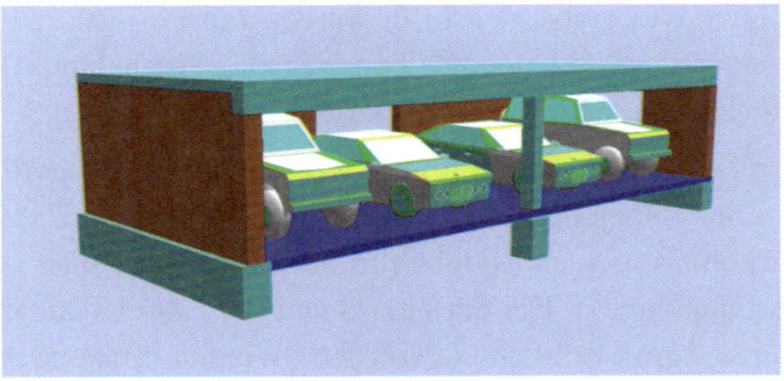

Grundriss

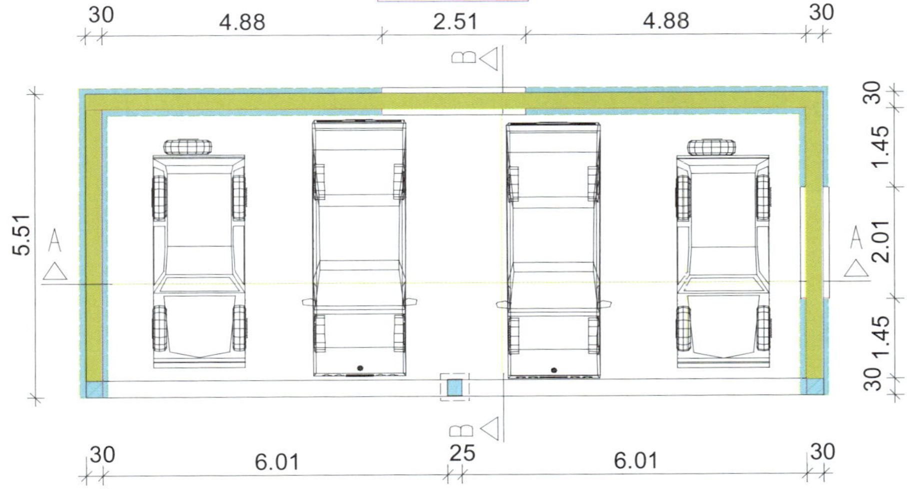

Ansicht vorne

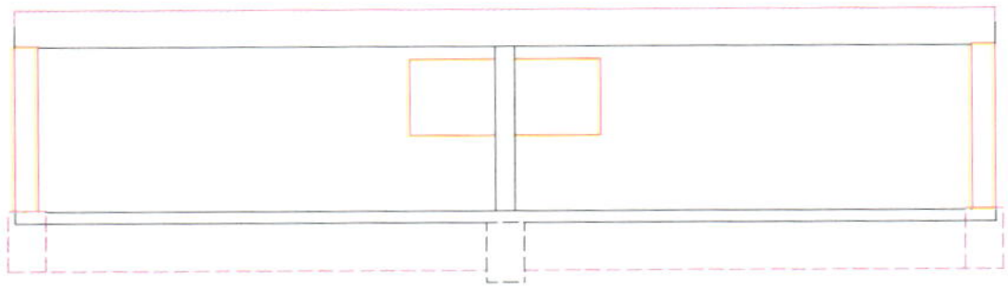

Ansicht rechts

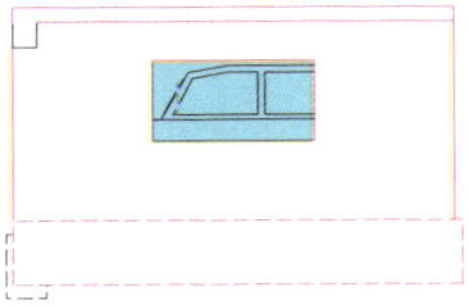

2) geg.: Entwurfsplanung des Architekten für ein geplantes Einfamilienhaus. Grundrisse, Schnitt und eine Ansicht (ohne Maßstab)

ges.: Positionspläne im Maßstab 1:100 (Positionsplan Dach, Positionsplan Erdgeschoss, Positionsplan Kellergeschoss, Positionsplan Gründungen, Positionsplan Schnitt)

Anmerkungen:

Das Dach kragt allseitig 50 cm aus. Alle Wände werden gemauert. Tragende Wände werden in diesem Beispiel ab einer Wandbreite von 17,5 cm angeordnet. 11,5 cm breite Wände werden als nicht tragend angeordnet (obwohl sie laut Mauerwerksnorm tragend ausgeführt werden dürften). Nichttragende Trennwände werden - außer im Dachgeschoss (wegen der aussteifenden Wirkung) - nicht bzw. im Dachgeschoss gestrichelt in den Positionsplan gezeichnet. Öffnungen mit einer lichten Weite von ≤ 1,50 m werden mit Fertigstürzen hergestellt, werden nicht berechnet und erhalten deshalb keine Positionsnummer. Ausnahme: Der Sturz erhält eine außergewöhnlich hohe Einwirkung, z. B. eine Einzellast.

Die Decke und Treppe im EG werden in Holz ausgeführt, die Decke und Treppe im KG werden aus Stahlbeton hergestellt. Die Gründung soll mit Einzel-, Streifenfundamenten und Bodenplatte ausgeführt werden (möglich ist auch die Anordnung einer elastisch gebetteten Platte ohne Streifenfundamente). Bei der Anordnung von Rollladenkästen müssen die Spannweiten der Fensterstürze - um ca. 20 cm - vergrößert werden. Manche Abmessungen, z. B. die Fundamentbreiten, werden vorab geschätzt.

Dachgeschoss

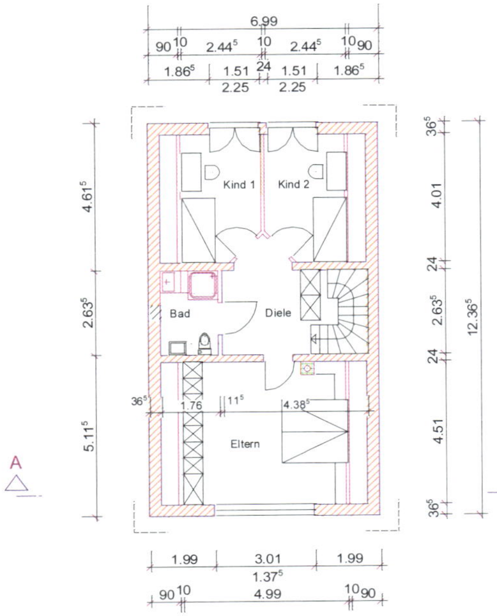

Kellergeschoss

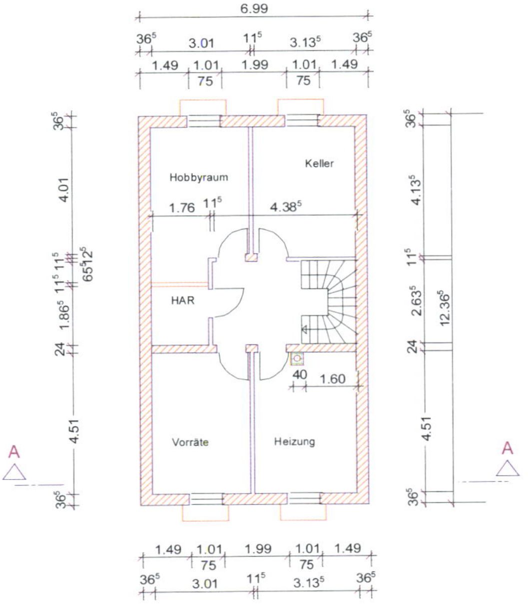

Erdgeschoss

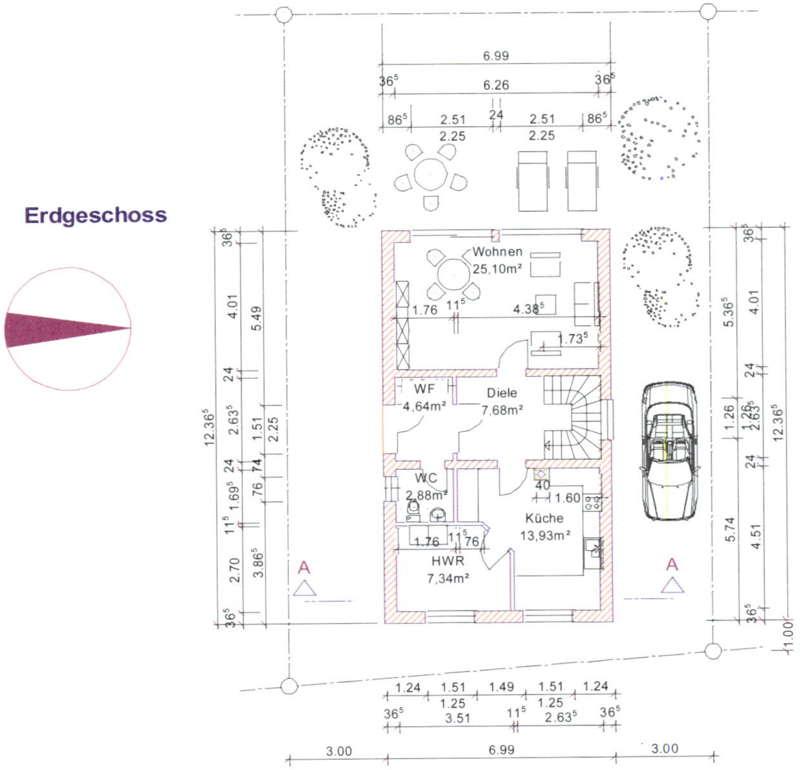

2.6 Lösungen zu den Übungen

Zu Kap. 2.5

1) Positionsplan „Garage für vier Fahrzeuge“ (hier ohne Maßstab)

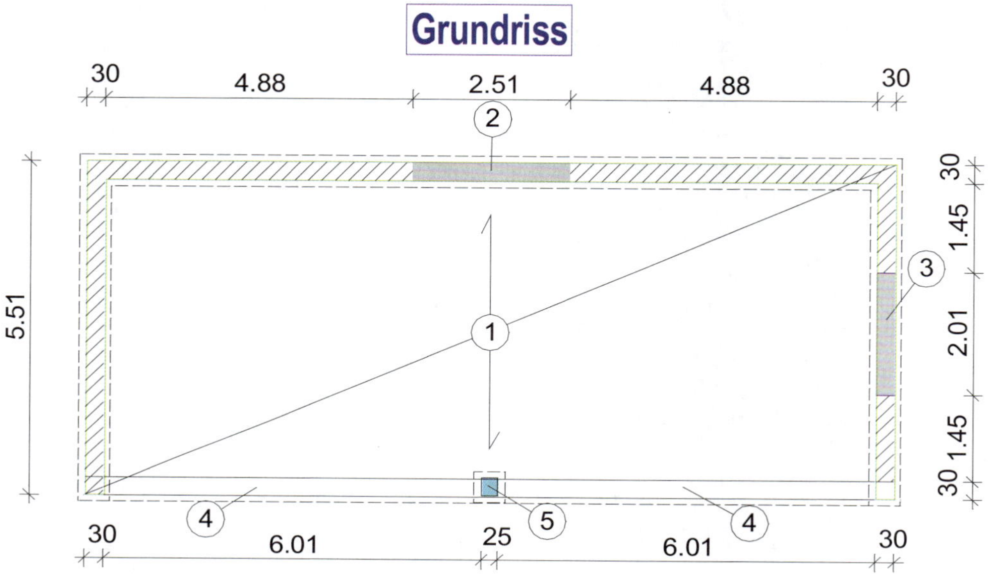

Erläuterung der Positionen:

Pos 1: Stahlbetondecke, einachsig gespannt

Pos 2: Fenstersturz hinten

Pos 3: Fenstersturz seitlich

Pos 4: Plattenbalken vorne

Pos 5: Stütze

Pos 6: Bodenplatte

Pos 7: Streifenfundament

Pos 8: Einzelfundament

(Evtl. Pos 9: Frostschürze)

Einzelne Positionen können auch hier in der Reihenfolge getauscht werden.

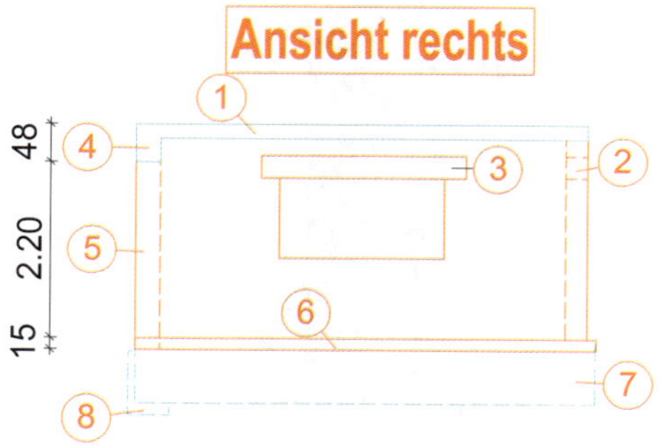

2) Positionspläne Einfamilienhaus (hier ohne Maßstab)

Positionsplan Dach

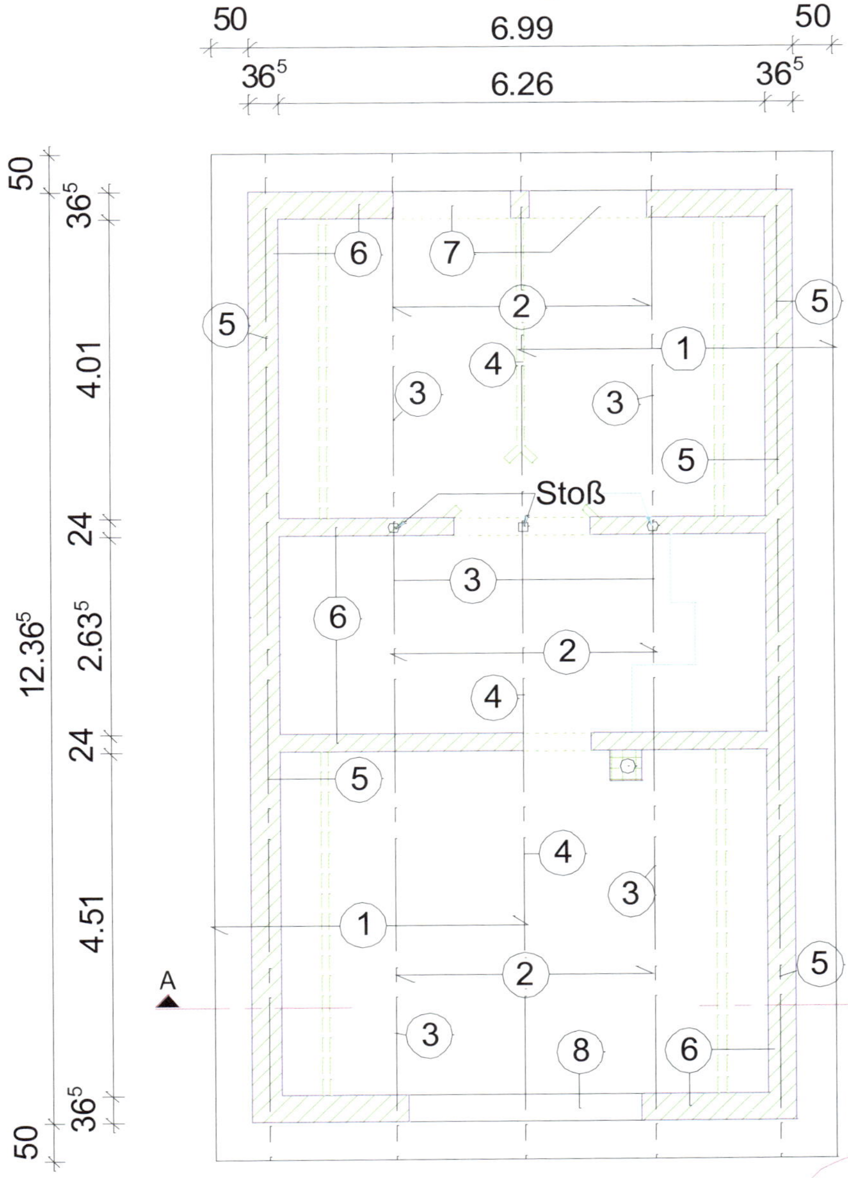

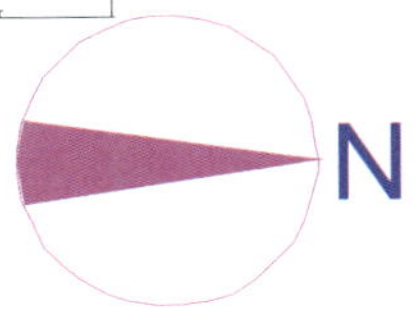

Erläuterung der Positionen

1	Sparren	5	Fußpfette
2	Kehlbalken	6	Ringbalken
3	Mittelpfette	7	Fenstersturz West
4	Firstpfette	8	Fenstersturz Ost

Wegen des Stoßes kann in die Position 4 auch unterteilt werden.

Positionsplan Erdgeschoss

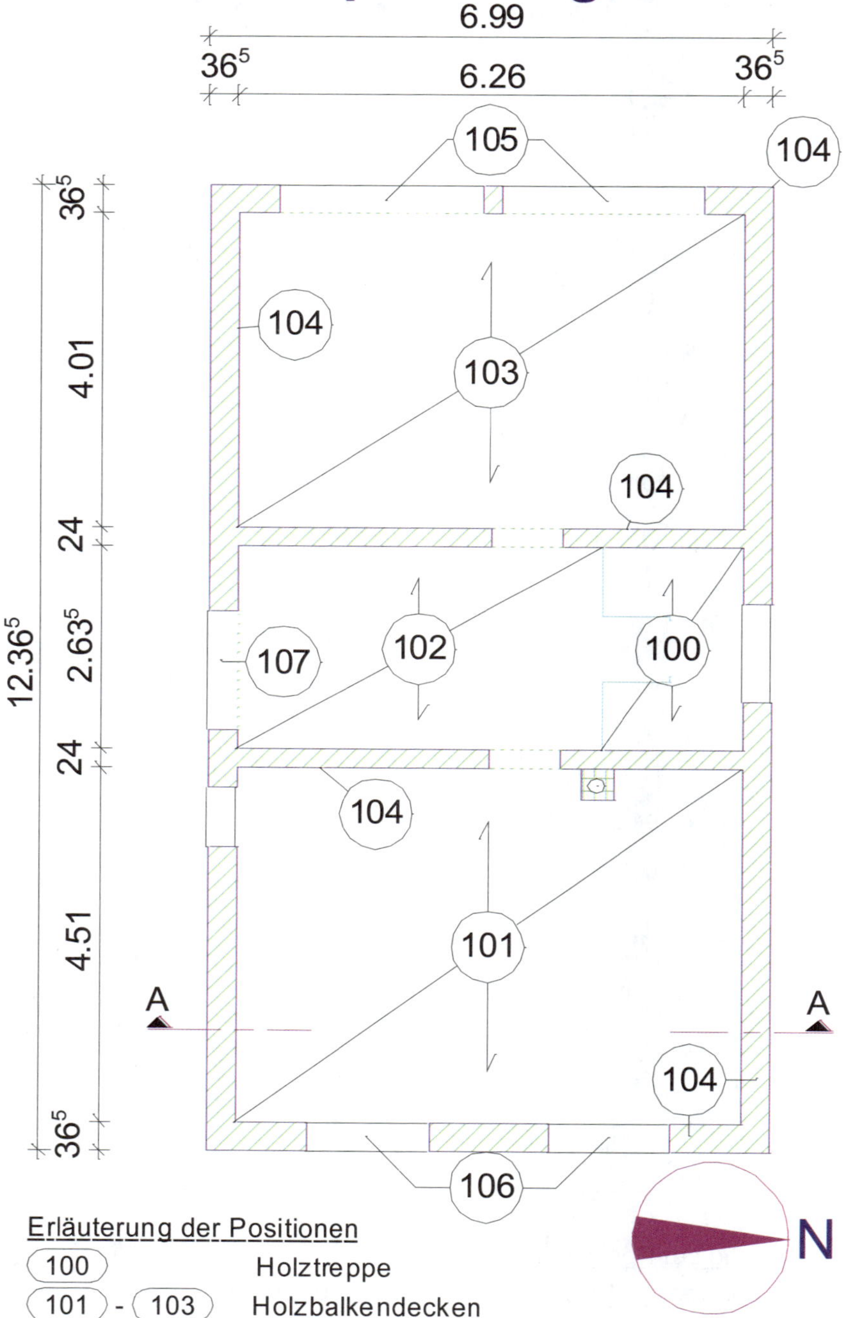

<u>Erläuterung der Positionen</u>

100	Holztreppe
101 - 103	Holzbalkendecken
104	Ringbalken
105	Fenstersturz West
106	Fenstersturz Ost
107	Fenstersturz Süd

Positionsplan Kellergeschoss

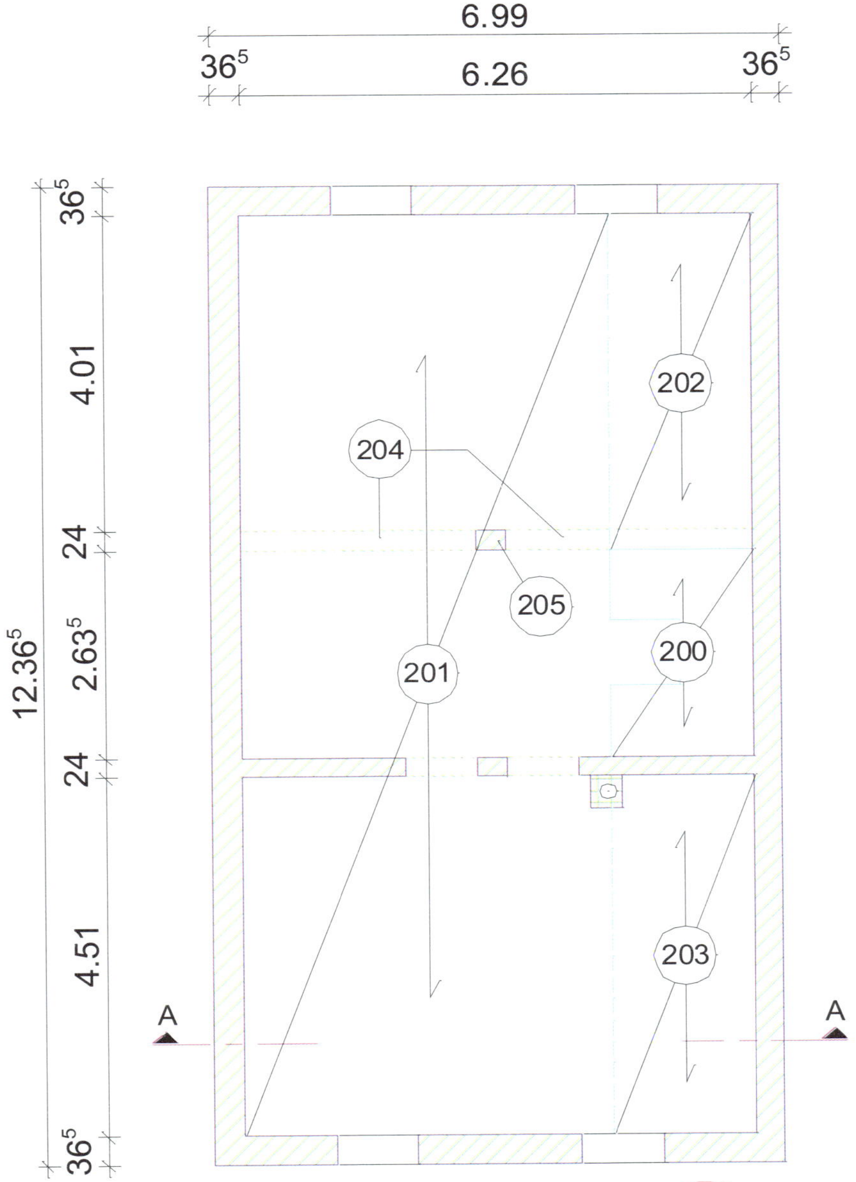

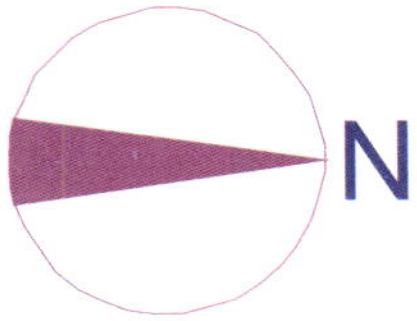

Erläuterung der Positionen

200	Treppe
201 - 203	Stahlbetondecken
204	Plattenbalken
205	Stütze

Positionsplan Gründungen

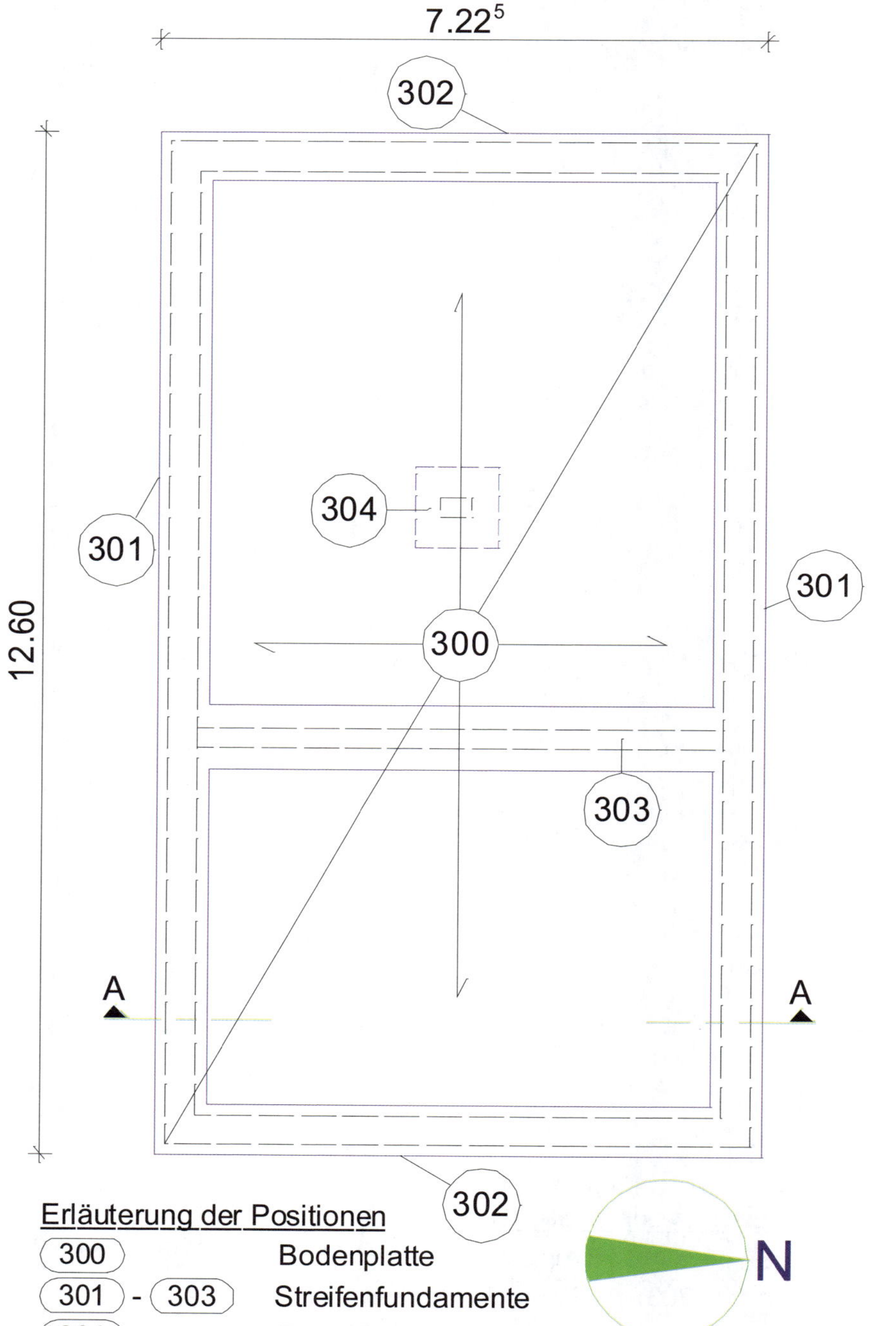

Erläuterung der Positionen

300	Bodenplatte
301 - 303	Streifenfundamente
304	Einzelfundament

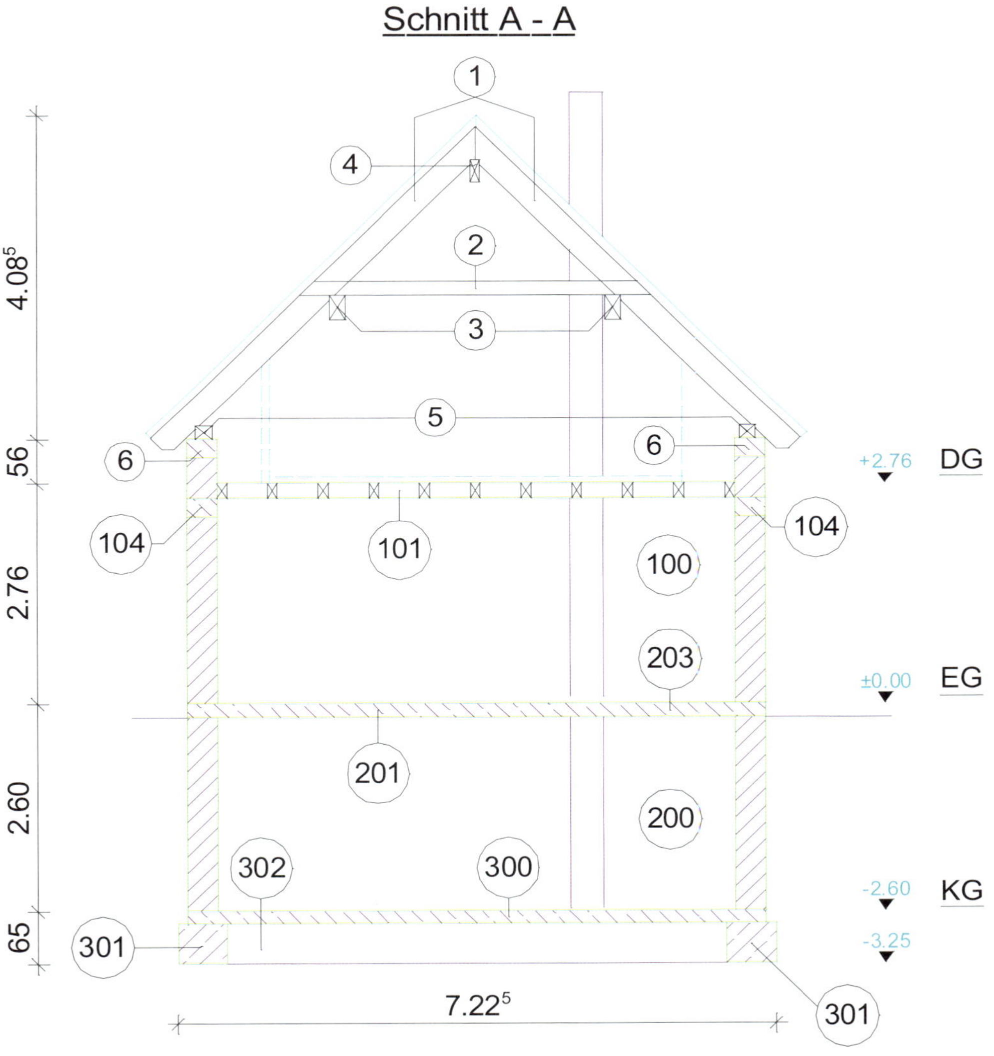

Einzelne Positionen, wie z. B. Wände, Kamin und Gründung des Kamins, können ergänzt werden. Ebenfalls kann die Reihenfolge modifiziert werden, solange die Abfolge der Positionen logisch aufeinander aufbaut.

3 Kräfte und Momente

Da Kräfte und Momente in der Statischen Berechnung eine entscheidende Rolle spielen und Grundkenntnisse hierüber auch bei den nächsten Kapiteln Voraussetzung zum Verständnis sind, sollen diese physikalischen Größen hier kurz behandelt werden. Kräfte und Biegemomente können auch räumlich auftreten. Im Folgenden werden jedoch lediglich diejenigen in der Ebene behandelt.

3.1 Kräfte

Definition der Kraft: Kraft ist in der Physik jede Einwirkung, die bei einem Körper die Geschwindigkeit und/oder deren Richtung ändert, ihn also beschleunigt, verzögert oder aus seiner Bahn ablenkt.[1]

Formel[2] und Einheit: $\mathbf{F = m * a}$

F = Kraft (N); Formelzeichen: F (der Buchstabe F kommt aus dem Englischen: „Force" = Kraft)

a = Beschleunigung (m/s^2), m = Masse (kg)

Einheiten der Kraft: N (Newton), kN (Kilonewton), MN (Meganewton)

Definition der Einheit Newton: „Ein Newton ist die Kraft, die der Masse 1 kg die Beschleunigung 1 m/sec^2 erteilt":

$$\mathbf{1\ N = 1\ kg * 1\ m/s^2}$$

Beispiele:

1) Welche Antriebskraft ist für einen Zug von 500 t Masse erforderlich, wenn er mit 0,2 m/s^2 beschleunigt werden soll?

Lösung: $F = m * a = 500\ t * 0{,}2\ m/s^2 = 500000\ kg * 0{,}2\ m/s^2 = 100000\ kg * m/s^2 = 100000\ N$
$F = 100\ kN$

2) Ein Sportwagen mit der Masse von 1,0 t beschleunigt von 72 km/h auf 90 km/h in 2 Sekunden. Welche Antriebskraft benötigt er?

Lösung: $F = m * a = 1{,}0\ t * (90\ km/h - 72\ km/h) / 2s = 1000\ kg * 18 / 2\ km/h/s = 1000\ kg * 9\ km/h * 1 / 3{,}6 = 2500\ N = 2{,}5\ kN$

---

[1] Microsoft® Encarta® Enzyklopädie 2001. © 1993-2000 Microsoft Corporation.

[2] Grundgesetz der Dynamik = 2. Newtonsche Bewegungsgesetz = 2. Newtonsche Axiom = Newtonsches Grundgesetz = Grundgleichung der Mechanik.

Kennzeichen der Kräfte: Kräfte kann man nicht sehen, nur ihre Auswirkungen (z. B. Risse in einer Wand; die verursachende Kraft steht senkrecht zum Riss). Kräfte verformen und bewegen Körper oder ändern deren Bewegungsrichtung (z. B. Durchbiegung einer Decke).

Alle Veränderungen in der physikalischen Welt sind auf das Wirken von Kräften zurückzuführen.

Beispiele für die unterschiedliche Wirkung von Kräften:

- Bewegungen des Menschen: Die Muskelkraft bewegt die Knochen des Körpers.
- Wurst platzt im Kochtopf: Die Kraft um die Wurst herum (Radialkraft) ist größer als die Kraft in Längsrichtung (Längskraft).
- Setzungen im Baugrund
- Wärmeausdehnung bei großen Brücken
- Entstehung der Gebirge und Meeresgräben

Die zeichnerische Darstellung einer Kraft ist der Pfeil: 

Eine Kraft wird durch folgende Angaben vollständig beschrieben:

- Richtung: Zeichnerisch dargestellt durch einen Pfeil (Pfeilrichtung)
- Betrag: Zahlenwert, Größe (Länge des Kraftpfeiles)
- Angriffspunkt (Orientierung): Lage im Raum oder in der Ebene (Angriffspunkt)

Wirkungslinie: geradlinige Verlängerung des Kraftvektors in Richtung der Pfeilspitze und entgegen

Kraftangriffspunkt: Berührungspunkt der Kraft mit dem Körper.[3]

Begriffe im Zusammenhang mit der Kraft:

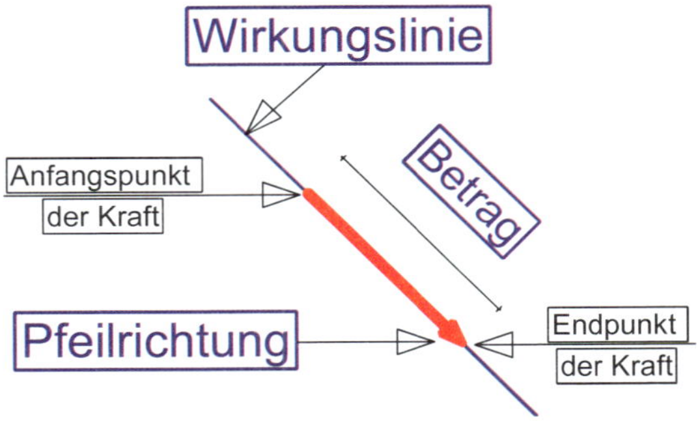

Regel: Man kann eine Kraft auf ihrer Wirkungslinie beliebig verschieben.

Oftmals ist es in der Statischen Berechnung hilfreich, eine gegebene Kraft in ihre Komponenten zu zerlegen - oder mehrere Kräfte zu einer Resultierenden (Ersatzkraft) zusammenzusetzen.

---

[3] URL: www.mauerwerk.fd-bau.de → Anforderungen an ein Mauerwerk → Grundlagen → Statische Anforderungen → Grundbegriffe der Statik → Darstellung von Kräften → Vier Merkmale des Vektorpfeils, abgerufen am 29.07.2019.

Die Lösung der folgenden Aufgaben ist sowohl rechnerisch als auch zeichnerisch möglich.

Zur rechnerischen Lösung können die trigonometrischen Funktionen und/oder der Satz des Pythagoras benutzt werden.

Deshalb erfolgt an dieser Stelle eine **kurze Wiederholung der mathematischen Grundlagen und der Vorsilben von Einheiten:**

Bezeichnungen und Funktionen am **rechtwinkligen** Dreieck:

c = Hypotenuse
a = Gegenkathete
b = Ankathete

} vom Winkel **α** aus betrachtet:

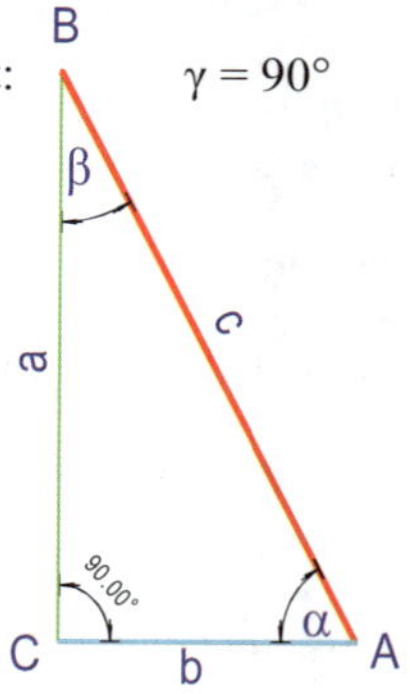

Sinus: $\sin \alpha = \frac{\text{Gegenkathete}}{\text{Hypotenuse}} = \frac{a}{c}$

Kosinus: $\cos \alpha = \frac{\text{Ankathete}}{\text{Hypotenuse}} = \frac{b}{c}$

Tangens: $\tan \alpha = \frac{\text{Gegenkathete}}{\text{Ankathete}} = \frac{a}{b}$

Kotangens: $\cot \alpha = \frac{1}{\tan \alpha} = \frac{\text{Ankathete}}{\text{Gegenkathete}} = \frac{b}{a}$

Satz des Pythagoras: $a^2 + b^2 = c^2$

Die Summe aller Winkel in einem Dreieck beträgt 180°: $\alpha + \beta + \gamma = 180°$

Funktionen am **schiefwinkligen** Dreieck:

Sinussatz: Die Dreiecksseiten verhalten sich wie die Sinuswerte der entsprechenden Winkel.

$$a : b : c = \sin \alpha : \sin \beta : \sin \gamma$$

Kosinussatz:

$$a^2 = b^2 + c^2 - 2 * b * c * \cos \alpha$$

$$b^2 = a^2 + c^2 - 2 * a * c * \cos \beta$$

$$c^2 = a^2 + b^2 - 2 * a * b * \cos \gamma$$

Bei der zeichnerischen Lösung wählt man einen Kräftemaßstab, z. B. 1 cm = 1 N, zeichnet die beteiligten Kräfte im Maßstab auf und verschiebt die Kräfte auf der Zeichnung parallel, indem man die Kräfte aneinanderfügt. Die Resultierende (R) beginnt am Anfangspunkt der ersten Kraft und endet an der Pfeilspitze der letzten Kraft. Abschließend misst man die Resultierende und rechnet sie im Kräftemaßstab um. Hierzu genügen ein Kräftemaßstab, zwei Lineale, ein Winkelmesser und ein Bleistift.

Vielfache und Teile

Eine Kraft ist eine physikalische Größe. Jede physikalische Größe besteht aus einer Zahl und einer Einheit! Beispiel: 4,7 kN. Da nicht nur die Zahlen, sondern auch die zugehörigen Einheiten in allen Berechnungen eine große Rolle spielen, soll hier eine kurze Zusammenfassung über die Vorsilben der Einheiten erfolgen. Oftmals besitzen die Einheiten Vorsilben, sogenannte Präfixe. Im obigen Beispiel „4,7 kN" kürzt der kleine Buchstabe k die Vorsilbe kilo ab. Kilo bedeutet eine Multiplikation mit der Zahl 1000, also sind 4,7 kN = 4,7 x 1000 N= 4700 N. Die Kenntnis der Vorsilben erleichtert das Umrechnen der Einheiten. Hier die für die Bautechnik wichtigen Vorsilben (Präfixe):[4]

Vielfache:	**Abkürzung**	**Mathematische Operation**	**Beispiele:**
deka	da	$x\ 10 = x\ 10^1$	1 dag = 1 Dekagramm =10 Gramm
hekto	h	$x\ 100 = x\ 10^2$	1 hl = 1 Hektoliter = 100 Liter
kilo	k	$x\ 1.000 = x\ 10^3$	1 kN = 1 Kilonewton = 1000 Newton
mega	M	$x\ 1.000.000 = x\ 10^6$	1 MN = 1 Meganewton = 100000 N
Teile:		**Mathematische Operation**	**Beispiele:**
dezi	da	$:10 = x\ 10^{-1}$	1 dm = 1 Dezimeter = 0,1 m
centi	c	$:100 = x\ 10^{-2}$	1 cm = 1 Zentimeter = 0,01 m
milli	m	$:1.000 = x\ 10^{-3}$	1 mm = 1 Millimeter = 0,001 m

Beispiele:

Wieviel N sind 7,3 kN? 7,3 kN x 1000 = 7300 N

Wieviel W sind 0,36 MW? 0,36 MW x 1000000 = 0,36 MW x 106 = 360000 W

Wieviel l sind 20 cl? 20 cl : 100 = 20 cl x 10^{-2} = 0,2 l

Wieviel m sind 3400 mm? 3400 mm : 1000 = 3400 mm x 10^{-3} = 3,4 mm

Zu beachten sind auch die **Umrechnungszahlen** bei den Dimensionen:

Dimension	**Umrechnungszahl** Die Umrechnungszahl gilt von Schritt zu Schritt: Ein Schritt ist z. B. die Umrechnung von m auf dm.	**Beispiel**
Länge (Strecke)	$10 = 10^1$	1 cm = 10^1 mm = 10 mm
Fläche (Flächeninhalt)	$100 = 10^2$	1 cm^2 = = 10^2 mm = 100 mm^2
Volumen (Rauminhalt)	$1000 = 10^3$	1 cm^3 = 10^3 mm = 1000 mm^3
Flächenmoment zweiten Grades (Trägheitsmoment)	$10000 = 10^4$	1 cm^4 = 10^4 mm^4 = 10000 mm^4

[4] https://de.wikipedia.org/wiki/Vors%C3%A4tze_f%C3%BCr_Ma%C3%9Feinheiten, abgerufen am 12.09.2024

3.1.1 Zusammensetzen von Kräften

Eine einzige Kraft, Resultierende (R) genannt, ruft die gleiche Wirkung hervor wie die Summe von Einzelkräften. Die Resultierende ersetzt die Summe der anderen Kräfte. In der Ebene werden zwei Fälle unterschieden:

- Kräfte, die auf der gleichen Wirkungslinie liegen
- Kräfte, die nicht auf der gleichen Wirkungslinie liegen.

3.1.1.1 Kräfte, die auf der gleichen Wirkungslinie liegen

Kräfte, die auf der gleichen Wirkungslinie liegen, können - sowohl bei der rechnerischen als auch bei der zeichnerischen Lösung - einfach addiert bzw. subtrahiert werden. Kräfte, welche die gleiche Richtung haben, werden addiert, entgegengesetzte Kräfte werden subtrahiert.

Beispiele:

1) Eine Wand (Gewichtskraft = 25 kN) steht auf einem Fundament (Gewichtskraft = 10 kN). Wie groß ist die Resultierende?

R = 25 kN + 10 kN = 35 kN (positiv: von oben nach unten)

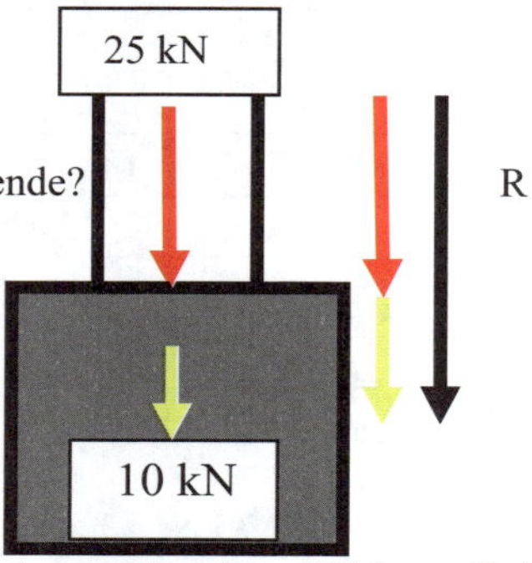

2) Ermitteln Sie die Resultierende der folgenden, auf der gleichen senkrechten Wirkungslinie liegenden Kräfte: F_1 = - 30 kN (Minus bedeutet hier: von oben nach unten), F_2 = - 20 kN, F_3 = - 10 kN und F_4 = + 15 kN (Plus bedeutet hier: von unten nach oben)

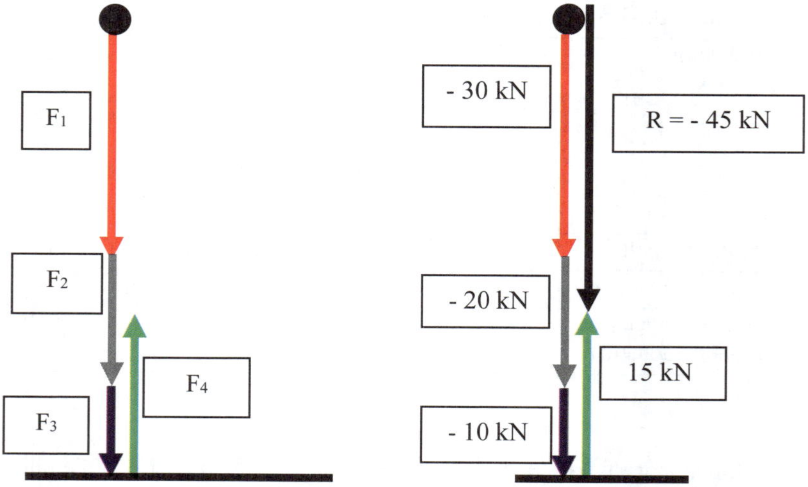

Lösung: Resultierende R = - 30 + (-) 20 + (-) 10 + 15 = - 45 (in kN, von oben nach unten)

3.1.1.2 Kräfte, die nicht auf der gleichen Wirkungslinie liegen

Kräfte, die nicht auf einer Wirkungslinie liegen, können ebenfalls durch eine Resultierende ersetzt werden. Auch hier kann man die Lösung rechnerisch oder zeichnerisch finden.

Beispiele:

1) Ein Mann geht mit einem Schäferhund S, der in der Skizze nach rechts mit einer Kraft von F = 5 N zieht, und mit einem Dackel D, der mit einer Kraft von F = 2 N nach unten zieht, spazieren (vgl. Skizze). Wohin und mit welcher Kraft wird der Mann von beiden Hunden gezogen?

Zeichnerische Lösung: Um die Resultierende aus mehreren Teilkräften zu finden, setzt man diese Teilkräfte - durch Parallelverschiebung - schrittweise, in beliebiger Reihenfolge, aneinander. Die Resultierende geht vom Anfangspunkt der ersten Kraft zum Zielpunkt der zuletzt angetragenen Kraft.

Oder: Bilden zwei Kräfte einen Winkel miteinander, so ist die Resultierende gleich der Diagonalen des aus den beiden Komponenten gebildeten Parallelogramms.

Der Mann wird nach rechts unten mit der Kraft R gezogen (vgl. Resultierende R in der Skizze).

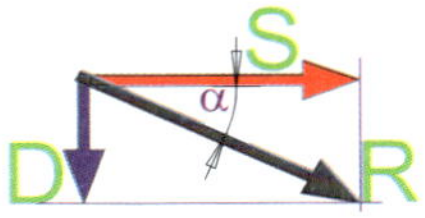

Rechnerische Lösung (Pythagoras):

$R^2 = (5\ N)^2 + (2\ N)^2 = 25\ N^2 + 4\ N^2 = 29\ N^2$

$\rightarrow R = 5{,}39\ N$ $\tan\alpha = \frac{D}{S} = \frac{2\ N}{5\ N} = 0{,}4 \rightarrow \alpha = 21{,}80°$

2) geg.: Zwei Kräfte: $F_1 = 2$ kN, $\alpha = 30°$; $F_2 = 3$ kN, $ß = 240°$, es ist kein rechter Winkel zwischen den Kräften vorhanden (vgl. Skizze)

ges.: a) Resultierende R und b) der Winkel γ zwischen F_2 und R

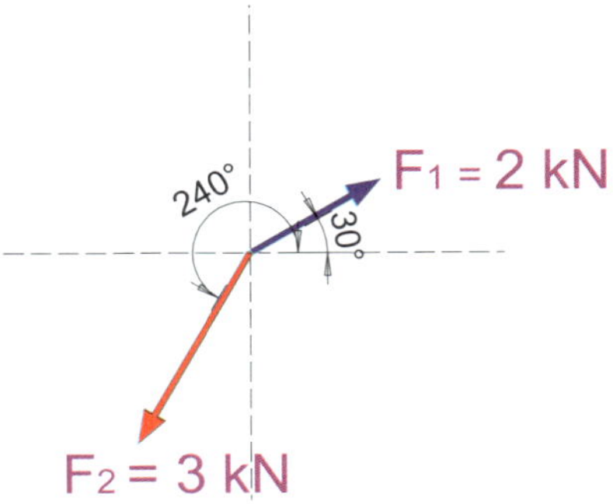

zu a) Rechnerische Lösung (Kosinussatz):

$a^2 = b^2 + c^2 - 2 * b * c * \cos\alpha$ $\alpha = 30°$

$R^2 = F_1^2 + F_2^2 - 2 * F_1 * F_2 * \cos\alpha$ $a = R,\ b = F_1,\ c = F_2$

$R^2 = (2\ kN)^2 + (3\ kN)^2 - 2 * 3\ kN * 2\ kN * \cos 30°$

$R^2 = 4\ kN + 9\ kN - 12\ kN * 0{,}866 \rightarrow R = \sqrt{13kN - 10{,}39\ kN}$

$\rightarrow R = 1{,}61\ kN$

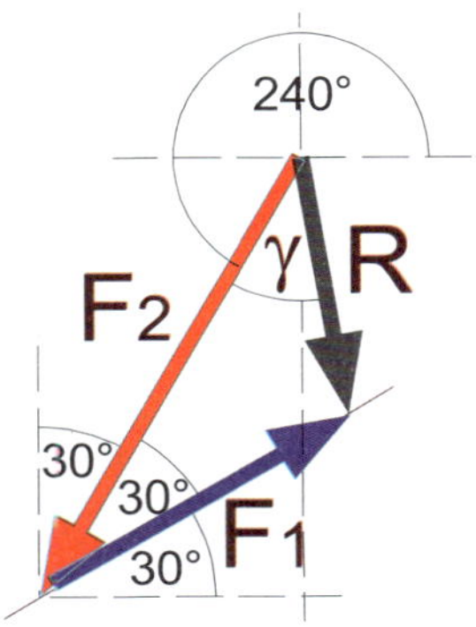

zu b) Sinussatz: $\frac{F1}{\sin\gamma} = \frac{R}{\sin 30°} \rightarrow \frac{\sin\gamma}{F1} = \frac{\sin 30°}{R}$

$\rightarrow \sin\gamma = \frac{\sin 30° * F1}{R} = \frac{0{,}5 * 2\ kN}{1{,}61\ kN} = 0{,}619$

$\rightarrow \gamma = 38{,}26°$

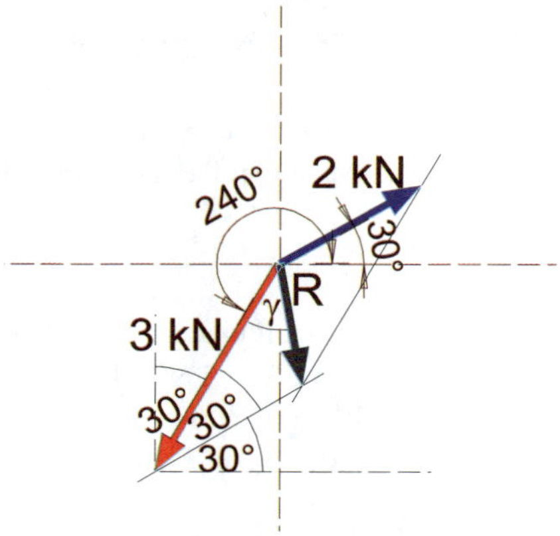

Zeichnerische Lösung: (durch Parallelverschiebung)
Kräfte-Maßstab: 1 kN = 1 cm, hier ohne Maßstab
zu a) $R \approx 1{,}6$ kN, zu b) $\gamma \approx 38°$

Die rechnerische Lösung kann auch durch Zerlegung der Kräfte in ihre Komponenten ermittelt werden!

3.1.1.3 Übung

Ermitteln Sie rechnerisch und zeichnerisch die Resultierende und den Winkel zwischen der Resultierenden und der Waagerechten (alle Kräfte greifen im Nullpunkt an)!

1) geg.: Zwei Kräfte: $F_1 = 10$ kN, $F_2 = 4$ kN, rechter Winkel zwischen den beiden Kräften vorhanden

ges.: Resultierende R und Winkel α

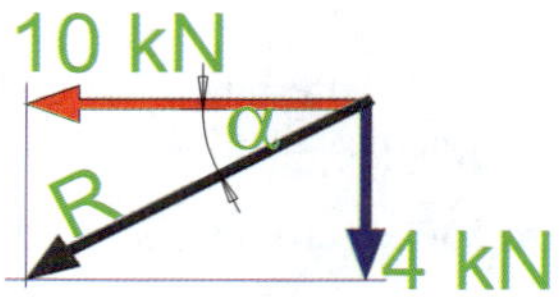

3.1.2 Zerlegen von Kräften

Das „Gegenteil" von Zusammensetzen ist das Zerlegen einer Kraft in ihre Komponenten. Eine schräge Kraft F soll z. B. zerlegt werden in ihre horizontale Komponente F_H und ihre vertikale Komponente F_V.

Zeichnerische Lösung: Um eine Kraft in ihre Komponenten zu zerlegen, zieht man zu den vorher ermittelten Wirkungslinien die Parallelen und erhält aus dem gebildeten Parallelogramm die beiden Komponenten.

rechnerische Lösung:

$\sin \alpha = \frac{F_V}{F}$ → $F_V = F * \sin \alpha$

$\cos \alpha = \frac{F_H}{F}$ → $F_H = F * \cos \alpha$

Probe: $\tan \alpha = \frac{F_V}{F_H}$ oder (Pythagoras): $F^2 = F_V{}^2 + F_H{}^2$

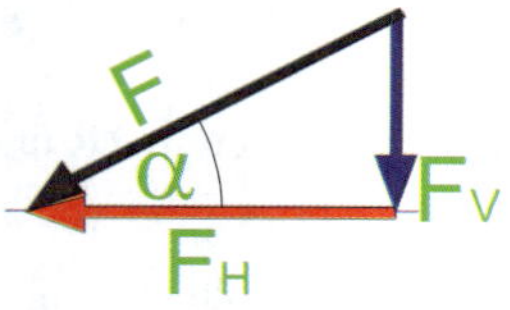

Beispiele:

1) geg.: $F = 10$ kN, $\alpha = 30°$, ges.: F_V, F_H

Lösung: $F_V = F * \sin \alpha = 10\text{ kN} * \sin 30° = 5{,}00$ kN

$F_H = F * \cos \alpha = 10\text{ kN} * \cos 30° = 8{,}66$ kN

Probe: $\tan \alpha = \frac{F_V}{FH} = \frac{5{,}00\text{ kN}}{8{,}66\text{ kN}} = 0{,}577$

oder: $F = \sqrt{((5\text{ kN})^2 + (8{,}66^2))} = 10$ kN

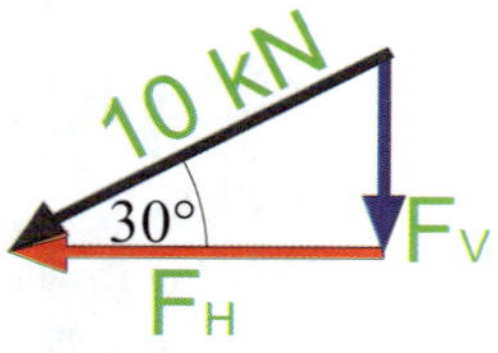

2) geg.: $F = 22\ N$, $\alpha = 62°$, ges.: F_V, F_H

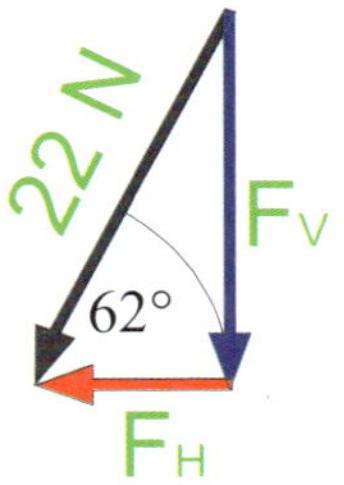

Lösung: $\sin 62° = \frac{F_V}{F}$ → $F_V = F * \sin 62° = 22\ N * 0{,}88 = 19{,}42\ N$

$\cos 62° = \frac{F_H}{F}$ → $F_H = F * \cos 62° = 22\ N * 0{,}47 = 10{,}33\ N$

Probe: Pythagoras: $F^2 = F_V^2 + F_H^2$

$(22\ N)^2 = (10{,}33\ N)^2 + (19{,}42\ N)^2$

$484{,}0\ N^2 = 106{,}71\ N^2 + 377{,}14\ N^2$

oder: $\tan \alpha = \frac{F_V}{F_H} = \frac{19{,}42\ N}{10{,}33\ N} = 1{,}880$ → $\alpha = 62°$

Um von mehreren Kräften ihre Resultierende zu finden, kann man auch die beteiligten Kräfte in ihre Komponenten zerlegen und dann ihre Resultierende berechnen.

3) geg.: Drei Kräfte: $F_1 = 0{,}3\ MN$, 240° zur Waagerechten; $F_2 = 0{,}2\ MN$, 290° zur Waagerechten; $F_3 = 0{,}45\ MN$, $\gamma = 220°$ zur Waagerechten. Die drei Kräfte greifen im Nullpunkt an!

ges.: Wie groß ist die Resultierende (zeichnerisch und rechnerisch)!

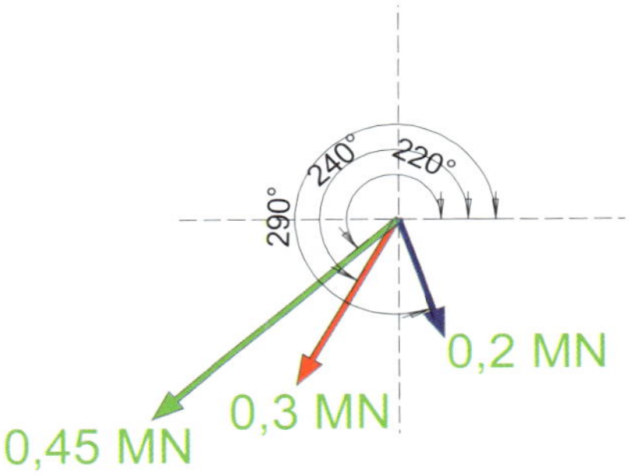

Rechnerische Lösung: Zerlegen der Kräfte in F_V und F_H

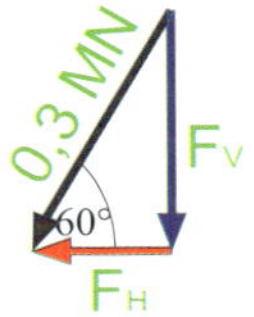

$\sin 60° = F_{1V} / F_1$ → $F_{1V} = F_1 * \sin 60° = 0{,}3\ MN * \sin 60° = 0{,}26\ MN$

$\cos 60° = F_{1H} / F_1$ → $F_{1H} = F_1 * \cos 60° = 0{,}3\ MN * \cos 60° = 0{,}15\ MN$

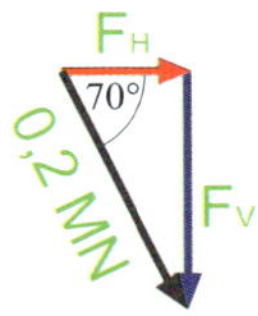

$\sin 70° = F_{2V} / F_2$ → $F_{2V} = F_2 * \sin 70° = 0{,}2\ MN * \sin 70° = 0{,}19\ MN$

$\cos 70° = F_{2H} / F_2$ → $F_{2H} = F_2 * \cos 70° = 0{,}2\ MN * \cos 70° = 0{,}07\ MN$

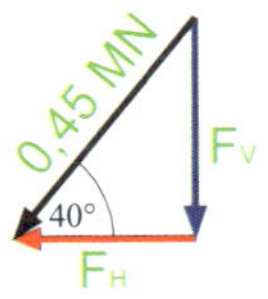

$\sin 40° = F_{3V} / F_3$ → $F_{3V} = F_3 * \sin 40° = 0{,}45\ MN * \sin 40° = 0{,}29\ MN$

$\cos 40° = F_{3H} / F_3$ → $F_{3H} = F_3 * \cos 40° = 0{,}45\ MN * \cos 40° = 0{,}34\ MN$

Vorzeichen:
Positiv nach rechts und oben,
negativ nach links und unten.

Zeichnerische Lösung:

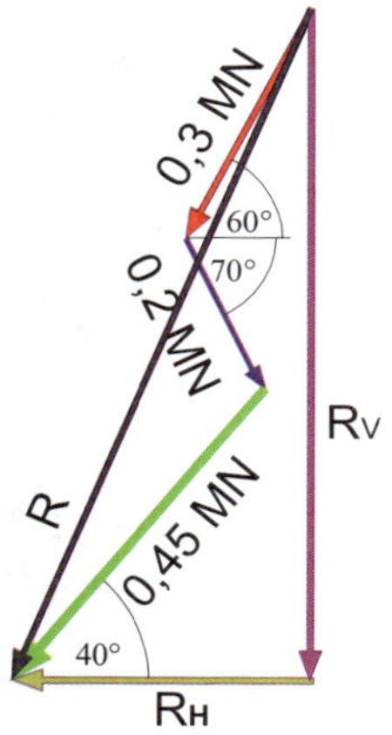

F (MN)	Winkel	F_V	F_H
0,3	60°	- 0,26	- 0,15
0,2	70°	- 0,19	+ 0,07
0,45	40°	- 0,29	- 0,34
Σ		- 0,74	- 0,42

$R^2 = R_H^2 + R_V^2 = 0{,}42\ MN^2 + 0{,}74\ MN^2 = 0{,}72\ MN^2$ (Pythagoras)
$R = 0{,}85\ MN$

3.1.2.1 Übungen

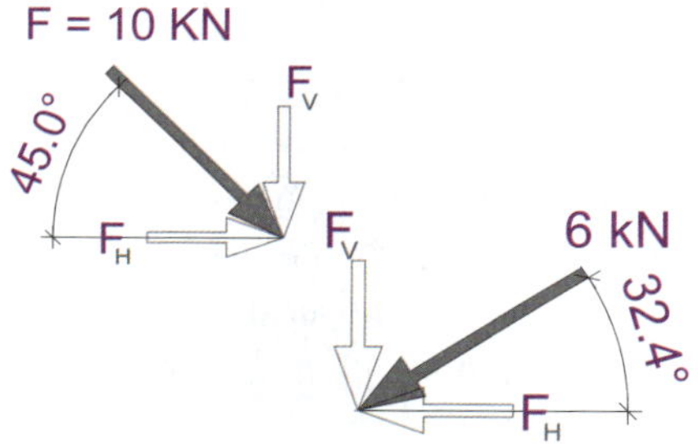

1) geg.: F = 10 kN, α = 45°, ges.: F_V und F_H

2) geg.: F = 6 kN, α = 32,40°, ges.: F_V und F_H

3) geg.: Fünf Kräfte greifen im Mittelpunkt an, siehe Skizze rechts
ges.: Resultierende R

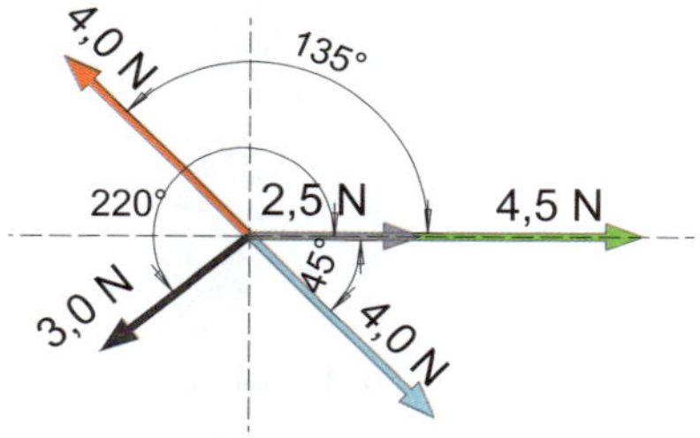

3.1.3 Gleichgewicht von Kräften

Es gibt drei verschiedene Gleichgewichtsarten:

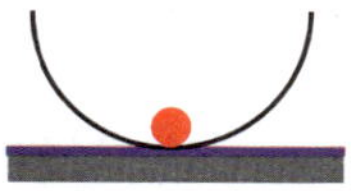

- Das stabile Gleichgewicht. Dieses Gleichgewicht ist sicher.
Beispiel: Kugel liegt in einer vertieften Schale.

- Das indifferente Gleichgewicht. Dieses Gleichgewicht ist unbestimmt.
Beispiel: Kugel liegt auf einer ebenen Fläche.

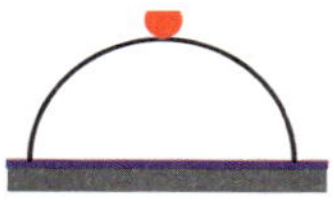

- Das labile Gleichgewicht. Dieses Gleichgewicht ist unsicher.
Beispiel: Kugel liegt auf dem höchsten Punkt einer Wölbung.
In der Bautechnik wird natürlich das stabile Gleichgewicht angestrebt.

Das Wechselwirkungsgesetz nach Newton lautet "actio = reactio":

„Im Gleichgewicht der Ruhe existiert zu der auf einen Körper wirkenden Kraft eine auf der gleichen Wirkungslinie wirkende Gegenkraft!“

Einfacher formuliert:

Im Gleichgewicht ist Kraft gleich Gegenkraft!

vertikal: ↓ = ↑ oder horizontal: → = ← oder schräg:

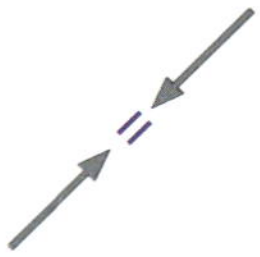

Für Kräfte gilt die Gleichgewichtsbedingung:

Die Summe der vertikalen Kräfte ist Null! **$\Sigma V = 0$**

Die Summe der horizontalen Kräfte ist Null! **$\Sigma H = 0$**

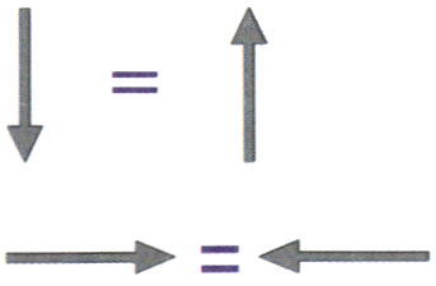

3.1.4 Gewichtskraft

Die Gewichtskraft (G) spielt in der Bautechnik eine große Rolle, z. B. bei der Ermittlung der Eigenlast eines Baukörpers. Setzt man in die Grundgleichung der Mechanik (Kraft = Masse * Beschleunigung: F = m * a) die Beschleunigung a = g = 9,81 m / $s^2 \approx$ 10 m / s^2, so kann man damit die Gewichtskraft ausrechnen, die auf die Masse wirkt.

Die Gewichtskraft ist - im Gegensatz zur Masse - ortsabhängig. Das Newtonsche Gravitationsgesetz kann im Hinblick der Erdanziehungskraft mit folgendem „Gedankenmodell“ - sehr vereinfachend - beschrieben werden: Ein Magnet im Erdmittelpunkt zieht alle Gegenstände an!

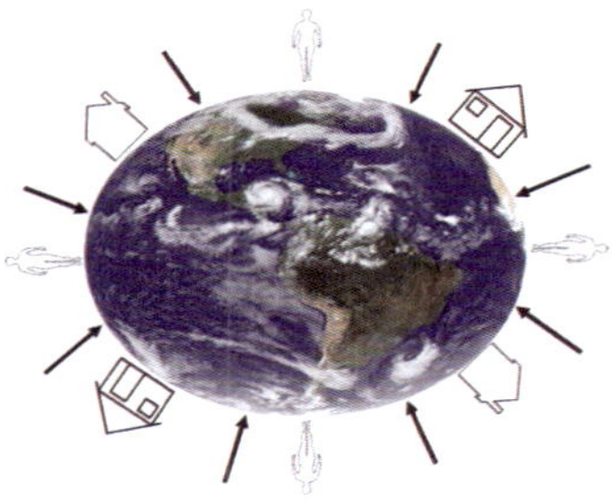

Beispiele:

1) Berechnen Sie die Gewichtskraft, die auf einen Apfel mit der Masse 1 kg wirkt!

F = G = m * a = 1 kg * 10,0 m / s^2 = 10,0 kg * m / s^2 = 10 N

Die folgenden „Eselsbrücken“ kann man sich gut merken:

→ 10 N entspricht der Gewichtskraft einer Masse mit 1kg

→ 1 kN entspricht der Gewichtskraft einer kräftigen Person mit m = 100 kg

→ 10 kN entspricht der Gewichtskraft eines leichten PKWs mit m = 1 t.

Berechnen Sie ebenso nach dem Grundgesetz der Dynamik: (F = m * a bzw. F = m * g):

2) Wie groß ist die Gewichtskraft von 4 Sack Zement a 25 kg ($\sum$ m = 100 kg)?

F = m * g = 100 kg * 10 m/s^2 = 1000 kg * m / s^2 = 1000 N = 1 kN

3) Wie groß ist die Gewichtskraft von 1 PKW (m = 1,0 t)?
$F = m * g = 1{,}0\ t * 10\ m / s^2 = 1000\ kg * 10\ m / s^2 = 10000\ N = 10\ kN$

4) Wie groß ist die Gewichtskraft von 1 dm^3 Wasser (m = 1000 g)?
$F = m * g = 1000\ g * 10\ m / s^2 = 1{,}0\ kg * 10\ m / s^2 = 10\ N$

5) Wie groß ist die Gewichtskraft von 1 m^3 Beton (m = 2,5 t)?
$F = m * g = 2{,}5\ t * 10\ m / s^2 = 2500\ kg * 10\ m / s^2 = 25000\ N = 25\ kN$

In der Praxis wird einfacher (als oben angeführt) gerechnet: Dort wird mit Hilfe der Wichte die Gewichtskraft errechnet!

$$\mathbf{G = V * \gamma}$$

G = Gewichtskraft in kN, V = Volumen in m^3 und γ (Gamma) = Wichte in kN/m^3.
Dazu muss die Wichte γ definiert werden.

3.1.5 Wichte

Die Wichte wird benutzt, um die Gewichtskraft von Bauteilen zu berechnen. Sie ist in der Euronorm EC 1 oder z. B. in Schneider, 2024, im Kapitel „Lastannahmen" tabelliert.

$$\mathbf{\gamma = G / V}$$

Formelzeichen: γ (Gamma), Einheit: kN/m^3
G = Gewichtskraft, V = Volumen, γ = Wichte in kN/m^3

Beispiel: Wie groß ist die Wichte eines Kubikmeters (Bau-)Holz, das 6 kN wiegt?
Lösung: $\gamma = G / V = 6\ kN / 1\ m^3 = 6\ kN/m^3$

„Wichtige Wichten" γ (hier: Mittelwerte, vgl. Schneider, 2024, S. 3.9 ff):

Alu:	27 kN/m^3
Glas:	25 kN/m^3
Holz:	4 - 7 kN/m^3, i. d. R. 6 kN/m^3
Künstliches Mauerwerk:	5 - 24 kN/m^3
Natürliches Mauerwerk:	20 - 31 kN/m^3
Sand:	14 - 19 kN/m^3
Stahl:	78,5 kN/m^3
Stahlbeton:	25 kN/m^3
Unbewehrter Beton:	24 kN/m^3
Wasser:	10 kN/m^3

Beispiele: Wie groß ist die Gewichtskraft von 1 m^3 Wasser?

Lösung: $G = V * \gamma = 1\ m^3 * 10\ kN/m^3 = 10\ kN$

1) Wie groß ist die Gewichtskraft eines rechteckigen Stahlbetonbalkens mit den folgenden Abmessungen: Querschnitt b/d= 20/30 cm; Länge = 4,00 m?

Lösung: $G = V * \gamma = 0{,}2\ m * 0{,}3\ m * 4{,}0\ m * 25\ kN/m^3 = 0{,}24\ m^3 * 25\ kN/m^3 = 6{,}0\ kN$

2) Berechnen Sie die Wichte eines 5 m langen, quadratischen Deckenbalkens (b = 14 cm), der eine Gewichtskraft von G = 0,686 kN hat.

Lösung: $G = V * \gamma$ $\rightarrow \gamma = \frac{G}{V} = \frac{0{,}686\ kN}{5{,}0\ m * 0{,}14\ m * 0{,}14\ m} = 7{,}0\ \frac{kN}{m^3}$

3) Ein Betonstabstahl hat eine Gewichtskraft von 580 N und ist 12 m lang. Welchen Durchmesser hat er in mm?

Lösung: $G = V * \gamma$ $\rightarrow V = \frac{G}{\gamma} = \frac{0{,}580\ kN}{78{,}5\ \frac{kN}{m^3}} = 0{,}00739\ m^3$

$V = A * l = \frac{d^2 * \pi}{4} * l$ $\rightarrow d = \sqrt{\frac{4 * V}{l * \pi}} = \sqrt{\frac{4 * 0{,}00739\ m^3}{12\ m * \pi}} = 0{,}028\ m = 28\ mm$

3.1.6 Übungen

1) Eine runde Holzstütze eines Aussichtsturmes hat einen Durchmesser von 25 cm und ist 8,00 m hoch. Wie groß ist ihre Gewichtskraft?

2) Wie groß ist die Gewichtskraft der Stahlbetondecke über dem Klassenraum?

Annahme: l = 10 m, b = 6,5 m, h = 22 cm

3) Ein Fundament aus unbewehrtem Beton hat eine Gewichtskraft von 54 kN. Das Fundament hat eine Aufstandsfläche von 2,25 m^2. Wie hoch ist das Fundament in m?

Die folgenden Beispiele sollen zeigen, wie Kräfte gegenübergestellt werden, um damit Nachweise bei Bauwerken zu erbringen. Da das Thema „Sicherheitskonzept" erst später, im Kapitel 10, behandelt wird, sollen die Nachweise an dieser Stelle des Buches vereinfacht <u>ohne</u> Teilsicherheitsbeiwert gezeigt werden. Einwirkungen und Schnittgrößen ohne Teilsicherheitsbeiwert werden als „charakteristisch" bezeichnet und mit dem Index k gekennzeichnet. In der Statischen Berechnung müssen die Bemessungen gemäß Euronorm (z. B. EC 7) jedoch mit Teilsicherheitsbeiwerten nachgewiesen werden. Der Index d steht für „design" und kennzeichnet die jeweiligen Größen mit Teilsicherheitsbeiwert.

3.1.7 Nachweis gegen Auftrieb

Beim Nachweis gegen Auftrieb (oder auch „Nachweis gegen Aufschwimmen”) werden vertikale Kräfte gegenüber gestellt. Die nach unten gerichteten Kräfte, i. d. R. alle Gewichtskräfte, Σ G, bewirken, dass das Bauwerk stehen bleibt. Die nach oben gerichteten Kräfte, die Auftriebskräfte, ΣF_A, bewirken den Auftrieb. Die Auftriebskräfte werden nach dem Satz des Archimedes berechnet: **„Der Auftrieb ist so groß wie das Gewicht der verdrängten Flüssigkeit**!“

Sind die Gewichtskräfte größer, bleibt das Bauwerk stehen; sind die Auftriebskräfte größer, kann es auftreiben. Sind Gewichtskräfte und Auftriebskräfte gleich groß, schwebt das Bauwerk in der Flüssigkeit.

$\frac{\Sigma G}{\Sigma F_A} < 1{,}0$ → das Bauteil schwimmt

$\frac{\Sigma G}{\Sigma F_A} = 1{,}0$ → das Bauteil schwebt

$\frac{\Sigma G}{\Sigma F_A} > 1{,}0$ → das Bauteil bleibt stehen

Beispiel: Führen Sie für den dargestellten Tunnelquerschnitt aus Stahlbeton den Nachweis gegen Aufschwimmen (Auftrieb) ohne Berücksichtigung der Sicherheit! Max. Wasserstand = OK Decke. Schmutzwasser: $\gamma = 11{,}0\ kN/m^3$

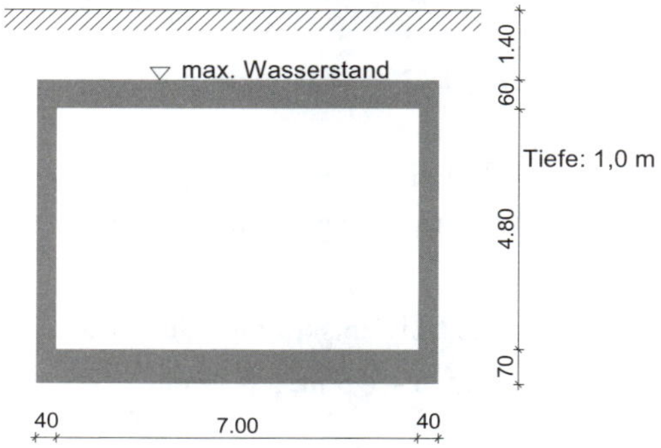

Es wird gedanklich 1 m Tiefe des Bauwerkes herausgeschnitten und untersucht. Deshalb sind alle Ergebnisse: Pro Meter Tiefe.

Ungünstig wird das Erdreich auf der Decke nicht berücksichtigt.

Lösung:

Gewicht der Decke: $G_D = 0{,}60\ m * 7{,}80\ m * 25\ kN/m^3 = 117{,}00\ kN/m$

Gewicht der beiden Wände: $G_W = 2 * 0{,}40\ m * 4{,}80\ m * 25\ kN/m^3 = 96{,}00\ kN/m$

Gewicht der Bodenplatte: $G_B = 0{,}70\ m * 7{,}80\ m * 25\ kN/m^3 = 136{,}50\ kN/m$

Gesamtgewicht G : $\Sigma G = G_D + G_W + G_B = 117\ kN/m + 96\ kN/m + 136{,}50\ kN/m = 349{,}50\ kN/m$

Auftrieb:

Auftrieb: $\Sigma F_A = 7{,}80\ m * 6{,}10\ m * 11{,}0\ \frac{kN}{m^3} = 523{,}38\ kN/m$

$\frac{\Sigma G}{\Sigma F_A} = \frac{349{,}50\ kN/m}{523{,}38\ kN/m} = 0{,}67 < 1{,}0$ → Dieses Bauwerk wird auftreiben!

3.1.8 Nachweis gegen Gleiten

Beim Nachweis gegen Gleiten werden - vereinfacht formuliert - horizontal gerichtete Kräfte gegenüber gestellt. Den angreifenden Horizontallasten H, z. B. aus horizontalem Erddruck, werden die Widerstände gegen Gleiten R gegenübergestellt. Die Gleitwiderstände hängen von der senkrecht zur Sohlfläche einwirkenden Kraft G und vom Sohlreibungswinkel δ ab:

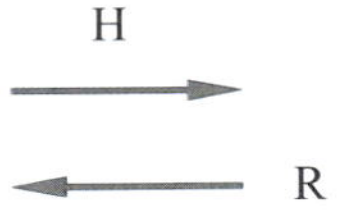

H = angreifende Horizontalkraft

R = Gleitwiderstand = G * tan δ_k

G = senkrecht zur Sohlfläche einwirkende Kraft

δ_k = Reibungswinkel des Bodens (z. B. aus dem Bodengutachten)

Ist der Gleitwiderstand größer als die Horizontalkraft, bleibt das Bauteil stehen. Ist jedoch die Horizontalkraft größer, wird das Bauteil gleiten.

$\frac{R}{H} < 1{,}0$ → das Bauteil gleitet

$\frac{R}{H} = 1{,}0$ → das Bauteil ist indifferent

$\frac{R}{H} > 1{,}0$ → das Bauteil bleibt stehen

Auch hier wird das Beispiel ohne Sicherheiten durchgeführt. Gemäß EC 7 werden die Teilsicherheiten berücksichtigt.[5]

Beispiel:

geg.: Vereinfachter Baukörper gem. Skizze

ges.: Nachweis gegen Gleiten (ohne Sicherheit)

Annahme: Reibungswinkel des Bodens $\delta_k = 30°$

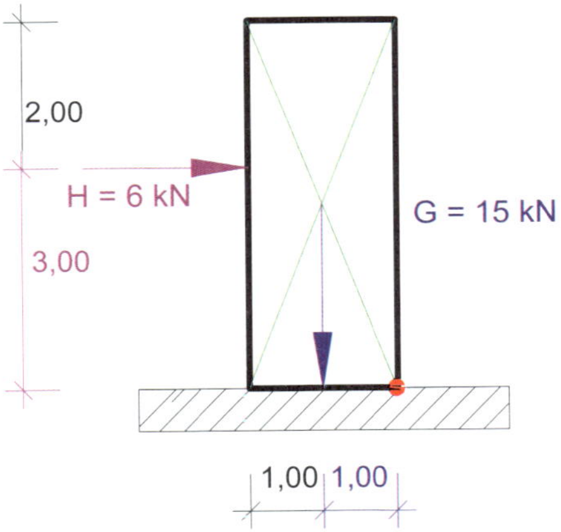

Lösung (ohne Sicherheiten):

Reibungswinkel $\delta_k = 30°$

→ $\tan \delta_k = \tan 30° = 0{,}577$

H = 6 kN, G = 15 kN

$R = G * \tan \delta_k = 15\ kN * 0{,}577 = 8{,}66\ kN > 6\ kN = H$

oder:

$\frac{R}{H} = \frac{8{,}66\ kN}{6\ kN} = 1{,}44 > 1{,}0$ → Dieses Bauwerk wird nicht gleiten!

---

[5] Laut Eurocode EC 7 muss gegen Gleiten folgende Ungleichung erfüllt werden: $H_d \leq R_d$ (d bedeutet „design“, mit Teilsicherheitsfaktoren. Vgl. Kapitel 10 dieses Buches „Sicherheitskonzepte“). H_d muss die Bemessungswerte aller aktiven Erddruckkräfte enthalten, die auf das Fundament einwirken. Bemessungswert des Gleitwiderstandes: $R_d = V_d * \tan \delta_d$.

3.1.9 Übungen

1) geg.: Stahlbetonschacht im Erdreich; max. Stand des Schmutzwassers: OK Erdreich

ges.: Nachweis gegen Auftrieb (ohne Sicherheit)

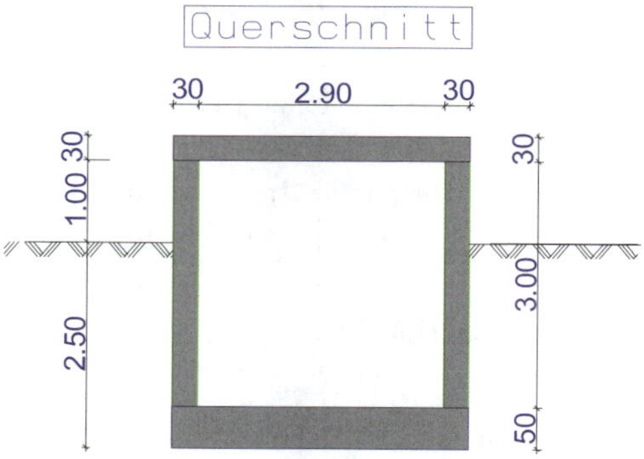

2) geg.: Winkelstützmauer aus Stahlbeton, horizontaler Erddruck: $E_H = 44{,}0$ kN/m, Reibungswinkel des Bodens $\delta_k = 35^o$. Vereinfachung: Bei der Ermittlung der vertikalen Kräfte darf das auf der Bodenplatte aufstehende Erdreich unberücksichtigt bleiben.

ges.: Nachweis gegen Gleiten (ohne Sicherheit)

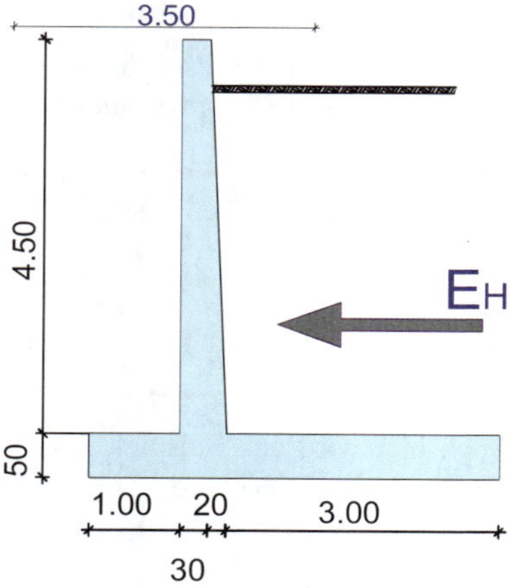

3.2 Momente

Das Moment[6] hat wie die Kraft in der Statischen Berechnung eine sehr große Bedeutung.

Es wird definiert als das Produkt aus einer Kraft multipliziert mit dem rechtwinkligen Abstand (= kürzester Abstand) der Wirkungslinie dieser Kraft zu einem ausgewählten Punkt.

Moment an der Stelle A (= Drehmoment = Moment einer Kraft[7]):

$$\mathbf{M_A = F * a}$$

In der Skizze ist das Moment der Kraft F bezogen auf den Punkt A:

$\mathbf{M_A = F * a}$

Formelzeichen: Moment = M

Einheiten: kNm, Nm, Ncm, Nmm

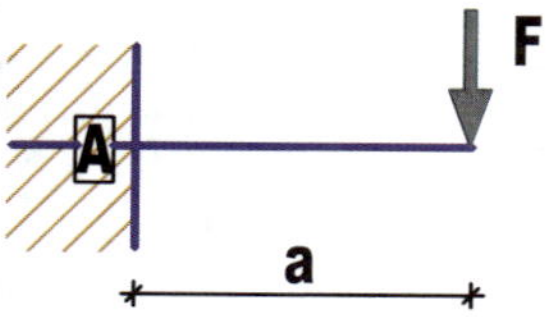

F = Kraft, a = rechtwinkliger Abstand von der Wirkungslinie einer Kraft zu einem Punkt (= Hebelarm) (Hebelarm a nicht verwechseln mit der Beschleunigung a)

---

[6] Der Begriff „Moment" wird sehr vielfältig benutzt.

[7] Vgl. Hibbeler, 2012, S. 137.

3.2.1 Hebelarten

Ist ein Körper um eine Achse drehbar, so nennt man ihn Hebel. Man unterscheidet einseitige und zweiseitige Hebel: Beim einseitigen Hebel greifen die Kräfte auf einer Seite des Hebels an, beim zweiseitigen greifen sie an verschiedenen Seiten des Hebels an.

Beispiele:

1) geg.: Schubkarre mit Last (einseitiger Hebel) gem. Skizze

Maße in cm, ges.: F_2

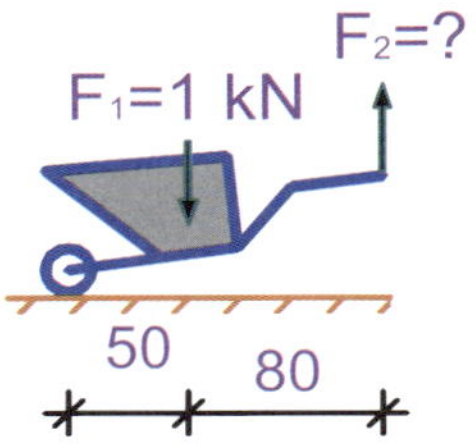

Bei Gleichgewicht ist das rechtsdrehende Moment (im Uhrzeigersinn) gleich dem linksdrehenden Moment (gegen den Uhrzeigersinn):

$M_{\text{rechts}} = M_{\text{links}}$

$F_1 * 0{,}50 \text{ m} = F_2 * (0{,}50 \text{ m} + 0{,}80 \text{ m})$

$1 \text{ kN} * 0{,}50 \text{ m} = F_2 * 1{,}30 \text{ m}$

$$F_2 = \frac{1 \text{ kN} * 0{,}50 \text{ m}}{1{,}30 \text{ m}} = 0{,}38 \text{ kN}$$

Beim zweiseitigen Hebel liegt der Drehpunkt zwischen der Gewichtskraft (Last) und der Kraft.

2) geg.: Wippe gem. Skizze, Maße in m, ges.: F_1

Das linksdrehende Moment (gegen den Uhrzeigersinn) um den Auflagerpunkt ist so groß wie das rechtsdrehende Moment (im Uhrzeigersinn):

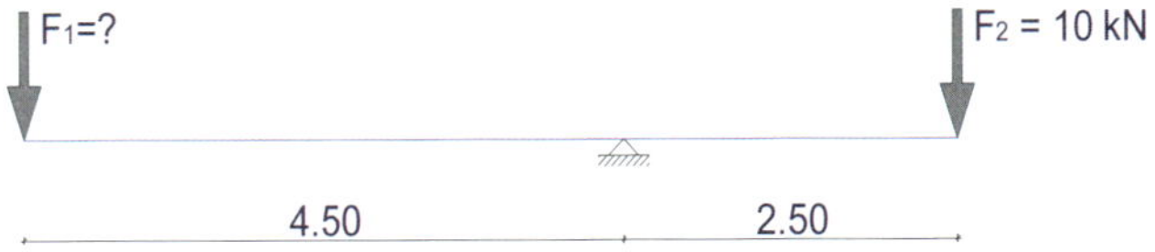

$M_{\text{links}} = M_{\text{rechts}}$

$F_1 * 4{,}5 \text{ m} = F_2 * 2{,}5 \text{ m}$

$F_1 * 4{,}5 = 10 \text{ kN} * 2{,}5 \text{ m}$

$$F_1 = \frac{10 \text{ kN} * 2{,}50 \text{ m}}{4{,}50 \text{ m}} = 5{,}56 \text{ kN}$$

3.2.2 Hebelgesetz

Das Hebelgesetz lautet: Kraft * Kraftarm = Last * Lastarm.

Oder anders formuliert:

Bei Gleichgewicht muss die Summe der rechtsdrehenden Momente gleich der Summe der linksdrehenden Momente sein.

$M_{\text{rechts}} = M_{\text{links}}$ oder: $M_{\text{rechts}} - M_{\text{links}} = 0$

Beispiele:

1) geg.: Skizzierter Balken

ges.: F_3

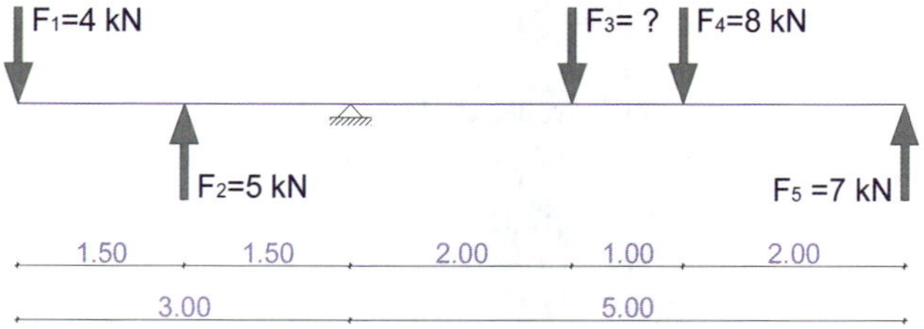

Drehpunkt ist der Auflagerpunkt. Die Momente drehen um diesen Punkt.

$M_{links} = M_{rechts}$

$F_1 * 3{,}0\ m + F_5 * 5{,}0\ m = F_2 * 1{,}5\ m + F_3 * 2{,}0\ m + F_4 * 3{,}0\ m$

$4\ kN * 3{,}0\ m + 7\ kN * 5{,}0\ m = 5\ kN * 1{,}5\ m + F_3 * 2{,}0\ m + 8\ kN * 3{,}0\ m$

$12{,}0\ kNm + 35{,}0\ kNm = 7{,}5\ kNm + F_3 * 2\ m + 24\ kNm$

$12{,}0\ kNm + 35{,}0\ kNm - 7{,}5\ kNm - 24\ kNm = F_3 * 2\ m$

$15{,}5\ kNm = F_3 * 2\ m$

$F_3 = 7{,}75\ kN$

2) geg.: Skizzierter abgeschrägter Balken

ges.: Länge x

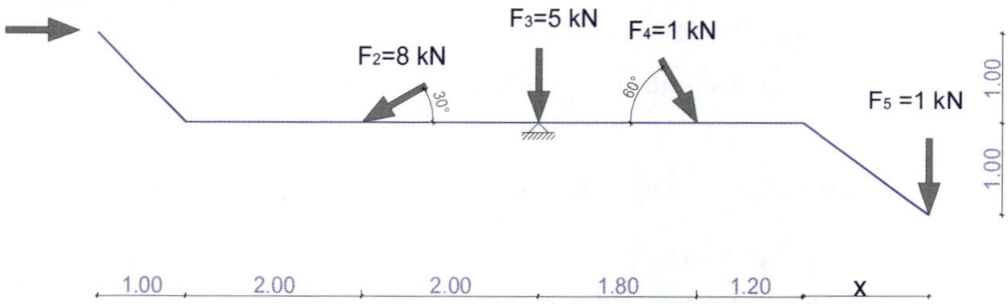

Zunächst werden die schrägen Kräfte in ihre Komponenten zerlegt:

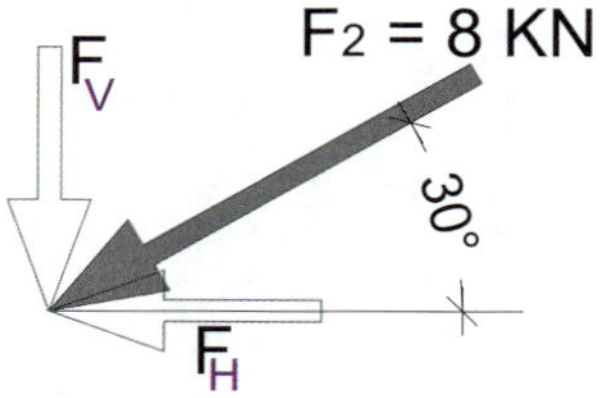

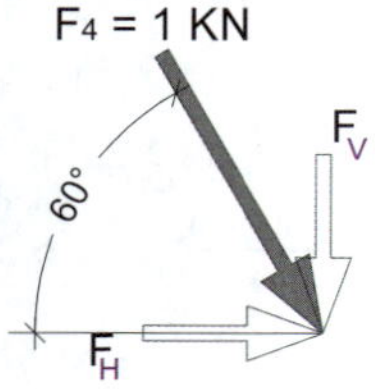

$\sin \alpha = \frac{F_{2V}}{F_2}$

$F_{2\,v} = F_2 * \sin 30°$

$F_{2\,v} = 8 * \sin 30°$

$F_{2\,v} = 4\ kN$

$\sin \alpha = \frac{F_{4V}}{F_4}$

$F_{4\,v} = F_4 * \sin 60°$

$F_{4\,v} = 1 * \sin 60°$

$F_{4\,v} = 0{,}87\ kN$

Drehpunkt ist der Auflagerpunkt. Die Momente drehen um diesen Punkt.

Die Wirkungslinie von F_3 geht durch den Auflagerpunkt. Bezogen auf diesen Auflagerpunkt erzeugt diese Kraft kein Moment, da der Hebelarm gleich Null ist.

Auch die Horizontalkomponenten der beiden schrägen Kräfte erzeugen kein Moment bezogen auf den Auflagerpunkt, da ihre Wirkungslinien ebenfalls durch diesen Punkt laufen und auch ihr

Hebelarm gleich Null ist. Bei den beiden schrägen Kräften erzeugen ausschließlich die beiden Vertikalkomponenten ein Moment.

$M_{links} = M_{rechts}$

$F_{2\,V} * 2{,}0\ m = F_1 * 1{,}0\ m + F_{4\,V} * 1{,}8\ m + F_5 * (1{,}8\ m + 1{,}2\ m + x)$

$2\ kN * 1{,}0\ m + 0{,}87\ kN * 1{,}8\ m + 1\ kN * (3\ m + x) = 4\ kN * 2{,}0\ m$

$2\ kNm + 1{,}57\ kNm + 3\ kNm + x = 8\ kNm$

$x = 8\ kNm - 2\ kNm - 1{,}57\ kNm - 3\ kNm$

$x = 1{,}43\ m$

Es wäre auch möglich gewesen, die Momente der schrägen Kräfte ohne Zerlegung in ihre Komponenten zu ermitteln. Dazu müsste man jedoch den Hebelarm von der jeweiligen Wirkungslinie bis zum Drehpunkt ermitteln.

3.2.3 Nachweis gegen Kippen

Das folgende Beispiel soll zeigen, wie Momente gegenübergestellt werden, um damit Nachweise bei Bauwerken zu erbringen. Ebenso wie bei den Kräften sollen die Nachweise an dieser Stelle des Buches vereinfacht ohne Sicherheit gezeigt werden, da das Thema „Sicherheitskonzept" erst später im Kapitel 10 behandelt wird.

Im Bauwesen ist oftmals, z. B. bei Stützwänden, die Standsicherheit bzw. die Kippsicherheit nachzuweisen. Beim Nachweis gegen Kippen wird dem Standmoment das Kippmoment gegenüber gestellt.

Ist das Standmoment größer als das Kippmoment, bleibt das Bauwerk stehen, ist das Kippmoment größer als das Standmoment, kippt das Bauwerk.

Standmoment = M_S Kippmoment = M_K

η_K = Standmoment / Kippmoment = M_S / M_K

Es gilt:

$\eta_K < 1{,}00$ → Zustand labil
$\eta_K = 1{,}00$ → Zustand indifferent
$\eta_K > 1{,}00$ → Zustand stabil

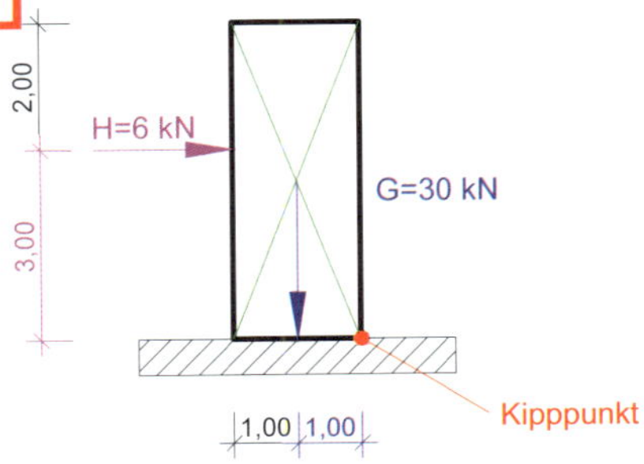

Beispiel: Kippt die skizzierte Wand?

Lösung:

Standmoment $M_{St} = G * 1{,}00\ m$
$= 30\ kN * 1{,}00\ m = 30\ kNm$

Kippmoment $M_K = H * 3{,}00\ m$
$= 6\ kN * 3{,}00\ m = 18\ kNm$

Das Standmoment ist größer als das Kippmoment.

$\eta_K = \frac{M_{St}}{M_K} = \frac{30\ kNm}{18\ kNm} = 1{,}67 > 1{,}0$ → Die Wand kippt nicht!

Alternativ könnte auch die Exzentrizität (= Ausmitte) nachgewiesen werden: vorh. $e < \frac{b}{6}$

$M = F * e \rightarrow e = \frac{M}{F} = \frac{M}{G} = \frac{H * 3{,}00\ m}{G} = \frac{6\ kN * 3{,}00\ m}{30\ kN} = \frac{18\ kNm}{30\ kN} = 0{,}60\ m < \frac{b}{3} = \frac{2{,}0\ m}{3} = 0{,}67\ m$

3.2.4 Übungen

1) Einseitiger Hebel: Schubkarre: Siehe Skizze!

geg.: $F_2 = 1$ kN, $l_1 = 35$ cm, $l_2 = 50$ cm, ges.: F_1

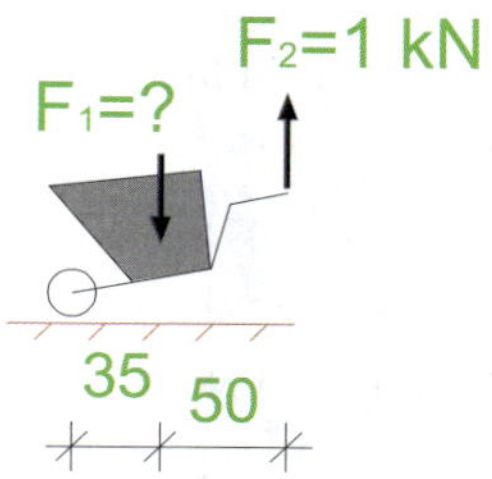

2) Zweiseitiger Hebel

a) geg.: Balken mit $F_1 = 7$ kN: Siehe Skizze! Maße in m, ges: F_2

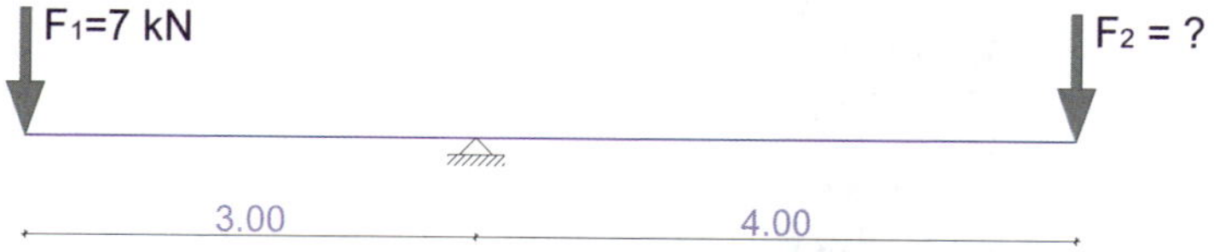

b) geg.: Skizzierter Balken mit vier Kräften: Siehe Skizze! Maße in m, ges: F_3

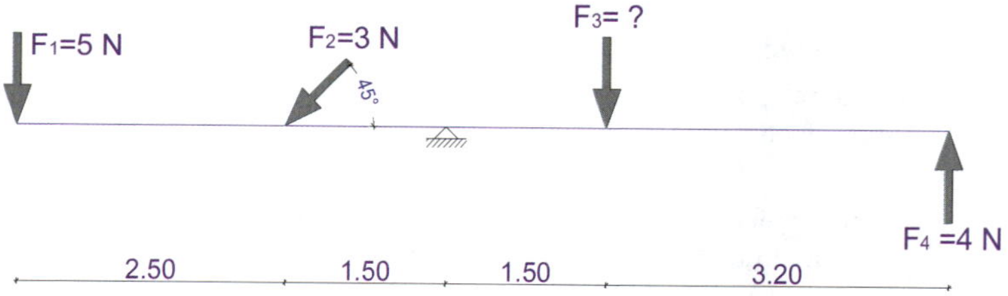

3) geg.: Stützmauer aus Stahlbeton mit horizontalem Erddruck aus ständiger Last $E_{H,K} = 65$ kN/m und Nutzlast $Q_{H,K} = 22$ kN/m; Erdreich: $\gamma_E = 18$ kN/m³. Das Erdreich auf der Bodenplatte soll berücksichtigt werden, nicht jedoch die vertikale Nutzlast!

ges.: Würde die Stützwand kippen?

(ohne Berücksichtigung der Teilsicherheitsbeiwerte)

Anmerkung: Die Kräfte greifen im Schwerpunkt der Belastungsflächen an.

Auch hier wird wieder 1m Tiefe der Stützwand untersucht.

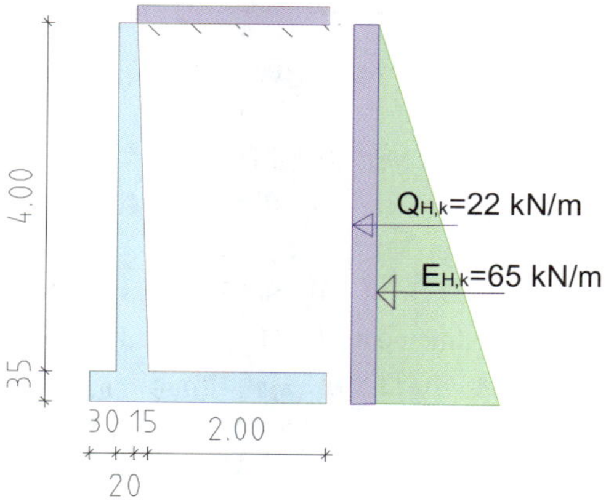

3.2.5 Lösungen zu den Übungen

Zu Kap. 3.1.1.3

geg.: Zwei Kräfte: $F_1 = 10$ kN, $F_2 = 4$ kN, rechter Winkel zwischen den beiden Kräften vorhanden

ges.: Resultierende R und Winkel α

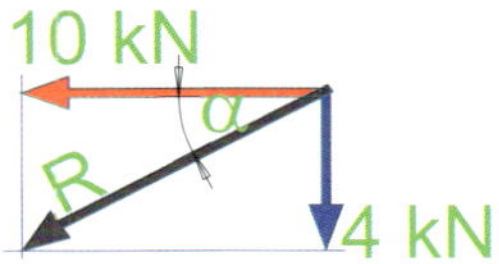

Variante 1) $\tan\alpha = 4\text{ kN} / 10\text{ kN} = 0{,}4 \rightarrow \alpha = 21{,}80°$

$\sin 21{,}80° = 4\text{ kN} / R \rightarrow R = 4\text{ kN} / \sin 21{,}80° = 10{,}77\text{ kN}$

Variante 2) $R = \sqrt{(4\text{ kN}^2 + 10\text{ kN}^2)} = 10{,}77\text{ kN}$

Zu Kap. 3.1.2.1

1) geg.: $F = 10$ kN, $\alpha = 45{,}0°$, ges.: F_V und F_H

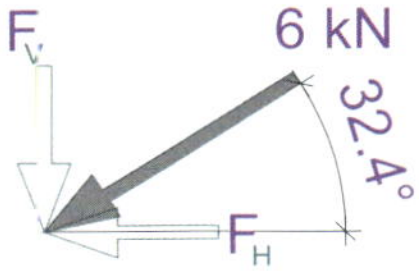

Lösung: $\sin\alpha = \frac{F_V}{F} \rightarrow F_V = F * \sin\alpha$

$\cos\alpha = \frac{F_H}{F} \rightarrow F_H = F * \cos\alpha$

$F_V = F * \sin\alpha = 10\text{ kN} * \sin 45° = 7{,}07\text{ kN}$

$F_H = F * \cos\alpha = 10\text{ kN} * \cos 45° = 7{,}07\text{ kN}$

2) geg.: $F = 6$ kN, $\alpha = 32{,}40°$, ges.: F_V und F_H

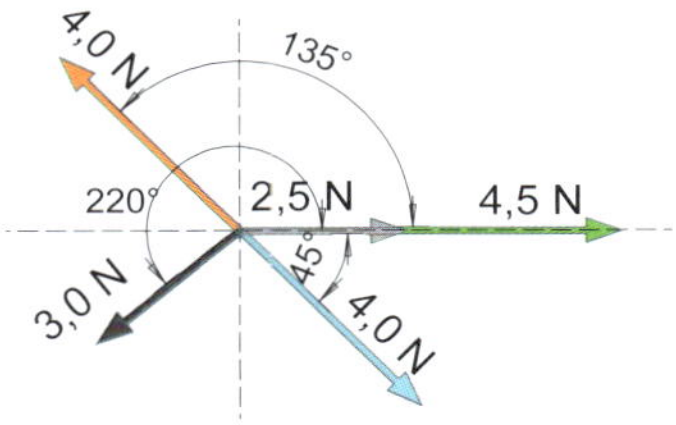

Lösung: $\sin\alpha = \frac{F_V}{F} \rightarrow F_V = F * \sin\alpha$

$\cos\alpha = \frac{F_H}{F} \rightarrow F_H = F * \cos\alpha$

$F_V = F * \sin\alpha = 6\text{ kN} * \sin 32{,}4° = 3{,}21\text{ kN}$

$F_H = F * \cos\alpha = 6\text{ kN} * \cos 32{,}4° = 5{,}07\text{ kN}$

3) geg.: Fünf Kräfte greifen im Mittelpunkt an, gem. Skizze

ges.: Resultierende R

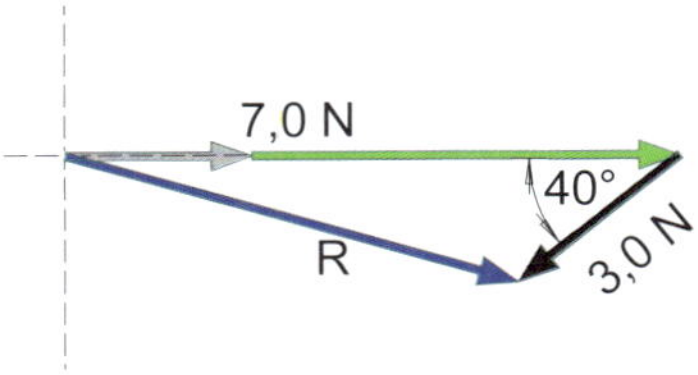

Lösung: Die beiden gegenüberliegenden Kräfte heben sich auf; die waagerechten Kräfte können einfach addiert werden, da sie auf derselben Wirkungslinie liegen: 2,5 N + 4,5 N = 7,0 N. Somit bleiben noch zwei Kräfte übrig: 7,0 N waagerecht und 3,0 N unter 220° zur Waagerechten.

Kosinussatz: $R^2 = (3{,}0\text{ N})^2 + (7{,}0\text{ N})^2 - 2 * 3{,}0\text{ N} * 7{,}0\text{ N} * \cos 40°$

$R^2 = 25{,}83\text{ N}^2 \rightarrow R = 5{,}08\text{ N}$

Oder Kräfte zerlegen: $R_H = 7{,}0\text{ N} - 2{,}3\text{ N} = 4{,}7\text{ N}$, $R_V = 1{,}93\text{ N}$

Pythagoras: $\rightarrow R = 5{,}08$ N

Zu Kap. 3.1.6

1) Eine runde Holzstütze eines Aussichtsturmes hat einen Durchmesser von 25 cm und ist 8,00 m hoch. Wie groß ist ihre Gewichtskraft?

$G = V * \gamma = \frac{d^2 * \pi}{4} * l * 6\text{ kN/m}^3 = \frac{(0{,}25\text{ m})^2 * \pi}{4} * 8{,}0\text{ m} * 6\text{ kN/m}^3 = 2{,}36\text{ kN}$

2) Wie groß ist die Gewichtskraft der Stahlbetondecke über dem Klassenraum?

Annahme: l = 10 m, b = 6,5 m, h = 22 cm

$G = V * \gamma = l * b * h * \gamma = 10\ m * 6{,}5\ m * 0{,}22\ m * 25\ kN/m^3 = 357{,}5\ kN$

3) Ein Fundament aus unbewehrtem Beton hat eine Gewichtskraft von 54 kN. Das Fundament hat eine Aufstandsfläche von 2,25 m². Wie hoch ist das Fundament in m?

$G = V * \gamma$ → $V = \frac{G}{\gamma} = \frac{54\ kN}{24\ \frac{kN}{m^3}} = 2{,}25\ m^3$

$V = A * h$ → $h = \frac{V}{A} = \frac{2{,}25\ m^3}{2{,}25\ m^2} = 1{,}0\ m$

Zu Kap. 3.1.9

1) geg.: Stahlbetonschacht im Erdreich; max. Stand des Schmutzwassers: OK Erdreich

ges.: Nachweis gegen Auftrieb (ohne Sicherheit)

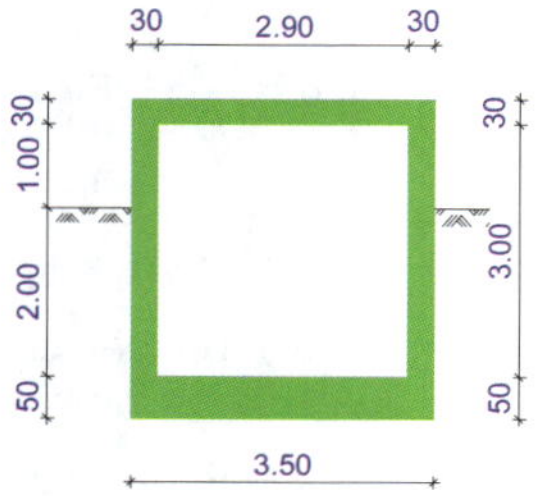

Lösung:

Gewicht der Decke: $G_D = 0{,}30\ m * 3{,}50\ m * 25\ kN/m^3 = 26{,}25\ kN/m$

Gewicht der beiden Wände: $G_W = 2 * 0{,}30\ m * 3{,}00\ m * 25\ kN/m^3 = 45{,}00\ kN/m$

Gewicht der Bodenplatte: $G_B = 0{,}50\ m * 3{,}50\ m * 25\ kN/m^3 = 43{,}75\ kN/m$

Gesamtgewicht G : $\Sigma G = G_D + G_W + G_B = 26{,}25\ kN/m + 45{,}00\ kN/m + 43{,}75\ kN/m$

$\Sigma G = 115{,}00\ kN/m$

Auftrieb:

Auftrieb: $A = 3{,}50\ m * 2{,}50\ m * 11{,}0\ \frac{kN}{m^3} = 96{,}25\ kN/m$

$\frac{\Sigma G}{A} = \frac{115\ kN/m}{96{,}25\ kN/m} = 1{,}19 > 1{,}0$

→ Dieses Bauwerk wird nicht auftreiben!

2) geg.: Winkelstützmauer aus Stahlbeton, horizontaler Erddruck: $E_H = 44{,}0\ kN/m$, Reibungswinkel des Bodens $\delta_k = 35°$

ges.: Nachweis gegen Gleiten (ohne Sicherheit)

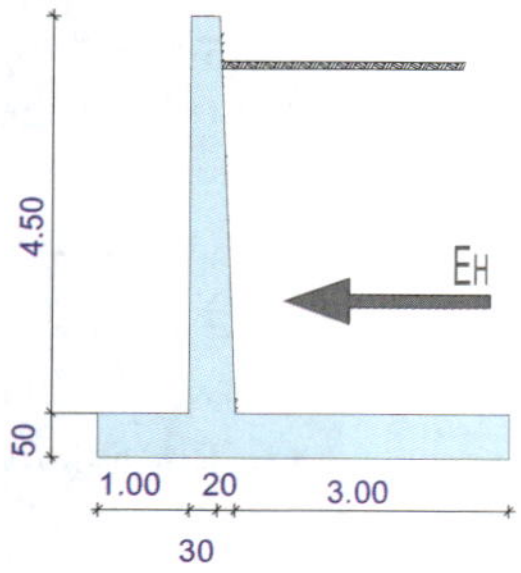

Lösung (ohne Sicherheiten): $E_H = 44{,}0\ kN/m$

Gewicht der Wand: $G_W = (0{,}30\ m * 4{,}50\ m + 0{,}20\ m * 4{,}50\ m/2) * 25\ kN/m^3 = 45{,}00\ kN/m$

Gewicht der Bodenplatte: $G_B = 0{,}50\ m * 4{,}50\ m * 25\ kN/m^3 = 56{,}25\ kN/m$

Gesamtgewicht G: $\Sigma G = G_W + G_B = 45{,}00\ kN/m + 56{,}25\ kN/m = 101{,}25\ kN/m$

Reibungswinkel $\delta_k = 35°$ → $\tan \delta_k = \tan 35° = 0{,}700$

$R = G * \tan \delta_k = 101{,}25\ kN/m * 0{,}700 = 70{,}9\ kN/m > 44{,}0\ kN/m$

→ Dieses Bauwerk wird nicht gleiten!

Zu Kap. 3.2.4

1) Einseitiger Hebel: Schubkarre: Siehe Skizze!

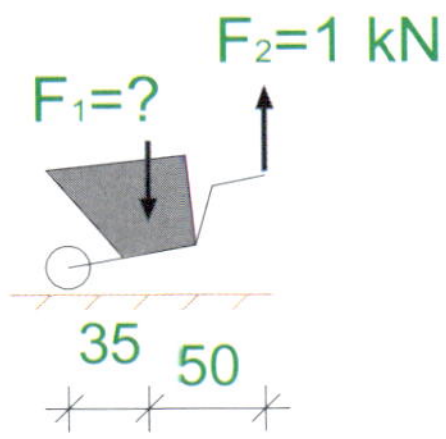

geg.: $F_2 = 1$ kN, $l_1 = 35$ cm, $l_2 = 85$ cm, ges.: F_1

$M_{rechts} = M_{links}$

$F_1 * 0{,}35\ m = F_2 * (0{,}35\ m + 0{,}50\ m)$

$$F_1 = \frac{F_2 * 0{,}85\ m}{0{,}35\ m} = \frac{1{,}0\ kN * 0{,}85\ m}{0{,}35\ m} = 2{,}43\ kN$$

2) Zweiseitiger Hebel

a) geg.: Balken mit $F_1 = 7$ kN: Siehe Skizze, Maße in m

ges: F_2

$M_{rechts} = M_{links}$

$F_2 * 4{,}00\ m = F_1 * 3{,}00\ m$

$$F_2 = \frac{F_1 * 3{,}00\ m}{4{,}00\ m} = \frac{7{,}0\ kN * 3{,}00\ m}{4{,}00\ m} = 5{,}25\ kN$$

b) geg.: Skizzierter Balken mit vier Kräften: siehe Skizze! Maße in m

ges: F_3

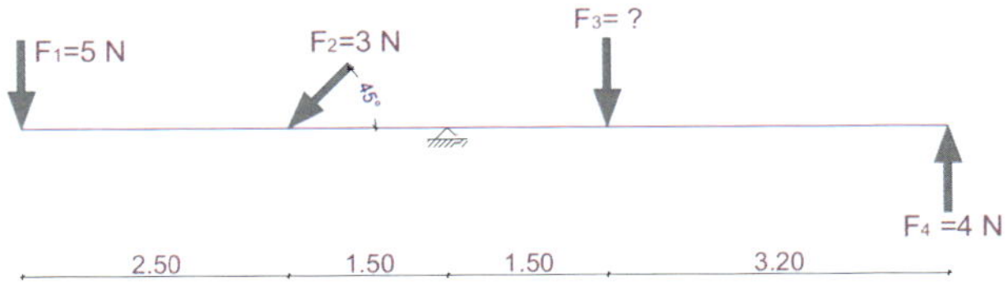

$F_{2,V} = F_2 * \sin \alpha = 3\ N * \sin 45° = 2{,}12\ N$

$M_{rechts} = M_{links}$

$F_3 * 1{,}50\ m = F_1 * 4{,}00\ m + F_{2,V} * 1{,}50\ m + F_4 * 4{,}70\ m$

$$F_3 = \frac{F_1 * 4{,}00\ m + F_{2,V} * 1{,}50\ m + F_4 * 4{,}70\ m}{1{,}50\ m} = \frac{5{,}0\ N * 4{,}00\ m + 2{,}12\ N * 1{,}50\ m + 4\ N * 4{,}70\ m}{1{,}5\ m} = 27{,}99\ N$$

3) geg.: Stützmauer aus Stahlbeton mit Erddruck aus ständiger Last $E_{H,K} = 65$ kN/m und Nutzlast $Q_{H,K} = 22$ kN/m, Erdreich: $\gamma_E = 18$ kN/m³

ges.: Ist die Stützwand standsicher?

(ohne Berücksichtigung der Teilsicherheitsbeiwerte)

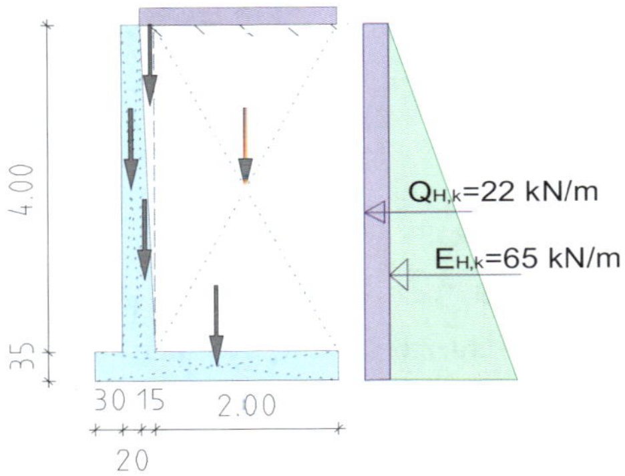

Gewicht der Wand: $G_W = 0{,}20\ m * 4{,}00\ m * 25\ kN/m^3 + 0{,}15\ m * 4{,}00\ m / 2 * 25\ kN/m^3 = 20{,}00 + 7{,}5 = 27{,}5\ kN/m$

Gewicht der Bodenplatte: $G_B = 0{,}35\ m * 2{,}65\ m * 25\ kN/m^3$, $G_B = 23{,}19\ kN/m$

Erdreich: $E_V = 2{,}00 * 4{,}00 * 18 + 0{,}15 * 4{,}00 * 18/2 = 144{,}0 + 5{,}40 = 149{,}4\ kN/m$

$M_{St} = 20{,}00\ kN/m * 0{,}40\ m + 7{,}50\ kN/m * 0{,}55\ m + 23{,}19\ kN/m * 1{,}33\ m + 144{,}0\ kN/m * 1{,}65\ m + 5{,}40\ kN/m * 0{,}60\ m = 283{,}69\ kNm/m$

$M_K = 22\ kN/m * 2{,}18\ m + 65\ kN/m * 1{,}45\ m = 142{,}21\ kNm/m$

Da das Kippmoment kleiner als das Standmoment ist, wird die Wand nicht kippen!

$M_{St} = 283{,}69\ kNm/m > M_K = 142{,}21\ kNm/m$

4 Statische Systeme

Die tragenden Bauteile eines Bauwerkes müssen sicher und wirtschaftlich bemessen werden. Dazu werden sie einer relativ einfachen Berechnung zugänglich gemacht. Aus dem real vorhandenen, dreidimensionalen Bauteil wird in der Statischen Berechnung nach der konventionellen Methode ein statisches System mit einer Dimension, bei Platten und Scheiben mit zwei Dimensionen, idealisiert. Dreidimensionale räumliche Systeme, wie beispielsweise räumliche Fachwerke, werden im Rahmen dieser Einführung nicht behandelt. Die Idealisierung erfolgt mit Hilfe von Modellen, statischen Systemen und Symbolen. Dinkler bezeichnet als statisches System das idealisierte Tragwerk mit Lagerung und Einwirkung.[1] Hier soll unter dem statischen System allein das idealisierte Bauteil ohne die Einwirkungen definiert werden. Ähnlich definiert Eurocode 0 den Begriff „Tragwerksmodell“ als Idealisierung des Tragsystems zum Zwecke der Berechnung und Bemessung.[2] An anderer Stelle wird in diesem Kontext auch von „Gedankenbildern“ gesprochen.[3]

4.1 Idealisierung von Tragwerken

Eine häufig angewandte Möglichkeit der Berechnung besteht darin, dass das tragende Bauteil zunächst idealisiert wird, um es anschließend einer relativ einfachen Berechnung zugänglich zu machen. Die tragenden Bauteile des Bauteils und deren Auflager werden gedanklich vereinfacht, also „idealisiert“.

Beispiel: Idealisierung eines Fenstersturzes als Balken auf zwei Stützen

Abbildung 4.1

Bei dem in Abb. 4.1 dargestellten Fenstersturz (= Balken) mit der Länge l, der Breite b und der Tiefe t werden bei der Idealisierung zwei dieser Dimensionen vernachlässigt: die Breite b und die Tiefe t werden „auf Null“ reduziert. Es verbleibt also die Länge l. Sie wird in der Skizze des statischen Systems als Linie bzw. Strich gezeichnet und idealisiert den Balken. Die gestrichelte Faser dient der Definition der Vorzeichen. Die in der Realität vorhandenen drei Dimensionen

[1] Dinkler, 2012, S. 17.

[2] DIN EN 1990: A 1.5.1.9 und A 1.5.1.10.

[3] Mayer, 1965, S. 26.

werden auf eine Dimension reduziert. Natürlich kann das Bauteil, hier idealisiert als Strich, nicht in der Luft schweben. Es muss auf den sogenannten Auflagern „aufliegen". Auch die Auflagersituation wird idealisiert. Die real vorhandenen Auflager werden vereinfacht und als festes, bewegliches oder eingespanntes Auflager idealisiert. Um die Idealisierung zu veranschaulichen, werden Symbole benutzt.

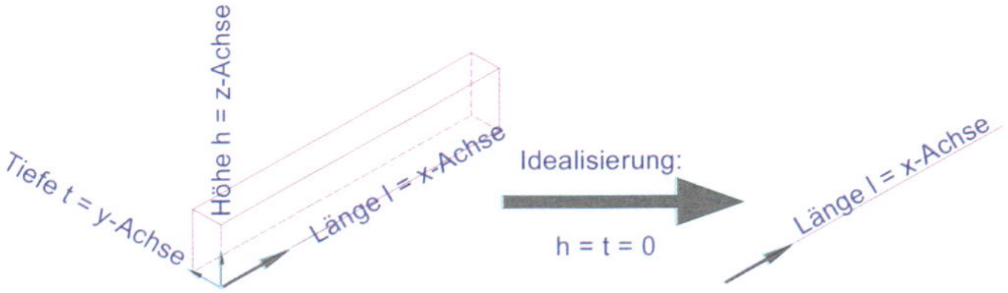

4.2 Symbole

4.2.1 Auflagersymbole

Es werden drei Auflagerarten unterschieden, die unterschiedliche Auflagersymbole haben:
a) das feste Auflager b) das bewegliche Auflager und c) das eingespannte Auflager.

a) Ein festes Auflager wird wie folgt symbolisiert:
A_V = vertikale Auflagerkraft A bei Punkt A, A_H = horizontale Auflagerkraft A bei Punkt A.

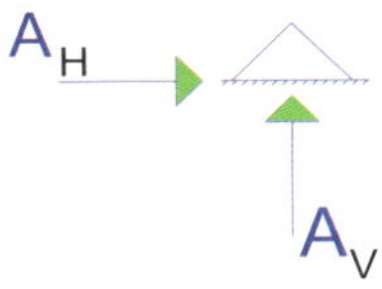

Beispiel: festes Brückenauflager[4]

Abbildung 4.2

An dieser Stelle sei darauf hingewiesen, dass durch die Idealisierung des Auflagers an der Spitze des „Auflagerdreiecks" eine theoretisch unendlich große Spannung entstehen würde, da die dort vorhandene Auflagerfläche sehr klein ist: $\sigma = \frac{F}{A}$ (vgl. Kapitel 9: Spannung, Dehnung, E-Modul).[5]

b) Ein bewegliches Auflager („Rollenauflager") wird wie folgt symbolisiert:

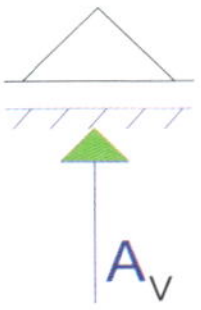

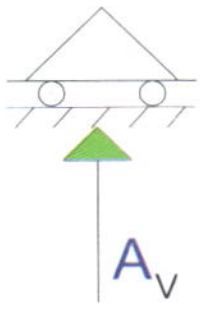

Beispiele: Rollenauflager einer Brücke

Abbildung 4.3

Abbildung 4.4

[4] Foto von ki-smile: URL: www.ki-smile.de, abgerufen am 16.04.2014.

[5] Mayer, 1965, S. 26.

c) Ein eingespanntes Auflager wird wie folgt symbolisiert:

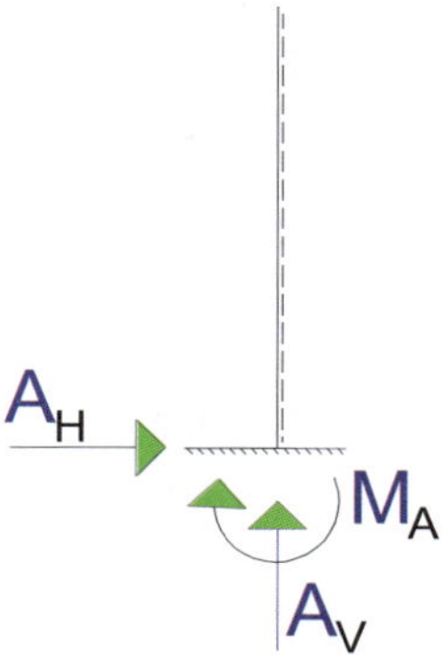

Beispiel: eingespannte Stütze

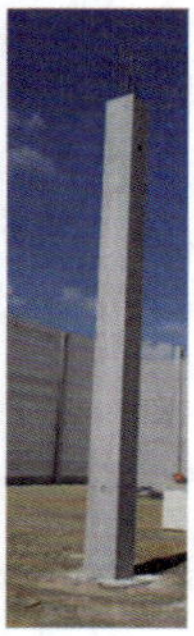

Abbildung 4.5

4.2.2 Weitere Symbole:

Das Gelenk: Bei den Gelenken werden unterschieden:

Querkraftgelenke: V = 0

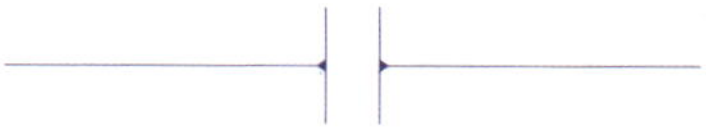

Normalkraftgelenke: N = 0

und Biegemomentgelenke (= Momentengelenke): M = 0.

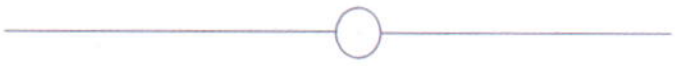

Meistens werden bei Stabwerken Momentengelenke angeordnet!
Beispiele: Gelenke in einer Brücke

a) Gelenk über dem Auflager

Abbildung 4.6

b) Gelenk neben dem Auflager[6]

Abbildung 4.7

Feder: Das Auflager ist nicht starr und gibt nach.

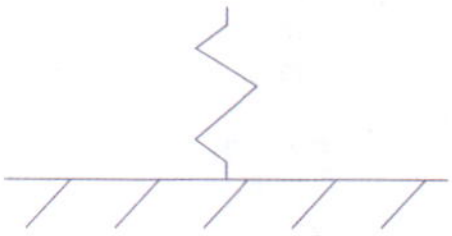

[6] Foto von ki-smile: URL: www.ki-smile.de, abgerufen am 16.04.2014.

4.3 Statische Systeme

Statische Systeme sind Vereinfachungen (Idealisierungen) von Bauteilen, um diese den Berechnungen zugänglich zu machen. Hier einige Beispiele:

Einfeldträger

Abbildung 4.8 Fenstersturz

Abbildung 4.9 Fertigteil-Binder

schräger Einfeldträger:

Abbildung 4.10

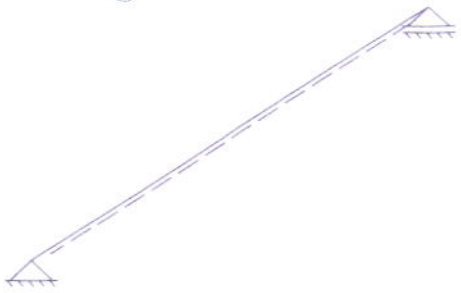

schräger Einfeldträger mit Kragarm links:

Abbildung 4.11

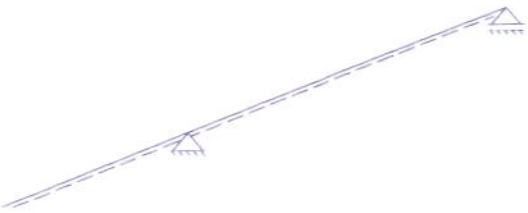

Nicht nur tragende Bauteile eines Bauwerkes können als statische Systeme betrachtet werden. So kann beispielsweise das abgebildete Bücherregal als Einfeldträger mit zwei Kragarmen idealisiert werden.

Abbildung 4.12

Eingespannte Träger:

rechts eingespannt

Abbildung 4.13

links eingespannt

Abbildung 4.14

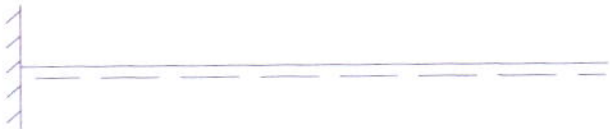

unten ein

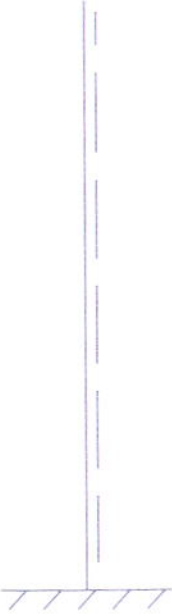

Abbildung 4.15

beidseitig eingespannte Stütze/Einfeldträger:

Abbildung 4.16

Abbildung 4.17

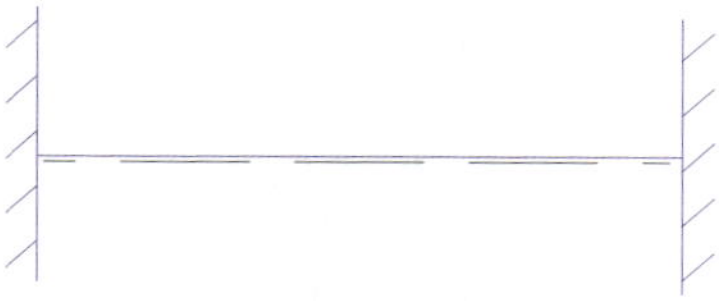

Weitere statische Systeme:

Sprengwerk:

Abbildung 4.18

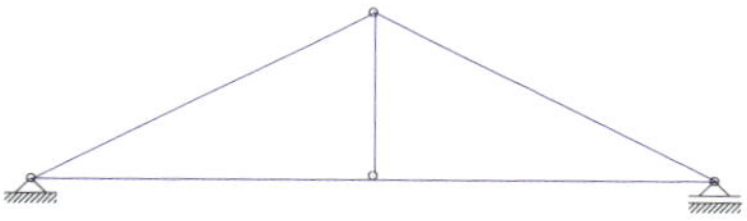

Pendelstütze:

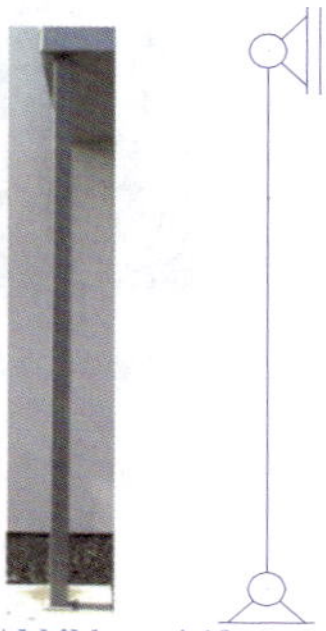

Abbildung 4.19

ebener Fachwerkträger:

Abbildung 4.20

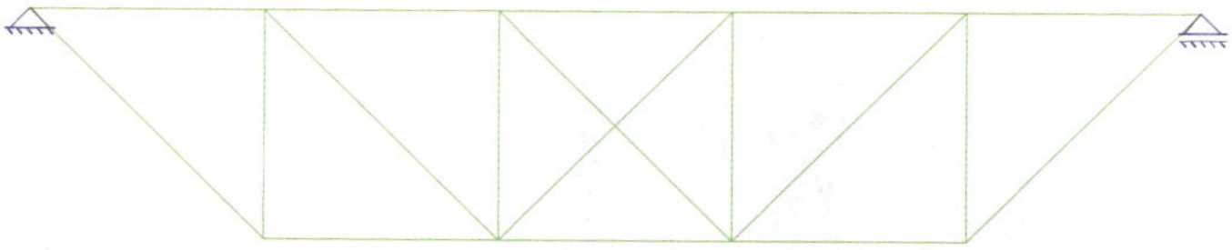

Ebene Rahmen:

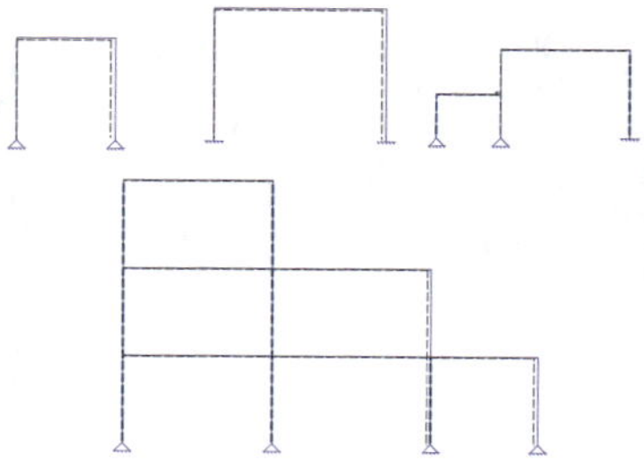

Bögen: Zwei- und Dreigelenkbogen

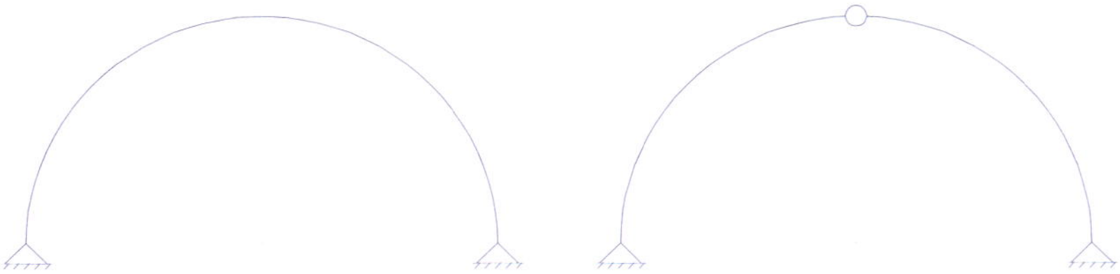

Gemischtes System:

Abbildung 4.21

Das Idealisieren von Bauteilen lässt sich gut an Brückenbauwerken veranschaulichen. Die folgenden Abbildungen wurden entweder vom Verfasser fotografiert oder freundlicherweise vom Landesbetrieb Mobilität Rheinland-Pfalz (LBM) zur Verfügung gestellt.

Es wird jeweils bei Auflager A (links) ein festes Auflager angenommen; die restlichen Auflager werden als beweglich angenommen.

Einfeldträger

Abbildung 4.22

Zweifeldträger

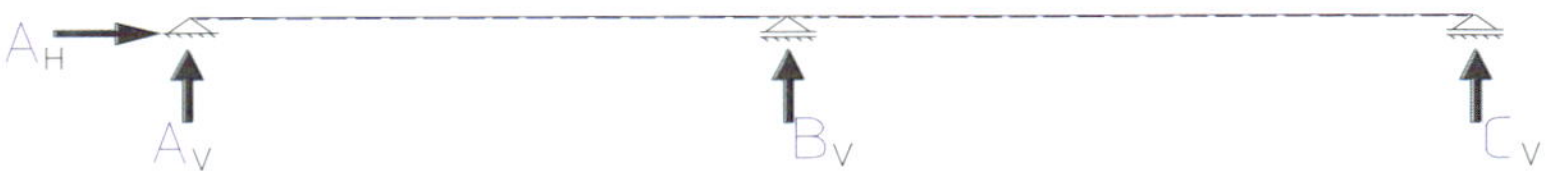

Dreifeldträger

Abbildung 4.24

Vierfeldträger

Abbildung 4.25

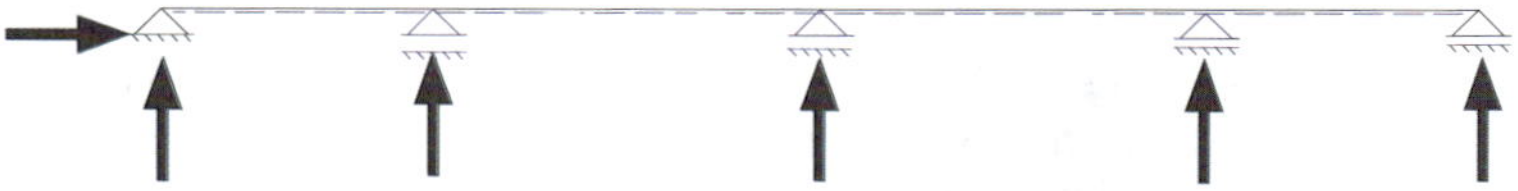

Nicht immer ist ein Auflager fest und die anderen beweglich. Beispielsweise sind bei der unten abgebildeten Hochmoselbrücke (Fotomontage) - in der ersten der beiden Lagerreihen - die Auflager D bis G fest und die anderen beweglich gelagert.

Abbildung 4.26

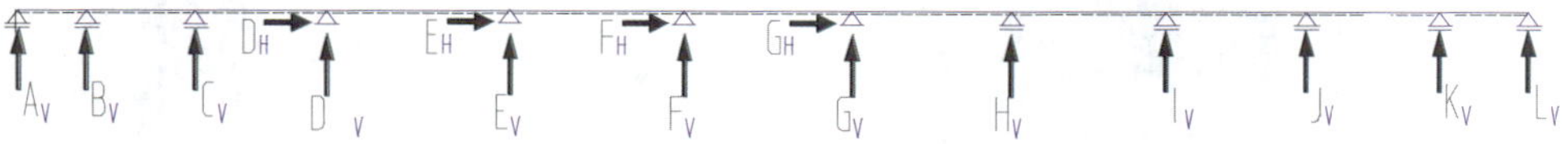

Mehrfeldrige Brücken werden nicht ausschließlich als Durchlaufträger hergestellt. Wegen der relativ einfachen Bauausführung werden im Brückenbau oftmals Gelenke über oder auch neben den Stützen angeordnet.

Die Brückenteile werden dann als Fertigteile zur Baustelle geliefert und dort zu einem Gelenkträger verbunden.

Gelenke über den Stützen

Abbildung 4.27

Gelenk

Abbildung 4.28

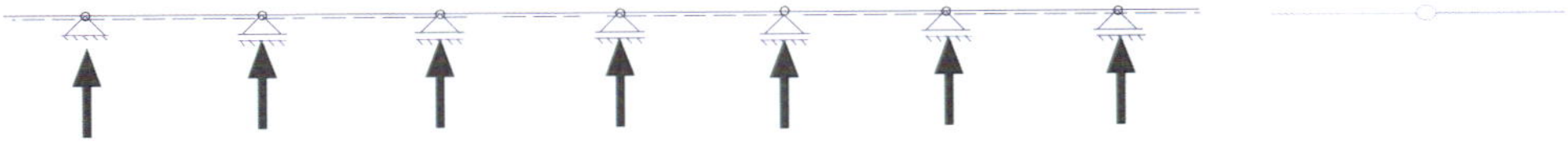

Die Gelenke können auch neben den Stützen angeordnet werden, um wirtschaftlicher bemessen zu können (= Gerberträger, vgl. Kapitel 6). Gerberträger können als Zwei-, Drei- oder Mehrfeldträger ausgeführt werden und werden nicht nur im Stahlbetonbau, sondern auch im Stahl- und Holzbau verwendet.

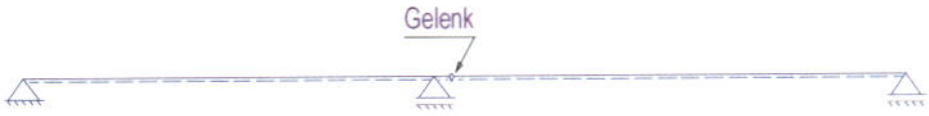

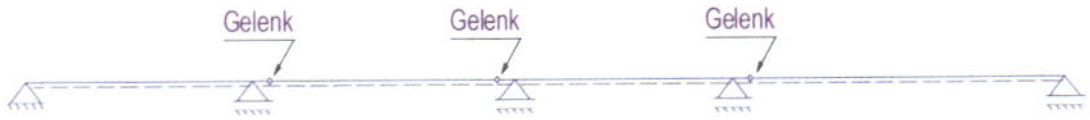

Weitere Beispiele zu Tragwerksmodellierung findet man bei Dinkler.[7]

4.3.1 Statisch bestimmte Systeme

Man unterscheidet statisch bestimmte Systeme von statisch <u>un</u>bestimmten Systemen.

Ein System ist dann statisch bestimmt, wenn man ausschließlich mit Hilfe der Gleichgewichtsbedingungen die Schnittgrößen am System berechnen kann. Meist sind so viele Auflagerreaktionen vorhanden wie Gleichgewichtsbedingungen.

Hier nochmal die drei Gleichgewichtsbedingungen in der Ebene:

Die Summe der vertikalen Kräfte (= V) ist gleich Null. $\Sigma V = 0$

Die Summe der horizontalen Kräfte (= H) ist gleich Null. $\Sigma H = 0$

Die Summe der Momente (= M) ist gleich Null. $\Sigma M = 0$

---

[7] Dinkler, 2012, S. 26 ff.

Statisch bestimmte Systeme haben i. d. R. die folgenden drei Auflagerreaktionen:

A_V: vertikale Auflagerkraft bei A

A_H: horizontale Auflagerkraft bei A

und B_V: vertikale Auflagerkraft bei B.

Sind mehr Auflagerreaktionen vorhanden als Gleichgewichtsbedingungen, so ist das System statisch unbestimmt.[8] Dies gilt nicht, wenn am statischen System Gelenke vorhanden sind.

Beispiel für ein statisch bestimmtes System: Der Türsturz

Statisches System: Einfeldträger (oder: Einfeldbalken oder auch: Balken auf zwei Stützen genannt)

Meist wird das linke Auflager eines Einfeldträgers (z. B. eines Türsturzes) als festes Auflager angenommen und das rechte Auflager als bewegliches Auflager idealisiert.

Bei dem tatsächlich vorhandenen Bauteil, beispielsweise dem Türsturz, wird das linke Auflager wie das rechte Auflager ausgeführt. Für die Berechnung wird jedoch - vereinfacht - angenommen, dass das linke Auflager fest sei und das rechte beweglich. So wird der Sturz einer einfacheren Berechnung zugänglich gemacht und ist statisch bestimmt.

Frage: Warum zeichnet man das statische System eines Einfeldträgers mit einem festen (linke Skizze) und einem beweglichen Lager (rechte Skizze), obwohl in der Realität zwei Festlager vorhanden sind?

Annahme: Auflager A wird als festes Auflager und Auflager B als bewegliches Auflager angenommen

n = 3 Auflagerreaktionen – 3 Gleichgewichtsbedingungen = 0

Dieses System ist statisch bestimmt

Realität: Auflager A und B sind beide feste Auflager

n = 4 Auflagerreaktionen – 3 Gleichgewichtsbedingungen = 1

Dieses System ist einfach statisch **<u>un</u>**bestimmt!

Σ Vertikalkräfte = 0

Σ Horizontalkräfte = 0

Σ Momente = 0

■ = Reaktion

■ = Einwirkung = Aktion = Last

■ = Gleichgewichtsbedingung

[8] Vgl.: URL: http://www.ki-smile.de/kismile/view70,10,444.html, abgerufen am 10.04.2014.

Antwort: Man vereinfacht durch diese Annahme die Berechnung. Das linke System ist statisch bestimmt und daher einfacher zu berechnen als das statisch unbestimmte System (rechts). Die Schnittgrößen für die beiden statischen Systeme können, von der Einwirkung abhängig, voneinander abweichen. Bei einer horizontalen Einwirkung wären beispielsweise die horizontalen Auflagerkräfte unterschiedlich.

Weitere Beispiele für statisch bestimmte Systeme:

Einfeldträger mit Kragarm links:

Einfeldträger mit zwei Kragarmen:

Eingespannter Träger:

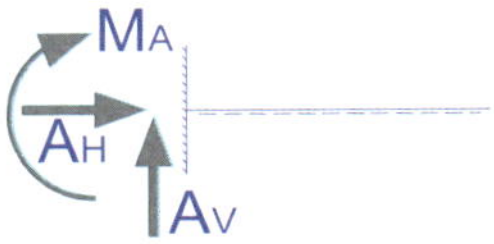

Gelenkträger:

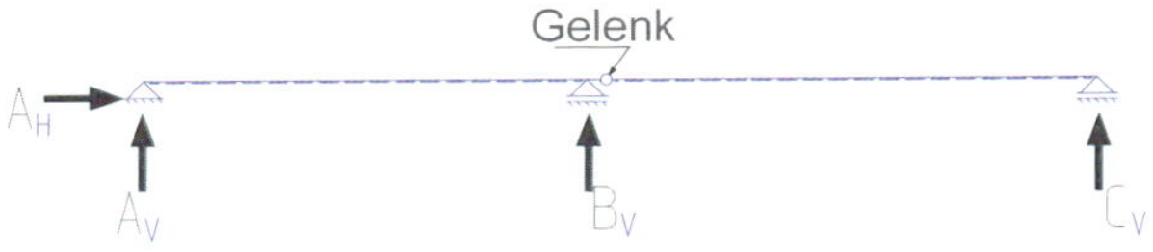

Dreigelenkbogen:

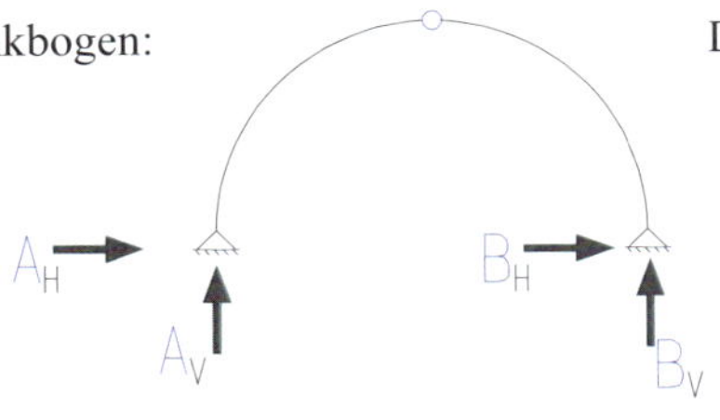

Dreigelenkrahmen:

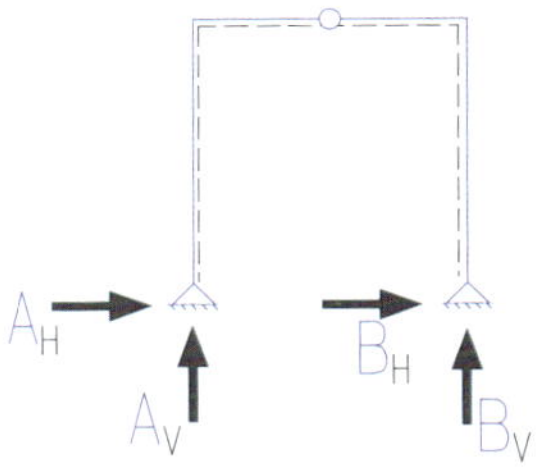

4.3.2 Statisch unbestimmte Systeme

Zunächst sollen Vor- und Nachteile der statisch bestimmten Systeme und statisch unbestimmten Systeme erläutert werden. Anschließend wird gezeigt, wie der Grad der statischen Unbestimmtheit an einfachen Beispielen ermittelt werden kann. Schließlich werden die Schnittgrößen an statisch unbestimmten Systemen, hier Durchlaufträger, mit dem Verfahren von CLAPEYRON sowie mit Tabellen berechnet. Statisch unbestimmte Systeme haben ein anderes Tragverhalten als statisch bestimmte Systeme.

Hier eine Übersicht der Vor- und Nachteile von statisch bestimmten und statisch unbestimmten Systemen, wobei die Vorteile des einen Systems identisch mit den Nachteilen des anderen sind.[9]

	Statisch **bestimmte** Systeme:	Statisch **unbestimmte** Systeme:[10]
Vorteile:	Durch die Lastfälle Temperatur, Stützensenkung und Imperfektionen werden keine Schnittgrößen hervorgerufen. Vorgefertigte Bauteile lassen sich relativ einfach zusammenbauen.	Statisch unbestimmte Systeme besitzen eine größere Sicherheit gegen Versagen. Der Ausfall einzelner Tragwerksteile führt in der Regel nicht zum Totalversagen des Tragwerkes.
Nachteile:	Der Ausfall eines Auflagers oder das Versagen eines Bauteiles, z. B. eines Stabes, führt zum kompletten Verlust der Tragfähigkeit. Keine Tragreserven. Nicht robust. Die Bemessung eines Bauteiles ist i. d. R. unwirtschaftlicher als bei statisch unbestimmten Systemen. Größere Verformungen als bei statisch unbestimmten Systemen.	Bei einem statisch unbestimmten System sollte immer berücksichtigt werden, dass Ungenauigkeiten (Imperfektionen) bei der Herstellung, der Lastfall Temperatur und der Lastfall Lagerverschiebung zusätzliche Schnittgrößen zur Folge haben. Die Berechnung der Schnittgrößen ist aufwändiger.

4.3.3 Bestimmung des Grades der statischen Unbestimmtheit

Es existieren mehrere Formeln[11], mit denen man berechnen kann, ob ein System statisch bestimmt oder statisch unbestimmt ist. Weiterhin kann mit diesen Formeln auch bei statisch unbestimmten Systemen ermittelt werden, wie oft das System statisch unbestimmt ist.

Für einfache statische Systeme in der Ebene kann man die statische Unbestimmtheit wie folgt ermitteln:

n = Grad (= Anzahl) der statischen Unbestimmtheit = Anzahl der Auflagerreaktionen minus Anzahl der Gleichgewichtsbedingungen

$n < 0$ → Das System ist statisch unterbestimmt (labil).

$n = 0$ → Das System ist statisch bestimmt.

$n > 0$ → Das System ist statisch **un**bestimmt.

---

[9] Zu den Vor- und Nachteilen der statisch bestimmten bzw. statisch unbestimmten Systeme vgl. z. B.: URL: http://www.bau.unisiegen.de/subdomains/baustatik/lehre/bst/unterlagen_unvertieft/arbeitsblatt-_04_statische_bestimmtheit.pdf und URL: http://www.uni-kassel.de/fb14/baustatik/moodle/Flash-Filme/WS0708/StatikI/Statisch_Bestimmt_Statisch_Unbestimmt.swf, abgerufen am 14.09.2024.

[10] Es werden äußerlich statisch unbestimmte Systeme von innerlich statisch unbestimmten Systemen unterschieden.

[11] Vgl. Dinkler, 2012, S. 37 ff und Hirschfeld, 1969, S. 14 ff.

Beispiele:

1) n = 2 - 3 = -1

Das System ist statisch unterbestimmt (labil, horizontal verschieblich).

2) n = 3 - 3 = 0

Das System ist statisch bestimmt.

3) n = 4 - 3 = 1

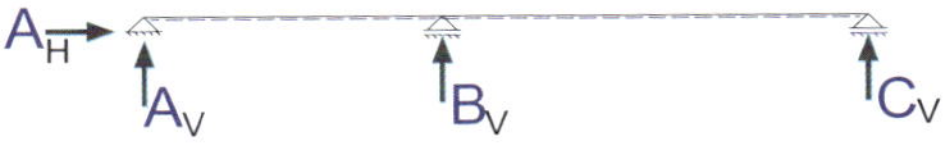

Das System ist einfach statisch unbestimmt.

4) n = 6 - 3 = 3

Das System ist dreifach statisch unbestimmt

5) n = 5 - 3 = 2

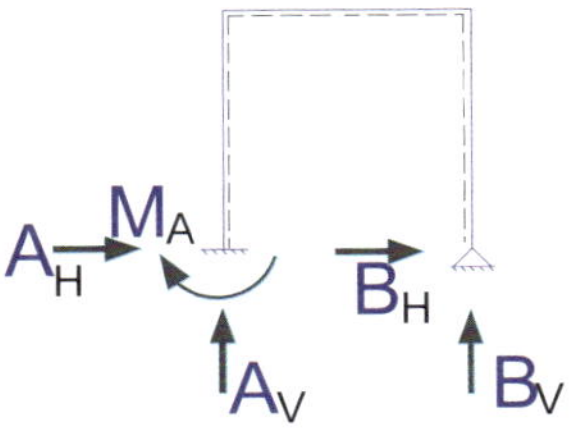

Das System ist zweifach statisch unbestimmt.

6) Statisches System eines Stahlbeton-Ringbalkens über einem rechteckigen Grundriss (z. B. Garage)

Das statische System des rechts skizzierten Ringbalkens ist ein rechteckiger Rahmen mit vier biegesteifen Ecken, der dreifach statisch unbestimmt ist:

n = 6 - 3 = 3.

Man kann den Rahmen allerdings gedanklich an einer Ecke „aufschneiden" und „abwickeln" und erhält als statisches System einen Vierfeld-Träger, der an den Enden eingespannt ist und dessen linkes Auflager dem rechten entspricht.

Entweder aufgeklappt:

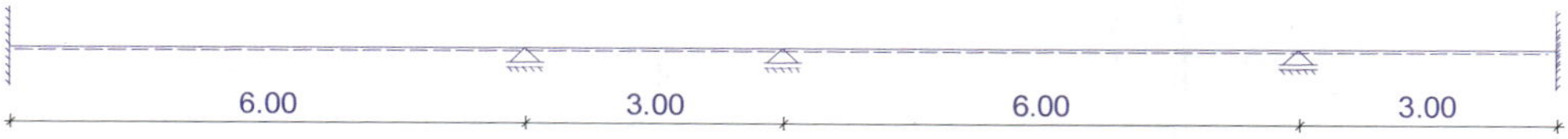

Oder jeder Stab einzeln betrachtet. Vereinfacht kann auch die längste Seite des Rahmens - hier 6,0 m - als an beiden Enden eingespannter Stab betrachtet werden.

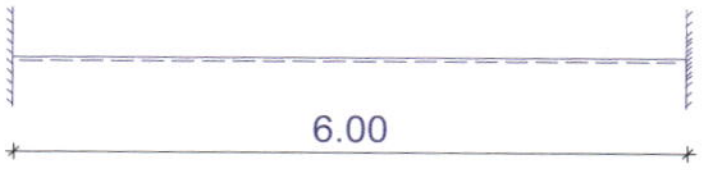

Auch die beiden kurzen Seiten - hier 3,00 m - können einzeln als beidseitig eingespannter Stab betrachtet werden.

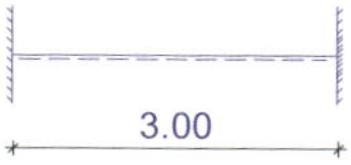

Damit die biegesteife Ecke in der Realität vorhanden ist, muss in der Ecke des Ringbalkens die Bewehrung die vorhandenen Momente aufnehmen können (z. B. Schlaufen).

Falls dort keine Momente aufgenommen werden könnten, würde sich in der Ecke ein Riss bilden, und es läge ein Gelenk vor.

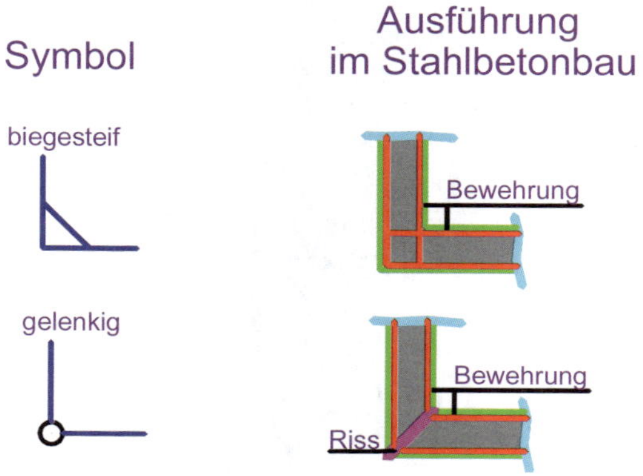

Bei Trägern mit Gelenken muss die Anzahl der vorhandenen Gelenke vom Ergebnis der vorherigen Formel subtrahiert werden.

Beispiel:

7) $n = 4 - 3 - 1 = 0$

Das System ist

statisch bestimmt.

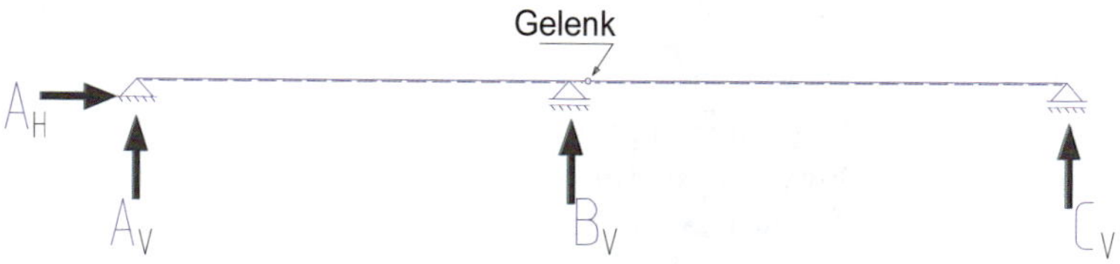

4.3.4 Übungen

1) Bestimmen Sie den Grad der statischen Unbestimmtheit n!

a)

b)

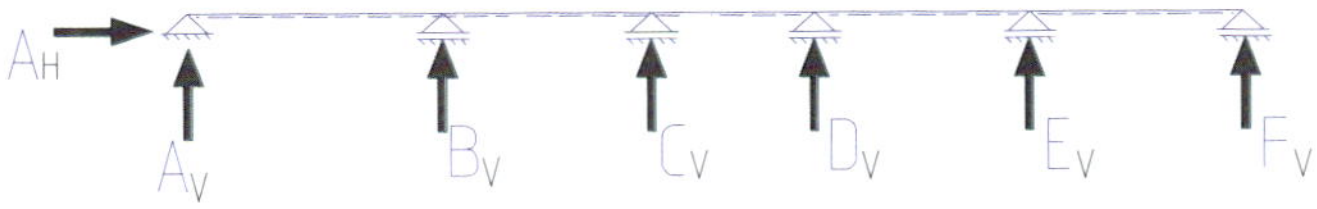

c)

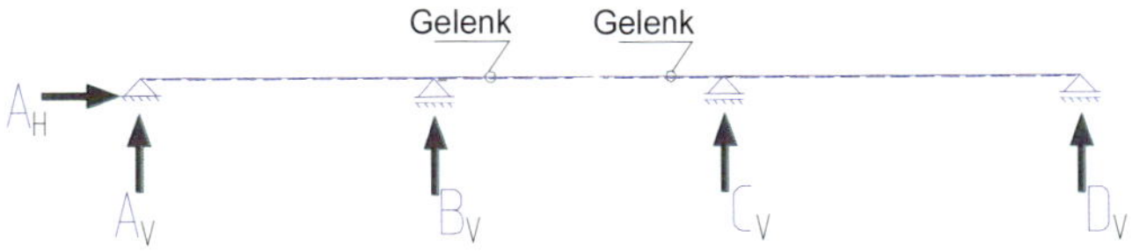

d)

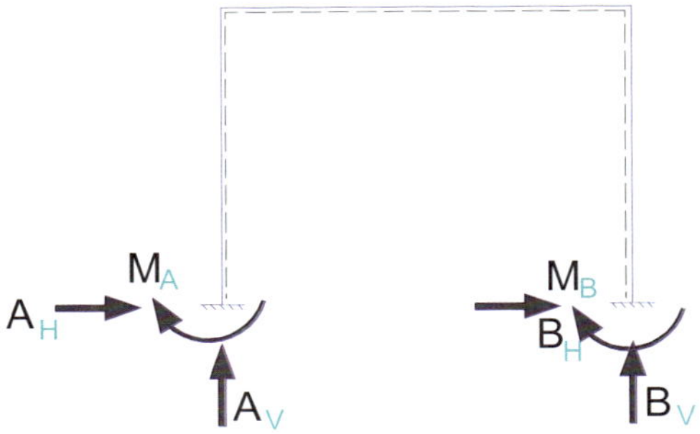

2) Erkennen Sie am Beispiel der Steine von Stonehenge statische Systeme?

Abbildung 4.29

3) Skizzieren Sie für jede der nachfolgend fotografierten Brücken das zugehörige statische System der Fahrbahn und bestimmen Sie den Grad der statischen Unbestimmtheit (Annahme: Auflager A sei jeweils das feste Auflager)!

a)

Abbildung 4.30

b)

Abbildung 4.31

c)

Abbildung 4.32

d)

Abbildung 4.33

e)

Abbildung 4.34

4.3.5 Lösungen zu den Übungen

Zu Kap. 4.3.4

1) Bestimmen Sie den Grad der statischen Unbestimmtheit n!

a) n = 5 - 3 = 2

b) n = 7 - 3 = 4

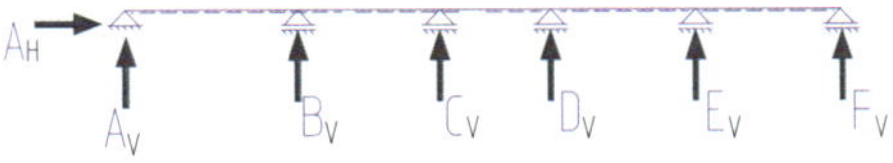

c) n = 5 - 3 - 2 = 0

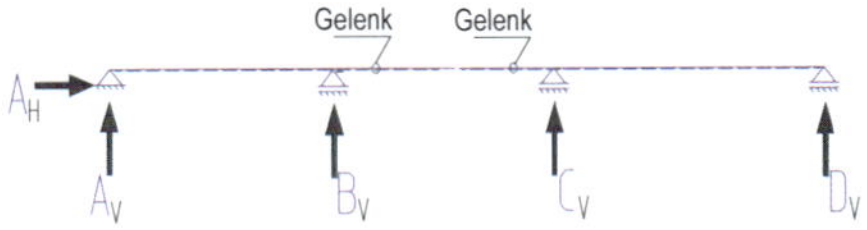

d) n = 6 – 3 = 3

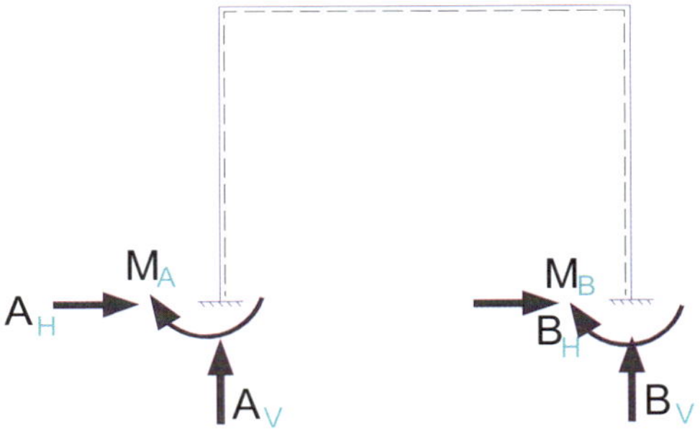

2) Erkennen Sie am Beispiel der Steine von Stonehenge statische Systeme?

Einfeldträger und Zweifeldträger (evtl. mit Gelenk), Stützen

3) Skizzieren Sie für jede der skizzierten Brücken das zugehörige statische System der Fahrbahn und bestimmen Sie den Grad der statischen Unbestimmtheit!

a) n = 3 - 3 = 0

b) n = 6 - 3 = 3

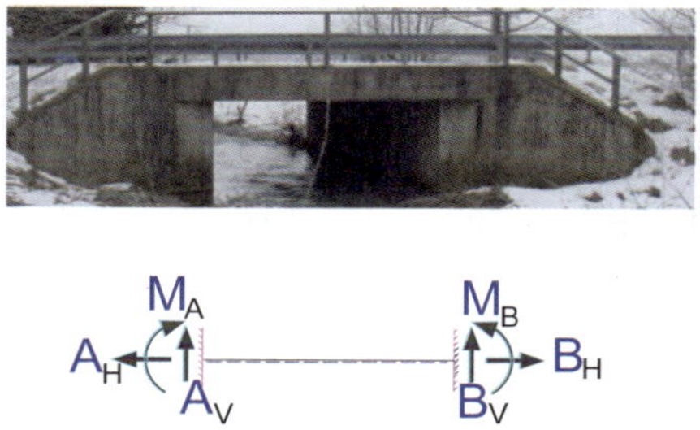

c) n = 4 - 3 = 1

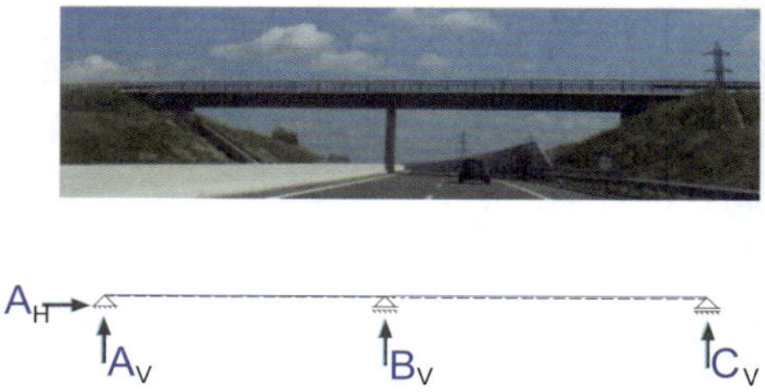

d) n = 8 - 3 = 5

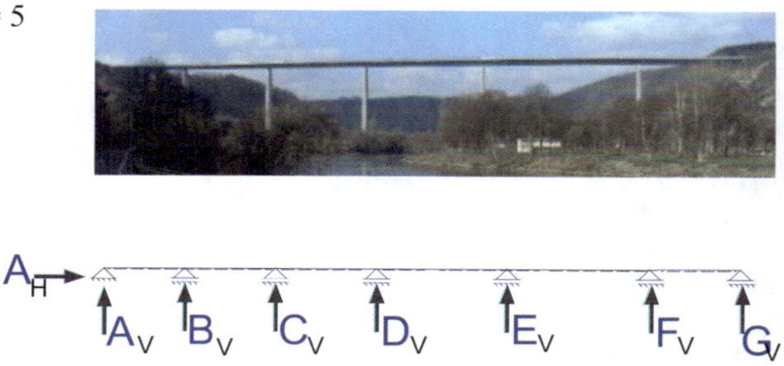

e) n = 9 - 3 = 6

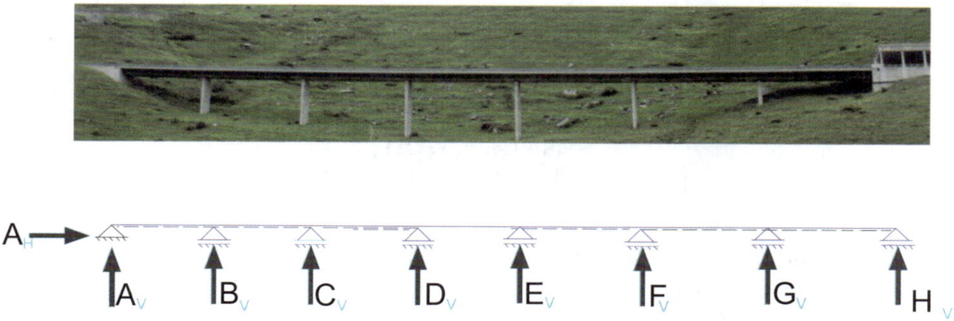

5 Einwirkungen

Jedes tragende Bauteil wird durch äußere Kräfte (Eigenlast, Nutzlast, Schnee, Wind, usw.) belastet und/oder durch indirekte Belastungen, auch Zwang genannt (Temperaturänderungen, Stützensenkungen, Schwinden, Kriechen, usw.), beansprucht. Diese Kräfte und Beanspruchungen werden Einwirkungen genannt. Früher wurden die Einwirkungen „Lasten“ oder „Belastungen“ oder auch „Lastannahmen“ genannt. Zur Berechnung der tragenden Bauteile sind Kenntnisse der Einwirkungen erforderlich. Die Einwirkungen sind im Eurocode 1 (EC 1) geregelt.

5.1 Begriffe im Zusammenhang mit Einwirkungen (EC 1)[1]

Einwirkung F

a) Eine Gruppe von Kräften (Lasten), die auf ein Tragwerk wirken (direkte Einwirkung)

b) Eine Gruppe von aufgezwungenen Verformungen oder Beschleunigung, die z. B. durch Temperaturänderung, Feuchtigkeitsänderung, ungleiche Setzung oder Erdbeben hervorgerufen werden (indirekte Einwirkung)

Ständige Einwirkung: g oder G[2]

Eine Einwirkung, von der vorausgesetzt wird, dass sie während der gesamten Nutzungsdauer wirkt und deren zeitliche Größenänderung gegenüber dem Mittelwert vernachlässigbar ist oder bei der die Änderung bis zum Erreichen eines bestimmten Grenzwertes immer in der gleichen Richtung (gleichmäßig) stattfindet

Beispiele: Eigengewicht von Tragwerken, eingebaute Ausrüstungen oder Straßenbeläge oder indirekte Einwirkungen aus Schwinden oder ungleichmäßigen Setzungen

Veränderliche Einwirkung: q oder Q

Eine Einwirkung, deren zeitliche Größenänderung nicht vernachlässigbar ist oder für die die Änderung nicht immer in der gleichen Richtung stattfindet

Beispiele: Nutzlasten auf Decken, Trägern oder Dächern, Wind- und Schneelasten

Außergewöhnliche Einwirkung: A

Eine Einwirkung, die i. d. R. von kurzer Dauer, aber von bedeutender Größenordnung ist, und die während der geplanten Nutzungsdauer des Tragwerkes, jedoch mit keiner nennenswerten Wahrscheinlichkeit auftreten kann.

Beispiele: Explosionen, Fahrzeuganprall, Flugzeugabsturz oder Erdbeben

ANMERKUNG 1: Von einer außergewöhnlichen Einwirkung können erhebliche Folgen ausgehen, wenn keine besonderen Maßnahmen ergriffen werden.

ANMERKUNG 2: Anprall, Schnee, Wind und Erdbeben können als veränderliche oder außergewöhnliche Einwirkungen behandelt werden, je nach statistischem Auftreten. Im EC 1 werden weitere Erläuterungen im Zusammenhang der Einwirkungen und deren Kombinationen beschrieben.

---

[1] Handbuch Eurocode 0, S. 18.

2 Der Großbuchstabe, z. B. G, steht für eine Einzellast, der Kleinbuchstabe, z. B. g, für Gleich- oder Streckenlast.

5.2 Charakteristische Werte für Einwirkungen

Die Werte für die Einwirkungen werden als charakteristische Werte angegeben. Diese charakteristischen Werte werden **ohne** Berücksichtigung der Teilsicherheitsbeiwerte γ angegeben. Charakteristische Werte werden durch den Index „k" gekennzeichnet. „k" steht hierbei für " Characteristic Value". Beispiele: Charakteristische Einwirkung: E_k, charakteristische ständige Last: g_k, charakteristische Nutzlast: q_k.

5.2.1 Ständige Einwirkungen

Um die charakteristischen Werte (ohne Sicherheit) der ständigen Einwirkungen, g_k bzw. G_k, zu ermitteln, werden entweder die Wichte in kN/m³ - oder die Flächenlasten - in kN/m² oder pro cm Dicke - des jeweiligen Gegenstandes in der Norm oder Tabellenbüchern angegeben.

Das Eigengewicht eines Bauteiles ist eine ständige Einwirkung. Bei Decken wird auch der Putz, der Estrich und der Belag als ständig angesehen, bei Wänden der Innen- und Außenputz.

Beispiele aus dem nationalen Anhang (NA) A des EC 1:

Zeile	Gegenstand	Flächenlast je cm Dicke kN/m²/cm
1	Asphaltbeton	0,24
2	Asphaltmastix	0,18
3	Gussasphalt	0,23
4	Betonwerksteinplatte, Terrazzo, kunstharzgebundene Werksteinplatte	0,24
5	Estrich	
6	Calciumsulfatestrich (Anhydritestrich, Natur-, Kunst- und REA^a – Gipsestrich) (a Rauchgasentschwefelungsanlage)	0,22
7	Gipsestrich	0,20
8	Gussasphaltestrich	0,23
9	Industrieestrich	0,24
10	Kunstharzestrich	0,22
11	Magnesiaestrich nach DIN 272 mit begehbarer Nutzschicht bei ein- oder mehrschichtiger Ausführung	0,22
12	Unterschicht bei mehrschichtiger Ausführung	0,12
13	Zementestrich	0,22
14	Glasscheiben	0,25
15	Gummi	0,15
16	Keramische Wandfliesen (Steingut einschließlich Verlegemörtel)	0,19
17	Keramische Bodenfliesen (Steinzeug und Spaltplatten, einschließlich Verlegemörtel)	0,22

18	Kunststoff-Fußbodenbelag	0,15
19	Linoleum	0,13
20	Natursteinplatten (einschließlich Verlegemörtel)	0,30
21	Teppichboden	0,03

Wichten und Böschungswinkel von gewerblichen und industriellen Lagerstoffen

Zeile	Gegenstand	Flächenlast kN/m²	Böschungs-Winkel
1	Eisenerz		
2	Raseneisenerz	14,0	40°
3	Brasilerz	39,0	40°
4	Faser, Zellulose, in Ballen gepresst	12,0	0°
5	Faulschlamm		
6	bis 30 %Volumenanteil an Wasser	12,5	20°
7	Über 50 % Volumenanteil an Wasser	11,0	0°
8	Fischmehl	8,0	45°
9	Holzwolle	2,0	45°
10	Holzwolle		
11	Lose	1,5	45°
12	Gepresst	4,5	_
13	Karbid in Stücken	9,0	30°
14	Kork, gepresst	3,0	_
15	Linoleum nach DIN EN 548, in Rollen	13,0	_
16	Porzellan oder Steingut, gestapelt	11,0	_
17	PVC- Beläge nach DIN EN 649, in Rollen	15,0	_
18	Soda		
19	geglüht	25,0	45°
20	Kristallin	15,0	40°
21	Wolle, Baumwolle gepresst, luftgetrocknet	13,0	_

Beispiele zur Ermittlung der ständigen Einwirkungen:

1) Ermitteln Sie die Wichten und Einwirkungen folgender Stoffe – mit Hilfe der Bautabellen!

Wichten der Baustoffe in kN/m³:	**Dachdeckungen in kN/m²**
Beton (unbewehrter):	Falzziegel auf Lattung:
Stahlbeton:	Schiefer auf Schalung (einfache Deckung):
Bauholz:	Fußboden- und Wandbeläge je cm Dicke: kN/m²
Stahl:	Teppichboden:
Blei:	Linoleum:
Glas (in Scheiben):	
Aluminium:	Lagerstoffe: kN/m³
Granit:	Kies, Sand:
Schiefer:	Dicht gelagerter Aktenschrank:

Lösung:

Wichten der Baustoffe in kN/m³:	**Dachdeckungen in kN/m²**
Beton (unbewehrter): 24	Falzziegel auf Lattung: 0,55
Stahlbeton: 25	Schiefer auf Schalung (einf. Deckung): 0,50
Bauholz: 4 - 7 (6 = Mittelwert)	Fußboden- und Wandbeläge je cm Dicke: kN/m²
Stahl: 77 - 78,5	Teppichboden: 0,03
Blei: 112 - 114	Linoleum: 0,13
Glas (in Scheiben): 25	
Aluminium: 27	Lagerstoffe: kN/m³
Granit: 27 - 30	Kies, Sand: 15 – 20 (18 = Mittelwert)
Schiefer: 28	Dicht gelagerter Aktenschrank: 8,5

2) Ermitteln Sie die ständige Einwirkung g_K der folgenden Stahlbetondecke in einem Wohnhaus in kN/m²!

Den Lastannahmen in den Bautabellen entnimmt man die Flächenlasten je m² für die Materialdicke pro cm, oder: $d * \gamma$ in kN/m².

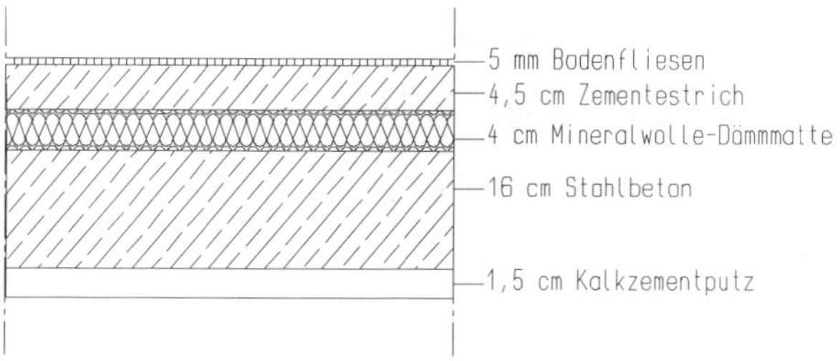

Lösung:

für Bodenfliesen: (0,005 m * 22 kN/m³) oder: $0{,}5\ \text{cm} * 0{,}22\ \text{kN/m}^2/\text{cm} = 0{,}11\ \frac{\text{kN}}{\text{m}^2}$

für Zementestrich: (0,045 m * 22 kN/m³) oder: $4{,}5\ \text{cm} * 0{,}22\ \text{kN/m}^2/\text{cm} = 0{,}99\ \frac{\text{kN}}{\text{m}^2}$

für Mineralwolleplatte: $4{,}0\ \text{cm} * 0{,}01\ \text{kN/m}^2/\text{cm} = 0{,}04\ \frac{\text{kN}}{\text{m}^2}$

für Stahlbetonplatte: (0,16 m * 25 kN/m³) oder: 16,0 cm * 0,25 kN/m²/cm = 4,00 $\frac{kN}{m^2}$

für Putz: (0,015 m * 20 kN/m³) oder: 1,5 cm * 0,20 kN/m²/cm = 0,30 $\frac{kN}{m^2}$

Summe der Eigen- und Ausbaulasten: $g_K = 5{,}44\ \frac{kN}{m^2} \sim 5{,}50\ \frac{kN}{m^2}$

Tipp: Überschlägig kann „Putz und Belag" mit 1,50 kN/m² angenommen werden!

Im vorgenannten Beispiel war der genau ermittelte Wert für Putz und Belag: Σ Bodenfliesen + Zementestrich + Mineralwolleplatte + Putz = 1,43 kN/m² < 1,50 kN/m².

3) Ermitteln Sie die ständige Einwirkung g_k der folgenden Decke über einem Parkhaus in kN/m²! Deckenaufbau von oben nach unten:

Fliesen:	1,0 cm
Zementestrich:	5,0 cm
Dämmung:	4,5 cm
Stahlbeton:	25,0 cm
Faser-Dämmstoff:	7,0 cm

Lösung:

Ständige Einwirkung:

Fliesen:	1,0 cm * 0,22 kN/m²/cm = 0,22 $\frac{kN}{m^2}$
Zementestrich:	5,0 cm * 0,22 kN/m²/cm = 1,10 $\frac{kN}{m^2}$
Dämmung:	4,5 cm * 0,01 kN/m²/cm = 0,045 $\frac{kN}{m^2}$
Stahlbeton:	25,0 cm * 0,25 kN/m²/cm = 6,25 $\frac{kN}{m^2}$
Faser-Dämmstoff:	7,0 cm * 0,01 kN/m²/cm = 0,07 $\frac{kN}{m^2}$

$g_k = 7{,}685\ \frac{kN}{m^2} \approx 7{,}70\ \frac{kN}{m^2}$

(Hier wäre der Anteil aus Putz und Belag: 1,45 kN/m² ≈ 1,50 kN/m²)

4) Ermitteln Sie die ständige Einwirkung g_k der folgenden Holzbalkendecke in kN/m² in einem Altbau!

Aufbau der Decke:

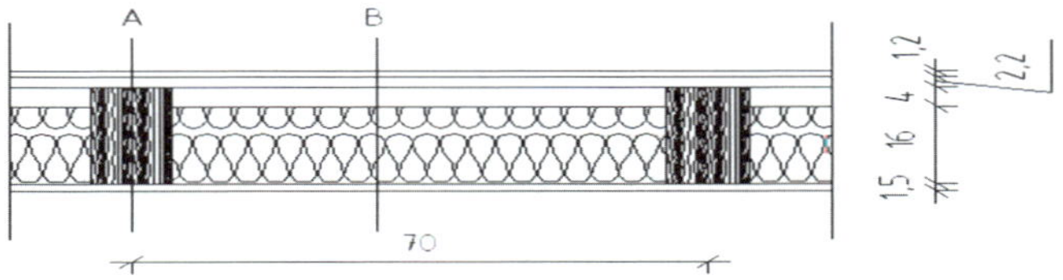

Holzparkett: 1,2 cm, Spanplatte: 2,2 cm, Holzbalken: 10,0/20,0 cm, Gipskarton: 1,5 cm, Wärmedämmung: 16,0 cm, Achsabstand der Holzbalken: 70 cm

Lösung: Es werden zwei Schnitte, Schnitt A und Schnitt B, untersucht:

Schnitt A:	Holzparkett	1,2 cm * 0,06(4) kN/m²/cm = 0,072 $\frac{kN}{m^2}$
	Spanplatte	2,2 cm * 0,08 kN/m²/cm = 0,176 $\frac{kN}{m^2}$
	Holzbalken	20,0 cm * 0,06(4) kN/m²/cm = 1,20 $\frac{kN}{m^2}$
	Gipskarton	1,5 cm * 0,09 kN/m²/cm = 0,135 $\frac{kN}{m^2}$
		$g_{A,k} = 1{,}583\ \frac{kN}{m^2}$

Schnitt B:	Holzparkett	1,2 cm * 0,06(4) kN/m²/cm = 0,072 $\frac{kN}{m^2}$
	Spanplatte	2,2 cm * 0,08 kN/m²/cm = 0,176 $\frac{kN}{m^2}$
	Wärmedämmung	16,0 cm * 0,01 kN/m²/cm = 0,16 $\frac{kN}{m^2}$
	Gipskarton	1,5 cm * 0,09 kN/m²/cm = 0,135 $\frac{kN}{m^2}$
		$g_{B,k} = 0{,}543\ \frac{kN}{m^2}$

$$\left.\begin{array}{l} A = \frac{10\ cm}{70\ cm} * 1{,}583\ kN/m^2 = 0{,}226\ kN/m^2 \\ B = \frac{60\ cm}{70\ cm} * 0{,}543\ kN/m^2 = 0{,}465\ kN/m^2 \end{array}\right\} g_{m,k} = 0{,}691\ kN/m^2 \approx 0{,}70\ kN/m^2$$

5) Ermitteln Sie die ständige Einwirkung der skizzierten Trennwand in kN pro m Breite:

11,5 cm Wand: Porenbeton, Höhe der Wand = 3,00 m, Dichte: ρ = 0,6 kg/dm³

Innen + außen: Gipsputz: je 1,5 cm

Lösung:

Gipsputz	0,015 m * 18,0 kN/m³ * 3,00 m = 0,81 kN/m
Mauerwerk (Porenbeton, Dichte = 0,6 kg/dm³)	0,115 m * 7,0 kN/m³ * 3,00 m = 2,415 "

Die Wichte, 7,0 kN/m³, ist hierbei - in Relation - geringfügig höher als die Dichte, 0,6 kg/dm³.

Gipsputz	0,015 m * 18,0 kN/m³ * 3,00 m = 0,81 "
	$g_k = 4{,}04$ kN/m

5.2.2 Nutzlasten

Die Nutzlasten (früher: Verkehrslasten) im Hochbau ersetzen die Einwirkungen von veränderlichen Einwirkungen, welche vorhanden sein können, aber nicht vorhanden sein müssen. Die Nutzlasten ersetzen Einwirkungen von Personen, Möbeln, Fahrzeugen oder sonstigen beweglichen Gegenständen. Sie sind in der folgenden Tabelle 6.1 DE aus EN 1991-1-1 genormt (vgl. Schneider, 2024, S. 3.20 und Schneider, 2024, S. 3.21)

Lotrechte Nutzlasten für Decken, Treppen und Balkone:

Kategorie		Nutzung	Beispiele	q_k [kN/m²]	Q_k [1] [kN]
A	A1	Spitzböden	für Wohnzwecke nicht geeigneter, aber zugänglicher Dachraum bis 1,80 m lichter Höhe	1,0	1,0
	A2	Wohn- und Aufenthaltsräume	Decken mit ausreichender Querverteilung der Lasten, Räume und Flure in Wohngebäuden, Bettenräume in Krankenhäusern, Hotelzimmer einschl. zugehöriger Küchen und Bäder	1,5	–
	A3		wie A2, aber ohne ausreichende Querverteilung der Lasten	2,0 [2]	1,0
B	B1	Büroflächen, Arbeitsflächen, Flure	Flure in Bürogebäuden, Büroflächen, Arztpraxen ohne schweres Gerät, Stationsräume, Aufenthaltsräume einschl. der Flure, Kleinviehställe	2,0	2,0
	B2		Flure und Küchen in Krankenhäusern, Hotels, Altenheimen, Flure in Internaten usw.; Behandlungsräume in Krankenhäusern, einschl. Operationsräume ohne schweres Gerät; Kellerräume in Wohngebäuden	3,0	3,0
	B3		wie B1 und B2, jedoch mit schwerem Gerät	5,0	4,0
C	C1	Räume, Versammlungsräume und Flächen, die der Ansammlung von Personen dienen können (mit Ausnahme von unter A, B, D und E festgelegten Kategorien)	Flächen mit Tischen; z. B. Kindertagesstätten, Kinderkrippen, Schulräume, Cafés, Restaurants, Speisesäle, Lesesäle, Empfangsräume, Lehrerzimmer	3,0	4,0
	C2		Flächen mit fester Bestuhlung; z. B. Flächen in Kirchen, Theatern oder Kinos, Kongresssäle, Hörsäle, Wartesäle	4,0	4,0
	C3		frei begehbare Flächen; z. B. Museumsflächen, Ausstellungsflächen, Eingangsbereiche in öffentlichen Gebäuden, Hotels, nicht befahrbare Hofkellerdecken, sowie die zur Nutzungskategorie C1 bis C3 gehörigen Flure	5,0	4,0
	C4		Sport- und Spielflächen; z. B. Tanzsäle, Sporthallen, Gymnastik- und Kraftsporträume, Bühnen	5,0	7,0
	C5		Flächen für große Menschenansammlungen; z.B. in Gebäuden wie Konzertsäle, Terrassen und Eingangsbereiche sowie Tribünen mit fester Bestuhlung	5,0	4,0
	C6		Flächen mit regelmäßiger Nutzung durch erhebliche Menschenansammlungen; Tribünen ohne feste Bestuhlung	7,5	10,0
D	D1	Verkaufsräume	Flächen von Verkaufsräumen bis 50 m² Grundfläche in Wohn-, Büro- und vergleichbaren Gebäuden	2,0	2,0
	D2		Flächen in Einzelhandelsgeschäften und Warenhäusern	5,0	4,0
	D3		Flächen wie D2, jedoch mit erhöhten Einzellasten infolge hoher Lagerregale	5,0	7,0

Fortsetzung der Tabelle 6.1 DE:

Kategorie		Nutzung	Beispiele	q_k [kN/m^2]	Q_k [1] [kN]
E	E1.1	Lager, Fabriken und Werkstätten, Ställe, Lagerräume und Zugänge	Flächen in Fabriken [3] und Werkstätten [3] mit leichtem Betrieb und Flächen in Großviehställen	5,0	4,0
	E1.2		allgemeine Lagerflächen, einschl. Bibliotheken	6,0 [4]	7,0
	E2.1		Flächen in Fabriken [3] und Werkstätten [3] mit mittlerem oder schwerem Betrieb	7,5 [4]	10,0
T [5]	T1	Treppen und Treppenpodeste	Treppen und Treppenpodeste in Wohngebäuden, Bürogebäuden und von Arztpraxen ohne schweres Gerät	3,0	2,0
	T2		alle Treppen und Treppenpodeste, die nicht in T1 oder T3 eingeordnet werden können	5,0	2,0
	T3		Zugänge und Treppen von Tribünen ohne feste Sitzplätze, die als Fluchtwege dienen	7,5	3,0
Z [5]		Zugänge, Balkone und Ähnliches	Dachterrassen, Laubengänge, Loggien usw., Balkone [6], Ausstiegspodeste	4,0	2,0

1) Zur Sicherstellung einer örtlichen Mindesttragfähigkeit von Bauteilen (z.B. Decken ohne ausreichende Querverteilung der Lasten) ist ein zusätzlicher Nachweis mit der Einzellast Q_k nach Tafel 3.20 ohne Überlagerung der Flächenlast q_k zu führen. Die Einzellast Q_k ist in ungünstigster Stellung auf dem Bauteil anzusetzen, wobei die Aufstandsfläche der Einzellast i.d.R. als Quadrat mit einer Seitenlänge von 50 mm angesetzt werden darf.

2) Für die Weiterleitung der Nutzlasten von Decken ohne ausreichende Querverteilung auf stützende Bauteile darf der angegebene Wert um 0,5 kN/m^2 abgemindert werden.

3) Nutzlasten in Fabriken und Werkstätten sind i.d.R. statische Einwirkungen. Im Einzelfall sind sich häufig wiederholende Lasten je nach Gegebenheit als quasi-statische Einwirkungen nach Abschn. 5 oder als dynamische Einwirkungen einzuordnen. Zur Bestimmung dynamischer Lasten aus Maschinenbetrieb siehe DIN EN 1991-3.

4) Bei diesen Werten handelt es sich um Mindestwerte. Falls höhere Lasten vorherrschen, sind diese anzusetzen.

5) Hinsichtlich der Einwirkungskombinationen sind die Einwirkungen der Nutzungskategorie des jeweiligen Gebäudes oder Gebäudeteiles zuzuordnen.

6) Die BVPI empfiehlt für Putzbalkone die Einstufung in Nutzungskategorie A1 [3.7].

Evtl. geplante, leichte unbelastete Trennwände auf Decken (Wandlast einschließlich Putz ≤ 5 kN/m^2) werden bei der Berechnung durch einen Zuschlag berücksichtigt.

Für diese leichten unbelasteten Trennwände wird dann - zusätzlich zur Nutzlast - ein Trennwandzuschlag addiert. Dieser Trennwandzuschlag ist vom Gewicht der Wand abhängig: Ist das Gewicht der Trennwand ≤ 3 kN/m, wird der Zuschlag mit 0,8 kN/m^2 angesetzt;

bei einem Wandgewicht > 3 kN/m und ≤ 5 kN/m^2 beträgt der Zuschlag 1,2 kN/m^2.

Schwerere Trennwände (> 5 kN/m) müssen als Streckenlasten auf den Balken oder die Decke angesetzt werden.

Bei Nutzlasten ≥ 5 kN/m^2 kann der Trennwandzuschlag entfallen.[3] **In der Praxis wird der Trennwandzuschlag häufig mit 1,20 kN/m^2 angesetzt.**

Nach **alter** Norm wurde als Trennwandzuschlag oftmals 1,50 kN/m^2 angesetzt.

Im Zweifelsfall sollte dieser Zuschlag angesetzt werden, damit spätere evtl. Umbauten realisiert werden können.

Dynamische Einwirkungen, z. B. durch Fahrzeuge, werden vereinfacht durch den Schwingbeiwert φ (≤ 1,40) berücksichtigt. Der Schwingbeiwert kann evtl. auch abgemindert werden.[4]

---

3 Schneider, 2024, S. 3.19.

4 Schneider, 2024, S. 3.24.

Beispiele zur Ermittlung der charakteristischen Einwirkungen infolge Nutzlasten:

1) Welche Nutzlast muss für eine Stahlbetondecke eines Einfamilienhauses angenommen werden?

Lösung: $q_k = 1{,}5\ kN/m^2$

2) Welche Nutzlast muss für ein Bürohaus angenommen werden?

Lösung: $q_k = 2{,}0\ kN/m^2$

3) Welche Nutzlast muss für eine Arztpraxis angenommen werden?

Lösung: $q_k = 2{,}0\ kN/m^2$

4) Welche Nutzlast muss für ein Restaurant angenommen werden?

Lösung: $q_k = 3{,}0\ kN/m^2$

5) Welche Nutzlast muss für ein Parkhaus ($A = 150\ m^2$) angenommen werden?

Lösung: $q_k = 2{,}5\ kN/m^2$

6) Wir groß ist der Trennwandzuschlag für folgende leichte Trennwand: Wandhöhe: 3 m, 11,5 cm dicke Porenbetonwand, innen und außen: 1,5 cm Gips?

Lösung:

Gipsputz	$0{,}015\ m * 18{,}0\ kN/m^3 * 3{,}00\ m = 0{,}81\ kN/m$
Mauerwerk (Porenbeton, Dichte = $0{,}6\ kg/dm^3$)	$0{,}115\ m * 7{,}0\ kN/m^3 * 3{,}00\ m = 2{,}42\ kN/m$
Gipsputz	$0{,}015\ m * 18{,}0\ kN/m^3 * 3{,}00\ m = 0{,}81\ kN/m$
	$g_k = 4{,}04\ kN/m$

Trennwandzuschlag: $1{,}20\ kN/m^2$, da $g_k = 4{,}04\ kN/m > 3\ kN/m$
$\leq 5\ kN/m$

Der Trennwandzuschlag wird zur Nutzlast addiert!

5.2.3 Schräge Bauteile

Bei schrägen Bauteilen, wie z. B. Treppen, Sparren und Rampen, werden die Einwirkungen auf den Grundriss $g_{G,k}$ bezogen. Deshalb wird die schräge Last durch den cos α dividiert!

Auch andere Optionen können für die Berechnung schräger Bauteile angewandt werden.[5]

[5] Zur Lastverteilung bei schräg liegenden Balken: Vgl. Werner, 1993, S. 58.

Beispiele:

1) Treppe: Für eine einläufige Treppe eines mehrgeschossigen Wohnhauses ist die ständige Einwirkung ($g_{G,k}$) und die Nutzlast (q_k) bezogen auf den Grundriss in kN/m² zu ermitteln!

geg.: Geschosshöhe: h_s = 2,75 m, 16 Steigungen,

Jeweilige Steigungshöhe s / Auftrittsbreite a = 17,2 / 28,6 cm,

Baustoffe: Beton C 25/30,

Betonstahl B St 500 S, Betondeckung: nom c = 3,5 cm,

Dicke des Treppenlaufes: h = 16,0 cm

$\tan \alpha = 17{,}2 / 28{,}6 = 0{,}601$

→ $\alpha = 31{,}0°$ → $\cos \alpha = 0{,}857$

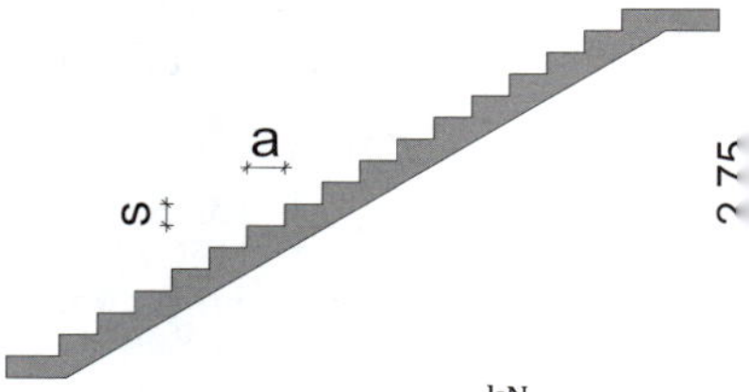

Ständige Einwirkung: Stahlbetonplatte = 0,16 m * 25,0 kN/m³ / 0,857 $= 4{,}67 \frac{kN}{m^2}$

Stufen = 0,172 m * 24,0 kN/m³ / 2 (γ von unbew. Beton) $= 2{,}06 \frac{kN}{m^2}$

Putz, Belag (geschätzt, bereits durch cos α dividiert) $= 1{,}50 \frac{kN}{m^2}$

$g_{G,k} = 8.23 \frac{kN}{m^2}$

Nutzlast: $q_k = 3{,}00 \frac{kN}{m^2}$

2) Sparren: Für einen Dachsparren eines Pultdaches ist die ständige Einwirkung (g_k) und die Nutzlast (q_k) bezogen auf den Grundriss in kN/m² vereinfacht zu ermitteln!

geg.: Garage, Standort: Trier, NN = 131 m, Dachneigung: α = 30,0°, Dacheindeckung: Falzziegel auf Lattung, ohne Ausbaulast, Sparrenabstand a = 50 cm

ges.: ständige Einwirkung auf den Sparren

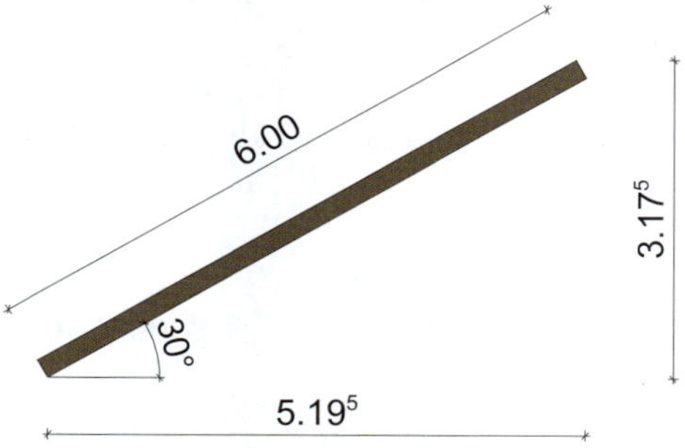

Ständige Last ($g_{G,k}$):

Falzziegel, einschließlich Lattung:

$g_k = 0{,}55 \frac{kN}{m^2}$

Die Sparrenabmessungen werden geschätzt:

$$g_{S,k} = \frac{b * h * \gamma}{a} \approx \frac{0{,}08\,m * 0{,}20\,m * 6{,}0\,kN/m^3}{0{,}5\,m} = 0{,}19 \frac{kN}{m^2}$$

(b = Sparrenbreite, h = Sparrenhöhe, γ = Wichte Bauholz, a = Sparrenabstand)

Ständige Einwirkung bezogen auf die **D**achfläche: $g_{k,D} = 0{,}55 \frac{kN}{m^2} + 0{,}19 \frac{kN}{m^2} = 0{,}74 \frac{kN}{m^2}$

(D = Dachfläche)

Ständige Einwirkung bezogen auf die **G**rundfläche: $g_{k,G} = \frac{g_{k,D}}{\cos \alpha} = \frac{0{,}74 \frac{kN}{m^2}}{\cos 30°} = 0{,}86 \frac{kN}{m^2}$

(G = Grundfläche)

5.2.4 Schneelasten

Die Norm gilt für Standorte von Bauwerken bis 1500 m über NN. Ratschläge für die Behandlung von Schneelasten für Höhen über 1500 m können im nationalen Anhang (NA) angegeben werden. Es wird unterschieden zwischen Schneelast auf dem Boden und Schneelast auf Dächern. Zur Berechnung der Einwirkung infolge Schnee s_k benötigt man die Schneelast und bei Dächern einen Formbeiwert μ. Der nationale Anhang zu DIN EN 1991-1-3 wurde im April 2019 neu herausgegeben.[6]

Schneelast auf dem Boden:

Die Schneelast[7] auf dem Boden ist abhängig von der Schneelastzone (Standort in Deutschland) und der Geländehöhe des Bauwerkstandortes über NN (= A).

Charakteristischer Wert der Schneelast auf dem Boden s_K (= Sockelbetrag)

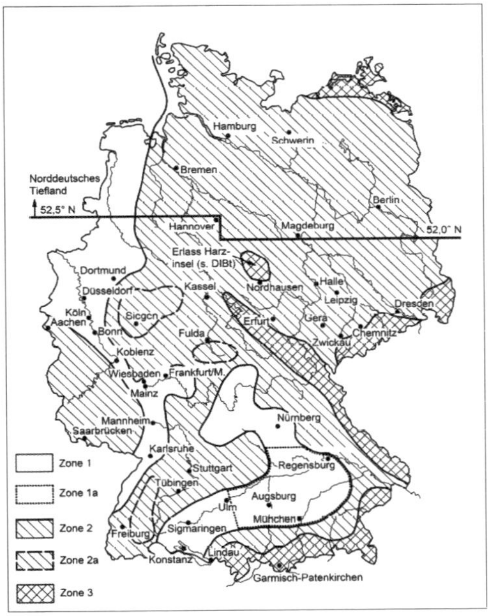

Die Bundesrepublik Deutschland ist in fünf Schneelastzonen aufgeteilt: Zone 1, 1a, 2, 2a und 3.[8]

Die genaue Zuordnung von Verwaltungseinheiten zu den Schneelastzonen in Abb.5.1, insbesondere im Bereich von Schneelastzonengrenzen, ist bei den zuständigen Behörden zu erfragen.

In den Zonen 1 bis 3 sind die charakteristischen Werte der Schneelasten auf dem Boden in Abhängigkeit von der Schneelastzone und der Geländehöhe über dem Meeresniveau nach Gleichungen (NA.1) bis (NA.3) zu berechnen.

Die charakteristischen Werte in den Zonen 1a und 2a ergeben sich jeweils durch Erhöhung der Werte aus den Zonen 1 und 2 mit dem Faktor 1,25. Die Sockelbeträge (= Mindestwerte) werden in gleicher Weise angehoben.

---

6 Schmidt: Neuer Nationaler Anhang für Deutschland zu DIN EN 1991-1-3 "Schneelasten", Konstruktiver Ingenieurbau, 04-2019, S. 39 ff.

7 Herkunft der Schneelastangaben: Basis der Regelschneelast s_0 sind langjährige Schneehöhenmessungen (am Boden) des Deutschen Wetterdienstes - an verschiedenen Orten in der BRD - in unterschiedlichen Höhenlagen. Als Regelschneelast s_0 wurden die 95%-Fraktile aus einem 30jährigem Beobachtungszeitraum gewählt: s_0 = 95% („95% - Fraktile" bedeutet, dass im betrachteten Beobachtungszeitraum von 30 Jahren 95% aller Schneelastwerte < s_0 waren). Bei der Berechnung der Regelschneelast s_0 = 95% wurde von einer mittleren Schneerohwichte von g = 2,15 kN/m³ ausgegangen.

8 Vgl. Schneider, 2024, S. 3.53!

Zone 1: $s_k = 0{,}19 + 0{,}91 \cdot \left(\frac{A+140}{760}\right)^2$ (NA.1)

Zone 2: $s_k = 0{,}25 + 1{,}91 \cdot \left(\frac{A+140}{760}\right)^2$ (NA.2)

Zone 3: $s_k = 0{,}31 + 2{,}91 \cdot \left(\frac{A+140}{760}\right)^2$ (NA.3)

Dabei ist s_k der charakteristische Wert der Schneelast auf dem Boden, in kN/m²; A die Geländehöhe über Meeresniveau, in m. Zu jeder Schneelastzone wird mit der zugehörigen Formel der charakteristische Wert der Schneelast auf dem Boden in kN/m² ausgerechnet.

Sockelbeträge in kN/m²: Zone 1: 0,65; Zone 1a: 0,81; Zone 2: 0,85; Zone 2a: 1,06; Zone 3: 1,10.

Beispiele: ges.: Schneelast auf dem Boden in kN/m²

1) Trier: (Höhe ca. = 150 m ü. NN): Schneelastzone 2

→ $s_k = 0{,}25 + 1{,}91\ ((A + 140) / 760)^2 = 0{,}25 + 1{,}91\ ((150 + 140) / 760)^2 = 0{,}53$ kN/m² $\leq 0{,}85$ kN/m²

Es muss mit dem ungünstigeren Wert, also mit 0,85 kN/m², weiter gerechnet werden.

2) Prüm in der Eifel: (Höhe ca. = 500 m ü. NN): ebenfalls Schneelastzone 2

→ $s_k = 0{,}25 + 1{,}91\ (A + 140 / 760)^2 = 0{,}25 + 1{,}91\ ((500 + 140) / 760)^2 = 1{,}60$ kN/m² $\geq 0{,}85$ kN/m²

Es muss mit dem ungünstigeren Wert, also mit 1,60 kN/m², weiter gerechnet werden.

3) München (A = 520 m), Schneelastzone 1a

→ $s_k = 1{,}25 * (0{,}19 + 0{,}91\ ((A + 140) / 760)^2) = 1{,}25 * (0{,}19 + 0{,}91\ ((520 + 140) / 760)^2) = 1{,}10$ kN/m² $\geq 0{,}81$ kN/m²

Es muss mit dem ungünstigeren Wert, also mit 1,10 kN/m², weiter gerechnet werden.

Schneelast auf Dächern

Die Schneelast auf dem Dach ist abhängig von der Dachform und der charakteristischen Schneelast s_k. $\mathbf{s_i = \mu_i * C_e * C_t * s_k}$

μ_i der Formbeiwert für Schneelasten

s_k der charakteristische Wert der Schneelast auf dem Boden

s_{Ad} der Bemessungswert für außergewöhnliche Schneelasten am Boden für einen bestimmten Ort

C_e der Umgebungskoeffizient; C_t der Temperaturkoeffizient.

In Deutschland gilt: $\mathbf{s_i = \mu_i * s_k}$, da die C-Werte mit 1,0 angesetzt werden.

Die **Formwerte μ_i** sind von der Dachform und der Dachneigung α abhängig.

Flach- und Pultdächer: μ_1 (α)* s_k

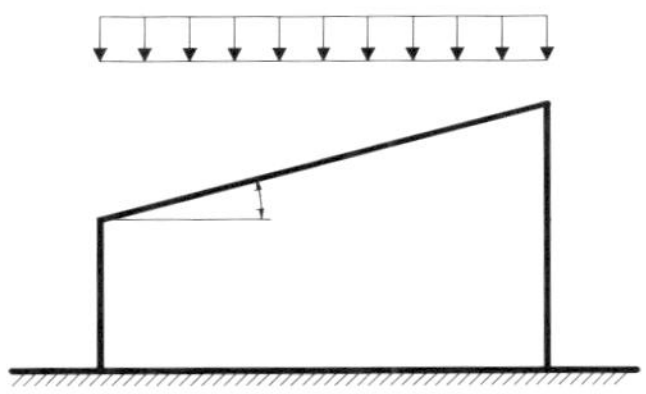

Beispiele für die Formbeiwerte **μ_1, μ_2** und **μ_3:**[9]

Formbeiwert	Dachneigung α 0° ≤ α ≤ 30°	30° < α < 60°	α ≥ 60°
$\mu_1(\alpha)$	0,8	0,8 (60° - α)/30°	0
$\mu_2(\alpha)$	0,8	0,8 (60° - α)/30°	0
$\mu_3(\alpha)$	0,8 + 0,8* α/30°	1,6	-

Die Formbeiwerte μ1 und μ2 gelten, wenn der Schnee ungehindert vom Dach abrutschen kann. Wird das Abrutschen behindert (z. B. durch Schneefanggitter, Brüstungen o. Ä.) ist der Formbeiwert mindestens mit μ= 0,8 anzusetzen.

Satteldächer:

a) μ_2 (α_1) * $\mathbf{s_k}$

b) μ_2 (α_1) * $\mathbf{s_k}$

c) 0,5 * μ_2 (α_1)* $\mathbf{s_k}$

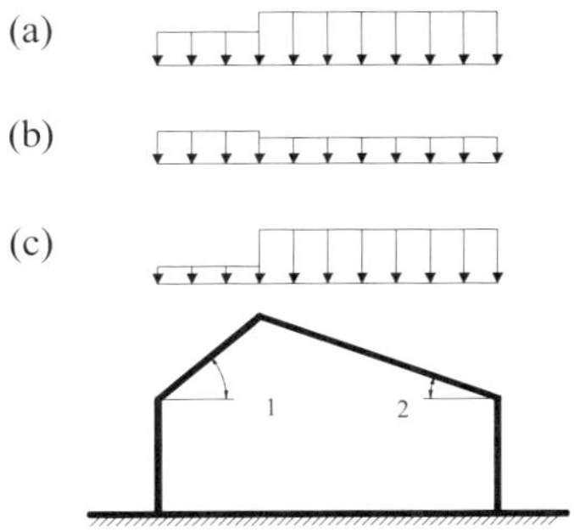

$\mu_2(\alpha_2)$ * $\mathbf{s_k}$

0,5 * $\mu_2(\alpha_2)$ * $\mathbf{s_k}$

$\mu_2(\alpha_2)$ * $\mathbf{s_k}$

Die Schneelast wirkt lotrecht angesetzt und bezieht sich auf die horizontale Projektion der Dachfläche.

Eislast:

Ob und in welchem Maße Eislast zu berücksichtigen ist, muss mit der zuständigen Baubehörde geklärt werden. Vereisung kann u. a. im Gebirge, in der Nähe großer Gewässer, in Küstennähe und an Flussläufen vorkommen. Muss Eisansatz berücksichtigt werden und liegen keine genaueren Werte vor, so kann in nicht besonders gefährdeten Lagen wie folgt gerechnet werden:

- bei einer Geländehöhe > 400 m über NN
- mit allseitigem Eisansatz von 3 cm
- Eisrohwichte g = 7 kN/m³.

---

[9] Schneider, 2024, S. 3.55.

Beispiele:

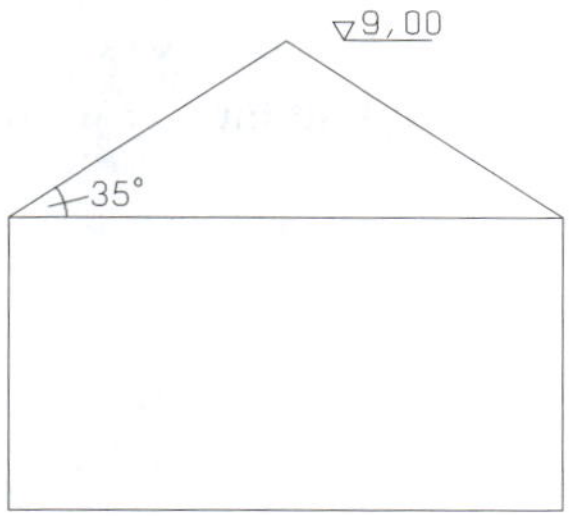

1) geg: Satteldach, $\alpha = 35°$, Standort: Trier, NN = 150 m

ges.: Einwirkung infolge Schnee auf das Dach (ohne Schneefanggitter)

Lösung: Einwirkung infolge Schnee: Schneelastzone 2

$s_i = \mu_i * s_k$

$s_k = 0{,}25 + 1{,}91\ ((A + 140) / 760)^2 = 0{,}25 + 1{,}91\ ((150 + 140) / 760)^2 = 0{,}53\ kN/m^2$

$\leq 0{,}85\ kN/m^2$, $\mu_i = \frac{0{,}8 * (60° - \alpha)}{30°} = \frac{0{,}8 * (60° - 35°)}{30°} = 0{,}67$

$s_i = 0{,}67 * 0{,}85\ kN/m^2 = 0{,}57\ kN/m^2$

(Falls ein Schneefanggitter vorhanden ist, wäre $\mu = 0{,}8$; μ_2 wird für aneinandergereihte Satteldächer genutzt.)

2) geg.: Pultdach, $\alpha = 45°$, Standort: München,
Höhe NN = 520 m

ges.: Einwirkung infolge Schnee auf das Dach

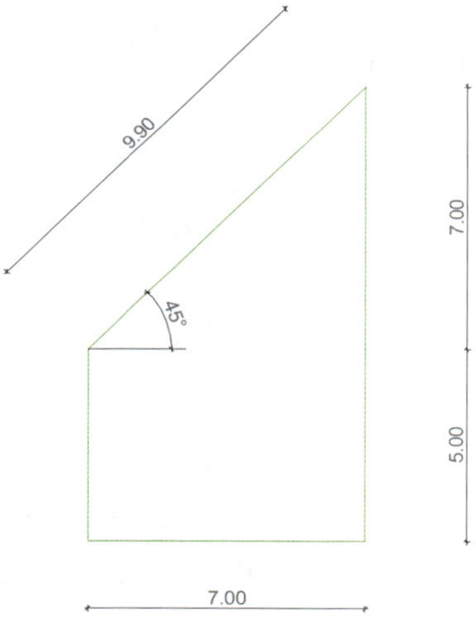

Lösung: Einwirkung infolge Schnee:

$s_i = \mu_i * s_k$ Schneelastzone 1a

$s_k = 1{,}25 * (0{,}19 + 0{,}91\ ((A + 140) / 760)^2)$

$s_k = 1{,}25 * (0{,}19 + 0{,}91\ ((520 + 140) / 760)^2)$

$s_k = 1{,}10\ kN/m^2$

$\geq 0{,}81\ kN/m^2$

$\mu_i = 0{,}8 * (60° - 45°) / 30° = 0{,}40$

$s_i = \mu_i * s_k = 0{,}40 * 1{,}10\ kN/m^2 = 0{,}44\ kN/m^2$

3) geg.: Walmdach, $\alpha = 37°$, Standort: Berlin, NN = 50 m

ges.: Einwirkung infolge Schnee auf das Dach

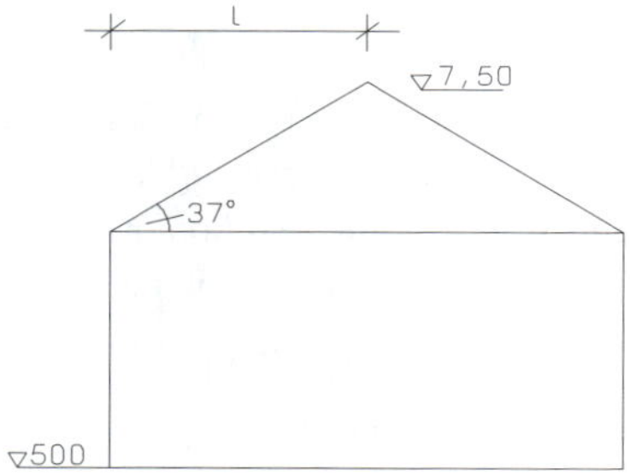

Lösung: Einwirkung infolge Schnee:

$s_i = \mu_i * s_k$ Schneelastzone 2

$s_k = 0{,}25 + 1{,}91\ ((A + 140) / 760)^2$

$s_k = 0{,}25 + 1{,}91\ ((50 + 140) / 760)^2 = 0{,}37\ kN/m^2$

$s_k = 0{,}37\ kN/m^2 \leq 0{,}85\ kN/m^2$

$\mu_i = \frac{0{,}8 * (60° - \alpha)}{30°} = \frac{0{,}8 * (60° - 37°)}{30°} = 0{,}61$

$s_i = 0{,}61 * 0{,}85\ kN/m^2 = 0{,}52\ kN/m^2$

5.2.5 Windlast

Die Windnorm, DIN EN 1991-1-4 bzw. DIN EN 1991-1-4/NA, ist sehr komplex. Deshalb wird im Folgenden lediglich das vereinfachte Verfahren (DIN EN 1991-1-4: NA.B.3.2) dargestellt. Alle folgenden Windeinwirkungen sind charakteristisch, d. h. ohne Teilsicherheit! Auf der vom Wind angeströmten Seite entsteht Winddruck (Luv), auf der abgekehrten Seite Windsog (Lee). Druck hat ein positives Vorzeichen, Sog ein negatives Vorzeichen. Der Winddruck wird - vereinfacht - nach der folgenden Formel[10] berechnet: $\mathbf{w = c_p * q}$

w = Winddruck in kN/m², c_p = aerodynamischer Beiwert, q = Böengeschwindigkeitsdruck

Vereinfachte Annahmen für den Böengeschwindigkeitsdruck q bei Bauwerken bis zu einer Höhe von 25 m über Grund: Bei Bauwerken bis 25 m Höhe darf der Böengeschwindigkeitsdruck q vereinfacht konstant nach der folgenden Tabelle über die gesamte Bauwerkshöhe angesetzt werden.

Vereinfachte Böengeschwindigkeitsdrücke für Bauwerke bis 25 m Höhe

Windzone		Geschwindigkeitsdruck q_p in kN/m² bei einer Gebäudehöhe h in den Grenzen von		
		$h \leq 10$ m	10 m < $h \leq 18$ m	18 m < $h \leq 25$ m
1	Binnenland	0,50	0,65	0,75
2	Binnenland	0,65	0,80	0,90
	Küste[1)] und Inseln der Ostsee	0,85	1,00	1,10
3	Binnenland	0,80	0,95	1,10
	Küste[1)] und Inseln der Ostsee	1,05	1,20	1,30
4	Binnenland	0,95	1,15	1,30
	Küste[1)] der Nord- und Ostsee und Inseln der Ostsee	1,25	1,40	1,55
	Inseln der Nordsee [2)]	1,40	–	–

1) Zur Küste zählt ein 5 km breiter Streifen, der entlang der Küste verläuft und landeinwärts gerichtet ist.
2) Auf den Inseln der Nordsee ist der Böengeschwindigkeitsdruck für Bauwerke über 10 m Höhe nach Abschnitt 4.4 zu bestimmen.

Nach der neuen Norm wird die geografische Lage des Bauwerkes in Deutschland durch vier Windzonen in der Windzonenkarte berücksichtigt. Windzonenkarte für das Gebiet der Bundesrepublik Deutschland:

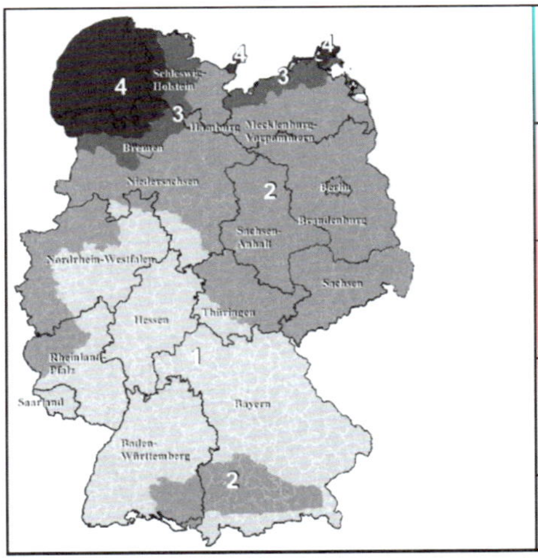

Windzone	$v_{b,0}$	$q_{b,0}$
WZ 1	22,5 m/s	0,32 kN/m²
WZ 2	25,0 m/s	0,39 kN/m²
WZ 3	27,5 m/s	0,47 kN/m²
WZ 4	30,0 m/s	0,56 kN/m²

[10] Winddruck auf Außenflächen laut EC 1-4: $w_e = q_{p(z_e)} * c_{pe}$
$q_p(z_e)$ Böengeschwindigkeitsdruck, z_e Bezugshöhe, c_{pe} aerodynamischer Beiwert.

Der Böengeschwindigkeitsdruck q kann auch über die Windgeschwindigkeit berechnet werden:

$$q = \frac{\rho * v^2}{2} = \frac{v^2}{1600} \text{ in kN/m}^2$$

ρ: Dichte der Luft in kg/m^3 ($\rho = 1{,}25\ kg/dm^3$)

v: Windgeschwindigkeit in m/s

Beispiel: Windzone 1: v = 22,5 m/s → $q = \frac{\rho * v^2}{2} = \frac{v^2}{1600} = \frac{22{,}5\ (m/s)^2}{1600} = 0{,}32\ kN/m^2$

Der aerodynamische Beiwert c_p - auch Druckbeiwert genannt - ist vom Bauteil (z. B. freistehende Wand oder vertikale Wand, rechteckiges Gebäude oder Flachdach oder Satteldach) abhängig und in verschiedenen Tabellen der Norm abzulesen. Er ist bei Winddruck positiv und bei Windsog negativ.

In der Euronorm sind die aerodynamischen Beiwerte c für folgende Bauteile jeweils tabelliert:

Vertikale Wände von Gebäuden mit rechteckigem Grundriss, Flachdächer, Pultdächer, Sattel- und Trogdächer, Walmdächer, Sheddächer, gekrümmte Dächer und Kuppeln, Innendruck, Druck auf mehrschalige Wand- und Dachflächen, freistehende Dächer, freistehende Wände, Brüstungen, Zäune und Anzeigetafeln sowie freistehende Wände und Brüstungen.

Beispielhaft seien hier die aerodynamischen Beiwerte für ein **Pultdach** aufgezeigt:

Beim Pultdach sind drei Richtungen für die Anströmung zu untersuchen.

c_{pe}[11] = Aerodynamischer Beiwert Einteilung der Dachflächen bei einem **Pultdach:**[12]

Anströmrichtung = 0°

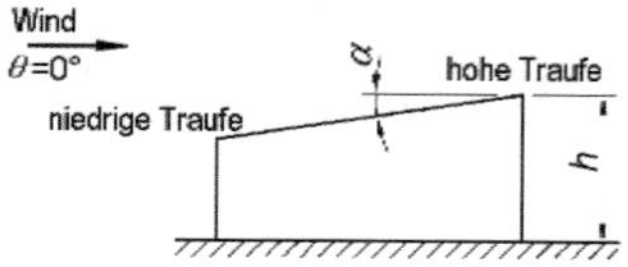

Anströmrichtung = 180°

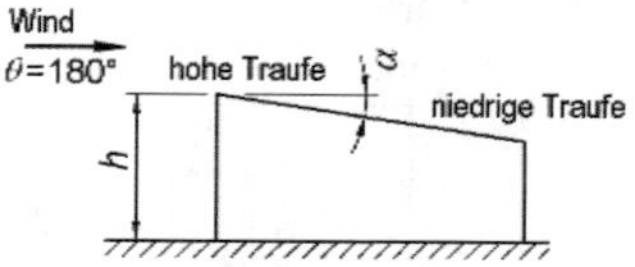

Anströmrichtung = 0° und = 180°

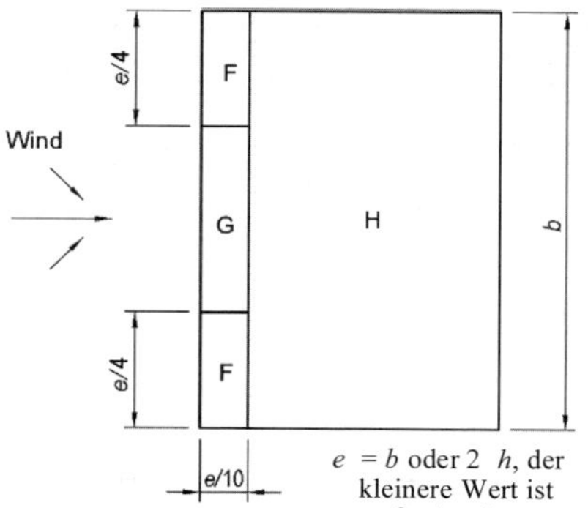

Anströmrichtung = 90°

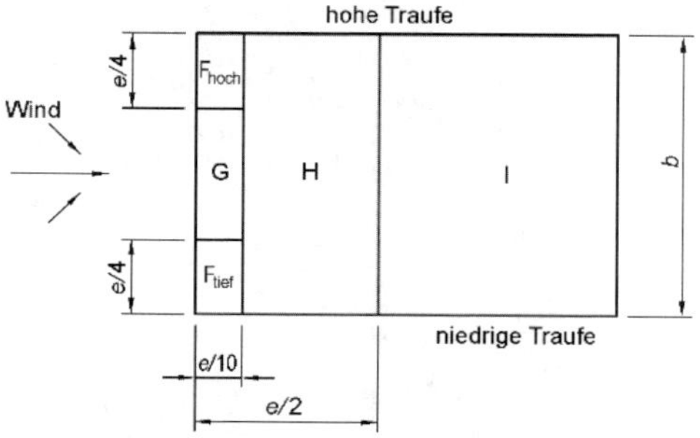

e = *b* oder 2 *h*, der kleinere Wert ist maßgebend

b Abmessung quer zum Wind

Bezugshöhe: $z_e = h$

[11] c_{pe} steht für außen (extern); c_{pi} steht für innen (intern).

[12] DIN EN 1991-1-4:2010-12.

Empfohlene Werte für die Außendruckwerte für **Pultdächer:**

<table>
<tr><th rowspan="4">Neigungs-winkel α[1]</th><th colspan="6">Anströmrichtung θ = 0° [2]</th><th colspan="6">Anströmrichtung θ = 180°</th></tr>
<tr><th colspan="6">Bereich</th><th colspan="6">Bereich</th></tr>
<tr><th colspan="2">F</th><th colspan="2">G</th><th colspan="2">H</th><th colspan="2">F</th><th colspan="2">G</th><th colspan="2">H</th></tr>
<tr><th>$c_{pe,10}$</th><th>$c_{pe,1}$</th><th>$c_{pe,10}$</th><th>$c_{pe,1}$</th><th>$c_{pe,10}$</th><th>$c_{pe,1}$</th><th>$c_{pe,10}$</th><th>$c_{pe,1}$</th><th>$c_{pe,10}$</th><th>$c_{pe,1}$</th><th>$c_{pe,10}$</th><th>$c_{pe,1}$</th></tr>
<tr><td rowspan="2">5°</td><td rowspan="2">–1,7</td><td rowspan="2">–2,5</td><td rowspan="2">–1,2</td><td rowspan="2">–2,0</td><td>–0,6</td><td>–1,2</td><td rowspan="2">–2,3</td><td rowspan="2">–2,5</td><td rowspan="2">–1,3</td><td rowspan="2">–2,0</td><td rowspan="2">–0,8</td><td rowspan="2">–1,2</td></tr>
<tr><td colspan="2">+0,2</td></tr>
<tr><td rowspan="2">10°</td><td rowspan="2">–1,3</td><td rowspan="2">–2,2</td><td rowspan="2">–1,0</td><td rowspan="2">–1,7</td><td>–0,4</td><td>–0,7</td><td rowspan="2">–2,4</td><td rowspan="2">–2,6</td><td rowspan="2">–1,3</td><td rowspan="2">–2,0</td><td rowspan="2">–0,8</td><td rowspan="2">–1,2</td></tr>
<tr><td colspan="2">+0,2</td></tr>
<tr><td rowspan="2">15°</td><td>–0,9</td><td>–2,0</td><td>–0,8</td><td>–1,5</td><td colspan="2">–0,3</td><td rowspan="2">–2,5</td><td rowspan="2">–2,8</td><td rowspan="2">–1,3</td><td rowspan="2">–2,0</td><td rowspan="2">–0,8</td><td rowspan="2">–1,2</td></tr>
<tr><td colspan="2">+0,2</td><td colspan="2">+0,2</td><td colspan="2">+0,2</td></tr>
<tr><td rowspan="2">30°</td><td>–0,5</td><td>–1,5</td><td>–0,5</td><td>–1,5</td><td colspan="2">-0,2</td><td rowspan="2">–1,1</td><td rowspan="2">–2,3</td><td rowspan="2">–0,8</td><td rowspan="2">–1,5</td><td rowspan="2" colspan="2">–0,8</td></tr>
<tr><td colspan="2">+0,7</td><td colspan="2">+0,7</td><td colspan="2">+0,4</td></tr>
<tr><td>45°</td><td colspan="2">+0,7</td><td colspan="2">+0,7</td><td colspan="2">+0,6</td><td>–0,6</td><td>–1,3</td><td colspan="2">–0,5</td><td colspan="2">–0,7</td></tr>
<tr><td>60°</td><td colspan="2">+0,7</td><td colspan="2">+0,7</td><td colspan="2">+0,7</td><td>–0,5</td><td>–1,0</td><td colspan="2">–0,5</td><td colspan="2">–0,5</td></tr>
<tr><td>75°</td><td colspan="2">+0,8</td><td colspan="2">+0,8</td><td colspan="2">+0,8</td><td>–0,5</td><td>–1,0</td><td colspan="2">–0,5</td><td colspan="2">–0,5</td></tr>
</table>

<table>
<tr><th colspan="11">Anströmrichtung θ = 90°</th></tr>
<tr><th rowspan="3">Neigungs-winkel [1]</th><th colspan="10">Bereich</th></tr>
<tr><th colspan="2">F_{hoch}</th><th colspan="2">F_{tief}</th><th colspan="2">G</th><th colspan="2">H</th><th colspan="2">I</th></tr>
<tr><th>$c_{pe,10}$</th><th>$c_{pe,1}$</th><th>$c_{pe,10}$</th><th>$c_{pe,1}$</th><th>$c_{pe,10}$</th><th>$c_{pe,1}$</th><th>$c_{pe,10}$</th><th>$c_{pe,1}$</th><th>$c_{pe,10}$</th><th>$c_{pe,1}$</th></tr>
<tr><td>5°</td><td>–2,1</td><td>–2,6</td><td>–2,1</td><td>–2,4</td><td>–1,8</td><td>–2,0</td><td>–0,6</td><td>–1,2</td><td colspan="2">–0,6/+0,2</td></tr>
<tr><td>10°</td><td>–2,2</td><td>–2,7</td><td>–1,8</td><td>–2,4</td><td>–1,8</td><td>–2,2</td><td>–0,7</td><td>–1,2</td><td colspan="2">–0,6/+0,2</td></tr>
<tr><td>15°</td><td>–2,4</td><td>–2,9</td><td>–1,6</td><td>–2,4</td><td>–1,9</td><td>–2,5</td><td>–0,8</td><td>–1,2</td><td>–0,7</td><td>–1,2</td></tr>
<tr><td>30°</td><td>–2,1</td><td>–2,9</td><td>–1,3</td><td>–2,0</td><td>–1,5</td><td>–2,0</td><td>–1,0</td><td>–1,3</td><td>–0,8</td><td>–1,2</td></tr>
<tr><td>45°</td><td>–1,5</td><td>–2,4</td><td>–1,3</td><td>–2,0</td><td>–1,4</td><td>–2,0</td><td>–1,0</td><td>–1,3</td><td>–0,9</td><td>–1,2</td></tr>
<tr><td>60°</td><td>–1,2</td><td>–2,0</td><td>–1,2</td><td>–2,0</td><td>–1,2</td><td>–2,0</td><td>–1,0</td><td>–1,3</td><td>–0,7</td><td>–1,2</td></tr>
<tr><td>75°</td><td>–1,2</td><td>–2,0</td><td>–1,2</td><td>–2,0</td><td>–1,2</td><td>–2,0</td><td>–1,0</td><td>–1,3</td><td colspan="2">–0,5</td></tr>
</table>

[1] Zwischenwerte dürfen linear interpoliert werden, soweit nicht das Vorzeichen wechselt.

[2] Bei Anströmrichtung θ = 0° und bei Neigungswinkeln 15° ≤ α ≤ 30° ändert sich der Druck schnell zwischen positiven und negativen Werten. Für diesen Bereich wird daher sowohl der positive als auch der negative Außendruckbeiwert angegeben.

Überschlägig kann als Summe der charakteristischen Einwirkungen auf ein Dach für ständige Last, Schnee und Wind ca. 2,0 kN/m² als Gesamtlast angenommen werden.

Dies gilt allerdings nicht für schwere Dacheindeckungen, wie beispielsweise für Eindeckungen mit Granit (vgl. Abb. 5.3).

Beispiele:

1) geg: Satteldach, α = 35°, Standort: Trier, Höhe NN = 150 m

ges.: Einwirkung infolge Winddruck auf das Dach

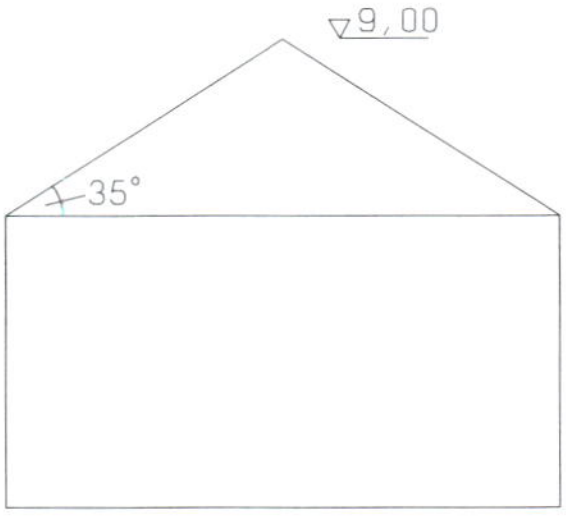

Lösung: Außendruck Wind: Windzone 1 (rechts der Mosel),

h < 10 m

$w = c_p * q$, vereinfacht: $q = 0{,}50$ kN/m²

c_p = Aerodynamischer Beiwert = ungünstigster Wert = 0,7 (Druck)

$w = c_p * q = 0{,}7 * 0{,}50$ kN/m² = 0,35 kN/m²

2) geg.: Pultdach, $\alpha = 45°$, Standort: München: Höhe NN = 520 m, Firsthöhe: 6,50 m

ges.: Einwirkung infolge Winddruck auf das Dach

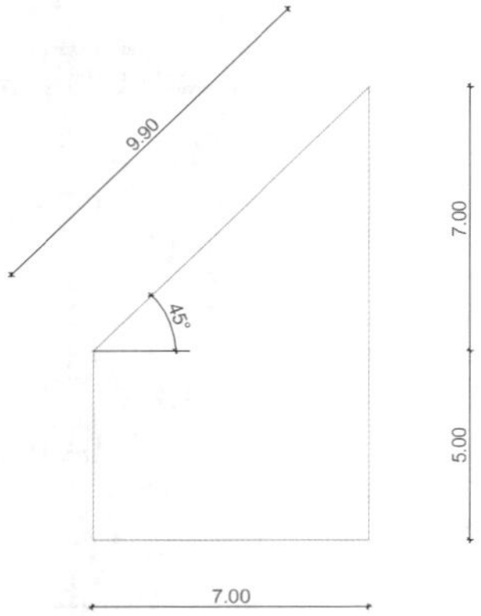

Lösung: Außendruck Wind: Windzone 2, h < 10 m

$w = c_p * q$

vereinfacht: $q = 0{,}65\ kN/m^2$ (Schneider, 2024, Tafel 3.31)

c_p = Aerodynamischer Beiwert = ungünstigster Wert der angegebenen Flächen = 0,7 (Druck) (Schneider, 2024, Tafel 3.37)

$w = c_p * q = 0{,}7 * 0{,}65\ kN/m^2 = 0{,}46\ kN/m^2$

3) geg.: Walmdach, $\alpha = 37°$, Standort: Berlin, Höhe NN = 50 m

ges.: Einwirkung infolge Winddruck auf das Dach

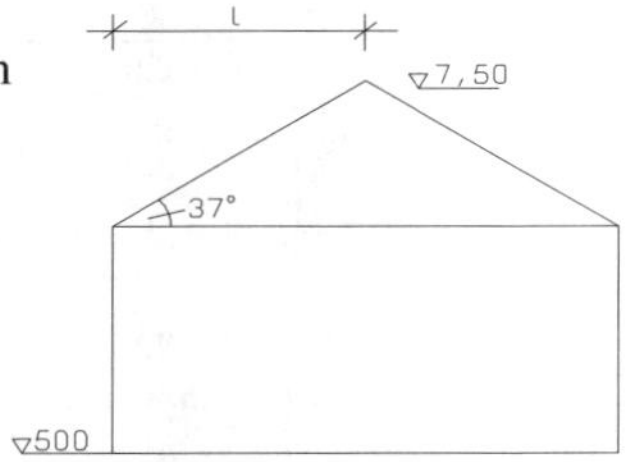

Lösung: Außendruck Wind: Windzone 2, h < 10 m

$w = c_p * q$

vereinfacht: $q = 0{,}65\ kN/m^2$

c_p = Aerodynamischer Beiwert = ungünstigster Wert = 0,7 (Druck)

$w = c_p * q = 0{,}7 * 0{,}65\ kN/m^2 = 0{,}46\ kN/m^2$

4) geg.: Vertikale Wand eines rechteckigen Gebäudes in Frankfurt a. M., h / d = 5

ges.: Winddruck auf die Wand

Lösung: Außendruck auf die Wand: Windzone 1

$w = c_p * q$

vereinfacht: $q = 0{,}50\ kN/m^2$

c_p = Aerodynamischer Beiwert = ungünstigster Wert = 1,0 (Druck, Bereich D,c_{pe}),

$h/d = 5 \geq 5$

$w = c_p * q = 1{,}0 * 0{,}50\ kN/m^2 = 0{,}50\ kN/m^2$

5.2.6 Übungen

1) Welche ständigen Einwirkungen und welche Nutzlast je m² hat die skizzierte Wohnhausdecke (mit Trennwandzuschlag, Wandgewicht: G_W = 4,3 kN/m)?

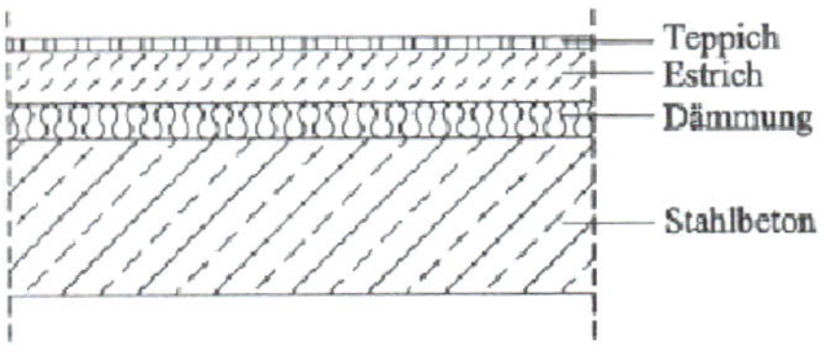

Deckenaufbau: Teppich: 1cm, Estrich: 5 cm, Dämmung: 5 cm, Stahlbeton: 18 cm

2) Welche ständigen Einwirkungen und welche Nutzlast hat die Holzbalkendecke eines Wohnhauses aufzunehmen? Es sind keine Trennwände vorgesehen.

Hinweis: Für den Einschub ist die Belastungsbreite der Balken 0,85 - 0,16 = 0,69 m.

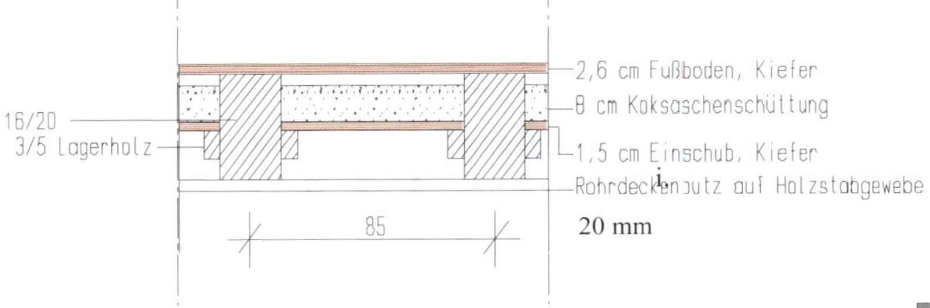

3) Ermitteln Sie die Einwirkungen für die ständige Last und die Nutzlast einer Treppe in einem Schulgebäude: Stahlbetonplatte: h = 20 cm, 18 unbewehrte Stufen: Auftritt: s / a = 17,5 / 28,0 cm, unten: 1,5 cm Gipsputz!

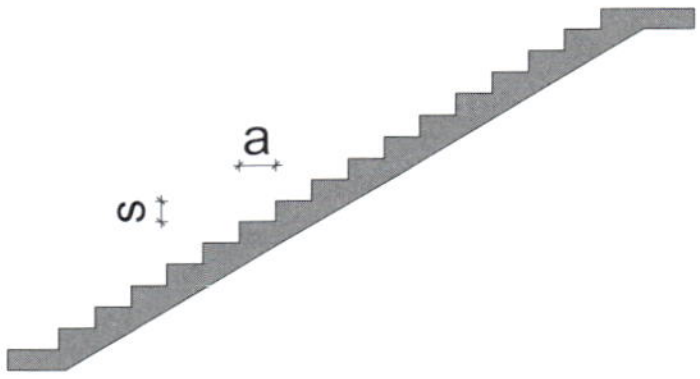

4) Welche Nutzlast muss für eine Stahlbetondecke eines Bürogebäudes angenommen werden?

5) Wie groß ist der Trennwandzuschlag für eine Wand mit einem Gewicht von G_W = 2,8 kN/m?

6) geg.: Dacheindeckung: Schiefer (altdeutsch) auf 24 mm Schalung, Dachgeschoss ausgebaut: Ausbaulast: 0,35 kN/m², Dachneigung = 37°

ges.: ständige Einwirkung auf den Sparren $g_{G,k}$

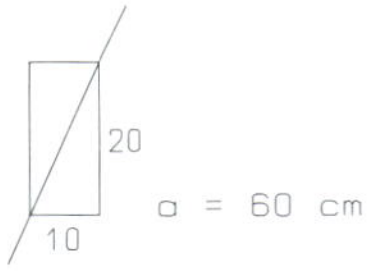

7) Gegeben sei ein Satteldach, Dachneigung 35°, in Frankfurt a. M., Höhe NN = 120 m. Ermitteln Sie die Schneelast!

8) Gegeben sei ein Pultdach, Firsthöhe = 10,0 m, Dachneigung 45°, in Frankfurt a. M., Höhe NN = 120 m. Ermitteln Sie die Windlast!

Weitere Erläuterungen und Beispiele für Schnee- und Windlasten nach EC 1 finden sich z. B. in Kempf, 2014, S. 72 ff.

5.2.7 Wasserdruck

Auch der Wasserdruck wirkt - wie der Wind - rechtwinklig zum belasteten Bauteil.

Der Wasserdruck ist an der Wasseroberfläche gleich Null und nimmt linear mit der Tiefe zu.

Das Lastbild des horizontalen Wasserdruckes ist ein Dreieck.

Der horizontale Wasserdruck in der Tiefe h beträgt:

$$\mathbf{w = h * \gamma}$$

w = horizontaler Wasserdruck in kN/m^2

h: Tiefe in m

γ: Die Wichte von sauberem Wasser wird mit γ = 10,0 kN/m^3 angesetzt.

Schmutzwasser wird oftmals, z. B. im Tiefbau, mit γ = 11,0 kN/m^3 angesetzt!

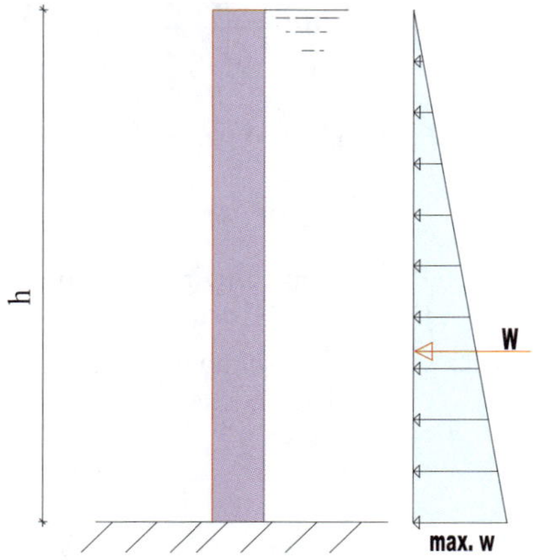

Die zugehörige Wasserdruck<u>kraft</u> **W** in kN/m errechnet sich aus dem Inhalt des Dreiecks:

$$\mathbf{W = \frac{w * h}{2}}$$

Bei anderen Flüssigkeiten als Wasser wird analog, jedoch mit geänderter Wichte, verfahren!

Beispiel: Ermitteln Sie die maximale Wasserdruckspannung der skizzierten Wand eines Sprungbeckens in kN/m^2!

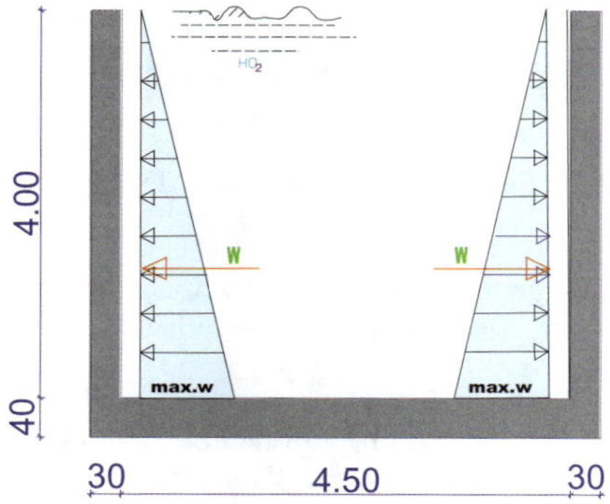

Lösung:

die maximale Wasserdruckspannung wirkt in der OK Bodenplatte:

max. w = h * γ = 4,00 m * 10,0 kN/m^3 = 40 kN/m^2

Wasserdruckkraft W:

$$W = \frac{w * h}{2} = \frac{40 \frac{kN}{m^2} * 4\,m}{2} = 80\ kN/m$$

5.2.8 Erddruck

Der Erddruck nimmt linear mit der Tiefe zu!

Das Lastbild des horizontalen Druckes bei gleichbleibendem Boden ist ein Dreieck.

Die horizontale Erddruckspannung in der Tiefe h beträgt:

$$e = h * \gamma * K$$

e: horizontale Erddruckspannung in kN/m^2

h: Tiefe in m

γ: Wichte des Erdreiches in kN/m^3

(i. d. R. zwischen 18 kN/m^3 und 20 kN/m^3)

K: Erddruckbeiwert (in Abhängigkeit vom Boden, der Wandreibung etc. aus Tabellen)[13]

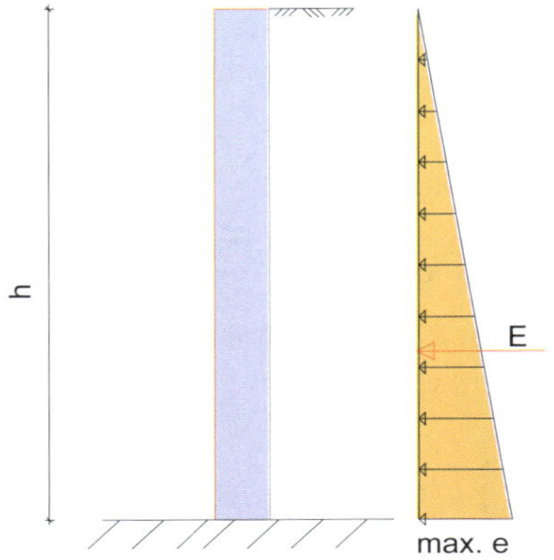

Die zugehörige Erddruckkraft E in kN/m errechnet sich aus dem Inhalt des Dreiecks:

$$E = \frac{e * h}{2}$$

Beim Erddruckbeiwert K wird unterschieden zwischen:

- Aktivem Erddruck[14] (Das Bauteil bewegt sich vom Erdreich weg): e_a
- Erdruhedruck (Das Bauteil bewegt sich nicht): e_0
- Passivem Erddruck (Das Bauteil bewegt sich gegen das Erdreich): e_p

Der aktive Erddruck ist kleiner als der Erdruhedruck, dieser ist wiederum kleiner als der passive Erddruck:

$$e_a < e_0 < e_p$$

Bei der Berechnung der Größe von Erddrücken und der sich daraus ergebenden Kraftrichtung müssen viele Parameter beachtet werden, u. a. die Bodenbeschaffenheit, die Belastung und Neigung der Geländeoberfläche sowie die Wandneigung gegen die Senkrechte.[15]

In der Praxis werden die Bodenkennwerte (Wichte, K-Wert usw.) vom Bodengutachter festgestellt!

---

[13] Schneider, 2024, S. 11.38.

[14] Es kann auch mit erhöhtem aktiven Erddruck gerechnet werden.

[15] DIN EN 1997-1, 9.5 Erddruckermittlung.

Beispiele:

1) geg.: Stützwand mit Erddruck, gerader Geländeverlauf, Wichte des Bodens: $\gamma = 19{,}0$ kN/m³, Reibungswinkel des Bodens („Phi"): $\varphi = 30°$, Erddruckneigungswinkel („Delta"): $\delta = 0$

ges.: aktive horizontale Erddruckkraft E in Höhe der Oberkante Bodenplatte: e_{ah}[16]

Lösung: max. $e_{ah} = h * \gamma * K_{agh}$

aus Tabelle: $K_{agh} = 0{,}33$

max. $e_{ah} = 4{,}50\text{ m} * 19\text{ kN/m}^3 * 0{,}33 = 28{,}22\text{ kN/m}^2$

Erddruckkraft $E = \frac{e * h}{2} = \frac{28{,}22 \frac{kN}{m^2} * 4{,}5m}{2} = 63{,}5\text{ kN/m}$

(Die Kraft E greift im Drittelspunkt des Lastbildes, bei 3,00 m von oben, an.)

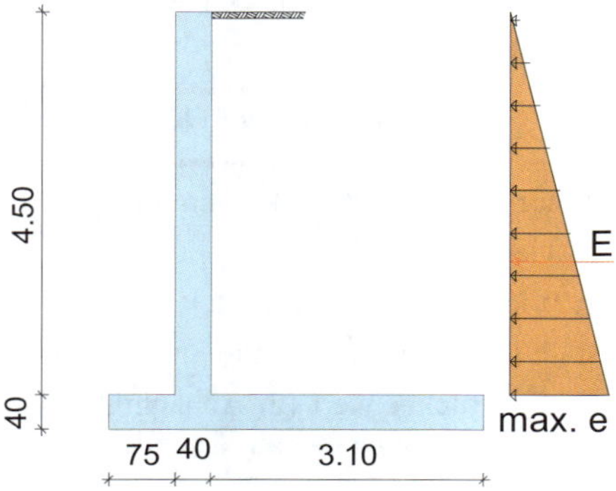

2) Kelleraußenwand

geg.: Kellerwand mit Nutzlast (ohne Schwingbeiwert)

ges.: Lastbild und Erddruckordinate max. e (Annahme: Maximale Erddruckordinate bis Mitte Bodenplatte). Bodenwichte $\gamma_E = 19{,}0$ kN/m³, aktiver Erddruck, Reibungswinkel des Bodens: φ („Phi") = 30°, Erddruckneigungswinkel: δ („Delta") = 0, Nutzlast $q_k = 5{,}0$ kN/m²

Lösung: statisches System (von Mitte Bodenplatte bis Mitte Decke):
h = 2,925 m

Erddruckbeiwert:
$K_{agh} = 0{,}33$

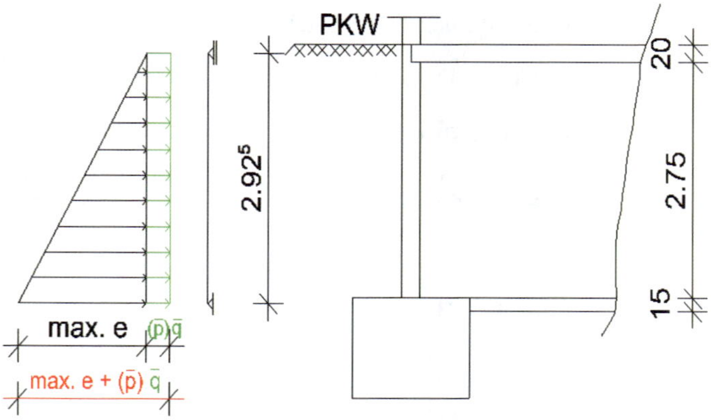

0,15 m / 2 + 2,75 m + 0,20 m = 3,03 m

max. $e = \gamma_e * h * K_{agh} = 19{,}0\text{ kN/m}^3 * 3{,}03\text{ m} * 0{,}33 = 19{,}0 \frac{kN}{m^2}$ (Erdreich beginnt ab OK Decke)

$\bar{q}\ \bar{q}_K\ \bar{q}\ \bar{q}_K = q_k * K_{agh} = 5{,}0\text{ kN/m}^2 * 0{,}33 = 1{,}65\text{ kN/m}^2$

---

[16] a = aktiv, g = infolge Bodeneigenlast, h = horizontal

3) Unterführung

geg.:	- Unterführung - passiver Erddruck - $\gamma_E = 18{,}0 \, \frac{kN}{m^3}$ - $\delta = \frac{-\varphi}{3}$ - $\varphi = 30°$ - K_{pgh} - keine Nutzlast
ges.:	a) System und Belastungsbild b) max. e c) max. E (Trapezlast) d) vertikale Deckenlast

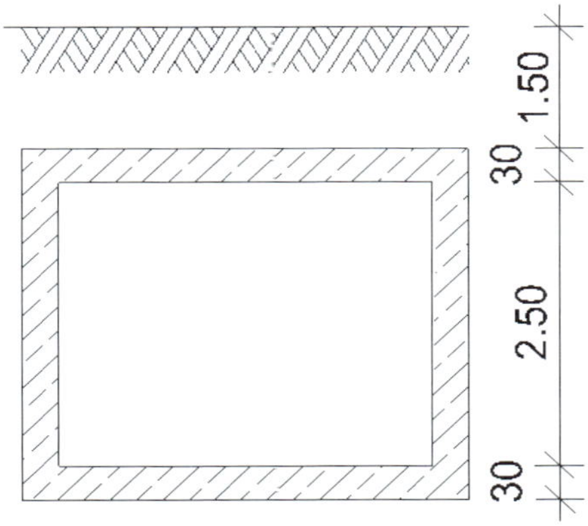

zu a) System und Belastungsbild:

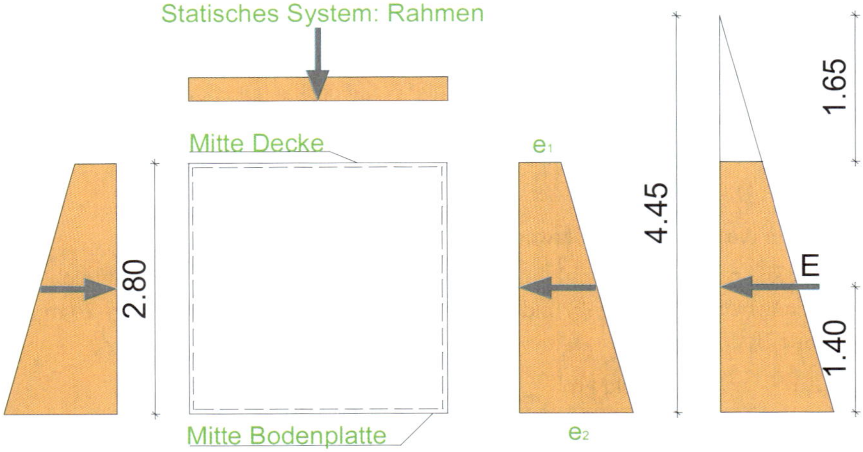

zu b) max. $e = \gamma_E * h * K_{pgh}$

$K_{pgh} = 3{,}98, \; \gamma_E = 18{,}0 \, \frac{kN}{m^3}$

$e_1 = 18{,}0 \, \frac{kN}{m^3} * 1{,}65 \text{ m} * 3{,}98 = 118{,}21 \, \frac{kN}{m^2}$

$\max. e = e_2 = 18{,}0 \, \frac{kN}{m^3} * 4{,}45 \text{ m} * 3{,}98 = 318{,}80 \, \frac{kN}{m^2}$

zu c) $\max. E = \frac{118{,}21 \frac{kN}{m^2} + 318{,}80 \frac{kN}{m^2}}{2} * 2{,}80 \text{ m} = 611{,}81 \, \frac{kN}{m}$ (Inhalt des Trapezes)

zu d) Vertikale Last auf die Decke infolge Erdreich: $e_V = \gamma_E * h = 18{,}0 \, \frac{kN}{m^3} * 1{,}50 \text{ m} = 27 \, \frac{kN}{m^2}$

5.2.9 Übungen

1) Die skizzierte Wand des Regenrückhaltebeckens kann innen bis Oberkante Wand mit Schmutzwasser gefüllt werden. Außen steht Erdreich an.

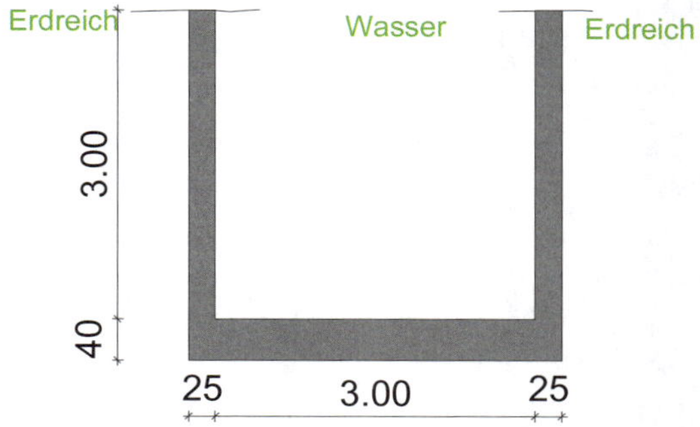

a) Zeichnen Sie das vereinfachte statische System der Wand mit den beiden Einwirkungen als Lastbilder!
b) Berechnen Sie die maximale Lastordinate des Schmutzwassers ($\gamma = 11{,}0$ kN/m^3)!
c) Berechnen Sie die maximale Lastordinate des Erddrucks unter folgender Annahme:
$\gamma_E = 19{,}0$ kN/m^3, aktiver Erddruck, Reibungswinkel $\varphi = 30°$, Erddruckneigungswinkel $\delta = 0$!
Die Einspannung und die maximale Belastung der Wand darf ab Oberkante Bodenplatte angenommen werden.

2) Gegeben sei die skizzierte Kellerwand.

Ermitteln Sie die maximale Einwirkung für die Erddruckspannung (aktiver Erddruck, $\gamma_E = 19{,}0$ kN/m^3, Reibungswinkel 30°, $\delta = 0$) und die Nutzlast (PKW: $q_k = 3{,}50$ kN/m^2, $A < 20$ m^2) in Höhe der Oberkante Bodenplatte!

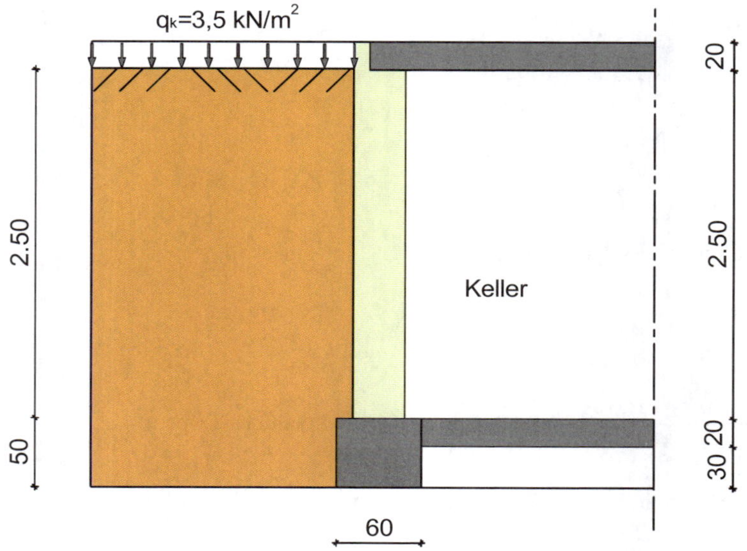

5.2.10 Lastbilder

Die Art der Einwirkung wird durch Lastbilder symbolisiert. Sie idealisieren die realen Lasten.

Beispiele:

Einzellast, z. B. eine Stütze auf einem Balken oder eine Radlast eines SLW (Schwerlastwagen).

Gleichlast, z. B. das Eigengewicht eines Trägers. Die Gleichlast wirkt über die gesamte Trägerlänge und ist die Summe von Einzellasten.

Streckenlast, z. B. eine Trennwand belastet den Träger nur auf einem Teil des Trägers.

Dreieckslast, z. B. die Belastung durch das Mauerwerk eines Giebels bei einem Pultdach.

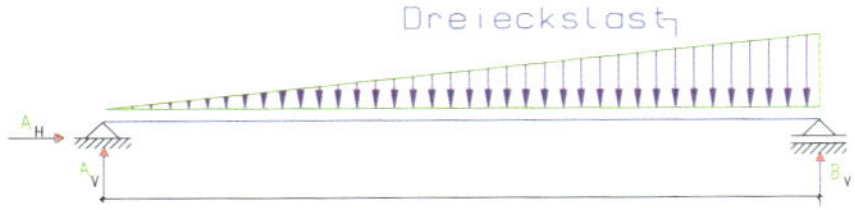

Trapezlast, z. B. die Belastung einer Decke aus Stahlbeton.

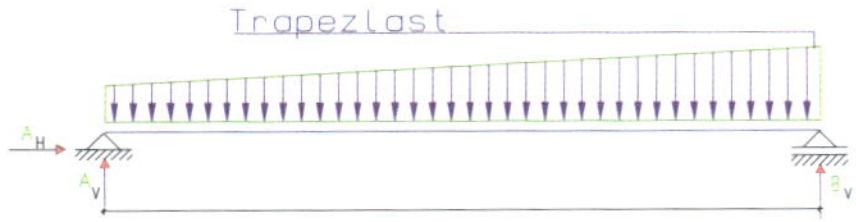

Momentenbelastung, z. B. die Belastung aus dem Drempel eines Sparrendaches.

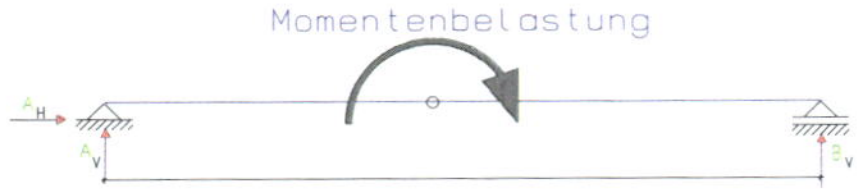

Es können natürlich auch gemischte, d. h. mehrere Einwirkungen gemeinsam wirken.

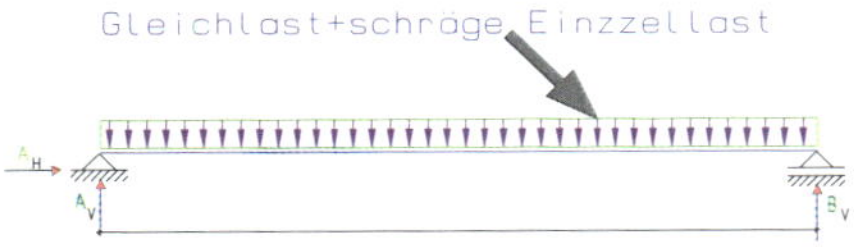

Lastmodell im Brückenbau:

5.2.11 Lösungen zu den Übungen

Zu Kap. 5.26

1) Welche ständigen Einwirkungen und welche Nutzlast je m² hat die skizzierte Wohnhausdecke (mit Trennwandzuschlag, Wandgewicht: $G_W = 4{,}3$ kN/m)?

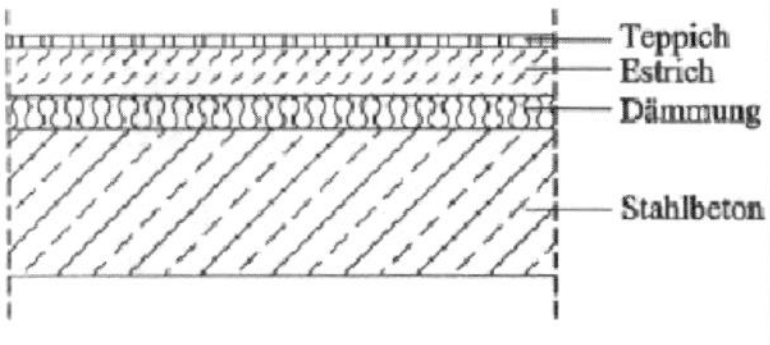

Deckenaufbau: Teppich: 1cm, Estrich: 5 cm, Dämmung: 5 cm, Stahlbeton: 18 cm

Lösung: Teppich: 1 cm = 0,03 kN/m²

Estrich: 5 cm: 5 * 0,22 kN/m² = 1,10 kN/m²

Dämmung: 5 cm: 5 * 0,01 kN/m² = 0,05 kN/m²

Stahlbeton: 18 cm: 0,18 m * 25 kN/m³ = 4,50 kN/m²

$g_k = 5{,}68$ kN/m²

Nutzlast:[17] 1,5 kN/m², Trennwandzuschlag:[18] 1,2 kN/m², $q_k = 1{,}50 + 1{,}20 = 2{,}70$ kN/m²

2) Welche ständigen Einwirkungen und welche Nutzlast hat die Holzbalkendecke eines Wohnhauses aufzunehmen? Es sind keine Trennwände vorgesehen. Hinweis: Für den Einschub ist die Belastungsbreite der Balken 0,85 - 0,16 = 0,69 m.

Es werden drei Schnitte untersucht:

A) durch den Holzbalken

B) durch die Dämmung und

C) durch die Lagerhölzer

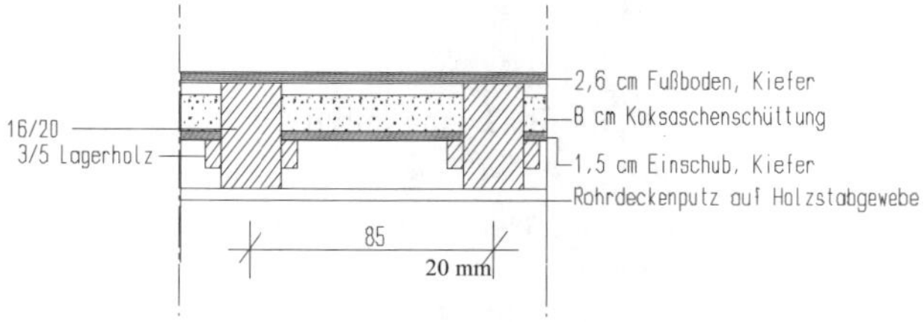

Schnitt A (durch den Holzbalken)

Fußboden:	0,026 m * 6,0 kN/m³	= 0,156 kN/m²
Holzbalken:	0,20 m * 6,0 kN/m³	= 1,20 kN/m²
Rohrdeckenputz:		= 0,30 kN/m²
		$g_k = 1{,}656$ kN/m²

Schnitt B (durch die Dämmung)

Fußboden:	0,026 m * 6,0 kN/m³	= 0,156 kN/m²
Koksaschenschüttung:	0,08 m * 14,0 kN/m³	= 1,12 kN/m²
Einschub:	0,015 * 6,0 kN/m³	= 0,09 kN/m²
Rohrdeckenputz:		= 0,30 kN/m²
		$g_k = 1{,}66$ kN/m²

[17] Schneider, 2024: S. 3.20.

[18] Schneider, 2024: S. 3.19.

Schnitt C (durch die Lagerhölzer)

Fußboden:	0,026 m * 6,0 kN/m³ = 0,156 kN/m²
Koksaschenschüttung:	0,08 m * 14,0 kN/m³ = 1,12 kN/m²
Einschub:	0,015 m * 6,0 kN/m³ = 0,09 kN/m²
Lagerholz:	0,05 m * 6,0 kN/m³ = 0,30 kN/m²
Rohrdeckenputz:	= 0,30 kN/m²
	g_k = 1,966 kN/m²

$$g_k = 1{,}656\ \text{kN/m}^2 * \frac{16\ \text{cm}}{85\ \text{cm}} + 1{,}66\ \text{kN/m}^2 * \frac{63\ \text{cm}}{85\ \text{cm}} + 1{,}966\ \text{kN/m}^2 * \frac{6\ \text{cm}}{85\ \text{cm}} = 1{,}68\ \text{kN/m}^2$$

q_k = 2,0 kN/m² (Holzbalkendecke, ohne ausreichende Querverteilung)

3) Ermitteln Sie die Einwirkungen für die ständige Last und die Nutzlast einer Treppe in einem Schulgebäude: Stahlbetonplatte: h = 20 cm, 18 unbewehrte Stufen: Auftritt: s / a = 17,5 / 28,0 cm, unten: 1,5 cm Gipsputz

$\tan \alpha = s / a = 17{,}5\ \text{cm} / 28{,}0\ \text{cm} = 0{,}625 \rightarrow \alpha = 32°$

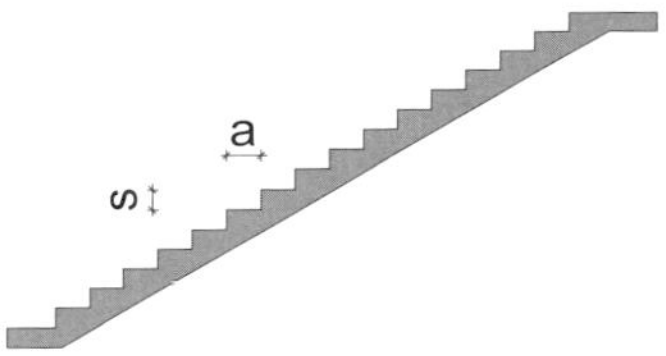

Stahlbeton: 0,20 m * 25,0 kN/m³ / cos 32° = 5,90 kN/m²

Putz + Belag: geschätzt, bereits durch cos α dividiert)
≈ 1,50 kN/m²

Stufen: 0,175 m * 24 kN/m³ / 2 = 2,10 kN/m²

g_k = 9,50 kN/m²

q_k = 5,00 kN/m²

4) Welche Nutzlast muss für eine Stahlbetondecke eines Bürogebäudes angenommen werden?

q_k = 2,0 kN/m²

5) Wie groß ist der Trennwandzuschlag für eine Wand mit einem Gewicht von G_W = 2,8 kN/m?

Trennwandzuschlag: 0,80 kN/m²

6) geg.: Dacheindeckung: Schiefer (altdeutsch) auf 24 mm Schalung, Dachgeschoss ausgebaut: Ausbaulast: 0,35 kN/m², Dachneigung = 37°!

ges.: ständige Einwirkung auf den Sparren $g_{G,k}$

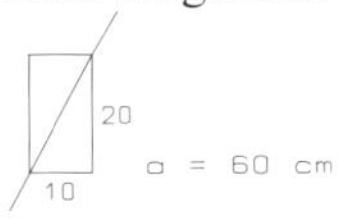

Schiefer (altdeutsch) auf 24 mm Schalung:	= 0,50 kN/m²
Eigengewicht: b * h * γ / a = 0,1m * 0,2 m * 6,0 kN/m³/ 0,6 m	= 0,20 kN/m²
Ausbaulast:	= 0,35 kN/m²
	$g_{D,k}$ = 1,05 kN/m²

$g_{G,k}$ = 1,05 kN/m² / cos 37° = 1,31 kN/m²

7) Gegeben sei ein Satteldach, Dachneigung 35°, in Frankfurt a. M., NN = 120 m. Ermitteln Sie die Schneelast!

Schneezone 1:

$s_k = (0,19 + 0,91\ ((A + 140) / 760)^2) = (0,19 + 0,91\ ((120 + 140) / 760)^2) = 0,297\ kN/m^2$

$s_k = 0,297\ kN/m^2 < 0,65\ kN/m^2$ (der ungünstigste Wert ist maßgebend)

$\mu = 0,667$ (Satteldach)

$s_i = \mu * s_k = 0,667 * 0,65\ kN/m^2 = 0,43\ kN/m^2$

8) Gegeben sei ein Pultdach, Firsthöhe = 10,0 m, Dachneigung 45°, in Frankfurt a. M., NN = 120 m. Ermitteln Sie die Windlast!

Windzone: 1

$w_d = c_p * q,\ c_p = 0,7,\ q = 0,50\ kN/m^2$

$w_d = 0,7 * 0,5 = 0,35\ kN/m^2$

Kap. 5.2.9

1) Die skizzierte Wand des Regenrückhaltebeckens kann innen bis Oberkante Wand mit Schmutzwasser gefüllt werden. Außen steht Erdreich an.

a) Zeichnen Sie das vereinfachte statische System der Wand mit den beiden Einwirkungen als Lastbilder!

b) Berechnen Sie die maximale Lastordinate des Schmutzwassers ($\gamma = 11\ kN/m^3$)!

c) Berechnen Sie die maximale Lastordinate des Erdruckes unter folgender Annahme: ($\gamma_E = 19\ kN/m^3$) aktiver Erddruck, Reibungswinkel $\varphi = 3°$, Erddruckneigungswinkel $\delta = 0$.

Die Einspannung und die maximale Belastung der Wand darf ab Oberkante Bodenplatte angenommen werden.

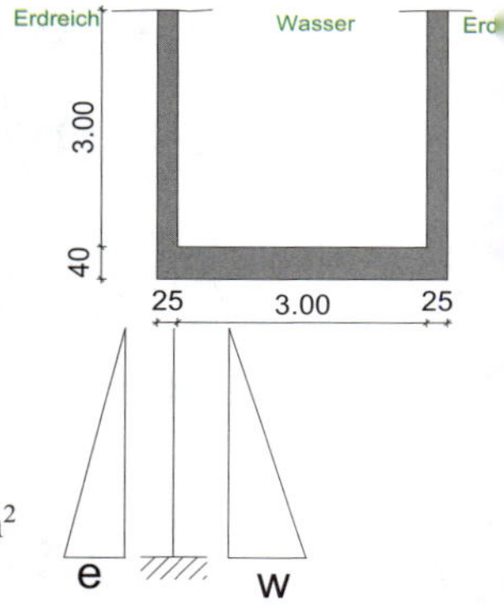

zu a) Die Wand ist in der Bodenplatte eingespannt!

zu b) max. $w = h * \gamma_W = 3,00\ m * 11,0\ kN/m^3 = 33,0\ kN/m^2$

zu c) max. $e = h * \gamma_E * K_{agh} = 3,00\ m * 19,0\ kN/m^3 * 0,33 = 18,81\ kN/m^2$

2) Gegeben sei die skizzierte Kellerwand. Ermitteln Sie die maximale Einwirkung für die Erddruckspannung (aktiver Erddruck, $\gamma_E = 19,0\ kN/m^3$, Reibungswinkel 30°, $\delta = 0$) und die Nutzlast (PKW: $q_k = 3,50\ kN/m^2$, $A < 20\ m^2$) in Höhe der Oberkante Bodenplatte!

max. $e = h * \gamma_E * K_{agh} = 2,50\ m * 19,0\ kN/m^3 * 0,33 = 15,68\ kN/m^2$

$\bar{q}_K = q_k * K_{ag} = 3,50\ kN/m^2 * 0,33 = 1,16\ kN/m^2$

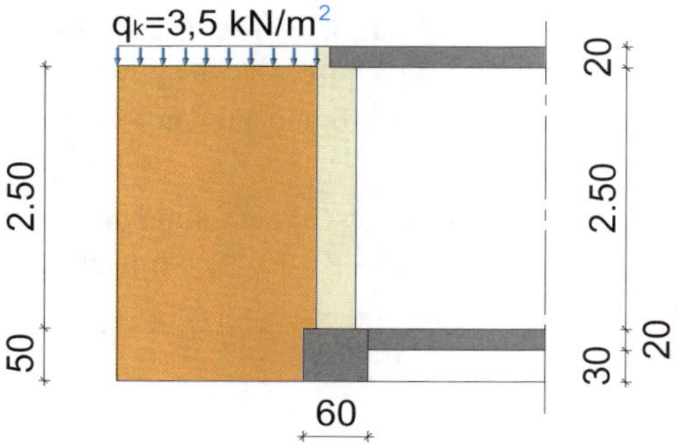

5.3 Bemessungswerte für Einwirkungen

Für die Bemessung von Bauteilen werden nicht die charakteristischen Einwirkungen, E_k, verwendet, sondern die Bemessungswerte, E_d. Diese Bemessungswerte für die Einwirkungen werden ermittelt, indem man die charakteristische Einwirkung mit einem Teilsicherheitsbeiwert γ multipliziert.

$$E_d = \gamma_F * E_k$$

E = Effect (engl. für Einwirkung). Zu den Einwirkungen zählen direkte Einwirkungen wie Kräfte und Lasten sowie indirekte Einwirkungen (aufgezwungene Verformungen, sogenannter Zwang) wie z. B. Setzungen, Temperatur, Kriechen und Schwinden

d = Design Value (engl. für Bemessungswert), mit Teilsicherheitsbeiwert

E_d = Bemessungswert der Beanspruchung, mit Teilsicherheit

E_d berechnet sich aus den Einwirkungen (= Belastungen) auf das Bauteil unter Berücksichtigung der Teilsicherheitsbeiwerte

γ_F = Teilsicherheitsbeiwert für Einwirkungen unter Berücksichtigung von Modellunsicherheiten und Größenabweichungen, in Abhängigkeit vom jeweiligen Nachweis und der Bemessungssituation

E_k = Charakteristische Einwirkung (Belastung des Bauteils ohne Berücksichtigung der Teilsicherheitsbeiwerte)

k = Characteristic Value (engl. für charakteristischer Wert), ohne Teilsicherheitsbeiwert

Siehe hierzu auch Kapitel Sicherheitskonzepte, Eurocodes, Nachweise. 10.1.2!

Teilsicherheitsbeiwerte für Einwirkungen (DIN EN 1990/NA, Tab. NA.A.1.2 (A) – (C))

GZT	Einwirkung	Wirkung	Symbol	Bemessungssituation P/T[2)]	A/E[2)]
Lagesicherheit (EQU)	Ständige Einwirkungen:				
	Eigenlast des Tragwerks und von nicht tragenden Bauteilen; vom Baugrund herrührende ständige Einwirkungen; Grundwasser und frei anstehendes Wasser	destabilisierend stabilisierend	$\gamma_{G,dst}$ $\gamma_{G,stb}$	1,10 0,90	1,00 0,95
	Bei kleinen Schwankungen der ständigen Einwirkungen oder Ausschluss von Unter- oder Überschreitungen durch Kontrolle	destabilisierend stabilisierend	$\gamma_{G,dst}$ $\gamma_{G,stb}$	1,05 0,95	1,00 0,95
	Ständige Einwirkungen für den kombinierten Nachweis der Lagesicherheit unter Einschluss des Widerstands der Bauteile (z.B. Zugverankerung)	destabilisierend stabilisierend	$\gamma_{G,dst}$* $\gamma_{G,stb}$*	1,35 1,15	1,00 0,95
	Veränderliche Einwirkungen	destabilisierend	γ_Q	1,50	1,00
	Außergewöhnliche Einwirkungen	destabilisierend	γ_A	–	1,00
Tragsicherheit (STR), (GEO)	Unabhängige ständige Einwirkungen	ungünstig günstig	$\gamma_{G,sup}$ $\gamma_{G,inf}$	1,35 1,00	1,00 1,00
	Unabhängige veränderliche Einwirkungen	ungünstig	γ_Q	1,50	1,00
	Außergewöhnliche Einwirkungen	ungünstig	γ_A	–	1,00
Baugrund (GEO)	Unabhängige ständige Einwirkungen	ungünstig günstig	γ_G γ_G	1,00 1,00	1,00 1,00
	Unabhängige veränderliche Einwirkungen	ungünstig	γ_Q	1,30	1,00
	Außergewöhnliche Einwirkungen	ungünstig	γ_A	–	1,00

1) Teilsicherheitsbeiwerte für den Brückenbau: Siehe DIN EN 1990 Anhang A2 mit DIN EN 1990/NA/A1

2) P/T = ständige und vorübergehende Bemessungssituation; A/E = außergewöhnliche Bemessungssituation und Erdbeben

Beispiel 1:

geg.: Charakteristische ständige Einzellast E_k = 10,00 kN, Teilsicherheitsbeiwert $\gamma_F = 1{,}35$

ges.: Bemessungslast E_d für den Tragsicherheitsnachweis (STR), ständige Bemessungssituation

Lösung: γ_F (ungünstig) = $\gamma_{G,sup}$ = 1,35, $E_d = \gamma_F * E_k$ = 1,35 * 10,00 kN = 13,50 kN

Beispiel 2:

geg.: Stahlbetondecke mit einer ständigen charakteristischen Gleichlast von g_k = 6,50 kN/m² und einer charakteristischen Nutzlast von 1,50 kN/m²

ges.: Bemessungslast E_d in der ständigen und vorübergehenden Bemessungssituation

Lösung: Teilsicherheitsbeiwerte: für ständige Last: $\gamma_{G,sup}$ (ungünstig) = 1,35, für Nutzlast: γ_Q (ungünstig) = 1,50

$E_d = \gamma_{G,sup} * g_k + \gamma_Q * q_k$ = 1,35 * 6,50 kN/m² + 1,50 * 1,50 kN/m² = 8,78 + 2,25 = 11,03 kN/m²

5.4 Kombinationen von Einwirkungen

Da es unwahrscheinlich ist, dass alle veränderlichen Einwirkungen an einem tragenden Bauteil gleichzeitig in vollem Umfang auftreten, dürfen einige der veränderlichen Einwirkungen abgemindert werden.

Diese Abminderung erfolgt durch Multiplikation der veränderlichen Einwirkungen mit Kombinationsbeiwerten ψ (Griechischer Buchstabe „Psi“). Im EC 0 werden drei Kombinationsbeiwerte aufgeführt. Die Kombinationsbeiwerte ψ_0, ψ_1 und ψ_2 berücksichtigen die Häufigkeit des Auftretens der veränderlichen Einwirkung. ψ_0 erfasst die geringe, ψ_1 die mittlere und ψ_2 die hohe Wahrscheinlichkeit des gleichzeitigen Auftretens der veränderlichen Einwirkungen.[19]

Auf der Einwirkungsseite kann mit den folgenden Kombinationsbeiwerten gearbeitet werden, welche die veränderlichen Lasten abmindern.

[19] Goris / Bender, Band 1, 2023, S. 81.

DIN EN 1990/NA:2010-12 - Tabelle NA.A.1.1 — Zahlenwerte für Kombinationsbeiwerte im Hochbau

Einwirkung	ψ_0	ψ_1	ψ_2
Nutzlasten im Hochbau (Kategorien siehe EN 1991-1-1)[a]			
— Kategorie A: Wohn- und Aufenthaltsräume	0,7	0,5	0,3
— Kategorie B: Büros	0,7	0,5	0,3
— Kategorie C: Versammlungsräume	0,7	0,7	0,6
— Kategorie D: Verkaufsräume	0,7	0,7	0,6
— Kategorie E: Lagerräume	1,0	0,9	0,8
— Kategorie F: Verkehrsflächen, Fahrzeuglast ≤ 30 kN	0,7	0,7	0,6
— Kategorie G: Verkehrsflächen, 30 kN ≤ Fahrzeuglast ≤ 160 kN	0,7	0,5	0,3
— Kategorie H: Dächer	0	0	0
Schnee- und Eislasten, siehe DIN EN 1991-1-3			
— Orte bis zu NN + 1 000 m	0,5	0,2	0
— Orte über NN + 1 000 m	0,7	0,5	0,2
Windlasten, siehe DIN EN 1991-1-4	0,6	0,2	0
Temperatureinwirkungen (nicht Brand), siehe DIN EN 1991-1-5	0,6	0,5	0
Baugrundsetzungen, siehe DIN EN 1997	1,0	1,0	1,0
Sonstige Einwirkungen[b,c]	0,8	0,7	0,5

a Abminderungsbeiwerte für Nutzlasten in mehrgeschossigen Hochbauten siehe DIN EN 1991-1-1.

b Flüssigkeitsdruck ist im allgemeinen als eine veränderliche Einwirkung zu behandeln, für die die ψ-Beiwerte standortbedingt festzulegen sind. Flüssigkeitsdruck, dessen Größe durch geometrische Verhältnisse begrenzt ist, darf als eine ständige Einwirkung behandelt werden, wobei alle ψ-Beiwerte gleich 1,0 zu setzen sind.

c ψ-Beiwerte für Maschinenlasten sind betriebsbedingt festzulegen.

Die Formel für den Bemessungswert der Beanspruchung E_d für den Grenzzustand der Tragfähigkeit in der Grundkombination für Tragwerks- oder Querschnittsversagen lautet:[20]

$$\mathbf{E_d = [\Sigma\, \gamma_{G,j} * G_{k,j} + \gamma_{Q,1} * Q_{k,1} + \Sigma\, \gamma_{Q,j} * \psi * Q_{k,j}]}$$ (ohne Vorspannungsanteil)

Beispiel:

Für den Nachweis der Tragsicherheit sind die Bemessungswerte der Einwirkungen in der ständigen Bemessungssituation in beiden Grundkombinationen zu berechnen.

Als ständige Einwirkungen sind g_k = 5,00 kN/m², als Nutzlast q_k = 2,00 kN/m² und als Schneelast s_i = 0,68 kN/m² gegeben.

Lösung:

$E_d = [\Sigma\, \gamma_{G,j} * G_{k,j} + \gamma_{Q,1} * Q_{k,1} + \Sigma\, \gamma_{Q,j} * \psi * Q_{k,j}]$

Da zwei veränderliche Einwirkungen vorhanden sind, müssen zwei Gleichungen untersucht werden.

[20] Schneider, 2024, S. 3.4.

Teilsicherheitsbeiwerte: für ständige Last: $\gamma_{G,sup}$ (ungünstig) = 1,35, für Nutzlast: γ_Q (ungünstig) = 1,50

Die Kombinationsbeiwerte betragen für die Nutzlast $\Psi_0 = 0{,}7$ und für die Schneelast $\Psi_0 = 0{,}5$.

Grundkombination 1:

$E_d = 1{,}35 * 5\ kN/m^2 + 1{,}50 * 2{,}00\ kN/m^2 + 1{,}50 * 0{,}5 * 0{,}68\ kN/m^2 = 10{,}26\ kN/m^2$

Grundkombination 2:

$E_d = 1{,}35 * 5\ kN/m^2 + 1{,}50 * 0{,}68\ kN/m^2 + 1{,}50 * 0{,}7 * 2{,}00\ kN/m^2 = 9{,}87\ kN/m^2 < 10{,}26\ kN/m^2$

Die Bauteilbemessung erfolgt mit max $E_d = 10{,}26\ kN/m^2$.

Die Anwendung der Kombinationsbeiwerte ist nicht obligatorisch.

Wird bei mehreren vorhandenen veränderlichen Einwirkungen die Reduzierung durch Kombinationsbeiwerte ψ angewendet, ergeben sich daraus oftmals sehr komplexe Berechnungen mit vielen Einwirkungskombinationen. Die Übersichtlichkeit der Statischen Berechnung kann darunter leiden, die Prüfung kann erschwert werden und der Rechenaufwand ist groß.

Außerdem werden bei der Abminderung lediglich die veränderlichen Einwirkungen abgemindert, die ständigen Einwirkungen jedoch nicht. Dies hat im Stahlbetonbau - durch den hohen Anteil der ständigen Last - die Folge, dass die Abminderungen relativ gering ausfallen. [21]

Daher wird bei der Statischen Berechnung von relativ einfachen Gebäuden oftmals auf die Anwendung der Kombinationsbeiwerte verzichtet. Dies bedeutet, dass in den E_d-Gleichungen alle ψ-Werte mit 1,0 angesetzt werden.

Auf der sicheren Seite liegend ist also der stark vereinfachte Ansatz $\Psi = \Psi_0 = \Psi_1 = \Psi_2 = 1{,}0$ erlaubt.

Ebenfalls auf der sicheren Seite liegend und erlaubt sind die vereinfachten Kombinationswerte nach Tafel 5.4 aus DAfStb.-H.600. [22]

Einwirkung	selten ψ_0	häufig ψ_1	quasi-ständig ψ_2
– Kategorie A/B: Wohn-/Aufenthaltsräume; Büros – Kategorie C: Versammlungsräume – Kategorie D: Verkaufsräume – Kategorie F/G: Verkehrsflächen – Schnee, Wind – Temperatureinwirkungen (nicht Brand)	0,7		0,6
– Kategorie E: Lagerräume – Baugrundsetzungen	1,0		

[21] Goris / Bender, Band 1, 2023, S.87.

[22] Goris / Bender, Band 1, 2023, S.87.

6 Schnittgrößen

Schnittgrößen[1] ist der Oberbegriff für Kräfte und Momente am oder im Bauteil. Sie treten als Auflagerreaktionen, Querkräfte, Normalkräfte, Biegemomente und Torsionsmomente auf und werden für die Bemessung des Bauteiles benötigt. Auflagerreaktionen werden im Folgenden zu den äußeren Kräften und Momenten gezählt und somit unter dem Oberbegriff Schnittgrößen behandelt.[2] Bei manchen Bauteilen treten sowohl Kräfte als auch Momente auf, bei anderen, beispielsweise bei Fachwerken, sind lediglich Auflager- und Normalkräfte vorhanden. Die Torsionsmomente (Momente um die Längsachse) werden im Rahmen dieses Buches nicht behandelt, weil sie bei den hier vorgestellten einfachen Bauteilen relativ selten vorkommen.

Am tragenden Bauteil wird zwischen äußeren und inneren Kräften und Momenten unterschieden:

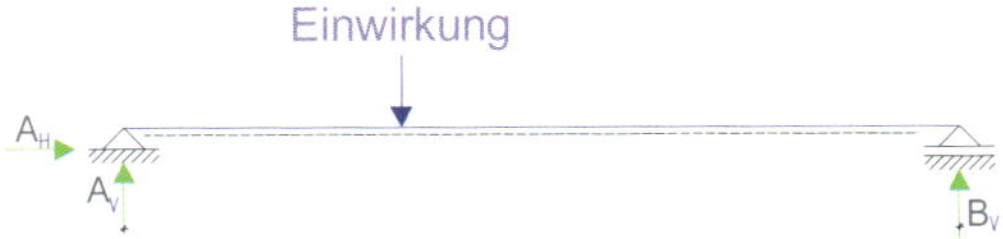

Äußere Kräfte und Momente: Zu den äußeren Kräften und Momenten gehören die Einwirkungen (Belastungen) sowie die Auflagerreaktionen. Beim hier dargestellten Einfeldträger sind die äußeren Kräfte: Die Einzellast als **Einwirkung** sowie die Auflagerkräfte A_H, A_V und B_V.

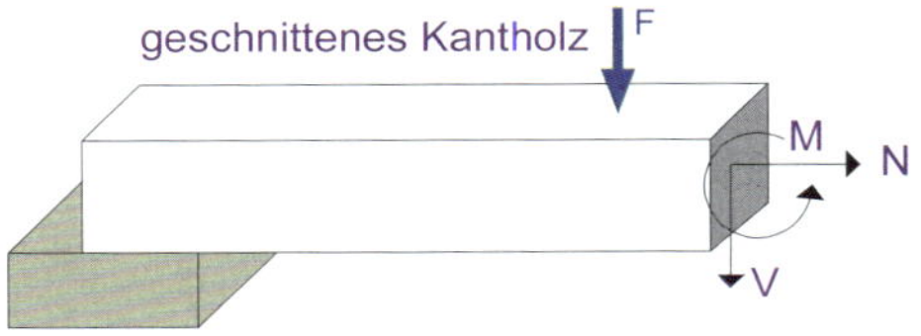

Innere Kräfte bzw. Momente: Zu den inneren Kräften und Momenten gehören die Normalkräfte, die Querkräfte und die Biegemomente.

N = Normalkraft (Die Kraft verläuft in Richtung der Stabachse.) Eine Längskraft N ist gleich groß und entgegengesetzt gerichtet der Summe aller Kräfte parallel zur Stabachse links des Schnittes oder rechts des Schnittes.

V = Querkraft (Die Kraft verläuft rechtwinklig zur Stabachse; nach alter Norm: Q.) Eine Querkraft V ist gleich groß und entgegengesetzt gerichtet der Summe aller Kräfte rechtwinklig (quer) zur Stabachse links des Schnittes und rechts des Schnittes.

M = (Biege-)Moment. Ein Biegemoment M ist gleich der Summe aller Momente der äußeren Kräfte links oder rechts des Schnittes. Die äußeren Kräfte und Momente stehen mit den inneren Kräften und Momenten im Gleichgewicht.

Nach der Definition der Vorzeichen wird gezeigt, wie die Schnittgrößen an statisch bestimmten Systemen, dann an statisch unbestimmten ebenen Systemen und letztlich an ebenen Fachwerkträgern ermittelt werden. Bögen, Rahmen, Seilwerke und räumliche Tragwerke werden hier nicht behandelt.

---

[1] Schnittgrößen werden auch Schnittkräfte oder Schnittreaktionen genannt. Da die Biegemomente jedoch keine Kräfte sind, erscheint der Überbegriff „Schnittgrößen" geeigneter als „Schnittkräfte".

[2] Lohmeyer / Baar / Ebeling, 2012, S. 200: „Zu den äußeren Schnittgrößen zählen Auflagerkräfte, Querkräfte und Biegemomente."

6.1 Vorzeichen der Schnittgrößen

Zur eindeutigen Bestimmung der Schnittgrößen werden Regeln für ihre Vorzeichen festgelegt. Diese sind nach DIN 1080 wie folgt definiert: Positive Schnittgrößen zeigen am positiven Schnittufer in positive Koordinatenrichtungen.

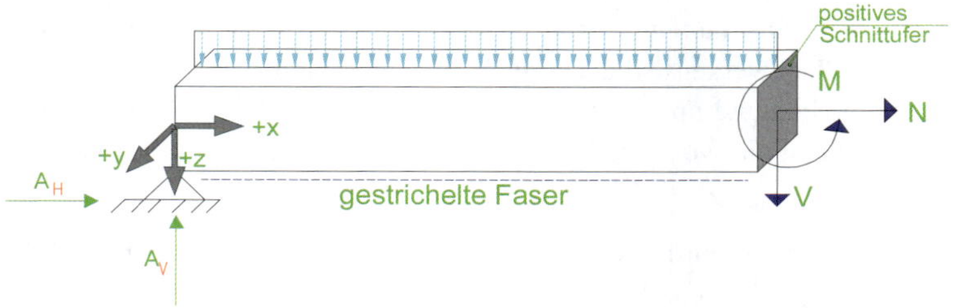

Auflagerreaktionen A_H, A_V und B_V:

Die Richtung der Auflagerreaktionen wird am statischen System zunächst angenommen und durch die Pfeilrichtung gekennzeichnet. Sind die Ergebnisse der Berechnung positiv, war die Annahme richtig. Sind die Ergebnisse negativ, war die Annahme falsch.

Querkraft V (früher: Q):

Die Querkraft ist positiv (+), wenn durch die äußeren Kräfte der linke Trägerteil nach oben (oder der rechte Trägerteil nach unten) verschoben würde. Die Querkraft ist negativ (-), wenn durch die äußeren Kräfte der linke Trägerteil nach unten verschoben würde (oder der rechte Trägerteil nach oben verschoben würde).

Normalkraft (= Längskraft) N:

Die Längskraft ist positiv, wenn sie an der Querschnittsfläche zieht. Zugkräfte erhalten positive Vorzeichen. Die Längskraft ist negativ, wenn sie auf die Querschnittsfläche drückt. Druckkräfte erhalten hier negative Vorzeichen.

Biegemoment M:

Das Biegemoment ist positiv, wenn die äußeren Kräfte links eines Schnittes um den Schwerpunkt der Schnittstelle im Uhrzeigersinn drehen (oder rechts vom Schnitt gegen den Uhrzeigersinn). Das Biegemoment ist negativ, wenn die äußeren Kräfte links eines Schnittes um den Schwerpunkt der Schnittfläche entgegen dem Uhrzeigersinn drehen (oder rechts vom Schnitt im Uhrzeigersinn).

Einfacher ist die Definition mit Hilfe der „gestrichelten Faser“. Die gestrichelte Faser wird beim waagerechten Balken als die untere Faser angenommen bzw. Rand mit positiver z-Achse (siehe Skizze oben).

Das Biegemoment erhält ein positives Vorzeichen (+), wenn die gestrichelte Faser des Balkens gezogen wird. Das Biegemoment erhält ein negatives Vorzeichen (-), wenn die gestrichelte Faser des Trägers gedrückt wird.

Eine andere Methode, die Vorzeichen der Schnittgrößen zu ermitteln, ist die Definition der Schnittgrößen über sogenannte Schnittufer. Der zu untersuchende Stab wird dabei an beliebiger Stelle gedanklich geschnitten. Die beiden Schnittteile können einzeln betrachtet werden. Die Schnittebene ist in der Regel eben und senkrecht zur Stabachse. Wenn man sich beim Schneiden einen Spalt zwischen den beiden Schnittflächen denkt, so können diese als zwei Ufer – ein linkes und ein rechtes – betrachtet werden. Die Schnittfläche am linken Ende eines Teils wird als rechtes oder negatives Schnittufer, am rechten Ende als linkes oder positives Schnittufer bezeichnet.[3]

Definition der Schnittufer:

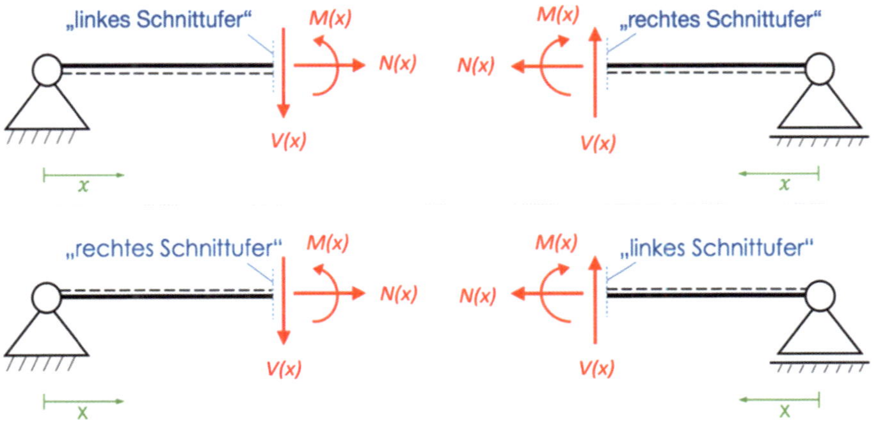

Regeln:

Positive Normalkraft: N(x)„zieht an der Linie".

Positive Querkraft: V(x)„ zieht am linken Schnittufer der Linie nach unten".

Positives Moment: M(x)„erzeugt Zug an der Linie".

Zum Thema Schnittgrößen und zur Definition der Vorzeichen von Schnittgrößen stehen im Internet folgende Hilfen bzw. Erklärungen zur Verfügung:
https://www.studyhelp.de/online-lernen/mechanik/schnittgroessen-bestimmen/, abgerufen am 26.12.2024,
www.bau.uni-siegen.de/subdomains/bauinformatik/lehre/.../balkenrahmenbogen-i.pdf, abgerufen am 30.07.2019,
www.bau.uni-siegen.de/subdomains/.../arbeitsblatt_vorzeichenkonvention_01.pdf, abgerufen am 30.07.2019 und
https://studyflix.de/ingenieurswissenschaften/schnittgrossen-i-195, abgerufen am 26.12.2024.

---

[3] Wikepedia, https://de.wikipedia.org/wiki/Schnittreaktion, abgerufen am 18.09.2024

6.2 Schnittgrößen an statisch bestimmten Systemen

Schnittgrößen an statisch bestimmten Systemen sind einfacher zu berechnen als an statisch unbestimmten Systemen. Zur Berechnung werden weder die höhere Mathematik noch Tabellenwerte oder Statik-Software benötigt. Natürlich können vorgenannte Mittel, auch zur Kontrolle, eingesetzt werden.

Zur Berechnung für ebene Systeme genügen die drei Gleichgewichtsbedingungen in der Ebene:

1) Die Summe der vertikalen Kräfte muss gleich Null sein: $\sum \mathbf{V} = \mathbf{0}$

2) Die Summe der horizontalen Kräfte muss gleich Null sein: $\sum \mathbf{H} = \mathbf{0}$

3) Die Summe der Biegemomente muss gleich Null sein: $\sum \mathbf{M} = \mathbf{0}$

Bei statisch bestimmten Systemen wird i. d. R die folgende Reihenfolge für die Berechnung der Schnittgrößen gewählt:

1) Ermittlung der Auflagerreaktionen

2) Ermittlung der Querkräfte

3) Ermittlung der Normalkräfte

4) Ermittlung der Biegemomente.

Zur besseren Übersicht werden die jeweiligen Zustandsflächen unter das statische System gezeichnet. In den Zustandsflächen werden die Verläufe der Querkräfte, Normalkräfte und Biegemomente über die Längsachse (x-Achse) gezeichnet. So erkennt man anschaulich, an welchen Stellen des Systems sich die Größt- und Kleinstwerte (Extrema) der Schnittgrößen befinden. Analog der o. a. Reihenfolge werden zunächst die Auflagerreaktionen berechnet.

6.2.1 Auflagerreaktionen

Auflagerreaktionen sind Kräfte und Biegemomente am Bauteil, die den Einwirkungen entgegenwirken. Sie „reagieren“ auf die Einwirkungen und gehören zu den äußeren Kräften bzw. Momenten.

Auflagerreaktionen werden aus drei Gründen ermittelt:

1) Mit Hilfe der Auflagerkräfte wird die Konstruktion der Auflager nachgewiesen.

Beispiel: Ein Stahlträger liegt auf einer Wand aus Mauerwerk auf. Mit Hilfe der Auflagerkräfte des Stahlträgers werden die Festigkeitsklasse und die Mörtelgruppe des darunter liegenden Mauerwerks geprüft bzw. festgelegt. In der Statischen Berechnung werden die tragenden Bauteile von oben nach unten berechnet. Bei einem Wohnhaus beginnt man beispielsweise die Berechnung der tragenden Teile (oben) beim Dach und endet (unten) bei den Fundamenten.

2) Bei vertikaler Last wird jeweils das unter einem Bauteil liegende Bauteil mit den Auflagerkräften des darüber liegenden Bauteiles belastet und in der Statischen Berechnung bemessen. Die Auflagerkräfte des sich oberhalb befindlichen Bauteiles sind also die Einwirkungen des darunter liegenden Bauteiles.

Beispiel: Eine Stahlbetondecke liegt auf einem Stahlträger auf. Der Stahlträger wird - neben seinem Eigengewicht - mit der Auflagerkraft der Stahlbetondecke belastet.

3) Die Auflagerkräfte werden benötigt, um die inneren Kräfte und Momente des Bauteiles zu ermitteln. Mit den inneren Kräften und Momenten wird das Bauteil bemessen.

Beispiel: Mit Hilfe der Auflagerkräfte und der Einwirkungen werden z. B. beim Einfeldträger die Querkräfte, Normalkräfte und Biegemomente ermittelt, um damit anschließend die Bemessung und die Nachweise durchzuführen.

Zur Ermittlung der Auflagerreaktionen werden bei statisch bestimmten, ebenen Systemen - wie bereits oben erwähnt - die drei Gleichgewichtsbedingungen benötigt (vgl. auch Kapitel: Kräfte und Momente).

Die folgenden Bedingungen gelten bei Gleichgewicht:

V = Vertikalkraft
H = Horizontalkraft
M = (Biege-)Moment

$$\sum \mathbf{V} = \mathbf{0}$$

$$\sum \mathbf{H} = \mathbf{0}$$

$$\sum \mathbf{M} = \mathbf{0}$$

Man kann die Auflagerreaktionen auf verschiedene Art und Weise ermitteln.

Einer der einfachsten Ansätze zur Berechnung der Auflagerreaktionen bei statisch bestimmten Systemen ist die Verwendung der Bedingungen für das Gleichgewicht:

Gleichgewichtsbedingung:

$$\sum \mathbf{M}_A = \mathbf{0}$$

Gelesen wird dies: „Die Summe aller Biegemomente um den Punkt A ist gleich Null!“

Mit diesem Ansatz berechnet man beim Einfeldträger die vertikale Auflagerkraft B_V.

Gleichgewichtsbedingung:

$$\sum \mathbf{M}_B = \mathbf{0}$$

Gelesen wird dies: „Die Summe aller Biegemomente um den Punkt B ist gleich Null!“

Mit diesem Ansatz berechnet man beim Einfeldträger die vertikale Auflagerkraft A_V.

An den Auflagern A und B eines Einfeldträgers ohne Kragarm befindet sich ein Gelenk, deshalb ist dort das Moment gleich Null!

Merke: Dort wo ein (Momenten-) Gelenk ist, ist das Moment gleich Null.

Beispiel eines Gelenkes: Das Kniegelenk am menschlichen Körper; dort treffen Knochen aufeinander.

Als Probe kann - je nach Richtung der Einwirkung - eine der beiden anderen Gleichgewichtsbedingungen - verwendet werden:

$$\sum \mathbf{V} = \mathbf{0}$$

Gelesen wird dies: „Die Summe aller vertikalen Kräfte am System ist gleich Null!“.

$$\sum \mathbf{H} = \mathbf{0}$$

Gelesen wird dies: „Die Summe aller horizontalen Kräfte am System ist gleich Null!“.

Beispiele zur Ermittlung der Auflagerreaktionen:

1) geg.: Einfeldträger mit einer mittigen Einzellast. Annahme: Gewichtsloser Balken

ges.: Auflagerreaktionen (Auflagerkräfte): A_V, A_H, B_V.

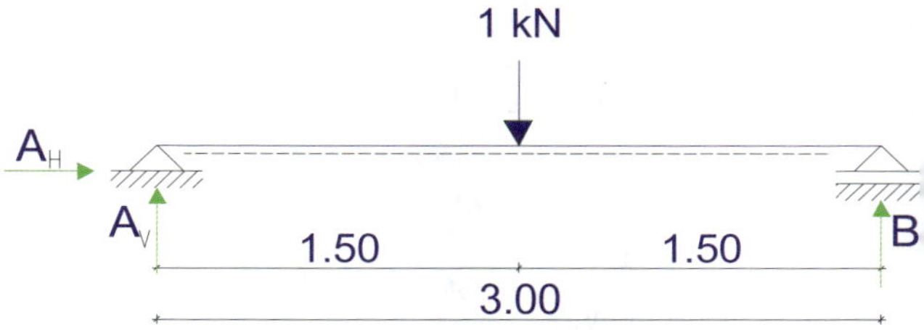

Lösung: Die Summe aller Momente um den Punkt A ist gleich Null!

$$\sum M_A = 0$$

oder: Alle rechtsdrehenden Momente (im Uhrzeigersinn) um den Punkt A ($\Sigma\ M_{A,r}$) minus alle linksdrehenden Momente (gegen den Uhrzeigersinn) um den Punkt A ($\Sigma\ M_{A,l}$) sind gleich Null!

$M_{A,r} - M_{A,l} = 0$ →

oder: Die Summe aller rechtsdrehenden Momente um den Punkt A ist gleich der Summe aller linksdrehenden Momente um den Punkt A!

$M_{A,r} = M_{A,l}$ →

$1\ kN * 1{,}5\ m = B_V * 3{,}0\ m$

$$B_V = \frac{1\ kN * 1{,}5\ m}{3{,}0\ m} = 0{,}50\ kN$$

$\sum M_B = 0$ ↻ = ↺

$M_{B,r} = M_{B,l}$

$A_V * 3{,}0\ m = 1\ kN * 1{,}5\ m$

$A_V = \frac{1\ kN * 1{,}5\ m}{3{,}0\ m} = 0{,}50\ kN$

Probe: $\sum V = 0$ ↓ = ↑ Alle vertikalen Kräfte von oben sind so groß wie die vertikalen Kräfte von unten!

$F = A_V + B_V$

$1{,}00\ kN = 0{,}50\ kN + 0{,}50\ kN$

$1{,}00\ kN = 1{,}00\ kN$

$\sum H = 0$ → = ←

$A_H = 0$ Alle horizontalen Kräfte von links sind so groß wie die horizontalen Kräfte von rechts!

2) geg.: Einfeldträger mit außermittiger Einzellast

Annahme: Gewichtsloser Balken

ges.: Auflagerreaktionen A_V, A_H, B_V

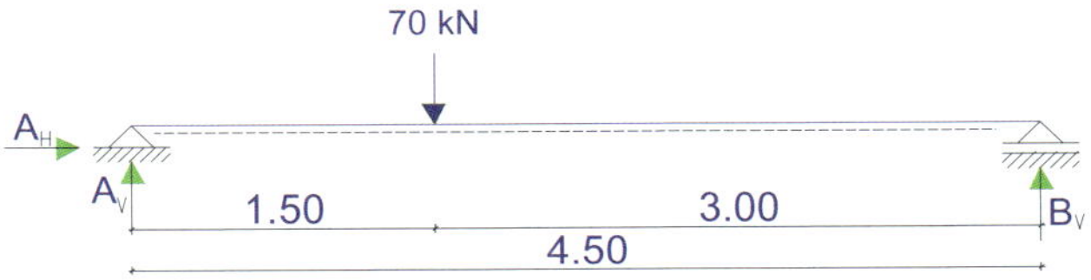

↻ = ↺ ↻ - ↺ = 0

$\Sigma M_A = 0$

$M_{A,r} = M_{A,l}$ oder: $M_{A,r} - M_{A,l} = 0$

$F * 1{,}5\ m = B_V * 4{,}5\ m$

$70\ kN * 1{,}5\ m = B_V * 4{,}5\ m$

$B_V = \frac{70\ kN * 1{,}5\ m}{4{,}5\ m} = 23{,}33\ kN$

$\Sigma M_B = 0$ ↻ = ↺

$A_V * 4{,}5\ m = F * 3{,}0\ m$

$A_V * 4{,}5\ m = 70\ kN * 3{,}0\ m$

$A_V = \frac{70\ kN * 3{,}0\ m}{4{,}5\ m} = 46{,}67\ kN$

Probe: $\Sigma V = 0$ ↓ = ↑

$F = A_V + B_V$

$70\ kN = 46{,}67\ kN + 23{,}33\ kN = 70\ kN$

$\Sigma H = 0$ → = ←

$A_H = 0$

3) geg.: Einfeldträger mit Kragarm rechts und mehreren Einzellasten

Annahme:
Gewichtsloser Balken

ges.: Auflagerreaktionen
A_V, A_H, B_V

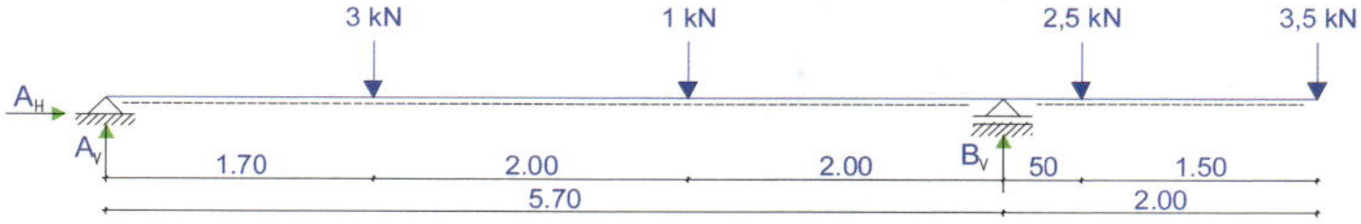

$\Sigma M_A = 0$	$3\ kN * 1{,}7\ m + 1\ kN * 3{,}7\ m + 2{,}5\ kN * 6{,}2\ m + 3{,}5\ kN * 7{,}7\ m = B_V * 5{,}7\ m$ $B_V = 8{,}99\ kN$
$\Sigma M_B = 0$	$A_V * 5{,}7\ m + 2{,}5\ kN * 0{,}5\ m + 3{,}5\ kN * 2{,}0\ m = 1\ kN * 2{,}0\ m + 3\ kN * 4{,}0\ m$ $A_V = 1{,}01\ kN$

Probe:

$\Sigma V = 0$	$A_V + B_V = \Sigma F \rightarrow 1{,}01\ kN + 8{,}99\ kN = 3{,}0\ kN + 1{,}0\ kN + 2{,}5\ kN + 3{,}5\ kN$ $10{,}0\ kN = 10{,}0\ kN$
$\Sigma H = 0$	$A_H = 0\ kN$

4) geg.: Einfeldträger mit Gleichlast, ges.: Auflagerreaktionen A_V, A_H, B_V

Zur Berechnung der Auflagerreaktionen bei einer Gleichlast kann man - zunächst als Hilfe - die sogenannte Ersatzlast F ermitteln. Diese ist so groß wie die Resultierende der Gleichlast (= Gesamtlast) und greift als Einzellast im Schwerpunkt des Rechteckes an, also in deren Mitte.

Ersatzlast: $F = q * l$
$= 5\ kN/m * 8{,}5\ m =$
$42{,}5\ kN$

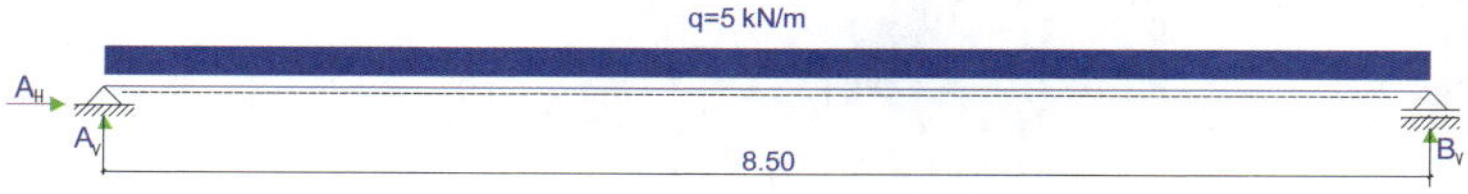

Die Ersatzlast F steht **gedanklich** als Einzellast in der Mitte.

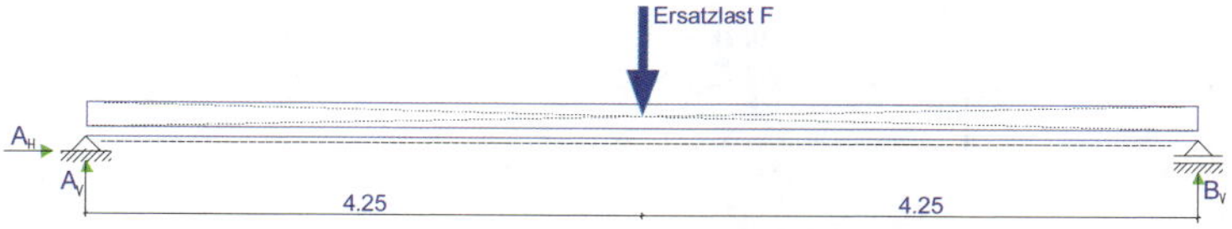

$\Sigma M_A = 0$ $\quad F * 4{,}25\ m = B_V * 8{,}5\ m$

$B_V = 21{,}25\ kN$

$\Sigma M_B = 0$ $\quad A_V * 8{,}5\ m = F * 4{,}25\ m \quad \rightarrow A_V = \frac{42{,}5\ kN * 4{,}25\ m}{8{,}5\ m} = 21{,}25\ kN$

Probe: $\Sigma V = 0$ $\quad A_V + B_V = F \quad \rightarrow 21{,}25\ kN + 21{,}25\ kN = 42{,}5\ kN$

$42{,}5\ kN = 42{,}5\ kN$

$\Sigma H = 0$ $\quad A_H = 0\ kN$

5) geg.: Einfeldträger mit Kragarm und Gleichlast, ges.: Auflagerreaktionen A_V, A_H, B_V

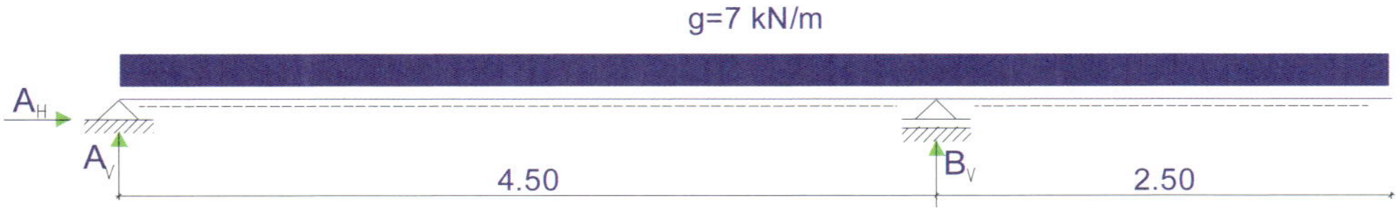

Zur Lösung dieser Aufgabe gibt es zwei Möglichkeiten: Entweder man ersetzt die Gleichlast durch eine **einzige Ersatzlast (blau)**, welche im Schwerpunkt der Gesamtlast angreift, also 3,50 m vom Auflager A entfernt, oder: Man teilt die Gesamtlast **in zwei Ersatzlasten (grün)** auf: Eine Ersatzlast im Feld und eine zweite Ersatzlast auf dem rechten Kragarm.

Lösungsansatz 1 (blau):

Eine Gesamtersatzlast F wird ermittelt: $\mathbf{F = 7\ \frac{kN}{m} * (4{,}5\ m + 2{,}5\ m) = 49\ kN}$

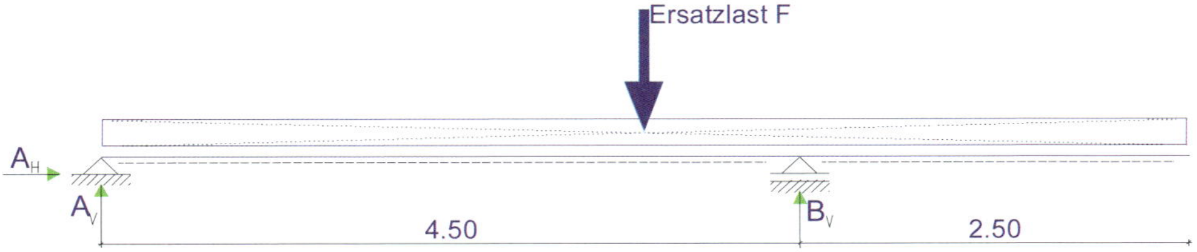

$\Sigma M_A = 0$	M_A ↻ = M_A ↺

$B_V * 4{,}5\ m = F * 3{,}5\ m$

$B_V * 4{,}5\ m = 49\ kN * 3{,}5\ m$

$B_V * 4{,}5\ m = 171{,}5\ kNm$

$B_V = 38{,}11\ kN$

$\Sigma M_B = 0$	M_B ↺ = M_B ↻

$A_V * 4{,}5\ m = F * 1{,}00\ m$

$A_V * 4{,}5\ m = 49\ kN * 1{,}00\ m$

$A_V * 4{,}5\ m = 49\ kNm$

$A_V = 10{,}89\ kN$

Probe: $\Sigma V = 0$

$F = A_V + B_V$

$49\ kN = 10{,}89\ kN + 38{,}11\ kN$

$49\ kN = 49\ kN$

$\Sigma H = 0$

$A_H = 0$

Lösungsansatz 2: (grün)

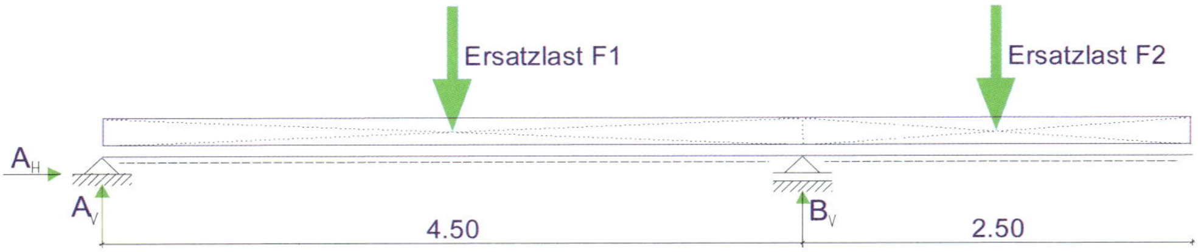

Zwei Ersatzlasten werden ermittelt: Eine ersetzt die Last im Feld, die andere die Kragarmlast.

$\mathbf{F_1 = 7\ \frac{kN}{m} * 4{,}5\ m = 31{,}5\ kN}$ **(Feld),** $\mathbf{F_2 = 7\ \frac{kN}{m} * 2{,}5\ m = 17{,}5\ kN}$ **(Kragarm)**

$\Sigma M_A = 0$

$F_1 * 2{,}25\ m + F_2 * 5{,}75\ m = B_V * 4{,}5\ m$

$31{,}5\ kN * 2{,}25\ m + 17{,}5\ kN * 5{,}75\ m = B_V * 4{,}5\ m$

$70{,}88\ kNm + 100{,}63\ kNm = B_V * 4{,}5\ m$

$171{,}51\ kNm = B_V * 4{,}5\ m$

$B_V = 38{,}11\ kN$

$\Sigma M_B = 0$

$A_V * 4{,}5\ m + F_2 * 1{,}25\ m = F_1 * 2{,}25\ m$

$A_V * 4{,}5\ m + 17{,}5\ kN * 1{,}25\ m = 31{,}5\ kN * 2{,}25\ m$

$A_V * 4{,}5\ m + 21{,}88\ kNm = 70{,}89\ kNm$

$A_V * 4{,}5\ m = 49{,}01\ kNm$

$A_V = 10{,}89\ kN$

$\Sigma V = 0$

$F_1 + F_2 = A_V + B_V$

$31{,}5\ kN + 17{,}5\ kN = 10{,}89\ kN + 38{,}11\ kN$

$49{,}0\ kN = 49{,}0\ kN$

$\Sigma H = 0$

$A_H = 0\ kN$

6) geg.: Einfeldträger mit zwei Kragarmen und Gleichlast, ges.: Auflagerreaktionen A_V, A_H, B_V

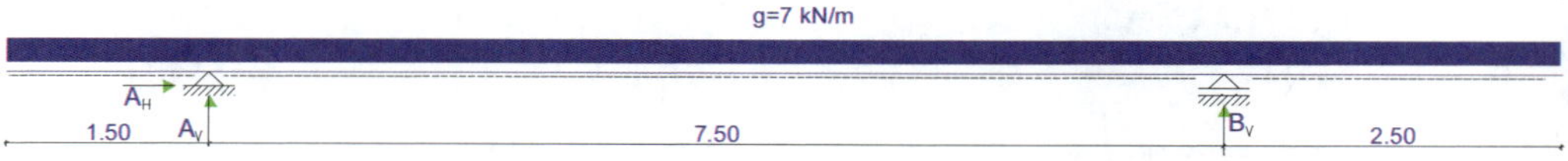

$\Sigma M_A = 0$

$$g * (7{,}5\ m + 2{,}5\ m) * \frac{7{,}5\ m + 2{,}5\ m}{2} = B_V * 7{,}5\ m + g * 1{,}5\ m * \frac{1{,}5\ m}{2}$$

$$B_V = \frac{342{,}13\ kNm}{7{,}5\ m} = 45{,}62\ kN$$

$\Sigma M_B = 0$

$$A_V * 7{,}5\ m + g * 2{,}5\ m * \frac{2{,}5\ m}{2} = g * (1{,}5\ m + 7{,}5\ m) * \frac{1{,}5\ m + 7{,}5\ m}{2}$$

$$A_V = \frac{261{,}63\ kNm}{7{,}5\ m} = 34{,}88\ kN$$

Probe: $\Sigma V = 0$

$A_V + B_V = g * 11{,}5$

$34{,}88\ kN + 45{,}62\ kN = 7{,}0\ kN/m * 11{,}5\ m$

$80{,}5\ kN = 80{,}5\ kN$

$\Sigma H = 0$

$A_H = 0\ kN$

7) geg.: Einfeldträger mit zwei Kragarmen und Streckenlast und schräger Einzellast ($\alpha = 25°$)

ges.: Auflagerreaktionen A_V, A_H, B_V

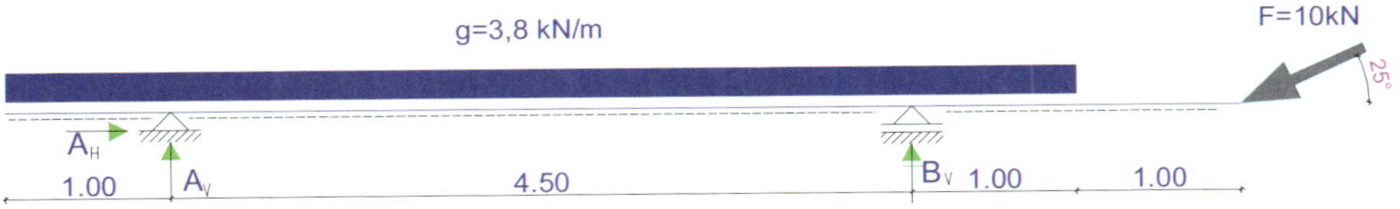

Zunächst wird die schräge Einzellast am Kragarmende in ihre Komponenten zerlegt:

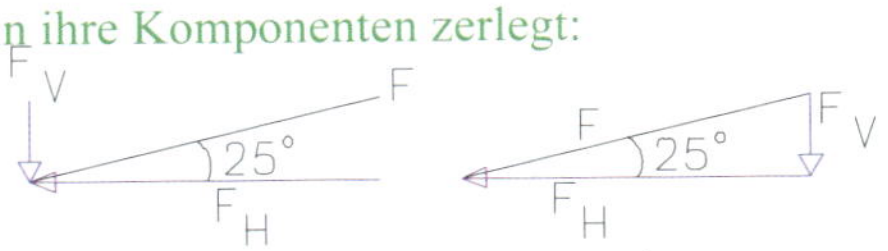

$\sin 25° = F_V / F$ → $F_V = F * \sin 25° = 4{,}23$ kN

$\cos 25° = F_H / F$ → $F_H = F * \cos 25° = 9{,}06$ kN

$\Sigma M_A = 0$

$$g * (4{,}5 \text{ m} + 1{,}0 \text{ m}) * \frac{4{,}5 \text{ m} + 1{,}0 \text{ m}}{2} + 4{,}23 \text{ kN} * (4{,}5 \text{ m} + 1{,}0 \text{ m} + 1{,}0 \text{ m})$$

$$= B_V * 4{,}5 \text{ m} + g * 1{,}0 \text{ m} * \frac{1{,}0 \text{ m}}{2}$$

$$B_V = \frac{57{,}48 \text{ kNm} + 27{,}50 \text{ kNm} - 1{,}90 \text{ kNm}}{4{,}5 \text{ m}} = 18{,}46 \text{ kN}$$

$\Sigma M_B = 0$

$$A_V * 4{,}5 \text{ m} + 4{,}23 \text{ kN} * (1{,}0 \text{ m} + 1{,}0 \text{ m}) + g * 1{,}0 \text{ m} * 1{,}0 \text{ m} / 2$$

$$= g * (4{,}5 \text{ m} + 1{,}0 \text{ m}) * \frac{4{,}5 \text{ m} + 1{,}0 \text{ m}}{2}$$

$$A_V = \frac{57{,}48 \text{ kNm} - 8{,}46 \text{ kNm} - 1{,}90 \text{ kNm}}{4{,}5 \text{ m}} = 10{,}47 \text{ kN}$$

Probe: **$\Sigma V = 0$**

$A_V + B_V = g * (1{,}0 \text{ m} + 4{,}5 \text{ m} + 1{,}0 \text{ m}) + 4{,}23$ kN

$10{,}47 \text{ kN} + 18{,}46 \text{ kN} = 3{,}8 \text{ kN/m} * 6{,}5 \text{ m} + 4{,}23$ kN

→ $28{,}93 \text{ kN} = 28{,}93$ kN

$\Sigma H = 0$

$A_H = F_H$ → $A_H = 9{,}06$ kN

8) geg.: Einfeldträger mit Dreieckslast

ges.: Auflagerreaktionen A_V, A_H, B_V

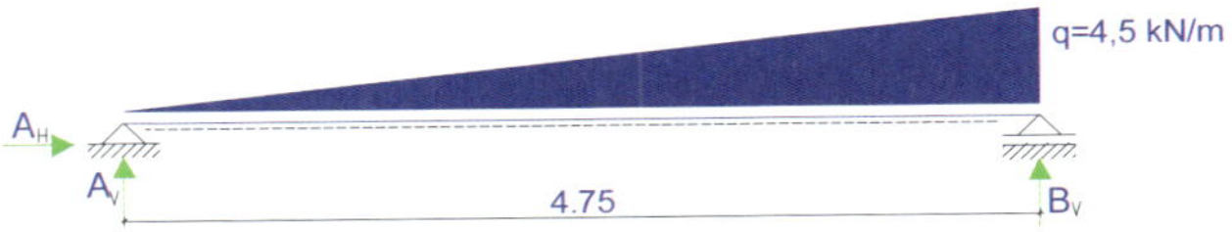

Ersatzlast : $F = \frac{4{,}5 \frac{\text{kN}}{\text{m}} * 4{,}75 \text{ m}}{2} = 10{,}69$ kN (F = Inhalt des Dreieckes; F greift im Schwerpunkt an)

$\Sigma M_A = 0$ $F * 3{,}17 \text{ m} = B_V * 4{,}75 \text{ m}$ → $B_V = \frac{10{,}69 \text{ kN} * 3{,}17 \text{ m}}{4{,}75 \text{ m}} = 7{,}13$ kN

$\Sigma M_B = 0$ $A_V * 4{,}75 \text{ m} = F * 1{,}58 \text{ m}$ → $A_V = \frac{10{,}69 \text{ kN} * 1{,}58 \text{ m}}{4{,}75 \text{ m}} = 3{,}56$ kN

Probe: **$\Sigma V = 0$**

$A_V + B_V = F$

→ $3{,}56 \text{ kN} + 7{,}13 \text{ kN} = 10{,}69$ kN

$10{,}69 \text{ kN} = 10{,}69$ kN

$\Sigma H = 0$

$A_H = 0$ kN

9) geg.: Einfeldträger mit Trapezlast
ges.: Auflagerreaktionen A_V, A_H, B_V

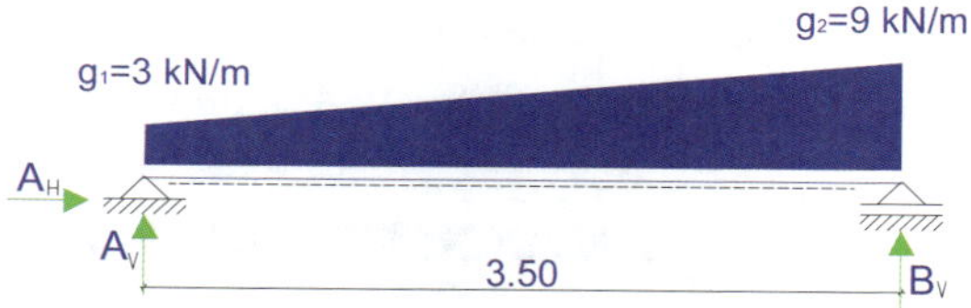

Ersatzlast Rechteck: $F_1 = 3$ kN/m * 3,50 m = 10,5 kN (greift in der Mitte des Rechtecks an)

Ersatzlast Dreieck: $F_2 = \frac{\left(9\,\frac{kN}{m} - 3\,\frac{kN}{m}\right) * 3{,}5m}{2} = 10{,}5$ kN (greift im Drittelspunkt des Dreiecks von rechts an)

$\Sigma M_A = 0$	$F_1 * 3{,}5\ m / 2 + F_2 * 2 * 3{,}5\ m / 3 = B_V * 3{,}5\ m$
	$B_V = \frac{10{,}5\ kN * 1{,}75\ m + 10{,}5\ kN * 2{,}33\ m}{3{,}5\ m} = 12{,}25\ kN$
$\Sigma M_B = 0$	$A_V * 3{,}5\ m = F_1 * 3{,}5\ m / 2 + F_2 * 3{,}5\ m / 3$
	$A_V = \frac{10{,}5\ kN * 1{,}75\ m + 10{,}5\ kN * 1{,}17\ m}{3{,}5\ m} = 8{,}75\ kN$
Probe: $\Sigma V = 0$	$A_V + B_V = F_1 + F_2$ → $8{,}75\ kN + 12{,}25\ kN = 10{,}5\ kN + 10{,}5\ kN$
	$21{,}0\ kN = 21{,}0\ kN$
$\Sigma H = 0$	$A_H = 0\ kN$

10) geg.: Einfeldträger mit einem senkrecht angeschweißten Stab und einer H-Kraft
ges.: Auflagerreaktionen A_V, A_H, B_V

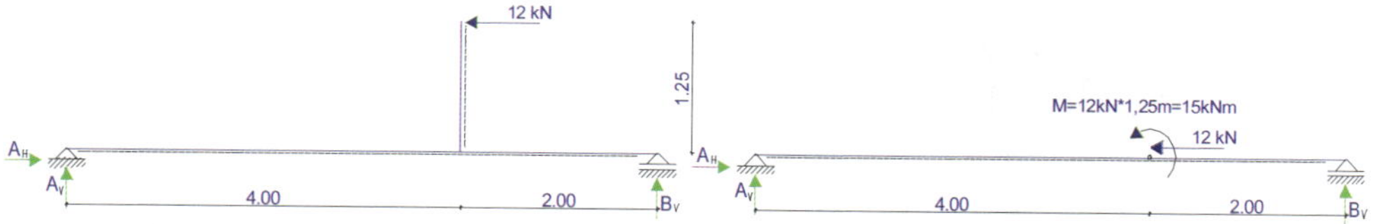

Das linke System zeigt einen Einfeldträger mit einem senkrecht angeschweißten Stab, an dem oben eine horizontale Kraft angreift. Anstatt des linken Systems kann auch - ersatzweise - das rechte System untersucht werden. Das rechte System wird mit einem Moment belastet, welches aus der links dargestellten Horizontalkraft H = 12 kN und dem Hebelarm von 1,25 m entsteht, und der Horizontalkraft.

$\Sigma M_A = 0$	$0 = B_V * 6{,}0\ m + H * 1{,}25\ m$ → $B_V = \frac{-12\ kN * 1{,}25\ m}{6{,}0\ m} = -2{,}5\ kN$
$\Sigma M_B = 0$	$A_V * 6{,}0\ m = 12\ kN * 1{,}25\ m$ → $A_V = \frac{12\ kN * 1{,}25\ m}{6{,}0\ m} = 2{,}5\ kN$
Probe: $\Sigma V = 0$	$A_V + B_V = 0$ → $2{,}5\ kN - 2{,}5\ kN = 0\ kN$
$\Sigma H = 0$	$A_H = 12\ kN$

6.2.2 Übungen

Berechnen Sie jeweils die Auflagerreaktionen A_V, B_V und A_H mit Probe!

1)

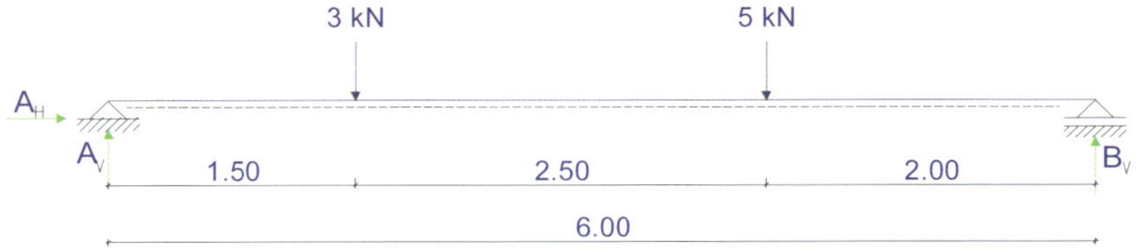

2)

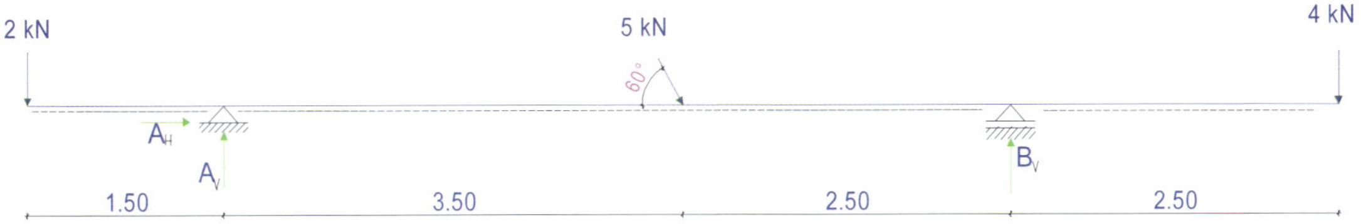

3)

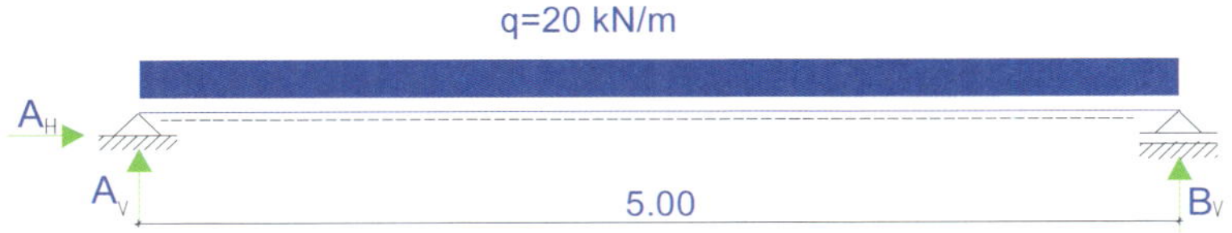

4)

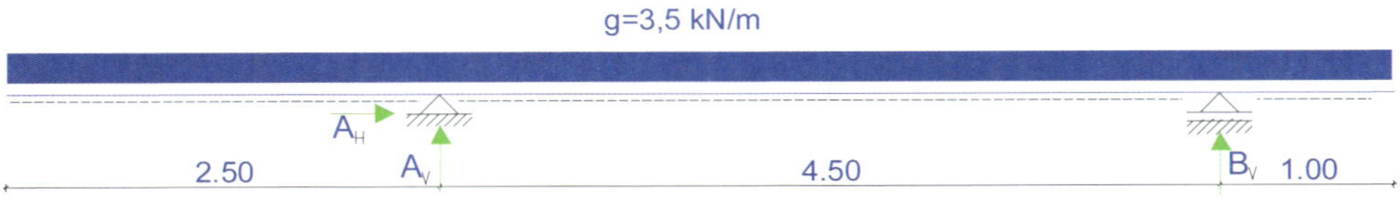

5)

6.2.3 Querkräfte, Normalkräfte und Biegemomente

Querkräfte, Normalkräfte und Biegemomente sind Innere Kräfte und Momente bzw. Innere Schnittgrößen[4], die im Inneren von Bauteilen wirken und nicht sichtbar sind. Da im Bauteil Gleichgewicht herrschen muss, stehen die Inneren Kräfte mit den Äußeren Kräften im Gleichgewicht. Man ermittelt diese Inneren Schnittgrößen, um das Bauteil zu bemessen.

Bei Gleichgewicht gilt: Äußere Schnittgrößen = Innere Schnittgrößen

Äußere Schnittgrößen:

- Einwirkungen
- Auflagerreaktionen

Innere Schnittgrößen:

- Querkräfte - Normalkräfte
- Biegemomente

Statisches System:

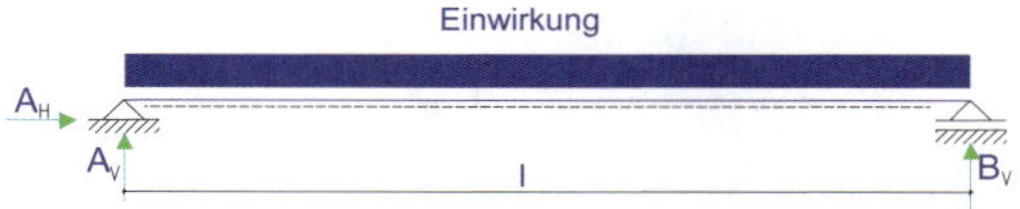

aufgeschnittener Balken:

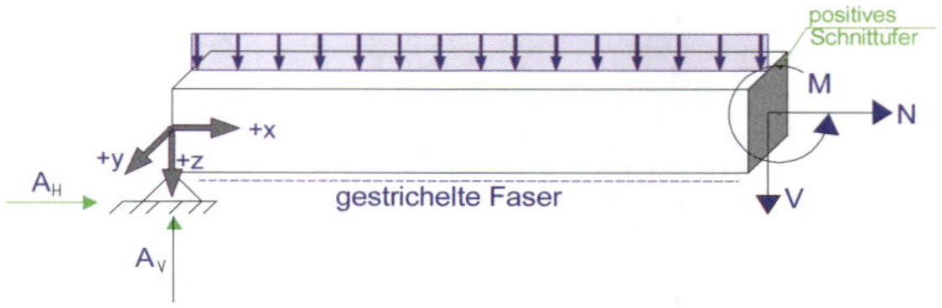

Querkräfte: Kräfte, die senkrecht zum Balken wirken. **V**[5] = Querkraft (kN), frühere Bezeichnung: Q

Normalkräfte (Längskräfte): Kräfte, die in Balkenlängsrichtung zum Bauteil wirken. **N** = Normalkraft (kN)

Biegemomente drehen um die y-Achse in Balkenlängsrichtung und sind das Produkt aus Querkraft und Abstand. **M** = Biegemoment (kNm)

$$\mathbf{M = F * a}$$

In den folgenden Aufgaben werden lediglich die drei Inneren Schnittgrößen V, N, und M in der Ebene ermittelt. Torsionsmomente (M_T) werden hier nicht behandelt. Wird im Folgenden der Ausdruck „Moment“ benutzt, so ist damit das Biegemoment gemeint.

Mit den Inneren Schnittgrößen (V, N, M) wird die Bemessung des Bauteils durchgeführt.

Die Normalkräfte (N) und die Biegemomente (M) werden für die Biegebemessung benötigt.

Die Querkräfte (V) werden für die Schubbemessung bzw. im Stahlbetonbau Querkraftbemessung benötigt. In einem Stahlbetonbalken werden mit den Querkräften z. B. die Bügel bemessen. Es ist üblich und sinnvoll, den Verlauf der Schnittgrößen - in Längsrichtung des Balkens - mit Zeichnungen zu veranschaulichen. Man nennt diese Funktionen Zustandsflächen. Dies sind Querkraftflächen, Normalkraftflächen und Biegemomentenflächen.[6]

---

[4] „Innere Schnittgrößen“ und „Äußere Schnittgrößen“ werden als feststehende Begriffe verstanden und deshalb groß geschrieben.

[5] V = vertical Force = Vertikalkraft.

[6] URL: www.ki-smile.de/kismile/view70,13,437.html, abgerufen am 10.07.2014.

Beispiele zur Ermittlung der Schnittgrößen V, N und M an statisch bestimmten, ebenen Systemen. Gegeben ist bei jedem der nachfolgenden Beispiele das skizzierte statische System mit Einwirkung.

Gesucht sind jeweils die Auflagerkräfte A_V, A_H, B_V, die Querkräfte, Normalkräfte und Momente an den gesuchten, beliebig gewählten Punkten (m, n, o …) sowie die zugehörigen Zustandsflächen. Das Eigengewicht des Balkens bleibt hier unberücksichtigt.

Bei den nachfolgenden Beispielen werden alle Querkräfte und Normalkräfte in kN, Biegemomente in kNm, angegeben. Andere als die vorgenannten Einheiten werden angeschrieben.

1) Einfeldträger mit Einzellast; der Punkt m sei bei x = 2,5 m unter der Einzellast F.

Auflagerreaktionen

$A_v = B_v = F / 2 = 10 \text{ kN} / 2 = 5 \text{ kN}$

$A_v = B_v = 5 \text{ kN}$

$A_H = 0$

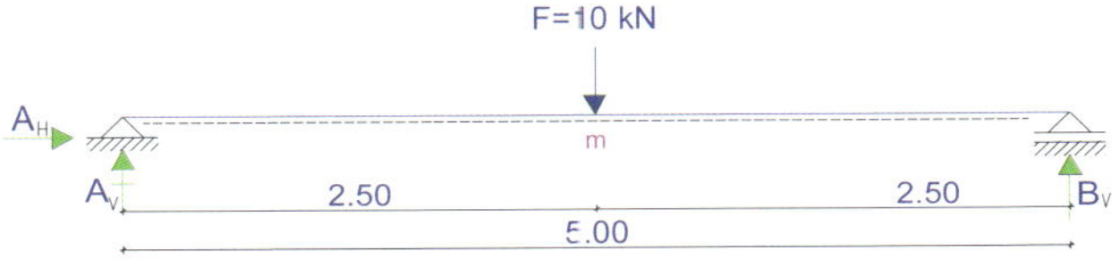

Indizes: l = links = bevor die Kraft (Einzellast) angreift

r = rechts = nachdem die Kraft (Einzellast) angreift

Querkräfte [kN][7]

$V_{A,l} = 0$ $V_{A,r} = A_v = 5$

$V_{m,l} = 5$ $V_{m,r} = 5 - 10 = -5$

$V_{B,l} = -5$ $V_{B,r} = -5 + 5 = 0$

Normalkräfte [kN]

$N = 0$

Biegemomente [kNm]

$M_A = 0 = M_B$

$M_m = A_v * 2{,}5 \text{ m} = 5 \text{ kN} * 2{,}5 \text{ m} = 12{,}5$

$M_m = \max M$

Die Kraft F hat - bezogen auf den Punkt m - keinen Hebelarm.

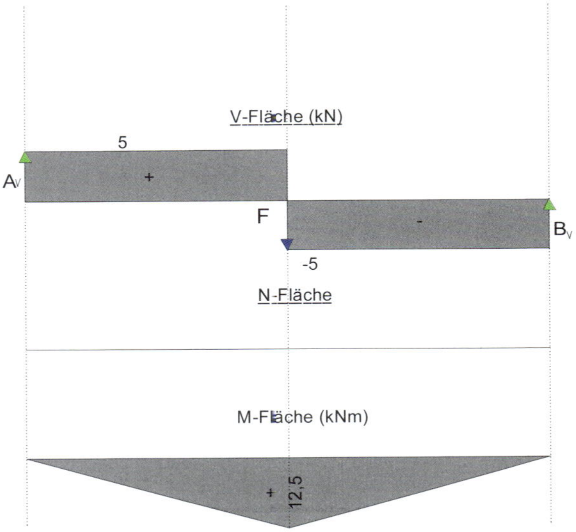

Ermittlung der Momente an anderen beliebig gewählten Stellen:

$M_{(x = 1{,}25 \text{ m})} = A_v * 1{,}25 \text{ m} = 6{,}25$

$M_{(x = 3{,}00 \text{ m})} = A_v * 3{,}0 \text{ m} - F * 0{,}5 \text{ m} = 5 \text{ kN} * 3{,}0 \text{ m} - 10 \text{ kN} * 0{,}5 \text{ m} = 10$

---

[7] Positive Querkräfte werden in diesem Buch in der Querkraftfläche nach oben gezeichnet, negative nach unten. Da beispielsweise eine positive Auflagerkraft Av von unten nach oben gerichtet ist, wird sie - wegen der besseren Anschauung - auch so in der Querkraftfläche gezeichnet.

2) Der Punk t m sei bei x = 2,0 m
und der Punkt n bei x = 3,5 m.

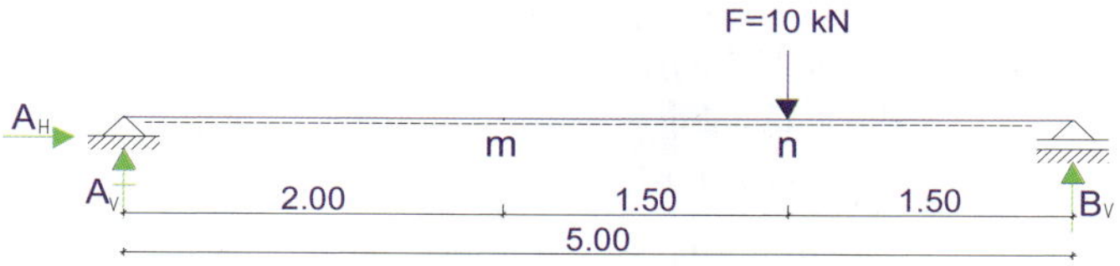

Auflagerreaktionen

$\Sigma M_A = 0$	$F * 3{,}5\ m = B_V * 5{,}0\ m \rightarrow B_V = \frac{10\ kN * 3{,}5\ m}{5{,}0\ m} = 7{,}0\ kN$
$\Sigma M_B = 0$	$F * 1{,}5\ m = A_V * 5{,}0\ m \rightarrow A_V = \frac{10\ kN * 1{,}5\ m}{5{,}0\ m} = 3{,}0\ kN$
$\Sigma V = 0$	$A_V + B_V = F \quad \rightarrow 3{,}0\ kN + 7{,}0\ kN = 10{,}0\ kN$
$\Sigma H = 0$	$A_H = 0\ kN$

Querkräfte [kN]

$V_{A,l} = 0$ (diese Angabe kann entfallen)

$V_{A,r} = A_V = V_m = A_V = 3{,}0$

$V_{n,l} = A_V = 3{,}0$

$V_{n,r} = A_V - F = 3{,}0 - 10{,}0 = -7{,}0 = V_{B,l}$

$V_{B,r} = A_V - F + B_V = -7{,}0 + 7{,}0 = 0$ (diese Angabe kann ebenfalls entfallen)

V-Fläche (kN)

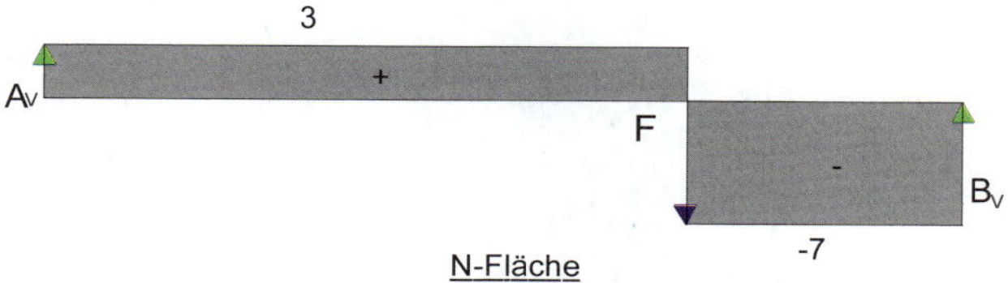

Normalkräfte $N = 0$

N-Fläche

Biegemomente [kNm]

M-Fläche (kNm)

$M_A = 0 = M_B$

$M_m = A_V * 2{,}0\ m = 3{,}0\ kN * 2{,}0\ m$
$= 6{,}0$

$M_n = A_V * 3{,}5\ m = 3{,}0\ kN * 3{,}5\ m = 10{,}5$

$M_n = \max M$

oder von rechts betrachtet:

$M_n = B_V * 1{,}5\ m = 7{,}0\ kN * 1{,}5\ m = 10{,}5$

3) Punkt m: bei x = 1,5 m, n bei x = 3,0 m und o bei x = 5,0 m.

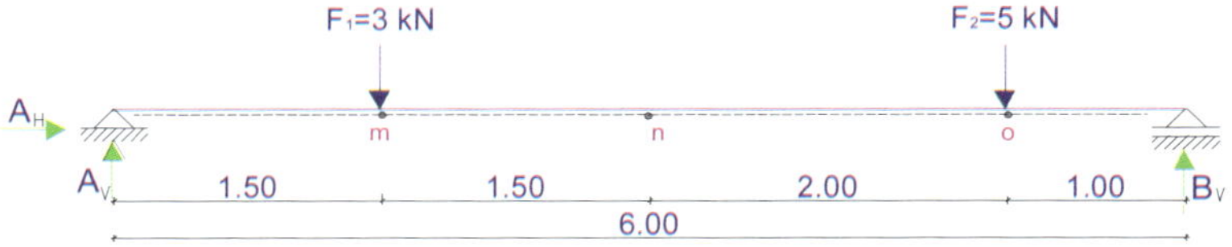

Auflagerreaktionen

$\Sigma M_A = 0$	$F_1 * 1{,}5\ m + F_2 * 5{,}0\ m = B_V * 6{,}0\ m \rightarrow B_V = \frac{29{,}5\ kNm}{6{,}0\ m} = 4{,}92\ kN$
$\Sigma M_B = 0$	$F_1 * 4{,}5\ m + F_2 * 1{,}0\ m = A_V * 6{,}0\ m \rightarrow A_V = \frac{18{,}5\ kNm}{6{,}0\ m} = 3{,}08\ kN$
$\Sigma V = 0$	$A_V + B_V = F_1 + F_2 \rightarrow 3{,}08\ kN + 4{,}92\ kN = 3{,}0\ kN + 5{,}0\ kN$ $8{,}0\ kN = 8{,}0\ kN$
$\Sigma H = 0$	$A_H = 0\ kN$

Querkräfte [kN]

$V_{A,r} = A_V = 3{,}08$

$V_{m,l} = A_V = 3{,}08$

$V_{m,r} = A_V - F = 3{,}08 - 3{,}0 = 0{,}08$

$V_n = 0{,}08$

$V_{o,l} = 0{,}08$

$V_{o,r} = 0{,}08 - F_2 = 0{,}08 - 5{,}00 = -4{,}92$

$V_{B,l} = -4{,}92$

V-Fläche (kN)

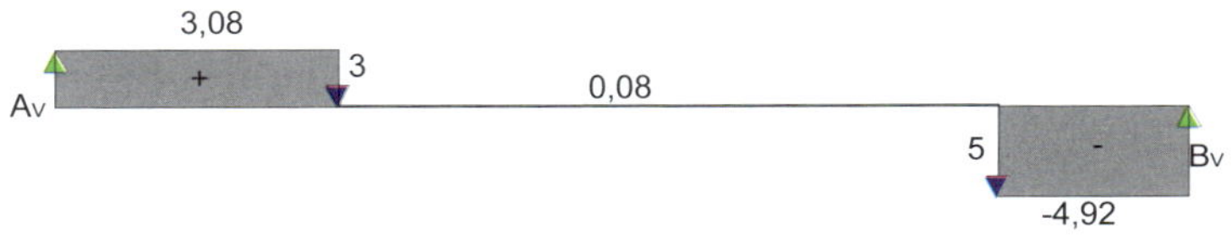

Normalkräfte [kN]

N-Fläche

N = 0

Biegemomente [kNm]

M-Fläche (kNm)

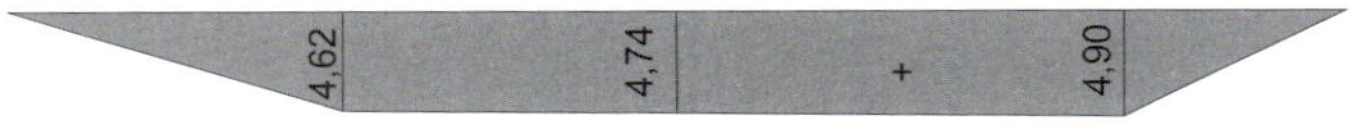

$M_A = 0 = M_B$

$M_m = A_V * 1{,}5 = 3{,}08\ kN * 1{,}5\ m = 4{,}62$

$M_n = A_V * 3{,}0\ m - F_1 * 1{,}5\ m = 3{,}08\ kN * 3{,}0\ m - 3{,}0\ kN * 1{,}5\ m = 4{,}74$

$M_o = A_V * 5{,}0\ m - F_1 * 3{,}5\ m = 3{,}08\ kN * 5{,}0\ m - 3{,}0\ kN * 3{,}5\ m = 4{,}90 = \max M$

4) Punkt m: bei x = 1,0 m, n: bei x = 2,5 m, o: bei x = 4,5 m

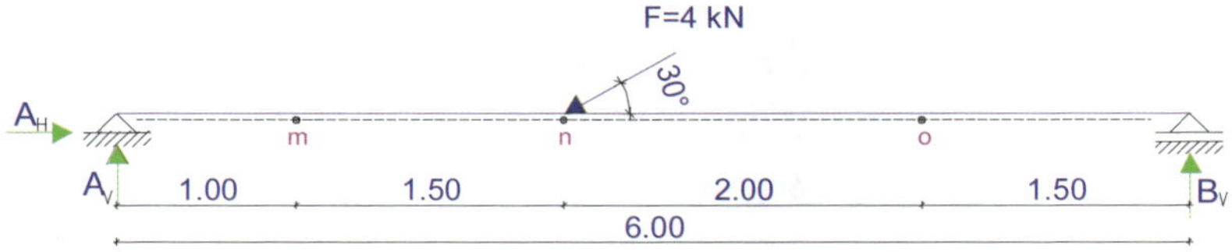

$\sin 30° = F_V / F \rightarrow F_V = F * \sin 30° = 4\ kN * 0{,}50 = 2{,}00\ kN$ (= vertikale Komponente der Kraft)

$\cos 30° = F_H / F \rightarrow F_H = F * \cos 30° = 4\ kN * 0{,}86 = 3{,}46\ kN$ (= horizontale Komponente der Kraft)

Auflagerreaktionen:

$\Sigma M_A = 0$	$F_1 * 2{,}5\ m = B_V * 6{,}0\ m \rightarrow B_V = \frac{2\ kN * 2{,}5\ m}{6\ m} = 0{,}83\ kN$
$\Sigma M_B = 0$	$F_1 * 3{,}5\ m = A_V * 6{,}0\ m \rightarrow A_V = \frac{2\ kN * 3{,}5\ m}{6\ m} = 1{,}17\ kN$
$\Sigma V = 0$	$A_V + B_V = F_V \rightarrow 1{,}17\ kN + 0{,}83\ kN = 2{,}0\ kN$ $2{,}0\ kN = 2{,}0\ kN$
$\Sigma H = 0$	$A_H = F_H = 3{,}46\ kN$

Querkräfte [kN]

$V_{A,r} = A_V = 1{,}17$

$V_m = V_{(x = 1\ m)} = A_V = 1{,}17$

$V_{n,l} = V_{(x = 2{,}5\ m)} = 1{,}17 \quad V_{n,r} = 1{,}17 - 2{,}0 = -0{,}83$

$V_o = -0{,}83 = V_{B,l}$

V-Fläche (kN)

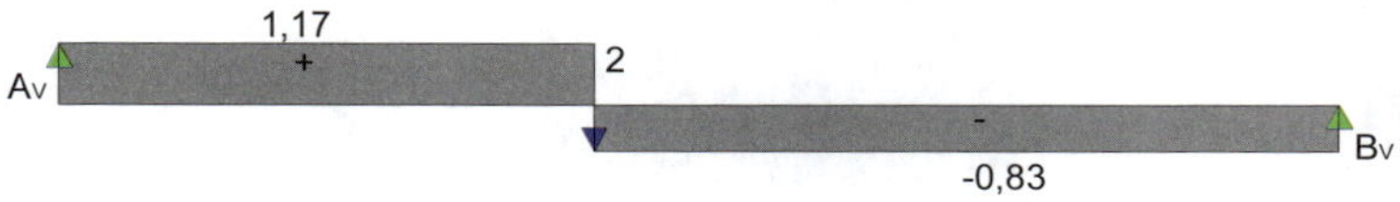

Normalkräfte [kN]

$N_A = -A_H = -3{,}46$

$N_m = -3{,}46$

$N_n = -A_H + F_H$

$= -3{,}46 + 3{,}46 = 0$

$N_o = 0 = N_B$

N-Fläche

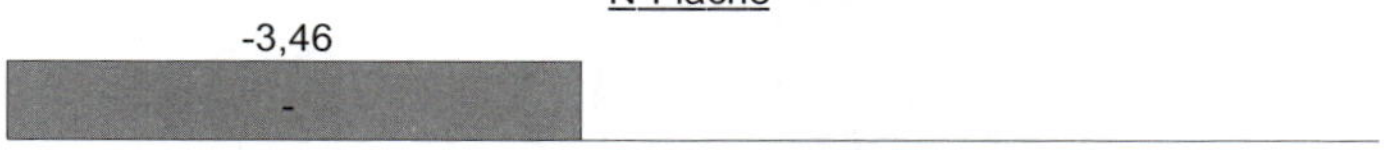

M-Fläche (kNm)

Biegemomente [kNm]

$M_A = 0 = M_B$

$M_m = M_{(x = 1\ m)} = A_V * 1{,}0\ m = 1{,}17\ kN * 1{,}0\ m = 1{,}17$

$M_n = M_{(x = 2{,}5\ m)} = A_V * 2{,}5\ m = 1{,}17\ kN * 2{,}5\ m = 2{,}93 = \max M$

$M_o = M_{(x = 4{,}5\ m)} = A_V * 4{,}5\ m - F_V * 2{,}0\ m = 1{,}17\ kN * 4{,}5\ m - 2{,}0\ kN * 2{,}0\ m = 1{,}26$

5) m: bei x = 2,5 m, n: bei x = 3,75 m, o: bei x = 5,5 m

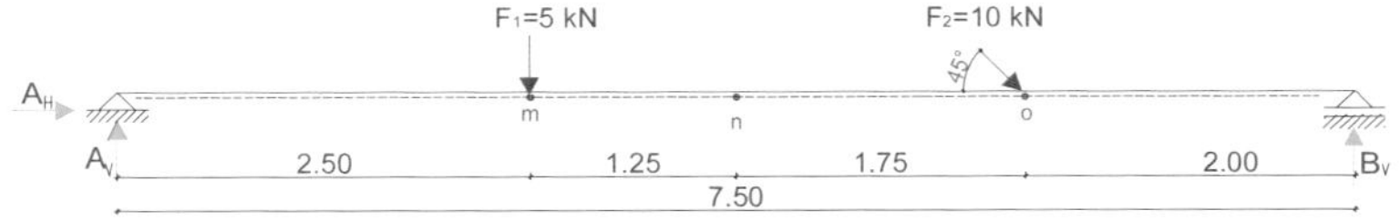

$\sin 45° = F_{2,V} / F_2$

$\cos 45° = F_{2,H} / F_2$

$\Rightarrow F_{2,V} = F_{2,H} = 10{,}0\ kN * 0{,}707 = 7{,}07\ kN$

Auflagerkräfte

$\Sigma M_A = 0$	$F_1 * 2{,}5\ m + F_{2,V} * (2{,}5\ m + 3{,}0\ m) = B_V * 7{,}5\ m \rightarrow B_V = 6{,}85\ kN$
$\Sigma M_B = 0$	$F_1 * (3{,}0\ m + 2{,}0\ m) + F_{2,V} * 2{,}0\ m = A_V * 7{,}5\ m \rightarrow A_V = 5{,}22\ kN$
$\Sigma V = 0$	$A_V + B_V = F_1 + F_{2,V} \rightarrow 5{,}22\ kN + 6{,}85\ kN = 5{,}0\ kN + 7{,}07\ kN$ $\rightarrow 12{,}07\ kN = 12{,}07\ kN$
$\Sigma H = 0$	$A_H + F_{2,H} = 0 \rightarrow A_H = - F_{2,H} = - 7{,}07\ kN$

Querkräfte [kN]

$V_A = A_V = 5{,}22$

$V_{m,l} = 5{,}22$

$V_{m,r} = 5{,}22 - 5{,}0 = 0{,}22$

$V_n = 0{,}22 = V_{o,li}$

$V_{o,r} = 0{,}22 - 7{,}07$

$V_{o,r} = - 6{,}85$

$V_B = - 6{,}85$

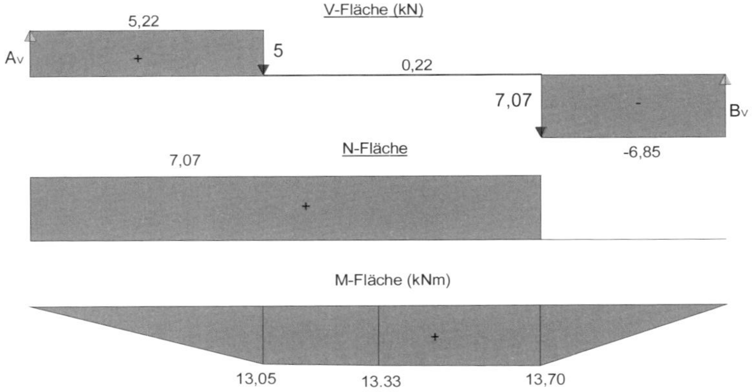

Normalkräfte [kN]

$N_A = - A_H = - (- 7{,}07)$

$N_A = + 7{,}07$

$N_m = N_A = 7{,}07 = N_n$

$N_o = 7{,}07 - 7{,}07 = 0$

Biegemomente [kNm]

$M_A = 0 = M_B$

$M_m = A_V * 2{,}5\ m = 5{,}22 * 2{,}5\ m = 13{,}05$

$M_n = A_V * 3{,}75\ m - F_1 * 1{,}25\ m = 13{,}33$

$M_o = A_V * 5{,}5\ m - F_1 * 3{,}0\ m = 13{,}71$

oder:

$M_o = B_V * 2{,}0\ m = 13{,}70$

6) Punkte m, n und o gemäß Skizze!

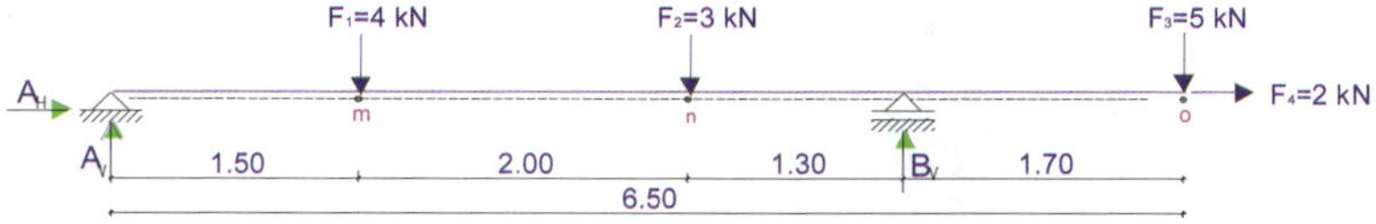

Auflagerkräfte

$\Sigma M_A = 0$	$4\ kN * 1{,}5\ m + 3\ kN * 3{,}5\ m + 5\ kN * 6{,}5\ m = B_V * 4{,}8\ m \rightarrow B_V = 10{,}21\ kN$
$\Sigma M_B = 0$	$A_V * 4{,}8\ m + 5\ kN * 1{,}7\ m = 4\ kN * 3{,}3\ m + 3\ kN * 1{,}3\ m \rightarrow A_V = 1{,}79\ kN$
$\Sigma V = 0$	$A_V + B_V = 4\ kN + 3\ kN + 5\ kN \rightarrow 1{,}79\ kN + 10{,}21\ kN = 12\ kN$
$\Sigma H = 0$	$A_H + 2\ kN = 0 \rightarrow A_H = -\ 2\ kN$

Querkräfte [kN]

$V_A = A_V = 1{,}79 = V_{m,l}$

$V_{m,r} = 1{,}79 - 4{,}00 = -\ 2{,}21 = V_{n,l}$

$V_{n,r} = -\ 2{,}21 - 3{,}00 = -\ 5{,}21 = V_{B,l}$

$V_{B,r} = -\ 5{,}21 + B_V = -\ 5{,}21 + 10{,}21 = 5{,}00 = V_{o,l}$

$V_{o,r} = 5{,}00 - 5{,}00 = 0$

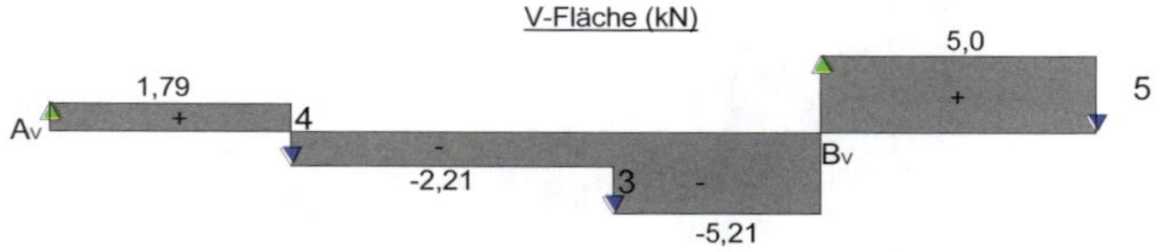

Normalkräfte [kN]

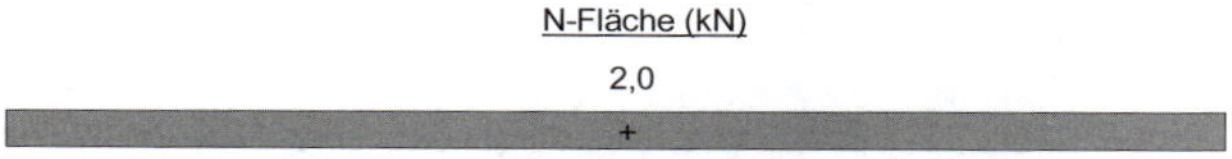

$N_A = -\ A_H = -\ (-\ 2{,}0)$

$N_A = +\ 2{,}0$ (Zugkraft)

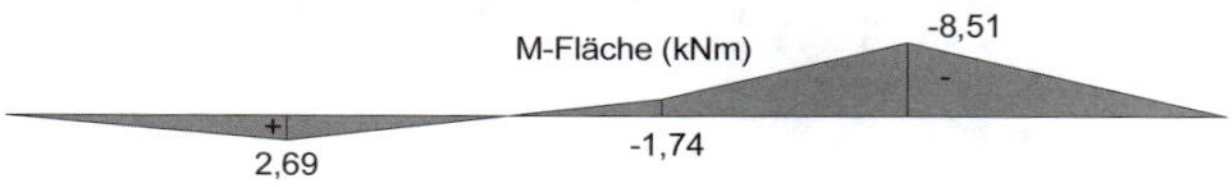

Biegemomente [kNm]

$M_A = 0$

$M_m = A_V * 1{,}5\ m = 2{,}69$

$M_n = A_V * 3{,}5\ m - F_1 * 2{,}0\ m = -\ 1{,}74$

$M_B = -\ F_3 * 1{,}7\ m = -\ 8{,}51$ (von rechts)

oder: $M_B = A_V * 4{,}8\ m - F_1 * 3{,}30\ m - F_2 * 1{,}3\ m = -\ 8{,}51$ (von links)

$M_o = 0$

7) Punkte m, n und o gemäß Skizze!

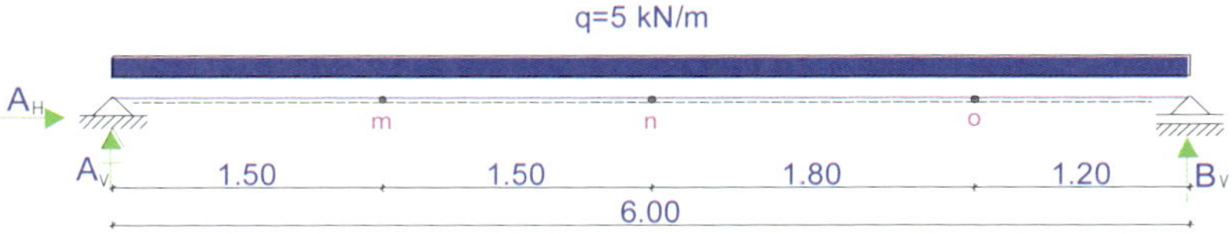

Auflagerkräfte

$\Sigma M_A = 0$	$5\ kN/m * 6\ m * 6\ m / 2 = B_V * 6\ m \rightarrow B_V = \frac{q * l}{2} = \frac{5\ kN/m * 6\ m}{2} = 15\ kN$
$\Sigma M_B = 0$	$5\ kN/m * 6\ m * 6\ m / 2 = A_V * 6\ m \rightarrow A_V = \frac{q * l}{2} = \frac{5\ kN/m * 6m}{2} = 15\ kN$
$\Sigma V = 0$	$A_V + B_V = q * l \rightarrow 15\ kN + 15\ kN = 5\ kN/m * 6\ m \rightarrow 30\ kN = 30\ kN$
$\Sigma H = 0$	$A_H = 0\ kN$

Querkräfte [kN]

$V_A = A_V = 15$

$V_m = A_V - q * 1{,}5\ m = 15\ kN - 5\ kN/m * 1{,}5\ m = 7{,}5$

$V_n = A_V - q * 3{,}0\ m = 15\ kN - 5\ kN/m * 3{,}0\ m = 0$

oder von Punkt m aus: $V_n = V_m - q * 1{,}5\ m = 7{,}5\ kN - 5\ kN/m * 1{,}5\ m = 0$

$V_o = A_V - q * 4{,}8\ m = 15\ kN - 5\ kN/m * 4{,}8\ m = -9$

$V_B = -B_V = -15$ x_0 = Querkraft-Nullpunkt = 6 m / 2 = 3,00 m

Merke: Dort, wo die Querkraft gleich Null ist, befinden sich die Extremwerte der Momente!

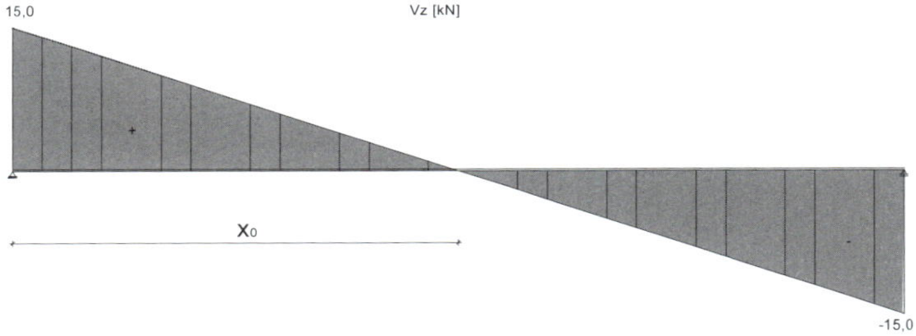

Normalkräfte: N = 0 kN

Biegemomente [kNm]

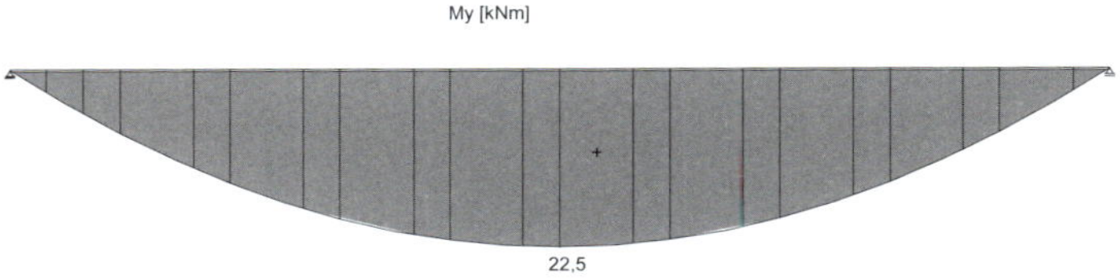

$M_A = 0 = M_B$

$M_m = A_V * 1{,}5\ m - q * 1{,}5\ m * 1{,}5\ m / 2 = 16{,}88$

$M_n = A_V * 3{,}0\ m - q * 3{,}0\ m * 3{,}0\ m / 2 = 22{,}50$

oder: $\max M = \frac{q * l^2}{8} = \frac{5 \frac{kN}{m} * (6{,}0\ m)^2}{8} = 22{,}50$

oder: über die Querkraftfläche: $\max M = \frac{V_A * l}{2 * 2} = \frac{15\ kN * 6\ m}{2 * 2} = 22{,}5$

$M_o = A_V * 4{,}8\ m - q * 4{,}8\ m * 4{,}8\ m / 2 = 14{,}40$

oder: Von B aus: $M_o = B_V * 1{,}2\ m - q * 1{,}2\ m * 1{,}2\ m / 2 = 14{,}40$

7a) wie Beispiel 7) Einfeldträger mit Gleichlast, jedoch mit den Variablen q und l statt Zahlen

geg.: Einfeldträger mit Länge l und Gleichlast q

ges.: Formel für das größte Biegemoment

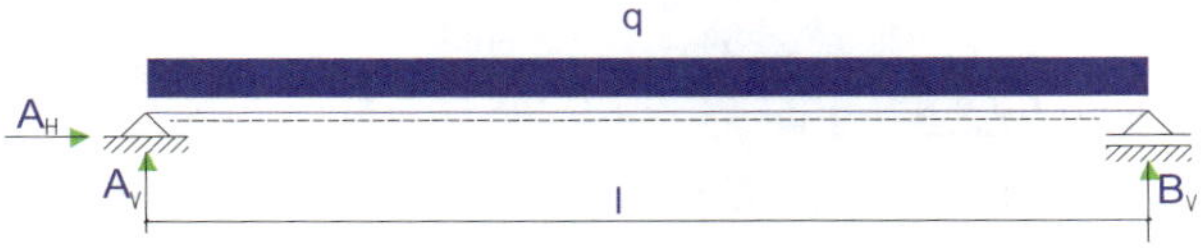

Auflagerkräfte

$\Sigma M_A = 0$	$q * l * l / 2 = B_V * l \rightarrow B_V = \frac{q * l}{2}$
$\Sigma M_B = 0$	$q * l * l / 2 = A_V * l \rightarrow A_V = \frac{q * l}{2}$
$\Sigma V = 0$	$A_V + B_V = q * l \quad \rightarrow \frac{q * l}{2} + \frac{q * l}{2} = q * l$
$\Sigma H = 0$	$A_H = 0$

Querkräfte

$V_A = A_V = \frac{q * l}{2} = - V_B$

Querkraft-Nullpunkt: $x_0 = l / 2$ = Feldmitte

(an dieser Stelle befindet sich das größte Moment: max M)

Normalkräfte

$N = 0$

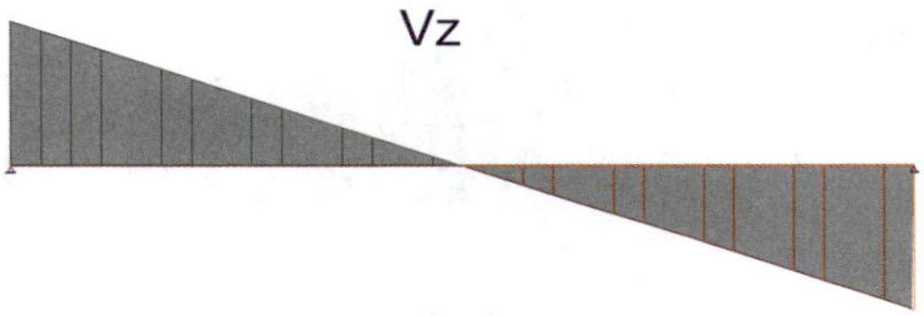

Biegemomente

$M_A = 0 = M_B$

$\max M = A_v * x_0 - q * x_0 * x_0 \ / 2$

$\max M = q * l / 2 * x_0 - q * x_0^2 / 2$

da: $x_0 = l / 2$

$\max M = q * l / 2 * l / 2 - q * (l / 2)^2 / 2$

$\max M = q * l^2 / 4 - q * l^2 / 8$

$\max M = 2 * q * l^2 / 8 - q * l^2 / 8$

$\max M = q * l^2 / 8$

Dies ist die sogenannte "Architektenformel“: **max M =** $\mathbf{\frac{q * l^2}{8}}$

8) Vergleich der Schnittgrößen: Einzellast und Gleichlast am Einfeldträger

	Einzellast	**Gleichlast**
System und Belastung:	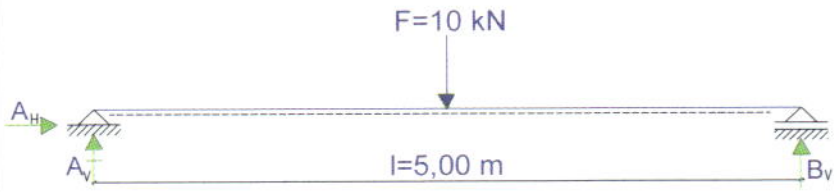 Gesamtlast: 10 kN	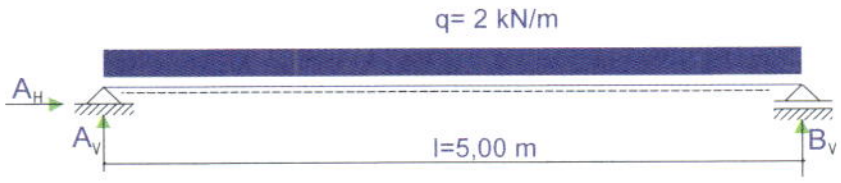 Gesamtlast: 2 kN/m * 5,00 m = 10 kN
Auflager-kräfte: Probe:	$A_V = B_V = F / 2 = 10$ kN / 2 = 5 kN $A_V + B_V = F \rightarrow$ 5 kN + 5 kN= 10 kN	$A_V = B_V = q * l / 2 = 2{,}0$ kN/m * 5,0 m / 2 = 5 kN $A_V + B_V = q * l$ 5 kN + 5 kN = 2,0 kN/m * 5,0 m = 10 kN
Quer-kräfte:	$x_0 = l / 2 = 2{,}5$ m 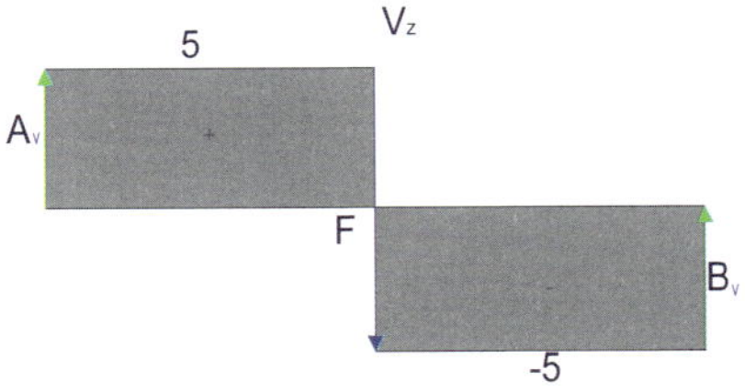	$x_0 = l / 2 = 2{,}5$ m 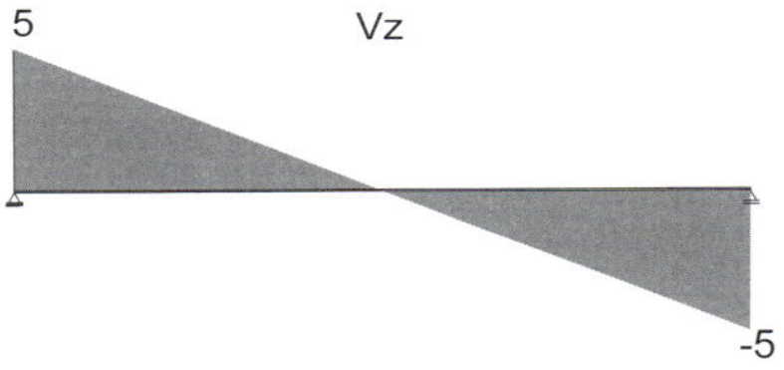
Normal-kräfte:	N = 0	N = 0
Biege-momente[8]	max M = F * l / 4 = 10 kN * 5 m / 4 = 12,5 kNm 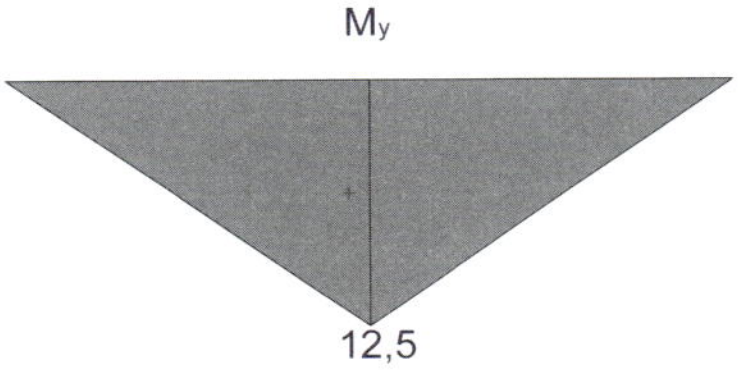	max M = $q * l^2 / 8 = 2{,}0$ kN/m * (5 m)² / 8 = 6,25 kNm 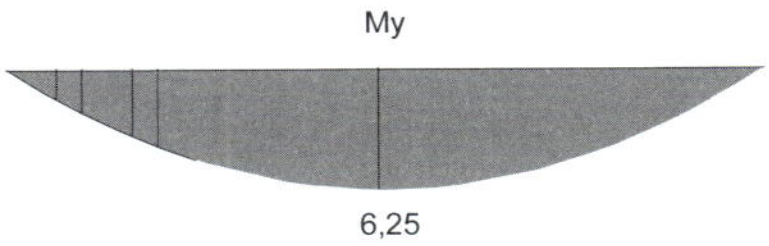

Obwohl die Gesamtlast bei beiden Beispielen gleich ist, ergeben die verschiedenen Einwirkungen unterschiedliche Ergebnisse.

Merke: max M und max V werden zur Bemessung benötigt!

Man kann die Biegemomente auch über die Querkraftfläche ermitteln:

Der Inhalt der Querkraftfläche bis zur Stelle x des Trägers ist so groß wie das Moment an der Stelle x.

---

[8] Schneider, 2024, S. 4.2.

9) Beispiel Torsturz

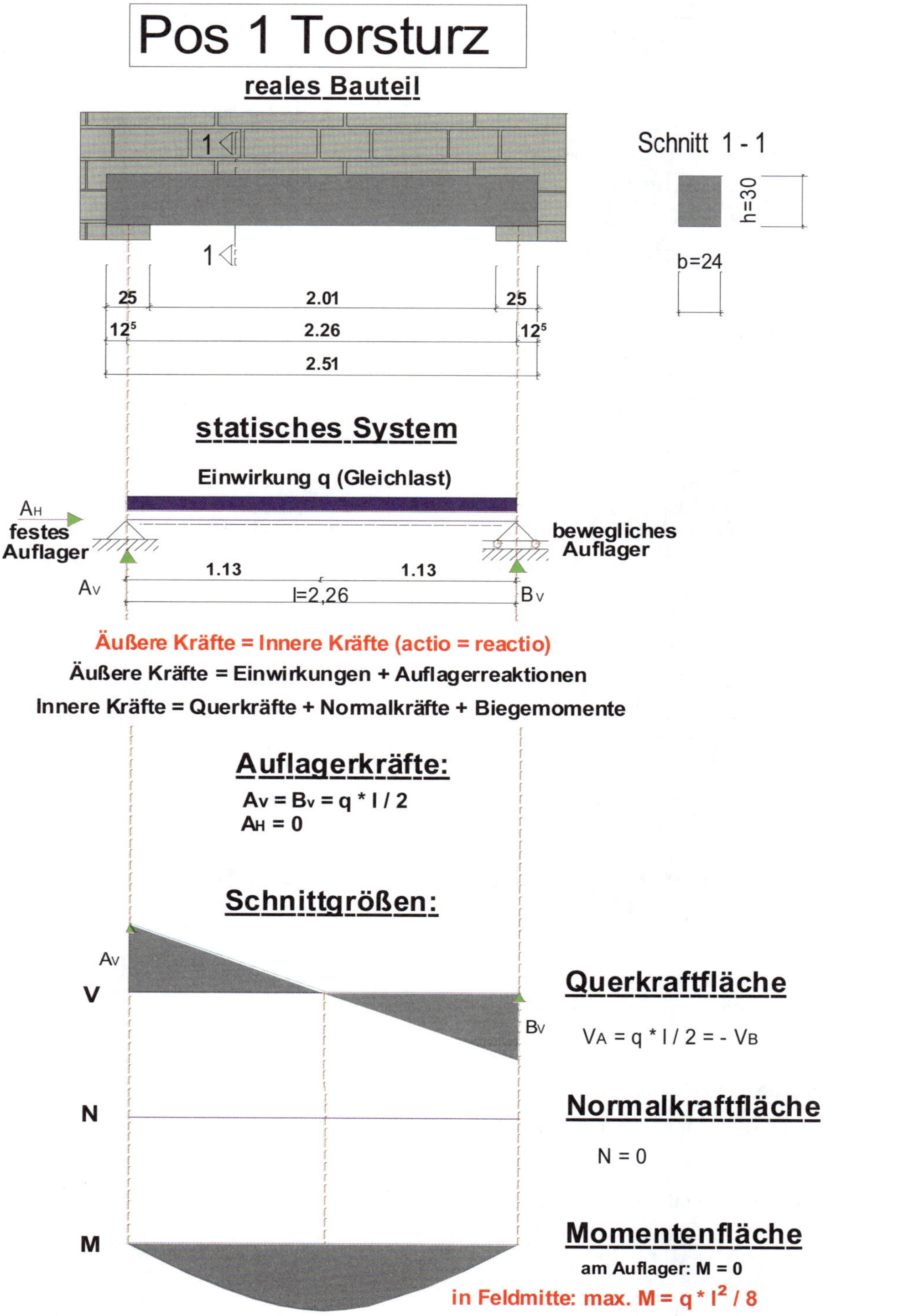

10)

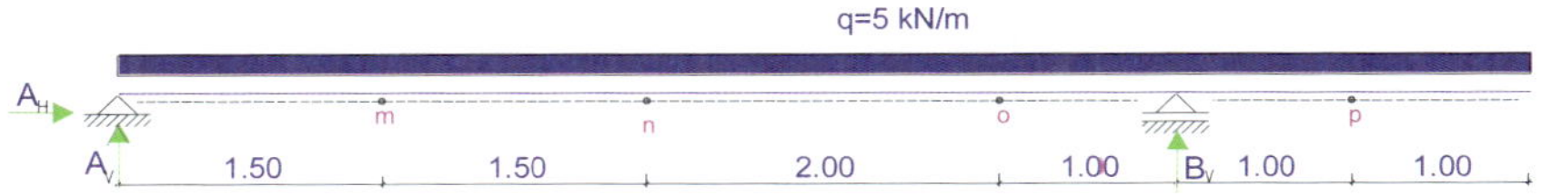

Auflagerkräfte

$\Sigma M_A = 0$
$\Sigma M_B = 0$
$\Sigma V = 0$
$\Sigma H = 0$

$q * 8{,}0\ m * 4{,}0\ m = B_V * 6{,}0\ m \rightarrow B_V = 26{,}67\ kN$

$q * 6{,}0\ m * 3{,}0\ m = A_V * 6{,}0\ m + q * 2{,}0\ m * 1{,}0\ m$

$\rightarrow A_V = \frac{5{,}0\ \frac{kN}{m} * 6{,}0\ m * 3{,}0\ m - 5{,}0\ \frac{kN}{m} * 2{,}0\ m * 1{,}0\ m}{6{,}0\ m} = 13{,}33\ kN$

$A_V + B_V = q * 8{,}0\ m \rightarrow 13{,}33\ kN + 26{,}67\ kN = 5{,}0\ kN/m * 8{,}0\ m$

$40\ kN = 40\ kN$

$A_H = 0\ kN$

Querkräfte [kN]

$V_A = A_V = 13{,}33$

$V_m = A_V - q * 1{,}5\ m = 13{,}33\ kN - 5\ kN/m * 1{,}5\ m = 5{,}83$

$V_n = A_V - q * 3{,}0\ m = 13{,}33\ kN - 5\ kN/m * 3{,}0\ m = -1{,}67$ oder: $V_n = 5{,}83\ kN - q * 1{,}5\ m$

$V_o = A_V - q * 5{,}0\ m = 13{,}33\ kN - 5\ kN/m * 5{,}0\ m = -11{,}67$ oder: $V_o = -1{,}67 - q * 2{,}0\ m$

$V_{B,l} = A_V - q * 6{,}0\ m = 13{,}33\ kN - 5\ kN/m * 6{,}0\ m = -16{,}67$ oder: $V_{B,l} = -11{,}67 - q * 1{,}0\ m$

$V_{B,r} = A_V - q * 6{,}0\ m + B_V = -16{,}67\ kN + 26{,}67\ kN = 10{,}0$ oder: $V_{B,r} = -16{,}67 + B_V$

$V_p = A_V - q * 7{,}0\ m + B_V = 13{,}33 - 5 * 7{,}0\ m + 26{,}67 = 5{,}0$ oder: $V_p = 10{,}0 - q * 1{,}0\ m$

$V_{am\ Ende} = A_V - q * 8{,}0\ m + B_V = 13{,}33 - 5 * 8{,}0 + 26{,}67 = 0$ oder: $V_{Ende} = 5{,}0\ kN/m - q * 1{,}0\ m$

Querkraft-Nullpunkt: x_o

Der Satz „Wo ist die Querkraft gleich Null?" wird in eine Gleichung „übersetzt":

$0 = \uparrow - \downarrow$

$0 = A_V - q * x_o$

$0 = 13{,}33\ kN - 5\ kN/m * x_o$

$x_o = \frac{13{,}33\ kN}{5\ kN/m} = 2{,}66\ m$

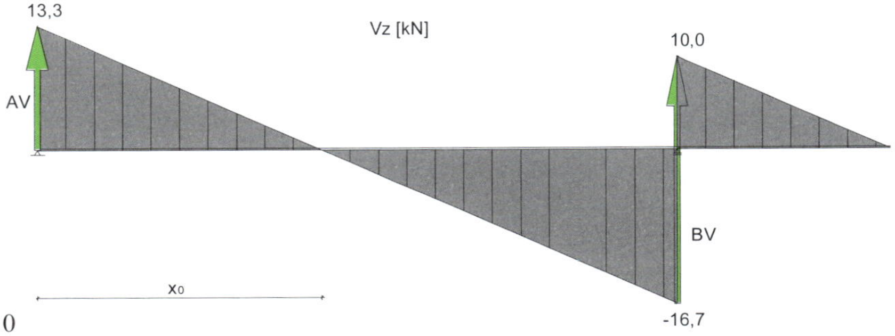

Normalkräfte: N = 0

Biegemomente [kNm]

$M_A = 0$

$M_m = A_V * 1{,}5\ m - q * 1{,}5\ m * 1{,}5\ m / 2 = 14{,}37$

$M_n = A_V * 3{,}0\ m - q * 3{,}0\ m * 3{,}0\ m / 2 = 17{,}49$

$M_o = A_V * 5{,}0\ m - q * 5{,}0\ m * 5{,}0\ m / 2 = 4{,}15$

$M_B = A_V * 6{,}0\ m - q * 6{,}0\ m * 6{,}0\ m / 2 = -\ 10{,}0$

oder: $M_B = -\ q * 2{,}0\ m * 1{,}0\ m = -\ 10{,}0$

$M_p = A_V * 7{,}0\ m - q * 7{,}0\ m * 7{,}0\ m / 2 + B_V * 1{,}0\ m = -\ 2{,}5$

oder: $M_p = -\ q * 1{,}0\ m * 0{,}5\ m = -\ 2{,}5$

$M_{\text{am rechten Ende}} = 0$

$\max M_{(x = 2{,}66\ m)} = A_V * 2{,}66\ m - 5\ kN/m * 2{,}66\ m * 2{,}66\ m / 2$

$\max M_{(x = 2{,}66\ m)} = 13{,}33\ kN * 2{,}66\ m - 5\ kN/m * 2{,}66\ m * 2{,}66\ m / 2 = 17{,}8$

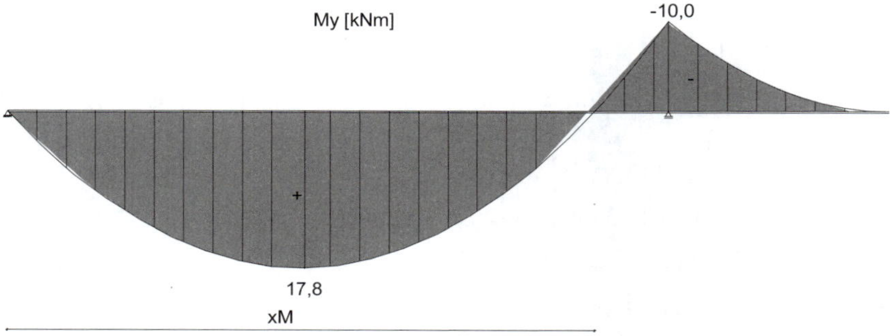

oder: Berechnung über den Inhalt der Querkraftfläche (linkes Dreieck der Querkraftfläche):

$\max M = \frac{A_V * x_0}{2} = 13{,}33\ kN * 2{,}66\ m / 2 = 17{,}73$

Momenten-Nullpunkt: x_M

Dieser Momenten-Nullpunkt hat z. B. im Stahlbetonbau Bedeutung, weil bei der o. a. Aufgabe die untere Bewehrung (ungefähr) bis x_M verlegt wird - zuzüglich Verankerungslänge und Versatzmaß.

Der Satz „Wo ist das Moment gleich Null?“ wird in eine Gleichung „übersetzt“:

0 = rechtsdrehendes Moment - linksdrehendes Moment

0 = 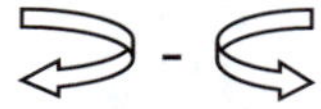

$0 = A_V * x_M - q * x_M * \frac{x_M}{2}$

$\rightarrow A_V * x_M = q * x_M * \frac{x_M}{2}$

$\rightarrow A_V = q * \frac{x_M}{2}$

$\rightarrow x_M = \frac{A_V * 2}{q} = \frac{13{,}33\ kN * 2}{5\ kN/m} = 5{,}33\ m$ (von A aus)

11) Kragarm

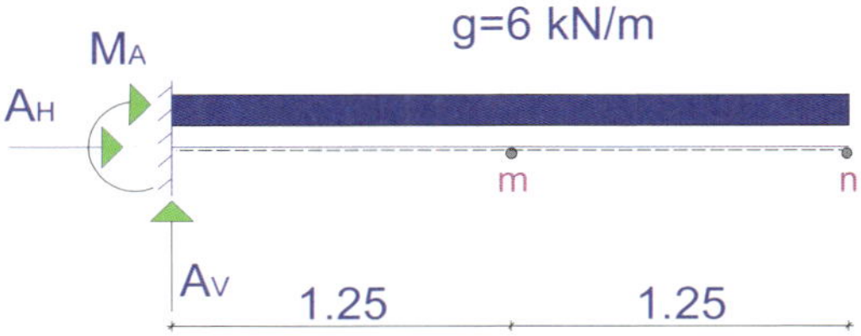

Auflagerreaktionen:

Σ M_A	M_A = - g * l * l / 2 = - 6 kN/m * 2,5 m * 2,5 m / 2 = -18,75 kNm Da die gestrichelte Faser gedrückt wird, ist das Moment negativ.
Σ V = 0	A_V = g * l = 6 kN/m * 2,5 m = 15 kN
Σ H = 0	A_H = 0

Querkräfte [kN]

$V_A = A_V = 15$

$V_m = A_V$ - g * 1,25 m = 15 kN - 6 kN/m * 1,25 m = 7,5

$V_n = A_V$ - g * 2,50 m = 15 kN - 6 kN/m * 2,50 m = 0

oder von Punkt m aus: $V_n = V_m$ - g * 1,25 m = 7,5 kN - 6 kN/m * 1,25 m = 0

Querkraft-Fläche:

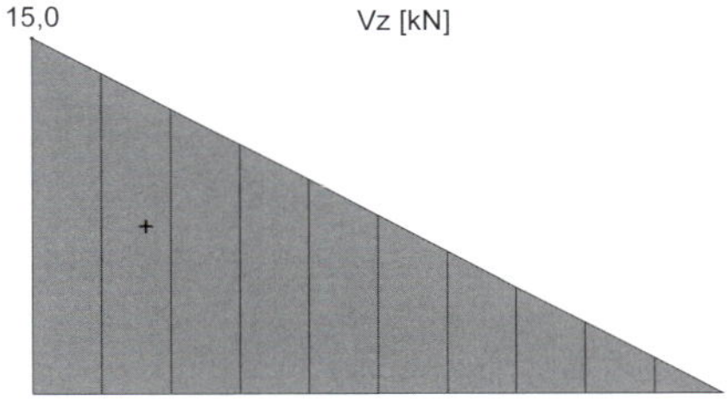

Normalkräfte: N = 0 kN

Biegemomente [kNm]

$M_A = -18,75$

oder über die Querkraftfläche: $M_A = -\frac{V_A * l}{2} = -\frac{15 \text{ kN} * 2,50 \text{ m}}{2} = -18,75$

M_m = - g * 1,25 m * 1,25 m / 2 = - 6 kN/m * $(1,25 \text{ m})^2$ / 2 = - 4,69 (von n aus)

oder: $M_A + A_V$ * 1,25 m - g * 1,25 m * 1,25 m / 2 = - 18,75 kNm + 15 kN * 1,25 m - 6 kN/m * $(1,25 \text{ m})^2$ /2 = - 4,69 (von A aus)

$M_n = 0$

Momenten-Fläche:

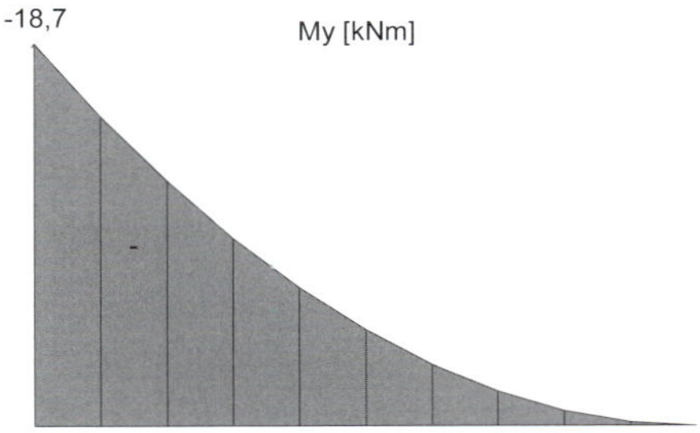

12)

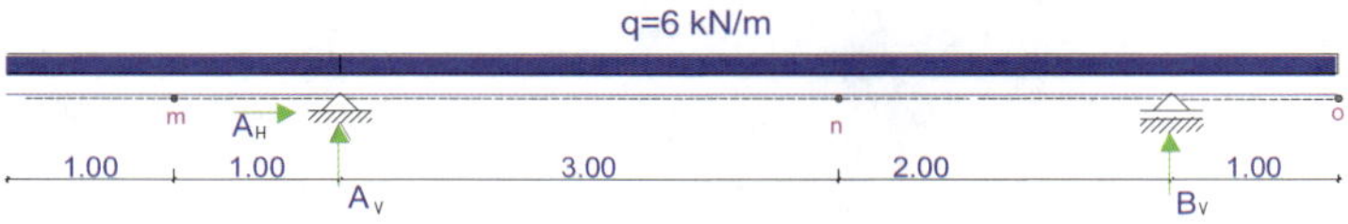

Auflagerkräfte

$\Sigma M_A = 0$: $q * 6{,}0\ m * 3{,}0\ m = B_V * 5{,}0\ m + q * 2{,}0\ m * 1{,}0\ m \rightarrow B_V = 19{,}2\ kN$

$\Sigma M_B = 0$: $q * 7{,}0\ m * 3{,}5\ m = A_V * 5{,}0\ m + q * 1{,}0\ m * 0{,}5\ m \rightarrow A_V = 28{,}8\ kN$

$\Sigma V = 0$: $A_V + B_V = q * 8{,}0\ m \rightarrow 28{,}8\ kN + 19{,}2\ kN = 6{,}0\ kN/m * 8{,}0\ m$

$48\ kN = 48\ kN$

$\Sigma H = 0$: $A_H = 0\ kN$

Querkräfte [kN]

$V_m = - q * 1{,}0\ m = - 6{,}0$

$V_{A,l} = - 6 - q * 1{,}0\ m = - 12{,}0$

$V_{A,r} = - 12 + A_V = 16{,}8$

$V_n = 16{,}8 - q * 3{,}0\ m = - 1{,}2$

$V_{B,l} = - 1{,}2 - q * 2{,}0\ m = - 13{,}2$

$V_{B,r} = - 13{,}2 + B_V = 6{,}0$

$V_0 = 6 - q * 1{,}0\ m = 0$

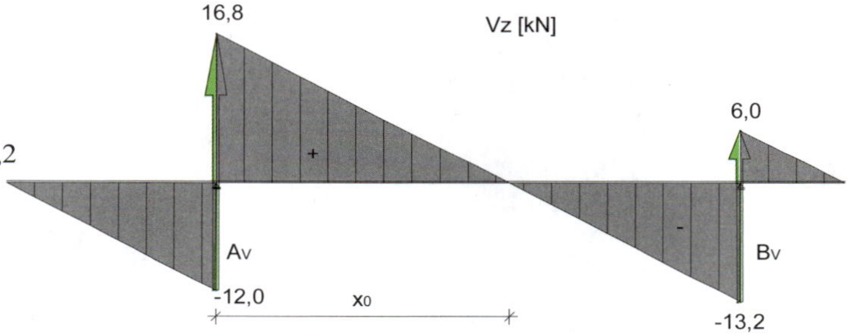

Querkraft-Nullpunkt: x_o

$0 = V_{A,r} - q * x_o$

$0 = 16{,}8\ kN - 6\ kN/m * x_o$

$x_o = 2{,}80\ m$ (von A aus)

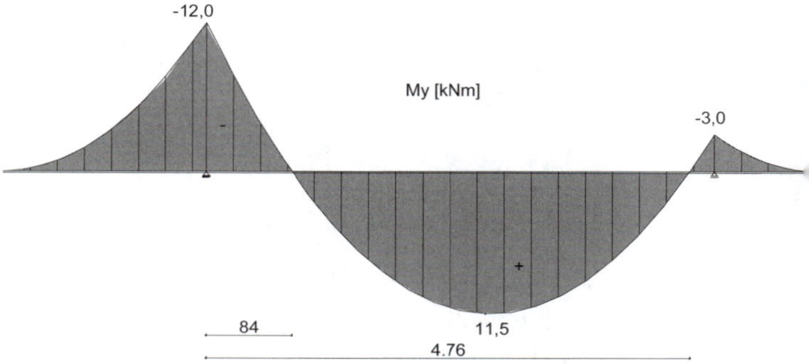

Normalkräfte

$N = 0\ kN$

Biegemomente [kNm]

$M_m = - q * 1{,}0\ m * 1{,}0\ m / 2 = - 3{,}0$

$M_A = - q * 2{,}0\ m * 1{,}0\ m = - 12{,}0$

$M_n = A_V * 3{,}0\ m - q * 5{,}0\ m * 5{,}0\ m / 2 = 11{,}4$

$M_B = A_V * 5{,}0\ m - q * 7{,}0\ m * 7{,}0\ m / 2 = - 3{,}0$

oder von rechts: $M_B = - q * 1{,}0\ m * 0{,}5\ m = - 3{,}0$

oder über die Querkraft-Fläche (Flächeninhalt des Dreieckes)

$M_B = - 6{,}0\ kN * 0{,}5\ m = - 3{,}0$

$M_o = 0$

max M = $M_{x0} = M_{(x = 2{,}80\,m)} = A_V * 2{,}8\,m - q * 4{,}8\,m * 4{,}8\,m / 2 = 11{,}52$

oder über die Q-Fläche:

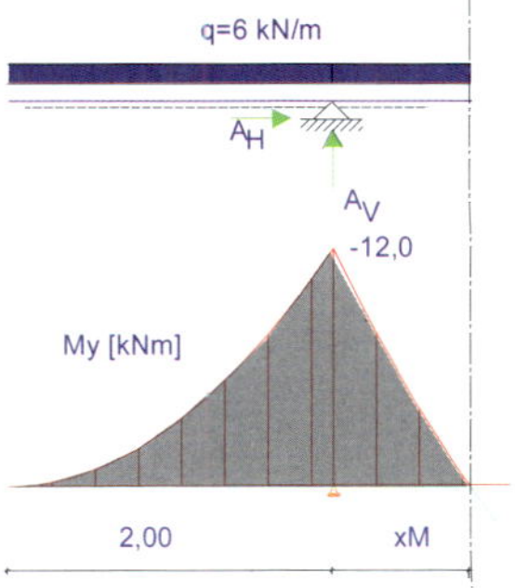

$$\max M = \frac{-12\,kN * 2\,m}{2} + \frac{16{,}8\,kN * 2{,}8\,m}{2} = 11{,}52$$

Momenten-Nullpunkte: x_M

Erster Momenten-Nullpunkt: $x_{M,2}$

zweiter Momenten-Nullpunkt: $x_{M,1}$ (von A aus gemessen)

$0 = A_V * x_M - q * (2{,}0\,m + x_M) * \frac{2{,}0\,m + x_M}{2}$ $\quad / + q * (2{,}0\,m + x_M) * \frac{2{,}0\,m + x_M}{2}$

$A_V * x_M = q * (2{,}0\,m + x_M) * \frac{2{,}0\,m + x_M}{2}$ $\quad$ /Zahlen einsetzen

$28{,}8\,kN * x_M = 6\,kN/m * (2{,}0\,m + x_M) * \frac{2{,}0\,m + x_M}{2}$ $\quad$ /kürzen

$28{,}8\,kN * x_M = 3\,kN/m * (2{,}0\,m + x_M)^2$ $\quad / (a + b)^2 = a^2 + 2ab + b^2$

$28{,}8\,kN * x_M = 3\,kN/m * (4{,}0\,m^2 + 2 * 2{,}0\,m * x_M + x_M^2)$ $\quad$ /ausmultiplizieren

$28{,}8\,kN * x_M = 12\,kNm + 12\,kN * x_M + 3\,kN/m * x_M^2$ $\quad$ /vereinfachen

$3\,kN/m * x_M^2 - 16{,}8\,kN * x_M + 12\,kNm = 0$ $\quad$ /:3 kN/m

$x_M^2 - 5{,}6\,m * x_M + 4{,}0\,m^2 = 0$ $\quad$ /p-q-Formel: $p_{1/2} = -p/2 \pm \sqrt{(p/2)^2 - q}$

$x_{M\,(1,2)} = 2{,}8\,m \pm \sqrt{((2{,}8\,m)^2 - 4\,m^2)}$

$x_{M\,(1,2)} = 2{,}8\,m \pm \sqrt{(3{,}84\,m)^2}$

$x_{M\,(1,2)} = 2{,}8\,m \pm 1{,}96\,m$

$x_{M,1} = 4{,}76\,m$ und $x_{M,2} = 0{,}84\,m$ $\quad$ (von A aus)

Man kann auch den linken Kragarm durch M_A ersetzen und von A aus mit $V_{A,r}$ rechnen:

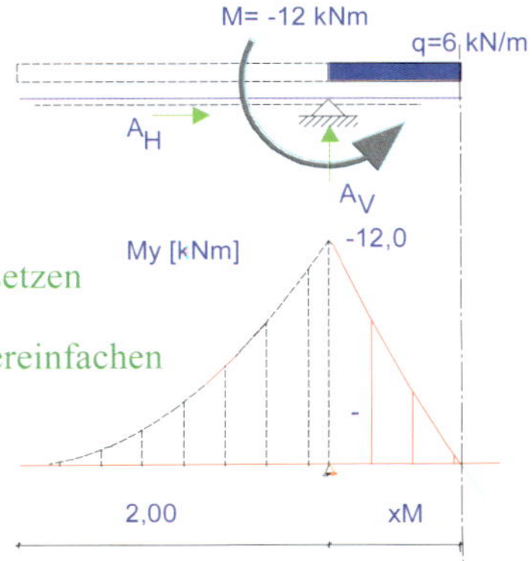

$0 = V_{A,r} * x_M - q * x_M * \frac{x_M}{2} + M_A$

$0 = V_{A,r} * x_M - q * \frac{x_M^2}{2} + M_A$

$q * \frac{x_M^2}{2} - M_A = V_{A,r} * x_M$ $\quad$ / Zahlen einsetzen

$6\,kN/m * \frac{x_M^2}{2} - (-)12\,kNm = 16{,}8\,kN * x_M$ $\quad$ / vereinfachen

$3 * x_M^2 + 12\,kNm = 16{,}8\,kN * x_M$ $\quad$ /: 3

Weiterer Rechengang: wie oben!

→ $x_{M,1} = 4{,}76\,m$ und $x_{M,2} = 0{,}84\,m$ $\quad$ (von A aus)

13)

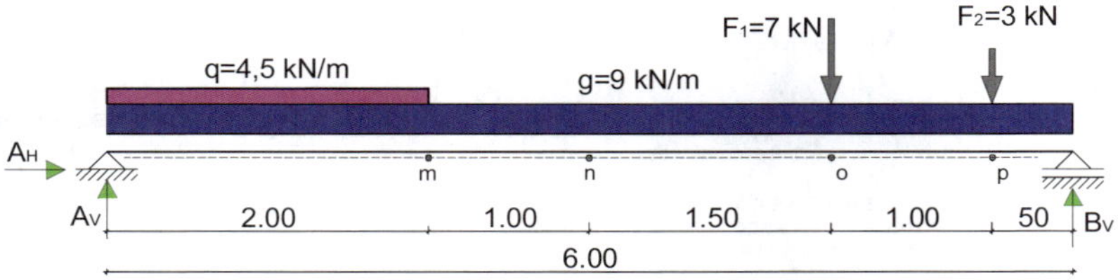

Ersatzlasten E:

$E_1 = q * 2,0 = 4,5$ kN/m $* 2,0$ m $= 9,0$ kN (Streckenlast)

$E_2 = g * 6,0 = 9,0$ kN/m $* 6,0$ m $= 54,0$ kN (Gleichlast)

Auflagerkräfte

$\Sigma M_A = 0$ $\quad 9,0 \text{ kN} * 1,0 \text{ m} + 54,0 \text{ kN} * 3,0 \text{ m} + 7 \text{ kN} * 4,5 \text{ m} + 3 \text{ kN} * 5,5 \text{ m} = B_V * 6,0 \text{ m}$

$\rightarrow B_V = 36,5$ kN

$\Sigma M_B = 0$ $\quad 9,0 \text{ kN} * 5,0 \text{ m} + 54,0 \text{ kN} * 3,0 \text{ m} + 7 \text{ kN} * 1,5 \text{ m} + 3 \text{ kN} * 0,5 \text{ m} = A_V * 6,0 \text{ m}$

$\rightarrow A_V = 36,5$ kN

$\Sigma V = 0$ $\quad A_V + B_V = 9,0 \text{ kN} + 54,0 \text{ kN} + 7 \text{ kN} + 3 \text{ kN} \rightarrow 73,0 \text{ kN} = 73,0 \text{ kN}$

$\Sigma H = 0$ $\quad A_H = 0$ kN

Querkräfte [kN]

$V_A = A_V = 36,5$

$V_m = A_V - (q + g) * 2,0 \text{ m} = 36,5 - 13,5 \text{ kN/m} * 2,0 \text{ m} = 9,5$

$V_n = 36,5 - 4,5 \text{ kN/m} * 2,0 \text{ m} - 9,0 \text{ kN/m} * 3,0 \text{ m} = 0,5$

$V_{o,l} = 36,5 - 4,5 \text{ kN/m} * 2,0 \text{ m} - 9,0 \text{ kN/m} * 4,5 \text{ m} = - 13,0$

$V_{o,r} = - 13,0 - 7 = - 20,0$

$V_{p,l} = 36,5 - 4,5 \text{ kN/m} * 2,0 \text{ m} - 9,0 \text{ kN/m} * 5,5 \text{ m} - 7 = - 29,0$

$V_{p,r} = - 29,0 - 3 = - 32,0$

$V_{B,l} = - 32,0 - 9 \text{ kN/m} * 0,5 \text{ m} = - 36,5$

Querkraft-Nullpunkt: x_o

$V_n = 0,5$

$0 = V_n - g * x_o' = 0,5 - 9 \text{ kN/m} * x_o'$

$9 \text{ kN/m} * x_o' = 0,5 \rightarrow x_o' = 0,06 \text{ m}$ $\qquad \rightarrow x_o = 0,06 \text{ m} + 3,00 \text{ m} = 3,06 \text{ m}$

oder: $0 = A_V - 4,5 \text{ kN/m} * 2,0 \text{ m} - 9 \text{ kN/m} * x_o$ $\qquad \rightarrow x_o = (36,5 - 9) / 9 \text{ kN/m} = 3,06 \text{ m}$

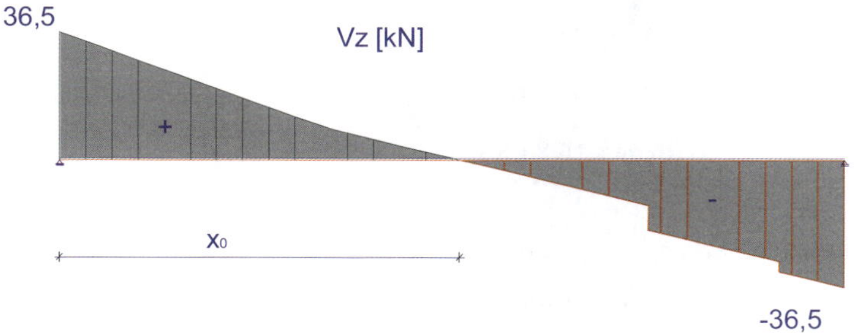

An der Stelle m hat die V-Linie einen Knick.

Normalkräfte: $N = 0$ kN

Biegemomente [kNm]

$M_A = 0 = M_B$

$M_m = 36{,}5$ kN * 2,0 m - 13,5 kN/m * 2,0 m * 1,0 m = 46,0

$M_n = 36{,}5$ kN * 3,0 m - 9,0 kN * 2,0 m - 9,0 kN/m * 3,0 m * 1,5 m = 51,0

$M_o = 36{,}5$ kN * 4,5 m - 9,0 kN * 3,5 m - 9,0 kN/m * 4,5 m * 2,25 m = 41,63

$M_p = 36{,}5$ kN * 5,5 m - 9,0 kN * 4,5 m - 9,0 kN/m * 5,5 m * 2,75 m - 7 kN * 1,0 m = 17,13

max M = A_V * 3,06 m - 9,0 kN/m * (3,06 m)² / 2 - 4,5 kN/m * 2,0 m * 2,06 m = 51,01

Probe: M_B = 36,5 kN * 6,0 m - 9,0 kN * 5,0 m - 9,0 kN/m * 6,0 m * 3,0 m - 7 kN * 1,5 m - 3 kN * 0,5 m = 0

An den Stellen o und p hat die M-Linie einen Knick!

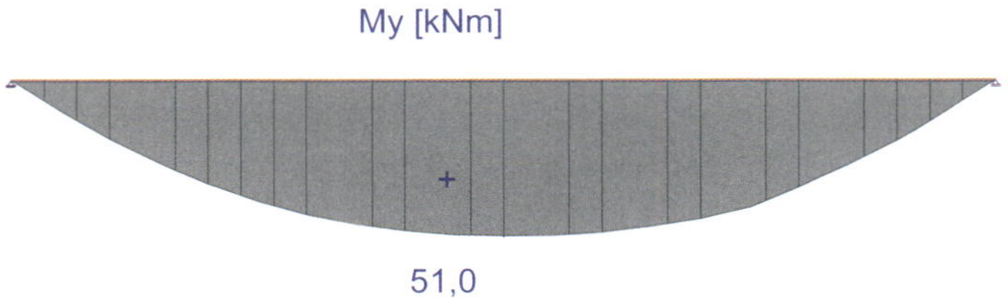

14)

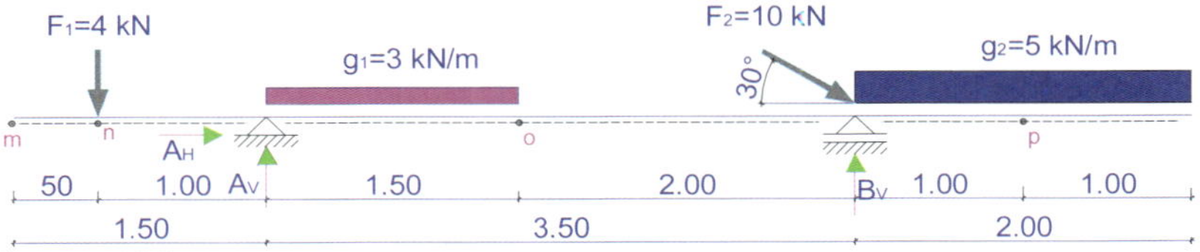

$F_V = \sin 30° * 10$ kN = 5,00 kN

$F_H = \cos 30° * 10$ kN = 8,66 kN

Auflagerkräfte

Σ $M_A = 0$	3,0 kN/m * 1,5 m * 0,75 kN + 5,00 kN * 3,5 m + 5 kN/m * 2,0 m * 4,5 m = B_V * 3,5 m + 4 kN * 1,0 m → B_V = 17,68 kN
Σ $M_B = 0$	4 kN * 4,5 m + 3 kN/m * 1,5 m * 2,75 m = A_V * 3,5 m + 5 kN/m * 2,0 m * 1,0 m → A_V = 5,82 kN
Σ V = 0	5,82 kN + 17,68 kN = 4 kN + 3 kN/m * 1,5 m + 5,00 kN + 5 kN/m * 2,0 m → 23,5 kN = 23,5 kN
Σ H = 0	$A_H + F_H = 0$ → A_H = - 8,66 kN

Querkräfte [kN]

$V_m = 0 = V_{n,li}$

$V_{n,r} = - 4{,}0 = V_{A,l}$

$V_{A,r} = - 4{,}0 + 5{,}82 = 1{,}82$

$V_{o,l} = 1{,}82 - 3\ kN/m * 1{,}5\ m = - 2{,}68 = V_{B,li}$

$V_{B,r} = - 2{,}68 - 5{,}00 + 17{,}68 = 10$ $V_p = 10 - 5\ kN/m * 1\ m = 5{,}0$ $V_{Ende} = 5 - 5 = 0$

Querkraft-Nullpunkt:

$x_0 = V_{A,r} / g_1 = 1{,}82\ kN / 3\ kN/m = 0{,}61\ m$ (von A aus)

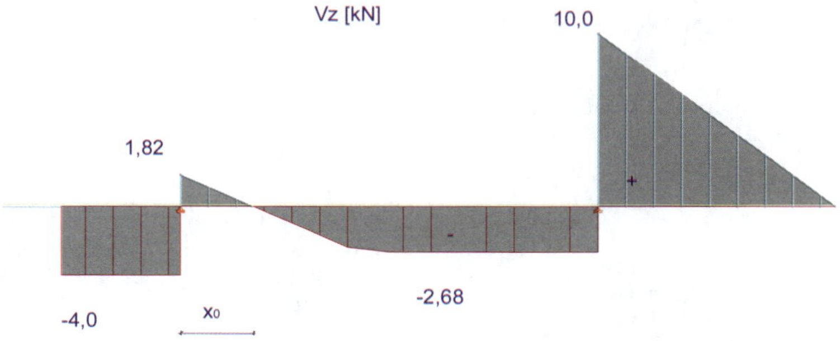

N-Fläche [kN]

$N_A = - A_H = - (-)\ 8{,}66 = + 8{,}66 = N_B$

Biegemomente [kNm]

$M_m = 0 = M_n$

$M_A = - 4\ kN * 1{,}0\ m = - 4$

$M_o = A_V * 1{,}5\ m - 4\ kN * 2{,}5\ m - 3\ kN/m * (1{,}5\ m)^2 / 2 = - 4{,}65$

$M_B = - 5\ kN/m * (2\ m)^2 / 2 = - 10{,}0$ (von B aus)

$M_p = - 5\ kN/m * (1\ m)^2 / 2 = - 2{,}5$

$\max M = A_V * 0{,}61\ m - 4\ kN * 1{,}61\ m - 3\ kN/m * (0{,}61\ m)^2 / 2 = - 3{,}45$

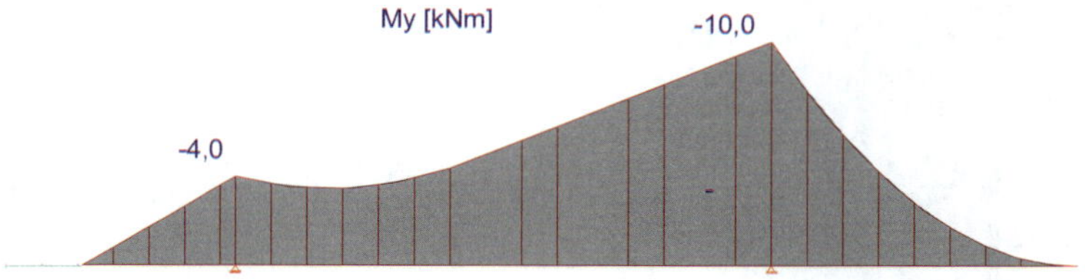

15) Dreieckslast

Auflagerkräfte

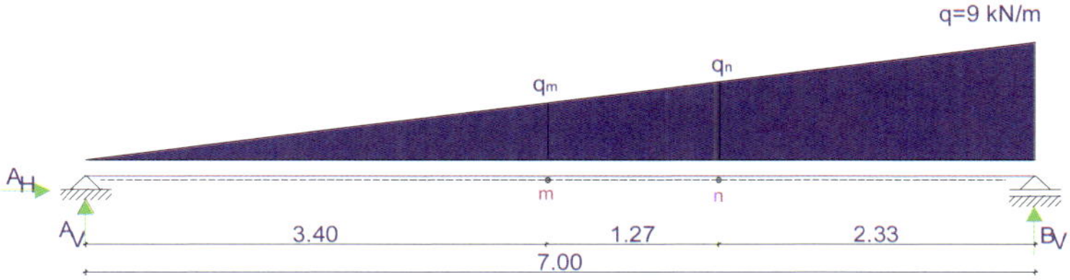

$\Sigma M_A = 0$	$\frac{9\,\frac{kN}{m} * 7\,m}{2} * 4{,}67\,m = B_V * 7{,}0\,m \rightarrow B_V = 21{,}02\,kN$
$\Sigma M_B = 0$	$\frac{9\,kN * 7\,m}{2} * 2{,}33\,m = A_V * 7{,}0\,m \rightarrow A_V = 10{,}49\,kN$
$\Sigma V = 0$	$A_V + B_V = F \rightarrow 10{,}49\,kN + 21{,}02\,kN = 31{,}5\,kN \rightarrow 31{,}5\,kN = 31{,}5\,kN$
$\Sigma H = 0$	$A_H = 0$

Querkräfte [kN]

$V_A = A_V = 10{,}49$

$V_m = A_V - \frac{q_m * 3{,}4\,m}{2} = 3{,}06$; Strahlensatz: $\frac{q_m}{3{,}4\,m} = \frac{9\,kN/m}{7\,m} \rightarrow q_m = \frac{3{,}4\,m * 9\,kN/m}{7\,m} = 4{,}37\,kN/m$

$V_n = A_V - \frac{q_n * 4{,}67}{2} = -\,3{,}52$; Strahlensatz: $\frac{q_n}{4{,}67\,m} = \frac{9\,kN/m}{7\,m} \rightarrow q_n = \frac{4{,}67\,m * 9\,kN/m}{7\,m} = 6{,}00\,kN/m$

$V_B = -\,B_V = -\,21{,}02$

Querkraft-Nullpunkt: $0 = A_V - \frac{9\,kN/m * x_0}{7\,m} * \frac{x_0}{2} = 10{,}49\,kN - \frac{9\,kN/m * x_0^{\,2}}{14\,m} \rightarrow x_o = 4{,}04\,m$

oder:[9] $x_o = 0{,}577 * l = 0{,}577 * 7{,}0\,m = 4{,}04\,m$

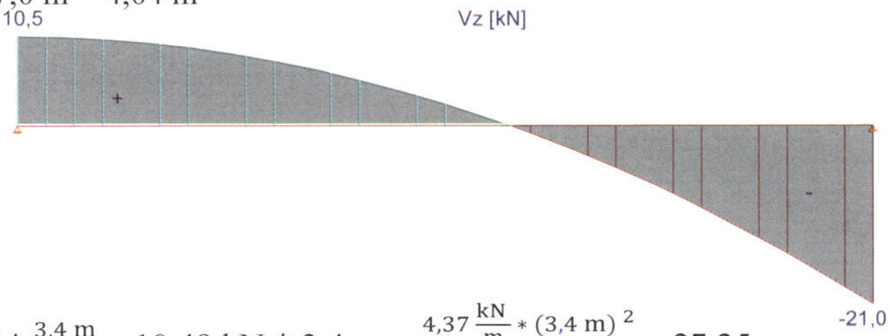

N = 0

Biegemomente [kNm]

$M_A = 0 = M_B$

$M_m = A_V * 3{,}4\,m - \frac{q_m * 3{,}4\,m}{2} * \frac{3{,}4\,m}{3} = 10{,}49\,kN * 3{,}4\,m - \frac{4{,}37\,\frac{kN}{m} * (3{,}4\,m)^2}{6} = 27{,}25$

$M_n = A_V * 4{,}67\,m - \frac{q_n * 4{,}67\,m}{2} * \frac{4{,}67\,m}{3} = 10{,}49\,kN * 4{,}67m - \frac{6{,}00\,\frac{kN}{m} * 4{,}67^2}{6} = 27{,}18$

Ordinate (= Last) an der Stelle x_0: $q_{x0} = \frac{9\,\frac{kN}{m} * 4{,}04\,m}{7} = 5{,}19\,kN/m$

$M_{x0} = \max M = A_V * 4{,}04\,m - \frac{q_{x0} * 4{,}04\,m}{2} * \frac{4{,}04\,m}{3} = 10{,}49\,kN * 4{,}04 - \frac{5{,}19\,\frac{kN}{m} * (4{,}04\,m)^2}{6}$

$M_{x0} = \max M = 28{,}26$

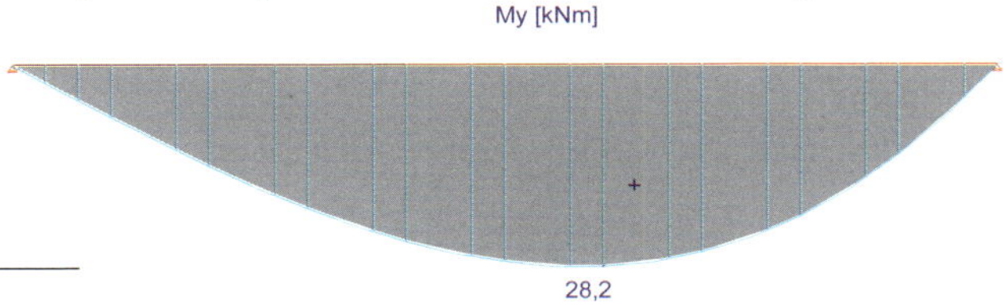

[9] Schneider, 2024, S. 4.2.

16) geg.: Einfeldträger mit Länge l und Dreieckslast, max Ordinate = q_{max}

ges.: Querkraftnullpunkt x_o (Wo ist die Querkraft gleich Null?)

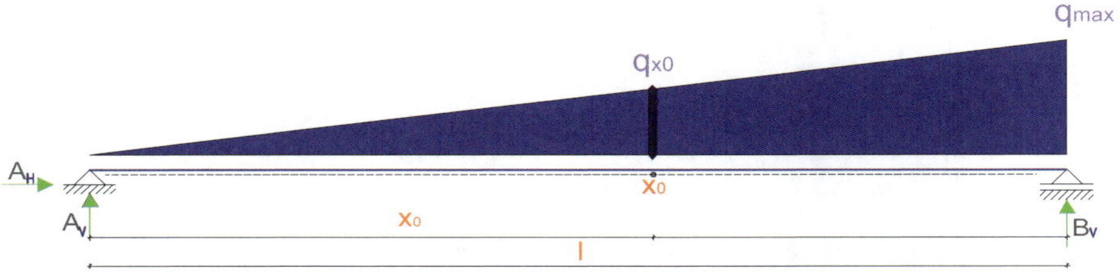

$A_V = \frac{1}{3} * \frac{q_{max} * l}{2} = \frac{q_{max} * l}{6}$ (Ein Drittel der Gesamtlast wird in Auflager A abgeleitet)

$B_V = \frac{2}{3} * \frac{q_{max} * l}{2} = \frac{q_{max} * l}{3}$ (Zwei Drittel der Gesamtlast wird in Auflager B abgeleitet)

Querkraft-Nullpunkt = x_0; die Ordinate der Last an dieser Stelle sei q_{x0}

$\frac{q_{x0}}{x_0} = \frac{q_{max}}{l}$ (Strahlensatz)

→ $q_{x0} = \frac{q_{max} * x_0}{l}$

Wo ist die Querkraft gleich Null?

$0 = A_V - \frac{q_{x0} * x_0}{2} = \frac{q_{max} * l}{6} - \frac{q_{max} * x_0 * x_0}{l * 2}$

$\frac{q_{max} * l}{6} = \frac{q_{max} * x_0^{\ 2}}{l * 2}$

$\frac{l}{6} = \frac{x_0^{\ 2}}{l * 2}$

$\frac{2 * l^2}{6} = x_0^{\ 2}$

$\frac{l^2}{3} = x_0^{\ 2}$

$X_0 = \sqrt{\frac{l^2}{3}}$

$x_0 = \frac{\sqrt{l^2}}{\sqrt{3}} = \frac{l}{\sqrt{3}}$

x_0 = 0,577 * l (An dieser Stelle befindet sich das max Moment!)[10]

[10] Schneider, 2024, S. 4.2.

17) Einfeldträger mit angeschweißtem Stab

M = 5 kN * 0,8 m = 4,0 kNm

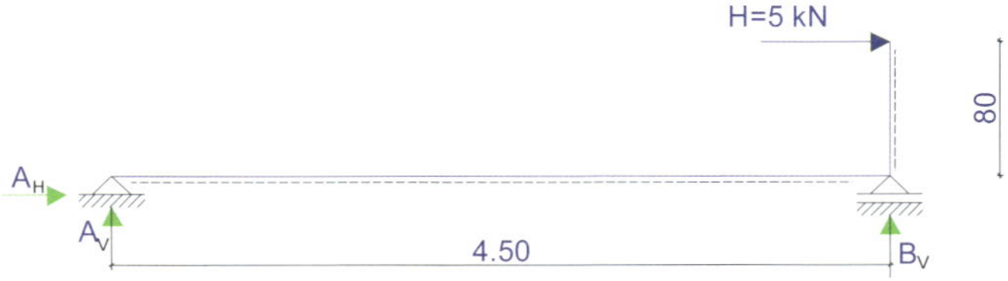

„Vereinfachtes System":

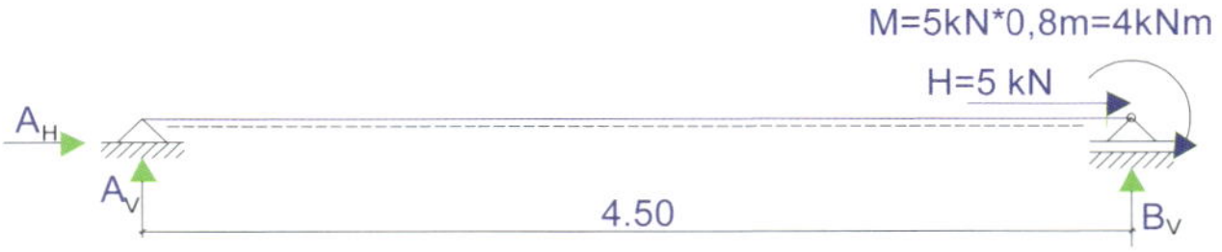

Auflagerkräfte

$\Sigma M_A = 0$	$M = B_V * 4{,}5$ m → $B_V = M / 4{,}5$ m = 4 kNm / 4,5 m= 0,89 kN
$\Sigma M_B = 0$	$A_V * 4{,}5$ m + M = 0 → $A_V = - M / 4{,}5$ m = - 4 kNm / 4,5 m = - 0,89 kN
$\Sigma V = 0$	$A_V + B_V = 0$ → - 0,89 kN + 0,89 kN = 0 kN
$\Sigma H = 0$	$A_H = - 5$ kN

Querkräfte [kN]

$V_A = A_V = - 0{,}89 = V_B$

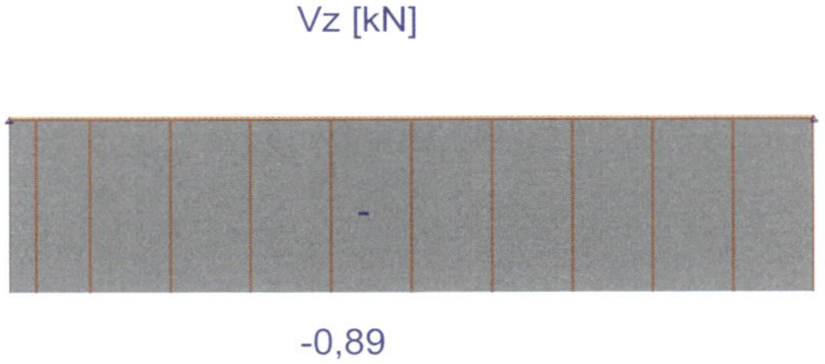

Normalkräfte [kN]

$N_A = N_B = + 5$

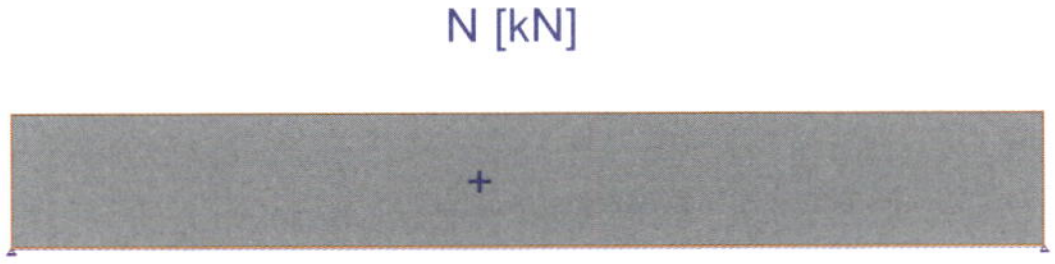

Biegemomente [kNm]

$M_A = 0$

$M_B = - M = - 4$

z. B. Moment an der Stelle x = 2,0 m:

$M_{(x = 2\,m)} = A_V * 2{,}0$ m = - 0,89 kN * 2,0 m = - 1,78

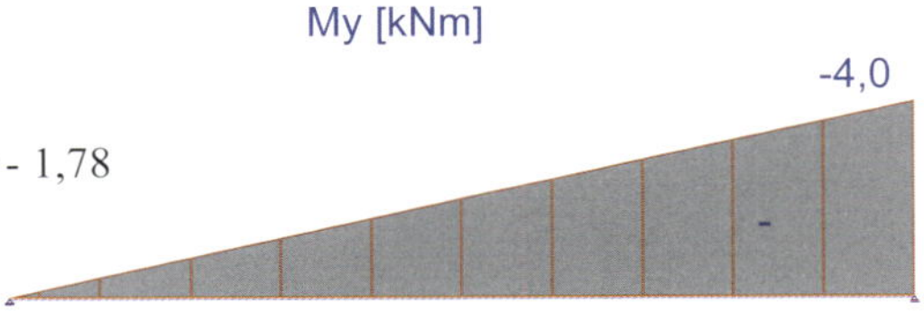

6.2.4 Übungen:

geg.: Statisches System mit Einwirkungen, ges.: Auflagerreaktionen, Querkräfte, Normalkräfte und Biegemomente an den gekennzeichneten Punkten (m, n, …) sowie die Zustandsflächen

1)

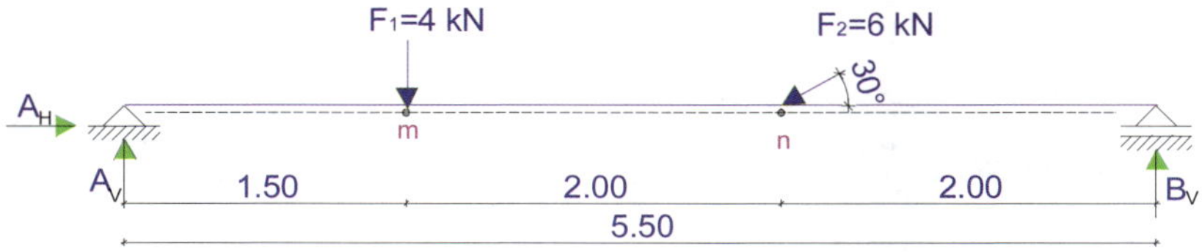

2)

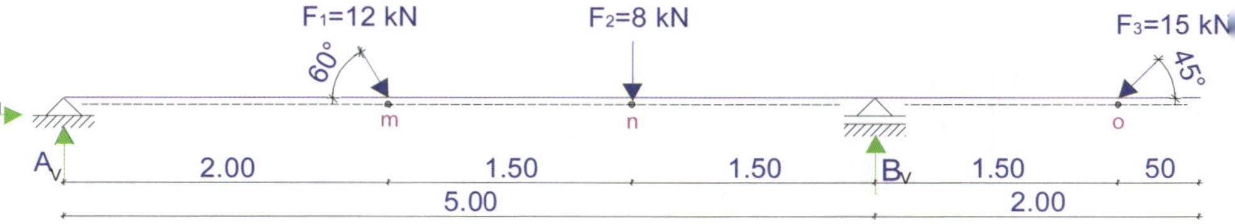

3)

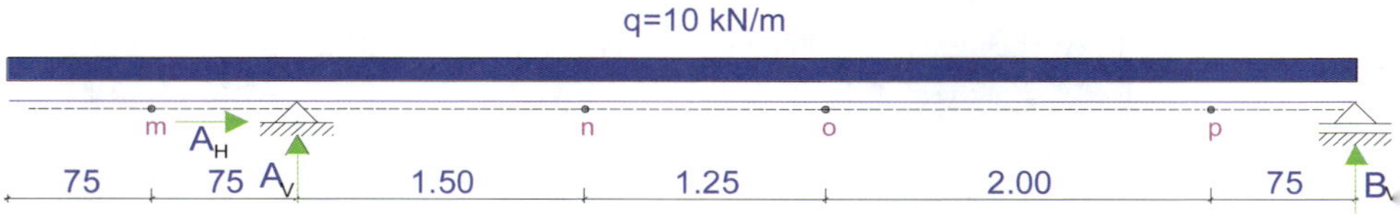

4) Einfeldträger mit Dreieckslast: max g = 3,5 kN/m

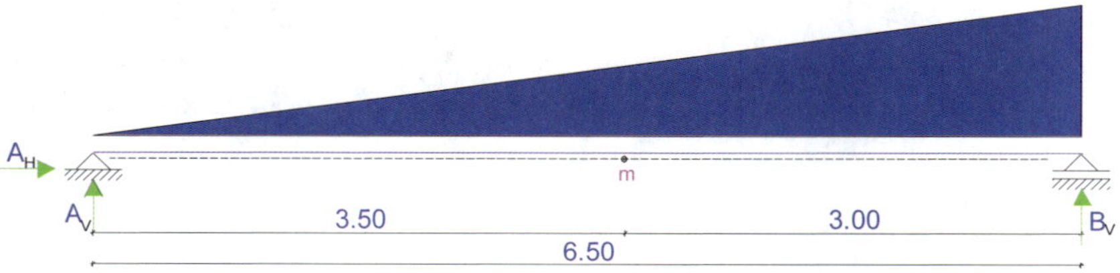

5) Einfeldträger mit Dreieckslast: max g = 5,5 kN/m

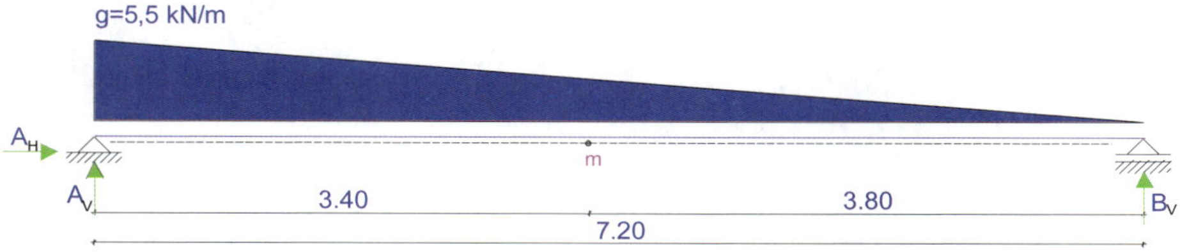

6) Einfeldträger mit Trapezlast: max g = 8,5 kN/m

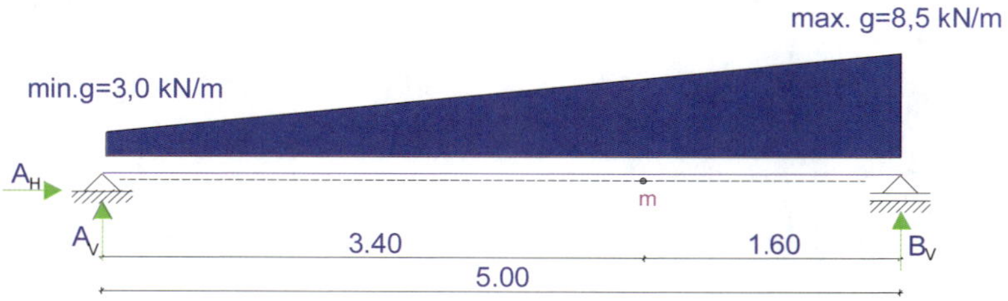

6.2.5 Überblick über den Zusammenhang zwischen Einwirkung, Schnittgrößen und Verformungen am Beispiel eines Einfeldträgers mit Gleichlast

Zwischen den Einwirkungen, den Schnittgrößen und den Verformungen an einem statischen System besteht ein sehr interessanter mathematischer Zusammenhang:

Bei einem statischen System erhält man die Funktion der Querkraftlinie durch 1-faches Integrieren der Einwirkungsfunktion.

Die Funktion der Momentenlinie erhält man durch 2-faches Integrieren der Einwirkungsfunktion - oder einfaches Integrieren der Querkraftfunktion.

Aus der Funktion der Biegemomente kann man durch Integration, allerdings unter Berücksichtigung der Querschnittswerte (I) und Materialwerte (E-Modul), die Verdrehung des Balkens berechnen. Die Durchbiegung schließlich lässt sich durch Integration der Verdrehung ermitteln.

Umgekehrt kann man durch einfache Ableitung der Durchbiegung die Verdrehung, durch einfache Ableitung der Verdrehung das Biegemoment, durch einfache Ableitung des Biegemomentes die Querkraft, durch einfache Ableitung der Querkraft die Einwirkung an einer Stelle des Balkens ermitteln.

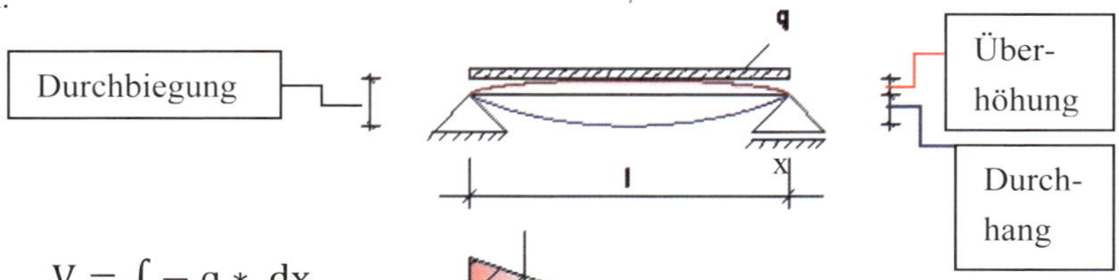

Querkraft $V = \int - q * dx$

Biegemoment $M = \int V * dx$

Verdrehung $\varphi = \int \frac{M * dx}{E * I}$

Durchbiegung $(w) = f = \int \frac{\varphi * dx}{E * I}$

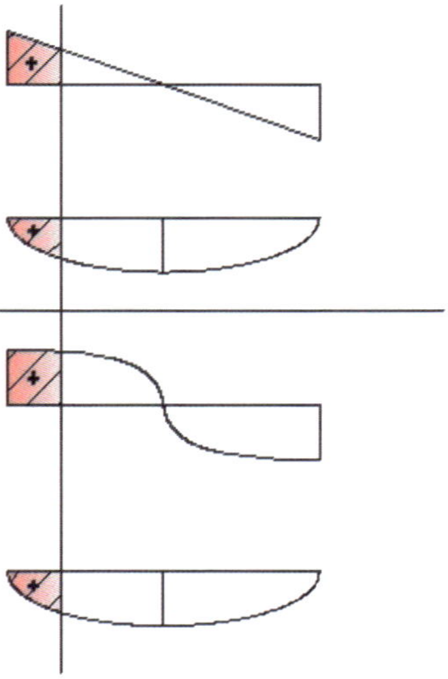

Unterhalb der gelben Linie sind Querschnitt und Material des Trägers maßgebende Einflussfaktoren!

E = Elastizitätsmodul des Materials (vgl. Kapitel 9!)

I = Flächenmoment 2. Grades (Trägheitsmoment) des Querschnittes (vgl. Kapitel 8!)

E * I = Biegesteifigkeit (vgl. Kapitel 9!)

6.2.6 Mathematischer Zusammenhang von Einwirkung, Querkraft und Biegemoment am Beispiel eines Einfeldträgers mit Gleichlast

Am Balken auf zwei Stützen mit einer **Gleichlast** soll der Zusammenhang von Einwirkung, Querkraft und Biegemoment gezeigt werden:

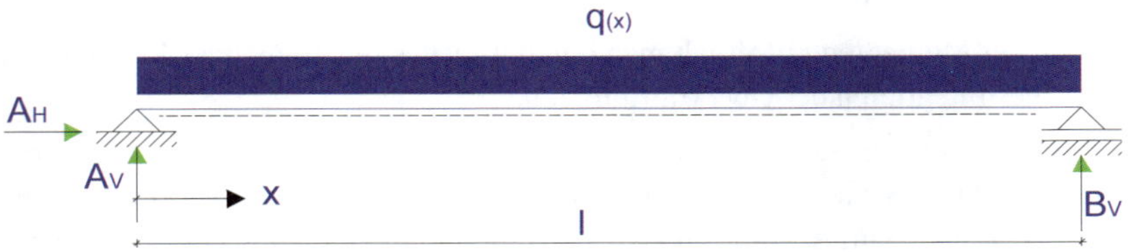

1) Querkraft

$$\mathbf{V}_{(x)} = \boxed{- \int q * d_x} = - q * x + C_1$$

Randbedingung: $V_{(x = \frac{l}{2})} = 0 = - q * \frac{l}{2} + C_1$

$$\rightarrow C_1 = + \frac{q * l}{2}$$

$$\boxed{\mathbf{V}_{(x)} = \frac{q * l}{2} - q * x}$$

2) Biegemoment

$$M(x) = \int V(x) * dx = \int \left(\frac{q * l}{2} - q * x\right) * dx = \frac{q * l}{2} * x - \frac{q * x^2}{2} + C_2$$

Randbedingung: Da das Moment am Auflager = 0 ist, gilt:

$$M_{(x = 0)} = 0 = C_2$$

$$\boxed{\mathbf{M}_{(x)} = \frac{q}{2} * (l * x - x^2)}$$

An der Stelle $x = \frac{l}{2}$ ist max $M = \frac{q * l^2}{8}$.

Die Herleitungen der Verdrehung φ und der Durchbiegung f erfolgen im Kapitel 14, Holzbau, weil die dafür wichtigen Parameter Elastizitätsmodul E und Flächenmoment zweiten Grades I erst später behandelt werden.

Beispiel:

Einfeldträger mit Gleichlast (vgl. Beispiel 7)

ges.: Berechnen Sie mit Hilfe der o. a. Funktionen die Querkräfte und Biegemomente an den Punkten A, m, n, o und B!

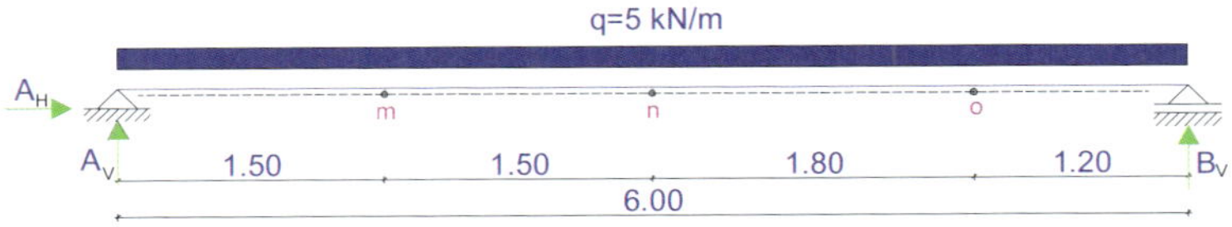

$$V_{(x)} = \frac{q * l}{2} - q * x$$

$$M_{(x)} = \frac{q}{2} * (l * x - x^2)$$

Punkt A: x = 0

$$V_{(x)} = \frac{q * l}{2} - q * x = \frac{5 \frac{kN}{m} * 6\,m}{2} - 5\,kN/m * 0 = 15\,kN - 0 = 15\,kN$$

$$M_{(x)} = \frac{q}{2} * (l * x - x^2) = \frac{5\,kN/m}{2} * (6\,m * 0 - 0^2) = 0$$

Punkt m: x = 1,5 m

$$V_{(x)} = \frac{q * l}{2} - q * x = \frac{5 \frac{kN}{m} * 6\,m}{2} - 5\,kN/m * 1{,}5\,m = 15\,kN - 7{,}5\,kN = 7{,}5\,kN$$

$$M_{(x)} = \frac{q}{2} * (l * x - x^2) = \frac{5\,kN/m}{2} * (6\,m * 1{,}5\,m - (1{,}5\,m)^2) = 16{,}88\,kNm$$

Punkt n: x = 3,0 m

$$V_{(x)} = \frac{q * l}{2} - q * x = \frac{5 \frac{kN}{m} * 6\,m}{2} - 5\,kN/m * 3{,}0\,m = 15\,kN - 15\,kN = 0\,kN$$

$$M_{(x)} = \frac{q}{2} * (l * x - x^2) = \frac{5 \frac{kN}{m}}{2} * (6\,m * 3{,}0\,m - (3{,}0\,m)^2) = 22{,}50\,kNm$$

Punkt o: n = 4,8 m

$$V_{(x)} = \frac{q * l}{2} - q * x = \frac{5 \frac{kN}{m} * 6\,m}{2} - 5\,kN/m * 4{,}8\,m = 15\,kN - 24\,kN = -9\,kN$$

$$M_{(x)} = \frac{q}{2} * (l * x - x^2) = \frac{5 \frac{kN}{m}}{2} * (6\,m * 4{,}8\,m - (4{,}8\,m)^2 = 14{,}4\,kNm$$

Punkt B: x = 6,0 m

$$V_{(x)} = \frac{q * l}{2} - q * x = \frac{5 \frac{kN}{m} * 6\,m}{2} - 5\,kN/m * 6{,}0\,m = 15\,kN - 30\,kN = -15\,kN$$

$$M(x) = \frac{q}{2} * (l * x - x^2) = \frac{5\,kN/m}{2} * (6\,m * 6{,}0\,m - (6{,}0m)^2) = 0$$

Im Kapitel 14, Holzbau, werden hierzu die Verdrehungen und die Durchbiegungen ermittelt.

6.2.7 Superposition

Superposition bedeutet Überlagerung. So darf man beispielsweise bei Gebrauchslasten die Ergebnisse der einzelnen Einwirkungen an jeder Stelle eines Balkens addieren bzw. überlagern.

Vorausgesetzt, das Superpositionsprinzip darf angewendet werden, können Ergebnisse schneller als durch die herkömmliche Berechnung ermittelt werden.

Beispiele:

1) geg.: Einfeldträger mit Gleichlast und Einzellast

ges.: A_v und max M

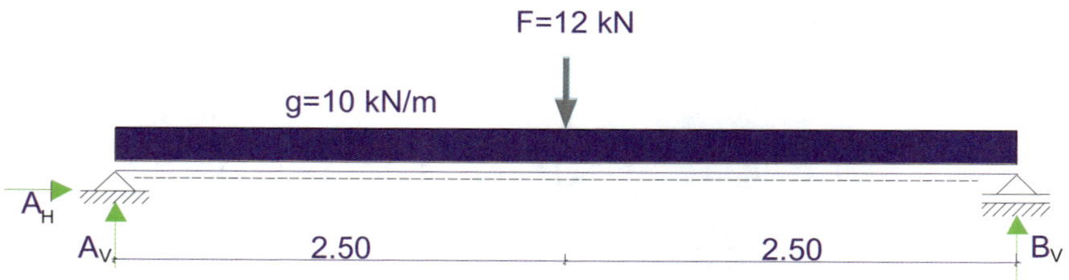

$\sum M_B = 0$

Herkömmliche Berechnung:

$A_v \cdot 5{,}0\ m = F \cdot 2{,}5\ m + 10\ kN/m \cdot 5{,}0\ m \cdot 2{,}5\ m$

$A_v = 31\ kN$

Querkraft-Nullpunkt: $x_o = 2{,}5\ m$

$\max M = A_v \cdot x_o - g \cdot x_o \cdot x_o / 2 = 31\ kN \cdot 2{,}5\ m - 10\ kN/m \cdot (2{,}5\ m)^2 / 2 = 46{,}25\ kNm$

Superposition: Man ermittelt die Ergebnisse der einzelnen Einwirkungen und addiert (überlagert) diese anschließend:

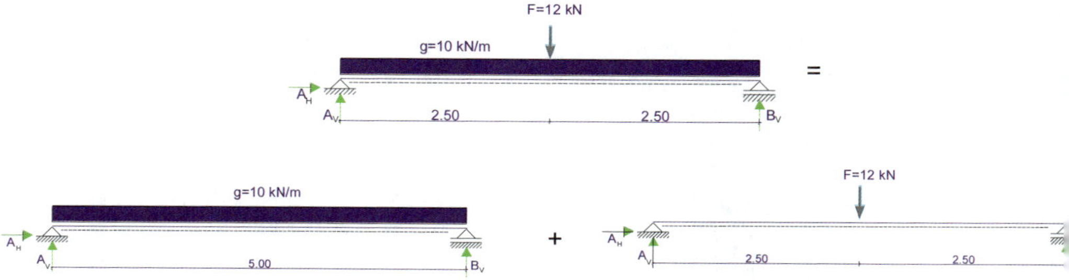

$$A_v = \frac{q * l}{2} + \frac{F}{2} = \frac{10\frac{kN}{m} * 5\ m}{2} + \frac{12\ kN}{2} = 25\ kN + 6\ kN = 31\ kN$$

$$\max M = \frac{q * l^2}{8} + \frac{F * l}{4} = \frac{10\frac{kN}{m} * (5\ m)^2}{8} + \frac{12\ kN * 5\ m}{4} = 31{,}25\ kNm + 15\ kNm = 46{,}25\ kNm$$

Die Addition der beiden max Biegemomente zu max M funktioniert hier, weil beide Lastfälle ihr Maximum an derselben Stelle haben (siehe Beispiel 2).

2) geg.: Einfeldträger mit gemischter Einwirkung
ges.: A_v, max M

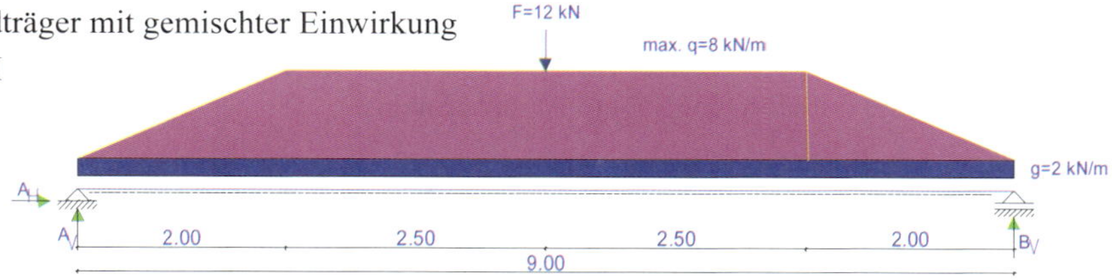

$\max A_v = \frac{g*l}{2} + \frac{1-\alpha}{2} * q * l + \frac{F}{2}$ (Formeln aus Schneider, 2024, S. 4.2)

$\max A_v = \frac{2\frac{kN}{m}*9\,m}{2} + \frac{1-\frac{2\,m}{9\,m}}{2} * 8\ kN/m * 9\ m + \frac{12\ kN}{2} = 43\ kN$

$\max M = \frac{g*l^2}{8} + (\frac{1}{8} - \frac{\alpha^2}{6}) * q * l^2 + \frac{F*l}{4}$

$\max M = \frac{2\frac{kN}{m}*(9\,m)^2}{8} + (\frac{1}{8} - \frac{(\frac{2\,m}{9\,m})^2}{6}) * 8\ kN/m * (9\ m)^2 + \frac{12\ kN * 9\ m}{4} = 123\ kNm$

Man darf zwar Einwirkungen (Lasten) superponieren, jedoch keine Systeme.
Zu beachten ist auch, dass bei der Superposition die Ergebnisse der Schnittgrößen an derselben Stelle liegen müssen.

Beispielsweise kann man das maximale Feldmoment des folgenden Beispiels nicht durch Superposition der einzelnen max. M-Werte ermitteln, da die max. Momente bzw. die Querkraft-Nullpunkte nicht an derselben Stelle liegen:

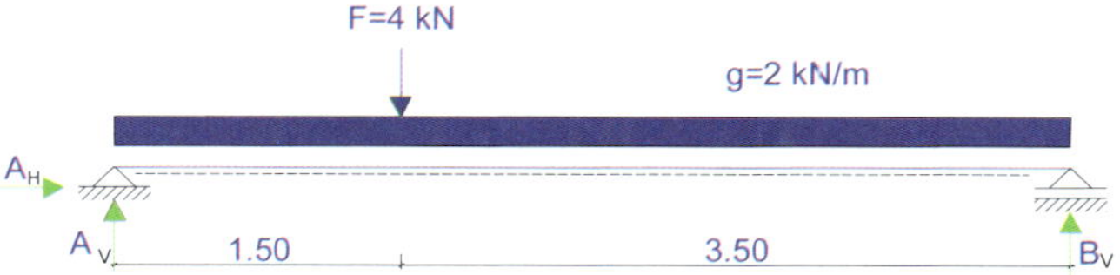

Falsch wäre: max M = 2 kN/m * (5 m)^2 / 8 + 4 kN * 1,5m * 3,5 m / 5 = 10,45 kNm
Richtig ist:

$\sum M_B = 0$ $\quad A_v$ * 5,0 m= 4 kN * 3,5 m + 2 kN/m * 5 m * 2,5 m → A_v = 7,80 kN

Unter der Einzellast beträgt die Querkraft:
$V_l = A_v$ - 2 kN/m * 1,50 m = 7,80 kN - 3,00 kN = 4,80 kN (l = bevor die Einzellast angreift)

V_r = 4,80 kN - 4,0 kN = 0,8 kN (r = nachdem die Einzellast angreift)
→ Querkraft-Nullpunkt: x_0' = 0,8 kN / 2,0 kN/m= 0,40 m (gemessen ab der Einzellast)

max M = $A_v * x_0 - 2 * x_0 * x_0 / 2 - 4 * x_0' =$ 7,80 kN * (1,5 m + 0,4 m) - 2 kN/m * (1,5 m + 0,4 m) * (1,5 m + 0,4 m) / 2 - 4 kN * 0,40 m = 9,61 kNm

oder über die Querkraftfläche:
max M = $B_V * (l - x_0) / 2$ = 6,2 kN * (5,0 m - 1,9 m) / 2 = 9,61 kNm

6.2.7.1 Übungen:

1) Berechnen Sie mit Hilfe des Superpositionsprinzips:

a) max A_V und b) max M_f!

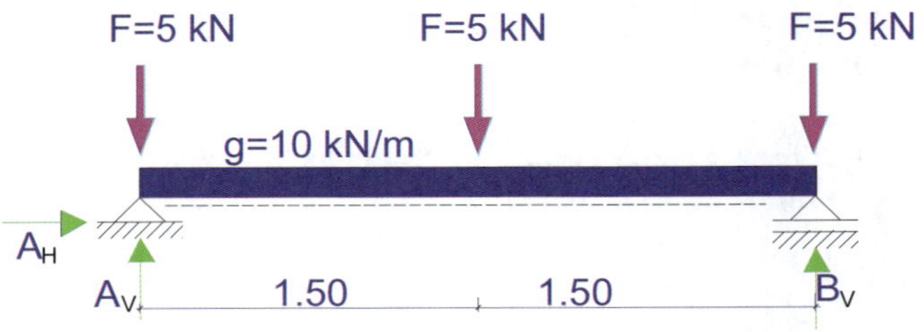

2) Berechnen Sie mit Hilfe des Superpositionsprinzips:

a) max A_V und b) max M_f!

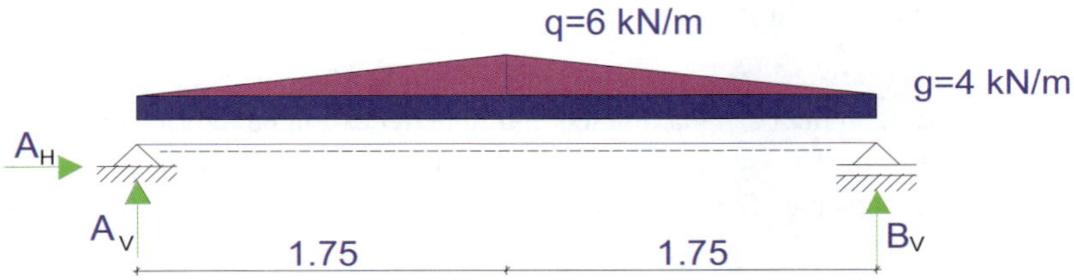

3) Berechnen Sie mit Hilfe des Superpositionsprinzips:
a) max A_V und b) max M_f!

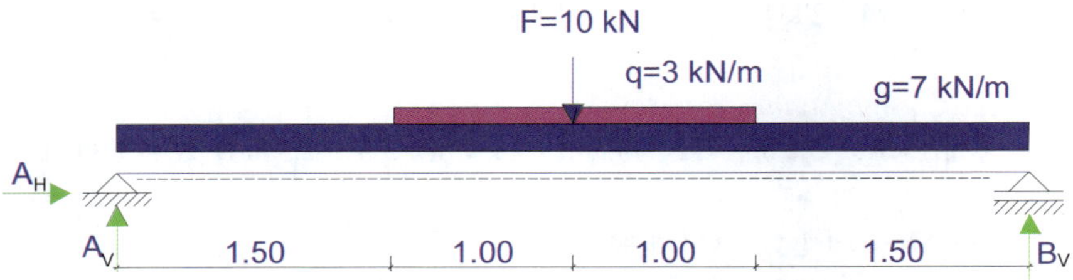

6.2.8 Ungünstigste Laststellungen (Wechsellasten)

Treten bei einem statischen System neben den ständigen Einwirkungen auch Nutzlasten auf, müssen alle Einwirkungen so angesetzt werden, dass die ungünstigsten Schnittgrößen ermittelt werden.

Ständige Einwirkungen und Nutzlasten werden jeweils ungünstig wirkend **im gesamten Feld** angesetzt.

Beispiele

1) Wechsellasten bei einem Einfeldträger mit einem Kragarm

Die folgenden Skizzen sollen - anhand einer fiktiven Party - verdeutlichen, wie die ständige Einwirkung gemeinsam mit der Nutzlast (Party) bei einem Einfeldträger mit Kragarm anzusetzen sind!

Ständige Last: $g = 6\ kN/m^2$

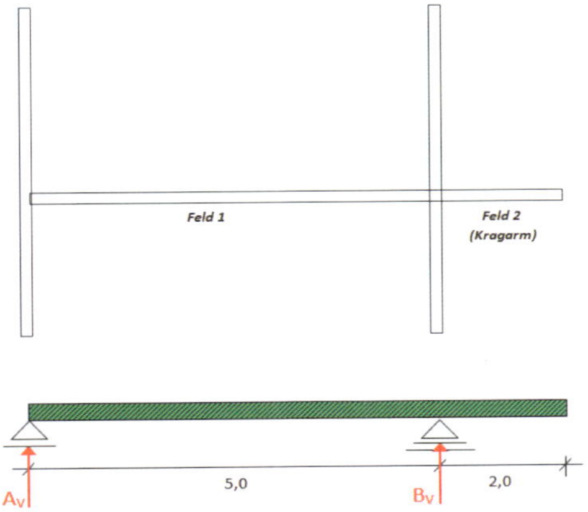

Ständige Last: $g = 6\ kN/m^2$
+ Party in Feld 1: $q = 3\ kN/m^2$

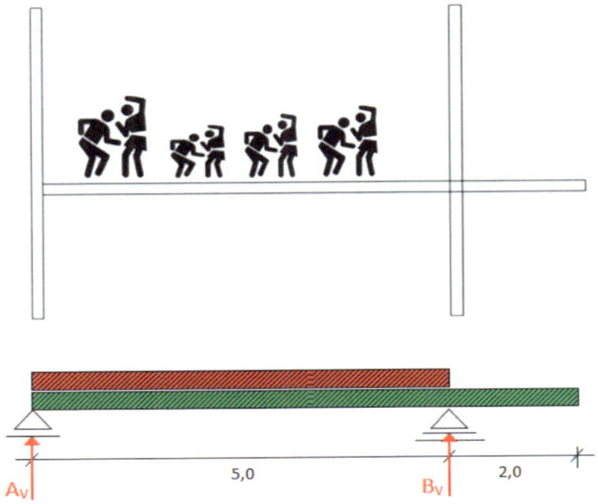

Ständige Last: $g = 6\ kN/m^2$ + Party auf dem Balkon: $q = 5\ kN/m^2$

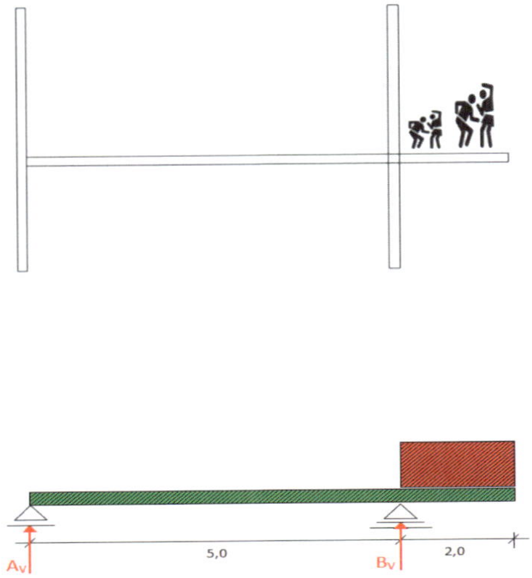

Ständige Last: $g = 6\ kN/m^2$ + Party überall:
q im Feld: $3\ kN/m^2$, q Balkon = $5\ kN/m^2$

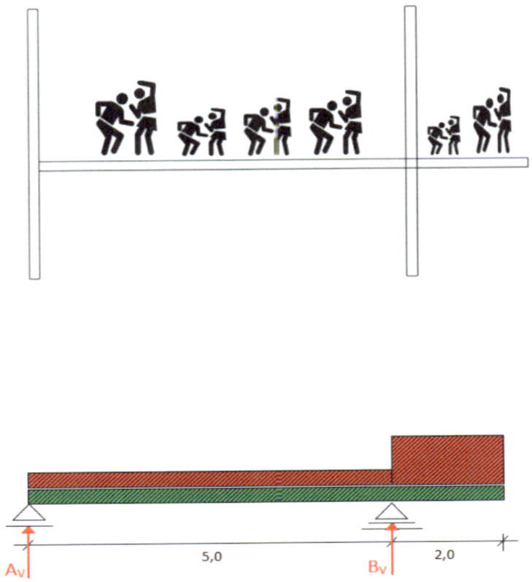

Statisches System und Einwirkungen:

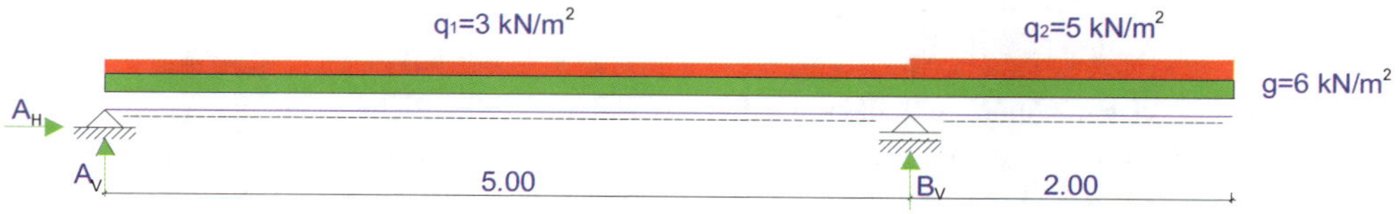

Ergebnisse der einzelnen Lastfälle: Die Größtwerte sind hier **rot** dargestellt!

Lastfall	A kN	B kN	V_A kN	V_{Bl} kN	V_{Br} kN	x_0 m	max M kNm	min M_B kNm
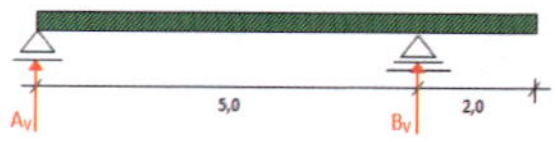	12,6	29,4	12,6	- 17,4	12,0	2,1	13,23	- 12,0
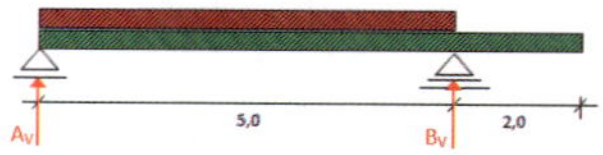	20,1	36,9	20,1	- 24,9	12,0	2,23	22,44	- 12,0
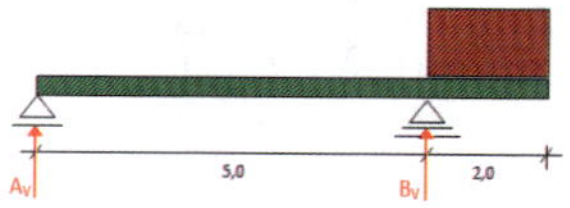	10,6	41,4	10,6	- 19,4	22,0	1,77	9,36	- 22,0
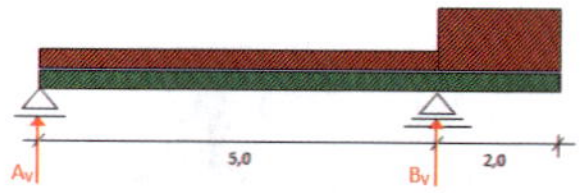	18,1	48,9	18,1	- 26,9	22,0	2,01	18,2	- 22,0

2) Wechsellasten

Wenn bei einem System neben den ständigen Lasten (hier g = 5,0 kN/m) auch Nutzlasten auftreten, müssen alle möglichen Lastfälle berechnet werden. Die ungünstigsten Schnittgrößen sind dabei maßgebend! Zu berechnen sind beim skizzierten System für jeden Lastfall: Auflagerreaktionen, Normalkräfte, Querkräfte und Biegemomente. Lastfälle:

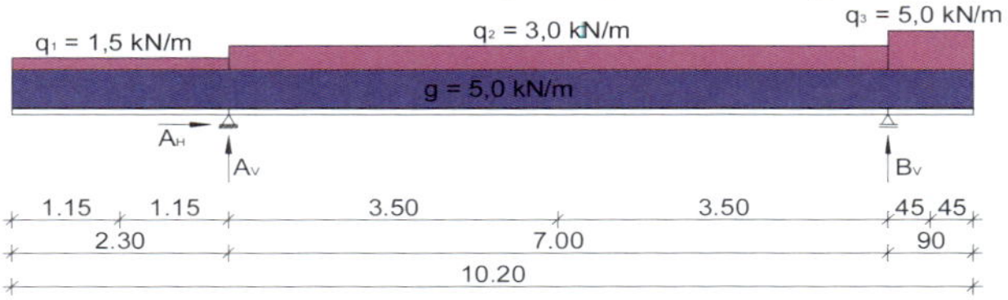

1) 	nur ständige Last: g = 5 kN/m → Für die Weiterleitung an abtragende Bauteile
2) 	ständige Last und Verkehrslast im Feld: → max Feldmoment
3) 	ständige Last und Verkehrslast Kragarm rechts: → max Auflagerreaktion bei Auflager A → max Stützmoment bei B (negatives Maximum)
4) 	ständige Last und Verkehrslast Kragarm links: → max Auflagerreaktion bei Auflager B → max Stützmoment bei A (negatives Maximum)
5) 	ständige Last und Verkehrslast Kragarm links und rechts: → min Feldmoment → max Stützmoment bei B (negatives Maximum) → max Stützmoment bei A (negatives Maximum)
6) 	ständige Last und Verkehrslast im Feld und Kragarm rechts: → max Auflagerreaktion B_V, min $V_{E,l}$, max $V_{B,r}$ → max Stützmoment bei B
7) 	ständige Last und Verkehrslast im Feld und Kragarm links: → max Auflagerreaktion A_V, max Biegemoment A Min $V_{A,l}$, max $V_{A,r}$
8) 	ständige Last und Verkehrslast im Feld und Kragarm links und rechts → max Belastung max Stützmoment bei B max (negatives Maximum) → Stützmoment bei A (negatives Maximum)

Lastfall	Querkraft Vz [kN]	Momentenfläche My [kNm]
1) ohne Verkehrslast A_V = 30,60 kN B_V = 20,40 kN $V_{A/li}$ = -11,50 kN M_A = -13,22 kNm $V_{A/re}$ = 19,10 kN M_B = -2,03 kNm $V_{B/li}$ = -15,90 kN x_0 = 3,82 m $V_{B/re}$ = 4,50 kN M_f = 23,26 kNm	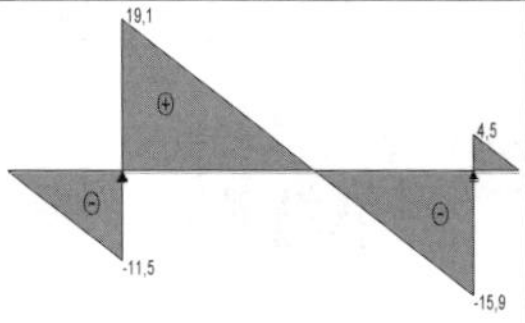	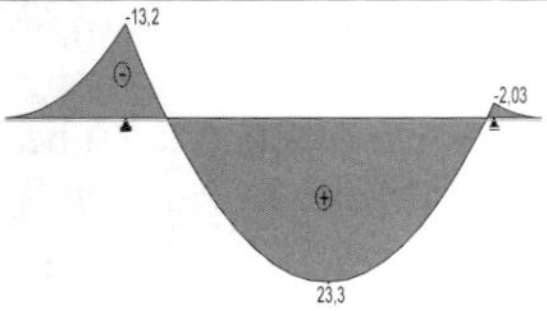
2) Verkehrslast im Feld A_V = 41,10 kN B_V = 30,90 kN $V_{A/li}$ = -11,50 kN M_A = -13,22 kNm $V_{A/re}$ = 29,60 kN M_B = -2,03 kNm $V_{B/li}$ = -26,40 kN x_0 = 3,70 m $V_{B/re}$ = 4,50 kN M_f = 41,54 kNm	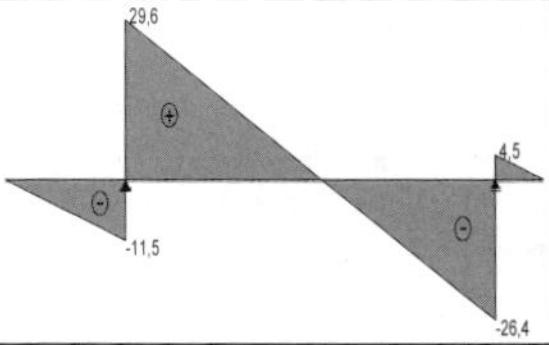	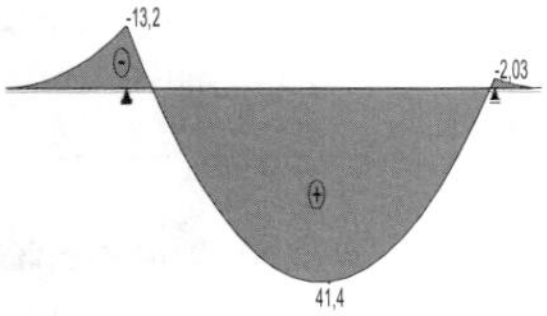
3) Verkehrslast Kragarm rechts A_V = 30,31 kN B_V = 25,19 kN $V_{A/li}$ = -11,50 kN M_A = -13,22 kNm $V_{A/re}$ = 18,81 kN M_B = -4,05 kNm $V_{B/li}$ = -16,19 kN x_0 = 3,76 m $V_{B/re}$ = 9,00 kN M_f = 22,16 kNm	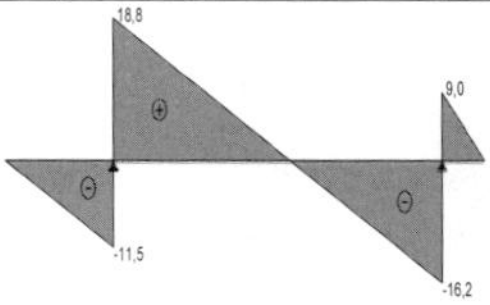	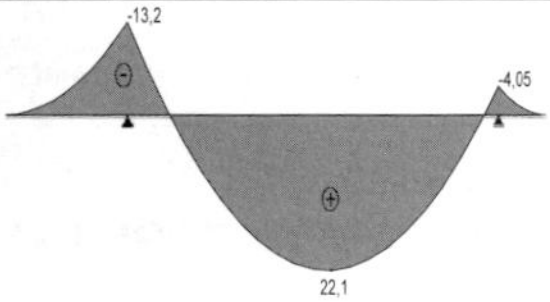
4) Verkehrslast Kragarm links A_V = 34,62 kN B_V = 19,83 kN $V_{A/li}$ = -14,95 kN M_A = -17,19 kNm $V_{A/re}$ = 19,67 kN M_B = -2,02 kNm $V_{B/li}$ = -15,33 kN x_0 = 3,93 m $V_{B/re}$ = 4,50 kN M_f = 21,49 kNm	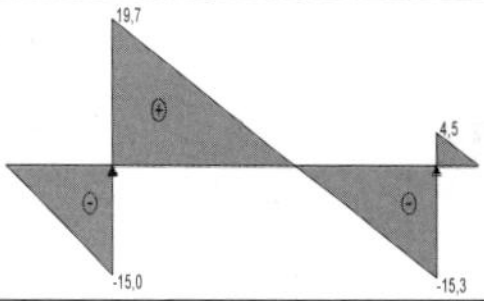	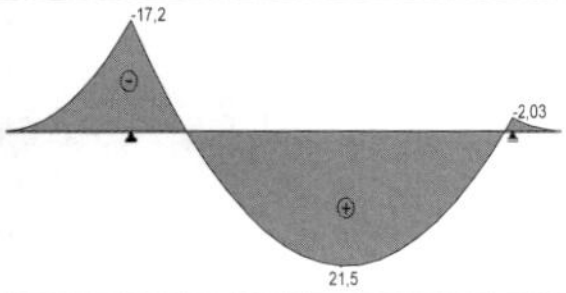
5)Verkehrslast Kragarm rechts und links A_V = 34,33 kN B_V = 24,62 kN $V_{A/li}$ = -14,95 kN M_A = -17,19 kNm $V_{A/re}$ = 19,38 kN M_B = -4,05 kNm $V_{B/li}$ = -15,62 kN x_0 = 3,88 m $V_{B/re}$ = 9,00 kN M_f = 20,36 kNm	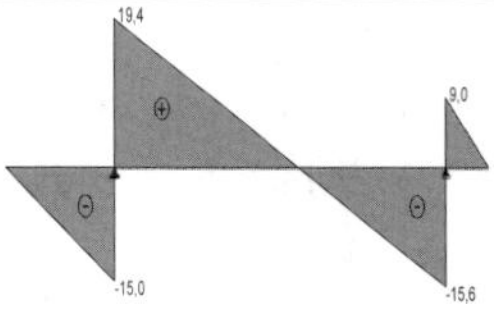	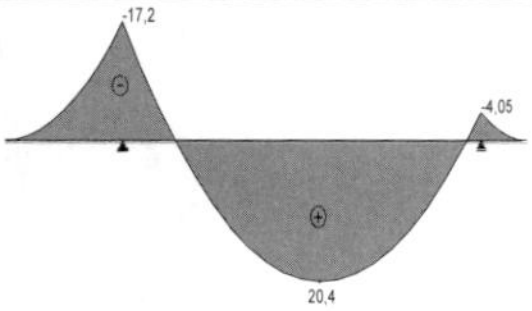
6) Verkehrslast Feld und Kragarm rechts A_V = 40,81 kN B_V = 35,69 kN $V_{A/li}$ = -11,50 kN M_A = -13,22 kNm $V_{A/re}$ = 29,31 kN M_B = -4,05 KNm $V_{B/li}$ = -26,69 kN x_0 = 3,66 m $V_{B/re}$ = 9,00 kN M_f = 40,47 kNm	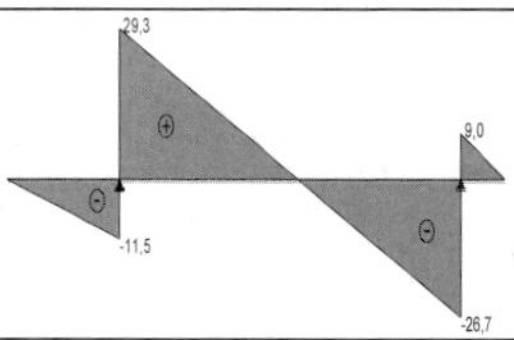	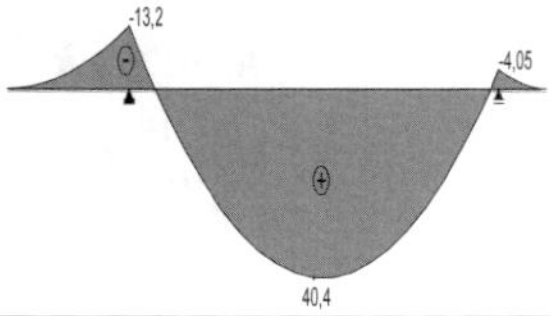
7) Verkehrslast Feld und Kragarm links A_V = 45,12 kN B_V = 30,33 kN $V_{A/li}$ = -14,95 kN M_A = -17,19 kNm $V_{A/re}$ = 30,17 kN M_B = -2,02 kNm $V_{B/li}$ = -25,83 kN x_0 = 3,77 m $V_{B/re}$ = 4,50 kN M_f = 39,68 kNm	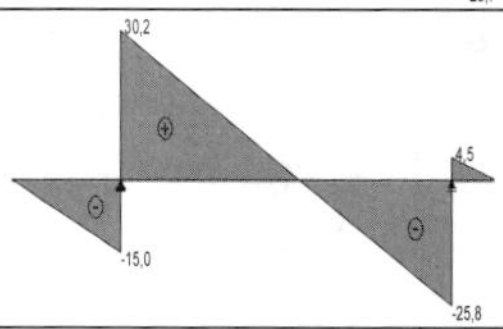	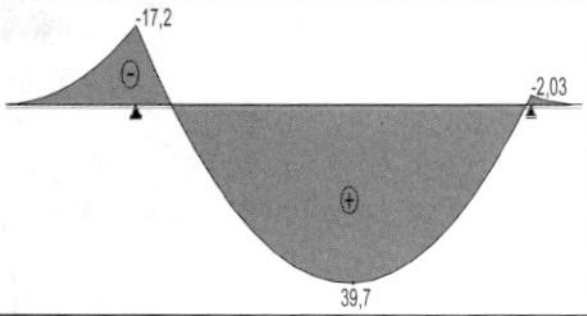
8) alle Lasten zusammen A_V = 44,83 kN B_V = 35,12 kN $V_{A/li}$ = -14,95 kN M_A = -17,19 kNm $V_{A/re}$ = 29,88 kN M_B = -4,05 kNm $V_{B/li}$ = -26,12 kN x_0 = 3,74 m $V_{B/re}$ = 9,00 kN M_f = 38,50 kNm	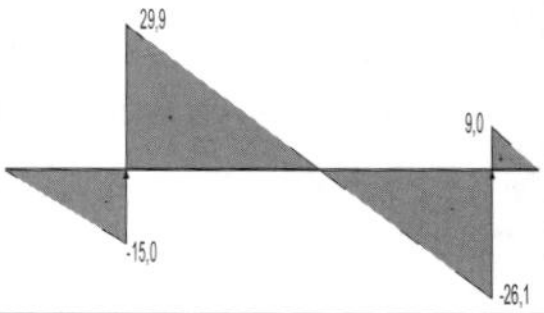	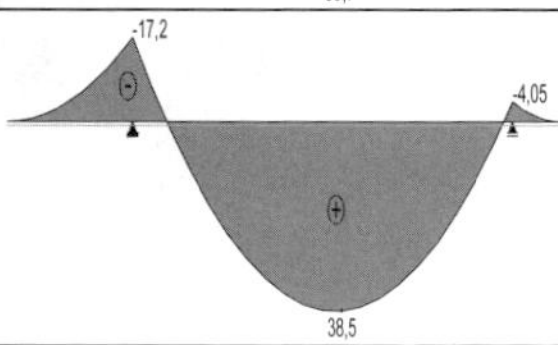

3) Wechsellasten bei einem Zweifeldträger

Die jeweiligen Durchbiegungen sind **rot** dargestellt.

Lastfall 1: Ständige Last:
Diese Einwirkung wirkt
ständig in beiden Feldern

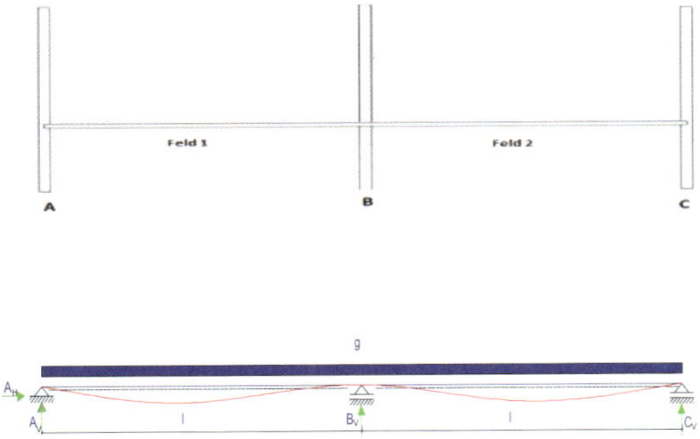

Lastfall 2: Party in Feld 1:
Neben der ständigen Last wirkt
die Nutzlast im gesamten Feld 1

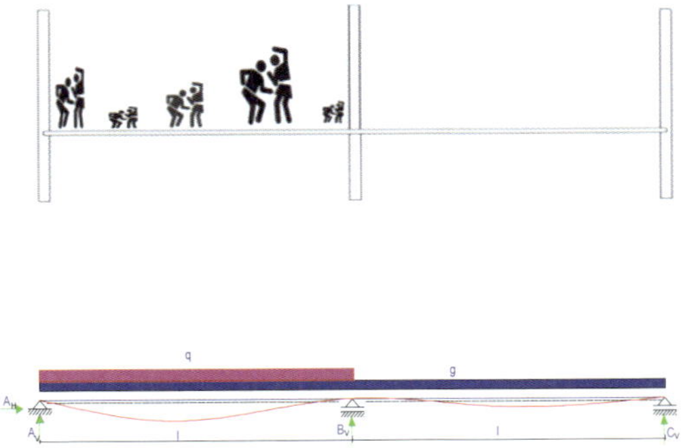

Lastfall 3: Party in Feld 2:
Neben der ständigen Last wirkt
die Nutzlast im gesamten Feld 2

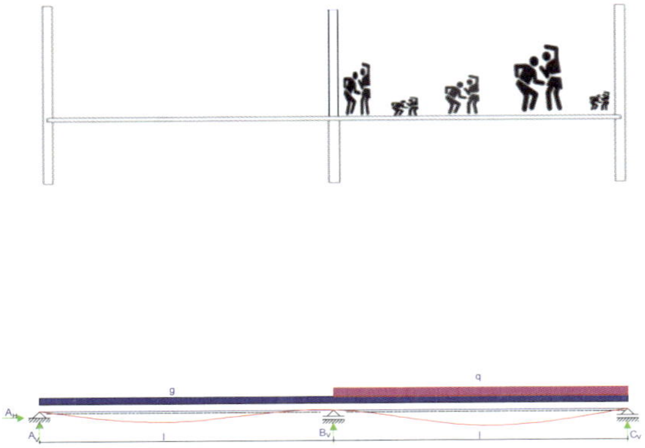

Lastfall 4: Party in Feld 1 und Feld 2:
Neben der ständigen Last wirkt
die Nutzlast in beiden Feldern

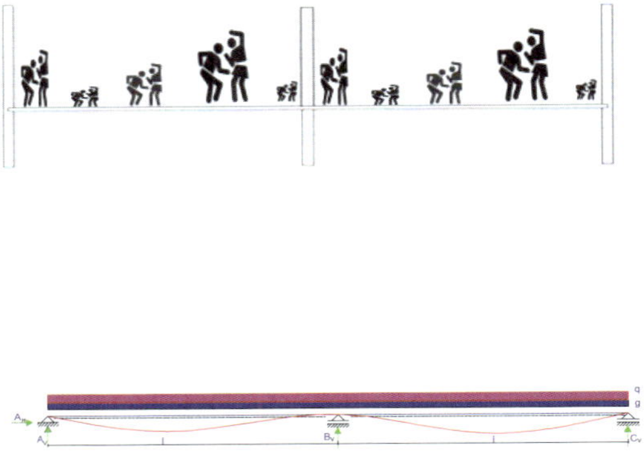

In diesem Beispiel sind vier Lastfälle zu untersuchen.

Frage: Wieviel Lastfälle sind bei einem Dreifeldträger mit ständiger Last und Nutzlast als Gleichlasten zu untersuchen?

Antwort: Acht Lastfälle.

6.2.9 Gerberträger (= Gelenkträger)

Statisch bestimmte Träger mit einem Gelenk oder mehreren Gelenken werden Gerberträger[11] oder auch Gelenkträger genannt.

An der Stelle des Gelenkes ist das Biegemoment gleich Null. Gerberträger werden z. B. bei Dachkonstruktionen oder bei Brücken verwendet. Durch geschickte Anordnung der Gelenke werden die größten Feldmomente vom Betrag so groß wie die größten Stützmomente. Dadurch kann der Träger sehr wirtschaftlich dimensioniert werden.

Optimaler Ort des Gelenkes bei Gleichstreckenlast: a = 0,1716 * l = 0,1716 * 5,00 m = 0,86 m (vgl. Schneider, 2024, S. 4.6)

Beispiel: Zweifeldträger mit einem Gelenk rechts der Stütze B:

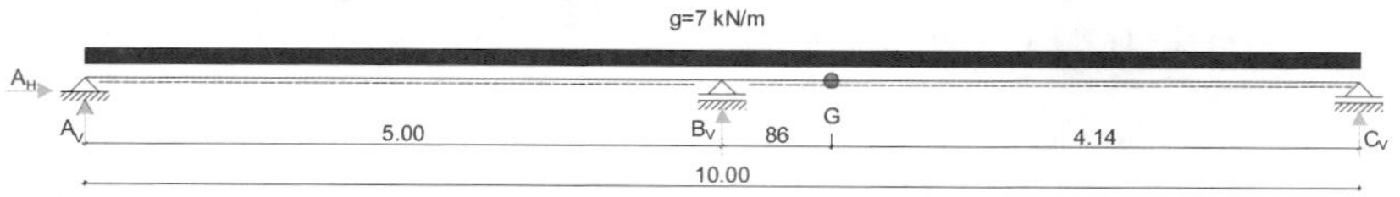

oder: System idealisiert dargestellt:

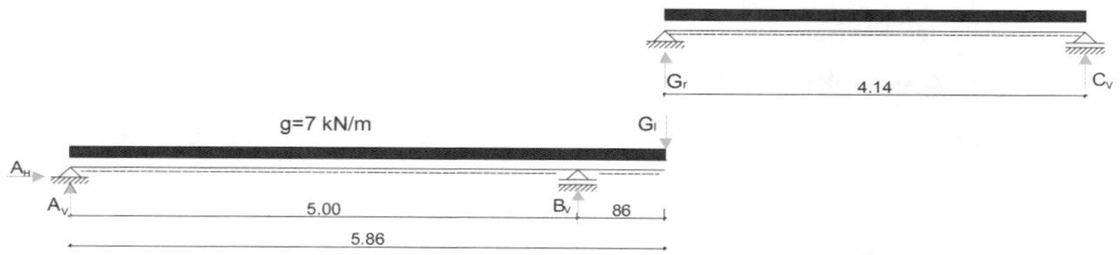

Auflagerkräfte **$\Sigma M_A = 0$** $7\ kN/m * 10{,}0\ m * 5{,}0\ m = B_v * 5\ m + C_v * 10\ m$

$350\ kNm = 5\ m * B_v + 10\ m * C_v$

$70\ kN = B_v + 2\ m * C_v$

$\Sigma M_{G,l} = 0$ $A_v * 5{,}86\ m + B_v * 0{,}86\ m = 7\ kN/m * \frac{(5{,}86\ m)^2}{2}$

$\Sigma M_{G,r} = 0$ $7\ kN/m * (4{,}14\ m)^2 / 2 = C_v * 4{,}14\ m$

$C_v = 14{,}49\ kN \rightarrow 70\ kN = B_v + 2\ m * 14{,}49\ kN \rightarrow B_v = 41{,}02\ kN$

$\Sigma M_C = 0$ $A_v * 10\ m + B_v * 5\ m = 7\ kN/m * 10\ m * 5\ m$

$A_v * 10\ m + B_v * 5\ m = 350\ kNm$

$A_v * 10\ m + 41{,}02\ kN * 5\ m = 350\ kNm \rightarrow A_v = 14{,}49\ kN$

Probe: **$\Sigma V = 0$** $A_v + B_v + C_v = 7\ kN/m * 10\ m$ **$\Sigma H = 0$** $A_H = 0$

[11] Der Träger ist nach dem deutschen Ingenieur Heinrich Gottfried Gerber (1832–1912) benannt, der darauf 1866 ein Patent bekam.

$$14{,}49\ kN + 41{,}02\ kN + 14{,}49\ kN = 70\ kN$$

Querkräfte [kN]

$V_A = A_v = 14{,}49$ $\qquad$ $V_{A,l} = 14{,}49 - 7\ kN/m * 5{,}0\ m = -20{,}51$

$V_{B,r} = -20{,}51 + 41{,}02 = 20{,}51$ $\qquad$ $V_G = 20{,}51 - 7\ kN/m * 0{,}86\ m = 14{,}49$

$V_{C,li} = 14{,}49 - 7\ kN/m * 4{,}14\ m = -14{,}49$ $\qquad$ $V_{C,r} = -14{,}49 + 14{,}49 = 0$

V - Fläche:

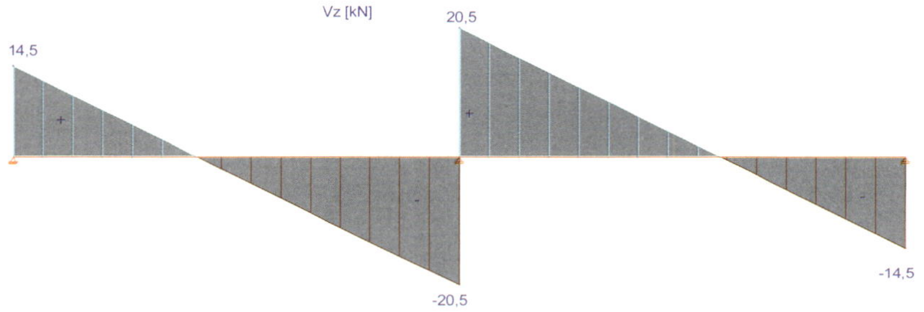

$$x_1 = \frac{Av}{g} = \frac{14{,}49\ kN}{7\frac{kN}{m}} = 2{,}07\ m$$

Normalkräfte $\qquad$ $N = 0$

Biegemomente [kNm]

1. Feld $\quad M_A = 0 \qquad \max M_{f,1} = 14{,}49\ kN * 2{,}07\ m - 7\ kN/m * \frac{(2{,}07\ m)^2}{2} = 15{,}0$

$M_B = 14{,}49\ kN * 5\ m - 7\ kN/m * \frac{(5\ m)^2}{2} = -15{,}05$

$M_G = 0$

2. Feld $\quad \max M_{f,2} = 14{,}49\ kN * 2{,}07\ m - 7\ kN/m * \frac{(2{,}07\ m)^2}{2} = 15{,}00$

$Mc = 14{,}49\ kN * 4{,}14\ m - 7\ kN/m * \frac{(4{,}14\ m)^2}{2} = 0$

M - Fläche:

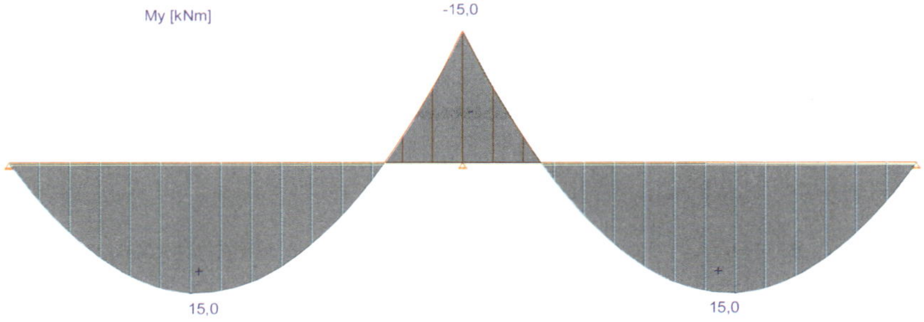

Fazit:

Durch die geschickte Anordnung des Gelenkes ist das Stützmoment M_B betragsmäßig so groß wie die größten Feldmomente. Dies führt zu einer sehr wirtschaftlichen Bemessung.

6.2.10 Fachwerkträger

6.2.10.1 Allgemeines

Fachwerke haben in der Bautechnik eine große Bedeutung. Man findet sie als tragende Bauteile beispielsweise bei Dächern, bei Hallen und bei Brücken. Sie dienen aber auch als Aussteifungsbauteile in Dächern und Wänden - aber auch als Gedankenmodell, z. B. für die Querkraftbemessung im Stahlbetonbau.

Fachwerke können innerlich und äußerlich statisch bestimmt oder unbestimmt sein. Nachfolgend werden lediglich statisch bestimmte Fachwerke behandelt. Fachwerke bestehen aus geraden Stäben, die in Knoten gelenkig miteinander verbunden sind und vertikal, horizontal oder schräg angeordnet werden. Man zählt sie zu den Stabtragwerken.

Das einfachste Fachwerk besteht aus drei Stäben, die gelenkig miteinander verbunden sind, z. B. beim Sprengwerk (vgl. Skizze) oder Sparrendach.

Liegen bei einem Fachwerk alle Stäbe in einer Ebene, so sprechen wir von einem ebenen Fachwerk (Stabtragwerk), andernfalls liegt ein Raumfachwerk (= räumliches Fachwerk) vor.

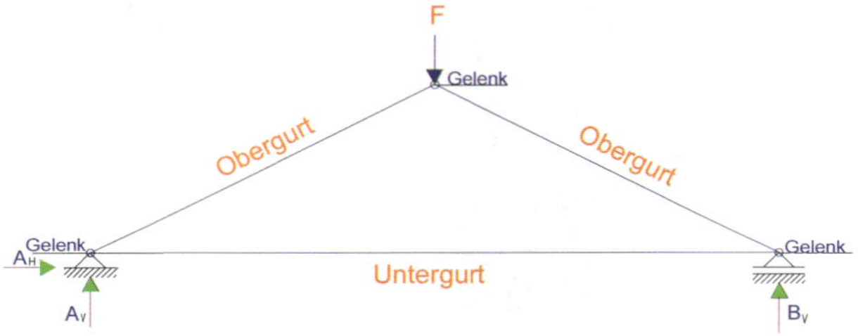

Die Fachwerke bestehen i. d. R. aus aneinandergereihten Dreiecken. In der Praxis existieren sehr vielfältige Binderformen. Welche Binderform letztendlich gewählt wird, hängt von den architektonischen Rahmenbedingungen und vom Bauherrn bzw. dem Konstrukteur ab.

6.2.10.2 Annahmen

Bei der Berechnung der Fachwerke trifft man folgende, vereinfachende Annahmen:[12]

- In jedem Knoten, das sind die Punkte, in denen Stäbe zusammentreffen, wird angenommen, dass die Stäbe durch ein reibungsfreies Gelenk miteinander verbunden sind.
- Die Lasten greifen ausschließlich in Knoten an.
- In jedem Knoten schneiden sich die Achsen aller angeschlossenen Stäbe und die Wirkungslinien aller angreifenden Lasten in einem gemeinsamen Punkt.

Daraus folgt, dass man bei der Berechnung von ebenen Fachwerken keine Querkräfte und keine Biegemomente berechnen muss, sondern lediglich Normalkräfte. In der Realität sind die Stäbe jedoch in den Knotenpunkten sehr häufig biegesteif miteinander verbunden, was dazu führt, dass in den Stäben - entgegen der obigen Annahme - doch Biegemomente und Querkräfte hervorge-

[12] Wagner, 1975, S. 206.

rufen werden. Die hierdurch verursachten Zusatz- oder Nebenspannungen sind relativ gering und werden in der Regel vernachlässigt.

Auch die Annahme, dass die Lasten ausschließlich in Knotenpunkten angreifen, trifft die Realität nicht genau: Das Eigengewicht der Stäbe wirkt zwischen den Knoten als gleichmäßig verteilte Last, und bei Dachbindern kommt es vor, dass Pfetten auf einem Fachwerkstab zwischen zwei Knotenpunkten gelagert sind. Hier hilft man sich so, dass man Lasten, die auf Stäbe anstatt auf Knoten wirken, den nächstliegenden Knoten zuweist (vgl. Skizze!).

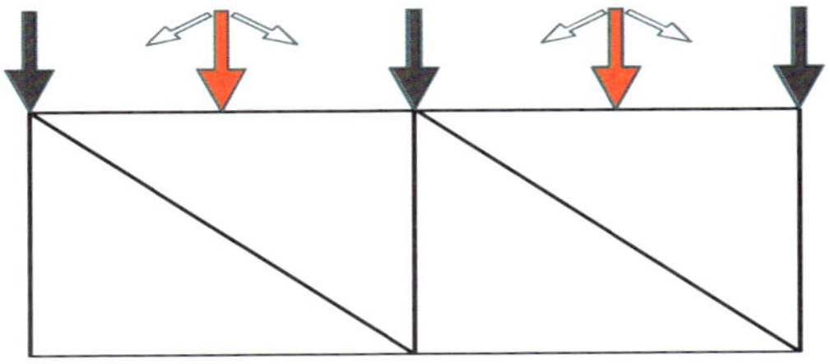

Nach der Ermittlung der Längskräfte (= Normalkräfte) in den Fachwerkstäben unter Beachtung der obigen Annahmen werden dann anschließend, in einem zweiten Rechnungsgang, Biegemomente und Querkräfte in den zwischen den Knoten belasteten Stäben ermittelt.

Dabei betrachtet man aber nicht den Fachwerkträger im Ganzen, sondern nur einen zwischen den Knoten belasteten Stab allein oder im Zusammenhang mit seinen nächsten Nachbarstäben. Bei der abschließenden Bemessung werden dann Längskräfte aus Knotenlasten und Biegemomente und Querkräfte aus Lasten zwischen den Knoten gemeinsam angesetzt (überlagert).

Das Bindereigengewicht ist i. allg. verhältnismäßig gering. Es wird bei Fachwerkbalken und Fachwerkbindern als gleichmäßig verteilt angenommen und den benachbarten Knoten zugewiesen.

Die Stäbe eines Fachwerkes lassen sich einteilen in die inneren Füllstäbe und die äußeren Gurtstäbe.[13] Die Füllstäbe ergeben die Ausfachung, die Gurtstäbe bilden die beiden Gurtungen oder Ober- und Untergurt. Lotrechte Füllstäbe werden als Ständer oder Pfosten bezeichnet, ferner sind die Ausdrücke Vertikalstäbe oder kurz Vertikale gebräuchlich. Geneigte Füllstäbe heißen Streben oder Diagonale. Die Anordnung der Stäbe obliegt, ebenso wie die oben erwähnte Binderform, dem Konstrukteur, evtl. in Absprache mit dem Bauherrn und dem Architekten.

6.2.10.3 Ermittlung der Stabkräfte

Um ein Fachwerk sicher und wirtschaftlich zu bemessen, ist die Ermittlung der Stabkräfte Voraussetzung. Mit der Ermittlung der Stabkräfte will man folgende Fragen beantworten:

- Wie groß sind die Kräfte in den Stäben des Fachwerkes?
- Sind in den Stäben Druck- oder Zugkräfte vorhanden?
- Existieren im Fachwerk auch Stäbe ohne Kräfte, sogenannte Nullstäbe?

---

[13] Wagner, 1975, S. 207.

Die Ermittlung der Stabkräfte kann zeichnerisch oder rechnerisch erfolgen. Einem zeichnerischen Verfahren stehen zwei rechnerische Verfahren gegenüber, wobei die Ergebnisse der rechnerischen Verfahren genauer sind als diejenigen des zeichnerischen Verfahrens.

Alle Verfahren setzen voraus, dass am Fachwerk Gleichgewicht vorhanden ist und somit die Gleichgewichtsbedingungen gelten.

Das zeichnerische Verfahren wurde nach CREMONA[14] benannt, die beiden rechnerischen Verfahren heißen Knotenpunktverfahren und RITTER[15]-Schnitt-Verfahren.

Diese drei Verfahren sollen nachfolgend an den gleichen, einfachen Beispielen behandelt werden. Zuvor sei noch darauf hingewiesen, dass bei jedem dieser Verfahren zunächst immer die Auflagerkräfte des gegebenen Fachwerkes ermittelt werden sollten.

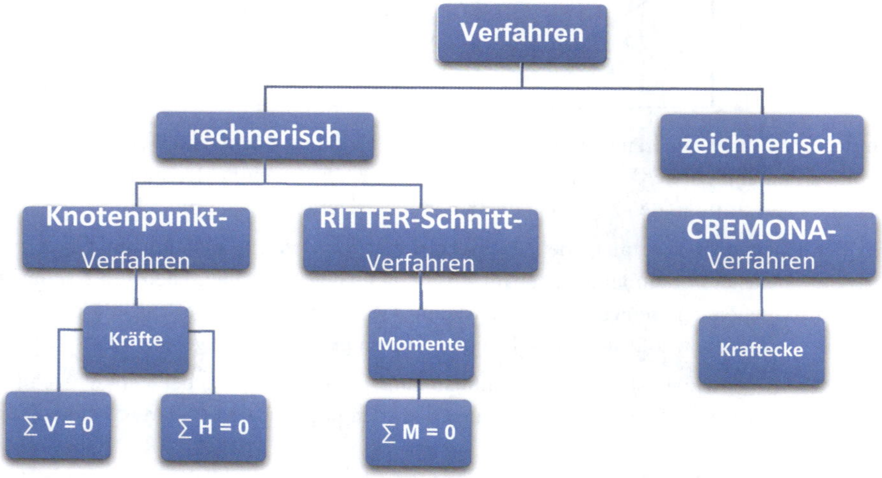

Beispiele:

1) geg.: einfaches, symmetrisches Sprengwerk

ges.: Ermittlung der Auflagerkräfte und der Stabkräfte O_1, O_2 und U

a) rechnerisch und b) zeichnerisch

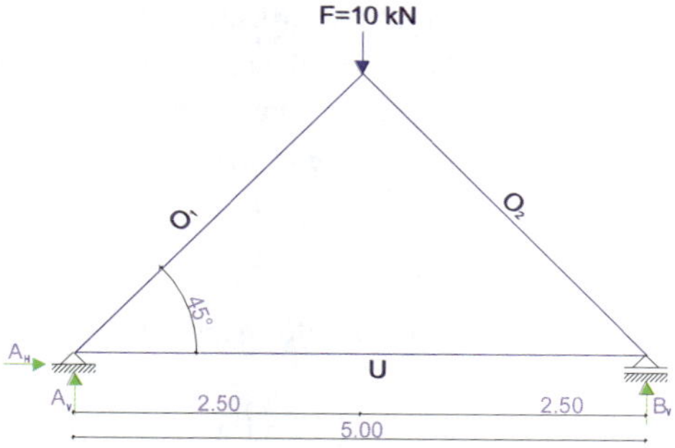

Sowohl bei den rechnerischen als auch bei den zeichnerischen Verfahren sollten zunächst die Auflagerreaktionen A_V, A_H und B_V sowie der bzw. die vorhandenen Winkel bestimmt werden.

$A_V = B_V = \frac{10\ \text{kN}}{2} = 5\ \text{kN},\ A_H = 0,\ \tan\alpha = \frac{2{,}5\ \text{m}}{2{,}5\ \text{m}} = 1{,}0 \rightarrow \alpha = 45\ °$

[14] Antonio Luigi Gaudenzio Giuseppe Cremona (1830 -1903).

[15] August Ritter (1826 – 1908).

a) Rechnerische Lösung:

Bei beiden rechnerischen Verfahren wird ein beliebiger gedanklicher Schnitt durch das Fachwerk (hier: Sprengwerk) geführt.

Man schneidet das Sprengwerk zunächst rechts von Auflager A und betrachtet das linke Schnittufer (= das linke abgeschnittene Teil). Die dabei aufgeschnittenen Stäbe, hier O_1 und U_1, werden alle als Zugkräfte angenommen, d. h. vom Schnitt weg weisend.

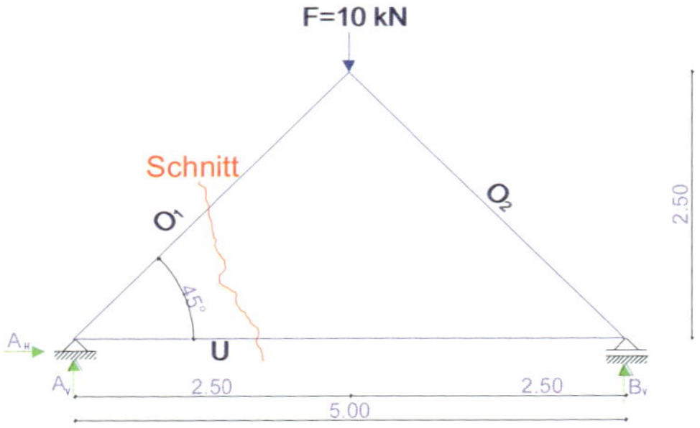

aa) Knotenpunktverfahren

Zur Lösung werden die beiden Gleichgewichtsbedingungen der **Kräfte** benutzt:

$\Sigma V = 0$ und $\Sigma H = 0$

und nacheinander für das linke Teilsystem angeschrieben:

$\Sigma V = 0$

$$\downarrow = \uparrow$$

$$0 = O_{1V} + A_V \rightarrow O_{1V} = -A_V = -5{,}0 \text{ kN}$$

$$\sin\alpha = \frac{O_{1,V}}{O_1}$$

$$O_1 = \frac{O_{1,V}}{\sin\alpha} = \frac{-5{,}0 \text{ kN}}{\sin 45°} = -7{,}07 \text{ kN} \quad \text{(Druckkraft)}$$

$$\cos\alpha = \frac{O_{1,H}}{O_1}$$

$$\rightarrow O_{1,H} = \cos\alpha * O_1 = \cos 45° * -7{,}07 \text{ kN} = -5{,}0 \text{ kN}$$

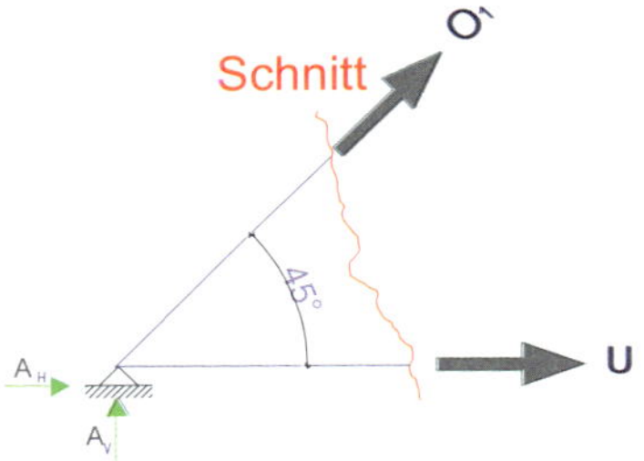

$\Sigma H = 0$

$$\rightarrow \; = \; \leftarrow$$

$A_H + U + O_{1,H} = 0$ da $A_H = 0$:

$U + O_{1,H} = 0$

$U = -\cos\alpha * O_1 = -\cos 45° * -7{,}07 \text{ kN} = +5{,}0 \text{ kN}$ (Zugkraft)

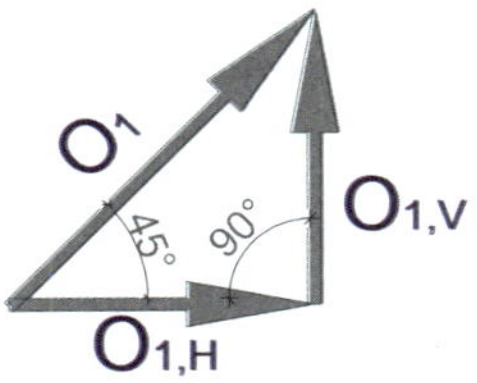

Da Symmetrie vorhanden ist: $O_1 = O_2$

ab) Probe mit Ritter-Schnitt-Verfahren:

Man benutzt die Gleichgewichtsbedingung $\Sigma M = 0$ und dreht um einen Punkt, an dem die Momente gleich Null sind, also an einem Gelenk. Gelenke sind gemäß o. a. Annahme in jedem Knoten, also bei A, B und C. Es wird nun ausschließlich das linke Teilsystem betrachtet!

Der Hebelarm der Kraft O_1 zum Punkt B sei H_O.

$H_O^2 = (2{,}5\ m)^2 + (2{,}5\ m)^2$ (Pythagoras)

$H_O = \sqrt{((6{,}25\ m)^2 + (6{,}25\ m^2))} = \sqrt{(12{,}5\ m^2)} = 3{,}54\ m$

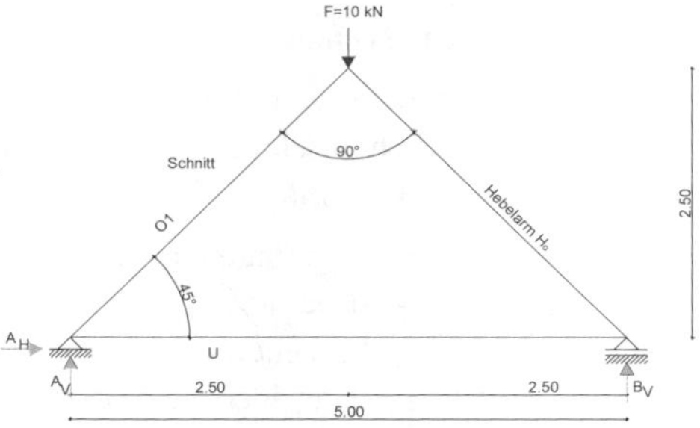

$\Sigma M_B = 0$

$A_V * 5{,}00\ m + O_1 * H_O = 0$

$O_1 * 3{,}54\ m = -\ 5{,}0\ kN * 5{,}00\ m$

$O_1 = \frac{-\ 25{,}0\ kNm}{3{,}54\ m} = -\ 7{,}07\ kN$

$\Sigma M_C = 0$

$A_V * 2{,}5\ m = U * 2{,}5\ m$

$U = \frac{5{,}0\ kN * 2{,}5\ m}{2{,}5\ m} = 5\ kN$

b) zeichnerische Lösung nach CREMONA

Merksätze für das Vorgehen bei der zeichnerischen Lösung nach CREMONA:

- Zuerst die Auflagerkräfte bestimmen: A_V, B_V und A_H.
- Kräftemaßstab so festlegen, dass alle Kräfte auf das Zeichenblatt passen.

  Z. B.: 1 cm = … kN
- Mit den **äußeren** Kräften (Einwirkungen (= Belastungen) + Auflagerkräfte) beginnen.

  Im Uhrzeigersinn - außen - um das gesamte System gehen und ausschließlich die äußeren Kräfte - also Auflagerkräfte und Einwirkungen – betrachten.
- Gleichgewicht herstellen! D. h.: Die Kraftecke sind geschlossen. Alle Pfeile der Kräfte laufen sich im Krafteck nach! Man endet dort, wo man begonnen hat.
- Zur Ermittlung der **inneren** Kräfte: Man betrachtet jeweils einen Knoten. An dem Knoten beginnen, an dem mindestens eine Kraft bekannt ist. Es dürfen nicht mehr als zwei Kräfte unbekannt sein.
- Im Uhrzeigersinn um den jeweiligen Knoten gehen (s. o.).
- Bei den weiteren Knoten: Mit dem Stab anfangen, mit dem man zuvor aufgehört hat.
- Gleichgewicht am Knoten herstellen! D. h.: Die Kraftecke sind geschlossen (alle Pfeile der Kräfte laufen sich im Krafteck nach). Man endet dort, wo man begonnen hat.
- Im Krafteck an dem Punkt aufhören, wo angefangen wurde („dort landen, wo gestartet wurde“).
- An einem Knoten dürfen nicht mehr als zwei Kräfte unbekannt sein! Wird ein Stab einmal als Druck-, bzw. Zugstab definiert, verbleibt dies auch so bei anderen Knoten.

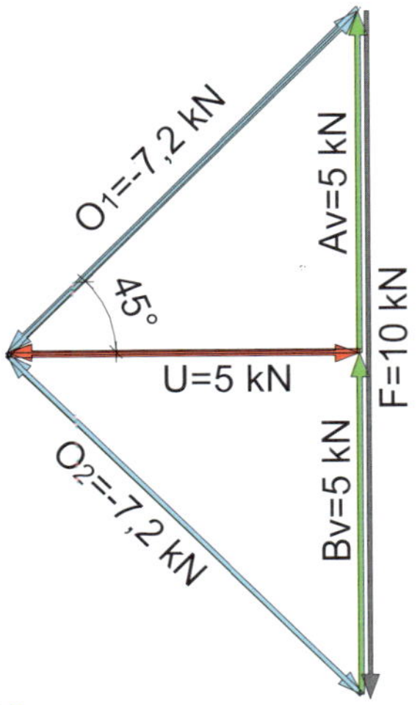

Vorzeichen:

Die (Pfeil-) Richtung der Wirkung der Kraft im Krafteck wird auf das statische System übertragen.

Geht die Kraft auf den Knoten zu: Druck: -

Geht die Kraft vom Knoten weg: Zug: +

Kräftemaßstab:

z. B.: 1 cm = 1 kN

(hier ohne Maßstab abgebildet)

Ergebnis:

$O_1 = O_2 = -7{,}2$ kN (Druck)

$U = +5$ kN (Zug)

Die zeichnerische Lösung ist ungenauer als die rechnerische Lösung.

2) geg.: Asymmetrisches Sprengwerk

ges.: Ermittlung der Auflagerkräfte und der Stabkräfte O_1, O_2 und U

a) rechnerisch und

b) zeichnerisch

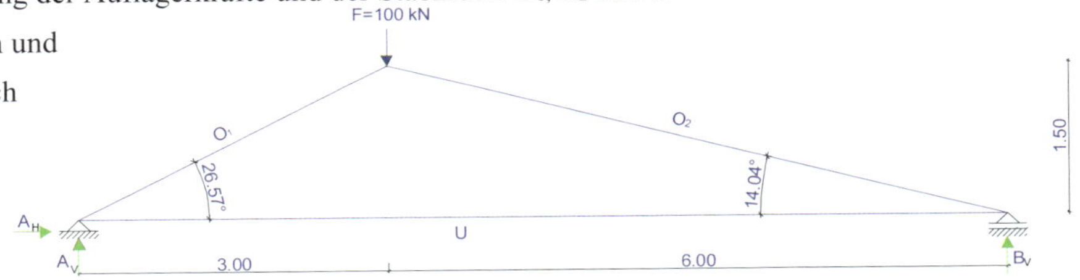

a) Rechnerische Lösung

| $\Sigma M_A = 0$ |

$100 \text{ kN} * 3{,}0 \text{ m} = B_V * 9{,}0 \text{ m}$

$\rightarrow B_V = 33{,}33$ kN

| $\Sigma M_B = 0$ |

$100 \text{ kN} * 6{,}0 \text{ m} = A_V * 9{,}0 \text{ m}$

$\rightarrow A_V = 66{,}67$ kN

Probe: | $\Sigma V = 0$ |

$A_V + B_V = F$

$66{,}67 \text{ kN} + 33{,}33 \text{ kN} = 100 \text{ kN}$

| $\Sigma H = 0$ |

$A_H = 0$

$\tan \alpha = 1{,}5 \text{ m} / 3{,}0 \text{ m} = 0{,}50 \rightarrow \alpha = 26{,}57°$

$\tan \beta = 1{,}5 \text{ m} / 6{,}0 \text{ m} = 0{,}25 \rightarrow \beta = 14{,}04°$

Knoten A: $\Sigma V = 0$

$A_V + O_{1,V} = 0$

$\rightarrow O_{1,V} = - A_V = - 66{,}67 \text{ kN}$

$\sin \alpha = \frac{O_{1,V}}{O_1} \rightarrow O_1 = \frac{O_{1,V}}{\sin \alpha} = - 149{,}05 \text{ kN}$ (Druckkraft)

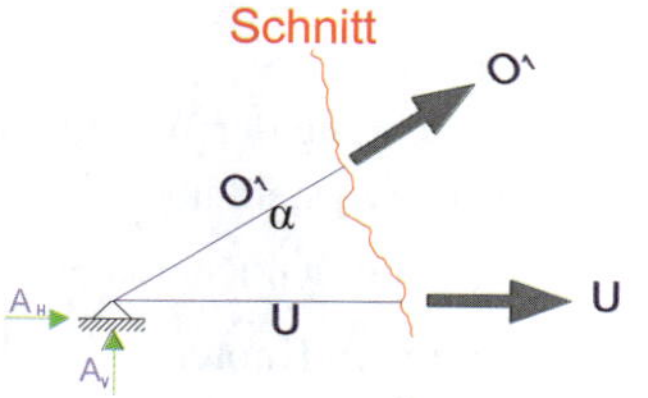

$\Sigma H = 0$

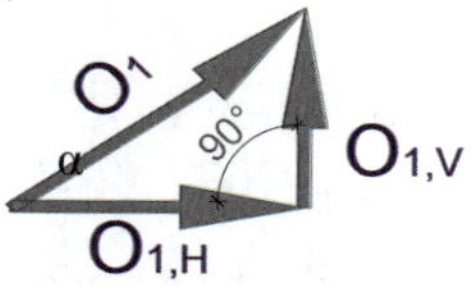

$A_H + U + O_{1,H} = 0$

$\cos \alpha = \frac{O_{1,H}}{O_1} \rightarrow O_{1,H} = O_1 * \cos \alpha = - 149{,}05 \text{ kN} * \cos 26{,}67° = - 133{,}31 \text{ kN}$

$U + O_{1,H} = 0$

$U = - O_{1,H} = - (-)\ 133{,}31 \text{ kN} = + 133{,}31 \text{ kN}$ (Zugkraft)

Probe: $\Sigma M_B = 0$

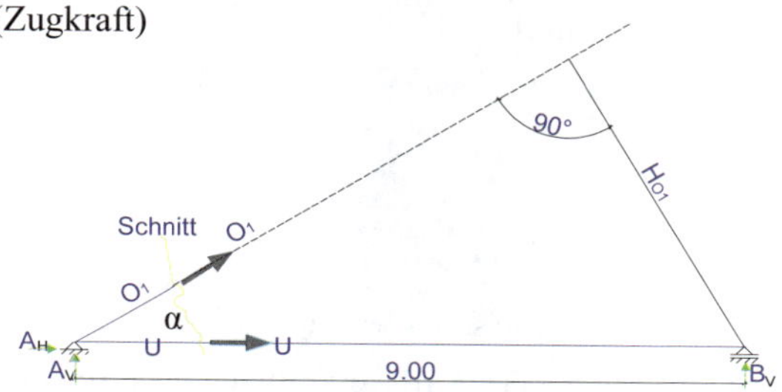

Hebelarm $H_{O1} = \sin \alpha * 9{,}00 \text{ m} = 4{,}03 \text{ m}$

$A_V * 9{,}00 \text{ m} + O_1 * 4.03 \text{ m} = 0 \rightarrow O_1 = - 148{,}89 \text{ kN}$

Knoten B: $\Sigma V = 0$

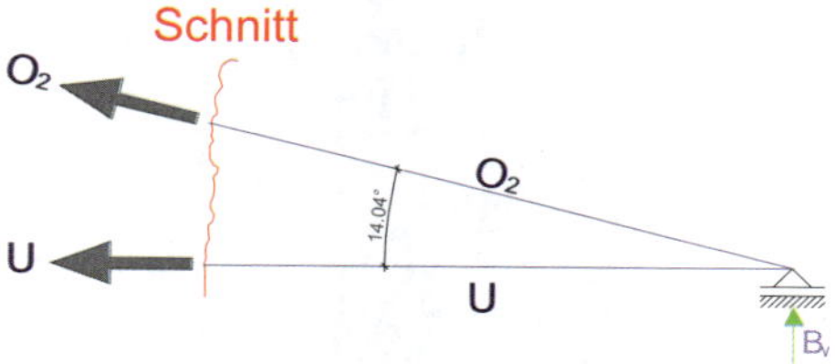

$B_V + O_{2,V} = 0$

$O_{2,V} = - B_V = - 33{,}33 \text{ kN}$

$\sin \beta = \frac{O_{2,V}}{O_2}$

$= O_{2,V} / \sin \beta = - 33{,}33 \text{ kN} / \sin 14{,}04° = - 137{,}40 \text{ kN}$ (Druckkraft)

$\Sigma H = 0$

$\cos \beta = \frac{O_{2,H}}{O_2}$

$O_{2,H} = \cos\ \beta * O_2 = \cos 14{,}04° * - 137{,}40 \text{ kN} = - 133{,}33 \text{ kN}$

$U + O_{2,H} = 0$

$U + \cos \beta * O_2 = 0$

$U = - (-)\ 133{,}33 \text{ kN} = + 133{,}33 \text{ kN}$ (Zugkraft)

b) zeichnerische Lösung (nach CREMONA)

Kräftemaßstab: z. B. 1 cm = … kN (hier ohne Maßstab)

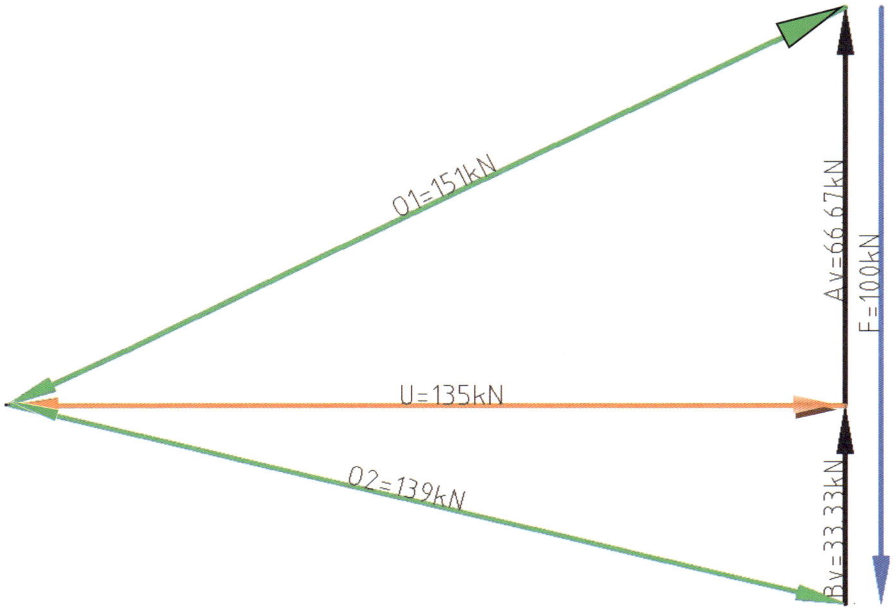

Ergebnis:

O_1 = - 151 kN (Druck)

O_2 = - 139 kN (Druck)

U = + 135kN (Zug)

Die zeichnerische Lösung ist auch hier ungenauer als die rechnerische Lösung.

Kräfte des symmetrischen Sprengwerks als Funktion des Winkels α

Oder: Wie ändern sich die Kräfte im Sprengwerk, wenn der Winkel α verändert wird?

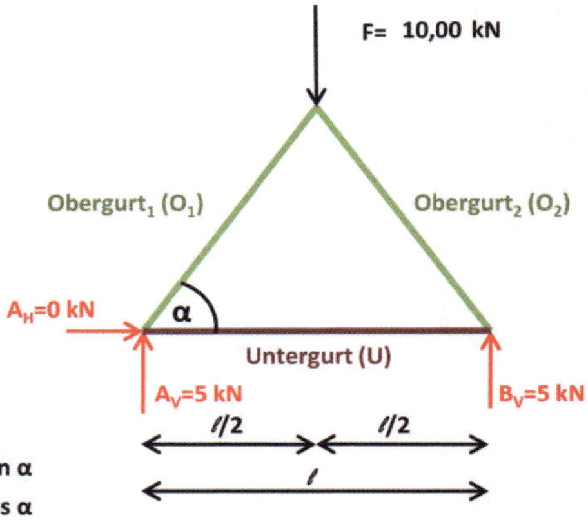

$O_1 = O_2 = -A_V / \sin \alpha$

$U = O * \cos \alpha$

WERTETABELLE:

Auflagerkraft (A_V=B_V)= 5,00 kN

Winkel α	0	1	2	5	10	15	20	25	30	35	40
Obergurt₁=Obergurt₂	#DIV/0!	286,49	143,27	57,37	28,79	19,32	14,62	11,83	10,00	8,72	7,78
Untergurt	#DIV/0!	286,45	143,18	57,15	28,36	18,66	13,74	10,72	8,66	7,14	5,96

Winkel α	45	50	55	60	65	70	75	80	85	90
Obergurt₁=Obergurt₂	7,07	6,53	6,10	5,77	5,52	5,32	5,18	5,08	5,02	5,00
Untergurt	5,00	4,20	3,50	2,89	2,33	1,82	1,34	0,88	0,44	0,00

FUNKTION:

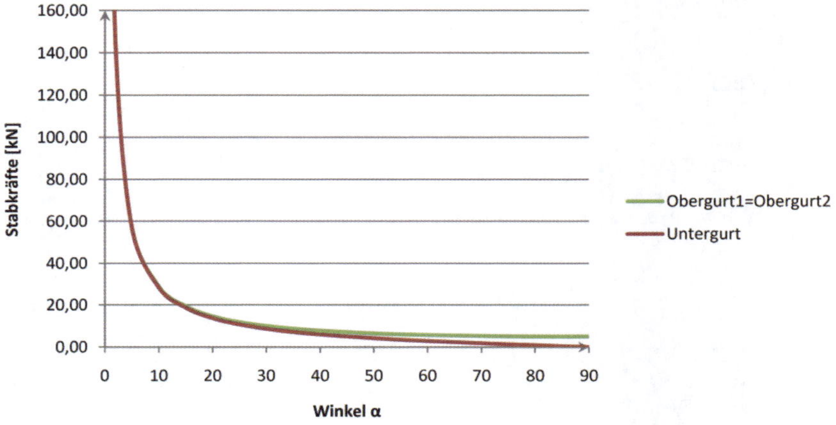

#DIV/0! = Die Division durch Null ist nicht erlaubt!

Druckkräfte im Obergurt, Zugkräfte im Untergurt.

Je kleiner der Winkel α, desto größer die Kräfte.

Bei kleinen Winkeln sind die Kräfte im Obergurt und Untergurt betragsmäßig gleich groß.

Exkurs: Auswirkungen von Änderungen am Stabwerk

Am Beispiel eines einfachen Stabwerkes soll gezeigt werden, welche Auswirkungen Änderungen der Auflagerbedingungen und/oder das Entfernen bzw. Verschieben eines Stabes haben können. Durch den Wegfall bzw. das Modifizieren eines Stabes bzw. durch Änderung der Auflagerbedingungen können die Stabilität und die Kräfte im Stabwerk erheblich beeinflusst werden.

1) Stabwerk mit Zugstab U unten (= Sprengwerk), Auflager A fest, Auflager B horizontal beweglich.

Die Knoten 1, 2 und 3 sind Gelenke, das System wird als Fachwerk betrachtet.

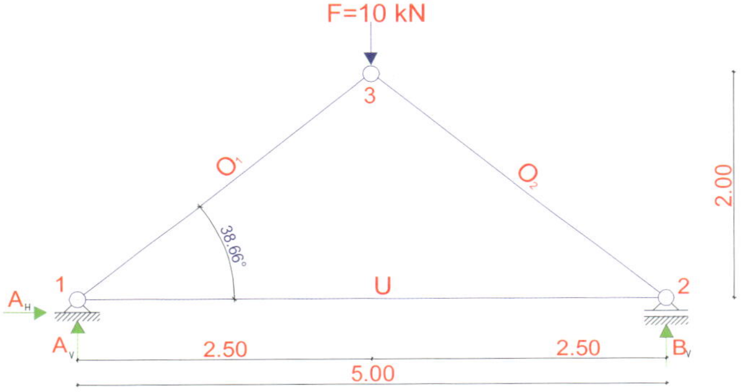

$\tan \alpha = 2{,}0\ \text{m} / 2{,}5\ \text{m} = 0{,}80$

$\rightarrow \alpha = 38{,}66°$

Auflagerreaktionen:

$A_V = 5\ \text{kN},\ A_H = 0\ \text{kN},$

$B_V = 5\ \text{kN}$

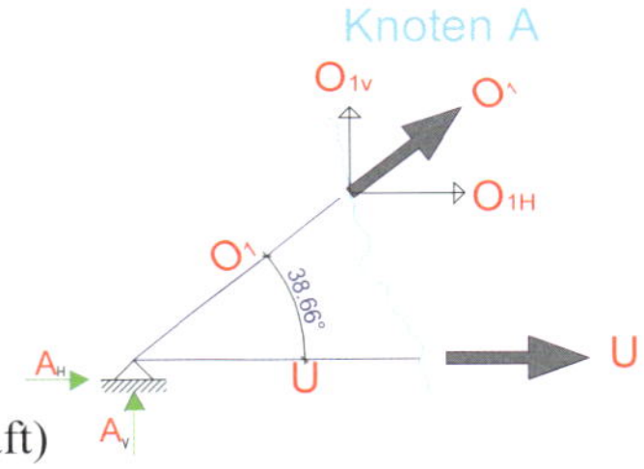

$$\Sigma V = 0$$

$\downarrow = \uparrow$

$0 = O_{1V} + A_V \rightarrow O_{1V} = -A_V = -5{,}0\ \text{kN}$

$\sin \alpha = \frac{O_{1,V}}{O_1} \rightarrow O_1 = \frac{O_{1,V}}{\sin \alpha} = \frac{-5{,}0\ \text{kN}}{\sin 38{,}66°} = -8{,}00\ \text{kN}$ (Druckkraft)

Da Symmetrie vorhanden ist: $O_1 = O_2$. In den Stäben treten ausschließlich Normalkräfte auf.

$$\Sigma H = 0$$

$\rightarrow = \leftarrow$

$A_H + U + O_{1,H} = 0$ da $A_H = 0$: $U + O_{1,H} = 0$

$\cos \alpha = \frac{O_{1,H}}{O_1} \rightarrow O_{1,H} = \cos \alpha * O_1 = \cos 38{,}66° * -8{,}00\ \text{kN} = -6{,}25\ \text{kN}$

$U = O_{1,H} = -\cos \alpha * O_1 = -\cos 38{,}66° * -8{,}00\ \text{kN} = +6{,}25\ \text{kN}$ (Zugkraft)

2) Stabwerk wie 1), jedoch ohne Zugstab U unten, Auflager A fest, Auflager B horizontal beweglich.

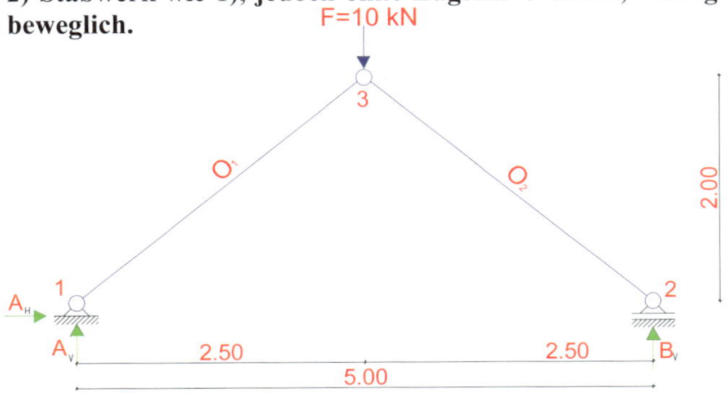

Das System ist labil (= instabil)!

3) Stabwerk wie 2), jedoch Auflager B horizontal fest.

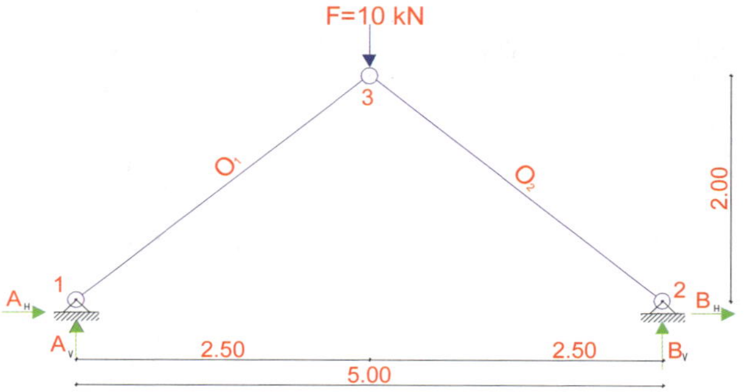

Auflagerreaktionen:

A_V = 5 kN, A_H = 6,25 kN,

B_V = 5 kN, B_H = - 6,25 kN

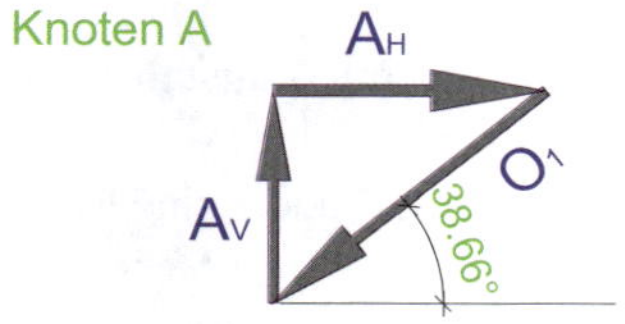

$$\sin\alpha = \frac{A_V}{O_1} \rightarrow O_1 = \frac{A_V}{\sin\alpha} = \frac{-5{,}0\ \text{kN}}{\sin 38{,}66°} = -8{,}00\ \text{kN (Druckkraft)}$$

Wegen Symmetrie: $O_1 = O_2$ = - 8,00 kN

4) Stabwerk wie 1), jedoch mit angelenktem Zugstab U oben.

Die O-Stäbe erhalten Normalkräfte, Querkräfte und Biegemomente, der U-Stab ausschließlich eine Normalkraft.

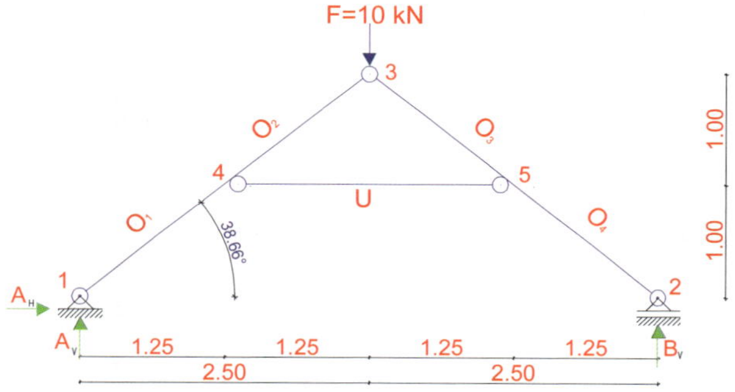

Auflagerreaktionen:

A_V = 5 kN, A_H = 0, B_V = 5 kN

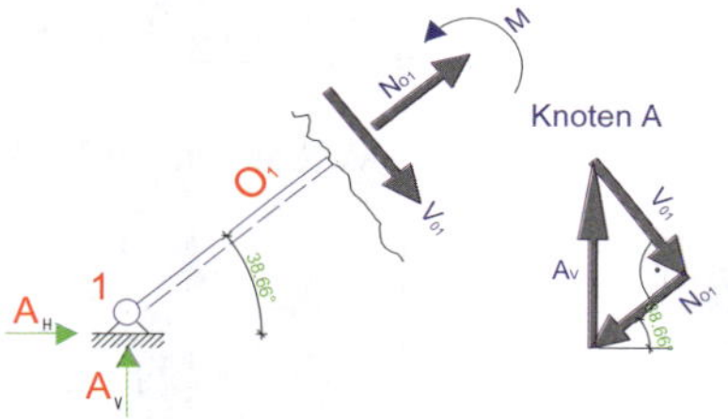

$$\sin\alpha = \frac{N_{O1}}{A_V} \rightarrow N_{O1} = A_V * \sin\alpha = 5\ \text{kN} * \sin 38{,}66° = -3{,}12\ \text{kN (Druckkraft)}$$

$$\cos\alpha = \frac{V_{O1}}{A_V} \rightarrow V_{O1} = A_V * \cos\alpha = 5\ \text{kN} * \cos 38{,}66° = 3{,}90\ \text{kN}$$

Stab O_2 : V_{O2} = - 3,90 kN, N_{O2} = - 12,88 kN

Stab O_3 : V_{O3} = 3,90 kN, N_{O3} = - 12,88 kN

Stab O_4: V_{O4} = - 3,90 kN, N_{O4} = - 3,12 kN

Momente: $M_4 = M_5 = A_V * 1{,}25$ m = 6,25 kNm

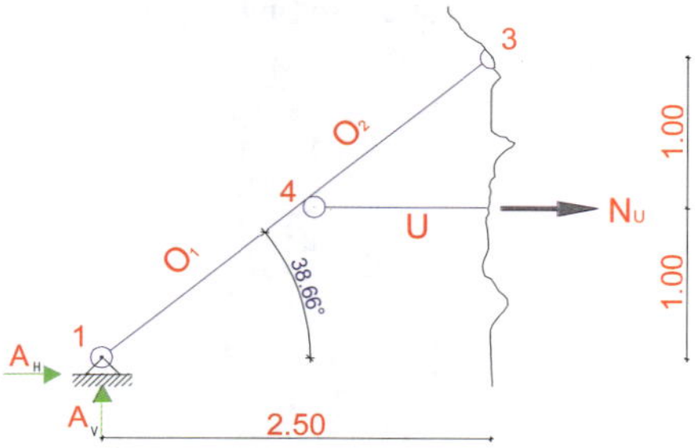

$$\Sigma M_{3,l} = 0$$

$A_V * 2{,}5$ m = $N_U * 1{,}0$ m

$$\rightarrow N_U = \frac{5\ \text{kN} * 2{,}5\ \text{m}}{1{,}0\ \text{m}} = 12{,}5\ \text{kN (Zugkraft)}$$

V-N- und M-Flächen zu 4)

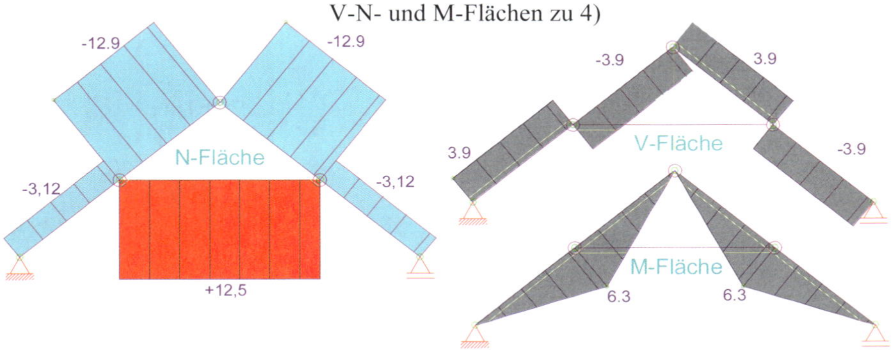

5) Stabwerk wie 4), jedoch mit Zugstab weiter U oben, 40 cm unterhalb Knoten 3

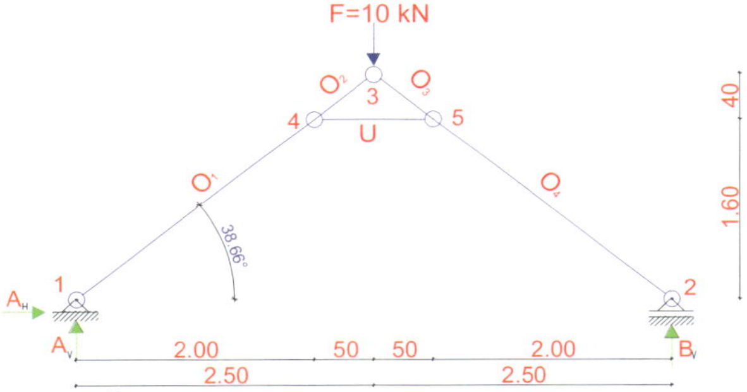

Auflagerreaktionen:

$A_V = 5$ kN, $A_H = 0$, $B_V = 5$ kN

$\sin\alpha = \frac{N_{O1}}{A_V}$ → $N_{O1} = A_V * \sin\alpha = 5$ kN $* \sin 38{,}66° = -3{,}12$ kN (Druckkraft)

$\cos\alpha = \frac{V_{O1}}{A_V}$ → $V_{O1} = A_V * \cos\alpha = 5$ kN $* \cos 38{,}66° = 3{,}90$ kN

Stab O_2 : $V_{O2} = -15{,}62$ kN, $N_{O2} = -27{,}53$ kN

Stab O_3 : $V_{O3} = 15{,}62$ kN, $N_{O3} = -27{,}53$ kN

Stab O_4: $V_{O4} = -3{,}90$ kN, $N_{O4} = -3{,}12$ kN

Momente: $M_4 = M_5 = A_V * 2{,}00$ m $= 10{,}00$ kNm

$\Sigma M_{3,l} = 0$ $\quad A_V * 2{,}5\text{ m} = N_U * 0{,}4\text{ m}$ → $N_U = \frac{5\text{ kN} * 2{,}5\text{ m}}{0{,}40\text{ m}} = 31{,}25$ kN (Zugkraft)

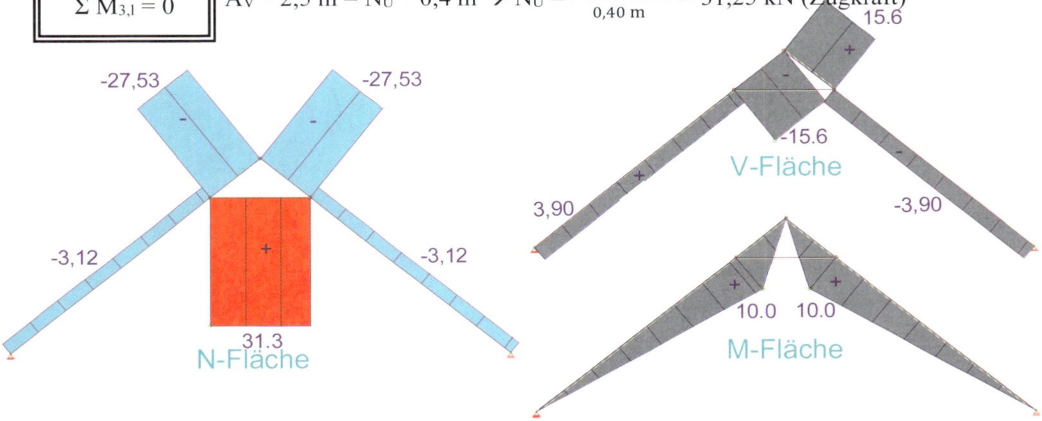

Fazit: Je weiter der U-Stab nach oben angeordnet wird, desto größer wird seine Zugkraft!

3) geg.: Vordach

ges.: Stabkräfte

a) rechnerisch nach dem Knotenpunkt-Verfahren

b) rechnerisch nach dem RITTER-Schnitt-Verfahren

c) zeichnerische Lösung nach CREMONA

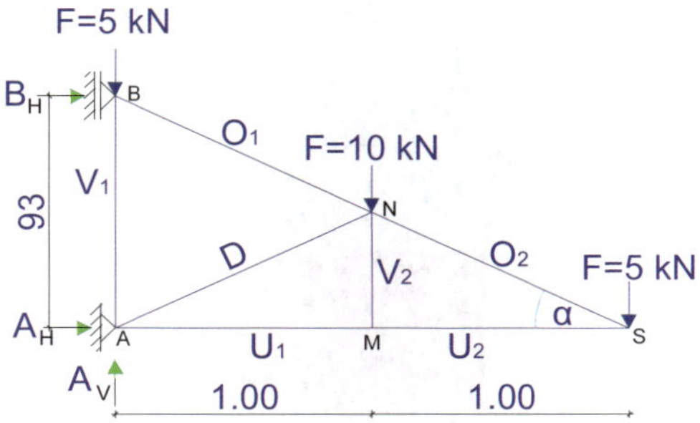

Auflagerkräfte: (für alle drei Verfahren ist die Kenntnis der Auflagerkräfte Voraussetzung)

$\Sigma M_A = 0$

$B_H * 0{,}93\ m + 10\ kN * 1{,}00\ m + 5\ kN * 2{,}00\ m = 0 \rightarrow B_H = -21{,}51\ kN$

$\Sigma M_B = 0$

$10\ kN * 1{,}00\ m + 5\ kN * 2{,}00\ m = A_H * 0{,}93\ m \rightarrow A_H = 21{,}51\ kN$

$\Sigma H = 0$

Probe: $A_H + B_H = 0 \rightarrow 21{,}51\ kN - 21{,}51\ kN = 0$

$\Sigma V = 0$

$A_V = 5\ kN + 10\ kN + 5\ kN = 20\ kN$

$\tan\alpha = \frac{0{,}93\ m}{2{,}0\ m} = 0{,}465$

$\rightarrow \alpha = 24{,}94°$

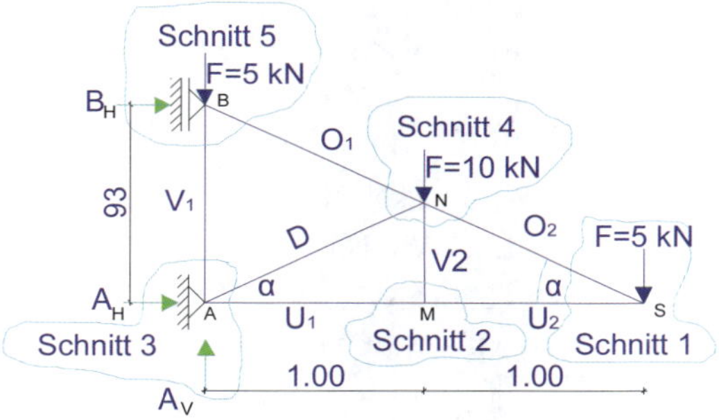

zu a) Knotenpunktverfahren

Knoten S (Schnitt 1):

$\Sigma V = 0$

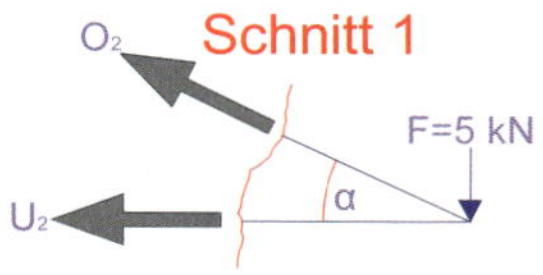

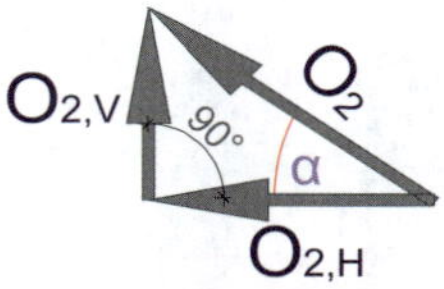

$5\ kN = O_{2,V}$

$\sin\alpha = \frac{O_{2,V}}{O_2} \rightarrow O_2 = \frac{O_{2,V}}{\sin\propto} = \frac{5\ kN}{\sin 24{,}94°} = 11{,}86\ kN$ (Zugkraft)

$\cos\alpha = \frac{O_{2,H}}{O_2} \rightarrow O_{2,H} = \cos\alpha * O_2 = \cos 24{,}94° * 11{,}86\ kN = 10{,}75\ kN$

$\Sigma H = 0$

$0 = U_2 + O_{2,H} \rightarrow U_2 = -O_{2,H} = -10{,}75\ kN$ (Druckkraft)

Knoten M (Schnitt 2):

$\Sigma V = 0$

$V_2 = 0$ (Nullstab)
(Druckkraft)

$\Sigma H = 0$

$U_2 = U_1 \rightarrow U_1 = -\ 10{,}75\ kN$

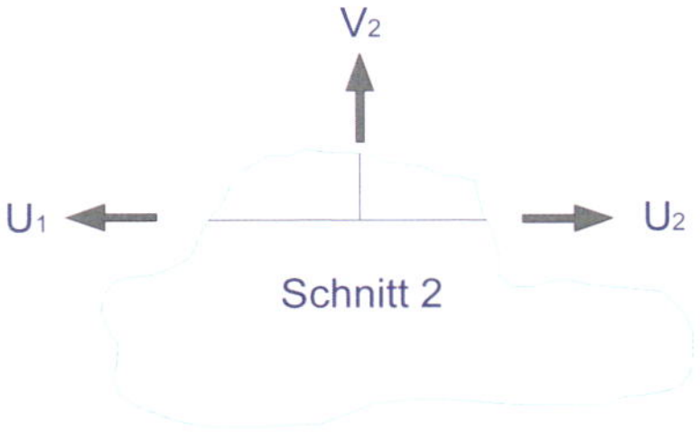

Knoten A (Schnitt 3):

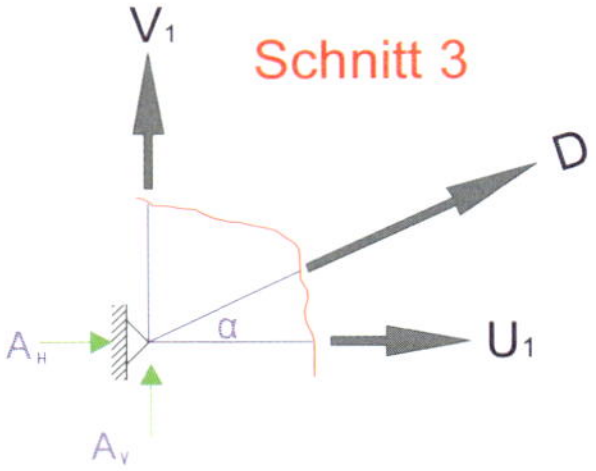

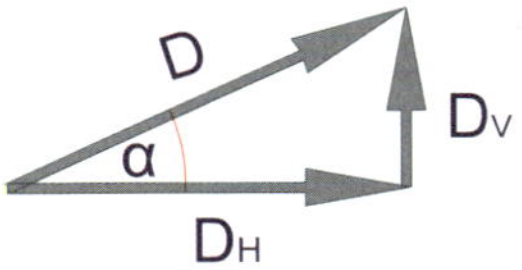

$\Sigma H = 0$

$A_H + D_H + U_1 = 0$

$D_H = -\ U_1 - A_H = -\ (-)\ 10{,}75\ kN - 21{,}51\ kN = -\ 10{,}76\ kN$

$\cos\alpha = \frac{D_H}{D} \rightarrow D = \frac{D_H}{\cos\alpha} = \frac{-\ 10{,}76\ kN}{\cos 24{,}94°} = -\ 11{,}86\ kN$ (Druckkraft)

$\sin\alpha = \frac{D_V}{D} \rightarrow D_V = D * \sin\alpha = -\ 11{,}86\ kN * \sin 24{,}94° = -\ 5{,}00\ kN$

$\Sigma V = 0$

$A_V + V_1 + D_V = 0 \rightarrow V_1 = -\ D_V - A_V = -\ (-)\ 5\ kN - 20\ kN = -\ 15\ kN$ (Druckkraft)

Knoten N (Schnitt 4): $V_2 = 0$ (vgl. Knoten M)

$O_2 = 11{,}86\ kN$, $O_{2,V} = 5\ kN$, $O_{2,H} = 10{,}75\ kN$

(vgl. Knoten S)

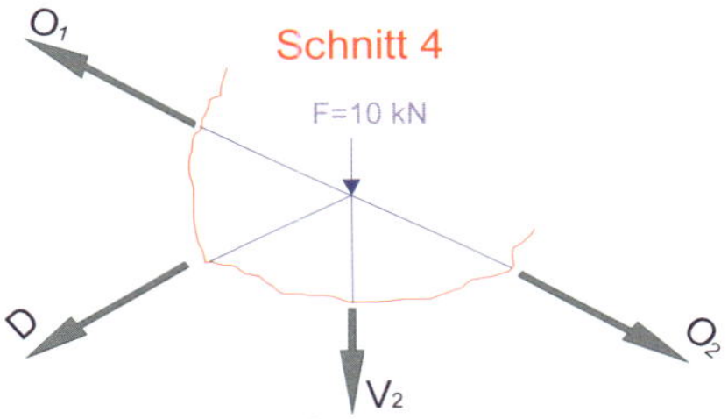

$\Sigma V = 0$

$10\ kN + O_{2,V} + V_2 + D_V = O_{1,V}$

$10\ kN + 5\ kN + 0 + (-)\ 5\ kN = O_{1,V}$

$10\ kN = O_{1,V}$

$\sin\alpha = \frac{O_{1,V}}{O1}$

$\rightarrow O_1 = \frac{O_{1,V}}{\sin\alpha} = \frac{10\ kN}{\sin 24{,}94°} = 23{,}72\ kN$ (Zugkraft)

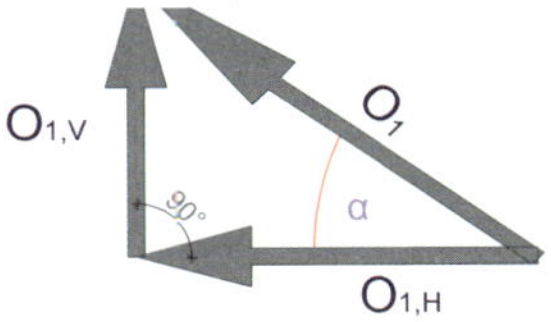

Probe: Knoten B (Schnitt 5):

$\Sigma V = 0$

$5\ kN + V_1 + O_{1,V} = 0$

$5\ kN - 15\ kN + 10\ kN = 0$

$0 = 0$

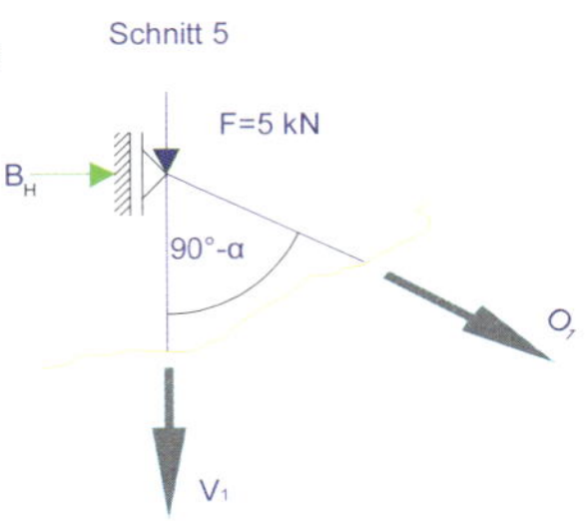

$\Sigma H = 0$

$B_H + O_{1,H} = 0$

$-\ 21{,}51\ kN + 21{,}51\ kN = 0$

$0 = 0$

zu b) RITTER-Schnitt-Verfahren:

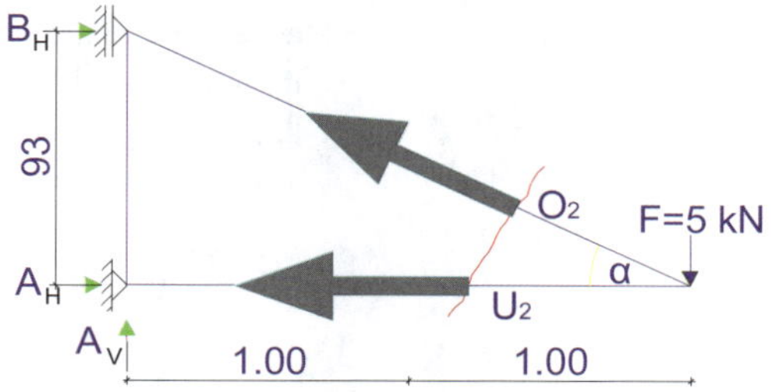

Schnitt 1

$\Sigma M_B = 0$

$5\ kN * 2\ m + U_2 * 0{,}93\ m = 0$

Die Wirkungslinie von O_2 geht durch Punkt B, damit hat O_2 keinen Hebelarm.

$\rightarrow U_2 = -\ 10\ kNm\ /\ 0{,}93\ m = -\ 10{,}75\ kN$

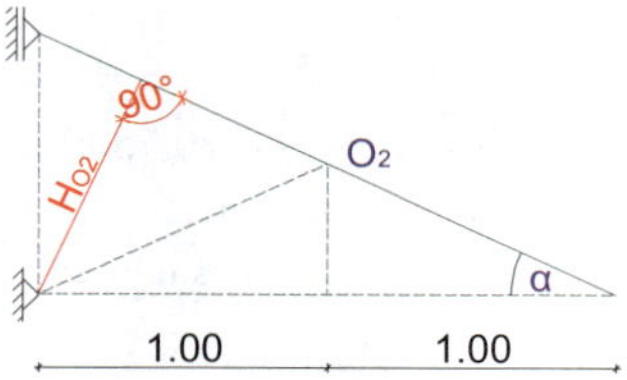

$\Sigma M_A = 0$

$5\ kN * 2\ m + O_2 * H_{O2} = 0$

H_{O2}: Hebelarm der Kraft O_2 zum Punkt A: $\sin \alpha = \frac{H_{O2}}{2\ m}$

$H_{O2} = 2\ m * \sin 24{,}94° = 0{,}84\ m$

$O_2 * H_{O2} = 5\ kN * 2\ m \rightarrow O_2 = \frac{10\ kNm}{0{,}84\ m} = 11{,}90\ kN$

Schnitt 5

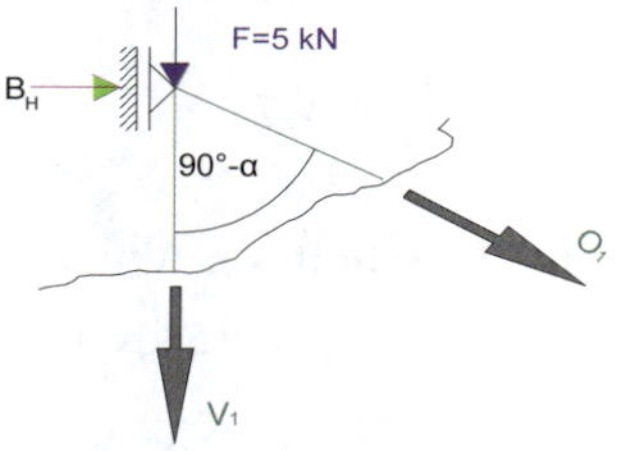

Schnitt 5

$\Sigma M_A = 0$

$B_H * 0{,}93\ m + O_1 * H_{O1} = 0$

$H_{O1} = H_{O2} =$ Hebelarm der Kraft O_1 zum Punkt A

$O_1 * H_{O1} = -\ B_H * 0{,}93\ m \rightarrow O_1 = \frac{-(-)\ 21{,}51\ kN * 0{,}93\ m}{0{,}84\ m} = 23{,}81\ kN$

$\Sigma M_S = 0$ S = rechte, untere Spitze im Schnitt 1

$B_H * 0{,}93\ m = F * 2\ m + V_1 * 2\ m \rightarrow V_1 = \frac{-\ 21{,}51\ kN * 0{,}93\ m - 5\ kN * 2\ m}{2\ m} = -\ 15{,}0\ kN$

Schnitt 6

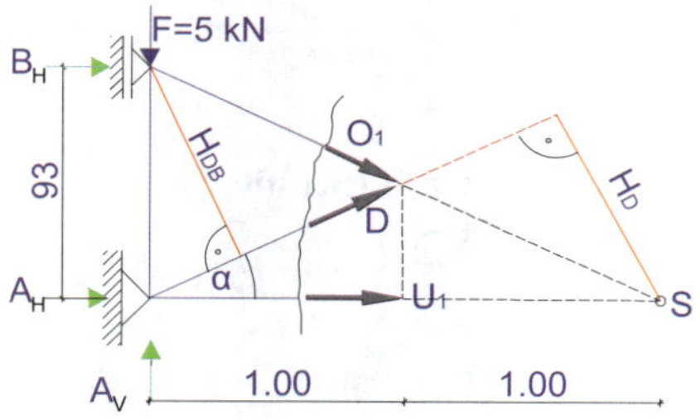

Schnitt 6

$\Sigma M_S = 0$

$A_V * 2\ m + B_H * 0{,}93\ m + D * H_D = F * 2\ m$

H_D = Hebelarm der Kraft D zum Punkt S

$\sin \alpha = \frac{H_D}{2\ m} \rightarrow H_D = 2\ m * \sin 24{,}94° = 0{,}84\ m$

$D = \frac{5\ kN * 2\ m - (-)\ 21{,}51\ kN * 0{,}93\ m - 20\ kN * 2m}{0{,}84\ m}$

$D = -\ 11{,}90\ kN$

$$\Sigma M_B = 0$$

$A_H * 0{,}93\ m + U_1 * 0{,}93\ m + D * H_{DB} = 0$

H_{DB} = Hebelarm der Kraft D zum Punkt B

$\cos\alpha = \frac{H_{DB}}{0{,}93\ m} \rightarrow H_{DB} = 0{,}93\ m * \cos 24{,}94° = 0{,}84\ m$

$U_1 = \frac{-21{,}51\ kN * 0{,}93\ m - (-)\ 11{,}90\ kN * 0{,}84\ m}{0{,}93\ m} = -\ 10{,}76\ kN$

Schnitt 7

$$\Sigma M_S = 0$$

$V_2 * 1{,}00\ m = 0$

$V_2 = 0$

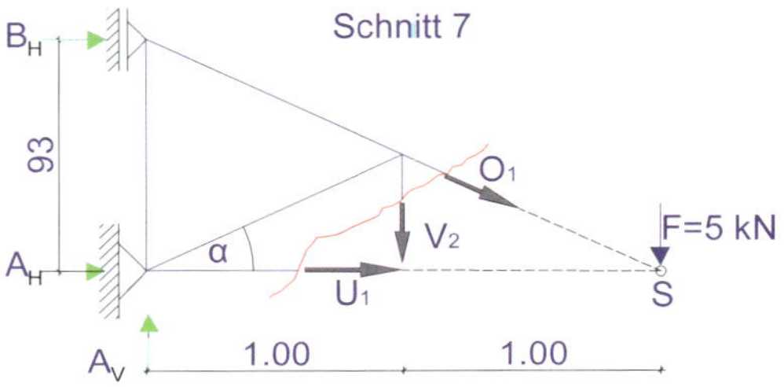

zu c) CREMONA-Plan

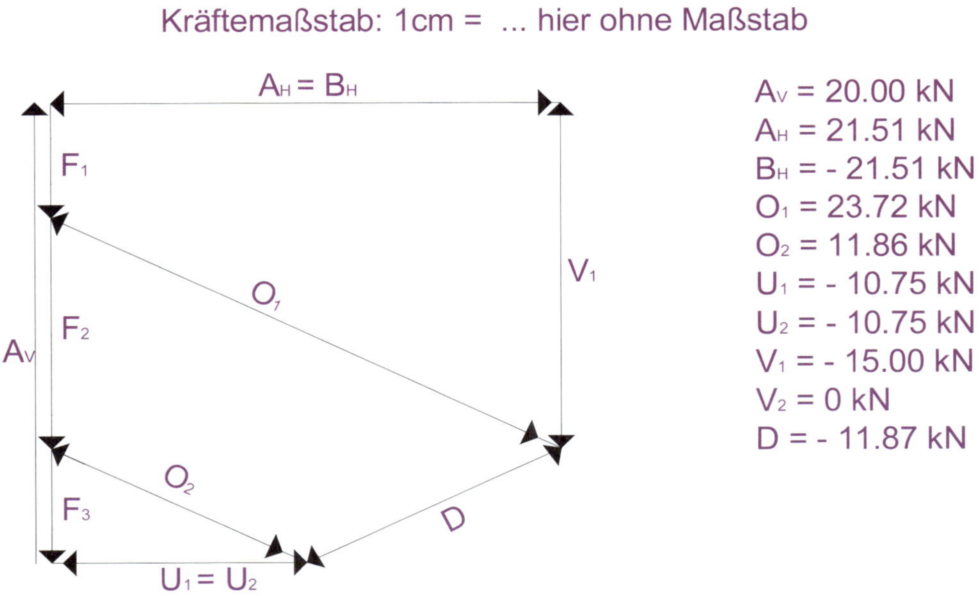

4) geg.: Paralleler Fachwerkträger

ges.: Stabkräfte mit Knotenpunkt-Verfahren und Kontrolle mit Cremona-Plan

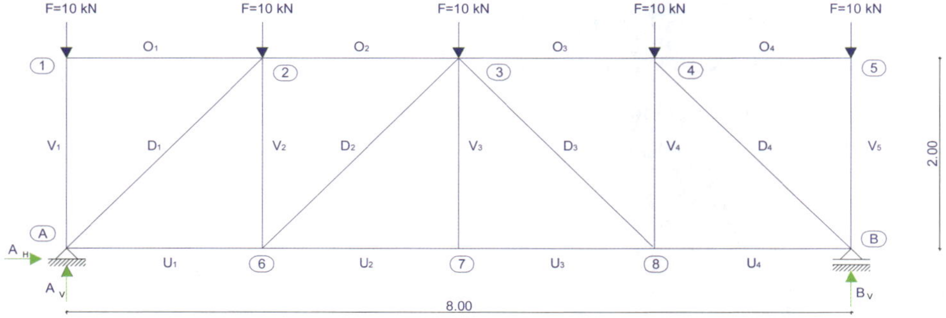

Auflagerkräfte:

$A_v = B_v = \dfrac{5 * 10\ kN}{2} = 25\ kN$ Probe: $A_V + B_v = 5 * 10\ kN \rightarrow 50\ kN = 50\ kN$

$A_H = 0$

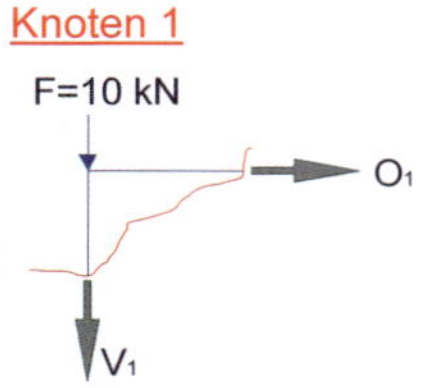

Knoten 1:

$\Sigma V = 0$

$10\ kN + V_1 = 0$

$V_1 = -10\ kN$

$\Sigma H = 0$

$O_1 = 0\ kN$

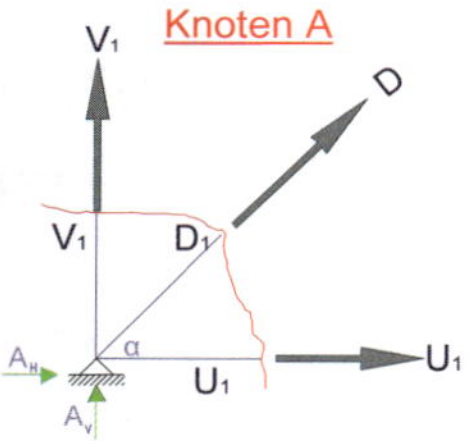

Knoten A:

$\Sigma V = 0$

$V_1 + A_v + D_{1v} = 0$

$D_{1v} = -A_v - V_1$

$D_{1v} = -25\ kN - (-)\ 10\ kN = -15\ kN$

$\sin\alpha = \frac{D_{1,V}}{D1}$

$D_1 = \frac{D_{1,V}}{\sin\alpha}$

$D_1 = \frac{-15\ kN}{\sin 45°} = -21{,}2\ kN$

$\Sigma H = 0$

$A_H + U_1 + D_{1H} = 0$

$0 + U_1 + (-)\ 15\ kN = 0$

$U_1 = 15\ kN$

$\cos\alpha = \frac{D_{1,H}}{D1}$

$D_{1H} = D_1 * \cos 45°$

$D_{1H} = -21{,}2\ kN * 0{,}0707 = -15\ kN$

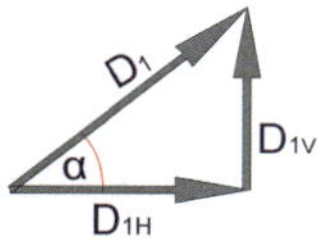

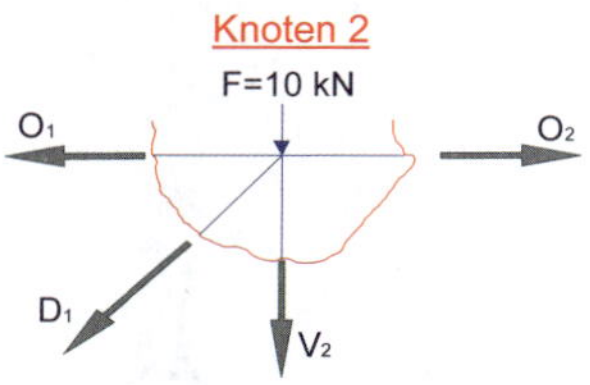

Knoten 2:

$\Sigma V = 0$

$10\ kN + D_{1v} + V_2 = 0$

$V_2 = -(D_{1v} + 10\ kN)$

$V_2 = -(-15\ kN + 10\ kN)$

$V_2 = 5\ kN$

$\Sigma H = 0$

$D_{1H} = O_2$

$-15\ kN = O_2$

Knoten 6:

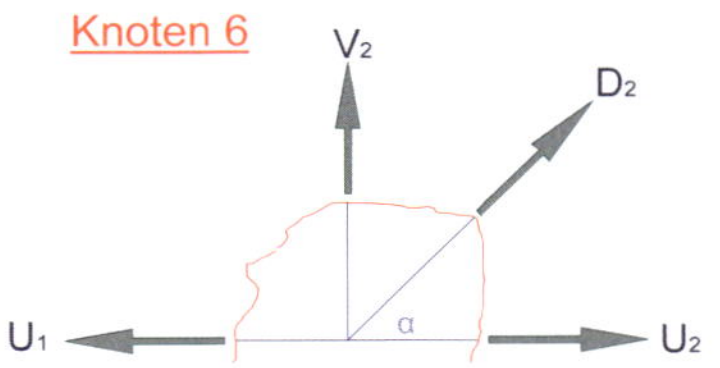

$\Sigma V = 0$

$V_2 + D_{2v} = 0$

$D_{2v} = - V_2 = - 5\ kN$

$\sin\alpha = \frac{D_{2,V}}{D_2}$

$D_2 = \frac{D_{2,V}}{\sin\alpha}$

$D_2 = \frac{-5\ kN}{\sin 45°}$

$D_2 = - 7{,}07\ kN$

$\Sigma H = 0$

$U_1 = U_2 + D_{2H}$

$\cos\alpha = \frac{D_{2,H}}{D_2}$

$D_{2H} = D_2 * \cos a = - 7{,}07\ kN * \cos 45°$

$D_{2H} = - 5\ kN$

$15\ kN = U_2 + (- 5\ kN)$

$U_2 = 15\ kN - (- 5\ kN) = 20\ kN$

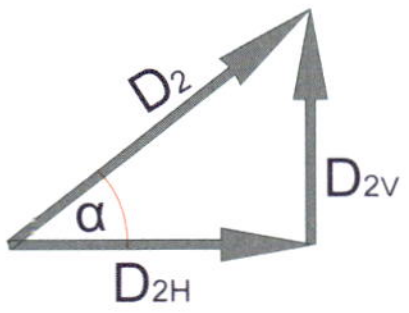

Knoten 3:

$\Sigma V = 0$

$0 = D_{2v} + D_{3V} + V_3 + 10\ kN$

$0 = - 5\ kN + (-)\ 5\ kN + V_3 + 10\ kN$

$V_3 = 0$

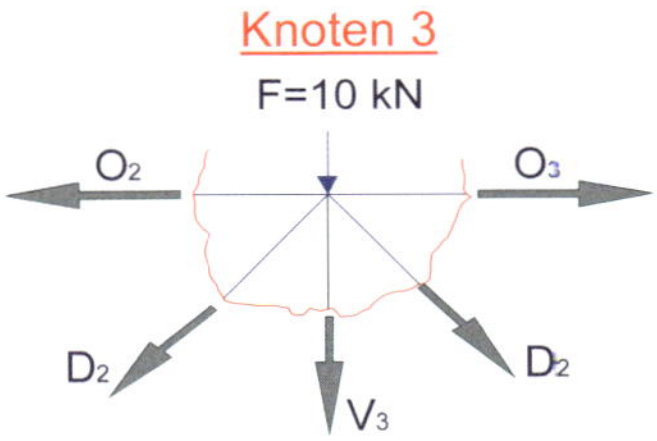

Stab	kN
$V_1 = V_5$	- 10
$O_1 = O_4$	0
$D_1 = D_4$	- 21,2
$U_1 = U_4$	+ 15
$O_2 = O_3$	- 15
$V_2 = V_4$	+ 5
$D_2 = D_3$	- 7,07
$U_2 = U_3$	+ 20
V_3	0

Knoten 2 = Knoten 4 (wegen Symmetrie!)

Knoten 1 = Knoten 5

Knoten 6 = Knoten 8

Knoten A = Knoten B

+ = Zugkraft, - = Druckkraft, 0 = Nullstab

Cremona-Plan: Krafteck

Kräftemaßstab: 1 cm = hier ohne Maßstab

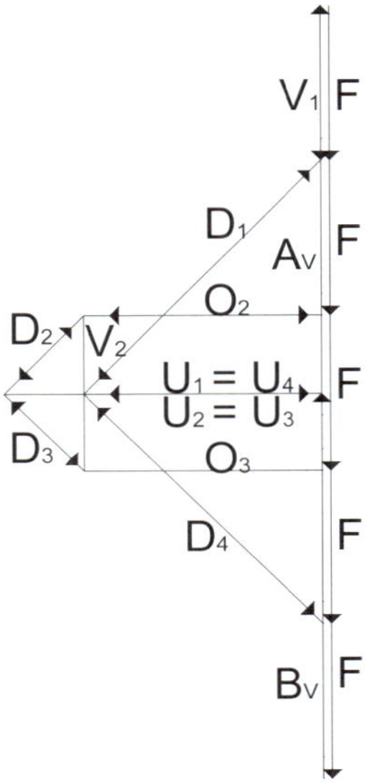

$A_V = 25\ kN = B_V$

$A_H = 0$

$O_1 = 0\ kN = O_4$

$O_2 = - 15\ kN = O_3$

$U_1 = 15\ kN = U_4$

$U_2 = 20\ kN = U_3$

$V_1 = - 10\ kN = V_5$

$V_2 = 5\ kN = V_4$

$V_3 = 0\ kN$

$D_1 = - 21{,}21\ kN = D_4$

$D_2 = - 7{,}07\ kN = D_3$

5) geg.: Dreiecks-Fachwerk, ges.: Stabkräfte: a) zeichnerisch nach CREMONA aa) Knoten einzeln gezeichnet ab) alle Kräfte übereinander gezeichnet b) rechnerisch mit RITTER-Schnitt-Verfahren

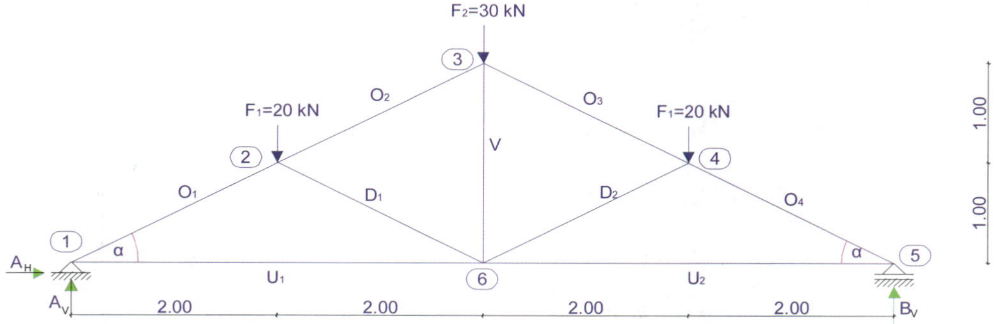

Auflagerkräfte:

$$A_V = B_V = \frac{F_1 + F_2 + F_1}{2} = \frac{20\ kN + 30\ kN + 20\ kN}{2} = 35\ kN$$

$A_H = 0$

Maßstab z. B.: 1 cm ≙ 10 kN (hier ohne Maßstab)

+ : bei Zugstäben

- : bei Druckstäben

aa) Lösung: Alle Knoten einzeln gezeichnet:

1. Knoten

$O_1 = 7{,}83\ cm * -10\ kN/cm = -78{,}30\ kN$

$U_1 = 7{,}00\ cm * 10\ kN/cm = 70{,}00\ kN$

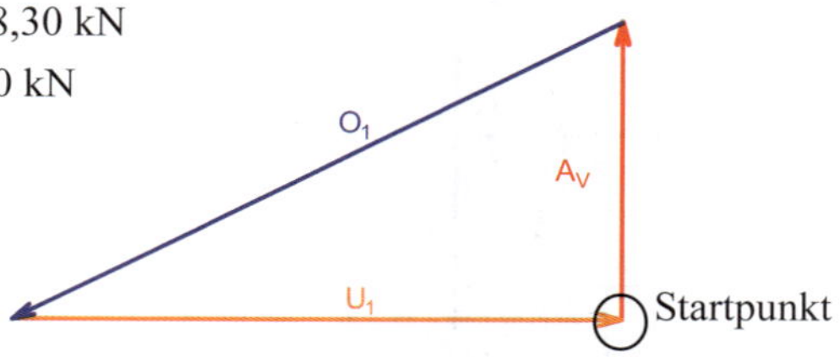

2. Knoten

$O_2 = 5{,}59\ cm * -10\ kN/cm = -55{,}90\ kN$

$D_1 = 2{,}24\ cm * -10\ kN/cm = -22{,}40\ kN$

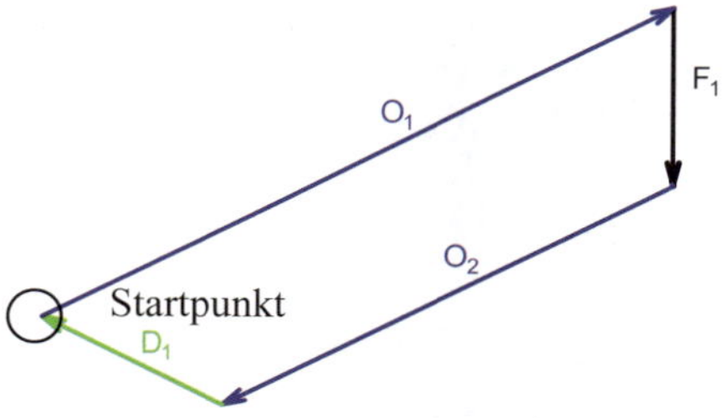

3. Knoten

$O_3 = 5{,}59\ \text{cm} * -10\ \text{kN/cm} = -55{,}90\ \text{kN}$

$V = 2{,}00\ \text{cm} * 10\ \text{kN/cm} = 20{,}00\ \text{kN}$

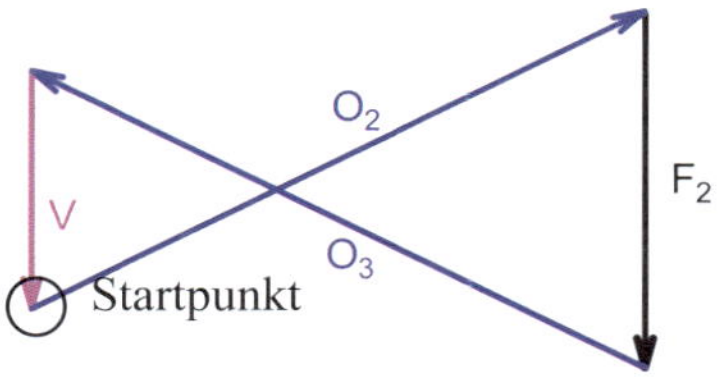

4. Knoten

$O_4 = 7{,}83\ \text{cm} * -10\ \text{kN/cm} = -78{,}30\ \text{kN}$

$D_2 = 2{,}24\ \text{cm} * -10\ \text{kN/cm} = -22{,}40\ \text{kN}$

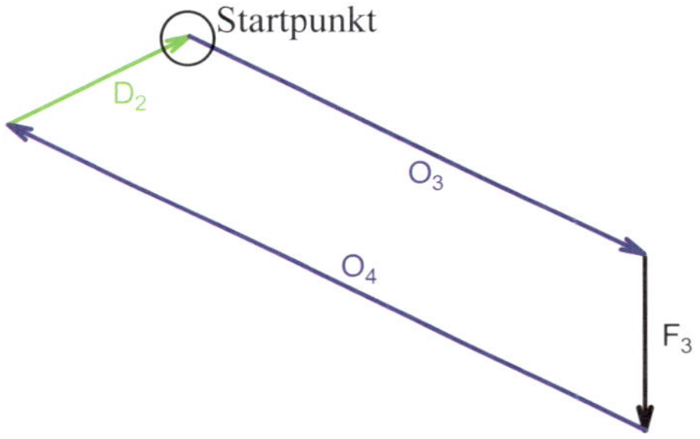

5. Knoten

$U_2 = 7{,}00\ \text{cm} * 10\ \text{kN/cm} = 70{,}00\ \text{kN}$

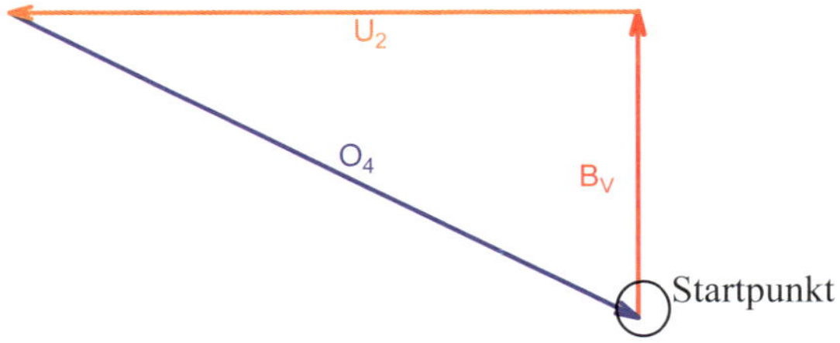

6. Knoten

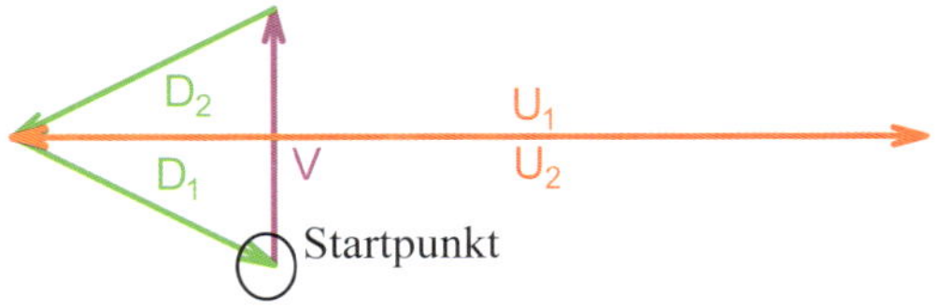

Stabkräfte:

$O_1 = 7{,}83\ \text{cm} * -10\ \text{kN/cm} = -78{,}30\ \text{kN} = O_4$

$O_2 = 5{,}59\ \text{cm} * -10\ \text{kN/cm} = -55{,}90\ \text{kN} = O_3$

$V = 2{,}00\ \text{cm} * 10\ \text{kN/cm} = 20{,}00\ \text{kN}$

$D_1 = -2{,}24\ \text{cm} * 10\ \text{kN/cm} = -22{,}40\ \text{kN}$

$D_2 = -2{,}24\ \text{cm} * 10\ \text{kN/cm} = -22{,}40\ \text{kN}$

$U_1 = 7{,}00\ \text{cm} * 10\ \text{kN/cm} = 70{,}00\ \text{kN} = U_4$

$U_2 = 7{,}00\ \text{cm} * 10\ \text{kN/cm} = 70{,}00\ \text{kN} = U_3$

ab) Alle Kräfte übereinander gezeichnet: Alternative Lösung nach CREMONA

Auflagerkräfte:

$A_V = B_V = \frac{F_1 + F_2 + F_3}{2} = \frac{20\text{ kN} + 30\text{ kN} + 20\text{ kN}}{2}$ + : bei Zugstäben

$A_V = B_V = 35$ kN   - : bei Druckstäben

$A_H = 0$

z. B. Maßstab: 1 cm ≙ 10 kN (hier ohne Maßstab)

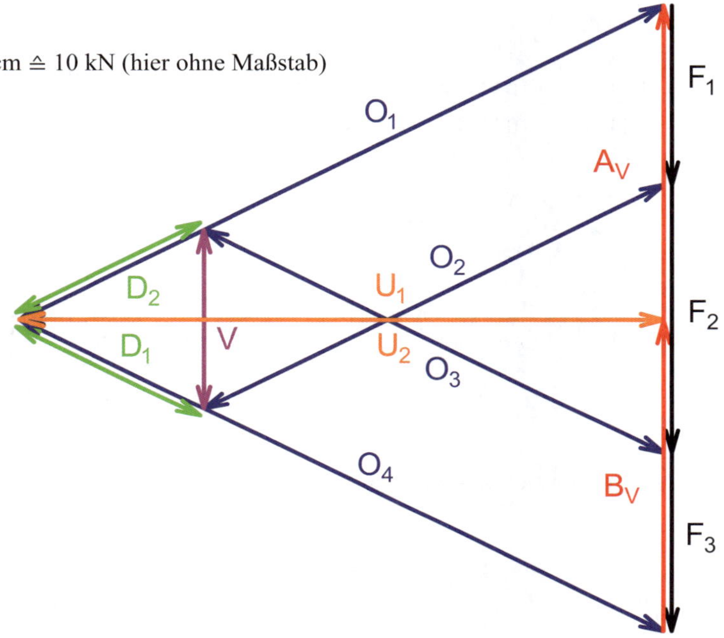

Alle Kräfte übereinander gezeichnet:

O_1 = - 7,83 cm * 10 kN/cm = - 78,30 kN

O_2 = - 5,59 cm * 10 kN/cm = - 55,90 kN

O_3 = - 5,59 cm * 10 kN/cm = - 55,90 kN

O_4 = - 7,83 cm * 10 kN/cm = - 78,30 kN

D_1 = - 2,24 cm * 10 kN/cm = - 22,40 kN

D_2 = - 2,24 cm * 10 kN/cm = - 22,40 kN

U_1 = + 7,00 cm * 10 kN/cm = + 70,00 kN

U_2 = + 7,00 cm * 10 kN/cm = + 70,00 kN

V = + 2,00 cm * 10 kN/cm = + 20,00 kN

b) rechnerische Lösung mit dem Ritter-Schnitt-Verfahren:

$A_V = B_v = 35{,}0\ \text{kN},\ A_H = 0$

$\tan\alpha = \frac{2{,}0\ \text{m}}{4{,}0\ \text{m}} \rightarrow \alpha = 26{,}57°$

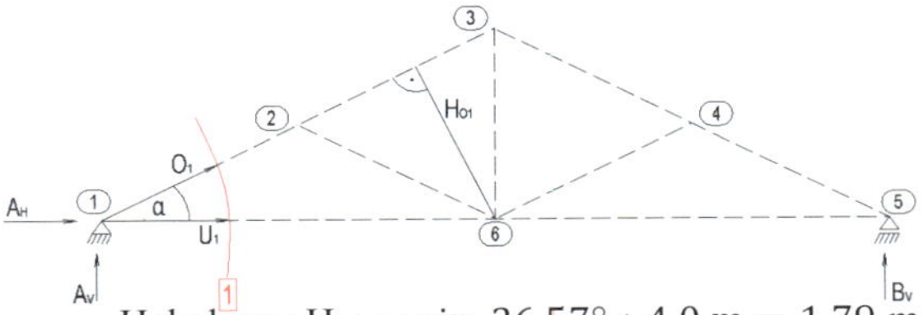

Schnitt 1:

$\boxed{\sum M_6 = 0}$

Hebelarm: $H_{O1} = \sin\ 26{,}57° * 4{,}0\ \text{m} = 1{,}79\ \text{m}$

$35{,}0\ \text{kN} * 4{,}0\ \text{m} + O_1 * 1{,}79\ \text{m} = 0$

$O_1 = \frac{-\,35{,}0\ \text{kN} * 4{,}0\ \text{m}}{1{,}79\ \text{m}} = -\,78{,}21\ \text{kN} \rightarrow$ Wegen Symmetrie: $O_1 = O_4$

$\boxed{\sum M_2 = 0}$

$35{,}0\ \text{kN} * 2{,}0\ \text{m} = U_1 * 1{,}0\ \text{m}$

$U_1 = \frac{35{,}0\ \text{kN} * 2{,}0\ \text{kN}}{1{,}0\ \text{m}} = 70{,}0\ \text{kN} \rightarrow$ Wegen Symmetrie: $U_1 = U_2$

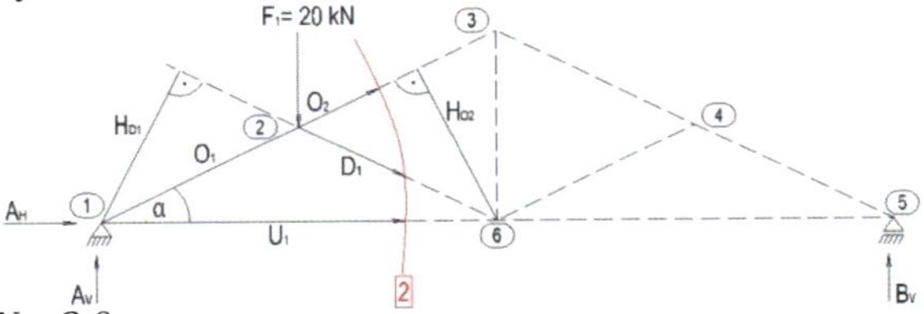

Schnitt 2:

$\boxed{\sum M_6 = 0}$

$O_2 * 1{,}79\ \text{m} + 35{,}0\ \text{kN} * 4{,}0\ \text{m} = 20{,}0\ \text{kN} * 2{,}0\ \text{m}$

$O_2 = \frac{20{,}0\ \text{kN} * 2{,}0\ \text{m} - 35{,}0\ \text{kN} * 4{,}0\ \text{m}}{1{,}79\ \text{m}} = -\,55{,}87\ \text{kN}$ Hebelarm: $H_{O2} = \sin\ 26{,}57° * 4{,}0\ \text{m} = 1{,}79\ \text{m}$

$\rightarrow$ Wegen Symmetrie: $O_2 = O_3$

$\boxed{\sum M_1 = 0}$

$20{,}0\ \text{kN} * 2{,}0\ \text{m} + D_1 * 1{,}79\ \text{m} = 0$

$D_1 = \frac{-\,20{,}0\ \text{kN} * 2{,}0\ \text{m}}{1{,}79\ \text{m}} = -\,22{,}35\ \text{kN}$ $\rightarrow$ Wegen Symmetrie: $D_1 = D_2$

Hebelarm: $H_{D1} = \sin\ 26{,}57° * 4{,}0\ \text{m} = 1{,}79\ \text{m}$

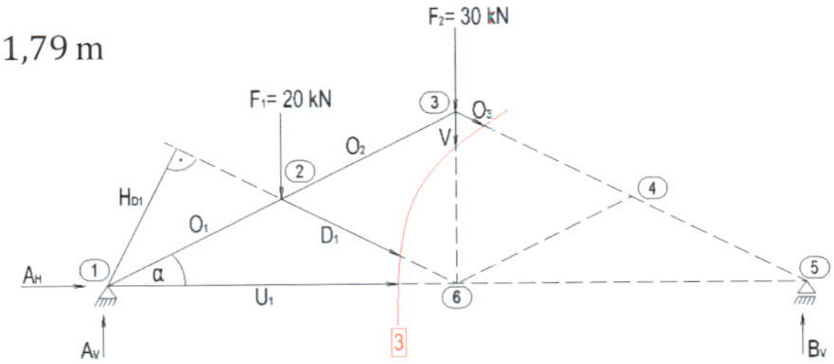

Schnitt 3:

$\boxed{\sum M_5 = 0}$

$20{,}0\ \text{kN} * 6{,}0\ \text{m} + 30{,}0\ \text{kN} * 4{,}0\ \text{m} + (-\,22{,}35\ \text{kN}) * 1{,}79\ \text{m} + V * 4{,}0\ \text{m} = 35{,}0\ \text{kN} * 8{,}0\ \text{m}$

$V = 20{,}0\ \text{kN}$

6.2.11 Übungen

Ermitteln Sie jeweils die Stabkräfte der skizzierten Fachwerke a) rechnerisch und b) zeichnerisch!

1) geg.: Unterspannter Träger

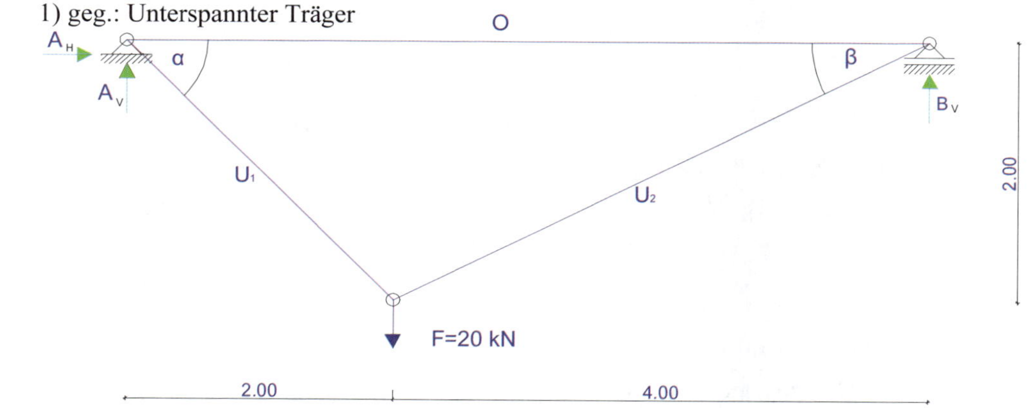

2) geg.: Wandaussteifung

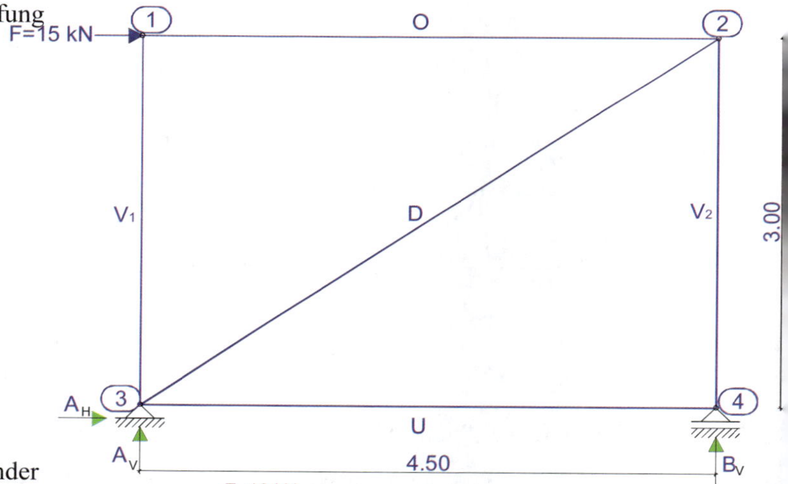

3) geg.: Dreiecks-Binder

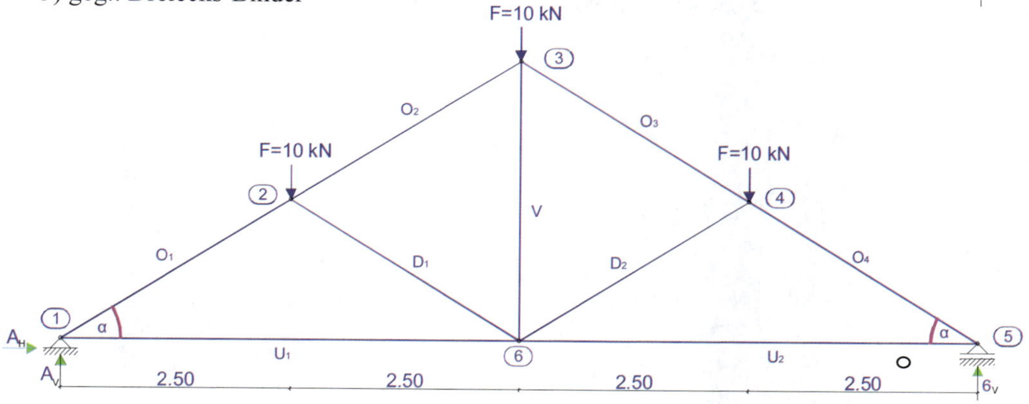

6.3 Schnittgrößen an statisch unbestimmten Systemen

Für die Berechnung statisch unbestimmter Systeme stehen mehrere Verfahren zur Verfügung. Heute werden die Schnittgrößen statisch unbestimmter Systeme meist mit Statik-Software berechnet. Trotzdem sind Kenntnisse der Berechnung dieser Schnittgrößen wichtig, damit z. B. Vergleichsrechnungen durchgeführt werden können. Beispielhaft für die anderen Verfahren soll im Folgenden die Dreimomentengleichung nach CLAPEYRON erläutert werden. Zu den wichtigsten Verfahren gehören, neben dem hier verwendeten Verfahren nach CLAPEYRON, das Kraftgrößenverfahren, das Weggrößenverfahren sowie die Verfahren nach CROSS und KANI (Iterationsverfahren).

6.3.1 Berechnung statisch unbestimmter Systeme nach CLAPEYRON

Der französische Ingenieur EMILE CLAPEYRON (1799 - 1864), nach dem dieses Verfahren benannt ist, wendete als erster den Arbeitssatz[16] an. Die Anwendung erfolgt hauptsächlich für Durchlaufträger.

Voraussetzung für die Anwendung: Die Biegesteifigkeit muss konstant sein. → E * I = const.

E = Elastizitätsmodul, I = Flächenmoment zweiten Grades (= Trägheitsmoment)

Die sogenannte Dreimomentengleichung lautet:

$$\mathbf{M_l * l_l + 2 * M_m * (l_l + l_r) + M_r * l_r = - \mathfrak{R}_l * l_l - \mathcal{L}_r * l_r}$$

Erläuterung der Bezeichnungen an einem Ausschnitt eines Durchlaufträgers:

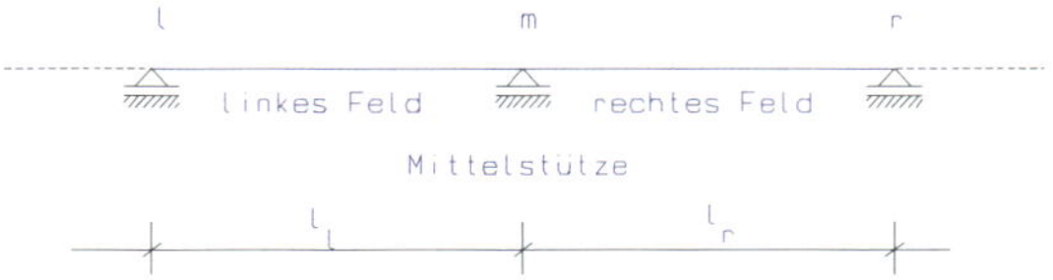

M_l: Moment über der linken Stütze

M_m: Moment über der mittleren Stütze

M_r: Moment über der rechten Stütze

l_l: Länge des linken Feldes

l_r: Länge des rechten Feldes

$\mathfrak{R}_l$: Belastungsglied für das rechte Auflager des linken Feldes

$\mathcal{L}_r$: Belastungsglied für das linke Auflager des rechten Feldes

Die linke Gleichungsseite ist belastungsunabhängig. Die Belastungsglieder der rechten Seite sind für die wichtigsten Belastungsarten tabelliert.[17] Mit der Dreimomentengleichung erhält man die Stützmomente des statisch unbestimmten Systems. Alle anderen Schnittgrößen - Auflager-

---

[16] Arbeitssatz nach LAGRANGE: „Die Summe aller Formänderungsarbeiten aus den Verformungen eines gegebenen Zustandes und den Kräften eines überlagerten, angenommenen (virtuellen) Zustandes ist gleich Null.“

Äußere Arbeit - Innerer Arbeit = 0. Äußere Arbeit = Kraft * Weg, Innerer Arbeit = Moment * Verdrehung

[17] Vgl. z. B. Schneider, 2024, S. 4.18.

kräfte, Querkräfte und die Biegemomente der Felder - ermittelt man mit Hilfe der drei Gleichgewichtsbedingungen unter Beachtung der vorher ermittelten Stützmomente.

Für die Ermittlung der **Querkräfte** gilt die Formel:

$$V_l = V_{0,l} + \frac{M_r - M_l}{l} \quad \text{bzw.} \quad V_r = V_{0,r} + \frac{M_r - M_l}{l}$$

$V_{0,l}$ bzw. $V_{0,r}$ ist die Querkraft des Balkens, unter der Annahme, dass an allen Innenstützen Gelenke angeordnet sind (also wie beim statisch bestimmten Einfeldträger). Diese (falsche) Annahme wird anschließend durch den Term $\frac{Mr - M_l}{l}$ wieder korrigiert.

Beispiel 1) geg.: Zweifeldträger mit Gleichlast, ges.: Schnittgrößen: Stützmoment M_B, Querkräfte, Auflagerkräfte, Normalkräfte und maximale Biegemomente in den Feldern

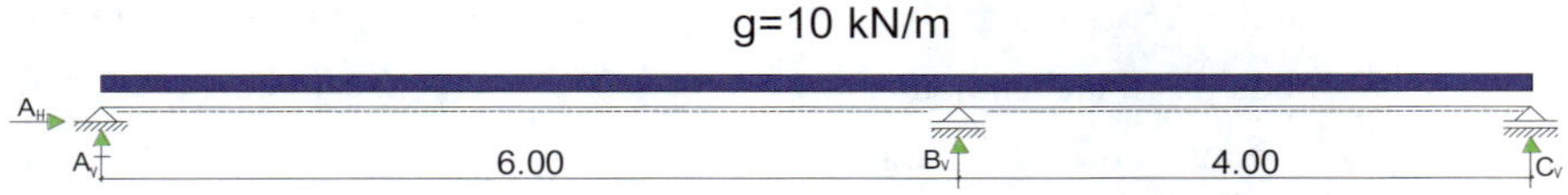

Zunächst wird mit der Dreimomentengleichung nach CLAPEYRON das Stützmoment M_B ermittelt:

Allgemein gilt: $M_l * l_l + 2 * M_m * (l_l + l_r) + M_r * l_r = - \mathfrak{R}_l * l_l - \mathcal{L}_r * l_r$

$M_l = M_A = 0$ $\quad$ $M_m = M_B$ $\quad$ $M_r = M_C = 0$ $\quad$ $l_l = 6{,}0$ m $\quad$ $l_r = 4{,}0$ m $\quad$ $q = g$

$\mathfrak{R}_l = q_l * l_l^2 / 4 = 10$ kN/m $* (6 \text{ m})^2 / 4$ $\quad$ $\mathcal{L}_r$[18] $= q_r * l_r^2 / 4 = 10$ kN/m $* (4 \text{ m})^2 / 4$

$\mathfrak{R}_l = 90$ kNm $\quad$ $\mathcal{L}_r = 40$ kNm

$0 * 6 \text{ m} + 2 * M_B * (6 \text{ m} + 4 \text{ m}) + 0 * 4 \text{ m} = - 90 \text{ kNm} * 6 \text{ m} - 40 \text{ kNm} * 4 \text{ m}$

$2 * M_B * 10 \text{ m} = - 540 \text{ kNm}^2 - 160 \text{ kNm}^2$

$20 \text{ m} * M_B = - 700 \text{ kNm}^2$

$M_B = - 700 \text{ kNm}^2 / 20 \text{ m} = - 35{,}0 \text{ kNm}$

M_B ist das Stützmoment über der Stütze B und damit die (vorher) statisch unbekannte Größe.

Querkräfte:

allgemein gilt: $V_l = V_{0,l} + \frac{M_r - M_l}{l}$ bzw. $V_r = V_{0,r} + \frac{M_r - M_l}{l}$

[18] Schneider, 2024, S. 4.42.

$V_A = V_{A,0} + (M_B - M_A) / l_l = q * l_l / 2 + (M_B - 0) / l_l = 10$ kN/m * 6 m/ 2 + (-) 35 kNm / 6 m

$V_A = 30$ kN - 5,83 kN = 24,17 kN

$V_{B,l} = V_{B,l,,0} + (M_B - M_A) / l_l = - q * l_l / 2 + (M_B - 0) / l_l = -$ 10 kN/m * 6 m / 2 + (-) 35 kNm / 6 m

$V_{B,l} = -$ 30 kN - 5,83 kN = - 35,83 kN

$V_{B,r} = V_{B,r,0} + (M_C - M_B) / l_r = q * l_r / 2 + (0 - M_B) / l_r$

$V_{B,r} = 10$ kN/m * 4 m / 2 + 0 - (-) 35 kNm / 4 m = 20 kN + 8,75 kN = 28,75 kN

$V_{C,l} = V_{C,l,,0} + (M_C - M_B) / l_r = - q * l_r / 2 + (0 - M_B) / l_r$

$V_{C,l} = -$ 10 kN/m * 4 m / 2 + 0 - (-) 35 kNm / 4 m = - 20 kN + 8,75 kN = - 11,25 kN

V-Fläche[19]

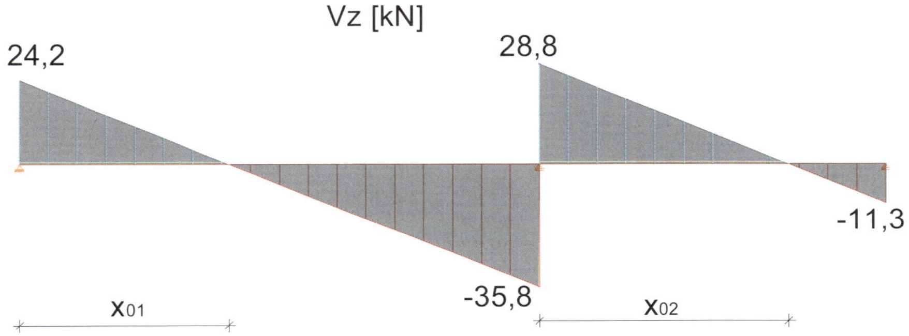

Die maximalen Momente sind an den Stellen, wo die Querkräfte = 0 sind! x_{01} → $_{max}M_{f1}$,
x_{02} → $_{max}M_{f2}$. Deshalb müssen zunächst die Querkraft-Nullpunkte ermittelt werden!
„Wo ist die Querkraft gleich Null?"
Oder: Null gleich nach oben gerichtete Kräfte minus nach unten gerichtete Kräfte: → 0 = ↑ - ↓

Querkraft-Nullpunkte:

$x_{01} = V_A / q = 24,17$ kN / 10 m = 2,42 m (von A aus)

$x_{02} = V_{B,r} / q = 28,75$ kN / 10 m = 2,88 m (von B aus)

Auflagerkräfte:

$A_V = V_A = 24,17$ kN

$B_V = | V_{B,l} | + | V_{B,r} | = 35,83$ kN + 28,75 kN = 64,58 kN $| V_{B,l} |$ = der Betrag von $V_{B,l}$

$C_V = | V_C | = 11,25$ kN

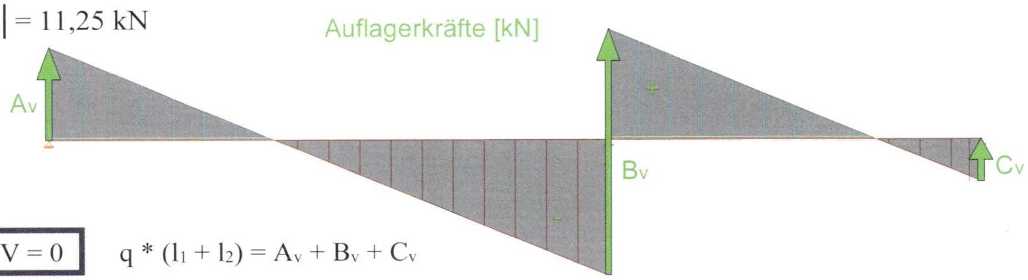

Probe: **$\Sigma V = 0$** $q * (l_1 + l_2) = A_v + B_v + C_v$

10 kN/m * (6,0 m + 4,0 m) = 24,17 kN + 64,58 kN + 11,25 kN →100 kN = 100 kN

Normalkräfte: N = 0

---

[19] Die Querkraftfläche wird mit Q-Fläche oder auch mit V-Fläche abgekürzt.

Biegemomente:

$M_A = 0 = M_C$ $\qquad$ $M_B = -35$ kNm

Feldmomente:

Feld 1: max $M_{f1} = A_V * x_{01} - q * x_{01}^2 / 2 = 24{,}17$ kN $* 2{,}42$ m $- 10$ kN/m $* (2{,}42$ m$)^2 /2 = 29{,}21$ kNm

oder: max $M_{f1} = A_V^2 / (2 * q) = (24{,}17$ kN$)^2 / (2 * 10$ kN/m$) = 29{,}21$ kNm

oder über die Q-Fläche: max $M_{f1} = 24{,}17$ kN $* 2{,}42$ m $/ 2 = 29{,}21$ kNm

Feld 2: max $M_{f2} = V_{Br} * x_{02} - q * x_{02}^2 / 2 + M_B = 28{,}75$ kN $* 2{,}88$ m $- 10$ kN/m $* 2{,}88$ m$^2 / 2 + (-)$ 35 kNm $= 6{,}33$ kNm

oder: max $M_{f2} = V_{Br}^2 / (2 * q) + M_B = (28{,}75$ kN$)^2 / (2 * 10$ kN/m$) - 35$ kNm $= 6{,}33$ kNm

oder über die Q-Fläche: max $M_{f2} = 11{,}25$ kN $* (4{,}00$ m $- 2{,}88$ m$) / 2 = 6{,}33$ kNm

M-Fläche:

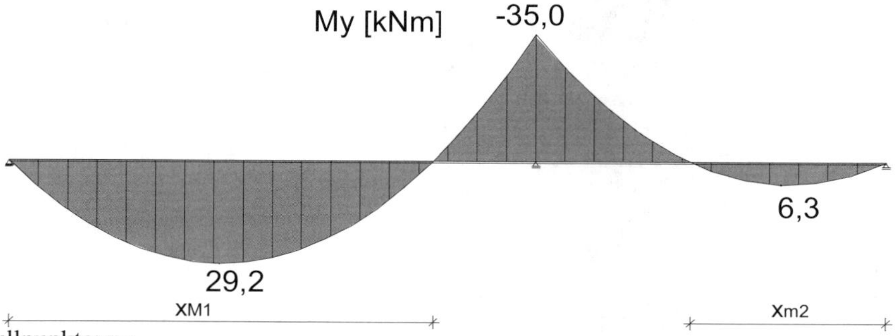

Momenten-Nullpunkte: x_M

Der Satz „Wo ist das Moment gleich Null?“ wird in eine Gleichung „übersetzt“:

0 = rechtsdrehendes Moment - linksdrehendes Moment

0 =  - 

x_{m1}: Momenten-Nullpunkt im ersten Feld von A aus gemessen

$0 = A_V * x_{M1} - q * x_{M1} * \frac{x_{M1}}{2}$

$\rightarrow A_V * x_{M1} = q * x_{M1} * \frac{x_{M1}}{2}$

$\rightarrow A_V = q * \frac{x_{M1}}{2}$

$\rightarrow x_{M1} = \frac{A_V * 2}{q} = \frac{24{,}17\ \text{kN} * 2}{10\ \text{kN/m}} = 4{,}83$ m (von A aus)

x_{m2}: Momenten-Nullpunkt im zweiten Feld von C aus gemessen

$0 = C_V * x_{M2} - q * x_{M2} * \frac{x_{M2}}{2}$

$\rightarrow C_V * x_{M2} = q * x_{M2} * \frac{x_{M2}}{2}$

$\rightarrow C_V = q * \frac{x_{M2}}{2}$

$\rightarrow x_{M2} = \frac{C_V * 2}{q} = \frac{11{,}25\ \text{kN} * 2}{10\ \text{kN/m}} = 2{,}25$ m (von C aus)

Vorgehensweise bei der Berechnung statisch unbestimmter Systeme nach CLAPEYRON

- Anzahl der statischen Unbestimmtheit errechnen (n = …) → Vgl. Kapitel 4.3.3

- Verträglichkeitsbedingungen anschreiben (z. B. Dreimomentengleichung (Clapeyron), zur Ermittlung der Stützmomente)

  n-fach statisch unbestimmt → n-Gleichungen

  (Es werden so viele Gleichungen aufgestellt, wie statisch überzählige Größen vorhanden sind.)

- Ermittlung der Belastungsglieder[20]
  Darauf achten, wo $\mathfrak{R}_l$ bzw. $\mathcal{L}_r$ liegen:

  $\mathfrak{R}_l$: rechtes Belastungsglied im linken Feld, $\mathcal{L}_r$: linkes Belastungsglied im rechten Feld

- Ermittlung der Stützmomente (Dreimomentengleichungen)

- Ermittlung der Querkräfte

  Querkraft-Fläche zeichnen
  Proben: z. B. $|V_A| + |V_{B,l}|$ = Belastung des Feldes 1
  Ermittlung der Querkraft-Nullpunkte

- Ermittlung der Auflagerkräfte (siehe Skizze von V-Fläche)

  Probe: Σ Auflagerkräfte = Σ Einwirkungen (Belastungen)

- Ermittlung der Biegemomente

  Feldmomente sind dort maximal, wo die Querkraft = 0 ist!
  Biegemomente-Fläche zeichnen
  Ermittlung der Momenten-Nullpunkte

[20] Formeln für die Belastungsglieder: siehe Schneider, 2024, S. 4.18.

Vergleich zweier unterschiedlicher statischer Systeme bei einem Träger auf drei Stützen

a) Durchlaufender Zweifeldträger - mit Einspannung bei Stütze B

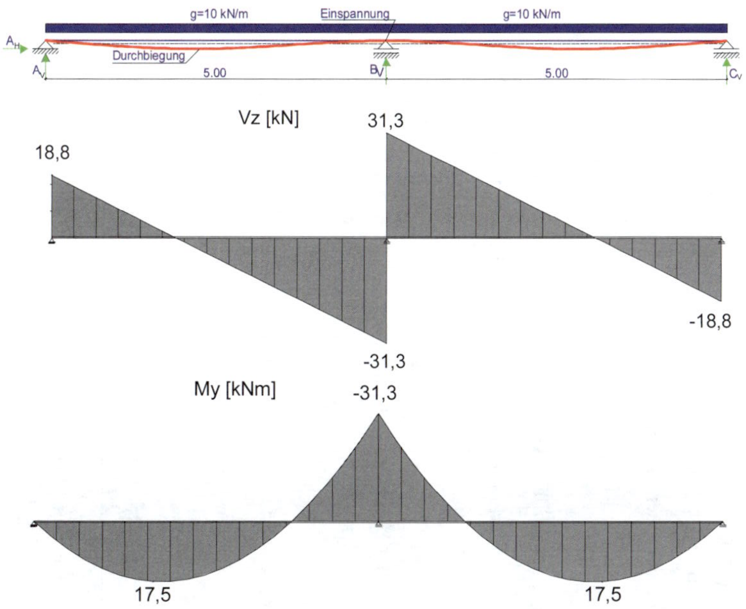

b) Zwei nebeneinander liegende Einfeldträger - Gelenk bei Stütze B

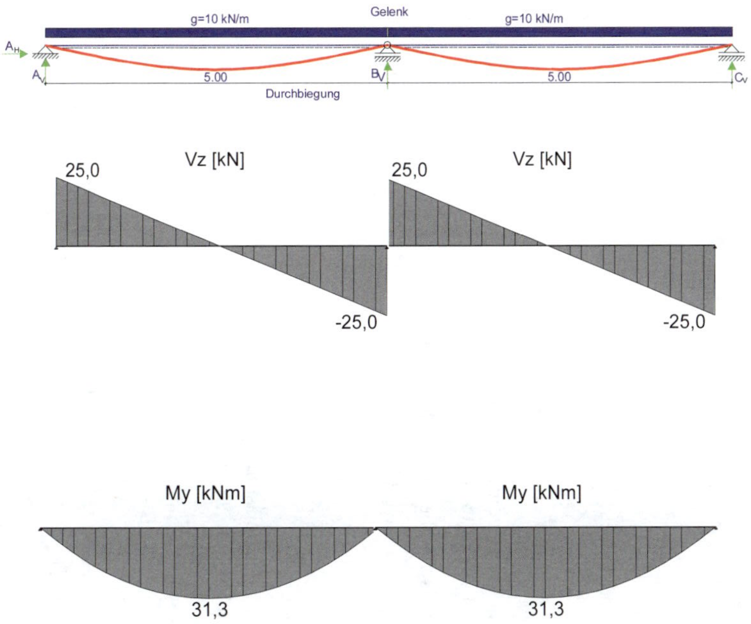

Auflagerkräfte:

$A_V = 18,8$ kN $= C_V$

$B_v = 62,5$ kN

$A_V = 25,0$ kN $= C_V$

$B_v = 50,0$ kN

Fazit: Die Einspannung zieht Last an!

Weitere Beispiele zur Berechnung statisch unbestimmter Systeme nach CLAPEYRON

2) geg: Zweifeldträger gem. Skizze, ges.: Schnittgrößen: Stützmoment M_B, Querkräfte, Auflagerkräfte, Normalkräfte und Biegemomente

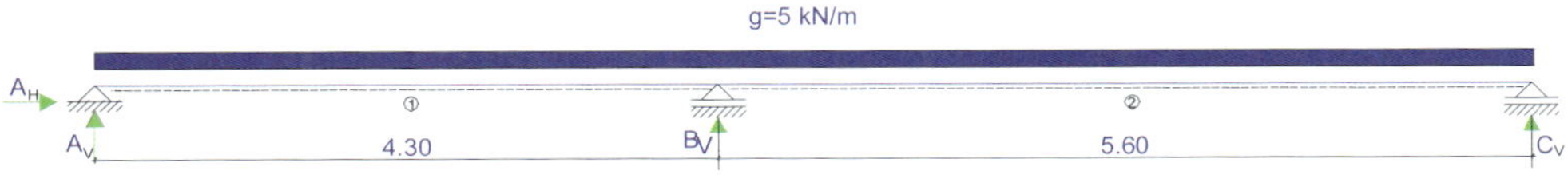

Stützmoment M_B: (Dreimomentengleichung nach Clapeyron)

$M_l * l_l + 2 * M_m * (l_l + l_r) + M_r * l_r = - \mathfrak{R}_l * l_l - \mathcal{L}_r * l_r$

$M_l = M_A = 0$ $M_m = M_B$ $M_r = M_C = 0$ $l_l = 4{,}30$ m $l_r = 5{,}60$ m $g = q$

Belastungsglieder[21] $\mathfrak{R}_{li}$ und $\mathcal{L}_{re}$:

$\mathfrak{R}_l = q_l * l_l^2 / 4 = 5$ kN/m $* (4{,}30$ m$)^2 / 4 = 23{,}11$ kNm,

$\mathcal{L}_r = q_r * l_r^2 / 4 = 5$ kN/m $* (5{,}60$ m$)^2 / 4 = 39{,}2$ kNm

$M_A * l_l + 2 * M_B * (l_l + l_r) + M_C * l_r = - \mathfrak{R}_l * l_l - \mathcal{L}_r * l_r$

$0 * 4{,}30$ m $+ 2 * M_B * (4{,}30$ m $+ 5{,}60$ m$) + 0 * 5{,}60$ m $= - 23{,}11$ kNm $* 4{,}30$ m $- 39{,}2$ kNm $* 5{,}60$ m

$0 + 2 * M_B * 9{,}90$ m $+ 0 = - 318{,}89$ kNm^2

$M_B = - 16{,}11$ kNm

Querkräfte [kN]

$$V_A = V_{A,0} + \frac{M_r - M_l}{l}$$

$V_{A,0}$ ist die Querkraft am Auflager A unter der Annahme, dass über Auflager B ein Gelenk vorhanden wäre! Da dort aber tatsächlich der Balken durchläuft, wird diese falsche Annahme durch den Ausdruck $\frac{M_r - M_l}{l}$ korrigiert.

$$V_A = V_{A,0} + \frac{M_B - M_A}{l_1} = \frac{q * l_1}{2} + \frac{M_B - M_A}{l_1} = \frac{5 \text{ kN} * 4{,}30 \text{ m}}{2} + \frac{-16{,}11 \text{ kNm} - 0}{4{,}30 \text{ m}}$$

$V_A = 10{,}75 + (- 3{,}75) = 7{,}00$

$$V_{B,l} = V_{Bl,0} + \frac{M_B - M_A}{l_1} = - \frac{q * l_1}{2} + \frac{M_B - M_A}{l_1} = - \frac{5 \frac{\text{kN}}{\text{m}} * 4{,}30 \text{ m}}{2} + \frac{-16{,}11 \text{ kNm} - 0}{4{,}30 \text{ m}}$$

$V_{B,l} = - 10{,}75 + (- 3{,}75) = - 14{,}50$ oder: $7{,}00 - 5$ kN/m $* 4{,}3$ m $= 14{,}5$

---

21 Schneider, 2024, S. 4.18.

$$V_{B,r} = V_{Br,0} + \frac{M_C - M_B}{l_r} = \frac{q * l_r}{2} + \frac{M_C - M_B}{l_r} = \frac{5\,\frac{kN}{m} * 5{,}60\text{ m}}{2} + \frac{0 - (-\,16{,}11\text{ kNm})}{5{,}60\text{ m}}$$

$V_{B,r} = 14{,}00 + 2{,}88 = 16{,}88$

$$V_{C,l} = V_{Cli,0} + \frac{M_C - M_B}{l_r} = -\,\frac{q * l_r}{2} + \frac{M_C - M_B}{l_r} = -\,\frac{5\,\frac{kN}{m} * 5{,}60\text{ m}}{2} + \frac{0 - (-\,16{,}11\text{ kNm})}{5{,}60\text{ m}}$$

$V_{C,l} = -\,14{,}00 + 2{,}88 = -\,11{,}12$ oder: 16,88 kN - 5 kN/m * 5,6 m = 11,12

Querkraftfläche:

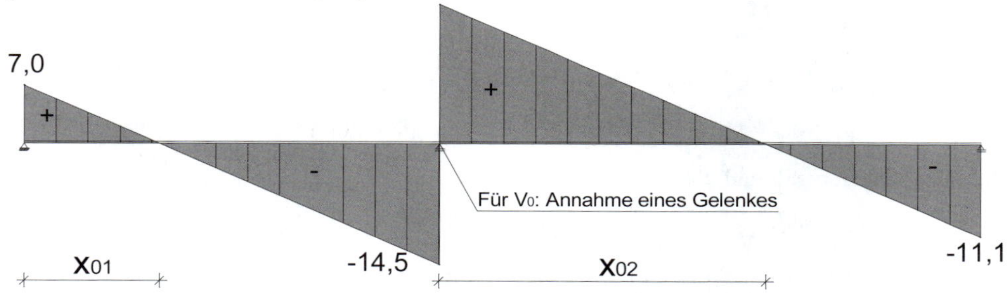

Die maximalen Momente sind an den Stellen, wo die Querkräfte = 0 sind! $x_{01} \rightarrow {}_{max}M_{f1}$, $x_{02} \rightarrow {}_{max}M_{f2}$. Deshalb müssen zunächst die Querkraft-Nullpunkte ermittelt werden!
„Wo ist die Querkraft gleich Null?"
Oder: Nach oben gerichtete Kräfte minus nach unten gerichtete Kräfte gleich Null → 0 = ↑ - ↓

Querkraft-Nullpunkte:

Im Feld 1: $0 = A_V - q * x_{01} \rightarrow x_{01} = \frac{A_V}{q} = \frac{7\text{ kN}}{5\,\frac{kN}{m}} = 1{,}40\text{ m}$ (von A aus)

Im Feld 2: $0 = V_{B,r} - q * x_{02} \rightarrow x_{02} = \frac{V_{Br}}{q} = \frac{16{,}88\text{ kN}}{5\,\frac{kN}{m}} = 3{,}38\text{ m}$ (von B aus)

Auflagerkräfte [kN]:

$A_V = |V_A| = 7{,}00$

$B_V = |V_{B,l}| + |V_{B,r}| = 14{,}50 + 16{,}88 = 31{,}38$ $|V_{Bl}|$ = der Betrag von $V_{B\,links}$

$C_V = |V_C| = 11{,}12$

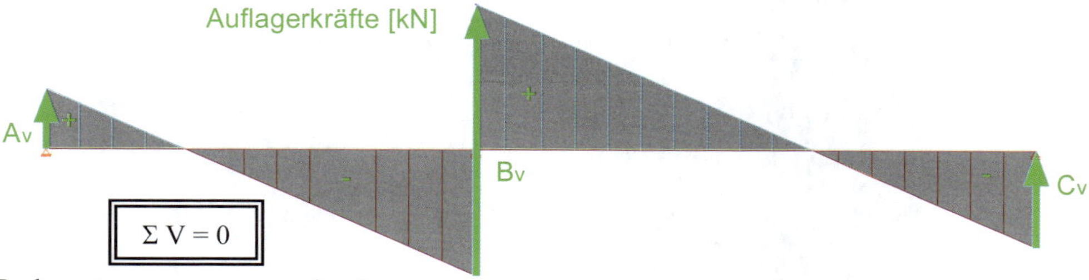

Probe: ↓ = ↑

5 kN/m * (4,3 m + 5,6 m) = $A_V + B_V + C_V$

5 kN/m * 9,9 m = 7 kN + 31,38 kN + 11,12 kN → 49,5 kN = 49,5 kN

Biegemomente [kNm]:

max $M_{f,1} = A_V * x_{01} - q * x_{01} * x_{01} / 2 = 7{,}0\ kN * 1{,}4\ m - 5{,}0\ kN/m * (1{,}40m)^2 / 2 = 4{,}90$

max $M_{f,2} = V_{B,r} * 3{,}38\ m - q * x_{02} * x_{02} / 2 + M_B = 16{,}88\ kN * 3{,}38\ m - 5\ kN/m * (3{,}38\ m)^2 /2 - 16{,}11\ kNm = 12{,}38$

Momentfläche:

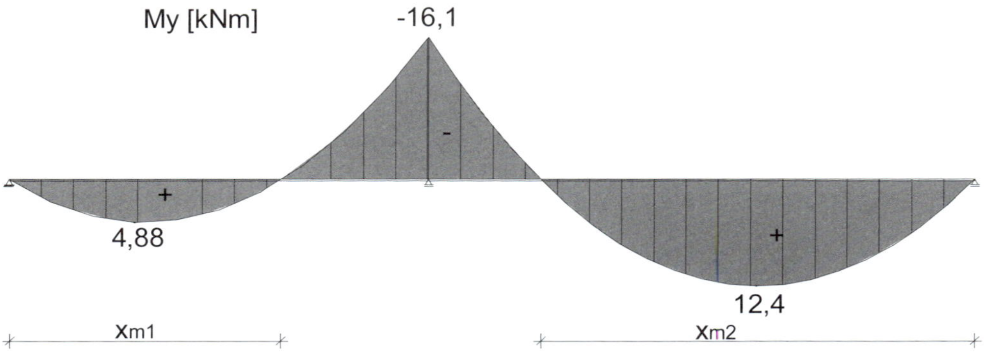

Momenten-Nullpunkte: x_M

Der Satz „Wo ist das Moment gleich Null?" wird in eine Gleichung „übersetzt":

0 = rechtsdrehendes Moment - linksdrehendes Moment

0 =  - 

x_{m1}: Momenten-Nullpunkt im ersten Feld von A aus gemessen

$0 = A_V * x_{M1} - q * x_{M1} * \frac{x_{M1}}{2}$

→ $A_V * x_{M1} = q * x_{M1} * \frac{x_{M1}}{2}$

→ $A_V = q * \frac{x_{M1}}{2}$

→ $x_{M1} = \frac{A_V * 2}{q} = \frac{7{,}00\ kN * 2}{5\ kN/m} = 2{,}80\ m$ (von A aus)

x_{m2}: Momenten-Nullpunkt im zweiten Feld von C aus gemessen

$0 = C_V * x_{M2} - q * x_{M2} * \frac{x_{M2}}{2}$

→ $C_V * x_{M2} = q * x_{M2} * \frac{x_{M2}}{2}$

→ $C_V = q * \frac{x_{M2}}{2}$

→ $x_{M2} = \frac{C_V * 2}{q} = \frac{11{,}12\ kN * 2}{5\ kN/m} = 4{,}45\ m$ (von C aus)

3) geg: Zweifeldträger gem. Skizze

ges.: M_B, Querkräfte, Auflagerkräfte, Normalkräfte und Biegemomente mit Zustandsflächen

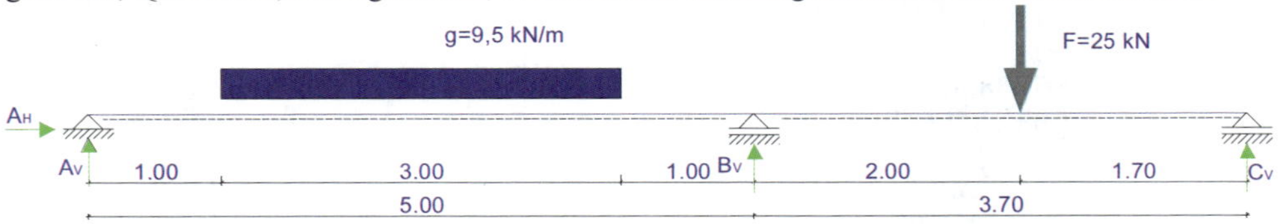

Stützmoment M_B

Formel für die Belastungsglieder $\mathfrak{R}_l$ und $\mathfrak{L}_r$:[22]

a = 1 m
c = 3 m
b = 1 m
l_l = 5 m
l_r = 3,7 m

$$\mathfrak{R}_l = (1 - \delta^2 - \frac{\gamma^2}{4}) * \delta * F * l_l = (1 - (\alpha + \frac{\gamma}{2})^2 - \frac{(\frac{c}{l_l})^2}{4}) * (\alpha + \frac{\gamma}{2}) * F * l_l$$

$$\mathfrak{R}_l = (1 - (\frac{a}{l_l} + \frac{\frac{c}{l_l}}{2})^2 - \frac{(\frac{c}{l_l})^2}{4}) * (\frac{a}{l_l} + \frac{\frac{c}{l_l}}{2}) * q * c * l_l$$

$$\mathfrak{R}_l = (1 - (\frac{1\,m}{5\,m} + \frac{\frac{3\,m}{5\,m}}{2})^2 - \frac{(\frac{3\,m}{5\,m})^2}{4}) * (\frac{1\,m}{5\,m} + \frac{\frac{3\,m}{5\,m}}{2}) * 9{,}5\ kN/m * 3\ m * 5\ m$$

$$\mathfrak{R}_l = (1 - (0{,}2 + \frac{0{,}6}{2})^2 - \frac{0{,}36}{4}) * (0{,}2 + \frac{0{,}6}{2}) * 28{,}5\ kN * 5\ m$$

$$\mathfrak{R}_l = (1 - (0{,}2 + 0{,}3)^2 - 0{,}09) * (0{,}2 + 0{,}3) * 142{,}5\ kNm$$

$$\mathfrak{R}_l = (1 - (0{,}5)^2 - 0{,}09) * 0{,}5 * 142{,}5\ kNm = (1 - 0{,}25 - 0{,}09) * 0{,}5 * 142{,}5\ kNm$$

$$\mathfrak{R}_l = 0{,}66 * 0{,}5 * 142{,}5\ kNm = 0{,}33 * 142{,}5\ kNm$$

$$\mathfrak{R}_l = 47{,}03\ kNm$$

a = 2 m
b = 1,7 m

$$\mathcal{L}_r = (1 + \beta) * \alpha * \beta * F * l_r = (1 + \frac{b}{l_r}) * \frac{a}{l_r} * \frac{b}{l_r} * F * l_r$$

$$\mathcal{L}_r = (1 + \frac{1{,}7\,m}{3{,}7\,m}) * \frac{2{,}0\,m}{3{,}7\,m} * \frac{1{,}7\,m}{3{,}7\,m} * 25\ kN * 3{,}7\ m = (1 + 0{,}46) * 0{,}54 * 0{,}46 * 92{,}5\ kNm$$

$$\mathcal{L}_r = 1{,}46 * 0{,}54 * 0{,}46 * 92{,}5\ kNm = 0{,}79 * 0{,}46 * 92{,}5\ kNm = 0{,}36 * 92{,}5\ kNm$$

$$\mathcal{L}_r = 33{,}55\ kNm$$

$M_A * l_l + 2 * M_B * (l_l + l_r) + M_C * l_r = - \mathfrak{R}_l * l_l - \mathcal{L}_r * l_r$ (CLAPEYRON)

$$0 * 5{,}0\ m + 2 * M_B * (5{,}0\ m + 3{,}7\ m) + 0 * 3{,}7\ m = - 47{,}03\ kNm * 5\ m - 33{,}55 * 3{,}7\ m$$

$$0 + 2 * M_B * 8{,}7\ m + 0 = - 235{,}15\ kNm^2 - 124{,}14\ kNm^2$$

$$2 * M_B * 8{,}7\ m = - 359{,}29\ kNm^2$$

$$M_B = - 20{,}65\ kNm$$

[22] Schneider, 2024, S. 4.18.

Querkräfte: Formel für $V_{...,0}$:[23]

$$V_A = V_{A,0} + \frac{M_B - M_A}{l_1} = \varepsilon * F + \frac{M_B - M_A}{l_1} = (1 - \delta) * F + \frac{M_B - M_A}{l_1} = \left(1 - (\alpha + \frac{\gamma}{2})\right) * q * c + \frac{M_B - M_A}{l_1} = \left(1 - (\frac{a}{l_1} + \frac{\frac{c}{l_1}}{2})\right) * q * c + \frac{M_B - M_A}{l_1} = \left(1 - (\frac{1\,m}{5\,m} + \frac{\frac{3\,m}{5\,m}}{2})\right) * 9{,}5\,\frac{kN}{m} * 3\,m + \frac{-20{,}65 - 0}{5\,m}$$

$$V_A = \left(1 - (0{,}2 + 0{,}3)\right) * 28{,}5\,kN + \frac{-20{,}65}{5\,m} = 0{,}5 * 28{,}5\,kN + \frac{-20{,}65}{5\,m} = 14{,}25\,kN - 4{,}13\,kN$$

$$V_A = 10{,}12\,kN$$

$$V_{B,l} = V_{B,li,0} + \frac{M_B - M_A}{l_1} = -\varepsilon * F + \frac{M_B - M_A}{l_1} = -(1 - \delta) * F + \frac{M_B - M_A}{l_1} = -\left(1 - \left(\alpha + \frac{\gamma}{2}\right)\right) * q * c + \frac{M_B - M_A}{l_1} = -\left(1 - \left(\frac{a}{l_1} + \frac{\frac{c}{l_1}}{2}\right)\right) * q * c + \frac{M_B - M_A}{l_1} = -\left(1 - \left(\frac{1\,m}{5\,m} + \frac{\frac{3\,m}{5\,m}}{2}\right)\right) * 9{,}5\,\frac{kN}{m} * 3\,m + \frac{-20{,}65\,kNm - 0}{5\,m} = -\left(1 - (0{,}2 + 0{,}3)\right) * 28{,}5\,kN + \frac{-20{,}65\,kNm}{5\,m} = -0{,}5 * 28{,}5\,kN * \frac{-20{,}65\,kNm}{5\,m}$$

$$V_{B,l} = -14{,}25\,kN - 4{,}13\,kN = -18{,}38\,kN$$

$$V_{B,r} = V_{B,r,0} + \frac{M_C - M_B}{l_r} = 25 * 1{,}7\,m / 3{,}7\,m + \frac{0-(-)20{,}65\,kNm}{3{,}7} = 11{,}49\,kN + 5{,}57\,kN = 17{,}06\,kN$$

$$V_{C,l} = V_{C,li,0} + \frac{M_C - M_B}{l_r} = -\alpha * F + \frac{M_C - M_B}{l_r} = -\frac{a}{l_r} * F + \frac{0 - (-20{,}65\,kNm)}{3{,}70m}$$

$$V_{C,l} = -\frac{2{,}0\,m}{3{,}7\,m} * 25\,kN + \frac{+20{,}65\,kNm}{3{,}70\,m} = -0{,}54 * 25\,kN + 5{,}58\,kN = -13{,}51\,kN + 5{,}58\,kN$$

$V_{C,l} = -7{,}93\,kN$ oder: $17{,}08\,kN - 25{,}0\,kN$

V-Fläche:

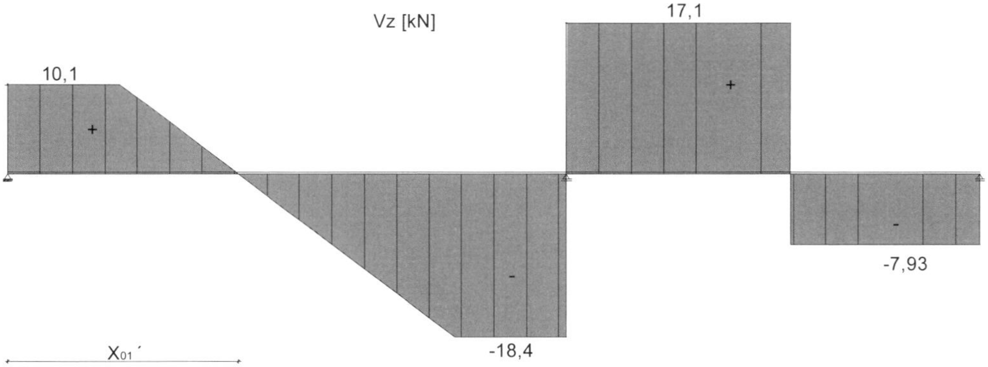

Querkraftnullpunkte:

$x_{0,1} = \frac{A_V}{q} = \frac{10{,}12\,kN}{9{,}5\,kN/m}$

$x_{0,1} = 1{,}07\,m$

$x_{0,1}` = x_0 + 1m$ (von A aus)

$x_{0,1}` = 2{,}07\,m$

---

[23] Schneider, 2024, S. 4.12 ff.

Auflagerkräfte [kN]:

$A_V = V_A = 10{,}12$

$B_V = |-18{,}38| + |17{,}07 = 18{,}38 + 17{,}08 = 35{,}45$

$C_V = 7{,}93$

Probe: $\boxed{\Sigma V = 0}$ $\downarrow = \uparrow$

$q * l + F = A_V + B_V + C_V$

$9{,}5 \text{ kN/m} * 3{,}0 \text{ m} + 25 \text{ kN} = 10{,}12 \text{ kN} + 35{,}45 \text{ kN} + 7{,}93 \text{ kN}$

$28{,}5 \text{ kN} + 25 \text{ kN} = 53{,}5 \text{ kN}$

$53{,}5 \text{ kN} = 53{,}5 \text{ kN}$

$N = 0$

Biegemomente [kNm]:

$\max M_{f1} = A_V * x_{01}' - q * x_{01} * \frac{x_{01}}{2}$

$\max M_{f1} = 10{,}12 \text{ kN} * 2{,}07 \text{ m} - 9{,}5 \text{ kN/m} * 1{,}07 \text{ m}^2 / 2 = 20{,}95 \text{ kNm} - 9{,}5 \text{ kN/m} * 0{,}57 \text{ m}^2$

$\max M_{f1} = 20{,}95 \text{ kNm} - 5{,}44 \text{ kNm} = 15{,}51$

alternativ: Inhalt der Trapezfläche der Querkraft im Feld 1:

$A_{Rechteck} = 10{,}12 \text{ kN} * 1{,}0 \text{ m} = 10{,}12 \text{ kNm}$, $A_{Dreieck} = \frac{10{,}12 \text{ kN} * 1{,}07 \text{ m}}{2} = 5{,}44 \text{ kNm}$

$\max M_{f1} = 10{,}12 + 5{,}44 = 15{,}56 \approx 15{,}51$

$\max M_{f2} = V_{B,r} * 2{,}0 + M_B = 17{,}08 * 2{,}0 - 20{,}65 = 13{,}51$

alternativ: Inhalt der Rechteckfläche der Querkraft im Feld 2:

$\max M_{f2} = 7{,}93 \text{ kN} * 1{,}7 \text{ m} = 13{,}48 \approx 13{,}51$

M-Fläche:

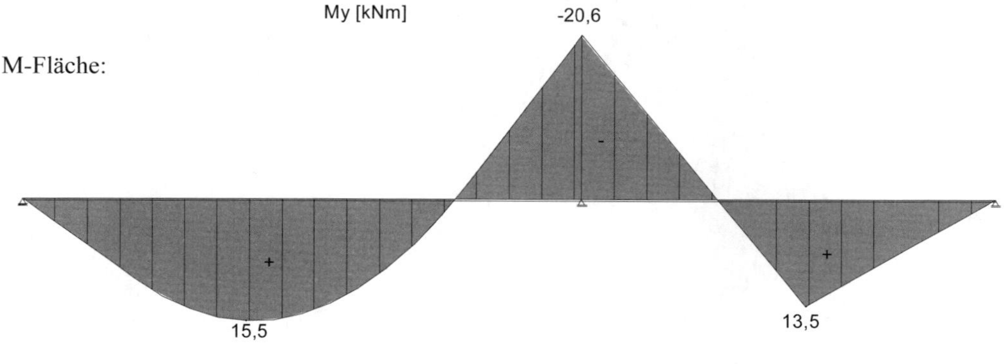

4) Zweifeldträger mit Kragarm

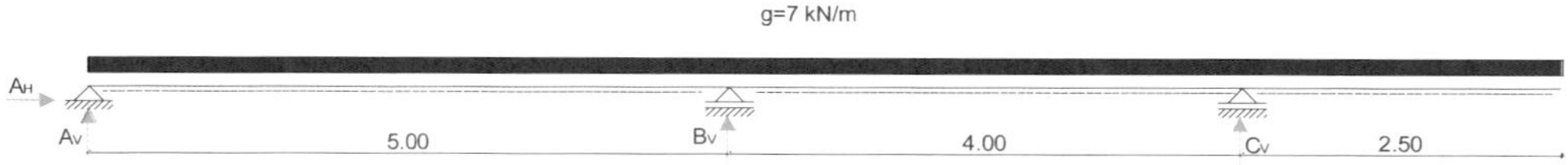

<u>Ermittlung des Stützmomentes M_B</u>

$M_l * l_l + 2 * M_m * (l_l + l_r) + M_r * l_r = - \mathfrak{R}_l * l_l - \mathcal{L}_r * l_r$

$M_l = M_A = 0$ kNm

$M_m = M_B$

$M_r = M_C = - 7$ kN/m $* 2{,}5$ m $* \frac{2{,}5\ m}{2} = - 21{,}88$ kNm

Belastungsglieder:

$$\mathfrak{R}_l = \frac{q_1 * l_l^2}{4} = \frac{7\frac{kN}{m} * (5{,}0\ m)^2}{4} = 43{,}75\ kNm$$

$$\mathcal{L}_l = \frac{q_r * l_r^2}{4} = \frac{7\frac{kN}{m} * (4{,}0\ m)^2}{4} = 28{,}0\ kNm$$

$0 * 5{,}0$ m $+ 2 * M_B * (5{,}0$ m $+ 4{,}0$ m$) + (-)\ 21{,}88$ kNm $* 4{,}0$ m $= - 43{,}75$ kNm $* 5{,}0$ m $- 28{,}0$ kNm $* 4{,}0$ m

$2 * M_B * 9{,}0$ m $+ (-)\ 87{,}52$ kNm $= - 218{,}75$ kNm^2 $- 112{,}0$ kNm^2

$M_B * 18$ m $= - 243{,}23$ kNm^2

$$M_B = \frac{-243{,}23\ kNm^2}{18\ m} = - 13{,}51\ kNm$$

<u>Querkräfte</u> [kN]

$$V_A = V_{A0,r} + \frac{(M_r - M_l)}{l} = \frac{g * l}{2} + \frac{(M_B - M_A)}{l} = \frac{7\frac{kN}{m} * 5{,}0\ m}{2} + \frac{-13{,}51\ kNm - 0}{5{,}0\ m} = 14{,}8$$

$$V_{B,l} = V_{B,l.0} + \frac{(M_r - M_l)}{l} = \frac{-g * l}{2} + \frac{(M_B - M_A)}{l} = \frac{-7\frac{kN}{m} * 5{,}0\ m}{2} + \frac{-13{,}51\ kNm - 0}{5{,}0\ m} = - 20{,}2$$

oder: $V_{B,l} = V_A - g * l_l = 14{,}8 - 7$ kN/m $* 5$ m$= - 20{,}2$

$$V_{B,r} = V_{B.r,0} + \frac{(M_r - M_l)}{l} = \frac{g * l}{2} + \frac{(M_C - M_B)}{l} = \frac{7\frac{kN}{m} * 4{,}0\ m}{2} + \frac{-21{,}88\ kNm - (-13{,}51\ kNm)}{4{,}0\ m} = 11{,}91$$

$$V_{C,l} = V_{C,l,0} + \frac{(M_r - M_l)}{l} = \frac{-g * l}{2} + \frac{(M_c - M_B)}{l} = \frac{-7\frac{kN}{m} * 4{,}0\ m}{2} + \frac{-21{,}88\ kNm - (-13{,}51\ kNm)}{4{,}0\ m} = - 16{,}09$$

oder: $V_{C,l} = V_{B,r} - g * l_2 = 11{,}91$ kN $- 7$ kN/m $* 4{,}0$ m $= - 16{,}09$

$V_{C,r} = g * l = 7$ kN/m $* 2{,}5$ m $= 17{,}5$

<u>Querkräfte – Nullpunkte</u>

$$x_{01} = \frac{V_{A,r}}{g} = \frac{14{,}8\ kN}{7\ kN/m} = 2{,}11\ m \qquad x_{02} = \frac{V_{B,r}}{g} = \frac{11{,}91\ kN}{7\ kN/m} = 1{,}70\ m$$

V – Fläche:

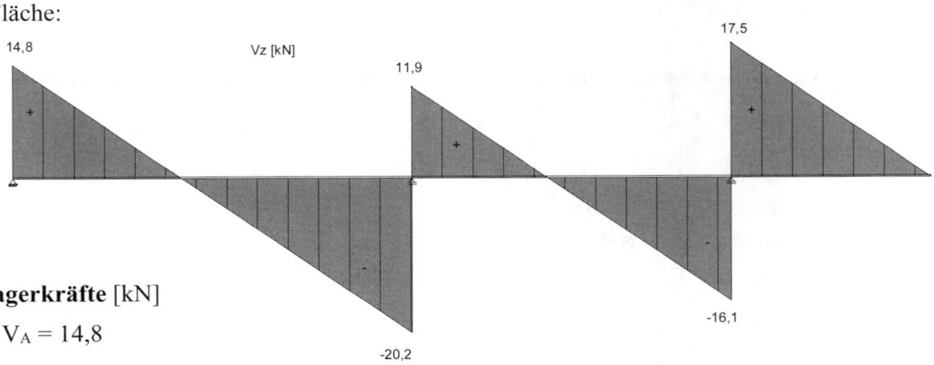

Auflagerkräfte [kN]

$A_V = V_A = 14{,}8$

$B_V = |V_{B,l}| + |V_{B,r}| = 20{,}2 + 11{,}9 = 32{,}1$

$C_V = |V_{C,l}| + |V_{C,r}| = 16{,}09 + 17{,}5 = 33{,}59$

Probe $\Sigma V = 0$

$A_V + B_V + C_V = q * l$

$14{,}8 + 32{,}1 + 33{,}59 = 7\ kN/m * (5{,}0\ m + 4{,}0\ m + 2{,}5\ m)$

$80{,}49 \sim 80{,}5$

$N = 0$

Biegemomente [kNm]

$M_A = 0$ $M_B = -13{,}51$ $M_C = -21{,}88$

$maxM_{f1} = A_V * x_{01} - g * x_{01} * \frac{x_{01}}{2} = 14{,}8\ kN * 2{,}11\ m - 7\ kN/m * 2{,}11\ m * \frac{2{,}11\ m}{2} = 15{,}65$

$M_{f2} = V_{B,r} * x_{02} - g * \frac{x_{02}^2}{2} + M_B = 11{,}91\ kN * 1{,}70\ m - 7\ kN/m * \frac{(1{,}70\ m)^2}{2} + (-)13{,}51\ kNm$

$M_{f2} = -3{,}38$ („kleinstes Feldmoment" M_{f2})

oder:

$max\ M_{f2} = A_V * (5 + x_{02}) + B_V * x_{02} - g * (5 + x_{02})^2 / 2 = 14{,}8\ kN * 6{,}70\ m + 32{,}1\ kN * 1{,}7\ m - 7\ kN/m * (6{,}7\ m)^2 / 2 = -3{,}39$

M – Fläche:

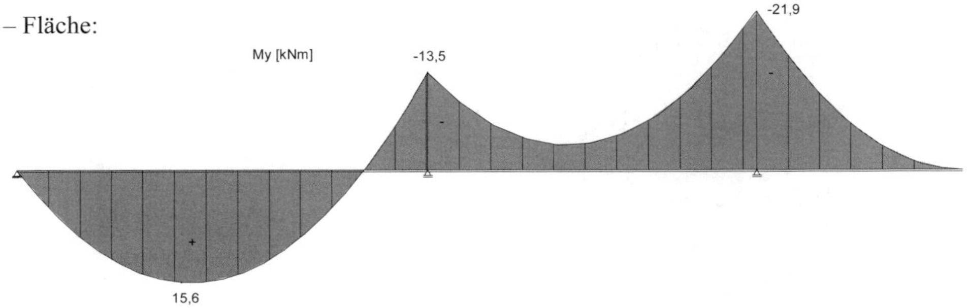

→ $x_{M1} = \frac{A_V * 2}{q} = \frac{14{,}8\ kN * 2}{7\ kN/m} = 4{,}23\ m$ (von A aus)

5) Dreifeldträger mit Gleichlast

Das System ist zweifach statisch unbestimmt → $n = 5 - 3 = 2$

$M_A = 0$ $\qquad M_D = 0$ $\qquad \mathfrak{R} = \mathcal{L} = \frac{g * l^2}{4}$

Es werden zunächst die statisch unbestimmten Größen, die Stützmomente M_B und M_C, ermittelt. Wenn diese bekannt sind, können die Querkräfte, Normalkräfte und Biegemomente sowie deren Zustandsflächen ermittelt werden. M_B und M_C werden mit der Dreimomentengleichung ermittelt. Zunächst vom Punkt B aus gesehen, dann vom Punkt C.

Dreimomentengleichung von der Stütze B aus betrachtet:

$$M_A * 5{,}0 + 2 * M_B * (5{,}0\ m + 6{,}0\ m) + M_C * 6{,}0 = -\frac{6\ \frac{kN}{m} * (5\ m)^2}{4} * 5\ m - \frac{6\ \frac{kN}{m} * (6\ m)^2}{4} * 6\ m$$

$$22\ m * M_B + 6\ m * M_C = -187{,}5\ kNm^2 - 324\ kNm^2$$

$$\boxed{22\ m * M_B + 6\ m * M_C = -511{,}5\ kNm^2}$$

In dieser Gleichung stehen zwei Unbekannte: M_B und M_C. Um die Unbekannten M_B und M_C ermitteln zu können, benötigt man eine weitere Gleichung mit zwei Unbekannten.

Dreimomentengleichung von der Stütze C aus betrachtet:

$$M_B * 6{,}0\ m + 2 * M_C * (6{,}0\ m + 7{,}0\ m) + M_D * 7{,}0\ m = -\frac{6\ \frac{kN}{m} * (6\ m)^2}{4} * 6\ m - \frac{6\ \frac{kN}{m} * (7\ m)^2}{4\ m} * 7$$

$$6\ m * M_B + 26\ m * M_C = -324\ kNm^2 - 514{,}5\ kNm^2$$

$$\boxed{6\ m * M_B + 26\ m * M_C = -838{,}5\ kNm^2}$$

Es sind nun zwei Gleichungen mit zwei Unbekannten vorhanden. In der Mathematik existieren mehrere Möglichkeiten, um zwei Gleichungen mit zwei Unbekannten zu lösen. Nachfolgend wird die Einsetzmethode verwendet. Die vorstehende Gleichung wird nach M_B umgestellt und die erste Gleichung eingesetzt. Damit wird M_C ermittelt, danach M_B.

$$M_B = \frac{-838{,}5\ kNm^2}{6\ m} - \frac{26\ m}{6\ m} * M_C$$

$$\boxed{M_B = -139{,}75\ kNm - 4{,}3\overline{3} * M_C}$$

$$22\ m * (-139{,}75\ kNm - 4{,}33 * M_C) + 6\ m * M_C = -511{,}5\ kNm^2$$

$$-3.074{,}5\ kNm^2 - 95{,}33\ m * M_C + 6\ m * M_C = -511{,}5\ kNm^2$$

$$-89{,}33\ m * M_C = 2.563{,}00\ kNm^2$$

$$M_C = \frac{2.563{,}00\ kNm^2}{-89{,}33\ m} = -28{,}69\ kNm$$

$$M_B = -139{,}75\ kNm - 4{,}33 * (-)\ 28{,}69\ kNm = -139{,}75\ kNm + 124{,}33\ kNm$$

$$M_B = -15{,}42\ kNm$$

Querkräfte [kN] $V = Vo + \frac{Mr - Ml}{l}$

$$V_A = \frac{g * l_1}{2} + \frac{M_B - M_A}{l_1} = \frac{6\,\frac{kN}{m} * 5\,m}{2} + \frac{(-)\,15{,}42\,kNm}{5\,m} = 15 - 3{,}08 = 11{,}91$$

$$V_{B,l} = -\frac{g * l_1}{2} + \frac{M_B - M_A}{l_1} = \frac{-6\,\frac{kN}{m} * 5\,m}{2} + \frac{(-)\,15{,}42\,kNm}{5\,m} = -15 - 3{,}08 = -18{,}09$$

$$V_{B,r} = \frac{g * l_2}{2} + \frac{M_C - M_B}{l_2} = \frac{6\,\frac{kN}{m} * 6\,m}{2} + \frac{(-)\,28{,}69\,kNm - (-)15{,}42\,kNm}{6\,m} = 18 - 2{,}21 = 15{,}79$$

$$V_{C,l} = -\frac{g * l_2}{2} + \frac{M_C - M_B}{l_2} = \frac{-6\,\frac{kN}{m} * 6\,m}{2} + \frac{(-)\,28{,}69\,kNm - (-)15{,}42\,kNm}{6m} = -18 - 2{,}21 = -20{,}21$$

$$V_{C,r} = \frac{g * l_3}{2} + \frac{M_D - M_C}{l_3} = \frac{6\,\frac{kN}{m} * 7\,m}{2} + \frac{0 - (-)\,28{,}69\,kNm}{7\,m} = 21 + 4{,}1 = 25{,}1$$

$$V_D = -\frac{g * l_3}{2} + \frac{M_D - M_C}{l_3} = \frac{-6\,\frac{kN}{m} * 7\,m}{2} + \frac{0 - (-)\,28{,}69\,kNm}{7\,m} = -21 + 4{,}1 = -16{,}9$$

Querkraft-Nullpunkte: $x_{01} = \frac{V_A}{g} = \frac{11{,}91\,kN}{6\,kN/m} = 1{,}99$ m (von A aus),

$x_{02} = \frac{V_{B,r}}{g} = \frac{15{,}79\,kN}{6\,kN/m} = 2{,}63$ m (von B aus), $x_{03} = \frac{V_{C,r}}{g} = \frac{25{,}1\,kN}{6\,kN/m} = 4{,}18$ m (von C aus)

V-Fläche:

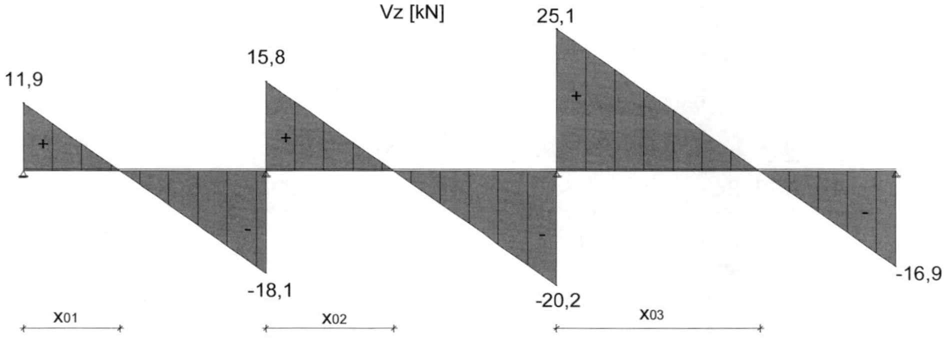

Auflagerkräfte [kN]

$A_V = V_A = 11{,}91$

$B_V = |V_{B,l}| + |V_{B,r}| = 18{,}08 + 15{,}79 = 33{,}87$

$C_V = |V_{C,l}| + |V_{C,r}| = 20{,}21 + 25{,}1 = 45{,}31$

$D_V = |V_D| = 16{,}9$

Probe: $\boxed{\sum V = 0}$

$g * (l_1 + l_2 + l_3) = A_V + B_V + C_V + D_V$

6 kN/m * (5 m + 6 m + 7 m) = 11,92 kN + 33,87 kN + 45,31 kN + 16,9 kN

108 kN = 108 kN

Biegemomente [kNm]

$M_A = M_D = 0$, $M_B = - 15{,}42$, $M_C = - 28{,}69$

$$\max M_{f,1} = \frac{V_A^2}{2 * g} = \frac{(11{,}92\ \text{kN})^2}{2 * 6\ \text{kN/m}} = 11{,}82$$

Probe (über V – Fläche): $M_{f,1} = \frac{11{,}92\ \text{kN} * 1{,}98\ \text{m}}{2} = 11{,}86$

$$\max M_{f,2} = \frac{V_{B,r}^{\ 2}}{2 * g} + M_B = \frac{(15{,}79\ \text{kN})^2}{2 * 6\ \text{kN/m}} - 15{,}42\ \text{kNm} = 5{,}36$$

$$\max M_{f,3} = \frac{V_{C,r}^{\ 2}}{2 * g} + M_C = \frac{(25{,}1\ \text{kN})^2}{2 * 6\ \text{kN/m}} - 28{,}69\ \text{kNm} = 23{,}81$$

M-Fläche:

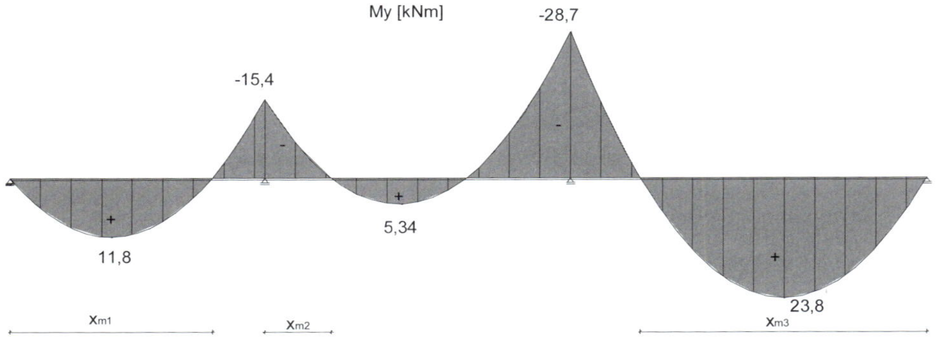

Momenten-Nullpunkte:

x_{m1}: Momenten-Nullpunkt im ersten Feld von A aus gemessen

$$0 = A_V * x_{M1} - g * x_{M1} * \frac{x_{M1}}{2}$$

$$\rightarrow A_V * x_{M1} = g * x_{M1} * \frac{x_{M1}}{2}$$

$$\rightarrow A_V = g * \frac{x_{M1}}{2}$$

$\rightarrow x_{M1} = \frac{A_V * 2}{g} = \frac{11{,}91\ \text{kN} * 2}{6\ \text{kN/m}} = 3{,}97$ m (von A aus)

x_{m2}: Momenten-Nullpunkt im zweiten Feld von B aus gemessen, Schneider, 2024, S. 4.12

$x_{0,2} = \frac{V_{B,r}}{g} = \frac{15{,}79\ \text{kN}}{6\ \text{kN/m}} = 2{,}63\ \text{m} = x_{02}$, $M_{f,2} = 5{,}36$ kNm

$$x_{1/2} = x_{0,2} \pm \sqrt{\frac{2\,M_{f,2}}{g}} = 2{,}63\ \text{m} \pm \sqrt{\frac{2 * 5{,}36\ \text{kNm}}{6\ \text{kN/m}}} = 2{,}63\ \text{m} \pm \sqrt{1{,}79\ \text{m}^2} = 2{,}63\ \text{m} \pm 1{,}34\ \text{m}$$

$x_1 = 3{,}97$ m $\qquad x_2 = 1{,}29\ \text{m} = x_{M2}$ (von B aus)

x_{m3}: Momenten-Nullpunkt im ersten Feld von D aus gemessen

$x_{M3} = \frac{|V_D| * 2}{g} = \frac{16{,}9\ \text{kN} * 2}{6\ \text{kN/m}} = 5{,}63$ m (von D aus)

6.3.1.1 Übungen

ges.: Schnittgrößen: Stützmoment(e), Querkräfte, Auflagerkräfte, Normalkräfte und maximale Biegemomente in den Feldern sowie die zugehörigen Zustandsflächen

1) geg.: Zweifeldträger mit unterschiedlicher Gleichlast

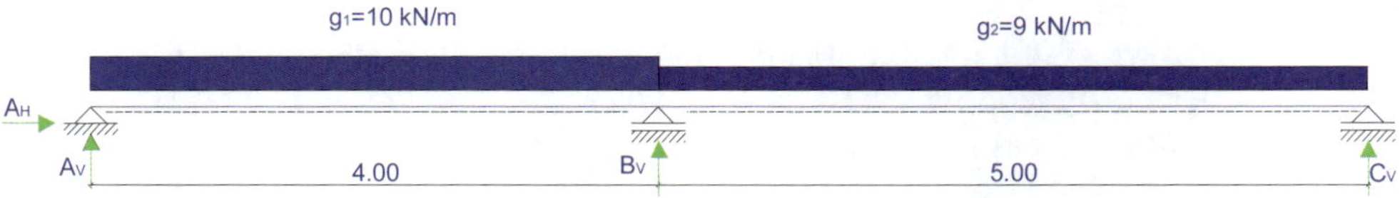

2) geg.: Zweifeldträger mit ständiger Last und Nutzlast (Wechsellasten)

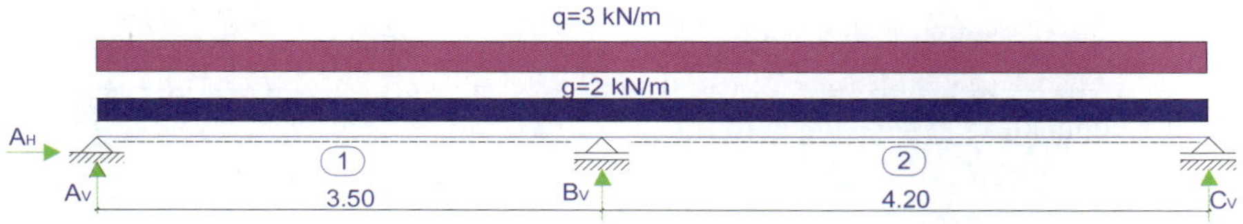

3) geg.: Zweifeldträger mit Kragarm und verschiedenen Lasten

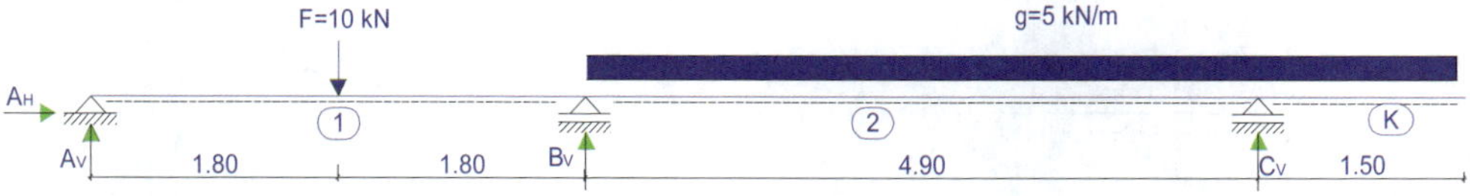

4) geg.: Dreifeldträger mit ständiger Last

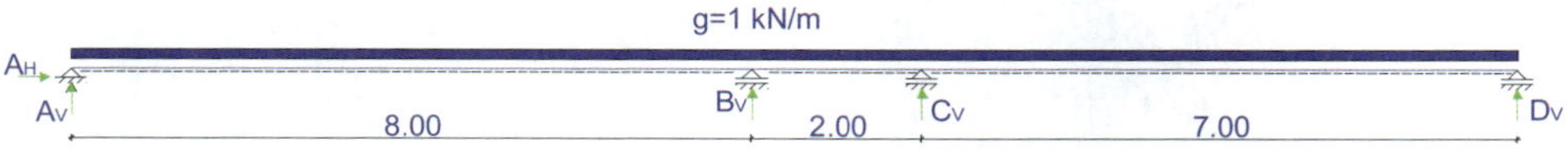

6.3.2 Berechnung von Schnittgrößen an statisch unbestimmten Systemen mit Tabellen

In Fachbüchern und Bautabellen stehen Tabellen zur Verfügung, mit denen häufig vorkommende Lastfälle schnell berechnet werden können. Diese Tabellen beziehen sich oft auf Durchlaufträger mit Gleichlasten!

Frage: Wie entstehen die sogenannten **Tafelwerte** in den Bautabellen?

Antwort: Anstatt mit Zahlen werden die Tafelwerte mit Variablen hergeleitet.

Beispiel: Herleitung der Tabellenwerte bei einem Zweifeldträger mit Gleichlast:

geg: Zweifeldträger, ges: M_B, $M_{f,1}$, $M_{f,2}$, V_A, $V_{B,l}$, $V_{B,r}$, V_C, A_V, B_V, C_V

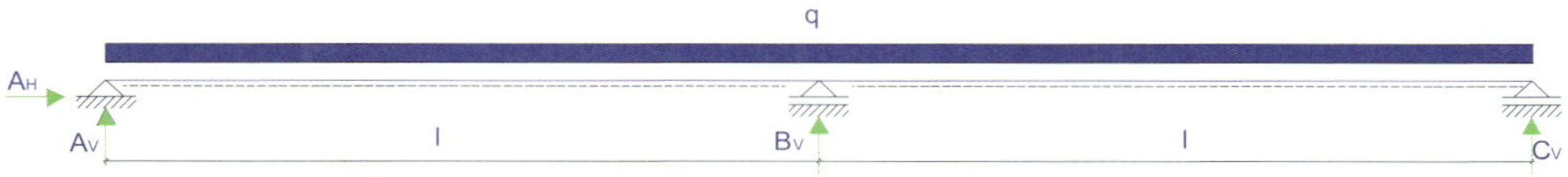

Stützmoment M_B: (nach Clapeyron)

$M_A * l + 2 * M_B * (l + l) + M_C * l = - \mathfrak{R} * l - \mathcal{L} * l$ $\rightarrow \mathfrak{R} = \mathcal{L} = \frac{q * l^2}{4}$

$0 * l + 2 * M_{Bv} * (2 * l) + 0 * l = - \frac{q * l^2}{4} * l - \frac{q * l^2}{4} * l$

$4 * M_B * l = - \frac{2 * q * l^3}{4}$

$M_B * l = - \frac{2 * q * l^3}{16}$

$M_B * l = - 0,125 * q * l^3$

$M_B = - 0,125 * q * l^2$ → Der Tafelwert (= TW) ist hierbei also die Zahl - 0,125.

Querkräfte:

$V_A = - V_C = \frac{q * l}{2} + \frac{M_r - M_l}{l}$

$V_A = - V_C = \frac{q * l}{2} + \frac{(-0,125 * q * l^2) - 0}{l}$

$V_A = - V_C = \frac{q * l}{2} + (- 0,125 * q * l)$

$V_A = - V_C = 0,5 * q * l + (- 0,125 * q * l)$

$V_A = - V_C = 0,375 * q * l$

$V_{B,l} = - V_{B,r} = -\frac{q * l}{2} + \frac{MB - MA}{l}$

$V_{B,l} = - V_{B,r} = \frac{q * l}{2} + \frac{(-0,125 * q * l^2) - 0}{l}$

$V_{B,l} = - V_{B,r} = - 0,5 * q * l + (- 0,125 * q * l)$

$V_{B,l} = - V_{B,r} = = - 0,625 * q * l$

Querkraftnullpunkt:

$x_o = \frac{V_A}{q} = \frac{0,375 * q * l}{q} = 0,375 * l$

Feldmomente:

$$M_{f1} = M_{f2} = V_A * x_o - q * x_o * \frac{x_o}{2}$$

$$M_{f1} = M_{f2} = 0{,}375 * q * l * 0{,}375 * l - q * 0{,}375 * l * \frac{0{,}375 * l}{2}$$

$$M_{f1} = M_{f2} = 0{,}141 * q * l^2 - \frac{q * 0{,}141 * l^2}{2}$$

$$M_{f1} = M_{f2} = 0{,}141 * q * l^2 - 0{,}5 * q * 0{,}141 * l^2$$

$$M_{f1} = M_{f2} = 0{,}141 * q * l^2 - 0{,}071 * q * l^2$$

$$M_{f1} = M_{f2} = 0{,}070 * q * l^2$$

Auflagerkräfte:

$$A_V = V_A = 0{,}375 * q * l$$

$$B_V = |V_{B,l}| + |V_{B,r}| = 0{,}625 * q * l + 0{,}625 * q * l = 1{,}250 * q * l$$

$$C_V = |V_C| = 0{,}375 * q * l = 0{,}375 * q * l$$

Formeln für den **Zweifeldträger mit gleichen Stützweiten**[24]

$$\mathbf{M_B = - 0{,}125 * q * l^2}$$

$$\mathbf{M_{f1} = 0{,}070 * q * l^2}$$

$$\mathbf{M_{f2} = 0{,}070 * q * l^2}$$

$$\mathbf{V_A = 0{,}375 * q * l}$$

$$\mathbf{V_{B,l} = - 0{,}625 * q * l}$$

$$\mathbf{V_{B,r} = 0{,}625 * q * l}$$

$$\mathbf{V_C = - 0{,}375 * q * l}$$

$$\mathbf{A_V = 0{,}375 * q * l}$$

$$\mathbf{B_V = 1{,}250 * q * l}$$

$$\mathbf{C_V = 0{,}375 * q * l}$$

Beim Einsetzen in die Formeln ist zu beachten:

Momente: Tafelwert (= TW) * q * l^2

Kräfte: Tafelwert (= TW) * q * l

[24] Vgl. Schneider, 2024, S. 4.7 ff.

Beispiele:

1) geg: Zweifeldträger, $l_1 = l_2$, Gleichlast: g = 7 kN/m

ges.: A_V, B_V, A_H, V_A, $V_{B,l}$, $V_{B,r}$, V_C, M_B, max M_{f1}, max M_{f2}

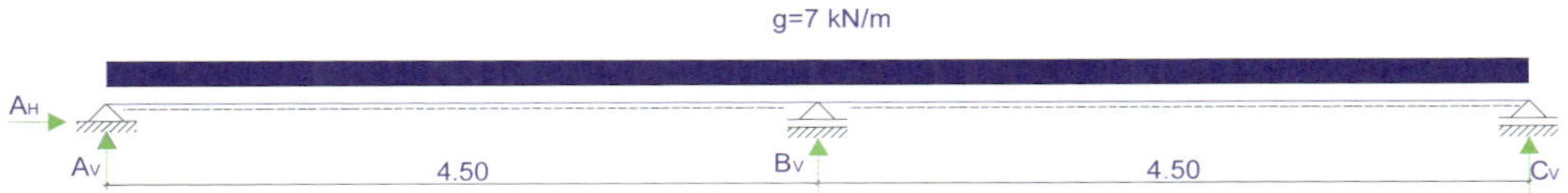

Lösung: l = 4,5 m, Tafelwerte (TW) aus Tabellen[25]

Momente = TW * g * l_1^2

Kräfte = TW * g * l_1

Gesucht	Tabellenwert	g (kN/m)	l_1 (m)	Ergebnis
$M_{f,1} = M_{f,2}$ =	0,07	7	$4,5^2$	9,92 kNm
M_B =	- 0,125	7	$4,5^2$	- 17,72 kNm
$A_V = C_V$ =	0,375	7	4,5	11,81 kN
B_V =	1,250	7	4,5	39,38 kN
V_{Bli} = - V_{Br} =	- 0,625	7	4,5	- 19,69 kN

2) geg: Zweifeldträger mit Gleichlast, g = 3 kN/m

ges.: A_V, B_V, A_H, $V_{B,l}$, $V_{B,r}$, M_B, max M_f

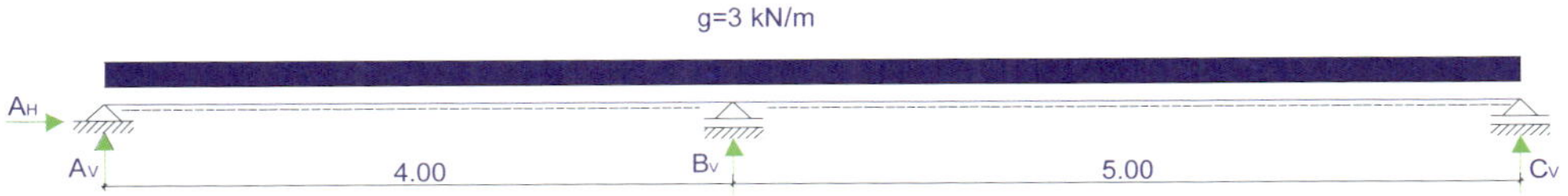

Tafelwerte (TW) aus Tabellen[26] **l_1 = immer die <u>kleinere</u> Stützweite<u>!</u>**

$$\frac{l_1}{l_2} = \frac{4,0\ m}{5,0\ m} = \frac{1}{x} \rightarrow \frac{5,0\ m}{4,0\ m} = \frac{x}{1} \rightarrow \frac{5,0\ m * 1}{4,0\ m} = x = 1,25$$

x = 1,25 → ist dieser Tafelwert (TW) Wert nicht direkt in der Tabelle zu finden, sollte interpoliert werden.

Momente = TW * g * l_1^2

Kräfte = TW * g * l_1

Gesucht	Tabellenwert	Interpolation	g (kN/m)	l_1 (m)	Ergebnis
M_B =	1: - 0,155 2: - 0,174	- 0,165	3	4^2	- 7,90 kNm

[25] Vgl. Schneider, 2024, S. 4.8 bzw. 4.10.

[26] Vgl. Schneider, 2024, S. 4.10.

M_{f1} =	1: 0,060 2: 0,053	0,057	3	4^2	2,71 kNm
M_{f2} =	1: 0,111 2: 0,133	0,122	3	4^2	5,86 kNm
A_V =	1: 0,345 2: 0,326	0,336	3	4	4,03 kN
$V_{B,l}$ =	1: - 0,655 2: - 0,674	- 0,66	3	4	- 7,97 kN
$V_{B,r}$ =	1: 0,729 2: 0,784	0,757	3	4	9,08 kN
C_V =	1: 0,471 2: 0,516	0,494	3	4	5,92 kN

$B_V = |V_{B,l}| + |V_{B,r}| = 7{,}97\ kN + 9{,}08\ kN = 17{,}05\ kN$

3) geg: Zweifeldträger mit Gleichlast, ges.: Schnittgrößen

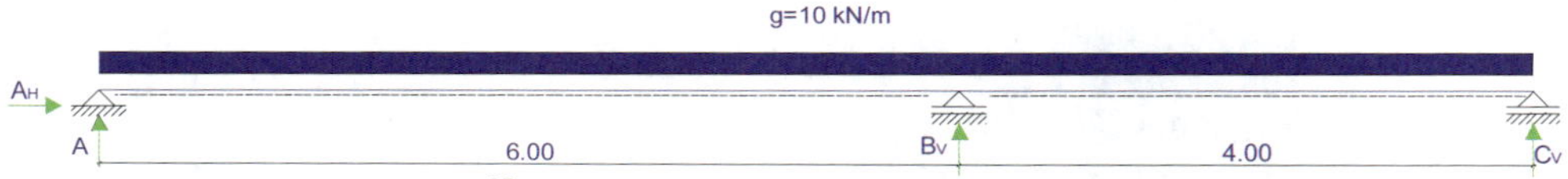

Tafelwerte (TW) aus Tabellen[27]

l_l = immer die <u>kleinere</u> Stützweite

$\frac{l_1}{l_2} = \frac{4\ m}{6\ m} = \frac{1}{x} \rightarrow \frac{6\ m}{4\ m} = \frac{x}{1} \rightarrow \frac{6\ m * 1}{4\ m} = x$

$x = 1{,}5$

Momente = TW ∗ g ∗ l_l^2

Kräfte = TW ∗ g ∗ l_l

Gesucht	Tabellenwert	g (kN/m)	l_l (m)	Ergebnis
M_B =	- 0,219	10	4^2	- 35,04 kNm
(“M_{f1}” =) M_{f2} =	0,040	10	4^2	6,40 kNm
(“M_{f2}” =) M_{f1} =	0,183	10	4^2	29,28 kNm
(“A_V” =) C_V =	0,281	10	4	11,24 kN
(“$V_{B,l}$” =) $V_{B,r}$ =	0,719	10	4	28,76 kN
(“$V_{B,r}$ “=) $V_{B,l}$ =	- 0,896	10	4	- 35,84 kN
(“C_V “=) A_V =	0,604	10	4	24,16 kN

$B = |V_{Bli}| + |V_{Bre}| = 28{,}76\ kN + 35{,}84\ kN = 64{,}60\ kN$

[27] Schneider, 2024, S. 4.10.

4) geg: Zweifeldträger, ständige Last und Nutzlast, g = 3 kN/m, q = 1,5 kN/m

ges: max M_{f1}, max C_V

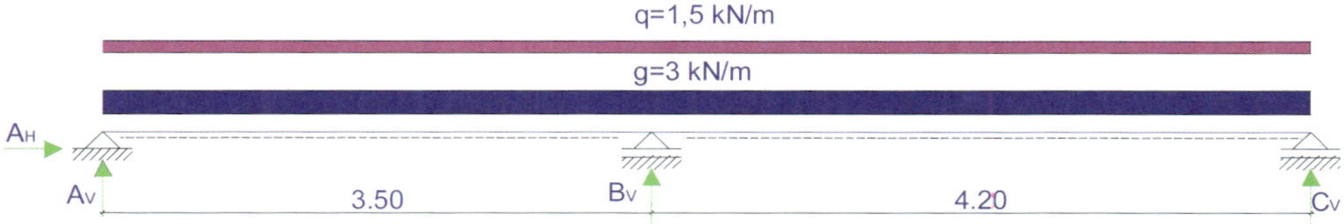

Tafelwerte (TW) aus Tabellen[28]   **l_1 = immer der <u>kleinste</u> Wert!**

$\frac{l_1}{l_2} = \frac{3{,}5\ m}{4{,}2\ m} = \frac{1}{x} \rightarrow \frac{4{,}2\ m}{3{,}5\ m} = \frac{x}{1} \rightarrow \frac{4{,}2\ m * 1}{3{,}5\ m} = x$

x = 1,2

Momente = (TW ∗ g + TW * q) ∗ l_1^2 **(Superposition)**

Kräfte = (TW ∗ g + TW ∗ q) * l_1

Gesucht	Tabellenwert	g / q (kN/m)	l_1 (m)	Ergebnis
M_{f1} =	0,060	3,0	$3{,}5^2$	2,21 kNm
M_{f1} =	0,098	1,5	$3{,}5^2$	1,80 kNm

maxM_{F1} = 2,21 kNm + 1,80 kNm = 4,01 kNm

(zum Vergleich "zu Fuß" gerechnet:

maxM_{F1} = A_V * x_{01} - r * x_{01}^2 / 2 = 5,95 kN * 1,32 m - 4,5 kN/m * $(1{,}32\ m)^2$ / 2 = 3,93 kNm)

Gesucht	Tabellenwert	g /q (kN/m)	l_1 (m)	Ergebnis
C_V =	0,471	3,0	3,5	4,95 kN
C_V =	0,518	1,5	3,5	2,72 kN

max C_V = 4,95 kN + 2,72 kN = 7,67 kN

5) geg: Dreifeldträger mit Gleichlast, g = 7,5 kN/m, l = 5,00 m, ges.: Schnittgrößen

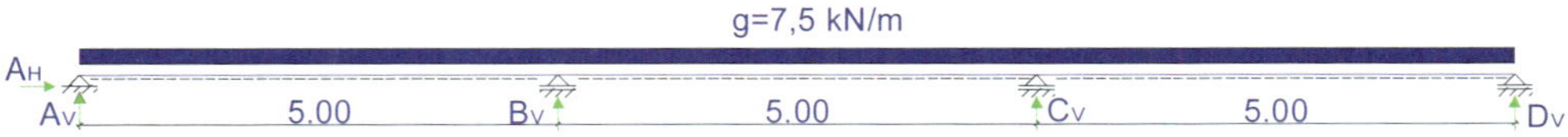

[28] Schneider, 2024, S. 4.10.

Tafelwerte (TW) aus Tabellen[29]

Momente = TW $* r * l_l^2$

Kräfte = TW $* r * l_l$

Gesucht	Tabellenwert	G	l_l	Ergebnis
$M_{f1} = M_{f3} =$	0,080	7,5	5^2	15,0 kNm
$M_B = M_C =$	- 0,100	7,5	5^2	- 18,75 kNm
$M_{f2} =$	0,025	7,5	5^2	4,69 kNm
$A_V = D_V =$	0,400	7,5	5	15,0 kN
$B_V = C_V =$	1,100	7,5	5	41,25 kN
$V_{B,l} = - V_{C,r} =$	- 0,600	7,5	5	- 22,5 kN
$V_{B,r} = - V_{C,l} =$	0,500	7,5	5	18,75 kN

6.3.2.1 Übungen:

geg: statische unbestimmte Systeme, ges.: Schnittgrößen

1)

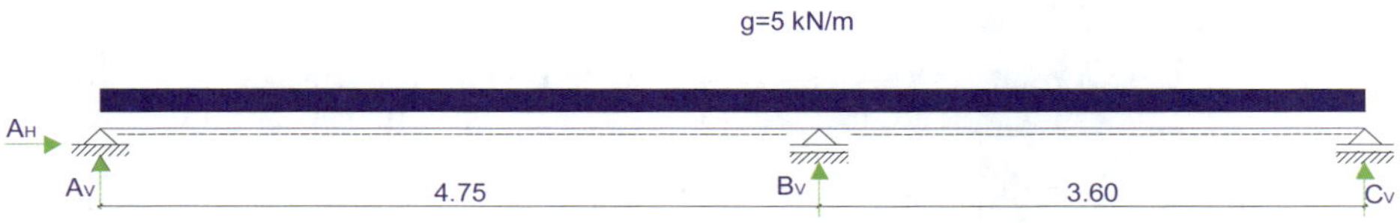

2)

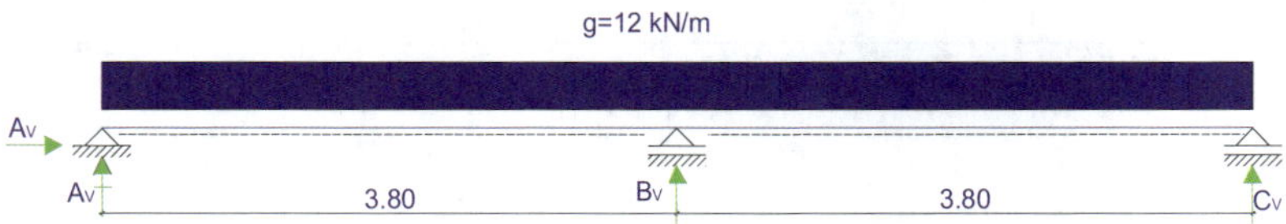

3)

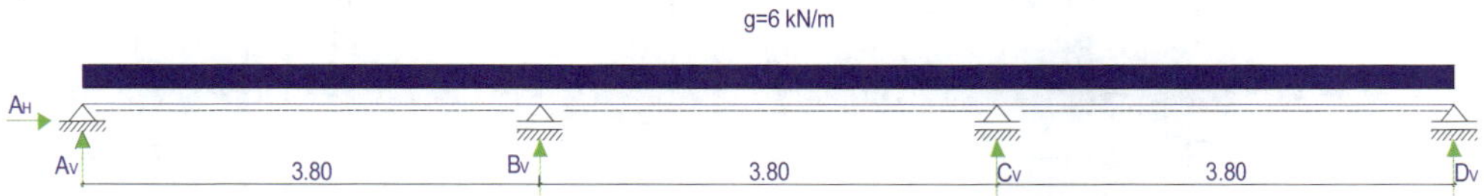

---

[29] Schneider, 2024, S. 4.8.

6.4 Lösungen zu den Übungen

Zu Kap. 6.2.2 Berechnen Sie jeweils die Auflagerreaktionen A_V, B_V und A_H mit Probe!

1)

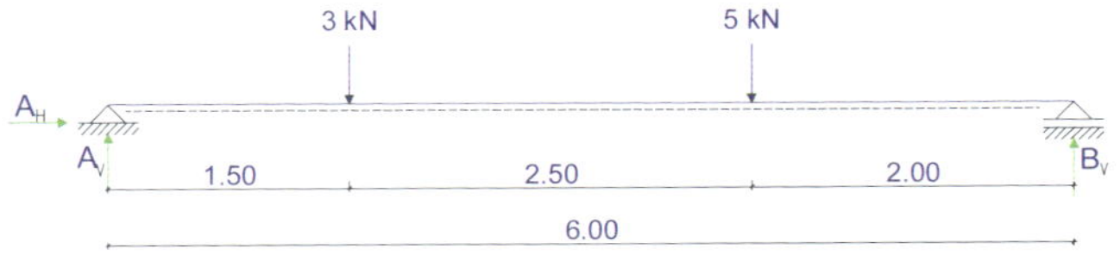

$\Sigma M_A = 0$ $3\ kN * 1{,}5\ m + 5\ kN * 4{,}0\ m = B_V * 6{,}0\ m \rightarrow B_V = 4{,}08\ kN$

$\Sigma M_B = 0$ $3\ kN * 4{,}5\ m + 5\ kN * 2{,}0\ m = A_V * 6{,}0\ m \rightarrow A_V = 3{,}92\ kN$

Probe: $\Sigma V = 0$ $A_V + B_V = 3\ kN + 5\ kN \rightarrow 3{,}92\ kN + 4{,}08\ kN = 8{,}00\ kN$

$\Sigma H = 0$ $A_H = 0$

2)

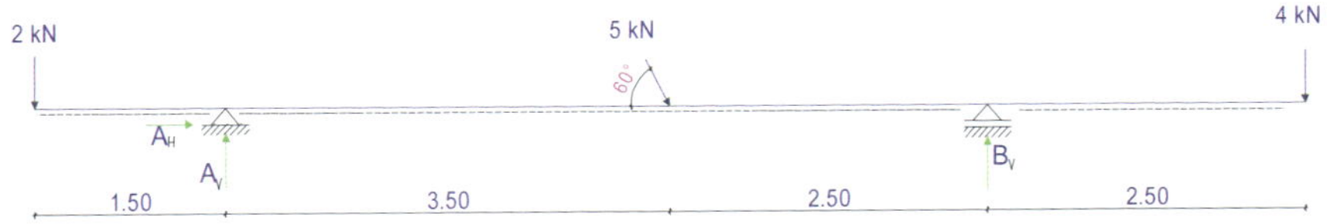

Schräge Kraft: $F_V = \sin 60° * 5\ kN = 4{,}33\ kN$, $F_H = \cos 60° * 5\ kN = 2{,}50\ kN$

$\Sigma M_A = 0$ $4{,}33\ kN * 3{,}5\ m + 4\ kN * 8{,}5\ m = B_V * 6{,}0\ m + 2\ kN * 1{,}5\ m \rightarrow B_V = 7{,}69\ kN$

$\Sigma M_B = 0$ $A_V * 6{,}0\ m + 4{,}0\ kN * 2{,}5\ m = 2\ kN * 7{,}5\ m + 4{,}33\ kN * 2{,}5\ m \rightarrow A_V = 2{,}64\ kN$

Probe: $\Sigma V = 0$ $A_V + B_V = 2\ kN + 4{,}33\ kN + 4\ kN \rightarrow 2{,}64\ kN + 7{,}69\ kN = 10{,}33\ kN$

$\Sigma H = 0$ $A_H + 2{,}5\ kN = 0 \rightarrow A_H = -2{,}5\ kN$

3)

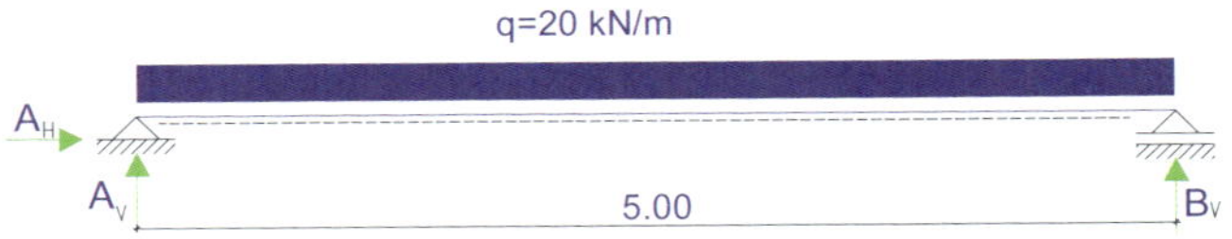

$\Sigma M_A = 0$ $20\ kN/m * 5{,}0\ m * 2{,}5\ m = B_V * 5{,}0\ m \rightarrow B_V = 50\ kN$

$\Sigma M_B = 0$ $A_V * 5{,}0\ m = 20\ kN/m * 5{,}0\ m * 2{,}5\ m \rightarrow A_V = 50\ kN$

Probe: $\Sigma V = 0$ $A_V + B_V = 20\ kN/m * 5{,}0\ m \rightarrow 50\ kN + 50\ kN = 100\ kN$

$\Sigma H = 0$ $A_H = 0$

4)

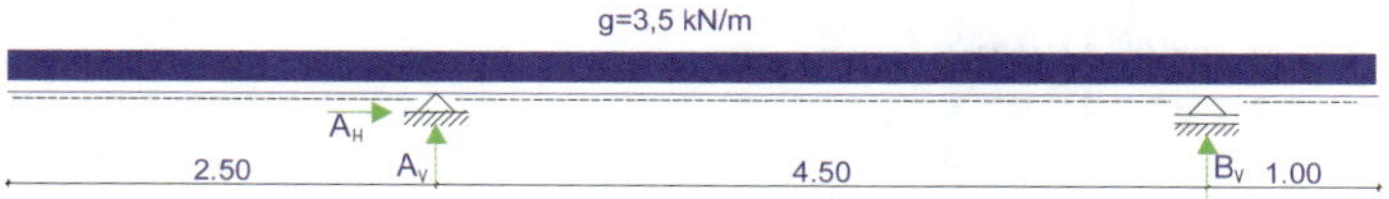

$\Sigma M_A = 0$ $B_V * 4{,}5\text{ m} + 3{,}5\text{ kN/m} * (2{,}5\text{ m})^2/2 = 3{,}5\text{ kN/m} * (4{,}5\text{ m} + 1{,}0\text{ m})^2/2$

$\rightarrow B_V = 9{,}33\text{ kN}$

$\Sigma M_B = 0$ $A_V * 4{,}5\text{ m} + 3{,}5\text{ kN/m} * (1{,}0\text{ m})^2/2 = 3{,}5\text{ kN/m} * (4{,}5\text{ m} + 2{,}5\text{ m})^2/2$

$\rightarrow A_V = 18{,}67\text{ kN}$

Probe: $\Sigma V = 0$ $A_V + B_V = 3{,}5\text{ kN/m} * (2{,}5\text{ m} + 4{,}5\text{ m} + 1{,}0\text{ m}) \rightarrow 28\text{ kN} = 28\text{ kN}$

$\Sigma H = 0$ $A_H = 0$

5)

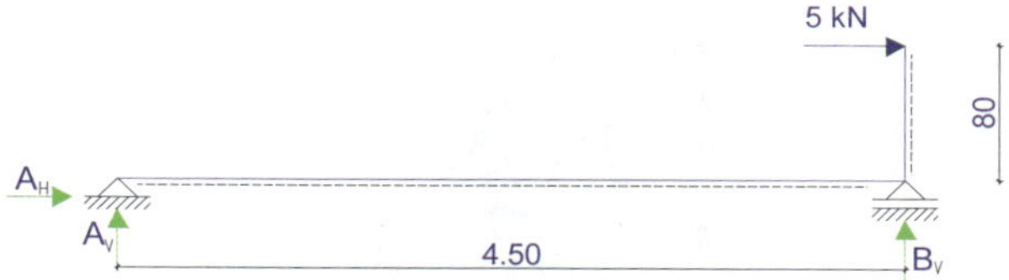

$\Sigma M_A = 0$ $5\text{ kN} * 0{,}8\text{ m} = B_V * 4{,}5\text{ m}$ $\rightarrow B_V = 0{,}89\text{ kN}$

$\Sigma M_B = 0$ $A_V * 4{,}5\text{ m} + 5\text{ kN} * 0{,}8\text{ m} = 0$ $\rightarrow A_V = -0{,}89\text{ kN}$

Probe: $\Sigma V = 0$ $A_V + B_V = 0$ $\rightarrow -0{,}89\text{ kN} + 0{,}89\text{ kN} = 0$

$A_H + 5 = 0$ $\rightarrow A_H = -5\text{ kN}$

Zu Kap. 6.2.4

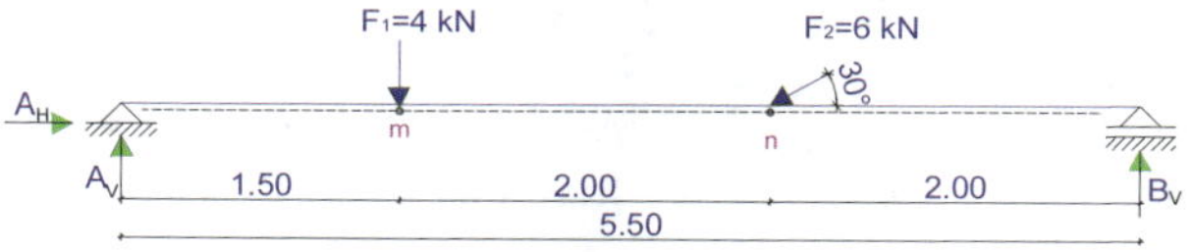

1) $F_{2,v} = 3\text{ kN}$, $F_{2,H} = 5{,}2\text{ kN}$

$\Sigma M_A = 0$ $B_V * 5{,}5\text{ m} = 4\text{ kN} * 1{,}5\text{ m} + 3\text{ kN} * 3{,}5\text{ m} \rightarrow B_V = 3{,}0\text{ kN}$

$\Sigma M_B = 0$ $A_V * 5{,}5\text{ m} = 4\text{ kN} * 4{,}0\text{ m} + 3\text{ kN} * 2{,}0\text{ m} \rightarrow A_V = 4{,}0\text{ kN}$

Probe: $\Sigma V = 0$ $A_V + B_V = 4\text{ kN} + 3\text{ kN} \rightarrow 7\text{ kN} = 7\text{ kN}$

$\Sigma H = 0$ $A_H = 5{,}2\text{ kN}$

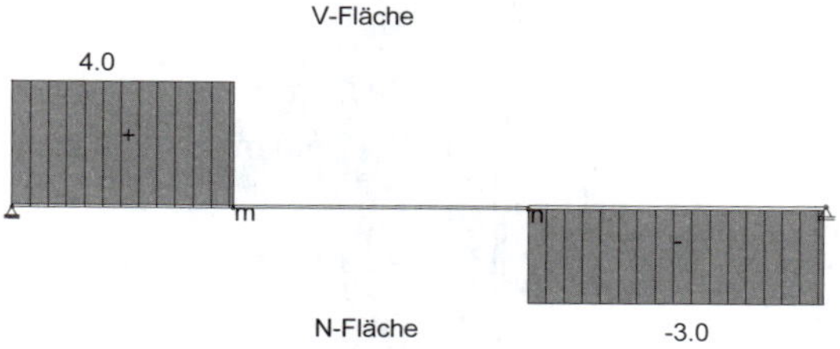

Querkräfte [kN]

$V_A = A_V = 4 = V_{m,l}$

$V_{m,r} = 4 - 4 = 0 = V_{n,l}$

$V_{n,r} = 0 - 3 = -3 = V_{B,l}$

$x_0 = 1{,}5\text{ m}$ bis $3{,}5\text{ m}$

Normalkräfte [kN]

$N_A = -A_H = -5{,}2 = N_m = N_n$

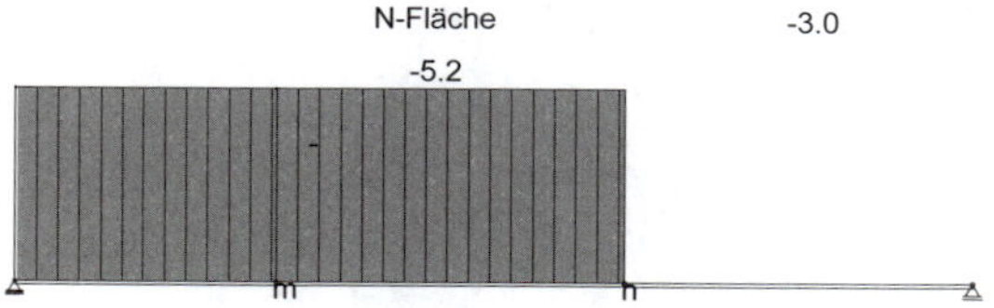

Biegemomente [kNm]

$M_A = M_B = 0$

$M_m = A_V * 1,5\ m = 6,0 = M_n = \max M$

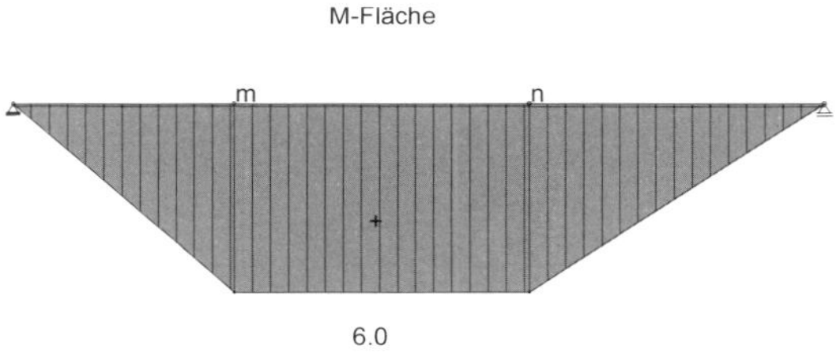

2) $F_{1,v} = 10,39\ kN$, $F_{1,H} = 6,00\ kN$
$F_{3,v} = 10,61\ kN = F_{3,H}$

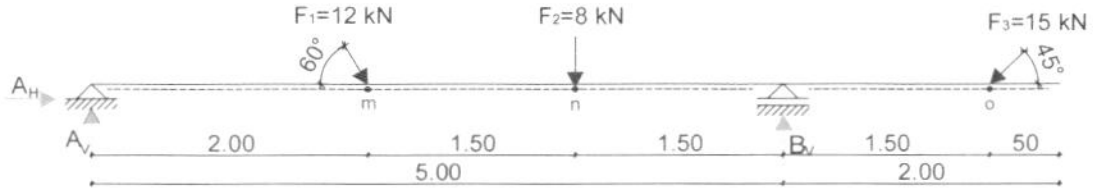

| $\Sigma M_A = 0$ | $B_V * 5\ m = F_{1,v} * 2\ m + F_2 * 3,5\ m + F_{3,v} * 6,5\ m \rightarrow B_V = 23,55\ kN$ |
| $\Sigma M_B = 0$ | $A_V * 5\ m + F_{3,v} * 1,5\ m = F_{1,v} * 3\ m + F_2 * 1,5\ m \rightarrow A_V = 5,45\ kN$ |

Probe: $\Sigma V = 0$ $A_V + B_V = F_{1,v} + F_2 + F_{3,v} \rightarrow 29\ kN = 29\ kN$

$\Sigma H = 0$ $A_H = 4,61\ kN$

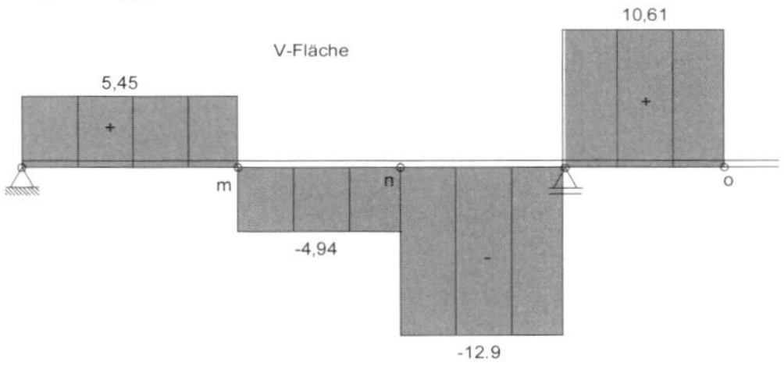

Querkräfte [kN]
$V_A = A_V = 5,45 = V_{m,l}$
$V_{m,r} = 5,45 - F_{1,v} = - 4,94 = V_{n,l}$
$V_{n,r} = - 4,94 - F2 = - 12,94 = V_{B,l}$
$V_{B,r} = - 12,94 + B_V = 10,61 = V_{o,l}$
$x_0 = 2,0\ m$

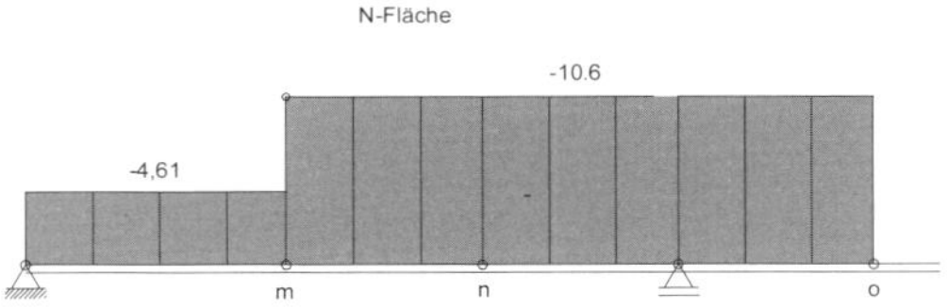

Normalkräfte [kN]
$N_A = - A_H = - 4,61 = N_{m,l}$
$N_{m,r}$ bis $N_{o,l} = - 10,61$

Biegemomente [kNm]
$M_A = 0 = M_0$
$M_m = A_V * 2,0\ m = 10,9 = \max M_f$
$M_n = A_V * 3,5\ m - F_{1,v} * 1.5\ m = 3,49$
$M_B = - F_{3,v} * 1,5\ m = - 15,92 = \max M$

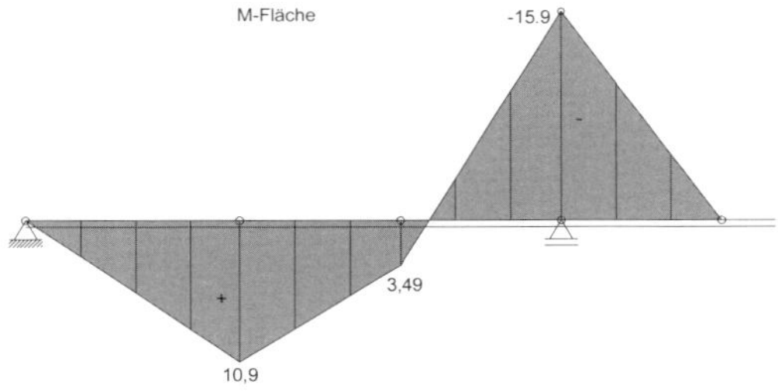

3)

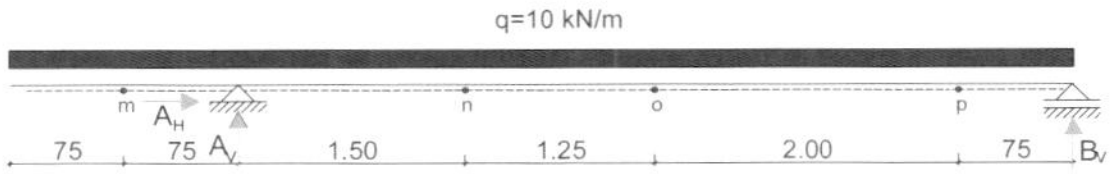

| $\Sigma M_A = 0$ | $B_V * 5,5\ m = 10\ kN/m * 7\ m * (3,5\ m – 1,5\ m) \rightarrow B_V = 25,45\ kN$ |
| $\Sigma M_B = 0$ | $A_V * 5,5\ m = 10\ kN/m * 7\ m * 3,5\ m \rightarrow A_V = 44,55\ kN$ |

Probe: $\Sigma V = 0$ $A_V + B_V = q * 7\ m \rightarrow 70\ kN = 70\ kN$ $\Sigma H = 0$ $A_H = 0$

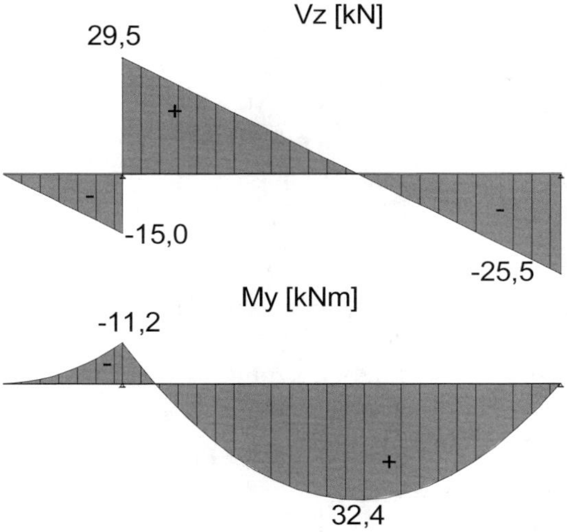

Querkräfte [kN]

V_m = - 10 kN/m * 0,75 m = - 7,50
$V_{A,l}$ = - 10 kN/m * 1,5 m = - 15
$V_{A,r}$ = - 15 + A_V = 29,55
V_n = 29,55 - 10 kN/m * 1,5 m = 14,55
V_o = 14,55 - 10 kN/m * 1,25 m = 2,05
V_p = 2,05 - 10 kN/m * 2,0 m = - 17,95
$V_{B,l}$ = - 17,95 - 10 kN/m * 0,75 m = - 25,45
x_0 = 2,96 m (von A aus)

Normalkräfte [kN]
N = 0

Biegemomente [kNm]
M_m = - 2,81
M_A = - 11,25
M_n = 21,83
M_o = 32,20, max M_f = 32,41, M_p = 16,30
M_B = 0, M-Nullpunkt: x_M = 0,41 m
(von A aus)

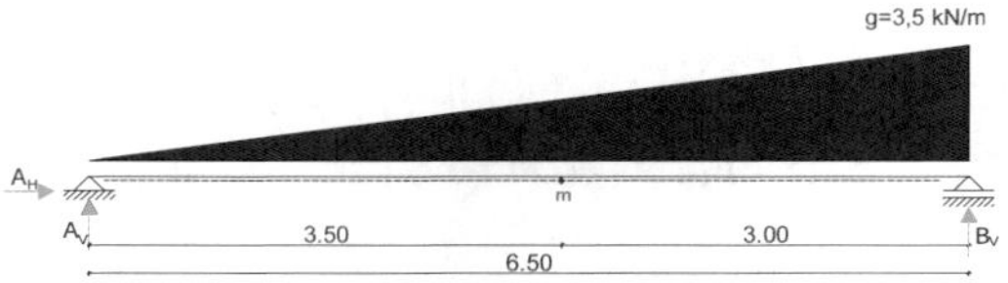

4) Einfeldträger mit Dreieckslast:
max g = 3,5 kN/m
A_V = 3,5 kN/m * 6,5 m / (2 * 3) = 3,79 kN
B_V = 3,5 kN/m * 6,5 m / 3 = 7,58 kN
A_H = 0

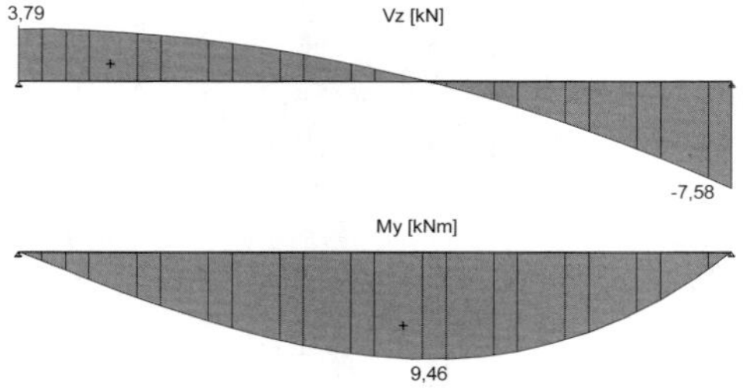

Querkräfte [kN]
V_A = A_V = 3,79
q_m = 3,5 kN/m * 3,5 m / 6,5 m = 1,88 kN/m
V_m = 3,79 - 1,88 kN/m * 3,5 m / 2 = 0,5
V_B = - 7,58
x_0 = 3,75 m (von A aus)

Normalkräfte [kN]
N = 0

Biegemomente [kNm]
$M_A = 0 = M_B$
q_{x0} = 3,5 kN/m * 3,75 m / 6,5 m = 2,02 kN/m,
$M_m = A_V * x_m - q_m * x_m^2 / (2 * 3) = 9,42$
max $M_f = A_V * x_0 - q_0 * x_0^2 / (2 * 3) = 9,49$

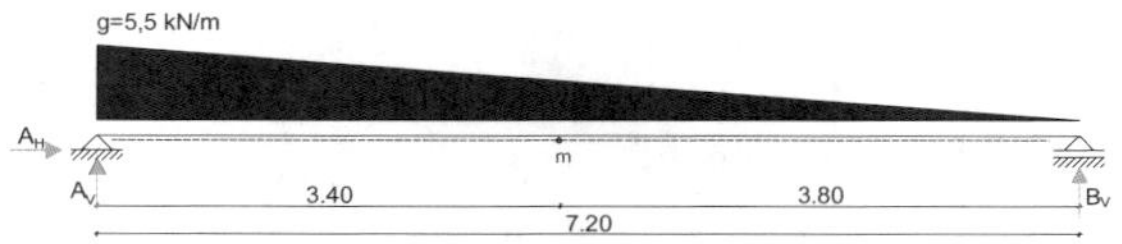

5) Einfeldträger mit Dreieckslast:
max g = 5,5 kN/m
A_V = 5,5 kN/m * 7,2 m / 3 = 13,2 kN
B_V = 5,5 kN/m * 7,2 m / (2 * 3) = 6,6 kN
A_H = 0

Querkräfte [kN]
$V_A = A_V = 13{,}20$
$q_m = 5{,}5\ kN/m * 3{,}8\ m / 7{,}2\ m$
$q_m = 2{,}90\ kN/m$ (von B aus)
$V_m = - B_V + q_m * 3{,}8\ m/2 = - 1{,}09$
$V_B = - B_V = - 6{,}60$
$x_0 = 0{,}423 * l = 3{,}05\ m$ (von A aus)

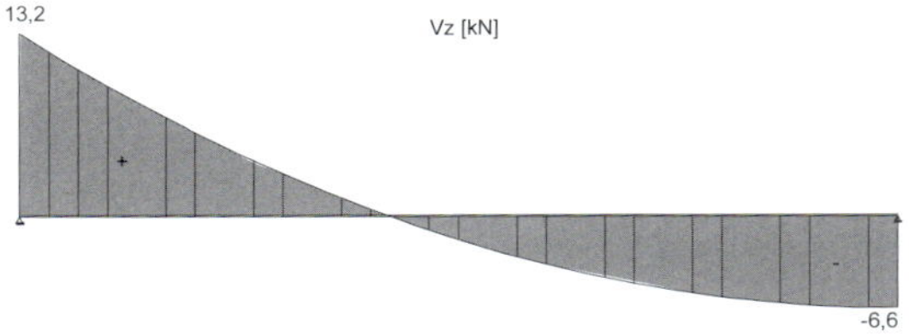

Normalkräfte [kN]
$N = 0$

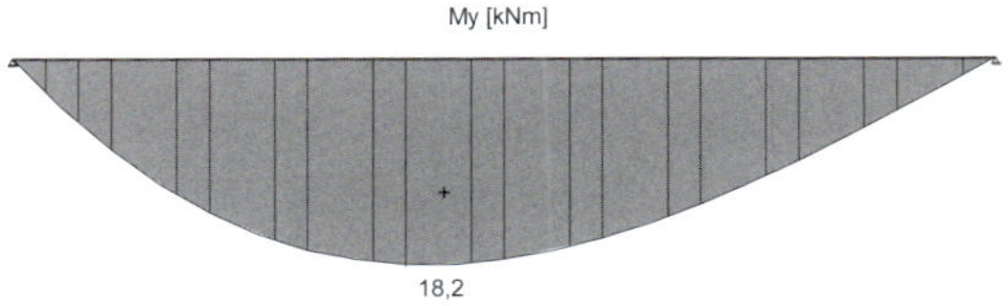

Biegemomente [kNm]
$M_A = 0 = M_B$
$M_m = B_V * 3{,}8\ m - q_m * (3{,}8\ m)^2 /(2 * 3) = 6{,}60\ kN * 3{,}80\ m - 2{,}90\ kN/m * (3{,}80\ m)^2 / 6$
$M_m = 25{,}08 - 6{,}98 = 18{,}10$ (von B aus)
$\max M_f = B_V * (7{,}2\ m - x_0) - q_0 * (7{,}2\ m - x_0)^2 /(2 * 3)$
$\max M_f = 6{,}60\ kN * 4{,}15\ m - 3{,}17\ kN/m * (4{,}15\ m)^2 / 6 = 18{,}29$ (von B aus)

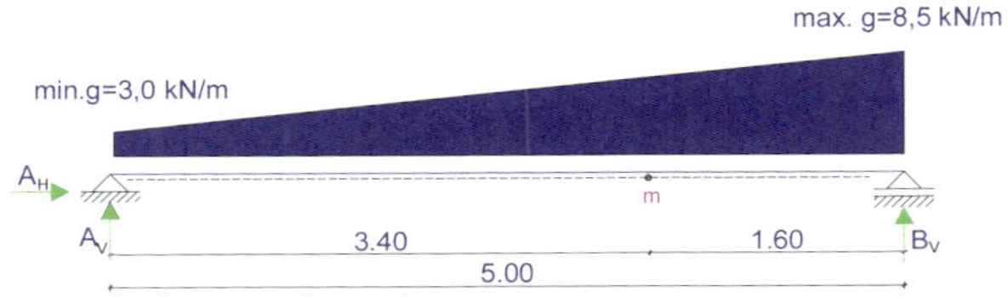

6) Die Fläche des Trapezes kann man in ein Rechteck (max g = 3 kN/m) und ein Dreieck (max g = 8,5 kN/m - 3,0 kN/m = 5,5 kN/m) aufteilen.

$A_V = 3\ kN/m * 5\ m / 2 + 5{,}5\ kN/m * 5\ m / 2 * (1/3) = 12{,}09\ kN$

$B_V = 3\ kN/m * 5\ m / 2 + 5{,}5\ kN/m * 5\ m / 2 * (2/3) = 16{,}66\ kN$

$A_H = 0\ kN$

$V_{A,r} = A_V = 12{,}09\ kN,\ V_m = - 4{,}47\ kN$

$V_{B,l} = - 16{,}66\ kN$

Querkraft-Nullpunkt: x_0

$0 = A_V - 3 * x_0 - \frac{g_{x0} * x_0}{2} \rightarrow x_0 = 2{,}70\ m$

$g_{(x=3{,}4\ m)} = \frac{5{,}5\ \frac{kN}{m} * 3{,}4\ m}{5} = 3{,}74\ kN/m$

$M_m = M_{(x=3{,}4\ m)} = 12{,}09\ kN * 3{,}40\ m - 3\ kN/m$

$* 3{,}40\ m * \frac{3{,}40}{2}\ m - \frac{3{,}74\ \frac{kN}{m} * 3{,}4\ m}{2} * \frac{3{,}40\ m}{3}$

$M_m = M_{(x=3{,}4\ m)} = 16{,}56\ kNm$

$g_{x0} = \frac{5{,}5\ \frac{kN}{m} * 2{,}7\ m}{5\ m} = 2{,}97\ kN/m$

$\max M = A_V * x_0 - 3 * x_0 * \frac{x_0}{2} - \frac{g_{x0} * x_0}{2} * \frac{x_0}{3}$

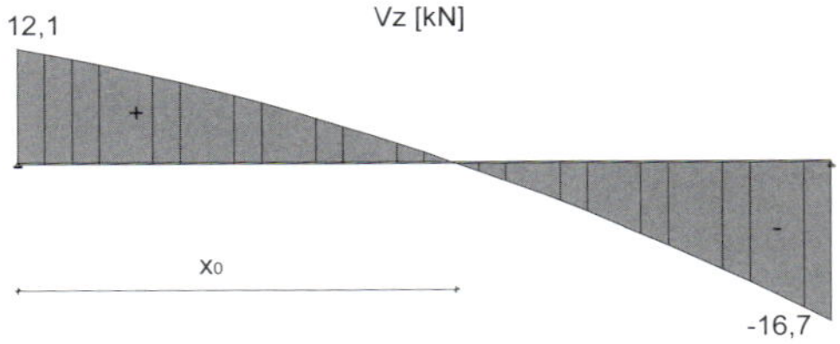

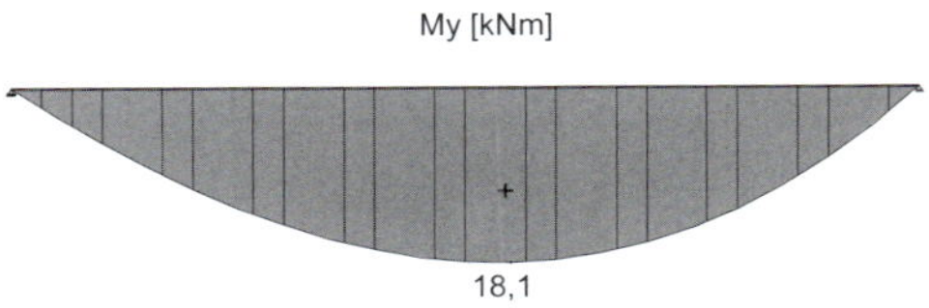

$\max M = 12{,}09\ kN * 2{,}70\ m - 3\ kN/m * 2{,}70\ m * \frac{2{,}70\ m}{2} - \frac{2{,}97\ \frac{kN}{m} * 2{,}7\ m}{2} * \frac{2{,}70\ m}{3} = 18{,}10\ kNm$

Zu Kap. 6.2.7.1

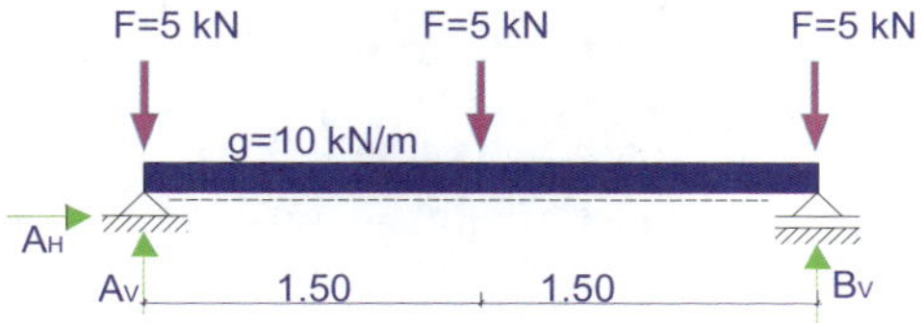

1a) $\max A_V = \frac{g * l}{2} + 1{,}5 * F = 15 \text{ kN} + 7{,}5 \text{ kN}$

$\max A_V = 22{,}5 \text{ kN}$

1b) $\max Mf = \frac{10 \frac{kN}{m} * (3{,}0 \text{ m})^2}{8} + \frac{5 \text{ kN} * 3{,}0 \text{ m}}{4} = 11{,}25 \text{ kNm} + 3{,}75 \text{ kNm} = 15{,}00 \text{ kNm}$

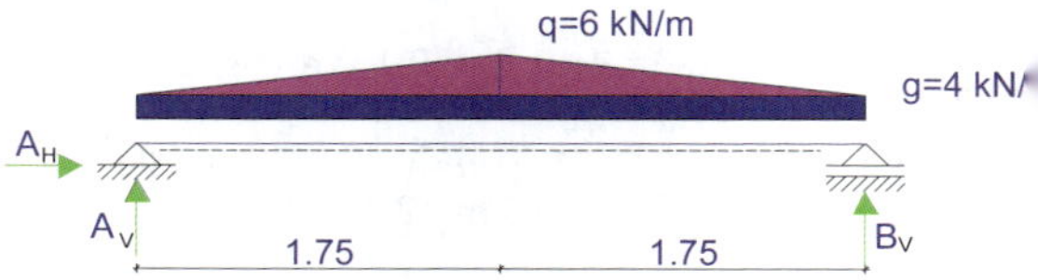

2a) $\max A_V = \frac{g * l}{2} + \frac{q * l}{4}$

$\max A_V = \frac{4 \frac{kN}{m} * 3{,}5 \text{ m}}{2} + \frac{6 \frac{kN}{m} * 3{,}5 \text{ m}}{4}$

$\max A_V = 7 \text{ kN} + 5{,}25 \text{ kN} = 12{,}25 \text{ kN}$

2b) $\max M_f = \frac{4 \frac{kN}{m} * (3{,}5 \text{ m})^2}{8} + \frac{6 \frac{kN}{m} * (3{,}5 \text{ m})^2}{12} = 6{,}13 \text{ kNm} + 6{,}13 \text{ kNm} = 12{,}25 \text{ kNm}$

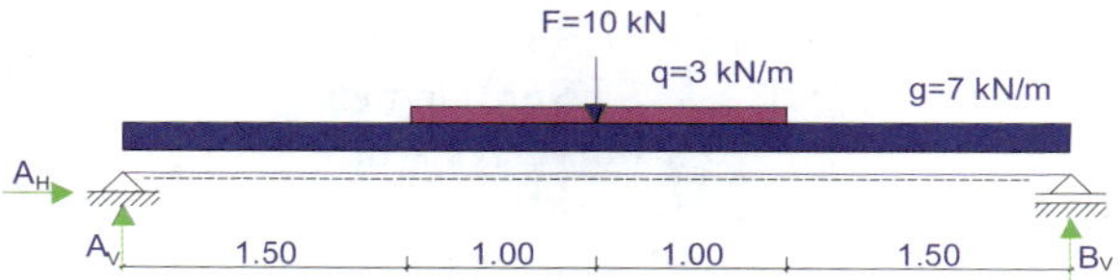

3a) $\max A_V = \frac{g * l}{2} + \frac{q * 2}{2} + \frac{F}{2}$

$\max A_V = \frac{7 \frac{kN}{m} * 5 \text{ m}}{2} + \frac{3 \frac{kN}{m} * 2\text{m}}{2} + \frac{10 \text{ kN}}{2}$

$\max A_V = 17{,}5 \text{ kN} + 3{,}0 \text{ kN} + 5{,}0 \text{ kN}$

$\max A_V = 25{,}5 \text{ kN}$

3b) $\max M_f = \frac{g * l^2}{8} + \left(1 - \frac{\gamma}{2}\right) * \delta * \varepsilon * F * l + \frac{F * l}{4}$ (Formel aus Tabellen)[30]

$\gamma = \frac{c}{l} = \frac{2}{5} = 0{,}4$

$\delta = \alpha + \frac{\gamma}{2} = \frac{a}{l} + \frac{\gamma}{2} = \frac{1{,}5}{5} + \frac{0{,}4}{2} = 0{,}5$

$\varepsilon = 1 - \delta = 1 - 0{,}5 = 0{,}5$

$F = q * c = 3 * 2 = 6$

$\max M_f = \frac{7 \frac{kN}{m} * (5 \text{ m})^2}{8} + \left(1 - \frac{0{,}4}{2}\right) * 0{,}5 * 0{,}5 * 6 \text{ kN} * 5 \text{ m} + \frac{10 \text{ kN} * 5 \text{ m}}{4}$

$\max M_f = 21{,}88 \text{ kNm} + 6{,}00 \text{ kNm} + 12{,}50 \text{ kNm} = 40{,}38 \text{ kNm}$

---

[30] Schneider, 2024, S. 4.2.

Zu Kap. 6.2.11

1) geg.: Unterspannter Träger:

$A_V = 13{,}33$ kN, $B_V = 6{,}67$ kN, $\alpha = 45°$, $\beta = 26{,}57°$

$\sin \alpha = \frac{Av}{U1}$

$\rightarrow U_1 = \frac{13{,}33\ \text{kN}}{\sin 45°} = 18{,}86$ kN

$\sin \beta = \frac{Bv}{U2}$

$\rightarrow U_2 = \frac{6{,}67\ \text{kN}}{\sin 26{,}57°} = 14{,}91$ kN

$\tan \beta = \frac{Bv}{O}$

$\rightarrow O = \frac{-\ 6{,}67\ \text{kN}}{\tan 26{,}57°} = -\ 13{,}34$ kN

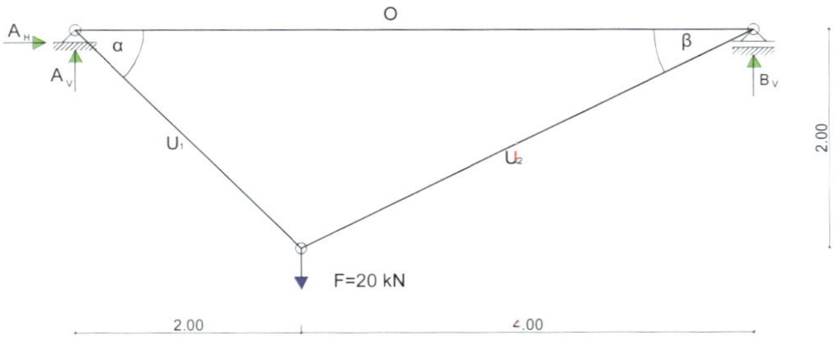

2) geg.: Wandaussteifung:

$A_V = -\ 10{,}0$ kN, $B_V = 10{,}0$ kN

$V_1 = 0 = U$ (= Nullstäbe)

$V_2 = -\ 10$ kN

$O = -\ 15$ kN

$D = 18$ kN

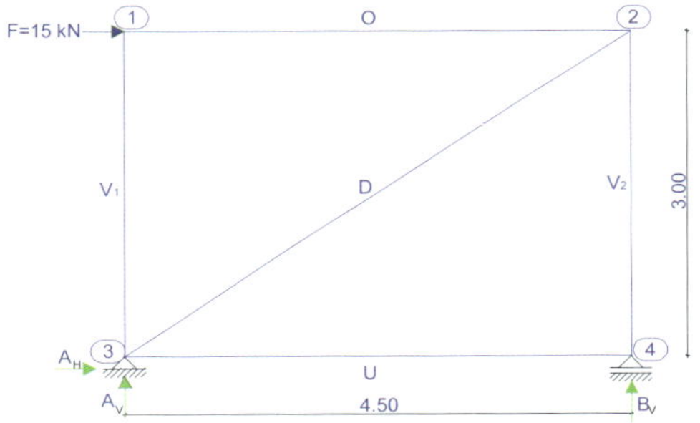

3) geg. Dreiecks-Fachwerkbinder

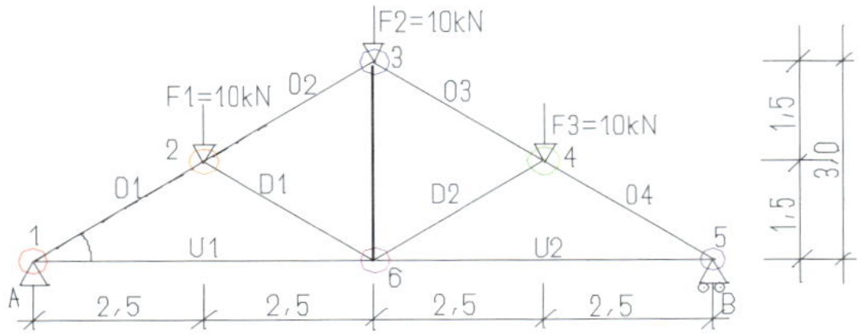

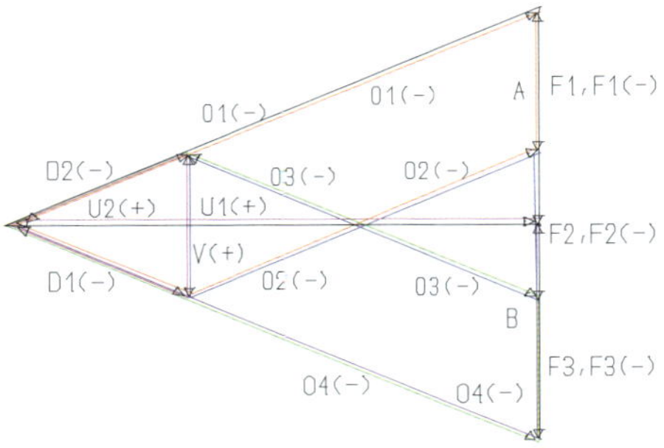

aus Symmetriegründen: $A = B = \frac{F_1 + F_2 + F_3}{2} = \frac{30\ \text{kN}}{2} = 15$ kN

$\tan \alpha = \frac{3\ \text{m}}{5\ \text{m}} = 0{,}6 \rightarrow \alpha = 30{,}96°$

Zeichnerische Ermittlung der Stabkräfte Maßstab: z. B. 1 cm = 2,5 kN

Reihenfolge des Vorgehens:

Auflagerreaktionen berechnen (A_V, B_V, A_H)

Maßstab für das Krafteck festlegen (1 cm = ... kN)

Kräfte (Belastungen) F_1 und F_2 und F_3 usw. im Krafteck auftragen

Auflagerkräfte A_V, A_H, A_H entgegengesetzt im Krafteck auftragen: Auflagerkräfte und Belastungen halten sich das Gleichgewicht: actio = reactio

Krafteck für Knoten 1 abtragen

Krafteck für Knoten 2 abtragen

Krafteck für Knoten 3 abtragen

Krafteck für Knoten 4 abtragen

Krafteck für Knoten 5 abtragen

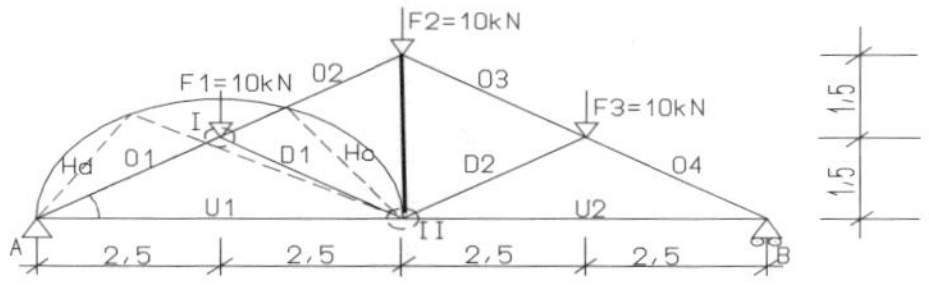

Knoten 6 im Krafteck prüfen = Probe

Längen abmessen und mit dem Maßstab Stabkräfte berechnen

Vorzeichen feststellen: Druck = negativ, Zug = positiv

Liste der Stabkräfte: O_1 = - 29,25 kN = O_4, O_2 = - 19,25 kN = O_3

V = + 10 kN, $U_1 = U_2$ = + 25 kN, D_1 = - 10 kN = D_2

Rechnerische Ermittlung der Stabkräfte

Hier sollen zunächst die Gleichgewichtsbedingungen Σ V = 0 und Σ H = 0 für das linke Teilsystem angeschrieben werden. Die Probe einiger Stäbe wird mit der Gleichgewichtsbedingung: Σ M = 0 durchgeführt. Es wird die Gleichgewichtsbedingung Σ M = 0 an einem beliebigen Knoten angeschrieben.

Schnitt 1-1, linkes Teilsystem: $\Sigma M_I = 0$: $A_V * 2{,}5\text{ m} = U_1 * 1{,}5\text{ m} \rightarrow U_1 = \frac{A_V * 2{,}5\text{ m}}{1{,}5\text{ m}} = 25\text{ kN}$

Schnitt 1-1, linkes Teilsystem: $\Sigma M_A = 0$: ergibt: 0 = 0

Schnitt 2-2, linkes Teilsystem: $\Sigma M_A = 0$: Hebelarm vom Stab Teilsystem D zum Knoten A = H_d

$\rightarrow \sin\alpha = \frac{Hd}{U_1} \rightarrow H_d = \sin\alpha * U_1 = 2{,}57\text{ m}$

Der Hebelarm H_D kann auch aus der maßstäblichen Zeichnung entnommen werden.

ΣM_A: $F_1 * 2{,}5\text{ m} + D_1 * H_d = 0 \rightarrow D_1 = \frac{-F_1 * 2{,}5\text{ m}}{H_d} = \frac{-10\text{ kN} * 2{,}5\text{ m}}{2{,}57\text{ m}} = -9{,}72\text{ kN}$

Schnitt 2-2: linkes Teilsystem: $\Sigma M_{II} = 0$:

Hebelarm vom Stab O zum Knoten II = H_O

$\rightarrow \sin\alpha = \frac{Ho}{U_1} \rightarrow H_o = \sin\alpha * U_1 = 2{,}57\text{ m}$

ΣM_{II}: $A_V * 5{,}0\text{ m} + O_2 * H_0 = F_1 * 2{,}5\text{ m}$

$\rightarrow O_2 = \frac{F_1 * 2{,}5\text{ m} - A_V * 5{,}0\text{ m}}{H_0} = \frac{25\text{ kNm} - 75\text{ kNm}}{2{,}57\text{ m}}$

= - 19,44 kN

Schnitt 1-1: linkes Teilsystem: $\Sigma M_{II} = 0$:

ΣM_{III}: $A_V * 5{,}0\text{ m} + O_1 * H_0 = 0 \rightarrow O_1 = \frac{-A_V * 5{,}0\text{ m}}{H_0} = \frac{-75\text{ kNm}}{2{,}57\text{ m}} = -29{,}18\text{ kN}$

Zu Kap. 6.3.1.1 ges.: Schnittgrößen: Stützmoment(e), Querkräfte, Auflagerkräfte, Normalkräfte und maximale Biegemomente in den Feldern sowie die zugehörigen Zustandsflächen

1) Querkräfte und Auflagerkräfte in kN, Momente in kNm

$M_B = -24{,}51$

$V_A = 13{,}87$

$V_{B,l} = -26{,}13$

$V_{B,r} = 27{,}40$

$V_C = -17{,}60$

$x_{0,1} = 1{,}39$ m (von A aus)

$x_{0,2} = 3{,}04$ m (von B aus)

$A_V = 13{,}87$, $B_V = 53{,}53$, $C_V = 17{,}60$

max $M_{f,1} = 9{,}62$, max $M_{f,2} = 17{,}21$

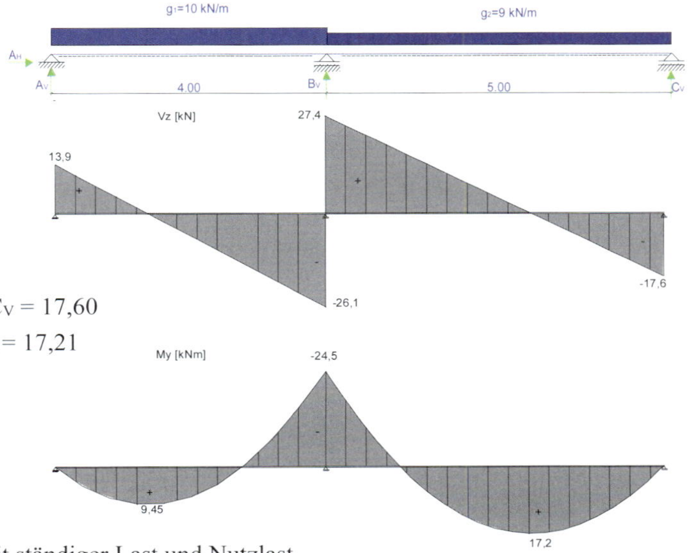

2) geg.: Zweifeldträger mit ständiger Last und Nutzlast

In den Zustandsflächen ist jeweils der minimale und maximale Wert infolge der vier Lastfälle angegeben.

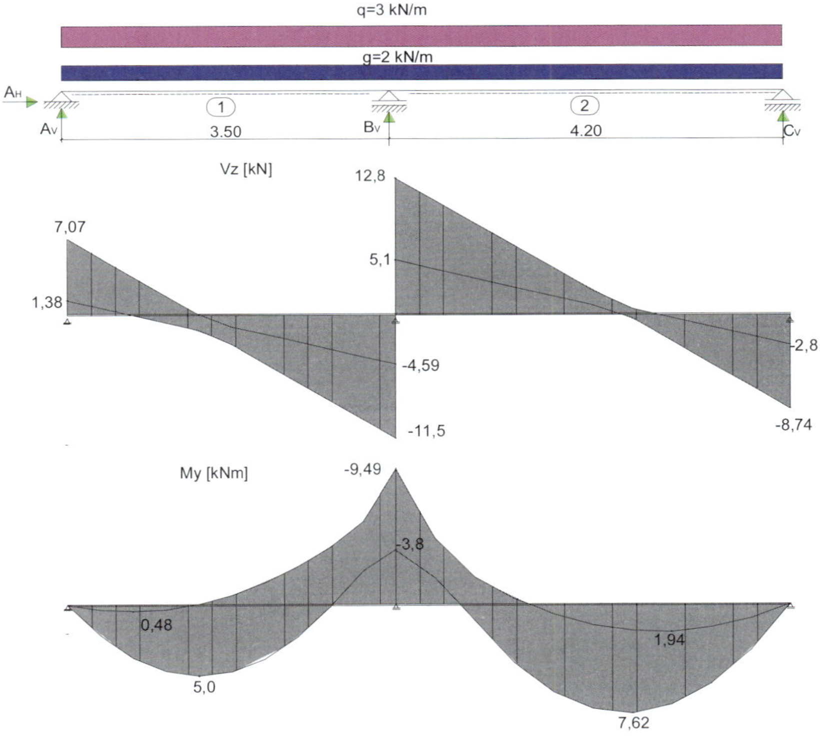

3) geg.: Zweifeldträger mit Kragarm und gemischter Last

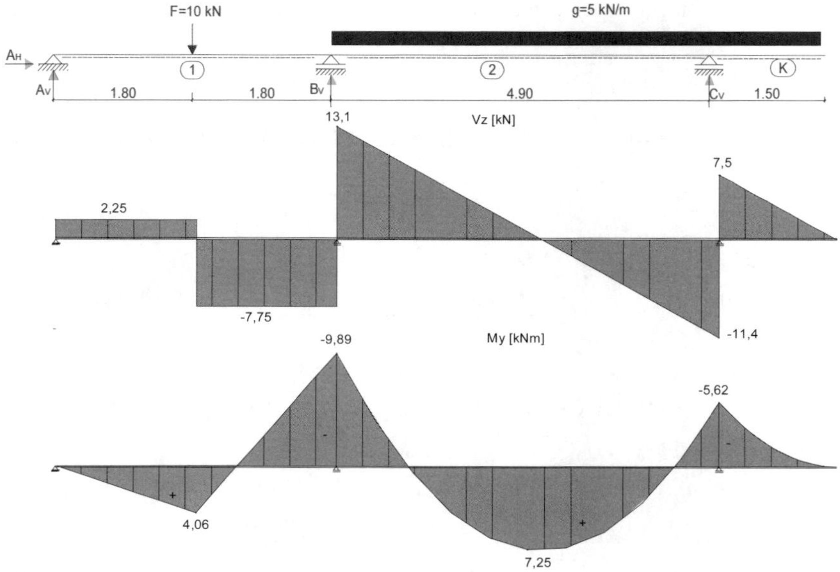

4) geg.: Dreifeldträger

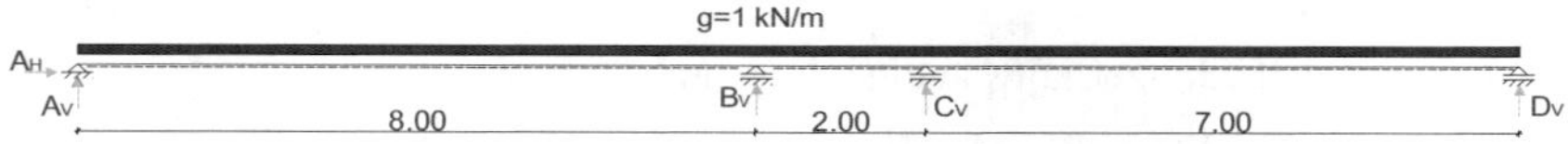

Belastungsglieder:

$\mathfrak{R}_{l,1} = \frac{q * l_l^2}{4} = 16$ kNm, $\mathcal{L}_{r,1} = \frac{q * l_r^2}{4} = 1$ kNm, $\mathfrak{R}_{l,2} = \frac{q * l_l^2}{4} = 1$ kNm, $\mathcal{L}_{r,2} = \frac{q * l_r^2}{4} = 12{,}25$ kNm

$M_B = -\,6{,}08$ kNm, $M_C = -\,4{,}20$ kNm, max $M_{f,1} = 5{,}25$ kNm, max $M_{f,2} = -\,4{,}20$ kNm,
max $M_{f,3} = 4{,}21$ kNm

$V_A = 3{,}24$ kN, $V_{B,l} = -\,4{,}76$ kN, $V_{B,r} = 1{,}94$ kN, $V_{C,l} = -\,0{,}06$ kN, $V_{C,r} = 4{,}10$ kN, $V_D = -\,2{,}90$ kN

$x_{0,1} = 3{,}24$ m (von A aus), $x_{0,2} = 1{,}94$ m (von B aus), $x_{0,3} = 4{,}1$ m (von C aus)

$A_V = 3{,}24$ kN, $B_V = 6{,}70$ kN, $C_V = 4{,}16$ kN, $D_V = 2{,}90$ kN

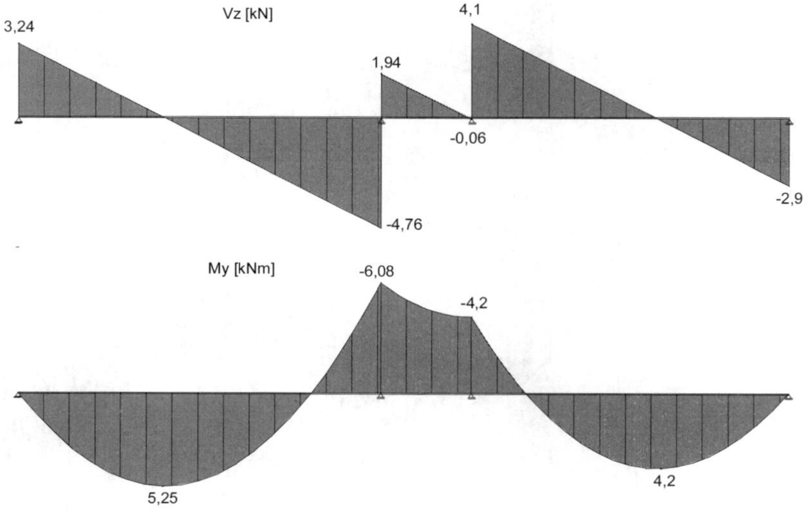

Zu Kap. 6.3.2.1: geg: statisch unbestimmte Systeme, ges.: Schnittgrößen mit Tabellen

1)

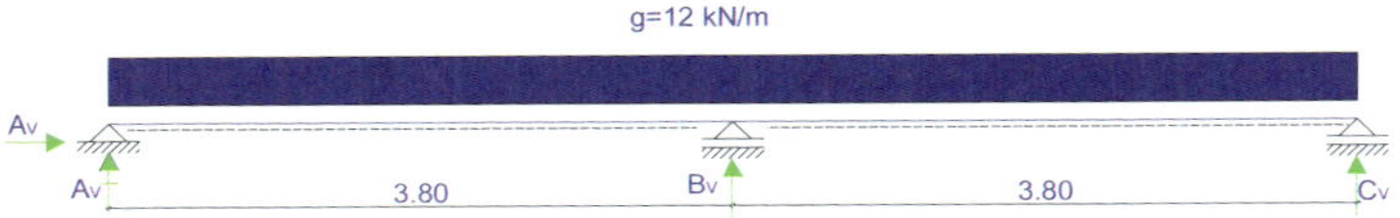

Tafelwerte (TW) aus Tabellen[31] **l_1 = immer die kleinere Stützweite**

x = 1→ Ist dieser Tafelwert (TW) nicht direkt in der Tabelle zu finden, muss interpoliert werden!

$l_1 / l_2 = 1 / x \rightarrow \mathbf{x} = l_2 / l_1$

Momente = TW ∗ g ∗ l_1^2

Kräfte = TW ∗ g ∗ l_1

Gesucht	Tabellenwert	g (kN/m)	l_1 (m)	Ergebnis
M_B	- 0,125	12	$3{,}8^2$	- 21,66 kNm
M_{f1}	0,07	12	$3{,}8^2$	12,13 kNm
M_{f2}	0,07	12	$3{,}8^2$	12,13 kNm
A_V	0,375	12	3,8	17,1 kN
V_{Bli}	- 0,625	12	3,8	- 28,5 kN
V_{Bre}	0,625	12	3,8	28,5 kN
C_V	0,375	12	3,8	17,1 kN

$B_V = |V_{Bli}| + |V_{Bre}|$ = 28,5 kN + 28,5 kN = 57 kN A_H = 0 kN

2)

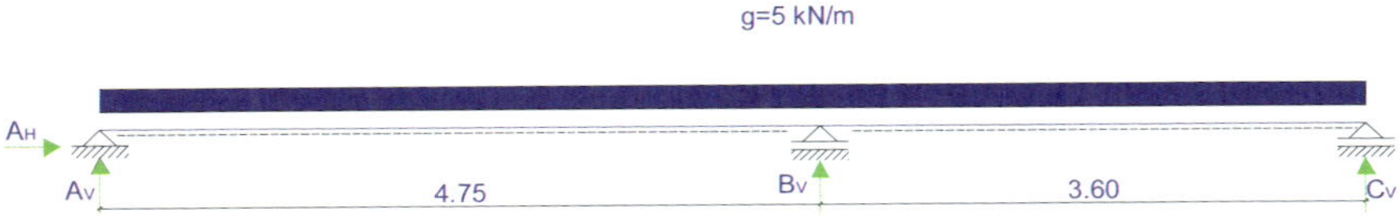

Tafelwerte (TW) aus Tabellen[32] **l_1 = immer die kleinere Stützweite**

x = 1,32 → Ist dieser Tafelwert (TW) nicht direkt in der Tabelle zu finden, muss interpoliert werden! Außerdem werden die Werte vertauscht, wenn sich die kleine Länge rechts befindet!

$l_1 / l_2 = 1 / x \rightarrow x = l_2 / l_1$

Momente = TW ∗ g ∗ l_1^2

Kräfte = TW ∗ g ∗ l_1

Gesucht	Tabellenwert	Interpolation	g (kN/m)	l_1 (m)	Ergebnis
M_B =	1: - 0,174 2: - 0,195	- 0,1782	5	$3{,}6^2$	- 11,55kNm
$M_{f1} = (M_{f2})$ =	1: 0,053 2: 0,047	0,0518	5	$3{,}6^2$	3,36 kNm

[31] Siehe Schneider, 2024, S. 4.8.

[32] Siehe Schneider, 2024, S. 4.10.

$M_{f2} = (M_{f1}) =$	1: 0,133 2: 0,157	0,1378	5	3,6²	8,93 kNm
$A_V = (C_V) =$	1: 0,516 2: 0,561	0,525	5	3,6	9,45 kN
$V_{Bli} = (-V_{Br}) =$	1: - 0,789 2: - 0,839	- 0,795	5	3,6	- 14,31 kN
$V_{Bre} = (-V_{Bl}) =$	1: 0,674 2: 0,695	0,6782	5	3,6	12,21 kN
$C_V = (A_V) =$	1: 0,326 2: 0,305	0,3218	5	3,6	5,79 kN

$B_V = |V_{Bli}| + |V_{Bre}| = 14{,}31\ kN + 12{,}21\ kN = 26{,}52\ kN$ $\qquad A_H = 0\ kN$

3)

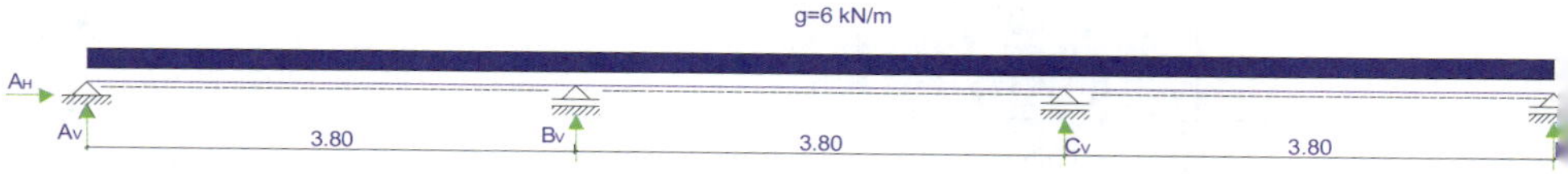

Tafelwerte (TW) aus Tabellen[33]

x = r / q → Ist dieser Tafelwert-Wert (TW) nicht direkt in der Tabelle zu finden, muss interpoliert werden! Bei ausschließlicher Gleichlast ist der q : r-Wert = 0,0.

Momente = TW ∗ r ∗ l²

Kräfte = TW ∗ r ∗ l

Gesucht	Tabellenwert	g (kN/m)	l_1 (m)	Ergebnis
$M_B = M_c$	- 0,100	6	3,8²	- 8,66 kNm
$M_{f1/f3}$	0,080	6	3,8²	6,93 kNm
M_{f2}	0,025	6	3,8²	2,17 kNm
$A_V = D_v$	0,400	6	3,8	9,12 kN
$V_{Bli} = V_{Cr}$	- 0,599	6	3,8	- 13,66 kN
$V_{Bre} = V_{Cl}$	0,500	6	3,8	11,4 kN
B_v	1,099	6	3,8	25,06 kN
C_v	1,099	6	3,8	25,06 kN
A_H				0 kN

33 Siehe Schneider, 2024, S. 4.8.

7 Beanspruchungen

Die Reaktionen eines Bauteils auf die Einwirkungen werden Beanspruchungen genannt. In einer Statischen Berechnung werden die Bauteile eines Bauwerkes berechnet, die durch Einwirkungen beansprucht werden. Durch diese Einwirkungen entstehen in den Bauteilen innere Kräfte und Momente, welche wiederum die Beanspruchungen bewirken.[1] Die tragenden Bauteile werden verschiedenartig beansprucht.

Im Folgenden soll ein vereinfachter Überblick über diese Beanspruchungen gegeben werden:

Druck:

Beispiele für Bauteile, die auf Druck beansprucht werden: Wände, Stützen, Pfeiler, Auflager, Fundamente, Fachwerkstäbe

Zug:

Beispiele für Bauteile, die auf Zug beansprucht werden: Zugstangen, Fachwerkstäbe, Anker, Hängesäulen, Stahlbetonbau, Spannglieder

Abscheren (Querschub):

Beispiele für Bauteile, die auf Abscheren beansprucht werden: Konsolen, Versätze, Nieten, Bolzen, Schrauben, Dübel

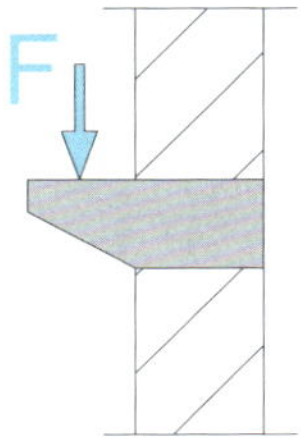

Schub (Längsschub):

Beispiele für Bauteile, die auf Längsschub beansprucht werden:

Balken, Platten, Plattenbalken, Sparren, Pfetten

Schub = Quer- und Längsschub

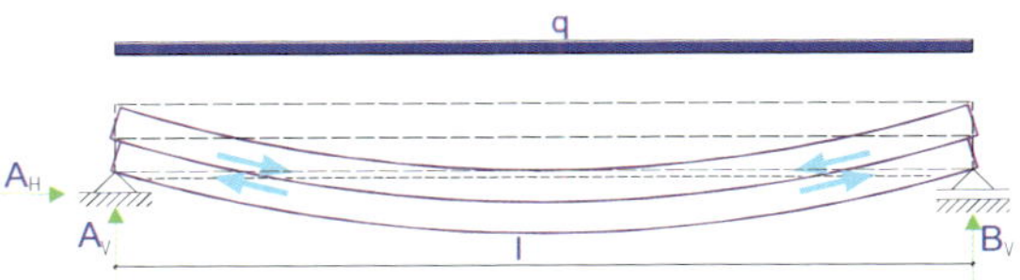

Biegung:

Beispiele für Bauteile, die auf Biegung beansprucht werden:

Balken, Decken, Plattenbalken, Sparren, Pfetten

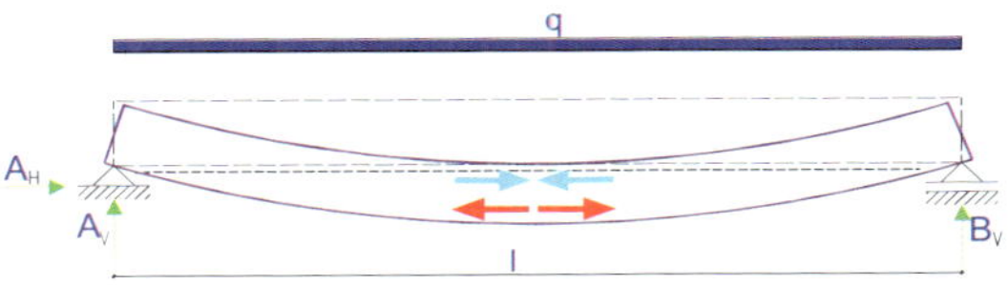

[1] Lohmeyer, 2009, S. 380.

Übersicht: Häufige Beanspruchungen von Tragwerken

Skizze	Spannungsart	Form-änderung	Formel/Bemerkung
	Bsp.: Stütze mit Druckkraft Druckspannung (Lochleibung) Formelzeichen: σ_D Schnittgröße: N bzw. F	Verkürzung (= Stauchung)	$\sigma_D = \frac{N}{A}$ bzw. $\sigma_D = \frac{F}{A}$ Kraft wirkt zentrisch Knicken sei verhindert
	Bsp.: Balken mit Zugkraft Zugspannung Formelzeichen: σ_Z Schnittgröße: N bzw. F	Verlängerung	$\sigma_Z = \frac{N}{A}$ bzw. $\sigma_Z = \frac{F}{A}$ Kraft wirkt zentrisch
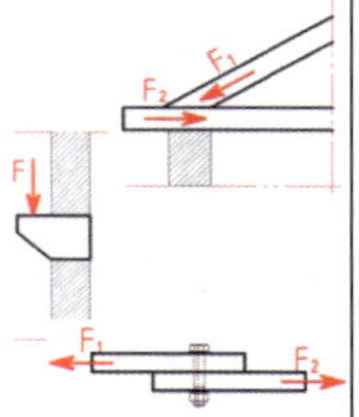	Bsp. oben: Sprengwerk Bsp. links: Konsole Bsp. unten: Bleche mit Schraubverbindung Scherspannung (= Querschub) Formelzeichen: τ_a Schnittgröße: V	Abscheren	$\tau = \frac{V}{A}$
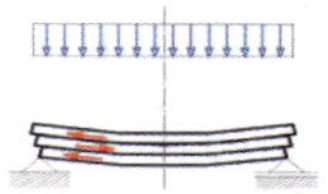	Bsp.: Einfeldträger mit Gleichlast Schubspannung (= Längsschub) Formelzeichen: τ_{II} Schnittgröße: V	Längsverschiebung, Längsschub	$\tau = \frac{V * S}{I * b}$
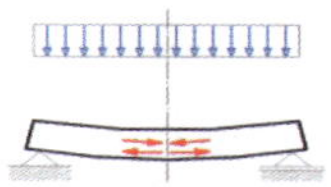	Bsp.: Einfeldträger mit Gleichlast Biegespannung: Biegedruckspannung oben und Biegezugspannung unten Formelzeichen: σ_B Schnittgröße: M, evtl. N	Durchbiegung	$\sigma_B = \frac{M}{W}$ genauer: $\sigma_B = \frac{M}{I} * z$ evtl. $\sigma_B = \frac{M}{W} \pm \frac{N}{A}$
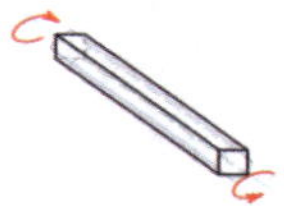	Bsp.: Sturz unter Balkon Torsionsspannung Formelzeichen: τ_T Schnittgröße: M_T	Verdrehung um die Längsachse	St. Venant-Torsion Bredt´sche Formeln
	Bsp.: Stütze mit Druckkraft Knickspannung Formelzeichen: σ Schnittgröße: N	Ausknicken	Stabilitätsproblem!

Es können auch Beanspruchungen gemeinsam auftreten, wie z. B. Druck und Biegung, Zug und Biegung, Biegung mit Normalkraft oder Doppelbiegung (zweiachsige Biegung) usw.[2]

In Kapitel 13 dieses Buches, Stahlbeton- und Spannbetonbau, wird eine gemeinsame Beanspruchung, Biegung mit einer Normalkraft (Zug- und Druckkraft), beispielhaft behandelt. Ansonsten werden die zusammengesetzten Beanspruchungen im Rahmen dieser Einführung nicht behandelt.

Weitere Beanspruchungen können auch durch Zwang entstehen. Zilch unterscheidet zwischen innerem und äußerem Zwang.[3] Beim inneren Zwang ist das statische System für das Auftreten innerer Zwangsspannungen unwesentlich. Bei äußerem Zwang entstehen Spannungen, wenn Verformungen von außen aufgezwungen werden oder die freie Verformung durch angrenzende Bauteile oder Lager behindert wird. Zu den Zwangsbeanspruchungen können gezählt werden:

- Behinderte Verformung aus Temperatureinwirkung
- Schwinden
- Kriechen
- Relaxation (Spannbetonbau)
- Setzungen
- Erdbeben etc.

Im Stahlbau werden weiterhin folgende Arten des Stabilitätsversagens unterschieden:[4]

- Beulen: flächiges Ausweichen von dünnen Platten oder Schalen unter Druckbelastung
- Biegedrillknicken: seitliches Ausweichen biegebelasteter Stäbe oder Stabwerke
- Drillknicken: Torsionsverformung druckbelasteter Stäbe
- Knicken: seitliches Ausweichen druckbelasteter Stäbe oder Stabwerke.

Die im vorherigen Überblick dargestellten Formeln beinhalten jeweils Schnittgrößen und Querschnittswerte.

Beispiel: $\sigma_D = \frac{N}{A}$ → N = Normalkraft = Schnittgröße, A = Fläche des Querschnitts = Querschnittswert

Zur Berechnung der Beanspruchungen (Spannungen) werden neben den Schnittgrößen die Querschnittswerte des tragenden Bauteiles benötigt.

Da die Schnittgrößen bereits behandelt wurden (vgl. Kapitel 6), folgen nun die Querschnitte und die wichtigsten Querschnittswerte in Kapitel 8.

[2] Wagner, 1977, S. 3 ff.
[3] Zilch, 2009, S. 37.
[4] Schneider, 2024, S. 8.23 ff.

8 Querschnitte und Querschnittswerte

Um bei einer Statischen Berechnung die Spannungen und die Verformungen von tragenden Bauteilen berechnen zu können, müssen verschiedene Querschnittswerte von diesen Bauteilen ermittelt werden bzw. bekannt sein.

8.1 Querschnittsformen für tragende Bauteile

Bei den Querschnitten und Querschnittswerten werden einfache Querschnitte von den zusammengesetzten Querschnitten unterschieden.

8.1.1 Einfache Querschnitte:

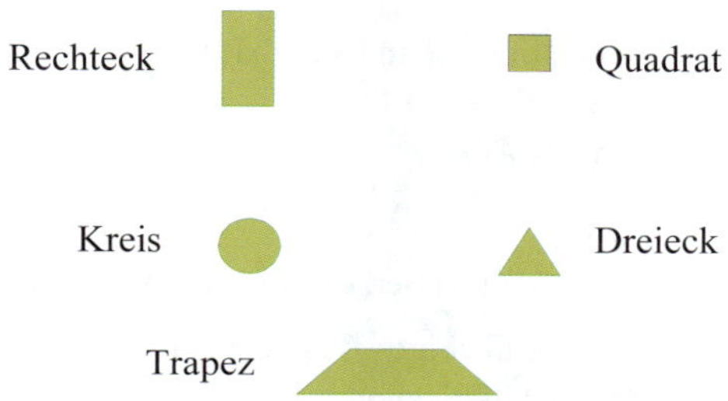

Der für tragende Bauteile am häufigsten benutzte Querschnitt ist der Rechteckquerschnitt.
Neben den einfachen Querschnitten werden auch zusammengesetzte Querschnitte benutzt.

8.1.2 Zusammengesetzte Querschnitte

Zusammengesetzte Querschnitte werden im Stahlbau als fertige Baustähle, im Holzbau als geleimte Querschnitte oder im Stahlbetonbau als Plattenbalken hergestellt.

Beispiele:

Weiterhin können L-Träger, U-Träger und Stahl-Hohlprofile angeordnet werden.

Im Stahlbau können auch zusammengesetzte Profile geschweißt werden (vgl. Skizze!).

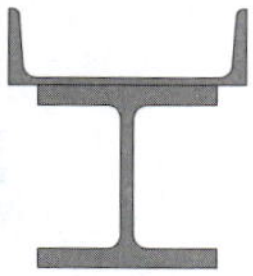

8.2 Querschnittswerte

Querschnittswerte sind **unabhängig** von der Art des Baustoffes. Es sind geometrische Werte, weil sie ausschließlich von der Form und der Größe des Querschnittes abhängen. Sie werden für verschiedene statische Berechnungen, wie z. B. bei den Spannungsberechnungen, benötigt.

8.2.1 Fläche

Die Fläche wird mit A abgekürzt.[1] Die Ermittlung der Flächen erfolgt über Formeln, Tabellen,[2] Integralrechnung oder Planimeter. Hier Flächen und Schwerpunkte einfacher Querschnitte:

Querschnitt	Fläche (A)	Schwerpunkt
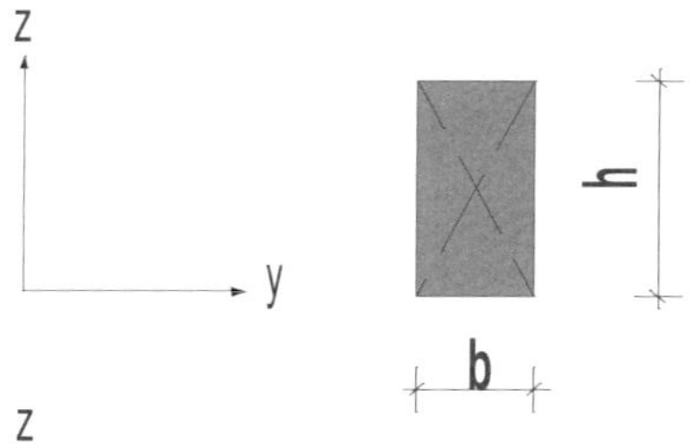	$b * h$	**y-Richtung:** $\frac{b}{2}$ **z-Richtung:** $\frac{h}{2}$
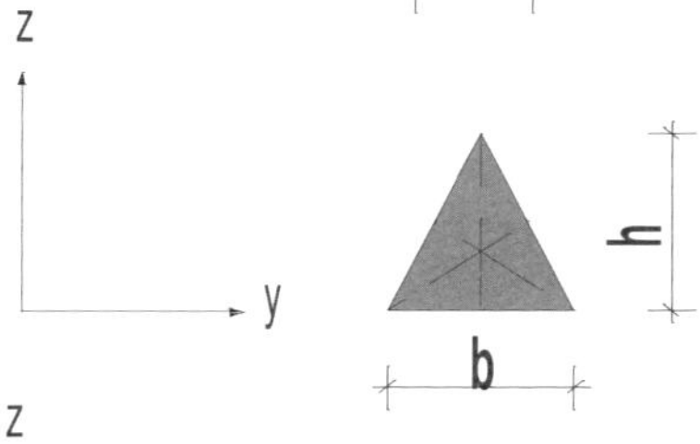	$\frac{b * h}{2}$	**y-Richtung:** $\frac{b}{2}$ **z-Richtung:** $\frac{h}{3}$
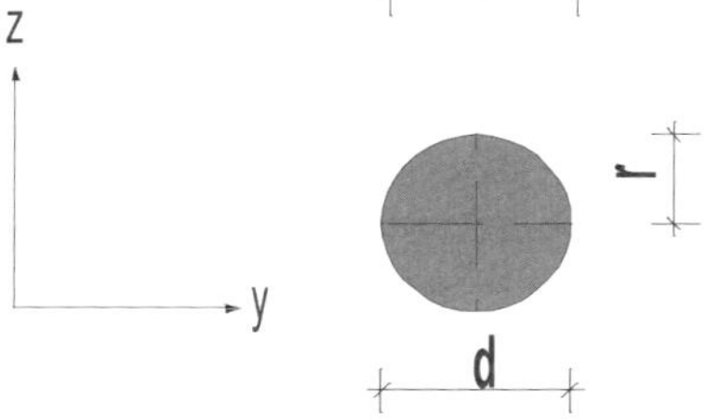	$\Pi * r^2$ oder: $\frac{d^2 * \pi}{4}$	r oder: $\frac{d}{2}$
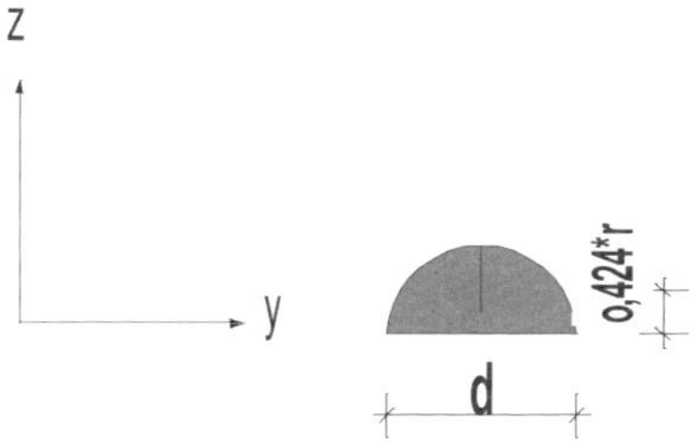	$\frac{r^2 * \pi}{2}$	**y – Richtung:** r **z – Richtung:** $0{,}424 * r$

[1] A = Area.

[2] Siehe Schneider, 2024, Tafel für Querschnittswerte, S. 4.24.

8.2.2 Schwerpunkt

Der Schwerpunkt einer Fläche bzw. eines Querschnittes wird u. a. benötigt, um weitere Querschnittswerte, z. B. das Flächenmoment zweiten Grades (Trägheitsmoment) von zusammengesetzten Querschnitten, zu ermitteln. Der Schwerpunkt S hat bei einer Fläche zwei Koordinaten: Eine Koordinate in y-Richtung und eine in z-Richtung:

S_y = Schwerpunkt in y-Richtung,

S_z = Schwerpunkt in z-Richtung

Schwerpunktkoordinaten: $S_{(y,z)}$

Schwerpunkte von Baustählen: Siehe Tabellenbuch.[3]

Schwerpunkte von zusammengesetzten Querschnitten:

Die Berechnung von Schwerpunkten bzw. von Schwerpunktkoordinaten $S_{(y/z)}$ dient u. a. zur Berechnung der Trägheitsmomente von zusammengesetzten Querschnitten. Hierzu muss eindeutig definiert sein, wie man welche Richtung nennt!

Hier wird folgendes Koordinatensystem bei einem Träger eingeführt: Vgl. Skizze!

Sinnvollerweise wird der Nullpunkt in die untere linke Ecke des Koordinatensystems gelegt, damit keine negativen Vorzeichen entstehen.

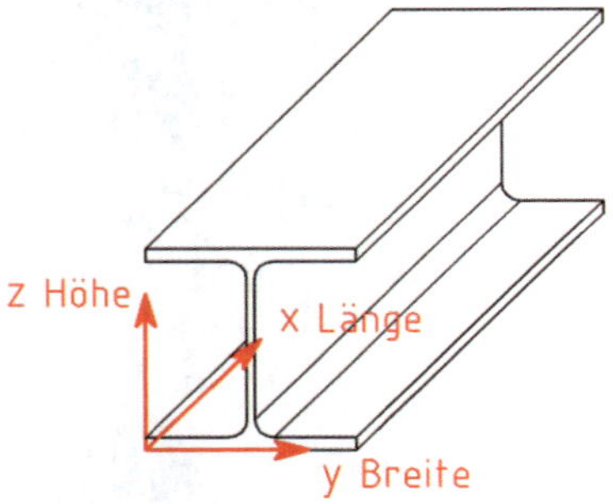

Schwerpunktkoordinaten $S_{(y/z)}$:[4]

$$y_S = \frac{\sum(A_i * y_i)}{\sum A_i}$$ bzw. $$z_S = \frac{\sum(A_i * z_i)}{\sum A_i}$$

$$y_S = \frac{A_1 * y_1 + A_2 * y_2 + A_3 * y_3 + \ldots}{A_1 + A_2 + A_3}$$ bzw. $$z_S = \frac{A_1 * z_1 + A_2 * z_2 + A_3 * z_3 + \ldots}{A_1 + A_2 + A_3}$$

y_S = Abstand des Schwerpunktes in y-Richtung, z_S = Abstand des Schwerpunktes in z-Richtung, A_1 = Teilfläche 1, A_2 = Teilfläche 2 usw., y_1 = Abstand des Schwerpunktes der ersten Fläche in y-Richtung, y_2 = Abstand des Schwerpunktes der zweiten Fläche in y-Richtung usw.

[3] Schneider, 2024, S. 8.187 ff.

[4] Schneider, 2024, S. 4.23.

Beispiele:

1) geg.: zusammengesetzter Querschnitt
(Angaben in cm)
ges.: Schwerpunktkoordinaten y_S, z_S

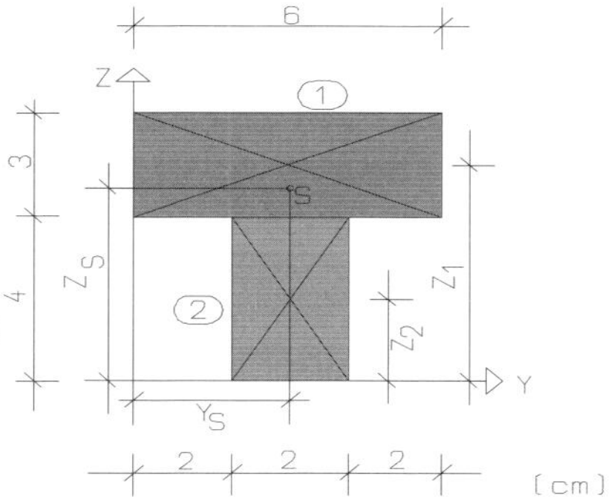

Aus Symmetriegründen befindet sich der Schwerpunkt in y-Richtung in der Mitte des Querschnittes:

$y_{(s)} = 2\text{ cm} + 2\text{ cm} / 2 = 3\text{ cm}$

$$z_S = \frac{\Sigma(A_i * z_i)}{\Sigma A_i} = \frac{A_1 * z_1 + A_2 * z_2}{A_1 + A_2}$$

$A_1 = 6\text{ cm} * 3\text{ cm} = 18\text{ cm}^2$, $z_1 = 4\text{ cm} + 3\text{ cm} / 2 = 5{,}5\text{ cm}$
$A_2 = 4\text{ cm} * 2\text{ cm} = 8\text{ cm}^2$, $z_2 = 4\text{ cm} / 2 = 2\text{ cm}$

$$z_S = \frac{18\text{ cm}^2 * 5{,}5\text{ cm} + 8\text{ cm}^2 * 2\text{ cm}}{18\text{ cm}^2 + 8\text{ cm}^2} = 4{,}42\text{ cm}$$ → Koordinaten des Schwerpunktes $S_{(y,z)} = S_{(3{,}00/4{,}42)}$

2) geg.: zusammengesetzter Querschnitt (cm)
ges.: Schwerpunktkoordinaten y_S, z_S

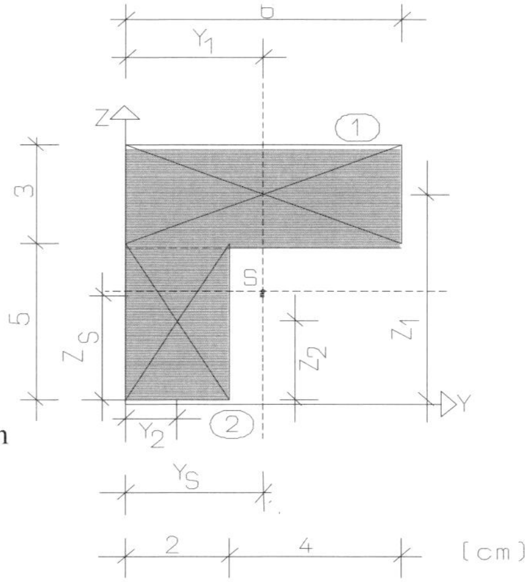

$$y_S = \frac{\Sigma(A_i * y_i)}{\Sigma A_i} = \frac{A_1 * y_1 + A_2 * y_2}{A_1 + A_2}$$

$$z_S = \frac{\Sigma(A_i * z_i)}{\Sigma A_i} = \frac{A_1 * z + A_2 * z_2}{A_1 + A_2}$$

$A_1 = 18\text{ cm}^2$, $z_1 = 5\text{ cm} + 3\text{ cm} / 2 = 6{,}5\text{ cm}$, $y_1 = 3\text{ cm}$
$A_2 = 10\text{ cm}^2$, $z_2 = 5\text{ cm} / 2 = 2{,}5\text{ cm}$, $y_2 = 1\text{ cm}$

$$z_S = \frac{18\text{ cm}^2 * 6{,}5\text{ cm} + 10\text{ cm}^2 * 2{,}5\text{ cm}}{18\text{ cm}^2 + 10\text{ cm}^2} = 5{,}07\text{ cm}$$

$$y_S = \frac{18\text{ cm}^2 * 3\text{ cm} + 10\text{ cm}^2 * 1\text{ cm}}{18\text{ cm}^2 + 10\text{ cm}^2} = 2{,}29\text{ cm}$$

3) geg.: Winkelstützmauer (cm, m)

ges.: Schwerpunktkoordinaten y_S, z_S

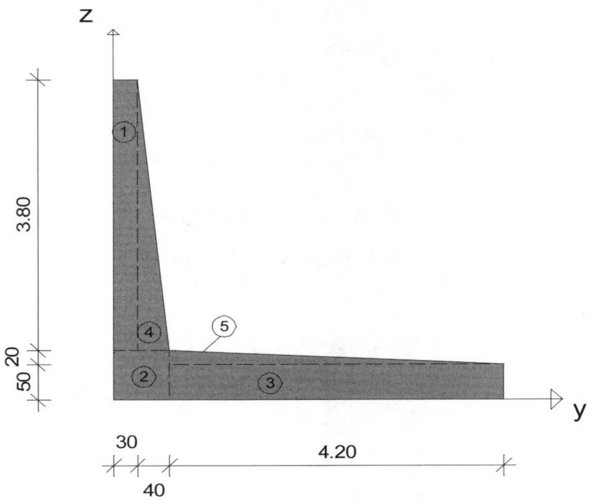

$A_1 = 0,3\ m * 3,8\ m = 1,14\ m^2$

$A_2 = 0,7\ m * 0,7\ m = 0,49\ m^2$

$A_3 = 4,2\ m * 0,5\ m = 2,10\ m^2$

$A_4 = 0,4\ m * 3,8\ m / 2 = 0,76\ m^2$

$A_5 = 4,2\ m * 0,2\ m / 2 = 0,42\ m^2$

$z_1 = 0,7\ m + 3,8\ m / 2 = 2,60\ m$

$z_2 = 0,7\ m / 2 = 0,35\ m$

$z_3 = 0,5\ m / 2 = 0,25\ m$

$z_4 = 0,7\ m + 3,8\ m / 3 = 1,97\ m$

$z_5 = 0,5\ m + 0,2\ m / 3 = 0,57\ m$

$y_1 = 0,3\ m / 2 = 0,15\ m$

$y_2 = 0,7\ m / 2 = 0,35\ m$

$y_3 = 0,7\ m + 4,2\ m / 2 = 2,8\ m$

$y_4 = 0,3\ m + 0,4\ m / 3 = 0,43\ m$

$y_5 = 0,7\ m + 4,2\ m / 3 = 2,10\ m$

$$z_S = \frac{1,14\ m^2 * 2,60\ m + 0,49\ m^2 * 0,35\ m + 2,10\ m^2 * 0,25\ m + 0,76\ m^2 * 1,97\ m + 0,42\ m^2 * 0,57\ m}{1,14\ m^2 + 0,49\ m^2 + 2,10\ m^2 + 0,76\ m^2 + 0,42\ m^2} = 1,10\ m$$

$$y_S = \frac{1,14\ m^2 * 0,15\ m + 0,49\ m^2 * 0,35\ m + 2,10\ m^2 * 2,80\ m + 0,76\ m^2 * 0,43\ m + 0,42\ m^2 * 2,10\ m}{1,14\ m^2 + 0,49\ m^2 + 2,10\ m^2 + 0,76\ m^2 + 0,42\ m^2} = 1,51\ m$$

4) geg.: zusammengeschweißtes Stahlprofil

ges.: Schwerpunktkoordinaten y_S, z_S

Die Schweißnähte bleiben hier - und bei den folgenden zusammengesetzten Stahlprofilen - unberücksichtigt!

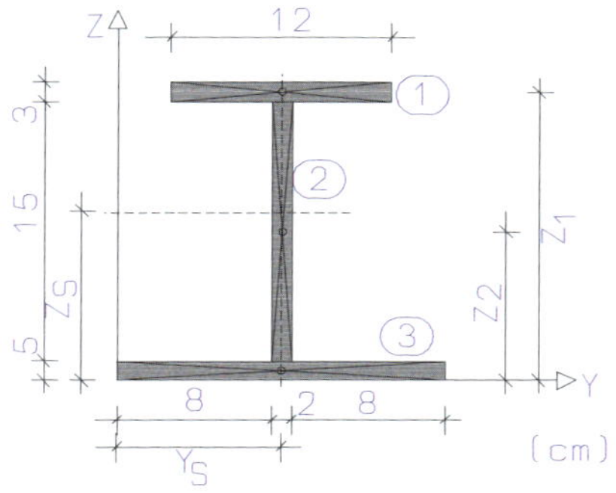

Aus Symmetriegründen:

$y_s = 18\ \text{cm} / 2 = 9\ \text{cm}$

$$z_S = \frac{\Sigma(A_i * z_i)}{\Sigma A_i} = \frac{A_1 * z_1 + A_2 * z_2 + A_3 * z_3}{A_1 + A_2 + A_3}$$

$A_1 = 12\ \text{cm} * 3\ \text{cm} = 36\ \text{cm}^2$

$A_2 = 15\ \text{cm} * 2\ \text{cm} = 30\ \text{cm}^2$

$A_3 = 18\ \text{cm} * 5\ \text{cm} = 90\ \text{cm}^2$

$z_1 = 5\ \text{cm} + 15\ \text{cm} + 3\ \text{cm} / 2 = 21{,}5\ \text{cm}$

$z_2 = 15\ \text{cm} / 2 + 5\ \text{cm} = 12{,}5\ \text{cm}$

$z_3 = 5\ \text{cm} / 2 = 2{,}5\ \text{cm}$

$$z_S = \frac{36\ \text{cm}^2 * 21{,}5\ \text{cm} + 30\ \text{cm}^2 * 12{,}5\ \text{cm} + 90\ \text{cm}^2 * 2{,}5\ \text{cm}}{156\ \text{cm}^2} = 8{,}81\ \text{cm}$$

5) geg.: geschweißtes Stahlprofil (oberes Profil liegt mittig auf dem unteren Profil)

ges.: Schwerpunktkoordinate z_S

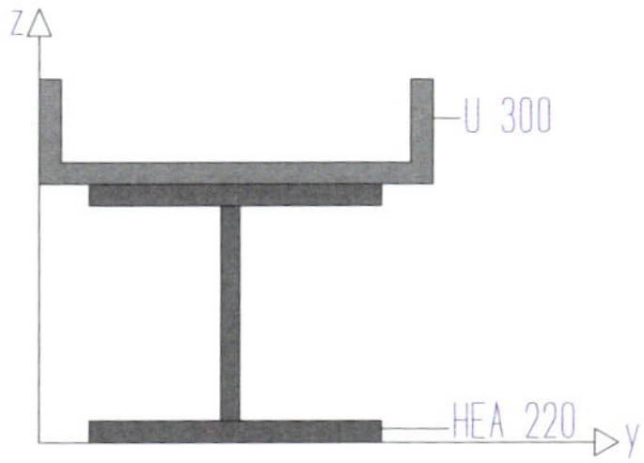

U 300: $A_1 = 58{,}8\ \text{cm}^2$, $z_1 = 2{,}7\ \text{cm} + 21\ \text{cm} = 23{,}7\ \text{cm}$

HEA 220:[5] $A_2 = 64{,}3\ \text{cm}^2$, $z_2 = 21\text{cm} / 2 = 10{,}5\ \text{cm}$

$$z_S = \frac{58{,}8\ \text{cm}^2 * 23{,}7\ \text{cm} + 64{,}3\ \text{cm}^2 * 10{,}5\ \text{cm}}{58{,}8\ \text{cm}^2 + 64{,}3\ \text{cm}^2} = 16{,}81\ \text{cm}$$

---

[5] Schneider, 2024, S. 8.189 ff.

8.2.2.1 Übungen

1) geg.: zusammengesetzter Querschnitt

ges.: Schwerpunktkoordinaten y_S, z_S

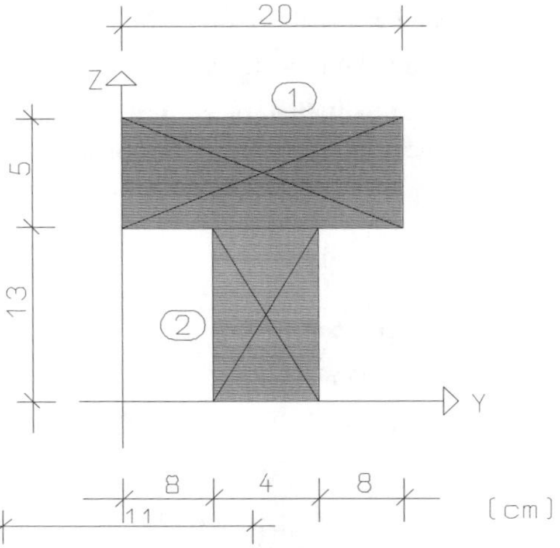

2) geg.: zusammengesetzter Querschnitt

ges.: Schwerpunktkoordinaten y_S, z_S

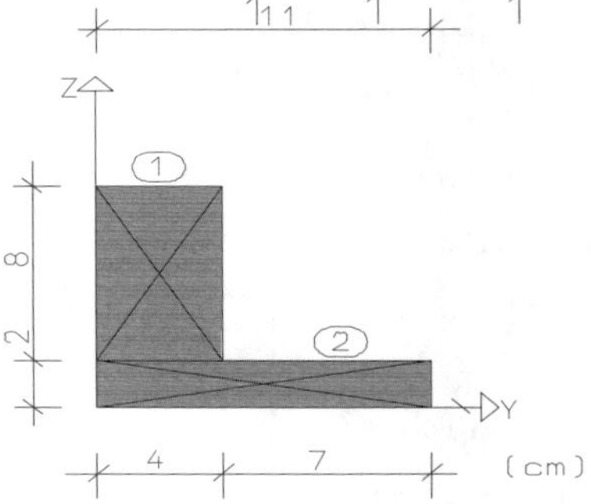

3) geg.: zusammengeschweißtes Stahlprofil

ges.: Schwerpunktkoordinaten y_S, z_S

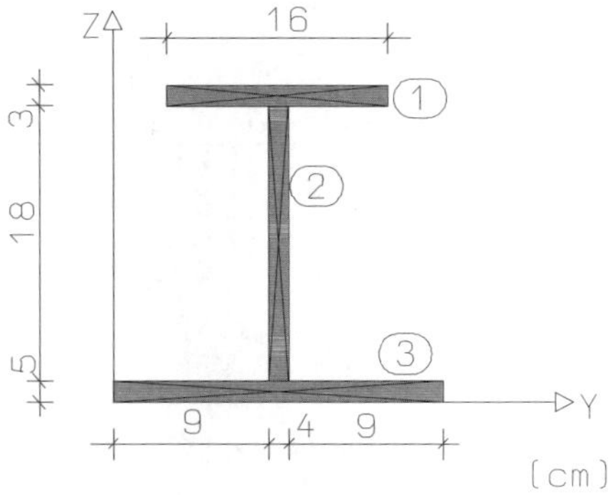

4) geg.: drei Stahlprofile

ges.: Schwerpunktkoordinaten y_S, z_S

Die Profile liegen mittig

über- bzw. untereinander.

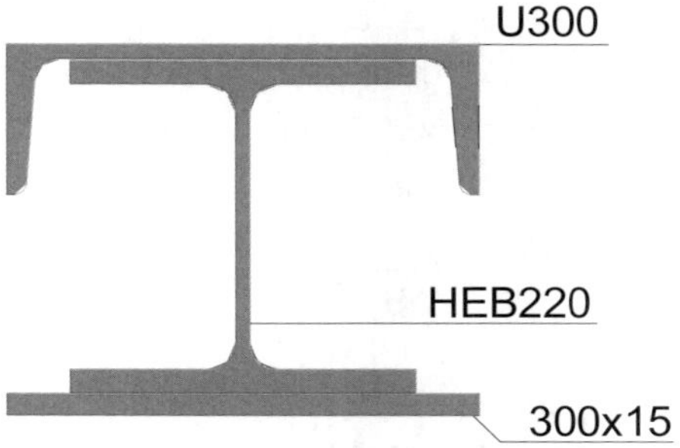

8.2.3 Flächenmomente zweiten Grades

Das Flächenmoment zweiten Grades (= Trägheitsmoment) ist eine sehr wichtige Querschnittsgröße für die Berechnung von Spannungen und Verformungen und wird mit I abgekürzt.[6] Es gibt an, wie viel Widerstand ein Querschnitt gegen Durchbiegung aufbringt. Beispielsweise hat das hochkant gestellte Kantholz (**blau**) in der Skizze ein höheres Trägheitsmoment und wird sich weniger durchbiegen als das flach gelegte Kantholz (**grau**).

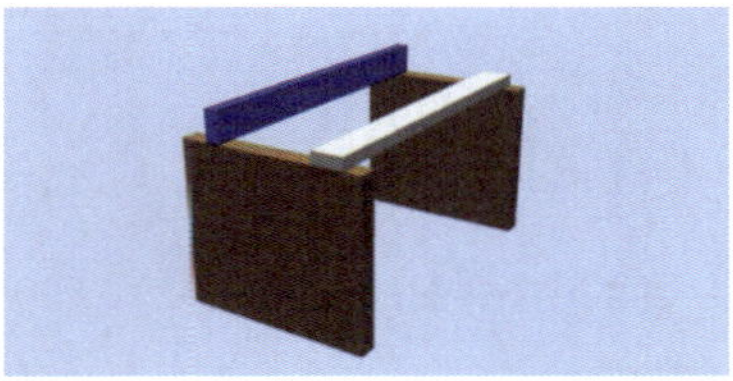

Man unterscheidet drei Trägheitsmomente:

Axiales, zentrifugales (I_{yz}) und polares (I_p) Trägheitsmoment. Im Folgenden wird nur das axiale Trägheitsmoment behandelt.

Das axiale (äquatoriales) Trägheitsmoment ist eine Art Widerstand, den ein Bauteil der Biegung entgegensetzt. Es bezieht sich entweder auf die Achse y oder z.

Def.: Die axialen Trägheitsmomente I_y und I_z um die Schwerachsen y und z erhält man, indem man jedes Flächenteilchen Δ A mit dem Quadrat seines Abstandes von der betreffenden Achse multipliziert und alle Produkte über die Fläche aufsummiert.

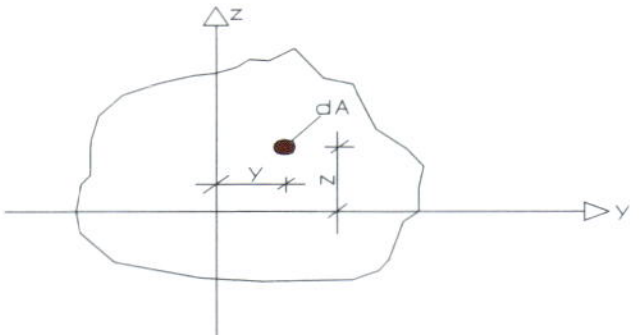

Um die y-Achse: $I_y = \sum (z^2 * \Delta A) = \int_A z^2 * \Delta A$

Um die z-Achse: $I_z = \sum (y^2 * \Delta A) = \int_A y^2 * \Delta A$

Beim Rechteckquerschnitt berechnet sich das Flächenmoment zweiten Grades nach der Formel:

$$\mathbf{I_y} = \frac{b * h^3}{12} \quad \text{bzw.} \quad \mathbf{I_z} = \frac{h * b^3}{12}$$

Herleitung der Formel zur Berechnung des Flächenmomentes zweiten Grades beim Rechteckquerschnitt mit Hilfe der Integralrechnung: geg.: Rechteckquerschnitt mit der Breite b und der Höhe h:

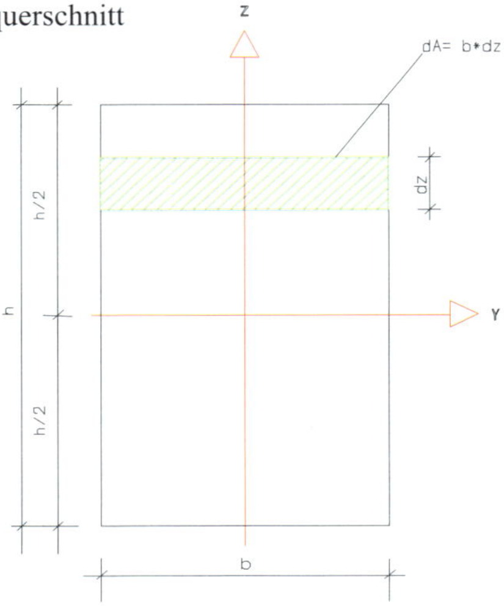

$$\mathfrak{I}_y = \int z^2 * dA = \int_{-\frac{h}{2}}^{+\frac{h}{2}} z^2 * b * dz$$

$$\mathfrak{I}_y = \left[\frac{z^3 * b}{3}\right]^3 = \frac{b}{3} * \left(\frac{h}{2}\right)^3 - \frac{b}{3} * \left(-\frac{h}{2}\right)^3$$

$$\mathfrak{I}_y = \frac{b}{3} * \frac{h^3}{8} - \frac{b}{3} * \frac{-h^3}{8} = \frac{b * h^3}{24} + \frac{b * h^3}{24}$$

$$\mathfrak{I}_y = 2 * \frac{b * h^3}{24} = \frac{b * h^3}{12}$$

---

[6] I = Inertia, lat. = Trägheit. Im Folgenden wird der Ausdruck Trägheitsmoment statt Flächenmoment zweiten Grades benutzt.

Beispiele zur Ermittlung des Trägheitsmomentes I:

1) geg.: Rechteckquerschnitt: b / h = 14 / 26 cm, ges.: I_y und I_z

Lösung: $I_y = \frac{b * h^3}{12} = \frac{14\ cm * (26\ cm)^3}{12} = 20505\ cm^4$

$I_z = \frac{h * b^3}{12} = \frac{26\ cm * (14\ cm)^3}{12} = 5945\ cm^4$

2) geg.: Kreisquerschnitt: d = 20 cm, ges.: I_y und I_z

Lösung:[7] $I_y = I_z = \frac{\pi * r^4}{4} = \frac{\pi * (10\ cm)^4}{4} = 7854\ cm^4$

3) geg.: Dreiecksquerschnitt: b / h = 12 / 20 cm, ges.: I_y und I_z (kein gleichseitiges Dreieck)

Lösung:[8] $I_y = \frac{b * h^3}{36} = \frac{12\ cm * (20\ cm)^3}{36} = 2667\ cm^4$

$I_z = \frac{h * b^3}{36} = \frac{20\ cm * (12\ cm)^3}{36} = 960\ cm^4$

4) geg.: Kreisringquerschnitt (Stahlstütze): d_a = 114,3 mm, t = 6,3 mm, ges.: I_y und I_z

Lösung:[9] $I_y = I_z = 313\ cm^4$

oder: $I_y = I_z = \frac{\pi * (R^4 - r^4)}{4} = \frac{\pi * ((5{,}715\ cm)^4 - (5{,}085\ cm)^4)}{4} = 312{,}7\ cm^4$

5) geg.: Stahlträger HEB 200, ges.: I_y und I_z

Lösung:[10] $I_y = 5700\ cm^4$

$I_z = 2000\ cm^4$

---

[7] Schneider, 2024, S. 4.24.
[8] Schneider, 2024, S. 4.24.
[9] Schneider, 2024, S. 8.209.
[10] Schneider, 2024, S. 8.192.

Vergleich von Querschnittswerten:

Der folgende Vergleich von gewählten Querschnitten soll zeigen, wie unterschiedlich die jeweiligen Flächenmomente zweiten Grades sind. Die dargestellten Querschnitte haben alle eine Fläche (A) von annähernd 300 cm^2.

Querschnitte im Vergleich

Nr.	Querschnitt [cm]		A [cm^2]	I_y [cm^4]	I_z [cm^4]
1		12 / 24	288	13.824	3.456
2		24 / 12	288	3.456	13.824
3	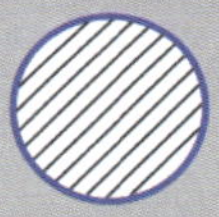	d = 20	314	7.854	7.854
4	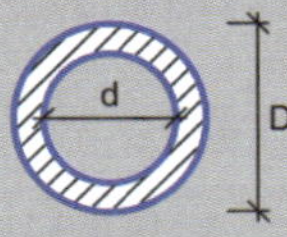	D = 30 d = 23	291	26.024	26.024
5	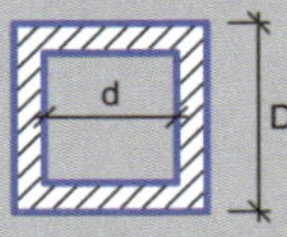	D = 30 d = 24,5	300	37.475	37.475
6	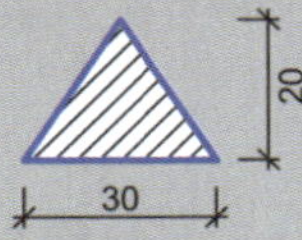		300	6.667	11.250
7	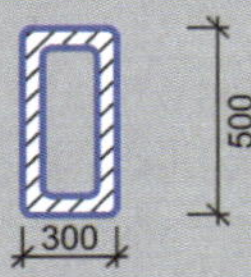	500 x 300 x 20	300	98.777 lt. Tabelle	44.078
8	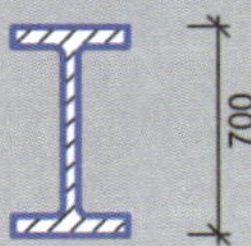	HEB 700	306	256.900 lt. Tabelle	14.440

Trägheitsmomente zusammengesetzter Querschnitte

Der Satz von STEINER:

Das Flächenträgheitsmoment ε (cm / mm) se, die parallel ist zu einer durch den Flächenschwerpunkt gehenden Achse, ist gleich dε ɜnträgheitsmoment bezüglich der Schwerachse plus dem Produkt aus Querschnittsfläche maı Abstandsquadrat.

$$I_y = \Sigma (I_{ys} + A * e^2)$$

(I_y = Gesamtträgheitsmoment, I_{ys} = Eigenanteil, $A * e^2$ = "STEINER-Anteil")

Der Eigenanteil ist das Flächenträgheitsmoment in den Flächenmittelpunkten der einzelnen Teilflächen. Wegen des Quadrates ist der Steiner-Anteil $A * e^2$ immer positiv. Dies bedeutet, dass das Trägheitsmoment um die Schwerachse das Kleinstmöglichste ist. Um jede andere Achse ist es größer. Der nach unten gerichtete Abstand e bzw. der nacn links gerichtete Abstand f müsste eigentlich ein negatives Vorzeichen erhalten. Weil dieser Abstand anschließend quadriert wird, kann das negative Vorzeichen hierbei entfallen.

Beispiele: Bei den folgenden Beispielen ist es hilfreich, die Schwerpunkte und die Querschnittswerte mit Tabellen zu bestimmen!

6) ges.: Gesamtträgheitsmomente I_y und I_z eines zusammengesetzten Querschnittes gem. Skizze:

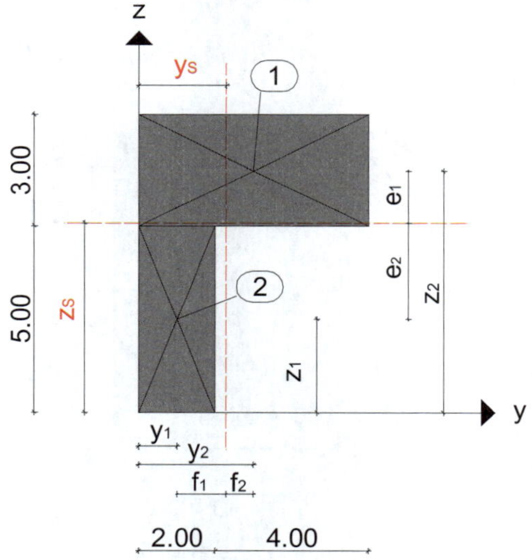

Berechnung von I_y

Teil	b [cm]	d [cm]	A [cm²]	Schwerpunkt Teilfläche z [cm]	A * z [cm³]	z - zs e [cm]	Steiner-Anteil A * e² [cm⁴]	Eigenanteil I_{yi} [cm⁴]
1	6,0	3,0	18,00	6,5	117,00	1,43	36,81	13,50
2	2,0	5,0	10,00	2,5	25,00	2,57	66,05	20,83
Σ			28,00		142,00		102,86	34,33

Schwerpunkt in z-Richtung:

$$z_s = \frac{\Sigma A_i * z_i}{\Sigma A_i} = \frac{142 \text{ cm}^3}{28 \text{ cm}^2} = 5{,}07 \text{ cm}$$

Gesamtträgheitsmoment:

$$I_y = \Sigma A * e^2 + \Sigma I_{yi} = 102{,}86 \text{ cm}^4 + 34{,}33 \text{ cm}^4$$

$$I_y = 137{,}19 \text{ cm}^4$$

Berechnung von Iz

Teil	b [cm]	d [cm]	A [cm²]	Schwerpunkt Teilfläche y [cm]	A * y [cm³]	y - y_s f [cm]	Steiner-Anteil A * f² [cm⁴]	Eigenanteil I_{zi} [cm⁴]
1	6,0	3,0	18,00	3,0	54,00	0,71	9,07	54,00
2	2,0	5,0	10,00	1,0	10,00	1,29	16,64	3,33
Σ			28,00		64,00		25,71	57,33

Schwerpunkt in y-Richtung:

$$y_s = \frac{\Sigma A_i * y_i}{\Sigma A_i} = \frac{64\ cm^3}{28\ cm^2} = 2{,}29\ cm$$

Gesamtträgheitsmoment:

$$I_z = \Sigma A * f^2 + \Sigma I_{zi}$$

$$I_z = 25{,}71 cm^4 + 57{,}33\ cm^4 = 83{,}04\ cm^4$$

7) Gesamtträgheitsmomente I_y und I_z eines zusammengesetzten Querschnittes gem. Skizze:

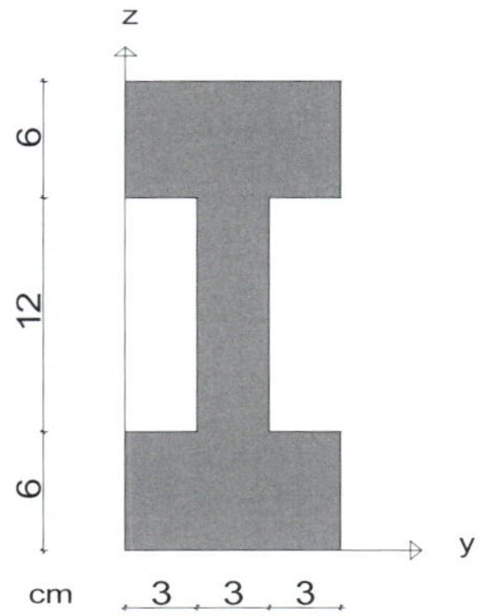

Rechenansatz zur schnellen Berechnung des Trägheitsmomentes in y-Richtung: Großes Rechteck - 2 * kleines Rechteck

$$I_y = \frac{9\ cm * (24\ cm)^3 - 2 * 3\ cm * (12\ cm)^3}{12} = 9504\ cm^4$$

oder mit Tabelle:

Teil	Breite [cm]	Höhe [cm]	Fläche A [cm²]	z [cm]	A * z [cm³]	e [cm]	Steiner-Anteil A * e² [cm⁴]	Eigenanteil I_{yi} [cm⁴]
1	9,0	6,0	54,0	21	1134	9	4374	162
2	3,0	12,0	36,0	12	432	0	0	432
3	9,0	6,0	54,0	3	162	9	4374	162
Σ			144		1728		8748	756

Schwerpunkt in z-Richtung:

$$z_s = \frac{\Sigma A_i * z_i}{\Sigma A} = \frac{1.728\ cm^3}{144\ cm^3} = 12\ cm$$

Gesamtträgheitsmoment I_y:

$$I_y = \Sigma I_{yi} + \Sigma A * e^2$$

$$I_y = 9504\ cm^4$$

Rechenansatz zur schnellen Berechnung des Trägheitsmomentes in z-Richtung: Großes Rechteck - 2 * kleines Rechteck - 2 * Steiner-Anteil: $I_z = \frac{24\text{ cm} * (9\text{ cm})^3 - 2 * 12\text{cm} * (3\text{ cm})^3}{12} - 2 * 3\text{cm} * 12\text{ cm} * (3\text{ cm})^2 = 756\text{ cm}^4$ oder mit Tabelle:

Teil	Breite [cm]	Höhe [cm]	Fläche A [cm²]	y [cm]	A * y [cm³]	f [cm]	Steiner-Anteil A * f² [cm⁴]	Eigenanteil I_{zi} [cm⁴]
1	9,0	6,0	54,0	4,5	243	0	0	364,5
2	3,0	12,0	36,0	4,5	162	0	0	27
3	9,0	6,0	54,0	4,5	243	0	0	364,5
Σ			144		648		0	756

Gemeinsamer Schwerpunkt in z-Richtung:

$$y_s = \frac{\Sigma A_i * z_i}{\Sigma A} = \frac{648\text{ cm}^3}{144\text{ cm}^2} = 4{,}5\text{ cm}$$

Gesamtträgheitsmoment I_z:

$$I_Z = \Sigma I_{zi} + \Sigma A * f^2 = 756\text{ cm}^4$$

8) Gesamtträgheitsmomente I_y und I_z eines zusammengesetzten Querschnittes gem. Skizze:

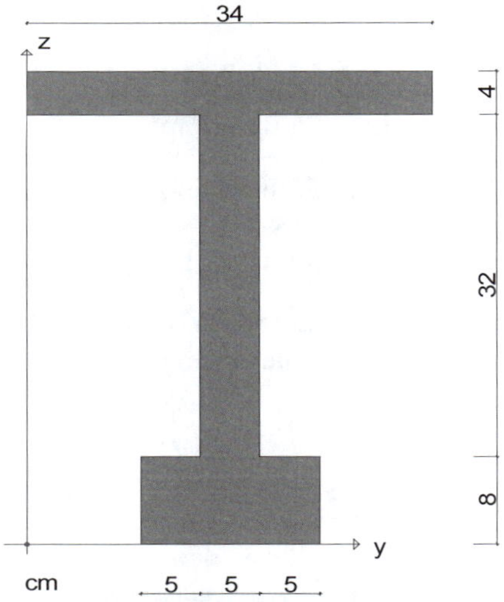

Berechnung von I_y:

Teil	Breite [cm]	Höhe [cm]	Fläche A [cm²]	z [cm]	A * z [cm³]	e [cm]	Steiner-Anteil A * e² [cm⁴]	Eigenanteil I_{yi} [cm⁴]
1	34,0	4,0	136,00	42,0	5712,0	17,88	43478,4	181,3
2	5,0	32,0	160,00	24,0	3840,0	0,12	2,3	13653,3
3	15,0	8,0	120,00	4,0	480,0	20,12	48577,7	640,0
Σ			416,00		10032,0		92058,4	14474,7

Gemeinsamer Schwerpunkt in z-Richtung:

$$z_s = \frac{\Sigma A_i * z_i}{\Sigma A} = \frac{10.032\text{ cm}^3}{416\text{ cm}^2} = 24{,}12\text{ cm}$$

Gesamtträgheitsmoment

$$I_y = \Sigma I_{yi} + \Sigma A * e^2$$

$$I_y = 106533{,}1\ \text{cm}^4$$

Berechnung von I_z:

Teil	Breite [cm]	Höhe [cm]	Fläche A [cm²]	y [cm]	A * y [cm³]	f [cm]	Steiner-Anteil A * f² [cm⁴]	Eigenanteil I_{zi} [cm⁴]
1	34,0	4,0	136,00	17,0	2312,0	0,00	0,0	13101,3
2	5,0	32,0	160,00	17,0	2720,0	0,00	0,0	333,3
3	15,0	8,0	120,00	17,0	2040,0	0,00	0,0	2250,0
Σ			416,00		7072,0		0,0	15684,7

Gemeinsamer Schwerpunkt in y-Richtung:

$$y_s = \frac{\Sigma A_i * z_i}{\Sigma A} = \frac{7.072 \text{ cm}^3}{416 \text{ cm}^2} = 17 \text{ cm}$$

Gesamtträgheitsmoment I_z:

$$I_z = \Sigma I_{zi} + \Sigma A * f^2$$

$$I_z = 15684,7 \text{ cm}^4$$

Übungen

geg.: Zusammengesetzte Querschnitte (Angaben in cm bzw. Stahlprofile)

ges.: Trägheitsmomente: I_y, I_z

1)

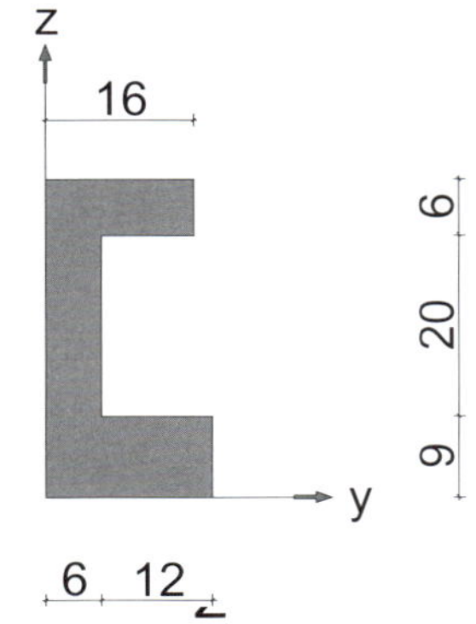

2)

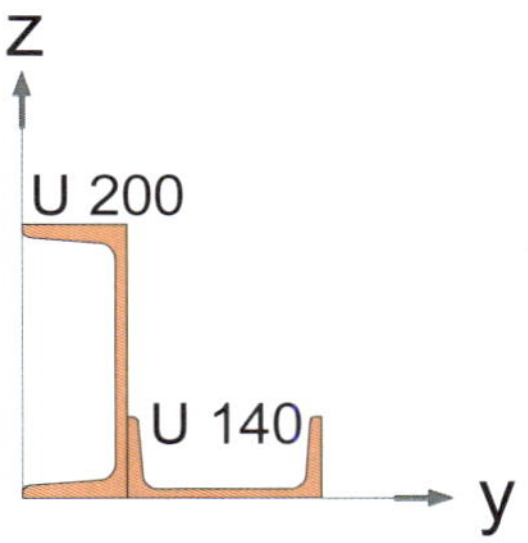

3)

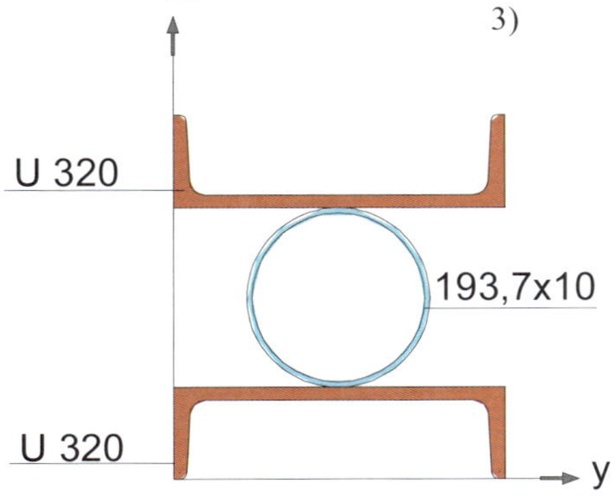

8.2.4 Widerstandsmoment: W

Das Widerstandsmoment ist der Quotient aus Trägheitsmoment dividiert durch den Abstand vom Querschnittsrand zur Schwerachse. Das Widerstandsmoment wird für die Berechnung der maximalen Biegespannungen benötigt. Es ist ein Maß für die Biegesteifigkeit eines Querschnittes und wird vom Trägheitsmoment abgeleitet. Es kann sowohl auf die y-Achse als auch auf die z-Achse bezogen sein.

$\boxed{\mathbf{W_y} = \frac{I_y}{z}}$ cm^3, z = Randabstand vertikal $\boxed{\mathbf{W_z} = \frac{I_z}{y}}$ cm^3, y = Randabstand horizontal

Herleitung beim Rechteckquerschnitt, bezogen auf die y-Achse

$I_y = \frac{b * h^3}{12}$ $z = \frac{h}{2}$ (Abstand vom Schwerpunkt bis zum Rand)

$$W_y = \frac{I_y}{z} = \frac{\frac{b * h^3}{12}}{\frac{h}{2}} = \frac{b * h^3 * 2}{12 * h} = \frac{b * h^2}{6} \quad (cm^3)$$

Beispiele:

1) geg.: Rechteckquerschnitt: b / h = 20 / 30 cm: ges.: W_y, W_z

$W_y = \frac{b * h^2}{6} = \frac{20\ cm * (30\ cm)^2}{6} = 3000\ cm^3$ bzw. $W_z = \frac{h * b^2}{6} = \frac{30\ cm * (20\ cm)^2}{6} = 2000\ cm^3$

2) geg.: HEB 200 ges.: W_y, W_z

$W_y = W_{el,y} = 570\ cm^3$, $W_z = W_{el,z} = 200\ cm^3$ → Tabellenwerte[11]

oder: $W_{el,y} = \frac{I_y}{z_u} = \frac{5700\ cm^4}{10\ cm} = 570\ cm^3$ bzw. $W_{el,z} = \frac{I_z}{y_l} = \frac{2000\ cm^4}{10\ cm} = 200\ cm^3$

Bei zusammengesetzten Querschnitten muss - bezogen auf die y-Achse - das Widerstandsmoment oben, $W_{y,o}$, und unten, $W_{y,u}$, berechnet werden. Dazu dividiert man das Gesamtträgheitsmoment I_y durch den Abstand vom Gesamtschwerpunkt bis zum jeweiligen Rand, oben oder unten:

$W_{y,u} = \frac{I_y}{z_u}$ bzw. $W_{y,0} = \frac{I_y}{z_0}$

Bezogen auf die z-Achse muss das Widerstandsmoment links, $W_{z,l}$, und rechts, $W_{z,r}$, berechnet werden: $W_{z,l} = \frac{I_z}{y_l}$ bzw. $W_{z,r} = \frac{I_z}{y_r}$.

[11] Schneider, 2024, S. 8.192.

3) geg.: zusammengesetzter Querschnitt gem. Skizze: siehe Kap. 8.23, Beispiel 6!

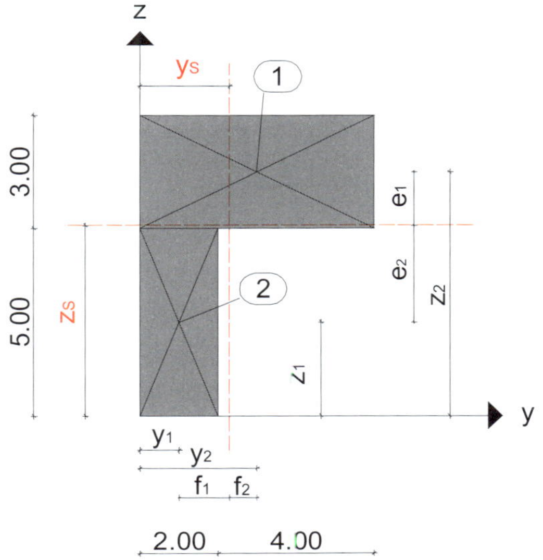

ges.: $W_{y,o}$, $W_{y,u}$, $W_{z,l}$, $W_{z,r}$

Die nachfolgenden Querschnittswerte wurden bereits in Kap. 8.23, Beispiel 6, berechnet!

$z_s = 5{,}07$ cm

$y_s = 2{,}29$ cm

$e_1 = 1{,}43$ cm

$e_2 = 2{,}57$ cm

$f_1 = 0{,}71$ cm

$f_2 = 1{,}29$ cm

$I_y = 137{,}19\ cm^4$

$I_z = 83{,}04\ cm^4$

Abstand von der horizontalen Schwerachse zum oberen Rand = 5 cm + 3 cm - z_s = 8 cm - 5,07 cm = 2,93 cm (in z-Richtung)

Abstand von der horizontalen Schwerachse zum unteren Rand = z_s = 5,07 cm

$$W_{y,0} = \frac{I_y}{z_o} = \frac{137{,}19\ cm^4}{2{,}93\ cm} = 46{,}82\ cm^3$$

$$W_{y,u} = \frac{I_y}{z_s} = \frac{137{,}19\ cm^4}{5{,}07\ cm} = 27{,}06\ cm^3$$

Abstand von der vertikalen Schwerachse zum linken Rand = y_s = 2,29 cm

Abstand von der vertikalen Schwerachse zum rechten Rand = 2 cm + 4 cm - y_s = 6 cm - 2,29 cm = 3,71 cm (in y-Richtung)

$$W_{z,l} = \frac{I_z}{y_l} = \frac{83{,}04\ cm^4}{2{,}29\ cm} = 36{,}26\ cm^3$$

$$W_{z,r} = \frac{I_z}{y_r} = \frac{83{,}04\ cm^4}{3{,}71\ cm} = 22{,}38\ cm^3$$

8.2.5 Flächenmomente ersten Grades: S (= Statisches Moment)

Das Flächenmoment ersten Grades - oder auch statisches Moment genannt - dient zur Berechnung von Schubspannungen.

Es wird definiert als Produkt aus oberhalb - oder unterhalb - der untersuchten Faser liegenden Querschnittsfläche, multipliziert mit dem Abstand des Schwerpunktes dieser Fläche bis zur Schwerachse.

Einheit: cm^3

Beispiele: ges.: Flächenmomente ersten Grades: S_y

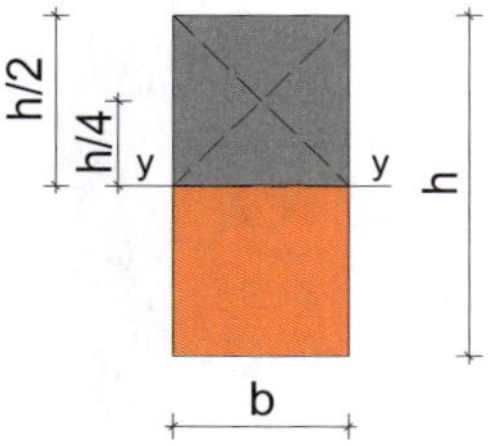

a) $A = b * h / 2$ (graue Fläche oberhalb der Fuge y - y)

$z = h / 4$ (Abstand vom Schwerpunkt der grauen Fläche bis zur Schwerachse)

S_y in der Schwerachse $= \frac{b * h * h}{2 * 4} = \frac{b * h^2}{8}$

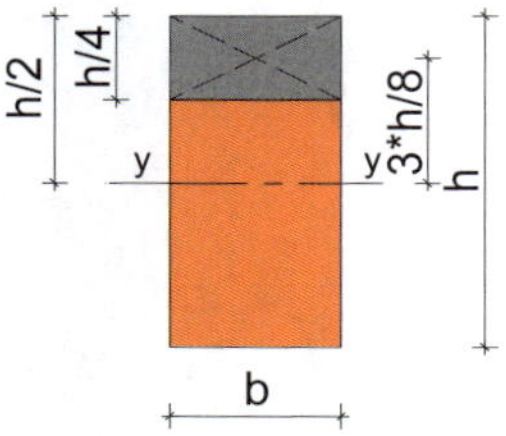

b) S im Viertelspunkt $= \frac{b * h * 3 * h}{4 * 8} = \frac{3 * b * h^2}{32}$

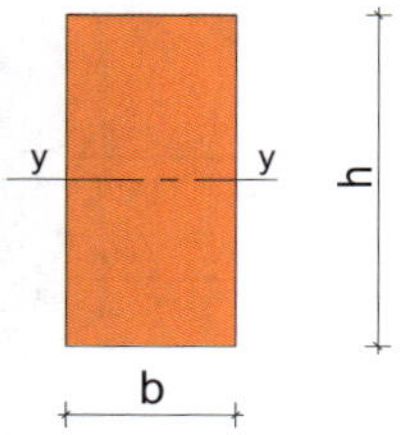

c) beim Rechteckquerschnitt: S am Rand = 0

Beispiel: geg.: Rechteckquerschnitt: b / h = 18 / 30 cm

ges.: $S_{y,a-a}$ (die Fuge a – a ist hier willkürlich bei 8 cm von oben gewählt)

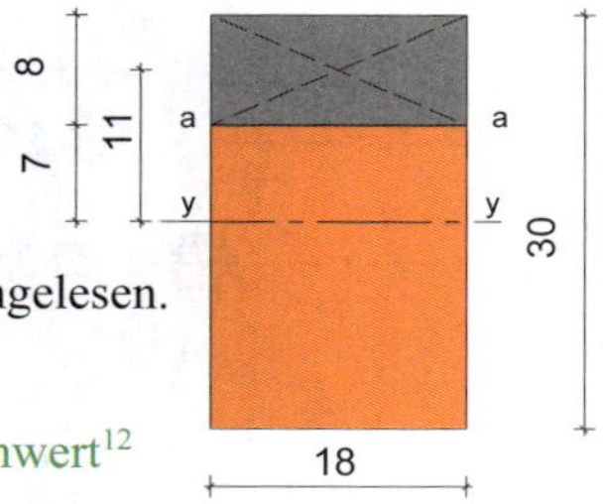

$S_{y,a-a} = A * z = 18\ cm * 8\ cm * (4\ cm + 7\ cm) = 1584\ cm^3$

Statische Momente von Stahlquerschnitten werden in Tabellen nachgelesen.

Beispiel: Statisches Moment eines HEB 200: $S_y = 321\ cm^3$ Tabellenwert[12]

[12] Schneider, 2024, S. 8.192.

8.2.6 Trägheitsradius: i

Der Trägheitsradius dient zur Berechnung von Schlankheiten bei druckbeanspruchten Bauteilen (z. B. Stützen). Auch er kann entweder auf die y-Achse oder die z-Achse bezogen werden.

$$i_y = \sqrt{\frac{I_y}{A}} \quad \text{(cm)} \qquad \text{bzw.} \qquad i_z = \sqrt{\frac{I_z}{A}} \quad \text{(cm)}$$

Herleitung der Formel für den Rechteckquerschnitt:

$$i_y = \sqrt{\frac{\frac{b * h^3}{12}}{b * h}} = \sqrt{\frac{b * h^3}{12 * b * h}} = \sqrt{\frac{h^2}{12}} = \frac{\sqrt{h^2}}{\sqrt{12}} = h * \frac{1}{\sqrt{12}} = 0{,}289 * h$$

$$i_z = \sqrt{\frac{\frac{h * b^3}{12}}{b * h}} = \sqrt{\frac{h * b^3}{12 * b * h}} = \sqrt{\frac{b^2}{12}} = \frac{\sqrt{b^2}}{\sqrt{12}} = b * \frac{1}{\sqrt{12}} = 0{,}289 * b$$

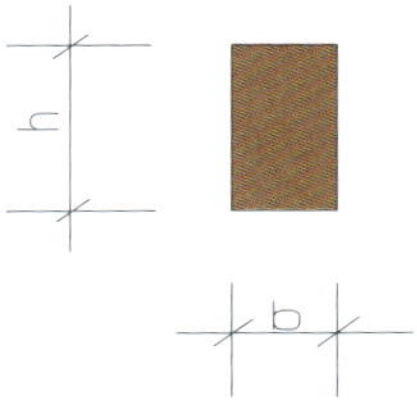

Beispiele:

1) geg.: Rechteckquerschnitt: b / h = 20 / 30 cm, ges.: i_y, i_z

$i_y = 0{,}289 * 30$ cm = 8,67 cm $\qquad$ $i_z = 0{,}289 * 20$ cm= 5,78 cm

2) geg.: HEB 200, ges.: i_y, i_z

$i_y = 8{,}54$ cm oder: $\sqrt{\frac{I_y}{A}} = \sqrt{\frac{5700 \text{ cm}^4}{78{,}1 \text{ cm}^2}} = \sqrt{72{,}98 \text{ cm}^2} = 8{,}54$ cm

$i_z = 5{,}07$ cm oder: $\sqrt{\frac{I_z}{A}} = \sqrt{\frac{2000 \text{ cm}^4}{78{,}1 \text{ cm}^2}} = \sqrt{25{,}61 \text{ cm}^2} = 5{,}06$ cm

8.2.7 Hebelarm der inneren Kräfte: z

Der Hebelarm der inneren Kräfte ist der Abstand zwischen Druck- und Zugkraft im Inneren des Biegebalkens und wird z. B. im Stahlbetonbau bei der Querkraftbemessung benötigt.

$$\mathbf{z = \frac{I}{S}} \quad \text{(cm)}$$

Abstand der Druck- und Zugkräfte beim Rechteckquerschnitt:

$$z = \frac{I}{S} = \frac{\frac{b * h^3}{12}}{\frac{b * h^2}{8}} = \frac{8 * b * h^3}{12 * b * h^2} = \frac{2}{3} * h$$

Beispiel: geg.: Rechteckquerschnitt: h / b = 30 / 20 cm

$z = \frac{2}{3} * h = \frac{2}{3} * 30 \text{ cm} = 20$ cm

Beispiele: Berechnen Sie die Querschnittswerte A, $S_{y/z}$, $I_{y/z}$, $W_{y/z}$, Statisches Moment S_y bezogen auf die willkürlich gewählte Fuge a - a und $i_{y/z}$ der skizzierten Querschnitte:

(Alle Angaben in cm)

1) Rechteck: **b / h = 12 / 26 cm**

Fuge a - a: 7 cm vom oberen Rand entfernt (willkürlich gewählt)

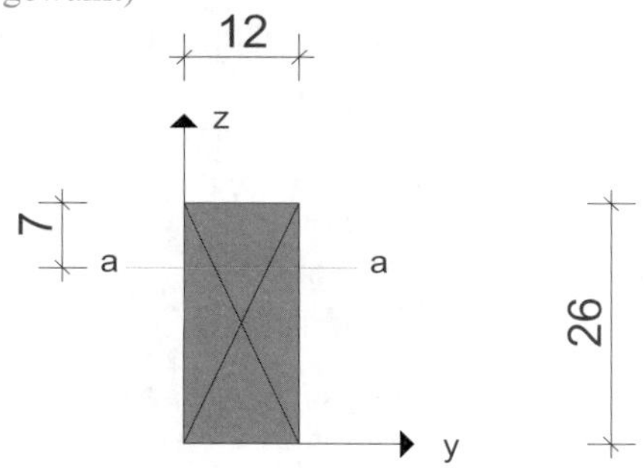

Fläche: A = 12 * 26 = 312 cm²

Schwerpunktkoordinaten:

$z_S = 13$ cm $y_S = 6$ cm

Trägheitsmomente:

$I_y = \frac{b * h^3}{12} = 17576$ cm⁴ $I_z = \frac{h * b^3}{12} = 3744$ cm⁴

Widerstandsmomente:

$W_y = \frac{b * h^2}{6} = 1352$ cm³ $W_z = \frac{h * b^2}{6} = 624$ cm³

Flächenmoment ersten Grades (Statische Momente) bezogen auf die Fuge a - a (7 cm von oben):

$S_{ya} = 12$ cm * 7 cm * (13 cm - 3,5 cm) = 798 cm³ (obere Fläche * z_o)

oder:

$S_{ya} = 12$ cm * (26 cm - 7 cm) * (13 cm - 9,5 cm) = 798 cm³ (untere Fläche * z_u)

Trägheitsradien:

$i_y = 0{,}289 * h = 7{,}51$ cm $i_z = 0{,}289 * b = 3{,}47$ cm

2) Kreis: d = 20 cm, Fuge a – a sei in der Mitte des Kreises

Fläche:

$A = \pi * r^2 = \pi * (10\text{ cm})^2 = 314$ cm²

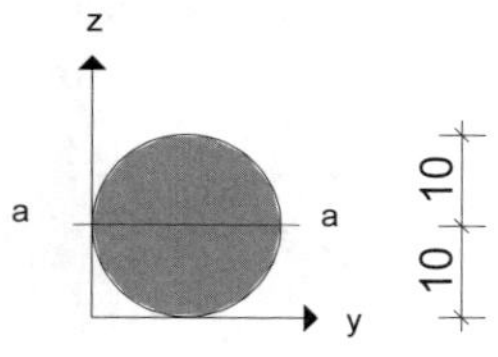

Schwerpunktkoordinaten:

$z_S = 10$ cm $y_S = 10$ cm

Trägheitsmoment:

$I_y = \frac{\pi}{4} * r^4 = \frac{\pi}{4} * (10\text{ cm})^4 = 7854\text{ cm}^4 = I_z = 7854\text{ cm}^4$

Widerstandsmoment:

$W_y = \frac{\pi}{4} * r^3 = \frac{\pi}{4} * (10\text{ cm})^3 = 785{,}4\text{ cm}^3 = W_z = 785{,}4\text{ cm}^3$

Flächenmoment ersten Grades:

$S_{ya} = \frac{\pi}{2} * r^2 * 0{,}424 * r = \frac{\pi}{2} * (10\text{ cm})^2 * 0{,}424 * 10\text{ cm} = 666{,}0\text{ cm}^3$

Trägheitsradien:

$i_y = \sqrt{\frac{I_y}{A}} = \sqrt{\frac{7854\text{ cm}^4}{314\text{ cm}^2}} = 5{,}0\text{ cm} = i_z$

3) Trapez: h = 28 cm, b_u = 30 cm, b_o = 10 cm

Fuge a - a: 12 cm von oben

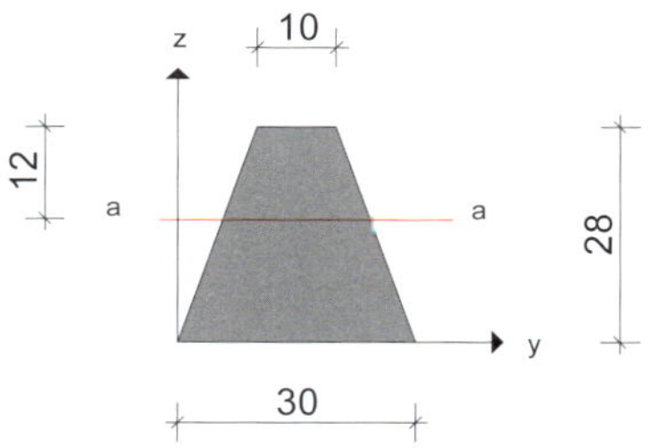

Fläche: $A = \frac{30\text{ cm} + 10\text{ cm}}{2} * 28\text{ cm} = 560\text{ cm}^2$

Schwerpunktkoordinaten:

$z_s = \frac{\sum A * z}{\sum A} = 11{,}67\text{ cm},\ y_s = \frac{\sum A * y}{\sum A} = 15\text{ cm}$

Trägheitsmomente:

$I_y = \sum A * e^2 + \sum I_y = 33542\text{ cm}^4$

$I_z = \sum A * f^2 + \sum I_z = 23364\text{ cm}^4$

Flächenmoment ersten Grades:

Abstand vom Schwerpunkt der oberen Fläche bis zur y-Achse: $z_{Sy} = 21{,}4$ cm

$S_{ya} = A * (z_{sy} - z_s) = 171{,}48\text{ cm}^2 * (21{,}4\text{ cm} - 11{,}67\text{ cm}) = 1668{,}5\text{cm}^3$

Widerstandsmomente:

$W_{yo} = \frac{Iy}{28 - 11{,}67} = \frac{33542\text{ cm}^4}{16{,}33\text{ cm}} = 2054\text{ cm}^3$ $\quad W_{yu} = \frac{Iy}{11{,}67} = \frac{33542\text{ cm}^4}{11{,}67\text{ cm}} = 2874\text{ cm}^3$

$W_{zli} = W_{zre} = \frac{Iz}{15} = \frac{23364\text{ cm}^4}{15\text{ cm}} = 1558\text{ cm}^3$

Trägheitsradien:

$i_y = \sqrt{\frac{Iy}{A}} = \sqrt{\frac{33542{,}14\text{ cm}^4}{560\text{ cm}^2}} = 7{,}74\text{ cm}$ $\quad i_z = \sqrt{\frac{Iz}{A}} = \sqrt{\frac{23317{,}79\text{ cm}^4}{560\text{ cm}^2}} = 6{,}45\text{ cm}$

8.2.8 Übungen

Berechnen Sie die folgenden Querschnittswerte der jeweils skizzierten Querschnitte: A, I_y, I_z, $W_{y,u}$, $W_{y,o}$, $W_{z,l}$, $W_{z,r}$, i_y, i_z, $S_{y,a}$:

1) Rechteck: 18 / 26 cm

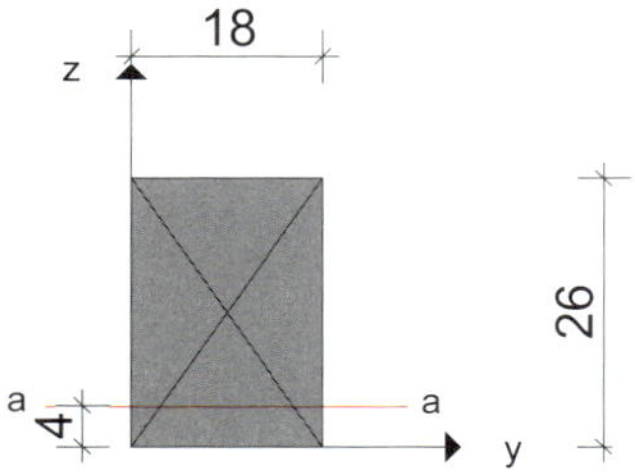

2) Zusammengesetzter Querschnitt: Angaben in cm

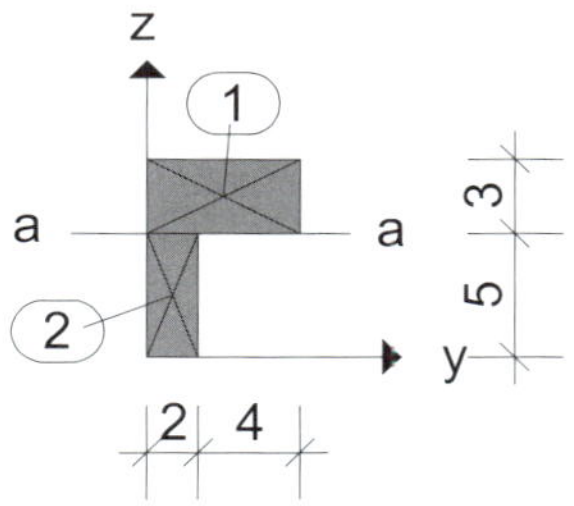

3) Geschweißtes Stahlprofil:

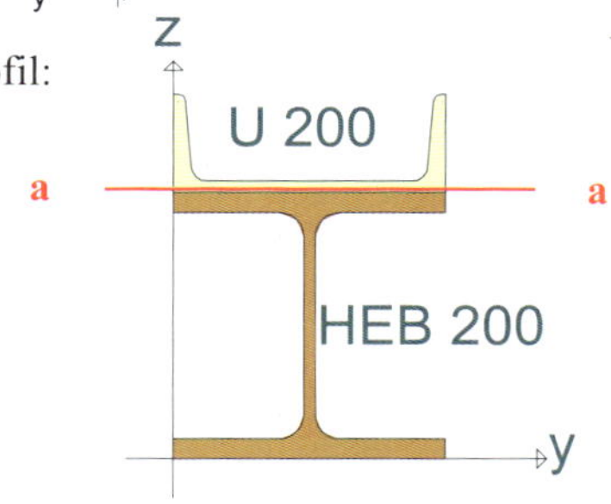

8.3 Lösungen zu den Übungen

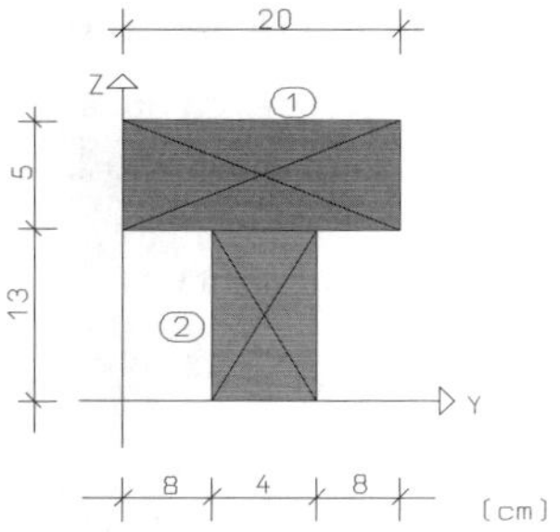

Zu Kap. 8.2.2.1 Schwerpunkte

1) aus Symmetriegründen:

$y_{(s)} = 8\text{ cm} + 4\text{ cm} / 2 = 10\text{ cm}$

$A_1 = 20\text{ cm} * 5\text{ cm} = 100\text{ cm}^2$, $z_1 = 13\text{ cm} + 5\text{ cm} / 2 = 15{,}5\text{ cm}$

$A_2 = 4\text{ cm} * 13\text{ cm} = 52\text{ cm}^2$, $z_2 = 13\text{ cm} / 2 = 6{,}5\text{ cm}$

$$z_s = \frac{\Sigma(A_i * z_i)}{\Sigma A_i} = \frac{A_1 * z_1 + A_2 * z_2}{A_1 + A_2} = \frac{100\text{ cm}^2 * 15{,}5\text{ cm} + 52\text{ cm}^2 * 6{,}5\text{ cm}}{100\text{ cm}^2 + 52\text{ cm}^2} = 12{,}42\text{ cm}$$

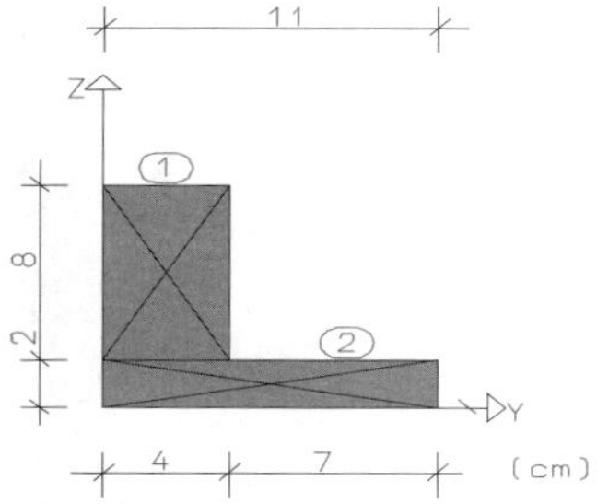

2) a) $A_1 = 8\text{ cm} * 4\text{ cm} = 32\text{ cm}^2$, $z_1 = 2\text{ cm} + 8\text{ cm} / 2 = 6\text{ cm}$,

$y_1 = 4\text{ cm} / 2 = 2\text{ cm}$

b) $A_2 = 2\text{ cm} * 11\text{ cm} = 22\text{ cm}^2$, $z_2 = 2\text{ cm} / 2 = 1\text{ cm}$

$y_2 = 11\text{ cm} / 2 = 5{,}5\text{ cm}$

$$z_s = \frac{\Sigma(A_i * z_i)}{\Sigma A_i} = \frac{32\text{ cm}^2 * 6\text{ cm} + 22\text{ cm}^2 * 1\text{ cm}}{32\text{ cm}^2 + 22\text{ cm}^2} = 3{,}96\text{ cm}$$

$$y_s = \frac{\Sigma(A_i * y_i)}{\Sigma A_i} = \frac{32\text{ cm}^2 * 2\text{ cm} + 22\text{ cm}^2 * 5{,}5\text{ cm}}{32\text{ cm}^2 + 22\text{ cm}^2} = 3{,}43\text{ cm}$$

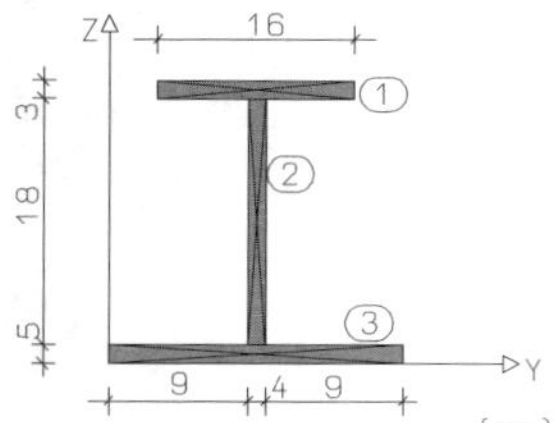

3) $y_S = 9\text{ cm} + 4\text{ cm} / 2 = 11{,}0\text{ cm}$

$A_1 = 16\text{ cm} * 3\text{ cm} = 48\text{ cm}^2$,

$z_1 = 5\text{ cm} + 18\text{ cm} + 3\text{ cm} / 2 = 24{,}50\text{ cm}$

$A_2 = 4\text{ cm} * 18\text{ cm} = 72\text{ cm}^2$, $z_2 = 5\text{ cm} + 18\text{ cm} / 2 = 14\text{ cm}$

$A_3 = 22\text{ cm} * 5\text{ cm} = 110\text{ cm}^2$, $z_3 = 5\text{ cm} / 2 = 2{,}5\text{ cm}$

$$z_s = \frac{\Sigma(A_i * z_i)}{\Sigma A_i} = \frac{48\text{ cm}^2 * 24{,}5\text{ cm} + 72\text{ cm}^2 * 14\text{ cm} + 110\text{ cm}^2 * 2{,}5\text{ cm}}{48\text{ cm}^2 + 72\text{ cm}^2 + 110\text{ cm}^2} = 10{,}69\text{ cm}$$

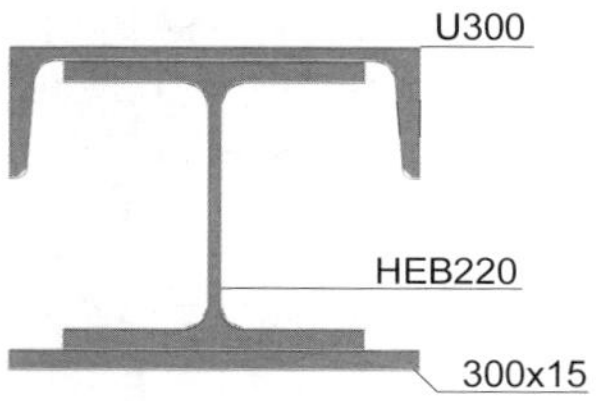

4) $y_S = 15\text{ cm}$

U 300: $A_1 = 58{,}8\text{ cm}^2$

$z_1 = 1{,}5\text{ cm} + 22\text{ cm} + 1{,}0\text{ cm} - 2{,}70\text{ cm} = 21{,}8\text{ cm}$

HEB 220: $A_2 = 91\text{ cm}^2$, $z_2 = 1{,}5\text{ cm} + 22\text{ cm} / 2 = 12{,}5\text{ cm}$

Flachstahl: 300 x 15: $A_1 = 45\text{ cm}^2$, $z_3 = 1{,}5\text{ cm} / 2 = 0{,}75\text{ cm}$

$$z_s = \frac{\Sigma(A_i * z_i)}{\Sigma A_i} = \frac{58{,}8\text{ cm}^2 * 21{,}8\text{ cm} + 91\text{ cm}^2 * 12{,}5\text{ cm} + 45\text{ cm}^2 * 0{,}75\text{ cm}}{58{,}8\text{ cm}^2 + 91\text{ cm}^2 + 45\text{ cm}^2} = 12{,}59\text{ cm}$$

Zu Kap. 8.2.3.1 Gesamtträgheitsmomente

1)

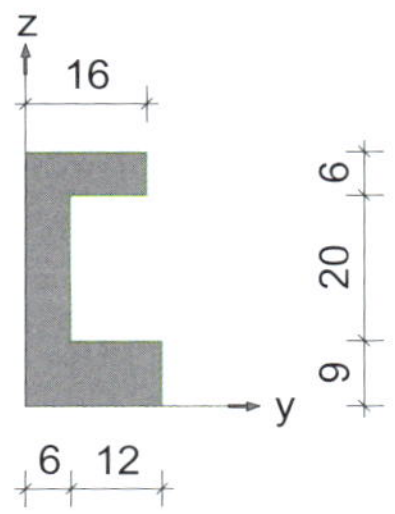

Berechnung von I_y

Teil	b [cm]	d [cm]	A [cm²]	Schwerpunkt Teilfläche Z [cm]	A * z [cm³]	z - z_s e [cm]	Steiner-Anteil A * e² [cm⁴]	Eigenanteil I_{yi} [cm⁴]
1	16	6	96	32	3072	15,91	24300,3	288
2	6	20	120	19	2280	2,91	1016,2	4000
3	18	9	162	4,5	729	11,59	21761,2	1093,5
Σ			378		6081		47077,7	5381,5

Schwerpunkt in z-Richtung:

$$z_s = \frac{\Sigma A_i * z_i}{\Sigma A} = \frac{6081 cm^3}{378 cm^2} = 16{,}09 \text{ cm}$$

Gesamtträgheitsmoment:

$$I_y = \Sigma \ A * e^2 + \Sigma \ I_{yi} = 52459{,}2 \text{ cm}^4$$

Berechnung von I_z

Teil	b [cm]	d [cm]	A [cm²]	Schwerpunkt Teilfläche y [cm]	A * y [cm³]	y - y_s f [cm]	Steiner-Anteil A * f² [cm⁴]	Eigenanteil I_{zi} [cm⁴]
1	16	6	96	8	768	1,16	129,2	2048
2	6	20	120	3	360	3,84	1769,5	360
3	18	9	162	9	1458	2,16	755,8	4374
Σ			378		2586		2654,5	6782

Schwerpunkt in y-Richtung:

$$y_s = \frac{\Sigma A_i * y_i}{\Sigma A} = 6{,}84 \text{ cm}$$

Gesamtträgheitsmoment:

$$I_y = \Sigma \ A * f^2 + \Sigma \ I_{zi} = 9437 \text{ cm}^4$$

2)

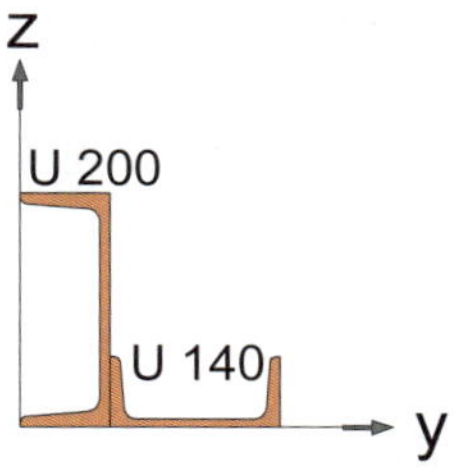

Berechnung von I_y

Teil	b	d	A	Schwerpunkt Teilfläche z	A * z	$z - z_s$ e	Steiner-Anteil $A * e^2$	Eigenanteil I_{yi}
	[cm]	[cm]	[cm²]	[cm]	[cm³]	[cm]	[cm⁴]	[cm⁴]
1	U 140		20,4	1,75	35,7	5,05	520,3	62,7
2	U 200		32,2	10	322	3,2	329,7	1910
Σ			52,6		357,7		850	1972,7

Schwerpunkt in z-Richtung:

$$z_s = \frac{\Sigma A_i * z_i}{\Sigma A} = 6{,}8 \text{ cm}$$

Gesamtträgheitsmoment:

$$I_y = \Sigma\ A * e^2 + \Sigma I_{yi} = 2823 \text{ cm}^4$$

Berechnung von I_z

Teil	b	d	A	Schwerpunkt Teilfläche Y	A * y	$y - y_s$ f	Steiner-Anteil $A * f^2$	Eigenanteil I_{zi}
	[cm]	[cm]	[cm²]	[cm]	[cm³]	[cm]	[cm⁴]	[cm⁴]
1	U 140		20,4	14,5	295,8	5,52	621,6	605
2	U 200		32,2	5,49	176,8	3,49	392,2	148
Σ					472,6		1013,8	753

Schwerpunkt in y-Richtung:

$$y_s = \frac{\Sigma A_i * y_i}{\Sigma A} = 8{,}98 \text{ cm}$$

Gesamtträgheitsmoment:

$$I_y = \Sigma\ A * f^2 + \Sigma\ I_{zi} = 1767 \text{ cm}^4$$

3)

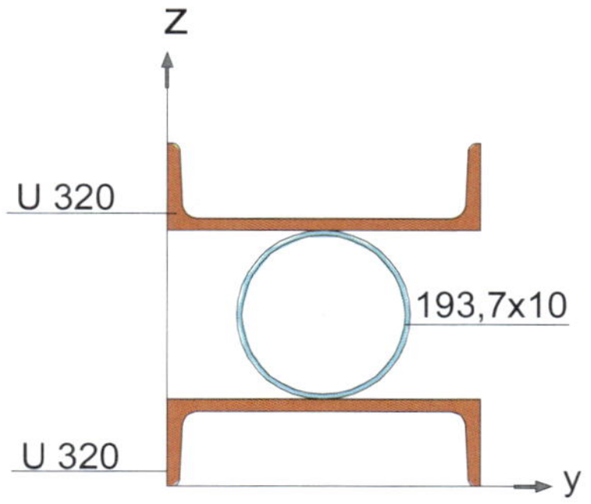

Berechnung von I_y

Teil	b [cm]	d [cm]	A [cm²]	Schwerpunkt Teilfläche Z [cm]	A * z [cm³]	z - z_s e [cm]	Steiner-Anteil A * e² [cm⁴]	Eigenanteil I_{yi} [cm⁴]
1	U 320		75,8	7,4	560,9	12,29	11449,1	597
2	193,7 x 10		57,7	19,69	1136,1	0	0	2442
3	U 320		75,8	31,97	2423,3	12,29	11449,1	597
Σ			209,3		4120,4		22898,2	3636

Schwerpunkt in z-Richtung:

$z_s = \frac{\Sigma A_i * z_i}{\Sigma A} = 19{,}69$ cm

Gesamtträgheitsmoment:

$I_y = \Sigma\ A * e^2 + \Sigma\ I_{yi} = 26534{,}2\ cm^4$

Berechnung von I_z

Teil	b [cm]	d [cm]	A [cm²]	Schwerpunkt Teilfläche Y [cm]	A * y [cm³]	y - y_s f [cm]	Steiner-Anteil A * f² [cm⁴]	Eigenanteil I_{zi} [cm⁴]
1	U 320		75,8	16	1212,8	0	0	10870
2	193,7 x 10		57,7	16	923,2	0	0	2442
3	U 320		75,8	16	1212,8	0	0	10870
Σ			209,3		3348,8		0	24182

Schwerpunkt in y-Richtung:

$y_s = \frac{\Sigma A_i * y_i}{\Sigma A} = 16$ cm

Gesamtträgheitsmoment:

$I_z = \Sigma\ A * f^2 + \Sigma\ I_{zi} = 24182\ cm^4$

Zu Kap. 8.2.8

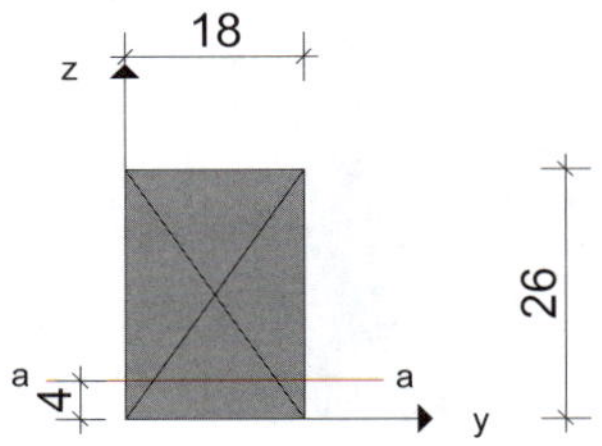

1) Rechteck: 18 / 26 cm

$A = b * h = 18\text{ cm} * 26\text{ cm} = 468\text{ cm}^2$

$I_y = \frac{b * h^3}{12} = \frac{18\text{ cm} * (26\text{ cm})^3}{12} = 26364\text{ cm}^4$

$I_z = \frac{h * b^3}{12} = \frac{26\text{ cm} * (18\text{ cm}^3)}{12} = 12636\text{ cm}^4$

$W_y = \frac{b * h^2}{6} = \frac{18\text{ cm} * (26\text{ cm})^2}{6} = 2028\text{ cm}^3$, $W_z = \frac{h * b^2}{6} = \frac{26\text{ cm} * (18\text{ cm})^2}{6} = 1404\text{ cm}^3$

$i_y = \sqrt{\frac{I_y}{A}} = \sqrt{\frac{26364\text{ cm}^4}{468\text{ cm}^2}} = 7{,}51\text{ cm}$, $i_z = \sqrt{\frac{I_z}{A}} = \sqrt{\frac{12636\text{ cm}^4}{468\text{ cm}^2}} = 5{,}20\text{ cm}$

Fläche oberhalb der Fuge a - a: $A = 18\text{ cm} * 22\text{ cm} = 396\text{ cm}^2$, Abstand: 13 cm - 11 cm = 2 cm

$S_{ya} = A * a = 396\text{ cm}^2 * 2\text{ cm} = 792\text{ cm}^3$

2) Zusammengesetzter Querschnitt, Angaben in cm:

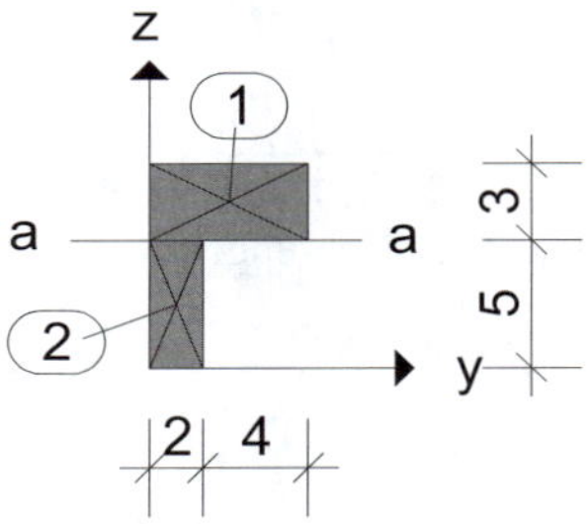

Berechnung von I_y

Teil	b [cm]	d [cm]	A [cm²]	Schwerpunkt Teilfläche Z [cm]	A * z [cm³]	z - z_s e [cm]	Steiner-Anteil A * e² [cm⁴]	Eigenanteil I_yi [cm⁴]
1	6	3	18	6,5	117	1,43	36,81	13,5
2	2	5	10	2,5	25	2,57	66,05	20,83
Σ			28		142		102,86	34,33

Schwerpunkt in z-Richtung:

$z_S = \frac{\Sigma A_i * z_i}{\Sigma A} = \frac{142\text{ cm}^3}{28\text{ cm}^2} = 5{,}07\text{ cm}$

Gesamtträgheitsmoment:

$I_y = \Sigma A * e^2 + \Sigma I_{yi} = 137{,}2\text{ cm}^4$

Berechnung von I_z

Teil	b [cm]	d [cm]	A [cm²]	Schwerpunkt Teilfläche y [cm]	A * y [cm³]	y - y_s f [cm]	Steiner-Anteil A * f² [cm⁴]	Eigenanteil I_{zi} [cm⁴]
1	6	3	18	3	54	0,71	9,07	54
2	2	5	10	1	10	1,29	16,64	3,3
Σ			28		64		25,71	57,3

Schwerpunkt in y-Richtung:

$$y_s = \frac{\Sigma A_i * y_i}{\Sigma A} = \frac{64\ cm^3}{28\ cm^2} = 2{,}29\ cm$$

Gesamtträgheitsmoment:

$$I_z = \Sigma\ A * f_2 + \Sigma\ I_{zi} = 83{,}1\ cm^4$$

$W_{y,0} = 46{,}82\ cm^3$, $W_{y,u} = 27{,}06\ cm^3$, $W_{z,l} = 36{,}25\ cm^3$, $W_{z,r} = 22{,}37\ cm^3$

$i_y = 2{,}21\ cm$, $i_z = 1{,}72\ cm$, $S_{ya} = 2\ cm * 5\ cm * (5{,}07\ cm - 2{,}5\ cm) = 25{,}7\ cm^3$

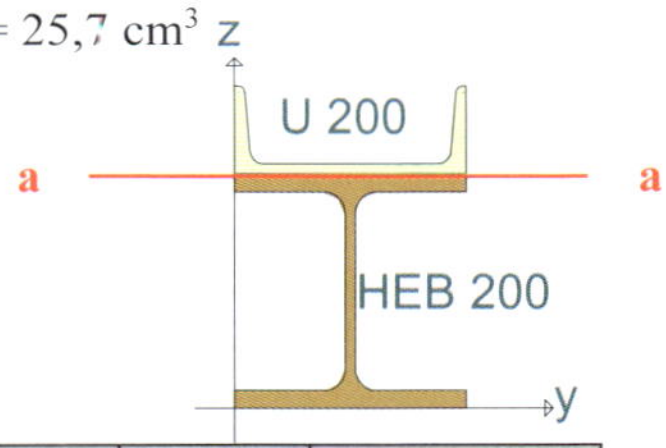

3) Geschweißtes Stahlprofil:

Teil	b [cm]	d [cm]	A [cm²]	Schwerpunkt Teilstück z [cm]	A * z [cm³]	z - z_s= e [cm]	A * e² [cm⁴]	I_{yi} [cm⁴]
1 HEB 200	20	20	78,1	10,00	781,0	3,51	962,2	5700
2 U 200	20	7,5	32,2	22,01	708,7	8,5	2326,5	148
Σ=			110,3		1489,7		3288,7	5848

Teil	b [cm]	d [cm]	A [cm²]	Schwerpunkt Teilstück y [cm]	A * z [cm³]	y - y_s= f [cm]	A * f² [cm⁴]	I_{zi} [cm⁴]
1 HEB 200	20	20	78,1	10,00	781,0	0	0	2000
2 U 200	20	7,5	32,2	10,00	322,0	0	0	1910
Σ=			110,3		1103,0		0	3910

$z_S = \frac{\Sigma A * z}{\Sigma A} = \frac{1.498{,}7\ cm^3}{110{,}3\ cm^2} = 13{,}51\ cm$, $y_S = 10\ cm$, $I_y = \Sigma\ A * e^2 + \Sigma\ I_{yi} = 3288{,}7\ cm^4 + 5848\ cm^4$

$z_S = 9136{,}7\ cm^4$

$W_{y,0} = 653\ cm^3$, $W_{y,u} = 676\ cm^3$, $W_{z,l} = 391\ cm^3 = W_{z,r}$, $i_y = 9{,}1\ cm$, $i_z = 5{,}96\ cm$

$I_{zi} = 3910\ cm^4$, $S_{ya} = 32{,}2\ cm^2 * (20\ cm - 13{,}51\ cm + 2{,}01\ cm = 273{,}7\ cm^3$

9 Spannungen, Dehnungen, Elastizitätsmodul

Kenntnisse der Festigkeitslehre sind Voraussetzung für die Aufstellung von Statischen Berechnungen. Die nachfolgenden Beispiele zur Spannungsermittlung werden **ohne** Berücksichtigung der (Teil-) Sicherheiten geführt, da die Vorstellung der Sicherheitskonzepte später in Kapitel 10 erfolgt.

9.1 Zug- und Druckspannungen

Zugspannungen und Druckspannungen werden als Normalspannungen bezeichnet.

Eine Spannung ist definiert als eine Kraft bezogen auf eine Fläche.

Normalspannungen:

σ = Spannung

F = Kraft

A = Fläche

$$\boldsymbol{\sigma = \frac{F}{A}}$$

Die Einheiten für die Spannung sind: kN/cm^2, MN/m^2, N/mm^2, kN/m^2 etc.

Beim Skifahren wird beispielsweise die Fläche, mit der das Gewicht des Skifahrers auf den Schnee drückt, durch die beiden Ski vergrößert. Dadurch wird die Spannung, die auf den Schnee drückt, verkleinert. Ohne Skier wäre diese Fläche geringer und der Skifahrer würde im Schnee einsinken.

Aus dem gleichen Grund wird unter den Wänden eines Gebäudes ein Streifenfundament angeordnet. Das Fundament verbreitert die Aufstandsfläche auf dem Baugrund. Dadurch wird die vorhandene Spannung auf dem Baugrund kleiner.

Durch Umstellen der Formel erhält man:

$$\mathbf{F = \sigma * A} \qquad \text{bzw.} \qquad \mathbf{A = \frac{F}{\sigma}}$$

Beispiele: Zug- und Druckspannungen

Voraussetzungen für die Beispiele: Zentrische Krafteinleitung, keine Knickgefahr, ohne Querschnittsschwächungen, F_K = charakteristisch einwirkende Kraft (ohne Teilsicherheit).

1) Berechnen Sie die vorhandene Druckspannung in kN/cm^2 in einem kurzen, quadratischen Stab mit 14 mm Kantenlänge, an dem eine Druckkraft von $F_K = 3{,}0$ kN in der Mitte angreift!

$$\sigma = \frac{F_k}{A} = \frac{3{,}0 \text{ kN}}{1{,}4 \text{ cm} * 1{,}4 \text{ cm}} = 1{,}53 \text{ kN/cm}^2$$

2) Berechnen Sie die vorhandene Zugspannung in einem Stahlrundstab ∅ 16 mm, an dem eine Zugkraft von $F_K = 5{,}0$ kN mittig angreift!

$r = \frac{d}{2} = \frac{1{,}6\ cm}{2} = 0{,}8\ cm$

$\sigma = \frac{F_k}{A} = \frac{F_k}{\pi * r^2} = \frac{5{,}0\ kN}{\pi * (0{,}8\ cm)^2} = 2{,}49\ kN/cm^2$

3) Mit welcher Last F_K (in kN) kann ein rechteckiger Holzquerschnitt, b / d = 14 / 20 cm, belastet werden? Die zulässige Druckspannung sei 8,5 MN/m².

$\sigma = \frac{F_k}{A} \rightarrow F_k = \sigma * A$

$\sigma = 8{,}5\ MN/m^2 = 0{,}85\ kN/cm^2$

$A = b * d = 14\ cm * 20\ cm = 280\ cm^2$

$F_k = 0{,}85\ kN/cm^2 * 280\ cm^2 = 238\ kN$

4) Eine Stahlstütze wird mit einer Druckkraft von $F_k = 0{,}38$ MN belastet (ohne Knickgefahr). Welcher HEB-Träger ist bei einer zulässigen Druckspannung von 140 N/mm² mindestens erforderlich?

$F_K = 0{,}38\ MN = 380\ kN$ zul. $\sigma = 140\ N/mm^2 = 14\ kN/cm^2$

$\sigma = \frac{F_k}{A} \rightarrow \text{erf.}\,A = \frac{F_k}{\sigma} = \frac{380\ kN}{14\frac{kN}{cm^2}} = 27{,}14\ cm^2$

<u>gew.: HEB 120</u> vorh. $A = 34\ cm^2 > \text{erf.}\,A = 27{,}14\ cm^2$

5) Der Zugstab eines Stahl-Fachwerkbinders besteht aus dem Querschnitt L 60 x 40 x 5. Wie groß darf die Zugkraft höchstens werden, wenn die zulässige Zugspannung 180 N/mm² beträgt?

Zulässige Zugspannung = zul. $\sigma = 180\ N/mm^2 = 18\ kN/cm^2$, vorh. $A = 4{,}79\ cm^2$ (Tabellenwert)[1]

$\sigma = \frac{F}{A} \rightarrow F_k = \sigma * A = 18\ kN/cm^2 * 4{,}79\ cm^2 = 86{,}22\ kN$

---

[1] Schneider, 2024, S. 8.208.

9.1.1 Übungen

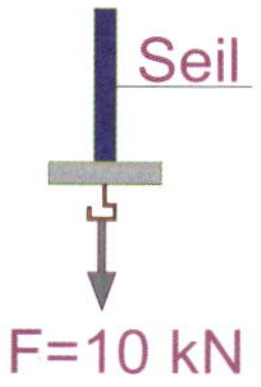

1) Berechnen Sie die vorhandene Zugspannung im Seil eines Baukranes, wenn die Last F_k = 10 kN beträgt und das Seil einen Durchmesser von 22 mm hat!

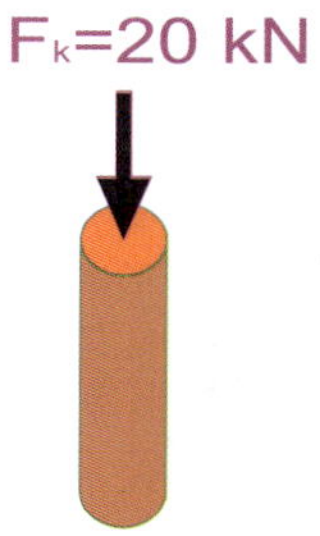

2) Ein kurzer Rundholzständer wird mit F_K = 20 kN belastet. Sein Durchmesser beträgt 14 cm. Berechnen Sie die vorhandene Druckspannung in MN/m²!

3) Ein Stahlrohr wird mit einer Zugkraft von F_K = 225 kN belastet. Welche Querschnittsfläche (in cm²) ist für das Rohr bei einer zulässigen Zugspannung von 160 MN/m² erforderlich?

4) Eine sehr kurze (Ausknicken sei verhindert) Stahlstütze (HEB 160) soll mit F_K = 0,75 MN belastet werden. Hat die Stütze einen ausreichenden Querschnitt, wenn die zulässige Spannung 140 N/mm² beträgt?

9.2 Biegespannungen

Biegespannungen entstehen bei Momentenbeanspruchungen mit oder ohne Normalkraft. Biegespannungen werden mit dem griechischen Buchstaben σ (Sigma) bezeichnet.

Herleitung der Formel für die Biegespannung:

$\sigma = \frac{F}{A}$ → $\Delta F = \Delta A * \sigma$ Δ A= Teilfläche, Δ F = Teilkraft (vgl. Skizze!)

$\Delta M = \Delta F * z$ → $\Delta M = \Delta A * \sigma * z$ Δ M = Teilmoment

Skizze: Spannungsverteilung im Rechteckquerschnitt

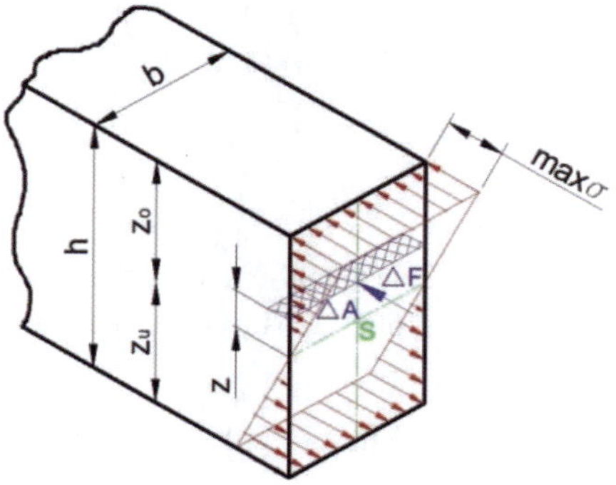

$\frac{\max \sigma}{\sigma} = \frac{z_0}{z}$ bzw. $\frac{\sigma}{\max \sigma} = \frac{z}{z_0}$

$\rightarrow \sigma = \frac{\max \sigma * z}{z_0}$

$$\Delta M = \Delta A * \sigma * z = \Delta A * \frac{\max \sigma * z}{z_0} * z$$

$$\Delta M = \Delta A * \frac{\max \sigma * z^2}{z_0}$$

$$\max M = \sum \Delta M = \sum \Delta A * \max \sigma * \frac{z^2}{z_0}$$

$$\max M = \frac{\max \sigma}{z_0} * \sum \Delta A * z^2$$

$\max M = \frac{\max \sigma}{z0} * I$ → $\boldsymbol{\sigma = \frac{M}{I} * z}$

Voraussetzungen für die Anwendung dieser Formel:

- Die Durchbiegungen sind klein im Verhältnis zur Spannweite.
- Alle Kräfte greifen in einer Ebene an, die gleichzeitig eine der Hauptträgheitsachsen enthalten muss. Andernfalls liegt schiefe Biegung vor.
- Die Kräfte wirken senkrecht zur Balkenachse. Andernfalls liegt Biegung mit Normalkraft vor.
- Satz von Bernoulli: Bei reiner Biegung bleiben ebene Querschnitte eben. Sie werden nur mit kleinem Winkel um die Schwerachse gedreht.
- Hook´sches Gesetz: Die Spannungen sind den Dehnungen proportional.

Allgemeine Formel zur Ermittlung der Biegespannungen (ohne Normalkraft) an einer beliebigen Stelle (Höhe) des Querschnittes:

$$\sigma_x = \frac{M_y * z}{I_y}$$

Einheiten: kN/cm^2, MN/m^2, N/mm^2 etc.

Die Spannungen verlaufen über den Querschnitt linear, wobei oben und unten die größten Biegespannungen (= Randspannungen) vorhanden sind. Die Druckspannungen erhalten ein negatives Vorzeichen, die Zugspannungen ein positives Vorzeichen.

Da für die Bemessung normalerweise die Randspannungen des Querschnittes maßgebend sind, fasst man die beiden Querschnittswerte I_y und den Randabstand z zur Vereinfachung in einen Querschnittswert zusammen, den man als Widerstandsmoment W_y bezeichnet.

$$W_y = \frac{I_y}{z}$$ Einheit: cm^3 → $$\sigma_x = \frac{M_y}{W_y}$$

obere Randspannung: $$\sigma_{x,o} = \frac{M_y}{W_{y,0}}$$ **untere** Randspannung: $$\sigma_{x,u} = \frac{M_y}{W_{y,u}}$$

Der Spannungsnachweis erfolgte früher nach dem alten Sicherheitskonzept, indem man die vorhandene Spannung der zulässigen gegenüberstellte, nach folgender Formel:

$$\text{vorh. } \sigma \leq \text{zul. } \sigma$$

Die vorhandene Spannung darf höchstens der zulässigen Spannung entsprechen.

Die Sicherheit war nach dem alten Sicherheitskonzept auf der rechten Seite der Gleichung, in der zulässigen Spannung. Die linke Gleichungsseite beinhaltete keine Sicherheit.

In der Praxis ist jedoch meist das Biegemoment und die zulässige Spannung des gewählten Baustoffes gegeben und der jeweilige Querschnitt gesucht. Also ermittelt man für die Biegebemessung das erforderliche Widerstandsmoment des Querschnittes nach der Formel:

$$\text{erf. } W_y = \frac{\text{max. } M_y}{\text{zul. } \sigma_z} \geq \text{vorh. } W_y$$

Beispiele:

1) Einfeldträger mit Gleichlast

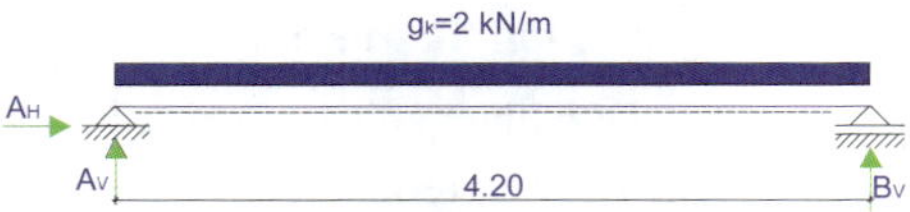

geg.: Einfeldträger, l = 4,20 m, mit Rechteckquerschnitt b / h = 20 / 28 cm, mit Gleichlast g_k = 2,0 kN/m

ges.: Maximale Biegespannung (ohne Sicherheit)

Lösung: $\max \sigma = \frac{\max M_k}{W_y}$, max M_k = maximales Moment (ohne Sicherheit) in Feldmitte

$$\max M_k = \frac{g_k * l^2}{8} = \frac{2{,}0\,\frac{kN}{m} * (4{,}20\ m)^2}{8} = 4{,}41\ kNm = 441\ kNcm$$

W_y = Widerstandsmoment bezogen auf die y-Achse, $W_y = \frac{b * h^2}{6} = \frac{20\ cm * (28\ cm)^2}{6} = 2613\ cm^3$

$$\max \sigma_K = \pm \frac{\max M_k}{W_y} = \pm \frac{441\ kNcm}{2613\ cm^3} = \pm 0{,}17\ \frac{kN}{cm^2}$$ (+ = Zugspannung, - = Druckspannung)

2) geg.: Einfeldträger aus Stahl, S 235, HEB 200, l = 4,65 m, mit Gleichlast g_K = 30 kN/m

ges.: Maximale Biegespannung

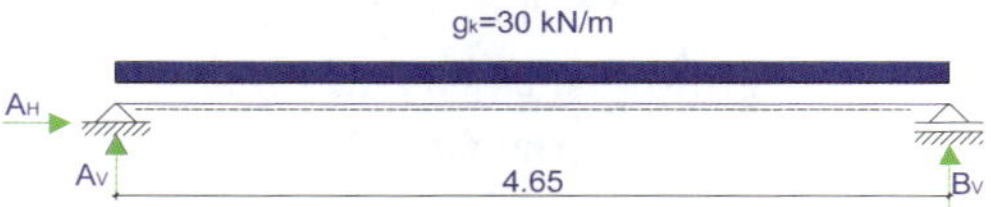

Lösung: $\max \sigma = \frac{\max M_k}{W_y}$

$$\max M_k = \frac{g_k * l^2}{8} = \frac{30\ kN/m * (4{,}65\ m)^2}{8} = 81{,}08\ kNm = 8108\ kNcm$$

$W_{el,\,y} = 570\ cm^3$ (Tabellenwert)[2]

$$\max \sigma_K = \pm \frac{\max M_k}{W_y} = \pm \frac{8108\ kNcm}{570\ cm^3} = \pm 14{,}22\ \frac{kN}{cm^2}$$

3) geg.: Einfeldträger mit zusammengesetztem Querschnitt, l = 3,85 m, mit Gleichlast g_K = 10 kN/m

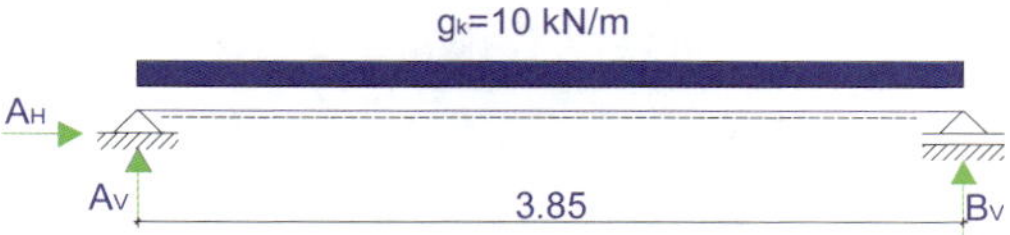

ges.: a) max $\sigma_{K,\ oben}$, b) max $\sigma_{K,\ unten}$, c) $\sigma_{K,\,z}$ = 3 cm von oben

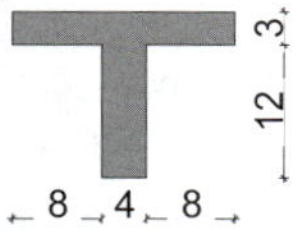

Lösung:

Berechnung von I_y

Teil	b [cm]	d [cm]	A [cm²]	Schwerpunkt Teilstück z [cm]	A * z [cm³]	e = z - z_s [cm]	A * e² [cm⁴]	I_{yi} = (b * d³)/12 [cm⁴]
1	20	3	60	13,5	810	3,33	666	45
2	4	12	48	6	288	4,17	835	576
Σ			108		1098		1500	621

$z_s = \frac{\Sigma A * z}{\Sigma A} =$ 10,17 cm

$I_y = \Sigma A * e^2 + \Sigma I_{yi} =$ 2121 cm⁴

[2] Schneider, 2024, S. 8.192.

$$\max M_k = \frac{g_k * l^2}{8} = \frac{10 \frac{kN}{m} * (3{,}85\ m)^2}{8} = 18{,}53\ kNm = 1853\ kNcm$$

$$W_{y\ oben} = \frac{I_y}{z_{oben}} = \frac{2121\ cm^4}{15\ cm - 10{,}17\ cm} = 439\ cm^3$$

$$W_{y\ unten} = \frac{I_y}{z_{unten}} = \frac{2121\ cm^4}{10{,}17\ cm} = 209\ cm^3$$

a) $\max \sigma_{k,\ oben} = -\frac{\max M_k}{W_{y\ oben}} = -\frac{1853\ kNcm}{439\ cm^3} = -4{,}22\ \frac{kN}{cm^2}$

b) $\max \sigma_{k,\ unten} = \frac{\max M_k}{W_{y\ unten}} = \frac{1853\ kNcm}{209\ cm^3} = 8{,}91\ \frac{kN}{cm^2}$

c) $\max \sigma_{k,Z} = -\frac{\max M_k}{I_y} * z_s$ (z_s = Abstand zum Schwerpunkt)

$$\max \sigma_{k,Z} = -\frac{1853\ kNcm}{2121\ cm^4} * (12\ cm - 10{,}17\ cm) = -1{,}60\ \frac{kN}{cm^2}$$

4) geg.: Einfeldträger, l = 4,25 m, mit Einzellast und zusammengesetztem Querschnitt; das Eigengewicht wird vernachlässigt.

ges.: a) $\max \sigma_{k,\ oben}$

b) $\max \sigma_{k,\ unten}$

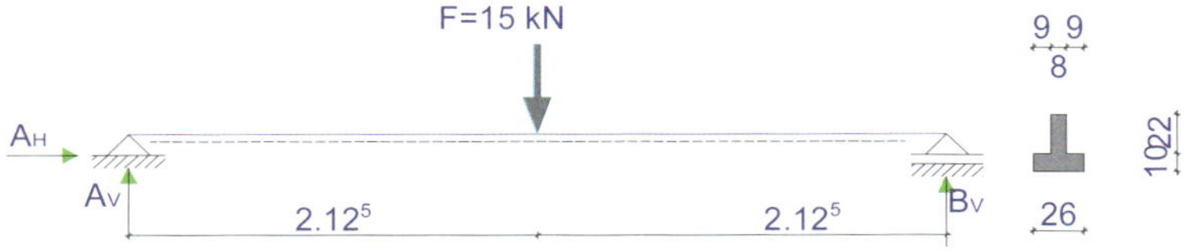

Lösung:

Berechnung von I_y

Teil	b [cm]	d [cm]	A [cm²]	Schwerpunkt Teilstück z [cm]	A * z [cm³]	e = z - z_s [cm]	A * e² [cm⁴]	I_{yi} = (b * d³)/12 [cm⁴]
1	8	22	176	21	3696	9,54	16018,0	7098,6
2	26	10	260	5	1300	- 6,46	10850,2	2166,6
Σ			436		4996		26868,3	9265,3

$z_s = \frac{\Sigma A * z}{\Sigma A} =$ 11,46 cm

$I_y = \Sigma A * e^2 + \Sigma I_{yi} =$ 36133,6 cm⁴

$$\max M_k = \frac{F * l}{4} = \frac{15\ kN * 4{,}25\ m}{4} = 15{,}94\ kNm = 1594\ kNcm$$

$$W_{y\ oben} = \frac{I_y}{z_{oben}} = \frac{36133{,}6\ cm^4}{32\ cm - 11{,}46\ cm} = 1759{,}1\ cm^3$$

$$W_{y\ unten} = \frac{I_y}{z_{unten}} = \frac{36133{,}6\ cm^4}{11{,}46\ cm} = 3153{,}0\ cm^3$$

a) $\max \sigma_{k,oben} = -\dfrac{\max M_k}{W_{y\,oben}} = -\dfrac{1594\text{ kNcm}}{1759{,}1\text{ cm}^3} = -0{,}91\ \dfrac{\text{kN}}{\text{cm}^2}$

b) $\max \sigma_{k,unten} = \dfrac{\max M_k}{W_{y\,unten}} = \dfrac{1594\text{ kNcm}}{3153{,}0\text{ cm}^3} = 0{,}51\ \dfrac{\text{kN}}{\text{cm}^2}$

9.2.1 Übungen

1) geg.: Einfeldträger mit Kreisquerschnitt, d = 20 cm, und Einzellast, F_K = 12 kN, das Eigengewicht wird vernachlässigt

ges.: max $\boldsymbol{\sigma}_K$

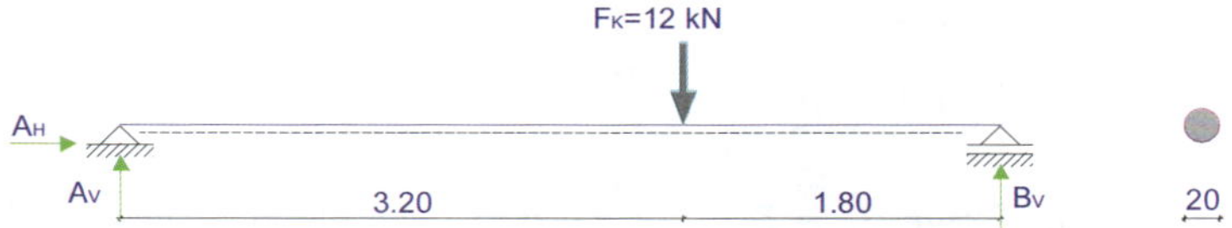

2) geg.: Einfeldträger, Stahlquerschnitt HEA 220, mit Gleichlast g_k = 20 kN/m

ges.: max $\boldsymbol{\sigma}_K$

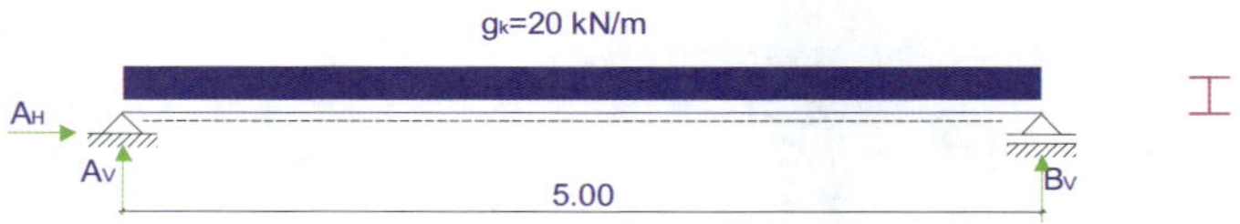

3) geg.: Einfeldträger mit Kragarm und Rechteckquerschnitt 10 / 20 cm, Gleichlast g_k = 5 kN/m

ges.: max $\boldsymbol{\sigma}_K$

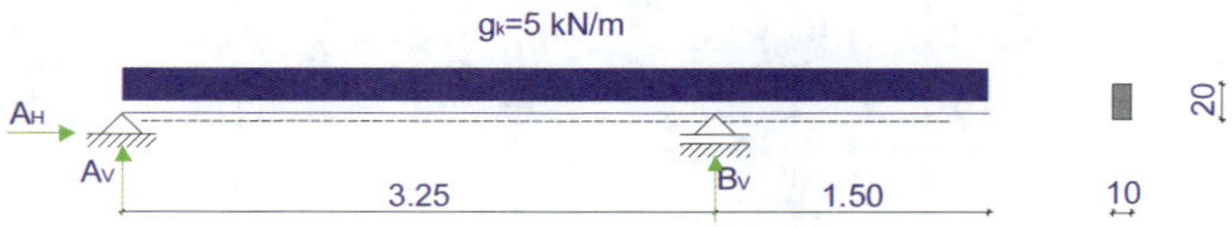

4) geg.: Einfeldträger mit Einzellast F_K = 7 kN und T-Querschnitt, das Eigengewicht wird vernachlässigt

ges.: max $\boldsymbol{\sigma}_K$

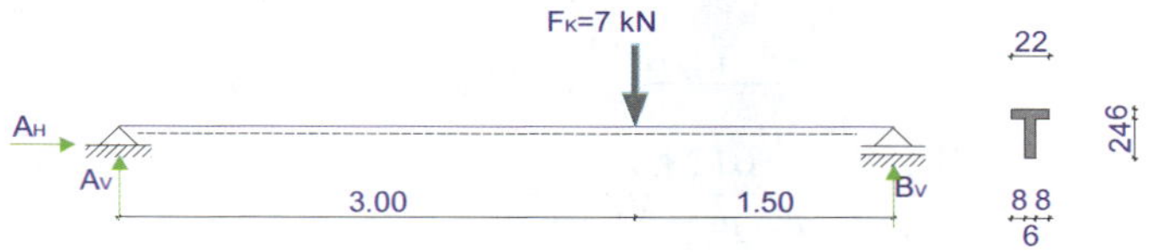

9.3 Biegung mit Normalkraft

Im vorherigen Kapitel wurde davon ausgegangen, dass die Biegung ohne Normalkraft auf das beanspruchte Bauteil wirkt. Es war lediglich ein Biegemoment als Schnittgröße vorhanden.

Wird das Bauteil aber zusätzlich durch eine Normalkraft beansprucht, liegt Biegung mit Normalkraft vor. Die Normalkraft kann als Zugkraft (positives Vorzeichen) oder als Druckkraft (negatives Vorzeichen) wirken.

Beispiel für Biegung mit positiver Normalkraft (Zugkraft): Untergurt eines Sprengwerks mit Gleichlast

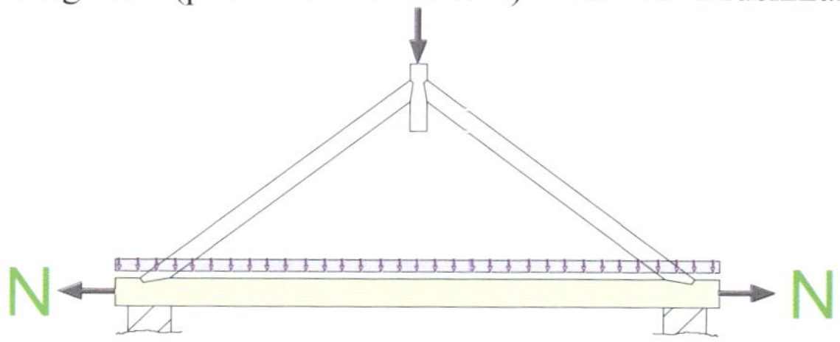

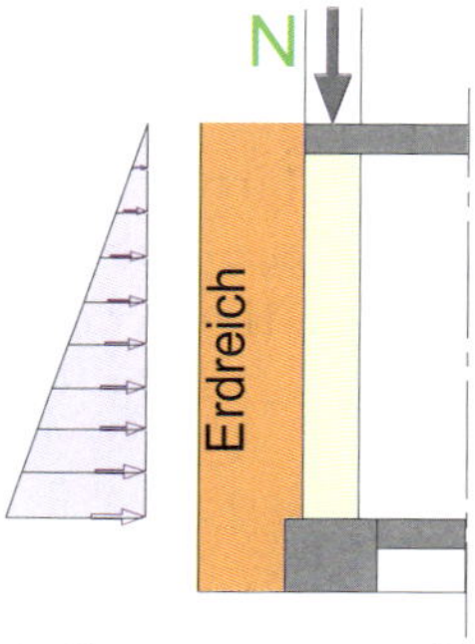

Beispiel für Biegung mit negativer Normalkraft (Druckkraft): Außenwand im Keller mit horizontalem Erddruck

Die Gesamtspannung dieser beiden Beanspruchungen wird ermittelt, indem die Spannungsanteile der beiden Spannungen - unter Beachtung der Vorzeichen - addiert werden.

$$\boldsymbol{\sigma_x = \frac{N}{A} \pm \frac{M_y}{W_y}}$$

Beispiel: Geg.: Einfeldträger mit schräger Einzellast, $F_k = 10$ kN, $\alpha = 30°$. Das Eigengewicht des Balkens wird vernachlässigt. Rechteckquerschnitt: b/h = 6/10 cm. Ges.: a) max σ_k b) max τ_k.

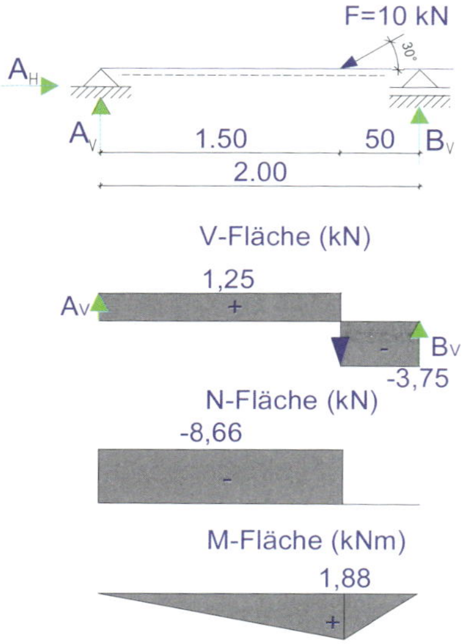

$F_V = \sin 30° * 10 \text{ kN} = 5{,}00 \text{ kN}$

$F_H = \cos 30° * 10 \text{ kN} = 8{,}66 \text{ kN} \rightarrow N = -8{,}66 \text{ kN}$ (Druck)

Auflagerreaktionen:

$A_V = 1{,}25$ kN, $B_V = 3{,}75$ kN, $A_H = 8{,}66$ kN

Querschnittswerte: $A = 6 \text{ cm} * 10 \text{ cm} = 60 \text{ cm}^2$

$W_y = b * h^2 / 6 = 6 \text{ cm} * (10 \text{ cm})^2 / 6 = 100 \text{ cm}^3$

$$\sigma_x = \frac{N}{A} \pm \frac{M_y}{W_y} = \frac{-8{,}66 \text{ kN}}{60 \text{ cm}^2} \pm \frac{188 \text{ kNcm}}{100 \text{ cm}^3}$$

$$\sigma_{o,k} = -0{,}14 \frac{\text{kN}}{\text{cm}^2} - 1{,}88 \frac{\text{kN}}{\text{cm}^2} = -2{,}02 \frac{\text{kN}}{\text{cm}^2}$$ Druckspannung

$$\sigma_{u,k} = -0{,}14 \frac{\text{kN}}{\text{cm}^2} + 1{,}88 \frac{\text{kN}}{\text{cm}^2} = 1{,}74 \frac{\text{kN}}{\text{cm}^2}$$ Zugspannung

$\max \tau_k = 1{,}5 * \max V / A = 1{,}5 * 3{,}75 \text{ kN} / 60 \text{ cm}^2$

$$\max \tau_k = 0{,}09 \frac{\text{kN}}{\text{cm}^2}$$

9.4 Schubspannungen (Querkraftbeanspruchung)

Schubbeanspruchung entsteht durch Querkräfte. Es entstehen bei Schub τ-Spannungen wie beim Abscheren, jedoch nicht gleichmäßig über den Querschnitt verteilt. Schubspannungen werden mit dem griechischen Buchstaben τ bezeichnet.

Herleitung der allgemeinen Schubformel:

1) $\sigma = \dfrac{M * z}{\mathfrak{I}}$

2) $\Delta \sigma = \dfrac{\Delta M * z}{\mathfrak{I}}$

3) $\Delta M = V * \Delta x$

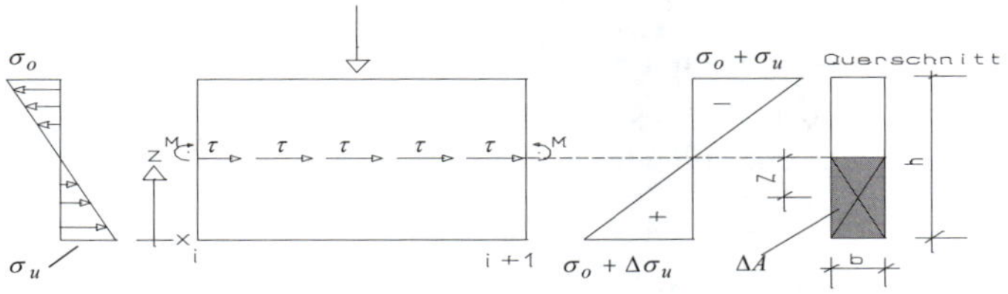

4) Die Normalspannungen im Schnitt i (links) sind kleiner als die im Schnitt i + 1 (rechts), wenn sich das Biegemoment über Δ x verändert. Aus Gleichgewichtsgründen muss eine horizontale Schubspannung τ wirken, deren Größe mit Hilfe der Gleichgewichtsbedingung Σ H = 0 ermittelt werden kann:

$\tau * b * \Delta x = \Sigma (\Delta \sigma * \Delta A)$

$\tau * b * \Delta x = \Sigma (\Delta M * z / I) \;\; * \Delta A$

$\tau * b * \Delta x = \Sigma (V * \Delta x * z / I) * \Delta A$

$\tau * b = \dfrac{V}{\mathfrak{I}} * \Sigma (z * \Delta A)$

$\tau = V * \Sigma (z * \Delta A) / (I * b)$

$\Sigma (z * \Delta A)$ = statisches Moment = S (cm^3)

Allgemeine Formel für die Schubspannung: $$\tau = \frac{V * S}{I * b}$$

V = Querkraft, I = Flächenmoment zweiten Grades (Trägheitsmoment), b = Querschnittsbreite

S ist das statische Moment der Fläche vom Querschnittsrand bis zu der Höhe, in der die Schubspannung ermittelt werden soll.

S = A * z,

wobei z vom Schwerpunkt dieser Fläche bis zur Schwerachse des Querschnittes misst (= e).

$V = \int_A \tau * dz$

Alle Schubspannungen über die Querschnittsfläche A aufsummiert, sind gleich der Querkraft V.

$V = \int \tau * dx * b$

Die zugehörige Schubkraft ist T ergibt sich durch Multiplikation mit der Breite: $$T = \frac{V * S}{I}$$

Da die Querkraft früher Q anstatt V abgekürzt wurde, nannte man diese Formel auch „Cousinenformel“: $$T = \frac{Q * S}{I}$$

An jeder Stelle des Querschnittes sind die horizontalen und vertikalen Schubspannungen gleich groß.

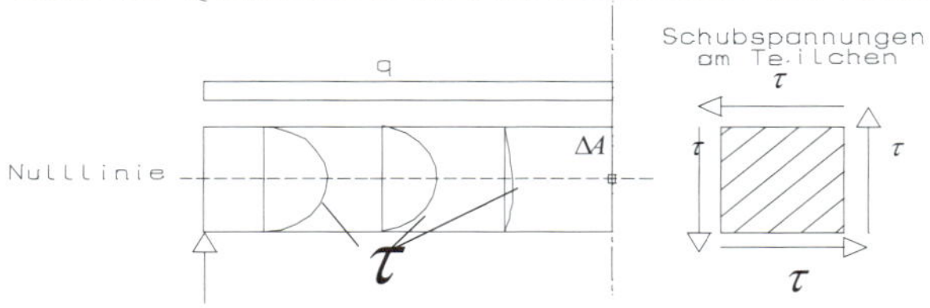

Schneidet man ein kleines Teilchen Δ A aus dem Bereich der Nulllinie des Balkens heraus, so sind an diesem Teilchen keine σ-Spannungen infolge Biegemoment vorhanden.

Gleichgewicht ist an diesem Teilchen aber laut Skizze nur dann vorhanden, wenn die horizontalen τ-Spannungen durch gleich große vertikale τ-Spannungen im Gleichgewicht gehalten werden. Es lässt sich nachweisen, dass dies für jeden Punkt des Balkens gilt.

Bei der Bemessung sind aber in den weitaus meisten Fällen die Biegespannungen σ für die Wahl des Querschnittes maßgebend.

Schub τ ist (oftmals) bei kurzen Spannweiten mit hoher Belastung von Bedeutung.

Schubspannung

$$\tau = \frac{V * S}{I * b}$$ (Allgemeine Formel der Schubspannung)

V = Querkraft (als Betrag einsetzen), S = statisches Moment

I = Trägheitsmoment, b = Breite des Bauteiles

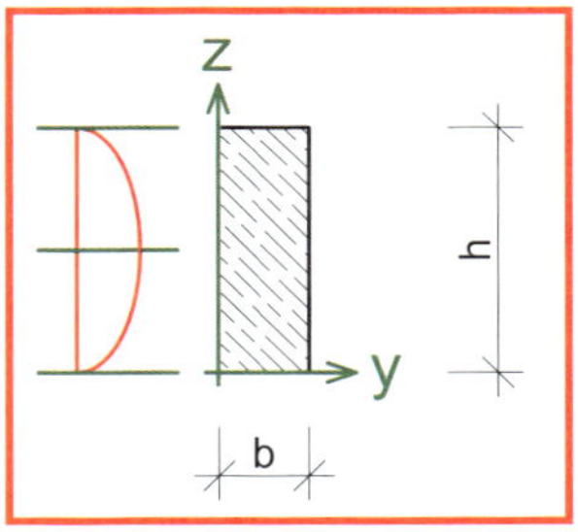

Bei rechteckigen Querschnitten gilt:

Die Schubspannung ist am größten in der Mitte des Rechteck-Querschnittes. Am oberen und unteren Rand ist sie Null.

(siehe Grafik → **Verlauf der Schubspannung τ = rot**)

Bei dem sehr häufig vorkommenden Rechteckquerschnitt lässt sich die Formel vereinfachen:

Herleitung der vereinfachten Formel für **Rechteck**querschnitte:

$$\max \tau = \frac{V * S_y}{I_y * b}$$

$$\max \tau = \frac{V * \frac{b * h^2}{8}}{\frac{b * h^3}{12} * b}$$

$$\max \tau = \frac{V * \cancel{b} * \cancel{h^2} * \cancel{12}\,3}{2\,\cancel{8} * \cancel{b} * \cancel{h^3} * b}$$

$$\max \tau = \frac{3}{2} * \frac{V}{A}$$ →

$$\max \tau = 1{,}5 * \frac{V}{A}$$

Beispiele:

1) Schubspannung

geg.: Einfeldträger mit Gleichlast und Rechteckquerschnitt

ges.: max τ_k

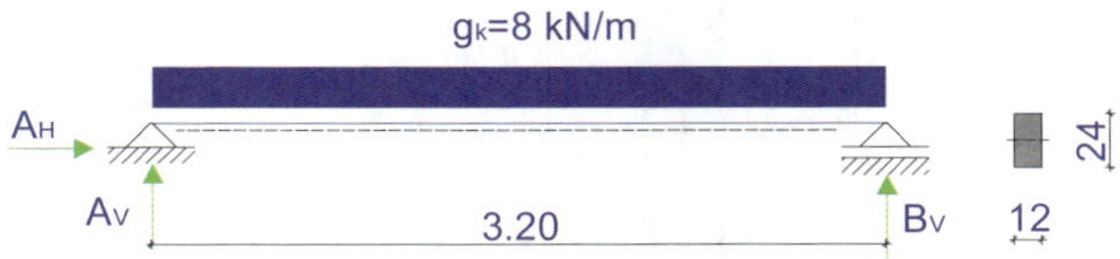

Lösung: $\max V = \frac{g_k * l}{2} = \frac{8 \frac{kN}{m} * 3{,}20\ m}{2} = 12{,}80\ kN$

$$\max \tau_K = 1{,}5 * \frac{V}{A} = 1{,}5 * \frac{12{,}80\ kN}{12\ cm * 24\ cm} = 0{,}067\ \frac{kN}{cm^2} = 0{,}67\ \frac{MN}{m^2}$$

Oder: $\tau = \frac{V * S}{I * b} = \frac{12{,}80\ kN * \cancel{12\ cm} * 12\ cm * 6\ cm}{\frac{\cancel{12}\ cm * (24\ cm)^3}{\cancel{12}} * \cancel{12\ cm}} = \frac{12{,}80\ kN * 12\ cm * 6\ cm}{(24\ cm)^3} = 0{,}067\ \frac{kN}{cm^2}$

2) Schubspannung

geg.: Einfeldträger mit Gleichlast und zusammengesetztem Querschnitt

ges.: max τ_k

Lösung:

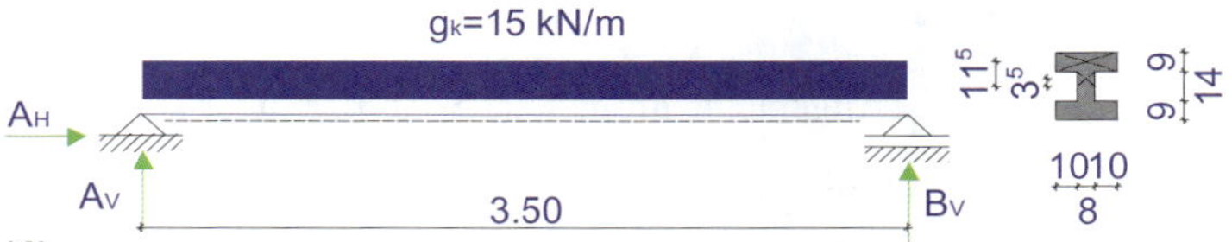

$$\max V_K = \frac{g_k * l}{2} = \frac{15 \frac{kN}{m} * 3{,}50\ m}{2} = 26{,}25\ kN$$

$$S_y = b * h * z_s = 28\ cm * 9\ cm * 11{,}5\ cm + 7\ cm * 8\ cm * 3{,}5\ cm = 3094\ cm^3$$

Berechnung von I_y

Teil	b [cm]	d [cm]	A [cm²]	Schwerpunkt Teilstück z [cm]	A * z [cm³]	z - zs e [cm]	A * e² [cm⁴]	(b * d³)/12 I_{yi} [cm⁴]
1	28	9	252	27,5	6930	11,50	33327	1701,00
2	8	14	112	16	1792	0,00	0	1829,33
3	28	9	252	4,5	1134	11,50	33327	1701,00
Σ			616		9856		66654	5231,33

$z_s = \frac{\Sigma A * z}{\Sigma A} =$ 16,0 cm

$I_y = \Sigma A * e^2 + \Sigma I_{yi} =$ 71885,3 cm⁴

$$\max \tau_K = \frac{\max V * S_y}{I_y * \min b} = \frac{26{,}25\ kN * 3094\ cm^3}{71885{,}33\ cm^4 * 8\ cm} = 0{,}141\ \frac{kN}{cm^2} = 1{,}41\ \frac{MN}{m^2}$$

3) Schubspannung

geg.: Einfeldträger mit Kreisquerschnitt, Eigengewicht wird vernachlässigt

ges.: max $\boldsymbol{\tau}$

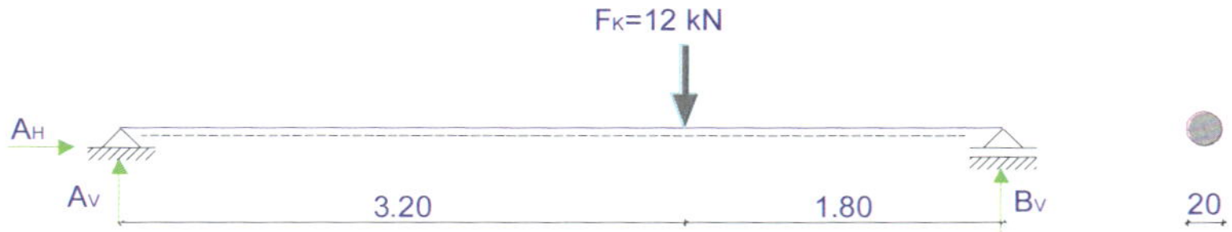

Lösung:

$$\max V_K = B_{vk} = \frac{a}{l} * F = \frac{3{,}20\ \text{m}}{5{,}00\ \text{m}} * 12\ \text{kN} = 7{,}68\ \text{kN}$$

$$S_y = \frac{\pi}{2} * r^2 * 0{,}424 * r = \frac{\pi}{2} * 10\ \text{cm}^2 * 0{,}424 * 10\ \text{cm} = 666{,}02\ \text{cm}^3$$

$$I_y = \frac{\pi}{4} * r^4 = \frac{\pi}{4} * (10\ \text{cm})^4 = 7853{,}98\ \text{cm}^4$$

$$\max \tau_K = \frac{\max V_K * S_y}{I_y * b} = \frac{7{,}68\ \text{kN} * 666{,}02\ \text{cm}^3}{7853{,}98\ \text{cm}^4 * 20\ \text{cm}} = 0{,}033\ \frac{\text{kN}}{\text{cm}^2}$$

9.4.1 Übungen

1) geg.: Einfeldträger mit Einzellast, Eigengewicht wird vernachlässigt

ges.: max $\boldsymbol{\tau}_k$

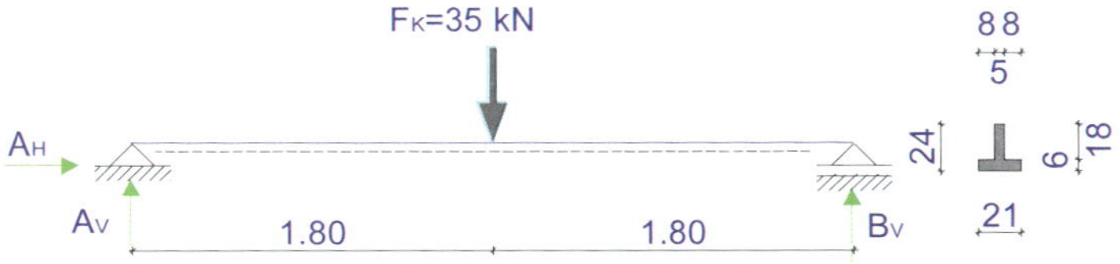

2) geg.: Einfeldträger mit Kragarm und Gleichlast

ges.: max $\boldsymbol{\tau}_k$

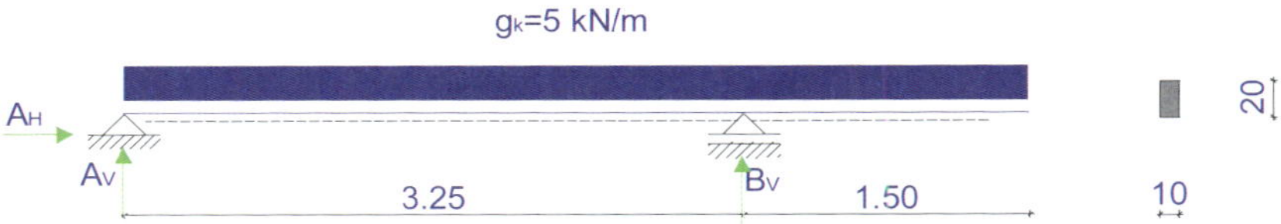

3) geg.: Einfeldträger mit Einzellast, Eigengewicht wird vernachlässigt

ges.: max $\boldsymbol{\tau}_k$

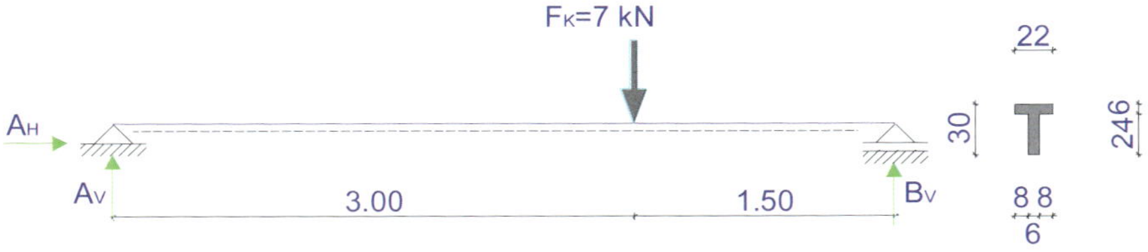

9.5 Biege- und Schubspannungen

Häufig treten bei Bauteilen Biege- und Schubspannungen gleichzeitig auf. Allerdings sind diese Spannungen in Längsrichtung und über den Querschnitt unterschiedlich. Dies soll an den folgenden Beispielen gezeigt werden. Auch diese Beispiele werden ohne Berücksichtigung der Sicherheiten auf der Einwirkungsseite berechnet. Die Biegespannung hängt von dem Moment an der untersuchten Stelle ab und die Schubspannung von der Querkraft.

Beispiele:

1) geg.: Einfeldträger aus Holz, C 24, l = 4,50 m, Rechteckquerschnitt b / h = 22 / 30 cm, g_k = 10 kN/m mit V- und M - Fläche

ges.: Biege- und Schubspannungen an drei verschiedenen, beliebig gewählten Stellen in Längsrichtung (= x-Richtung):

a) am Auflager A (x = 0 m)

b) im Viertelspunkt (x = 1,125 m)

c) in Feldmitte (x = 2,25 m)

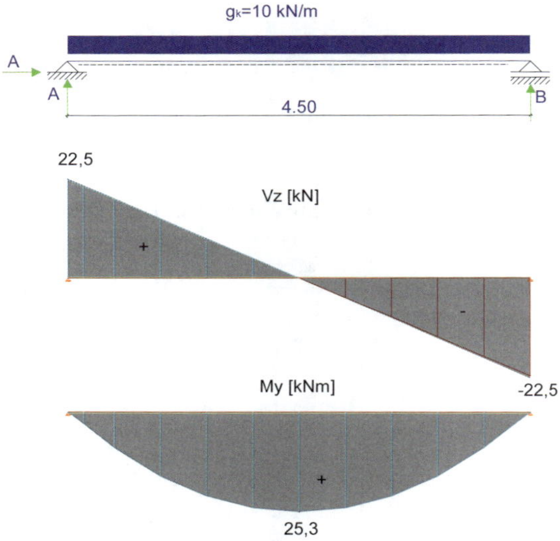

Schnittgrößen ohne Sicherheit:

g_k = 10,0 kN/m

zu a) Am Auflager A (x = 0 m):

$$\text{max. } A_{Vk} = \frac{g_k * l}{2} = \frac{10\,\frac{kN}{m} * 4{,}5\text{ m}}{2} = 22{,}5\text{ kN}$$

→ max. V_{Ek} = max. A_{Vk} = 22,5 kN

$M_{Ek} = 0$

zu b) Im Viertelspunkt (x = 1,125 m):

$V_{Ek} = A_V - g_k * 1{,}125 = 22{,}5\text{ kN} - 10\text{ kN/m} * 1{,}125\text{ m} = 11{,}25\text{ kN}$

oder: $V_{Ek} = 0{,}5 * \text{max. } V_{Ek} = 0{,}5 * 22{,}5\text{ kN} = 11{,}25\text{ kN}$

$$M_{Ek} = A_V * 1{,}125\text{ m} - \frac{g_k * (1{,}125\text{ m})^2}{2} = 22{,}5\text{ kN} * 1{,}125\text{ m} - \frac{10\,\frac{kN}{m} * (1{,}125\text{ m})^2}{2} = 18{,}98\text{ kNm}$$

M_{Ek} = 1898 kNcm oder: $M_{Ek} = \frac{3}{4} * \text{max } M_{Ek}$

$$M_{Ek} = \frac{3}{4} * \frac{g_d * l^2}{8} = \frac{3}{4} * \frac{10\,\frac{kN}{m} * (4{,}5\text{ m})^2}{8} = \frac{3}{4} * 25{,}31\text{ kNm} = 18{,}98\text{ kNm} = 1898\text{ kNcm}$$

zu c) In Feldmitte (x = 2,25 m):

V_{Ek} = 0 kN

$$\text{max. } M_{Ek} = \frac{g_k * l^2}{8} = \frac{10\,\frac{kN}{m} * (4{,}5\text{ m})^2}{8} = 25{,}31\text{ kNm}$$

Querschnittswerte des Rechteckquerschnittes b / h = 22 / 30 cm:

$$I_y = \frac{b * h^3}{12} = \frac{22\ cm * (30\ cm)^3}{12} = 49500\ cm^4$$

$$W_y = \frac{b * h^2}{6} = \frac{22\ cm * (30\ cm)^2}{6} = 3300\ cm^3$$

$A = b * h = 22\ cm * 30\ cm = 660\ cm^2$

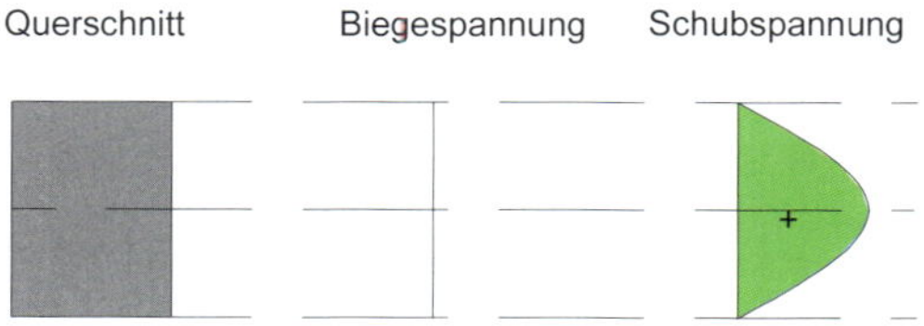

Spannungen:

zu a) Am Auflager A (x = 0 m)

Biegespannung: $\sigma = \frac{M_{Ek}}{W_y} = \frac{0\ kNcm}{3300\ cm^3} = 0\ \frac{kN}{cm^2}$

Schubspannung: max. $\tau = 1{,}5 * \frac{max.\ V_{Ek}}{A} = 1{,}5 * \frac{22{,}5\ kN}{660\ cm^2} = 0{,}05\ \frac{kN}{cm^2}$ (in der Mitte des Querschnittes)

zu b) Im Viertelspunkt (x = 1,125 m)

Biegespannung: $\sigma = \frac{M_{Ek}}{W_y} = \frac{1898\ kNcm}{3300\ cm^3} = \pm\ 0{,}58\ \frac{kN}{cm^2}$ (am unteren Rand: Zug, am oberen Rand: Druck)

Schubspannung: $\tau = 1{,}5 * \frac{V_{Ek}}{A} = 1{,}5 * \frac{11{,}25\ kN}{660\ cm^2}$

$\tau = 0{,}03\ \frac{kN}{cm^2}$

zu c) In Feldmitte (x = 2,25 m)

Biegespannung: $\sigma = \frac{M_{Ek}}{W_y} = \frac{2531\ kNcm}{3300\ cm^3} = \pm\ 0{,}77\ \frac{kN}{cm^2}$ (am unteren Rand: Zug, am oberen Rand: Druck)

Schubspannung: $\tau = 1{,}5 * \frac{V_{Ek}}{A}$

$\tau = 1{,}5 * \frac{0\ kN}{660\ cm^2} = 0\ \frac{kN}{cm^2}$

2) geg.: Zweifeldträger aus Holz, C 24, $l_1 = l_2 = 4{,}50$ m, Rechteckquerschnitt b / h = 22 / 30 cm, $g_k = 10$ kN/m mit V- und M-Fläche

ges.: Biege- und Schubspannungen an drei verschiedenen, beliebig gewählten Stellen in Längsrichtung (= x-Richtung):

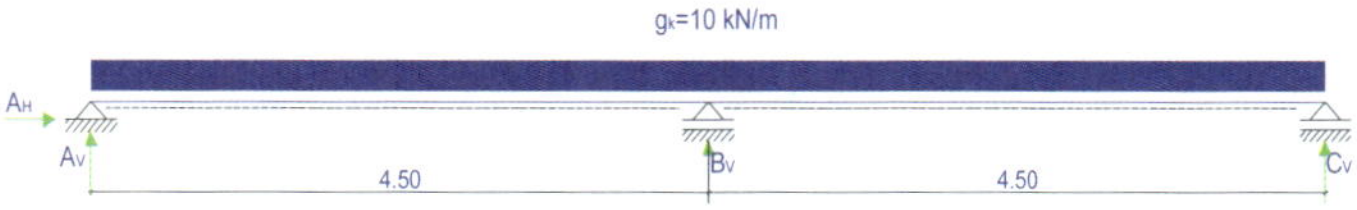

a) Am Auflager A (x = 0 m)

b) Im Feld 1 ($x_0 = 1{,}69$ m)

c) Über Stütze B (x = 4,50 m)

Schnittgrößen ohne Sicherheit:

$g_k = 10{,}0$ kN/m

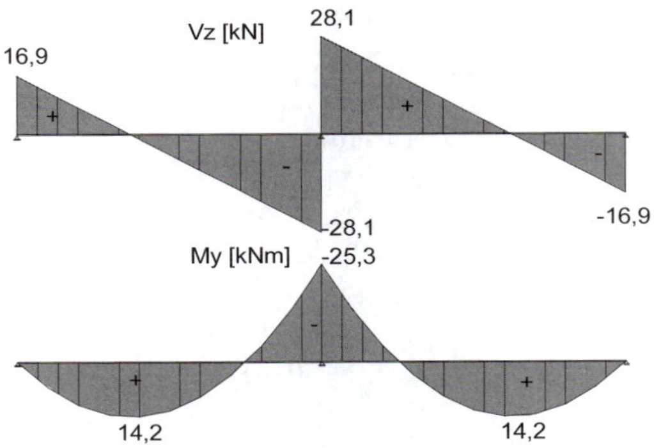

zu a) Am Auflager A (x = 0 m):

$A_{Vk} = 0{,}375 * g_k * l$

$A_{Vk} = 0{,}375 * 10 \text{ kN/m} * 4{,}5 \text{ m} = 16{,}88$ kN

→ $V_{Ek} = A_{Vk} = 16{,}88$ kN

$M_{Ek} = 0$

zu b) Im Feld 1 ($x = x_0 = 1{,}69 \text{ m} = \frac{A_{Vk}}{g_k} = \frac{16{,}88 \text{ kN}}{10 \text{ kN/m}}$ = Querkraft-Nullpunkt

→ größtes Moment im Feld 1): $V_{Ek} = 0$ kN

$$\max. M_{Ek,f} = A_{Vk} * x_o - \frac{g_k * x_0^2}{2} = 16{,}88 \text{ kN} * 1{,}69 \text{ m} - \frac{10 \frac{\text{kN}}{\text{m}} * (1{,}69 \text{ m})^2}{2} = 14{,}25 \text{ kNm max.}$$

$M_{Ek,f} = 1425$ kNcm

(oder: $\max M_{Ek,f} \approx 0{,}07 * g_k * l^2 = 0{,}07 * 10 \frac{\text{kN}}{\text{m}} * (4{,}5 \text{ m})^2 = 14{,}18 \text{ kNm} = 1418 \text{ kNcm}$)

zu c) Über Stütze B (x = 4,50 m):

$$\max. V_{Ek} = V_{Ek,Bl} = A_{Vk} - g_k * l = 16{,}88 \text{ kN} - 10 \frac{\text{kN}}{\text{m}} * 4{,}5 \text{ m} = -28{,}12 \text{ kN}$$

(oder: $\max. V_{Ek} = V_{Ek,Bl} = -0{,}625 * g_k * l = 0{,}625 * 10 \frac{\text{kN}}{\text{m}} * 4{,}5 \text{ m} = -28{,}13 \text{ kN} = -V_{Ek,Br}$

$$M_{Ek} = -\frac{g_k * l^2}{8} = -\frac{10 \frac{\text{kN}}{\text{m}} * 4{,}5 \text{ m}^2}{8} = -25{,}31 \text{ kNm} = -2531 \text{ kNcm}$$

Querschnittswerte des Rechteckquerschnittes b / h = 22 / 30 cm:

$$I_y = \frac{b * h^3}{12} = \frac{22 \text{ cm} * (30 \text{ cm})^3}{12} = 49500 \text{ cm}^4$$

$$W_y = \frac{b * h^2}{6} = \frac{22 \text{ cm} * (30 \text{ cm})^2}{6} = 3300 \text{ cm}^3$$

$A = b * h = 22 \text{ cm} * 30 \text{ cm} = 660 \text{ cm}^2$

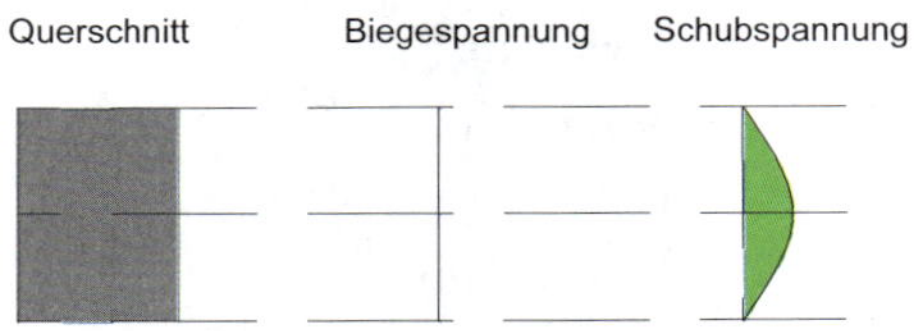

Spannungen:

zu a) Am Auflager A ($x = x_0 = 0$ m)

Biegespannung: $\sigma = \frac{M_{Ek}}{W_y} = \frac{0 \text{ kNcm}}{3300 \text{ cm}^3} = 0 \frac{\text{kN}}{\text{cm}^2}$

Schubspannung: $\max. \tau = 1{,}5 * \frac{\max. V_{Ek}}{A} = 1{,}5 * \frac{16{,}88 \text{ kN}}{660 \text{ cm}^2} = 0{,}04 \frac{\text{kN}}{\text{cm}^2}$ (in der Mitte des Querschnittes)

zu b) Im Feld 1 (x = 1,69 m)

Biegespannung: $\sigma = \pm \frac{M_{Ek}}{W_y} = \pm \frac{1425 \text{ kNcm}}{3300 \text{ cm}^3}$

$\sigma = \pm 0{,}43 \frac{\text{kN}}{\text{cm}^2}$

Schubspannung: $\tau = 1{,}5 * \frac{V_{Ek}}{A} = 1{,}5 * \frac{0 \text{ kN}}{660 \text{ cm}^2} = 0 \frac{\text{kN}}{\text{cm}^2}$

zu c) Über Stütze B (x = 4,50 m)

Biegespannung: $\sigma = \pm \frac{M_{Ek}}{W_y} = \pm \frac{2531 \text{ kNcm}}{3300 \text{ cm}^3}$

$\sigma = \pm 0{,}77 \frac{\text{kN}}{\text{cm}^2}$

(am unteren Rand: Druck, am oberen Rand: Zug)

Schubspannung: $\tau = 1{,}5 * \frac{V_{Ek}}{A} = 1{,}5 * \frac{28{,}12 \text{ kN}}{660 \text{ cm}^2} = 0{,}06 \frac{\text{kN}}{\text{cm}^2}$

In der folgenden Skizze wird der Verlauf der Biege- und Schubspannungen zweier zusammengesetzter Querschnitte bei Querkraft- und Momentenbeanspruchung über die Trägerhöhe (z-Richtung) gezeigt:

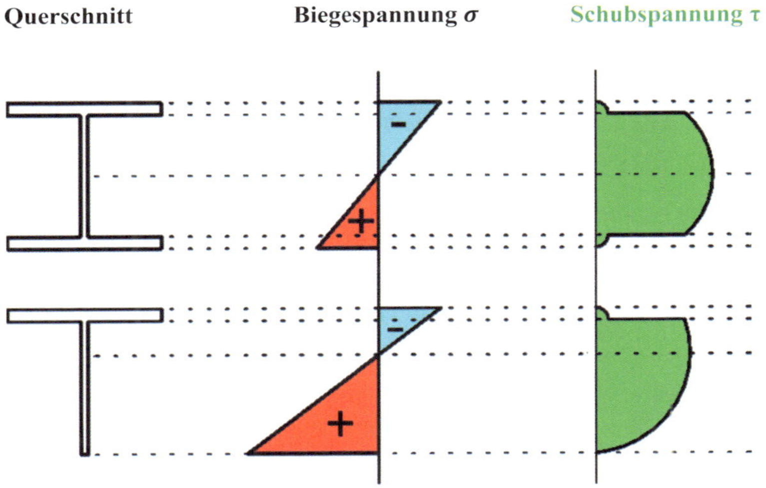

Die Schubspannung τ ist am oberen und unteren Ende des Querschnittes gleich Null und in der Höhe des Schwerpunktes maximal. Man erkennt deutlich den Sprung unterhalb bzw. oberhalb des Flansches, da sich an dieser Stelle die Breite ändert.

Die Biegespannung σ ist oben und unten maximal und in der Höhe des Schwerpunktes gleich Null.

9.6 Dehnungen

Die relative Änderung der Länge wird als Dehnung bezeichnet. Sie kann in Form der Verlängerung (Streckung) oder Verkürzung (Stauchung) auftreten.

$$\varepsilon = \frac{\Delta l}{l}$$

ε = Dehnung (dimensionslos), Δ l = Längenänderung, l = Ausgangslänge

Da die Dehnung oftmals kleine Werte aufweist, kann man die Dehnung auch in Prozent (%) oder Promille (‰) angeben. Negative Dehnung wird auch Stauchung genannt.

Formelumstellung:

$$\Delta l = \varepsilon * l$$ bzw. $$l = \frac{\Delta l}{\varepsilon}$$

Da sich der Körper nicht nur in eine Richtung dehnt oder staucht, existieren auch Dehnungen bzw. Stauchungen in Querrichtung. Diese werden mit ε_q abgekürzt:

Querdehnungen: $\varepsilon_q = \Delta b / b = - \mu * \varepsilon$

Querdehnzahl (Querkontraktionszahl) μ, ($0 < \mu < 0{,}5$; Stahl: $\mu = 0{,}3$, ungerissener Beton: 0,2)

Längenänderungen durch Temperatur: $$\Delta l = l * \alpha_T * \Delta \vartheta$$

Δ l = Längenänderung, α_T = Wärmeausdehnungskoeffizient (= Temperaturdehnzahl = Wärmedehnzahl, in K^{-1}), $\Delta \vartheta$ (= Δ T) = Temperaturdifferenz

(Beispiele für α_T: Holz: $\alpha_T = 0{,}4 - 0{,}6 * 10^{-5}\ K^{-1}$, Stahl: $\alpha_T = 1{,}2 * 10^{-5}\ K^{-1}$, Beton: $\alpha_T = 1{,}0 * 10^{-5}\ K^{-1}$)

Spannungs-Dehnungs-Diagramm

Mit einem Zugversuch an einem Prüfkörper, z. B. einem Stabstahl, kann man den Zusammenhang zwischen Spannung und Dehnung berechnen und anschließend graphisch darstellen.

Beispiel: Ein Rundstahl mit dem Durchmesser d und der Länge l wird eingespannt und mit einer Kraft F gezogen (vgl. Skizze). Der Stab verlängert sich um die Länge Δ l.

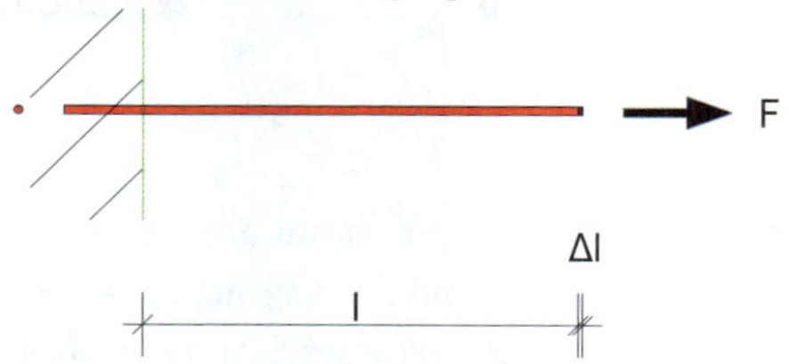

Man misst die Verlängerung Δ l und berechnet damit die zugehörige Dehnung: $\varepsilon = \frac{\Delta l}{l}$. Die Spannung berechnet man mit der Formel $\sigma = \frac{F}{A}$.[3]

[3] Siehe hierzu den Stahlzugversuch mit Last-Verformungsgrafen in Ki-Smile. URL: http://www.ki-smile.de/kismile/view68,6,257.html, abgerufen am 02.08.2019.

Anschließend wird die Kraft erhöht, und die Dehnung wird wieder gemessen. Diesen Vorgang wiederholt man mehrmals und trägt die Ergebnisse graphisch auf. Man erhält nun das Spannungs-Dehnungs-Diagramm des Stahles. Die Spannungs-Dehnungs-Diagramme von Baustoffen bzw. Werkstoffen sind für die Technik von sehr großer Bedeutung.[4]

Skizze: Vereinfachtes Spannungs-Dehnungs-Diagramm von Stahl

Spannung: $\sigma = \frac{F}{A}$ (auf der Ordinate)

Dehnung: $\varepsilon = \frac{\Delta l}{l}$ (auf der Abszisse)

σ: z. B. in N/mm²

ε: z. B. in Promille

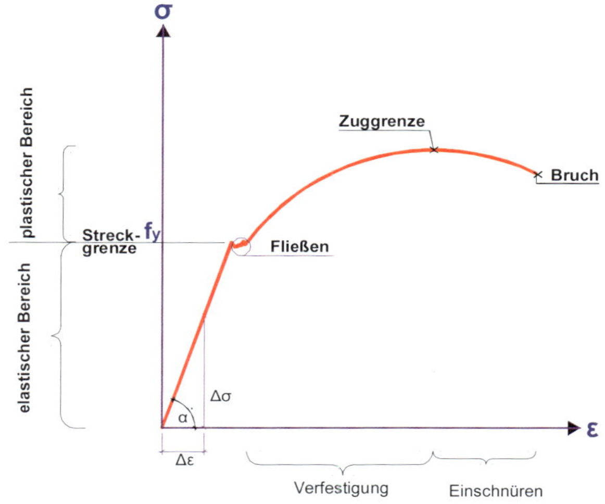

Von besonderer Bedeutung ist die Streckgrenze (= f_y oder R_e) eines Materials. Beispielsweise werden Baustähle und Betonstähle nach der Streckgrenze benannt.

S 235: S = Structural Steel (Stähle für den Stahlbau), Streckgrenze = 235 N/mm².

Innerhalb des elastischen Bereiches verhalten sich Dehnungen und Spannungen proportional, d. h. verhältnisgleich. Der Kurvenverlauf ist eine Gerade. Dort ist das Material linear elastisch.[5]

Die Spannung, welche das Fließen verursacht, wird Streckgrenze oder auch Fließgrenze genannt, die Verformung wird ab dieser Stelle plastisch. Nach dem Fließbereich folgt der Verfestigungsbereich und schließlich das Einschnüren mit dem Bruch.[6]

Beispiele:

1) geg.: Zugstab, l = 1,00 m, Verlängerung Δ l = 1,00 mm

ges.: ε (% und ‰)

Lösung: $\varepsilon = \frac{\Delta l}{l} = \frac{1{,}0 \text{ mm}}{1000 \text{ mm}} = 0{,}001 = 0{,}1\ \% = 1\ ‰$

2) geg.: Stütze, h = 6,00 m, verkürzt sich nach Belastung um (-) 0,2 ‰

ges.: Δ l (mm)

Lösung: $\varepsilon = \frac{\Delta l}{l} \rightarrow \Delta l = \varepsilon * l = 0{,}0002 * 6000 \text{ mm} = 1{,}20 \text{ mm}$

[4] Hibbeler, 2013, S. 115 ff.

[5] Hooke´sche Gesetz: Die Dehnungen verhalten sich proportional zu den Spannungen. Das Hooke´sche Gesetz gilt innerhalb des elastischen Bereiches.

[6] Hibbeler, 2013, S. 116.

9.7 Elastizitätsmodul

Das Elastizitätsmodul, auch E-Modul genannt, ist die Spannung, die in einem Zugstab auftreten würde, wenn sich seine Länge durch die Zugkraft verdoppeln würde. Bezogen auf das Spannungs-Dehnungs-Diagramm (vgl. vorherige Skizze) wird der Tangens α als Elastizitätsmodul definiert.

$$\tan \alpha = \frac{\sigma}{\varepsilon} = \text{E-Modul}$$

$$\text{oder: } E = \frac{\sigma}{\varepsilon}$$

Auch das Elastizitätsmodul hat in der Technik eine große Bedeutung.[7, 8] Beispielsweise benötigt man zur Berechnung von Durchbiegungen eines Bauteiles das E-Modul des jeweiligen Materials.

E-Moduli wichtiger Baustoffe in N/mm^2:

Holz (C 24): 11000

Beton: z. B.: C 20/25: 30000 oder C 25/30: 31000

Baustahl: 210000

Betonstahl: 200000

Spannstahl: bei Litzen: 195000, bei Drähten und Stäben: 205000, Gummi: 5 - 10.

Zur Berechnung von einfachen Beispielen im Kontext der Dehnungen, Spannungen und des E-Moduls kann man die sogenannte Gleichungskette nutzen.

Gleichungskette

Mit den folgenden Ausgangsformeln:

$$\sigma = \frac{F}{A} \qquad \varepsilon = \frac{\Delta l}{l} \qquad E = \frac{\sigma}{\varepsilon}$$

kann man die Gleichungskette herleiten:

$$\frac{\Delta l}{l} = \varepsilon = \frac{\sigma}{E} = \frac{F}{A * E}$$

sowie

$$\Delta l = l * \alpha_T * \Delta \vartheta$$

[7] Hibbeler, 2013, S. 123: Das E-Modul wird im Englischen Young´s Modulus genannt.

[8] Gelegentlich wird im Zusammenhang mit dem E-Modul auch das Schubmodul erwähnt. Das Schubmodul G ist eine Werkstoffgröße, die den Zusammenhang zwischen Schubspannung und Winkeländerung angibt. Zum Zusammenhang zwischen E-Modul, Schubmodul und Querdehnung: Siehe Wittenburg / Pestel, 2011, S. 53.

Beispiele:

1) geg.: Runder Stab, ∅ = 2,0 cm, l = 5,00 m, F_K = 100 kN, Verlängerung Δ l = 159 mm,

ges.: Um welches Material handelt es sich, wenn elastische Formänderung vorausgesetzt wird?

Lösung: $\sigma = \frac{F_K}{A} = \frac{100\ kN * 4}{(2\ cm)^2 * \pi} = 31{,}83\ kN/cm^2$

$\varepsilon = \frac{\Delta l}{l} = \frac{159\ mm}{5000\ mm} = 0{,}0318 = 31{,}8$ ‰

$E = \frac{\sigma}{\varepsilon} = \frac{31{,}83\ kN/cm^2}{0{,}0318} = 1000{,}9\ kN/cm^2$

→ Holz (für C 24: E = 1100 kN/cm²)

2) geg.: Rundstahl (Betonstahl), ∅ = 6 mm, l = 3,00 m, F_K = 30 kN (Zugkraft), ges.: Δ l

Lösung: $A = \frac{d^2 * \pi}{4} = \frac{(0{,}6\ cm)^2 * \pi}{4} = 0{,}28\ cm^2$, E = 200000 N/mm² = 20000 kN/cm²

$l = 300\ cm,\ \Delta l = \varepsilon * l = \frac{\sigma}{E} * l = \frac{F * l}{A * E} = \frac{30\ kN * 300\ cm}{0{,}28\ cm^2 * 20000\ kN/cm^2} = 1{,}61 cm = 16{,}1\ mm$

3) geg.: Holzstütze (C 24), l = 4,00 m, b / d = 10 / 14 cm, Druckkraft F_K = 0,10 MN

ges.: Verkürzung Δ l

Lösung: $\Delta l = \frac{F * l}{A * E} = \frac{100\ kN * 400\ cm}{10\ cm * 14\ cm * 1100\ kN/cm^2} = 0{,}26\ cm = 2{,}6\ mm$

4) geg.: Stahl-Rundstütze, S 235, ∅ 101,6 mm, t = 4,0 mm, F_K = 150 kN, l = 4,00 m

ges.: Δ l in mm

Lösung: vorh. A = 15,2 cm² (Tabellenwert)[9], $\sigma = \frac{F_k}{A} = \frac{150}{12{,}3}\frac{kN}{cm^2} = 12{,}20\ \frac{kN}{cm^2}$

$\sigma = 122{,}0 \frac{N}{mm^2},\ \varepsilon = \frac{\Delta l}{l} \rightarrow \Delta l = \varepsilon * l = \frac{\sigma * l}{E} = \frac{122{,}0 \frac{N}{mm^2} * 4000\ mm}{210000\ N/mm^2} = 2{,}32\ mm$

oder: $\Delta l = \frac{F_k * l}{A * E} = \frac{150\ kN * 400\ cm}{12{,}3\ cm^2 * 21000\ kN/cm^2} = 0{,}232\ cm = 2{,}32\ mm$

Textaufgaben:

5) Ein Betonwürfel aus C 20/25 (E-Modul = 30000 N/mm²) erhält nach Beanspruchung eine Stauchung von ε = 1 ‰. Wie groß ist die dann im Beton vorhandene Spannung?

Lösung: $E = \frac{\sigma}{\varepsilon} \rightarrow \sigma = E * \varepsilon = 30000\ N/mm^2 * 0{,}001 = 30\ N/mm^2$

6) Ein 6 mm dicker Betonstabstahl, B 500 B, l = 1,00 m, wird an der Decke verankert.

a) Mit welcher Kraft kann der Stab belastet werden, wenn die Sicherheit vernachlässigt wird?

b) Um wie viel mm verlängert sich dabei der Stab?

Lösungen: a) (zul.) σ_k = 500 N/mm² = 50 kN/cm², max. F = (zul) σ_k * A = 50 kN/cm² * (0,6 mm)² * π / 4 = 14,14 kN

[9] Schneider, 2024, S. 8.209.

b) $\Delta l = \sigma * l / E = 50 \text{ kN/cm}^2 * 100 \text{ cm} / 20000 \text{ kN/cm}^2 = 0{,}25 \text{ cm} = 2{,}5 \text{ mm}$

7) Welche Längenänderung erleidet ein Stahldraht ($E = 205000 \text{ N/mm}^2$) von 2 mm Durchmesser und 4 m Länge, an dem eine Zugkraft von F = 250 N angreift?

Lösungen: $A = (0{,}2 \text{ cm})^2 * \pi / 4 = 0{,}03 \text{ cm}^2$ E-Modul: $205000 \text{ MN/m}^2 = 20500 \text{ kN/cm}^2$

$$\Delta l = \frac{0{,}25 \text{ kN} * 400 \text{ cm}}{0{,}03 \text{ cm}^2 * 20500 \text{ kN/cm}^2} = 0{,}16 \text{ cm} = 1{,}6 \text{ mm}$$

8) Eine Schiene, Profil 49 E 1, mit einer Länge von 20 m wird um 50 K erwärmt. a) Wie groß ist die Verlängerung der Schiene ($A = 6297 \text{ mm}^2$)? b) Wie groß ist die dabei entstehende Kraft F?

Lösungen: a) $\Delta l = l * \alpha_T * \Delta\vartheta = 20 \text{ m} * 1{,}2 * 10^{-5} \text{ K}^{-1} * 50 \text{ K} = 0{,}012 \text{ m} = 1{,}2 \text{ cm} = 12 \text{ mm}$

b) $F = \Delta l * A * E / l = 12 \text{ mm} * 6297 \text{ mm}^2 * 210000 \text{ N/mm}^2 / 20000 \text{ mm} = 793422 \text{ N} = 793{,}4 \text{ kN}$

9) Eine Stahlrohrstütze, 114,3 x 4 mm, mit 3 m Länge, wird nach der Belastung um 1 mm gestaucht. Länge der Stütze: l = 3,00 m. Wie groß ist die zugehörige Last?

Lösung: $F = \Delta l * A * E / l = 0{,}1 \text{ cm} * 13{,}9 \text{ cm}^2 * 21000 \text{ kN/cm}^2 / 300 \text{ cm} = 97{,}3 \text{ kN}$

9.7.1 Übungen

1) geg.: Gummiband, l = 1,00 m, b = 5 cm, h = 5 mm, E-Modul = 5 N/mm^2, Δl = 20 cm, ges.: F

2) geg.: Holzstütze, C 24 (S 10), Querschnitt: 16 / 16 cm, l = 8,00 m, F_K = 210 kN (Druck; Knicken ist durch Aussteifung verhindert), ges.: Δl

3) Eine Zugstange wird mit F = 0,175 MN belastet. Die zulässige Spannung sei $\sigma = 90 \text{ N/mm}^2$, der E-Modul = $2{,}10 * 10^5 \text{ N/mm}^2$. Berechnen Sie: a) den notwendigen Querschnitt A, b) den erforderlichen Durchmesser d bei kreisförmigem Querschnitt, c) die Verlängerung Δl der Zugstange bei einer Länge von 7,70 m.

4) Ein 9,00 m langer Flachstahl aus S 235 mit einem rechteckigen Querschnitt 100 / 10 mm wird durch eine Zugkraft von 50 kN beansprucht. a) Um wie viel mm verlängert sich der Stahl?

b) Um wie viel mm wird der Stahl schmaler?

5) Eine Stütze wird mit einer Druckspannung von 240 N/mm^2 beansprucht. Sie erhält dabei eine Stauchung von 1,14296 Promille. Wie groß ist ihr E-Modul?

6) Ein quadratisches Kantholz (C 24) mit einer Seitenlänge von 20 cm und einer Länge von 6 m wird mit einer Zugkraft von 0,1 MN belastet. Um wie viel mm verlängert es sich?

9.8 Knicken

Bei Druckstäben spielt das Knickproblem eine große Rolle. Zur Berechnung dieses Stabilitätsproblems muss zunächst die Knicklänge des Stabes und dann die Schlankheit berechnet werden.[10]

Die Knicklänge errechnet sich nach der Formel: $\mathbf{S_k = \beta * l}$

Knicklänge: S_k (im Stahlbau: L_{cr}, im Holzbau: l_{ef}, im Stahlbetonbau: l_0)

β: Beiwert in Abhängigkeit der Lagerung des Stabes. Vgl. Skizze: 4 EULER-Fälle![11]

l: Stablänge

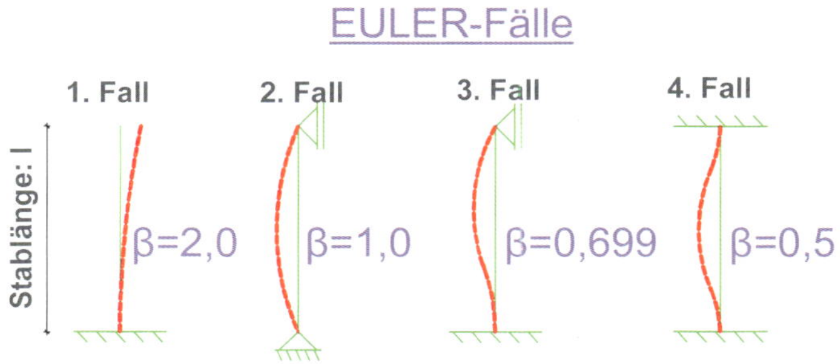

Bei der Berechnung der Tragfähigkeit von Druckstäben, z. B. bei der Untersuchung des Knickens, wird auch die Schlankheit des Stabes berechnet. Die Schlankheit eines Stabes wird nach der Formel berechnet:

$$\boldsymbol{\lambda = \frac{S_k}{i}}$$

Schlankheit: λ (Lambda)

Knicklänge: S_k

Trägheitsradius: i

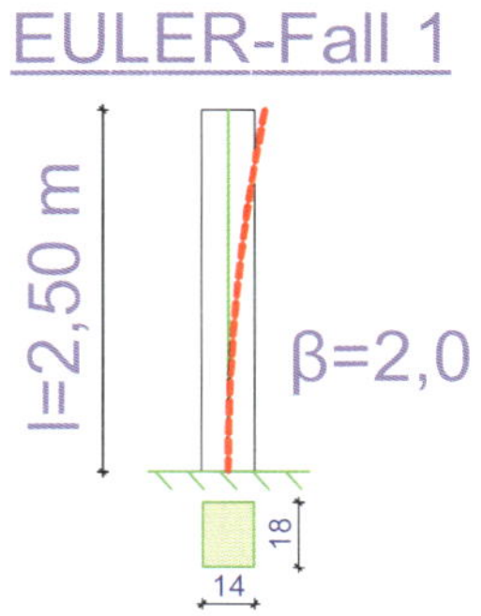

Beispiel: geg.: Unten eingespannte Stütze, oben frei, Höhe = 2,50 m, Rechteck-Querschnitt: b / d =14 / 18 cm

ges.: a) Knicklänge S_k b) die größte Schlankheit λ

zu a) Knicklänge $S_k = \beta * l = 2{,}0 * 2{,}50\ m = 5{,}00\ m$

zu b) Schlankheit: $\lambda = \frac{S_k}{i}$

$S_k = 5{,}00\ m$, $i = \sqrt{\frac{I}{A}}$, beim Rechteckquerschnitt: $i = 0{,}289 * b$ (vgl. Kapitel 8),

min $i = 0{,}289 * 14\ cm = 4{,}05\ cm$ Der kleinste Trägheitsradius ergibt die größte Schlankheit.

Schlankheit: max. $\lambda = \frac{S_k}{i} = \frac{500\ cm}{4{,}05\ cm} = 123{,}6$

Die Schlankheit eines Druckstabes ist je nach Baustoff begrenzt.

---

[10] Zum Knicken von Stäben: Hibbeler, 2013, S. 805 ff und Wittenburg / Pestel, 2011, S. 332 ff.

[11] Schneider, 2024, S. 4.53.

9.9 Biegesteifigkeit

Auch die Biegesteifigkeit spielt in vielen Berechnungen eine große Rolle. Sie ist eine Maßzahl für den elastischen Widerstand, den Stäbe oder Platten einer Biegebeanspruchung entgegensetzen. Beispielsweise muss bei der Berechnung der Durchbiegung eines Balkens die Biegesteifigkeit ermittelt werden.

Bei Stäben ist sie das Produkt aus Elastizitätsmodul und Flächenmoment zweiten Grades (= Trägheitsmoment): **Biegesteifigkeit = E * I**

Beispiele:

1) geg.: Rechteckiger Balken aus Stahlbeton, C 16/20, Querschnitt: b / d = 25 / 30 cm.

ges.: Biegesteifigkeit a) in Nmm^2 b) in MN/m^2

Lösung:

E-Modul Beton[12] C 16/20 = 29000 N/mm^2 = 29000 MN/m^2

Flächenmoment zweiten Grades (= Trägheitsmoment): $I_y = b * h^3 / 12 = 25 * 30^3 / 12 = 56250$ cm^4 = 562500000 mm^4 = 0,0005625 m^4

Biegesteifigkeit = E * I_y

a) $E * I_y$ = 29000 N/mm^2 * 562500000 mm^4 = $1{,}63125 * 10^{13}$ Nmm^2

b) $E * I_y$ = 29000 MN/m^2 * 0,0005625 m^4 = 16,3125 MNm^2

2) geg.: Einfeldträger aus Holz, C 24, l = 4,50 m, Rechteckquerschnitt b / h = 22 / 30 cm, g_k = 10 kN/m

ges.: Maximale Durchbiegung in mm

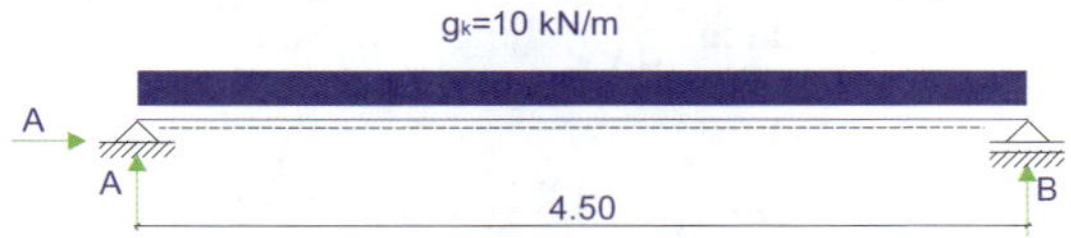

Formel für die Durchbiegung aus Schneider, 2024, S. 4.2:

Einfeldträger mit Gleichlast: $E * I_y * w_{Mitte} = 5 / 384 * q * l^4 = 5 / 384 * 10$ kN/m * $(4{,}5\ m)^4$ = 53,394 kNm^3 = $5{,}339 * 10^{13}$ Nmm^3

E-Modul Holz C 24 = 11000 N/mm^2

$I_y = b * h^3 / 12 = 22 * 30^3 / 12$ = 49500 cm^4 = 495000000 mm^4

Biegesteifigkeit: $E * I_y$ = 11000 N/mm^2 * 495000000 mm^4 = $5{,}445 * 10^{12}$ Nmm^2

$w_{Mitte} = 5 / 384 * q * l^4 / E * I_y = 5{,}339 * 10^{13}\ Nmm^3 / 5{,}445 * 10^{12}\ Nmm^2 = 9{,}81$ mm

[12] Schneider, 2024, S. 5.34.

9.10 Lösungen zu den Übungen

Zu Kap. 9.1.1

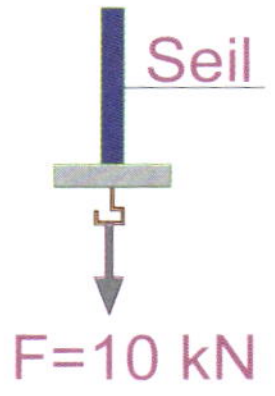

1) Berechnen Sie die vorhandene Zugspannung im Seil eines Baukranes, wenn die Last F_k = 10 kN beträgt und das Seil einen Durchmesser von 22 mm hat! $\sigma = \frac{F}{A} = \frac{10\ \text{kN}}{3{,}8\ \text{cm}^2} = 2{,}63\ \text{kN/cm}^2$

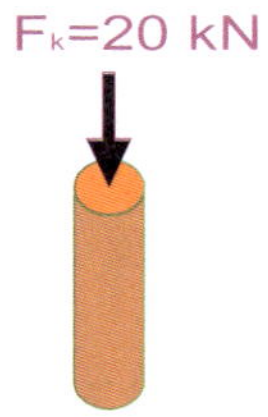

2) Ein kurzer Rundholzständer wird mit F_K = 20 kN belastet. Sein Durchmesser beträgt 14 cm. Berechnen Sie die vorhandene Druckspannung in MN/m²!

$$\sigma = \frac{F}{A} = \frac{20\ \text{kN}}{153{,}94\ \text{cm}^2} = 0{,}13\,\frac{\text{kN}}{\text{cm}^2} = 1{,}3\,\frac{\text{MN}}{\text{m}^2}$$

3) Ein Stahlrohr wird mit einer Zugkraft von F_K = 225 kN belastet. Welche Querschnittsfläche (in cm²) ist für das Rohr bei einer zulässigen Zugspannung von 160 MN/m² erforderlich?

$$A = \frac{F}{\sigma} = \frac{225\ \text{kN}}{16\ \text{kN/cm}^2} = 14{,}06\ \text{cm}^2$$

4) Eine sehr kurze (Ausknicken verhindert) Stahlstütze (HEB 160) soll mit F_K = 0,75 MN belastet werden. Hat die Stütze einen ausreichenden Querschnitt, wenn die zulässige Spannung 140 N/mm² beträgt?

erf. $A = \frac{F_k}{\sigma} = \frac{0{,}75 * 1000000\ \text{N}}{140\ \text{N/mm}^2} = 5375\ \text{mm}^2 = 53{,}57\ \text{cm}^2 < 54{,}25\ \text{cm}^2$ = vorh. A → Ja!

Zu Kap. 9.2.1

1) geg.: Einfeldträger mit Kreisquerschnitt, d = 20 cm, und Einzellast, F_K = 12 kN, Eigengewicht wird vernachlässigt

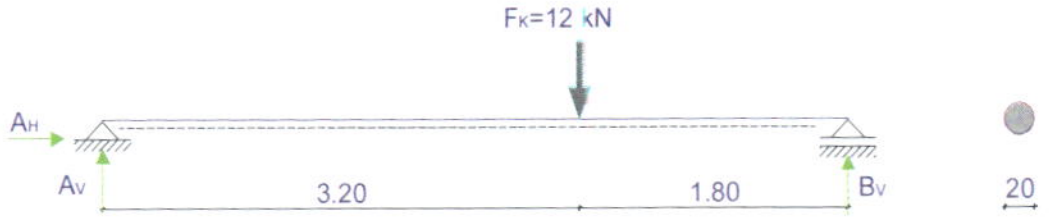

ges.: max $\boldsymbol{\sigma}_K$

max. $M_k = \frac{F_k * a * b}{l} = \frac{12\ \text{kN} * 3{,}2\ \text{m} * 1{,}8\ \text{m}}{5\ \text{m}} = 13{,}82\ \text{kNm}$, $W_y = \frac{\pi * r^3}{4} = \frac{\pi * (10\ \text{cm})^3}{4} = 785{,}4\ \text{cm}^3$

max $\sigma_K = \frac{M_k}{W_y} = \frac{13{,}82\ \text{kNm} * 100}{785{,}2\ \text{cm}^3} = 1{,}76\ \text{kN/cm}^2$

2) geg.: Einfeldträger, Stahlträger, HEA 220, mit Gleichlast q_k = 20 kN/m, ges.: max $\boldsymbol{\sigma}_K$

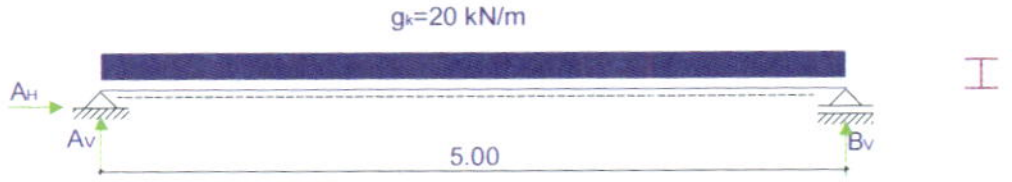

max. $M_k = \frac{q_k * l^2}{8} = \frac{20\,\frac{\text{kN}}{\text{m}} * (5{,}00\ \text{m})^2}{8}$

max. M_k = 62,5 kNm = 6250 kNcm

$W_{el,y}$ = 515 cm³ (Tabellenwert)[13] → max $\sigma_K = \frac{M_k}{W_{el,y}} = \frac{6250\ \text{kNcm}}{515\ \text{cm}^3} = 12{,}14\ \text{kN/cm}^2$

[13] Schneider, 2024, S. 8.189.

3) geg.: Einfeldträger mit Kragarm und Rechteckquerschnitt 10 / 20 cm, Gleichlast $g_k = 5$ kN/m, ges.: max $\boldsymbol{\sigma}_K$

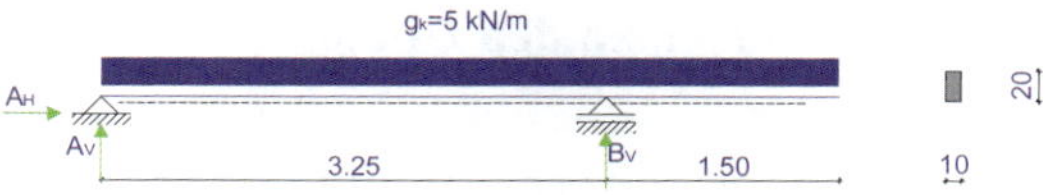

Lösung: min $M_{B,k} = - \dfrac{5\,\frac{kN}{m} * (1{,}5\text{ m})^2}{2} = -5{,}63$ kNm (Stützmoment B)

$A_{V,k} = \dfrac{5\,\frac{kN}{m} * (3{,}25\text{ m})^2 - 5\,\frac{kN}{m} * (1{,}5\text{ m})^2}{2 * 3{,}25\text{ m}} = 6{,}39$ kN, Querkraft-Nullpunkt: $x_0 = \dfrac{6{,}39\text{ kN}}{5\,\frac{kN}{m}} = 1{,}28$ m

→ max $M_k = 6{,}39\text{ kN} * 1{,}28\text{ m} - \dfrac{5{,}0\,\frac{kN}{m} * (1{,}28\text{ m})^2}{2} = 4{,}08$ kNm (Feldmoment) < |- 5,63| kNm

$W_y = \dfrac{b * h^2}{6} = \dfrac{10\text{ cm} * (20\text{ cm})^2}{6} = 666{,}7\text{ cm}^3$, max $\sigma_K = \pm \dfrac{M_k}{W_y} = \pm \dfrac{5{,}63\text{ kNm} * 100}{666{,}7\text{ cm}^3} = \pm 0{,}84\text{ kN/cm}^2$

4) Einfeldträger mit Einzellast $F_K = 7$ kN und T-Querschnitt, Eigengewicht wird vernachlässigt

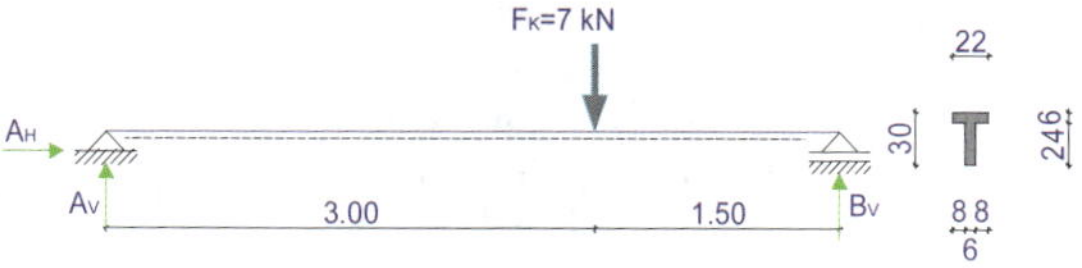

ges.: max $\boldsymbol{\sigma}_K$

Lösung: max $M_k = \dfrac{F_k * a * b}{l} = \dfrac{7\text{ kN} * 3{,}0\text{ m} * 1{,}5\text{ m}}{4{,}5\text{ m}} = 7{,}00$ kNm, min $W_y = W_{y,u} = 1190\text{ cm}^3$

max $\sigma = \dfrac{M_k}{W_y} = \dfrac{7{,}00\text{ kNm} * 100}{1190\text{ cm}^3} = 0{,}59\text{ kN/cm}^2$

Zu Kap. 9.4.1

1) geg.: Einfeldträger mit Einzellast, Eigengewicht wird vernachlässigt,

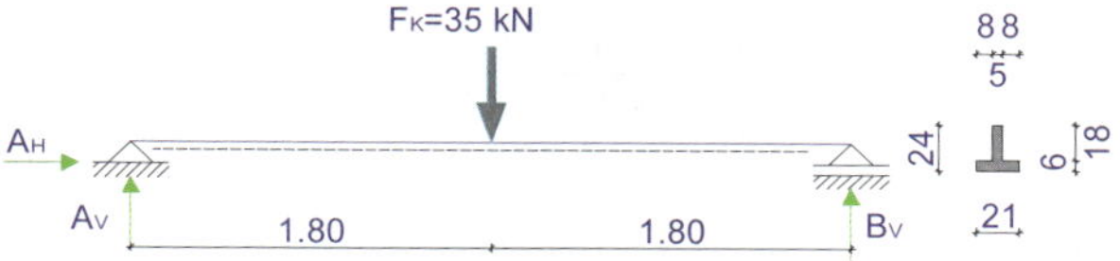

ges.: max τ_k

Lösung: max $V = \dfrac{F}{2} = \dfrac{35\text{ kN}}{2} = 17{,}50\text{ kN}, S_y = b * h * z_s = 5\text{ cm} * 16\text{ cm} * 8\text{ cm} = 640\text{ cm}^3$

Berechnung von I_y

Teil	b [cm]	d [cm]	A [cm²]	Schwerpunkt Teilstück z [cm]	A * z [cm³]	z - zs e [cm]	A * e² [cm⁴]	(b * d³)/12 Iyi [cm⁴]
1	5	18	90	15	1350	7	4410	2430
2	21	6	126	3	378	- 5	3150	378
Σ			216		1728		7560	2808

$z_s = \dfrac{\Sigma A * z}{\Sigma A} = 8{,}00$ cm

$I_y = \Sigma A * e^2 + \Sigma I_{yi} = 10368\text{ cm}^4$

$\max\tau = \dfrac{\max V * S_y}{I_y * \min b} \rightarrow \max\tau = \dfrac{17{,}50\text{ kN} * 640\text{ cm}^3}{10368\text{ cm}^4 * 5\text{ cm}} = 0{,}216\,\dfrac{kN}{cm^2} = 2{,}16\,\dfrac{MN}{m^2}$

2) geg.: Einfeldträger mit Kragarm und Gleichlast

ges.: max τ

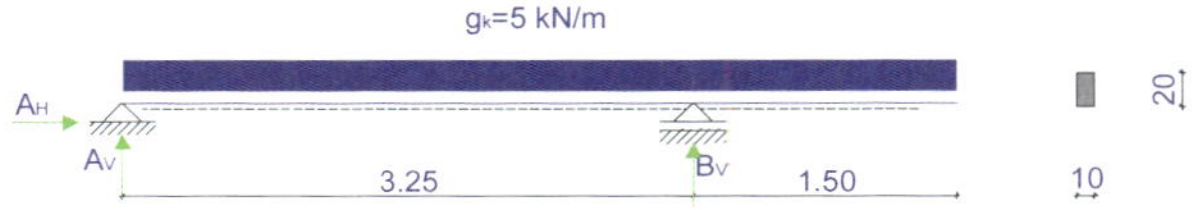

Lösung:

$$\max V = V_{B,li} = A_V - g_k * l = 6{,}39\ kN - 5\ \frac{kN}{m} * 3{,}25\ m = -9{,}86\ kN$$

$$\max \tau = 1{,}5 * \frac{|\max V|}{A} = 1{,}5 * \frac{9{,}86\ kN}{10\ cm * 20\ cm} = 0{,}074\ \frac{kN}{cm^2}$$

3) geg.: Einfeldträger mit Einzellast

Eigengewicht wird vernachlässigt

ges.: max τ

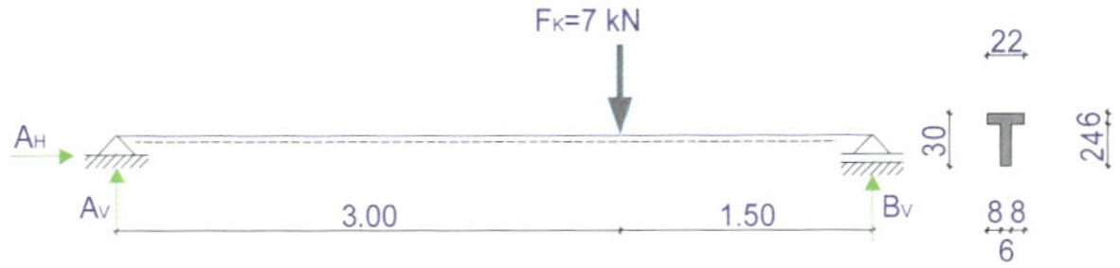

Lösung:

$$\max V = -B_V = \frac{a}{l} * F = -\frac{3{,}00\ m}{4{,}50\ m} * 7\ kN = -4{,}67\ kN \rightarrow |\max V| = 4{,}67\ kN$$

$$S_y = 6\ cm * 19{,}17\ cm * 9{,}585\ cm = 1102\ cm^3$$

$$I_y = 22803{,}7\ cm^4$$

$$\max \tau = \frac{|\max V| * S_y}{I_y * b} = \frac{4{,}67\ kN * 1102\ cm^3}{22803{,}7\ cm^4 * 6\ cm} = 0{,}038\ \frac{kN}{cm^2}$$

Zu Kap. 9.7.1

1) geg.: Gummiband, l = 1,00 m, b = 5 cm, h = 5 mm, E-Modul = 5 N/mm²,

Ausdehnung Δ l = 20 cm

ges.: F

Lösung: $F = \sigma * A = \varepsilon * E * A = \frac{20\ cm * 5\ \frac{N}{mm^2} * 50\ mm * 5\ mm}{100\ cm} = 250\ N$

2) geg.: Holzstütze, C 24 (S 10, NH II), Querschnitt: 16 / 16 cm, l = 8,00 m, FK = 210 kN (Druck; Knicken ist durch Aussteifung verhindert)

ges.: Δ l

Lösung: $\sigma = \frac{F}{A} = \frac{210\ kN}{16\ cm * 16\ cm} = 0{,}82\ kN/cm^2$

$$\varepsilon = \frac{\Delta l}{l} \rightarrow \Delta l = \varepsilon * l = \frac{\sigma}{E} * l = \frac{0{,}82\ kN/cm^2}{1100\ kN/cm^2} * 800\ cm = 0{,}596\ cm$$

3) Eine Zugstange wird mit F = 0,175 MN belastet. Die zulässige Spannung sei σ = 90 N/mm², der E-Modul = 2,10 * 10^5 N/mm². Berechnen Sie:

a) den notwendigen Querschnitt A

b) den erforderlichen Durchmesser d bei kreisförmigem Querschnitt

c) die Verlängerung Δ l der Zugstange bei einer Länge von 7,70 m.

Lösungen:

Zu a) $\sigma = \frac{F}{A}$, F = 0,175 MN = 175 kN, $\sigma = 90 \frac{N}{mm^2} = 9{,}0 \frac{kN}{cm^2}$

→ $A = \frac{F}{\sigma} = \frac{175\ kN}{9{,}0\ kN/cm^2} = 19{,}44\ cm^2$

Zu b) $A = \frac{d^2 * \pi}{4}$

→ $d = \sqrt{(\frac{4 * A}{\pi})} = \sqrt{(\frac{4 * 19{,}44\ cm^2}{\pi})} = 4{,}98\ cm$

Zu c) $\varepsilon = \frac{\Delta l}{l}$

l = 7,70 m = 770 cm = 7700 mm, A = 19,44 cm² = 1944 mm²

$\Delta l = \frac{F * l}{A * E} = \frac{175000\ N * 7700\ mm}{1944\ mm^2 * 210000\ N/mm^2} = 3{,}3\ mm$

4) Ein 9 m langer Flachstahl aus S 235 mit einem rechteckigen Querschnitt 100 / 10 mm wird durch eine Zugkraft von 50 kN beansprucht. a) Um wie viel mm verlängert sich der Stahl?

b) Um wie viel mm wird der Stahl schmaler (μ = 0,3)?

Lösungen:

a) $\Delta l = \frac{F * l}{A * E} = \frac{50\ kN * 900\ cm}{10\ cm * 1\ cm * 21000\ kN/cm^2} = 0{,}214\ cm = 2{,}143\ mm$

b) $\Delta b = b * - \mu * \Delta l / l$ = 100 mm * - 0,3 * 2,143 mm / 9000 mm = - 0,00714 mm

5) Eine Stütze wird mit einer Druckspannung von 240 N/mm² beansprucht. Sie erhält dabei eine Stauchung von 1,14296 Promille. Wie groß ist ihr E-Modul?

Lösung: $E = \frac{\sigma}{\varepsilon} = \frac{240\ N/mm^2}{0{,}00114296} = 209981\ N/mm^2$ → ca. 210000 N/mm² (→ Baustahl)

6) Ein quadratisches Kantholz (C 24) mit einer Seitenlänge von 20 cm und einer Länge von 6 m wird mit einer Zugkraft von 0,1 MN belastet. Um wie viel mm verlängert es sich?

Lösung: $\Delta l = \frac{F * l}{A * E} = \frac{100000\ N * 6000\ mm}{200\ mm * 200\ mm * 11000\ N/mm^2} = 1{,}36\ mm$

10 Sicherheitskonzepte, Eurocodes, Nachweise

10.1 Sicherheitskonzepte

Dem alten Sicherheitskonzept, welches bis zum Jahr 2012 Gültigkeit hatte, wird das nun gültige, neue Sicherheitskonzept synoptisch gegenübergestellt.

10.1.1 Altes Sicherheitskonzept

Bei dem alten Sicherheitskonzept wurden den vorhandenen Spannungen die zulässigen Spannungen gegenübergestellt, wobei auf der Materialseite (rechte Seite der nachfolgenden Gleichung) die Bruchfestigkeit durch einen **globalen** Sicherheitswert dividiert wurde. Der globale Sicherheitswert war vom Baustoff und der Beanspruchung abhängig. Die vorhandene Spannung durfte höchstens so groß wie die zulässige Spannung werden.

$$\sigma_{vorh.} \leq \sigma_{zul.}$$

Die Sicherheit lag ausschließlich auf der rechten Seite dieser Gleichung, also beim Material.

Durch Umstellen der Gleichung erhält man:

$$\frac{\sigma_{vorh}}{\sigma_{zul.}} \leq 1$$

σ_{zul}: zulässige Spannungen nach der jeweils alten Norm. Die zulässigen Spannungen wurden in den alten Normen der Baustoffe je nach Beanspruchung angegeben. Eine Auswahl dieser - heute für die Bemessung - nicht mehr zulässigen Spannungen ist unten tabelliert.

$$\sigma_{zul.} = \frac{\beta}{\gamma} = \frac{\text{statische Festigkeit}}{\text{Sicherheitsfaktor}}$$

Auswahl zulässiger Spannungen in N/mm² von Holz, Stahl, Beton und Mauerwerk

(nach den **alten** Normen)

Spannungsart		Vollholz Nadelholz S 10	Breitschichtholz aus NH BS 14 (S 13)	Baustahl St 37-2 (S 235)	Beton Festigkeitsklasse					Mauerwerk, Mörtelgruppe II Steinfestigkeitsklasse		
					B 5	B 10	B 15	B 25	B 35 - B 55	2	8	28
Biegung	zul σ_B	10,0	14,0	160 1)			Nur für Stahlbeton					
				140								
Zug	zul σ_Z	-	-	160								
	zul $\sigma_{Z\parallel}$	7,0	10,5	-								
	zul σ_Z	0,05	0,2	-								
Druck	zul $ø_D$	-	-	140	1,67	3,33	5,00	8,33	10,95	0,5	1,0	1,8
	zul $\sigma_{D\parallel}$	8,5	11,0	-								
	zul $\sigma_{D\perp}$	2,0	2,5	-								
Abscheren	zul τ_a	0,9	0,9	92			Nur für Stahlbeton			0,005	0,010	0,018
Schub aus Querkraft	zul τ_Q	0,9	1,2	92						0,005	0,010	0,108
Torsion	zul τ_T	1,0	1,6	2)								
Lochleibung	zul σ_L	3,5 ... 8,5	3,5 ... 8,5	280								

1) Dieser Wert gilt nur bei reiner Biegung und Zug

10.1.2 Neues Sicherheitskonzept

Den seit dem Jahr 2012 gültigen EUROCODES liegt das neue Sicherheitskonzept zu Grunde. Bei dem neuen Sicherheitskonzept werden sowohl auf der Einwirkungsseite (= E, linke Seite der nachfolgenden Gleichung) als auch auf der Widerstandsseite (= R, rechte Seite der nachfolgenden Gleichung) sogenannte **Teil**sicherheitswerte (griechischer Buchstabe „Gamma“: γ) eingeführt. Es wird als semiprobabilistisches Sicherheitskonzept bezeichnet.

Der Nachweis der Tragfähigkeit wird mit der folgenden Gleichung geführt: $\mathbf{E_d \leq R_d}$

Ed, der Bemessungswert der Beanspruchung unter Berücksichtigung des Teilsicherheitsbeiwertes, wurde bereits in Kapitel 5.3 Bemessungswerte für Einwirkungen erläutert.

R = Resistance (engl. für Widerstand)

R_d = Bemessungswert des Tragwiderstandes, mit Teilsicherheit $\mathbf{R_d = R_k / \gamma_M}$

R_d ist der Widerstand des Bauteils/Materials und wird aus den Werkstoffkennlinien und Materialkennlinien (σ-ε-Diagramm) unter Berücksichtigung der Teilsicherheitsbeiwerte ermittelt. Der Bemessungswert der Tragfähigkeit wird in der jeweiligen bauartspezifischen Norm festgelegt[1]

R_k = charakteristischer Tragwiderstand, ohne Teilsicherheit

γ_M =Teilsicherheitsbeiwert für eine Baustoffeigenschaft. γ_M wird in der Literatur auch als γ_R bezeichnet

Beispiel 1: geg.: Betonstahl B 500, Teilsicherheitsbeiwert $\gamma_M = 1,15$ ges.: R_d

Lösung: $f_{y,k} = 500$ MN/m^2(Streckgrenze), Rd = $f_{y,k} / \gamma_S = 500$ MN/m^2 / 1,15 = 434,8 MN/m$^2 \approx 435$ MN/m^2

Beispiel 2: geg.: Beton C25/30 ges.: Bemessungswert der Betondrucktragfähigkeit f_{cd}

Lösung: f_{cd} = Xd * η / γ_M bzw. $\alpha * f_{cd} / \gamma_M = 0,85 * 25$ MN/m^2 / 1,5 = 14,2 N/mm^2

[1] Schneider, 2024, S. 3.5.

10.2 Eurocodes

Die in Europa einheitlich eingeführten Regeln für die Bemessung und Konstruktion von Ingenieurbauwerken nennt man Eurocodes.[2] Man nennt sie die erste Generation.[3] Sie sind in 58 Teile für Lastannahmen und Bauarten untergliedert. Zusätzlich gelten die Nationalen Anhänge (NA), welche nationale Parameter berücksichtigen. Nachfolgend werden die zehn Eurocodes, welche primär die Tragwerksplanung betreffen, aufgeführt.

Eurocode 0: Grundlagen der Tragwerksplanung (Europäische Norm 1990 = EN 1990)

Eurocode 1: Einwirkungen auf Tragwerke (EN 1991)

Eurocode 2: Bemessung und Konstruktion von Stahlbeton- und Spannbetontragwerken (EN 1992)

Eurocode 3: Bemessung und Konstruktion von Stahlbauten (EN 1993)

Eurocode 4: Bemessung und Konstruktion von Verbundtragwerken aus Stahl und Beton (EN 1994)

Eurocode 5: Bemessung und Konstruktion von Holzbauten (EN1995)

Eurocode 6: Bemessung und Konstruktion von Mauerwerksbauten (EN 1996)

Eurocode 7: Entwurf, Berechnung und Bemessung in der Geotechnik (EN 1997)

Eurocode 8: Auslegung von Bauwerken gegen Erdbeben (EN 1998)

Eurocode 9: Bemessung und Konstruktion von Aluminiumtragwerken (EN 1999)

Die Eurocodes im Bauwesen sind bauaufsichtlich eingeführt - und somit geltendes Recht.[4] Zuständig sind die jeweiligen Bundesländer. Zu jedem Eurocode wurde ein zugehöriger Nationaler Anhang (NA) erarbeitet, der die Anwendung der Regeln in Deutschland - und dem jeweiligen europäischen Land - ermöglicht.

In den Nationalen Anhängen werden die in den Eurocodes aufgelisteten und gekennzeichneten so genannten national festzulegenden Parameter ("Nationally Determined Parameters" - NADs) für die Anwendung festgelegt, wobei nach Möglichkeit den empfohlenen Werten im Eurocode gefolgt wird.

Über die Entstehung, Geschichte und Inhalte sowie den aktuellen Stand der Umsetzung geben folgende Links ausführlich Auskunft: eurocode-online.de [5] und eurocodes.jrc.ec.europa.eu.[6]

Im Gegensatz zu den früheren Baunormen der Tragwerksplanung wurde bei den EUROCODES das neue semiprobabilistische Sicherheitskonzept zu Grunde gelegt.

Die folgende Übersicht von Fingerloos[7] veranschaulicht die Struktur des Normenwerkes:

---

[2] Handbuch Eurocode 0, Grundlagen der Tragwerksplanung, Vorwort. DIN EN 1990 (EC 0) ist die deutsche Übersetzung der Europäischen Norm EN 1990.

[3] Es wird erwartet, dass die bauaufsichtliche Einführung der zweiten Generation der Eurocodes im Jahr 2028 erfolgen wird. Siehe hierzu Goris / Bender, Band 1, 2023, S. 4.

[4] URL: www.eurocode-online.de, abgerufen am 01.10.2024.

[5] URL: www.eurocode-online.de, abgerufen am 01.10.2024.

[6] URL: https://eurocodes.jrc.ec.europa.eu, abgerufen am 04.10.2024.

[7] 7 Fingerloos, Eurocode 2, in URL: http://www.nemetschek.com/fileadmin/user_upload/Eng-_Group/Artikelillustration/Einf%C3%BChrung_EC2_DE.pdf, abgerufen am 19.08.2014.

Übersicht der EUROCODES in der Tragwerksplanung

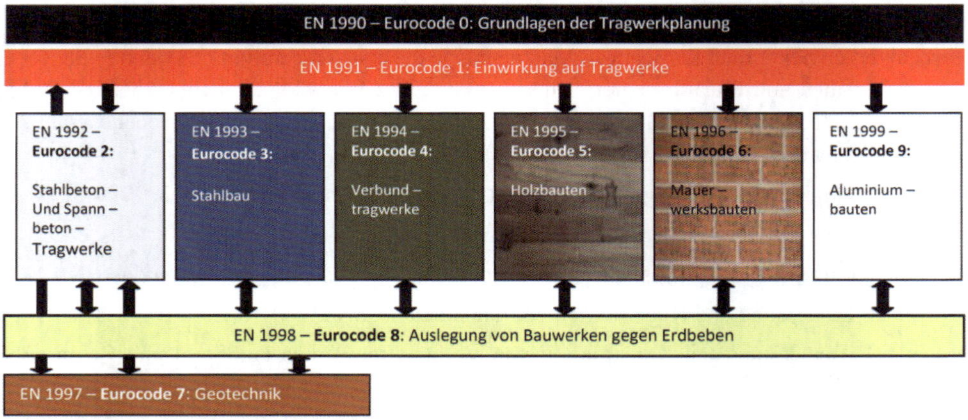

Bild 1: Übersicht – Eurocodes für die Tragwerkplanung

Übersicht zum neuen Eurocode 2

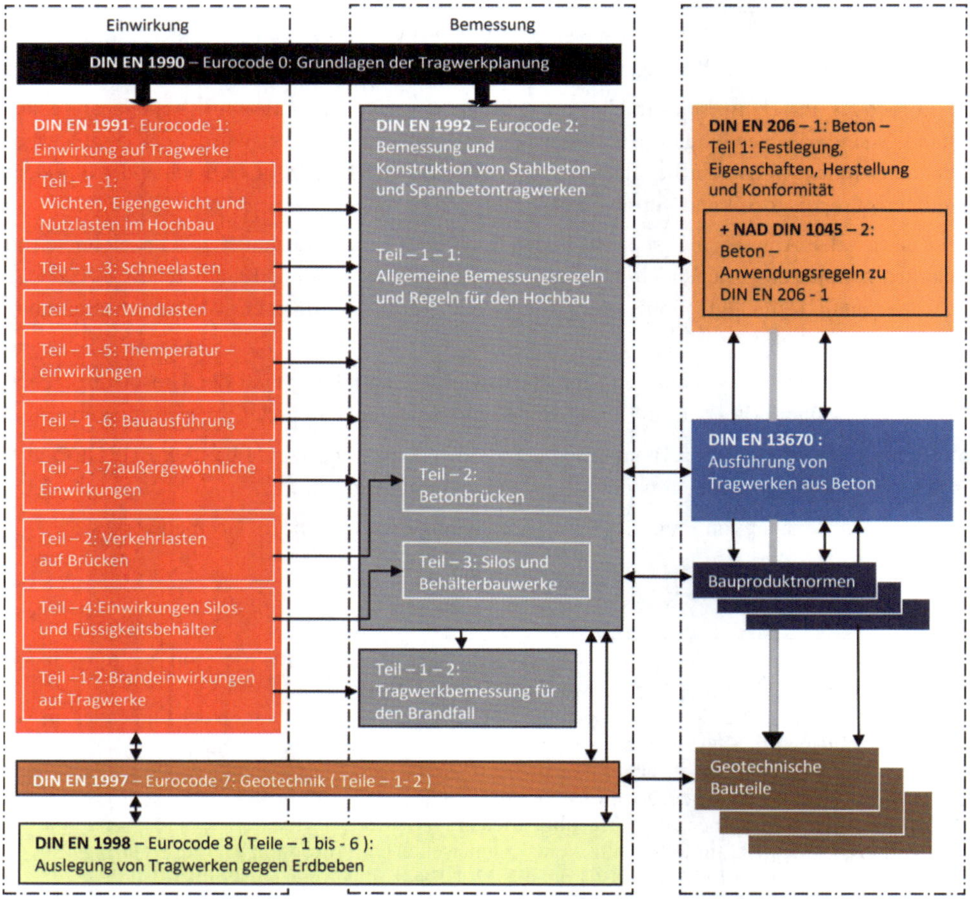

Bild 2: Struktur des europäischen Normenwerks mit Bezug zum Beton (Deutschland)

10.3 Nachweise

Tragende Bauteile müssen so bemessen werden, dass sie tragfähig, gebrauchstauglich und dauerhaft sind.[8] Dies wird in der Statischen Berechnung durch Nachweise durchgeführt.

Die europäischen Normen haben im Kontext der Nachweise der Tragfähigkeit und der Gebrauchstauglichkeit den Begriff des Grenzzustandes eingeführt. Bei Überschreitung dieses Grenzzustandes werden die vorgegeben Entwurfsanforderungen nicht mehr erfüllt.

Die geforderten Nachweise lassen sich in die Nachweise im Grenzzustand der Tragfähigkeit (GZT), die Nachweise im Grenzzustand der Gebrauchstauglichkeit (GZG) und die Nachweise der Dauerhaftigkeit unterscheiden.

10.3.1 Nachweise im Grenzzustand der Tragfähigkeit (GZT)[9]

Diese Nachweise dienen dazu, die Standsicherheit des Bauteiles zu gewährleisten.

$$\mathbf{E_d \leq R_d}$$

Zur Tragfähigkeit gehören folgende Nachweise:

- Tragwerks- oder Querschnittsversagen (STR – structural)
  (Bemessung für Biegung, Querkraft, Torsion, Durchstanzen etc.)
- Lagesicherheit (EQU – equilibrium)
- Baugrundversagen (GEO – geotechnical)
- Ermüdungsversagen (FAT – fatique)
- Baulicher Brandschutz

Für die Bemessung von Bauteilen werden grundlegende Anforderungen nach EC 0 gestellt, welche unabhängig von der Bauweise und den verwendeten Baustoffen gelten.[10]

Zusätzlich werden die Anforderungen in der jeweiligen Norm des Baustoffes ergänzt.

Beispielsweise für den Stahlbetonbau in EC2-1-1, 6.

---

[8] EN 1990:2010-12, 2.1
[9] Schneider, 2024, S. 3.4.
[10] Goris / Bender, Band 1, 2023, S. 23.

10.3.2 Nachweise im Grenzzustand der Gebrauchstauglichkeit (GZG)[11]

Diese Nachweise dienen dazu, die Gebrauchstauglichkeit (Funktion) des Bauteiles zu gewährleisten.

Die Nachweise des GZG sind erfüllt, wenn der Bemessungswert der Einwirkungen E_d den Grenzwert der betrachteten Auswirkung C_d nicht überschreitet.

$$E_d \leq C_d$$

Für den GZG werden die Teilsicherheitsbeiwerte vernachlässigt, d. h. $\gamma = 1$ gesetzt, und es werden ausschließlich seltene, häufige und quasi-ständige Einwirkungen berücksichtigt.

Zur Gebrauchstauglichkeit gehören beispielsweise im Stahlbetonbau folgende Nachweise:

- Begrenzung der Spannungen
- Beschränkung der Rissbreiten
- Begrenzung der Verformungen

10.3.3 Nachweise der Dauerhaftigkeit[12]

Diese Nachweise dienen dazu, die Anforderungen an die Dauerhaftigkeit des Bauteiles zu gewährleisten.

Dazu gehören beispielsweise im Stahlbetonbau folgende Nachweise:

- Mindestbetondeckung und Mindestbetongüte
- Einhaltung von Konstruktionsregeln
- Bauausführung

Beispielsweise wird im Stahlbau die Dauerhaftigkeit durch Korrosionsschutz und im Holzbau durch Anstriche gewährleistet.

---

[11] Schneider, 2024, S. 3.6.

[12] EN 1990:2010-12, 2.4.

11 Grundbau

Zunächst wird die Gliederung der Allgemeinen Regeln über Entwurf, Berechnung und Bemessung in der Geotechnik, also des ersten Teils der DIN EN 1997, kurz EC 7 genannt, vorgestellt, um die Inhalte dieser Norm für den Grundbau zu überblicken. Anschließend erfolgt eine kurze Übersicht über die verschiedenen Möglichkeiten der Gründungen, und letztlich werden einfache Beispiele zur Berechnung von Flächengründungen gezeigt.

11.1 Gliederung DIN EN 1997-1: 2009-09 (Eurocode 7)

1 Allgemeines

2 Grundlagen der geotechnischen Bemessung

3 Geotechnische Unterlagen

4 Bauüberwachung, Kontrollmessungen und Instandhaltung

5 Schüttungen, Wasserhaltung, Bodenverbesserung und Bodenbewehrung

6 Flächengründungen

7 Pfahlgründungen

8 Verankerungen

9 Stützbauwerke

10 Hydraulisch verursachtes Versagen

11 Gesamtstandsicherheit

12 Erddämme

Anhang A (normativ) Teilsicherheitsbeiwerte und Streuungsfaktoren für Grenzzustände der Tragfähigkeit und empfohlene Zahlenwerte

Anhang B (informativ) Erläuterungen zu den Teilsicherheitsbeiwerten für die Nachweisverfahren 1, 2 und 3

Anhang C (informativ) Beispiele zur Ermittlung von Erddrücken

Anhang D (informativ) Beispiel für eine analytische Ermittlung des Grundbruchwiderstandes

Anhang E (informativ) Beispiel eines halbempirischen Verfahrens zur Abschätzung der Tragfähigkeit einer Flächengründung

Anhang F (informativ) Beispiele für Verfahren zur Setzungsermittlung

Anhang G (informativ) Beispiel für ein Verfahren zur Ermittlung von Bemessungssohldrücken für Flächenfundamente auf Fels

Anhang H (informativ) Grenzwerte für Bauwerksverformungen und Fundamentbewegungen

Anhang J (informativ) Kontrollliste für die Überwachung der Bauausführung und des fertigen Bauwerkes

Tabellen und Bilder.

Übersicht der Gründungen

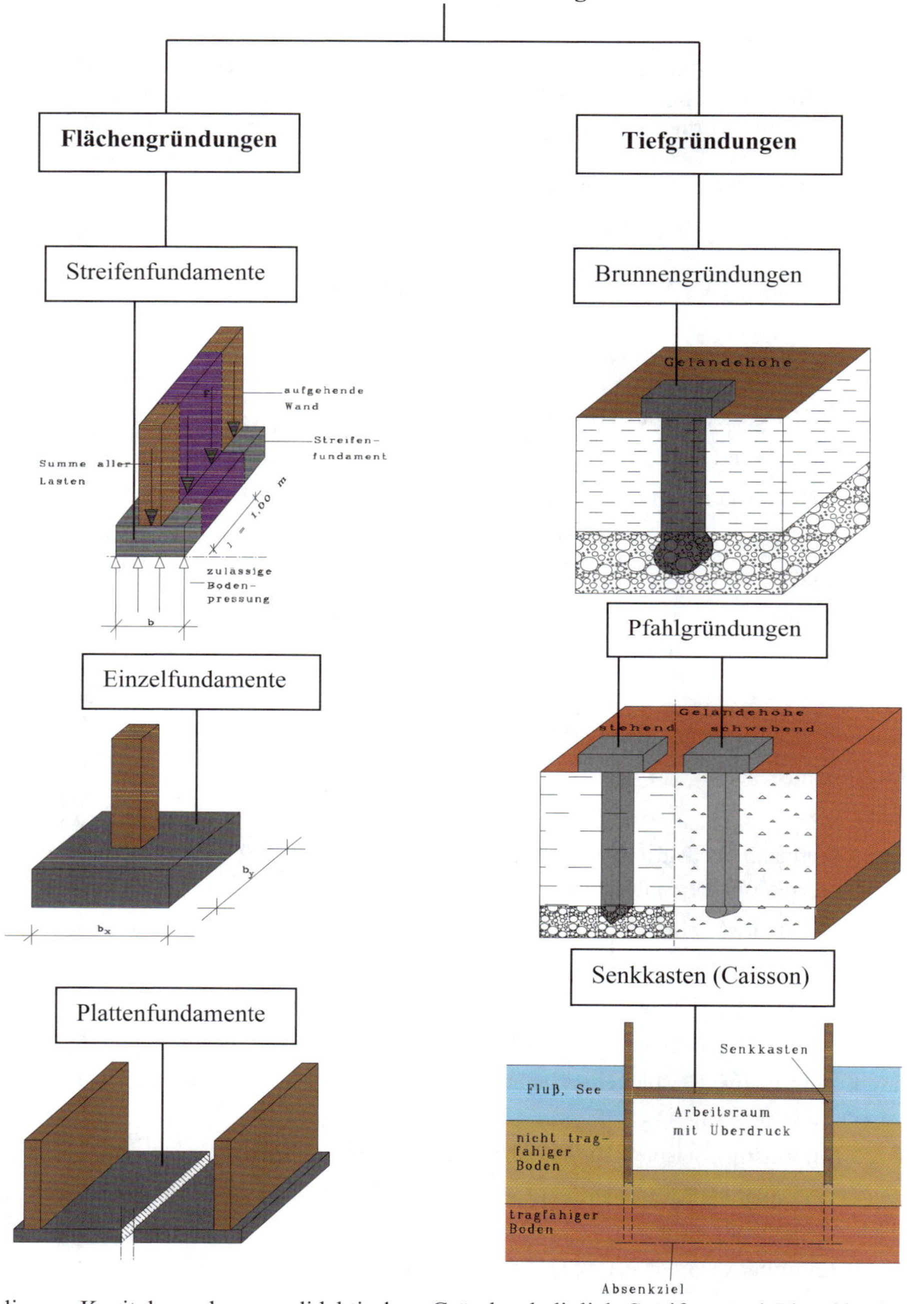

In diesem Kapitel werden aus didaktischen Gründen lediglich Streifen- und Einzelfundament berechnet. Andere Gründungsarten werden in der Fachliteratur behandelt. Flächengründungen werden auch Flachgründungen genannt.

11.2 Nachweise bei Flächengründungen

Die Fläche, mit der ein Fundament auf dem Boden aufsteht, nennt man Sohlfläche. Entsprechend heißt die Spannung zwischen Fundament und Boden entweder Sohldruck, Sohlspannung oder auch Bodenpressung. Bei den Gründungen werden i. d. R. die folgenden Nachweise gefordert:

Nachweise der Tragfähigkeit[1]

- Nachweis der Kippsicherheit
- Nachweis der Grundbruchsicherheit
- Nachweis der Gleitsicherheit

Nachweise der Gebrauchstauglichkeit

- Zulässige Lage der Sohldruckresultierenden
- Verschiebungen in der Sohlfläche
- Setzungsnachweis

In einfachen Regelfällen darf der Nachweis des Sohldruckes wie folgt geführt werden:[2]

$$\sigma_{E,d} \leq \sigma_{R,d}$$

$$\sigma_{E,d} = \frac{F_{E,d}}{A}$$

$\sigma_{E,d}$: Einwirkender Sohldruck (mit Teilsicherheit)

$F_{E,d}$: γ-fache vorhandene Einwirkung (mit Teilsicherheit)

A: Aufstandsfläche des Fundamentes

$\sigma_{R,d}$: Sohldruckwiderstand (= Sohlwiderstand, mit Teilsicherheit)[3]

Für die Berechnung des Sohldrucks können folgende Berechnungsverfahren eingesetzt werden: Spannungstrapezverfahren, Bettungsmodulverfahren, Steifemodulverfahren, kombinierte Verfahren und Finite-Elemente-Verfahren.[4] Dieser Nachweis ersetzt dann die Nachweise des Grundbruches, des Gleitens und der Gebrauchstauglichkeit.[5]

In den folgenden Beispielen werden lediglich Streifenfundamente und Einzelfundamente behandelt. Die zulässige Bodenpressung wird vorgegeben. In der Praxis sollte ein Bodengutachter eingeschaltet werden, der neben den Gründungsempfehlungen u. a. auch die Kennwerte des anstehenden Bodens liefert. Beispiele für die Berechnung von elastisch gebetteten Bodenplatten sowie Tiefgründungen sollten der darauf spezialisierten Literatur entnommen werden.

---

[1] Kempfert / Raithel, 2009, S. 24 ff.
[2] Schneider, 2024, S. 11.40: Vereinfachter Nachweis des Sohldruckes in Regelfällen.
[3] Vgl. Schneider, 2024, S. 11.43 ff.
[4] Kempfert / Raithel, 2009, S. 18.
[5] Dörken / Dehne / Kliesch: 2013, S. 124 ff.

11.3 Berechnung von einfachen Flächengründungen

Alle Lasten, die auf ein Bauwerk einwirken, müssen sicher in den Baugrund abgeleitet werden. Bei Flächengründungen werden Fundamente und/oder Bodenplatten (Sohlplatten) angeordnet, um diese Lasten in den Boden zu leiten. Für die Bemessung dieser Fundamente sind die Lasten und die Eigenschaften des anstehenden Bodens von Bedeutung.

11.3.1 Voraussetzung: Zentrische (mittige) Lasteinleitung

Bei den folgenden Beispielen liegt die Formel zugrunde:

$$\text{vorh. } \sigma_{E,d} = \frac{F_{E,d}}{A}$$

Es wird zunächst vorausgesetzt, dass die Last zentrisch in das Fundament eingeleitet wird.

vorh. $\sigma_{E,d}$: vorhandene Bodenpressung (Spannung mit Teilsicherheit), $F_{E,d}$: γ-fache vorhandene Einwirkung (mit Teilsicherheit), A: Fläche, mit der das Fundament auf dem Boden aufsteht.

Beispiele:

1) geg.: Unbewehrtes Streifenfundament, $F_{g,k}$ = 120 kN/m (einschließlich Fundamentgewicht), Fundamentbreite b = 90 cm, Fundamenthöhe h = 80 cm, ges.: Bodenpressung vorh. $\sigma_{E,d}$ in kN/m² sowie kN/cm² und MN/m² (jeweils pro Meter), Teilsicherheitsbeiwert für die ständige Einwirkung: $\gamma_g = 1{,}35$

$$\text{vorh. } \sigma_{E,d} = \frac{F_{E,d}}{A} = \frac{1{,}35 * 120\ \text{kN/m}}{0{,}9\ \text{m} * 1{,}0\ \text{m}} = \frac{162\ \text{kN/m}}{0{,}9\ \text{m}^2} = 180\ \frac{\text{kN}}{\text{m}^2}/\text{m} = 0{,}018\ \frac{\text{kN}}{\text{cm}^2}/\text{m} = 0{,}18\ \frac{\text{MN}}{\text{m}^2}/\text{m}$$

2) geg.: Unbewehrtes Streifenfundament, $F_{g,k}$ = 60 kN/m (ohne Fundamentgewicht), $F_{q,k}$ = 35 kN/m, $\sigma_{R,d}$ = 280 kN/m², γ = 24 kN/m³, h = 90 cm, l = 1 m

ges.: Fundamentbreite b (in m) und Spannungsnachweis

Es gibt mehrere Möglichkeiten, diese Aufgabe zu lösen: Man kann die Breite a) iterativ (durch Probieren) oder b) durch Umstellen der Ausgangsformel oder c) durch näherungsweise Berechnung ermitteln.

a) iterativ: Breite wählen und mit der gewählten Breite den Tragsicherheitsnachweis durchführen. Falls dieser nicht funktioniert, muss eine neue Breite gewählt werden und der Rechengang so lange wiederholt werden, bis der Tragsicherheitsnachweis erfüllt ist.

b) rechnerisch: Es wird eine Gleichung mit der unbekannten „b" aufgestellt, die dann nach „b" aufgelöst wird.

c) näherungsweise: Man reduziert die zulässige Bodenpressung, $\sigma_{R,d}$, um einen Betrag, z. B. ca. 10 % (zur Berücksichtigung des Fundamenteigengewichtes), und rechnet damit die erforderliche Breite aus.

Aus der ermittelten Mindestbreite „erf.: b" wird die gewählte Breite „gew.: b" durch Aufrunden auf die nächsthöhere 5 cm oder 10 cm Abmessung festgelegt.

Anschließend wird mit der gewählten Breite der Tragfähigkeitsnachweis durchgeführt.

Möglichkeit b) (rechnerisch):

Teilsicherheitsbeiwerte: Für die ständige Einwirkung: $\gamma_g = 1{,}35$ und für die Nutzlast: $\gamma_q = 1{,}50$

$$\sigma = \frac{F_{E,d}}{A} + \frac{F_{E,g}}{A} = \frac{F_{E,d}}{A} + \frac{1{,}35 * \not{l} * \not{b} * h * \gamma}{\not{l} * \not{b}} = \frac{F_{E,d}}{l * b} + 1{,}35 * h * \gamma$$

$F_{Ed} = 1{,}35 * 60\ kN/m + 1{,}50 * 35\ kN/m = 133{,}5\ kN/m$

$$\rightarrow b = \frac{F_{E,d}}{\sigma_{R,d} - 1{,}35 * h * \gamma} = \frac{133{,}5\ kN/m}{280 \frac{kN}{m^2} - 1{,}35 * 0{,}90\ m * 24{,}0\ kN/m^3} = 0{,}53\ m$$

gewählt: b = 60 cm

Man sollte die gewählte Breite des Streifenfundamentes großzügig aufrunden, da auf der Baustelle die Ausschachtung des Fundamentes meist mit einem Bagger hergestellt wird.

Nachweis der Bodenpressung:

$$\text{vorh. } \sigma_{E,d} = \frac{F_{E,d}}{A} + \frac{F_{E,g,d}}{A} = \frac{133{,}5\ kN/m}{1{,}0\ m * 0{,}6\ m} + \frac{1{,}35 * \not{1{,}0\ m} * \not{0{,}6\ m} * 0{,}9\ m * 24{,}0\ kN/m^3}{\not{1{,}0\ m} * \not{0{,}6\ m}}$$

$$\text{vorh. } \sigma_{E,d} = 222{,}5\ kN/m^2 + 1{,}35 * 0{,}9\ m * 24{,}0\ kN/m^3 = 251{,}7\ kN/m^2 < 280{,}0\ kN/m^2 = \sigma_{R,d}$$

Möglichkeit c) (näherungsweise) $\text{erf. } A = \frac{\text{vorh. } F_{E,d}}{\text{red. } \sigma_{R,d}} = \frac{1{,}35 * 60 \frac{kN}{m} + 1{,}5 * 35 \frac{kN}{m}}{280 \frac{kN}{m^2} - 28 \frac{kN}{m^2}} = \frac{133{,}5 \frac{kN}{m}}{252 \frac{kN}{m^2}} = 0{,}53\ m^2$

red. $\sigma_{R,d}$ = reduzierte (zulässige) Spannung wegen der Berücksichtigung des Fundamenteigengewichtes (ca. 10 % Abzug)

erf. A = l * erf. b

$$\text{erf. } b = \frac{\text{erf. } A}{l} = \frac{0{,}53\ m^2}{1\ m} = 0{,}53\ m$$

gewählt: b = 60 cm

Nachweis der Bodenpressung: wie bei b)

3) geg.: Unbewehrtes Streifenfundament, C20/25, $F_{g,k} = 0{,}12$ MN/m (ohne Fundamenteigengewicht), $F_{q,k} = 0{,}08$ MN/m, $\sigma_{R,d} = 350\ kN/m^2$, $\gamma = 24\ kN/m^3$, h = 1,2 m, l = 1,0 m

ges.: Fundamentbreite b und Spannungsnachweis

$$\text{erf. } b = \frac{F_{E,d}}{\text{red. } \sigma_{R,d}} = \frac{1{,}35 * 120 \frac{kN}{m} + 1{,}5 * 80 \frac{kN}{m}}{350 \frac{kN}{m^2} - 35 \frac{kN}{m^2}} = \frac{282 \frac{kN}{m}}{315 \frac{kN}{m^2}} = 0{,}90\ m \text{ (näherungsweise)}$$

(zulässige) reduzierte Spannung = red. $\sigma_{R,d}$

rechnerisch (nach o. a. Formel): b = 0,91 m

gewählt: b = 95 cm

oder alternativ: b = 1,00 m

$$\text{vorh. } \sigma = \frac{F_{E,d}}{A} + \frac{F_{E,d,g}}{A} = \frac{282 \frac{kN}{m}}{0{,}95\ m * 1{,}0\ m} + \frac{1{,}35 * \not{1{,}0\ m} * \not{0{,}95\ m} * 1{,}2\ m * 24{,}0\ kN/m^3}{\not{1{,}0\ m} * \not{0{,}95\ m}}$$

($F_{E,d,g}$ = Eigengewicht des Fundamentes)

vorh. $\sigma = 335{,}7\ kN/m^2 < 350\ kN/m^2$

4) geg.: Quadratisches, unbewehrtes Einzelfundament, C20/25, $F_{G,k} = 0{,}3$ MN (ohne Fundament-eigengewicht), $F_{Q,k} = 0{,}12$ MN, $\sigma_{R,d} = 420$ kN/m², h = 80 cm

ges.: Fundamentbreite b und Spannungsnachweis

$$\text{erf. } A = \frac{\text{vorh. } F_{E,d}}{\text{red. } \sigma_{R,d}} = \frac{1{,}35 * 300 \text{ kN} + 1{,}5 * 120 \text{ kN}}{420 \frac{\text{kN}}{\text{m}^2} - 42 \frac{\text{kN}}{\text{m}^2}} = \frac{585 \text{ kN}}{378 \frac{\text{kN}}{\text{m}^2}} = 1{,}55 \text{ m}^2$$

$A = b_x * b_y \rightarrow b_x = b_y$ (da eine quadratische Grundfläche vorhanden ist.)

$\rightarrow$ erf. b_x = erf. $b_y = \sqrt{A} = \sqrt{(1{,}55 \text{ m}^2)} = 1{,}24$ m

<u>gewählt: $b_x = b_y = 130$ cm</u>

$$\text{vorh. } \sigma = \frac{F_{E,d}}{A} + \frac{F_{E,d,g}}{A} = \frac{585 \text{ kN}}{(1{,}3 \text{ m})^2} + 1{,}35 * 0{,}8 \text{ m} * 24{,}0 \frac{\text{kN}}{\text{m}^3}$$

$$\text{vorh. } \sigma = 372{,}1 \text{ kN/m}^2 < 420 \text{ kN/m}^2 = \sigma_{R,d}$$

5) geg.: Rechteckiges Einzelfundament, $b_x = 2{,}20$ m, $b_y = 1{,}80$ m, h = 80 cm,

$\sigma_{R,d} = 500$ kN/m²

ges.: $F_{E,d}$ (kN)

$\sigma = \frac{F}{A} \rightarrow F_{E,d} = \sigma * A = 500 \text{ kN/m}^2 * 2{,}2 \text{ m} * 1{,}8 \text{ m} = 1980 \text{ kN}$

(einschl. Eigengewicht des Fundamentes)

Nachfolgend werden zunächst die Formeln und anschließend die Beispiele für außermittige (exzentrische) Belastung gezeigt. Wenn bei Rechteckquerschnitten, z. B. beim rechteckigen Fundament, eine Kraft exzentrisch angreift, entsteht zusätzlich zur Normalkraft auch ein Biegemoment. Dies wird dann als Biegung mit Normalkraft bezeichnet.

Bei nicht zugfesten Materialien (Mauerwerk, Baugrund) kann hierbei eine versagende Zugzone entstehen. Dies wird auch „klaffende Fuge“ genannt.[6]

Es folgt die Herleitung der Formeln für zentrische und exzentrische Belastung.[7]

Analog den Bautabellen[8] werden folgende Bezeichnungen definiert: Die Breite des Querschnitts wird in diesen Formeln d genannt, die Tiefe b, die Kraft R und die Exzentrizität e.

---

[6] Müller, 2000, S. 104.
[7] Schneider, 2024, S. 4.27.
[8] Schneider, 2024, S. 4.27.

11.3.2 Exzentrische (außermittige) Lasteinleitung: Herleitung der Formeln

Fall 1: Zentrische Belastung (keine Exzentrizität)

R in der Mitte

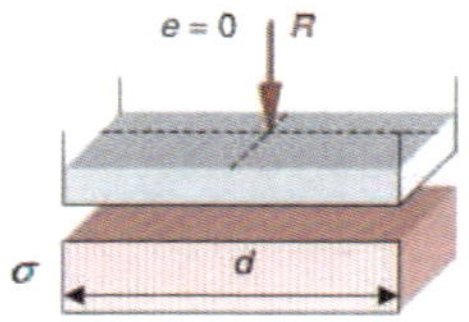

Allgemeine Ausgangsformel: $\sigma = \frac{R}{A} \pm \frac{M}{W}$ **e = 0**

$A = b * d \qquad M = R * e \qquad W = \frac{b * d^2}{6}$

$$\sigma = \frac{R}{b*d} \pm \frac{R*e*6}{b*d^2} = \frac{R}{b*d} \pm \frac{R*0*6}{b*d^2} \rightarrow \sigma = \frac{R}{b*d} = \frac{R}{A}$$

Fall 2: Geringe exzentrische Belastung

R innerhalb des Kerns

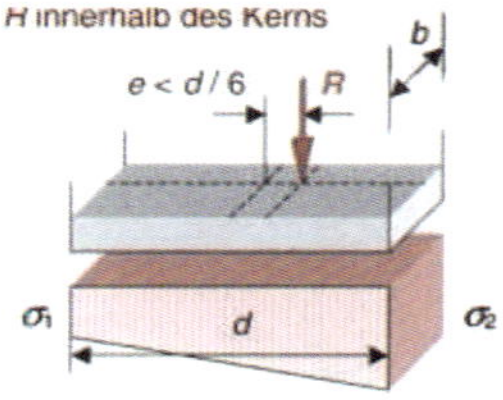

Ausgangsformel: $\sigma = \frac{R}{A} \pm \frac{M}{W}$ **$e < \frac{d}{6}$**

$A = b * d \qquad M = R * e \qquad W = \frac{b * d^2}{6}$

$$\sigma_{2/1} = \frac{R}{b*d} \pm \frac{R*e*6}{b*d^2}$$ / $\frac{R}{b*d}$ ausklammern

$$\sigma_{2/1} = \frac{R}{b*d} * \left(1 \pm \frac{e*6}{d}\right)$$ σ_2 ist der größere Wert

Fall 3: Mäßige exzentrische Belastung

R auf dem Rand des Kerns

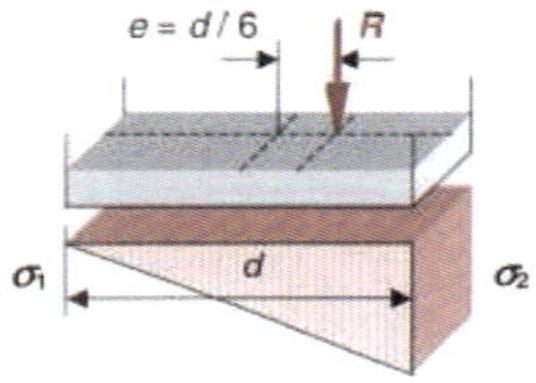

Ausgangsformel: $\sigma = \frac{R}{A} \pm \frac{M}{W}$ **$e = \frac{d}{6}$**

$A = b * d \qquad M = R * e \qquad W = \frac{b * d^2}{6}$

$$\sigma_2 = \frac{R}{b*d} \pm \frac{R*e*6}{b*d^2} = \frac{R}{b*d} \pm \frac{R*\frac{d}{6}*6}{b*d^2} = \frac{R}{b*d} \pm \frac{R}{b*d} = \frac{2*R}{b*d}$$

$\sigma_1 = 0$

Fall 4: Große exzentrische Belastung

R außerhalb des Kerns

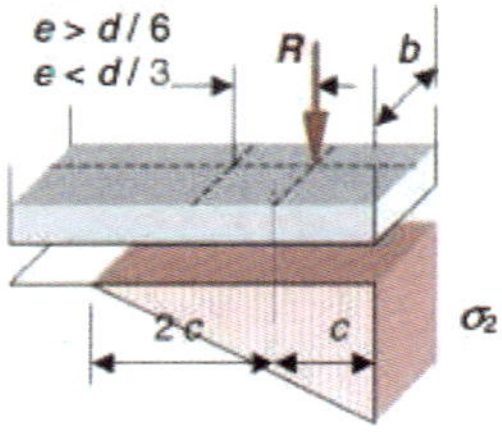

Ausgangsformel: $\sigma = \frac{R}{A} \pm \frac{M}{W}$ $\frac{d}{6} < e < \frac{d}{3} \rightarrow e = \frac{d}{2} - c$

$A = b * 3 * c,\ c = \frac{d}{2} - e,\ d = 3 * c,\ M = R * e,\ W = \frac{b*(3*c)^2}{6}$

$$\sigma_2 = \frac{R}{b*3*c} \pm \frac{R*e*6}{b*(3*c)^2} = \frac{R}{b*3*c} \pm \frac{R*(\frac{3*c}{2} - c)*6}{b*(3*c)^2}$$

$$\sigma_2 = \frac{R}{b*3*c} \pm \frac{R*3*c}{b*(3*c)^2} = \frac{2*R}{3*c*b}$$

Fall 5: Größte zulässige exzentrische Belastung

R mit extremaler Exzentrizität

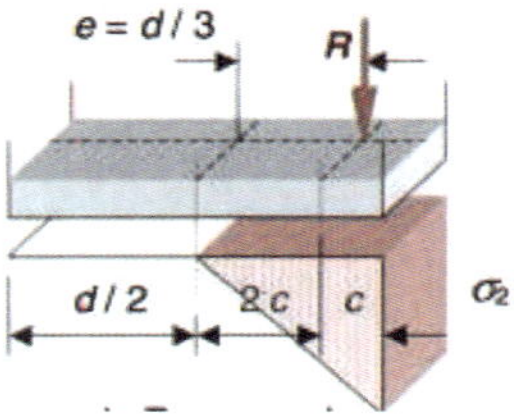

Ausgangsformel: $\sigma = \frac{R}{A} \pm \frac{M}{W}$ $e = \frac{d}{3}$

$A = b * \frac{d}{2} \qquad M = R * e \qquad W = \frac{b*d^2}{6}$

$$\sigma_2 = \frac{R}{b*\frac{d}{2}} \pm \frac{R*e*6}{b*d^2} = \frac{R}{b*\frac{d}{2}} \pm \frac{R*\frac{d}{3}*6}{b*d^2} = \frac{2*R}{b*d} + \frac{2*R}{b*d} = \frac{4*R}{b*d}$$

Beispiel:

geg.: Streifenfundament, Breite d = 1,20 m, Tiefe b = 1,00 m,

F_k = 100 kN/m (einschließlich Fundamenteigengewicht)

ges.: Bodenpressungen der verschiedenen Lastfälle. Die Last F_k steht anfangs zentrisch in der Mitte (Lastfall 1). Danach wandert sie jeweils 10 cm nach rechts (Lastfälle 2 - 5).

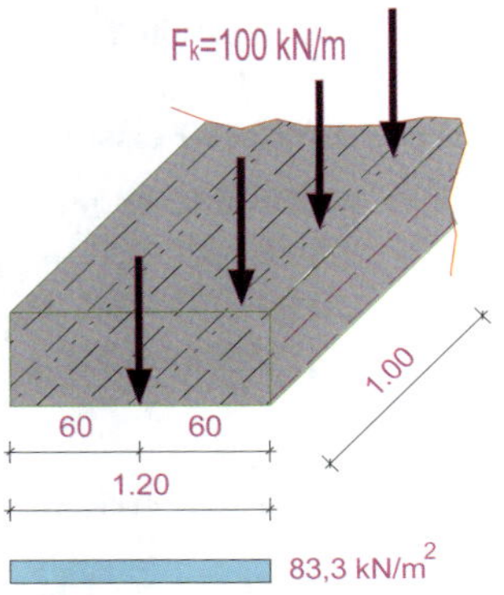

Lastfall 1: $e = 0$ (Die Last steht in der Mitte.)

$$\sigma_k = \frac{F_k}{A} = \frac{100\ \text{kN}}{1{,}2\ \text{m} * 1{,}0\ \text{m}} = 83{,}3\ \text{kN/m}^2$$

Spannungsbild:

Lastfall 2: $e = 0{,}10$ m $\quad e < \frac{d}{6} = \frac{1{,}2\ \text{m}}{6} = 0{,}20$ m

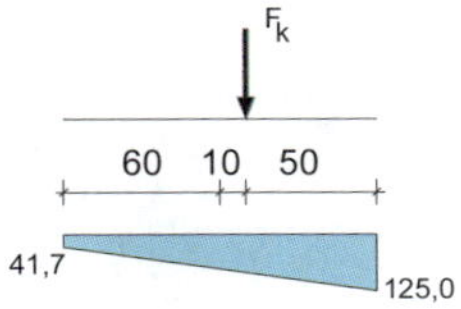

$$\sigma_{1,k} = \frac{F_k}{b * d} * \left(1 - \frac{6 * e}{d}\right) = \frac{100\ \text{kN}}{1{,}0\ \text{m} * 1{,}2\ \text{m}} * \left(1 - \frac{6 * 0{,}1\ \text{m}}{1{,}2\ \text{m}}\right)$$

$\sigma_{1,k} = 41{,}7\ \text{kN/m}^2$

$$\sigma_{2,k} = \frac{F_k}{b * d} * \left(1 + \frac{6 * e}{d}\right) = \frac{100\ \text{kN}}{1{,}0\ \text{m} * 1{,}2\ \text{m}} * \left(1 + \frac{6 * 0{,}1\ \text{m}}{1{,}2\ \text{m}}\right) = 125{,}0\ \text{kN/m}^2$$

Lastfall 3: $e = 0{,}20$ m $\quad e = \frac{d}{6} = \frac{1{,}2\ \text{m}}{6} = 0{,}20$ m

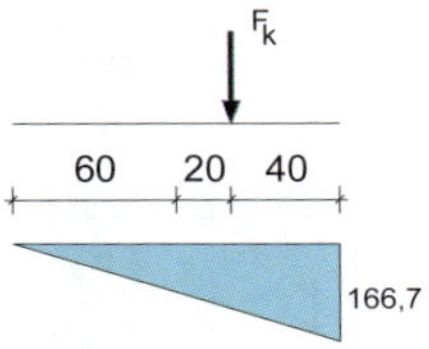

$\sigma_{1,k} = 0\ \text{kN/m}^2$

$$\sigma_{2,k} = \frac{2 * F_k}{b * d} = \frac{2 * 100\ \text{kN}}{1{,}0\ \text{m} * 1{,}2\ \text{m}} = 166{,}7\ \text{kN/m}^2$$

Lastfall 4: $e = 0{,}30$ m $\quad \frac{d}{6} < e < \frac{d}{3}$

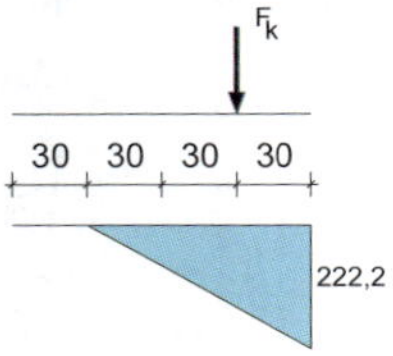

$$\frac{1{,}2\ \text{m}}{6} = 0{,}20\ \text{m} < e < \frac{1{,}2}{3} = 0{,}40\ \text{m}$$

$$c = \frac{d}{2} - e = \frac{1{,}2\ \text{m}}{2} - 0{,}3\ \text{m} = 0{,}30\ \text{m}$$

$$\sigma_{2,k} = \frac{2 * F_k}{3 * c * b} = \frac{2 * 100\ \text{kN}}{3 * 0{,}3\ \text{m} * 1{,}0\ \text{m}} = 222{,}2\ \text{kN/m}^2,\ \sigma_{1,k} = 0\ \text{kN/m}^2$$

Lastfall 5: $e = 0{,}40$ m $\quad e = \frac{d}{3} = \frac{1{,}2}{3} = 0{,}40$ m

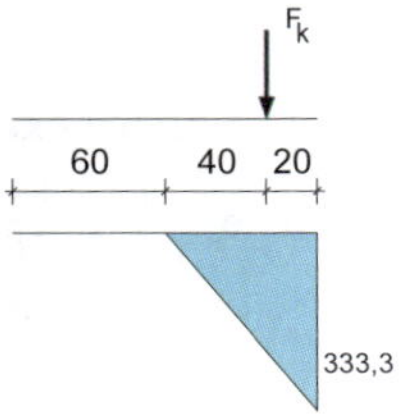

$$c = \frac{d}{2} - e = \frac{1{,}2\ \text{m}}{2} - 0{,}4\ \text{m} = 0{,}20\ \text{m}$$

$$\max \sigma_{2,kd} = \frac{4 * F_k}{b * d} = \frac{4 * 100\ \text{kN}}{1{,}2\ \text{m} * 1{,}0\ \text{m}} = 333{,}3\ \text{kN/m}^2,\ \sigma_{1,k} = 0\ \text{kN/m}^2$$

Fazit: Je weiter die Last exzentrisch steht, desto größer wird die Bodenpressung. Ab einer Exzentrizität von $e > \frac{d}{6}$ bildet sich eine klaffende Fuge. Der Inhalt der jeweiligen Spannungsfläche bzw. - wegen b - des Spannungskeiles entspricht der jeweiligen Einwirkung.

Beispiele: Exzentrisch belastete Streifenfundamente

geg.: $F = F_{E,d}$ und Fundamentabmessungen gem. Skizze

ges.: Bodenpressungen vorh. $\sigma_{E,d}$ und Spannungsbild der Bodenpressung

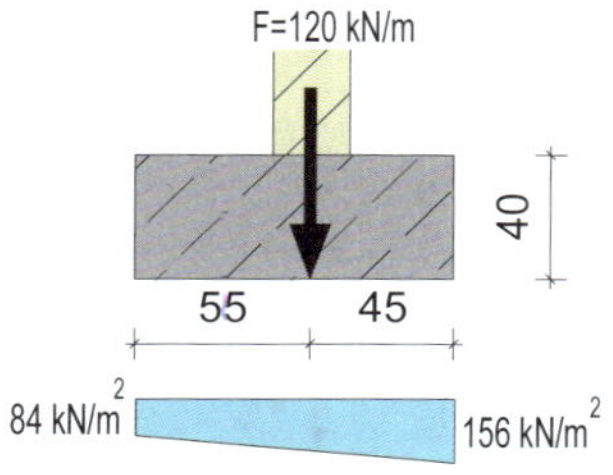

1) Streifenfundament

$e = 0{,}05\text{ m} < \frac{d}{6} = \frac{1{,}0}{6} = 0{,}17\text{ m},\ d = b = 1{,}00\text{ m}$

$\text{vorh. } \sigma_{1,Ed} = \frac{F}{b * d} * (1 - \frac{6 * e}{d})$

$\text{vorh. } \sigma_{1,Ed} = \frac{120\text{ kN/m}}{1{,}0\text{ m} * 1{,}0\text{ m}} * (1 - \frac{6 * 0{,}05\text{ m}}{1{,}0\text{ m}}) = 84{,}0\text{ kN/m}^2$

$\text{vorh. } \sigma_{2,Ed} = \frac{F}{b * d} * (1 + \frac{6 * e}{d})$

$\text{vorh. } \sigma_{2,Ed} = \frac{120\text{ kN}}{1{,}0\text{ m} * 1{,}0\text{ m}} * (1 + \frac{6 * 0{,}05\text{ m}}{1{,}0\text{ m}}) = 156{,}0\text{ kN/m}^2$

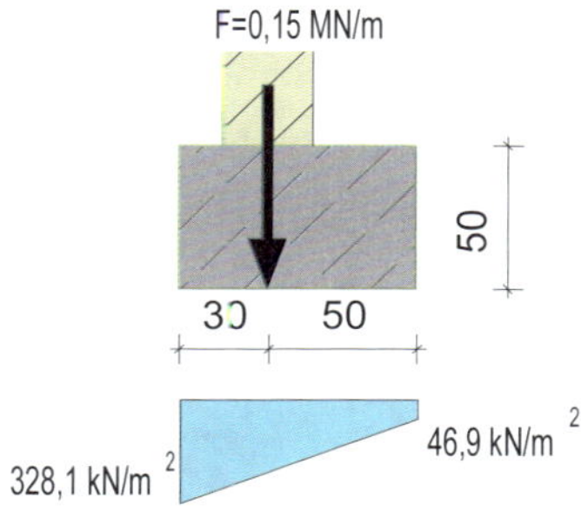

2) Streifenfundament

$e = 0{,}10\text{ m} < \frac{d}{6} = \frac{0{,}8\text{ m}}{6} = 0{,}13\text{ m},\ d = 80\text{ cm},\ b = 1{,}00\text{ m}$

$\text{vorh. } \sigma_{2,Ed} = \frac{F}{b * d} * (1 - \frac{6 * e}{d})$

$\text{vorh. } \sigma_{2,Ed} = \frac{150\text{ kN/m}}{1{,}0\text{ m} * 0{,}80\text{ m}} * (1 - \frac{6 * 0{,}10\text{ m}}{0{,}8\text{ m}}) = 46{,}9\text{ kN/m}^2$

$\text{vorh. } \sigma_{1,Ed} = \frac{F}{b * d} * (1 + \frac{6 * e}{d})$

$\text{vorh. } \sigma_{1,Ed} = \frac{150\text{ kN/m}}{1{,}0\text{ m} * 0{,}8\text{ m}} * (1 + \frac{6 * 0{,}10\text{ m}}{0{,}8\text{ m}}) = 328{,}1\text{ kN/m}^2$

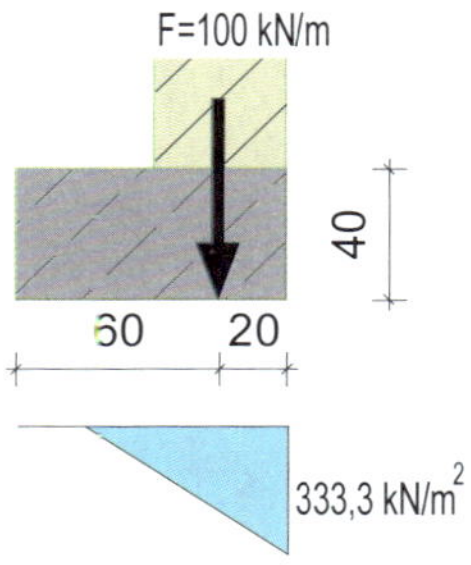

3) Streifenfundament

$e = 0{,}20\text{ m},\ d = 80\text{ cm},\ b = 1{,}00\text{ m}$

$\frac{d}{6} < e < \frac{d}{3} \rightarrow \frac{0{,}8\text{ m}}{6} = 0{,}13\text{ m} < 0{,}20\text{ m} < \frac{0{,}8\text{ m}}{3} = 0{,}27$

$c = 0{,}20\text{ m}$

$\text{vorh. max. } \sigma_{Ed} = \frac{2 * F}{3 * c * b} = \frac{2 * 100\text{ kN/m}}{3 * 0{,}20\text{ m} * 1{,}0\text{ m}} = 333{,}3\text{ kN/m}^2$

Zweifach exzentrische Belastung eines Einzelfundamentes

Beispiel:

gegeben: Einzelfundament mit exzentrischer Last $F = F_{E,d} = 150$ kN

gesucht: Maximale Bodenpressung, mit und ohne Interpolation

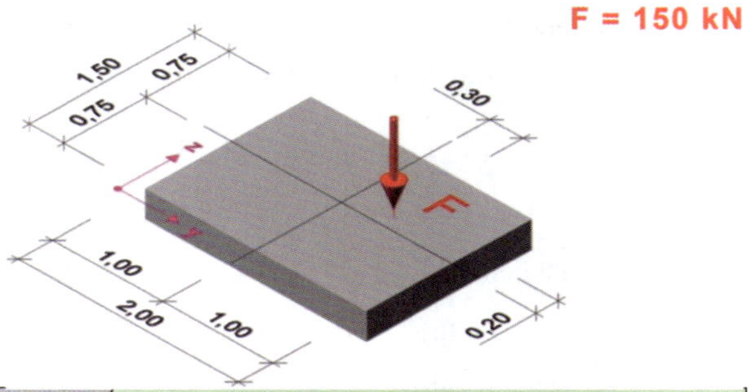

μ -Werte: aus Tabelle[9]

Ohne Interpolation	**Mit** Interpolation
$\frac{e_z}{b} = \frac{0,20\ m}{1,50\ m} = 0,13$	$\frac{e_z}{b} = \frac{0,20\ m}{1,50\ m} = 0,13$
$\frac{e_y}{d} = \frac{0,30\ m}{2,00\ m} = 0,15$	$\frac{e_y}{d} = \frac{0,30\ m}{2,00\ m} = 0,15$
Da diese Werte in der Tabelle nicht direkt ablesbar sind, wird der höchste (ungünstigste) μ- Wert angenommen!	**Da diese Werte in der Tabelle nicht direkt ablesbar sind, werden die Werte linear interpoliert!**
	Interpolation:
	$\left(\frac{2,79 - 2,63}{0,02} * 0,01\right) + 2,63 = 2,71$
	$\left(\frac{2,97 - 2,80}{0,02} * 0,01\right) + 2,80 = 2,89$
	$\left(\frac{2,89 - 2,71}{0,02} * 0,01\right) + 2,71 = 2,80$
μ = 2,97	**μ = 2,80**
max. $\sigma_d = \mu * \frac{R}{b * d} = 2{,}97 * \frac{150\ kN}{2{,}00\ m * 1{,}50\ m}$	max. $\sigma_d = \mu * \frac{R}{b * d} = 2{,}80 * \frac{150\ kN}{2{,}00\ m * 1{,}50\ m}$
max. $\sigma_d = 148,50 \frac{kN}{m^2}$	max. $\sigma_d = 140,00 \frac{kN}{m^2}$

[9] Schneider, 2024, S. 4.30.

11.4 Übungen

1) geg.: Unbewehrtes Streifenfundament, zentrisch belastet, $F_{g,k}$ = 60 kN/m (ohne Fundamentgewicht), $F_{q,k}$ = 40 kN/m

Fundamentbreite d = 60 cm, Fundamenthöhe h = 50 cm

ges: vorh. $\sigma_{E,d}$

2) geg.: Rechteckiges, unbewehrtes Einzelfundament, C12/15, zentrisch belastet, $F_{G,k}$ = 0,25 MN (ohne Fundamentgewicht), $F_{Q,k}$ = 0,15 MN, $\sigma_{R,d}$ = 300 kN/m², Fundamenthöhe h = 1,0 m, Fundamentbreite in y-Richtung b_y = 1,5 m

ges.: Fundamentbreite in x-Richtung b_x und Spannungsnachweis

3) geg.: Einzelfundament mit zweifach exzentrischer Last

F_K = 100 kN

ges.: max. $\sigma_{E,k}$ in kN/m²

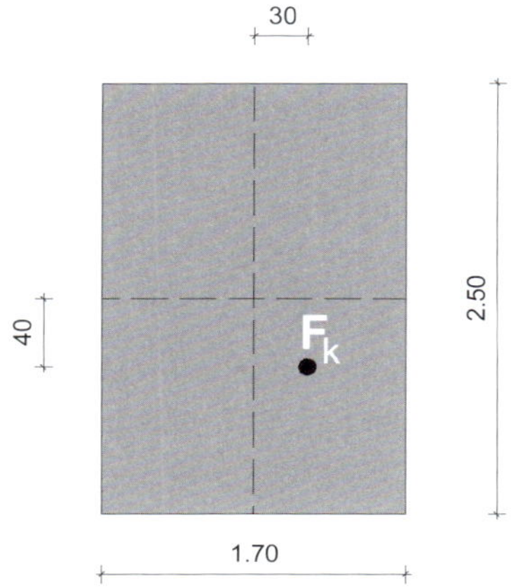

4) geg.: Unbewehrtes Streifenfundament, C20/25, mit zentrischer Last, $F_{g,k}$ = 100 kN/m (ohne Fundamentgewicht), $F_{q,k}$ = 50 kN/m, $\sigma_{R,d}$ = 250 kN/m², keine Frostgefahr

ges.: a) Breite b

b) Höhe h

c) Nachweis der Tragfähigkeit

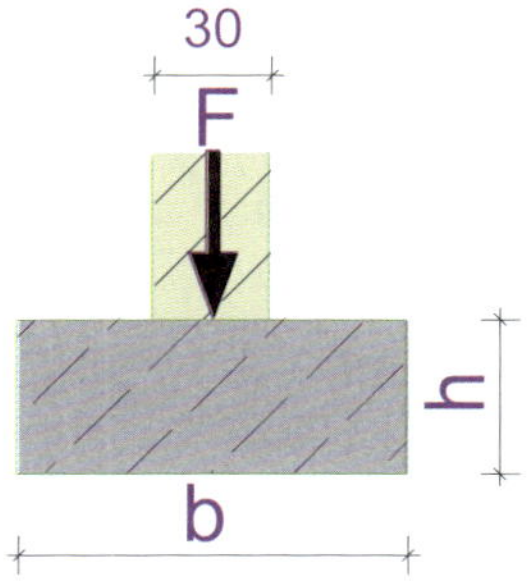

Der Nachweis der Höhe von unbewehrten Streifen- und Einzelfundamenten wird in Kapitel 13.10.4, Stahlbeton- und Spannbetonbau, behandelt!

11.5 Lösungen zu den Übungen

Zu Kap. 11.4

1) geg.: Unbewehrtes Streifenfundament, zentrisch belastet, $F_{g,k}$ = 60 kN/m (ohne Fundamentgewicht), $F_{q,k}$ = 40 kN/m, Fundamentbreite d = 60 cm, Fundamenthöhe h = 50 cm

ges.: vorh. $\sigma_{E,d}$ in kN/m²

$$\text{vorh. } \sigma_{E,d} = \frac{F_{E,d}}{A} + \frac{F_{E,d,g}}{A} = \frac{1{,}35 * 60\,\frac{kN}{m} + 1{,}5 * 40\,\frac{kN}{m}}{0{,}6\text{ m} * 1{,}0\text{ m}} + \frac{1{,}35 * \cancel{0{,}6\text{ m}} * \cancel{1{,}0\text{ m}} * 0{,}5\text{ m} * 24{,}0\text{ kN/m}^3}{\cancel{0{,}6\text{ m}} * \cancel{1{,}0\text{ m}}}$$

vorh. $\sigma_{E,d}$ = 235 kN/m² + 16,2 kN/m² = 251,2 kN/m²

2) geg.: Rechteckiges, unbewehrtes Einzelfundament, C12/15, zentrisch belastet, $F_{G,k}$ = 0,25 MN (ohne Fundamentgewicht), $F_{Q,k}$ = 0,15 MN, $\sigma_{R,d}$ = 300 kN/m², Fundamenthöhe h = 1,0 m, Fundamentbreite in y-Richtung b_y = 1,5 m

ges.: b_x und Spannungsnachweis

red. $\sigma_{R,d}$ = 300 kN/m² - 30 kN/m² = 270 kN/m² (10% Abzug wegen der Berücksichtigung des Eigengewichtes des Fundamentes)

$$\text{erf. } A = \frac{F}{\sigma}$$

$$A = b_x * b_y \rightarrow b_x * b_y = \frac{F}{\sigma}$$

$$\text{erf. } b_x = \frac{F_{E,d}}{\sigma_{R,d} * b_y} = \frac{1{,}35 * 250\text{ kN} + 1{,}5 * 150\text{ kN}}{270\,\frac{kN}{m^2} * 1{,}50\text{ m}} = \frac{562{,}5\text{ kN}}{405\,\frac{kN}{m}} = 1{,}39\text{ m}$$

<u>gewählt: b_x = 140 cm</u>

$$\text{vorh. } \sigma_{E,d} = \frac{F_{E,d}}{A} + \frac{F_{E,g}}{A} = \frac{562{,}5\text{ kN}}{1{,}5\text{ m} * 1{,}4\text{ m}} + 1{,}35 * 1{,}0\text{ m} * 24{,}0\text{ kN/m}^3 = 300{,}3\text{ kN/m}^2 \sim \sigma_{R,d}$$

Sinnvoll wäre hier eine Erhöhung der Fundamentbreite auf 145 cm oder 150 cm.

3) geg.: Einzelfundament mit zweifach exzentrischer Last

F_K = 100 kN

ges.: max. $\sigma_{E,k}$

$$\frac{e_z}{b} = \frac{0{,}40\text{ m}}{2{,}50\text{ m}} = 0{,}16$$

$$\frac{e_y}{d} = \frac{0{,}30\text{ m}}{1{,}70\text{ m}} = 0{,}18$$

$\rightarrow \mu = 3{,}38$

$$\text{max. } \sigma_{E,k} = \mu * \frac{F_k}{A}$$

$$\text{max. } \sigma_{E,k} = 3{,}38 * \frac{100\text{ kN}}{(1{,}70\text{ m} * 2{,}50\text{ m})}$$

$$\text{max. } \sigma_{E,k} = 79{,}5\text{ kN/m}^2$$

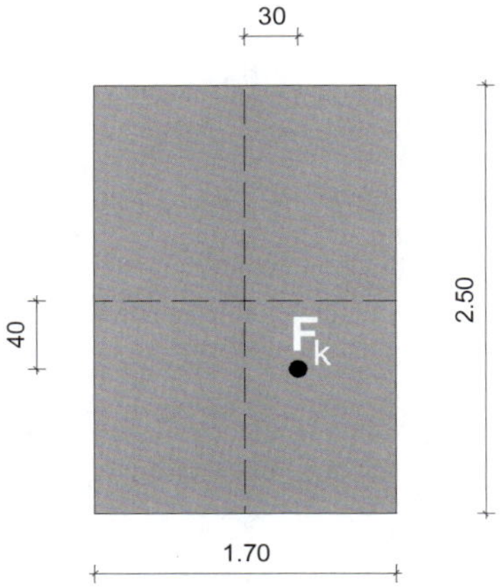

4) geg.: Unbewehrtes Streifenfundament, C20/25, mit zentrischer Last, $F_{g,k}$ = 100 kN/m (ohne Fundamentgewicht), $F_{q,k}$ = 50 kN/m, $\sigma_{R,d}$= 250 kN/m², keine Frostgefahr

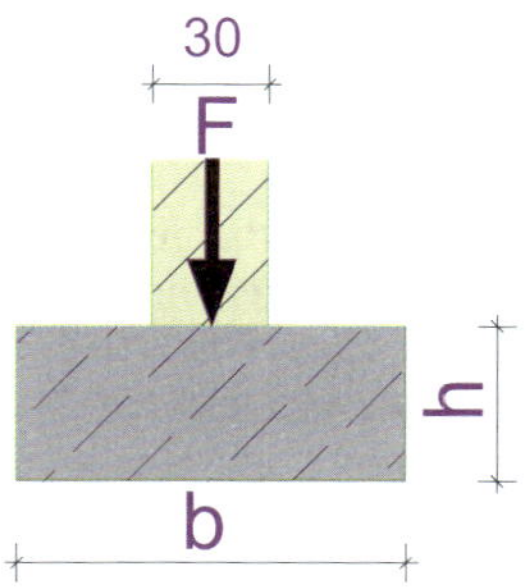

ges.: a) Breite b

b) Höhe h

c) Nachweis der Tragfähigkeit

zu a) Berechnung der Fundamentbreite

red. $\sigma_{R,d}$ = 250 kN/m² - 25 kN/m² = 225 kN/m² (10 % Abzug wegen der Berücksichtigung des Eigengewichtes des Fundamentes)

erf. $A = \frac{F}{\sigma} \rightarrow A = b * l \rightarrow b * l = \frac{F}{\sigma}$ (Die Länge des Streifenfundamentes beträgt 1,00 m.)

erf. $b = \frac{F_{E,d}}{\sigma_{R,d}\,(*\,l)} = \frac{1{,}35 * 100\,\frac{kN}{m} + 1{,}5 * 50\,\frac{kN}{m}}{225\,\frac{kN}{m^2}\,(*\,1{,}00\ m)} = \frac{210\,\frac{kN}{m}}{225\,\frac{kN}{m^2}} = 0{,}93\ m$ (pro m)

<u>gewählt: b_x = 100 cm</u>

zu b) Berechnung der Fundament**höhe**: siehe Kapitel Stahlbetonbau, 13.10.4!

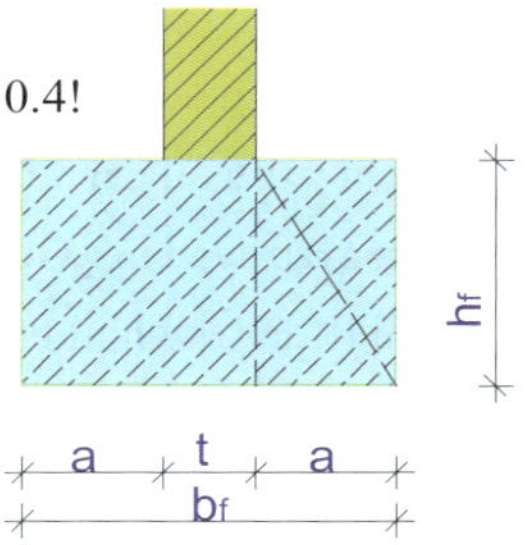

$$\mathbf{h_f \geq \frac{a}{0{,}85} * \sqrt{\frac{3 * \sigma_{gd}}{f_{ctd}}}}$$

$$\mathbf{h_f / a \geq 1}$$

$a = \frac{b_f - t}{2} = \frac{100\ cm - 30\ cm}{2} = 35\ cm$, b_f = Fundamentbreite = b

f_{ctd} = Bemessungswert der Betonzugfestigkeit, für C20/25:

$f_{ctk;0,05} = 1{,}5\ N/mm^2 = 1{,}5\ MN/m^2 \rightarrow f_{ctd} = 0{,}85 * f_{ctk;0,05} / \gamma = 0{,}85 * 1{,}5\ MN/m^2 / 1{,}5 = 0{,}85\ MN/m^2$, σ_{gd} = Bemessungswert der Bodenpressungen = $\sigma_{R,d}$

Erläuterungen hierzu: Siehe Kapitel Stahlbetonbau, 13.10.4 und Schneider, 2024, S. 5.128!

$$\text{erf. } h_f \geq \frac{a}{0{,}85} * \sqrt{\frac{3 * \sigma_{gd}}{f_{ctd}}} = \frac{35\ cm}{0{,}85} * \sqrt{\frac{3 * 250\,\frac{kN}{m^2} * 10^{-3}}{0{,}85\,\frac{MN}{m^2}}} = 38{,}7\ cm$$

<u>gewählt: h = 40 cm</u>

$\frac{h_f}{a} = \frac{40\ cm}{35\ cm} = 1{,}14 \geq 1$ (das Streifenfundament kann unbewehrt ausgeführt werden.)

zu c) Nachweis der Tragfähigkeit

$$\text{vorh. } \sigma_{E,d} = \frac{F_{E,d}}{A} + \frac{F_{E,g}}{A} = \frac{210\,\frac{kN}{m}}{1{,}0\ m * 1{,}0\ m} + \frac{1{,}35 * \cancel{1{,}0\ m} * \cancel{1{,}0\ m} * 0{,}40\ m * 24{,}0\ kN/m^3}{\cancel{1{,}0\ m} * \cancel{1{,}0\ m}}$$

(F_{Eg} = Fundamenteigengewicht mit Teilsicherheit)

vorh. $\sigma_{E,d} = 223{,}0\ kN/m^2 < \sigma_{R,gd} = 250\ kN/m^2$

12 Mauerwerksbau

Wie in dem vorhergehenden Kapitel wird zunächst die Gliederung des ersten Teils der DIN EN 1996-1-1 „Allgemeine Regeln für bewehrtes und unbewehrtes Mauerwerk“ sowie die weiteren Teile des Eurocode 6 (EC 6) vorgestellt. Der Titel des EC 6 lautet: Bemessung und Konstruktion von Mauerwerksbauten. Danach werden exemplarisch einfache Beispiele aus dem Hochbau zur Berechnung von Mauerwerk gezeigt. Bereits hier soll jedoch auf Teil 3 der Norm, mit dem Titel „Vereinfachte Berechnungsmethoden für unbewehrte Mauerwerksbauten“ hingewiesen werden, mit dem ein Großteil der einfachen Beispiele berechnet werden können.

12.1 Gliederung der DIN EN 1996-1-1 (Eurocode 6)

1 Allgemeines

2 Grundlagen für Entwurf, Berechnung und Bemessung

3 Baustoffe

4 Dauerhaftigkeit

5 Ermittlung der Schnittkräfte

6 Grenzzustand der Tragfähigkeit

7 Grenzzustand der Gebrauchstauglichkeit

8 Bauliche Durchbildung

9 Ausführung

Anhang A (informativ) Berücksichtigung von Teilsicherheitsfaktoren in Bezug auf die Ausführung

Anhang B (informativ) Berechnung der Ausmitte eines Stabilisierungskernes

Anhang C (informativ) Ein vereinfachtes Verfahren zur Berechnung der Lastausmitte bei Wänden

Anhang D (informativ) Ermittlung von ρ_3 und ρ_4

Anhang E (informativ) Biegemomentkoeffizient α_2 für einschalige horizontal belastete Wandscheiben mit Wanddicken ≤ 250 mm

Anhang F (informativ) Beschränkung des Verhältnisses Länge bzw. Höhe zu Dicke für Wände im Grenzzustand der Gebrauchstauglichkeit

Anhang G (informativ) Abminderungsfaktor zur Berücksichtigung von Schlankheit und Ausmitte

Anhang H (informativ) Vergrößerungsfaktor nach 6.1.3

Anhang I (informativ) Behandlung von Querlasten auf drei- oder vierseitig gelagerte Wände bei kombinierter Scheiben- und Plattenbeanspruchung

Anhang J (informativ) Bewehrte Mauerwerksbauteile unter Schubbeanspruchung: Vergrößerungsfaktor f_{vd}.

DIN EN 1996-1-2: Allgemeine Regeln – Tragwerksbemessung für den Brandfall

DIN EN 1996-2: Planung, Auswahl der Baustoffe und Ausführung von Mauerwerk

DIN EN 1996-3: Vereinfachte Berechnungsmethoden für unbewehrte Mauerwerksbauten

12.2 Vereinfachtes Verfahren

Im Mauerwerksbau kann man für statische Nachweise entweder die vereinfachten Nachweisverfahren nach DIN EN 1996-3/NA oder das genauere Nachweisverfahren nach DIN EN 1996-1-1 wählen. In den folgenden Beispielen wird ausschließlich das vereinfachte Nachweisverfahren behandelt, Titel: Vereinfachte Berechnungsmethoden für unbewehrte Mauerwerksbauten. Mit den vereinfachten Verfahren können die meisten der in der Praxis vorkommenden Fälle berechnet werden. Der Nachweis der Tragfähigkeit wird bei den vereinfachten Verfahren ausschließlich mit Normalkräften geführt; die Nachweise der Gebrauchstauglichkeit und die Dauerhaftigkeit erübrigen sich dabei. Die Bemessung nach diesen vereinfachten Verfahren setzt allerdings voraus, dass bestimmte Anwendungsgrenzen nicht überschritten werden. Diese Grenzen der vereinfachten Nachweisverfahren sind in DIN EN 1996-3/NA (Nationaler Anhang) dargestellt. Sollte eine der Bedingungen nicht eingehalten sein, muss nach dem genaueren Verfahren gerechnet werden.[1] Auch hier finden sich weitere praxisrelevante Beispiele für das genauere Verfahren in der Fachliteratur (siehe Literaturverzeichnis).

Die folgenden Beispiele behandeln sehr einfache Problemstellungen bei Hochbauten, die in der Praxis häufig vorkommen:

1) Die Auflagerungen von Decken und Balken auf Mauerwerk

2) Kelleraußenwände.

Zu 1) Bei der Auflagerung von Balken und Trägern auf Mauerwerk sind dies die Berechnung der Auflagerpressungen mit entsprechenden Maßnahmen, z. B. Auflagerpolster, sowie Nachweise bei Kelleraußenwänden. Bei dieser Berechnung müssen die Steinfestigkeitsklassen und Mörtelgruppen bekannt sein.

Die Festigkeitsklassen der Mauersteine sind wie folgt eingeteilt: 2, 4, 6, 8, 12, 20, 28 MN/m² (es sind auch höhere Festigkeitsklassen lieferbar).[2]

Die Mörtelgruppen sind eingeteilt in: Normalmörtelgruppe (in Klammer steht die Mörtelgruppe nach DIN 1053) M 2,5 (II), M 5 (IIa), M 10 (III), M 20 (IIIa); Leichtmörtel M 5 (LM 21, LM 36) sowie Dünnmörtel M 10 (DM).[3]

Weitere Abkürzungen gem. EC 6:

EM = Einsteinmauerwerk

NM = Normalmörtel

DM = Dünnbettmörtel

LM = Leichtmauermörtel

---

[1] Vgl. Schneider, 2024, S. 7.13.

[2] Schneider, 2024, S. 7.14. Bei einigen Steinklassen beginnen die Mauerwerksdruckfestigkeiten ab Steinklasse 4 bzw. 6.

[3] Schneider, 2024, S. 7.5.

Der Nachweis der Tragfähigkeit wird wie folgt geführt:[4]

$$N_{Ed} \leq N_{Rd}$$

N_{Ed} = Bemessungswert der einwirkenden Normalkraft

N_{Rd} = Bemessungswert der widerstehenden Normalkraft

Im Mauerwerksbau darf – im Gegensatz zu anderen Baustoffen – im üblichen Hochbau mit Decken aus Stahlbeton und charakteristischen Nutzlasten von maximal 3,0 kN/m² (einschließlich Trennwandzuschlag) vereinfacht N_{Ed} wie folgt ermittelt werden:

$$N_{Ed} = 1{,}4\ (N_{Gk} + N_{Qk})$$

N_{Gk} = Charakteristischer Wert der einwirkenden Normalkraft infolge Eigenlast

N_{Qk} = Charakteristischer Wert der einwirkenden Normalkraft infolge Nutzlast

Der Faktor 1,4 setzt sich aus 2/3 des Teilsicherheitsfaktors der ständigen Last und 1/3 des Teilsicherheitsfaktors der Nutzlast zusammen:

$$1{,}4 = \frac{2}{3} * \gamma_g + \frac{1}{3} * \gamma_q = \frac{2}{3} * 1{,}35 + \frac{1}{3} * 1{,}50$$

Der Bemessungswert der widerstehenden Normalkraft N_{Rd} berücksichtigt neben der Fläche und der Spannung einen Abminderungsfaktor ϕ = (Phi), der die Deckeneinspannung und das Knicken berücksichtigt.

$$N_{Rd} = A * f_d * \phi$$

A = Querschnittsfläche ($A < 400\ cm^2$ ist unzulässig)

f_d = Bemessungswert der Druckfestigkeit des Mauerwerkes:

$$f_d = 0{,}85 * f_k / \gamma_M$$

Der Faktor 0,85 berücksichtigt eventuelle festigkeitsmindernde Langzeiteinflüsse

f_k = Charakteristische Druckfestigkeit des Mauerwerkes; differenziert nach Steinen,

[4] Alfes / Brameshuber / Graubner / Jäger / Seim, 2013, S. 58 ff.

vgl. EC 6 oder Schneider, 2024, S. 7.16.

γ_M = Teilsicherheitswert des Materials; ständig und vorübergehend: $\gamma_M = 1{,}5$

ϕ = Phi = Traglastfaktor (Abminderungsfaktor). ϕ_1 zur Berücksichtigung von Biegebeanspruchungen aus Deckeneinspannung an Wandkopf und Wandfuß sowie ϕ_2 zur Berücksichtigung des Knickens in Wandmitte

Der kleinere Φ-Wert ist maßgebend!

Verdrehungswinkel φ am Endauflager eines Balkens oder einer Decke (Belastung von oben):

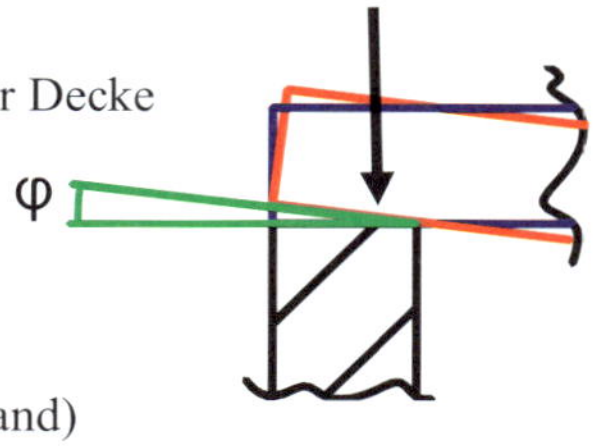

Lastexzentrizitäten ϕ_1 (infolge Biegebeanspruchungen der Wand)

ϕ_1: für $f_k \geq 1{,}8$ MN/m²: $\phi_1 = 1{,}6 - \frac{l_f}{6} \leq 0{,}9 * a / t$

für $f_k < 1{,}8$ MN/m²: $\phi_1 = 1{,}6 - \frac{l_f}{5} \leq 0{,}9 * a / t$

l_f = Die Stützweite der angrenzenden Geschossdecke in m; bei zweiachsig gespannten Decken mit $0{,}5 \leq l_1/l_2 \leq 2{,}0$ ist für l_f das 0,85-fache der kürzeren Stützweite einzusetzen.

a = Deckenauflagertiefe; t = Wanddicke

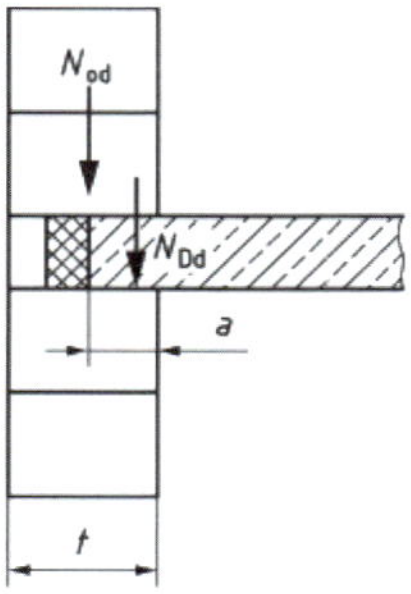

Knicken ϕ_2

$\phi_2 = 0{,}85 * a / t - 0{,}0011 * (h_{ef} / t)^2$

für zweiseitig gehaltene Wände: h_{ef} = Knicklänge = ρ * h

ρ = Abminderungsfaktor:

(0,75 für t ≤ 17,5 cm

0,90 für Wanddicken 17,5 cm < t ≤ 25 cm

1,0 für t > 25 cm)

(Die Einspannung dünnerer Wände ist größer als diejenige dickerer Wände. Hier sind auch die Mindestauflagertiefen einzuhalten!)

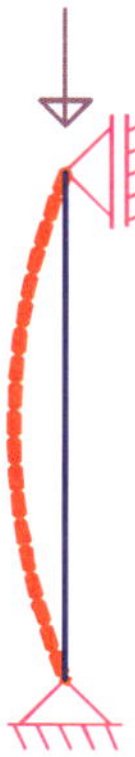

h = Lichte Geschosshöhe

Bei Pfeilern (400 cm² < A < 1000 cm²) ist der Bemessungswert um 20 % zu reduzieren.[5]

---

[5] Vgl. Schneider, 2024, S. 7.17.

12.3 Auflagerung von Balken und Trägern auf Mauerwerk

Beispiel 1: geg.: Plattenbalken liegt rechtwinklig zu einer 24er Wand (HLzA 6 / M 2,5) auf und überträgt eine Gesamtlast von $F_k = 149{,}0$ kN (= $N_{Gk} + N_{Qk}$), $h_{ef} = h_k = 2{,}88$ m, a / t = 24 / 24 cm

ges.: a) Spannungsnachweis in Fuge I-I b) Maßnahmen mit Tragfähigkeitsnachweisen

c) Spannungsnachweis in Fuge II-II

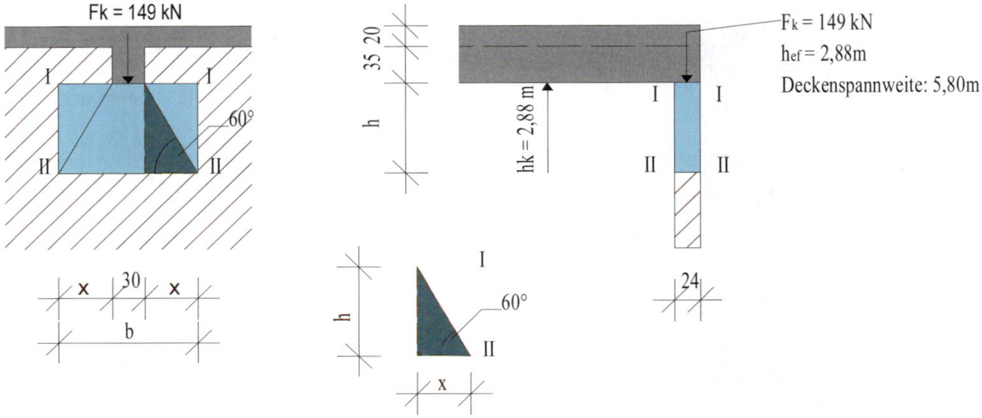

Zu a) $N_{Ed} \leq N_{Rd}$

N_{Ed} = Bemessungswert der einwirkenden Normalkraft

$N_{Ed} = 1{,}4 * (N_{Gk} + N_{Qk})$

N_{Rd} = Bemessungswert der aufnehmbaren Normalkraft

N_{Gk} = Charakteristischer Wert der einwirkenden Normalkraft infolge von Eigenlast

N_{Qk} = Charakteristischer Wert der einwirkenden Normalkraft infolge von Nutzlast

$N_{Ed} = 1{,}4 * 149 \text{ kN} = 208{,}6 \text{ kN}$

$N_{Rd} = A * f_d * \phi$

A = Querschnittsfläche (abzüglich eventueller Schlitze und Aussparungen)

$A < 400 \text{ cm}^2$ ist unzulässig!

$f_d = 0{,}85 * \frac{f_k}{\gamma_M}$ = Bemessungswert der Druckfestigkeit des Mauerwerkes

f_k = Charakteristische Druckfestigkeit des Mauerwerkes: siehe Tabellen[6]

γ_M = Teilsicherheitswert des Materials

ϕ = Abminderungsfaktor zur Berücksichtigung der Lastexzentrizitäten und des Knickens

---

[6] Schneider, 2024, S. 7.15 ff.

$A = 30\ cm * 24\ cm = 720\ cm^2 > 400\ cm^2$

Steindruckfestigkeitsklasse 6, M 2,5

charakteristische Druckfestigkeit[7] → $f_k = 2{,}7\ N/mm^2 = 0{,}27\ kN/cm^2$

$\gamma_M = 1{,}5$

$f_d = 0{,}85 * 2{,}7\ N/mm^2/1{,}5 = 1{,}53\ N/mm^2 = 0{,}153\ kN/cm^2$

ϕ Werte:

Lastexzentrizitäten: $f_k = 2{,}7\ \frac{N}{mm^2} > 1{,}8\ \frac{N}{mm^2}$ → $\phi_1 = 1{,}6 - l_f/6 < 0{,}9 * a/t$

$\phi_1 = 1{,}6 - l_f / 6 = 1{,}6 - 5{,}80\ m / 6$

$\phi_1 = 0{,}63$ $< 0{,}9 * a / t = 0{,}9 * 24\ cm / 24\ cm = 0{,}9$

Knicken: $\phi_2 = 0{,}85 * a / t - 0{,}0011 * (h_{ef} / t)^2$

Schlankheiten: $\frac{h_k}{d} > 25$ waren nach DIN 1053 unzulässig! ***Nach EC 6: $\frac{h_k}{d} \leq 27$***

$\phi_2 = 0{,}85 * 1{,}0 - 0{,}0011 * (2{,}88\ m / 0{,}24\ m)^2$ → $2{,}88\ m / 0{,}24\ m = 12 \leq 27$ *in Ordnung!*

$\phi_2 = 0{,}85 - 0{,}0011 * 144$ auf eine Abminderung von h_{ef} wird hier verzichtet!

$\phi_2 = 0{,}69 > \phi_1 = 0{,}63$

Der kleinste ϕ – Wert ist maßgebend: $\phi = 0{,}63$

$N_{Rd} = A * f_d * \phi$

$N_{Rd} = 720\ cm^2 * 0{,}153\ kN/cm^2 * 0{,}63 = 69{,}4\ kN$

$N_{Ed} \leq N_{Rd}$

In der Fuge I-I: $208{,}6\ kN > 69{,}4\ kN$ → *Nachweis nicht erfüllt!*

Maßnahme: → Auflagerpolster (= Auflagerkissen) anordnen!

zu b) Bestimmung der Festigkeitsklasse des Auflagerpolsters

$N_{Rd} = A * (0{,}85 * f_k / \gamma_M) * \phi$ *Formel umstellen nach f_k*

$$f_k = \frac{N_{Ed} * \gamma_M}{A * 0{,}85 * \phi} = \frac{208{,}6\ kN * 1{,}5}{720\ cm^2 * 0{,}85 * 0{,}63}$$

$$f_k = 0{,}81 \frac{kN}{cm^2} = 8{,}1 \frac{N}{mm^2}$$

gewählt: Steine mit f_k – Wert $9{,}2\ N/mm^2 = 0{,}92\ kN/cm^2$

<u>gew: VHlz, Festigkeitsklasse 28, M 10</u>

---

[7] Die charakteristische Druckfestigkeit f_k von Mauerwerk ist im EC 6 in den Tabellen NA.D.1 bis NA.D.9 angegeben oder Schneider, 2024, S. 7.15 - 7.16.

Nachweis in der Fuge I – I:

$N_{Rd} = A * (0{,}85 * f_k / \gamma_M) * \phi$

$N_{Rd} = 720\ cm^2 * (0{,}85 * \frac{\left(0{,}92 \frac{kN}{cm^2}\right)}{1{,}5}) * 0{,}63 \rightarrow N_{Rd} = 236{,}48\ kN$

$N_{Ed} = 208{,}6\ kN < 236{,}48\ kN = N_{Rd}$ → *in Ordnung!*

Berechnung der Maße des Auflagerpolsters

$N_{Rd} = A * \left(0{,}85 * \frac{f_k}{\gamma_M}\right) * \phi$ → *umstellen nach A und N_{Ed} einsetzen*

$$A_{erf.} = \frac{N_{Ed} * \gamma_M}{0{,}85 * f_k * \phi}$$

$$A_{erf.} = \frac{208{,}6\ kN * 1{,}5}{0{,}85 * 0{,}27 \frac{kN}{cm^2} * 0{,}63} = 2164{,}12\ cm^2$$

$A = b_{erf.} * t$

$$b_{erf.} = \frac{A}{t} = \frac{2164{,}12\ cm^2}{24\ cm} = 90{,}2\ cm$$

gewählt: b = 100 cm *(wegen Achtelmeter-Maß)*

$$x = \frac{100\ cm - 30\ cm}{2} = \frac{70\ cm}{2} = 35\ cm$$

$\tan\ 60° = \frac{h}{x}$

$h = \tan\ 60° * 35\ cm = 1{,}73 * 35\ cm = 60{,}55\ cm$

gewählt: h = 75 cm

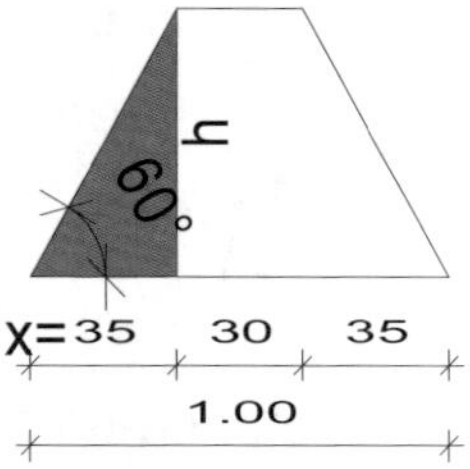

zu c) Spannungsnachweis in der Fuge II - II

Zusätzliches Gewicht des Auflagerpolsters = G: Wichte des Mauerwerks: $\gamma = 15\ kN/m^3$

(aus Schneider, 2024, S. 7.3: mit der Rohdichte $\rho = 1{,}4\ kg/dm^3$)

$G = V * \gamma \cong l * b * h * \gamma \rightarrow 0{,}24\ m * 1{,}00\ m * 0{,}75\ m * 15{,}0 \frac{kN}{m^3} \rightarrow G = 2{,}70\ kN \approx 3{,}0\ kN$

Gesamtlast: $N_{Ek} = 149{,}0\ kN + 3{,}0\ kN = 152{,}0\ kN$

$N_{Ed} = 1{,}4 * 152{,}0\ kN = 212{,}8\ kN$

$N_{Rd} = A * f_d * \phi$

$A = 1{,}00\ m * 0{,}24\ m = 0{,}24\ m^2$

$f_d = 0{,}85 * f_k / \gamma_M$

$f_k = 2{,}7\ N/mm^2$ *(Festigkeit des darunter liegenden Steines)*

$$f_d = 0{,}85 * \frac{2{,}7 \frac{kN}{mm^2}}{1{,}5} = 1{,}53 \frac{N}{mm^2} = 1{,}53 \frac{MN}{m^2}$$

$\phi_1 = 0{,}63$

$N_{Rd} = A * f_d * \phi = 0{,}24\ m^2 * 1{,}53\ MN/m^2 * 0{,}63 = 0{,}231\ MN = 231\ kN$

$N_{Ed} \leq N_{Rd} \rightarrow 212{,}8\ kN < 231{,}0\ kN$ → *in Ordnung!*

Beispiel 2:

geg.: Stahlbetonbalken liegt parallel zu einer 24er Wand (Hbl 2, M 5) auf und überträgt eine Gesamtlast von $F_k = 115$ kN (= $N_{Gk} + N_{Qk}$).

ges.: a) Spannungsnachweis in Fuge I-I b) Maßnahmen mit Tragfähigkeitsnachweisen
c) Spannungsnachweis in Fuge II-II

zu a) Spannungsnachweis in Fuge I – I: $N_{Ed} \leq N_{Rd}$

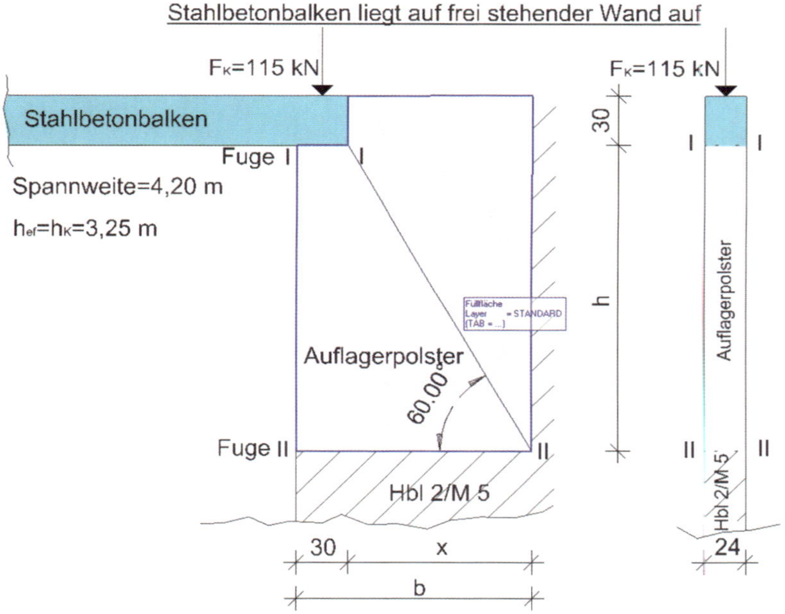

$N_{Ed} = 1{,}4 * (N_{Gk} + N_{Qk}) = 1{,}4 * 115 \text{ kN} = 161 \text{ kN}$

$N_{Rd} = A * f_d * \phi$

$A = 30 \text{ cm} * 24 \text{ cm} = 720 \text{ cm}^2$

Steindruckfestigkeitsklasse 2 / M 5 → $f_k = 1{,}5 \text{ N/mm}^2, \gamma_M = 1{,}5$

$f_d = 0{,}85 * 1{,}5 \text{ N/mm}^2 / 1{,}5 = 0{,}85 \text{ N/mm}^2 = 0{,}085 \text{ kN/cm}^2$

$f_k = 1{,}5 \frac{\text{N}}{\text{mm}^2} < 1{,}8 \frac{\text{N}}{\text{mm}^2} \rightarrow \phi_1 = 1{,}6 - l / 5 \leq 0{,}9 * a / t$

$\phi_1 = 1{,}6 - 4{,}20 \text{ m} / 5 = 0{,}76 \qquad \leq 0{,}9 * a / t = 0{,}9 * 30 \text{ cm} / 30 \text{ cm} = 0{,}9$

$\phi_2 = 0{,}85 * a / t - 0{,}0011 * (h_{ef} / t)^2$

$\frac{h_k}{d} = \frac{3{,}25 \text{ m}}{0{,}24 \text{ m}} = 13{,}5 \leq 27$ → *in Ordnung*

$\phi_2 = 0{,}85 * 0{,}30 \text{ m} / 0{,}30 \text{m} - 0{,}0011 * (3{,}25 \text{ m} / 0{,}24 \text{ m})^2$

$\phi_2 = 0{,}85 - 0{,}0011 * 183{,}38 = 0{,}65$ auf eine Abminderung von h_{ef} wird hier verzichtet!

Der kleinste ϕ – Wert ist maßgebend! → $\phi = 0{,}65$

$N_{Rd} = A * f_d * \phi = 720 \text{ cm}^2 * 0{,}085 \text{ N/mm}^2 * 0{,}65 = 39{,}8 \text{ kN}$

$N_{Ed} = 161 \text{ kN} \geq N_{Rd} = 39{,}8 \text{ kN}$ → *nicht in Ordnung!* → *Auflagerpolster anordnen!*

zu b) Maßnahmen mit Tragfähigkeitsnachweisen:

Bestimmung der Festigkeitsklasse des Auflagerpolsters

$N_{Rd} = A * (0{,}85 * f_k / \gamma_M) * \phi$ umstellen nach f_k

$f_k = \frac{N_{Rd} * \gamma_M}{A * 0{,}85 * \phi} = \frac{161\ kN * 1{,}5}{720\ cm^2 * 0{,}85 * 0{,}65} = 0{,}61\ kN/cm^2 = 6{,}1\ N/mm^2$

gewählt: Vbl 12/ M 10 mit f_k – Wert 6,7 N/mm² (= 0,67 kN/cm²) > 1,8 N/mm²

Nachweis: $N_{Ed} \leq N_{Rd}$

$N_{Rd} = A * (0{,}85 * f_k / \gamma_M) * \phi$

$\phi_1 = 1{,}6 - 4{,}20\ m / 6 = 0{,}90 > 0{,}65 = \phi_2$ $\leq 0{,}9 * a / t = 0{,}9 * 30\ cm / 30\ cm = 0{,}9$

maßgebend: $\phi_2 = 0{,}65$

$$N_{Rd} = 720\ cm^2 * 0{,}85 * \frac{0{,}67\ \frac{kN}{cm^2}}{1{,}5} * 0{,}65 = 177{,}7\ kN$$

161 kN < 177,7 kN → *in Ordnung!*

Berechnung der Breite und Höhe des Auflagerpolsters:

$N_{Rd} = A * \left(0{,}85 * \frac{f_k}{\gamma_M}\right) * \phi$ → *umstellen nach A*

$A_{erf.} = \frac{N_{Rd} * \gamma_M}{0{,}85 * f_k * \phi}$

N_{Ed} = 161 kN + 10 kN *(10 kN = geschätztes Eigengewicht des Auflagerpolsters)*

$A_{erf.} = \frac{(161\ kN + 10\ kN) * 1{,}5}{0{,}85 * 0{,}15 \frac{kN}{cm^2} * 0{,}65} = 3095{,}0\ cm^2$

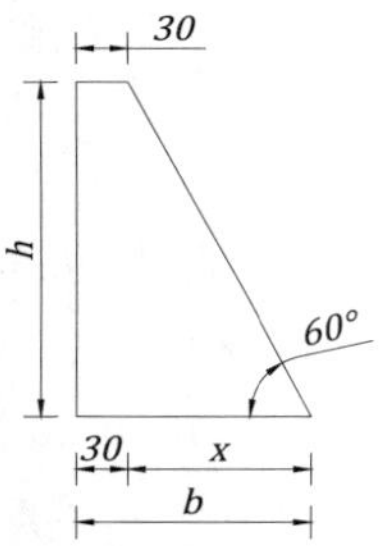

$A = b_{erf.} * t$

$b_{erf.} = \frac{A}{t} = \frac{3095{,}0\ cm^2}{24\ cm} = 129{,}0\ cm$

gewählt: b = 137,5 cm *(wegen Achtelmeter-Maß)*

$x = b - 30 = 137{,}5\ cm - 30\ cm$ → $x = 107{,}5\ cm$

$\tan\ 60° = \frac{h}{x}$

$h = \tan\ 60° * 107{,}5\ cm = 186\ cm$

gewählt: h = 187,5cm *(wegen Achtelmeter-Maß)*

zu c) Spannungsnachweis in der Fuge II - II

Zusätzliches Gewicht des Auflagerpolsters:

$G = V * \gamma \cong l * b * h * \gamma = 0{,}24\ m * 1{,}38\ m * 1{,}88\ m * 18{,}0 \frac{kN}{m^3}$ → $G = 11{,}2\ kN \approx 12\ kN$

Gesamtlast = 115 kN + 12 kN = 127 kN

$N_{Ed} = 1{,}4 * 127\ kN = 177{,}8\ kN$

$N_{Rd} = A * f_d * \phi$

$A = 1{,}375\ m * 0{,}24\ m = 0{,}33\ m^2$

$f_d = 0{,}85 * f_k / \gamma_M$

$f_k = 1{,}5\ N/mm^2$ *(Festigkeit des darunter liegenden Steines)*

γ_M = Teilsicherheit des Materials

$$f_d = 0{,}85 * \frac{1{,}5\ \frac{N}{mm^2}}{1{,}5} = 0{,}85\ \frac{N}{mm^2} = 0{,}85\ \frac{MN}{m^2}$$

$\phi = 0{,}65$

$N_{Rd} = A * f_d * \phi = 0{,}33\ m^2 * 0{,}85\ MN/m^2 * 0{,}65$

$N_{Rd} = 0{,}182\ MN \rightarrow 182{,}0\ kN$

$N_{Ed} \leq N_{Rd}$

$177{,}8\ kN < 182{,}0\ kN$ → *in Ordnung!*

12.3.1 Übungen

1) geg.: Innenwand, Wanddicke t = 11,5 cm, HLz B Festigkeitsklasse 6 / M 2,5, lichte Geschosshöhe h = 2,63 m, Belastung aus Decke und Wand an der UK Wand: E_K = 60,0 kN/m ($G_k + Q_k$), a / t = 1,0

Knicklänge h_{ef} = 0,75 * h = 0,75 * 2,63 m = 1,97 m

ges.: Nachweis der Tragfähigkeit der Wand

2) geg.: Außenwandpfeiler, b/d = 49/24 cm (Innenschale eines zweischaligen Außenmauerwerks), lichte Geschosshöhe h = 3,00 m, Stützweite der Stahlbetondecke l = 4,80 m, Belastung aus Decke und Wand an der UK Pfeiler: E_k = 75 kN ($G_k + Q_k$), Knicklänge h_{ef} = 0,75 * 3,00 = 2,25 m, ges.: Wählen Sie einen HLz-Stein mit Mörtelgruppe M 2,5 aus und führen Sie den Nachweis der Tragfähigkeit des Pfeilers!

3) Ein Mauerpfeiler, der als mittleres Auflager eines Stahlbetonbalkens dient, wird mit einer ständigen Last von $F_{G,d}$ = 110 kN (ohne Eigenlast des Pfeilers) und von einer Nutzlast von $F_{Q,d}$ = 40 kN belastet. Der Pfeiler ist 2,88 m hoch, 24 cm breit und 36,5 cm tief.

a) Wie groß ist die vorhandene Druckspannung unter dem Mauerpfeiler?

b) Welche Mauerwerksgüte und Mörtelgruppe sind erforderlich, damit die Einwirkungen des Balkens sicher aufgenommen werden können?

4) Eine 17,5 cm breite und 2,60 m hohe Wand dient als Endauflager einer 5,50 m gespannten Stahlbetondecke. Die ständige Last beträgt $N_{G,k}$ = 70 kN/m (ohne Eigenlast) und die Nutzlast $N_{Q,k}$ = 40 kN/m. Welche Mauerwerksgüte und Mörtelgruppe aus Leichtbeton-Vollblöcken und Normalmörtel sind erforderlich, damit die Einwirkungen der Decke sicher aufgenommen werden können?

12.4 Kelleraußenwände

Bei Kellerwänden, welche seitlich durch Erddruck belastet werden, darf auf einen genaueren Nachweis verzichtet werden, wenn folgende Voraussetzungen erfüllt werden: [8]

- Lichte Höhe der Kellerwand $h_S \leq 2{,}60$ m
- Anschütthöhe $h_e \leq 1{,}15 * h$
- Wanddicke $t \geq 24$ cm
- Nutzlast auf der Geländeoberfläche $q_k \leq 5$ kN/m^2
- Keine Einzellast > 15 kN im Abstand < 1,50 m von der Kellerwand vorhanden
- Kein Anstieg der Geländehöhe
- Kein hydrostatischer Druck (Wasserdruck)
- Waagerechte Abdichtung besteht aus besandeter Bitumendachbahn nach DIN EN 13969 oder aus anderen Stoffen mit gleichwertigen Reibungsverhalten

- Nachweis für 1m Wandbreite in halber Anschütthöhe:

$$\mathbf{N_{Ed,max} \leq \frac{t * f_d}{3}}$$

$$\mathbf{N_{Ed,min} \geq \frac{\gamma * h * h_e^2}{\beta * t}}$$

$N_{Ed,max}$ = Größte Bemessungs-Normalkraft pro m in halber Anschütthöhe

$N_{Ed,min}$ = Kleinste Bemessungs-Normalkraft pro m in halber Anschütthöhe

t = Wanddicke

f_d = Bemessungswert der Mauerdruckfestigkeit

γ = Wichte der Anschüttung

h_S = Lichte Kellerwandhöhe, h = Geschosshöhe

h_e = Höhe der Erdanschüttung

$\beta = 20$, wenn $b_c \geq 2 * h$

$= 60$, wenn $h < b_c < 2 * h$

$= 40$, wenn $b_c \leq h$

b_c = Abstand zwischen den aussteifenden Querwänden oder anderen Aussteifungselementen (z. B. Stützen)

Weiterhin ist zu beachten:

- Die Kellerdecke wirkt als aussteifende Scheibe und kann die aus dem Erddruck resultierenden Kräfte aufnehmen.
- Die Verfüllung des Arbeitsraumes darf erst erfolgen, wenn die in der Statischen Berechnung angesetzten Auflasten vorhanden sind.

[8] Schneider, 2024, S. 7.23.

Beispiel:

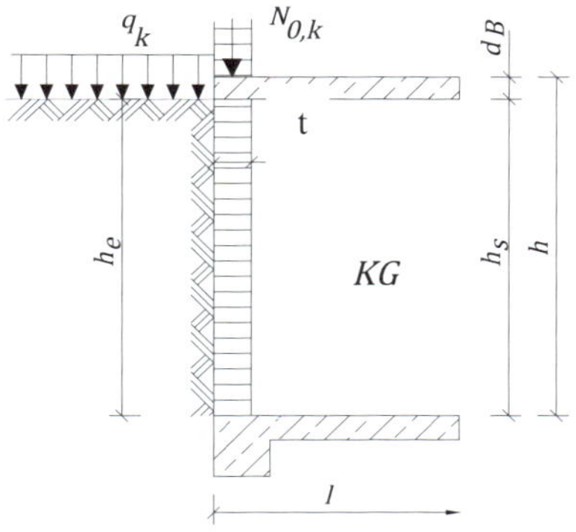

Kelleraußenwand ohne Nachweis auf Erddruck

Abmessungen:

Wanddicke	t = 24 cm,
Geschosshöhe	h = 2,60 m
Deckendicke	d_b = 16 cm
Anschütthöhe	h_e = 2,60 m

b_C = 6,00 m > 2 * h = 2 * 2,60 m = 5,20 m

→ β = 20

Charakteristische Werte der Einwirkungen:

Belastung Gelände: $q_k = 5{,}0\ kN/m^2$

Normalkraft am Wandkopf: $N_{G,Kopf} = 105{,}0\ kN/m$

$N_{Q,Kopf} = 30{,}0\ kN/m$

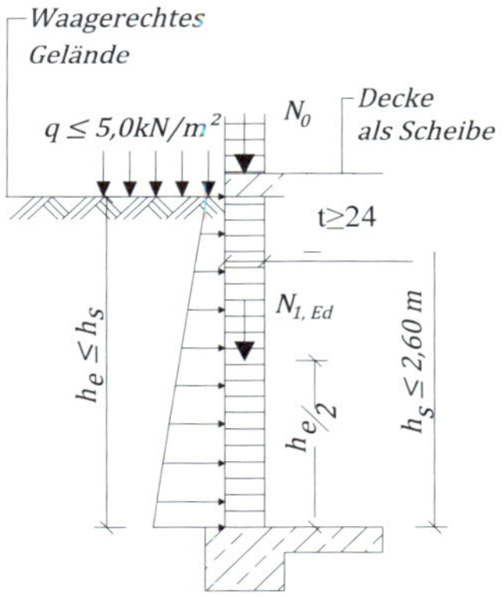

<u>Baustoffe</u>:

Mauerwerk: 12 / M 5 (KSL, M)

Rohdichte der Steine: $\rho_s = 2{,}0\ kg/dm^3$

Boden: $\gamma_e = 19\ kN/m^3$

Anwendungsgrenzen

- Lichte Geschosshöhe

  $h_s = h - d = 2{,}60\ m - 0{,}16\ m = 2{,}44\ m \leq 2{,}60\ m$ ✓

- Anschütthöhe

  $h_e = 2{,}60\ m \leq 1{,}15 * h = 1{,}15 * 2{,}60\ m = 3{,}00\ m$ ✓

- Wanddicke $t = 24\ cm \geq 24\ cm$ ✓
- Nutzlast auf Geländeoberfläche: $q_k = 5{,}0\ kN/m^2 \leq 5{,}0\ kN/m^2$ ✓
- Keine Einzellast > 15 kN im Abstand < 1,50 m von der Kellerwand vorhanden ✓
- Kein Anstieg der Geländehöhe ✓
- Kein hydrostatischer Druck (Wasserdruck) ✓
- Waagerechte Abdichtung besteht aus besandeter Bitumendachbahn nach DIN EN 13969 oder aus anderen Stoffen mit gleichwertigen Reibungsverhalten ✓

→ Nachweis auf Erddruck darf entfallen.

→ Einhaltung der Grenzwerte der Normalkräfte!

Nachweis auf 1 m Wandbreite:

$N_{Ed,max} \leq \frac{t * f_d}{3} = \frac{0{,}24 * f_d}{3}$

$f_d = \frac{0{,}85 * f_k}{\gamma_M} = \frac{0{,}85 * 5{,}0\ MN/m^2}{1{,}5} = 2{,}83\ MN/m^2$

$N_{Ed,max} = 1{,}4 * (105\ kN/m + 30\ kN/m) = 189\ kN/m$

(genau: $N_{Ed,max} = 1{,}35 * 105\ kN + 1{,}50 * 30\ kN = 186{,}8\ kN/m \approx 187\ kN/m$)

$\leq \frac{t * f_d}{3} = \frac{0{,}24\ m * 2{,}83\ MN/m^2}{3} = 0{,}227\ MN/m = 226{,}7\ kN/m$ ✓

$N_{Ed,min} \geq \frac{\gamma * h * h_e^2}{\beta * t}$

$\beta = 20$, wenn $b_c \geq 2 * h$

$N_{Ed,min} = 105\ kN/m \geq \frac{19\ kN/m^3 * 2{,}44\ m * (2{,}6\ m)^2}{20 * 0{,}24\ m} = 65{,}3\ kN/m$ ✓

12.4.1 Übung:

Überprüfen Sie, ob auf einen genaueren Nachweis der Kellerwand verzichtet werden kann!

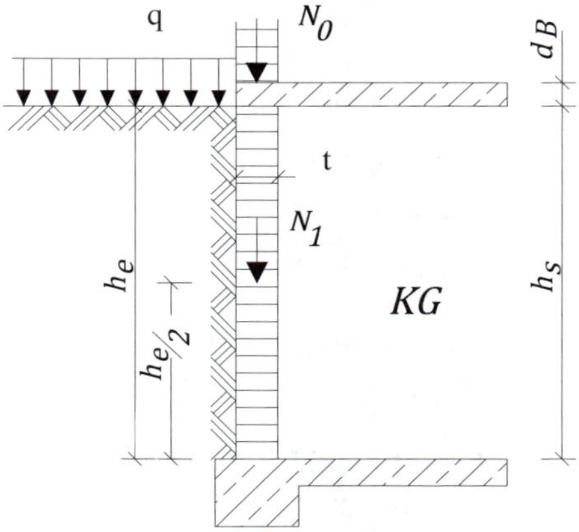

Abmessungen:

Wanddicke	d = 30 cm
Geschosshöhe	h = 2,78 m
Deckendicke	d_b = 18 cm
Anschütthöhe	h_e = 2,60 m

Baustoffe:

Mauerwerk 20/M 10 mit Stoßfugenvermörtelung

Druckfestigkeit	$f_k = 7{,}5\ MN/m^2$
Kriechbeiwert	$\varphi_\infty = 1{,}5$
Rohdichte der Steine	$\rho_s = 1{,}6\ kg/dm^3$

Boden:

Belastung Gelände	$q_k = 16{,}7\ kN/m^2$
Wichte der Anschüttung	$\gamma_e = 19\ kN/m^3$
Erddruckbeiwert	$K_a = 0{,}33$
Erddruckbeiwert	$K_0 = 0{,}50$

12.5 Lösungen zu den Übungen

Zu Kap. 12.3.1

1) geg.: Innenwand, Wanddicke t = 11,5 cm, HLz B Festigkeitsklasse 6 / M 2,5, lichte Geschosshöhe h = 2,63 m, Belastung aus Decke und Wand an der UK Wand: E_K = 60,0 kN/m ($G_k + Q_k$), a / t = 1,0, Knicklänge h_{ef} = 0,75 * h = 0,75 * 2,63 m = 1,97 m

ges.: Nachweis der Tragfähigkeit der Wand

$N_{Ed} = 1{,}4 * (N_{GK} + N_{QK}) = 1{,}4 * 60{,}0$ kN/m = 84,0 kN/m

$N_{Rd} = A * f_d * \Phi = A * (0{,}85 * f_K / \gamma_M) * \Phi$, $\gamma_M = 1{,}5$

Φ: Da kein "Deckendrehwinkel" vorliegt, ist $\Phi_1 = 1$. Über der Innenwand entsteht kein Deckendrehwinkel!

$\Phi_2 = 0{,}85 * a / t - 0{,}0011 * (h_{ef} / t)^2 = 0{,}85 * 11{,}5 \text{ cm} / 11{,}5 \text{ cm} - 0{,}0011 * (1{,}97 \text{ m} / 0{,}115 \text{ m})^2$ $\Phi_2 = 0{,}53 = \Phi$ *(Der kleinste Φ-Wert ist maßgebend!)*

gew.: HLz B Festigkeitsklasse 6 / M 2,5

→ f_K = 2,7 N/mm² = 0,27 kN/cm² Tabellenwert[9]

N_{Rd} = 11,5 cm * 100 cm * (0,85 * 0,27 kN/cm² / 1,5) * 0,53 = 93,3 kN/m

Nachweis: N_{Ed} = 84,0 kN/m < N_{Rd} = 93,3 kN/m → Die Wand ist so in Ordnung!

2) geg.: Außenwandpfeiler, b/d = 49/24 cm (Innenschale eines zweischaligen Außenmauerwerks), lichte Geschosshöhe h = 3,00 m, Stützweite der Stahlbetondecke l = 4,80 m, Belastung aus Decke und Wand an der UK Pfeiler: R_k = 75 kN ($G_k + Q_k$), Knicklänge h_{ef} = 0,75 * 3,00 = 2,25 m, ges.: Wählen Sie einen HLz-Stein mit Mörtelgruppe M 2,5 aus und führen Sie den Nachweis der Tragfähigkeit des Pfeilers!

$N_{Ed} = 1{,}4 * (N_{Gk} + N_{Qk}) = 1{,}4 * 75$ kN = 105,0 kN

$N_{Rd} = A * f_d * \Phi = A * (0{,}85 * f_k / \gamma_M) * \Phi$, $\gamma_M = 1{,}5$

Φ: $\Phi_1 = 1{,}6 - l / 6 = 1{,}6 - 4{,}8 \text{ m} / 6 = 0{,}8$ $\leq 0{,}9 * a / t = 0{,}9$

$\Phi_2 = 0{,}85 * 1{,}0 - 0{,}0011 * (h_{ef} / t)^2$ a / t = 24 cm / 24 cm = 1,0

$\Phi_2 = 0{,}85 - 0{,}0011 * (2{,}25 \text{ m} / 0{,}24 \text{ m})^2 = 0{,}75$

$\Phi = \Phi_2 = 0{,}75$ *(Der kleinste Φ-Wert ist maßgebend!)*

gew.: HLz B Steinfestigkeitsklasse 6 / M 2,5

→ f_K = 2,7 N/mm² = 0,27 kN/cm² Tabellenwert[10]

N_{Rd} = 24 cm * 49 cm * (0,85 * 0,27 kN/cm² / 1,5) * 0,75

N_{Rd} = 135,0 kN

Nachweis: N_{Ed} = 105,0 kN < N_{Rd} = 135,0 kN → *Der Pfeiler ist so in Ordnung!*

[9] Schneider, 2024, S. 7.15.

[10] Schneider, 2024, S. 7.15.

3) Ein Mauerpfeiler, der als mittleres Auflager eines Stahlbetonbalkens dient, wird mit einer ständigen Last von $F_{G,d} = 110$ kN (ohne Eigenlast des Pfeilers) und von einer Nutzlast von $F_{Q,d} = 40$ kN belastet. Der Pfeiler ist 2,88 m hoch, 24 cm breit und 36,5 cm tief.

a) Wie groß ist die vorhandene Druckspannung unter dem Mauerpfeiler?

b) Welche Mauerwerksgüte und Mörtelgruppe sind erforderlich, damit die Einwirkungen des Balkens sicher aufgenommen werden können?

a) $A = b * d = 24 \text{ cm} * 36{,}5 \text{ cm} = 876 \text{ cm}^2$

Eigenlast des Pfeilers: $N_{Go,k} = V * \gamma = b * d * h * \gamma = 0{,}24 \text{ m} * 0{,}365 \text{ m} * 2{,}88 \text{ m} * 18{,}0 \text{ kN/m}^3 = 4{,}54 \text{ kN}$

$N_{Go,d} = 1{,}35 * 4{,}54 \text{ kN} = 6{,}1 \text{ kN} \approx 7{,}0 \text{ kN}$

Gesamtlast: $N_{E,d} = N_{Gd} + N_{Go,d} + N_{Q,d} = 110 \text{ kN} + 7{,}0 \text{ kN} + 40 \text{ kN} = 157{,}0 \text{ kN}$

Druckspannung unter dem Mauerpfeiler: $\sigma_{D,d} = N_{E,d} / A = 157{,}0 \text{ kN} / (24 \text{ cm} * 36{,}5 \text{ cm}) = 0{,}179 \text{ kN/cm}^2 = 1{,}79 \text{ N/mm}^2$

b) Abminderungsfaktoren:

$\Phi_1 = 1{,}0$ *(da Mittelauflager des Balkens, entsteht dort keine Verdrehung)*

h_{ef}[11] $/ d = 2{,}88 \text{ m} / 0{,}24 \text{ m} = 12$

$\Phi_2 = 0{,}85 - 0{,}0011 * (h_k / d)^2 = 0{,}69 \rightarrow \Phi = 0{,}69$

Erforderliche Festigkeit des Pfeilers:

$N_{Ed} \leq N_{R,d} = \Phi * A * f_d$

$f_d > N_{Rd} / (\Phi * A) = 157 \text{ kN} / (0{,}69 * 876 \text{ cm}^2) = 0{,}260 \text{ kN/cm}^2 = 2{,}60 \text{ MN/m}^2$

$N_{Rd} = A * (0{,}85 * f_k/\gamma_M) * \phi$ *umstellen nach f_k; da Pfeiler: 20 % Abminderung: Faktor 0,8*

$$f_k = \frac{N_{Rd} * \gamma_M}{A * 0{,}85 * \phi * 0{,}8} = \frac{157 \text{ kN} * 1{,}5}{876 \text{ cm}^2 * 0{,}85 * 0{,}69 * 0{,}8} = 0{,}57 \text{ kN/cm}^2 = 5{,}7 \text{ N/mm}^2$$

<u>gew.: V 10/ M 10</u> (Betonstein)

mit f_k – Wert $5{,}9 \text{ N/mm}^2 = 0{,}59 \text{ kN/cm}^2$

$N_{Rd} = A * f_d * \phi$

$A = 876 \text{ cm}^2$

$f_d = 0{,}85 * f_k / \gamma_M$

$f_k = 5{,}9 \text{ N/mm}^2$

$$f_d = 0{,}85 * \frac{5{,}9 \text{ N/mm}^2}{1{,}5} = 3{,}34 \frac{\text{N}}{\text{mm}^2} = 0{,}33 \frac{\text{kN}}{\text{cm}^2}$$

$\phi = 0{,}69$

$$N_{Rd} = A * f_d * \phi = 876 \text{ cm}^2 * 0{,}33 \frac{\text{kN}}{\text{cm}^2} * 0{,}69 * 0{,}8 = 159{,}6 \text{ kN}$$

$N_{Ed} \leq N_{Rd}$

$157 \text{ kN} < 159{,}6 \text{ kN}$ → *in Ordnung!*

[11] Auf eine Reduzierung der Knicklänge wird verzichtet.

4) Eine 17,5 cm breite und 2,60 m hohe Wand dient als Endauflager einer 5,50 m gespannten Stahlbetondecke. Die ständige Last beträgt von $N_{G,k}$ = 70 kN/m (ohne Eigenlast) und die Nutzlast von $N_{Q,k}$ = 40 kN/m. Welche Mauerwerksgüte und Mörtelgruppe aus Leichtbeton-Vollblöcken und Normalmörtel sind erforderlich, damit die Einwirkungen der Decke sicher aufgenommen werden können?

$N_{E,d} \leq N_{R,d}$

$N_{Ed} = 1{,}4 * (N_{GK} + N_{QK})$

Wand-Eigenlast: $N_{Go,k} = V * \gamma = b * d * h * \gamma = 1{,}0\ m * 0{,}175\ m * 2{,}60\ m * 18\ kN/m^3 = 8{,}2\ kN$

Gesamtlast: $N_{E,d} = N_{Gd} + N_{Go,d} + N_{Q,d} = 1{,}4\ (70\ kN + 8{,}2\ kN + 40\ kN) = 1{,}4 * 118{,}2\ kN$

$N_{E,d} = 165{,}5\ kN \approx 166\ kN$

$N_{Rd} = A * f_d * \Phi = A * (0{,}85 * f_k / \gamma_M) * \phi$ → *Formel umstellen nach f_k*: $f_k = \frac{N_{Rd} * \gamma_M}{A * 0{,}85 * \phi}$

Φ:

Φ_1 für $f_k \geq 1{,}8\ MN/m^2$: $\phi_1 = 1{,}6 - \frac{l_f}{6} = 0{,}68 \leq 0{,}9 * a / t = 0{,}9$

Φ_1 für $f_k < 1{,}8\ MN/m^2$: $\phi_1 = 1{,}6 - \frac{l_f}{5} = 0{,}5 \leq 0{,}9 * a / t = 0{,}9$

→ *0,5 ist ungünstiger als 0,68!*

$\Phi_2 = 0{,}85 * a / t - 0{,}0011 * (h_{ef} / t)^2 = 0{,}85 * 1{,}0 - 0{,}0011 * (2{,}60\ m / 0{,}175\ m)^2 = 0{,}61$

$\Phi = \Phi_1 = 0{,}50$ *(Der kleinste Φ-Wert ist maßgebend!)*, $\gamma_M = 1{,}5$

$$f_k = \frac{N_{Rd} * \gamma_M}{A * 0{,}85 * \phi} = \frac{166\ kN * 1{,}5}{100\ cm * 17{,}5\ cm * 0{,}85 * 0{,}50} = 0{,}335 \frac{kN}{cm^2} = 3{,}34\ \frac{N}{mm^2}$$

gewählt: <u>Vbl, Festigkeitsklasse 6, M 2,5,</u> Stein mit f_k – Wert 3,4 N/mm² = 0,34 kN/cm²

<u>Nachweis</u>: da: $f_k = 3{,}4\ MN/m^2 > 1{,}8\ MN/m^2$: $\phi_1 = 1{,}6 - \frac{l_f}{6} = 0{,}68 \leq 0{,}9 * a / t = 0{,}9$,

aber $\Phi_2 = 0{,}61$ *(ungünstiger)* → $\Phi = 0{,}61$

$N_{Rd} = A * (0{,}85 * f_k / \gamma_M) * \phi = 100\ cm * 17{,}5\ cm * \left(0{,}85 * \frac{0{,}34\ kN/cm^2}{1{,}5}\right) * 0{,}61 = 205{,}7\ kN$

$N_{Ed} = 166\ kN < 205{,}7\ kN = N_{Rd}$ → *Die Wand ist so in Ordnung!*

Zu Kap. 12.4.1

Überprüfen Sie, ob auf einen genaueren Nachweis der Kellerwand verzichtet werden kann!

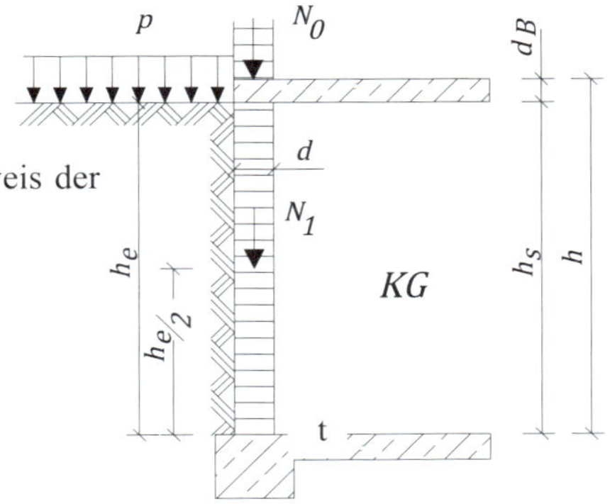

Abmessungen:

Wanddicke	t = 30 cm
Geschosshöhe	h = 2,78 m
Deckendicke	d_b = 18 cm
Anschütthöhe	h_e = 2,60 m

Baustoffe:

Mauerwerk Festigkeitsklasse 20/M 10 mit Stoßfugenvermörtelung

Druckfestigkeit $f_k = 7{,}5\ MN/m^2$

Kriechbeiwert $\varphi_\infty = 1{,}5$

Rohdichte der Steine $\rho_s = 1{,}6\ kg/dm^3$

Boden:

Belastung Gelände $q_k = 16{,}7\ kN/m^2$

Wichte der Anschüttung $\gamma_e = 19\ kN/m^3$

Erddruckbeiwert $K_a = 0{,}33$

Erddruckbeiwert $K_0 = 0{,}50$

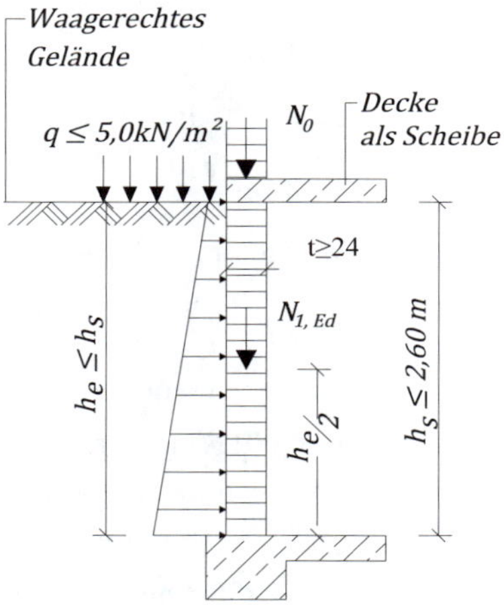

Bedingungen für Verzicht auf Nachweis des Erddruckes:

Wanddicke $t = 30\ cm \geq 24\ cm$ ✓

Lichte Geschosshöhe:

$h_s = h - d = 2{,}78\ m - 0{,}18\ m$

$h_s = 2{,}60\ m \leq 2{,}60\ m$ ✓

Anschütthöhe: $h_e = 2{,}60\ m \leq h_s$ ✓

Verkehrslast auf Geländeoberfläche:

$q_k = 16{,}7\ kN/m^2 \geq 5{,}0\ kN/m^2$ → *nicht in Ordnung!*

→ *Berechnung nach dem genaueren Verfahren nach DIN EN 1996-1-1 erforderlich!*

13 Stahlbeton- und Spannbetontragwerke

Zunächst soll ein Überblick über die Gliederung und die Inhalte des Eurocodes 2 (EC 2) gegeben werden. Dieser Eurocode 2 gilt für den Entwurf, die Berechnung und die Bemessung von Hoch- und Ingenieurbauten aus Beton, Stahlbeton und Spannbeton. In diesem Kapitel des Buches werden beispielhaft häufig vorkommende Bauteile kurz vorgestellt und berechnet. Andere Bauteile und weitergehende Erläuterungen werden hier nicht behandelt. Es wird auf die angegebene Fachliteratur im Literaturverzeichnis verwiesen.

13.1 Gliederung der DIN EN 1992 (Eurocode 2)

DIN EN 1992-1-1: Allgemeine Bemessungsregeln und Regeln für den Hochbau

1 Allgemeines

2 Grundlagen für die Tragwerksplanung

3 Baustoffe

4 Dauerhaftigkeit und Betondeckung

5 Ermittlung der Schnittgrößen

6 Nachweise in den Grenzzuständen der Tragfähigkeit (GZT)

7 Nachweise in den Grenzzuständen der Gebrauchstauglichkeit (GZG)

8 Allgemeine Bewehrungsregeln

9 Konstruktionsregeln

10 Zusätzliche Regeln für Bauteile und Tragwerke aus Fertigteilen

11 Zusätzliche Regeln für Bauteile und Tragwerke aus Leichtbeton

12 Tragwerke aus unbewehrtem oder gering bewehrtem Beton

Anhang A (informativ) Modifikation von Teilsicherheitsbeiwerten für Baustoffe

Anhang B (informativ) Kriechen und Schwinden

Anhang C (normativ) Eigenschaften des Betonstahles

Anhang D (informativ) Genauere Methode zur Berechnung von Spannkraftverlusten aus Relaxation

Anhang E (informativ) Indikative Festigkeitsklassen zur Sicherstellung der Dauerhaftigkeit

Anhang F (informativ) Gleichungen für Zugbewehrung für den ebenen Spannungszustand

Anhang G (informativ) Boden-Bauwerk-Wechselwirkung

Anhang H (informativ) Nachweise am Gesamttragwerk nach Theorie II. Ordnung

Anhang I (informativ) Ermittlung der Schnittgrößen bei Flachdecken und Wandscheiben

Anhang J (informativ) Konstruktionsregeln für ausgewählte Beispiele

DIN EN 1992-1-2: Tragwerksbemessung für den Brandfall

DIN EN 1992-2: Betonbrücken – Bemessungs- und Konstruktionsregeln

DIN EN 1992-3: Silos und Behälterbauwerke

13.2 Baustoffe

Stahlbeton und Spannbeton gehören zu den Verbundbaustoffen. Sie bestehen aus den Komponenten Beton, Betonstahl und Spannstahl.[1] Die wichtigsten Fakten dieser Komponenten werden hier kurz und synoptisch dargestellt.

13.2.1 Beton

Es kann zwischen 15 verschiedenen Betonfestigkeitsklassen gewählt werden. In Tabelle 3.1 des EC 2 sind die charakteristischen Festigkeiten f_{ck} der Betone mit den ihnen zugeordneten mechanischen Eigenschaften angegeben, die für die Bemessung notwendig sind.

Tabelle 3.1 — Festigkeits- und Formänderungskennwerte für Beton

Betonfestigkeitsklasse																analytische Beziehung
f_{ck}	N/mm²	12	16	20	25	30	35	40	45	50	55	60	70	80	90	
$f_{ck,cube}$	N/mm²	15	20	25	30	37	45	50	55	60	67	75	85	95	105	
f_{cm}	N/mm²	20	24	28	33	38	43	48	53	58	63	68	78	88	98	$f_{cm} = f_{ck} + 8$
f_{ctm}	N/mm²	1,6	1,9	2,2	2,6	2,9	3,2	3,5	3,8	4,1	4,2	4,4	4,6	4,8	5,0	$f_{ctm} = 0{,}30 \cdot f_{ck}^{(2/3)} \leq$ C50/60 $f_{ctm} = 2{,}12 \cdot \ln [1 + (f_{cm}/10)] >$ C50/60
$f_{ctk,0,05}$	N/mm²	1,1	1,3	1,5	1,8	2,0	2,2	2,5	2,7	2,9	3,0	3,1	3,2	3,4	3,5	$f_{ctk;0,05} = 0{,}7\, f_{ctm}$ 5% Quantil
$f_{ctk,0,95}$	N/mm²	2,0	2,5	2,9	3,3	3,8	4,2	4,6	4,9	5,3	5,5	5,7	6,0	6,3	6,6	$f_{ctk;0,95} = 1{,}3\, f_{ctm}$ 95% Quantil
$E_{cm} \cdot 10^{-3}$	N/mm²	27	29	30	31	33	34	35	36	37	38	39	41	42	44	$E_{cm} = 22\,(f_{cm}/10)^{0,3}$
ε_{c1}	‰	1,8	1,9	2,0	2,1	2,2	2,25	2,3	2,4	2,45	2,5	2,6	2,7	2,8	2,8	Siehe Bild 3.2 AC $\varepsilon_{c1}\,(^0/_{00}) = 0{,}7\, f_{cm}^{0,31} \leq 2{,}8$ AC
ε_{cu1}	‰	3,5									3,2	3,0	2,8	2,8	2,8	Siehe Bild 3.2 für $f_{ck} = 50$ N/mm² $\varepsilon_{cu1}(^0/_{00}) = 2{,}8 + 27\,[(98 - f_{cm})/100]^4$
ε_{c2}	‰	2,0									2,2	2,3	2,4	2,5	2,6	Siehe Bild 3.3 für $f_{ck} = 50$ N/mm² $\varepsilon_{c2}(^0/_{00}) = 2{,}0 + 0{,}085\,(f_{ck} - 50)^{0,53}$
ε_{cu2}	‰	3,5									3,1	2,9	2,7	2,6	2,6	Siehe Bild 3.3 für $f_{ck} = 50$ N/mm² $\varepsilon_{cu2}(^0/_{00}) = 2{,}6 + 35\,[(90 - f_{ck})/100]^4$
n		2,0									1,75	1,6	1,45	1,4	1,4	für $f_{ck} = 50$ N/mm² $n = 1{,}4 + 23{,}4\,[(90 - f_{ck})/100]^4$
ε_{c3} (‰)	‰	1,75									1,8	1,9	2,0	2,2	2,3	Siehe Bild 3.4 für $f_{ck} = 50$ N/mm² $\varepsilon_{c3}(^0/_{00}) = 1{,}75 + 0{,}55\,[(f_{ck} - 50)/40]$
ε_{cu3}	‰	3,5									3,1	2,9	2,7	2,6	2,6	Siehe Bild 3.4 für $f_{ck} = 50$ N/mm² $\varepsilon_{cu3}(^0/_{00}) = 2{,}6 + 35\,[(90 - f_{ck})/100]^4$

Abbildung 13.1: EC 2, S. 30

Bezeichnung: z. B. C20/25

→ C = Concrete (= Beton) →20/25

Charakteristische **Zylinder**druckfestigkeit $f_{ck,cyl}$ [N/mm²]

Charakteristische **Würfel**druckfestigkeit $f_{ck,cube}$ [N/mm²]

Die Betonwürfelfestigkeit spielt bei der Bemessung eine untergeordnete Rolle. Entscheidend für die Berechnungen ist die Betonzylinderfestigkeit. Für die Wahl der Betone ist primär der Verwendungszweck maßgebend. Für nichttragende oder gering beanspruchte Bauwerke kann Beton ab C12/15 verwendet werden. Deckenkonstruktionen werden meist mit C20/25 oder C 25/30 betoniert, für Deckenkonstruktionen mit höherer Belastung wird C30/37 bzw. C35/45 - und für Spannbeton bzw. Ingenieurbauten Betone ab C40/50 empfohlen.[2] Elastizitätsmodul: E = 27000 bis 45000 N/mm²; Wärmedehnzahl: $\alpha_T = 10 * 10^{-6}\ K^{-1}$ (Normalbeton).

[1] Goris / Bender, Band I, 2023, S. 1.

[2] König / Tue, 2003, S. 22.

13.2.1.1 Betonstahl

Im EC 2, 3.2 und in der DIN 488 ist das Produkt Betonstahl und die Anforderung an diesen beschrieben.

B 500 A (Duktilitätsklasse: normalduktil)[3], B 500 B (Duktilitätsklasse: hochduktil)

Die Abkürzung B steht für Betonstahl. 500 = f_{yk} = Streckgrenze in N/mm².

A = Duktilitätsklasse: normalduktil, B = Duktilitätsklasse: hochduktil.

Der Unterschied der Duktilität resultiert aus der unterschiedlichen Dehnfähigkeit der Stahlsorten im Grenzzustand der Tragfähigkeit. Für die Bemessung ist der Einfluss der Duktilität gering; allerdings ist er bei den Nachweisen der Verformung von Bedeutung.[4]

Auf den einzelnen Bewehrungsplänen und in den Stahllisten muss die Duktilität bei jeder Position eindeutig dokumentiert werden. Sowohl Stabstahl als auch Matten werden in beiden Duktilitätsklassen geliefert. In der Regel werden jedoch Stabstähle in der Duktilitätsklasse B und Lagermatten in Duktilitätsklasse A geliefert.

Elastizitätsmodul: E = 200000 N/mm²; Wärmedehnzahl: $\alpha_T = 10 * 10^{-6}\ K^{-1}$.

13.2.1.2 Betonstabstahl

Der Betonstahl wird entweder als gerader Stab (Ø 6 - 40 mm) oder als Betonstahl vom Ring (Ø 6 - 16 mm) geliefert.

Durchmesser in mm: 6, 8, 10, 12, 14, 16, 20, 25, 28, 32, 40

Lieferlängen: 12 m oder 14 m (bis 18 m)

Beispiel: Bezeichnung von geripptem Betonstabstahl der Stahlsorte B 500 B mit einem Nenndurchmesser von 20 mm

Betonstabstahl DIN 488 – B500 B - 20,0

Siehe hierzu auch die Konstruktionstafeln.[5]

13.2.1.3 Betonstahlmatten

Betonstahlmatten werden vorzugsweise für flächige Bewehrungen (Decken, Bodenplatten, Wände) eingesetzt! Sie bestehen aus zwei rechtwinklig sich kreuzenden Stabscharen, die scherfest miteinander verschweißt sind.

Stabdurchmesser: 5 bis 12 mm (bei B 500 B: bis 14 mm)

Man unterscheidet: Lagermatten: Länge l = 6,00 m, Breite b = 2,30 m bzw. 2,35 m und

Nichtlagermatten: Listen-, Vorrats- und Bügelmatten.

---

[3] Vgl. hierzu auch: Schneider, 2024, S. 5.22.
[4] Goris / Bender, Band I, 2023, S. 12.
[5] Schneider, 2024, S. 5.202.

Die Kennzeichnung der Typen des Lagermattenprogrammes erfolgt durch:

- Art der Lagermatten: R- und Q-Matten

  R-Matten werden i. d. R. für einachsig gespannte Bauteile verwendet.

  Q-Matten werden i. d. R. für kreuzweise gespannte Bauteile verwendet.

- Angabe der Stahlquerschnittsfläche je Meter Breite in mm^2/m
- Angabe der Duktilitätsklasse

Mattenliste für Lagermatten[6] oder Lieferprogramm Baustahlgewebe.[7]

Beispiel: R 524 bezeichnet eine Lagermatte, die in der Längsrichtung einen Stahlquerschnitt von 524 mm^2 / m = 5,24 cm^2 / m aufweist und normalduktil ist. In der Querrichtung: 210 mm^2 / m = 2,10 cm^2 / m (vgl. Skizze).

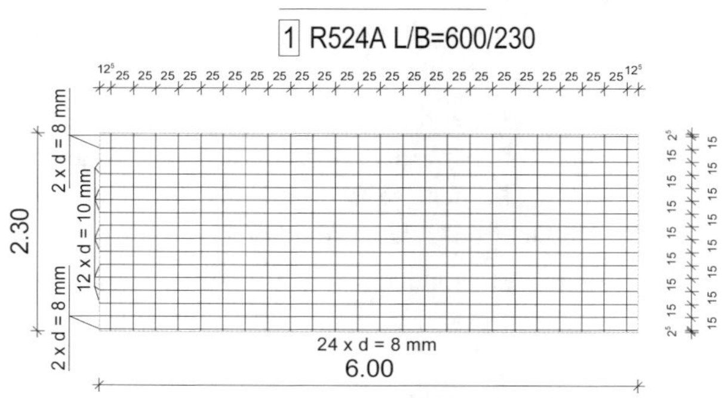

Lagermatten sind standardisierte normalduktile oder hochduktile Betonstahlmatten mit festgelegten Abmessungen und festgelegtem Aufbau. Sie können direkt ab Lager geliefert werden. Diese Lagermatten gehören meist zur Duktilitätsklasse A (normalduktil).

Diese Lagermatten können <u>nicht</u> eingesetzt werden, wenn bei der Bemessung Verfahren gewählt wurden, die ein hochduktiles Verhalten voraussetzen, so wie es bei Stabstahl immer gegeben ist!

Wurde der Statischen Berechnung die Duktilitätsklasse B zu Grunde gelegt, dürfen keine Lagermatten verwendet werden, da diese in der Duktilitätsklasse A hergestellt werden. Es werden Listenmatten von verschiedenen Herstellern wahlweise in den Duktilitätsklassen (A) und (B) angeboten.

13.2.2 Spannstahl

Die Zugfestigkeit von Spannstahl ist ca. dreimal höher als diejenige von Betonstahl.[8] Spanndrähte, Spannstäbe und Spannlitzen können als Spannstahl in Betontragwerken verwendet werden. Beispiele: kaltgezogener Spannstahldraht, profiliert; Spannstahllitze St 1570/1770. Bei einem kaltverformten Spannstahl St 1570/1770 beträgt die charakteristische Stahlspannung des Spannstahls bei 0,1 % Dehngrenze (= $f_{p0,1k}$) bei ca. 1500 N/mm^2 (EC 2-1-1). Einen Überblick zu den verschiedenen Arten, Eigenschaften und die Kennwerte des Spannstahls bietet beispielsweise Zilch.[9]

---

[6] Schneider, 2024, S. 5.204.

[7] URL: https://www.baustahlgewebe.com/de/produkte/, abgerufen am 24.10.2024.

8 Albert / Denk / Lubasch / Nitsch: 2012, S. 12.

9 Zilch / Zehetmaier, 2009, S. 95 ff.

13.3 Tragverhalten

Im Folgenden wird das Tragverhalten von unbewehrtem, bewehrtem und vorgespanntem Beton erläutert.

13.3.1 Tragverhalten Beton

Die Wirkungsweise des Baustoffes (unbewehrter) Beton soll an einem Balken auf zwei Stützen veranschaulicht werden:

1. Skizze: Kräfte und Spannungsbild eines Balkens auf zwei Stützen mit Gleichlast (q von oben). NF = neutrale Faser, BD = Biegedruck, BZ = Biegezug

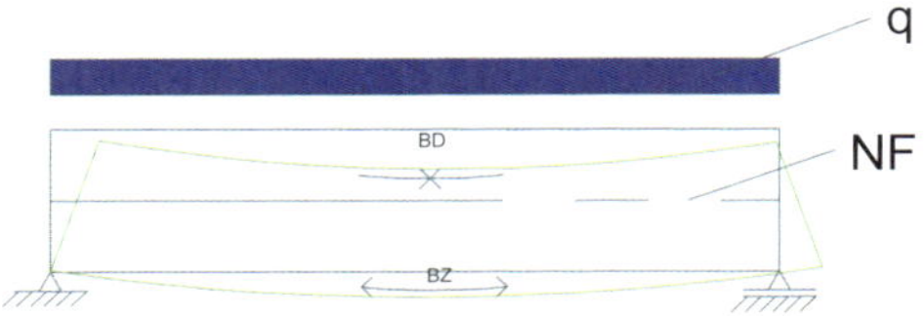

Der Balken (Träger) auf zwei Stützen (Einfeldträger) wird mit einer Gleichlast von oben belastet. Im Innern wird der Balken infolge der Biegung

- oben auf Biege<u>druck</u> (Biegedruckkräfte, Biegedruckspannungen) und
- unten auf Biege<u>zug</u> (Biegezugkräfte, Biegezugspannungen) beansprucht.

2. Skizze: Tragverhalten eines (unbewehrten) Betonbalkens auf zwei Stützen mit Gleichlast (q von oben)

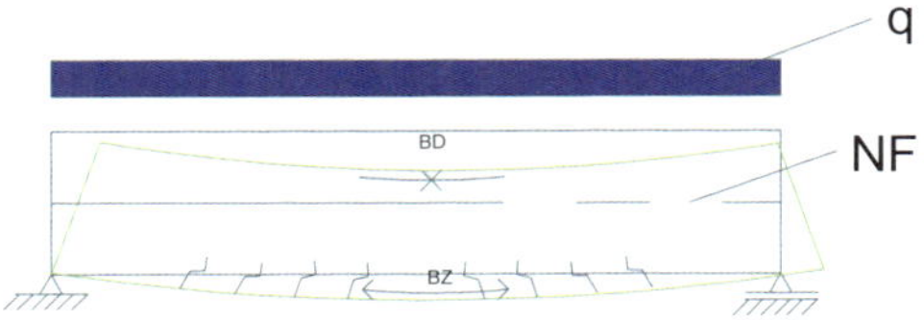

Da Beton sehr hohe Druckspannungen aufnehmen kann, könnte der unbewehrte Betonbalken zwar die Biegedruckspannungen, aber nicht die unten auftretenden Biegezugspannungen aufnehmen. Deshalb würde der Balken unten (in der Mitte des Balkens) zunächst aufreißen und anschließend versagen. Ergebnis: Beton kann hohe Druckkräfte aufnehmen, aber nur sehr geringe Zugkräfte![10]

Formel für die Berechnung der Betonzugfestigkeit: $f_{ctm} = 0{,}30\ f_{ck}^{(2/3)}$.

Beispiel: C20/25:

$f_{cm} = 0{,}30\ f_{ck}^{(2/3)} = 0{,}30 * (20\ N/mm^2)^{(2/3)} = 0{,}30 * 7{,}37\ N/mm^2 = 2{,}21\ N/mm^2$

→ *Nach alter Norm:* $\beta_{bz} = 0{,}25 * \sqrt[3]{\beta}_{WN}{}^{2}\ (MN/m^2)$.

[10] URL: http://www.ki-smile.de/kismile/view227,22,1615.html, abgerufen am 02.08.2019.

13.3.2 Tragverhalten Stahlbeton

Die Wirkungsweise des Verbundbaustoffes Stahlbeton soll an einem Balken auf zwei Stützen veranschaulicht werden:

3. Skizze: Tragverhalten eines bewehrten Stahlbetonbalkens auf zwei Stützen mit Gleichlast (q von oben)

Beim bewehrten Stahlbetonbalken nimmt der Beton die oben vorhandenen Biegedruckspannungen und der unten eingelegte Betonstahl die Biegezugspannungen auf. Der Stahlbetonbalken kann nun sowohl hohe Zug- als auch Druckkräfte aufnehmen.

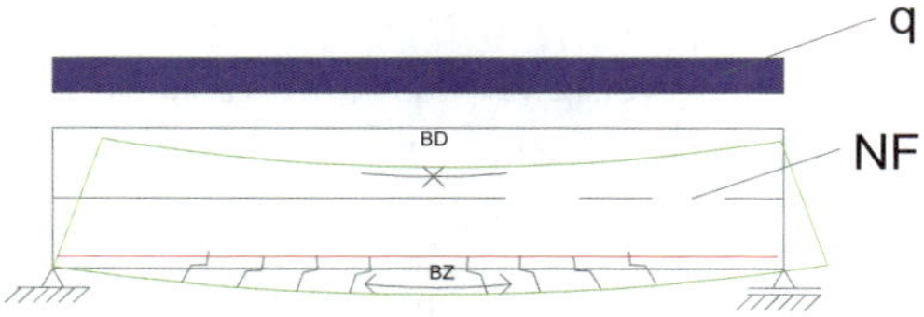

Ergebnis: Beim Stahlbetonbalken nimmt der Beton in der Regel[11] die Druckkräfte und der Betonstahl die Zugkräfte auf! Stahlbeton ist eine gerissene Bauweise!

4. Skizze: Tragverhalten eines falsch bewehrten Stahlbetonbalkens (Betonstahl oben) auf zwei Stützen mit Gleichlast (q von oben)

Liegt der Betonstahl (fälschlicherweise) oben in der Biegedruckzone, würde der Balken aufgrund der Biegezugkräfte im unteren Teil des Balkens versagen.

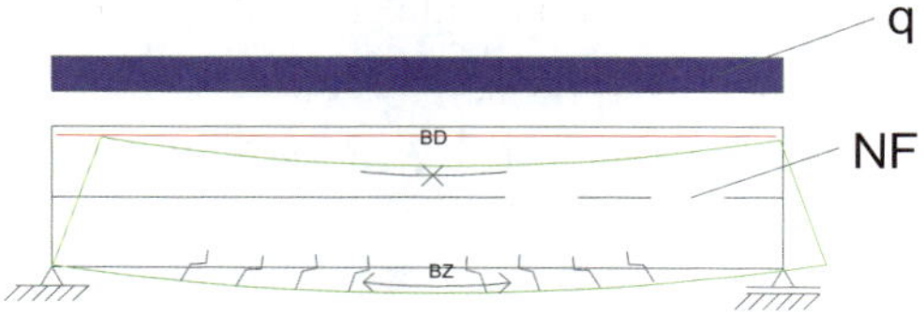

Ergebnis: Falsch eingelegter Betonstahl führt zum Versagen des Bauteiles. In der Regel muss der Betonstahl in der Zugzone liegen!

5. Skizze: Tragverhalten eines Stahlbetonbalkens auf zwei Stützen mit Gleichlast (q von oben) mit eingefettetem Betonstahl unten

Da keine Verbindung zwischen Beton und Betonstahl vorhanden ist, würde dieser Stahlbetonbalken - wie in Skizze 4 - versagen! Deshalb ist auf der Baustelle darauf zu achten, dass der Verbund zwischen Stahl und Beton stets gewährleistet bleibt (kein Schmutz oder Fett am Betonstahl!).

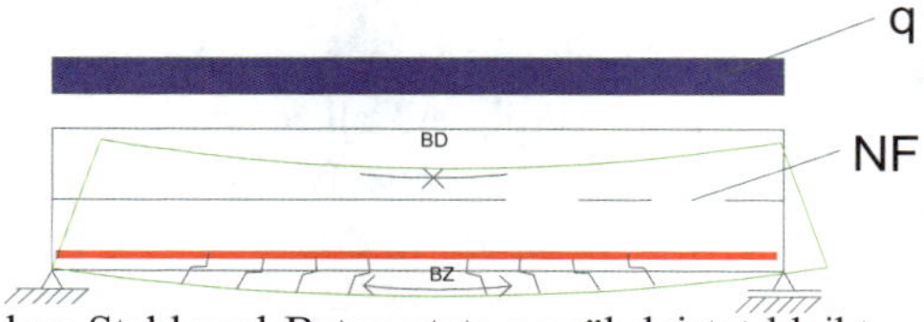

Ergebnis: Voraussetzung für das Tragsystem im Stahlbeton ist ein guter Verbund zwischen Beton und Betonstahl.

[11] Bei manchen Bauteilen (z. B. zentrisch belastete Stützen) dient auch der Betonstahl - zusätzlich zum Beton - zur Aufnahme der Druckkräfte. So auch bei der sogenannten „Druckbewehrung" (doppelte Bewehrung).

13.3.3 Tragverhalten Spannbeton

Spannbeton wird hauptsächlich im Brückenbau und im Behälterbau, aber auch bei weit gespannten Decken angewandt. Beim Spannbeton wird das Bauteil durch Vorspannung unter Druck gesetzt. Zum Vorspannen werden hochfeste Stähle (z. B. St 1570/1770) als Spannglieder benutzt. Man unterscheidet verschiedene Arten der Vorspannung: Vorspannung mit sofortigem Verbund, Vorspannung mit nachträglichem Verbund, Vorspannung ohne Verbund (mit Hüllrohr) und externe Vorspannung.[12]

Auch die Wirkungsweise des Spannbetons soll an einem Balken auf zwei Stützen vereinfacht veranschaulicht werden:

a) Zentrische Vorspannung

Bei zentrischer Vorspannung entsteht im Betonquerschnitt nur eine Normalkraft (N = - V).

Einfeldträger mit zentrischer Vorspannung und Belastung

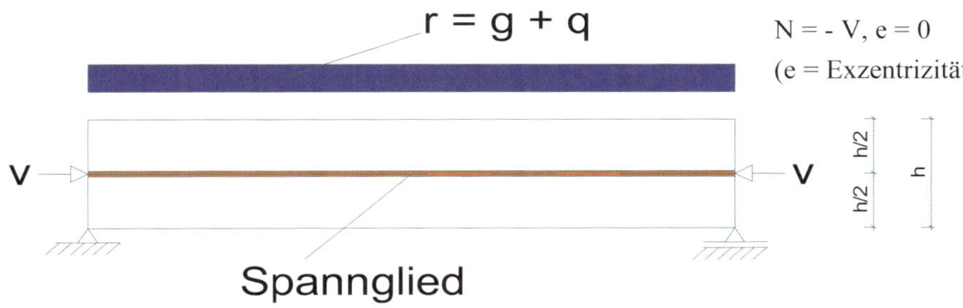

N = - V, e = 0
(e = Exzentrizität)

Spannungen infolge Vorspannung:

Spannungen infolge ständiger Last und Nutzlast:

Spannungen infolge Überlagerung:

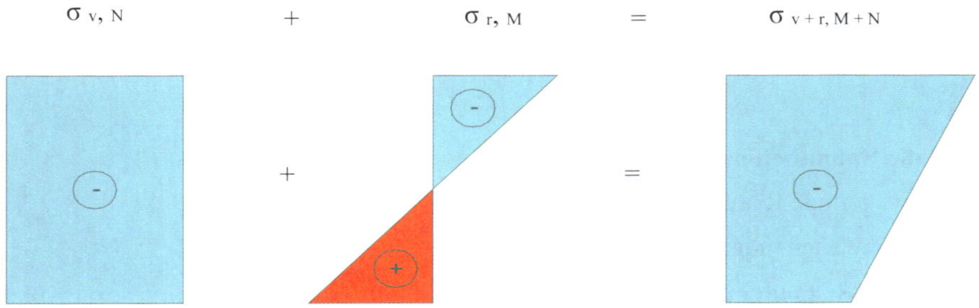

Hierbei werden die Biegezugspannungen des Bauteiles, die i. d. R. aus den Lastfällen ständige Last (g) und Nutzlast (q) entstanden sind, mit den Druckspannungen aus dem Vorspannen überlagert. Nach der Überlagerung sind im Querschnitt keine oder nur noch geringe Zugspannungen vorhanden (jedoch auch große Druckspannungen).

Die evtl. noch übrig gebliebenen Zugspannungen werden durch den „normalen" Betonstahl, der beim Spannbeton als „schlaffe Bewehrung" bezeichnet wird, aufgenommen.

[12] Albert /Denk / Lubasch / Nitsch: 2023, S. 22 ff.

b) Exzentrische Vorspannung

Liegt die resultierende Vorspannkraft exzentrisch, erzeugt diese im Beton jedoch nicht nur mittigen Druck, sondern auch Biegemomente infolge der Exzentrizität (Ausmittigkeit). Die Biegemomente aus dem Vorspannen mit untenliegendem Spannstahl haben das umgekehrte Vorzeichen der Belastungsmomente.

Der Lastfall V bedeutet demnach, dass nun neben der Normalkraft auch Biegung erzeugt wird (Biegung mit Normalkraft).

Einfeldbalken mit exzentrischer Vorspannung und Belastung

N = - V

$e \neq 0$

M = V * e

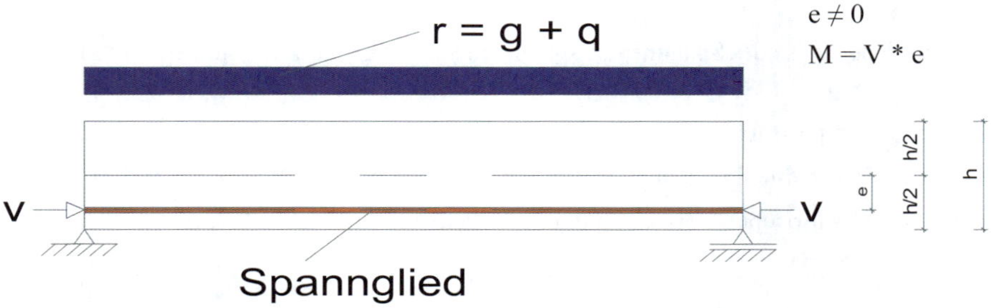

Spannungen infolge Vorspannung:	Spannungen infolge ständige Last und Verkehr:	Spannungen infolge Überlagerung:

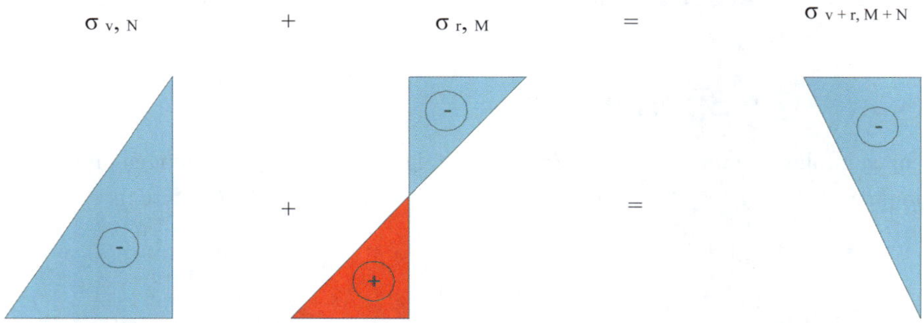

Vorteile des Spannbetons:[13]

- Keine bzw. geringe Risse
- Große Spannweiten möglich
- Wirtschaftlichkeit durch geringere Bauhöhe und Gewichtsersparnis

Nachteile des Spannbetons:

- Erhöhter Bemessungsaufwand und Ausführungsaufwand
- Teurer und empfindlicher Spannstahl
- Nur Spezialfirmen dürfen Spannbeton ausführen

[13] Albert /Denk / Lubasch / Nitsch: 2023, S. 4 ff.

Beispiel: Vorgespannter Einfeldbalken

1. Lastfall:

$\underline{g_k + q_k = r_k}$

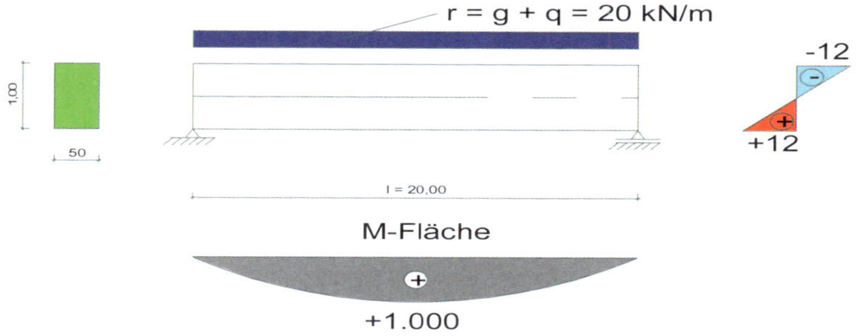

in Feldmitte: $\max.\ M_k = \dfrac{r * l^2}{8} = \dfrac{20\,\frac{kN}{m} * (20\ m)^2}{8} = 1000\ kNm$ $\qquad W = \dfrac{b * h^2}{6}$

$\max.\ \sigma = \dfrac{M}{W} \rightarrow \max.\ \sigma = \dfrac{1000\ kNm * 6 * 10^{-3}}{0{,}5\ m * (1{,}0\ m)^2} = \pm\ 12{,}0\ MN/m^2$

(Weil oben Druck = - und unten Zug (+) vorhanden ist!)

2. Lastfall: Mittige Vorspannung mit $V_k = -\ 6000\ kN$

$\sigma_V = \dfrac{F}{A} = \dfrac{-\ 6000\ kN * 10^{-3}}{0{,}5\ m * 1{,}0\ m} = -12\ MN/m^2$

3. Lastfall: Außermittige Vorspannung mit $V_k = -\ 3000\ kN$, $e = h\,/\,6 = 16{,}7\ cm$

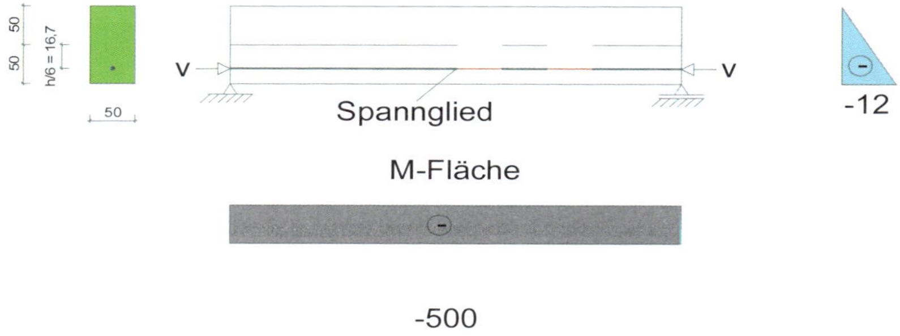

$M_k = -\ 3000\ kN * 0{,}167\ m = -\ 500\ kNm$

$\sigma_V = \dfrac{F}{A} \pm \dfrac{M}{W} = \dfrac{-\ 3000\ kN * 10^{-3}}{0{,}5\ m * 1{,}0\ m} \pm \dfrac{-\ 500\ kNm * 6 * 10^{-3}}{0{,}5\ m * (1{,}0\ m)^2} = -12{,}0\ MN/m^2$

Überlagerung der Lastfälle:

Spannungen in MN/m^2

Lastfall: 1 + 2

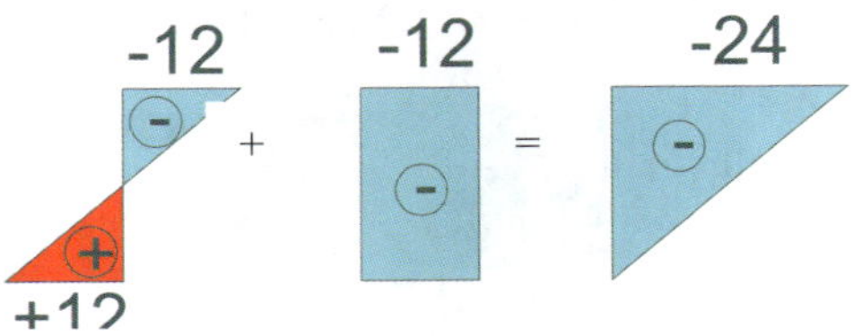

Lastfall: 1 + 3

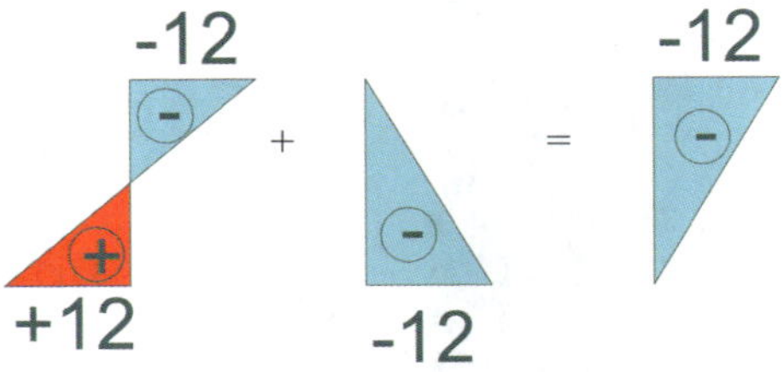

4. Lastfall: Parabolische Spanngliedführung, V = – 2000 kN

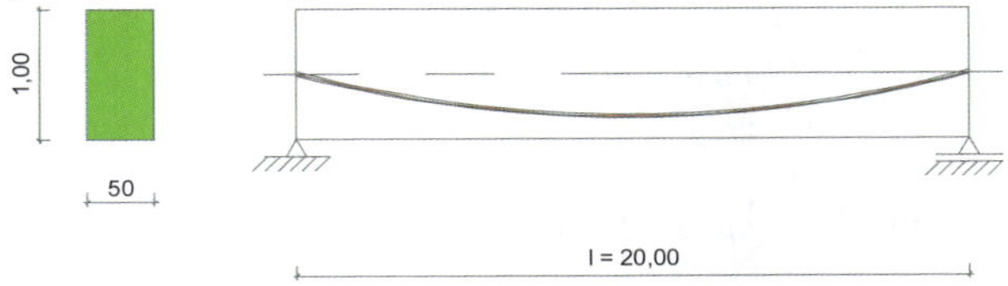

Bei kleinen Winkeln:

$V_H \sim V$

$M_V = V * e_{(x)}$

max. M = V * f

max. M = - 2000 kN * 0,333 m

max. M = - 667 kNm

$$\sigma_V = \frac{F}{A} \pm \frac{M}{W} = \frac{-2000\ \text{kN}}{0{,}5\ \text{m} * 1{,}0\ \text{m}} \pm \frac{-667\ \text{kNm} * 6}{0{,}5\ \text{m} * (1{,}0\ \text{m})^2} = -12{,}0\ \text{MN/m}^2 \text{ bzw. } +4\ \text{MN/m}^2$$

Überlagerung

Lastfall 1 + 4:

Spannungen in MN/m^2

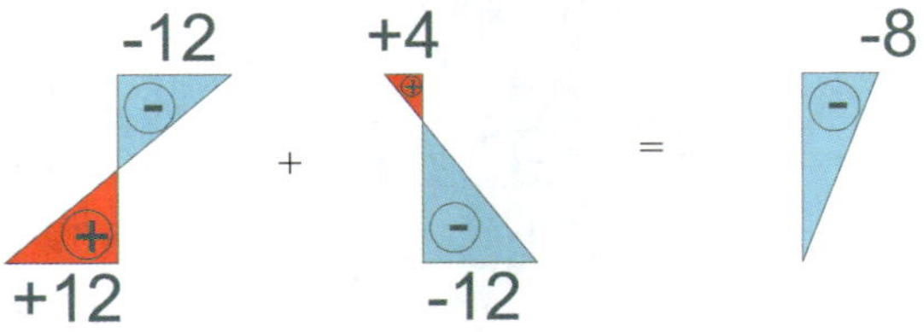

Fazit:

Durch geschickte Spanngliedführung lässt sich die notwendige Vorspannkraft erheblich reduzieren, bleiben die Druckspannungen des Bauteils im zulässigen Bereich und können Zugspannungen und damit Risse vermieden werden.

13.3.4 Übungen:

Für die folgenden Bauteile aus Stahlbeton soll mit einem **roten** Strich schematisch skizziert werden, an welcher Stelle des Bauteiles die Biegezugbewehrung liegen muss. Die Bewehrung muss dort angeordnet werden, wo Zugkräfte wirken. ***Tipp: Stellen Sie sich die belasteten Bauteile aus Gummi vor! Dort, wo die Risse im Gummi auftreten, muss die Bewehrung liegen.***

1) Einfeldrige Stahlbetondecke mit Gleichlast von oben

2) Einfeldrige Stahlbetondecke mit Gleichlast von unten

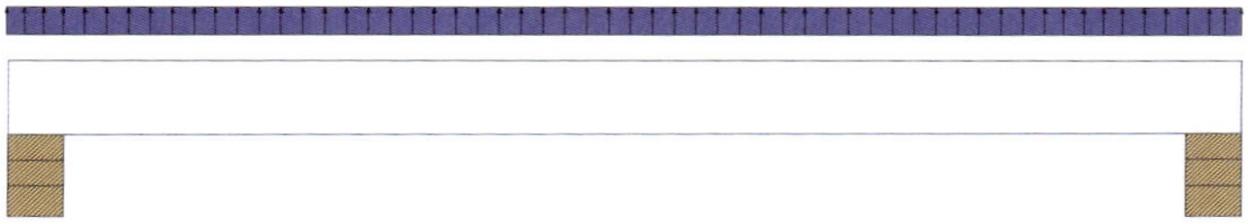

3) Einfeldrige Stahlbetondecke mit Kragarm rechts mit Gleichlast von oben

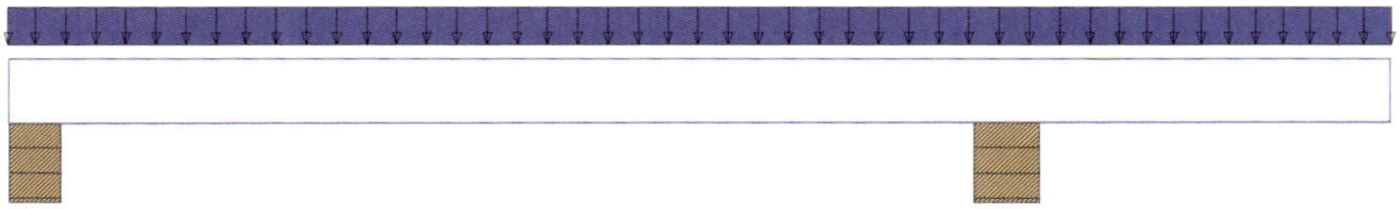

4) Zweifeldrige Stahlbetondecke mit Gleichlast von oben

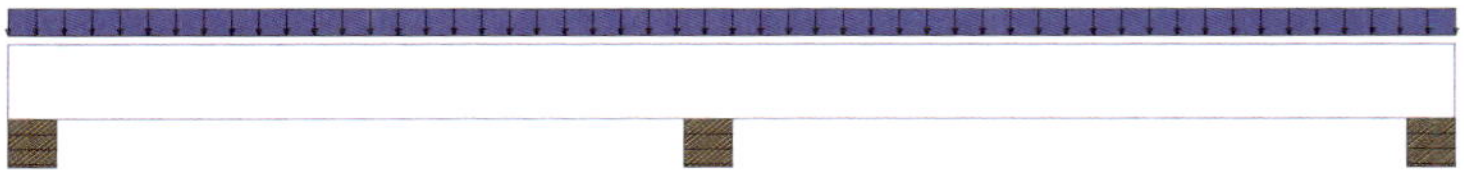

5) Dreifeldrige Stahlbetondecke mit Gleichlast von oben

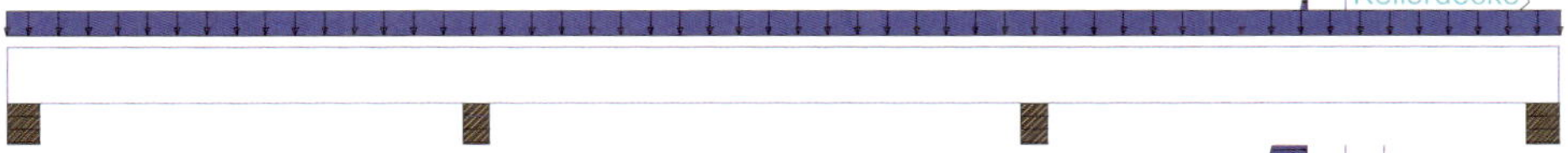

6) Oben und unten eingespannte Kellerwand mit horizontalem Erddruck

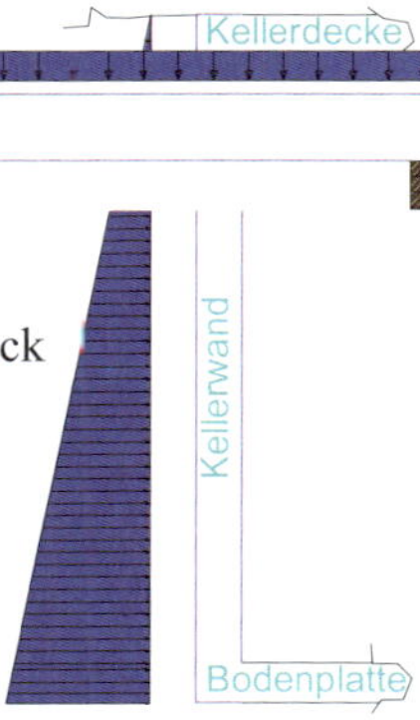

13.4 Bauteile des Stahlbetons

Idealisierungen und Vereinfachungen[14]

l_{eff} = Stützweite des Bauteiles, h = Querschnittshöhe des Bauteiles, b = Breite des Querschnittes

Die nachfolgende Unterscheidung ist für die Bemessung der Bauteile im Hochbau von Bedeutung.[15]

Balken: $l_{eff} \geq 3 * h$ und $b < 5 * h$

Platte: $l_{eff} \geq 3 * h$ und $b \geq 5 * h$

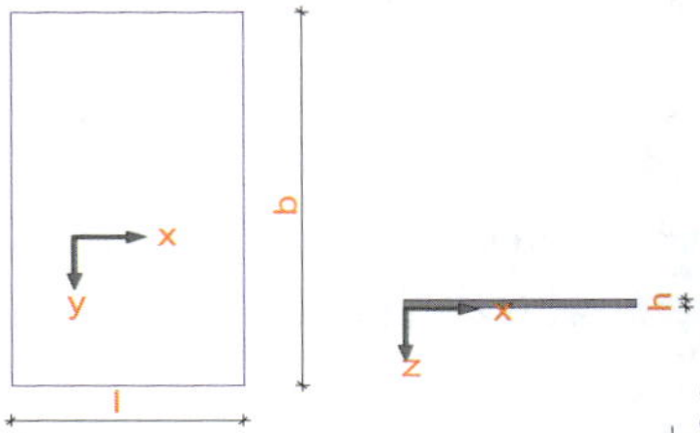

Bei Platten wird weiterhin unterschieden:

<u>Einachsige</u> Lastabtragung („einachsig gespannt"):

Zwei freie, ungelagerte, gegenüberliegende und parallele Ränder oder $l_{max} / l_{min} \geq 2$ (näherungsweise wie einachsig gespannt)

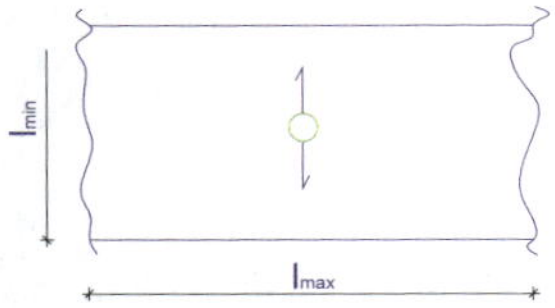

und <u>zweiachsige</u> Lastabtragung („kreuzweise gespannt")

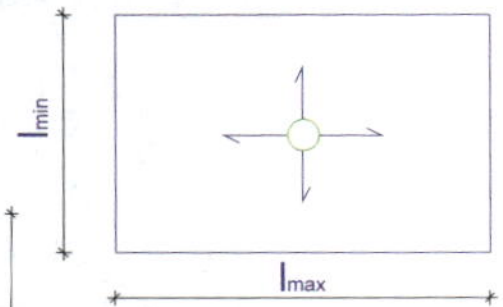

Scheibe, wandartiger Träger: $l < 3 * h$

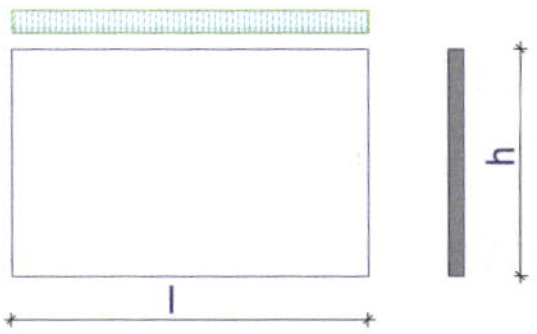

Stütze: $h \leq 4 * b$, Gesamtlänge $l \geq 3 * h$

h = Querschnittshöhe, b = Querschnittsbreite, l = Stützenlänge

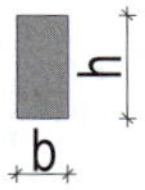

Wand: $b > 4 * h$

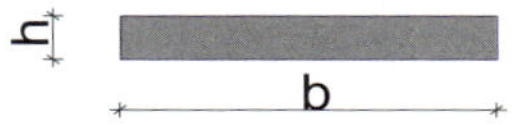

Die Tragwerke werden unterschieden in:

Eindimensionale Stabwerke: Balken, Stützen (Stäbe)

Zweidimensionale Flächentragwerke: Platten, Scheiben, Wände, Schalen

Dreidimensionale Tragwerke: Dicke Bauteile wie z. B. Hochhausfundamente, Reaktorsicherheitsbehälter o. ä. Behälter, Kuppeln, Schalen etc.

---

[14] Schneider, 2024, S. 5.46.

[15] Fingerloos, 2012, S. 15 ff und 49 ff.

13.5 Voraussetzung für den Verbundbaustoff Stahlbeton

Voraussetzung für die Tragfähigkeit des Verbundbaustoffes Stahlbeton sind drei Umstände:

a) die feste Haftung b) ähnliche Wärmeausdehnungskoeffizienten sowie c) Korrosionsschutz.

zu a) Die feste Haftung (Adhäsion) des Betons an der Stahloberfläche ermöglicht das Übertragen der Biegezugkräfte von Beton auf die Stahlstäbe. Dies erfordert eine entsprechende Zementleimmenge und günstige w / z-Werte (< 0,75). Gerippte oder profilierte Stäbe begünstigen, loser Rost und Verschmutzungen beeinträchtigen die Betonhaftung und müssen deshalb rechtzeitig beseitigt werden.

Es werden drei Arten der Verbundwirkung unterschieden:

- der Haftverbund ("Klebewirkung" zwischen Stahl und Zementstein auf Grund von Adhäsion und Kapillarkräften; er ist abhängig von der Rauigkeit und Sauberkeit der Stahloberflächen; der Haftverbund alleine wäre unzureichend für einen guten Verbund, weil er schon bei kleinen Verschiebungen zerstört wird),

- der Reibungsverbund (bei der geringsten Verschiebung zwischen Stahl und Beton wird der Reibungswiderstand geweckt. Voraussetzung dafür ist, dass Pressungen quer auf die Stahleinlagen infolge Belastung, Schwinden oder Quellen des Betons wirken; μ= 0,3 bis 0,6)

- und der Scherverbund (der Scherwiderstand ist die wirksamste und zuverlässigste Verbundart und zur Nutzung hoher Stahlfestigkeiten notwendig; Betonkonsolen verhindern ein Abscheren).

Skizze: Scherverbund eines (idealisierten) gerippten Stabstahles:[16]

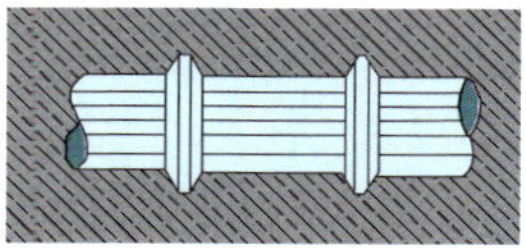

Abbildung 13.2: gerippter Stab (idealisiert)

Diese drei Verbundwirkungen bewirken, dass der Kräftefluss zwischen Beton und Stahl gewährleistet ist und dass damit die Betondruckkräfte vom Beton und die Zugkräfte vom Stahl übernommen werden.

Für die Sicherheit der Stahlbeton-Tragwerke spielt der Verbund zwar eine wichtige Rolle, ein rechnerischer Nachweis ist jedoch vorwiegend nur bei Verankerungen und bei sehr hohen Querkräften im Zustand II (= gerissener Beton) notwendig.

zu b) Ähnliche Wärmeausdehnungskoeffizienten von Stahl α_T = 0,012 mm/mK und Beton α_T = 0,010 mm/mK gewährleisten den Haftverbund von beiden, auch bei größeren Temperaturschwankungen. Damit ist etwa eine gleichmäßig schnelle und weitgehend spannungsfreie Wärmeausdehnung von Stahl und Beton gegeben.

zu c) Als dritte Voraussetzung sei der Korrosionsschutz für die Stahlstäbe genannt. Der Beton umschließt infolge der Betondeckung die Stahlstäbe so - vorausgesetzt der Zementgehalt, w/z-Faktor und die Betondeckung entsprechen der Norm -, dass eine Korrosion der Stahlstäbe nicht möglich ist. Der hohe pH-Wert des Betons (basisch) bewirkt sogar, dass Stahlstäbe von ihrer rostigen Oberfläche befreit werden.

---

[16] Leonhardt, 1973, S. 51.

13.6 Vor- und Nachteile des Verbundbaustoffes Stahlbeton[17]

Die folgenden, stichwortartig aufgeführten Eigenschaften des Verbundbaustoffes werden getrennt nach Vor- und Nachteilen aufgezählt und können sowohl ergänzt als auch zur Diskussion gestellt werden:

Vorteile des Stahlbetons: Stahlbeton ...

- ist wirtschaftlich, weil seine Hauptbestandteile Sand und Kies billig sind,
- ist leicht formbar; er passt sich der Schalungsform an,
- nimmt große Druck- und Zugkräfte auf,
- -decken und -wände wirken als Platten und Scheiben und steifen Bauwerke räumlich aus,
- bedarf so gut wie keiner Unterhaltung,
- eignet sich für monolithische (fugenlose) Tragwerke, die als vielfach statisch unbestimmte Konstruktionen hohe Tragreserven und Sicherheiten aufweisen,
- ist beständig gegen Feuer (Brandschutz), Witterungseinflüsse (Frostschutz) und mechanische Abnutzung; im Wasser haltbar,
- bietet guten Luftschallschutz durch seine hohe Masse,
- bietet eine gute Abschirmung gegen Röntgenstrahlung und radioaktive Strahlung,
- ist (bei richtiger Bauausführung) korrosionsfest.

Nachteile des Stahlbetons: Stahlbeton ...

- besitzt ein großes Eigengewicht,
- -umbauten und -abbrüche sind aufwändig und teuer,
- -sanierungen sind teuer,
- -Nasseinbau ist nur mit Hilfe einer Schalung möglich,
- bietet einen geringen Wärmeschutz,
- bietet einen schlechten Trittschallschutz (Gegenmaßnahme: schwimmender Estrich),
- besitzt einen hohen Diffusionswiderstand,
- ist kein biologischer Baustoff (relativ geringe Radioaktivität),
- bedarf aufwändiger Entsorgung.

13.7 Geschichtliches

Im Folgenden soll stichwortartig ein kurzer Überblick über die Entwicklung des Stahlbetonbaus[18] gegeben werden.

---

[17] Siehe hierzu auch Goris / Bender, Band I, 2023, S. 1.

[18] Zur Geschichte des Stahlbetons vgl. Leonhardt, 1973, S. 1, oder auch: Google: Geschichte des Stahlbetons.

- im antiken Griechenland: "emplecton" (Gußmauerwerk)
- bei antiken römischen Bauten (z. B. in Trier) "opus caementitium": eine Art Beton mit natürlichen hydraulischen Bindemitteln vulkanischer Herkunft (Puzzolane, Traß) oder mit Kalkmörtel
- 1824 erfindet der Bauunternehmer ASPDIN (England) Portlandzement
- 1854 meldet WILKINGSON (England) das erste Patent einer Eisenbetondecke an
- 1861 - 1867 fertigt der Gärtner MONIER (Frankreich) bewehrte Blumenkübel, Röhren, Platten, Brücken; allerdings ohne eine Vorstellung über die statische Wirkungsweise des bewehrten Betons zu haben. Daher stammen die heute noch gebräuchlichen Ausdrücke "Monier-Eisen" und "armierter Beton" (béton armé).
- 1867 - 1878 erwirbt MONIER grundlegende Patente
- 1877 erkannte HYATT (USA) nach Versuchen zum Tragverhalten die Verbundwirkung des Stahlbetons
- 1884 erwerben die Firmen FREYTAG und HEIDSCHUCH, Neustadt a. d. Haardt, und MARTENSTEIN und JOSSEAUX, Offenbach a. Main, die MONIER-Patente.
- 1885 erwirbt der Ingenieur WAYSS die MONIER-Rechte und veröffentlicht Versuchsergebnisse.
- 1898 wird der Deutsche-Beton-Verein gegründet.
- nach 1900 führt MÖRSCH Versuche zur Tragwirkung von Eisenbauteilen aus und entwickelt die grundlegende Theorie der Bemessung.
- 1904 werden in Deutschland erste Arbeiten für Eisenbeton veröffentlicht.
- 1907 wird der Ausschuß für Eisenbeton (heute: Deutscher Ausschuß für Stahlbeton, Abkürzung: DAfStb) gegründet.
- 1920 wurde die Bezeichnung "Stahlbeton" eingeführt, weil nicht Eisen, sondern Stahl verwendet wird.
- ab 1957 Neubearbeitung der DIN 1045
- 1972 wird die DIN 1045 endgültig eingeführt.
- 1990 erscheint die europäische Stoffnorm DIN V ENV 206 "Beton - Eigenschaften, Herstellung, Verarbeitung und Gütenachweis".
- 1991 erscheint der Eurocode 2, Teil 1, „Eurocode 2; Planung von Stahlbeton- und Spannbetontragwerken - Teil 1: Grundlagen und Anwendungsregeln für den Hochbau".
- 1991 (November) erscheinen vom Deutschen Ausschuss für Stahlbeton die „Richtlinien für die Anwendung Europäischer Normen im Betonbau", die Hinweise zur Anwendung von ENV 206 und Eurocode 2 enthalten.[19]
- 01.01.2005: verbindliche Einführung der DIN 1045 (neu).

- **EUROCODE 2: verbindliche Einführung in Deutschland: 01.07.2012.**

[19] Zur Entstehung und Geschichte der Eurocodes: Vgl: URL: http://www.eurocode-online.de/de/eurocode-informationen/entstehung-und-geschichte, abgerufen am 24.10.2024.

13.8 Grundlagen für die Bemessung

13.8.1 Systematik beim Dimensionieren eines Bauteils im Stahlbetonbau

Zu Beginn der statischen Berechnung wird das Gesamtbauwerk in einzelne Positionen (tragende Bauteile) zerlegt → siehe Kapitel 2: Positionspläne!

Jede einzelne Position wird dann in der nachfolgenden Reihenfolge bemessen:

1) Statisches System festlegen (Idealisierung)
2) Vordimensionierung des Bauteiles, z. B. mit Hilfe der Formeln der Biegeschlankheit
3) Einwirkung (Belastung; getrennt nach ständiger Last g und Nutzlast q) ermitteln
4) Schnittgrößen ermitteln
5) Bemessung im Stahlbetonbau
    a) Baustoffe (Beton und Betonstahl) wählen
    b) Biegebemessung (M, N → GZT: Grenzzustand der Tragfähigkeit)
    c) Querkraftbemessung (V → GZT: Grenzzustand der Tragfähigkeit)
    d) evtl. weitere Nachweise (→ GZG: Grenzzustand der Gebrauchstauglichkeit: Verformungen, Spannungen, Rissnachweis etc.)

Anschließend werden die Konstruktionszeichnungen nach den Vorgaben der Statischen Berechnung (Schalpläne, Bewehrungspläne) erstellt und die Massen ermittelt (Schneideskizze, Biegeliste).

13.8.2 Übersicht der Nachweise im Stahlbetonbau

Im Stahlbetonbau werden i. d. R. die folgenden drei Nachweise geführt:

1) Nachweise in den Grenzzuständen der Tragfähigkeit (GZT)

Ermittlung der Biegebewehrung: Diese Bewehrung nimmt i. d. R. die Biegezugkräfte im Bauteil auf.

Ermittlung der Querkraftbewehrung und Nachweis der Druckstrebe: Durch die Anordnung von Bügeln und evtl. Schrägeisen nimmt diese Bewehrung die Zugkräfte infolge der Querkräfte im Bauteil auf. Der Beton muss die hierbei auftretenden Druckkräfte aufnehmen.

Weitere Nachweise: Torsion, Durchstanzen, Verankerungslänge, Ermüdung, etc.

2) Nachweise in den Grenzzuständen der Gebrauchstauglichkeit (GZG)

Begrenzung der Verformungen: Hier werden die vorhandenen Durchbiegungen auf ein zulässiges Maß beschränkt. Alternativ kann dies auch durch den Nachweis der Biegeschlankheit erfolgen. Auch die Verdrehung am Auflager eines Einfeldträgers müssen beispielsweise beschränkt werden.

Begrenzung der Spannungen: Um Risse und starkes Kriechen zu vermeiden, müssen die Druckspannungen des Betons begrenzt werden. Um zu große Verformungen und auch nichtelastische

Dehnungen zu vermeiden, müssen ebenfalls die Zugspannungen in der Bewehrung begrenzt werden.

Begrenzung der Rissbreiten: Bei zu großen Rissen können Undichtigkeiten bei Bauwerken, die wasserundurchlässig gebaut werden sollten, entstehen. Auch besteht für die Bewehrung bei großen Rissen Korrosionsgefahr.

Weitere Nachweise (Schwingungen, Dekompression).

3) Anforderungen an die Dauerhaftigkeit

Dieser Nachweis erfolgt durch Festlegung von:

Expositionsklassen (Umgebungsbedingungen), Mindestbetonfestigkeit,

Betondeckung, Einhaltung konstruktiver Regeln.

13.8.3 Ermittlung der Stützweiten

Die Stützweite errechnet sich aus der lichten Weite und den Längen der Auflagertiefen bzw. Bauteilhöhen (siehe EC2-1-1, 5.3.2.2).

$$\mathbf{l_{eff} = l_n + a_1 + a_2}$$

l_{eff} = effektive Stützweite (früher: statische Länge)

l_n = lichter Abstand zwischen den Auflagerrändern (früher: Lichte: l_w)

a = Abstand von Vorderkante Auflager bis zum theoretischen Auflager

t = reale Auflagertiefe des Bauteiles

h = Bauteilhöhe

$$\mathbf{a \geq \frac{t}{2} \text{ bzw. } a \geq \frac{h}{2}}$$

Die Anwendungsregel im Eurocode 2 erlaubt den Ansatz des kleineren Wertes aus dem Anteil an der Auflagertiefe t oder der Bauteildicke h.[20] Der kleinere Wert darf für die Bemessung der aufliegenden Bauteile angenommen werden. Allerdings muss bei der Ermittlung der Auflagerkräfte zur Bemessung der unterstützenden Bauteile ggf. mit anderen Stützweiten und Einflusslängen gerechnet werden. Auf der sicheren Seite liegt: a = 0,5 t.[21]

Beispiele: Ermittlung der Stützweiten

1) Türsturz

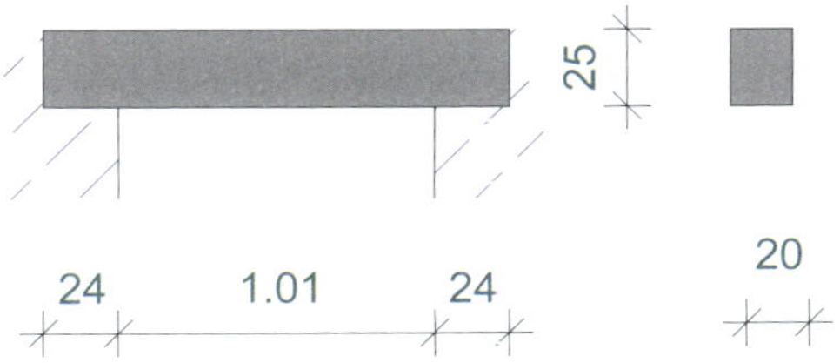

$l_{eff} = l_n + a_1 + a_2$

Auflagertiefe: $a \geq \frac{t}{2}$ bzw. $a \geq \frac{h}{2}$

$a_1 = a_2 = \frac{24\text{ cm}}{2} = 12\text{ cm} < \frac{25\text{ cm}}{2} = 12{,}5\text{ cm}$

Der kleinere Wert darf für die Bemessung der aufliegenden Bauteile angenommen werden.

$l_{eff} = 1{,}01\text{ m} + 0{,}12\text{ m} + 0{,}12\text{ m} = 1{,}25\text{ m}$

---

[20] Siehe hierzu: Fingerloos / Hegger / Zilch, 2012, S. 243.

[21] Fingerloos / Hegger / Zilch, 2012, S. 243.

2) Zweifeldrige Stahlbetondecke mit Kragarm, h = 20 cm

$$l_{eff,1} = 4{,}01\ m + \frac{0{,}365\ m}{2} + \frac{0{,}24\ m}{2} = 4{,}31\ m > 4{,}01\ m + 2 * \frac{0{,}20\ m}{2} = \underline{4{,}21\ m}$$

$$l_{eff,2} = 4{,}51\ m + \frac{0{,}24\ m}{2} + \frac{0{,}365\ m}{2} = 4{,}81\ m > 4{,}51\ m + 2 * \frac{0{,}20\ m}{2} = \underline{4{,}71\ m}$$

$$l_{eff,K} = 1{,}50\ m + \frac{0{,}365\ m}{2} = 1{,}68\ m > 1{,}50\ m + \frac{0{,}20\ m}{2} = \underline{1{,}60\ m}$$

Der kleinere Wert darf für die Bemessung der aufliegenden Bauteile angenommen werden.

3) Stahlbetonbalken

Bauteilhöhe: h = 35 cm

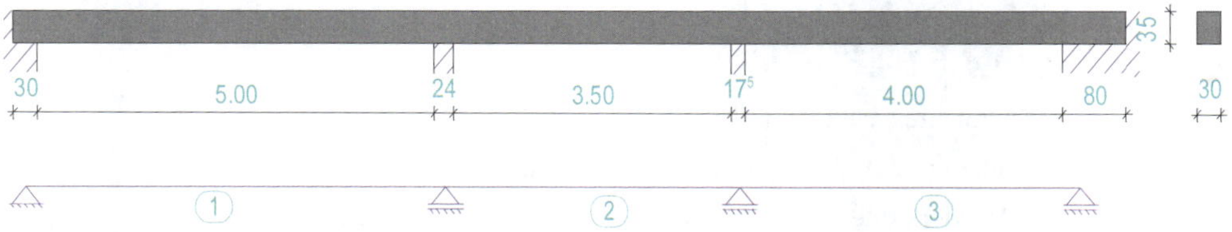

$$l_{eff,1} = 5{,}00\ m + \frac{0{,}30\ m}{2} + \frac{0{,}24\ m}{2} = \underline{5{,}27\ m} < 5{,}00\ m + 2 * \frac{0{,}35\ m}{2} = 5{,}35\ m$$

$$l_{eff,2} = 3{,}50\ m + \frac{0{,}24\ m}{2} + \frac{0{,}175\ m}{2} = \underline{3{,}71\ m} < 3{,}50\ m + 2 * \frac{0{,}35\ m}{2} = 3{,}85\ m$$

$$l_{eff,3} = 4{,}00\ m + \frac{0{,}175\ m}{2} + \frac{0{,}80\ m}{2} = 4{,}49\ m > 4{,}00\ m + \frac{0{,}175\ m}{2} + \frac{0{,}35\ m}{2} = \underline{4{,}26\ m}$$

Der kleinere Wert darf für die Bemessung der aufliegenden Bauteile angenommen werden.

13.8.4 Schnittgrößen und Bemessungswerte

Wie bereits im Kapitel 6 Schnittgrößen erwähnt wurde, werden die Schnittgrößen zur Bemessung des Bauteils benötigt. Diese Schnittgrößen können verschiedenartig ermittelt und evtl. abgemindert werden. Teilweise müssen sie aber auch erhöht werden.

13.8.4.1 Ermittlung von Schnittgrößen

Der EC 2 erlaubt die folgenden vier Möglichkeiten der Ermittlung von Schnittgrößen:[22]

[22] Über die jeweiligen Vor- und Nachteile der jeweiligen Verfahren: siehe Wommelsdorff / Albert / Fischer, 2017, S. 55 ff.

1) Linear-elastische Berechnung

Die Elastizitätstheorie ist die Grundlage der gesamten konventionellen Statik. Der ideal-elastische Zusammenhang zwischen Spannung und Dehnung wird im gesamten Bauteilbereich vorausgesetzt.[23] Die linear-elastische Berechnung ist der Regelfall der Schnittgrößenermittlung.[24] Diese Berechnungsmethode liefert im Verhältnis zu den anderen Verfahren die ungünstigsten Bemessungsergebnisse. Sie liegen in den meisten Fällen auf der sicheren, wenn auch oft auf der unwirtschaftlichsten Seite.[25] Dieses Verfahren darf für Grenzzustände der Tragfähigkeit (GZT) und für die Grenzzustände der Gebrauchstauglichkeit (GZG) verwendet werden. Dabei darf angenommen werden, dass die Querschnitte ungerissen sind (Zustand I) und lineare Spannungs-- Dehnungs-Linien vorliegen. Für das E-Modul darf ein Mittelwert angenommen werden.

2) Linear-elastische Berechnung mit begrenzter Umlagerung

Dieser Nachweis darf für die Grenzzustände der Tragfähigkeit (GZT) verwendet werden. Die Biegemomente können aus wirtschaftlichen Gründen umgelagert werden, dabei muss jedoch das Gleichgewicht beachtet werden. Das bedeutet z. B., dass bei einer Reduzierung des Stützmomentes die Feldmomente größer als bei der ursprünglichen Berechnung werden. Diese Vorgehensweise führt zu wirtschaftlicheren Konstruktionen.

3) Verfahren nach der Plastizitätstheorie

Die Plastizitätstheorie darf nur für die Nachweise der Grenzzustände der Tragfähigkeit (GZT) verwendet werden. Die Duktilität der kritischen Querschnitte muss für die auftretende Plastifizierung ausreichen („plastische Rotation“).

4) Nichtlineare Verfahren

Diese Verfahren dürfen sowohl für die Grenzzustände der Tragfähigkeit (GZT) als auch für die Grenzzustände der Gebrauchstauglichkeit (GZG) verwendet werden. Allerdings gilt hier das Gesetz der Superposition nicht. Die Berechnung kann nach Theorie I. und II. Ordnung erfolgen.[26]

In den nachfolgenden Beispielen werden die Schnittgrößen vereinfacht lediglich nach der linear-elastischen Methode ermittelt. Die Anwendung der anderen Verfahren bedingt tiefere Vorkenntnisse und Erläuterungen, die im Rahmen dieses Buches nicht geleistet werden können.

[23] Wommelsdorff / Albert / Fischer, 2017, S. 55 ff.
[24] Goris / Bender, Band I, 2023, S. 51.
[25] Fingerloos / Hegger / Zilch, 2012, S. 244.
[26] Fingerloos / Hegger / Zilch, 2012, S. 244.

13.8.4.2 Bemessungswerte

Schnittgrößen von Bauteilen müssen in manchen Fällen für die Bemessung vergrößert werden und dürfen unter gewissen Bedingungen verkleinert werden.[27]

Abminderung von Schnittgrößen: Querkräfte dürfen bei Tragwerken des üblichen Hochbaus für eine Vollbelastung aller Felder ermittelt werden, wenn das Verhältnis der Stützweiten benachbarter Felder bei annähernd gleicher Steifigkeit zwischen $0{,}5 < \frac{l_1}{l_2} < 2{,}0$ liegt. Für die Querkraft- Bemessung von Balken und Platten mit gleichmäßig verteilter Belastung darf die Querkraft bei unmittelbarer Stützung im Abstand von 1,0 * d vom Auflagerrand berechnet werden.

Stützmomente dürfen bei durchlaufenden Balken und Platten und frei drehbarer Lagerung nach folgender Formel ausgerundet werden.

Momentenausrundung:

$$|M'_{Ed}| = |M_{Ed}| - \frac{|F_{Ed,sup}| * t}{8}$$

$|F_{Ed,sup}|$ = Bemessungswert der zugehörigen Auflagerreaktion,

t = Auflagerbreite. Bei monolithischem Anschluss gilt die Formel:

$$|M_I| = |M_{Ed}| - \frac{|V_{Ed,li}| * t}{2}$$

bzw.:

$$|M_I| = |M_{Ed}| - \frac{|V_{Ed,re}| * t}{2}$$

wobei $V_{Ed,li}$ bzw. $V_{Ed,re}$ die Bemessungsquerkräfte links bzw. rechts der Unterstützung sind.

Vergrößerung von Schnittgrößen an der Stütze: Mindestbemessungsmoment: min $M_{Ed} = 0{,}65 * M_0$, wobei l_0 das mit l_n (= lichte Weite) ermittelte Volleinspann-Moment bedeutet. In den nachfolgenden Beispielen werden die Bemessungswerte weder reduziert noch vergrößert.

13.8.5 Expositionsklassen

Die Expositionsklassen geben die Einwirkungen der Umgebungsbedingungen des Bauteiles wieder. Sie werden in acht Klassen unterschieden, welche wiederum nach der Umgebung unterschieden werden:

- XO: unbewehrter Beton ohne Korrosions- und Angriffsrisiko
- XC: Bewehrungskorrosion, durch Karbonatisierung verursacht
- XD: Bewehrungskorrosion, durch Chloride verursacht (außer Meerwasser)
- XS: Bewehrungskorrosion, durch Chloride aus Meerwasser verursacht
- XF: Frostangriff, ohne und mit Taumittel
- XA: Betonkorrosion, verursacht durch chemischen Angriff
- XM: Betonkorrosion, beansprucht durch Verschleiß
- WO, WF, WA, WS: Betonkorrosion, verursacht durch Alkali-Kieselsäure-Reaktion

Jeder Expositionsklasse ist eine Mindestbetonfestigkeitsklasse zugeordnet.[28] Auch hängen die Mindest-Betondeckungen von den Expositionsklassen ab.

[27] Vgl. Schneider, 2024, S. 5.47.

[28] Expositionsklassen: EC 2: Tabelle 4.1: Expositionsklassen in Übereinstimmung mit DIN EN 206-1 und DIN 1045-2 oder Schneider, 2024, S. 5.108 oder auch: URL: http://www.beton.org/service/zement-merkblaetter/, abgerufen am 25.10.2024.

13.8.6 Betondeckungen

Die Betondeckung ist der minimale Abstand zwischen einer Bewehrungsoberfläche zur nächstgelegenen Oberfläche des Betons (einschließlich vorhandener Bügel, Haken oder Oberflächenbewehrung). Sie soll den Brandschutz und den Verbund zwischen Beton und Betonstahl sicherstellen und die Bewehrung vor Korrosion schützen.[29]

$$\mathbf{c_{nom} = c_{min} + \Delta c_{dev}}$$

c_{nom} = Nennmaß der Betondeckung, c_{min} = Mindestbetondeckung, Δc_{dev} = Vorhaltemaß (dev = deviation = Ableitung): Im Allgemeinen: Δc_{dev} = 1,5 cm, für Umweltklasse XC1: Δc_{dev} = 1,0 cm.

Auf den Bewehrungszeichnungen sollten das Verlegemaß der Bewehrung c_v,[30] das sich aus dem Nennmaß der Betondeckung c_{nom} ableitet, sowie das Vorhaltemaß Δc_{dev} der Betondeckung angegeben werden.

Mindestmaß c_{min} der Betondeckung (Korrosionsschutz) (EC2-1-1, 4.4.1.2)[31]

Expositionsklasse	Mindestbetondeckung c_{min} in mm 1) 2) 3)									
	Karbonatisierungsinduzierte Korrosion				Chloridinduzierte Korrosion			Chloridinduzierte Korrosion aus Meerwasser		
	XC1	XC2	XC3	XC4	XD1	XD2	XD3	XS1	XS2	XS3
Betonstahl	10	20		25	40			40		
Spannglieder 4)	20	30		35	50			50		

1) Die Mindestbetondeckung darf bei Bauteilen, deren Festigkeitsklasse um 2 Klassen höher liegt als nach Tafel 5.103 erforderlich, um 5 mm vermindert werden (gilt nicht für Umweltklasse XC 1).

2) Zusätzlich sind 5 mm für die Expositionsklasse XM 1, 10 mm für XM 2 und 15 mm für XM 3 vorzusehen, sofern nicht zusätzliche Anforderungen an die Betonzuschläge nach DIN 1045-2 berücksichtig werden.

3) Wird Ortbeton kraftschlüssig mit einem Fertigteil verbunden, darf die Mindestbetondeckung an den der Fuge zugewandten Rändern auf 5 mm, im Fertigteil auf 10 mm (bzw. 5 mm bei rauen Fugen) im Ortbeton verringert werden; die Bedingungen zur Sicherstellung des Verbundes müssen jedoch eingehalten werden, wenn die Bewehrung im Bauzustand berücksichtigt wird. Bei mind. rauen Fugen darf die Bewehrung auch direkt auf die Fugenoberfläche verlegt werden, für diese Stäbe sind dann mäßige Verbundbedingungen anzusetzen. Am Spalt zwischen den FT-Elementplatten muss jedoch c_{nom} eingehalten werden (s. a. S. 5.104); vgl. [5.60], [5.73].

4) Die Mindestbetondeckung bezieht sich bei Spanngliedern im nachträglichen Verbund auf Oberfläche Hüllrohr. Bei dauerhaft rissüberbrückender Beschichtung ggf. Reduzierung um 10 mm zulässig (s. DAfStb.-H 600).

---

29 Wommelsdorff / Albert / Fischer, 2017, S. 85.

30 Avak / Busch / Neff: Teil 1, 2023, S. 63: Das Verlegemaß c_V erhält man aus dem Nennmaß durch Aufrunden auf den nächsthöheren durch fünf teilbaren Wert, da Abstandhalter in den Stufen 25, 30, 35 … erhältlich sind.

31 Schneider, 2024, S. 5.107.

Mindestmaß der Betondeckung c_{min} zur Sicherung des Verbundes (EC2-1-1, 4.4.1.2)

Betonstahl [1)]	$c_{min} \geq ø_s$ bzw. $ø_n$		$Ø_s$ Stabdurchmesser $Ø_n$ Vergleichsdurchmesser
Spannstahl	Sofortiger Verbund	Litze, profilierte / $C_{min} \geq 2{,}5\ ø_p$ gerippte Drähte	$Ø_p$ Nenndurchmesser
	Nachträglicher Verbund $c_{min} = ø_{duct} \leq 80$ mm		$Ø_{duct}$ Hüllrohrdurchmesser
[1)] c_{min} muss um 5 mm vergrößert werden, wenn das Größtkorn der Gesteinskörnung 32 mm überschreitet.			

Im Zweifelsfall sollte das ungünstigere Maß genommen werden!

Zu geringe Betondeckung führt zu Schäden an Stahlbetonbauteilen und zur Korrosion des Betonstahles.

Abbildung 13.3a: Schäden an Balkonen, Trier

Abbildung 13.3b: Schäden an der Stahlbetondecke, Venezianische Galerien, Oostende

Beispiele:

1. geg.: Decke über Klassenraum, h = 20 cm, C20/25, B 500 A

ges.: a) Expositionsklasse b) Mindestfestigkeitsklasse des Betons und c) Betondeckung

Lösung: a) Expositionsklasse: XC1 (ständig trocken)

b) Mindestfestigkeitsklasse des Betons: $f_{CK} = 16 \rightarrow$ C16/20 < C20/25

c) Betondeckung: $c_{nom} = c_{min} + \Delta c_{dev}$

c_{min} = Mindestbetondeckung = 1,0 cm, Δc_{dev} = Vorhaltemaß = 1,0 cm (bei XC1)[32],

$c_{nom} = c_{min} + \Delta c_{dev} = 1{,}0 \text{ cm} + 1{,}0 \text{ cm} = 2{,}0 \text{ cm} = c_V$

2. geg.: Balken in einem Parkhaus, b/h = 25/40 cm, C30/37, B 500 B

ges.: a) Expositionsklasse b) Mindestfestigkeitsklasse des Betons und c) Betondeckung

Lösung: a) Expositionsklasse: XC4 (wechselnd nass und trocken)

b) Mindestfestigkeitsklasse des Betons: $f_{CK} = 25 \rightarrow$ C25/30

c) Betondeckung: $c_{nom} = c_{min} + \Delta c_{dev}$

c_{min} = Mindestbetondeckung = 2,5 cm, Δc_{dev} = Vorhaltemaß = 1,5 cm (bei XC4)[33],

$c_{nom} = c_{min} + \Delta c_{dev} = 2{,}5 \text{ cm} + 1{,}5 \text{ cm} = 4{,}0 \text{ cm} = c_V$

32 Schneider, 2024, S. 5.109 ff.
33 Schneider, 2024, S. 5.109 ff.

13.8.7 Statische Nutzhöhe

Die statische Nutzhöhe (= statische Höhe), genannt d (bis 2004 wurde sie mit h bezeichnet), gibt an, wie groß der Abstand zwischen dem Schwerpunkt der Biegezugbewehrung und dem Druckrand des Bemessungsquerschnittes ist. Die statische Höhe d hat im Stahlbetonbau eine sehr große Bedeutung. Sie wird meistens in cm angegeben.

Bei Balken mit einlagiger Bewehrung: $\mathbf{d = h - c_v - Ø\ Bügel - \frac{Ø_L}{2}}$

Bei Decken mit einlagiger Bewehrung: $\mathbf{d = h - c_v - \frac{Ø_L}{2}}$ i. d. R. ohne Bügel

d (= effective **d**epth) = statische Nutzhöhe, h = Bauteilhöhe, c_v = Verlegemaß,

$Ø_L$= Durchmesser der Längsbewehrung

Bei mehrlagiger Bewehrung muss der Schwerpunkt der Bewehrung berechnet werden.

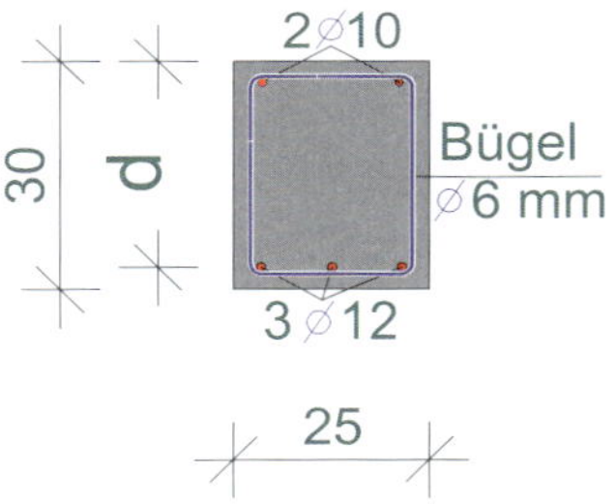

Beispiele: Statische Nutzhöhe (statische Höhe)

1) gegeben: Balkenquerschnitt (vgl. Skizze)

c_{nom} = 3,50 cm = c_v

gesucht: d

Lösung:

vorh. d = 30 cm - 3,50 cm - 0,60 cm - (1,20 cm / 2)

vorh. d = 25,3 cm

2) gegeben: Stahlbetondecke, h = 20 cm, c_{nom} = 2,00 cm

Einfeldträger

Bewehrung R 524 A

gesucht: d

R 524 A: Stäbe ø 10 / 8

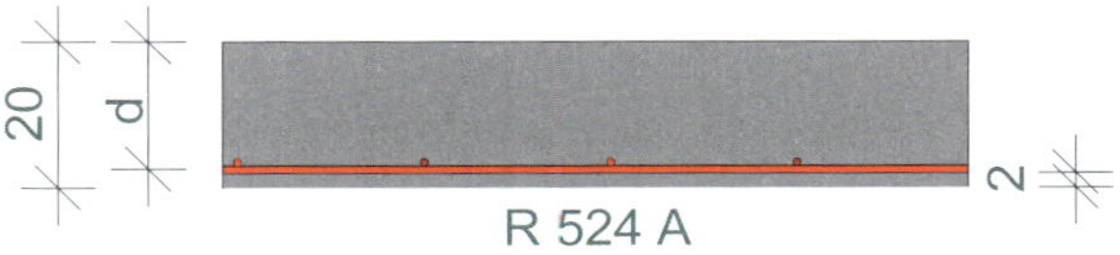

Lösung: $d = 20{,}0\text{ cm} - 2{,}0\text{ cm} - \frac{1{,}0\text{ cm}}{2} = 17{,}5\text{ cm}$

***Überschlägig** kann man bei Bauteilen im Inneren von Gebäuden die statische Höhe wie folgt berechnen:*

bei Balken: d = h – 5,0 cm

bei Decken: d = h – 2,5 cm

Diese Faustregel gilt z. B. nicht bei großer Betondeckung oder großem Stabdurchmesser!

3) gegeben: Balken (Einfeldträger [Druckrand oben])

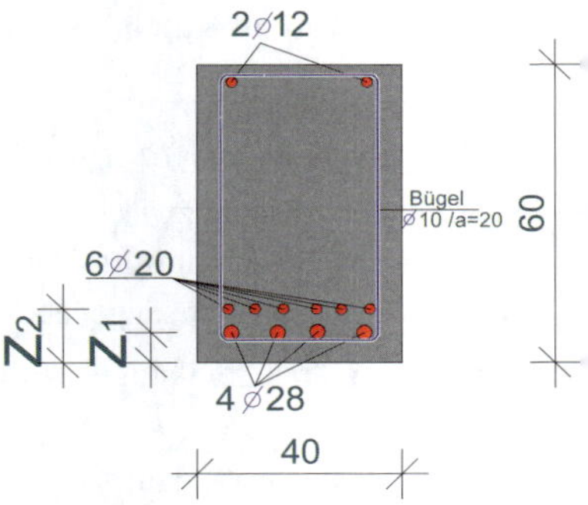

c_{nom} = 4,00 cm *(Die verschiedenen Wichten von Beton und Stahl werden hier nicht berücksichtigt.)*

Lage 1: 4 ø 28

Lage 2: 6 ø 20

Abstand zwischen 1. und 2. Lage: 2,80 cm

Bügel: ø 10, ges.: d

z_1 = Achse ø 28 = 4 cm + 1 cm + 2,8 cm / 2 = 6,4 cm

z_2 = Achse ø 20 = 4 cm + 1 cm + 2,8 cm + 2,8 cm + 2 cm / 2 = 11,6 cm

A_1 = 24,63 cm², A_2 = 18,85 cm² *Tabellenwert*[34]

Lösung:

$$z_s = \frac{\Sigma\, Ai \, * \, zi}{\Sigma\, A} = \frac{24{,}63\ cm^2 \, * \, 6{,}40\ cm \, + \, 18{,}85\ cm^2 \, * \, 11{,}60\ cm}{24{,}63 cm^2 \, + \, 18{,}85\ cm^2} = 8{,}7\ cm$$

d = 60,0 cm - 8,7 cm = 51,3 cm

13.8.8 Übungen

1) geg.: Einfeldriger Balken

ges.: l_{eff}

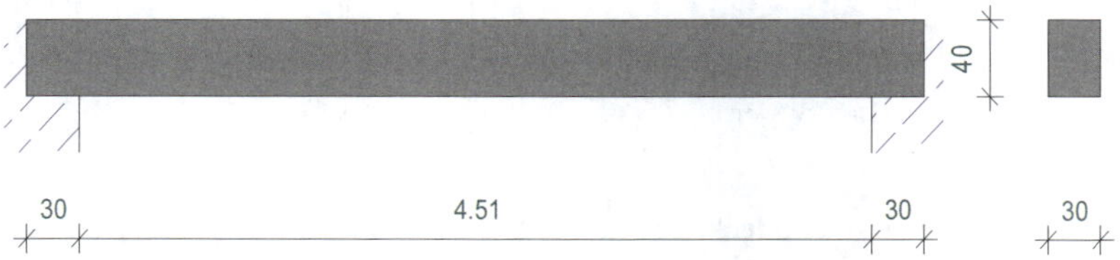

2) geg.: Offene Halle, Balken, b/h = 30/25 cm, C25/30

ges.: a) Expositionsklasse b) Mindestfestigkeitsklasse des Betons c) Betondeckung

3) geg: Statisches System

ges: d (über der Stütze B)

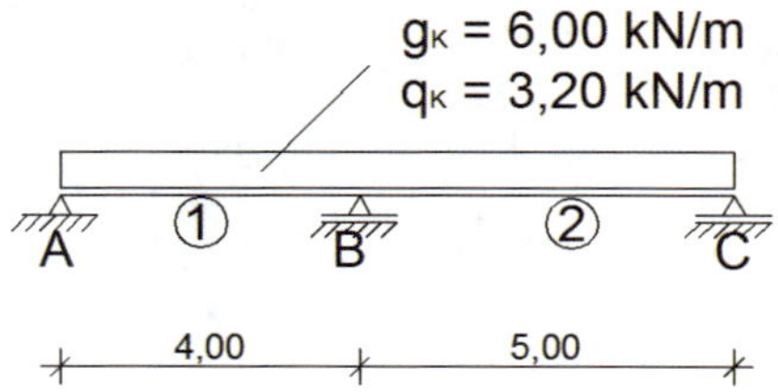

Querschnitt bei Auflager B

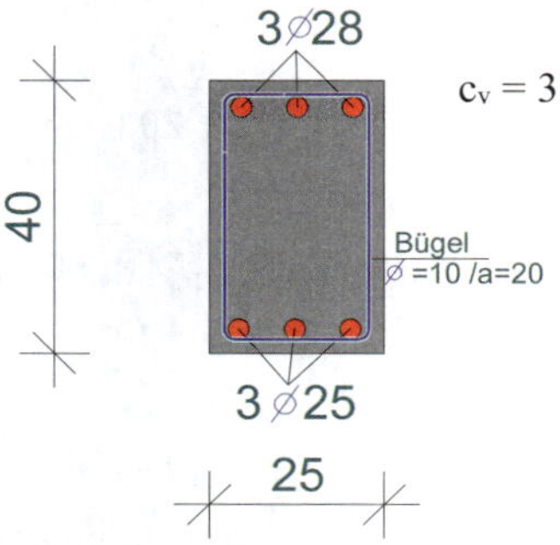

c_v = 3,0 cr

---

[34] Schneider, 2024, S. 5.202.

13.9 Vorbemessung

Zu Beginn der Statischen Berechnung muss die Dicke des Bauteiles bekannt sein, damit die Einwirkung (= Belastung) aus ständiger Last ermittelt werden kann. Deshalb muss vorab eine Vorbemessung (Vordimensionierung) für die Bauteilhöhe bzw. die Bauteilbreite erfolgen. Hierfür werden einfache[35] (= stark vereinfachte) und genauere Formeln[36] angeboten.

Nach DIN 1045 erfolgte die Vorbemessung mit den – damals einfachen - Formeln der Biegeschlankheit. Da aber nach EC 2 für den Nachweis der Biegeschlankheit - als Ersatznachweis für die Durchbiegung - die Bewehrung des Bauteils bekannt sein muss, erfolgt dieser Nachweis erst nach der Ermittlung der Bewehrung.

13.9.1 Einfache Formel bei Platten (Decken, keine Flachdecken!)

Mindestanforderung:

Statische Nutzhöhe: $\mathbf{erf.\ d \geq l_i / 25}$ für C20/25

bzw.: $\mathbf{erf.\ d \geq l_i / 30}$ für C30/37

Für andere Betone kann der Faktor im Nenner linear interpoliert werden!

z. B.: $\mathbf{erf.\ d \geq l_i / 27{,}5}$ für C25/30

Zusätzlich gilt bei erhöhten Anforderungen (z. B. bei leichten, unbelasteten Trennwänden auf Decken):

$\mathbf{erf.\ d \geq l_i^2 / 150}$ maßgebend ab $l_i \geq 5$ m bei C 30/37

bzw. $l_i \geq 6$ m bei C 20/25

Bauteilhöhe: $\text{erf. } h = \text{erf. } d + c_v + \frac{Ø_L}{2}$

h = Bauteilhöhe, d = statische Nutzhöhe

c_v = Verlegemaß der Betondeckung, $Ø_L$ = Durchmesser der Längsstäbe

l_i = ideelle Spannweite ≈ Abstand der Momenten-Nullpunkte, l_{eff} = effektive Stützweite

[35] Schneider, 2024, S. 4.116.

[36] Schneider, 2024, S. 5.106: Verfahren nach Krüger / Mertzsch.

$l_i = \alpha * l_{eff}$

α-Werte zur Ermittlung von l_i:

α: Einfeldträger: α = 1,0, Endfelder: α = 0,8, Mittelfelder: α = 0,6, Kragarm: α = 2,4

α = 1,0 (Einfeldträger)

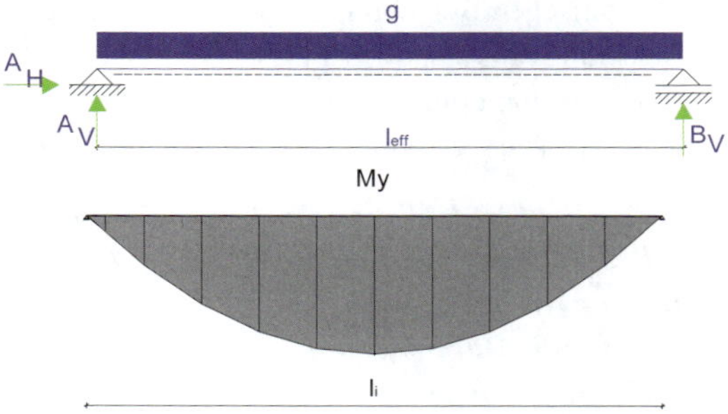

α = 0,8 (Endfeld)

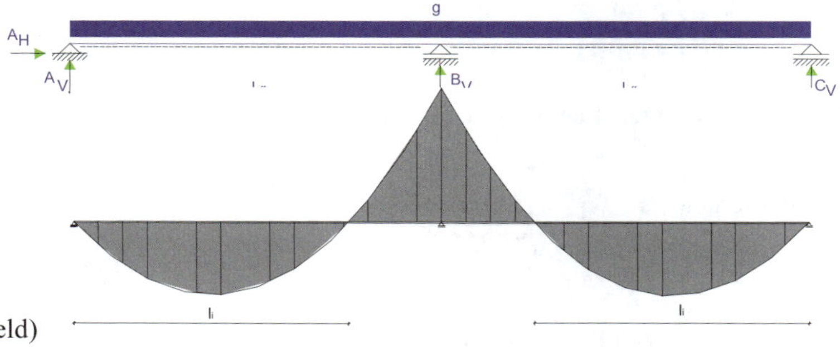

α = 0,6 (Innenfeld)

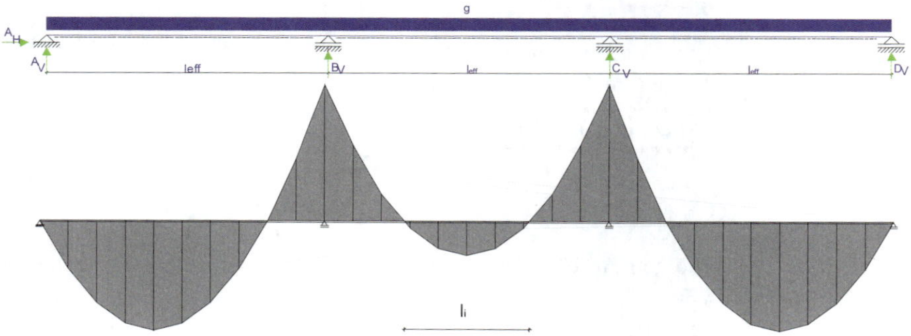

α = 2,4 (Kragarm)

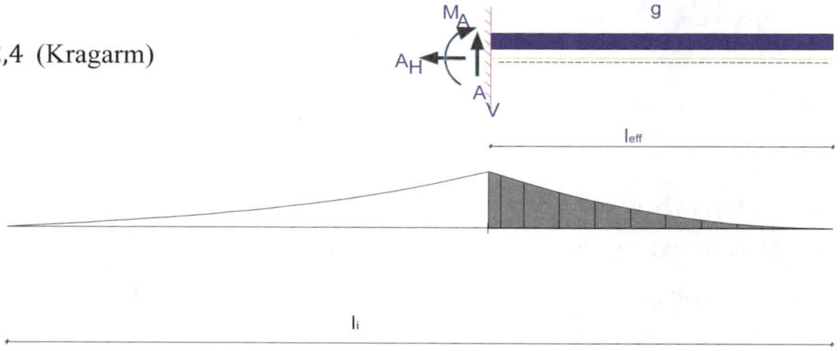

Frage: Ab welcher ideellen Spannweite l_i ist - bei C20/25 - die Formel für erhöhte Anforderungen bei Platten maßgebend?

Antwort: $l_i / 25 = l_i^2 / 150$ /: l_i *(Die Gleichungen werden gleichgesetzt)*

$1 / 25 = l_i / 150$ /* 150

$l_i = 150 / 25$

$l_i = 6{,}00$ m

Erhöhte Anforderungen sind - für diesen Beton C20/25 - erst ab $l_i \geq 6{,}00$ m maßgebend!

Für C25/30 ist ab $l_i = 5{,}45$ m die Formel für erhöhte Anforderungen maßgebend.

Für C30/37 ist ab $l_i = 5{,}00$ m die Formel für erhöhte Anforderungen maßgebend.

Vgl. die Schnittpunkte der Geraden mit der **roten** Kurve in der nachfolgenden Skizze!

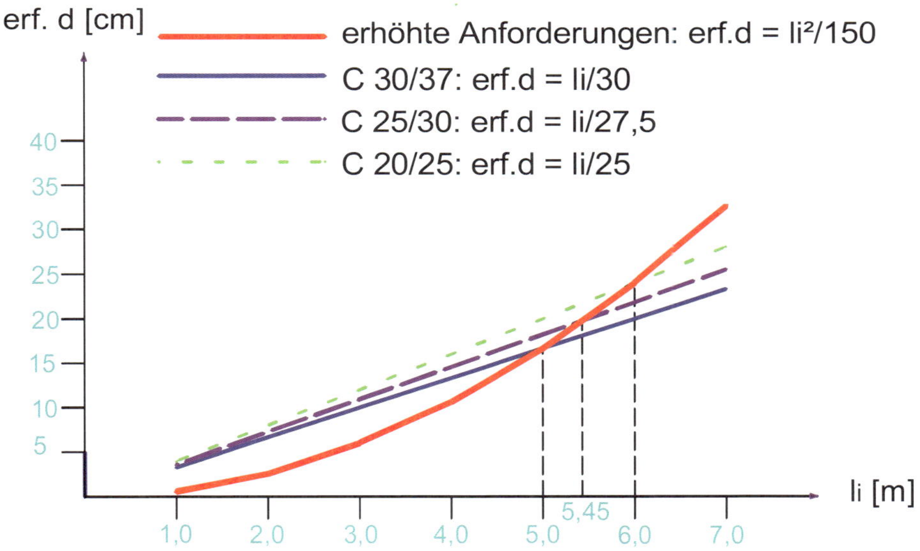

13.9.2 Vorbemessung mit einer genaueren Formel

Da zum Zeitpunkt der Vorbemessung der erforderliche Bewehrungssgrad noch nicht bekannt ist, werden in den Bautabellen auch genauere Formeln nach Krüger / Mertzsch zur Ermittlung der erforderlichen statischen Höhe bzw. der erforderlichen statischen Nutzhöhe angegeben.

Dabei werden Nachweise für Platten (Decken), Flachdecken und Balken unterschieden.[37]

[37] Schneider, 2024, S. 5.106. Siehe auch: Goris / Bender, Band I, 2023, S. 320 ff.

Nachweis für **Platten** (nicht für Flachdecken):

Voraussetzungen: $q \leq 5{,}0 \frac{kN}{m^2}$ und Kriechzahl $\varphi = 2{,}50$

$$\mathbf{d_{erf.}} \geq \frac{l_i}{\lambda_i} * \mathbf{k}_c$$

d = statische Höhe = statische Nutzhöhe, h = Bauteilhöhe

$l_i = \eta_1 * l_{eff}$ (η_1-Werte in Abhängigkeit der Plattenlagerung)[38]

λ_i (abhängig von der zulässigen Durchbiegung: l / 250 oder l / 500, Tafel. 5.101b; bei Zwischenwerten: lineare Interpolation)

Die zulässige Durchbiegung sollte mit dem Bauherrn abgesprochen werden.

$K_c = \left(\frac{f_{ck0}}{f_{ck}}\right)^{\frac{1}{6}}$ wobei: $f_{ck0} = 20 \frac{N}{mm^2}$, also: $k_c = \left(\frac{20}{f_{ck}}\right)^{\frac{1}{6}}$

erf. $h = d + c_v + Ø_L / 2$

Nachweis für **Balken**:

$$\mathbf{d_{erf.}} \geq \frac{l_i}{\lambda_i} * \mathbf{k}_c$$

Voraussetzungen: „übliche“ Bewehrungsgrade und Kriechzahl $\varphi = 2{,}50$

d = statische Höhe = Nutzhöhe, h = Bauteilhöhe

$l_i = \boldsymbol{\alpha}_1 * l_{eff}$

$\boldsymbol{\alpha}_1$ → Beiwerte in Abhängigkeit vom statischen System[39], λ_i → abhängig von der zulässigen Durchbiegung: l / 250 oder l / 500, bei Zwischenwerten: lineare Interpolation[40]

$K_c = \left(\frac{f_{ck0}}{f_{ck}}\right)^{\frac{1}{6}}$ wobei: $f_{ck0} = 20 \frac{N}{mm^2}$, also: $k_c = \left(\frac{20}{f_{ck}}\right)^{\frac{1}{6}}$

erf. $h = d + c_v + Ø_{Bü} + Ø_L/2$

Beispiele: Vorbemessung

1) geg.: Decke aus Stahlbeton, Expositionsklasse XC 1, $c_V = 2{,}0$ cm, **allgemeine** Anforderungen (zul. w = l / 250), Einfeldplatte, $l_{eff} = 5{,}00$ m, C 20/25, B 500 A

ges.: d und h

Einfache Formel: erf. $d = l_i /25$ *25 für C20/25*

$l_i = \alpha * l_{eff}$ → α: Einfeldträger = 1,0

$l_i = 1{,}0 * 5{,}00$ m = 5,00 m

erf. $d = l_i /25 = 5{,}00$ m / 25 = 0,20 m = 20,0 cm

erf. h = erf. $d + c_v + Ø_L / 2$ = 20,0 cm + 2,0 cm + 1,0 cm / 2 = 22,5 cm

gew.: h = 23 cm

[38] Schneider, 2024, S. 5.106.
[39] Schneider, 2024, S. 5.106, Tafel 5.106c.
[40] Schneider, 2024, S. 5.106.

Genauere Formel: Nachweis für Platten (nicht für Flachdecken):

Voraussetzungen: $q \leq 5{,}0 \frac{kN}{m^2}$ und Kriechzahl $\varphi = 2{,}50$

Statische Höhe = Nutzhöhe = $d_{erf.} \geq \frac{l_i}{\lambda_i} * k_c$

$l_i = \eta_1 * l_{eff} = 1{,}0 * 5{,}00 = 5{,}00$ m (η 1: Tafel. 5.106a[41]: Platte 1, $L_x / L_y \geq 2$)

$\lambda_i = 27{,}5$ (= (29 + 26) / 2) (lineare Interpolation, Tafel. 5.104b: l/250)

$k_c = \left(\frac{f_{ck0}}{f_{ck}}\right)^{\frac{1}{6}} = \left(\frac{20\frac{N}{mm^2}}{20\frac{N}{mm^2}}\right)^{\frac{1}{6}} = 1{,}0^{\frac{1}{6}} = 1{,}0$ wobei: $f_{ck0} = 20 \frac{N}{mm^2}$

$d \geq \frac{l_i}{\lambda_i} * k_c = \frac{5{,}00 \text{ m}}{27{,}5} * 1{,}0 = 0{,}182 \text{ m} = 18{,}2 \text{ cm}$

erf. h = erf. d + c_v + $Ø_L$ / 2 = 18,2 cm + 2,0 cm + 1,0 cm / 2 = 20,7 cm

gew.: h = 21 cm

nach DIN 1045: erf. h = $\frac{l_i}{35} = \frac{5{,}00 \text{ m}}{35}$ *= 0,143 m = 14,3 cm + 2,5 cm = 16,7 cm →* *gew.: 17 cm!*

2) geg.: Wie Beispiel 1), jedoch erhöhte Anforderungen (zul. w = l / 500, z. B. sind leichte unbelastete Trennwände auf der Decke geplant); ges.: d und h

Einfache Formel: Bei erhöhten Anforderungen sind die folgenden beiden Anforderungen zu erfüllen: erf. $d = l_i / 25$ für C20/25 und erf. $d = l_i^2 / 150$

$l_i = \alpha * l_{eff}$ → α: Einfeldträger = 1,0 → $l_i = 1{,}0 * 5{,}00 \text{ m} = 5{,}00 \text{ m}$

erf. $d = l_i / 25 = 5{,}00 \text{ m} / 25 = 0{,}20 \text{ m}$ bzw. bei erhöhten Anforderungen:

erf. $d = l_i^2 / 150 = (5{,}00 \text{ m})^2 / 150 = 0{,}167 \text{ m} < 0{,}20 \text{ m}$ *(Der ungünstigere Wert ist maßgebend!)*

erf. h = erf. d + c_v + $Ø_L$ / 2 = 20,0 cm + 2,0 cm + 1,0 cm / 2 = 22,5 cm

gew.: h = 23 cm

Genauere Formel: Nachweis für Platten (nicht für Flachdecken): Voraussetzungen: $q \leq 5{,}0 \frac{kN}{m^2}$ und Kriechzahl $\varphi = 2{,}50$

$d \geq \frac{l_i}{\lambda_i} * k_c$ d = statische Höhe = Nutzhöhe

$l_i = \eta_1 * l_{eff} = 1{,}0 * 5{,}00 \text{ m} = 5{,}00 \text{ m}$ (Tafel 5.106a[42]: Platte 1)

$\lambda_i = 21$ (lineare Interpolation, Tafel. 5.106b[43]: l / 500)

$k_c = \left(\frac{f_{ck0}}{f_{ck}}\right)^{\frac{1}{6}} = \left(\frac{20\frac{N}{mm^2}}{20\frac{N}{mm^2}}\right)^{\frac{1}{6}} = 1{,}0^{\frac{1}{6}} = 1{,}0$ wobei: $f_{ck0} = 20 \frac{N}{mm^2}$

$d \geq \frac{l_i}{\lambda_i} * k_c = \frac{5{,}00 \text{ m}}{21} * 1{,}0 = 0{,}238 \text{ m} = 23{,}8 \text{ cm}$

erf. h = erf. d + c_v + $Ø_L$ / 2= 23,8 cm + 2,0 cm + 1,0 cm / 2 = 26,3 cm

gew.: h = 27 cm

---

[41] Schneider, 2024, S. 5.106.
[42] Schneider, 2024, S. 5.106.
[43] Schneider, 2024, S. 5.106.

3) geg.: Ringbalken - als Attika-Abschluss - auf einem Gebäude. Skizziert sind Grundriss, statisches System, Schnitt und biegesteife Ecke mit Bewehrung des Ringbalkens, C25/30, B 500 B, b/h = 24/25 cm. Grundriss des Gebäudes: 8,0 m * 6,0 m (vgl. Skizze). Der Ringbalken ist an den Ecken eingespannt (= „biegesteife Ecke"). Normale Anforderungen. In den Ecken: Ø 12, Bügel Ø 8, c_V = 3,5 cm.

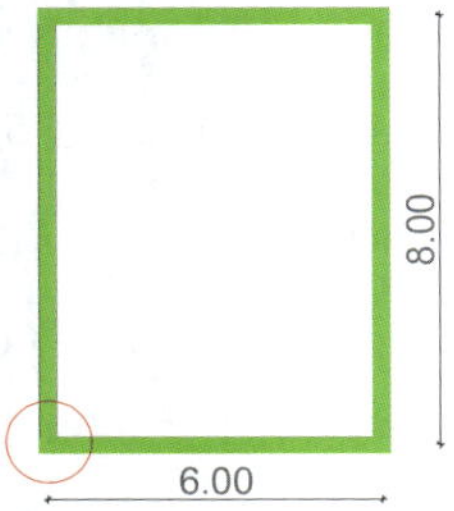

ges.: Vordimensionierung der Breite des Ringbalkens (Biegeschlankheit)

Querschnitt:

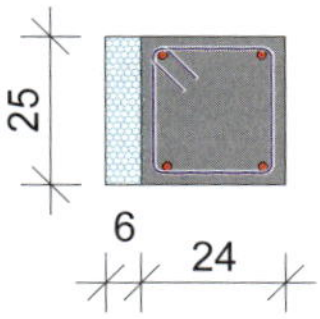

Ecke im Grundriss:

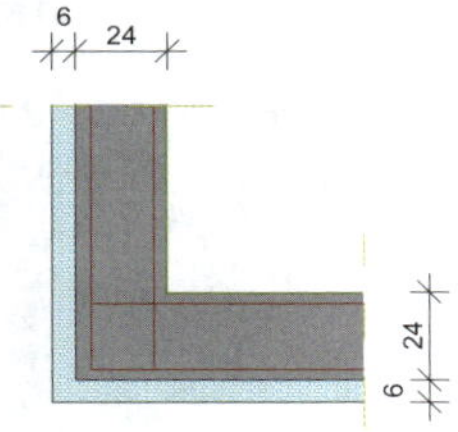

Einfache Formel: erf. d = l_i / 27,5

Obwohl diese Formel für Platten gilt, soll aus Übungsgründen hiermit auch beim Ringbalken gearbeitet werden.

$l_i = \alpha * l_{eff}$ → α: Innenfeld = 0,6 (alle Felder sind „Innenfelder")

l_i = 0,6 * 8,00 m = 4,80 m → erf. d = l_i / 27,5 = 4,80 m / 27,5 = 0,175 m = 17,5 cm

erf. h = erf. d + c_v + $Ø_{Bü}$ + $Ø_L$ / 2 = 17,5 cm + 3,5 cm + 0,8 cm + 1,2 cm / 2 = 22,8 cm

erf. h = 22,8 cm ≈ vorh. b = 24 cm

Genauere Formel: Nachweis für Balken: Die Voraussetzungen seien erfüllt.

$d \geq \frac{l_i}{\lambda_i} * k_c$, **α** = 0,7 (Mittelfeld, Schneider 2024, Tafel 5.104c), $l_I = \boldsymbol{\alpha} * l_{eff}$ = 0,7 * 8,00 m = 5,60 m, λ_i = 26,4 (zwischen 26 und 28, lineare Interpolation, l / 250)[44]

$$k_c = \left(\frac{f_{ck0}}{f_{ck}}\right)^{\frac{1}{6}} = \left(\frac{20\frac{N}{mm^2}}{25\frac{N}{mm^2}}\right)^{\frac{1}{6}} = 0{,}8^{\frac{1}{6}} = 0{,}96 \qquad \text{wobei: } f_{ck0} = 20\frac{N}{mm^2}$$

$$d \geq \frac{l_i}{\lambda_i} * k_c = \frac{5{,}60\ m}{26{,}4} * 0{,}96 = 0{,}204\ m = 20{,}4\ cm$$

erf. b = d + c_v + $Ø_L$ / 2 = 20,4 cm + 3,5 cm + 0,8 cm + 1,2 cm / 2 = 25,3 cm

vorh.: b = 24 cm < 25,3 cm → *der Ringbalken ist nicht breit genug!*

13.9.3 Übung

geg.: Decke aus Stahlbeton mit erhöhten Anforderungen (leichte, unbelastete Trennwände auf der Decke), Dreifeldplatte mit Balkon gem. Skizze, C 25/30, B 500 A

ges.: erf. d und die Deckendicke h (gleiche Deckendicke in Wohnräumen und Balkon)

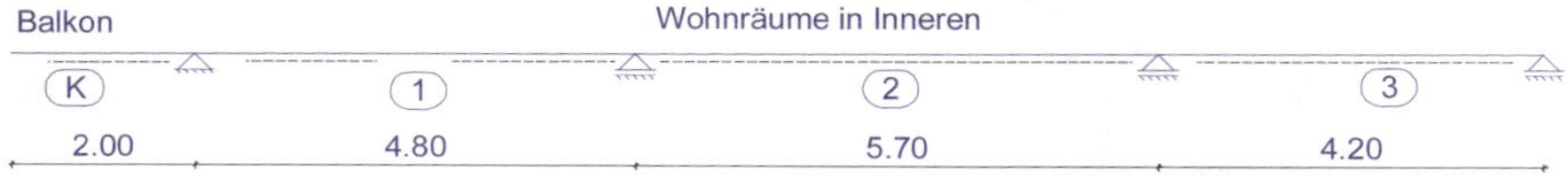

[44] Schneider, 2024, S. 5.106, Tafel 5.106d.

13.10 Nachweise in den Grenzzuständen der Tragfähigkeit im Stahlbetonbau

Zu den Nachweisen in den Grenzzuständen der Tragfähigkeit (GZT) gehören im Stahlbetonbau die folgenden Nachweise:

- Ermittlung der Biegebewehrung (Stabstähle oder Matten)
- Ermittlung der Querkraftbewehrung (Bügel und/oder Schrägstäbe)
- Weitere Nachweise (Torsion, Durchstanzen, Verankerungslänge, Ermüdung, etc.)

Wie bereits vorher dargelegt wurde, nimmt der Beton die Druckkräfte- und der Betonstahl die Zugkräfte auf. Also muss an den Stellen des Stahlbeton-Bauteiles, an denen Zugkräfte zum Gleichgewicht nötig sind, Betonstahl eingelegt werden.

Die folgenden Abbildung 13.4 zeigt Verläufe von Zug- und Druckspannungen eines Balkens auf zwei Stützen unter einer mittigen Einzellast. Der Balken befindet sich im ungerissenen Zustand (Zustand I). Es werden Richtung und Größe der Hauptspannungen grafisch angezeigt. Zugspannungen werden hier (ausnahmsweise) blau dargestellt, Druckspannungen rot (Bild aus einer Finite-Elemente-Methode-Rechnung (FEM)). [45]

Anhand dieser Darstellung soll veranschaulicht werden, was im Inneren eines Balkens passiert. Von außen sind Einwirkungen lediglich durch Verformungen zu erkennen.

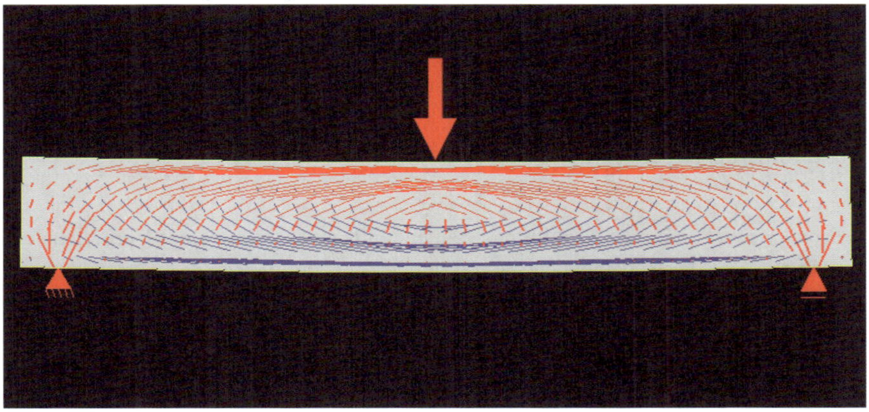

Abbildung 13.4: Verlauf der Hauptspannungen aus der FEM-Rechnung

In der Mitte des Feldes treten unten Biegezugspannungen auf. Diese werden von der Biegebewehrung aufgenommen. Mit dem Biegemoment und der evtl. vorhandenen Normalkraft wird die Biegebewehrung ermittelt.

An den beiden Auflagern des Feldes treten schräg verlaufende Hauptspannungen (Zug- und Druckspannungen) auf. Die Zugspannungen werden von der Querkraftbewehrung aufgenommen, welche mit den vorher berechneten Querkräften ermittelt wird.

[45] URL: http://www.ki-smile.de/kismile/view62,5,153.html, abgerufen am 02.08.2019.

13.10.1 Ermittlung der Biegebewehrung

Die Biegezugspannungen im Bauteil aus Stahlbeton werden von der Biegebewehrung aufgenommen. Bei der Ermittlung der Biegebewehrung wird die erforderliche Fläche des Betonstahles bei Balken in cm^2, bzw. bei Platten in cm^2/m, ermittelt.

13.10.1.1 Verfahren zur Biegebemessung

Die erforderliche Bewehrung eines Bauteiles kann auf verschiedene Weise ermittelt werden.

Mögliche Bemessungshilfen für die praktische Anwendung bei Biegung mit und ohne Normalkraft sind die folgenden Verfahren:

- **k_d-Verfahren**
- **ω-Verfahren („Omega-Verfahren")**
- Allgemeines Bemessungsdiagramm („RÜSCH"-Diagramm)
- μ-ν-Interaktionsdiagramm

In der Praxis werden meist die beiden erstgenannten Verfahren, das k_d-Verfahren und das ω-Verfahren zur Ermittlung der Bewehrung von Rechteckquerschnitten genutzt.

Da das k_d-Verfahren relativ anwenderfreundlich ist, soll hier primär dieses Verfahren zur Ermittlung der erforderlichen Bewehrung vorgestellt werden.

Am Beispiel eines Türsturzes wird im nachfolgenden Kapitel - nach einer Vergleichsrechnung – auch die Ermittlung der Biegebewehrung mit dem ω-Verfahren gezeigt.

In den meisten Fällen liegt bei der Bemessung ein rechteckiger Querschnitt vor.

Balken mit rechteckiger Druckzone werden hier entweder mit Hilfe des Omega-Verfahrens oder des kd-Verfahrens bemessen.

In seltenen Fällen muss auch eine Bemessung mit nicht rechteckigen Querschnitten erfolgen.

Dies ist z. B. bei Plattenbalken, Kreisquerschnitten, Kreisringquerschnitten, polygonalen Querschnitten oder Hohlkastenquerschnitten der Fall. Für diese Querschnitte stehen andere Bemessungsverfahren zur Verfügung, die hier nicht vorgestellt werden.

13.10.1.2 Schema zur Ermittlung der Biegebewehrung im Stahlbetonbau mittels k_d-Verfahren - ohne Normalkraft

geg.: Baustoffe: Beton C.../... Betonstahl B 500 Duktilitätsklasse ..., Rechteck-Querschnitt: Breite b = ... cm, Höhe h = ... cm, statische Nutzhöhe d = ... cm, Schnittgröße: M_{Ed} = ... kNm (hierin ist der Teilsicherheitsbeiwert γ bereits enthalten), N = 0

ges.: Biegebewehrung: erf. A_S

1) Statische Nutzhöhe d in cm ermitteln

2) k_d ermitteln: $\mathbf{k_d = \dfrac{d\,(cm)}{\sqrt{\dfrac{M_{Ed\,(kNm)}}{b\,(m)}}}}$

Beachte: In der k_d-Formel sind die Einheiten von d (cm), M_{Ed} (kNm) und b (m) festgelegt! Diese Formel ist also **dimensionsgebunden**![46] Der Parameter k_d selbst ist dimensionslos.

3) in der Tabelle die zugehörigen Hilfswerte[47] ermitteln:

k_s	Hilfswert zur Berechnung von erf. A_S
$\xi = x / d$	Hilfswert zur Berechnung von x
$\zeta = z / d$	Hilfswert zur Berechnung von z
ε_{c2}	Stauchung des Betons in Promille
ε_{s1}	Dehnung des Betonstahles in Promille

4) erforderliche Biegebewehrung ermitteln: $\mathbf{erf.\ A_S = \dfrac{M_{Ed\,(kNm)}}{d\,(cm)} * k_S}$

Fläche der erforderlichen Bewehrung A_S bei Balken in cm², bei Decken, Bodenplatten und Wänden in cm²/m; auch diese Formel ist dimensionsgebunden!

5) Biegebewehrung wählen: B 500, Duktilität A oder B

gew.: ... → vorh. $A_S \geq$ erf. A_S

6) Überprüfen: gew.: $A_{S,l} \geq$ Mindestbewehrung
- zusätzlich bei Balken überprüfen, ob die gewählte Bewehrung in einer Lage eingebaut werden kann. Falls nicht: Statische Nutzhöhe d prüfen!
- bei Decken: Querbewehrung wählen: $A_{S,q} \geq 20\%$ von $A_{S,l}$ (bei Matten ist diese Anforderung durch die angeschweißten Querstäbe bereits berücksichtigt)
- bei statisch unbestimmten Systemen: Rotationsfähigkeit prüfen: $\xi \leq 0{,}45$

Bei der Wahl der Bewehrungsstäbe sind - wegen der günstigeren Rissbildung - eine große Anzahl „dünner" Stäbe einer geringen Anzahl „dicker" Stabstähle vorzuziehen!

---

[46] Vgl. Schneider, 2024, S. 5.166.

[47] Schneider, 2024, S. 5.166.

Erläuterung der Skizzen in den k_d-Tabellen:[48]

In der folgenden Skizze sind - von links nach rechts betrachtet - der Längsschnitt, der Querschnitt, die Dehnung und die Spannung des zu bemessenden Bauteiles dargestellt.

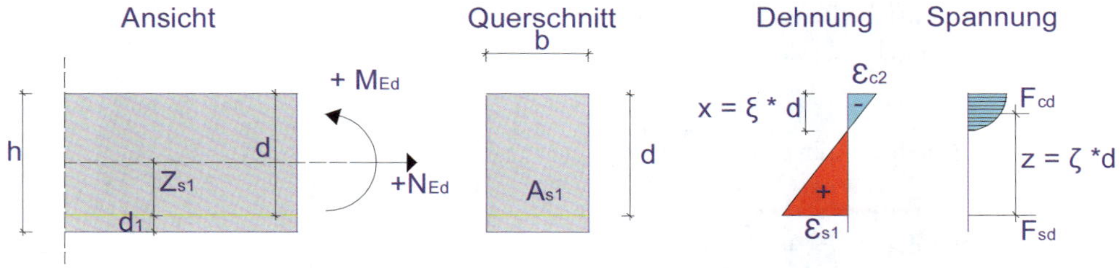

Abkürzungen: M_{Ed} = Bemessungsmoment, N_{Ed} = Bemessungsnormalkraft

h = Bauteilhöhe, d = statische Nutzhöhe, b = Breite des Querschnitts

d_1 = Abstand vom Schwerpunkt der Bewehrung bis zum Zugrand des Bauteiles

A_{S1} = Fläche der Biegezugbewehrung

x = Abstand vom Druckrand bis zur Nulllinie

z_{S1} = Abstand vom Schwerpunkt der Bewehrung bis zum Schwerpunkt des Querschnittes

Abstand z = innerer Hebelarm zwischen Zug- und Druckkraft

F_{cd} = Betondruckkraft, F_{Sd} = Stahlzugkraft (beide Werte enthalten Teilsicherheitsbeiwerte)

ϵ_{c2} = Stauchung des Betons in Promille (negative Dehnung)

ϵ_{s1} = Dehnung des Betonstahles in Promille

Beispiele:

Querschnitt

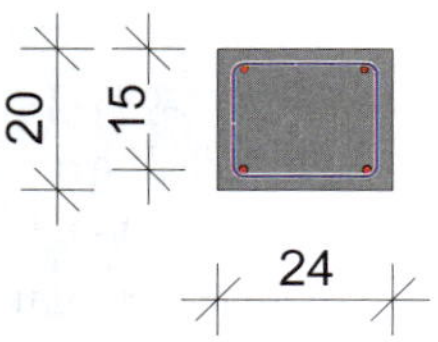

1) Biegebemessung eines Stahlbeton-Fenstersturzes

geg.: Einfeldträger, C20/25, B 500, Duktilitätsklasse B

b / h / d = 24,0 / 20,0 / 15,0 cm, max. $M_{E,d}$ = 10,0 kNm; N = 0

ges.: erf. A_s (Biegebemessung mit k_d-Verfahren)

$$k_d = \frac{d\,(\text{cm})}{\sqrt{\frac{M_{Ed\,(\text{kNm})}}{b\,(\text{m})}}} = \frac{15{,}0\ \text{cm}}{\sqrt{\frac{10{,}0\ \text{kNm}}{0{,}24\ \text{m}}}} = 2{,}32$$

[48] Schneider, 2024, S. 5.166.

Da der k_d-Wert in der Tabelle zwischen 2,43 und 2,30 liegt, werden die weiteren Werte in der Zeile „2,30“ abgelesen![49]

Es wird also der ungünstigere Wert abgelesen. Interpolation jedoch ist erlaubt.

→ $k_s = 2,54$

$\xi = 0,227$, $\zeta = 0,906$

$\epsilon_{c2} = -3,5$, $\epsilon_{s1} = 11,91$ ‰

$$\text{erf. } A_S = \frac{M_{Ed\,(kNm)}}{d\ (cm)} * k_S$$

$$\text{erf. } A_S = \frac{10,0 \text{ kNm}}{15,0 \text{ cm}} * 2,54$$

$$\text{erf. } A_S = 1,69 \text{ cm}^2$$

k_d für Betonfestigkeitsklasse C 12/15	16/2[illegible]	20/25	[illegible]5/30	30/37	35/45	40/50	45/55	50/60	k_s	ξ	ζ	ε_{c2} ‰	ε_{s1} ‰
14,37	12,4[illegible]	11,13	9,95	9,09	8,41	7,87	7,42	7,04	2,32	0,025	0,991	−0,64	25,00
7,90	6,8[illegible]	6,12	5,47	5,00	4,63	4,33	4,08	3,87	2,34	0,048	0,983	−1,26	25,00
5,87	5,0[illegible]	4,55	4,07	3,71	3,44	3,22	3,03	2,88	2,36	0,069	0,975	−1,84	25,00
4,94	4,2[illegible]	3,82	3,42	3,12	2,89	2,70	2,55	2,42	2,38	0,087	0,966	−2,38	25,00
4,38	3,8[illegible]	3,40	3,04	2,77	2,57	2,40	2,26	2,15	2,40	0,104	0,958	−2,89	25,00
4,00	3,4[illegible]	3,10	2,78	2,53	2,35	2,20	2,07	1,96	2,42	0,120	0,950	−3,40	25,00
3,63	3,1[illegible]	2,81	2,51	2,29	2,12	1,99	1,87	1,78	2,45	0,147	0,939	−3,50	20,29
3,35	2,9[illegible]	2,60	2,32	2,12	1,96	1,84	1,73	1,64	2,48	0,174	0,927	−3,50	16,56
3,14	2,7[illegible]	[illegible]	[illegible]	[illegible]	[illegible]	[illegible]	[illegible]	[illegible]	[illegible]	[illegible]	[illegible]	[illegible]	[illegible]
2,97	2,5[illegible]	2,30	2,06	1,88	1,74	1,63	1,53	1,46	2,54	0,227	0,906	−3,50	11,91
2,85	2,4[illegible]	2,21	1,97	1,80	1,67	1,56	1,47	1,40	[illegible]	0,250	0,896	−3,50	10,52
2,72	2,3[illegible]	2,11	1,89	1,72	1,59	1,49	1,41	1,33	2,60	0,277	0,885	−3,50	9,12
2,62	2,2[illegible]	2,03	1,82	1,66	1,54	1,44	1,36	1,29	2,63	0,302	0,875	−3,50	8,10
2,54	2,2[illegible]	1,97	1,76	1,61	1,49	1,39	1,31	1,24	2,66	0,325	0,865	−3,50	7,26
2,47	2,1[illegible]	1,91	1,71	1,56	1,44	1,35	1,27	1,21	2,69	0,350	0,854	−3,50	6,50
2,41	2,0[illegible]	1,86	1,67	1,52	1,41	1,32	1,24	1,18	2,72	0,371	0,846	−3,50	5,93
2,35	2,0[illegible]	1,82	1,63	1,49	1,38	1,29	1,21	1,15	2,75	0,393	0,836	−3,50	5,40
2,28	1,9[illegible]	1,77	1,58	1,44	1,34	1,25	1,18	1,12	2,79	0,422	0,824	−3,50	4,79
2,23	1,9[illegible]	1,73	1,54	1,41	1,30	1,22	1,15	1,09	2,83	0,450	0,813	−3,50	4,27
2,18	1,8[illegible]	1,69	1,51	1,38	1,28	1,19	1,13	1,07	2,87	0,477	0,801	−3,50	3,83
2,14	1,8[illegible]	1,65	1,48	1,35	1,25	1,17	1,10	1,05	2,91	0,504	0,790	−3,50	3,44
2,10	1,8[illegible]	1,62	1,45	1,33	1,23	1,15	1,08	1,03	2,95	0,530	0,780	−3,50	3,11
2,06	1,7[illegible]	1,60	1,43	1,30	1,21	1,13	1,07	1,01	2,99	0,555	0,769	−3,50	2,81
2,03	1,7[illegible]	1,57	1,40	1,28	1,19	1,11	1,05	0,99	3,04	0,585	0,757	−3,50	2,48
1,99	1,7[illegible]	1,54	1,38	1,26	1,17	1,09	1,03	0,98	3,09	0,617	0,743	−3,50	2,17

<u>gew.: 2 Ø 12 (unten)</u>

Querschnitte von Balkenbewehrungen A_s in cm^2

Stabdurchmesser $\varnothing_s$ in mm	Anzahl der Stäbe 1	2	3	4	5	6	7	8	9	10
6	0,28	0,57	0,85	1,13	1,41	1,70	1,98	2,26	2,54	2,83
8	0,50	1,01	1,51	2,01	2,51	3,02	3,52	4,02	4,52	5,03
[illegible]	[illegible]	[illegible]	[illegible]	[illegible]	[illegible]	[illegible]	[illegible]	[illegible]	[illegible]	[illegible]
12	1,13	2,26	3,39	4,52	5,65	6,79	7,92	9,05	10,18	11,31
14	1,54	[illegible]	4,62	6,16	7,70	9,24	10,78	12,32	13,85	15,39
16	2,01	4,02	6,03	8,04	10,05	12,06	14,07	16,09	18,10	20,11
20	3,14	6,28	9,42	12,57	15,71	18,85	21,99	25,13	28,27	31,42
25	4,91	9,82	14,73	19,64	24,54	29,45	34,36	39,27	44,18	49,09
28	6,16	12,32	18,47	24,63	30,79	36,95	43,10	49,26	55,42	61,58

→ vorh. A_S[50] $= 2,26 \text{ cm}^2 > 1,69 \text{ cm}^2 =$ erf. A_S

Größte Anzahl von Stäben in einer Lage bei Balken

Nachfolgende Werte gelten für ein Nennmaß der Betondeckung $c_{nom} = 2,5$ cm (bezogen auf den Bügel) ohne Berücksichtigung von Rüttellücken. Bei den Werten in ( ) werden die geforderten Abstände geringfügig unterschritten.

Balkenbreite b in cm	Durchmesser $\varnothing_s$ in mm 10	12	14	16	20	25	28
10	1	1	1	1	1	1	–
15	3	3	3	(3)	2	2	1
[illegible]	[illegible]	[illegible]	[illegible]	[illegible]	[illegible]	[illegible]	[illegible]
25	6	6	6	5	5	4	3
[illegible]	[illegible]	[illegible]	[illegible]	[illegible]	[illegible]	[illegible]	[illegible]
35	10	9	(9)	8	7	6	5
40	11	11	10	9	8	7	6
45	13	12	(12)	11	10	8	7
50	15	14	13	12	11	9	(8)
55	16	15	14	14	12	10	8
60	18	17	16	15	13	11	9
Bügeldurchmesser $\varnothing_{sbü}$	≤ 8 mm				≤ 10 mm	≤ 12 mm	≤ 16 mm

Größte Anzahl von Staben in einer Lage: 6 Ø 12[51] > 2

[49] Schneider, 2024, S. 5.16.

[50] Schneider, 2024, S. 5.202.

[51] Schneider, 2024, S. 5.203.

2) Biegebewehrung eines Türsturzes

geg.: Einfeldträger C16/20, B 500 B

b / h / d = 20,0 / 25,0 / 20,0 cm

l_{eff} = 2,00 m, g_k = 20 kN/m, q_k = 10 kN/m

ges.: erf. A_s und gewählte Bewehrung

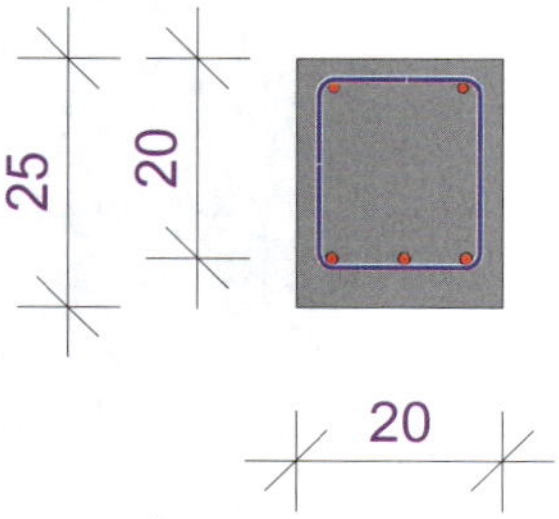

$$M_{Ed} = \frac{\left(1{,}35 * 20\,\frac{kN}{m} + 1{,}5 * 10\,\frac{kN}{m}\right) * (2{,}00\ m)^2}{8} = 21{,}0\ kNm,\ N = 0$$

$$k_d = \frac{d\ (cm)}{\sqrt{\frac{M_{Ed}\ (kNm)}{b\ (m)}}} = \frac{20{,}0\ cm}{\sqrt{\frac{21{,}0\ kNm}{0{,}20\ m}}} = 1{,}95$$

→ $k_s = 2{,}83$ $\xi = 0{,}45$ $\zeta = 0{,}813$ $\varepsilon_{C2} = -\,3{,}5‰$ $\varepsilon_{s1} = 4{,}27‰$

$$\text{erf. } A_s = \frac{M_{Ed}}{d} * k_s = \frac{21{,}0\ kNm}{20{,}0\ cm} * 2{,}83 = 2{,}97\ cm^2$$

<u>gew.: 3 Ø 12 (unten)</u> → vorh. As = 3,39 cm² > erf. A_s = 2,97 cm²

Exkurs: <u>„Vergleichsrechnungen"</u> zur vorherigen Aufgabe:

Ermittlung der Biegebewehrung mit Hilfe zweier einfachen Formeln:

$$1)\quad M = F * a \quad \text{und } 2)\ \sigma = \frac{F}{A}$$

„*nach alter Norm*": Volllast: $r_k = g_k + q_k$ = 20 kN/m + 10 kN/m = 30 kN/m (ohne Teilsicherheitsbeiwerte)

$$\max M_{f,k} = \frac{r_k * l^2}{8} = \frac{30\,\frac{kN}{m} * (2{,}0\ m)^2}{8} = 15{,}0\ kNm$$ (ohne Teilsicherheitsbeiwerte)

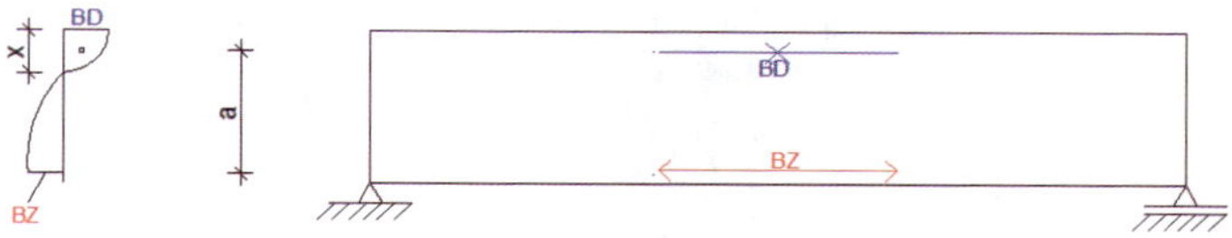

M-Fläche:

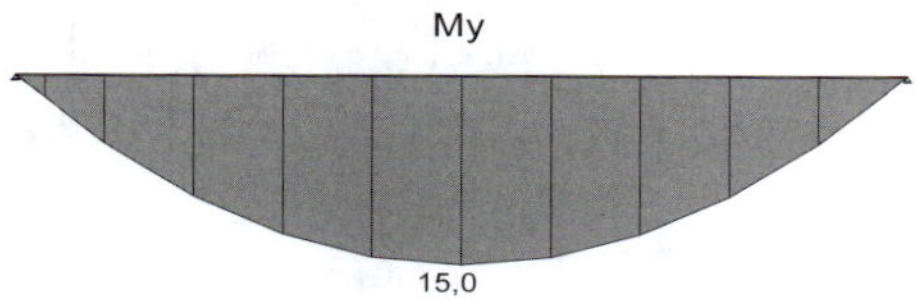

F = BZ (Biegezugkraft im Balken, siehe Skizze)

$$M = F * a \rightarrow F = BZ = \frac{\max M_{f,k}}{a}$$

a = Abstand zwischen der Biegedruckkraft (BD) und der Biegezugkraft (BZ) in der Skizze

a = z = 0,9 * d = 0,9 * 20,0 c = 18,0 cm (Überschlagsformel für den inneren Hebelarm z)

$$F = \frac{M_{f,k}}{z} = \frac{15{,}0\ \text{kNm}}{0{,}18\ \text{m}} = 83{,}33\ \text{kN} = \text{Betonzugkraft BZ}$$

$$\sigma = \frac{F}{A} \rightarrow A_{erf} = \frac{F}{\sigma} = \frac{BZ}{\text{zul.}\,\sigma_S}$$

$$\text{zul.}\,\sigma_S = \frac{\beta_S}{\gamma} = \frac{500\,\frac{MN}{m^2}}{1{,}75} = 286\ \frac{MN}{m^2} = 28{,}6\ \frac{kN}{cm^2}$$ (*nach alter Norm*)

$$A_{erf.} = \frac{83{,}33\ kN}{28{,}6\frac{kN}{cm^2}} = 2{,}91\ cm^2 \approx 2{,}97\ cm^2$$ (siehe vorherige Aufgabe)

Hier müsste jetzt mit der Betondruckkraft der Nachweis der Betondruckspannungen erfolgen.

Exkurs: Ermittlung der erforderlichen Bewehrung mit dem ω-Verfahren

Beim ω-Verfahren wird zur Ermittlung der erforderlichen Bewehrung mit dem mechanischen Bewehrungsgrad ω = Omega gearbeitet. Zunächst wird das bezogenes Bemessungsmoment μ_{Eds} ermittelt:[52] $\mu_{Eds} = \frac{M_{Eds}}{b * d^2 * f_{cd}}$

$M_{Eds} = M_{Ed} - N_{Ed} * z_{s1}$: auf die Bewehrungslage bezogenes Moment

b: Breite des Querschnitts, d: statische Höhe des Querschnitts

$f_{cd} = \alpha_{cc} * f_{ck} / \gamma_c$: Bemessungswert der Betondruckfestigkeit

$\alpha_{cc} = 0{,}85$ (Form- und Zeitfaktor), f_{ck}: charakteristischer Wert der Betondruckfestigkeit

γ_c: Teilsicherheitsbeiwert Beton

erf. $A_s = \frac{1}{\sigma_{sd}} * (\omega * b * d * f_{cd} + N_{Ed})$

Ermittlung der Biegebewehrung des vorherigen Beispiels mit dem ω-Verfahren:[53]

$$M_{Ed} = \frac{\left(1{,}35 * 20\,\frac{kN}{m} + 1{,}5 * 10\,\frac{kN}{m}\right) * (2{,}00\ m)^2}{8} = 21{,}0\ kNm = 0{,}021\ MNm,\ N = 0$$

erf. $A_s = \frac{1}{\sigma_{sd}} * (\omega * b * d * f_{cd} + N_{Ed})$

$$\sigma_{S1d} = \frac{f_{yk}}{\gamma_S} = \frac{500}{1{,}15}\frac{MN}{m^2} = 435\ \frac{MN}{m^2}$$

$$f_{cd} = \alpha_{cc} * \frac{f_{ck}}{\gamma_c} = 0{,}85 * \frac{16\,\frac{MN}{m^2}}{1{,}5} = 9{,}07\ \frac{MN}{m^2}$$

---

[52] Schneider, 2024, S. 5.162.

[53] Schneider, 2024, S. 5.162.

b = 20 cm = 0,2 m, h = 25 cm = 0,25 m, d = 20 cm = 0,2 m

$$\mu_{Eds} = \frac{M_{Eds}}{b * d^2 * f_{cd}} = \frac{0{,}021 \text{MNm}}{0{,}2\, m * (0{,}2\, m)^2 * 9{,}07 \frac{MN}{m^2}} = \frac{0{,}021 \text{MNm}}{0{,}2\, m * (0{,}2\, m)^2 * 9{,}07 \frac{MN}{m^2}} = 0{,}289$$

ω = 0,3531 (linear interpoliert)

erf. As = $\frac{1}{\sigma_{sd}}$ * (ω * b * d * f_{cd} + N_{Ed}) = 1/435 MN/m² * (0,3531 * 0,20 m * 0,20 m * 9,07 MN/m² + 0) = 0,00029 m² = 2,94 cm²

3) Stahlbetondecke in einem Wohngebäude

geg.: Einachsig gespannte, einfeldrige Platte, h = 17 cm (Deckendicke)

M_{Ed} = 30,00 kNm/m, N = 0

c_v = 2,0 cm, C20/25, B500 A

ges.: erf. As, Wahl der Biegebewehrung

d = 17 cm - 2,5 cm = 14,5 cm, b = 1,0 m *(da 1,0 m Breite der Decke betrachtet wird)*

$$k_d = \frac{d}{\sqrt{\frac{M_{Ed}}{b}}} = \frac{14{,}5\text{ cm}}{\sqrt{\frac{30{,}00\text{ kNm}}{1{,}0\text{ m}}}} = 2{,}65 \rightarrow k_s = 2{,}48 \quad \xi = 0{,}174 \quad \zeta = 0{,}927 \quad \epsilon_{c2} = -3{,}5\text{ ‰} \quad \epsilon_{s1} = 16{,}56\text{ ‰}$$

$$\text{erf. } A_s = \frac{M_{Ed}}{d} * k_s = \frac{30{,}00\text{ kNm}}{14{,}5\text{ cm}} * 2{,}48 = 5{,}13\text{ cm}^2/\text{m}$$

gew.: R 524 A (unten)

Da erf. As = 5,13 cm² < vorh. As = 5,24 cm² (= größter Bewehrungsquerschnitt der R-Lagermatte in Längsrichtung) kann eine R-Matte R 524 A gewählt werden.

4) Stahlbetondecke in einem Wohngebäude

geg.: Einachsig gespannte, zweifeldrige Stahlbetondecke in einem Wohnhaus, C20/25, B 500 A, h = 16 cm, g_K = 5,5 kN/m², q_K = 2,7 kN/m²

ges.: Biegebewehrung (Lagermatten) a) über der Stütze B und b) in den Feldern

Schnittgrößen: hier nur Biegemomente, N = 0

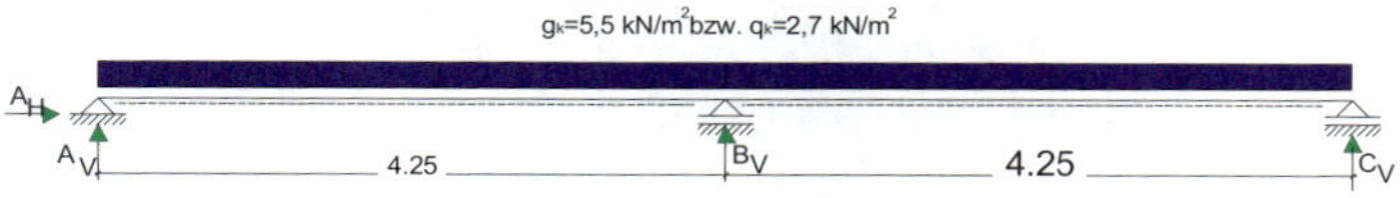

$$\min M_{B,d} = -\frac{\left(1{,}35 * 5{,}5 \frac{kN}{m^2} + 1{,}5 * 2{,}7 \frac{kN}{m^2}\right) * (4{,}25\text{ m})^2}{8} = -25{,}91\text{ kNm/m}$$

max $M_{f,1,d}$ = [0,07 * 1,35 * 5,5 kN/m² + 0,096 * 1,5 * 2,7 kN/m²] * (4,25 m)² = 16,41 kNm/m

a) Stütze B: min. M_{Ed} = - 25,91 kNm/m

d = 16 cm - 2,5 cm = 13,5 cm

$k_d = \frac{13{,}5\ cm}{\sqrt{\frac{25{,}91\ kNm}{1{,}0\ m}}} = 2{,}65 \rightarrow k_s = 2{,}48 \quad \xi = 0{,}174$

$erf.\ A_s = \frac{M_{Ed}}{d} * k_s = \frac{25{,}91\ kNm}{13{,}5\ cm} * 2{,}48 = 4{,}76\ cm^2/m$

gew.: R 524 A (oben)

*Vergleich mit der Überschlagsrechnung: erf. As ≈ 2,5 * $\frac{Med}{d}$ = 2,5 * $\frac{25{,}91\ kNm}{13{,}5\ cm}$ = 4,8 cm²/m*

(M_{Ed}: mit Teilsicherheitsbeiwert; geschätzter k_S-Wert = 2,5).

Nach alter Norm: $M_{Ek} = \frac{\left(5{,}5\frac{kN}{m^2} + 2{,}7\frac{kN}{m^2}\right) * (4{,}25\ m)^2}{8} = 18{,}51\ kNm/m \rightarrow$ erf. As ≈ 4,0 * $\frac{Mek}{d}$ = 4,0 * $\frac{18{,}51\ kNm}{13{,}5\ cm}$ = 5,49 cm²/m *(M_{Ek}: ohne Teilsicherheitsbeiwert; geschätzter k_S-Wert = 4,0)*

Wo liegt die Nulllinie? → $x = \xi * d = 0{,}174 * 13{,}5\ cm = 2{,}35\ cm$ (vom oberen Rand entfernt)

$\frac{x}{d} = \frac{2{,}35\ cm}{13{,}5\ cm} = 0{,}174 < 0{,}45$

b) Felder 1 und 2:

$\max M_{f1,d} = +\ [0{,}07 * 1{,}35 * 5{,}5\ kN/m^2 + 0{,}096 * 1{,}5 * 2{,}7\ kN/m^2\ ] * (4{,}25\ m)^2 = 16{,}41\ kNm/m$

$k_d = \frac{13{,}5\ cm}{\sqrt{\frac{16{,}41\ kNm}{1{,}0\ m}}} = 3{,}33 \rightarrow k_s = 2{,}42$

$erf.\ A_s = \frac{M_{Ed}}{d} * k_s = \frac{16{,}41\ kNm}{13{,}5\ cm} * 2{,}42 = 2{,}94\ cm^2/m$

gew.: R 335 A (unten) (vorh. $A_s = 3{,}35\ cm^2$ > erf. $A_S = 2{,}94\ cm^2$)

5) geg: Dreifeldrige Stahlbetondecke in einem Wohngebäude, h = 15 cm, einachsig gespannt, C 20/25; B 500 A, $c_{nom} = 2{,}0\ cm = c_v$,

ges: erf. A_s bei B, im Feld 1und im Feld 2

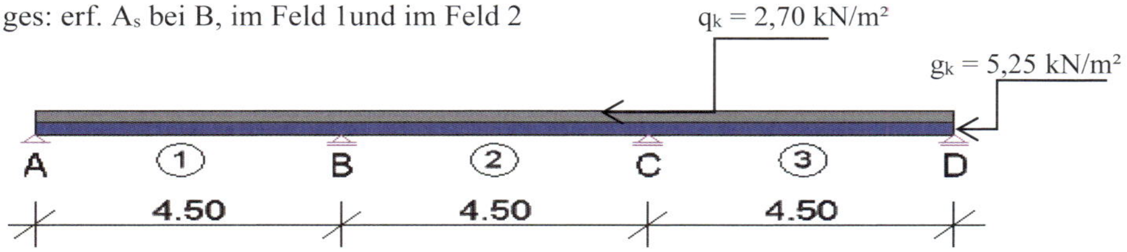

Ermittlung des minimalen Stützmomentes bei B (und C)

Ungünstige Laststellung: Nutzlast in Feld 1 und 2, keine Nutzlast in Feld 3.

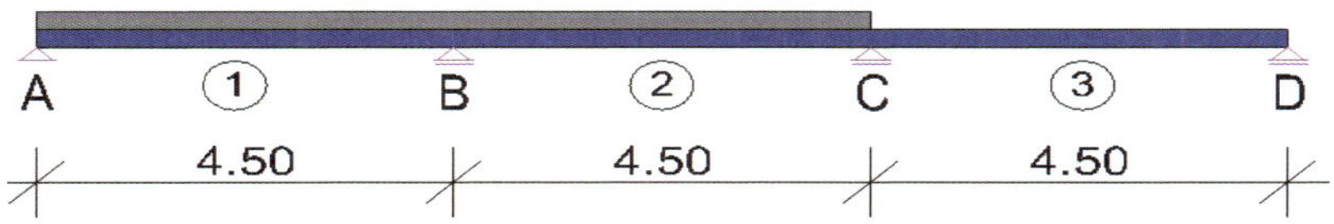

Stützmoment aus Eigenlast: $g_d = g_k * 1{,}35 = 5{,}25\ kN/m^2 * 1{,}35 = 7{,}09\ kN/m^2$

Tafelwerte für die Ermittlung der Schnittgrößen: Tabellenbuch[54]

$M_{gd} = q * l^2 *$ Tafelwert $= 7{,}09\ kN/m^2 * (4{,}50\ m)^2 * -0{,}100 = -14{,}36\ kNm/m$

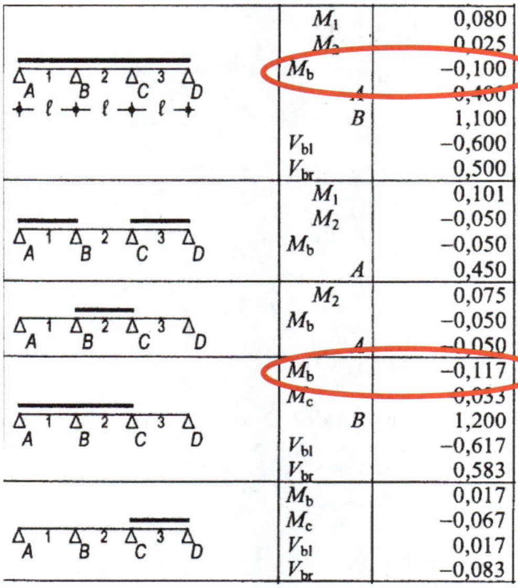

M_1	0,080
M_2	0,025
M_b	−0,100
A	0,400
B	1,100
V_{bl}	−0,600
V_{br}	0,500
M_1	0,101
M_2	−0,050
M_b	−0,050
A	0,450
M_2	0,075
M_b	−0,050
A	−0,050
M_b	−0,117
M_c	−0,033
B	1,200
V_{bl}	−0,617
V_{br}	0,583
M_b	0,017
M_c	−0,067
V_{bl}	0,017
V_{br}	−0,083

Stützmoment aus Nutzlast:

$q_d = q_k * 1{,}50 = 2{,}70\ kN/m^2 * 1{,}5$

$q_d = 4{,}05\ kN/m^2$

$M_{qd} = q * l^2 *$ Tafelwert $= 4{,}05\ kN/m^2 * (4{,}50\ m)^2 * -0{,}117 = -9{,}60\ kNm/m$

$M_{Eds} = -14{,}36\ kNm/m + -9{,}60\ kNm/m$

$M_{Eds} = -23{,}96\ kNm/m$

$d = 15\ cm - 2{,}5\ cm = 12{,}5\ cm$

$$k_d = \frac{d}{\sqrt{\frac{M_{Eds}}{b}}} = \frac{12{,}5\ cm}{\sqrt{\frac{23{,}96\ kNm}{1\ m}}} = 2{,}55 \rightarrow k_s = 2{,}51$$

Berechnung erf. A_S bei Stütze B (und C):

$$\text{erf. } A_S = \frac{M_{Eds}}{d} * k_s$$

$$\text{erf. } A_S = \frac{23{,}98\ kNm}{12{,}5\ cm} * 2{,}51 = 4{,}82\ cm^2/m$$

<u>gew.: R 524 A (oben)</u> (vorh. $A_S = 5{,}24\ cm^2/m >$ erf. $A_S = 4{,}82\ cm^2/m$)

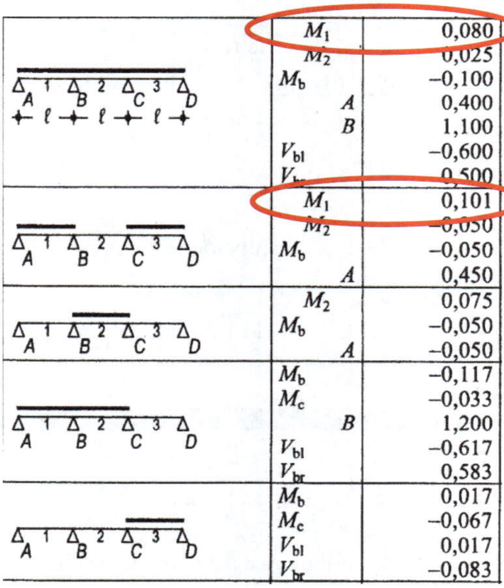

M_1	0,080
M_2	0,025
M_b	−0,100
A	0,400
B	1,100
V_{bl}	−0,600
V_{br}	0,500
M_1	0,101
M_2	−0,050
M_b	−0,050
A	0,450
M_2	0,075
M_b	−0,050
A	−0,050
M_b	−0,117
M_c	−0,033
B	1,200
V_{bl}	−0,617
V_{br}	0,583
M_b	0,017
M_c	−0,067
V_{bl}	0,017
V_{br}	−0,083

Ermittlung maximales Feldmoment in Feld 1 (und 3)

Ungünstige Laststellung: Nutzlast in Feld 1 und 3, keine Nutzlast in Feld 2.

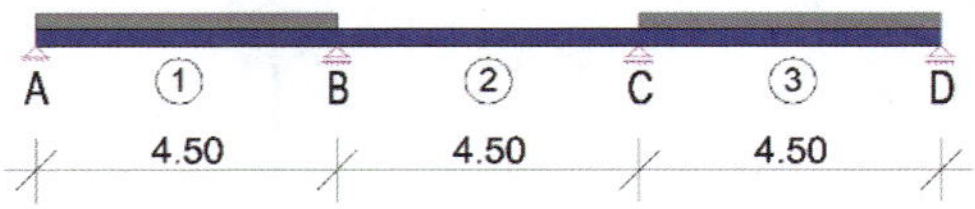

Feldmoment aus Eigenlast

$g_d = g_k * 1{,}35 = 5{,}25\ kN/m^2 * 1{,}35$

$g_d = 7{,}09\ kN/m^2$

$M_{gd} = g_d * l^2 *$ Tafelwert $= 7{,}09\ kN/m^2 * (4{,}50\ m)^2 * 0{,}080 = 11{,}49\ kNm/m$

[54] Schneider, 2024, S. 4.8.

Feldmoment aus Nutzlast

$q_d = q_k * 1{,}50 = 2{,}70\ kN/m^2 * 1{,}5 = 4{,}05\ kN/m^2$

$M_{qd} = q_d * l^2 * \text{Tafelwert} = 4{,}05\ kN/m^2 * (4{,}50\ m)^2 * 0{,}101 = 8{,}28\ kNm/m$

$M_{Eds} = 11{,}49\ kNm/m + 8{,}28\ kNm/m = 19{,}77\ kNm/m$

$$k_d = \frac{d}{\sqrt{\frac{M_{Eds}}{b}}} = \frac{12{,}5\ cm}{\sqrt{\frac{19{,}77\ kNm}{1{,}0\ m}}} = 2{,}81 \rightarrow k_s = 2{,}45$$

Berechnung erf. A_S im Feld 1 (und Feld 3):

$$\text{erf. } A_S = \frac{M_{Eds}}{d} * k_s = \frac{19{,}77\ kNm}{12{,}5\ cm} * 2{,}45 = 3{,}87\ cm^2/m$$

<u>gew.: R 424 A (unten)</u> (vorh. $A_s = 4{,}24\ cm^2/m >$ erf. $A_S = 3{,}87\ cm^2/m$)

Ermittlung maximales Feldmoment im Feld 2

Ungünstige Laststellung: Nutzlast in Feld 2, keine Nutzlast in Feld 1 und 3.

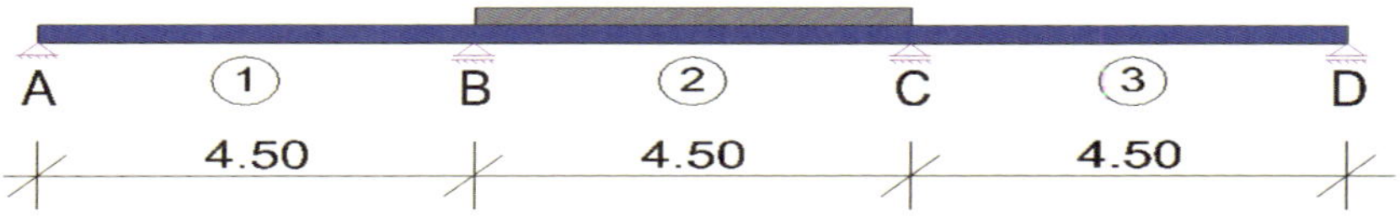

Feldmoment aus Eigenlast

$g_d = g_k * 1{,}35 = 5{,}25 * 1{,}35 = 7{,}09\ kN/m^2$

$M_{gd} = g_d * l^2 * \text{Tafelwert} = 7{,}09\ kN/m^2 * (4{,}50\ m)^2 * 0{,}025 = 3{,}59\ kNm/m$

Feldmoment aus Nutzlast

$q_d = q_k * 1{,}50 = 2{,}70\ kN/m^2 * 1{,}5 = 4{,}05\ kN/m^2$

$M_{qd} = q_d * l^2 * \text{Tafelwert} = 4{,}05\ kN/m^2 * (4{,}50\ m)^2 * 0{,}075 = 6{,}15\ kNm/m$

$M_{Eds} = 3{,}59\ kNm/m + 6{,}15\ kNm/m = 9{,}74\ kNm/m$

$$k_d = \frac{d}{\sqrt{\frac{M_{Eds}}{b}}} = \frac{12{,}5\ cm}{\sqrt{\frac{9{,}74\ kNm}{1{,}0\ m}}} = 4{,}01 \rightarrow k_s = 2{,}38$$

Berechnung erf. A_S im Feld 2:

$$\text{erf. } A_S = \frac{M_{Eds}}{d} * k_s = \frac{9{,}74\ kNm}{12{,}5\ cm} * 2{,}38 = 1{,}85\ cm^2/m$$

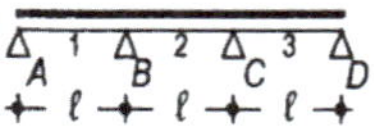	M_1	0,080
	M_2	0,025
	M_b	−0,100
	A	0,400
	B	1,100
	V_{bl}	−0,600
	V_{br}	0,500
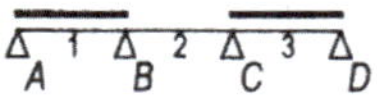	M_1	0,101
	M_2	−0,050
	M_b	−0,050
	A	0,450
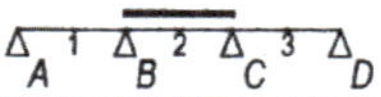	M_2	0,075
	M_b	−0,050
	A	−0,050
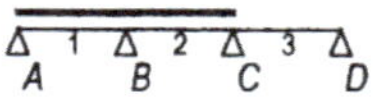	M_b	−0,117
	M_c	−0,033
	B	1,200
	V_{bl}	−0,617
	V_{br}	0,583
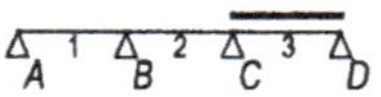	M_b	0,017
	M_c	−0,067
	V_{bl}	0,017
	V_{br}	−0,083

<u>gew.: R 257 A (unten)</u> (vorh. $A_S = 2{,}57\ cm^2/m >$ erf. $A_S = 1{,}85\ cm^2/m$)

13.10.1.3 Berechnung der Biegebewehrung eines Einfeldträgers aus Stahlbeton - mit mittiger Normalkraft

An den folgenden drei Beispielen soll gezeigt werden, wie sich eine mittige Normalkraft auf die Biegebemessung auswirkt.

Beispiel 1: nur Biegemoment M (ohne Normalkraft N)

Beispiel 2: M + N_{Ed} (N_{Ed} als mittige Zugkraft)

Beispiel 3: M + N_{Ed} (N_{Ed} als mittige Druckkraft)

Lastfall: ständige Last: g_k = 50,0 kN/m

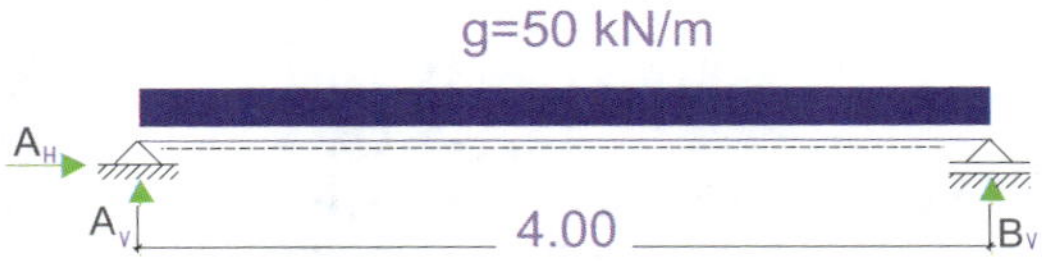

Querschnitt:

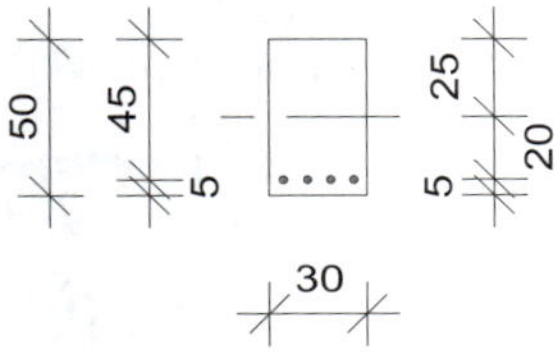

Baustoffe: C25/30 B 500 B

Beispiel 1) nur M, ohne Normalkraft, N_{Ed} = 0 kN

$M_{Eds} = \frac{50\,\frac{kN}{m} * 1{,}35 * (4{,}00\ m)^2}{8} = 135{,}0\ kNm$ d = 45,0 cm b_W = 30 cm

$k_d = \frac{d}{\sqrt{\frac{M_{Eds}}{b}}} = \frac{45{,}0\ cm}{\sqrt{\frac{135{,}0\ kNm}{0{,}30\ m}}} = 2{,}12 \rightarrow k_s = 2{,}54$

Berechnung erf. A_S

erf. $A_S = \frac{M_{Eds}}{d} * k_s$

erf. $A_S = \frac{135\ kNm}{45{,}0\ cm} * 2{,}54 = 7{,}62\ cm^2$

<u>gew: 4 Ø 16 (unten)</u> → vorh. $A_S = 8{,}04\ cm^2 > $ erf. $A_S = 7{,}62\ cm^2$

Beispiel 2) wie vor jedoch N_{Ed} = + 200 kN (mittige Zugkraft)

$M_{Ed} = \frac{50\,\frac{kN}{m} * 1{,}35 * (4{,}00\ m)^2}{8} = 135{,}0\ kNm$, N = + 200 kN d = 45,0 cm b_W = 30 cm

$$\mathbf{M_{Eds} = |M_{Ed}| - N_{Ed} * z_S}$$

Vorzeichen beachten! z_S = 20 cm (vgl. Querschnitt!)

M_{Eds} = 135 kNm - (200 kN) * 0,20 m = 135 kNm - 40 kNm = 95 kNm

$k_d = \frac{d}{\sqrt{\frac{M_{Eds}}{b}}} = \frac{45\ cm}{\sqrt{\frac{95\ kNm}{0{,}30\ m}}} = 2{,}53 \rightarrow k_s = 2{,}45$

Berechnung erf. A_S: $\boxed{\textbf{erf. } A_S = \frac{M_{Eds}}{d} * k_s + \frac{N_{Ed}}{43.5}}$

$f_{yd} = \frac{f_{yk}}{\gamma_S} = \frac{\text{Streckgrenze Stahl}}{\text{Materialsicherheitswert}} = \frac{500\frac{MN}{m^2}}{1{,}15} = 435\ MN/m^2 = 43{,}50\ kN/cm^2$

erf. $A_S = \frac{95\ kNm}{45\ cm} * 2{,}45 + \frac{200\ kN}{43{,}5\frac{MN}{m^2}} = 5{,}17\ cm^2 + 4{,}60\ cm^2 = 9{,}77\ cm^2$

gew: 5 Ø 16 (unten) → vorh. $A_S = 10{,}05\ cm^2 >$ erf. $A_S = 9{,}77\ cm^2$

Beispiel 3) wie vor, jedoch N_{Ed} = - 200 kN (mittige Druckkraft)

$\boxed{M_{Eds} = |M_{Ed}| - N_{Ed} * z_S}$ *Vorzeichen beachten!* $z_S = 20$ cm (vgl. Querschnitt!)

$M_{Eds} = 135\ kNm - (-200\ kN) * 0{,}20\ m = 135\ kNm + 40\ kNm = 175\ kNm$

$N = -200\ kN$, $d = 45{,}0\ cm$, $b_W = 30\ cm$

$k_d = \frac{d}{\sqrt{\frac{M_{Eds}}{b}}} = \frac{45\ cm}{\sqrt{\frac{175\ kNm}{0{,}30\ m}}} = 1{,}86 \rightarrow k_s = 2{,}63$

$f_{yd} = 435\ MN/m^2 = 43{,}50\ kN/cm^2$ (s. o.)

Berechnung erf. A_S: $\boxed{\textbf{erf. } A_S = \frac{M_{Eds}}{d} * k_s + \frac{N_{Ed}}{43.5}}$

erf. $A_S = \frac{175\ kNm}{45\ cm} * 2{,}63 - \frac{200\ kN}{43{,}5\frac{MN}{m^2}} = 10{,}23\ cm^2 - 4{,}60\ cm^2 = 5{,}63\ cm^2$

gew: 4 Ø 14 (unten) → vorh. $A_S = 6{,}16\ cm^2 >$ erf. $A_S = 5{,}63\ cm^2$

Fazit: Durch die Zugkraft wird die erforderliche Bewehrung größer, durch die Druckkraft wird die erforderliche Bewehrung kleiner als durch ausschließliche Momentenbeanspruchung!

13.10.1.4 Berechnung der Biegebewehrung eines Einfeldträgers aus Stahlbeton mit Druckbewehrung

geg: Einfeldträger mit Rechteckquerschnitt b/h = 35/45 cm; Außenbauteil; C 30/37, $d_2 = 5$ cm; B 500 B; $g_k = 100{,}0$ kN/m

ges: erf. A_S

Schnittgrößen: $M_{Eds} = \frac{100\frac{kN}{m} * 1{,}35 * (4{,}35\ m)^2}{8} = 319{,}32\ kNm$

d = 40 cm

$$k_d = \frac{d}{\sqrt{\frac{M_{Eds}}{b}}} = \frac{40\ \text{cm}}{\sqrt{\frac{319{,}32\ \text{kNm}}{0{,}35\ \text{m}}}} = 1{,}32 \rightarrow k_S = 2{,}99,\ \xi = 0{,}555 > 0{,}45$$

k_d liegt in der nachfolgenden k_d-Tabelle unterhalb der durchgezogenen Linie!

k_d für Betonfestigkeitsklasse C									k_s	ξ	ζ	ε_{c2} ‰	ε_{s1} ‰
12/15	16/20	20/25	25/30	30/37	35/45	40/50	45/55	50/60					
14,37	12,44	11,13	9,95	9,09	8,41	7,87	7,42	7,04	2,32	0,025	0,991	−0,64	25,00
7,90	6,84	6,12	5,47	5,00	4,63	4,33	4,08	3,87	2,34	0,048	0,983	−1,26	25,00
5,87	5,08	4,55	4,07	3,71	3,44	3,22	3,03	2,88	2,36	0,069	0,975	−1,84	25,00
4,94	4,27	3,82	3,42	3,12	2,89	2,70	2,55	2,42	2,38	0,087	0,966	−2,38	25,00
4,38	3,80	3,40	3,04	2,77	2,57	2,40	2,26	2,15	2,40	0,104	0,958	−2,89	25,00
4,00	3,47	3,10	2,78	2,53	2,35	2,20	2,07	1,96	2,42	0,120	0,950	−3,40	25,00
3,63	3,14	2,81	2,51	2,29	2,12	1,99	1,87	1,78	2,45	0,147	0,939	−3,50	20,29
3,35	2,90	2,60	2,32	2,12	1,96	1,84	1,73	1,64	2,48	0,174	0,927	−3,50	16,56
3,14	2,72	2,43	2,18	1,99	1,84	1,72	1,62	1,54	2,51	0,201	0,916	−3,50	13,90
2,97	2,57	2,30	2,06	1,88	1,74	1,63	1,53	1,46	2,54	0,227	0,906	−3,50	11,91
2,85	2,47	2,21	1,97	1,80	1,67	1,56	1,47	1,40	2,57	0,250	0,896	−3,50	10,52
2,72	2,36	2,11	1,89	1,72	1,59	1,49	1,41	1,33	2,60	0,277	0,885	−3,50	9,12
2,62	2,27	2,03	1,82	1,66	1,54	1,44	1,36	1,29	2,63	0,302	0,875	−3,50	8,10
2,54	2,20	1,97	1,76	1,61	1,49	1,39	1,31	1,24	2,66	0,325	0,865	−3,50	7,26
2,47	2,14	1,91	1,71	1,56	1,44	1,35	1,27	1,21	2,69	0,350	0,854	−3,50	6,50
2,41	2,08	1,86	1,67	1,52	1,41	1,32	1,24	1,18	2,72	0,371	0,846	−3,50	5,93
2,35	2,03	1,82	1,63	1,49	1,38	1,29	1,21	1,15	2,75	0,393	0,836	−3,50	5,40
2,28	1,98	1,77	1,58	1,44	1,34	1,25	1,18	1,12	2,79	0,422	0,824	−3,50	4,79
2,23	1,93	1,73	1,54	1,41	1,30	1,22	1,15	1,09	2,83	0,450	0,813	−3,50	4,27
2,18	1,89	1,69	1,51	1,38	1,28	1,19	1,13	1,07	2,87	0,477	0,801	−3,50	3,83
2,14	1,85	1,65	1,48	1,35	1,25	1,17	1,10	1,05	2,91	0,504	0,790	−3,50	3,44
2,10	1,82	1,62	1,45	1,33	1,23	1,15	1,08	1,03	2,95	0,530	0,780	−3,50	3,11
2,06	1,79	1,60	1,43	1,30	1,21	1,13	1,07	1,01	2,99	0,555	0,769	−3,50	2,81
2,03	1,75	1,57	1,40	1,28	1,19	1,11	1,05	0,99	3,04	0,585	0,757	−3,50	2,48
1,99	1,72	1,54	1,38	1,26	1,17	1,09	1,03	0,98	3,09	0,617	0,743	−3,50	2,17

ξ = 0,45										ξ = 0,617										$\xi = \begin{cases}0{,}450\\0{,}617\end{cases}$
k_d für f_{ck}									k_{s1}	k_d für f_{ck}									k_{s1}	k_{s2}
12	16	20	25	30	35	40	45	50		12	16	20	25	30	35	40	45	50		
2,23	1,93	1,73	1,54	1,41	1,30	1,22	1,15	1,09	2,83	1,99	1,72	1,54	1,38	1,26	1,17	1,09	1,03	0,98	3,09	0
2,18	1,89	1,69	1,51	1,38	1,28	1,19	1,13	1,07	2,82	1,95	1,69	1,51	1,35	1,23	1,14	1,07	1,01	0,96	3,07	0,10
2,14	1,85	1,65	1,48	1,35	1,25	1,17	1,10	1,05	2,80	1,91	1,65	1,48	1,32	1,21	1,12	1,05	0,99	0,93	3,04	0,20
2,09	1,81	1,62	1,45	1,32	1,22	1,14	1,07	1,02	2,79	1,87	1,62	1,45	1,29	1,18	1,09	1,02	0,96	0,91	3,02	0,30
2,04	1,77	1,58	1,41	[illegible]	1,19	1,11	1,05	1,00	2,77	1,82	1,58	1,41	1,26	1,15	1,07	1,00	0,94	0,89	2,99	0,40
1,99	1,72	1,54	1,38	1,26	1,17	1,09	1,03	0,98	2,76	1,78	1,54	1,38	1,23	1,12	1,04	0,97	0,92	0,87	2,97	0,50
1,94	1,68	1,50	1,34	1,23	1,14	1,07	1,01	0,96	2,74	1,73	1,50	1,34	1,20	1,10	1,01	0,95	0,89	0,85	2,94	0,60
1,89	1,63	1,46	1,31	1,19	1,10	1,03	0,97	0,92	2,73	1,69	1,46	1,31	1,17	1,07	0,99	0,92	0,87	0,83	2,92	0,70
1,83	1,59	1,42	1,27	1,16	1,07	1,00	0,94	0,89	2,71	1,64	1,42	1,27	1,13	1,04	0,96	0,90	0,85	0,80	2,89	0,80
1,78	1,54	1,38	1,23	1,12	1,04	0,97	0,92	0,87	2,70	1,59	1,37	1,23	1,10	1,00	0,93	0,87	0,82	0,78	2,87	0,90
1,72	1,49	1,33	1,19	1,09	1,01	0,95	0,89	0,85	2,69	1,54	1,33	1,19	1,06	0,97	0,90	0,84	0,79	0,75	2,84	1,00
1,66	1,44	1,29	1,15	1,05	0,97	0,91	0,86	0,81	2,67	1,48	1,28	1,15	1,03	0,94	0,87	0,81	0,77	0,73	2,82	1,10
1,60	1,38	1,24	1,11	1,01	0,94	0,88	0,83	0,79	2,66	1,43	1,24	1,11	0,99	0,90	0,84	0,78	0,74	0,70	2,79	1,20
1,53	1,33	1,19	1,06	0,97	0,90	0,84	0,79	0,75	2,64	1,37	1,19	1,06	0,95	0,87	0,80	0,75	0,71	0,67	2,77	1,30
1,47	1,27	1,14	1,02	0,93	0,86	0,80	0,76	0,72	2,63	1,31	1,14	1,02	0,91	0,83	0,77	0,72	0,68	0,64	2,74	1,40

$k_d = 1{,}32 \rightarrow k_{s1} = 2{,}79$ und $k_{s2} = 0{,}30$, $\frac{d_2}{d} = \frac{5\ \text{cm}}{40\ \text{cm}} = 0{,}125 \approx 0{,}12$

$\xi = 0{,}45 \rightarrow$ ab hier: Druckbewehrung!

<u>Ohne</u> die Anordnung einer Druckbewehrung wird die bezogene maximale Druckzonenhöhe

$\xi_{lim} = \frac{x}{d} = 0{,}45$ überschritten!

Deshalb muss für erforderlich A_s folgende Formel angesetzt werden:

$$\textbf{erf. } A_{S1} = \rho_1 * k_{s1} * \frac{M_{Eds}}{d} + \frac{N_{Ed}}{f_{yd}}$$ (falls Normalkraft vorhanden ist)

d_2/d	$\xi = 0{,}45$					$\xi = 0{,}617$				
	ρ_1 für k_{s1} =				ρ_2	ρ_1 für k_{s1} =				ρ_2
	2,83	2,74	2,68	2,63		3,09	2,97	2,85	2,74	
≤0,07	1,00	1,00	1,00	1,00	1,00	1,00	1,00	1,00	1,00	1,00
0,08	1,00	1,00	1,00	1,01	1,01	1,00	1,00	1,00	1,01	1,01
0,10	1,00	1,01	1,01	1,02	1,03	1,00	1,01	1,01	1,02	1,03
0,12	1,00	1,01	1,02	1,03	1,06	1,00	1,01	1,02	1,03	1,06
0,14	1,00	1,02	1,03	1,04	1,08	1,00	1,01	1,03	1,04	1,08
0,16	1,00	1,02	1,04	1,06	1,11	1,00	1,02	1,04	1,06	1,11
0,18	1,00	1,03	1,05	1,07	1,17	1,00	1,02	1,05	1,07	1,13
0,20	1,00	1,04	1,06	1,09	1,30	1,00	1,03	1,06	1,08	1,16
0,22	1,00	1,04	1,07	1,10	1,45	1,00	1,03	1,07	1,10	1,19
0,24	1,00	1,05	1,09	1,12	1,63	1,00	1,04	1,08	1,12	1,24

die ρ und k_s-Werte werden aus den Tafeln 3a und 3b in den Tabellen abgelesen.[55]

$\rho_1 = 1{,}01$ *(der ungünstigere Wert zieht)* und $\rho_2 = 1{,}06$ bei $k_{s1} = 2{,}79$ → zwischen 2,74 und 2,83.

erf. $A_{S1} = \rho_1 * k_{s1} * \frac{M_{Ed}}{d} = 1{,}01 * 2{,}79 * \frac{319{,}32 \text{ kNm}}{40 \text{ cm}} = 22{,}50 \text{ cm}^2$ (Zugbewehrung)

gew.: 4 Ø 28 (unten) vorh. $A_S = 24{,}63 \text{ cm}^2 > $ erf. $A_{S1} = 22{,}50 \text{ cm}^2$

erf. $A_{S2} = \rho_2 * k_{s2} * \frac{M_{Ed}}{d} = 1{,}06 * 0{,}30 * \frac{319{,}32 \text{ kNm}}{40 \text{ cm}} = 2{,}54 \text{ cm}^2$ (Druckbewehrung)

gew.: 2 Ø 14 (oben) vorh. $A_S = 3{,}08 \text{ cm}^2 > $ erf. $A_{S2} = 2{,}54 \text{ cm}^2$

Wenn möglich sollte eine Druckbewehrung vermieden werden!

[55] Schneider, 2024, S. 5.167.

Aber es gibt auch Ausnahmen:[56]

„….Eine Druckbewehrung (compression reinforcement) ist nur dann sinnvoll und wirtschaftlich, wenn bei vielen Trägern gleicher Abmessungen, aber unterschiedlicher Beanspruchung bei **einem** (besonders hoch belasteten) Bauteil ξ_{lim} überschritten wird. Für dieses Tragelement müsste dann bei geänderten Abmessungen die Schalung umgebaut werden oder örtlich ein anderer Beton eingebaut werden. Sofern schon im Regelfall ξ_{lim} überschritten wird, ist eine Veränderung der Bauteilabmessungen oder der Betonfestigkeitsklasse wirtschaftlicher...“.

Falls möglich, kann eine Druckbewehrung auch durch folgende Maßnahmen verhindert werden:

- Vergrößerung der Bauteilhöhe und damit der statischen Nutzhöhe
- Wahl einer höheren Betondruckfestigkeitsklasse
- Spannweite reduzieren
- Einwirkung reduzieren

Auf eine Staffelung der Bewehrung (Zugkraftdeckung) und auf weitere Nachweise (Verankerungen etc.) wird aus didaktischen Gründen hier verzichtet werden. Es wird auf die tiefergehende Fachliteratur im Literaturverzeichnis verwiesen.

Anmerkungen zur Biegebewehrung im Stahlbetonbau:

Die Biegebewehrung einer einachsig gespannten Decke (Platte) wird ähnlich wie diejenige eines Balkens berechnet. Jedoch ist hier in der k_d-Formel die Breite b mit 1,0 m einzusetzen.

Einachsig gespannte Bauteile (Decken und Wände aus Stahlbeton) werden i. d. R. mit R-Matten bewehrt. Sie können aber auch ausschließlich mit Stabstahl oder mit Matten und Stabstahl bewehrt werden.

Q-Matten werden i. d. R. für kreuzweise gespannte Bauteile bzw. Decken verwendet.

Bei dynamischen Einwirkungen (z. B. durch Fahrzeuge) dürfen keine Lagermatten verwendet werden. Hier sind Stäbe oder Sondermatten zu verwenden.

[56] Avak, 2023, S. 189.

13.10.1.5 Übungen

1) Biegebemessung eines Balkens

geg.: Torsturz als Einfeldträger: C 16/20, B 500 B, d = 25,0 cm, b = 30,0 cm, g_k = 10 kN/m

ges.: erf. A_s und Wahl der Bewehrung

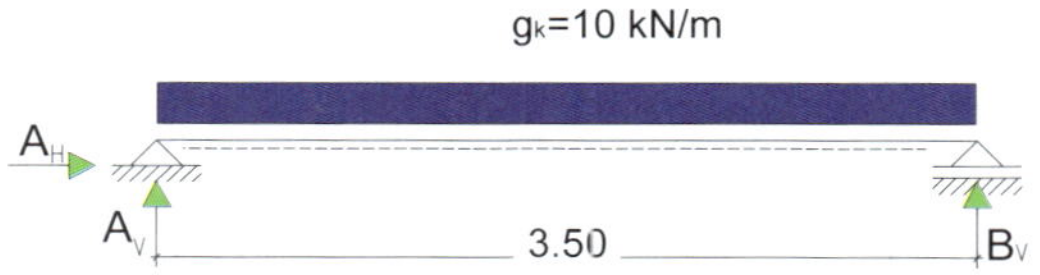

2) Biegebemessung einer Stahlbetondecke in einem Wohngebäude

geg.: Einachsig gespannte, einfeldrige Platte, h = 19 cm (Deckendicke)

c_{nom} = 2,0 cm, C25/30, B 500 A

g_k = 6,0 kN/m², q_k = 3,0 kN/m²

ges.: erf. A_s, Wahl der Bewehrung

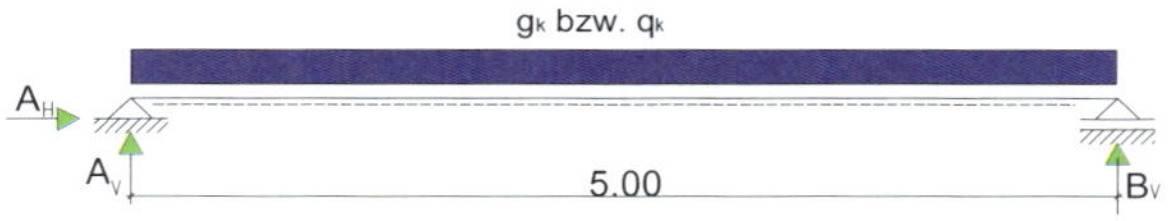

3) Biegebemessung eines Balkens

geg.: Zweifeldträger: C 20/25, B 500 B, d = 35,0 cm, c_{nom} = 3,5 cm

g_k = 25 kN/m, q_k = 10 kN/m, Bügel Ø 8 / a = 10,0 cm

ges.: erf. A_s und Wahl der Bewehrung a) Stütze B (= Stützbewehrung) und b) Feld 1 (Feldbewehrung)

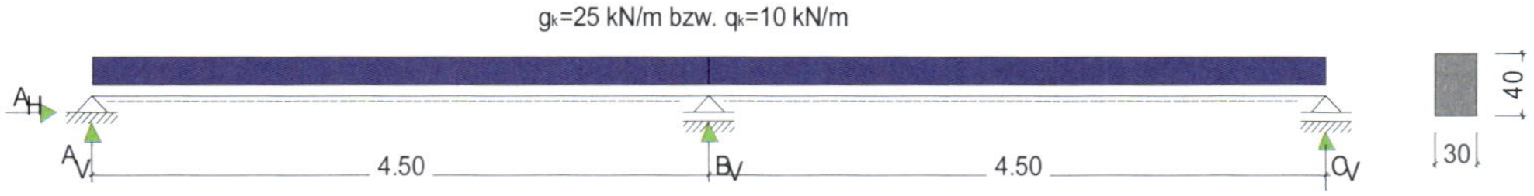

13.10.2 Querkraftbewehrung

Zunächst muss festgestellt werden, ob für das betreffende Bauteil eine Querkraftbewehrung erforderlich ist oder nicht.[57] Querkraftbewehrungen sind Bügel und schräge Bewehrungsstäbe.

In der Regel ist bei dünnen Decken keine Querkraftbewehrung erforderlich. Dies muss allerdings nachgewiesen werden. Die Lastabtragung in Decken erfolgt über das Bogen-Zugband-Modell, wobei die Druckspannungen vom Beton - und die Zugspannungen vom Betonstahl aufgenommen werden.

Bei Balken und Plattenbalken ist diese Querkraftbewehrung i. d. R. jedoch erforderlich. Hier gilt das Fachwerkmodell. Dabei werden Druckkräfte vom Beton - und die Zugkräfte vom Betonstahl aufgenommen.

13.10.2.1 Modelle zum Nachweis der Querkraft-Aufnahme:

1) Bogen-Zugband-Modell (gilt für Decken) 2) Fachwerkmodell (gilt für Balken)

Bei beiden Modellen werden die Druckkräfte vom Beton - und die Zugkräfte vom Betonstahl aufgenommen.

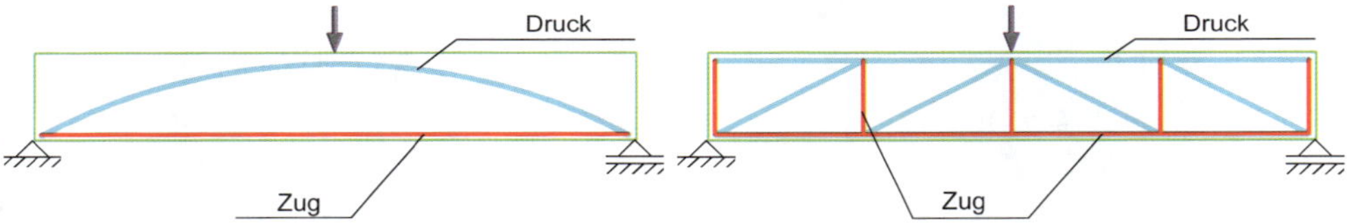

Der Winkel zwischen der Druckstrebe und der Waagerechten wird Theta Θ genannt und spielt beim Fachwerkmodell eine wesentliche Rolle. Der Winkel darf zwischen 18,4° und 60° variieren.

Druckstrebenneigung wählbar zwischen $\Theta = 18{,}4°$ bis $\Theta = 60°$

Ist der Winkel Theta klein, müssen weniger Bügel angeordnet werden; allerdings ist dann die Kraft in der Druckstrebe groß. Bei großen Winkeln Θ verhält es sich umgekehrt.

Steile Druckstreben	**Flache** Druckstreben
Vorteile: Geringere Druckstrebenbelastung Kürzere Endverankerung $A_{s,\,längs}$.	Nachteile: Hohe Druckstrebenbelastung Längere Endverankerung $A_{s,\,längs}$.
Nachteile: Viele Zugstreben notwendig (mehr $A_{s,bü}$ erforderlich)	Vorteile: Wenige Zugstreben notwendig (weniger $A_{s,bü}$ erforderlich)

[57] Früher wurde die Querkraftbewehrung „Schubbewehrung“ genannt. Der entsprechende Nachweis hieß „Nachweis der Schubspannungen“.

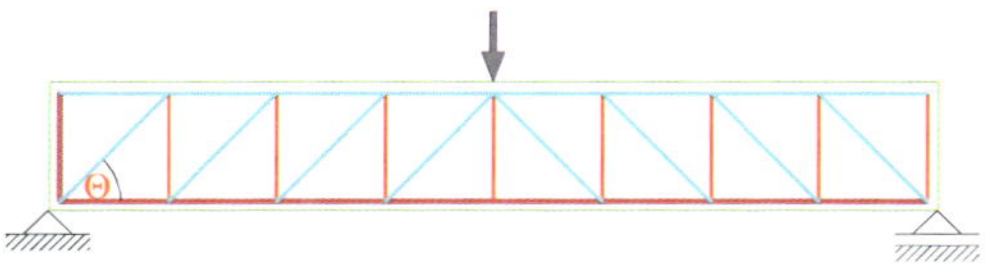

Steiler (großer) Winkel Θ:

- mehr Bügel
- kleinere Druckkräfte

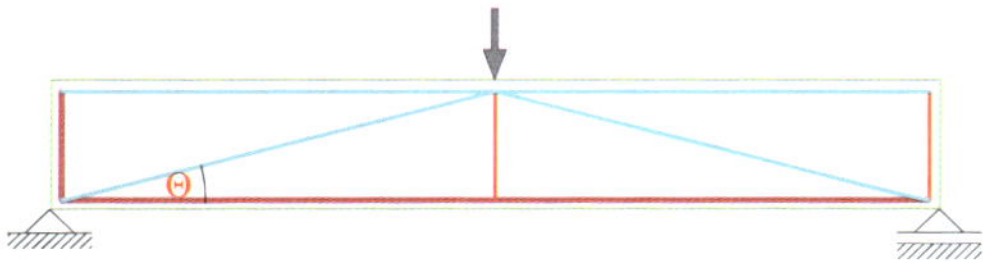

Flacher (kleiner) Winkel Θ:

- weniger Bügel
- große Druckkräfte

Meistens wird die Querkraftbewehrung ausschließlich mit lotrechten (senkrechten) Bügeln ausgeführt. Es sind auch schräg stehende Bügel erlaubt, welche jedoch in der praktischen Ausführung selten zu finden sind.

Die Querkraftbewehrung kann auch durch Schrägstäbe ergänzt werden. Diese Schrägstäbe werden unter einem bestimmten Winkel zur Waagerechten aufgebogen.

Schrägstäbe ohne Bügel sind als Querkraftbewehrung nicht erlaubt.

Das folgende Foto eines Laborversuchs zeigt eindrucksvoll, was geschieht, wenn keine Querkraftbewehrung angeordnet wird:[58]

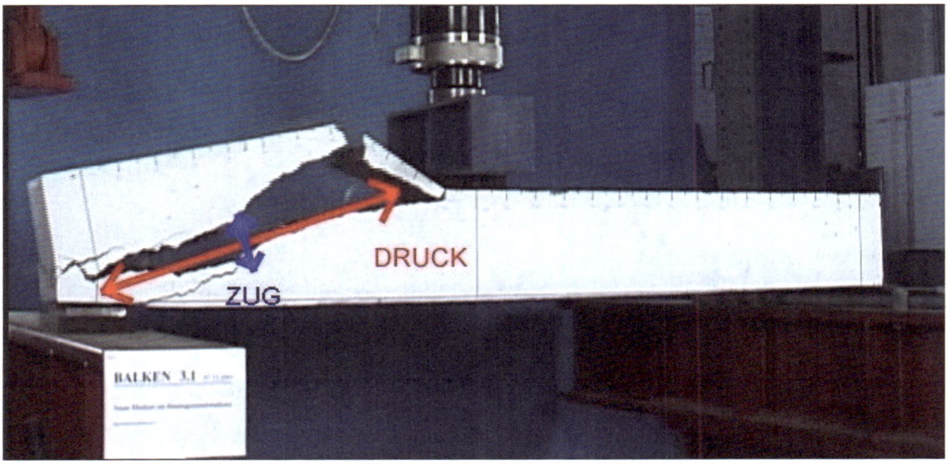

Abbildung 13.5: Versagen eines Balkens ohne Schubbewehrung.

Die Farben für Druck und Zug sind im Foto gegenüber der Farblegende vertauscht.

[58] URL: http://www.ki-smile.de/kismile/view62,21,158.html, abgerufen am 01.09.2014 und zugehöriger Film URL: http://www.ki-smile.de/kismile/view86,18,520.html, abgerufen am 03.10.2014.

13.10.2.2 Übersicht über die Querkraftnachweise:

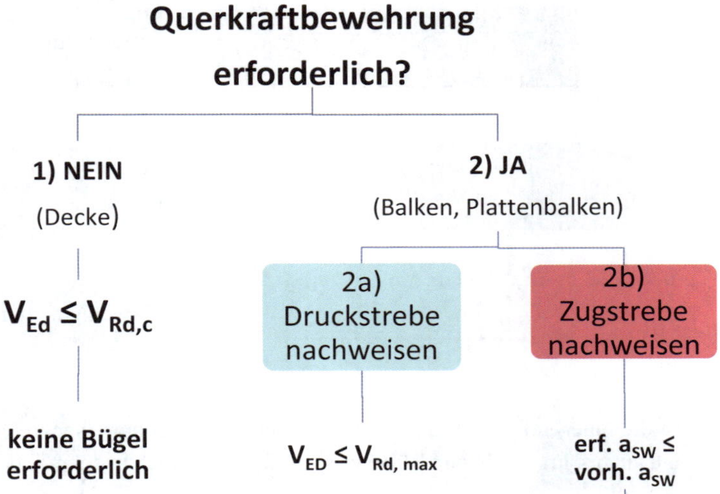

Falls Querkraftbewehrung erforderlich:

2a) Nachweis der Druckstrebe → Beton

$$V_{ED} \leq V_{Rd,max}$$

$$V_{Rd,max} = \frac{\alpha_{cw} * \nu_1 * f_{cd} * b_w * z}{\cot\theta + \tan\theta}$$

2b) Nachweis der Zugstrebe → Betonstahl[59]

$$\text{erf.}\, a_{sw} \leq \text{vorh.}\, a_{sw}$$

$$\text{erf.}\, a_{sw} = \frac{V_{ED}}{f_{yd} * z * \cot\theta}$$

Überprüfung der Bügelabstände[60]

$$\frac{V_{ED}}{V_{Rd,max}}$$

Nachweis der Mindestquerkraftbewehrung: [61]

$$\text{min.}\, a_{sw} = \min \rho_w * b_w * \sin\alpha$$

$\alpha = 90°$ (die Bügel stehen senkrecht)

---

[59] Schneider, 2024, S. 5.77. Die Querkraftbewehrung wird - im Gegensatz zur Biegebewehrung - mit kleinem Buchstaben a (= area = Fläche) bezeichnet. Die Indizes bedeuten: s = steel = Stahl und w = web = Steg.

[60] Schneider, 2024, S. 5.120.

[61] Schneider, 2024, S. 5.120. Dort wird die Bewehrung Mindestschubbewehrung genannt.

1) Feststellen, ob in einem Bauteil Querkraftbewehrung erforderlich ist

In der Regel werden Platten (= Decken) <u>ohne</u> Querkraftbewehrung und Balken (= Stürze, Unterzüge) <u>mit</u> Querkraftbewehrung hergestellt!

Die Querkraftbewehrung (früher: Schubbewehrung) kann mit Bügeln oder mit Bügeln und schrägen Bewehrungsstäben („Schrägeisen") hergestellt werden. In der Praxis werden meistens lotrechte Bügel verwendet! Ausschließlich Schrägeisen – ohne Bügel – sind nicht zulässig.

Nachweis: $\mathbf{V_{Ed} \leq V_{Rd,c}}$

V_{Ed}: vorhandene Querkraft

$V_{Rd,c}$: aufnehmbare Bemessungsquerkraft:

$$\mathbf{V_{Rd,c} = [0{,}1 * \kappa * (100 * \rho_l * f_{ck})^{1/3} + 0{,}12 * \sigma_{cp}] * b_w * d}$$

Ist $V_{Ed} \leq V_{Rd,c}$ → keine Querkraftbewehrung erforderlich! → 2)

Ist $V_{Ed} > V_{Rd,c}$ → Querkraftbewehrung erforderlich! → 3)

2) Bauteile <u>ohne</u> rechnerisch erforderliche Querkraftbewehrung (i. d. R. Decken)

Bei Bauteilen ohne Querkraftbewehrung bildet sich eine kammartige Tragstruktur aus.[62]

Für diese Bauteile „ohne Querkraftbewehrung (Schubbewehrung)" gilt:

$\mathbf{V_{Ed} \leq V_{Rd,c}}$ → Auf Querkraftbewehrung kann verzichtet werden.

$b/h > 5$ (Es liegt eine Platte vor; in Balken ist eine Mindestquerkraftbewehrung anzuordnen)

$V_{Rd,c} = [0{,}1 * \kappa * (100 * \rho_l * f_{ck})^{1/3} + 0{,}12 * \sigma_{cp}] * b_w * d$

Bemerkungen: „Normalbeton", keine Querkraft- Abminderung.

Falls keine Normalkraft vorhanden ist, wird die Spannung = 0 und damit auch der Ausdruck $0{,}12 * \sigma_{cp} = 0$. Die Formel verkürzt sich dann:

$$\mathbf{V_{Rd,c} = [0{,}1 * \kappa * (100 * \rho_l * f_{ck})^{1/3}] * b_w * d}$$

Der Ausdruck in der eckigen Klammer ist die „fiktive Schubspannung"!

$\mathbf{\kappa = 1 + \sqrt{(200 / d)}}$ = … ≤ 2,0 d in mm **Der kleinere Wert ist maßgebend!**

$\mathbf{\rho_l = A_{sl} / (b_w * d)}$ = … ≤ 0,02 **Der kleinere Wert ist maßgebend!**

f_{ck} = Betonfestigkeit des Zylinders ohne Teilsicherheit, $\sigma_{cd} = 0$ (keine Normalkraft vorhanden),

b = Broadness, w = web,

b_w = bei Decken: 1,00 m = 100 cm

[62] Goris / Bender, Band 1, 2023, S. 163 ff.

3) Bauteile mit rechnerisch erforderlicher Querkraftbewehrung (i. d. R. Balken)

Bedingung: $\mathbf{V_{Rd,c} \leq V_{Ed} \leq V_{Rd,max}}$ und $\mathbf{V_{Ed} \leq V_{Rd,c}}$

Wegen der vereinfachten Berechnung wird angenommen, dass der cot Θ = 1,2 sei. Das bedeutet, der Winkel der Druckstrebe im Fachwerkmodell Θ ist ca. 40°.

Es werden zwei Nachweise geführt:

a) Nachweis der (Beton-) Druckstrebe und

b) Nachweis der (Betonstahl-) Zugstrebe

a) Nachweis der (Beton-) Druckstrebe: $V_{Ed} \leq V_{Rd,max}$

$$V_{Rd,max} = \frac{\alpha_{cw} * \nu_1 * f_{cd} * b_w * z}{\cot\theta + \tan\theta}$$

$\alpha_{cw} = 1{,}0$, $\nu_1 = 0{,}75 * (1{,}1 - f_{ck}/500) \leq 0{,}75$,

$\nu_1 * f_{cd}$: entspricht der Druckfestigkeit des Betons im Bemessungszustand in MN/m²

→ $\nu_1 * f_{cd}$ = Tabellenwert[63], b_w = Breite des Balkens,

z (= innerer Hebelarm der Kräfte) = 0,9 * d. Siehe EC 2-1-1: „Für die Annahme von z = 0,9 d wird vorausgesetzt, dass die Bügel nach 8.5 in der Druckzone verankert sind, jedoch: Es darf für z aber kein größerer Wert angesetzt werden, als sich aus $z = d - 2\, c_{V,l} \geq d - c_{V,l} - 30$ mm ergibt (mit Verlegemaß $c_{V,l}$ der Längsbewehrung in der Betondruckzone)“[64]

cot Θ = 1,2, tan Θ = 1 / 1,2

b) Nachweis der (Betonstahl-) Zugstrebe (= Bemessung der Bügel)

erforderliche Querkraftbewehrung - hier nur mit vertikalen Bügeln - ermitteln:

$$\text{erf. } a_{sw} = V_{Ed} / f_{ywd} * z * \cot\Theta$$

erf. a_{sw} = erforderliche Bügelbewehrung in cm²/m

$f_{ywd} = f_{yk} / \gamma_M = 500\ \text{MN/m}^2 / 1{,}15 = 435\ \text{MN/m}^2$

$z = 0{,}9 * d$, jedoch: $z = d - 2\, c_{V,l} \geq d - c_{V,l} - 30$ mm, cot Θ = 1,2, tan Θ = 1 / 1,2

Querkraftbewehrung wählen:

gew.: Bügel Ø ... / a = ... cm (Schnittigkeit der Bügel angeben!)

vorh. $a_{sw} \geq$ erf. a_{sw} (Schnittigkeit der Bügel beachten!)

Überprüfung der Bügelabstände: Gewählte Bügelabstände dürfen nicht größer als Höchstbügelabstände sein. Höchstbügelabstände: Siehe Tabelle![65]

Überprüfung der Mindestquerkraftbewehrung (= Mindestschubbewehrung):[66]

$A_{sw} / s \geq \rho_{w,min} * b_w * \sin\alpha$

---

[63] Siehe Schneider, 2024, S. 5.77.

[64] EC 2-1-1/NA: NCI Zu 6.2.3 (1).

[65] Schneider, 2024, S. 5.120.

[66] Schneider, 2024, S. 5.120.

Beispiele: Querkraftbemessung von Bauteilen <u>ohne</u> rechnerisch erforderliche Querkraftbewehrung (i. d. R. bei Decken)

1) geg.: Stahlbetondecke C 25/ 30, vorh. A_S = 8,90 cm²/m, h = 24 cm,

statische Nutzhöhe d = 20 cm; max. V_{Ed} = 32,89 kN/m

ges.: Querkraft- Nachweis

entfällt i. d. R. (→ $0{,}12 * \sigma_{cp}$)

$$V_{Ed} \leq V_{Rd,c}$$

$$V_{Rd,c} = \left[0{,}1 * \kappa * (100 * \rho_l * f_{ck})^{\frac{1}{3}} + 0{,}12 * \sigma_{cp}\right] * b_w * d$$

$$\kappa = 1 + \sqrt{\frac{200}{d[mm]}} = 1 + \sqrt{\frac{200\ mm}{200\ mm}} = 2 \leq 2 \text{ (Beiwert für den Einfluss der Nutzhöhe)}$$

$$\rho_l = \frac{A_{SL}}{b_w * d} = \frac{8{,}90\ cm^2}{100\ cm * 20\ cm} = 0{,}00445 \leq 0{,}02 \text{ (Längsbewehrungsgrad)}$$

$$f_{ck} = 25\ \frac{MN}{m^2} \text{ (charakteristische Betondruckspannung)}$$

$$b_w = 100\ cm = 1\ m \text{ (kleinste Querschnittsbreite innerhalb der Zugzone)}$$

$$d = 20\ cm = 0{,}2\ m \text{ (statische Nutzhöhe)}$$

$$V_{Rd,c} = \left[0{,}1 * 2 * \left(100 * 0{,}00445 * 25\ \frac{MN}{m^2}\right)^{\frac{1}{3}}\right] * 1\ m * 0{,}2\ m = 0{,}0896\ \frac{MN}{m}$$

$$V_{Rd,c} = 89{,}60\ \frac{kN}{m} > 32{,}89\ \frac{kN}{m} = V_{Ed}$$

→ In der Decke ist keine Querkraftbewehrung erforderlich!

(Zusätzlich wird im EC 2 gefordert: Platte: $\frac{b}{h} \geq 5$!)

2) geg.: Wohnhaus Stahlbetondecke: C 20/25, XC 1; leichte Trennwände sind vorgesehen (Gewicht der Trennwand = 4,0 kN/m), Deckendicke: h = 17 cm

ges.: Querkraft- Nachweis

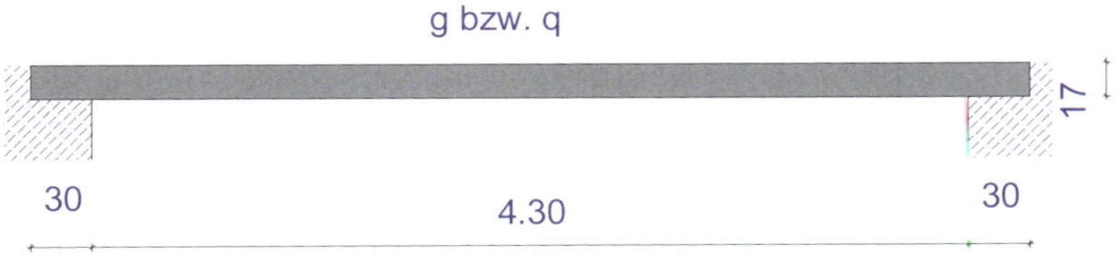

Statisches System:

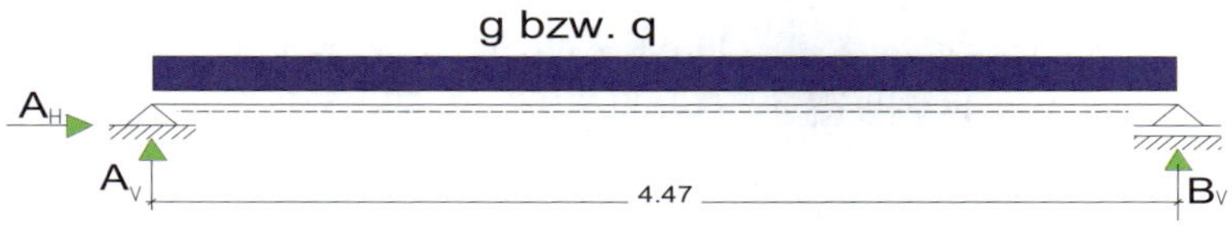

$$l_{eff} = \frac{0{,}30\text{ m}}{2} + 4{,}30\text{ m} + \frac{0{,}30\text{ m}}{2} = 4{,}60\text{ m bzw. } l_{eff} = \frac{0{,}17\text{ m}}{2} + 4{,}30\text{ m} + \frac{0{,}17\text{ m}}{2} = 4{,}47\text{ m}$$

(Maßgebend ist der kleinere Wert.)

Einwirkung:

Ständige Last g_k: Stahlbetondecke $h * \gamma = 0{,}17\text{ m} * 25{,}0 \frac{\text{KN}}{\text{m}^3} = 4{,}25 \frac{\text{kN}}{\text{m}^2}$

Putz und Belag $\cong 1{,}50$ „

$g_k = 5{,}75$ "

Nutzlast q_k: Trennwandzuschlag: 1,20 kN/m² → $q_k = 1{,}50 \frac{\text{kN}}{\text{m}^2} + 1{,}20 \frac{\text{kN}}{\text{m}^2} = 2{,}70$ "

Schnittgrößen:

$$\max\ A_{Vd} = \frac{\left(1{,}35 * 5{,}75 \frac{\text{kN}}{\text{m}^2} + 1{,}50 * 2{,}70 \frac{\text{kN}}{\text{m}^2}\right) * 4{,}47\text{ m}}{2} = 26{,}40 \frac{\text{kN}}{\text{m}} = \max V_{Ed}$$

$$\max.\ M_{Ed} = \frac{\left(1{,}35 * 5{,}75 \frac{\text{kN}}{\text{m}^2} + 1{,}50 * 2{,}70 \frac{\text{kN}}{\text{m}^2}\right) * (4{,}47\text{ m})^2}{8} = 29{,}50\text{ kNm/m}$$

Bemessung: C 20/25; Exp.-Klasse = XC 1; B 500 A

$c_v = 2{,}0$ cm; $d = h - c_v - \frac{\text{ØL}}{2} = 17\text{ cm} - 2{,}0\text{ cm} - \frac{1{,}0\text{ cm}}{2} = 14{,}5\text{ cm}$

Biegebewehrung: $k_d = \frac{d\,[\text{cm}]}{\sqrt{\frac{M_{Ed}\,[\text{kNm}]}{b\,[\text{m}]}}} = \frac{14{,}5\text{ cm}}{\sqrt{\frac{29{,}50\text{ kNm}}{1{,}0\text{ m}}}} = 2{,}67 \rightarrow k_s = 2{,}48$

$$\text{erf. } A_s = \frac{M_{Ed}}{d} * k_s = \frac{29{,}50\text{ kNm}}{14{,}5\text{ cm}} * 2{,}48 = 5{,}05 \frac{\text{cm}^2}{\text{m}}$$

<u>gew.: R 524 (unten)</u> → vorh. $A_s = 5{,}24 \frac{\text{cm}^2}{\text{m}} > 5{,}05 \frac{\text{cm}^2}{\text{m}}$

Querkraftnachweis: $V_{Ed} \leq V_{Rd,ct}$

$V_{Ed} = 26{,}40$ kN/m

entfällt ↙

$$V_{Rd,c} = \left[0{,}1 * \eta_1 * k * (100 * \rho_l * f_{ck})^{\frac{1}{3}} + 0{,}12 * \sigma_{ep}\right] * b_w * d$$

η_1 (Wirksamkeitsfaktor) = 1,0 da Normalbeton;

$$\kappa = 1 + \sqrt{\frac{200}{d\,[\text{mm}]}} = 1 + \sqrt{\frac{200}{145\text{ mm}}} = 2{,}17 \geq 2$$ → **2 (maßgebend!)**

$$\rho_l = \frac{A_{SL}}{b_w * d} = \frac{5{,}24\text{ cm}^2}{100\text{ cm} * 14{,}5\text{ cm}} = 0{,}00361 \leq 0{,}02$$ → **0,00361 (maßgebend!)**

$f_{ck} = 20$ MN/m²

$$V_{Rd,c} = \left[0{,}1 * 2{,}0 * \left(100 * 0{,}00361 * 20 \frac{\text{MN}}{\text{m}^2}\right)^{\frac{1}{3}}\right] * 1{,}0\text{ m} * 0{,}145\text{ m} = 0{,}056\text{ MN/m}$$

$$V_{Rd,c} = 56{,}0 \frac{\text{kN}}{\text{m}} > 26{,}40 \frac{\text{kN}}{\text{m}}$$

da $V_{Rd,c} > V_{Ed}$ → **In der Decke ist keine Querkraftbewehrung erforderlich.**

Bei der Querkraftbemessung von Balken werden zwei Nachweise gefordert:

1) Nachweis der Druckstrebe (Beton)

2) Nachweis der Zugstrebe (Betonstahl)

Die Querkraftbewehrung wird im Folgenden ausschließlich mit vertikalen Bügeln durchgeführt. Auch in der Praxis wird - wenn möglich - auf eine Anordnung von Schrägstäben verzichtet. Die Schrägstellung der Bügel ist selten der Fall. Bei Trägern mit unterschiedlichen Querkräften kann es sinnvoll sein, verschiedene Schnitte in Längsrichtung zu untersuchen und zu bemessen.

Schnittigkeit der Bügel (= n)

Bei der Anordnung von Bügeln spielt die Schnittigkeit der Bügel eine Rolle.

Man denkt sich einen horizontalen Schnitt (in den folgenden Skizzen **rot** dargestellt) durch den Balken. Die Anzahl der Schnitte durch die Bügel entspricht der Schnittigkeit n.

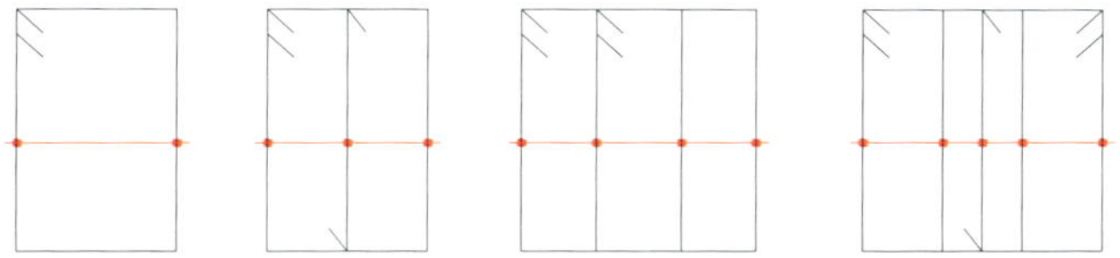

n=2 n=3 n=4 n=5 usw.

Beispiele: Bauteile <u>mit</u> rechnerisch erforderlicher Querkraftbewehrung (i. d. R. Balken)

Annahme bei allen Beispielen: Druckstrebenneigung Θ: (Θ = 40°) → cot Θ = 1,2

1) Querkraftbemessung eines Stahlbetonbalkens, max. V_{Ed} = 230 kN

C 20/25 B 500 B $c_{v,l}$ = 3,0 cm

vorh. d = 40 cm – 5,0 cm (Annahme)= 35 cm

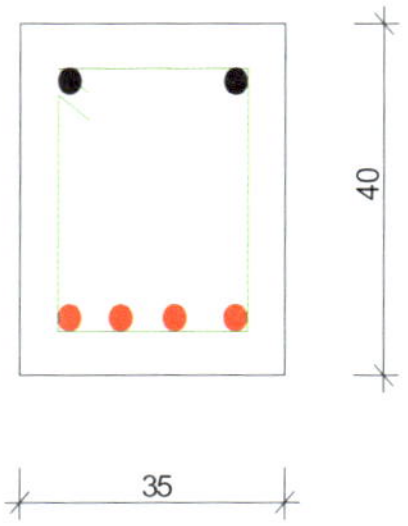

a) Nachweis der Druckstrebe (Beton): $V_{Rd,max} > V_{Ed}$

$$V_{Rd,max} = \frac{b_w * z * \nu_l * f_{cd}}{\cot\Theta + \tan\Theta}$$ b_w = 35 cm

z = 0,9 * d = 0,9 * 35 cm = 31,5 cm = 0,315 m

bzw. z = d - 2 * $c_{v,l}$ = 35 cm - 2 * 3,0 cm = 29 cm = 0,290 m

und z = d - $c_{v,l}$ – 3,0 cm = 35 cm – 3,0 cm - 3,0 cm = 29 cm = 0,290 m

(Beide z-Werte sind gleich. Der größere Wert der beiden letzten Werte wäre maßgebend!)[67]

[67] Schneider, 2024, S. 5.77.

$\nu_1 * f_{cd} = 8{,}50\ MN/m^2$ Tabellenwert[68]

$$V_{Rd,max} = \frac{0{,}35\ m * 0{,}29\ m * 8{,}50\ \frac{MN}{m^2}}{1{,}2 + \frac{1}{1{,}2}} = 0{,}424\ MN = 424\ kN > 230\ kN = max.\ V_{Ed}$$

b) Nachweis der Zugstrebe (Betonstahl): (= Ermittlung der erforderlichen Querkraftbewehrung)

Die Querkraftbewehrung soll (hier) ausschließlich aus vertikalen Bügeln bestehen!

$$erf.\ a_{sw} = \frac{V_{Ed}}{f_{ywd} * z * \cot\Theta}$$

$f_{ywd} = 435\ MN/m^2\ \left(= \frac{500\ \frac{MN}{m^2}}{1{,}15}\right)$

$$erf.\ a_{sw} = \frac{0{,}23\ MN}{435\ \frac{MN}{m^2} * 0{,}29\ m * 1{,}2} = 15{,}19 * 10^{-4}\ m^2/m = 15{,}19\ cm^2/m$$

gew: Bügel Ø 10/a = 10,0 cm / zweischnittig

vorh. $a_{sw} = 2 * 7{,}85\ cm^2/m = 15{,}70\ cm^2/m > 15{,}19\ cm^2/m$ Tabellenwert[69]

Überprüfung der Bügelabstände:[70]

$\frac{V_{Ed}}{V_{Rd,max}} = \frac{230\ kN}{424\ kN} = 0{,}54 < 0{,}6$ $a_{max} = 0{,}5 * h = 0{,}5 * 40\ cm = 20\ cm$ bzw. $a_{max} = 30\ cm$

Der ungünstigere Wert gilt: $a_{max} = 20\ cm > a_{vorh.} = 10{,}0\ cm$

Überprüfung der Mindestschubbewehrung:[71]

$A_{sw} / s \geq \rho_{w,min} * b_w * \sin\alpha$ $s = 100\ cm,\ \rho_w = 0{,}70,\ b_w = 35\ cm,\ \alpha = 90°$

→ $15{,}70\ cm^2/m \geq 0{,}70 * 10^{-3} * 35\ cm * \sin 90° * 100\ cm = 2{,}45\ cm^2/m$

2) Querkraftbemessung eines Stahlbetonbalkens

geg.: C25/30, B 500 B, $g_k = 20\ kN/m$; $q_k = 6\ kN/m$, $c_{v,l} = 3{,}5\ cm$

ges.: a) d (statische Nutzhöhe)

b) Biegebewehrung

c) Querkraftnachweise mit Querkraftbewehrung (vertikale Bügel)

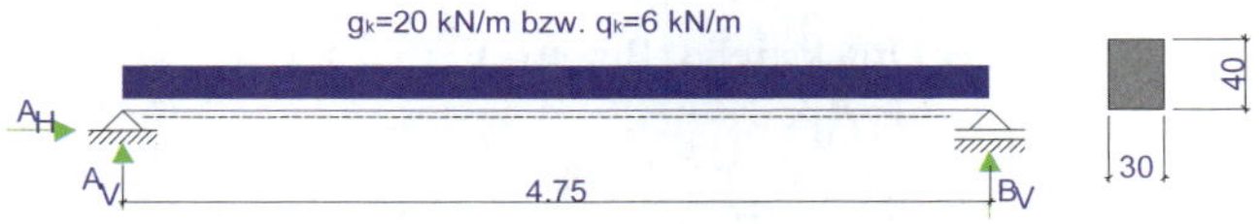

zu a) Statische Nutzhöhe: $d = 40\ cm - 3{,}5\ cm - 0{,}8\ cm - 1{,}4\ cm/2$ → $d = 35\ cm$

68 Schneider, 2024, S. 5.77.
69 Schneider, 2024, S. 5.202.
70 Schneider, 2024, S. 5.120.
71 Schneider, 2024, S. 5.120.

zu b) Biegebewehrung

$$M_{Ed} = \frac{q * l^2}{8} = \frac{\left(20\ \frac{kN}{m} * 1{,}35 + 6\ \frac{kN}{m} * 1{,}5\right) * (4{,}75\ m)^2}{8} = 101{,}53\ kNm$$

$$k_d = \frac{d}{\sqrt{\frac{M_{Ed}}{b}}} = \frac{35\ cm}{\sqrt{\frac{101{,}53\ kNm}{0{,}30\ m}}} = 1{,}90 \rightarrow k_s = 2{,}60$$

$$erf. A_s = \frac{M_{Ed}}{d} * k_s = \frac{101{,}53\ kNm}{35\ cm} * 2{,}60 = 7{,}54\ cm^2$$

gew.: 6 Ø 14 (unten) → vorh. $A_S = 9{,}24\ cm^2 >$ erf. $A_S = 7{,}54\ cm^2$

zu c) Querkraftnachweise

Nachweis der Beton-Druckstrebe: $V_{Ed} \leq V_{Rd,max}$

$$V_{Ed} = \frac{q*l}{2} = \frac{\left(20\ \frac{kN}{m}*1{,}35+6\ \frac{kN}{m}*1{,}5\right)*4{,}75\ m}{2} = 85{,}50\ kN = 0{,}0855\ MN$$

$$V_{Rd,max} = \frac{\nu_1 * f_{cd} * b_w * z}{\tan\Theta + \cot\Theta}$$

$\nu_1 * f_{cd} = 10{,}6\ MN/m^2$ Tabellenwert[72], $b_w = 0{,}30\ m$, $z = 0{,}9 * d = 0{,}9 * 0{,}35\ m = 0{,}315\ m$

bzw. $z = d - 2 * c_{v,l} = 0{,}35\ m - 2 * 0{,}035\ m = 0{,}28\ m$

und $z = d - c_{v,l} - 0{,}03\ m = 0{,}35\ m - 0{,}035\ m - 0{,}03\ m = 0{,}285\ m$

Der größere Wert ist maßgebend![73]

$$V_{Rd,max} = \frac{\nu_1 * f_{cd} * b_w * z}{\tan\Theta + \cot\Theta} = \frac{10{,}6\ \frac{MN}{m^2} * 0{,}30\ m * 0{,}285\ m}{1{,}2 + \frac{1}{1{,}2}} = 0{,}446\ MN \triangleq 446\ kN$$

$85{,}50\ kN \leq 446\ kN$

Nachweis der Zugstrebe (Betonstahl):

$$erf. a_{sw} = \frac{V_{Ed}}{f_{yd} * z * \cot\Theta} = \frac{0{,}0855\ MN}{435\ \frac{MN}{m^2} * 0{,}285\ m * 1{,}2} = 0{,}000575\ m^2/m = 5{,}75\ \frac{cm^2}{m}$$

gewählt: Ø 8 / a = 17,0 cm / zweischnittig (vorh. $a_{sw} = 2 * 2{,}96\ cm^2/m = 5{,}92\ cm^2/m$)

Überprüfung der Bügelabstände:

$$\frac{V_{Ed}}{V_{Rd,max}} = \frac{0{,}0855\ MN}{0{,}446\ MN} = 0{,}19 < 0{,}30 \rightarrow 0{,}7\ h = 0{,}7 * 40\ cm = 28\ cm \leq 30\ cm$$

vorh. a = 17 cm < 28 cm

---

[72] Schneider, 2024, S. 5.77.

[73] Schneider, 2024, S. 5.77.

Überprüfung der Mindestschubbewehrung:[74]

$A_{sw} / s \geq \rho_{w,min} * b_w * \sin\alpha \rightarrow A_{sw} \geq \rho_{w,min} * b_w * \sin\alpha * s$

$A_{sw} = 5{,}92\ cm^2/m$, C25/30: $f_{ck} = 25\ MN/m^2$: $\rho_{w,min} = 0{,}83 * 10^{-3}$, $b_w = 35\ cm$, $\alpha = 90°$, $s = 100\ cm$
$5{,}92\ cm^2/m \geq 0{,}83 * 10^{-3} * 35\ cm * \sin 90° * 100\ cm = 2{,}91\ cm^2/m$

13.10.2.3 Übungen

1) geg.: Stahlbetondecke C 25/30, B 500 A, h = 19 cm, $c_v = 2{,}5$ cm, $l_{eff} = 5{,}00$ m, $b_w = 1{,}0$ m, $g_k = 6{,}5\ kN/m^2$, $q_k = 2{,}7\ kN/m^2$
ges.: Querkraft-Nachweis

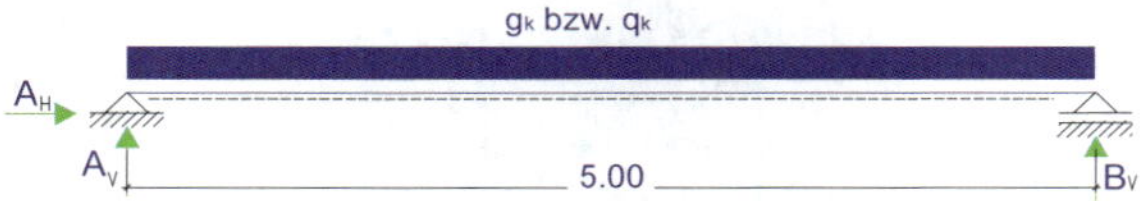

2) geg.: Stahlbetondecke C 25/30, B 500 A, h = 18 cm, $c_v = 2{,}5$ cm, $l_{eff} = 4{,}67$ m, $b_w = 1{,}0$ m; $g_k = 6{,}0\ kN/m^2$, $q_k = 1{,}5\ kN/m^2$
ges.: Querkraft-Nachweis

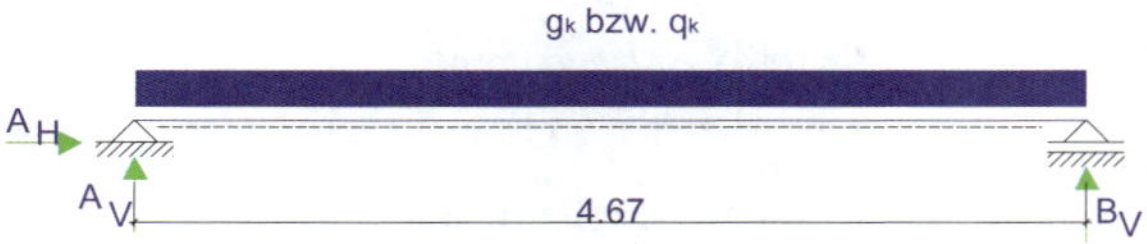

3) Querkraftbemessung eines Stahlbetonbalkens
geg.: $l_{eff} = 4{,}17$ m, $g_k = 2{,}0$ kN/m, $q_k = 5{,}0$ kN/m, h = 30 cm, b = 25 cm, C 20/25, B 500 B, $c_v = 3{,}5$cm
ges.: Querkraft-Nachweise
a) Nachweis der Druckstrebe (Beton)
b) Nachweis der Zugstrebe (Betonstahl)

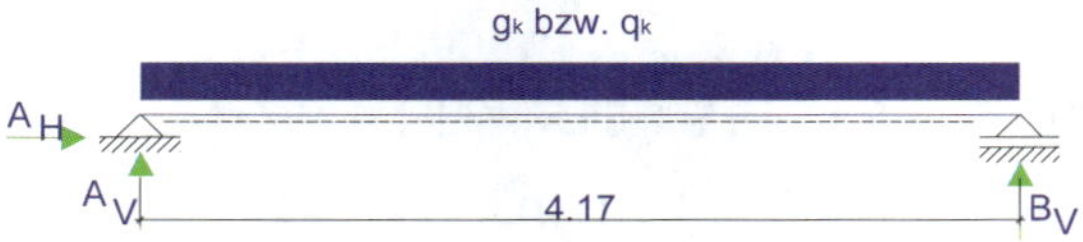

[74] Schneider, 2024, S. 5.120.

13.10.3 Plattenbalken

13.10.3.1 Begriffe, Tragverhalten

Plattenbalken dienen oftmals als Auflagerungen bzw. Auflager von Decken und als Abfangungen von Stützen und Wänden.

Beispiel:

Der Plattenbalken, Pos 2, dient in der nebenstehenden Skizze als mittleres Auflager der Stahlbetondecke, Pos 1. Die Stahlbetondecke wird von links nach rechts gespannt. Statisches System der Decke: Zweifeldträger.

Der Plattenbalken ist in der Skizze von unten nach oben gespannt. Statisches System des Plattenbalkens: Einfeldträger.

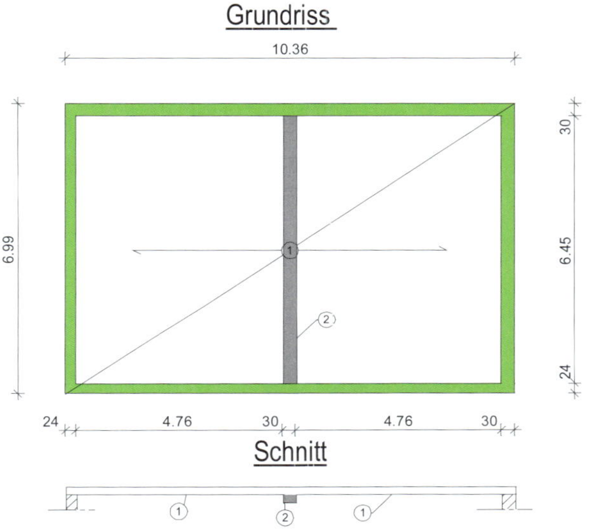

Die Plattenbalken sind - im Gegensatz zu sogenannten „Abfangungen" bzw. „Unterzügen" oder „Trägern" - mit der Decke monolithisch, d. h. ohne Fuge, verbunden und damit sehr wirtschaftlich.

Skizze: Unterschied zwischen Balken, Platte (= Decke) und Plattenbalken

Der Plattenbalken besteht aus einem Balken und einem Teil der Platte (Decke).

Man unterscheidet zwischen beidseitigem (= zweiseitigem) und einseitigem Plattenbalken.

Daneben gibt es noch Sonderformen:

Balken mit Plattenbalkenquerschnitt sind viel wirtschaftlicher als Balken, welche nicht mit der Decke verbunden sind.

Plattenbalken sind deshalb so wirtschaftlich, weil

a) die statische Höhe d im Vergleich zur Abfangung (= Balken) vergrößert wird und

b) die Decke am Tragverhalten des Plattenbalkens beteiligt wird.

Liegt beispielsweise eine Decke auf einem Balken auf, der durch eine Fuge von dieser Decke getrennt ist, so ist die statische Nutzhöhe in diesem Fall viel kleiner als bei einer monolithischen Verbindung.

Weiterhin beteiligt sich bei einem Plattenbalken die Decke durch die mitwirkende Breite am Tragverhalten, wenn die Druckzone oben in der Decke liegt (vgl. Skizze!).

Balken

(= Abfangung = Träger = Unterzug)

Der Balken ist hier durch eine Fuge von der Decke getrennt.

Plattenbalken

Decke und Balken sind monolithisch (= ohne Fuge) miteinander verbunden.

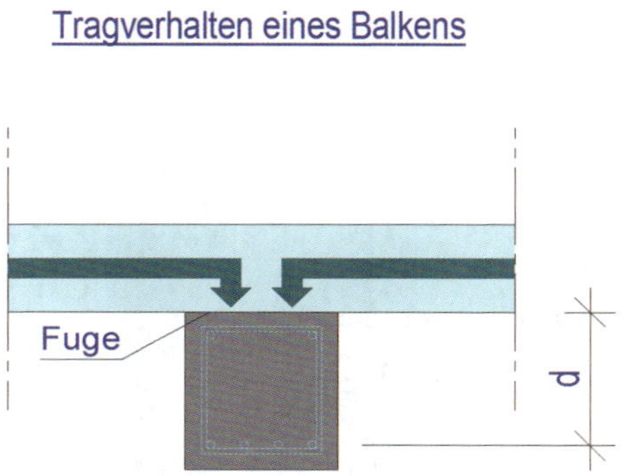

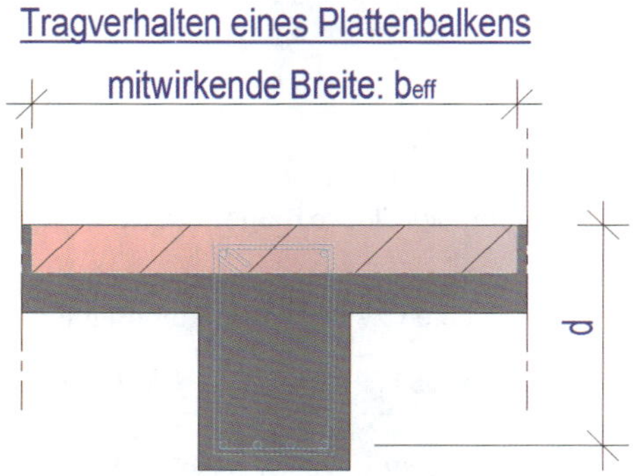

Der Balken hat - im Verhältnis zum Plattenbalken - eine kleinere statische Nutzhöhe d.

Man kann den Plattenbalken als idealen Querschnitt im Stahlbetonbau betrachten. Die überflüssigen Betonteile in der Zugzone sind herausgeschnitten, im Steg verbleibt genügend Beton, damit die Querkräfte übertragen werden und die Bewehrungsstäbe untergebracht werden.

Die Druckplatte des Plattenbalkens wird i. d. R. quer zur Balkenspannrichtung als Biegeplatte ausgenutzt, während sie in Balkenspannrichtung als Druckteil (Scheibe) des Balkens wirkt.[75]

Beim Plattenbalken beteiligt sich die Platte (= Decke) an der Lastabtragung, soweit sie in der Druckzone liegt.

Dies ist z. B. bei einem einfeldrigen Plattenbalken mit positivem Biegemoment der Fall, da dort die Druckzone oben, also in der Decke liegt.

Bei Plattenbalken mit Platte oben und positivem Biegemoment wird die Druckzone des Balkens

[75] Wommelsdorff / Albert / Fischer, 2017, S. 284.

durch die Platte(n) neben dem Balkensteg verbreitert.

Beim vorherigen Beispiel würde sich die Decke - vereinfacht dargestellt - mit der in der Skizze blau gefärbten Breite (= mitwirkende Breite b_{eff}) am Tragverhalten des Plattenbalkens beteiligen.[76]

Die Breite, mit der sich die Platte (Decke) in der Druckzone an der Lastabtragung beteiligt, wird als „**mitwirkende Plattenbreite b_{eff}**“ bezeichnet. b_{eff} bezieht sich also immer auf die **Druckzone** des Plattenbalkens.

$$\mathbf{b_{eff} = \Sigma\, b_{eff,i} + b_w \leq b}$$

$$\mathbf{b_{eff,i} = 0{,}2 * b_i + 0{,}1 * l_0} \qquad \leq 0{,}2 * l_0$$

$\leq b_i$ (Der kleinere Wert ist maßgebend)

Parameter der mitwirkenden Plattenbreite[77]

b_w = Stegbreite

b_i = tatsächlich vorhandene Flanschbreite (Abstand von der Außenkante des Plattenbalken-Steges bis zur Mitte des angrenzenden Feldes)

l_0 = Abstand der Momentennullpunkte

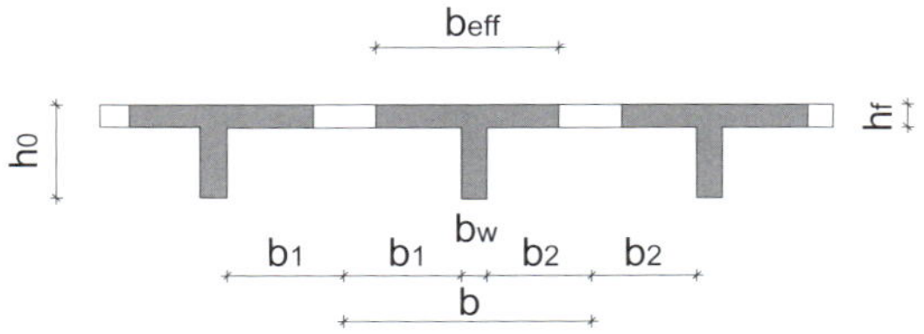

Der Abstand der Momentennullpunkte darf gem. folgender Skizze ermittelt werden:[78]

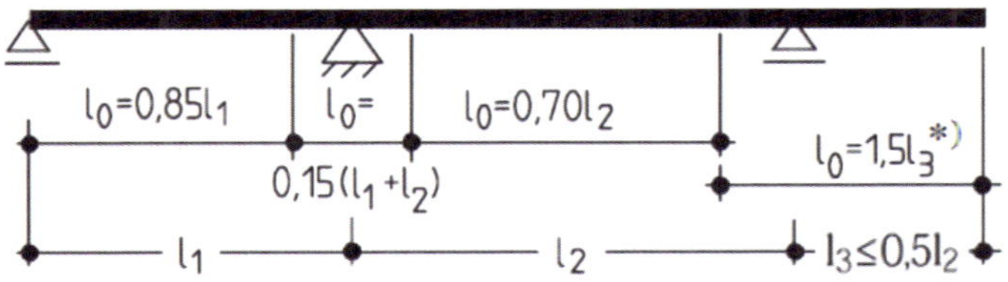

*) bei kurzem Kragarm; andernfalls gilt: $l_0 = 0{,}15\, l_2 + l_3$

Vorausgesetzt werden hierbei annähernd gleiche Steifigkeiten und annähernd gleiche Belastung für ein Stützweitenverhältnis benachbarter Felder im Bereich von $0{,}8 < l_1 / l_2 < 1{,}25$.

[76] URL: http://extra.hs21.de/seiten/goettsche/goettsche/rpbtrt10.htm, abgerufen am 23.07.2014.
[77] EC 2, 5.3.2, Bild 5.3.
[78] Schneider, 2024, S. 5.46.

Beispiele zur Ermittlung der mitwirkenden Plattenbreite

1) geg.: Beidseitiger Plattenbalken als Einfeldträger, ges.: b_{eff}

Stützweite des Plattenbalkens: $l_0 = l_{eff} = 0{,}24\ m / 2 + 0{,}30\ m / 2 + 7{,}01\ m = 7{,}28\ m$

$l_0 = l_{eff} = 7{,}28\ m < 2 * 0{,}60\ m / 2 + 7{,}01\ m = 7{,}61\ m$

$b_{eff} = \Sigma\ b_{eff,i} + b_w$

$b_{eff,1} = 0{,}2 * b_i + 0{,}1 * l_0$

$b_{eff,1} = 0{,}2 * 5{,}01\ m / 2 + 0{,}1 * 7{,}28\ m$

$b_{eff,1} = 1{,}23\ m$

$1{,}23\ m \leq 0{,}2 * l_0 = 0{,}2 * 7{,}28\ m = 1{,}46\ m$

$1{,}23\ m \leq b_i = 5{,}01\ m / 2 = 2{,}51\ m$

$b_{eff,1} = 1{,}23\ m$ (maßgebend)

$b_{eff,2} = 0{,}2 * b_i + 0{,}1 * l_0$

$b_{eff,2} = 0{,}2 * 6{,}51\ m / 2 + 0{,}1 * 7{,}28\ m$

$b_{eff,2} = 1{,}38\ m$

$1{,}38\ m \leq 0{,}2 * l_0 = 0{,}2 * 7{,}28\ m = 1{,}46\ m$

$1{,}38\ m \leq b_i = 6{,}51\ m / 2 = 3{,}26\ m$

1,38 m (maßgebend)

$b_{eff} = \Sigma\ b_{eff,i} + b_w$

$b_{eff} = 1{,}23\ m + 1{,}38\ m + 0{,}35\ m = 2{,}96\ m$

(b_{eff} wird in der Einheit Meter in die k_d-Formel eingesetzt!)

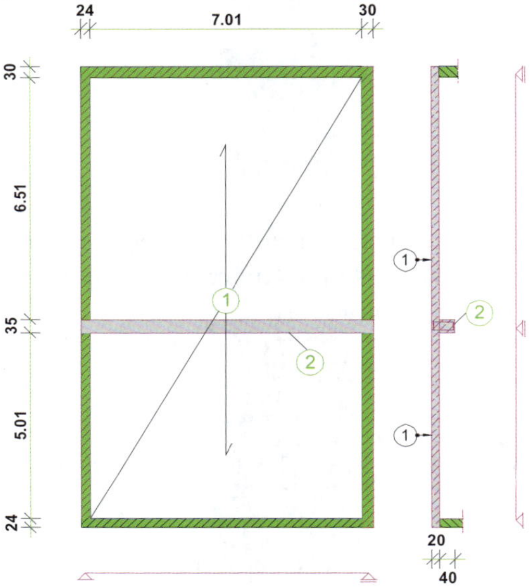

2) geg.: Beidseitiger Plattenbalken als Einfeldträger

ges.: b_{eff}

Stützweite des Plattenbalkens:

$l_0 = l_{eff} = 2 * 0{,}3\ m / 2 + 7{,}10\ m = 7{,}40\ m$

$l_{eff} = 7{,}40\ m < 2 * 0{,}50\ m / 2 + 7{,}10\ m = 7{,}60\ m$

$b_{eff} = \Sigma\ b_{eff,i} + b_w$

$b_{eff,1} = 0{,}2 * bi + 0{,}1 * l_0$

$b_{eff,1} = 0{,}2 * 4{,}70\ m / 2 + 0{,}1 * 7{,}40\ m$

$b_{eff,1} = 1{,}21\ m$

$1{,}21\ m \leq 0{,}2 * l_0 = 0{,}2 * 7{,}40\ m = 1{,}48\ m$

$1{,}21\ m \leq b_i = 4{,}70\ m / 2 = 2{,}35\ m$

$b_{eff,1} = 1{,}21\ m$ (maßgebend)

$b_{eff} = \Sigma\ b_{eff,i} + b_w = 2 * 1{,}21\ m + 0{,}40\ m$

$b_{eff} = 2{,}82\ m$

Grundriss

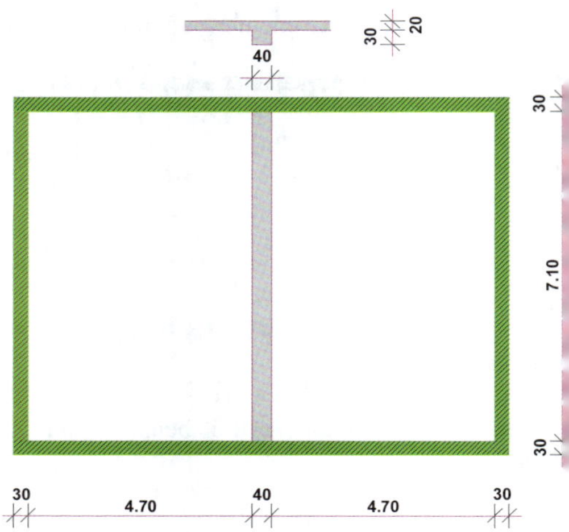

Zu beachten ist jedoch, dass b_{eff} nicht größer als die tatsächlich vorhandene mitwirkende Breite in die k_d-Formel eingesetzt wird!

3) geg.: Stahlbetondecke mit Treppenloch, Pos 1, neben Plattenbalken, Pos 2

Plattenbalken: b_w / h = 30 / 50 cm, Deckendicke h = 20 cm

ges.: Berechnen Sie die mitwirkende Breite b_{eff} des skizzierten Plattenbalkens!

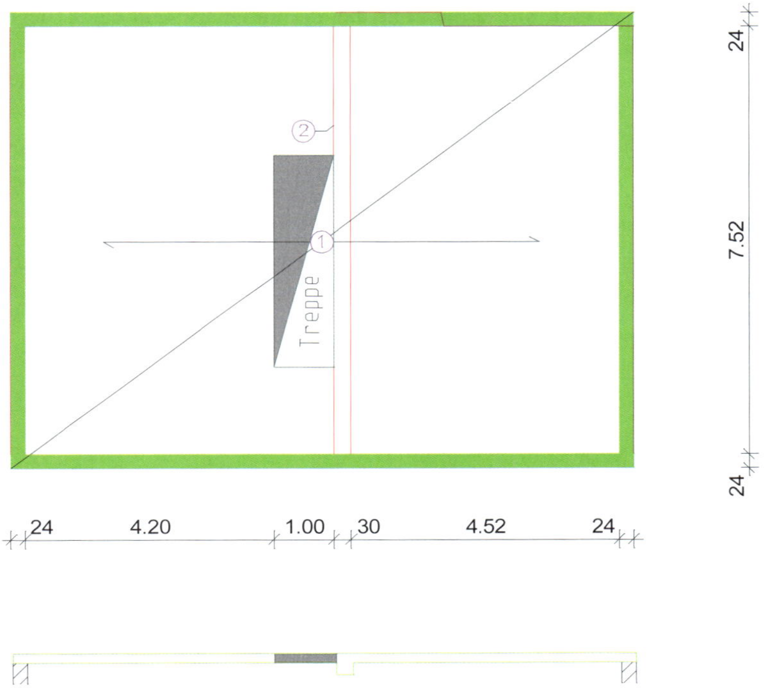

Lösung:

Bei der Berechnung der mitwirkenden Breite darf nur der - vom Plattenbalken aus gesehen - rechte Teil der Decke berücksichtigt werden, da links die Treppenöffnung ist und die Decke in diesem Bereich nicht mitwirken kann. In der Mitte liegt ein einseitiger Plattenbalken vor.

$b_{eff} = \Sigma\, b_{eff,i} + b_w$

$l_0 = l_{eff} = 2 * 0{,}24 \text{ m} / 2 + 7{,}52 \text{ m} = 7{,}76 \text{ m}$

$b_{eff,1} = 0$ (Treppenloch), $b_2 = 4{,}52 \text{ m} / 2 = 2{,}26 \text{ m}$

$b_{eff,2} = 0{,}2 * b_2 + 0{,}1 * l_0 = 0{,}2 * 2{,}26 \text{ m} + 0{,}1 * 7{,}76 \text{ m} = 1{,}23 \text{ m}$

$b_{eff,2} = 1{,}23 \text{ m}$ (maßgebend!) $\leq 0{,}2 * l_0 = 0{,}2 * 7{,}76 \text{ m} = 1{,}55 \text{ m}$

$\leq b_i = 2{,}26 \text{ m}$

$b_{eff} = \Sigma\, b_{eff,i} + b_w = 1{,}23 \text{ m} + 0{,}30 \text{ m} = 1{,}53 \text{ m}$

13.10.3.2 Biegebemessung

Die erforderliche statische Nutzhöhe eines Plattenbalkens wird - falls sie nicht vorgegeben ist - entweder überschlagen: erf. $d = l_{eff} / 10 \ldots l_{eff} / 14$ oder errechnet: erf. $d = k_d * \sqrt{\frac{M}{b}}$.

Für die Bemessung spielt die Lage der Nulllinie eine große Rolle. Die Nulllinie wird auch „Neutrale Faser" genannt. Sie ist die Zone, bei der im Querschnitt eines Biegebalkens weder Druck- noch Zugspannungen auftreten. Der Abstand der Nulllinie vom Druckrand wird mit „x" bezeichnet; die Dicke der Platte (= Decke) mit h_f. In den meisten Fällen liegt die Nulllinie in der Platte und verläuft näherungsweise parallel zum Druckrand. In diesen Fällen wird der Plattenbalken analog dem Rechteckbalken bemessen. Anderenfalls ändern sich die Bemessungsverfahren.

Biegebemessung eines Plattenbalkens: Nulllinie in der Platte

Die Biegebemessung erfolgt, solange die Nulllinie in der Platte (= Decke) liegt ($h_f \geq x = \xi * d$), wie bei einem Rechteckquerschnitt!

Rechnungsgang für die Biegebemessung:

- Mitwirkende Breite b_{eff} bestimmen
- $k_d = \frac{d\,(cm)}{\sqrt{\frac{M_{Ed}\,(kNm)}{b_{eff}\,(m)}}}$ berechnen, wobei für b_{eff} die Breite der jeweiligen Druckzone einzusetzen ist.
- Nachprüfen, ob die Nulllinie in der Platte liegt ($x = \xi * d$ = Abstand vom Druckrand bis zur Nulllinie)
- erf. $A_S = \frac{M_{Ed}}{d} * k_s$
- gew.: …

vorh. $A_S \geq$ erf. A_S

Beispiel: geg.: Beidseitiger Plattenbalken als Einfeldträger. Grundriss lt. Skizze: C 20/25, B 500 B; $b_w / h_f / h = 24{,}0 / 17{,}0 / 50{,}0$ cm, $c_{v,l} = 3{,}5$ cm, Belastung aus Decke: $g_k = 27$ kN/m, $q_k = 13$ kN/m

ges.: Biegebewehrung des Plattenbalkens

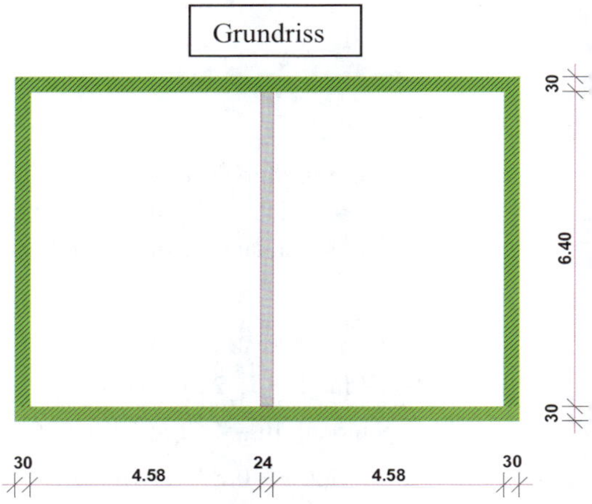

Lösung:

Statisches System des Plattenbalkens: Einfeldträger:

$l_{eff} = 0{,}3\text{ m} / 2 + 6{,}40\text{ m} + 0{,}3\text{ m} / 2 = 6{,}70\text{ m} < 0{,}50\text{ m} / 2 + 6{,}40\text{ m} + 0{,}50\text{ m} / 2 = 6{,}90\text{ m}$

Maßgebendes Biegemoment: max. Moment:

$$M_{Ed} = \frac{g_k * 1{,}35 + q_k * 1{,}5}{8} * l^2 = \frac{27\,\frac{kN}{m} * 1{,}35 + 13 * 1{,}5\,\frac{kN}{m}}{8} * (6{,}70\text{ m})^2 = 313{,}95\text{ kNm}$$

Bemessung: Baustoffe: C 20/25, B 500 B

b_w / h_f / h = 24,0 / 17,0 / 50,0 cm → d = 50 cm – 5 cm = 45 cm

mitwirkende Breite: $b_{eff} = \Sigma\, b_{eff,i} + b_w$

$b_{eff,i} = 0{,}2 * b_i + 0{,}1 * l_0 \leq 0{,}2 * l_0$

$\leq b_i$

b_w = 24 cm

$b_1 = b_2$ = 4,58 m / 2 = 2,29 m

$b_{eff,1} = 0{,}2 * b_i + 0{,}1 * l_0 = 0{,}2 * 2{,}29\ m + 0{,}1 * 6{,}70\ m = 1{,}13\ m \leq 0{,}2 * l_0 = 0{,}2 * 6{,}7\ m$

$b_{eff,1} = 1{,}34\ m$

$\leq b_i = 2{,}29\ m$

$b_{eff,2} = b_{eff,1} = 1{,}13\ m$

$b_{eff} = \Sigma\, b_{eff,i} + b_w = 2 * 1{,}13\ m + 0{,}24\ m = 2{,}50\ m$

(nach alter Norm: $b_{eff} = l_0 / 3 = 6{,}70\ m / 3 = 2{,}23\ m$)

$$k_d = \frac{d\ (cm)}{\sqrt{\frac{M_{Ed}\ (kNm)}{b_{eff}\ (m)}}} = \frac{45\ cm}{\sqrt{\frac{313{,}95\ kNm}{2{,}50\ m}}} = 4{,}02 \rightarrow k_s = 2{,}38 \qquad \xi = 0{,}087 \text{ (aus } k_d\text{-Tabelle)}$$

Lage der Nulllinie: $x = \xi * d = 0{,}087 * 45\ cm = 3{,}92\ cm < h_F = 17\ cm$

→ Die Nulllinie liegt in der Decke!

Bemessung wie Rechteckquerschnitt: erf. $A_S = \frac{M_{Ed}}{d} * k_s = \frac{313{,}95\ kNm}{45\ cm} * 2{,}38 = 16{,}60\ cm^2$

gew.: 3 Ø 28 (unten)

vorh. $A_S = 18{,}47\ cm^2 > 16{,}60\ cm^2$

Hiernach erfolgt die Querkraftbemessung (vgl. Kap. 13.10.3.3).

Bemessung eines Plattenbalkens: Nulllinie liegt nicht in der Platte

Liegt die Nulllinie nicht in der Platte, kann zwischen **schlankem** und **gedrungenem** Querschnitt unterschieden werden.[79] An anderer Stelle wird hierbei von gegliederter Druckzone gesprochen und zwischen stark profilierten Plattenbalken und schwach profilierten Plattenbalken differenziert.[80]

Stark profilierter Plattenbalken: $\mathbf{b_{eff} / b_w \leq 5}$

Schwach profilierter Plattenbalken: $\mathbf{b_{eff} / b_w > 5}$

Fällt die Nulllinie in den Steg, so können entweder Bemessungshilfen für Plattenbalken oder Näherungsverfahren herangezogen werden.[81] Diese Verfahren werden hier aus didaktischen Gründen nicht behandelt.

[79] Wommelsdorff / Albert / Fischer, 2017, S. 292 ff.
[80] Avak / Busch / Neff, 2023, S. 207 ff.
[81] König / Nguyen, 2003, S. 193ff.

13.10.3.3 Querkraftbemessung

Für b_W ist in den Formeln für die Querkraftbemessung immer die kleinste Querschnittsbreite des Plattenbalkens anzusetzen. Dies ist die Breite des Steges.

Dies bedeutet, dass beim Plattenbalken der Nachweis der Querkraft wie beim Rechteckbalken durchzuführen ist. Dies gilt auch für alle konstruktiven Maßnahmen und für die Mindestbewehrung.[82]

Beispiel: Beidseitiger Plattenbalken als Einfeldträger (vgl. Kap. 13.10.3.2)

geg.: Grundriss lt. Skizze: C 20/25, B 500 B,

$b_w / h_f / h_0$ = 24,0 / 17,0 / 50,0 cm;

nom c = 3,5 cm

Belastung aus Decke:

g_k = 27 kN/m, q_k = 13 kN/m

ges.: Querkraftbemessung des Plattenbalkens

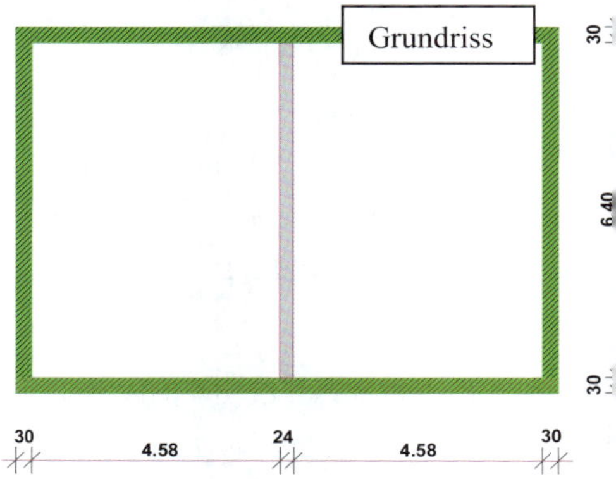

Statisches System des Plattenbalkens:

Einfeldträger: l_{eff} = 0,15 m + 6,40 m + 0,15 m

l_{eff} = 6,70 m < 0,50 / 2 + 6,40 + 0,50 / 2 = 6,90 m

Maßgebende Schnittgröße: max. Querkraft:

$$V_{Ed} = \frac{g_k * 1{,}35 + q_k * 1{,}5}{2} * l = \frac{27\frac{kN}{m} * 1{,}35 + 13\frac{kN}{m} * 1{,}5}{2} * 6{,}70\,m = 187{,}43\ kN/m$$

Bemessung: Baustoffe: C 20/25, B 500 B, d = 45 cm, $c_{v,l}$ = 3,5 cm

a) Nachweis der Druckstrebe (Beton): $V_{Rd,max} = \frac{bw * z * \nu_l * f_{cd}}{\cot\Theta + \tan\Theta}$ b_w = 24 cm

z = 0,9 * d = 0,9 * 45 cm = 40,5 cm = 0,405 m bzw.

z = d - 2 * $c_{v,l}$ = 45 cm - 2 * 3,5 cm = 38 cm = 0,380 m

und z = d - $c_{v,l}$ – 3,0 cm = 45 cm – 3,5 cm - 3,0 cm = 38,5 cm = 0,385 m

(Der größere Wert der beiden letzten Werte ist maßgebend!)

$\nu_l * f_{cd}$ = 8,50 MN/m² Tabellenwert[83]

$$V_{Rd,max} = \frac{0{,}24\,m * 0{,}385\,m * 8{,}50\frac{MN}{m^2}}{1{,}2 + \frac{1}{1{,}2}} = 0{,}386\ MN = 386\ kN > 187{,}43\ kN$$

[82] Wommelsdorff / Albert /Fischer: 2017, S. 296.
[83] Schneider, 2024, S. 5.77.

b) Nachweis der Zugstrebe (Betonstahl): (= Ermittlung der erforderlichen Querkraftbewehrung)

Die Querkraftbewehrung soll (hier) ausschließlich aus vertikalen Bügeln bestehen!

$$\text{erf. } a_{sw} = \frac{V_{Ed}}{f_{ywd} * z * \cot\Theta}$$

$f_{ywd} = 435\ MN/m^2\ (= \frac{500\ MN/m^2}{1{,}15})$

$$\text{erf. } a_{sw} = \frac{0{,}18743\ MN}{435\frac{MN}{m^2} * 0{,}385\ m * 1{,}2} = 9{,}33 * 10^{-4}\ (m^2/m) = 9{,}33\ cm^2/m$$

gew: Bügel Ø 8/a = 10,5 cm / zweischnittig[84] vorh. $a_{sw} = 2 * 4{,}79\ cm^2/m = 9{,}58\ cm^2/m$

vorh. $a_{sw} = 9{,}58\ cm^2/m > 9{,}33\ cm^2/m$

Überprüfung der Bügelabstände:[85]

$$\frac{V_{Ed}}{V_{Rd,max}} = \frac{187{,}43\ kN}{381\ kN} = 0{,}49 < 0{,}6$$

$a_{max} = 0{,}5 * h = 0{,}5 * 50\ cm = 25\ cm$ bzw. $a_{max} = 30\ cm$

Der ungünstigere Wert ist maßgebend: $a_{max.} = 25\ cm > a_{vorh.} = 10{,}5\ cm$

Überprüfung der Mindestquerkraftbewehrung:[86]

$A_{sw} / s \geq \rho_{w,min} * b_w * \sin\alpha$ $\rho_w = 0{,}70 * 10^{-3}$, $b_w = 24\ cm$, $\alpha = 90°$

vorh. $a_{sw} = 9{,}58\ cm^2/m \geq 0{,}70 * 10^{-3} * 24\ cm * \sin 90° * 100 = 1{,}68\ cm^2/m$

13.10.3.4 Plattenbalken als Durchlaufträger

Beim Einfeldträger mit Belastung (q) von oben wird die mitwirkende Breite b_{eff} in die k_d-Formel eingesetzt, weil dort in Feldmitte im Steg Zugkräfte und in der Platte (Decke) Druckkräfte auftreten.

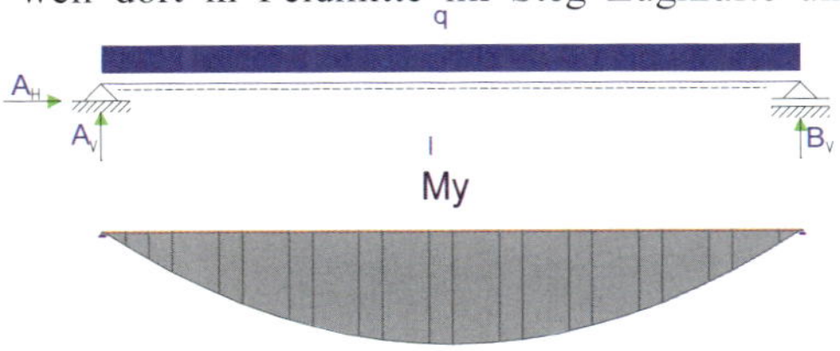

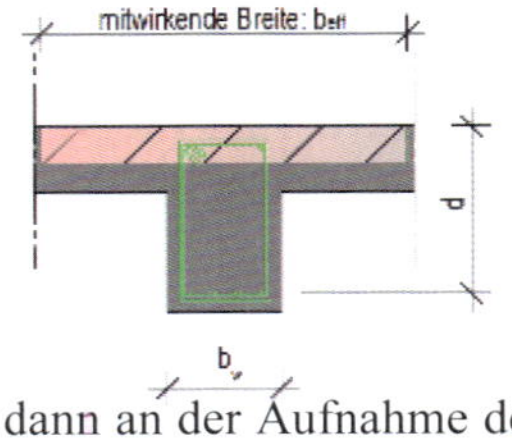

Bei durchlaufenden Plattenbalken kann sich die Decke (= Platte) nur dann an der Aufnahme der Biegedruckspannungen beteiligen, wenn sie auch tatsächlich im gedrückten Bereich liegt.

Die mitwirkende Breite b_{eff} darf in der Biegebemessung nur dann verwendet werden, wenn die Platte in der Druckzone liegt.

Das „b" in der k_d - Formel ist also immer die Breite der jeweiligen Druckzone! $k_d = \frac{d}{\sqrt{\frac{M_{Ed}}{b}}}$

[84] Schneider, 2024, S. 5.202.
[85] Schneider, 2024, S. 5.120.
[86] Schneider, 2024, S. 5.120.

Beispiel: Dreifeldträger

Negative Momente: Biegedruck im Steg, $b = b_w$!

$$k_d = \frac{d}{\sqrt{\frac{M_{Ed}}{b_w}}}$$

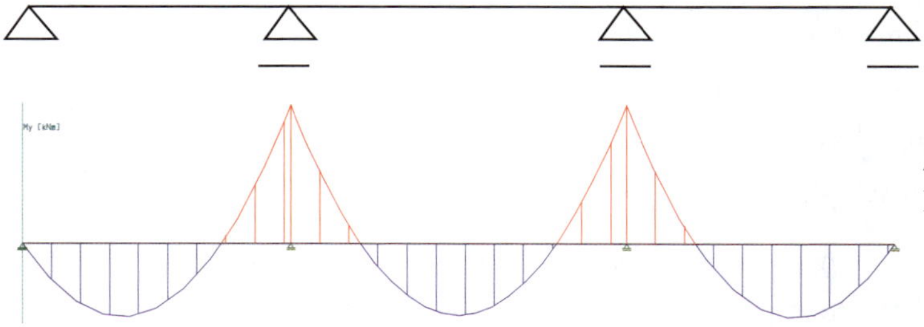

Zugehörige Momenten-Fläche

Positive Momente: Biegedruck in der Platte, $b = b_{eff}$!

$$k_d = \frac{d}{\sqrt{\frac{M_{Ed}}{b_{eff}}}}$$

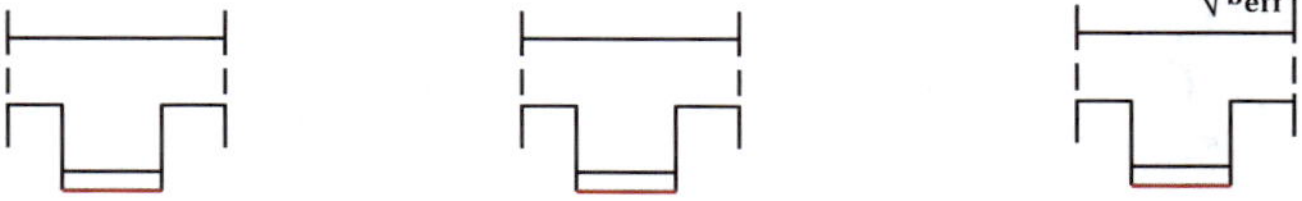

Beispiel: geg.: Beidseitiger Plattenbalken als zweifeldriger Durchlaufträger

$l_{eff,1} = l_{eff,2} = 6{,}00$ m; $g_k = 15{,}0$ kN/m, $q_k = 10$ kN/m, C 20/25, B 500 B; $b_w / h_f / h_0 = 30{,}0 / 20{,}0 / 55{,}0$ cm, $b_{eff,1} = b_{eff,2} = 1{,}60$ m, $c_{v,l} = 3{,}0$ cm, ohne Abminderungen, Schnittgrößen gem. EDV

ges.: a) Wahl der Biegebewehrung über Stütze B und in den Feldern

b) Querkraftbewehrung an der Stütze B

$d = 55$ cm - 5 cm = 50 cm

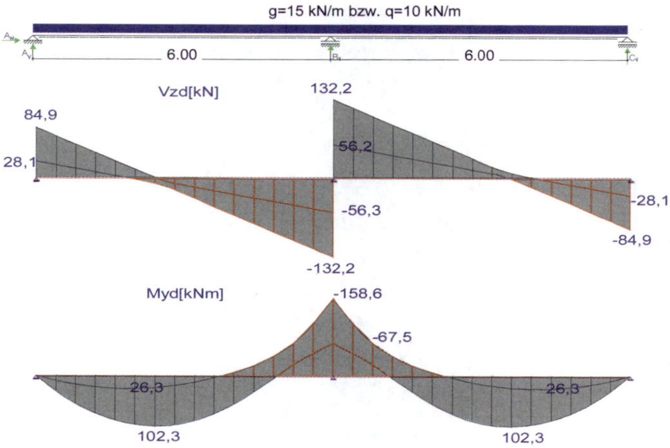

Zu a) Biegebewehrung

Stütze B: $M_{B,d} = -158{,}6$ kNm

$$k_d = \frac{d\ (cm)}{\sqrt{\frac{M_{Ed\ (kNm)}}{b_{w}\ (m)}}}$$

$$k_d = \frac{50\ cm}{\sqrt{\frac{158{,}6\ kNm}{0{,}30\ m}}} = 2{,}17$$

$k_s = 2{,}60$ $\quad \xi = 0{,}277$ $\quad \zeta = 0{,}885$ $\quad \varepsilon_{C2} = -3{,}5‰$ $\quad \varepsilon_{s1} = 9{,}12$ ‰

erf. $A_S = \frac{M_{Ed}}{d} * k_s = \frac{158{,}6 \text{ kNm}}{50 \text{ cm}} * 2{,}60 = 8{,}25 \text{ cm}^2$

→ $x = \xi * d = 0{,}277 * 50 \text{ cm} = 13{,}85 \text{ cm} < h_f = 20 \text{ cm}$

gew. : 6 Ø 14 (oben) (vorh. $A_s = 9{,}24 \text{ cm}^2 > 8{,}25 \text{ cm}^2$)

Feld 1 und 2: max. $M_f = 102{,}3 \text{ kNm}$

$$k_d = \frac{d\,(cm)}{\sqrt{\frac{M_{Ed}\,(kNm)}{b_{eff}\,(m)}}} = \frac{50 \text{ cm}}{\sqrt{\frac{102{,}3 \text{ kNm}}{1{,}60 \text{ m}}}} = 6{,}25$$

$k_s = 2{,}34$ $\xi = 0{,}048$ $\zeta = 0{,}983$ $\varepsilon_{C2} = -1{,}26$ ‰ $\varepsilon_{s1} = 25{,}00$ ‰

- erf. $A_S = \frac{M_{Ed}}{d} * k_s = \frac{102{,}3 \text{ kNm}}{50 \text{ cm}} * 2{,}34 = 4{,}79 \text{ cm}^2$

gew. : 5 Ø 12 (unten) (vorh. $A_s = 5{,}65 \text{ cm}^2 > 4{,}79 \text{ cm}^2$)

Zu b) Querkraftbewehrung

Stütze B: max. $V = V_{B,r} = 132{,}2 \text{ kN}$ ohne Querkraft-Abminderung

Nachweis der Beton-Druckstrebe: $V_{Ed} = 132{,}2 \text{ kN} \leq V_{Rd,max}$

$z = 0{,}9 * d = 0{,}9 * 0{,}50 \text{ m} = 0{,}45 \text{ m} = 45 \text{ cm}$, bzw. $z = d - 2 * c_{nom} = 0{,}50 \text{ m} - 2 * 0{,}03 \text{ m} = 0{,}44 \text{ m}$ und $z = d - c_{v,l} - 3{,}0 \text{ cm} = 50 \text{ cm} - 3{,}0 \text{ cm} - 3{,}0 \text{ cm} = 44 \text{ cm} = 0{,}44 \text{ m}$

(Beide z-Werte sind gleich. Der größere Wert der beiden letzten Werte wäre maßgebend!)[87]

$$V_{Rd,max} = \frac{\nu_l * f_{cd} * bw * z}{\tan\Theta + \cot\Theta} = \frac{8{,}5 \frac{MN}{m^2} * 0{,}30 \text{ m} * 0{,}44 \text{ m}}{1{,}2 + \frac{1}{1{,}2}} = 0{,}552 \text{ MN} \triangleq 552 \text{ kN}$$

$V_{Ed} = 132{,}2 \text{ kN} \leq 552 \text{ kN} = V_{Rd,max}$

Nachweis der Zugstrebe (Betonstahl):

$$\text{erf. } a_{sw} = \frac{V_{Ed}}{f_{yd} * z * \cot\Theta} = \frac{0{,}1322 \text{ MN}}{435 \frac{MN}{m^2} * 0{,}44 \text{ m} * 1{,}2} = 0{,}000576 \text{ m}^2/\text{m} = 5{,}76 \frac{cm^2}{m}$$

gewählt: Ø 8 / a = 17,0 cm / zweischnittig

(vorh. $a_{sw} = 2 * 2{,}96 \text{ cm}^2/\text{m} = 5{,}92 \text{ cm}^2/\text{m} > 5{,}76 \text{ cm}^2/\text{m}$

Überprüfung der Bügelstände:

$$\frac{V_{Ed}}{V_{Rd,max}} = \frac{0{,}1322 \text{ kN}}{0{,}552 \text{ kN}} = 0{,}24 < 0{,}3 \rightarrow 0{,}7 * h = 0{,}7 * 55 \text{ cm} = 38{,}5 \text{ cm} \leq 30 \text{ cm}$$

vorh. $a = 18 \text{ cm} < 30 \text{ cm}$

Bei Stahlbetonüberzügen liegen umgekehrte Verhältnisse wie beim Plattenbalken vor, da hier im Bereich der negativen Stützmomente eine untere Druckplatte von der Breite b_{eff} vorhanden ist.

[87] Schneider, 2024, S. 5.77.

13.10.3.5 Anschluss der Gurte an den Balkensteg

Beim Plattenbalken beteiligt sich die Platte (= Decke) an der Lastabtragung des Balkens. Dies kann allerdings nur funktionieren, wenn die Übertragung der Kräfte vom Balkensteg in die Platte gewährleistet ist. Deshalb muss der Anschluss von Druck- bzw. Zuggurt nachgewiesen werden.[88]

Der Nachweis basiert auf der Fachwerktheorie.

In der rechten Skizze werden die einwirkenden Kräfte an einem Plattenbalkenabschnitt dargestellt, unten das Fachwerkmodell.

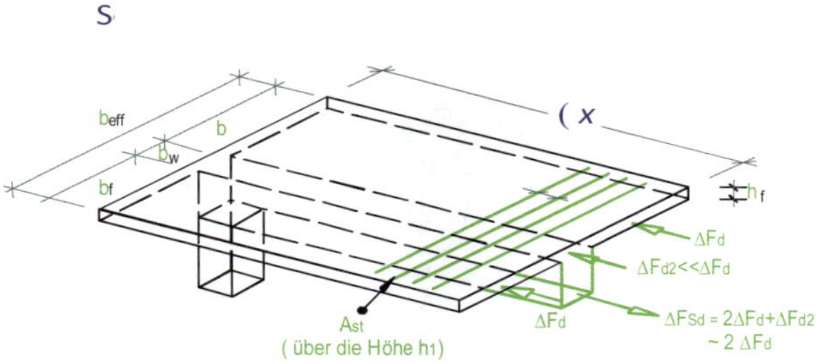

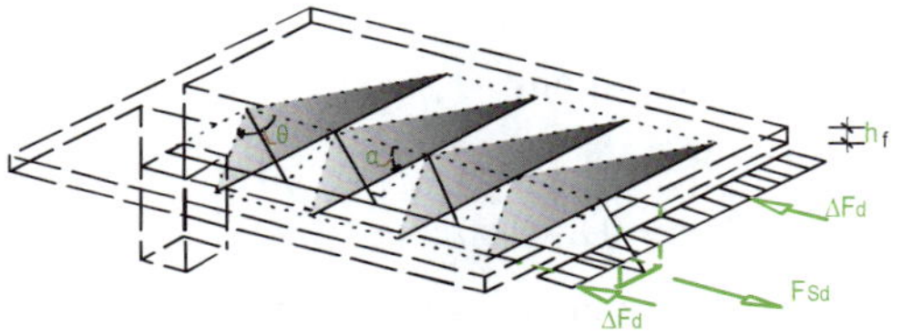

Die Druckkräfte in den Streben werden vom Beton und die Zugkräfte von der Bewehrung quer zum Balkensteg aufgenommen.

In Längsrichtung des Plattenbalkens entstehen Kräfte (Längsschubkräfte).

13.10.3.6 Rippendecken

Skizze einer Rippenbalkendecke[89]

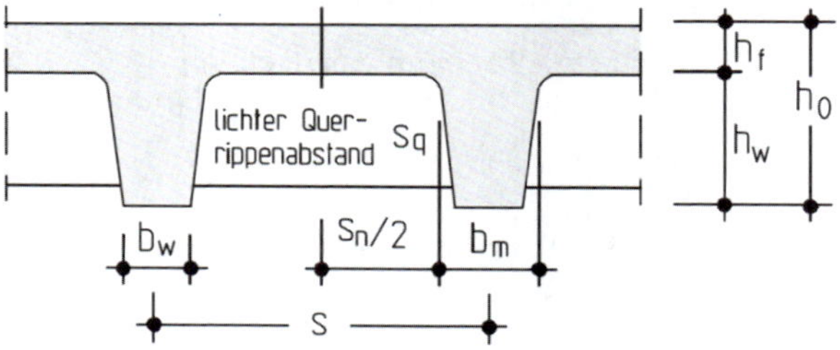

Stahlbeton-Rippendecken sind relativ alte Deckensysteme.[90]

[88] Siehe hierzu: Schneider, 2024, S. 5.78, Wommelsdorff / Albert /Fischer, 2017, S. 296 ff und Avak / Busch / Neff, 2023, S. 268 ff.

[89] Schneider, 2024, S. 4.117.

[90] Lohmeyer, 2012, S. 439 ff.

Rippendecken sind prinzipiell „Plattenbalkendecken“ mit:

- einem lichten Abstand der Rippen von $l_R \leq 70$ cm,
- einer Platte, für die kein statischer Nachweis erforderlich ist und deren Dicke $d \geq w_R/10$ bzw. $\geq$ 5 cm ist,
- deren Platte als Druckplatte wirkt,
- einer Balkenbreite der Längsrippe von ≥ 5 cm,
- einer Verkehrslast von $p \leq 5$ kN/m², Einzellasten über 7,5 kN sind unmittelbar auf die Rippen zu übertragen.
- Querrippen, die zur Aussteifung angeordnet sind.

13.10.3.7 Übung

geg.: Stahlbetondecke, h = 20 cm, liegt auf zwei einfeldrigen Plattenbalken auf. C 25/30, B 500 B; $b_w / h_f / h_0$ = 30,0 / 20,0 / 65,0 cm; $c_{v,l}$ = 3,5 cm.

Belastung aus Decke: g_k = 30 kN/m, q_k = 10 kN/m

ges.: a) Biegebewehrung und b) Querkraftbewehrung der Plattenbalken

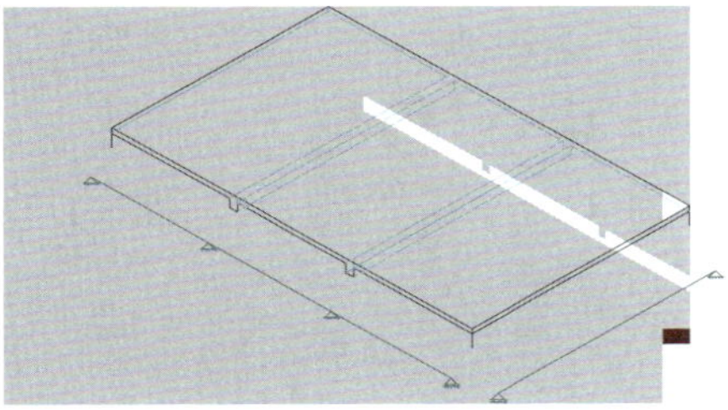

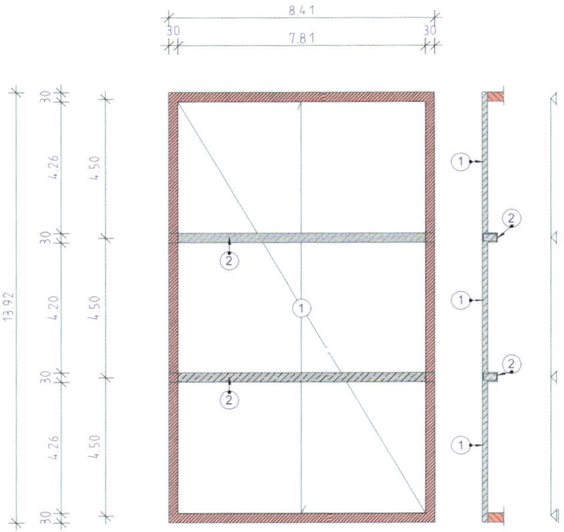

13.10.4 Unbewehrte Fundamente

Wie im Kapitel 11 beschrieben, muss bei Streifen- und Einzelfundamenten neben der Breite auch die Höhe gewählt und nachgewiesen werden. Zunächst wird bei kleineren Bauwerken versucht, die Fundamente unbewehrt herzustellen. Gelingt dies nicht, werden sie bewehrt.

Einzel- und Streifenfundamente, welche annähernd zentrisch belastet sind, können dann unbewehrt ausgeführt werden, wenn folgende Bedingungen eingehalten sind:

$$0{,}85 * \frac{h_f}{a} \geq \sqrt{\frac{3 * \sigma_{gd}}{f_{ctd}}} \quad \text{und} \quad \frac{h_f}{a} \geq 1$$ [91]

oder:

$$h_f \geq \frac{a}{0{,}85} * \sqrt{\frac{3 * \sigma_{gd}}{f_{ctd}}} \qquad h_f / a \geq 1$$

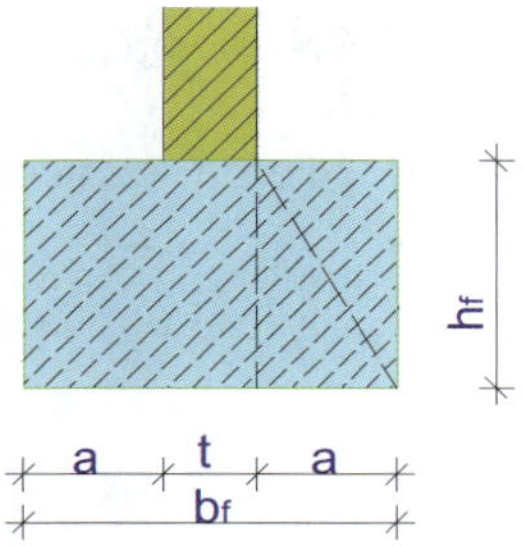

h_f = Fundamenthöhe

a = Überstand des Fundamentes ab Stütze bzw. Wand: $\frac{b_f - t}{2}$, vgl. Skizze!

σ_{gd} = Bemessungswert der Bodenpressung,

f_{ctd} = Bemessungswert der Betonzugfestigkeit = $\frac{\propto_{ct} * f_{ctk;0,05}}{\gamma_c}$

$\propto_{ct} = 0{,}85$ (i. d. R.), $\gamma_c = 1{,}5$ (i. d. R.), $f_{ctk;0,05}$ = Charakteristische Zugfestigkeit des Betons[92]

Beispiel:

geg.: Unbewehrtes Streifenfundament unter Außenwand, t = 30 cm, C20/25, $\sigma_{gd} = 250{,}0$ kN/m², b = 80 cm, h_f = 40 cm

ges.: Nachweis für unbewehrtes Fundament

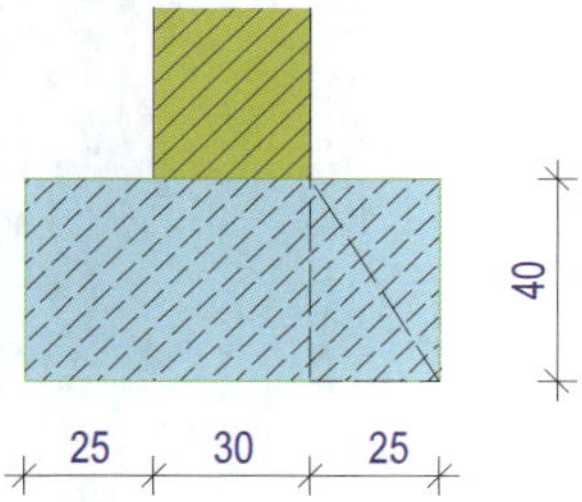

a = (80 cm - 30 cm) / 2 = 25 cm

$\sigma_{gd} = 250{,}0$ kN/m² = 0,250 MN/m²

$f_{ctk;0,05} = 1{,}5$ N/mm² = 1,5 MN/m² für C20/25

$\rightarrow f_{ctd} = 0{,}85 * \frac{f_{ctk;0,05}}{\gamma} = 0{,}85 * 1{,}5\ \text{MN/m}^2 / 1{,}5 = 0{,}85\ \text{MN/m}^2$

$\frac{h_f}{a} = \frac{40\ \text{cm}}{25\ \text{cm}} = 1{,}60 \geq 1$ → *in Ordnung*

$0{,}85 * \frac{h_f}{a} \geq \sqrt{\frac{3 * \sigma_{gd}}{f_{ctd}}} \rightarrow 0{,}85 * 1{,}6 \geq \sqrt{\frac{3 * 0{,}250 \frac{MN}{m^2}}{0{,}85 \frac{MN}{m^2}}} \rightarrow 1{,}36 \geq 0{,}94$ → *in Ordnung*

oder:

erf. $h_f \geq \frac{a}{0{,}85} * \sqrt{\frac{3 * \sigma_{gd}}{f_{ctd}}} = \frac{0{,}25\ \text{m}}{0{,}85} * \sqrt{\frac{3 * 250 \frac{MN}{m^2} * 10^{-3}}{0{,}85 \frac{MN}{m^2}}} = 0{,}27\ \text{m} = 27\ \text{cm} < 40\ \text{cm}$ = vorh. h_f → *in Ordnung*

[91] Schneider, 2024, S. 5.128 (Formel wurde geringfügig umgestellt).

[92] Schneider, 2024, S. 5.34.

13.11 Nachweise in den Grenzzuständen der Gebrauchstauglichkeit

Wie bereits in Kapitel 10 beschreiben, gehören zu den Nachweisen der Gebrauchstauglichkeit (GZG) im Stahlbetonbau folgende Nachweise:

- Begrenzung der Spannungen
- Beschränkung der Rissbreiten
- Begrenzung der Verformungen

Nachfolgend soll der in der Praxis häufig verwendete Nachweis der Biegeschlankheit für die Begrenzung der Verformung vorgestellt werden.

13.11.1 Nachweis der Biegeschlankheit

Der Nachweis der Biegeschlankheit ist ein **Ersatznachweis** für die Berechnung der Verformung (Durchbiegung). Da die Berechnung der Durchbiegungen[93] im Stahlbetonbau sehr komplex ist, bietet der EC 2 die Möglichkeit, **ersatzweise** die sogenannte Biegeschlankheit nachzuweisen.

Hierzu gelten zwei Formeln.[94] Welche davon anzuwenden ist, hängt vom Bewehrungsgrad ρ ab!

$$\textbf{1)}\ \frac{l}{d} \leq K * \left[11 + 1{,}5\sqrt{f_{ck}} * \frac{\rho_0}{\rho} + 3{,}2\sqrt{f_{ck}} \left(\frac{\rho_0}{\rho} - 1 \right)^{\frac{3}{2}} \right] \leq \left(\frac{l}{d}\right)_{max}, \text{ wenn } \rho \leq \rho_0$$

Diese Formel ist häufig bei Decken maßgebend.

$$\textbf{2)}\ \frac{l}{d} \leq K * \left[11 + 1{,}5\sqrt{f_{ck}} * \frac{\rho_0}{\rho - \rho'} + \frac{1}{12}\sqrt{f_{ck}} \left(\frac{\rho'}{\rho_0} \right)^{\frac{1}{2}} \right] \leq \left(\frac{l}{d}\right)_{max}, \text{ wenn } \rho > \rho_0$$

Diese Formel ist häufig bei Balken maßgebend.

$\frac{l}{d}$ = Verhältnis der Stützweite zur statischen Nutzhöhe

K-Wert aus Tabellen, abhängig vom statischen System

f_{ck} = Charakteristische Druckfestigkeit des Betons in N/mm²

$\rho_0 = f_{ck}^{\ 0,5} * 10^{-3} = \sqrt{f_{ck}} * 10^{-3}$ Referenzbewehrungsgrad, abhängig vom vorh. Beton

[93] Der EC 2 (7.4) unterscheidet Durchhang und Durchbiegung:
Durchhang: vertikale Bauteilverformung bezogen auf die Verbindungslinie der Unterstützungspunkte.
Durchbiegung: vertikale Bauteilverformung bezogen auf die Systemlinie des Bauteiles (z. B. bei Schalungsüberhöhungen bezogen auf die überhöhte Lage).

[94] Schneider, 2024, S. 5.105.

ρ = erforderlicher Zugbewehrungsgrad in der Mitte des Feldes, bei Kragarmen an der Einspannung: $\rho = \frac{erf.\,A_S}{A_c}$

erf. A_S = erforderliche Bewehrung in cm^2, $A_C = b_w * d$ in cm^2

ρ' = erforderlicher Druckbewehrungsgrad in der Mitte des Feldes, bei Kragarmen an der Einspannung

$$\left(\frac{l}{d}\right)_{max} = K * 35 \text{ (allgemein)}$$

$$\left(\frac{l}{d}\right)_{max} = \frac{K^2 * 150}{l} \text{ (erhöhte Anforderungen)}$$

Weiterhin muss bekannt sein, ob normale bzw. allgemeine Anforderungen (zul. w = l / 250) oder erhöhte (zul. w = l /500) Anforderungen an das Bauwerk gelten.

Dies ist mit dem Bauherrn abzustimmen!

Beispiele Biegeschlankheit

1) geg.: Einfeldrige Decke aus Stahlbeton in einem Wohnhaus, keine erhöhten Anforderungen, Expositionsklasse XC 1, Betondeckung: $c_{V,l}$ = 2,0 cm, l_{eff} = 4,50 m, C 20/25, B 500 A, Deckendicke: h = 16 cm, erf. A_S = 5,24 cm^2 → R 524 (unten) = vorh. A_S

ges.: Nachweis (der Begrenzung) der Biegeschlankheit

$$\frac{l}{d} \leq K * \left[11 + 1{,}5\sqrt{f_{ck}} * \frac{\rho_0}{\rho} + 3{,}2\sqrt{f_{ck}}\left(\frac{\rho_0}{\rho} - 1\right)^{\frac{3}{2}}\right] \leq \left(\frac{l}{d}\right)_{max}, \text{ wenn } \rho \leq \rho_0$$

$$\frac{l}{d} \leq K * \left[11 + 1{,}5\sqrt{f_{ck}} * \frac{\rho_0}{\rho - \rho'} + \frac{1}{12}\sqrt{f_{ck}}\left(\frac{\rho'}{\rho_0}\right)^{½}\right] \leq \left(\frac{l}{d}\right)_{max}, \text{ wenn } \rho > \rho_0$$

Erforderlicher Zugbewehrungsgrad in Feldmitte:

Statische Höhe = Nutzhöhe = d = h - $c_{v,l}$ - d_L / 2 = 16 cm - 2,0 cm - 1,0 cm / 2 = 13,5 cm

d_L = Durchmesser der Längsbewehrung, bei Lagermatten: $d_L \approx$ 1,0 cm.

$$P = \frac{erf.\,A_S}{A_c} = \frac{5{,}24\ cm^2}{13{,}5\ cm * 100\ cm} = 0{,}0039 = 0{,}39\ \%$$

Referenzbewehrungsgrad:

$$\rho_0 = f_{ck}^{\ 0,5} * 10^{-3} = 20^{\ 0,5} * 10^{-3} = \sqrt{20\frac{MN}{m^2}} * 10^{-3} = 0{,}0045 = 0{,}45\%$$

$\rho = 0{,}0039 < \rho_0 = 0{,}0045$ → die erste Formel ist maßgebend!

$$\frac{l}{d} \leq K * \left[11 + 1{,}5\sqrt{f_{ck}} * \frac{\rho_0}{\rho} + 3{,}2\sqrt{f_{ck}}\left(\frac{\rho_0}{\rho} - 1\right)^{\frac{3}{2}}\right] \leq \left(\frac{l}{d}\right)max$$

K = 1,0 Tabellenwert[95]

wobei: $\left(\frac{l}{d}\right)_{max} = k * 35 = 1{,}0 * 35 = 35$ (allgemein)

$$\frac{4{,}50\ m}{0{,}135\ m} \leq K * \left[11 + 1{,}5\sqrt{20\frac{MN}{m^2}} * \frac{0{,}0045}{0{,}0039} + 3{,}2\sqrt{20\frac{MN}{m^2}}\left(\frac{0{,}0045}{0{,}0039} - 1\right)^{1{,}5}\right] \leq 35$$

$33{,}3 \leq 1{,}0 * 19{,}6 \leq 35$ → Nachweis nicht erfüllt!

Bei C30/37: $33{,}3 \leq 21{,}54 \leq 35$ → Nachweis nicht erfüllt! → h vergrößern!

Nach (alter) DIN 1045-1: $\frac{l_0}{d} \leq 35$ → $\frac{1{,}0 * 4{,}50\ m}{0{,}135} \leq 35$ → $33{,}3 \leq 35$ (Nachweis erfüllt!)

2) geg.: Decke aus Stahlbeton, erhöhte Anforderungen (leichte Trennwände), Einfeldplatte, $l = 4{,}50$ m, C 20/25, B 500 A, statische Nutzhöhe d = 18 cm, erf. $A_S = 5{,}61\ cm^2$

ges.: Nachweis der (Begrenzung der) Biegeschlankheit

$$\frac{l}{d} \leq K * \left[11 + 1{,}5\sqrt{f_{ck}} * \frac{\rho_0}{\rho} + 3{,}2\sqrt{f_{ck}}\left(\frac{\rho_0}{\rho} - 1\right)^{\frac{3}{2}}\right] \leq \left(\frac{l}{d}\right)_{max}, \text{ wenn } \rho \leq \rho_0$$

$$\frac{l}{d} \leq K * \left[11 + 1{,}5\sqrt{f_{ck}} * \frac{\rho_0}{\rho - \rho'} + \frac{1}{12}\sqrt{f_{ck}}\left(\frac{\rho'}{\rho_0}\right)^{½}\right] \leq \left(\frac{l}{d}\right)_{max}, \text{ wenn } \rho > \rho_0$$

Erforderlicher Zugbewehrungsgrad in Feldmitte:

$$\rho = \frac{erf.\ A_S}{A_c} = \frac{5{,}61\ cm^2}{18\ cm * 100\ cm} = \frac{5{,}61\ cm^2}{1800\ cm^2} = 0{,}0031$$

Referenzbewehrungsgrad:

$\rho_0 = f_{ck}^{\ 0{,}5} * 10^{-3} = (20\ MN/m^2)^{0{,}5} * 10^{-3} = 0{,}0045$

$\rho = 0{,}0031 < \rho_0 = 0{,}0045$ → die erste Formel ist maßgebend.

$$\frac{l}{d} \leq K * \left[11 + 1{,}5\sqrt{f_{ck}} * \frac{\rho_0}{\rho} + 3{,}2\sqrt{f_{ck}}\left(\frac{\rho_0}{\rho} - 1\right)^{\frac{3}{2}}\right] \leq \left(\frac{l}{d}\right) max$$

wobei: $\left(\frac{l}{d}\right)_{max} = \frac{K^2 * 150}{l} = \frac{1{,}0^2 * 150}{4{,}50\ m} = 33{,}3$

$$\frac{4{,}50\ m}{0{,}18\ m} \leq K * \left[11 + 1{,}5\sqrt{20\frac{MN}{m^2}} * \frac{0{,}0045}{0{,}0031} + 3{,}2\sqrt{20\frac{MN}{m^2}}\left(\frac{0{,}0045}{0{,}0031} - 1\right)^{\frac{3}{2}}\right] \leq 33{,}3$$

$25 \leq 1{,}0 * 25{,}1 \leq 33{,}3$ → Nachweis (knapp) erfüllt.

Nach (alter) DIN 1045-1: $\frac{l_i^{\ 2}}{d} \leq 150$ → $\frac{(1{,}0 * 4{,}50\ m)^2}{0{,}18\ m} \leq 150$ → $112{,}5 \leq 150$

→ Nachweis erfüllt.

---

95 Schneider, 2024, S. 5.105, Einfeldträger.

3) geg.: Decke aus Stahlbeton, erhöhte Anforderungen (leichte Trennwände), Endfeld einer Durchlaufplatte, $l_{eff} = 7{,}50$ m, C 20/25, B 500 A, Deckendicke h = 36 cm, XC1, erf. $\rho = 0{,}4$ % aus der Biegebemessung (Annahme: $c_{v,l} = 2$ cm, $d_L = 2$ cm)[96]

ges.: Nachweis der (Begrenzung der) Biegeschlankheit

Erforderlicher Zugbewehrungsgrad in Feldmitte des Endfeldes: $\rho = 0{,}4\% = 0{,}004$

Referenzbewehrungsgrad:

$\rho_0 = f_{ck}^{\,0,5} * 10^{-3} = (20\ \mathrm{MN/m^2})^{0,5} * 10^{-3} = 0{,}0045$

$\rho = 0{,}004 < \rho_0 = 0{,}0045$ → die erste Formel ist maßgebend.

$$\frac{l}{d} \leq K * \left[11 + 1{,}5\sqrt{f_{ck}} * \frac{\rho_0}{\rho} + 3{,}2\sqrt{f_{ck}}\left(\frac{\rho_0}{\rho} - 1\right)^{\frac{3}{2}}\right] \leq \left(\frac{l}{d}\right)\max$$

K = 1,3 Endfeld eines Durchlaufträgers

$d = h - c_{v,l} - d_L / 2 = 36\ \mathrm{cm} - 2\ \mathrm{cm} - 1\ \mathrm{cm} = 33\ \mathrm{cm}$

wobei: $\left(\frac{l}{d}\right)_{max} = \frac{K^2 * 150}{l} = \frac{1{,}3^2 * 150}{7{,}50\ \mathrm{m}} = 33{,}8$

$$\frac{7{,}50\ \mathrm{m}}{0{,}33\ \mathrm{m}} \leq K * \left[11 + 1{,}5\sqrt{20\frac{\mathrm{MN}}{\mathrm{m}^2}} * \frac{0{,}0045}{0{,}004} + 3{,}2\sqrt{20\frac{\mathrm{MN}}{\mathrm{m}^2}}\left(\frac{0{,}0045}{0{,}004} - 1\right)^{\frac{3}{2}}\right] \leq 33{,}8$$

$22{,}7 \leq 1{,}3 * 19{,}18 = 24{,}9 \leq 33{,}8$ → Nachweis erfüllt.

4) geg.: Türsturz, Einfeldträger C16/20, B 500 B (siehe Kap. 13.10.1.2, Beispiel 2!)

$l_{eff} = 2{,}00$ m, b / h / d = 20,0 / 25,0 / 20,0 cm

erf. $A_s = 2{,}97\ \mathrm{cm}^2$,

<u>vorh.: 3 Ø 12 (unten)</u> → vorh. $A_s = 3{,}39\ \mathrm{cm}^2$

ges.: Nachweis der Biegeschlankheit

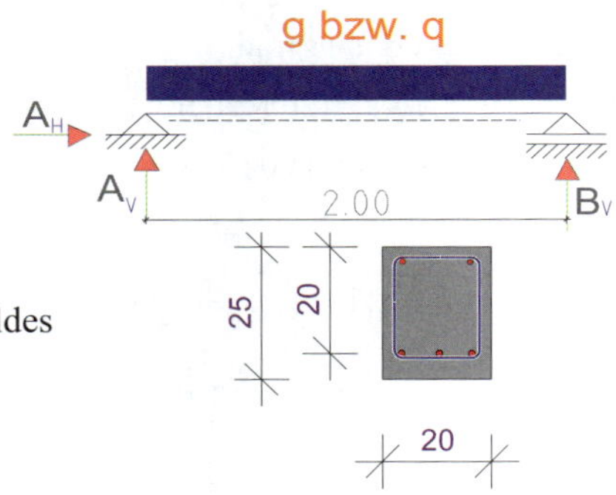

Erforderlicher Zugbewehrungsgrad in Feldmitte des Feldes

$\rho = \frac{\mathrm{erf.}\ A_s}{A_c} = \frac{2{,}97\ \mathrm{cm}^2}{20{,}0\ \mathrm{cm} * 25\ \mathrm{cm}} = 0{,}00594 = 0{,}594\ \%$

Referenzbewehrungsgrad:

$\rho_0 = f_{ck}^{\,0,5} * 10^{-3} = 16^{0,5} * 10^{-3} = \sqrt{16\frac{\mathrm{MN}}{\mathrm{m}^2}} * 10^{-3} = 0{,}0040 = 0{,}40\%$

$\rho = 0{,}00594 > \rho_0 = 0{,}004$ → die zweite Formel ist maßgebend!

$$\frac{l}{d} \leq K * \left[11 + 1{,}5\sqrt{f_{ck}} * \frac{\rho_0}{\rho - \rho'} + \frac{1}{12}\sqrt{f_{ck}}\left(\frac{\rho'}{\rho_0}\right)^{1/2}\right] \leq \left(\frac{l}{d}\right)_{max},\ \text{wenn}\ \rho > \rho_0$$

l = 2,00 m

d = 20 cm = 0,20 m

[96] Fingerloos, 2012, S. 115.

$K = 1{,}0,\ f_{ck} = 16\ MN/m^2$

$\rho' = 0$

$\left(\frac{l}{d}\right)_{max} = K * 35 = 1{,}0 * 35 = 35$

$$\frac{l}{d} \leq K * \left[11 + 1{,}5\sqrt{f_{ck}} * \frac{\rho_0}{\rho - \rho'} + \frac{1}{12}\sqrt{f_{ck}}\left(\frac{\rho'}{\rho_0}\right)^{½}\right] \leq \left(\frac{l}{d}\right)_{max},\ \text{wenn } \rho > \rho_0$$

$$2{,}00\ m / 0{,}20\ m \leq 1{,}0\left[11 + 1{,}5\sqrt{16\ MN/m^2} * \frac{0{,}004}{0{,}00594} + \frac{1}{12}\sqrt{16\ MN/m^2}\left(\frac{0}{0{,}004}\right)^{½}\right] \leq 35$$

$10{,}0 \leq 15{,}04 + 0 \leq 35$ → $10{,}0 \leq 15{,}04 \leq 35$ → Nachweis erfüllt.

13.12 Nachträglich mit Ortbeton ergänzte Platten

Für einachsig gespannte Platten werden auch häufig Elementdecken verwendet.

Sie werden auch Halbfertigteildecken, Elementplattendecken, Gitterträgerdecken, Kaiserdecken oder Filigrandecken genannt.

Dies sind Decken aus Fertigteilen mit nachträglich betoniertem Ortbeton. Der untere Teil der Decke besteht aus 4 – 6 cm Stahlbeton mit Gitterträgern.

Die Elementdecke kombiniert die Vorteile des Fertigteils, den Verzicht auf die Deckenschalung, mit den Vorteilen des Ortbetonbaus, der monolithischen Bauweise.

Diese Halbfertigteildecken sind wirtschaftlicher als Ortbetondecken. [97]

Gitterträgerdecke[98]

Zu den Besonderheiten in Bezug auf die Schnittgrößenermittlung und die Bemessung von nachträglich mit Ortbeton ergänzten Platten:

Vgl. hierzu AVAK / BUSCH / NEFF, Teil 2, 2023, S. 149 – 159!

[97] Avak / Busch / Neff, Teil 2, 2023, S. 150.
[98] Abraham, 2024, S. 21.

13.13 Mindestbewehrung

Für die Biegebemessung im Grenzzustand der Tragfähigkeit muss zu jeder Zeit ein duktiles Bauteilverhalten sichergestellt werden. Damit wird eine ausreichende Duktilität gewährleistet.[99]

Als ausreichend duktil bezeichnet man Betonbauteile, wenn ihr Versagen durch eine ausgeprägte Rissbildung bzw. übermäßige Verformungen das Versagen ankündigen, ohne schlagartig zu versagen.

Ein schlagartiges Versagen muss in jedem Fall beim Auftreten erster Risse verhindert werden; dies wird in der Regel über eine Mindestbewehrung (= Robustheitsbewehrung) erreicht.

Die Mindestbewehrung in konventionellen Stahlbetonbauteilen muss in der Lage sein, die freiwerdende Zugkraft bei Erstrissbildung aufzunehmen.

Der Betonstahl darf daher die Streckgrenze f_{yk} nicht überschreiten: $f_{yk} = 500$ MN/m^2.

Die vorzusehende Mindestbewehrung $A_{s,min}$ wird auf das Rissmoment M_{cr} (cr = crack = Riss) ausgelegt, welches zur Erstrissbildung führt:

Biegespannung: $\sigma = \frac{M}{W} \rightarrow M = \sigma * W \dashrightarrow M_{cr} = f_{ctm} * W_c$

f_{ctm} = Zugfestigkeit des Betons

W_c = Widerstandsmoment des Betonquerschnitts = Flächenmoment ersten Grades

Beim Rechteckquerschnitt: $W_c = b * h^2 / 6$

b = Breite des Querschnitts, h = Höhe des Querschnitts

allgemein: $W = \frac{I}{z}$

I = Flächenmoment zweiten Grades (= Trägheitsmoment)

z_I = Abstand vom Schwerpunkt zum Zugrand im Zustand I (ungerissen)

Die Mindestbewehrung berechnet sich unter Ausnutzung der Betonstahlstreckgrenze wie folgt:

$\sigma = \frac{F}{A} \rightarrow A = \frac{F}{\sigma}$

$M = F * a \rightarrow F = \frac{M}{a} \rightarrow F = \frac{M_{cr}}{z_{II}}$

z_{II} = Hebelarm der inneren Kräfte nach Rissbildung (Zustand II) $\approx 0{,}9 \cdot d$

σ = Streckgrenze des Bewehrungsstahls = f_{yk}

$A_{smin} = M_{cr} / (z_{II} * f_{yk})$

Die ermittelte Mindestbewehrung muss gleichmäßig über die Querschnittsbreite verteilt und darf vollständige für die Nachweise im GZT und GZG angesetzt werden.

---

[99] Schneider, 2024, S. 5.117.

Beispiel:

geg.: Stahlbetonbalken, C 25/30, B 500 B, b/h/d = 30/50/45 cm

ges.: Mindestbewehrung

$A_{s,min} = M_{cr} / (z_{II} * f_{yk})$

$M_{cr} = f_{ctm} * W_c$

$f_{ctm} = 2{,}6\ MN/m^2$ (aus Schneider-Bautabellen oder Formel)

$W_c = b * h^2 / 6 = 0{,}30\ m * (0{,}50\ m)^2 / 6 = 0{,}0125\ m^3$

$M_{cr} = fc_{tm} * W_c = 2{,}6\ MN/m^2 * 0{,}0125\ m^3 = 0{,}0325\ MNm$ (= 32,5 kNm)

$z_{II} = 0{,}9 * d = 0{,}9 * 0{,}45\ m = 0{,}405\ m$

$f_{yk} = 500\ MN/m^2$

$A_{s,min} = M_{cr} / (z_{II} * f_{yk}) = 0{,}0325\ MNm / (0{,}405\ m * 500\ MN/m^2) = 0{,}00016\ m^2 = 1{,}6\ cm^2$

In folgenden Fällen darf auf Mindestbewehrung verzichtet werden:

- Gründungsbauteile und durch Erddruck belastete Wände, wenn das duktile Verhalten durch Umlagerung des Sohl- bzw. Erddrucks sichergestellt werden kann.

- Platten für die Tragwirkung der Nebenspannrichtung.

13.14 Höchstbewehrung

Die Höchstbewehrung eines Querschnittes im Stahlbetonbau darf maximal 8 % der Betonfläche betragen:

$A_{s,max} = 0{,}08 * A_c$

Dies gilt auch im Bereich von Übergreifungsstößen.

13.15 Zeichnungen[100]

Nach den Berechnungen und Bemessungen werden die Ergebnisse der statischen Berechnung in Zeichnungen dargestellt. Bildlich gesprochen sind die Zeichnungen die Übersetzungen der Sprache des Statikers in die Sprache der Ausführenden auf der Baustelle.

Gemäß Eurocode 2 sind die Bauteile, die einzubauende Betonstahlbewehrung und die Spannglieder sowie alle Einbauteile auf den Zeichnungen eindeutig und übersichtlich darzustellen und zu bemaßen.

Die Darstellungen müssen mit den Angaben in der statischen Berechnung übereinstimmen und alle für die Ausführung der Bauteile und für die Prüfung der Berechnungen erforderlichen Maße enthalten.

Zu den wichtigsten Zeichnungen im Stahlbetonbau gehören die Schal- und Bewehrungspläne. Aber auch Positionspläne, Fundamentpläne, Rohbau- und Fertigteil- sowie Verlegezeichnungen gehören zu den Bauzeichnungen der Tragwerksplanung nach DIN 1356-1.

13.15.1 Schalpläne

Bauteile, die konventionell auf der Baustelle oder im Werk betoniert werden, benötigen vorab eine Schalung. In diese Schalung wird der flüssige Beton gegossen; dort erhärtet er. Damit die Abmessungen und die Form dieser Bauteile richtig betoniert werden, benötigt man Pläne, welche diese Schalung richtig abbilden. Dies sind die Schalpläne. Schalpläne sind also Bauzeichnungen des Beton-, Stahlbeton und Spannbetonbaus und dienen zur Herstellung der Schalung.[101]

Bei Fertigteilen werden diese Ausführungszeichnungen Elementzeichnungen genannt. Sie müssen die Abmessungen, Formen, Lage und Besonderheiten, wie z. B. Öffnungen, enthalten. Sie werden meist als Grundrisse und Schnitte im Maßstab 1:50 gezeichnet.

Ein Schalplan ist ein Werkplan für Bauwerke, die ganz oder teilweise aus Beton, Stahlbeton oder Spannbeton bestehen. Im Schalplan wird maßstäblich und mit allen Details das einzuschalende spätere Bauteil dargestellt. Nach diesen Plänen wird die Schalung hergestellt, die selbst aber nicht dargestellt ist.[102]

Auf den Schalplänen werden Angaben über die Maße, eventuelle Aussparungen und Einbauteile des Bauteils angegeben. Auch findet man dort Angaben über die Auflager der einzuschalenden Bauteile mit den jeweiligen Baustoffen. Weiterhin werden die zu verwendenden Baustoffe sowie konstruktive Details wie beispielsweise Fugen, Dämmschichten u. a. angegeben. Als Mindestangaben für Schalpläne werden Maße, Aussparungen, Auflager sowie Arten und Festigkeitsklassen der Baustoffe genannt.[103]

Oftmals werden Schalpläne und Bewehrungspläne in einer Zeichnung gemeinsam dargestellt. Teilweise ist sogar der Übergang von Positionsplänen zu Schalplänen fließend.[104]

---

[100] EC 2, NA.2.8.2 Zeichnungen.
[101] DIN 1356-1, 3.2.
[102] Wikipedia.
[103] Schneider, 2024, S. 1.62.
[104] Wommelsdorff / Albert /Fischer, 2017, S. 354 ff

Beispiel:

geg.: Stahlbetonstütze, Pos x, mit Konsole in einer Tiefgarage.

Die Stütze steht auf einem Einzelfundament und soll die Last zweier Plattenbalken abtragen. Stützenbreite b= 24 cm, Höhe = 2,25 m bis zur Auflagerung der Plattenbalken.

ges.: Schalplan (ohne Maßstab)

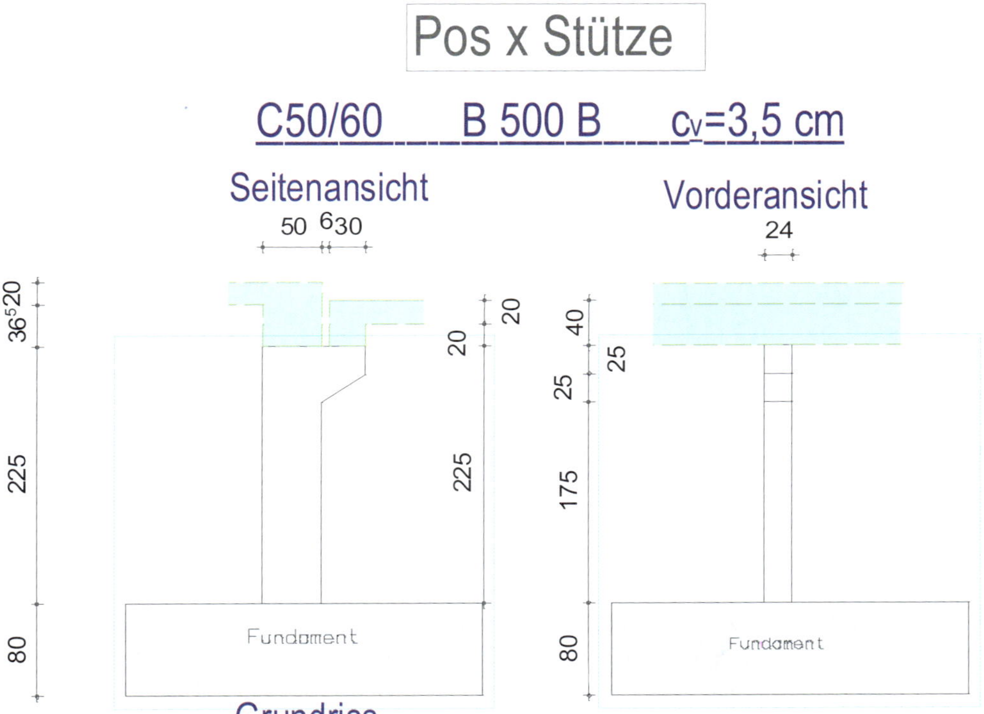

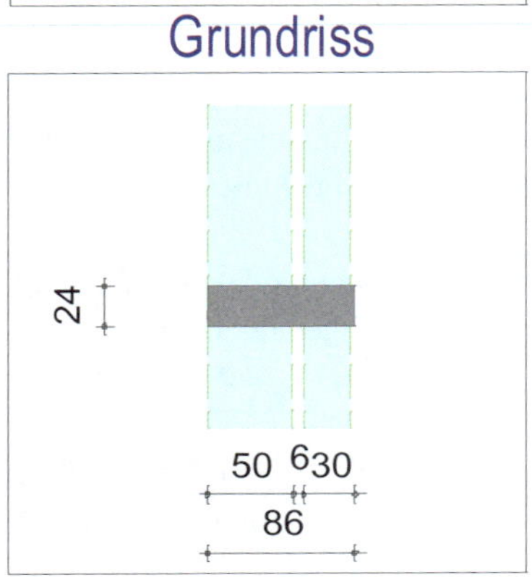

Abbildung 13.6

13.15.2 Bewehrungspläne

Bewehrungspläne werden gezeichnet, damit die Bewehrung gemäß der statischen Berechnung in die Schalung im Stahlbeton- oder Spannbetonbauteil verlegt werden kann (vgl. DIN EN ISO 3766). Alle zum Verlegen und Biegen der Bewehrung erforderlichen Angaben werden dem Bewehrungsplan entnommen. Aus den Bewehrungsplänen werden Biegelisten abgeleitet, die zum Biegen der Bewehrung im Werk benötigt werden. Die Ergebnisse der statischen Berechnung werden im Stahlbetonbau durch den Bewehrungsplan für die Arbeit auf der Baustelle "übersetzt". Bewehrungspläne werden von Bauzeichnern, Bautechnikern und Bauingenieuren angefertigt und von Prüfingenieuren geprüft. Sie werden entweder manuell und / oder mit CAD erstellt. Oft verwendete Maßstäbe sind 1:20 oder 1:25 und bei Decken 1:50.

Auf den Bewehrungszeichnungen sind insbesondere anzugeben:[105]

- die erforderliche Betonfestigkeitsklasse, die Expositionsklassen und weitere Anforderungen an den Beton,
- die Betonstahlsorte und die Spannstahlsorte,
- Anzahl, Durchmesser, Form und Lage der Bewehrungsstäbe; gegenseitiger Abstand und Übergreifungslängen an Stößen und Verankerungslängen; Anordnung, Maße und Ausbildung von Schweißstellen; Typ und Lage der mechanischen Verbindungsmittel,
- Rüttelgassen, Lage von Betonieröffnungen,
- das Herstellungsverfahren der Vorspannung; Anzahl, Typ und Lage der Spannglieder sowie der Spanngliedverankerungen und Spanngliedkopplungen sowie Anzahl, Durchmesser, Form und Lage der zugehörigen Betonstahlbewehrung; Typ und Durchmesser der Hüllrohre; Angaben zum Einpressmörtel,
- bei gebogenen Bewehrungsstäben die Biegeformen und die erforderlichen Biegerollendurchmesser; i. d. R. werden bei gebogenen Stäben die Außenmaße angegeben,
- Maßnahmen zur Lagesicherung der Betonstahlbewehrung und der Spannglieder sowie Anordnung, Maße und Ausführung der Unterstützungen der oberen Betonstahlbewehrungslage und der Spannglieder,
- das Verlegemaß c_v bzw. $c_{v,l}$ der Bewehrung, das sich aus dem Nennmaß der Betondeckung c_{nom} sowie dem Vorhaltemaß Δc_{dev} der Betondeckung ableitet,
- die Fugenausbildung,
- gegebenenfalls besondere Maßnahmen zur Qualitätssicherung.

[105] EC 2-1-1/NA., 2.8.2, 3 (P).

Für die Darstellung der Bewehrung gibt es verschiedene Möglichkeiten. Hier einige Beispiele der Bewehrungsdarstellung nach EN ISO 3766: 2003 (D):

Darstellung der Stabstähle in der Ansicht:

Tabelle 1 — Darstellung und Zeichnungsvereinbarungen für Bewehrungen ohne Vorspannung

Nr.	Beschreibung	Darstellung
1	**Ansichten** a) Allgemeine Darstellung eines Bewehrungsstabes mit einer breiten Volllinie b) Gebogener Bewehrungsstab 1) Darstellung als geknickter Linienzug 2) Darstellung als Linienzug aus Geraden und Bögen	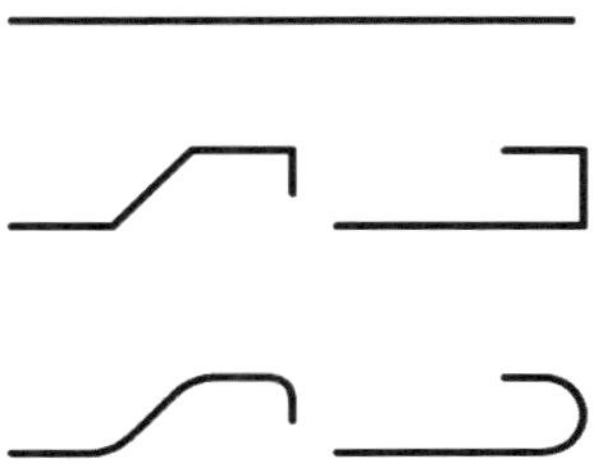

Darstellung der Stabstähle im Schnitt:

2	**Schnitte** a) Schnitt durch einen Bewehrungsstab b) Schnitt durch ein Stabbündel aus zwei Bewehrungsstäben c) Schnitt durch ein Stabbündel aus drei Bewehrungsstäben	

Matten werden im Grundriss als Rechteck mit einer Diagonalen gezeichnet.

Darstellung von Matten in der Ansicht:

10	Matte in der Ansicht. Falls erforderlich, darf ein schräger Strich, der die Diagonallinie kreuzt, benutzt werden, um die Richtung der Hauptbewehrung anzugeben.	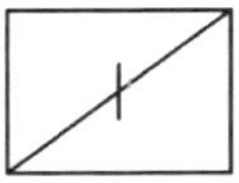
11	**Gleiche Matten in einer Reihe** a) mit Darstellung der einzelnen Matten b) Zusammengefasste Darstellung Übergreifungslänge muss auf der Zeichnung angegeben werden.	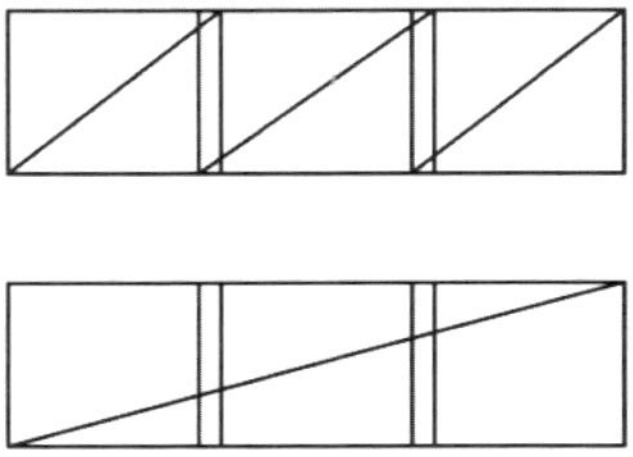

Auf den Bewehrungsplänen sind neben der Bewehrung, den Abmessungen, den Baustoffen und den Besonderheiten des herzustellenden Bauteils, wie z. B. Biegerollendurchmesser, auch das Nennmaß der Betondeckung anzugeben.[106, 107]

Tabelle 1 *(fortgesetzt)*

Nr.	Beschreibung	Darstellung
12	**Draufsicht auf eine Lage gleicher Matten** a) mit Darstellung der einzelnen Matten	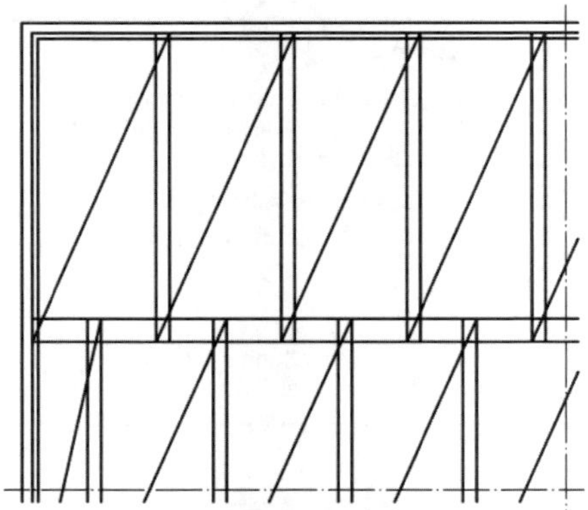
	b) Zusammengefasste Darstellung mit Andeutung der Übergreifungsstöße Übergreifungslänge muss auf der Zeichnung angegeben werden.	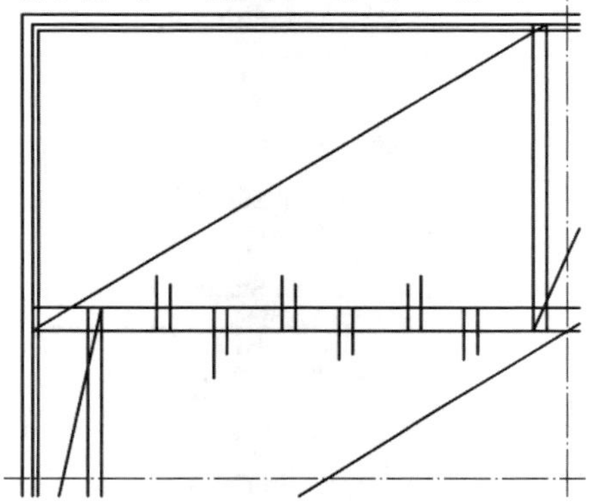
13	**Schnitt durch eine geschweißte Matte** a) vereinfachte Darstellung, lange breite Strich-Punktlinie	a) 
	b) ausführliche Darstellung	b) 

Oftmals sind in den Bauteilen bei Deckenrändern, Öffnungen, teilweisen Einspannungen usw. sogenannte konstruktive Bewehrungen anzuordnen. Siehe hierzu auch: Schneider, 2018, S. 5.115 ff.
Zu jeder Zeichnung gehört eine Massenberechnung, die entweder auf der Zeichnung selbst oder in getrennten Listen erfolgt.[108]

[106] DIN EN 1992-1-1, 4.4.1.3.
[107] Zu den Anforderungen an Bewehrungspläne vgl. EN ISO 3766, 3.
[108] Teuber / Maniecki / Hermann: 1996, S. 6.

13.16 Massenermittlung

Mit Hilfe der Schal- und Bewehrungspläne werden im Ingenieurbüro die zugehörigen Massen für den Betonstahl und den Beton ermittelt. Damit können die Kosten für das zu bauende Bauteil ermittelt werden und die Bestellung der Matten und Stabstähle kann erfolgen. Zur Feststellung des erforderlichen Stahlbedarfes benötigt man Tabellen, aus denen die Massen bzw. das Gewicht abgelesen werden kann. Für Einzelstäbe werden Biegelisten erstellt, für Matten Schneideskizzen.

Beispiele:

1) Welche Masse haben vier Betonstahlstäbe Ø 16 mit einer Länge von jeweils 8,00 m?

Abmessungen und Gewichte

Nenndurchmesser $Ø_s$ in mm	6	8	10	12	14	16	20	25	28	32	40
Nennquerschnitt A_s in cm²	0,283	0,503	0,785	1,13	1,54	2,01	3,14	4,91	6,16	8,04	12,57
Nenngewicht G in kg/m	0,222	0,395	0,617	0,888	1,21	1,58	2,47	3,85	4,83	6,31	9,87

Lösung:[109] Masse M = 4 * 8,00 m * 1,58 kg/m = 50,56 kg, Gewicht G = 505,6 N = 0,5056 kN

2) Welche Masse haben drei Lagermatten R 424 A mit den Abmessungen l = 3,00 m und b = 2,15 m?

Lagermatten Lieferprogramm
(ab 01.01.2008)

Länge / Breite (m)	Randeinsparung (Längsrichtung)	Matten-bezeichnung	Mattenaufbau in Längsrichtung / Querrichtung: Stababstände (mm)	Stabdurchmesser Innenbereich (mm)	Stabdurchmesser Randbereich (mm)	Anzahl der Längsrandstäbe links	Anzahl der Längsrandstäbe rechts	Querschnitte längs / quer (cm²/m)	Gewicht je Matte (kg)	Gewicht je m² (kg)
6,00 / 2,30	ohne	**Q188 A**	150 150	6,0 6,0				1,88 1,88	41,7	3,02
		Q257 A	150 150	7,0 7,0				2,57 2,57	56,8	4,12
		Q335 A	150 150	8,0 8,0				3,35 3,35	74,3	5,38
	mit	**Q424 A**	150 150	9,0 9,0	7,0	4	4	4,24 4,24	84,4	6,12
		Q524 A	150 150	10,0 10,0	7,0	4	4	5,24 5,24	100,9	7,31
6,00 / 2,35		**Q636 A**	100 125	9,0 10,0	7,0	4	4	6,36 6,28	132,0	9,36
6,00 / 2,30	ohne	**R188 A**	150 250	6,0 6,0				1,88 1,13	33,6	2,43
		R257 A	150 250	7,0 6,0				2,57 1,13	41,2	2,99
		R335 A	150 250	8,0 6,0				3,35 1,13	50,2	3,64
	mit	**R424 A**	150 250	9,0 8,0	8,0	2	2	4,24 2,01	67,2	4,87
		R524 A	150 250	10,0 8,0	8,0	2	2	5,24 2,01	75,7	5,49

Der Gewichtsermittlung der Lagermatten liegen folgende Überstände zugrunde:

Q188 A bis Q524 A:	Überstände längs: 75,0/75,0 mm	Überstände quer: 25/25 mm
Q636 A:	Überstände längs: 62,5/62,5 mm	Überstände quer: 25/25 mm
R188 A bis R524 A:	Überstände längs: 125/125 mm	Überstände quer: 25/25 mm

Lösung:[110] Masse M = 3 * 3,00 m * 2,15 m * 4,87 kg/m² = 94,23 kg

Gewicht G = 942,3 N = 0,9423 kN

[109] Vgl. Schneider, 2024, S. 5.202.

[110] Schneider, 2024, S. 5.204.

Beispiele: Bemessung, Bewehrungsplan, Massenermittlung

1) geg.: Torsturz, C 25/30, B 500 B,

b / h= 24 / 30 cm

$c_{V,l}$ = 3,5 cm, g_k = 15 kN/m, q_k = 8 kN/m

ges.:

a) Vereinfachter Nachweis der Biegeschlankheit

b) Biegebewehrung

c) Querkraftbewehrung

d) Bewehrungsplan, M = 1:20

e) Biegeliste

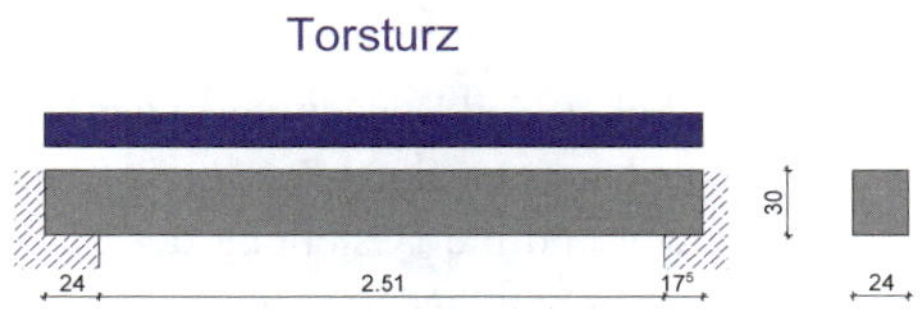

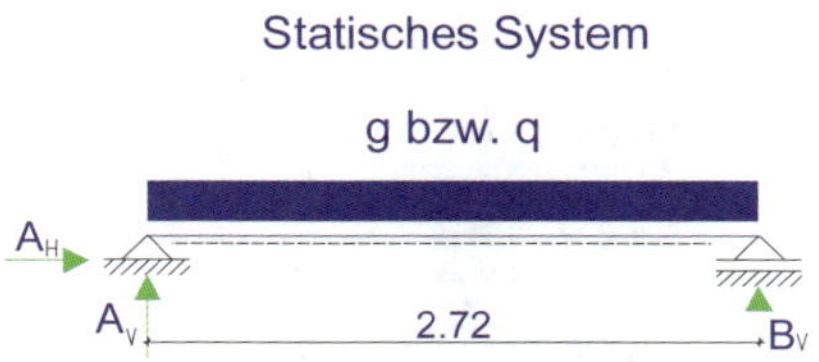

Statisches System: Einfeldträger

$$l_{eff} = \frac{0{,}24\text{ m}}{2} + 2{,}51\text{ m} + \frac{0{,}175\text{ m}}{2} = 2{,}72\text{ m} < 2 * \frac{0{,}30\text{ m}}{2} + 2{,}51\text{ m} = 2{,}81\text{ m}$$

Schnittgrößen:

$$\text{max. } V_{Ed} = \frac{\left(1{,}35 * 15\ \frac{kN}{m} + 1{,}5 * 8\ \frac{kN}{m}\right) * 2{,}72\text{ m}}{2} = \frac{32{,}25\ \frac{kN}{m} * 2{,}72\text{ m}}{2} = 43{,}86\text{ kN}$$

$$\text{max. } M_{Ed} = \frac{32{,}25\ \frac{kN}{m} * (2{,}72\text{ m})^2}{8} = 29{,}82\text{ kNm}$$

a) Vereinfachter Nachweis der Biegeschlankheit

d = 30 cm - 5 cm = 25 cm

$$\text{erf. } d = \frac{l_i}{27{,}5} = \frac{1{,}0 * 2{,}72\text{ m}}{27{,}5} = 0{,}10\text{ m} = 10\text{ cm} < 25\text{ cm} \qquad \text{für C25/30}$$

b) Biegebewehrung

$$k_d = \frac{d}{\sqrt{\frac{M_{Ed}}{b}}} = \frac{25\text{ cm}}{\sqrt{\frac{29{,}82\text{ kNm}}{0{,}24\text{ m}}}} = 2{,}24 \approx 2{,}18$$

$$k_s = 2{,}51$$

$$\text{erf. } A_s = \frac{M_{Ed}}{d} * k_s = \frac{29{,}82\text{ kNm}}{25\text{ cm}} * 2{,}51 = 2{,}99\text{ cm}^2$$

<u>gew.: 3 Ø 12 (unten)</u> vorh. A_S = 3,39 cm² > erf. A_s = 2,99 cm²

ME (= "Montageeisen"): 2 Ø 10 (oben)

Diese Bewehrung wird konstruktiv angeordnet und richtet sich nach dem zu bewehrenden Bauteil. Je länger das Bauteil, desto größer sind Anzahl und Durchmesser der sogenannten Montageeisen.

c) Querkraft-Nachweis (Querkraftbemessung)

Aus Übungsgründen wird nachfolgend festgestellt, ob bei diesem Torsturz ein Bauteil mit oder ohne erforderliche Querkraftbewehrung vorliegt!

$V_{Ed} \leq V_{Rd,c}$ $V_{Ed} = 43{,}86$ kN (ohne Abminderung)

$V_{Rd,c} = [\ 0{,}1 * \ \kappa * (\ 100 * \rho_l * f_{ck}\ )^{1/3}] \cdot b_w * d$

$$\kappa = 1 + \sqrt{\frac{200}{d[mm]}} = 1 + \sqrt{\frac{200}{250\ mm}} = 1{,}89 < 2$$

$$\rho_l = \frac{A_{SL}}{b_w * d} = \frac{3{,}39\ cm^2}{24\ cm * 25{,}0\ cm} = 0{,}00565 \leq 0{,}02$$

$$V_{Rd,c} = \left[0{,}1 * \kappa * (100 * \rho_l * f_{ck})^{\frac{1}{3}}\right] * b_w * d$$

$$V_{Rd,c} = \left[0{,}1 * 1{,}89 * (100 * 0{,}00565 * 25\ MN/m^{\ 2})^{\frac{1}{3}}\right] * 0{,}24\ m * 0{,}250$$

$$V_{Rd,c} == 0{,}457 \frac{MN}{m^{\ 2}} * 0{,}060\ m^{\ 2} = 0{,}0274\ MN/m = 27{,}4\ kN/m$$

$$V_{Ed} = 43{,}86\ kN/m > V_{Rd,c} = 27{,}4\ kN/m$$

→ Im Balken ist eine Querkraftbewehrung erforderlich. Dieser Nachweis kann in der Praxis übersprungen werden, da es sich um einen Balken und keine Decke handelt. Balken erhalten i. d. R. eine Querkraftbewehrung.

Nachweis der (Beton-) Druckstrebe:

$V_{Ed} \leq V_{Rd,max}$

$$V_{\ Rd,max} = \frac{b_{\ w} * z * \ \nu_{\ 1} * f_{\ cd}}{\cot \Theta + \ \tan \Theta}$$

$b_w = 24$ cm $= 0{,}24$ m

$z = 0{,}9 * d = 0{,}9 * 25$ cm $= 22{,}5$ cm, jedoch: $z \leq d - 2 * c_{v,l} = 25$ cm $- 2 * 3{,}5$ cm $= 18$ cm

und $z = d - c_{v,l} - 3{,}0$ cm $= 25$ cm $- 3{,}5$ cm $- 3{,}0$ cm $= 29$ cm $= 0{,}185$ m

(Der größere Wert der beiden Werte ist maßgebend!)[111]

$\nu_l * f_{cd} = 10{,}6\ MN/m^2$, $\cot \Theta = 1{,}2$

$$V_{\ Rd,max} = \frac{0{,}24\ m * 0{,}185\ \ m * 10{,}6\ MN/m^{\ 2}}{1{,}2 + \frac{1}{1{,}2}} = 0{,}231\ MN = 231\ kN > 43{,}86\ kN$$

Nachweis der (Betonstahl-) Zugstrebe (= Bemessung der Bügel)

$$erf.\ a_{\ sw} = \frac{V_{\ Ed}}{f_{\ ywd} * \ z * \cot \Theta}$$

$f_{ywd} = 435\ MN/m^2\ (= \frac{500}{1{,}15})$

$$erf.\ a_{sw} = \frac{0{,}04386\ (MN)}{435\left(\frac{MN}{m^2}\right) * 0{,}185\ (m) * 1{,}2} = 5{,}01 * 10^{-4}\ (m^2/m) = 5{,}01\ cm^2/m$$

gew: Bügel Ø 8/a = 20,0 cm / zweischnittig

vorh. $a_{sw} = 5{,}03\ cm^2/m >$ erf. $a_{sw} = 5{,}01\ cm^2/m$

---

[111] Schneider, 2024, S. 5.77.

Überprüfung der Bügelabstände:[112]

$$\frac{V_{Ed}}{V_{Rd,max}} = \frac{43{,}86\ \text{kN}}{231\ \text{kN}} = 0{,}19 < 0{,}30$$

→ $a_{max} = 0{,}7 * h = 0{,}7 * 30\ \text{cm} = 21\ \text{cm}$ bzw. $a_{max} = 30\ \text{cm}$

Der ungünstigere Wert ist maßgebend: $a_{max} = 21\ \text{cm} > a_{vorh.} = 20{,}0\ \text{cm}$

d) Bewehrungsplan (hier ohne Maßstab)

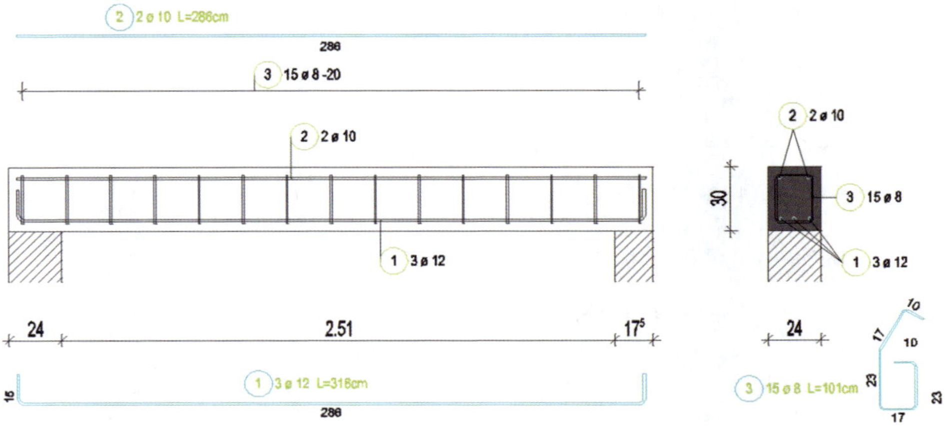

Länge des Bügels: 1,00 m

e) Biegeliste (vgl. Konstruktionstafeln!)[113]

Stabliste - Biegeformen

Projekt :	HTZ11 Bewehrungsplan		
zu Plan :		Datum :	23.09.2013
Bauteil :		Liste :	1

Pos.	Stck	ø [mm]	Einzel Länge [m]	Bemaßte Biegeform (unmaßstäblich)	Gesamt Länge [m]	Masse [kg]	Bemerkung
1	3	12	3.16	15 / 286	9.48	8.42	
2	2	10	2.86	286	5.72	3.53	
3	15	8	1.01	10 / 10 / 23 / 17 / 17 / 23	15.15	5.98	
				Gesamtmasse [kg] :		17.93	

[112] Schneider, 2024, 5.120.
[113] Schneider, 2024, 5.202.

2) geg.: Einfeldrige, einachsige Stahlbetondecke in einem Wohnhaus, normale Anforderungen, C 30/37, B 500 A, h = 20 cm, $c_{v,l}$ = 2,0 cm, $g_k = 6{,}5\ \frac{kN}{m^2}$, $q_k = 1{,}5\ \frac{kN}{m^2}$

ges.: a) Vereinfachter Nachweis der Biegeschlankheit

b) Wahl einer sinnvollen Bewehrung

c) Querkraftnachweis

d) Bewehrungsplan

e) Schneideskizze

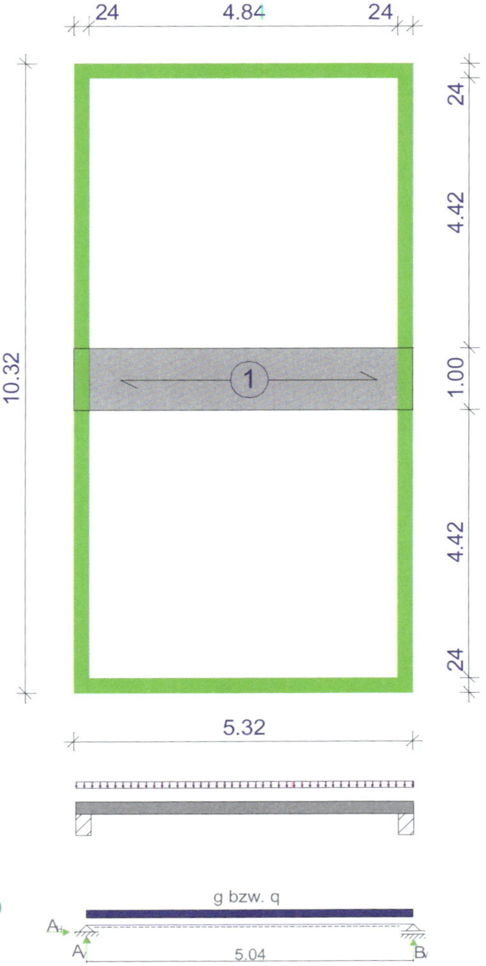

a) Vereinfachter Nachweis der Biegeschlankheit

Statisches System: Einfeldträger

$l_{eff.} = \frac{0{,}24\ m}{2} + 4{,}84\ m + \frac{0{,}24\ m}{2} = 5{,}08\ m$

$l_{eff.} = \frac{0{,}20\ m}{2} + 4{,}84\ m + \frac{0{,}20\ m}{2} = 5{,}04\ m$

(Maßgebend ist der kleinere Wert:

$l_{eff} = 5{,}04$ m)

$l_i = \alpha * l_{eff.} = 1 * 5{,}04 = 5{,}04$ m

(da Einfeldträger: $\alpha = 1{,}0$)

$\rightarrow l_i > 5{,}00\ m \rightarrow$ erf. $d = \frac{l_i}{30}$

(normale Anforderung)

$\rightarrow$ erf. $d = \frac{5{,}04\ m}{30} = 0{,}1680\ m = 16{,}80\ cm$

erf. h = erf. d + nom c + $\frac{d}{2}$

($\frac{d}{2}$ = Durchmesser der Mattenlängsbewehrung)

erf. h = 16,80 cm + 2 cm + 0,5 cm = 19,30 cm

$h_{vorh.} = 20\ cm > h_{erf.} = 19{,}30\ cm$

b) Biegebewehrung

$$\max.\ M_{Ed} = \frac{q * l^2}{8} = \frac{(g_k * 1{,}35 + q_k * 1{,}5) * l_{eff.}^2}{8} = \frac{\left(6{,}5\frac{kN}{m^2} * 1{,}35 + 1{,}5\frac{kN}{m^2} * 1{,}5\right) * (5{,}04\ m)^2}{8} = 35{,}00\ kNm/m$$

$d = h_{Decke} - c_{v,l} - \frac{d}{2} = 20{,}0\ cm - 2{,}0\ cm - 0{,}5\ cm = 17{,}5\ cm$

$k_d = \frac{d}{\sqrt{\frac{M_{Ed}}{b}}} = \frac{17{,}5\ cm}{\sqrt{\frac{35{,}00\ kNm}{1{,}0\ m}}} = 2{,}96 \rightarrow k_s = 2{,}40$ (b ist auf 1 m Breite der Decke bezogen)

erf. $A_s = \frac{M_{Ed}}{d} * k_s = \frac{35{,}00\ kNm}{17{,}5\ cm} * 2{,}40 = 4{,}80\ cm^2/m$

gew.: R 524 A (unten) (Lagermatte)

vorh. $A_S = 5{,}24\ cm^2/m$ > erf. $A_S = 4{,}8\ cm^2/m$ → in Ordnung

Die obere Bewehrung wird konstruktiv gewählt.

gew.: Q 188 A (oben)

Zur sogenannten konstruktiven Einspannbewehrung von Vollplatten:[114]

„Eine teilweise, rechnerisch nicht berücksichtigte Endeinspannung sollte mindestens für 25 % des max. Feldmomentes bemessen werden; Bewehrung auf der 0,2fachen Feldlänge (vom Auflageranschnitt) anordnen."

Dies bedeutet in diesem Beispiel:

erf. $A_{So} = 0{,}25 * \max. M_{Ed} = 0{,}25 * 35{,}00\ kNm/m = 8{,}75\ kNm/m$

$$k_d = \frac{d}{\sqrt{\frac{M_{Ed}}{b}}} = \frac{17{,}5\ cm}{\sqrt{\frac{8{,}75\ kNm}{1{,}0\ m}}} \cong 5{,}92 \rightarrow k_s = 2{,}34$$

$$\text{erf. } A_s = \frac{M_{Ed}}{d} * k_s = \frac{8{,}75\ kNm}{17{,}5\ cm} * 2{,}34 = 1{,}17\ cm^2 < \text{vorh. } A_S = 1{,}88\ cm^2$$

Die Q-Matte wird längs durchgeschnitten und oben an den Rand gelegt (vgl. Bewehrungsplan!).

min l = 0,2 * 5,04 m = 1,01 m < Mattenbreite: 2 = 2,30 m : 2 = 1,15 m

c) Querkraftnachweis: $V_{Ed} \leq V_{Rd,c}$

$$V_{Ed} = \frac{q * l}{2} = \frac{(g_k * 1{,}35 + q_k * 1{,}5) * l_{eff.}}{2} = 27{,}78\ kN$$

$$V_{Rd,c} = \left[0{,}1 * k * (100 * \rho_1 * f_{ck})^{\frac{1}{3}}\right] * b_w * d$$

$$\kappa = 1 + \sqrt{\frac{200}{d\ [mm]}} = 1 + \sqrt{\frac{200}{175\ mm}} = 2{,}07 \geq 2{,}00$$ → k = 2,00 kleinster Wert zählt

$$\rho_1 = \frac{A_{sl}}{b_w * d} = \frac{5{,}24\ cm^2}{100\ cm * 17{,}5\ cm} = 0{,}00299 \leq 0{,}02$$ → $\rho_1 = 0{,}00299$ kleinster Wert zählt

$$f_{ck} = 30\ \frac{MN}{m^2}$$

$$V_{Rd} = \left[0{,}1 * 2{,}0 * (100 * 0{,}00299 * 30\ \frac{MN}{m^2})^{\frac{1}{3}}\right] * 1{,}0\ m * 0{,}175\ m = 0{,}0727\ \frac{MN}{m} * 1000$$

$$V_{Rd} = 72{,}72\ \frac{kN}{m} \geq 27{,}78\ \frac{kN}{m}$$

$V_{Ed} \leq V_{Rd,c}$ → Keine Querkraftbewehrung erforderlich!

[114] Vgl. Schneider, 2024, S. 5.122

d) Bewehrungsplan (hier ohne Maßstab), h = 20 cm, nom c = 2 cm, C 30/37, B 500 A

Untere Bewehrung Überdeckung: 25 cm (Querstoß)

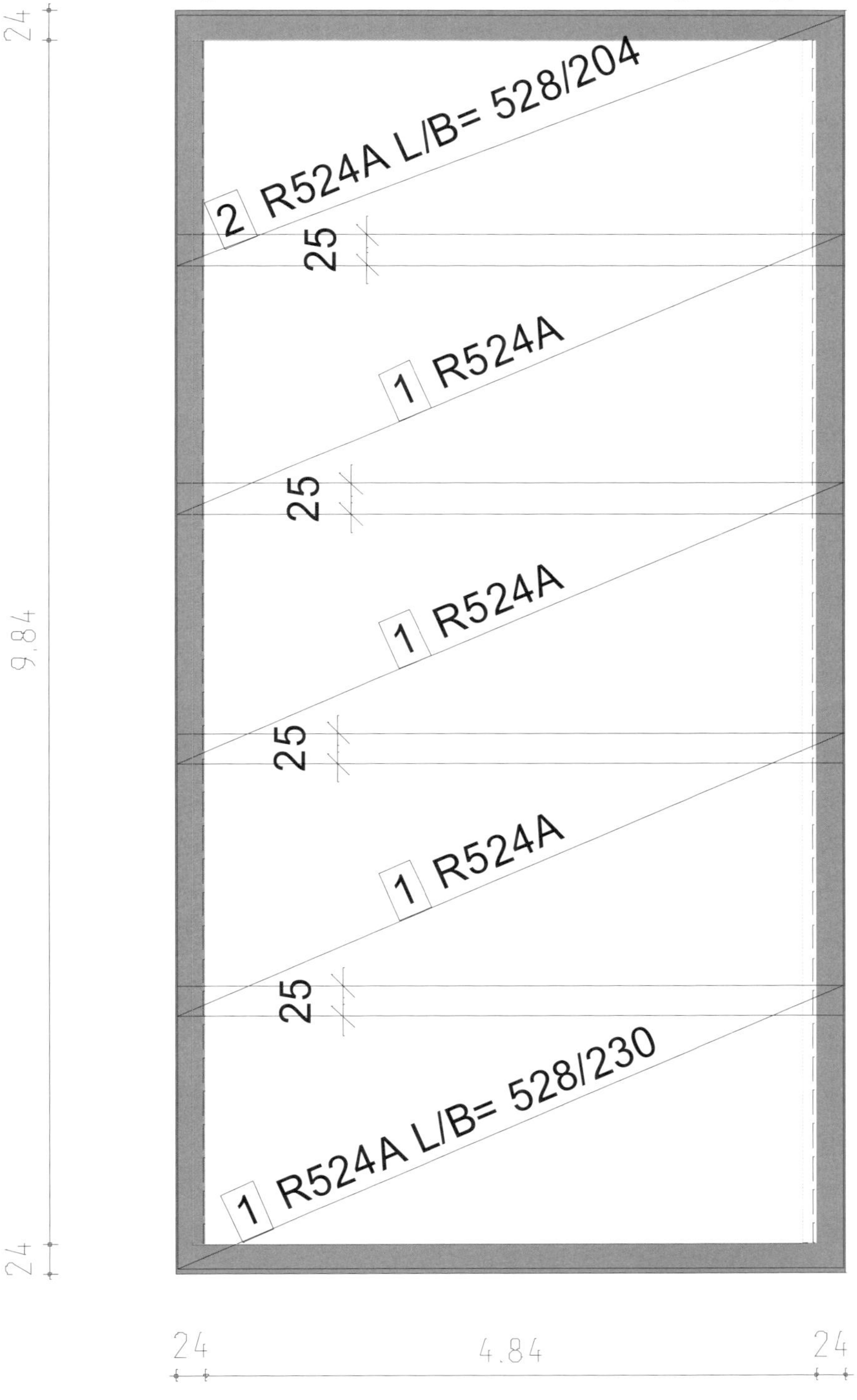

Obere Bewehrung (hier ohne Maßstab) Überdeckung: 34 cm (Längsstoß)

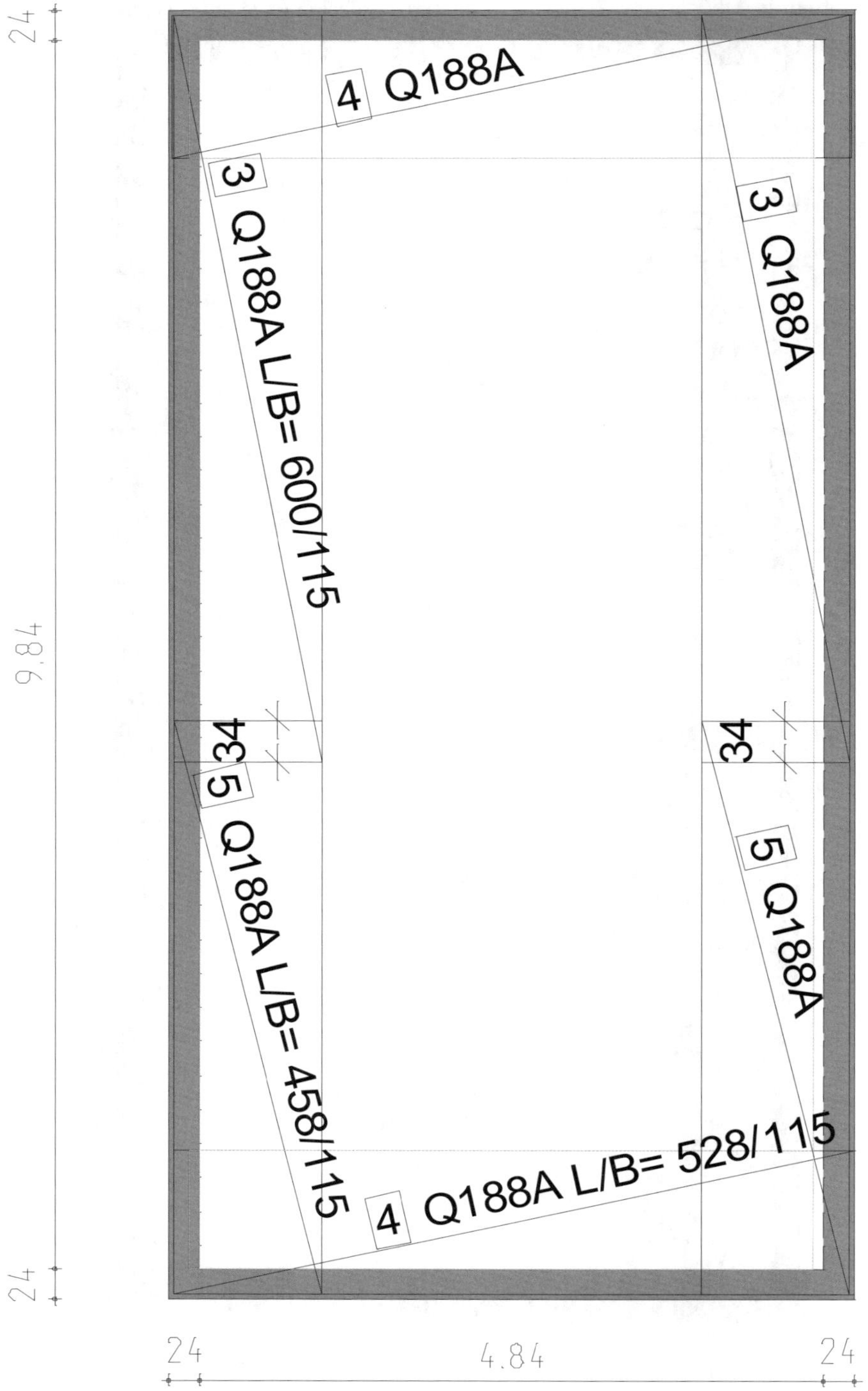

e) Schneideskizze der Matten:

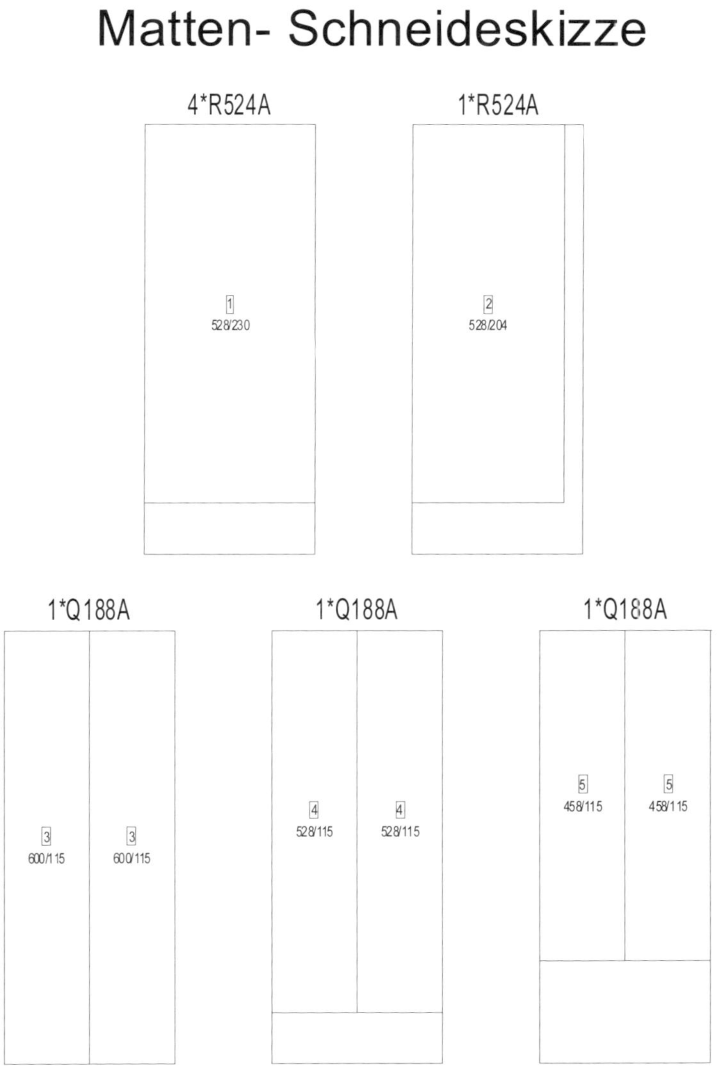

Stück	Bezeichnung	Brutto[kg]	Netto [kg]
3	Q188A	125.10	110.23
5	R524A	378.50	325.55
8	Summe	503.60	435.78

3) geg.: Beidseitiger Plattenbalken als Einfeldträger

Baustoffe: C20/25, B 500 B,

$c_{v,l} = 3{,}5$ cm, Belastung:

$g_k = 30$ kN/m, $q_k = 20$ kN/m

b_w / h / d = 40 / 50 / 45 cm

ges.:

a) Biegebewehrung

b) Querkraftbemessung

c) Bewehrungsplan

d) Biegeliste

Grundriss

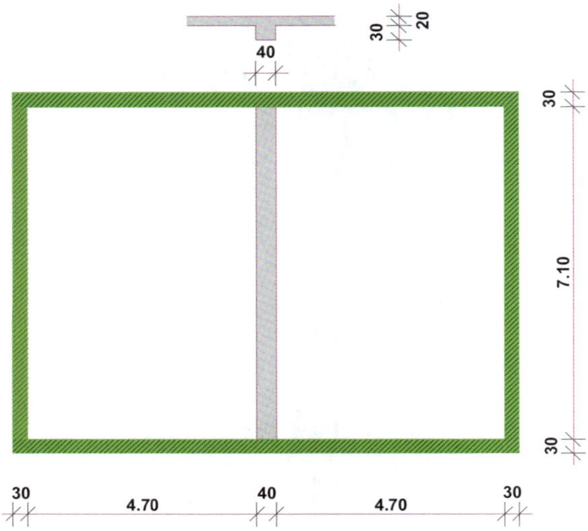

Stützweite des Plattenbalkens:

(vgl. Beispiel 13.10.3.1)

$l_0 = l_{eff} = 2 * 0{,}3\ \text{m} / 2 + 7{,}10\ \text{m}$

$l_0 = 7{,}40\ \text{m}$

Schnittgrößen: Auf eine Abminderung der Schnittgrößen wird verzichtet!

$$\max V_{Ed} = \frac{\left(1{,}35 * 30\,\frac{\text{kN}}{\text{m}} + 1{,}5 * 20\,\frac{\text{kN}}{\text{m}}\right) * 7{,}40\ \text{m}}{2} = \frac{70{,}5\,\frac{\text{kN}}{\text{m}} * 7{,}40\ \text{m}}{2} = 260{,}85\ \text{kN}$$

$$\max M_{Ed} = \frac{\left(1{,}35 * 30\,\frac{\text{kN}}{\text{m}} + 1{,}5 * 20\,\frac{\text{kN}}{\text{m}}\right) * (7{,}40\ \text{m})^2}{8} = 482{,}57\ \text{kNm}$$

zu a) Biegebewehrung

mitwirkende Breite b_{eff}: $b_{eff} = \Sigma\, b_{eff,I} + b_w$

$b_{eff,1} = 0{,}2 * bi + 0{,}1 * l_0 = 0{,}2 * 4{,}70\ \text{m} / 2 + 0{,}1 * 7{,}40\ \text{m} = 1{,}21\ \text{m}$

$1{,}21\ \text{m} \leq 0{,}2 * l_0 = 0{,}2 * 7{,}40\ \text{m} = 1{,}48\ \text{m}$

$1{,}21\ \text{m} \leq b_i = 4{,}70\ \text{m} / 2 = 2{,}35\ \text{m}$

$b_{eff,1} = 1{,}21$ m (maßgebend!)

$b_{eff} = \Sigma\, b_{eff,i} + b_w = 2 * 1{,}21\ \text{m} + 0{,}40\ \text{m} = 2{,}82\ \text{m}$

b_w / h / d = 40 / 50 / 45 cm

$$k_d = \frac{d}{\sqrt{\frac{M_{Ed}}{b}}} = \frac{45\ \text{cm}}{\sqrt{\frac{482{,}57\ \text{kNm}}{2{,}82\ \text{m}}}} = 3{,}44 \rightarrow k_s = 2{,}40,\ \xi = 0{,}104$$

Lage der Nulllinie: $x = \xi * d = 0{,}104 * 45\ \text{cm} = 4{,}68\ \text{cm} < h_F = 20\ \text{cm}$

→ Nulllinie liegt in der Decke.

$$\text{erf. } A_s = \frac{M_{Ed}}{d} * k_s = \frac{482{,}57\ \text{kNm}}{45\ \text{cm}} * 2{,}40 = 25{,}74\ \text{cm}^2$$

gew.: 6 Ø 25 (unten) vorh. $A_S = 29{,}45\ \text{cm}^2 >$ erf. $A_s = 25{,}74\ \text{cm}^2$

Auf eine Staffelung der Bewehrung wird verzichtet!

ME: 3 Ø 12 (oben) + 2 Ø 12 in h/2

zu b) Querkraftbemessung

Nachweis der (Beton-) Druckstrebe: $V_{Ed} \leq V_{Rd,max}$

$$V_{Rd,max} = \frac{b_w * z * \nu_1 * f_{cd}}{\cot\Theta + \tan\Theta}$$

$b_w = 40$ cm = 0,40 m

$z = 0{,}9 * d = 0{,}9 * 45$ cm = 40,5 cm,

jedoch: $z \leq d - 2 * c_{v,l} = 45$ cm - 2 * 3,5cm = 38 cm = 0,38 m

und $z = d - c_{v,l} - 3{,}0$ cm = 45 cm – 3,5 cm - 3,0 cm = 38,5 cm = 0,385 m

$\nu_1 * f_{cd} = 8{,}5$ MN/m², $\cot\Theta = 1{,}2$

$$V_{Rd,max} = \frac{0{,}40\text{ m} * 0{,}385\text{ m} * 8{,}5\text{ MN/m}^2}{1{,}2 + \frac{1}{1{,}2}} = 0{,}644\text{ MN} = 644\text{ kN} > 260{,}85\text{ kN}$$

Nachweis der (Betonstahl-) Zugstrebe (= Bemessung der Bügel)

$$\text{erf. } a_{sw} = \frac{V_{Ed}}{f_{ywd} * z * \cot\Theta}$$

$f_{ywd} = 435\text{ MN/m}^2 \ (= \frac{500\text{ MN/m}^2}{1{,}15})$

$$\text{erf. } a_{sw} = \frac{0{,}26085\text{ MN}}{435\frac{\text{MN}}{\text{m}^2} * 0{,}385\text{ m} * 1{,}2} = 12{,}98 * 10^{-4}\ (\text{m}^2/\text{m}) = 12{,}98\text{ cm}^2/\text{m}$$

gew: Bügel Ø 8 / a = 7,5 cm / zweischnittig

vorh. $a_{sw} = 13{,}40$ cm²/m > 12,98 cm²/m

Auf Staffelung der Bewehrung wird verzichtet!

Überprüfung der Bügelabstände:[115]

$$\frac{V_{Ed}}{V_{Rd,max}} = \frac{260{,}85\text{ kN}}{644\text{ kN}} = 0{,}41 \quad ^{>0{,}30} \ _{<0{,}60}$$

→ $a_{max} = 0{,}5 * h = 0{,}5 * 50$ cm = 25 cm bzw. $a_{max} = 30$ cm

Der ungünstigere Wert ist maßgebend: $a_{max.} = 25$ cm > $a_{vorh.} = 7{,}5$ cm

c) Bewehrungsplan (hier ohne Maßstab)

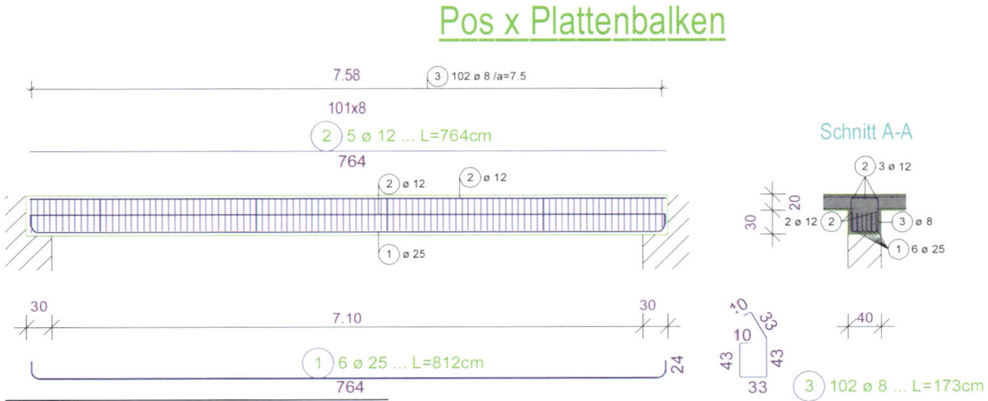

[115] Schneider, 2024, S. 5.120.

e) Biegeliste

Stabliste - Biegeformen

Pos.	Stck	ø [mm]	Einzel Länge [m]	Bemaßte Biegeform (unmaßstäblich)	Gesamt Länge [m]	Masse [kg]
1	6	25	8.12		48.72	187.57
2	5	12	7.64		38.20	33.92
3	102	8	1.73	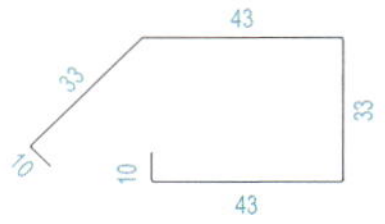	176.46	69.70

Gesamtmasse [kg] : 291.19

13.17 Übungen

1) geg.: Torsturz, C 20/25, B 500 B,

b / h = 35 / 50 cm, $c_{v,l}$ = 3,0 cm,

g_k = 35 kN/m, q_k = 17 kN/m

ges.: a) Vereinfachter Nachweis der Biegeschlankheit

b) Biegebewehrung

c) Querkraftbewehrung

d) Bewehrungsplan

e) Biegeliste

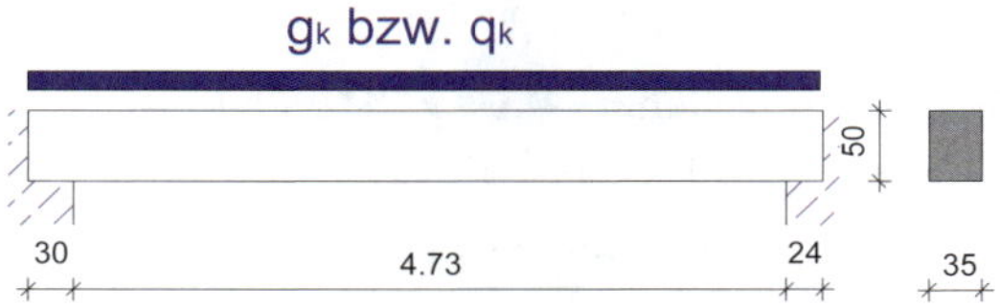

2) geg.: Einfeldrige, einachsige Stahlbetondecke in einem Wohnhaus, erhöhte Anforderungen, C 20/25, B 500 A,

h = 22 cm, $c_{v,l}$ = 2,0 cm, $g_k = 7{,}0\ \frac{kN}{m^2}$, $q_k = 2{,}7\ \frac{kN}{m^2}$

ges.: a) Vereinfachter Nachweis der Biegeschlankheit

b) Wahl einer sinnvollen Bewehrung

c) Querkraftnachweis

d) Bewehrungsplan

e) Schneideskizze

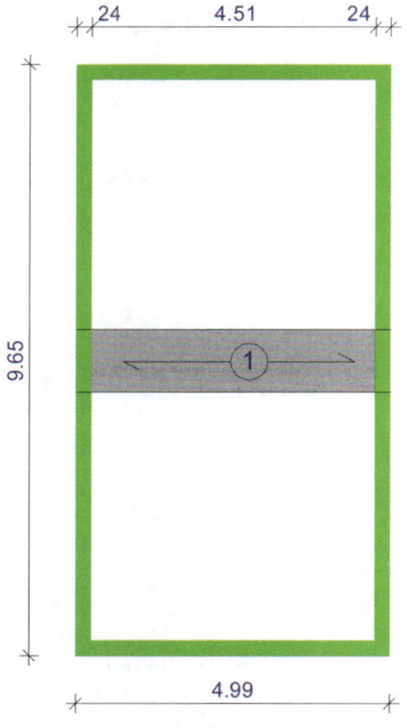

13.18 Lösungen zu den Übungen

Zu Kap. 13.3.4

Für die folgenden Bauteile aus Stahlbeton soll mit einem **roten** Strich schematisch skizziert werden, an welcher Stelle des Bauteiles die Biegezugbewehrung liegen muss. Die Bewehrung muss dort angeordnet werden, wo Zugkräfte wirken. **Tipp: Stellen Sie sich die belasteten Bauteile aus Gummi vor! Dort, wo die Risse im Gummi auftreten, muss die Bewehrung liegen.**

1) Einfeldrige Stahlbetondecke mit Gleichlast von oben

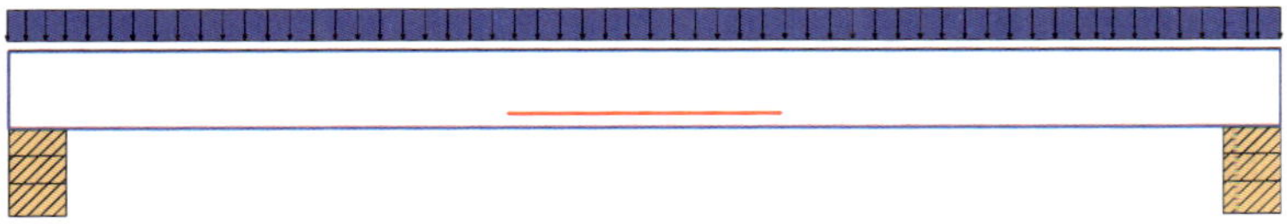

2) Einfeldrige Stahlbetondecke mit Gleichlast von unten

3) Einfeldrige Stahlbetondecke mit Kragarm rechts mit Gleichlast von oben

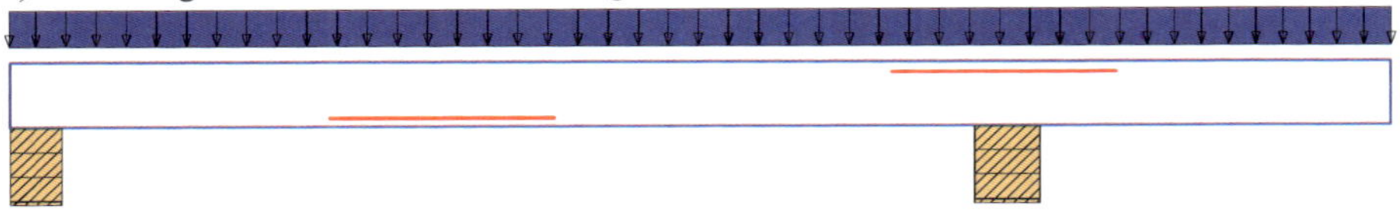

4) Zweifeldrige Stahlbetondecke mit Gleichlast von oben

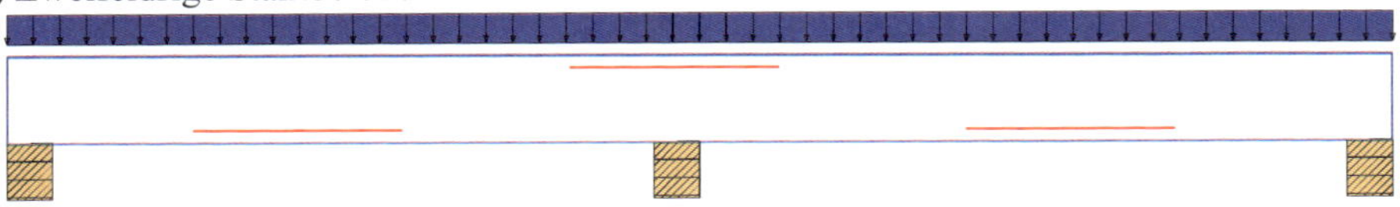

5) Dreifeldrige Stahlbetondecke mit Gleichlast von oben

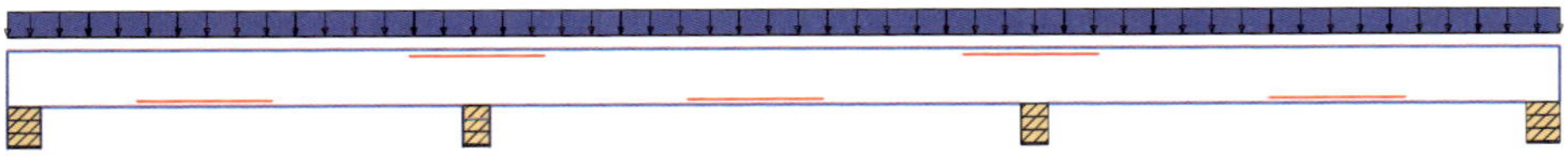

6) Oben und unten eingespannte Kellerwand mit horizontalem Erddruck

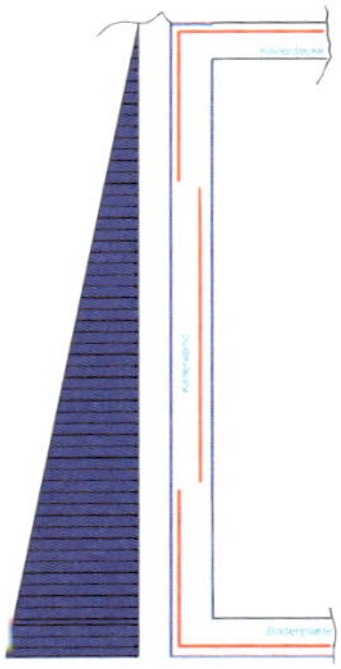

Zu Kap. 13.8.8

1) geg.:

Einfeldriger Balken

ges.: l_{eff}

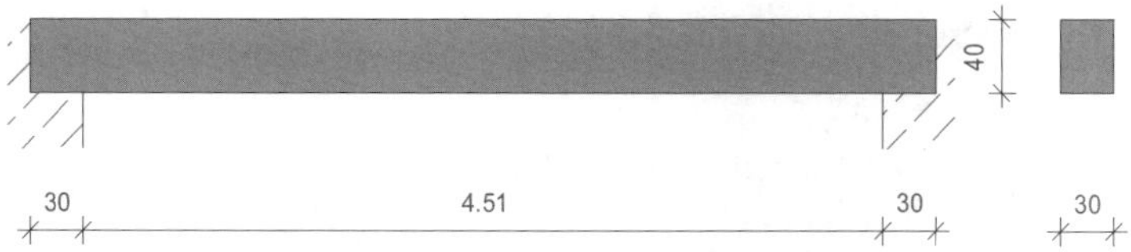

Lösung: $a_1 = a_2 = 0{,}3$ m / 2 = 0,15 m (maßgebend!) < 0,40 m / 2 = 0,20 m

Der kleinere Wert darf für die Bemessung der aufliegenden Bauteile angenommen werden.

$l_{eff} = l_n + 2 * a_1 = 4{,}51\text{ m} + 2 * \frac{0{,}30\text{ m}}{2} = 4{,}81\text{ m}$

2) geg.: Offene Halle, Balken, b / h = 30 / 25 cm, C25/30

ges.: a) Expositionsklasse b) Mindestfestigkeitsklasse des Betons und c) Betondeckung

Lösung: a) Expositionsklasse: XC3 (Außenluft hat ständig Zugang)

b) Mindestfestigkeitsklasse des Betons: $f_{CK} = 20 \rightarrow$ C20/25

c) Betondeckung: $c_{nom} = c_{min} + \Delta c_{dev}$

c_{min} = Mindestbetondeckung = 2,0 cm

Δc_{dev} = Vorhaltemaß[116] = 1,5 cm (bei XC3)

$c_{nom} = c_{min} + \Delta c_{dev} = 2{,}0\text{ cm} + 1{,}5\text{ cm} = 3{,}5\text{ cm} = c_{V,l}$

3) geg.: Statisches System, ges.: d (über der Stütze B)

Querschnitt bei Auflager B

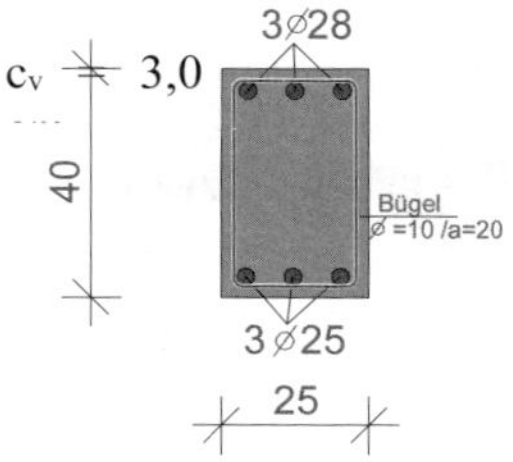

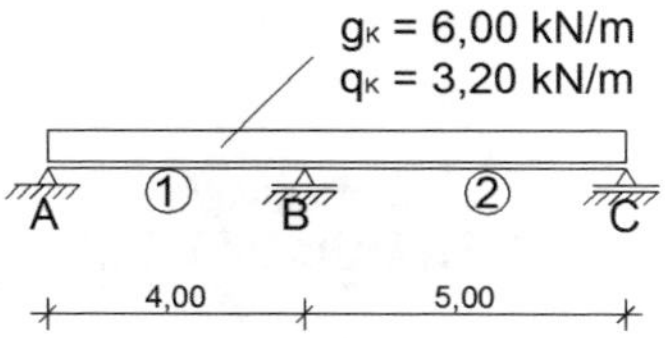

Lösung: $d = h - c_v - ø\text{ Bügel} - \frac{ø\,L}{2}$ (die Biegezugbewehrung liegt oben, der Druckrand unten)

$d = 40{,}0\text{ cm} - 3{,}0\text{ cm} - 1{,}0\text{ cm} - \frac{2{,}8\text{ cm}}{2} = 34{,}6\text{ cm}$

Zu Kap. 13.9.3

geg.: Decke aus Stahlbeton, erhöhte Anforderungen (leichte, unbelastete Trennwände auf der Decke), Dreifeldplatte mit Balkon gem. Skizze, C 25/30, B 500 A

ges.: erf. d und die Deckendicke h (gleiche Deckendicke in Wohnräumen und Balkon)

a) mit der einfachen Formel

b) mit der genauen Formel

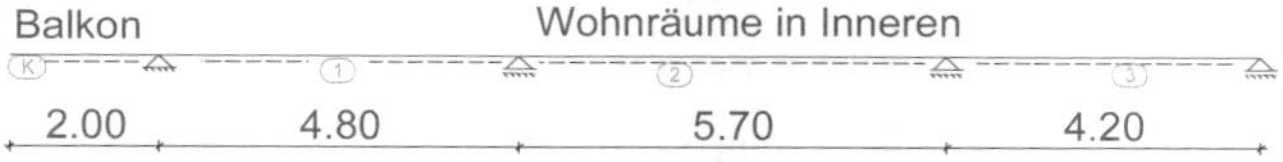

Annahme: Voraussetzungen: $q \leq 5{,}0\text{ kN/m}^2$ und Kriechzahl $\varphi = 2{,}50$ sind erfüllt.

[116] Schneider, 2024, S. 5.109.

a) Einfache Formel:

erf. $d \geq l_i / 27{,}5$ für C25/30

Kragarm (Balkon): $l_{i,k} \geq 2{,}4 * 2{,}00\ m = 4{,}80\ m$

erf. $d \geq l_i / 27{,}5 = 4{,}8\ m / 27{,}5 = 0{,}175\ m = 17{,}5\ cm$

Ungünstige Annahme: Expositionsklasse XC4 → $c_{nom} = 2{,}5\ cm + 1{,}5\ cm = 4{,}0\ cm = c_V$

erf. $h \geq 17{,}5\ cm + 4{,}0\ cm + 0{,}5\ cm = 22{,}0\ cm$

Feld 1: Vereinfacht wird für das Feld 1 ein Endfeld angenommen; d. h. der Kragarm wird für Feld 1 **nicht** berücksichtigt: $l_{i,1} = 0{,}8 * 4{,}80\ m = 3{,}84\ m$

Feld 2: $l_{i,2} = 0{,}6 * 5{,}70\ m = 3{,}42\ m < 3{,}84\ m$

Feld 3: $l_{i,3} = 0{,}8 * 4{,}20\ m = 3{,}36\ m < 3{,}84\ m$

→ Für die Felder ist der größere Wert maßgebend: $l_{i,1} = 3{,}84\ m$

erf. $d \geq$ max. $l_i / 27{,}5 = 3{,}84\ m / 27{,}5 = 0{,}140\ m = 14{,}0\ cm$

Bauteile im Innern: XC1 → $c_{nom} = 1{,}0\ cm + 1{,}0\ cm = 2{,}0\ cm = c_V$

erf. $h \geq 14{,}0\ cm + 2{,}0\ cm + 0{,}5\ cm = 16{,}5\ cm$

→ Maßgebend ist der größere Wert: gew.: h = 22 cm

Da max. $l_i = 3{,}84\ m < 5{,}45\ m$ (C25/30), ist die Formel für erhöhte Anforderungen nicht maßgebend.

b) **Genaue Formel:**

Nachweis für Platten: $d \geq \frac{l_i}{\lambda_i} * k_c$, Annahme: $l_x / l_y \geq 2{,}0$

(Tafel. 5.101a: Platte 1)[117] → $\eta_1 = 1{,}0,\ l_i = \eta_i * l_{eff}$

Balkon (Kragarm): $l_{i,K} = 2{,}5 * 2{,}0\ m = 5{,}00\ m$

Feld 1: $l_{i,1} = 0{,}8 * 4{,}8\ m = 3{,}84\ m < 5{,}00\ m$ (An einem Rand eingespannte Platte ist nicht tabelliert.)

Feld 2: $l_{i,2} = 0{,}6 * 5{,}7\ m = 3{,}42\ m < 5{,}00\ m$ (Diese Platte ist tabelliert.)

Feld 3: $l_{i,3} = 0{,}8 * 4{,}2\ m = 3{,}36\ m < 5{,}00\ m$ (Diese Platte ist nicht tabelliert.)

erhöhte Anforderungen: $\frac{l}{500}$: $\lambda_i = 21$ ($l_{i,k} = 5{,}00\ m$, linear interpoliert)

$k_c = \left(\frac{f_{ck0}}{f_{ck}}\right)^{1/6} = \left(\frac{20\ MN/m^2}{25\ MN/m^2}\right)^{1/6} = 0{,}8^{1/6} = 0{,}963$ wobei: $f_{ck0} = 20\ N/mm^2$

erf. $d_{,k} \geq \frac{l_i}{\lambda_i} * k_c = \frac{5{,}00\ m}{21} * 0{,}963 = 0{,}229\ m = 22{,}9\ cm$

erf. $h =$ erf. $d_k + c_v + d_L/2 = 22{,}9\ cm + 4{,}0\ cm + 0{,}5\ cm = 27{,}4\ cm$

gew.: 28 cm

[117] Schneider, 2024, S. 5.106.

Zu Kap. 13.10.1.5

1) Biegebemessung eines Balkens, geg.: Torsturz als Einfeldträger: C 16/20, B 500 B, d = 25,0 cm, b = 30 cm, g_k = 10 kN/m,

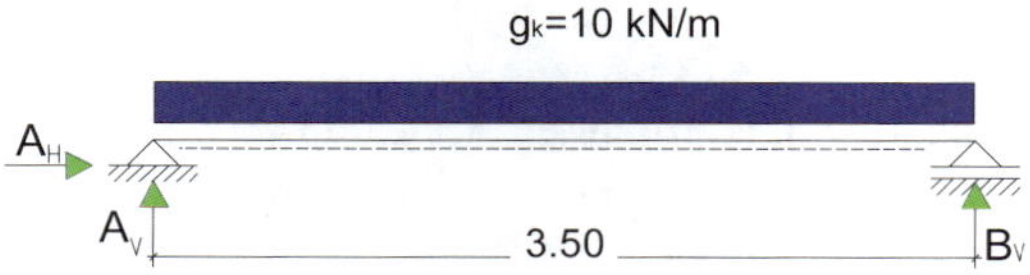

ges.: erf. A_s und Wahl der Bewehrung

$$M_{Ed} = \frac{(1{,}35 * 10{,}0\ \text{kN/m}) * (3{,}5\ \text{m})^2}{8} = 20{,}67\ \text{kNm}$$

$$k_d = \frac{d}{\sqrt{\frac{M_{Ed}}{b}}} = \frac{25{,}0\ \text{cm}}{\sqrt{\frac{20{,}67\ \text{kNm}}{0{,}30\ \text{m}}}} = 3{,}01 \rightarrow k_s = 2{,}48$$

$$\text{erf. } A_s = \frac{M_{Ed}}{d} * k_s = \frac{20{,}67\ \text{kNm}}{25{,}0\ \text{cm}} * 2{,}48 = 2{,}05\ \text{cm}^2/\text{m}$$

<u>gew.: 2 Ø 12 (unten)</u> (vorh. A_s = 2,26 cm² > erf. A_s = 2,05 cm²)

2) Stahlbetondecke in einem Wohngebäude

geg.: Einachsig gespannte, einfeldrige Platte, h = 19 cm (Deckendicke)

c_v = 2,0 cm, C25/30 B 500 A

g_k = 6,0 kN/m², q_k = 3,0 kN/m²

ges.: erf. As, gewählte Bewehrung

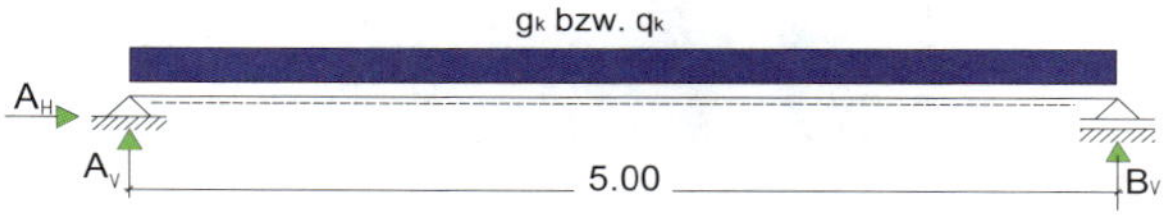

$$M_{Ed} = \frac{\left(1{,}35 * 6{,}0\frac{\text{kN}}{\text{m}^2} + 1{,}5 * 3{,}0\frac{\text{kN}}{\text{m}^2}\right) * (5{,}0\ \text{m})^2}{8} = 39{,}38\ \text{kNm}$$

d = 19 cm - 2,5 cm = 16,5 cm, b = 1,0 m (da 1,0 m Breite der Decke betrachtet wird)

$$k_d = \frac{d}{\sqrt{\frac{M_{Ed}}{b}}} = \frac{16{,}5\ \text{cm}}{\sqrt{\frac{39{,}38\ \text{kNm}}{1{,}0\ \text{m}}}} = 2{,}63 \rightarrow k_s = 2{,}45 \quad \xi = 0{,}147 \quad \zeta = 0{,}939 \quad \epsilon_{s1} = 20{,}29\ ‰ \quad \epsilon_{c2} = -3{,}5\ ‰$$

$$\text{erf. } A_s = \frac{M_{Ed}}{d} * k_s = \frac{39{,}38\ \text{kNm}}{16{,}5\ \text{cm}} * 2{,}45$$

$$\text{erf. } A_s = 5{,}85\ \text{cm}^2/\text{m}$$

Da erf. As = 5,85 cm² > 5,24 cm² (= größter Bewehrungsquerschnitt einer R-Lagermatte), kann man entweder zwei R-Matten oder eine R-Matte und zusätzlich Stabstahl wählen, welcher auf die Matte gelegt wird. Auch ist die Wahl von ausschließlich Stabstählen möglich, allerdings müssen dann auch die Verteilerstäbe gewählt werden. Diese müssen dann mindestens 20 % der Fläche der Längsbewehrung aufweisen.

Lagermatten Lieferprogramm
(ab 01.01.2008)

Länge / Breite (m)	Randeinsparung (Längsrichtung)	Mattenbezeichnung	Mattenaufbau in Längsrichtung / Querrichtung: Stababstände (mm)	Stabdurchmesser Innenbereich (mm)	Stabdurchmesser Randbereich (mm)	Anzahl der Längsrandstäbe links	Anzahl der Längsrandstäbe rechts	Querschnitte längs / quer (cm²/m)	Gewicht je Matte (kg)	Gewicht je m² (kg)
6,00 / 2,30	ohne	Q188 A	150 150	6,0 6,0				1,88 1,88	41,7	3,02
		Q257 A	150 150	7,0 7,0				2,57 2,57	56,8	4,12
		Q335 A	150 150	8,0 8,0				3,35 3,35	74,3	5,38
	mit	Q424 A	150 150	9,0 9,0	7,0	4	4	4,24 4,24	84,4	6,12
		Q524 A	150 150	10,0 10,0	7,0	4	4	5,24 5,24	100,9	7,31
6,00 / 2,35		Q636 A	100 125	9,0 10,0	7,0	4	4	6,36 6,28	132,0	9,36
6,00 / 2,30	ohne	R188 A	150 250	6,0 6,0				1,88 1,13	33,6	2,43
		R257 A	150 250	7,0 6,0				2,57 1,13	41,2	2,99
		R335 A	150 250	8,0 6,0				3,35 1,13	50,2	3,64
	mit	R424 A	150 [illegible]	9,0 [illegible]	8,0	2	2	4,24 [illegible]	67,2	4,87
		R524 A	150 250	10,0 8,0	8,0	2	2	5,24 2,01	75,7	5,49

Der Gewichtsermittlung der Lagermatten liegen folgende Überstände zugrunde:
Q188 A bis Q524 A: Überstände längs: 75,0/75,0 mm Überstände quer: 25/25 mm
Q636 A: Überstände längs: 62,5/62,5 mm Überstände quer: 25/25 mm
R188 A bis R524 A: Überstände längs: 125/125 mm Überstände quer: 25/25 mm

<u>gew.: R 524 A + Ø 6 / a = 25 cm (unten)</u>

vorh. A_s = 5,24 cm²/m

+ 1,13 cm²/m = 6,37cm²/m

> erf. A_s = 5,85 cm²/m

alternativ: 2 x R 335 A (unten)

vorh. A_s = 2 * 3,35 cm²/m

vorh. A_s = 6,70 cm²

> erf. A_s = 5,85 cm²/m

Querschnitte von Flächenbewehrungen a_s in cm²/m

Stababstand s in cm	Durchmesser ∅$_s$ in mm: 6	8	10	12	14	16	20	25	28	Stäbe pro m
5,0	5,65	10,05	15,71	22,62	30,79	40,21	62,83	98,17		20,00
5,5	5,14	9,14	14,28	20,56	27,99	36,56	57,12	89,25		18,18
6,0	4,71	8,38	13,09	18,85	25,66	33,51	52,36	81,81	102,63	16,67
6,5	4,35	7,73	12,08	17,40	23,68	30,93	48,33	75,52	94,73	15,38
7,0	4,04	7,18	11,22	16,16	21,99	28,72	44,88	70,12	87,96	14,29
7,5	3,77	6,70	10,47	15,08	20,53	26,81	41,89	65,45	82,10	13,33
8,0	3,53	6,28	9,82	14,14	19,24	25,13	39,27	61,36	76,97	12,50
8,5	3,33	5,91	9,24	13,31	18,11	23,65	36,96	57,75	72,44	11,76
9,0	3,14	5,59	8,73	12,57	17,10	22,34	34,91	54,54	68,42	11,11
9,5	2,98	5,29	8,27	11,90	16,20	21,16	33,07	51,67	64,82	10,53
10,0	2,83	5,03	7,85	11,31	15,39	20,11	31,42	49,09	61,58	10,00
10,5	2,69	4,79	7,48	10,77	14,66	19,15	29,92	46,75	58,64	9,52
11,0	2,57	4,57	7,14	10,28	13,99	18,28	28,56	44,62	55,98	9,09
11,5	2,46	4,37	6,83	9,83	13,39	17,48	27,32	42,68	53,54	8,70
12,0	2,36	4,19	6,54	9,42	12,83	16,76	26,18	40,91	51,31	8,33
12,5	2,26	4,02	6,28	9,05	12,32	16,08	25,13	39,27	49,26	8,00
13,0	2,17	3,87	6,04	8,70	11,84	15,47	24,17	37,76	47,37	7,69
13,5	2,09	3,72	5,82	8,38	11,40	14,89	23,27	36,36	45,61	7,41
14,0	2,02	3,59	5,61	8,08	11,00	14,36	22,44	35,06	43,98	7,14
14,5	1,95	3,47	5,42	7,80	10,62	13,87	21,67	33,85	42,47	6,90
15,0	1,88	3,35	5,24	7,54	10,26	13,40	20,94	32,72	41,05	6,67
16,0	1,77	3,14	4,91	7,07	9,62	12,57	19,63	30,68	38,48	6,25
17,0	1,66	2,96	4,62	6,65	9,06	11,83	18,48	28,87	36,22	5,88
18,0	1,57	2,79	4,36	6,28	8,55	11,17	17,45	27,27	34,21	5,56
19,0	1,49	2,65	4,13	5,95	8,10	10,58	16,53	25,84	32,41	5,26
20,0	1,41	2,51	3,93	5,65	7,70	10,05	15,71	24,54	30,79	5,00
21,0	1,35	2,39	3,74	5,39	7,33	9,57	14,96	23,37	29,32	4,76
22,0	1,29	2,28	3,57	5,14	7,00	9,14	14,28	22,31	27,99	4,55
23,0	1,23	2,19	3,41	4,92	6,69	8,74	13,66	21,34	26,77	4,35
[illegible]	[illegible]	[illegible]	[illegible]	[illegible]	[illegible]	[illegible]	[illegible]	[illegible]	[illegible]	[illegible]
25,0	1,13	2,01	3,14	4,52	6,16	8,04	12,57	19,63	24,63	4,00

3) Biegebemessung eines Balkens

geg.: Zweifeldträger: C 20/25, B 500 B, d = 35,0 cm, c_{nom} = 3,5 cm, g_k = 25 kN/m, q_k = 10 kN/m, Bügel Ø 8/a = 10 cm

ges.: erf. A_s und Wahl der Bewehrung a) Stütze B (= Stützbewehrung) und b) Feld 1 (= Feldbewehrung)

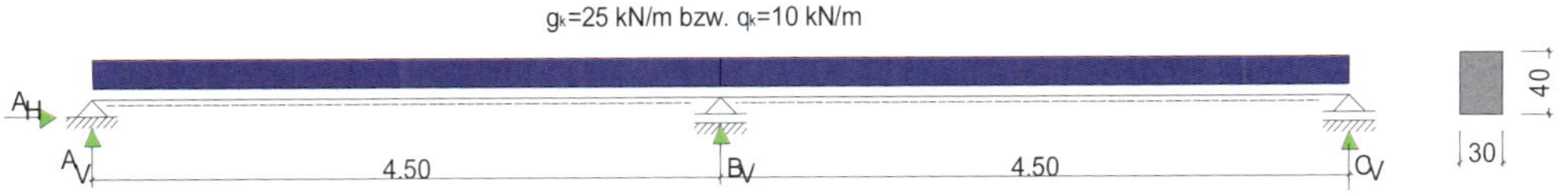

Schnittgrößen: Hier sind nur Biegemomente und Querkräfte vorhanden, N = 0

min $M_{B,d}$ = - [(1,35 * 25 kN/m + 1,50 * 10 kN/m) * (4,50 m)²] /8 = - 123,40 kNm

(In die Formeln wird der Betrag von - 123,40 kNm, also 123,40 kNm, eingesetzt!)

max $M_{f,1d}$ = + [0,07 *1,35 * 25 kN/m + 0,096 * 1,5 * 10 kN/m] * (4,5 m)² = 77,00 kNm

max $M_{f,1d}$ = max $M_{f,2d}$

Bemessung: C 20/25 B500 B

Stütze B: $k_d = \frac{d}{\sqrt{\frac{M_{Ed}}{b}}} = \frac{35\text{ cm}}{\sqrt{\frac{123{,}4\text{ kNm}}{0{,}30\text{ m}}}} = 1{,}73$

k_s = 2,83 ξ = 0,450 ζ = 0,813 ε_{C2} = - 3,50 ‰ ε_{s1} = 4,27 ‰

erf. $A_s = \frac{M_{Ed}}{d} * k_s = \frac{123{,}4\text{ kNm}}{35\text{ cm}} * 2{,}83 = 9{,}98\text{ cm}^2$

gew.: 5 Ø 16 (oben) (vorh. A_s = 10,05 cm² > erf. A_s = 9,98 cm²)

alternativ: 7 Ø 14 (oben) (vorh. A_s = 10,78 cm² > erf. A_s = 9,98 cm²)

Feld 1 (Wegen der Symmetrie wird Feld 2 wie Feld 1 bewehrt.)

$$k_d = \frac{d}{\sqrt{\frac{M_{Ed}}{b}}} = \frac{35\ cm}{\sqrt{\frac{77\ kNm}{0{,}30\ m}}} = 2{,}18$$

$k_s = 2{,}60$ $\xi = 0{,}277$ $\zeta = 0{,}885$ $\varepsilon_{C2} = -3{,}50$ ‰ $\varepsilon_{s1} = 9{,}12$ ‰

$$\text{erf. } A_s = \frac{M_{Ed}}{d} * k_s = \frac{77\ kNm}{35\ cm} * 2{,}60 = 5{,}72\ cm^2$$

gew.: 4 Ø 14 (unten) (vorh. A_s = 6,16 cm² > erf. A_s = 5,72 cm²)

alternativ: 6 Ø 12 (unten) (vorh. A_s = 6,79 cm² > erf. A_s = 5,72 cm²)

Zu Kap. 13.10.2.3 Querkraft-Nachweise

1) geg.: Stahlbetondecke C 25/30, B 500 A, h = 19 cm; c_v = 2,5 cm; l_{eff} = 5,00 m, b_w = 1,0 m; g_k = 6,5 kN/m²; q_k = 2,7 kN/m²

ges.: Querkraft-Nachweis

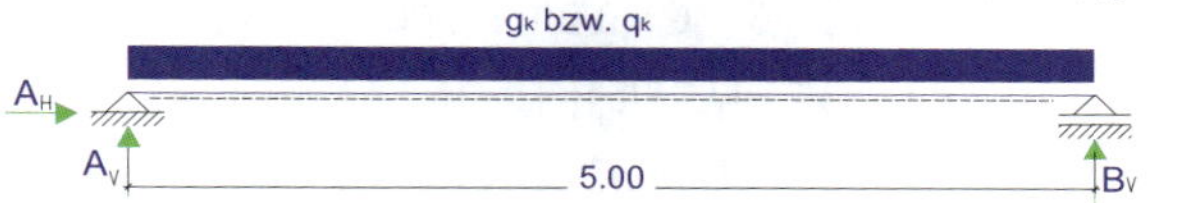

$$\text{Schnittgrößen: max } A_{Vd} = \frac{(1{,}35 * 6{,}50\ kN/m^2 + 1{,}50 * 2{,}70\ kN/m^2) * 5{,}00\ m}{2} = 32{,}06\ kN/m$$

max A_{vd} = max V_{Ed}

$$\max M_{Ed} = \frac{\left(1{,}35 * 6{,}50\ \frac{kN}{m^2} + 1{,}50 * 2{,}70\ \frac{kN}{m^2}\right) * (5{,}00\ m)^2}{8} = 40{,}08\ kNm/m$$

Bemessung: statische Nutzhöhe: d = 19 cm - 2,5 cm - 1,0 cm / 2 = 16,0 cm

$$k_d = \frac{d\ [cm]}{\sqrt{\frac{M_{Ed}\ [kNm]}{b\ [m]}}} = \frac{16{,}0\ cm}{\sqrt{\frac{40{,}08\ kNm/m}{1{,}0\ m}}} = 2{,}53 \rightarrow k_s = 2{,}45$$

$$\text{erf. } A_s = \frac{M_{Ed}}{d} * k_s = \frac{40{,}08\ kNm/m}{16{,}0\ cm} * 2{,}45 = 6{,}14\ cm^2/m$$

gewählt: 2 x R 335 A (unten)

vorh. A_s = 2 * 3,35 cm² /m = 6,70 cm² /m > 6,14 cm²/m

$$V_{Rd,c} = \left[0{,}1 * \kappa * (100 * \rho_l * f_{ck})^{\frac{1}{3}} + 0{,}12 * \sigma_{cp}\right] * b_w * d$$

$$\kappa = 1 + \sqrt{\frac{200}{d\ [mm]}} = 1 + \sqrt{\frac{200}{160\ mm}} = 2{,}12 \geq 2$$

$$\rho_l = \frac{A_{SL}}{b_w * d} = \frac{6{,}70\ cm^2}{100\ cm * 16{,}0\ cm} = 0{,}00418 \leq 0{,}02$$

$$V_{Rd,c} = \left[0{,}1 * \kappa * (100 * \rho_l * f_{ck})^{\frac{1}{3}}\right] * b_w * d$$

$$V_{Rd,c} = \left[0{,}1 * 2 * (100 * 0{,}00418 * 25\ MN/m^2)^{\frac{1}{3}}\right] * 1{,}0\ m * 0{,}160\ m$$

$$V_{Rd,c} = 0{,}070\ MN/m = 70{,}0\ kN/m$$

$$V_{Ed} = 32{,}06\ kN/m \leq V_{Rd,c} = 70{,}0\ kN/m$$

→ In der Decke ist keine Querkraftbewehrung erforderlich!

(zusätzlich wird im EC 2 gefordert: Platte: $\frac{b}{h} \geq 5$)

2) geg.: Stahlbetondecke C 25/30, $f_{ck} = 25\ MN/m^2$; B 500 A, h = 18 cm; $c_v = 2{,}5$ cm;

$l_{eff} = 4{,}67$ m; $b_w = 1{,}0$ m;

$g_k = 6{,}0\ kN/m^2$, $q_k = 1{,}5\ kN/m^2$

ges.: Querkraft-Nachweis

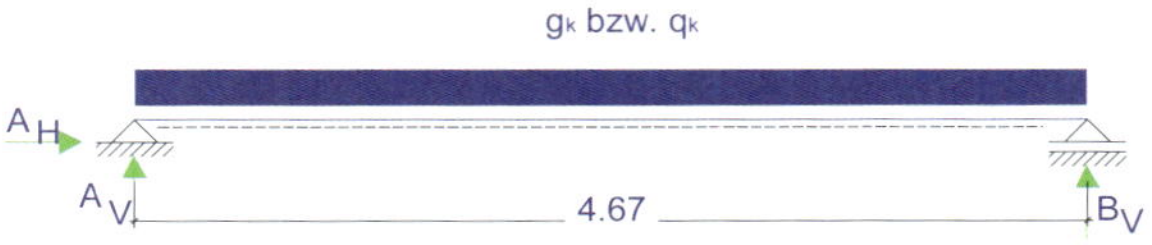

Schnittgrößen:

$$\max A_{Vd} = \frac{(1{,}35 * 6{,}0\ kN/m^2 + 1{,}50 * 1{,}50\ kN/m^2) * 4{,}67\ m}{2} = 24{,}17\ kN/m$$

$\max A_{vd} = \max V_{Ed}$

$$\max M_{Ed} = \frac{(1{,}35 * 6{,}0\ kN/m^2 + 1{,}50 * 1{,}50\ kN/m^2) * (4{,}67\ m)^2}{8} = 28{,}22\ kNm/m$$

Bemessung: Statische Nutzhöhe: d = 18 cm - 2,5 cm - 1,0 / 2 cm = 15,0 cm

$$k_d = \frac{d\ [cm]}{\sqrt{\frac{M_{Ed}\ [kNm]}{b\ [m]}}} = \frac{15{,}0\ cm}{\sqrt{\frac{28{,}22\ kNm/m}{1{,}0\ m}}} = 2{,}82 \rightarrow k_s = 2{,}42$$

$$\text{erf.}\,A_s = \frac{M_{Ed}}{d} * k_s = \frac{28{,}22\ kNm/m}{15{,}0\ cm} * 2{,}42 = 4{,}55\ cm^2/m$$

<u>gewählt: R 524 A (unten)</u> vorh. $A_S = 5{,}24\ cm^2/m >$ erf.$A_S = 4{,}55\ cm^2/m$

Querkraft-Nachweis:

$$\kappa = 1 + \sqrt{\frac{200}{d\ [mm]}} = 1 + \sqrt{\frac{200}{150\ mm}} = 2{,}15 \geq 2$$

$$\rho_l = \frac{A_{SL}}{b_w * d} = \frac{5{,}24\ cm^2}{100\ cm * 15{,}0\ cm} = 0{,}0035 \leq 0{,}02$$

$$V_{Rd,c} = \left[0{,}1 * \kappa * (100 * \rho_l * f_{ck})^{\frac{1}{3}} + 0{,}12 * \sigma_{cd}\right] * b_w * d$$

$$V_{Rd,c} = \left[0{,}1 * 2 * \left(100 * 0{,}0035 * 25\frac{MN}{m^2}\right)^{\frac{1}{3}}\right] * 1{,}0\ m * 0{,}150\ m = 0{,}062\frac{MN}{m}$$

$$V_{Rd,c} = 62\ kN/m > V_{Ed} = 24{,}17\ kN/m$$

→ In der Decke ist keine Querkraftbewehrung erforderlich!

(Zusätzlich wird im EC2 gefordert: Platte: $\frac{b}{h} \geq 5$)

3) Querkraftbemessung eines Stahlbetonbalkens

geg.: l_{eff} = 4,17 m, g_k = 2,0 kN/m, q_k = 5,0 kN/m, b = 25 cm, h = 30 cm, C 20/25, B 500 B, c_v = 3,5cm

ges.: Querkraft-Nachweise

a) Nachweis der Druckstrebe (Beton)

b) Nachweis der Zugstrebe (Betonstahl)

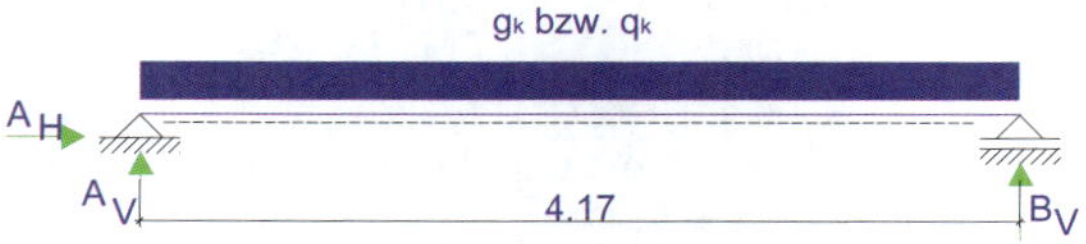

Schnittgrößen:

$$\max\ A_v = \frac{\left(1{,}35 * 2\ \frac{kN}{m} + 1{,}5 * 5\ \frac{kN}{m}\right) * 4{,}17\ m}{2} = 21{,}27\ kN = \max V_{Ed}$$

$$\max M_{Ed} = \frac{(1{,}35 * 2{,}0\ kN/m^2 + 1{,}50 * 5{,}00\ kN/m^2) * (4{,}17\ m)^2}{8} = 22{,}17\ kNm/m$$

Biegebemessung: statische Höhe: h - 5 cm = 30 cm - 5 cm = 25 cm

$$k_d = \frac{d}{\sqrt{\frac{M_{Ed}}{b}}} = \frac{25\ cm}{\sqrt{\frac{22{,}17\ kNm}{0{,}25\ m}}} = 2{,}65 \rightarrow k_s = 2{,}48$$

$$erf.\ A_s = \frac{M_{Ed}}{d} * k_s = \frac{22{,}17\ kNm}{25\ cm} * 2{,}48 = 2{,}20\ cm^2$$

gew.: 3 Ø 10 (unten) → vorh. As = 2,36 cm² > erf. A_S = 2,02 cm²

a) Nachweis der Druckstrebe (Beton): $V_{R,d,max} > V_{Ed}$

$$V_{Rd,max} = \frac{b_w * z * \nu_1 * f_{cd}}{\cot\Theta + \tan\Theta}$$

$\nu_1 * f_{cd}$ = 8,5 MN/m²,

z = 0,9 * 25 cm = 22,5 cm bzw. z = 25 cm - 2 * 3,5 cm = 18 cm und

z = 25 – 3,5 – 3 cm = 18,5 m Der größere Wert der beidem letzten Werte ist maßgebend![118]

$$V_{Rd,max} = \frac{0{,}25\ m * 0{,}185\ m * 8{,}5\ MN/m^2}{1{,}2 + \frac{1}{1{,}2}} = 0{,}193\ MN = 193\ kN > 21{,}27\ kN$$

b) Nachweis der Zugstrebe (Betonstahl):

$$erf.\ a_{sw} = \frac{V_{Ed}}{f_{ywd} * z * \cot\Theta} \qquad f_{ywd} = 435\ MN/m^2$$

$$erf.\ a_{sw} = \frac{21{,}27\ kN \cdot 10^{-3}}{435\ \frac{MN}{m^2} * 0{,}185\ m * 1{,}2} = 2{,}20 * 10^{-4}\ m^2/m = 2{,}20\ cm^2/m$$

gew.: Ø 6 /a = 20 cm / zweischnittig → vorh. $a_{s\ Bü}$ = 2 * 1,41 cm²/m = 2,82 cm²/m

Überprüfung der Bügelabstände:

$$\frac{V_{Ed}}{V_{Rdmax}} = \frac{21{,}27\ kN}{193\ kN} = 0{,}11 < 0{,}3\ (30\ cm)$$ 0,7 * h = 0,7 * 30 cm = 21 cm (maßgebend)

[118] Schneider, 2024, S. 5.77.

max a = 21 cm > vorh. a = 20 cm

Mindestquerkraftbewehrung:

$\frac{\min A_{sw}}{s} = \min \ \rho_w * b_w * \sin\alpha$

min ρ_w = 0,7 ‰ (= 0,7 * 10^{-3}), b_w = 25 cm, α = 90°, s = 100 cm

min a_{sw}= 0,7 * 10^{-3} * 25 cm * 1,00 * 100 = 1,75 cm²/m < 2,82 cm²/m = vorh. $a_{sBü}$

Zu Kap. 13.10.3.7

Plattenbalken

geg.: Stahlbetondecke, h = 20 cm, liegt auf zwei einfeldrigen Plattenbalken auf. C 25/30, B 500 B; b_w / h_f / h_0 = 30,0 / 20,0 / 65,0 cm; c_v = 3,5 cm. Belastung aus der Decke:

g_k = 30 kN/m, q_k = 10 kN/m

ges.: a) Biegebewehrung und b) Querkraftbewehrung der Plattenbalken

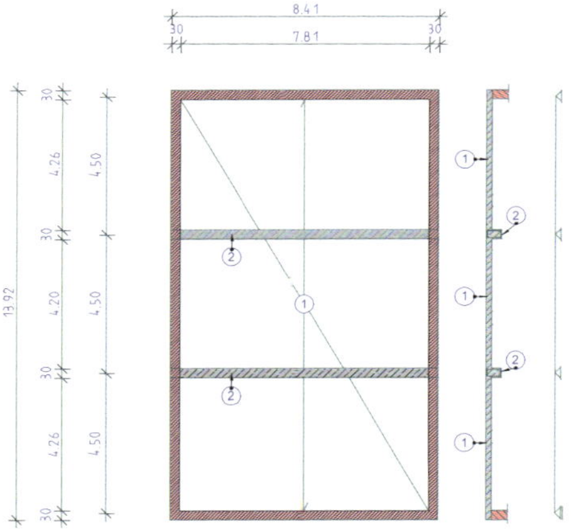

Lösung:

Statisches System des Plattenbalkens:

Einfeldträger:

l_{eff} = 0,15 m + 7,81 m + 0,15 m = 8,11 m

$V_{Ed} = \frac{g_k * 1{,}35 + q_k * 1{,}5}{2} * l$

$V_{Ed} = \frac{30 \frac{kN}{m} * 1{,}35 + 10 \frac{kN}{m} * 1{,}5}{2} * 8{,}11 \text{ m}$

V_{Ed} = 225,05 kN

$M_{Ed} = \frac{g_k * 1{,}35 + q_k * 1{,}5}{8} * l^2 = \frac{30 \frac{kN}{m} * 1{,}35 + 10 \frac{kN}{m} * 1{,}5}{8} * (8{,}11 \text{ m})^2 = 456{,}29 \text{ kNm}$

Bemessung: Baustoffe: C 25/30, B 500 B

b_w / h_f / h_0 = 30,0 / 20,0 / 65,0 cm → d = 65 cm - 5 cm = 60 cm

a) Biegebewehrung: mitwirkende Breite: $b_{eff} = \Sigma\, b_{eff,i} + b_w$

$b_{eff,i} = 0{,}2 * b_i + 0{,}1 * l_0 \quad \leq 0{,}2 * l_0$

$\leq b_i$

b_w = 30 cm b_1 = 4,26 m / 2 = 2,13 m, b_2 = 4,20 m / 2 = 2,10 m

$b_{eff,1}$ = 0,2 * b_i + 0,1 * l_0 = 0,2 * 2,13 m + 0,1 * 8,11 m = 1,24 m ≤ 0,2 * l_0 = 0,2 * 8,11m = 1,62 m

≤ b_i = 2,13 m

$b_{eff,2}$= 0,2 * b_i + 0,1 * l_0 = 0,2 * 2,10 m + 0,1 * 8,11m = 1,23 m ≤ 0,2 * l_0 = 0,2 * 8,11 m = 1,62 m

≤ b_i = 2,10 m

$b_{eff} = \Sigma\, b_{eff,i} + b_w$ = 1,24 m + 1,23 m + 0,30 m = 2,77 m

(Nach alter Norm: $b_{eff} = l_0 / 3 = 8{,}11\ m / 3 = 2{,}70\ m$)

$$k_d = \frac{d\ (cm)}{\sqrt{\frac{M_{Ed}\ (kNm)}{b_{eff}\ (m)}}} = \frac{60\ cm}{\sqrt{\frac{456{,}29\ kNm}{2{,}77\ m}}} = 4{,}67 \rightarrow k_s = 2{,}36 \qquad \xi = 0{,}069$$

Lage der Nulllinie: $x = \xi * d = 0{,}069 * 60\ cm = 4{,}14\ cm < 20\ cm$ → Nulllinie liegt in der Decke!

Bemessung wie Rechteckquerschnitt: erf. $A_S = \frac{M_{Ed}}{d} * k_s = \frac{456{,}29\ kNm}{60\ cm} * 2{,}36 = 17{,}95\ cm^2$

gew.: 4 Ø 25 (unten)

vorh. $A_S = 19{,}64\ cm^2 >$ erf. $A_s = 17{,}95\ cm^2$

b) Querkraftbewehrung

Nachweis der Druckstrebe (Beton): $V_{Rd,max} = \frac{bw * z * \nu_l * f_{cd}}{\cot\Theta + \tan\Theta}$

$b_w = 30\ cm$, $z = 0{,}9 * d = 0{,}9 * 60\ cm = 54{,}0\ cm = 0{,}54\ m$ bzw. $z = d - 2 * c_v = 60\ cm - 2 * 3{,}5\ cm = 53\ cm = 0{,}53\ m$ und $z = d - c_v - 3\ cm = 60\ cm - 3{,}5\ cm - 3{,}0\ cm = 53{,}5\ cm = 0{,}535\ m$ Der größere Wert ist maßgebend![119], $\nu_l * f_{cd} = 10{,}60\ MN/m^2$ Tabellenwert[120]

$$V_{Rd,max} = \frac{0{,}30\ m * 0{,}535\ m * 10{,}60\ MN/m^2}{1{,}2 + \frac{1}{1{,}2}} = 0{,}837\ MN = 837\ kN > 225{,}05\ kN$$

Nachweis der Zugstrebe (Betonstahl): (= Ermittlung der erforderlichen Querkraftbewehrung)

Die Querkraftbewehrung soll (hier) ausschließlich aus vertikalen Bügeln bestehen!

$$\text{erf. } a_{sw} = \frac{V_{Ed}}{fywd * z * \cot\Theta}$$

$$f_{ywd} = 435\ MN/m^2 \quad (= \frac{500\ MN/m^2}{1{,}15})$$

$$\text{erf. } a_{sw} = \frac{0{,}22505\ MN}{435\ MN/m^2 * 0{,}535\ m * 1{,}2} = 8{,}05 * 10^{-4}\ (m^2/m) = 8{,}05\ cm^2/m$$

gew.: Bügel Ø 8 / a = 12,0 cm / zweischnittig[121]

vorh. $a_{sw} = 2 * 4{,}19\ cm^2/m = 8{,}38\ cm^2/m > 8{,}14\ cm^2/m$

Überprüfung der Bügelabstände:[122]

$$\frac{V_{Ed}}{V_{Rd,max}} = \frac{225{,}05\ kN}{837\ kN} = 0{,}27 < 0{,}3 \rightarrow a_{max} = 0{,}7 * h = 0{,}7 * 65\ cm = 45{,}5\ cm \text{ bzw. } a_{max} = 30\ cm$$

Der ungünstigere Wert zieht: $a_{max.} = 30\ cm > a_{vorh.} = 12{,}0\ cm$

Überprüfung der Mindestquerkraftbewehrung (Mindestschubbewehrung):[123]

$A_{sw} / s \geq \rho_{w,min} * b_w * \sin\alpha$ $\qquad \rho_w = 0{,}83$, $b_w = 30\ cm$, $\alpha = 90°$

→ $8{,}14\ cm^2/m \geq 0{,}83 * 10^{-3} * 30\ cm * \sin 90° * 100 = 2{,}49\ cm^2/m$

[119] Schneider, 2024, S. 5.77.
[120] Schneider, 2024, S. 5.77.
[121] Schneider, 2024, S. 5.202.
[122] Schneider, 2024, S. 5.120.
[123] Schneider, 2024, S. 5.120.

Zu Kap. 13.14

1) geg.: Torsturz, C 20/25, B 500 B,

b / h = 35 / 50 cm

c_V = 3,0 cm, g_k = 35 kN/m, q_k = 17 kN/m

ges.: a) Vereinfachter Nachweis der Biegeschlankheit

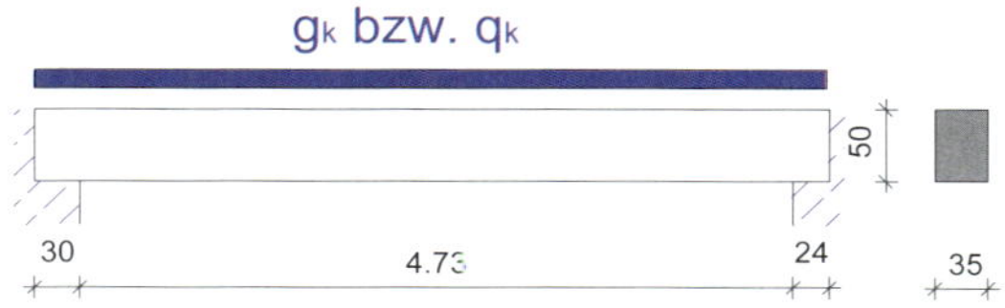

b) Biegebewehrung (Ø = 20 mm, mit Endaufbiegungen, jeweils 20 cm)

c) Querkraftbewehrung (vertikale Bügel, Ø = 8 mm)

d) Bewehrungsplan, M = 1:25 (Montageeisen: ME: 2 Ø 12 (oben))

e) Biegeliste

Statisches System: Einfeldträger

$$l_{eff} = \frac{0{,}30\ m}{2} + 4{,}73\ m + \frac{0{,}24\ m}{2} = 5{,}00\ m < 2 * \frac{0{,}50\ m}{2} + 4{,}73\ m = 5{,}23\ m$$

$$\text{Schnittgrößen: max. } V_{Ed} = \frac{\left(1{,}35 * 35\ \frac{kN}{m} + 1{,}5 * 17\ \frac{kN}{m}\right) * 5{,}00\ m}{2} = \frac{72{,}75\ \frac{kN}{m} * 5{,}00\ m}{2} = 181{,}88\ kN$$

$$\text{max. } M_{Ed} = \frac{72{,}75\ \frac{kN}{m} * (5{,}00\ m)^2}{8} = 227{,}34\ kNm$$

a) Vereinfachter Nachweis der Biegeschlankheit

d = 50 cm - 5 cm = 45 cm

$$\text{erf. } d = \frac{li}{25{,}0} = \frac{1{,}0 * 5{,}00\ m}{25{,}0} = 0{,}20\ m = 20\ cm < 45\ cm = d_{vorh.} \quad \text{für C20/25}$$

b) Biegebewehrung

$$k_d = \frac{d}{\sqrt{\frac{M_{Ed}}{b}}} = \frac{45\ cm}{\sqrt{\frac{227{,}34\ kNm}{0{,}35\ m}}} \rightarrow k_d = 1{,}77 \rightarrow k_s = 2{,}79$$

$$\text{erf. } A_s = \frac{M_{Ed}}{d} * k_s = \frac{227{,}34\ kNm}{45\ cm} * 2{,}7 = 14{,}10\ cm^2$$

<u>gew.: 5 Ø 20 (unten)</u> vorh. A_S = 15,7 cm² > erf. A_s = 14,10 cm²

c) Querkraft-Nachweis (Querkraftbemessung)

Aus Übungsgründen wird festgestellt, ob ein Bauteil ohne oder mit Querkraftbewehrung vorliegt!

$V_{Ed} \leq V_{Rd,c}$ V_{Ed} = 181,88 kN (ohne Abminderung)

$$V_{Rd,c} = [0{,}1 * \kappa * (100 * \rho_l * f_{ck})^{\frac{1}{3}}] \cdot b_w * d$$

$$\kappa = 1 + \sqrt{\frac{200}{d[mm]}} = 1 + \sqrt{\frac{200}{450\ mm}} = 1{,}67 < 2$$

$$\rho_l = \frac{A_{SL}}{b_w * d} = \frac{15{,}7\ cm^2}{35\ cm * 45{,}0\ cm} = 0{,}009968 \leq 0{,}02$$

f_{ck} = 20 MN/m²

$$V_{Rd,ct} = \left[0{,}1 * \kappa * (100 * \rho_l * f_{ck})^{\frac{1}{3}}\right] * b_w * d$$

$$V_{Rd,ct} = \left[0{,}1 * 1{,}67 * \left(100 * 0{,}009968 * 20 \frac{MN}{m^2}\right)^{\frac{1}{3}}\right] * 0{,}35 * 0{,}450$$

$$V_{Rd,ct} = 0{,}071\ MN/m = 71{,}0\ kN/m$$

$$V_{Ed} = 181{,}88\ kN/m \leq V_{Rd,ct} = 71{,}0\ kN/m$$

$f_{ywd} = 435\ MN/m^2$ (= $\frac{500\ MN/m2}{1{,}15}$)

→ Im Balken ist eine Querkraftbewehrung erforderlich! Dieser Nachweis kann übersprungen werden, da es sich um einen Balken und keine Decke handelt. Balken erhalten i. d. R. eine Querkraftbewehrung.

Nachweis der (Beton-) Druckstrebe: $V_{Ed} \leq V_{Rd,max}$

$$V_{Rd,max} = \frac{b_w * z * \nu_1 * f_{cd}}{\cot\Theta + \tan\Theta}$$

b_w = 35 cm = 0,35 m

z = 0,9 * d = 0,9 * 45 cm = 40,5 cm, jedoch: z ≤ d - 2 * cv,l = 45 cm - 2 * 3,0 cm = 39 cm = 0,39 m und z = d - $c_{v,l}$ – 3,0 cm = 45 cm – 3,0 cm – 3,0 cm = 39 cm = 0,39 m

Beide Werte sind gleich.[124]

$\nu_l * f_{cd}$ = 8,5 MN/m², cot Θ = 1,2

$$V_{Rd,max} = \frac{0{,}35\ m * 0{,}39\ m * 8{,}5\ MN/m^2}{1{,}2 + \frac{1}{1{,}2}} = 0{,}571\ MN = 571\ kN > 181{,}88\ kN$$

Querkraftbewehrung (vertikale Bügel, Ø = 8 mm)

$$\text{erf. } a_{sw} = \frac{V_{Ed}}{f_{ywd} * z * \cot\Theta} = \frac{0{,}18188\ MN}{435\ MN/m^2 * 0{,}39\ m * 1{,}2} = 8{,}93 * 10^{-4}\ (m^2/m) = 8{,}93\ cm^2/m$$

gew: Bügel Ø 8 / a = 11,0 cm / zweischnittig

vorh. a_{sw} = 9,22 cm²/m > erf. a_{sw} = 8 ,93 cm²/m

Überprüfung der Bügelabstände:[125]

$$\frac{V_{Ed}}{V_{Rd,max}} = \frac{181{,}88\ kN}{571\ kN} = 0{,}32 > 0{,}30 \text{ und } < 0{,}6$$

→ a_{max} = 0,5 * h = 0,5 * 50 cm = 25 cm bzw. a_{max} = 30 cm

Der ungünstigere Wert ist maßgebend: $a_{max.}$ = 25 cm > $a_{vorh.}$ = 11,0 cm

ME: 2 Ø10 (oben und in h/2)

[124] Schneider, 2024, S. 5.77.
[125] Schneider, 2024, S. 5.120.

d) Bewehrungsplan (hier ohne Maßstab)

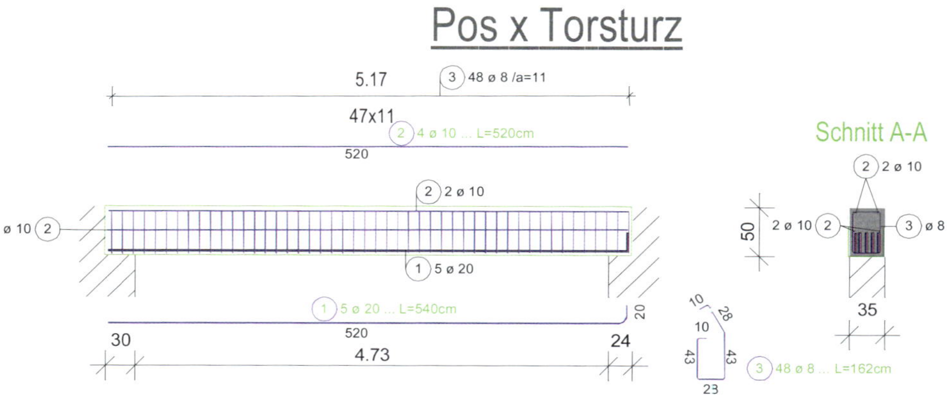

Alternativ könnten die unteren Stäbe als L-Stäbe von beiden Seiten kommend gestoßen werden.

e) Biegeliste

Stabliste - Biegeformen

Pos.	Stck	ø [mm]	Einzel Länge [m]	Bemaßte Biegeform (unmaßstäblich)	Gesamt Länge [m]	Masse [kg]
1	5	20	5.40	520 / 20	27.00	66.69
2	4	10	5.20	520	20.80	12.83
3	48	8	1.62	43 / 28 / 28 / 10 / 10 / 43	77.76	30.72

Gesamtmasse [kg] : 110.24

2) geg.: Einfeldrige, einachsige Stahlbetondecke in einem Wohnhaus, erhöhte Anforderungen, C 20/25, B 500 A, h = 22 cm, c_v = 2,0 cm,

$g_k = 7{,}0\ \frac{kN}{m^2}$, $q_k = 2{,}7\ \frac{kN}{m^2}$

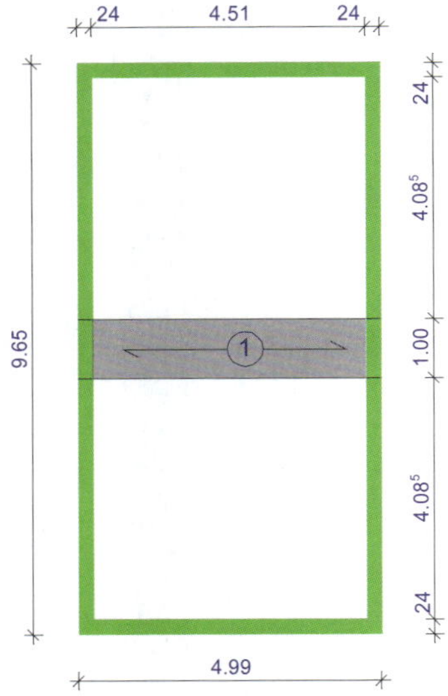

ges.: a) Vereinfachter Nachweis der Biegeschlankheit

b) Wahl einer sinnvollen Bewehrung

c) Querkraftnachweis

d) Bewehrungsplan

e) Schneideskizze

a) Nachweis der Biegeschlankheit

Statisches System: Einfeldträger

$l_{eff.} = \frac{0{,}24\ m}{2} + 4{,}51\ m + \frac{0{,}24\ m}{2} = 4{,}75\ m$

$l_{eff.} = \frac{0{,}22\ m}{2} + 4{,}51\ m + \frac{0{,}22\ m}{2} = 4{,}73\ m < 4{,}75\ m$

$l_i = \alpha * l_{eff.} = 1{,}0 * 4{,}73\ m = 4{,}73\ m,\ \alpha = 1{,}0$ (Einfeldträger)

$\rightarrow l_i \leq 6{,}00\ m \rightarrow$ erf. $d = \frac{l_i}{25}$

$\rightarrow$ erf. $d = \frac{4{,}73\ m}{25} = 0{,}1890\ m = 18{,}90\ cm$

erf. h = erf. d + nom c + $\frac{d_L}{2}$

erf. h = 18,90 cm + 2,0 cm + 0,5 cm = 21,40 cm

$h_{vorh.} = 22\ cm > h_{erf.} = 21{,}40\ cm$

b) Biegebewehrung

$$\max.\ M_{Ed} = \frac{q * l^2}{8} = \frac{(g_k * 1{,}35 + q_k * 1{,}5) * l_{eff.}^{\ 2}}{8} = \frac{\left(7{,}0\,\frac{kN}{m^2} * 1{,}35 + 2{,}7\,\frac{kN}{m^2} * 1{,}5\right) * (4{,}73\ m)^2}{8} = 37{,}75\ kNm/m$$

$d = h_{Decke} - c_v - \frac{d}{2} = 22{,}0\ cm - 2{,}0\ cm - 0{,}5\ cm = 19{,}5\ cm$

$k_d = \frac{d}{\sqrt{\frac{M_{Ed}}{b}}} = \frac{19{,}5\ cm}{\sqrt{\frac{37{,}75\ kNm}{1{,}0\ m}}} \cong 3{,}17 \rightarrow k_s = 2{,}42$

erf. $A_s = \frac{M_{Ed}}{d} * k_s = \frac{37{,}75\ kNm}{19{,}5\ cm} * 2{,}42 = 4{,}69\ cm^2/m$

<u>gew.: R 524 A (unten)</u> vorh. $A_S = 5{,}24\ cm^2/m >$ erf. $A_S = 4{,}69\ cm^2/m$ → in Ordnung!

<u>gew.: Q 188 A (oben)</u>

c) Querkraftnachweis: $V_{Ed} \leq V_{Rd,c}$

$$V_{Ed} = \frac{r_d * l}{2} = \frac{(g_k * 1{,}35 + q_k * 1{,}5) * l_{eff.}}{2} = \frac{\left(7{,}0\,\frac{kN}{m^2} * 1{,}35 + 2{,}7\,\frac{kN}{m^2} * 1{,}5\right) * 4{,}73\ m}{2} = 31{,}93\ kN$$

$$V_{Rd,c} = \left[0{,}1 * k * (100 * \rho_1 * f_{ck})^{\frac{1}{3}}\right] * b_w * d$$

$$\kappa = 1 + \sqrt{\frac{200}{d\,[mm]}} = 1 + \sqrt{\frac{200}{195\ mm}} = 2{,}01 \geq 2{,}00$$

$\rho_1 = \frac{A_{sl}}{b_w * d} = \frac{5{,}24\ cm^2/m}{100\ cm * 19{,}5\ cm} = 0{,}00269 \leq 0{,}02,\ f_{ck} = 20\,\frac{MN}{m^2}$

$V_{Rd} = \left[0{,}1 * 2{,}0 * (100 * 0{,}00269 * 20)^{\frac{1}{3}}\right] * 1 * 0{,}195 = 0{,}0684\,\frac{MN}{m} * 1000$

$V_{Rd} = 68{,}4\,\frac{KN}{m} \geq 31{,}93\,\frac{KN}{m} = V_{Ed}$

→ Keine Querkraftbewehrung erforderlich!

d) Bewehrungsplan (ohne Maßstab), h = 22 cm, c_v = 2,0 cm, C 20/25, B 500 A

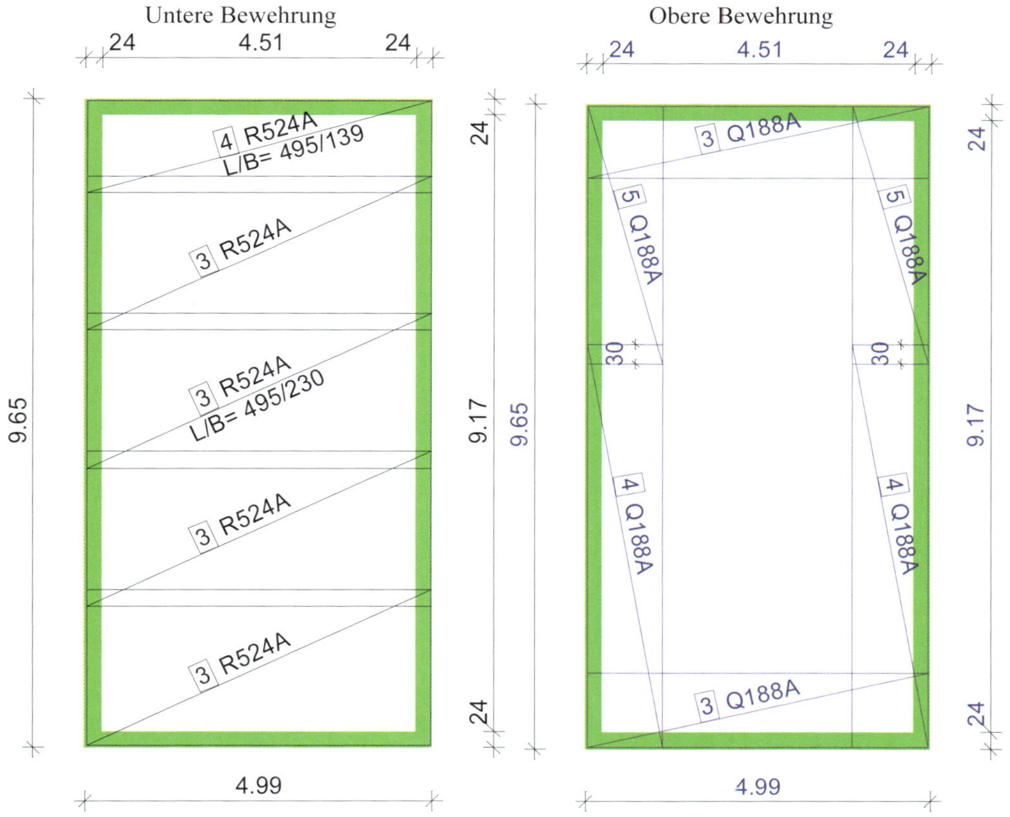

e) Schneideskizze

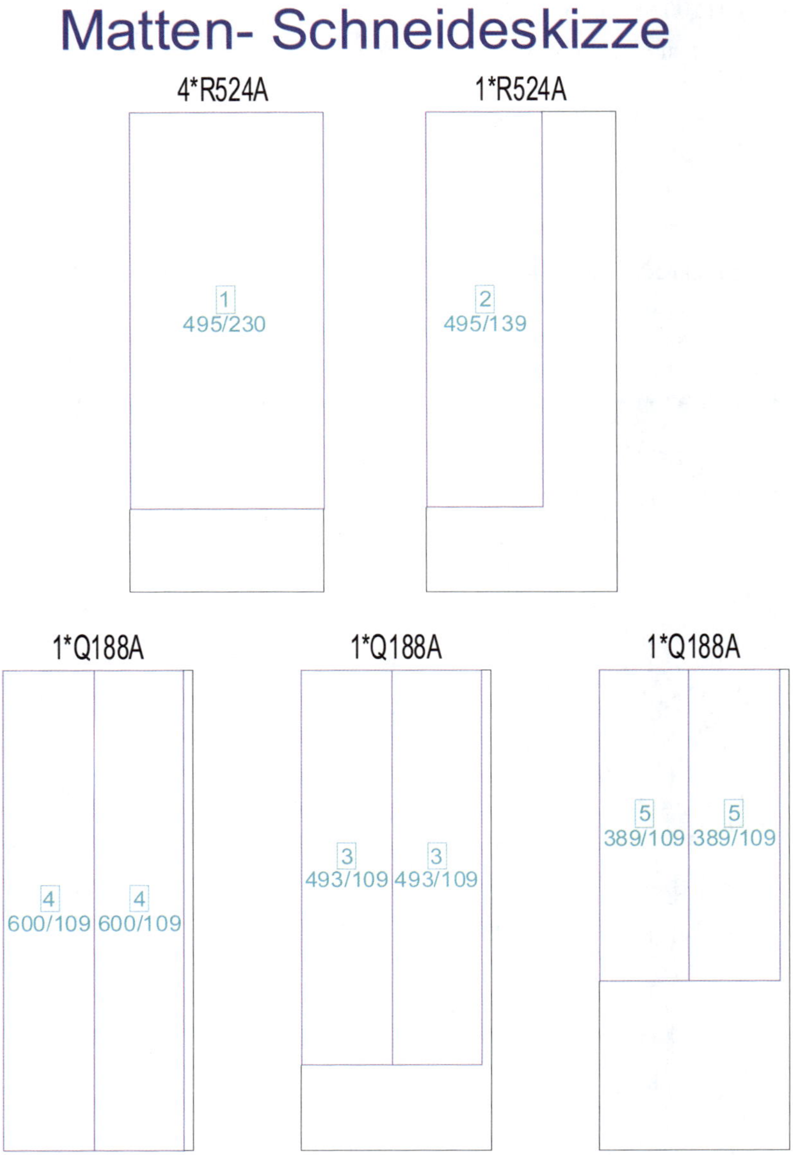

Stück	Bezeichnung	Brutto [kg]	Netto [kg]
3	Q188A	125.10	97.63
5	R524A	378.50	286.39
8	Summe	503.60	384.02

14 Holzbau

In diesem Kapitel werden, nach einem Überblick über die Baustoffe und nach der Erläuterung wichtiger Parameter für die Bemessung nach EC 5, die Berechnung einiger Bauteile aus Holz exemplarisch vorgestellt. Berechnet werden einfache Biegeträger, zentrisch gedrückte Stützen und - als klassischer Anschluss - ein Stirnversatz.

Zunächst werden, als Überblick über die vielfältigen Inhalte des ersten Teils des EC 5, „Bemessung und Konstruktion von Holzbauten“, die Gliederung und Anhänge der europäischen Holzbaunorm, DIN EN 1995, vorgestellt.

14.1 Gliederung der DIN EN 1995 (Eurocode 5)

Vorwort
Vorwort zur Änderung A1
Hintergrund des Eurocode-Programms
Status und Gültigkeitsbereich der Eurocodes
Nationale Normen zur Umsetzung der Eurocodes
Zusammenhang zwischen den Eurocodes und harmonisierten technischen Spezifikationen (ENs und ETAs) für Bauprodukte
Zusätzliche besondere Hinweise zu EN 1995-1-1
Nationaler Anhang für EN 1995-1
1 Allgemeines
2 Grundlagen für Bemessung und Konstruktion
3 Baustoffeigenschaften
4 Dauerhaftigkeit
5 Grundlagen der Berechnung
6 Grenzzustände der Tragfähigkeit
7 Grenzzustände der Gebrauchstauglichkeit
8 Verbindungen mit metallischen Verbindungsmitteln
9 Zusammengesetzte Bauteile und Tragwerke
10 Ausführung und Überwachung

Anhang A (informativ) Blockscherversagen von Verbindungen
Anhang B (informativ) Nachgiebig verbundene Biegestäbe
Anhang C (informativ) Zusammengesetzte Druckstäbe
Anhang D (informativ) Literaturhinweise

14.2 Baustoffe[1]

Hier ein kurzer Überblick über die gebräuchlichsten Holzbaustoffe der tragenden Bauteile:

- Nadelholz (NH): C 16, C 18, **C 24**, C 30, C 35 → C = coniferous tree = Nadelbaum
  Meist wird für die Bemessung einfacher Bauteile aus Holz C 24 benutzt.
- Laubholz (LH): D 30, D 35, D 40, D 60 → D = deciduous tree = Laubbaum
- Brettschichtholz (BSH): **GL 24**, **GL 28**, GL 32, → GL= glued laminated = Leimbinder
  h = homogeny, c = kombiniert

Die unterstrichenen Hölzer werden oft für tragende Querschnitte gewählt. Die Zahl hinter dem Buchstaben gibt die Biegefestigkeit des Holzes an. Beispiele:

C 24 → Nadelholz mit einer Biegefestigkeit von $f_{m,k} = 24\ N/mm^2$ (ohne Teilsicherheitsbeiwert).

GL28, h = Homogenes Brettschichtholz mit einer Festigkeit für Biegung von $f_{m,k} = 28\ MN/m^2$ (ohne Teilsicherheitsbeiwert). Ausführliche Hinweise zu den Baustoffen finden sich in der Fachliteratur.[2]

14.3 Nutzungsklassen, Lasteinwirkungsdauer, Modifikationsbeiwerte und Festigkeiten

Nutzungsklassen (NKL)

Da sich die technischen Eigenschaften von Holz (E-Modul und Festigkeit) mit zunehmender Holzfeuchte verschlechtern, werden in DIN EN 1995-1-1, 2.3.1.3 drei Klassen der Nutzung eingeführt.[3]

Nutzungsklassen	Ausgleichsfeuchte in %	Beispiele
1	5 - 15	Beheizte Innenräume
2	10 - 20	Überdachte und offene Tragwerke
3	12 - 24	Frei der Witterung ausgesetzte Bauteile

Ebenso hat die Dauer der Einwirkung auf die Materialeigenschaften des Holzes einen großen Einfluss. Dies wird in fünf Klassen der Lasteinwirkung abgebildet.

Klassen der Lasteinwirkungsdauer (KLED):

DIN EN 1995-1-1: Tabelle 2.1 - Klassen der Lasteinwirkungsdauer[4]

Tabelle 2.1 — Klassen der Lasteinwirkungsdauer

Klasse der Lasteinwirkungsdauer	Größenordnung der akkumulierten Dauer der charakteristischen Lasteinwirkung
ständig	länger als 10 Jahre
lang	6 Monate – 10 Jahre
mittel	1 Woche – 6 Monate
kurz	kürzer als eine Woche
sehr kurz	

[1] Der EC 5 behandelt im Kapitel 3 folgende Baustoffe: Vollholz, Brettschichtholz, Furnierschichtholz, Holzwerkstoffe, Klebstoffe, metallische Verbindungsmittel.
[2] Schmidt / Kempf / Gütelhöfer, 2012, S. 9 ff.
[3] Schneider, 2024, S. 9.4.
[4] Schneider, 2024, S. 9. 4.

ANMERKUNG: Beispiele für die Zuweisung zur Klasse der Lasteinwirkungsdauer enthält die Tabelle 2.2.[5]

Da klimabedingte Lasteinwirkungen (Schnee, Wind) in den Ländern in unterschiedlichen Größen auftreten, kann die Zuordnung zu den Klassen der Lasteinwirkungsdauer im Nationalen Anhang festgelegt werden.

Tabelle 2.2 — Beispiele für die Zuordnung zu Klassen der Lasteinwirkungsdauer

Klasse der Lasteinwirkungsdauer	Beispiele für die Lasteinwirkung
ständig	Eigengewicht
lang	Lagerstoffe
mittel	Verkehrslasten, Schnee
kurz	Schnee, Wind
sehr kurz	Wind und außergewöhnliche Einwirkungen

Modifikationsbeiwerte der Festigkeiten zur Berücksichtigung der Nutzungsklassen und Klassen der Lasteinwirkungsdauer, DIN EN 1995-1-1: 3.1.3.

(1) Es sind in der Regel die Werte für die Modifikationsbeiwerte k_{mod} nach Tabelle 3.1 zu verwenden.

Modifikationsbeiwerte:[6] k_{mod}

Tabelle 3.1 — Werte für k_{mod}

Baustoff	Norm	Nutzungsklasse	Klasse der Lasteinwirkungsdauer				
			ständige Einwirkung	lange Einwirkung	mittlere Einwirkung	kurze Einwirkung	sehr kurze Einwirkung
Vollholz	EN 14081-1	1	0,60	0,70	0,80	0,90	1,10
		2	0,60	0,70	0,80	0,90	1,10
		3	0,50	0,55	0,65	0,70	0,90
Brettschichtholz	EN 14080	1	0,60	0,70	0,80	0,90	1,10
		2	0,60	0,70	0,80	0,90	1,10
		3	0,50	0,55	0,65	0,70	0,90

Festigkeiten:

$$f_{m,d} = \frac{k_{mod}}{\gamma_M} * f_{m,k}$$

$\frac{k_{mod}}{\gamma_M}$ → *Tabellenwert*[7], $f_{m,k}$ → *Tabellenwert*[8], $\gamma_M = 1{,}3$ für Holz und Holzwerkstoffe[9]

5 DIN EN 1995-1-1, Tabelle 2.2
6 Schneider, 2024, S. 9.3, Tafel 9.3.
7 Schneider, 2024, S. 9.5, Tafel 9.5.
8 Schneider, 2024, S. 9.8, Tafel 9.8 und S. 9.9, Tafel 9.9.
9 Schneider, 2024, S. 9.4, Tafel 9.4c.

14.4 Nachweise

Im Folgenden werden beispielhaft drei für die Praxis wichtige ausgewählte Tragfähigkeitsnachweise (Biegung, Schub, Knicken) und ein Gebrauchstauglichkeitsnachweis (Durchbiegung) an einfachen Beispielen gezeigt. Zunächst werden die Nachweise in der Übersicht dargestellt, anschließend mit Beispielen veranschaulicht und in den Übungen gefestigt.

14.4.1 Tragfähigkeitsnachweise (für Querschnitte)

Diese Nachweise werden mit Bemessungswerten, also mit Teilsicherheitswerten, geführt.
Bei den Einwirkungen sind die ungünstigen Teilsicherheitsbeiwerte i. d. R.: $\gamma_g = 1{,}35$, $\gamma_q = 1{,}50$.

14.4.1.1 Einachsige Biegung (ohne Normalkraft)

Spannungsnachweis: $$\boldsymbol{\sigma_{m,d} \leq f_{m,d}}$$

$\sigma_{m,d}$ Bemessungswert der Biegespannung

$f_{m,d}$ Bemessungswert der Biegefestigkeit[10], $f_{m,d} = \frac{k_{mod}}{\gamma_M} * f_{m,k}$

genauer: $$\boldsymbol{\sigma_{m,d} = \frac{M_d}{W_n} \leq k_h * f_{m,d}}$$ oder: $$\boldsymbol{\frac{M_d/W_n}{k_h * f_{m,d}} \leq 1}$$

M_d Bemessungswert des Momentes

W_n Netto-Widerstandsmoment

k_h Beiwert zur Berücksichtigung des Einflusses der Querschnittsabmessungen auf die Zugfestigkeit (Erhöhung der Tragfähigkeit bei kleinen Querschnitten „Höhenfaktor“)[11]

14.4.1.2 Schub infolge Querkraft

Spannungsnachweis: $$\boldsymbol{\tau_d \leq f_{V,d}}$$

τ_d: Bemessungswert der Schubspannung, $f_{V,d}$: Bemessungswert der Schubfestigkeit[12]

---

[10] Schneider, 2024, S. 9.8, Tafel 9.8 und S. 9.9, Tafel 9.9.
[11] Schneider, 2024, S. 9.8, Tafel 9.8.
[12] Schneider, 2024, S. 9.8, Tafel 9.8.

$f_{V,d} = \frac{k_{mod}}{\gamma_M} * f_{V,k,}$ bei Rechteckquerschnitten:[13]

$$\boldsymbol{\tau_d = 1,5 * \frac{V_d}{k_{cr} * A_n} \leq f_{v,d}}$$

oder:

$$\boldsymbol{\frac{1,5 * V_d/(k_{cr} * A_n)}{f_{v,d}} \leq 1}$$

V_d Bemessungswert der Druckkraft

A_n Netto-Querschnittsfläche

k_{cr} „Rissbeiwert“ s. u. *(dimensionslos)*

k_{cr} Berücksichtigt den Einfluss einer Rissbildung, die sich im Laufe der Nutzung einstellen kann. Er ist nicht mit einer „zulässigen“ Risstiefe gleichzusetzen.

k_{cr} kann wie folgt berechnet werden:[14]

	Vollholz und Balkenschichtholz	BSH (Leimbinder)	Holzwerkstoffe	Laubholz
k_{cr}	$\frac{2,0}{f_{v,k}}$	$\frac{2,5}{f_{v,k}}$	1,0	0,67

14.4.1.3 Knicken

Nachweis der Knickspannung:

$$\boldsymbol{\sigma_{c,0,d} \leq k_{c,y(z)} * f_{0,c,d}}$$

oder:

$$\boldsymbol{\frac{\sigma_{c,0,d}}{k_{c,y(z)} * f_{c,0,d}} \leq 1}$$

$\sigma_{c,0,d}$ = Bemessungswert der vorhandenen Druckspannung in Längsrichtung

$k_{c,y(z)}$ = Knickbeiwert (Knicken um die y- bzw. z-Achse)

$f_{0,c,d}$ = Bemessungswert der Druckfestigkeit in Faserrichtung

$$\boldsymbol{\sigma_{c,0,d} = \frac{N_{c,0,d}}{A_n}}$$

$N_{c,0,d}$ = Bemessungswert der Druckkraft in Faserrichtung

A_n = vorhandene kleinste Querschnittsfläche im mittleren Drittel der Knicklänge

[13] Schubspannungen für andere Querschnitte werden mit der Formel $\tau = \frac{V * S}{I * b * k_{cr}}$ berechnet.

[14] Schneider, 2024, S. 9.8.

Beispiele zum Knicken:

1) geg.: Holzstütze in einem Einfamilienhaus, Pendelstütze, h = 2,65 m, C 24, b / h = 14 / 16 cm, $F_{G,K}$ = 50,0 kN, $F_{Q,K}$ = 30,0 kN, NKL 1, KLED mittel

ges.: Nachweis der Tragfähigkeit mit dem Ersatzstabverfahren (Nachweis gegen Knicken)

Bemessungswerte der Druckkraft: $F_{E,d} = 1{,}35 * 50{,}0 \text{ kN} + 1{,}5 * 30{,}0 \text{ kN} = 112{,}5 \text{ kN} = N_d$

$k_{mod} = 0{,}8, \gamma_M = 1{,}3, \frac{k_{mod}}{\gamma_M} = \frac{0{,}8}{1{,}3} = 0{,}615$

Ersatzstablänge = Knicklänge = $l_{ef} = \beta * l = 1{,}0 * 2{,}65 \text{ m} = 2{,}65 \text{ m}$ *(Euler-Fall 2)*

Trägheitsradius i: min i = 0,289 * 14 cm = 4,05 cm

Schlankheit $\lambda = \max.\ \lambda = \frac{l_{ef}}{\min. i} = \frac{265 \text{ cm}}{4{,}05 \text{ cm}} = 65{,}4 \approx 66$

→ Knickbeiwert $k_c = 0{,}610$ *Tabellenwert*[15]

$f_{c,0,k} = 21 \text{ MN/m}^2$ *Tabellenwert*[16]

→ $f_{m,d} = \frac{k_{mod}}{\gamma_M} * f_{c,0,k} = 0{,}615 * 21 \text{ MN/m}^2 = 12{,}91 \text{ MN/m}^2 = 1{,}29 \text{ kN/cm}^2$

$\sigma_{c,0,d} = \frac{N_d}{A_n} = \frac{112{,}5 \text{ kN}}{14 \text{ cm} * 16 \text{ cm}} = 0{,}50 \frac{\text{kN}}{\text{cm}^2} \leq k_c * f_{c,0,d} = 0{,}610 * 1{,}29 \text{ kN/cm}^2 = 0{,}79 \frac{\text{kN}}{\text{cm}^2}$

→ *in Ordnung*

2) geg.: Holzstütze im Lagerhaus im Freien, Pendelstütze, h = 3,00 m, C 24, b/h = 16/20 cm, $F_{G,K}$ = 60,0 kN, $F_{Q,K}$ = 40,0 kN, NKL 3, KLED lang

ges.: Nachweis der Tragfähigkeit mit dem Ersatzstabverfahren (Nachweis gegen Knicken).

Bemessungswerte der Druckkraft: $F_{R,d} = 1{,}35 * 60{,}0 \text{ kN} + 1{,}5 * 40{,}0 \text{ kN} = 141{,}0 \text{ kN} = N_d$

$k_{mod} = 0{,}55$ $\gamma_M = 1{,}3$ $\frac{k_{mod}}{\gamma_M} = \frac{0{,}55}{1{,}3} = 0{,}423$

Ersatzstablänge = Knicklänge = $l_{ef} = \beta * l = 1{,}0 * 3{,}00 \text{ m} = 3{,}00 \text{ m}$

Trägheitsradius i: min i = 0,289 * 16 cm = 4,62 cm

Schlankheit $\lambda = \max.\ \lambda = \frac{l_{ef}}{\min. i} = \frac{300 \text{ cm}}{4{,}62} = 64{,}9 \approx 65$

→ Knickbeiwert $k_c = 0{,}610$ *Tabellenwert*[17], $f_{c,0,k} = 21 \text{ MN/m}^2$ *Tabellenwert*[18]

$f_{m,d} = \frac{k_{mod}}{\gamma_M} * f_{c,0,k} = 0{,}423 * 21 \text{ MN/m}^2 = 8{,}88 \text{ MN/m}^2 = 0{,}89 \text{ kN/cm}^2$

$\sigma_{c,0,d} = \frac{N_d}{A_n} = \frac{141{,}0 \text{ kN}}{16 \text{ cm} * 20 \text{ cm}} = 0{,}44 \frac{\text{kN}}{\text{cm}^2} \leq k_c * f_{c,0,d} = 0{,}610 * 0{,}89 \frac{\text{kN}}{\text{cm}^2} = 0{,}54 \frac{\text{kN}}{\text{cm}^2}$

→ *in Ordnung!*

---

[15] Schneider, 2024, S. 9.29.

[16] Schneider, 2024, S. 9.8.

[17] Schneider, 2024, S. 9.29.

[18] Schneider, 2024, S. 9.8.

14.4.2 Gebrauchstauglichkeitsnachweise

Diese Nachweise werden mit charakteristischen Einwirkungen, also ohne Teilsicherheitsbeiwerte, geführt.

Zu den Nachweisen der Gebrauchstauglichkeit gehören die Nachweise der Durchbiegung, der Verdrehung und der Schwingungsnachweis, beispielsweise bei Holzbalkendecken. Hier wird lediglich der Nachweis der Durchbiegung besprochen.[19]

Nachweis der Durchbiegung = w (frühere Bezeichnung: f)

vorh. w ≤ zul. w

Die zulässige Durchbiegung ist mit dem Bauherrn abzusprechen und zu vereinbaren!

DIN EN 1995-1-1: 7.2 Beispiele für Grenzwerte der Durchbiegungen von Biegestäben:

	w_{inst}	$w_{net,fin}$	w_{fin}
Beidseitig aufgelagerte Biegestäbe	ℓ/300 bis ℓ/500	ℓ/250 bis ℓ/350	ℓ/150 bis ℓ/300
Auskragende Biegestäbe	ℓ/150 bis ℓ/250	ℓ/125 bis ℓ/175	ℓ/75 bis ℓ/150

Die Durchbiegungsanteile aus einer Einwirkungskombination sind in folgendem Bild 7.1, Anteile der Durchbiegung, aus DIN EN 1995-1-1: 2010-12 dargestellt; die Symbole bedeuten wie folgt:

- w_c: Überhöhung (falls vorhanden)
- w_{inst}: Anfangsdurchbiegung
- w_{creep}: Durchbiegung infolge Kriechens
- w_{fin}: Enddurchbiegung
- $w_{net,fin}$: gesamte Enddurchbiegung (Enddurchbiegung abzüglich Überhöhung).

$$w_{net,fin} = w_{inst} + w_{creep} - w_c = w_{fin} - w_c$$

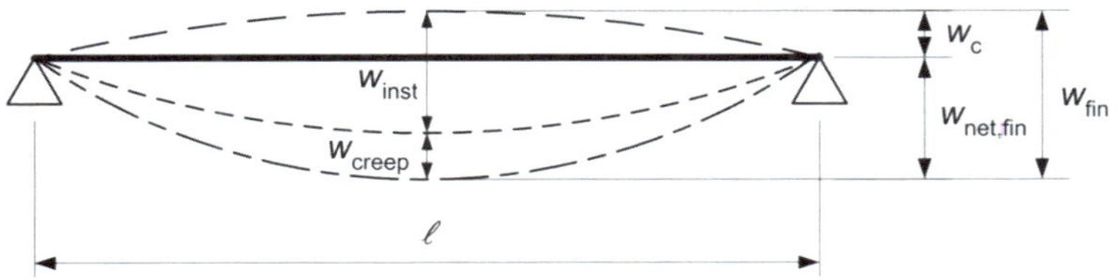

14.4.3 Beispiele für Tragfähigkeits- und Gebrauchstauglichkeitsnachweise von Biegeträgern

1) geg.: Einfeldträger, C 24, l = 3,20 m, g_k = 4,0 kN/m, Rechteckquerschnitt b / h = 10 / 20 cm, beheizter Innenraum: Nutzungsklasse (NKL) 1, Klasse der Lasteinwirkungsdauer (KLED) ständig

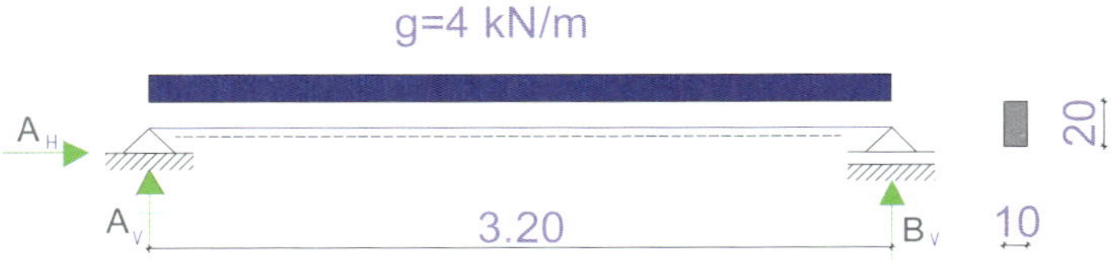

[19] Weitere Gebrauchstauglichkeitsnachweise: Siehe Schmidt, 2012, S. 53 ff. Der Querkraftanteil der Durchbiegung wird hier wegen Geringfügigkeit vernachlässigt.

Die Spannweite (= statische Länge) wird im EC 5 - anders als z. B. im EC 2 - mit l bezeichnet.

ges: a) Nachweis der Biegespannung

b) Nachweis der Schubspannung und

c) Nachweis der Gebrauchstauglichkeit (zul. w = l / 300).

Ständige Einwirkung mit Teilsicherheitsbeiwert: $g_d = 1{,}35 * 4{,}0$ kN/m = 5,4 kN/m

a) Nachweis der Biegespannung

$$\max. M_d = \frac{g_d * l^2}{8} = \frac{5{,}4 \frac{kN}{m} * (3{,}20\ m)^2}{8} = 6{,}91\ kNm = 691\ kNcm$$

$$W_n = \frac{b * h^2}{6} = \frac{10\ cm * (20\ cm)^2}{6} = 666{,}7\ cm^3$$

$k_h = 1{,}0$ für VH mit $h \geq 15$ cm h = größte Querschnittsabmessung = max (b; h)

$$f_{m,d} = \frac{k_{mod}}{\gamma_M} * f_{m,k}$$

bei NKL 1 und KLED ständig:[20] $\frac{k_{mod}}{\gamma_M} = \frac{0{,}6}{1{,}3} = 0{,}462$ $f_k = 24\ MN/m^2$ bei C 24

$$f_{m,d} = \frac{k_{mod}}{\gamma_M} * f_{m,k} = 0{,}462 * 24\ MN/m^2 = 11{,}09\ MN/m^2$$

$$\sigma_{m,d} = \frac{M_d}{W_n} = \frac{691\ kNcm}{666{,}7\ cm^3} = 1{,}04\ \frac{kN}{cm^2} = 10{,}4\ \frac{MN}{m^2}$$

$$\sigma_{m,d} = 10{,}4\ \frac{MN}{m^2} \leq k_h * f_{m,d} = 1{,}0 * 11{,}09\ MN/m^2 = 11{,}09\ MN/m^2$$

oder: $\frac{M_d / W_n}{k_h * f_{m,d}} = \frac{10{,}4\ MN/m2}{11{,}09\ MN/m2} = 0{,}94 \leq 1$ ***(94% Ausnutzung infolge Biegespannung)***

b) Nachweis der Schubspannung

Querkraft: $\max V_d = \frac{g_d * l}{2} = \frac{5{,}4 \frac{kN}{m} * 3{,}2\ m}{2} = 8{,}64\ kN$

$$\max. \tau_d = 1{,}5 * \frac{V_d}{k_{cr} * A_n} \leq f_{v,d}$$

$k_{cr} = \frac{2{,}0}{f_{v,k}} = \frac{2{,}0}{4{,}0\ MN/m2} = 0{,}5$, $A_n = b * h = 10\ cm * 20\ cm = 200\ cm^2$

$$\max. \tau_d = 1{,}5 * \frac{V_d}{k_{cr} * A_n} = 1{,}5 * \frac{8{,}64\ kN}{0{,}5 * 200\ cm^2} = 0{,}13\ \frac{kN}{cm^2} \leq f_{v,d}$$

$f_{v,d} = \frac{k_{mod}}{\gamma_M} * f_{v,k}$, $\frac{k_{mod}}{\gamma_M} = \frac{0{,}6}{1{,}3} = 0{,}462$, $f_{v,k} = 4{,}0\ \frac{MN}{m^2} = 0{,}40\ \frac{kN}{cm^2}$

$$f_{v,d} = \frac{k_{mod}}{\gamma_M} * f_{v,k} = 0{,}462 * 0{,}40\ \frac{kN}{cm^2} = 0{,}18\ \frac{kN}{cm^2}$$

$$\tau_d = 0{,}13\ \frac{kN}{cm^2} \leq f_{v,d} = 0{,}18\ \frac{kN}{cm^2}$$

oder: $\frac{0{,}13 \frac{kN}{cm^2}}{0{,}18 \frac{kN}{cm^2}} = 0{,}72$ *(72% Ausnutzung infolge Schubspannung)*

---

[20] Schneider, 2024, S. 9.5, Tafel 9.5.

c) Nachweis der Gebrauchstauglichkeit *(ohne Teilsicherheitsbeiwerte)*

vorh. w ≤ zul. w

$$max\ w\ (cm) = max.\ f = \frac{n * max.\ M_k\ (kNm) * l^2\ (m)}{I\ (cm^4)} = vorh.\ w$$

n = 104 (Beiwert für Holz mit E = 10000 N/mm²), da der E-Modul von C 24 = 11000 N/mm² ist, darf die Durchbiegung durch 1,1 dividiert werden. Tabellenwert[21]

$$max.\ M_k = \frac{g_k * l^2}{8} = \frac{4{,}0 \frac{kN}{m} * (3{,}20\ m)^2}{8} = 5{,}12\ kNm$$

$$I = \frac{b * h^3}{12} = \frac{10\ cm * (20\ cm)^3}{12} = 6667\ cm^4$$

$$max.\ f\ (cm) = max.\ w = \frac{104 * 5{,}12\ kNm * (3{,}2\ m)^2}{6667\ cm^4 * 1{,}1} = 0{,}74\ cm$$ *(ohne Querkraftanteil)*

$$\text{Annahme: zul. } w = \frac{l}{300} = \frac{320\ cm}{300} = 1{,}07\ cm$$

max. w = 0,74 cm < zul. w = 1,07 cm

2) geg.: Binder aus Brettschichtholz in einem Verkaufsraum, GL 28h, l = 10,00 m, g_k = 6,0 kN/m, q_k = 3,0 kN/m, b / h = 16 / 60 cm, beheizter Innenraum: Nutzungsklasse (NKL) 1, Klasse der Lasteinwirkungsdauer (KLED) mittel, der Binderobergurt ist gehalten

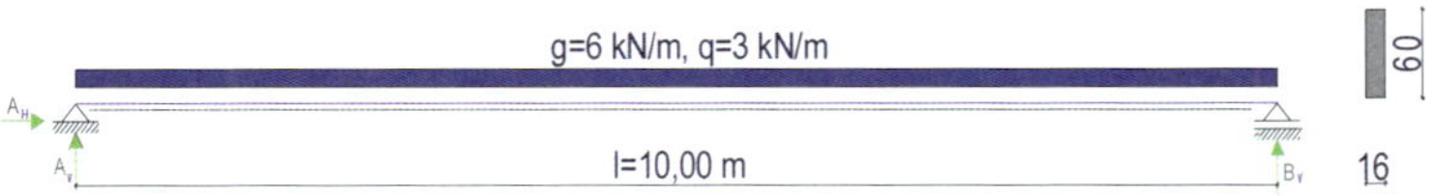

ges: a) Nachweis der Biegespannung

b) Nachweis der Schubspannung und

c) Nachweis der Gebrauchstauglichkeit, zul. w = l / 500.

Einwirkung mit Teilsicherbeiwerten: g_d = 1,35 * 6,0 kN/m = 8,10 kN/m, q_d = 1,50 * 3,0 kN/m = 4,50 kN/m, r_d = g_d + q_d = 8,10 kN/m + 4,50 kN/m = 12,60 kN/m

a) Nachweis der Biegespannung

$$max.\ M_{Ed} = \frac{r_d * l^2}{8} = \frac{12{,}60 \frac{kN}{m} * (10{,}00\ m)^2}{8} = 157{,}50\ kNm = 15750\ kNcm$$

$$W_n = \frac{b * h^2}{6} = \frac{16\ cm * (60\ cm)^2}{6} = 9600\ cm^3$$

$k_h = 1{,}0$ für BSH mit h ≥ 600 mm, h = größte Querschnittsabmessung = max (b; h)

$$f_{m,d} = \frac{k_{mod}}{\gamma_M} * f_{m,k}$$

bei NKL 1 und KLED mittel: $\frac{k_{mod}}{\gamma_M} = 0{,}615$ *Tabellenwert*[22]

[21] Schneider, 2024, S. 4.20.
[22] Schneider, 2024, S. 9.5.

$f_k = 28\ MN/m^2$ für Gl 28h

$f_{m,d} = 0{,}615 * f_{m,k} = 0{,}615 * 28\ MN/m^2 = 17{,}22\ MN/m^2$

$$\sigma_{m,d} = \frac{M_d}{W_n} = \frac{15750\ kNcm}{9600\ cm^3} = 1{,}64\ \frac{kN}{cm^2} = 16{,}4\ \frac{MN}{m^2}$$

$$\sigma_{m,d} = 16{,}4\ \frac{MN}{m^2} \leq k_h * f_{m,d} = 1{,}0 * 17{,}22\ \frac{MN}{m^2} = 17{,}22\ \frac{MN}{m^2}$$

oder: $\frac{\frac{M_d}{W_n}}{k_h * f_{m,d}} = \frac{16{,}4\ \frac{MN}{m^2}}{1{,}0 * 17{,}22\ \frac{MN}{m^2}} = 0{,}95 \leq 1$

b) Nachweis der Schubspannung

Querkraft: max. $V_d = \frac{r_d * l}{2} = \frac{12{,}6\ \frac{kN}{m} * 10{,}0\ m}{2} = 63{,}0\ kN$

max. $\tau_d = 1{,}5 * \frac{V_d}{k_{cr} * A_n} \leq f_{v,d}$

$k_{cr} = 0{,}714$ *Tabellenwert*[23]

$A_n = b * h = 16\ cm * 60\ cm = 960\ cm^2$

$$\tau_d = 1{,}5 * \frac{V_d}{k_{cr} * A_n} = 1{,}5 * \frac{63\ kN}{0{,}714 * 960\ cm^2} = 0{,}14\ \frac{kN}{cm^2} \leq f_{v,d}$$

$f_{v,d} = \frac{k_{mod}}{\gamma_M} * f_{v,k}$

$\frac{k_{mod}}{\gamma_M} = \frac{0{,}8}{1{,}3} = 0{,}615$

$f_{v,k} = 3{,}5\ \frac{MN}{m^2} = 0{,}35\ \frac{kN}{cm^2}$

$f_{v,d} = \frac{k_{mod}}{\gamma_M} * f_{v,k} = 0{,}615 * 0{,}35\ \frac{kN}{cm^2} = 0{,}22\ \frac{kN}{cm^2}$

$\tau_d = 0{,}14\ \frac{kN}{cm^2} \leq f_{v,d} = 0{,}22\ \frac{kN}{cm^2}$

oder: $\frac{0{,}14}{0{,}22} = 0{,}64$

c) Nachweis der Gebrauchstauglichkeit

vor. $w \leq$ zul. w

max. $w\ (cm) = \frac{n * max.\ M_k\ (kNm) * l^2\ (m)}{I\ (cm^4)}$ (= max. f)

$n = 104$ (bei Gl 28h darf der Wert wegen des höheren E-Moduls durch 1,26 dividiert werden: $\frac{E_{Gl28}}{E_{NH\,II}} = \frac{1260}{1000} = 1{,}26$)

max. $M_k = \frac{r_k * l^2}{8} = \frac{9{,}0\ \frac{kN}{m} * (10{,}00\ m)^2}{8} = 112{,}50\ kNm$

$I_y = \frac{b * h^3}{12} = \frac{16\ cm * 60\ cm^3}{12} = 288000\ cm^4$

[23] Schneider, 2024, S. 9.9.

max. w (cm) = $\frac{104 * 112{,}50\ \text{kNm} * (10{,}00\ \text{m})^2}{288000\ \text{cm}^4 * 1{,}26}$ = 3,22 cm

zul. w = $\frac{l}{500} = \frac{1000\ \text{cm}}{500}$ = 2,00 cm

max. w = 3,22 cm > zul. w = 2,00 cm → *nicht in Ordnung*

In diesem Beispiel wäre das erforderliche Trägheitsmoment (Flächenmoment zweiten Grades):

erf. I (cm^4) = a * max. M (kNm) * l (m) / 1,26 = 313 * 112,50 kNm * 10,0 m * (5 / 3) / (1,26)

Faktor 5 / 3 wegen dem Verhältnis von der zulässigen Durchbiegung von l / 500 zu l / 300.

erf. I (cm^4) = 465774 cm^4!

Damit ergäbe sich folgende Höhe:

$I_y = \frac{b * h^3}{12}$ → erf. h = $\sqrt[3]{\frac{12 * I_y}{b}} = \sqrt[3]{\frac{12 * 465774\ \text{cm}^4}{16\ \text{cm}}}$ = 70,4 cm

3) geg.: Holzbalkendecke in einem Einfamilienhaus, l = 4,40 m, g_k = 1,50 kN/m², q_k = 3,20 kN/m² (q_k = 2,0 kN/m² + 1,2 kN/m² Trennwandzuschlag), b / h = 10 / 22 cm, Balkenachsabstand: a = 60 cm, C 24, beheizter Innenraum: Nutzungsklasse (NKL) 1, Klasse der Lasteinwirkungsdauer (KLED) mittel

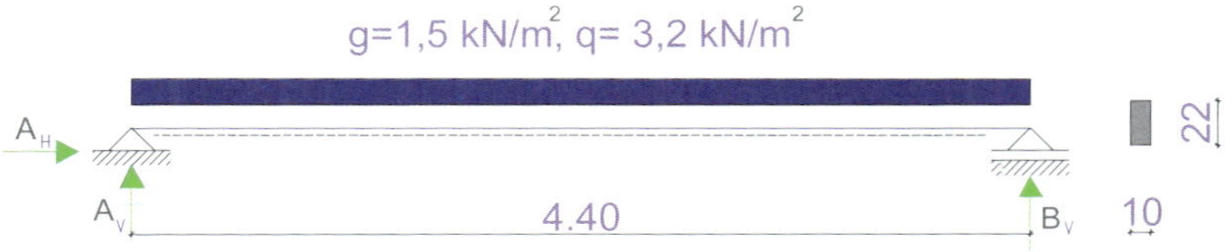

ges: a) Nachweis der Biegespannung

b) Nachweis der Schubspannung und

c) Nachweis der Gebrauchstauglichkeit (zul. w = l / 300).

g_d = 1,35 * 1,5 kN/m² = 2,03 kN/m², q_d = 1,50 * 3,2 kN/m² = 4,80 kN/m²

r_d = g_d + q_d = 2,03 kN/m² + 4,80 kN/m² = 6,83 kN/m²

a) Nachweis der Biegespannung

max. M_{Ed} = $\frac{r_d * l^2}{8} = \frac{6{,}83\ \text{kN/m}^2 * (4{,}40\ \text{m})^2}{8}$ = 16,52 kNm/**m**

pro Balken: max. M_{Ed} = a * max. M_{Ed} = 0,60 m * 16,52 kNm/**m** = 9,91 kNm / **Balken**

max. M_{Ed} = 991 kNcm = M_d / **Balken**

$W_n = \frac{b * h^2}{6} = \frac{10\ \text{cm} * (22\ \text{cm})^2}{6}$ = 806,7 cm³

k_h = 1,0 *VH mit h ≥ 150mm, h = größte Querschnittsabmessung = max (b;h)*

$f_{m,d} = \frac{k_{mod}}{\gamma_M} * f_{m,k}$, bei NKL 1 und KLED mittel: $\frac{k_{mod}}{\gamma_M} = 0{,}615$ *Tabellenwert*[24]

$f_k = 24\ MN/m^2$ für C 24

$f_{m,d} = 0{,}615 * f_{m,k} = 0{,}615 * 24\ MN/m^2 = 14{,}76\ MN/m^2$

$$\sigma_{m,d} = \frac{M_d}{W_n} = \frac{991\ kNcm}{806{,}7\ cm^3} = 1{,}23 \frac{kN}{cm^2} = 12{,}3 \frac{MN}{m^2}$$

$\sigma_{m,d} = 12{,}3 \frac{MN}{m^2} \leq k_h * f_{m,d} = 1{,}0 * 14{,}76\ MN/m^2 = 14{,}76\ MN/m^2$

oder: $\frac{M_d / W_n}{k_h * f_{m,d}} = \frac{12{,}3 \frac{MN}{m^2}}{14{,}76 \frac{MN}{m^2}} = 0{,}83 \leq 1$

b) Nachweis der Schubspannung

Querkraft: max. $V_d = \frac{r_d * l}{2} = \frac{6{,}83 \frac{kN}{m} * 4{,}40\ m}{2} = 15{,}03\ kN/\mathbf{m}$

pro Balken: max. $V_d = a * 15{,}03\ kN = 0{,}60\ m * 15{,}03\ kN = 9{,}02\ kN$ / **Balken**

$\tau_d = 1{,}5 * \frac{V_d}{k_{cr} * A_n} \leq f_{v,d}$, $k_{cr} = 0{,}5$ *Tabellenwert*[25], $A_n = b * h = 10\ cm * 22\ cm = 220\ cm^2$

$$\tau_d = 1{,}5 * \frac{V_d}{k_{cr} * A_n} = 1{,}5 * \frac{9{,}02\ kN}{0{,}5 * 220\ cm^2} = 0{,}12 \frac{kN}{cm^2} \leq f_{v,d}$$

$f_{v,d} = \frac{k_{mod}}{\gamma_M} * f_{v,k} \rightarrow \frac{k_{mod}}{\gamma_M} = \frac{0{,}8}{1{,}3} = 0{,}615$, $f_{v,k} = 4{,}0 \frac{MN}{m^2} = 0{,}40 \frac{kN}{cm^2}$

$f_{v,d} = \frac{k_{mod}}{\gamma_M} * f_{v,k} = 0{,}615 * 0{,}40 \frac{kN}{cm^2} = 0{,}25 \frac{kN}{cm^2}$

$\tau_d = 0{,}12 \frac{kN}{cm^2} \leq f_{v,d} = 0{,}25 \frac{kN}{cm^2}$

oder: $\frac{0{,}12 \frac{kN}{cm^2}}{0{,}25 \frac{kN}{cm^2}} = 0{,}48$

c) Nachweis der Gebrauchstauglichkeit

vor. w $\leq$ zul. w

max. $f\ (cm) = \frac{n * max.\ M_k\ (kNm) * l^2\ (m)}{I\ (cm^4)}$ = vorh. w

n = 104 (Beiwert für Holz mit E-Modul = 10000 N/mm^2)

max. $M_k = \frac{r_k * l^2}{8} = \frac{\left(1{,}5 \frac{kN}{m^2} + 3{,}2 \frac{kN}{m^2}\right) * (4{,}40\ m)^2}{8} = 11{,}37\ kNm/\mathbf{m}$

pro Balken: max. $M_k = a * 11{,}37\ kNm/\mathbf{m} = 0{,}60\ m * 11{,}37\ kNm/\mathbf{m} = 6{,}82\ kNm$ / **Balken**

---

[24] Schneider, 2024, S. 9.5.
[25] Schneider, 2024, S. 9.8.

$l = 4{,}40\ m,\ I = \frac{b * h^3}{12} = \frac{10\ cm * (22\ cm)^3}{12} = 8873\ cm^4$

$max.\ w\ (cm) = \frac{104 * 6{,}82\ kNm * (4{,}4\ m)^2}{8873\ cm^4 * 1{,}1} = 1{,}41\ cm$

$zul.\ w = \frac{l}{300} = \frac{440\ cm}{300} = 1{,}47\ cm > max.\ w = 1{,}41\ cm$

4) geg.: Dachsparren als Einfeldträger, l = 4,50 m, Dachneigung α = 30°, Firsthöhe 7,00 m, NKL 1, C 24, Rechteckquerschnitt: b / h = 8 /16 cm, Achsabstand der Sparren a = e = 68 cm.

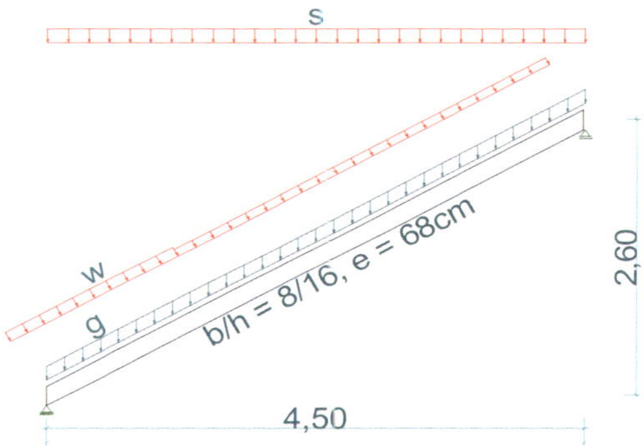

Die Normalkräfte werden vernachlässigt!

Einwirkungen: $r_{k,G} = g_k + s_i + w = 1{,}50\ kN/m^2$

$r_{d,G} = g_d + s_d + w_d = 2{,}00\ kN/m^2$

ges: a) Nachweis der Biegespannung

b) Nachweis der Schubspannung und

c) Nachweis der Gebrauchstauglichkeit

(zul. w = l / 200, nicht bewohnt).

tan α = 2,6 m / 4,5 m = 0,578 → α = 30,0°

Einwirkung pro **Sparren**: $r_{k,G} = a * r_k = 0{,}68\ m * 1{,}50\ kN/m^2 = 1{,}02\ kN/m$

$r_{d,G} = a * r_{d,G} = 0{,}68\ m * 2{,}00\ kN/m^2 = 1{,}36\ kN/m$

a) Nachweis der Biegespannung

$max\ M_d = \frac{r_d * l^2}{8} = \frac{1{,}36\ \frac{kN}{m} * (4{,}50\ m)^2}{8} = 3{,}44\ kNm/\ Sparren = 344\ kNcm\ /\ Sparren$

vorh.: b / h = 8 / 16 cm, a = 68 cm ($W_y = 341\ cm^3$)

$\sigma_{m,d} = \frac{M_d}{W_n} = \frac{344\ kNcm}{341 cm^3} = 1{,}009\ \frac{kN}{cm^2} = 10{,}09\ \frac{MN}{m^2}$

bei NKL 1 und KLED mittel: $\frac{k_{mod}}{\gamma_M} = 0{,}615$ *Tabellenwert*[26]

$f_{m,k} = 24\ MN/m^2$ bei C 24

$f_{m,d} = \frac{k_{mod}}{\gamma_M} * f_{m,k} = 0{,}615 * 24\ MN/m^2 = 14{,}76\ MN/m^2 > 10{,}09\ MN/m^2$

$\sigma_{m,d} = 10{,}09\ \frac{MN}{m^2} \leq k_h * f_{m,d} = 1{,}0 * 14{,}76\ MN/m^2 = 14{,}76\ MN/m^2$

oder: $\frac{M_d / W_n}{k_h * f_{m,d}} = \frac{10{,}09\ \frac{MN}{m^2}}{14{,}76\ \frac{MN}{m^2}} = 0{,}68 \leq 1$

Auf die Erhöhung der zulässigen Spannung durch den Beiwert k_{sys} (Lastverteilung durch die Dachlatten) wird hier verzichtet!

[26] Schneider, 2024, S. 9.5, Tafel 9.5.

b) Nachweis der Schubspannung

Querkraft: max. $V_d = \frac{r_d * l}{2} = \frac{1{,}36 \frac{kN}{m} * 4{,}50\ m}{2} = 3{,}06$ kN/**Sparren**

$\tau_d = 1{,}5 * \frac{V_d}{k_{cr} * A_n} \leq f_{v,d}$

$k_{cr} = 0{,}5$ *Tabellenwert*[27], $A_n = b * h = 8\ cm * 16\ cm = 128\ cm^2$

$\tau_d = 1{,}5 * \frac{V_d}{k_{cr} * A_n} = 1{,}5 * \frac{3{,}06\ kN}{0{,}5 * 128\ cm^2} = 0{,}07 \frac{kN}{cm^2} \leq f_{v,d}$

$f_{v,d} = \frac{k_{mod}}{\gamma_M} * f_{v,k}.\ \frac{k_{mod}}{\gamma_M} = \frac{0{,}8}{1{,}3} = 0{,}615,\ f_{v,k} = 4{,}0 \frac{MN}{m^2} = 0{,}40 \frac{kN}{cm^2}$

$f_{v,d} = \frac{k_{mod}}{\gamma_M} * f_{v,k} = 0{,}615 * 0{,}40 \frac{kN}{cm^2} = 0{,}25 \frac{kN}{cm^2}$

$\tau_d = 0{,}07 \frac{kN}{cm^2} \leq f_{v,d} = 0{,}25 \frac{kN}{cm^2}$

oder: $\frac{0{,}07 \frac{kN}{cm^2}}{0{,}25 \frac{kN}{cm^2}} = 0{,}28$

c) Nachweis der Gebrauchstauglichkeit

vor. w $\leq$ zul. w

max. f (cm) $= \frac{n * max.\ M_k\ (kNm) * l^2\ (m)}{I\ (cm^4)}$ = vorh. w

n = 104 (Beiwert für Holz mit E-Modul = 10000 N/mm²),

max. $M_k = \frac{r_k * l^2}{8} = \frac{1{,}02 \frac{kN}{m} * (4{,}50\ m)^2}{8} = 2{,}58$ kNm / Sparren

l = 4,50 m → l_S = 4,50 m / cos 30,0° = 5,20 m = 520 cm *(Sparrenlänge)*

$I = \frac{b * h^3}{12} = \frac{8\ cm * (16\ cm)^3}{12} = 2731\ cm^4$

Faktor 1,1 = 11000 N/mm² / 10000 N/mm², wegen des höheren E-Moduls dieses Holzes.

max. w (cm) $= \frac{104 * 2{,}58\ kNm * (5{,}2\ m)^2}{2731\ cm^4 * 1{,}1} = 2{,}42$ cm

zul. $w = \frac{l_S}{200} = \frac{520\ cm}{200} = 2{,}60$ cm

max. w = 2,42 cm < zul. w = 2,60 cm

Da in der Praxis oftmals das statische System und die Einwirkungen gegeben sind und der Querschnitt gesucht ist, werden im folgenden Beispiel die Formeln so umgestellt, dass zunächst die erforderlichen Querschnittswerte ermittelt werden, dann ein Querschnitt gewählt wird, welcher die erforderlichen Werte erfüllt, und schließlich mit dem gewählten Querschnitt die Nachweise geführt werden.

[27] Schneider, 2024, S. 9.8, Tafel 9.8.

5) geg.: Einfeldträger, C 24, l = 4,00 m, g_k = 10,0 kN/m, Rechteckquerschnitt b / h, wobei b = 18 cm sei, Nutzungsklasse (NKL) 1, Klasse der Lasteinwirkungsdauer (KLED) ständig

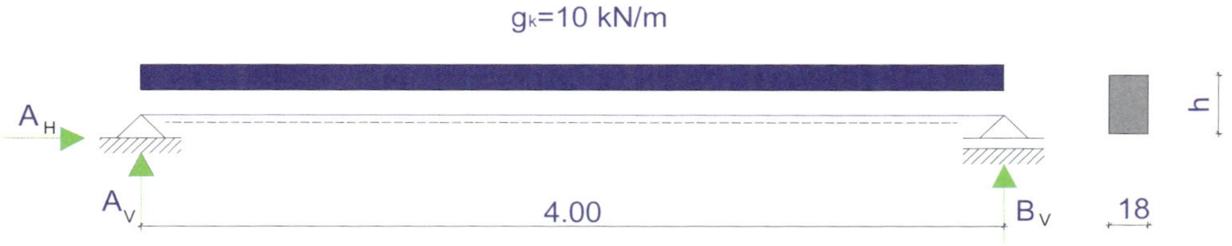

ges: a) Höhe des Querschnitts

a) Nachweis der Biegespannung und

b) Nachweis der Schubspannung und

c) Nachweis der Gebrauchstauglichkeit (zul. w = l / 300).

Ständige Einwirkung mit Teilsicherheitsfaktor: g_d = 1,35 * 10,0 kN/m = 13,5 kN/m

Ermittlung der erforderlichen Querschnittshöhe h

a) infolge Biegespannung

$\sigma_{m,d} = \frac{M_d}{W_n} \rightarrow W_n = \frac{M_d}{\sigma_{m,d}}$

$M_d = \max.\ M_d = \frac{g_d * l^2}{8} = \frac{13{,}5\ \frac{kN}{m} * (4{,}00\ m)^2}{8} = 27\ kNm = 2700\ kNcm$

$f_{m,d} = \frac{k_{mod}}{\gamma_M} * f_{m,k}$

bei NKL 1 und KLED ständig: $\frac{k_{mod}}{\gamma_M} = 0{,}462$ *Tabellenwert*[28]

$f_k = 24\ MN/m^2$ für C 24

$f_{m,d} = \frac{k_{mod}}{\gamma_M} * f_{m,k} = 0{,}462 * 24\ MN/m^2 = 11{,}09\ MN/m^2 = 1{,}109\ kN/cm^2$

erf. $W_n = \frac{M_d}{\sigma_{m,d}} = \frac{2700\ kNcm}{1{,}109\ kN/cm^2} = 2435\ cm^3$

An dieser Stelle kann man entweder einen Querschnitt wählen, der ein höheres Widerstandsmoment als 2435 cm³ hat, oder man stellt die Formel des Widerstandsmomentes nach h um:

$W_n = \frac{b * h^2}{6} \rightarrow$ erf. $h = \sqrt{\frac{6 * W_n}{b}}$

mit der Vorgabe b = 18 cm:

erf. $h = \sqrt{\frac{6 * 2435\ cm^3}{18\ cm}} = \sqrt{811{,}67\ cm^2} = 28{,}49\ cm$ *(Theoretische Maße)*

[28] Schneider, 2024, S. 9.5.

b) infolge Schubspannung

$\max.\tau_d = 1{,}5 * \frac{V_d}{k_{cr} * A_n} \rightarrow A_n = 1{,}5 * \frac{V_d}{k_{cr} * \tau}$

$V_d = A_V = \frac{g_d * l}{2} = \frac{13{,}5\,\frac{kN}{m} * 4{,}00\,m}{2} = 27\,kN$

$k_{cr} = \frac{2{,}0}{f_{v,k}} = \frac{2{,}0}{4{,}0\,MN/m^2} = 0{,}5$

$\tau = f_{v,d} = \frac{k_{mod}}{\gamma_M} * f_{v,k}$

$\frac{k_{mod}}{\gamma_M} = \frac{0{,}6}{1{,}3} = 0{,}462,\ f_{v,k} = 4{,}0\,\frac{MN}{m^2} = 0{,}40\,\frac{kN}{cm^2}$

$f_{v,d} = \frac{k_{mod}}{\gamma_M} * f_{v,k} = 0{,}462 * 0{,}40\,\frac{kN}{cm^2} = 0{,}18\,\frac{kN}{cm^2} = \tau$

$A_n = 1{,}5 * \frac{V_d}{k_{cr} * \tau} = 1{,}5 * \frac{27\,kN}{0{,}5 * 0{,}18\,\frac{kN}{cm^2}} = 450\,cm^2$

$A = b * h \rightarrow$ erf. $h = \frac{A}{b}$

mit der Vorgabe b = 18 cm: erf. $h = \frac{A}{b} = \frac{450\,cm^2}{18\,cm}$

erf. h = 25,0 cm

c) infolge der Gebrauchstauglichkeit *(Durchbiegung)*: vorh. w $\leq$ zul. w

max w = max. f = $\frac{n * \max.\ M_k\ (kNm) * l^2\ (m)}{I\ (cm^4)}$ = vorh. w (cm)

Hier kann man folgende Formel zur Berechnung des erforderlichen Trägheitsmomentes benutzen[29]:

erf. I (cm^4) = a * max. M (kNm) * l (m) *(Die Formel ist dimensionsgebunden.)*

a = 313 *(Tafelwert für Einfeldträger aus Holz mit Gleichlast, zul. w l/300)*

$\max M = \max M_k = \frac{g_k * l^2}{8} = \frac{10{,}0\,\frac{kN}{m} * (4{,}00\,m)^2}{8} = 20\,kNm$

Zur Berücksichtigung des höheren E-Moduls wird erf. I durch den Faktor 1,1 dividiert.

erf. I (cm^4) = a * max. M (kNm) * l (m) / 1,1 = 313 * 20 kNm * 4,0 m / 1,1 = 22764 cm^4

Auch an dieser Stelle kann man entweder einen Querschnitt wählen, der ein höheres Trägheitsmoment als 22764 cm^4 hat, oder man stellt die Formel des Trägheitsmomentes nach h um:

$I_y = \frac{b * h^3}{12} \rightarrow$ erf. $h = \sqrt[3]{\frac{12 * I_y}{b}}$

mit der Vorgabe b = 18 cm: erf. $h = \sqrt[3]{\frac{12 * 22764\,cm^4}{18\,cm}} = \sqrt[3]{15176\,cm^3} = 24{,}76\,cm$

Von den drei erforderlichen Höhen des Querschnittes ist erf. h = 28,49 cm beim Nachweis der Biegespannung am größten bzw. ungünstigsten - und somit maßgebend.

gew.: h = 30 cm

Querschnitt: b/h = 18/30 cm **C 24**

[29] Schneider, 2024, S. 4.20.

Nun folgen mit der (theoretisch) gewählten Höhe und Breite die drei Nachweise.

a) Nachweis der Biegespannung

max. $M_d = \frac{g_d * l^2}{8} = \frac{13{,}5 \frac{kN}{m} * (4{,}00m)^2}{8} = 27$ kNm = 2700 kNcm

$W_n = \frac{b * h^2}{6} = \frac{18\ cm * (30\ cm)^2}{6} = 2700\ cm^3$

$k_h = 1{,}0$ für VH mit h ≥ 15 cm h = größte Querschnittsabmessung = max (b ; h)

$f_{m,d} = \frac{k_{mod}}{\gamma_M} * f_{m,k}$

bei NKL 1 und KLED ständig:[30] $\frac{k_{mod}}{\gamma_M} = \frac{0{,}6}{1{,}3} = 0{,}462$ $f_k = 24\ MN/m^2$ bei C 24

$f_{m,d} = \frac{k_{mod}}{\gamma_M} * f_{m,k} = 0{,}462 * 24\ MN/m^2 = 11{,}09\ MN/m^2$

$\sigma_{m,d} = \frac{M_d}{W_n} = \frac{2700\ kNcm}{2700\ cm^3} = 1{,}00\ \frac{kN}{cm^2} = 10{,}0\ \frac{MN}{m^2}$

$\sigma_{m,d} = 10{,}0\ \frac{MN}{m^2} \leq k_h * f_{m,d} = 1{,}0 * 11{,}09\ MN/m^2 = 11{,}09\ MN/m^2$

oder: $\frac{M_d / W_n}{k_h * f_{m,d}} = \frac{10{,}0\ MN/m2}{11{,}09\ MN/m2} = 0{,}90 \leq 1$ *(90% Ausnutzung infolge Biegespannung)*

b) Nachweis der Schubspannung

Querkraft: max $V_d = \frac{g_d * l}{2} = \frac{13{,}5 \frac{kN}{m} * 4{,}0\ m}{2} = 27{,}0$ kN

$\max. \tau_d = 1{,}5 * \frac{V_d}{k_{cr} * A_n} \leq f_{v,d}$

$k_{cr} = \frac{2{,}0}{f_{v,k}} = \frac{2{,}0}{4{,}0\ MN/m^2} = 0{,}5$, $A_n = b * h = 18\ cm * 30\ cm = 540\ cm^2$

$\max. \tau_d = 1{,}5 * \frac{V_d}{k_{cr} * A_n} = 1{,}5 * \frac{27{,}0\ kN}{0{,}5 * 540\ cm^2} = 0{,}15\ \frac{kN}{cm^2} \leq f_{v,d}$

$f_{v,d} = \frac{k_{mod}}{\gamma_M} * f_{v,k}$

$\frac{k_{mod}}{\gamma_M} = \frac{0{,}6}{1{,}3} = 0{,}462$

$f_{v,k} = 4{,}0\ \frac{MN}{m^2} = 0{,}40\ \frac{kN}{cm^2}$

$f_{v,d} = \frac{k_{mod}}{\gamma_M} * f_{v,k} = 0{,}462 * 0{,}40\ \frac{kN}{cm^2} = 0{,}18\ \frac{kN}{cm^2}$

$\tau_d = 0{,}15\ \frac{kN}{cm^2} \leq f_{v,d} = 0{,}18\ \frac{kN}{cm^2}$

oder: $\frac{0{,}15 \frac{kN}{cm^2}}{0{,}18 \frac{kN}{cm^2}} = 0{,}83$ *(83% Ausnutzung infolge Schubspannung)*

---

[30] Schneider, 2024, S. 9.5.

c) Nachweis der Gebrauchstauglichkeit (<u>ohne</u> Teilsicherheitsbeiwerte)

vorh. w $\leq$ zul. w

$$\text{max w (cm)} = \text{max. f} = \frac{n * \text{max. } M_k \text{ (kNm)} * l^2 \text{ (m)}}{I \text{ (cm}^4)} = \text{vorh. w}$$

n = 104 (Beiwert für Holz mit E = 10000 N/mm²), da der E-Modul von C 24 = 11000 N/mm² ist, darf die Durchbiegung durch 1,1 dividiert werden. Tabellenwert[31]

$$\text{max. } M_k = \frac{g_k * l^2}{8} = \frac{10{,}0 \frac{kN}{m} * (4{,}00 \text{ m})^2}{8} = 20{,}0 \text{ kNm}$$

$$I = \frac{b * h^3}{12} = \frac{18 \text{ cm} * (30 \text{ cm})^3}{12} = 40500 \text{ cm}^4$$

$$\text{max. f (cm)} = \text{max. w} = \frac{104 * 20{,}0 \text{ kNm} * (4{,}0 \text{ m})^2}{40500 \text{ cm}^4 * 1{,}1} = 0{,}75 \text{ cm}$$ *(ohne Querkraftanteil)*

$$\text{Annahme: zul. w} = \frac{l}{300} = \frac{400 \text{ cm}}{300} = 1{,}33 \text{ cm}$$

max. w = 0,75 cm < zul. w = 1,33 cm

Zusammenhang von Einwirkung, Querkraft, Biegemoment, Verdrehung und Durchbiegung am Beispiel eines Einfeldträgers mit Gleichlast

Es wird Bezug genommen auf die Kapitel 6.2.5 und 6.2.6. Dort waren die Gleichungen der Querkraft und der Biegemomente an einem Balken auf zwei Stützen mit Gleichlast mathematisch durch die Integralrechnung hergeleitet - und an einem einfachen Beispiel veranschaulicht worden.

Nun erfolgen zunächst die mathematische Herleitungen der Verdrehung und der Durchbiegung. Anschließend werden an einem einfeldrigen Holzbalken diese Verformungen mit den hergeleiteten Formeln beispielhaft berechnet.

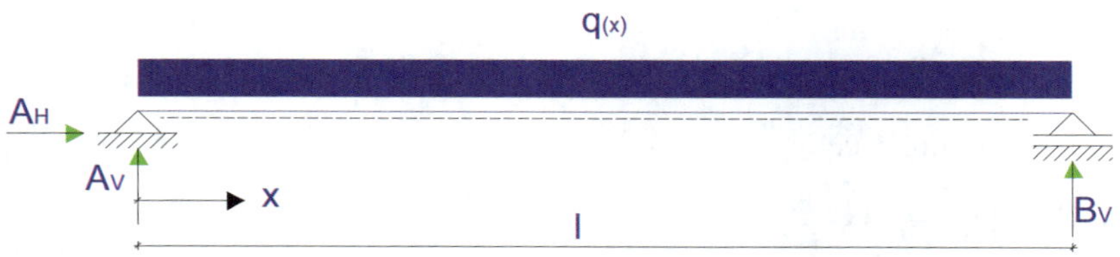

Siehe Kapitel 6.2.5: Dort wird der mathematische Zusammenhang von Einwirkung, Schnittgrößen und Verformungen im Überblick dargestellt und erläutert.

[31] Schneider, 2024, S. 4.20.

1) Querkraft V

Durch einfaches Integrieren der negativen Einwirkung (hier Belastung $q_{(x)}$) erhält man die Funktion der Querkraftlinie.

Querkraft V: $V_{(x)} = - \int q * dx = \frac{q * l}{2} - q * x$

2) Biegemoment M

Durch einfaches Integrieren der Querkraft erhält man die Funktion der Momentenlinie.

Oder: Durch zweifaches Integrieren der negativen Einwirkung erhält man die Funktion der Momentenlinie.

Biegemoment M: $M_{(x)} = \int V_{(x)} * dx = \frac{q}{2} * (l * x - x^2) = - \int \int q_{(x)} * dx$

3) Verdrehung φ

Durch einfaches Integrieren der Momentenlinie - unter Beachtung des Materials (Elastizitätsmodul) und des Querschnittswertes (Flächenmoment zweiten Grades I) - erhält man die Funktion der Verdrehung.

Oder: Durch zweifaches Integrieren der Querkraftlinie - unter Beachtung des Materials (Elastizitätsmodul) und des Querschnittswertes (Flächenmoment zweiten Grades I) - erhält man die Funktion der Verdrehung.

Oder: Durch dreifaches Integrieren der negativen Einwirkung unter Beachtung des Materials (Elastizitätsmodul) und des Querschnittswertes (Flächenmoment zweiten Grades I) - erhält man die Funktion der Verdrehung.

$$\varphi_{(x)} = \int - \frac{M(x)}{E * I} * dx = \frac{-1}{E * I} * \int [\frac{q\,(x)}{2} * \;(l * x - x^2)] * dx$$

$$\varphi_{(x)} = \frac{-q}{2 * E * I} * \int (l * x - x^2)] * dx$$

$$\varphi_{(x)} = \frac{-q}{2 * E * I} * (\frac{l}{2} * x^2 - \frac{x^3}{3} + C_3)$$

<u>Randbedingung</u>: Da y´= Verdrehung = Tangentensteigung der Biegelinie und diese Biegelinie wegen Symmetrie von System und Belastung ihr Maximum bei $x = \frac{l}{2}$ hat:

$$\varphi_{(x)} = \frac{-q}{2 * E * I} * [\frac{l}{2} * (\frac{l}{2})^2 - \frac{1}{3} * (\frac{l}{2})^3 + C_3] = y'\,(_{x=\frac{l}{2}})$$

$$\varphi_{(x)} = \frac{-q}{2 * E * I} * [\frac{l^3}{8} - \frac{l^3}{24} + C_3] = 0$$

$$C_3 = \frac{l^3}{24} - \frac{l^3}{8} = \frac{l^3 - 3 * l^3}{24} = \frac{-2 * l^3}{24} = \frac{-l^3}{12}$$

$$\varphi_{(x)} = \frac{-q}{2 * E * I} * (\frac{l * x^2}{2} - \frac{x^3}{3} - \frac{l^3}{12}) = f'$$

4) Durchbiegung f (= w)

Durch einfaches Integrieren der Verdrehung - unter Beachtung des Materials (E-Modul) und des Querschnittswerts (Trägheitsmoment I) - erhält man die Funktion der Durchbiegung.

$$f = w = \int \varphi_{(x)} * dx = \int f' * dx = \int \frac{-q}{2 * E * I} * (\frac{l * x^2}{2} - \frac{x^3}{3} - \frac{l^3}{12}) * dx$$

$$= \frac{-q}{2 * E * I} * (\frac{l * x^3}{6} - \frac{x^4}{12} - \frac{l^3 * x}{12} + C_4)$$

<u>Randbedingung:</u> Da die Durchbiegung f am Auflager = 0 ist, gilt: $f_{(x=0)} = 0 = C_4$

$$f = w = \frac{q}{24 * E * I} * (x^4 - 2 * l * x^3 + l^3 * x)$$

Die maximale Durchbiegung erhält man in Feldmitte für $x = \frac{l}{2}$:

$$\max. f = \max. w = \frac{-q}{24 * E * I} * (\frac{l^4}{16} - \frac{2 * l^4}{8} - \frac{l^4}{2}) = \frac{-5 * q * l^4}{384 * E * I}$$

Beispiel: Vgl. Kapitel 6.2.6

Geg.: Einfeldträger mit Gleichlast, Bauholz C 24, Rechteckquerschnitt: b/h = 16/30 cm.

Ges.: Berechnen Sie mit Hilfe der o. a. Funktionen die Querkräfte, Biegemomente, Verdrehungen und Durchbiegungen an den Punkten A, m, n, o und B - ohne Sicherheitsfaktoren!

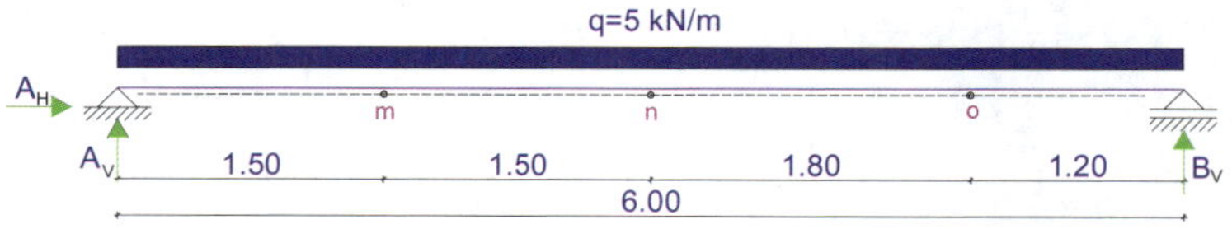

C 24: E-Modul = 11000 MN/m² = 1100 kN/cm²

Flächenmoment zweiten Grades: $I_y = \frac{b * h^3}{12} = \frac{16\ cm * (30\ cm)^3}{12} = 36000\ cm^4$

Biegesteifigkeit: $E * I_y = 1.100\ kN/cm^2 * 36000\ cm^4 = 39600000\ kNcm^2 = 3960\ kNm^2$

Punkt A: x = 0 *(Auflager A)*

$V_x = \frac{q * l}{2} - q * x = \frac{5\ kN/m * 6\ m}{2} - 5\ kN/m * 0 = 15\ kN - 0 = 15\ kN$

$M_{(x)} = \frac{q}{2} * (l * x - x^2) = \frac{5\ kN/m}{2} * (6\ m * 0 - 0^2) = 0$

$\varphi_{(x)} = \frac{-q}{2 * E * I} * (\frac{l * x^2}{2} - \frac{x^3}{3} - \frac{l^3}{12}) = \frac{-5\ kN/m}{2 * 3960\ kNm^2} * (\frac{6\ m * 0^2}{2} - \frac{0^3}{3} - \frac{(6\ m)^3}{12})$

$\varphi_{(x)} = -0{,}0006313 \frac{1}{m^3} * 18\ m^3 = -0{,}011$

$f = w = \frac{-q}{24 * E * I} * (x^4 - 2 * l * x^3 + l^3 * x) = \frac{-5\ kN/m}{24 * 3960\ kNm^2} * (0^4 - 2 * 6\ m * 0^3 + (6\ m)^3 * 0) = 0$

Punkt m: x = 1,5 m

$V_{(x)} = \frac{q * l}{2} - q * x = \frac{5\ kN/m * 6\ m}{2} - 5\ kN/m * 1{,}5\ m = 15\ kN - 7{,}5\ kN = 7{,}5\ kN$

$M_{(x)} = \frac{q}{2} * (l * x - x^2) = \frac{5\ kN/m}{2} * (6\ m * 1{,}5\ m - (1{,}5\ m)^2) = 16{,}88\ kNm$

$\varphi_{(x)} = \frac{-q}{2 * E * I} * (\frac{l * x^2}{2} - \frac{x^3}{3} - \frac{l^3}{12}) = \frac{-5\ kN/m}{2 * 3960\ kNm^2} * (\frac{6\ m * (1{,}5\ m)^2}{2} - \frac{(1{,}5\ m)^3}{3} - \frac{(6\ m)^3}{12})$

$\varphi_{(x)} = -0{,}0006313 \frac{1}{m^3} * 12{,}375\ m^3 = -0{,}008$

$f = w = \frac{-q}{24 * E * I} * (x^4 - 2 * l * x^3 + l^3 * x) = \frac{-5\ kN/m}{24 * 3960\ kNm^2} * ((1{,}5\ m)^4 - 2 * 6\ m * (1{,}5\ m)^3 + (6\ m)^3 * 1{,}5\ m) = -0{,}0000526 \frac{1}{m^3} * 289\ m^4 = -0{,}0152\ m = -1{,}52\ cm$

Bei negativem Vorzeichen biegt sich der Träger nach unten durch.

Punkt n: x = 3,0 m *(Feldmitte)*

$V_{(x)} = \frac{q * l}{2} - q * x = \frac{5\ kN/m * 6\ m}{2} - 5\ kN/m * 3{,}0\ m = 15\ kN - 15\ kN = 0\ kN$

$M_{(x)} = \frac{q}{2} * (l * x - x^2) = \frac{5\ kN/m}{2} * (6\ m * 3{,}0\ m - (3{,}0\ m)^2) = 22{,}50\ kNm$

$\varphi_{(x)} = \frac{-q}{2 * E * I} * (\frac{l * x^2}{2} - \frac{x^3}{3} - \frac{l^3}{12}) = \frac{-5\ kN/m}{2 * 3960\ kNm^2} * (\frac{6{,}0\ m * (3{,}0\ m)^2}{2} - \frac{(3{,}0\ m)^3}{3} - \frac{(6\ m)^3}{12})$

$\varphi_{(x)} = -0{,}0006313 \frac{1}{m^3} * 0\ m^3 = 0$

max. $f = \frac{-q}{24 * E * I} * (x^4 - 2 * l * x^3 + l^3 * x) = \frac{-5\ kN/m}{24 * 3960\ kNm^2} * ((3{,}0\ m)^4 - 2 * 6\ m * (3{,}0\ m)^3 + (6{,}0\ m)^3 * 3{,}0\ m) = -0{,}0000526 \frac{1}{m^3} * 405\ m^4 = -0{,}0213\ m = -2{,}13\ cm$

Probe: max. $f = \frac{-q}{24 * E * I} * \frac{l^4}{16} - \frac{2 * l^4}{8} - \frac{l^4}{2} = \frac{-5 * q * l^4}{384 * E * I} = \frac{-5 * 5\ kN/m * (6\ m)^4}{384 * 3960\ kNm^2}$

max. f = 0,0214 m = 2,14 cm ≈ 2,13 cm = max. w

Punkt o: n = 4,8 m

$V_{(x)} = \frac{q * l}{2} - q * x = \frac{5\,kN/m * 6\,m}{2} - 5\,kN/m * 4{,}8\,m = 15\,kN - 24\,kN = -9\,kN$

$M_{(x)} = \frac{q}{2} * (l * x - x^2) = \frac{5\,kN/m}{2} * (6\,m * 4{,}8\,m - (4{,}8\,m)^2) = 14{,}4\,kNm$

$\varphi_{(x)} = \frac{-q}{2 * E * I} * (\frac{l * x^2}{2} - \frac{x^3}{3} - \frac{l^3}{12}) = \frac{-5\,kN/m}{2 * 3960\,kNm^2} * (\frac{6\,m * (4{,}8\,m)^2}{2} - \frac{(4{,}8\,m)^3}{3} - \frac{(6\,m)^3}{12})$

$\varphi_{(x)} = -0{,}0006313\,\frac{1}{m^3} * 14{,}3\,m^3 = -0{,}009$

$f = w = \frac{-q}{24 * E * I} * (x^4 - 2 * l * x^3 + l^3 * x) = \frac{-5\,kN/m}{24 * 3960\,kNm^2} * ((4{,}8\,m)^4 - 2 * 6\,m * (4{,}8\,m)^3 + (6\,m)^3 * 4{,}8\,m) = -0{,}0000526\,\frac{1}{m^3} * 241\,m^4 = -0{,}0127\,m = -1{,}27\,cm$

Punkt B: x = 6,0 m *(Auflager B)*

$V_{(x)} = \frac{q * l}{2} - q * x = \frac{5\,kN/m * 6\,m}{2} - 5\,kN/m * 6{,}0\,m = 15\,kN - 30\,kN = -15\,kN$

$M_{(x)} = \frac{q}{2} * (l * x - x^2) = \frac{5\,kN/m}{2} * (6\,m * 6{,}0\,m - (6{,}0\,m)^2) = 0$

$\varphi_{(x)} = \frac{-q}{2 * E * I} * (\frac{l * x^2}{2} - \frac{x^3}{3} - \frac{l^3}{12}) = \frac{-5\,kN/m}{2 * 3960\,kNm^2} * (\frac{6\,m * (6\,m)^2}{2} - \frac{(6\,m)^3}{3} - \frac{(6\,m)^3}{12})$

$\varphi_{(x)} = -0{,}0006313\,\frac{1}{m^3} * 18\,m^3 = -0{,}011$

$f = w = \frac{-q}{24 * E * I} * (x^4 - 2 * l * x^3 + l^3 * x) = \frac{-5\frac{kN}{m}}{24 * 3960\,kNm^2} * ((6\,m)^4 - 2 * 6\,m * (6\,m)^3 + (6\,m)^3 * 6\,m) = 0$

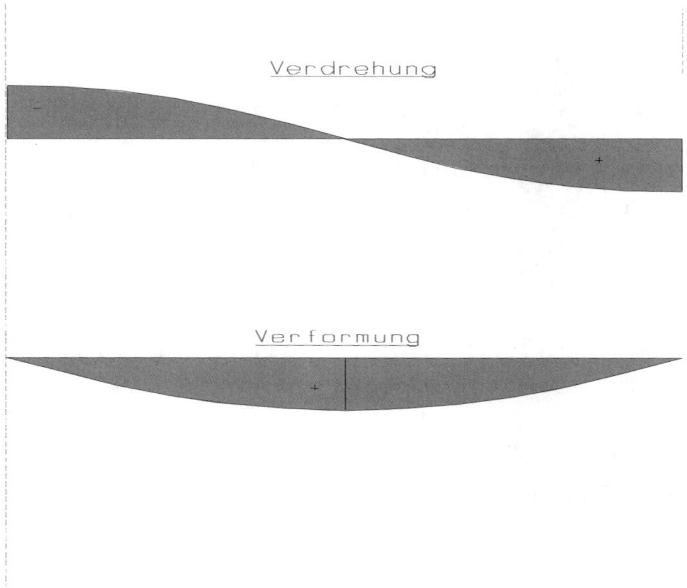

14.4.4 Übungen

1) geg.: Einfeldträger, C 24, l = 4,10 m, g_k = 5,0 kN/m, Rechteckquerschnitt b / h = 14 / 26 cm, beheizter Innenraum: Nutzungsklasse (NKL) 1, Klasse der Lasteinwirkungsdauer (KLED) ständig

ges: a) Nachweis der Biegespannung

b) Nachweis der Schubspannung und

c) Nachweis der Gebrauchstauglichkeit (zul. w = l / 300).

2) geg.: Binder aus Brettschichtholz in einem Verkaufsraum, GL 28h, Einfeldträger,l = 8,25 m, g_k = 5,0 kN/m, q_k = 2,5 kN/m, b / h = 16 / 54 cm, beheizter Innenraum: Nutzungsklasse (NKL) 1, Klasse der Lasteinwirkungsdauer (KLED) mittel, der Binderobergurt ist gehalten

ges: a) Nachweis der Biegespannung

b) Nachweis der Schubspannung und

c) Nachweis der Gebrauchstauglichkeit (zul. w = l / 500).

3) geg.: Kehlbalkendecke in einem Einfamilienhaus, Einfeldträger, l = 4,00 m, g_k = 1,00 kN/m^2, q_k = 2,00 kN/m^2 (ohne Trennwandzuschlag), b / h = 8 / 16 cm, Balkenachsabstand: a = 58 cm, C 24, beheizter Innenraum: Nutzungsklasse (NKL) 1, Klasse der Lasteinwirkungsdauer (KLED) mittel

ges: a) Nachweis der Biegespannung

b) Nachweis der Schubspannung und

c) Nachweis der Gebrauchstauglichkeit (zul. w = l / 300).

4) geg.: Dachsparren als Einfeldträger ohne Kragarm (Skizze), l = 4,55 m, Dachneigung α = 25°, Firsthöhe 7,00 m, C 24, Rechteckquerschnitt: b / h = 6 / 18 cm, Achsabstand der Sparren a = 66 cm

Die Normalkräfte werden vernachlässigt.

Einwirkungen: $r_{k,G} = g_k + s_i + w$ = 1,35 kN/m^2

$r_{d,G} = g_d + s_d + w_d$ = 1,90 kN/m^2

ges: a) Nachweis der Biegespannung

b) Nachweis der Schubspannung und

c) Nachweis der Gebrauchstauglichkeit

(zul. w = l / 300).

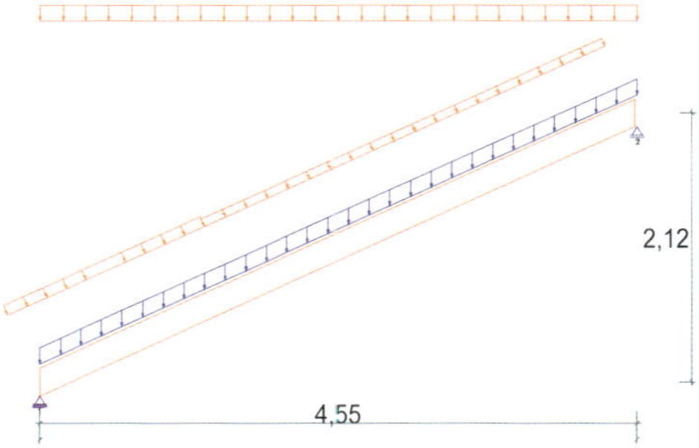

5) geg.: Holzstütze in einem Bürohaus, Pendelstütze, h = 3, 25 m, C 24, b / h = 16 / 18 cm, $F_{G,K}$ = 45,0 kN, $F_{Q,K}$ = 35,0 kN, NKL 1, KLED mittel

ges.: Nachweis der Tragfähigkeit mit dem Ersatzstabverfahren (Nachweis gegen Knicken).

14.5 Verbindungen im Holzbau

14.5.1 Verbindungen mit metallischen Verbindungsmitteln

Als Verbindungsmittel im Holzbau können verwendet werden: Versatz (Verbindungsart) , Kleber, Nägel, Nagelplatten, Schrauben, Klammern, Dübel, Stabdübel und Bolzen. Vgl. EC 5, 8.

14.5.2 Stirnversatz

Versätze sind im NA des EC 5 geregelt.[32] Auf Grund der Vielzahl der o. a. Verbindungsmittel wird als Beispiel einer einfachen Verbindung im Holzbau nachfolgend lediglich der Stirnversatz behandelt.

Der Versatz ist ein klassischer Anschluss zur Übertragung von Druckkräften bei geneigter Stabachse.[33] Die Druckkraft wird durch Kontakt übertragen. Zur Lagesicherung werden Bolzen oder Laschen verwendet. Das typische Beispiel für die Anwendung des Stirnversatzes ist hierfür der Fußpunkt eines einfachen Sprengwerkes. In den folgenden Beispielen wird vorausgesetzt, dass sowohl Ober- als auch Untergurt aus Holz gefertigt sind. Bei größeren Spannweiten und großen Kräften können auch unterschiedliche Materialien angeordnet werden.[34]

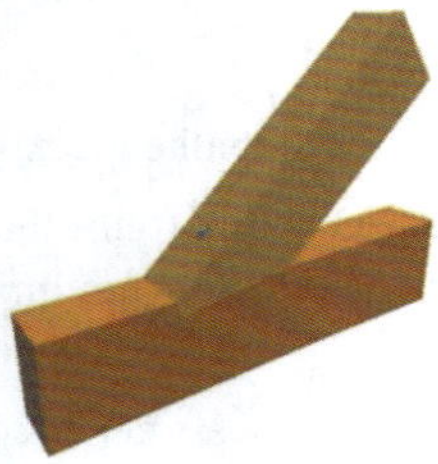

Beispiele

1) einfacher Stirnversatz, Auflager A eines einfachen symmetrischen Sprengwerkes,

$F_k = 25$ kN

Angaben zum Holz: C 24, KLED Ständig, NKL 1

Streben: 12 / 16 cm, Schwelle 12 / 20 cm

ges.: Abmessungen und Nachweise des Stirnversatzes.

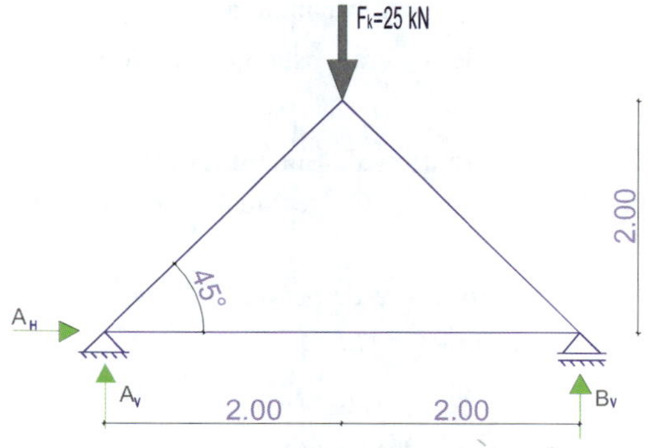

Auflagerkraft: $A_V = 25 / 2 = 12{,}5 \text{ kN} = B_V$

$\gamma = 45°$, $\alpha = \gamma / 2 = 22{,}5°$, $\beta = 180° - 45° = 135°$, $\beta / 2 = 67{,}5°$

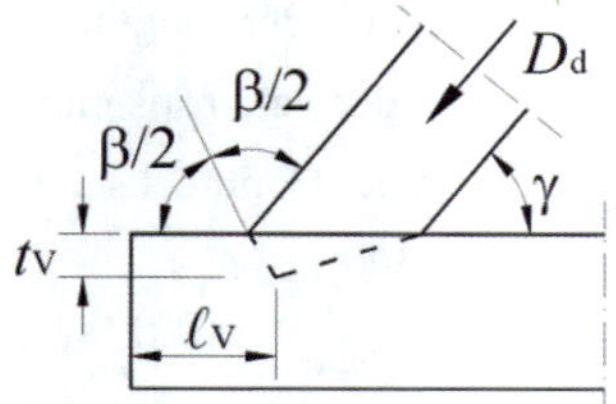

$$\sin\gamma = \frac{A_V}{D_d} = \frac{12{,}5 \text{ kN}}{D_k} \rightarrow D_k = \frac{12{,}5 \text{ kN}}{\sin\gamma} = \frac{12{,}5 \text{ kN}}{\sin 45°} = 17{,}68 \text{ kN}$$

$D_d = 17{,}68 \text{ kN} * 1{,}35 = 23{,}86 \text{ kN}$

[32] Schneider, 2024, S. 9.27.

[33] Werner / Zimmer: 2009, S. 73.

[34] Vgl. Mikado, Unternehmermagazin für Holzbau und Ausbau, 12.2013, S.66 ff: Mächtige Sprengwerke: http://www.mikado-online.de/data/emag/2013/12/pdf/mik_2013_12_neu.pdf, abgerufen am 05.08.2014.

Formeln für die Vorholzlänge, die Versatztiefe und den Bemessungswert der Druckkraft in einer Kontaktfläche finden sich in der einschlägigen Literatur:[35]

$$\text{erf } t_V = \frac{D_d * \cos^2(\gamma/2)}{f_{c,\frac{\gamma}{2},d} * b} = \frac{23860 \text{ N} * \cos^2(22{,}5°)}{6{,}90 \frac{\text{N}}{\text{mm}^2} * 120 \text{ mm}} = 24{,}61 \text{ mm} = 2{,}46 \text{ cm}$$

$$\text{erf } t_V = 2{,}46 \text{ cm} \leq \frac{h}{4} = \frac{20}{4} = 5{,}0 \text{ cm}$$

gew.: t_V = 3,0 cm

$$f_{c,\alpha,d} = \frac{f_{c,0,d}}{\sqrt{\left(\frac{f_{c,0,d}}{2 * f_{c,90,d}} * \sin^2\alpha\right)^2 + \left(\frac{f_{c,0,d}}{2 * f_{v,d}} * \sin\alpha * \cos\alpha\right)^2 + \cos^4\alpha}}$$

$$f_{c,\alpha,d} = \frac{9{,}69 \frac{\text{N}}{\text{mm}^2}}{\sqrt{\left(\frac{9{,}69 \frac{\text{N}}{\text{mm}^2}}{2 * 1{,}73 \frac{\text{N}}{\text{mm}^2}} * \sin^2 22{,}5°\right)^2 + \left(\frac{9{,}69 \frac{\text{N}}{\text{mm}^2}}{2 * 1{,}85 \frac{\text{N}}{\text{mm}^2}} * \sin 22{,}5° * \cos 22{,}5°\right)^2 + \cos^4 22{,}5°}}$$

$$f_{c,\alpha,d} = \frac{9{,}69 \frac{\text{N}}{\text{mm}^2}}{\sqrt{0{,}38 + 0{,}86 + 0{,}73}} = 6{,}90 \text{ N/mm}^2$$

mit: $f_{i,d} = \frac{k_{mod} * f_{i,k}}{\gamma_M} = \frac{0{,}6 * 21{,}0 \text{ N/mm}^2}{1{,}3} = 9{,}69 \text{ N/mm}^2$

$$f_{c,90,d} = \frac{0{,}6 * 2{,}5 \text{ N/mm}^2}{1{,}3} = 1{,}15 \text{ N/mm}^2$$

$$f_{v,d} = \frac{0{,}6 * 4{,}0 \text{ N/mm}^2}{1{,}3} = 1{,}85 \text{ N/mm}^2$$

$$\text{erf } l_V = \frac{D_d * \cos(\gamma)}{b * f_{v,d}} = \frac{23870 \text{ N} * \cos(45°)}{120 \text{ mm} * 1{,}85 \text{ N/mm}^2} = 76{,}03 \text{ mm}$$

Nach Heimeshoff: 20 cm ≤ $l_V \leq 8 * t_V$ (= 8 * 3,0 cm = 24 cm)

gew.: l_V = 20 cm

2) geg.: Einfacher Stirnversatz, Streben 14 / 18 cm, Schwelle 14 / 20 cm, GL24h
KLED kurz, NKL 2, $\gamma = 30°$, $t_V = 4{,}0$ cm, $l_V = 30{,}0$ cm
ges.: max. D_d.

$$\text{erf } t_V = \frac{D_d * \cos^2(\gamma/2)}{f_{c,\frac{\gamma}{2},d} * b} \rightarrow D_d = \frac{t_V * f_{c,\frac{\gamma}{2},d} * b}{\cos^2(\gamma/2)}$$

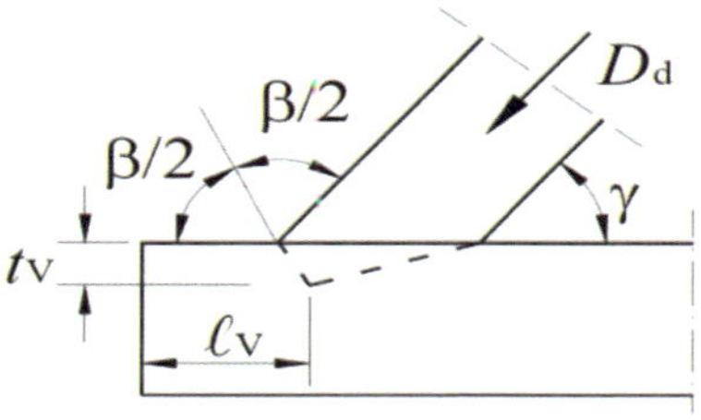

[35] Vgl. z. B. Colling, 2008, S. 109 ff.

$$f_{c,\alpha,d} = \frac{16{,}62\ \frac{N}{mm^2}}{\sqrt{\left(\frac{16{,}62\ \frac{N}{mm^2}}{2*1{,}87\ \frac{N}{mm^2}} * \sin^2 15°\right)^2 + \left(\frac{16{,}62\ \frac{N}{mm^2}}{2*1{,}87\ \frac{N}{mm^2}} * \sin 15° * \cos 15°\right)^2 + \cos^4 15°}}$$

$$f_{c,\alpha,d} = \frac{16{,}62\ \frac{N}{mm^2}}{\sqrt{0{,}09 + 1{,}23 + 0{,}87}} = 11{,}62\ N/mm^2$$

mit:

$$f_{i,d} = \frac{k_{mod} * f_{i,k}}{\gamma_M}$$

$$f_{c,0,d} = \frac{0{,}9 * 24{,}0\ N/mm^2}{1{,}3} = 16{,}62\ N/mm^2$$

$$f_{c,90,d} = \frac{0{,}9 * 2{,}7\ N/mm^2}{1{,}3} = 1{,}87\ N/mm^2$$

$$f_{v,d} = \frac{0{,}9 * 2{,}7\ N/mm^2}{1{,}3} = 1{,}87\ N/mm^2$$

$$D_d = \frac{t_V * f_{c,\frac{\gamma}{2},d} * b}{\cos^2\ (\gamma/2)} = \frac{40\ mm * 11{,}62\ \frac{N}{mm^2} * 140\ mm}{\cos^2\ (15°)} = 69743{,}96\ N \mathrel{\widehat{=}} 69{,}74\ kN$$

$$f_{v,d} = \frac{D_d * \cos\ (\gamma)}{b * l_V} \rightarrow D_d = \frac{f_{v,d} * b * l_V}{\cos\ (\gamma)}$$

$$D_d = \frac{1{,}87\ \frac{N}{mm^2} * 140\ mm * 300\ mm}{\cos\ (30°)} = 90690{,}18\ N \mathrel{\widehat{=}} 90{,}69\ kN$$

Der kleinere Wert ist maßgebend → D_d = max. 69,74 kN

14.5.3 Übung

geg.: Einfacher Stirnversatz bei Auflager A des Sprengwerkes, F_k = 50 kN, C 24, KLED Mittel, NKL 2

Streben: 16 / 20 cm, Schwelle 16 / 24 cm

ges.: l_V, t_V.

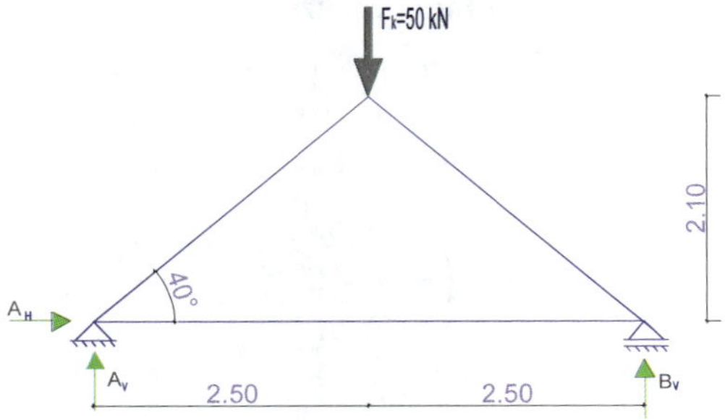

14.6 Lösungen zu den Übungen

Zu Kap. 14.4.3

1) geg.: Einfeldträger, C 24, l = 4,10 m, g_k = 5,0 kN/m, Rechteckquerschnitt b / h = 14 / 26 cm, beheizter Innenraum: Nutzungsklasse (NKL) 1, Klasse der Lasteinwirkungsdauer (KLED) ständig

ges: a) Nachweis der Biegespannung

b) Nachweis der Schubspannung und

c) Nachweis der Gebrauchstauglichkeit (zul. w = l / 300).

Ständige Einwirkung mit Sicherheit: g_d = 1,35 * 5,0 kN/m = 6,75 kN/m

zu a) Nachweis der Biegespannung:

$$\text{max. } M_d = \frac{g_d * l^2}{8} = \frac{6{,}75\,\frac{kN}{m} * (4{,}10\ m)^2}{8} = 14{,}18\ kNm = 1418\ kNcm$$

$$W_n = \frac{b * h^2}{6} = \frac{14\ cm * 26\ cm^2}{6} = 1577\ cm^3$$

$k_h = 1{,}0$ für VH mit $h \geq 15$ cm h = größte Querschnittsabmessung = max (b; h)

$$f_{m,d} = \frac{k_{mod}}{\gamma_M} * f_{m,k}$$

bei NKL 1 und KLED ständig: $\frac{k_{mod}}{\gamma_M} = \frac{0{,}6}{1{,}3} = 0{,}462$ *Tabellenwert*[36]

$f_k = 24\ MN/m^2$ bei C 24 → $f_{m,d} = \frac{k_{mod}}{\gamma_M} * f_{m,k} = 0{,}462 * 24\ MN/m^2 = 11{,}09\ MN/m^2$

$$\sigma_{m,d} = \frac{M_d}{W_n} = \frac{1.418\ kNcm}{1.577\ cm^3} = 0{,}899\ \frac{kN}{cm^2} = 8{,}99\ \frac{MN}{m^2}$$

$$\sigma_{m,d} = 8{,}99\ \frac{MN}{m^2} \leq k_h * f_{m,d} = 1{,}0 * 11{,}09\ MN/m^2 = 11{,}09\ MN/m^2$$

oder: $\frac{M_d / W_n}{k_h * f_{m,d}} = \frac{8{,}99\ \frac{MN}{m^2}}{11{,}09\ \frac{MN}{m^2}} = 0{,}81 \leq 1$ ***(81 % Ausnutzung infolge Biegespannung)***

b) Nachweis der Schubspannung

$$\text{Querkraft: max. } V_d = \frac{g_d * l}{2} = \frac{6{,}75\,\frac{kN}{m} * 4{,}1\ m}{2} = 13{,}84\ kN$$

$$\text{max. } 1{,}5 * \frac{V_d}{k_{cr} * A_n} \leq f_{v,d}$$

$k_{cr} = \frac{2{,}0}{f_{v,k}} = \frac{2{,}0}{4{,}0\,\frac{N}{mm^2}} = 0{,}5$, $A_n = b * h = 14\ cm * 26\ cm = 364\ cm^2$

$$\tau_d = 1{,}5 * \frac{V_d}{k_{cr} * A_n} = 1{,}5 * \frac{13{,}84\ kN}{0{,}5 * 364\ cm^2} = 0{,}11\ \frac{kN}{cm^2} \leq f_{v,d}$$

$f_{v,d} = \frac{k_{mod}}{\gamma_M} * f_{v,k}$ → $\frac{k_{mod}}{\gamma_M} = \frac{0{,}6}{1{,}3} = 0{,}462$

[36] Schneider, 2024, S. 9.5.

$f_{v,k} = 4{,}0 \frac{MN}{m^2} = 0{,}40 \frac{kN}{cm^2} \rightarrow f_{v,d} = \frac{k_{mod}}{\gamma_M} * f_{v,k} = 0{,}462 * 0{,}40 \frac{kN}{cm^2} = 0{,}18 \frac{kN}{cm^2}$

$\tau_d = 0{,}11 \frac{kN}{cm^2} \leq f_{v,d} = 0{,}18 \frac{kN}{cm^2}$

oder: $\frac{0{,}11 \frac{kN}{cm^2}}{0{,}18 \frac{kN}{cm^2}} = 0{,}61$ *(61 % Ausnutzung infolge Schubspannung)*

c) Nachweis der Gebrauchstauglichkeit (ohne Sicherheitsfaktoren): vor. w ≤ zul. w

max. w (cm) = $\frac{n * max.\ M_k\ (kNm) * l^2\ (m)}{I\ (cm^4)}$ = vorh. w

n = 104 (Beiwert für Holz mit E = 10000 N/mm²). Da der E-Modul von C 24 = 11000 N/mm² ist, darf die Durchbiegung durch 1,1 dividiert werden. *Tabellenwert*[37]

max. $M_k = \frac{g_k * l^2}{8} = \frac{5{,}0 \frac{kN}{m} * (4{,}10\ m)^2}{8} = 10{,}51\ kNm$

$I = \frac{b * h^3}{12} = \frac{14\ cm * (26\ cm)^3}{12} = 20505\ cm^4$

max w (cm) = max. f (cm) = $\frac{104 * 10{,}51\ kNm * (4{,}1\ m)^2}{20505\ cm^4 * 1{,}1} = 0{,}81\ cm$

Annahme: zul. w = $\frac{l}{300} = \frac{410\ cm}{300} = 1{,}37\ cm$

max. w = 0,81 cm < zul. w = 1,37 cm

2) geg.: Binder aus Brettschichtholz in einem Verkaufsraum, GL 28h, Einfeldträger, l = 8,25 m, g_k = 5,0 kN/m, q_k = 2,5 kN/m, b / h = 16 / 54 cm, beheizter Innenraum: Nutzungsklasse (NKL) 1, Klasse der Lasteinwirkungsdauer (KLED) mittel, der Binderobergurt ist gehalten

ges: a) Nachweis der Biegespannung

b) Nachweis der Schubspannung und

c) Nachweis der Gebrauchstauglichkeit (zul. w = l / 500).

a) Nachweis der Biegespannung

Einwirkung mit Sicherheit:

g_d = 1,35 * 5,0 kN/m = 6,75 kN/m, q_d = 1,50 * 2,5 kN/m = 3,75 kN/m,

$r_d = g_d + q_d$ = 6,75 kN/m + 3,75 kN/m = 10,50 kN/m

max. $M_d = \frac{r_d * l^2}{8} = \frac{10{,}50 \frac{kN}{m} * (8{,}25\ m)^2}{8} = 89{,}33\ kNm = 8933\ kNcm$

$W_n = \frac{b * h^2}{6} = \frac{16\ cm * (54\ cm)^2}{6} = 7776\ cm^3$

$k_h = 1{,}01$ für BSH mit h < 600 mm

h = größte Querschnittsabmessung = 540 mm *Tabellenwert*[38]

[37] Schneider, 2024, S. 4.20.
[38] Schneider, 2024, S. 9.9.

$f_{m,d} = \frac{k_{mod}}{\gamma_M} * f_{m,k}$, bei NKL 1 und KLED mittel: $\frac{k_{mod}}{\gamma_M} = 0{,}615$ *Tabellenwert*[39]

$f_{m,k} = 28\ MN/m^2$ bei Gl 28h

$f_{m,d} = 0{,}615 * f_{m,k} = 0{,}615 * 28\ MN/m^2 = 17{,}22\ MN/m^2$

$$\sigma_{m,d} = \frac{M_d}{W_n} = \frac{8933\ kNcm}{7776\ cm^3} = 1{,}149\ \frac{kN}{cm^2} = 11{,}49\ \frac{MN}{m^2}$$

$\sigma_{m,d} = 11{,}49\ \frac{MN}{m^2} \leq k_h * f_{m,d} = 1{,}01 * 17{,}22\ MN/m^2 = 17{,}39\ MN/m^2$

oder: $\frac{\frac{M_d}{W_n}}{k_h * f_{m,d}} = \frac{11{,}49\ \frac{MN}{m^2}}{1{,}01 * 17{,}22\ \frac{MN}{m^2}} = 0{,}66 \leq 1$

b) Nachweis der Schubspannung

Querkraft: max. $V_d = \frac{r_d * l}{2} = \frac{10{,}5\ kN * 8{,}25\ m}{2} = 43{,}31\ kN$

$$1{,}5 * \frac{V_d}{k_{cr} * A_n} \leq f_{v,d}$$

$k_{cr} = 0{,}714$ *Tabellenwert*[40]

$A_n = b * h = 16\ cm * 54\ cm = 864\ cm^2$

$$\tau_d = 1{,}5 * \frac{V_d}{k_{cr} * A_n} = 1{,}5 * \frac{43{,}31\ kN}{0{,}714 * 864\ cm^2} = 0{,}11 \frac{kN}{cm^2} \leq f_{v,d}$$

$f_{v,d} = \frac{k_{mod}}{\gamma_M} * f_{v,k} \rightarrow \frac{k_{mod}}{\gamma_M} = \frac{0{,}8}{1{,}3} = 0{,}615$

$f_{v,k} = 3{,}5\ \frac{MN}{m^2} = 0{,}35\ \frac{kN}{cm^2} \rightarrow f_{v,d} = \frac{k_{mod}}{\gamma_M} * f_{v,k} = 0{,}615 * 0{,}35\ \frac{kN}{cm^2} = 0{,}22\ \frac{kN}{cm^2}$

$1{,}5 * \frac{V_d}{k_{cr} * A_n} = 1{,}5 * \frac{43{,}31\ kN}{0{,}714 * 864\ cm^2} = 0{,}11\ \frac{kN}{cm^2} \leq f_{v,d} = 0{,}22\ \frac{kN}{cm^2}$

oder: $\frac{0{,}11\ \frac{kN}{cm^2}}{0{,}22\ \frac{kN}{cm^2}} = 0{,}50$

c) Nachweis der Gebrauchstauglichkeit

vor. $w \leq$ zul. w

max. $f\,(cm) = \frac{n * max.\ M_k\,(kNm) * l^2\,(m)}{I\,(cm^4)}$ = max. w *(Tabelle*[41]*)*

$n = 104$

max. $M_k = \frac{r_k * l^2}{8} = \frac{7{,}5\ \frac{kN}{m} * (8{,}25\ m)^2}{8} = 63{,}81\ kNm$

$l = 8{,}25\ m$

$I = \frac{b * h^3}{12} = \frac{16\ cm * (54\ cm)^3}{12} = 209952\ cm^4$

---

[39] Schneider, 2024, S. 9.5.
[40] Schneider, 2024, S. 9.8.
[41] Schneider, 2024, S. 4.20.

(Gl 28h hat einen E-Modul von 12600 $\frac{N}{mm^2} = 1260 \frac{kN}{cm^2}$ *. Wegen des höheren E – Moduls darf der Wert durch 1,26 dividiert werden:* $\frac{E_{Gl\,28}}{E_{NH\,II}} = \frac{1260}{1000}$ *= 1,26).*

max. w (cm) = $\frac{104 * 63{,}81 \text{ kNm} * (8{,}25 \text{ m})^2}{209952 \text{ cm}^4 * 1{,}26}$ = 1,71 cm, zul. w = $\frac{l}{500} = \frac{825 \text{ cm}}{500}$ = 1,65 cm

max. w = 1,71 cm > zul. w = 1,65 cm → *nicht in Ordnung!*

3) geg.: Kehlbalkendecke in einem Einfamilienhaus, Einfeldträger, l = 4,00 m, g_k = 1,00 kN/m², q_k = 2,00 kN/m² (ohne Trennwandzuschlag), b / h = 8 / 16 cm, Balkenachsabstand: a = 58 cm, C 24, beheizter Innenraum: Nutzungsklasse (NKL) 1, Klasse der Lasteinwirkungsdauer (KLED) mittel

ges: a) Nachweis der Biegespannung

b) Nachweis der Schubspannung und

c) Nachweis der Gebrauchstauglichkeit (zul. w = l/300).

g_d = 1,35 * 1,0 kN/m² = 1,35 kN/m², q_d = 1,50 * 2,0 kN/m² = 3,00 kN/m²

$r_d = g_d + q_d$ = 1,35 kN/m² + 3,00 kN/m² = 4,35 kN/m²

a) Nachweis der Biegespannung

max. $M_d = \frac{r_d * l^2}{8} = \frac{4{,}35 \frac{kN}{m^2} * (4{,}00 \text{ m})^2}{8}$ = 8,70 kNm/m = 870 kNcm/m

pro Balken: max. M_d = a * max. M_d = 0,58 m * 8,70 kNm/m = 5,05 kNm / Balken = 505 kNcm / Balken

$W_n = \frac{b * h^2}{6} = \frac{8 \text{ cm} * (16 \text{ cm})^2}{6}$ = 341,3 cm³

$k_h = 1{,}0$ für VH mit h ≥ 150mm

h = größte Querschnittsabmessung = max (b; h)

$f_{m,d} = \frac{k_{mod}}{\gamma_M} * f_{m,k}$

für NKL 1 und KLED mittel: $\frac{k_{mod}}{\gamma_M}$ = 0,615 *Tabellenwert*[42]

f_k = 24 MN/m² bei C 24

$f_{m,d} = 0{,}615 * f_{m,k}$ = 0,615 * 24 MN/m² = 14,76 MN/m²

$$\sigma_{m,d} = \frac{M_d}{W_n} = \frac{505 \text{ kNcm}}{341{,}3 \text{ cm}^3} = 1{,}48 \frac{kN}{cm^2} = 14{,}8 \frac{MN}{m^2}$$

$\sigma_{m,d} = 14{,}8 \frac{MN}{m^2} \approx k_h * f_{m,d}$ = 1,0 * 14,76 MN/m² = 14,76 MN/m²

geringfügige Überschreitung! oder: $\frac{M_d / W_n}{k_h * f_{m,d}} = \frac{14{,}8 \frac{kN}{cm^2}}{14{,}76 \frac{kN}{cm^2}} = 1{,}00 \leq 1$

[42] Schneider, 2024, S. 9.5.

b) Nachweis der Schubspannung

Querkraft: max. $V_d = \frac{r_d * l}{2} = \frac{4{,}35 \frac{kN}{m^2} * 4{,}00m}{2} = 8{,}70$ kN/m

pro Balken: max. $V_d = a * 8{,}70$ kN/m = 0,58 m * 8,70 kN/m= 5,05 kN / Balken

$$\tau_d = 1{,}5 * \frac{V_d}{k_{cr} * A_n} \leq f_{v,d}$$

$k_{cr} = 0{,}5$

$A_n = b * h = 8\ cm * 16\ cm = 128\ cm^2$

$$\tau_d = 1{,}5 * \frac{V_d}{k_{cr} * A_n} = 1{,}5 * \frac{5{,}05\ kN/Balken}{0{,}5 * 128\ cm^2} = 0{,}12\ \frac{kN}{cm^2} \leq f_{v,d}$$

$f_{v,d} = \frac{k_{mod}}{\gamma_M} * f_{v,k}$

$\frac{k_{mod}}{\gamma_M} = \frac{0{,}8}{1{,}3} = 0{,}615$

$f_{v,k} = 4{,}0\ \frac{MN}{m^2} = 0{,}40\ \frac{kN}{cm^2}$

$f_{v,d} = \frac{k_{mod}}{\gamma_M} * f_{v,k} = 0{,}615 * 0{,}40\ \frac{kN}{cm^2} = 0{,}25\ \frac{kN}{cm^2}$

$\tau_d = 0{,}12 \frac{kN}{cm^2} \leq f_{v,d} = 0{,}25\ \frac{kN}{cm^2}$

oder: $\frac{0{,}12 \frac{kN}{cm^2}}{0{,}25 \frac{kN}{cm^2}} = 0{,}48$

c) Nachweis der Gebrauchstauglichkeit

vor. w $\leq$ zul. w

max. $f\,(cm) = \frac{n * max.\ M_k\ (kNm) * l^2\ (m)}{I\ (cm^4)}$ = vorh. w

n = 104 *(Beiwert für Holz mit E-Modul = 10000 N/mm²)*

l = 4,00 m, a = 58 cm

max. $M_k = \frac{r_k * l^2}{8} = \frac{\left(1{,}0 \frac{kN}{m^2} + 2{,}0\ kN/m^2\right) * (4{,}00\ m)^2}{8} = 6{,}00$ kNm/m

pro Balken: max. M_k = 0,58 m * 6,00 kNm/m = 3,48 kNm/ Balken

$I = \frac{b * h^3}{12} = \frac{8\ cm * (16\ cm)^3}{12} = 2731\ cm^4$

max. $w\ (cm) = \frac{104 * 3{,}48\ kNm * (4{,}0\ m)^2}{2731\ cm^4 * 1{,}1} = 1{,}93$ cm

zul. $w = \frac{l}{300} = \frac{400\ cm}{300} = 1{,}33$ cm

max. w = 1,93 cm > zul. w = 1,33 cm → *nicht in Ordnung!*

4) geg.: Dachsparren als Einfeldträger ohne Kragarm, l = 4,55 m, Dachneigung α = 25°, Firsthöhe 7,00 m, C 24, NKL 1, Rechteckquerschnitt: b / h = 6 / 18 cm, Achsabstand der Sparren a = 66 cm

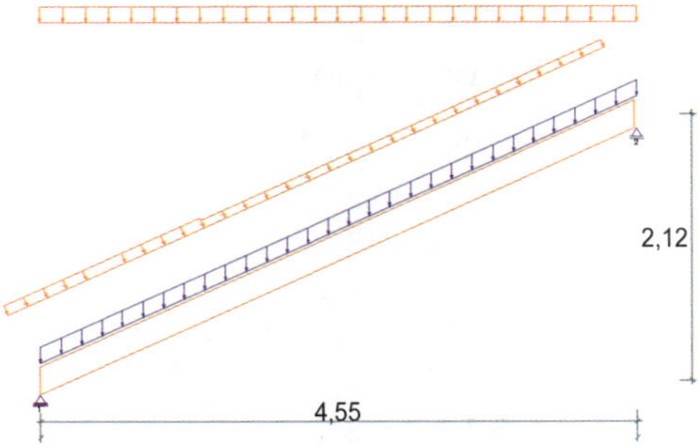

Die Normalkräfte werden vernachlässigt!

Einwirkungen: $r_{k,G} = g_{k,G} + s_i + w = 1{,}35$ kN/m²

$r_{d,G} = g_{G,d} + s_d + w_d = 1{,}90$ kN/m²

ges: a) Nachweis der Biegespannung

b) Nachweis der Schubspannung und

c) Nachweis der Gebrauchstauglichkeit

(zul. w = l / 300).

pro **Sparren**: $r_{k,G} = a * r_d = 0{,}66 \text{ m} * 1{,}35 \text{ kN/m}^2 = 0{,}89 \text{ kN/m}^2$

$r_{d,G} = a * r_d = 0{,}66 \text{ m} * 1{,}90 \text{ kN/m}^2 = 1{,}25 \text{ kN/m}^2$

a) Nachweis der Biegespannung

$$\max M_d = \frac{r_d * l^2}{8} = \frac{1{,}25 \frac{\text{kN}}{\text{m}^2} * (4{,}55 \text{ m})^2}{8} = 3{,}23 \text{ kNm/ Sparren} = 323 \text{ kNcm/ Sparren}$$

<u>vorh.: b / h = 6 / 18 cm, a = 66 cm</u> ($W_y = 324 \text{ cm}^3$)

$$\sigma_{m,d} = \frac{M_d}{W_n} = \frac{323 \text{ kNcm}}{324 \text{ cm}^3} = 0{,}997 \frac{\text{kN}}{\text{cm}^2} = 9{,}97 \frac{\text{MN}}{\text{m}^2}$$

$$\sigma_{m,d} = 9{,}97 \frac{\text{MN}}{\text{m}^2} \leq k_h * f_{m,d} = 1{,}0 * 16{,}62 \text{ MN/m}^2 = 16{,}62 \text{ MN/m}^2$$

bei NKL 1 und KLED mittel: $\frac{k_{mod}}{\gamma_M} = 0{,}615$ *Tabellenwert*[43]

$f_k = 24 \text{ MN/m}^2$ für C 24

$$f_{m,d} = \frac{k_{mod}}{\gamma_M} * f_{m,k} = 0{,}615 * 24 \text{ MN/m}^2 = 14{,}76 \text{ MN/m}^2$$

oder: $\frac{M_d / W_n}{k_h * f_{m,d}} = \frac{9{,}97 \frac{\text{kN}}{\text{cm}^2}}{14{,}76 \frac{\text{kN}}{\text{cm}^2}} = 0{,}68 \leq 1$

Auf die Erhöhung der zulässigen Spannung durch den Beiwert k_{sys} (Lastverteilung durch die Dachlatten) wird hier verzichtet!

b) Nachweis der Schubspannung

$$\text{Querkraft: max. } V_d = \frac{r_d * l}{2} = \frac{1{,}25 \frac{\text{kN}}{\text{m}^2} * 4{,}55 \text{ m}}{2} = 2{,}84 \text{ kN/ Sparren}$$

$$\tau_d = 1{,}5 * \frac{V_d}{k_{cr} * A_n} \leq f_{v,d}$$

$k_{cr} = 0{,}5$ $A_n = b * h = 6 \text{ cm} * 18 \text{ cm} = 108 \text{ cm}^2$

[43] Schneider, 2024, S. 9.5.

$$\tau_d = 1{,}5 * \frac{V_d}{k_{cr} * A_n} = 1{,}5 * \frac{2{,}84\ kN}{0{,}5 * 108\ cm^2} = 0{,}08\ \frac{kN}{cm^2} \leq f_{v,d}$$

$f_{v,d} = \frac{k_{mod}}{\gamma_M} * f_{v,k}$

$\frac{k_{mod}}{\gamma_M} = \frac{0{,}8}{1{,}3} = 0{,}615,\ f_{v,k} = 4{,}0\ \frac{MN}{m^2} = 0{,}40\ \frac{kN}{cm^2}$

$f_{v,d} = \frac{k_{mod}}{\gamma_M} * f_{v,k} = 0{,}615 * 0{,}40\ \frac{kN}{cm^2} = 0{,}25\ \frac{kN}{cm^2}$

$\tau_d = 0{,}08\ \frac{kN}{cm^2} \leq f_{v,d} = 0{,}25\ \frac{kN}{cm^2}$

oder: $\frac{0{,}08\ \frac{kN}{cm^2}}{0{,}25\ \frac{kN}{cm^2}} = 0{,}32$

c) Nachweis der Gebrauchstauglichkeit

vor. w $\leq$ zul. w

max. $f\,(cm) = \frac{n * max.\ M_k\ (kNm) * l^2\ (m)}{I\ (cm^4)}$ = vorh. w

n = 104 (Beiwert für Holz mit E-Modul = 10000 N/mm²)

max. $M_k = \frac{r_k * l^2}{8} = \frac{0{,}89\ \frac{kN}{m^2} * (4{,}55\ m)^2}{8} = 2{,}30$ kNm/ Sparren

l = 4,55 m, l_S = 4,55 m / cos 25° = 5,02 m

$I = \frac{b * h^3}{12} = \frac{6\ cm * (18\ cm)^3}{12} = 2916\ cm^4$

max. w (cm) $= \frac{104 * 2{,}30\ kNm * (5{,}02\ m)^2}{2916\ cm^4 * 1{,}1} = 1{,}88$ cm

zul. $w = \frac{l}{300} = \frac{502\ cm}{300} = 1{,}67$ cm < max. w = 1,88 cm < zul. w = 1,67 cm → *nicht in Ordnung!*

5) geg.: Holzstütze in einem Bürohaus, Pendelstütze, h = 3,25 m, C 24, b / h = 16 / 18 cm, $F_{G,K}$ = 45,0 kN, $F_{Q,K}$ = 35,0 kN, NKL 1, KLED mittel

ges.: Nachweis der Tragfähigkeit mit dem Ersatzstabverfahren (Nachweis gegen Knicken)

Bemessungswerte der Druckkraft: $F_{R,d}$ = 1,35 * 45,0 kN + 1,5 * 35,0 kN = 113,3 kN = N_d

$k_{mod} = 0{,}8$ $\qquad \gamma_M = 1{,}3$ $\qquad \frac{k_{mod}}{\gamma_M} = \frac{0{,}8}{1{,}3} = 0{,}615$

Ersatzstablänge = Knicklänge = $l_{ef} = \beta * l$ = 1,0 * 3,25 m = 3,25 m

Trägheitsradius i: min i = 0,289 * 16 cm = 4,62 cm

Schlankheit λ = max. $\lambda = \frac{l_{ef}}{min.i} = \frac{325\ cm}{4{,}62\ cm} = 70{,}4 \approx 71$

→ Knickbeiwert k_c = 0,539 *(linear interpoliert)*[44]

[44] Schneider, 2024, S. 9.29.

$f_{c,0,k} = 21\ MN/m^2$, $\quad f_{m,d} = \frac{k_{mod}}{\gamma_M} * f_{c,0,k} = 0{,}615 * 21\ MN/m^2 = 12{,}91\ MN/m^2 = 1{,}29\ kN/cm^2$

$$\sigma_{c,0,d} = \frac{N_d}{A_n} = \frac{113{,}3\ kN}{16\ cm * 18\ cm} = 0{,}39\ \frac{kN}{cm^2} \leq k_c * f_{c,0,d} = 0{,}539 * 1{,}29\ \frac{kN}{cm^2} = 0{,}70\ \frac{kN}{cm^2}$$

→ *in Ordnung!*

Zu Kap. 14.5.3

geg.: Einfacher Stirnversatz bei Auflager A des Sprengwerkes, F_k = 50 kN, C 24, KLED Mittel, NKL 2, Streben: 16 / 20 cm, Schwelle 16 / 24 cm

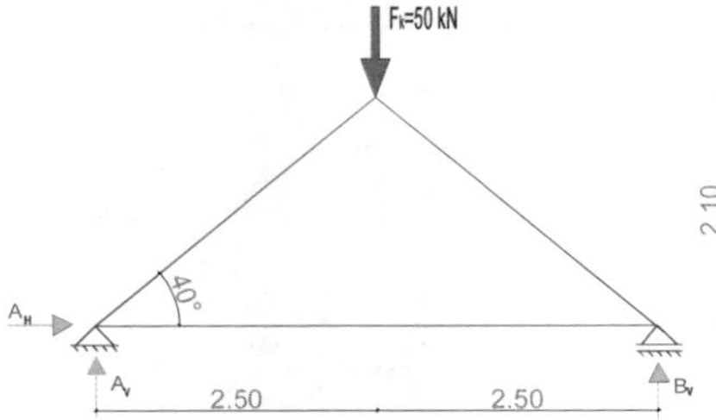

ges.: l_V, t_V.

Auflagerkraft: A_V = 25 kN, D_k = 32,72 kN,

D_d = 32,72 kN * 1,35 = 44,17 kN, γ = 40°,

$\alpha = \gamma / 2 = 20°$, $\beta = 180° - 40° = 140°$, $\beta / 2 = 70°$

$$\text{erf}\ t_V = \frac{D_d * \cos^2\left(\frac{\gamma}{2}\right)}{f_{c,\frac{\gamma}{2},d} * b} = \frac{44170\ N * \cos^2(20°)}{10{,}32\ \frac{N}{mm^2} * 160\ mm}$$

$$\text{erf}\ t_V = 23{,}62\ mm$$

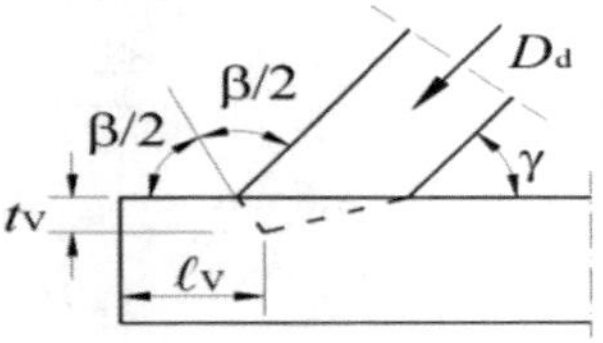

$$\text{erf}\ t_V = 23{,}62\ mm \leq \frac{h}{4} = \frac{200\ mm}{4} = 50\ mm$$

<u>**gew.: t_V = 3,0 cm**</u>

$$\text{mit: } f_{c,\alpha,d} = \frac{f_{c,0,d}}{\sqrt{\left(\frac{f_{c,0,d}}{2 * f_{c,90,d}} * \sin^2\alpha\right)^2 + \left(\frac{f_{c,0,d}}{2 * f_{v,d}} * \sin\alpha * \cos\alpha\right)^2 + \cos^4\alpha}}$$

$$f_{c,\frac{\gamma}{2},d} = \frac{14{,}15\ N/mm^2}{\sqrt{\left(\frac{14{,}15\ N/mm^2}{2 * 1{,}66\ N/mm^2} * (\sin^2 20°)\right)^2 + \left(\frac{14{,}15\ N/mm^2}{2 * 2{,}46\ N/mm^2} * \sin 20° * \cos 20°\right)^2 + \cos^4 20°}}$$

$$f_{c,\frac{\gamma}{2},d} = \frac{14{,}15\ N/mm^2}{\sqrt{0{,}25 + 0{,}85 + 0{,}78}} = 10{,}32\ N/mm^2$$

mit:

$$f_{i,d} = \frac{k_{mod} * f_{i,k}}{\gamma_M} = \frac{0{,}8 * 23{,}0\ N/mm^2}{1{,}3} = 14{,}15\ N/mm^2$$

$$f_{c,90,d} = \frac{0{,}8 * 2{,}7\ N/mm^2}{1{,}3} = 1{,}66\ N/mm^2$$

$$f_{v,d} = \frac{0{,}8 * 4{,}0\ N/mm^2}{1{,}3} = 2{,}46\ N/mm^2$$

$$\text{erf}\ l_V = \frac{D_d * \cos(\gamma)}{b * f_{v,d}} = \frac{44170\ N * \cos(40°)}{160\ mm * 2{,}46\ N/mm^2} = 85{,}97\ mm$$

20 cm ≤ $l_V \leq 8 * t_V$ (= 8 * 30 mm = 24 mm) (nach Heimeshoff)

<u>**gew.: l_V = 20 cm**</u>

15 Stahlbau

Auch beim Stahlbau werden zunächst die Gliederung des Eurocodes 3, Bemessung und Konstruktion von Stahlbauten, und der Überblick über die Werkstoffe des Stahlbaus vorgestellt. Anschließend werden einige Beispiele der Bemessung bzw. deren Nachweise aus dem Hochbau gezeigt. Exemplarisch werden die ausgewählten statischen Nachweise an einfachen Biegeträgern und zentrisch belasteten Stützen aus Stahl durchgeführt.

15.1 Gliederung der DIN EN 1993-1 (Eurocode 3)

EN 1993-1-1: Allgemeine Bemessungsregeln und Regeln für den Hochbau

EN 1993-1-2: Tragwerksbemessung für den Brandfall

EN 1993-1-3: Ergänzende Regeln für kaltgeformte Bauteile und Bleche

EN 1993-1-4: Ergänzende Regeln zur Anwendung von nichtrostenden Stählen

EN 1993-1-1: Allgemeine Bemessungsregeln und Regeln für den Hochbau

EN 1993-1-6: Festigkeit und Stabilität von Schalen

EN 1993-1-7: Plattenförmige Bauteile mit Querbelastung

EN 1993-1-8: Bemessung von Anschlüssen

EN 1993-1-9: Ermüdung

EN 1993-1-10: Stahlsortenauswahl im Hinblick auf Bruchzähigkeit und Eigenschaften in Dickenrichtung

EN 1993-1-11: Bemessung und Konstruktion von Tragwerken mit Zuggliedern aus Stahl

EN 1993-1-12: Zusätzliche Regeln zur Erweiterung von EN 1993 auf Stahlgüten bis S700

15.1.1 Gliederung der DIN EN 1993-1-1

EN 1993-1-1: Allgemeine Bemessungsregeln und Regeln für den Hochbau

1 Allgemeines

2 Grundlagen für die Tragwerksplanung

3 Werkstoffe

4 Dauerhaftigkeit

5 Tragwerksberechnung

6 Grenzzustände der Tragfähigkeit

7 Grenzzustände der Gebrauchstauglichkeit

Anhang A (informativ) Verfahren 1: Interaktionsbeiwerte k_{ij} für die Interaktionsformel in 6.3.3 (4)

Anhang B (informativ) Verfahren 2: Interaktionsbeiwerte k_{ij} für die Interaktionsformel in 6.3.3 (4)

Anhang AB (informativ) Zusätzliche Bemessungsregeln

Anhang BB (informativ) Knicken von Bauteilen in Tragwerken des Hochbaus

15.2 Baustoffe

Für den Stahlbau werden folgende Stahlsorten nach DIN EN 10025-1 verwendet: S 235 JR, S 235 JO, S 235 J2, S 275 JO, S 355 JO.[1] Weiterhin können normalisierte, thermomechanische gewalzte und vergütete Stähle verwendet werden.

S = Structural steel (Stahl), 235 = Streckgrenze 235 N/mm², JR = Bezeichnung für 27 J Kerbschlagarbeit bei Raumtemperatur (+20° C), J0 = Bezeichnung für 27 J Kerbschlagarbeit bei 0° C, J2 = Bezeichnung für 27 J Kerbschlagarbeit bei -20° C.[2] S 235 JR hatte früher die Bezeichnung St 37-2. In mehr als 95 % der im Stahlbau verwendeten Mengen werden die Baustähle S 235 und S 355 benutzt.[3] Der Elastizitätsmodul des Baustahls wird mit E = 210000 N/mm² angenommen.

15.3 Nachweise

Folgende Nachweise werden bei der Berechnung eines Bauteiles aus Stahl durchgeführt:

- Im Grenzzustand der Tragfähigkeit (Beanspruchung durch Biegung, Normalkraft, Schub, Vergleichsspannung)
- Im Grenzzustand der Gebrauchstauglichkeit (Verformungen, dynamische Einwirkungen)
- Im Grenzzustand der Ermüdung

Die Dauerhaftigkeit (Korrosionsschutz, Ermüdungssicherheit etc.) wird durch Einhaltung von Konstruktionsregeln nachgewiesen.

Die DIN EN 1993, EC 3, 5.4, unterscheidet zwei Berechnungsmethoden:[4]

1) Die **elastische** Tragwerksberechnung: Diese Methode darf bei allen Querschnitten angewendet werden[5]; mit Einschränkungen bei der Klasse 4 des Beulens. Der Nachweis wird i. d. R. mit den Spannungen geführt.

2) Die **plastische** Tragwerksberechnung: Der Nachweis wird i. d. R. auf Basis der Schnittgrößen und Querschnittswiderstände geführt. Diese Berechnungsmethode darf nur für bestimmte Querschnitte angewendet werden und wird hier wegen ihrer Komplexität nicht weiter ausgeführt.

Im Folgenden sollen lediglich Beispiele für statisch bestimmte einfeldrige Biegeträger ohne Normalkraft und zentrisch druckbelastete Stützen aus Stahl gezeigt werden.

Beim Führen der Nachweise ist die Einstufung der Stahlprofile in die vier Querschnittsklassen maßgebend.[6] Für die Zuordnung der Querschnitte in die Querschnittsklassen sind die c/t-Verhältnisse (Breite/Dicke-Verhältnisse) der einzelnen Querschnittsbestandteile (Steg und Flansch) sowie die Spannungsverläufe entscheidend.

---

[1] Überblick über die Werkstoffe: Schneider, 2024, S. 8.3.
[2] Vgl. DIN EN 10025-1.
[3] Kindmann / Krahwinkel, 2011, S. 2.
[4] Wagenknecht, 2011, S. 33.
[5] Wagenknecht, 2011, S. 33.
[6] Kahlmeyer / Hebestreit / Fiebig, 2023, S. 13 ff.

Für die einfachen Beispiele in diesem Kapitel werden I-Walzprofile gewählt, deren Querschnittswerte z. B. in Tabellen[7] abgelesen werden können. Die genormten I-Walzprofile aus S 235 können unter reiner Biegebeanspruchung alle mindestens der Querschnittsklasse 3 zugeordnet werden.

Da die häufigste Beanspruchung bei Trägern die „einachsige Biegung" ist, wird lediglich diese Beanspruchung im Beispiel für die Biegeträger ohne Normalkraft vorgestellt.[8]

15.3.1 Tragfähigkeitsnachweise

15.3.1.1 Biegespannungen

Laut EC 3, 6.2.1, darf der elastische Nachweis nach den folgenden beiden Methoden geführt werden: Entweder 1) mit dem Vergleich der Spannungen:

$$\left(\frac{\sigma_{x,Ed}}{f_y / \gamma_{M0}}\right)^2 + \left(\frac{\sigma_{z,Ed}}{f_y / \gamma_{M0}}\right)^2 - \left(\frac{\sigma_{x,Ed}}{f_y / \gamma_{M0}}\right) * \left(\frac{\sigma_{z,Ed}}{f_y / \gamma_{M0}}\right) + 3 * \left(\frac{\tau_{Ed}}{f_y / \gamma_{M0}}\right)^2 \leq 1{,}0$$

$\sigma_{x,Ed}$ = Bemessungswert der Normalspannungen in Längsrichtung

$\sigma_{z,Ed}$ = Bemessungswert der Normalspannungen in Querrichtung

τ_{Ed} = Bemessungswert der Schubspannungen oder:

2) mit dem Vergleich der Normalkräfte und Biegemomente (Schnittgrößen):

$\frac{N_{Ed}}{N_{Rd}} + \frac{M_{y,Ed}}{M_{y,Rd}} + \frac{M_{z,Ed}}{M_{z,Rd}} \leq 1{,}0$, wobei diese Möglichkeit im EC 3 bevorzugt wird,

und N_{Rd}, $M_{y,Rd}$ und $M_{z,Rd}$ die Bemessungswerte der Tragfähigkeiten sind.

$M_{c,Rd} = M_{pl,Rd} = \frac{W_{pl} * f_y}{\gamma_{M0}}$ für Querschnittsklasse 1 oder 2

$M_{c,Rd} = M_{el,Rd} = \frac{W_{el,min} * f_y}{\gamma_{M0}}$ für Querschnittsklasse 3

$M_{c,Rd} = \frac{W_{eff,min} * f_y}{\gamma_{M0}}$ für Querschnittsklasse 4

Im Folgenden wird mit den Spannungsformeln gearbeitet. **Bei einachsiger Biegung** ohne Normalkraft reduziert sich die Formel für die Biegespannung ohne Stabilitätsgefahr:

$$\boldsymbol{\sigma_{x,Ed} = \frac{M_{y,Ed}}{W_{el,y}} \leq \frac{f_y}{\gamma_{M0}}}$$

oder:

$$\frac{\sigma_{x,Ed}}{\sigma_{x,Rd}} \leq 1{,}0$$

$M_{y,Ed}$ = Bemessungsmoment, $M_{y,Rd} = \frac{W_{el,y,min} * f_y}{\gamma_{M0}}$

---

[7] Schneider, 2024, S. 8.187 ff.

[8] Kahlmeyer / Hebestreit / Fiebig, 2023, S. 17.

[8] Schneider, 2024, S. 8.187 ff.

$\sigma_{x,Rd}$ = Grenzspannung = $\frac{f_y}{\gamma_{M0}}$ ohne Stabilitätsgefahr, ansonsten[9] $\gamma_{M,1}$

$W_{el,y}$ = elastisches Widerstandsmoment für den oberen bzw. unteren Querschnittsrand

f_y = Streckgrenze

γ_{M0} = Teilsicherheitsbeiwert

15.3.1.2 Schubspannungen

Voraussetzung: Genormtes I-Walzprofil[10]

$$\tau_{E,d} = \frac{V_{z,Ed} * \max S_y}{I_y * t_w} \leq \frac{f_y}{\gamma_M * \sqrt{3}}$$ oder: $$\frac{\tau_{E,d}}{\tau_{R,d}} \leq 1{,}0$$

$V_{z,Ed}$ = Absolutwert der maximalen Querkraft

max. S_y = maximales Flächenmoment ersten Grades (= statisches Moment)

I_y = Flächenmoment zweiten Grades (= Trägheitsmoment)

t_w = Dicke des Steges, $\tau_{Rd} = \frac{f_y}{\gamma_M * \sqrt{3}}$ (für S 235: $\tau_{R,d}$ = 13,6 kN/cm²)

15.3.1.3 Vergleichsspannungen

Die Vergleichsspannungen dienen dem Vergleich der Zugfestigkeit eines Materials (hier Stahl) mit dem realen Spannungszustand. Aus dem realen, mehrachsigen Spannungszustand wird eine einzige Spannung errechnet, die im Material die gleiche Anstrengung verursachen würde wie der mehrachsige Spannungszustand.[11] Bei konzentrierten Einzellasten, durchlaufenden Systemen, Rahmentragwerken oder Einfeldträgern mit Kragarm sind die oben genannten Bedingungen zu prüfen.

$$\sigma_{V,Ed} = \sqrt{(\sigma^2_{x,Ed} + 3 * \tau^2_{Ed})} \leq \frac{f_y}{\gamma_{M0}}$$ oder: $$\frac{\sigma_{V,Ed}}{\sigma_{Rd}} \leq 1{,}0$$

$\sigma_{V,Ed}$ = Vergleichsspannung, $\sigma_{x,Ed}$ = Normalspannung mit Teilsicherheit, τ_{Ed} = Schubspannung mit Teilsicherheit

15.3.1.4 Stäbe mit zentrischem Druck (Biegeknicken)

Gem. EC 3, 6.3.1, ist für planmäßig zentrisch belastete Druckstäbe (z. B. Stützen) in der Regel folgender Nachweis gegen Biegeknicken zu führen:

$$\frac{N_{Ed}}{N_{b,Rd}} \leq 1{,}0$$

---

[9] In Abhängigkeit von der Schlankheit kommen Reduzierungsfaktoren hinzu.

[10] Kahlmeyer, 2014, S. 19.

[11] URL: http://vergleichsspannung.de/ abgerufen am 31.03.2025.

Vorausgesetzt wird, dass der Nachweis gegen Drillknicken oder Biegedrillknicken nicht maßgebend ist.[12]

N_{Ed}: Bemessungswert der einwirkenden Druckkraft

$N_{b,Rd}$: Bemessungswert der Biegeknickbeanspruchbarkeit von druckbeanspruchten Bauteilen

$N_{b,Rd} = \varkappa * N_{pl,Rd} = \varkappa * A * f_y / \gamma_{M1}$ für Querschnittsklasse 1, 2 und 3

$N_{b,Rd} = \varkappa * N_{pl,Rd} = \varkappa * A_{eff} * f_y / \gamma_{M1}$ für Querschnittsklasse 4

$\varkappa$: Abminderungsfaktor

bei $\bar{\lambda} \leq 0{,}2$: $\varkappa = 1{,}0$

bei $\bar{\lambda} > 0{,}2$: $\varkappa = \frac{1}{\Phi + \sqrt{\Phi^2 - \bar{\lambda}^2}} \leq 1$

oder über Tabellenwerte[13]

bezogener Schlankheitsgrad: $\bar{\lambda} = \sqrt{\frac{A * fy}{N_{cr}}}$ mit $N_{cr} = \frac{\Pi^2 * E * I}{L^2{}_{cr}}$

$\Phi = 0{,}5 * [1 + \alpha * (\bar{\lambda} - 0{,}2) + \bar{\lambda}^2]$ *Tabellenwerte*[14]

$\gamma_{M1} = 1{,}1$

Bei Stützen spielen neben der Einwirkung die Schlankheit und die Knicklänge eine bedeutende Rolle! Die Knicklängen wurden in Kapitel 9 vorgestellt.

$L_{cr} = S_k$ = Knicklänge = $\beta * l$ (siehe EULER-Fälle, Kapitel 9), i = Trägheitsradius (Falls die Stütze in beide Richtungen ausknicken kann, wird hier der kleinste Trägheitsradius eingesetzt).

Der Nachweis gegen Biegedrillknicken kann bei Walzprofilen entfallen, wenn die Einwirkung planmäßig mittiger Druck ist. Dies ist hier der Fall.

15.3.2 Gebrauchstauglichkeitsnachweise

Als Nachweise der Gebrauchstauglichkeit können folgende Nachweise geführt werden:[15]

- Durchbiegungsnachweis
- Schwingungsverhalten

Der Eurocode 3 enthält für den allgemeinen Fall und den Hochbau keine zahlenmäßigen Grenzwerte für die Durchbiegung. Die max. Durchbiegung sollte mit dem Bauherrn besprochen werden. Kahlmeyer empfiehlt für Deckenträger und Unterzüge mit einer Stützweite l von mehr als 5 m eine maximale Durchbiegung von l / 300, bei Pfetten und Sparren l / 250 und bei Kragträgern l / 200.[16]

---

[12] Schneider, 2024, S. 8.31.
[13] Schneider, 2024, S. 8.26.
[14] Schneider, 2024, S. 8.24.
[15] Kindmann / Krahwinkel, 2011, S. 319.
[16] Kahlmeyer / Hebestreit / Fiebig, 2023, S. 66.

Im folgenden Beispiel wird ein Nachweis der Durchbiegung mit dem Grenzwert zul. w = l / 300 gezeigt. Dieser Nachweis erfolgt mit den charakteristischen Einwirkungen.

max. w ≤ zul. w oder: $\frac{\text{max. w}}{\text{zul. w}} \leq 1{,}0$

Beispiele: 1) Biegeträger

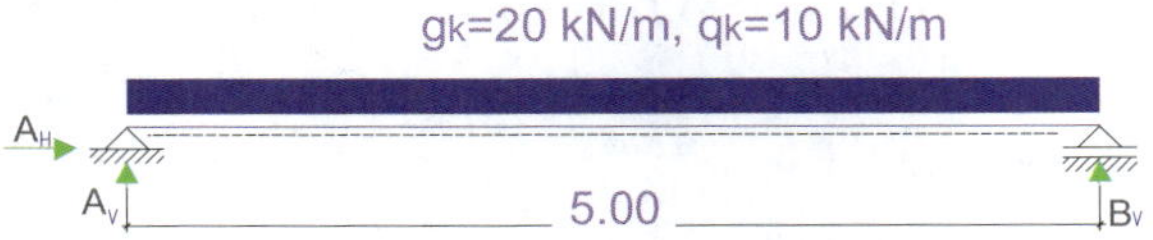

geg.: Stahlträger als Einfeldträger, HEB 220, S 235

$l = 5{,}00$ m, $g_k = 20$ kN/m, $q_k = 10$ kN/m

ges.: a) Biegespannungsnachweis b) Schubspannungsnachweis c) Vergleichsspannungsnachweis d) Nachweis der Durchbiegung, zul. w = l / 300

HEB 220, S 235, Querschnittsklasse K 1, alle Nachweisverfahren sind anwendbar.

vorh. $I_y = 8090\ cm^4$, $W_{el,y} = 736\ cm^3$, $S_y = 414\ cm^3$, $t_w = 0{,}95$ cm, $f_y = 235\ N/mm^2$, $y_M = 1{,}0$

Schnittgrößen: $r_d = g_d + q_d = 1{,}35 * 20\ kN/m + 1{,}5 * 10\ kN/m = 42\ kN/m$

$$\text{max. } V_{Ed} = \frac{r_d * l}{2} = \frac{42 \frac{kN}{m} * 5{,}0\ m}{2} = 105\ kN$$

$$\text{max. } M_{y,Ed} = \frac{r_d * l^2}{8} = \frac{42 \frac{kN}{m} * (5{,}0\ m)^2}{8} = 131{,}25\ kNm$$

Nachweise:

Zu a) Biegespannungsnachweis: $\sigma_{x,Ed} = \frac{M_{y,Ed}}{W_{el,y}} \leq \frac{f_y}{\gamma_{M0}}$

$$\text{max. } \sigma_{x,Ed} = \frac{M_{y,Ed}}{W_{el,y}} = \frac{131{,}25\ kNm * 100}{736\ cm^3} = 17{,}83\ kN/cm^2 \leq \sigma_{Rd} = \frac{f_y}{\gamma_M} = \frac{23{,}5\ kN/cm^2}{1{,}0} = 23{,}5\ kN/cm^2$$

$$\text{oder: } \frac{\sigma_{x,Ed}}{\sigma_{x,Rd}} = \frac{17{,}83\ kN/cm^2}{23{,}5\ kN/cm^2} = 0{,}76 \leq 1{,}0$$

Zu b) Schubspannungsnachweis: $\tau_{Ed} = \frac{V_{z,Ed} * \max S_y}{I_y * t_w} \leq \frac{f_y}{\gamma_M * \sqrt{3}}$

$$\text{max. } \tau_{Ed} = \frac{V_{Ed} * S_y}{I_y * t_w} = \frac{105\ kN * 414\ cm^3}{8090\ cm^4 * 0{,}95\ cm} = 5{,}66\ kN/cm^2$$

$$\text{max. } \tau_{Ed} = 5{,}66\ kN/cm^2 \leq \tau_{Rd} = \frac{f_y}{\gamma_M * \sqrt{3}} = \frac{23{,}5\ kN/cm^2}{1{,}0 * \sqrt{3}} = 13{,}57\ kN/cm^2$$

$$\text{oder: } \frac{\tau_{Ed}}{\tau_{Rd}} = \frac{5{,}66\ kN/cm^2}{13{,}57\ kN/cm^2} = 0{,}42 \leq 1{,}0$$

Zu c) Vergleichsspannungsnachweis

Der Nachweis der Vergleichsspannung muss dann geführt werden, wenn sowohl $max.\sigma_{Ed}$ als auch $max.\tau_{Ed}$ größer als 50 % von der zulässigen Spannung sind. Hier müsste er also nicht geführt werden, da die Schubspannung nur zu 42 % ausgenutzt ist.

Vergleichsspannungen sind beispielsweise nachzuweisen bei konzentrierten Einzellasten, durchlaufenden Systemen, Rahmentragwerken oder Einfeldträgern mit Kragarm.

zu d) Nachweis der Durchbiegung (<u>ohne</u> Teilsicherheitsbeiwerte):

$r_k = g_k + q_k = 20\ kN/m + 10\ kN/m = 30\ kN/m$

$$max.\ M_{y,Ek} = \frac{r_k * l^2}{8} = \frac{30\frac{kN}{m} * (5{,}0\ m)^2}{8} = 93{,}75\ kNm$$

$$zul.\ w = \frac{l}{300} = \frac{500\ cm}{300} = 1{,}67\ cm$$

Durchbiegungsformel:[17] $max.\ w = \frac{q * l^4}{76{,}8 * E * I} = \frac{30\frac{kN}{m} * (5{,}00\ m)^4}{76{,}8 * 21.000\frac{kN}{cm^2} * 8.090\ cm^4}$

$max.\ w = 0{,}00000144 * \frac{\cancel{kN} * m^4 * cm^2}{m * \cancel{kN} * cm^4} = 1{,}44\ cm < 1{,}67\ cm$ → *in Ordnung.*

oder:[18] $max.\ w = n * max\ M_{y,Ek} * l^2 / I = 4{,}96 * 93{,}75\ kNm * (5{,}0\ m)^2 / 8090\ cm^4 = 1{,}44\ cm$

2) Stahlstütze mit zentrischem Druck

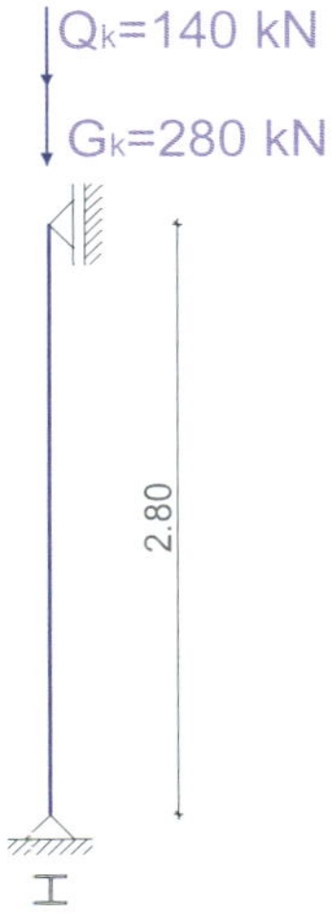

geg.: Stütze, S 235, HEB 140, unten und oben gelenkig gelagert,

Höhe: $l = 2{,}80\ m$, $F_{G,k} = 280\ kN$, $F_{Q,k} = 140\ kN$

ges.: Biegeknick-Nachweis

Voraussetzung: Nachweis gegen Drillknicken oder Biegedrillknicken ist nicht maßgebend.

Lösung: Nachweis gegen Biegeknicken: $\frac{N_{Ed}}{N_{b,Rd}} \leq 1{,}0$

$N_{Ed} = 1{,}35 * 280\ kN + 1{,}50 * 140\ kN = 588{,}0\ kN$

$N_{b,Rd} = \varkappa * N_{pl,Rd}$

Ermittlung von $\varkappa$:

Knicklänge: EULER-Fall 2: $\beta = 1{,}0$

$Lcr = s_{k,y} = s_{k,z} = \beta * l = 1{,}0 * 2{,}80\ m = 2{,}80\ m = 280\ cm$

Querschnittswerte: $A = 43\ cm^2$, $i_z = 3{,}58\ cm$, $h = b = 140\ mm$, $t_f = 7\ mm$

---

[17] Schneider, 2024, S. 4.2: $max.\ w = \frac{5 * q * l^4}{384 * E * I}$

[18] Schneider, 2024, S. 4.20.

Schlankheitsgrad: max. $\lambda_k = \frac{L_{cr}}{i_z} = \frac{280\ cm}{3{,}58\ cm} = 78{,}2$

λ_1: für S 235: $\lambda_1 = 93{,}9$

bezogener Schlankheitsgrad: $\bar{\lambda} = \frac{\lambda_k}{\lambda_1} = \frac{78{,}2}{93{,}9} = 0{,}83$ für QK 3

Zuordnung der Querschnitte zu Knicklinien:[19]

Gewalzter I-Querschnitt: $\frac{h}{b} = \frac{140\ mm}{140\ mm} = 1{,}0 \leq 1{,}2$ $t_f = 7\ mm \leq 100\ mm$

Ausweichen rechtwinklig zur z-z-Achse: Knickspannungslinie c (für S 235)

Alternativ können Profiltabellen verwendet werden.

Für Knickspannungslinie c und bezogener Schlankheitsgrad: $\bar{\lambda} = 0{,}83$

→ Abminderungsfaktor: $\varkappa = 0{,}645$ *(interpoliert aus Tafel 8.26)*[20]

oder Ermittlung von $\varkappa$ über die Formeln:

bezogener Schlankheitsgrad: $\bar{\lambda} = 0{,}83$, Schlankheitsgrad: $\lambda = \frac{L_{cr}}{i} = 78{,}2$

λ_1 für S 235:[21] $\lambda_1 = 93{,}9$

$\Phi = 0{,}5 * [1 + \alpha * (\bar{\lambda} - 0{,}2) + \bar{\lambda}^2], \alpha = 0{,}49$ *Tabellenwert*[22]

$\Phi = 0{,}5 * [1 + 0{,}49 * (0{,}83 - 0{,}2) + 0{,}83^2] = 0{,}999$

bei $\bar{\lambda} = 0{,}83 > 0{,}2$ → $\varkappa = \frac{1}{\Phi + \sqrt{\Phi^2 - \bar{\lambda}^2}} = \frac{1}{0{,}999 + \sqrt{0{,}999^2 - 0{,}83^2}} = 0{,}643 \approx 0{,}645 \leq 1$

Es wird mit dem ungünstigeren Wert weitergerechnet.

Normalkraft im plastischen Zustand:

$N_{b,Rd} = \varkappa * N_{pl,Rd} = \varkappa * A * f_y / \gamma_{M1}$ für Querschnittsklasse 1, 2 und 3; $\gamma_{M1} = 1{,}1$

$N_{b,Rd} = 0{,}643 * N_{pl,Rd} = 0{,}643 * 43\ cm^2 * 23{,}5\ kN/cm^2 / 1{,}1 = 590{,}7\ kN$

Biegeknick-Nachweis:

$$\frac{N_{Ed}}{N_{b,Rd}} = \frac{588\ kN}{590{,}7\ kN} = 0{,}995 \leq 1{,}0$$

---

[19] Schneider, 2024, S. 8.25.
[20] Schneider, 2024, S. 8.26.
[21] Schneider, 2024, S. 8.24.
[22] Schneider, 2024, S. 8.24.

15.3.3 Übungen

1) geg.: Einfeldträger aus Stahl, HEA 240, S 235, l = 4,30 m,
g_k = 20 kN/m, q_k = 14 kN/m

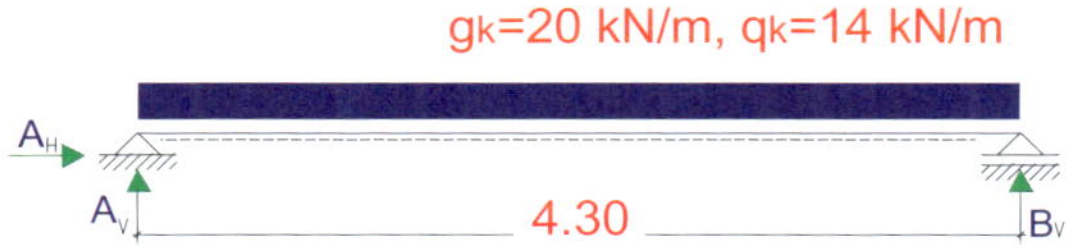

ges.: a) Biegespannungsnachweis

b) Schubspannungsnachweis

c) Vergleichsspannungsnachweis

d) Nachweis der Durchbiegung, zul. w = l / 500

2) geg.: Stahlstütze mit zentrischem Druck

geg.: Stütze, HEM 160, S 235, unten eingespannt und oben frei,

Höhe: l = 3,00 m, $F_{G,k}$ = 250 kN, $F_{Q,k}$ = 175 kN

ges.: Biegeknick-Nachweis

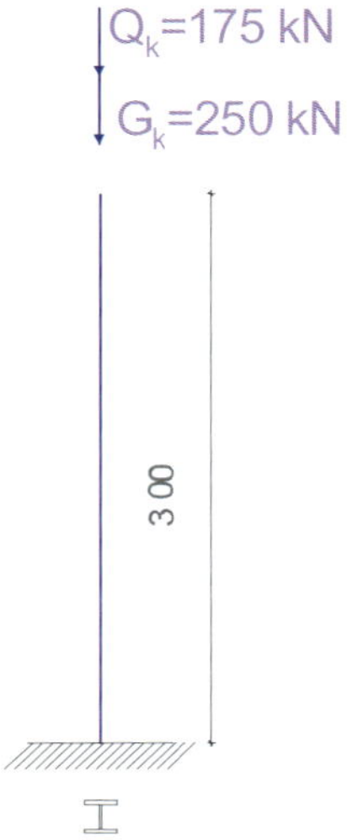

15.4 Lösungen zu den Übungen

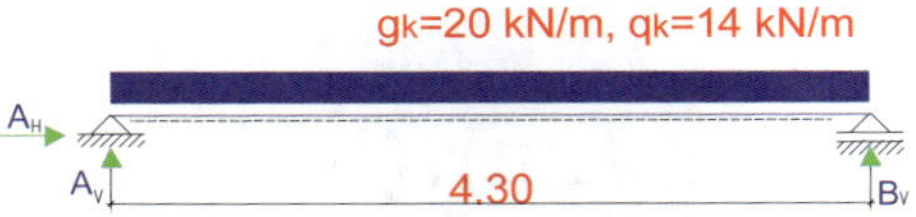

Zu Kap. 15.3.3

1) geg.: Einfeldträger aus Stahl, l = 4,30 m, HEA 240, S 235, g_k = 20 kN/m, q_k = 14 kN/m

ges.: a) Biegespannungsnachweis, b) Schubspannungsnachweis c) Nachweis der Durchbiegung, zul. w = l / 500, HEA 240, S 235, QK 1, alle Nachweisverfahren sind anwendbar.

vorh. I_y = 7.760 cm^4, $W_{el,y}$ = 675 cm^3, S_y = 372 cm^3, t_w = 0,75 cm, f_y = 235 N/mm^2, γ_M = 1,0

Lösung: Schnittgößen: $r_d = g_d + q_d = 1{,}35 * 20\ \text{kN/m} + 1{,}5 * 14\ \text{kN/m} = 48{,}00\ \text{kN/m}$

$$\max. V_{Ed} = \frac{r_d * l}{2} = \frac{48{,}00 \frac{kN}{m} * 4{,}3m}{2} = 103{,}20\ kN$$

$$\max. M_{y,Ed} = \frac{r_d * l^2}{8} = \frac{48{,}00 \frac{kN}{m} * (4{,}3\ m)^2}{8} = 110{,}94\ kNm$$

Nachweise: Zu a) Biegespannungsnachweis: $\sigma_{x,Ed} = \frac{M_{y,Ed}}{W_{el,y}} \leq \frac{f_y}{\gamma_{M0}}$

$$\max. \sigma_{x,Ed} = \frac{M_{y,Ed}}{W_{el,y}} = \frac{110{,}94\ kNm * 100}{675\ cm^3} = 16{,}44\ kN/cm^2 \leq \sigma_{Rd} = \frac{f_y}{\gamma_M} = \frac{23{,}5 \frac{kN}{cm^2}}{1{,}0} = 23{,}5\ kN/cm^2$$

$$\text{oder: } \frac{\sigma_{x,Ed}}{\sigma_{x,Rd}} = \frac{16{,}44 \frac{kN}{cm^2}}{23{,}5 \frac{kN}{cm^2}} = 0{,}70 \leq 1{,}0$$

Zu b) Schubspannungsnachweis: $\tau_{Ed} = \frac{V_{z,Ed} * \max S_y}{I_y * t_w} \leq \frac{f_y}{\gamma_M * \sqrt{3}}$

$$\max. \tau_{Ed} = \frac{V_{Ed} * S_y}{I_y * t_w} = \frac{103{,}20\ kN * 372\ cm^3}{7.760\ cm^4 * 0{,}75\ cm} = 6{,}60\ kN/cm^2$$

$$\max. \tau_{Ed} = 6{,}60\ kN/cm^2 \leq \tau_{Rd} = \frac{f_y}{\gamma_M * \sqrt{3}} = \frac{23{,}5 \frac{kN}{cm^2}}{1{,}0 * \sqrt{3}} = 13{,}57\ kN/cm^2$$

$$\text{oder: } \frac{\tau_{Ed}}{\tau_{Rd}} = \frac{6{,}60 \frac{kN}{cm^2}}{13{,}57 \frac{kN}{cm^2}} = 0{,}49 \leq 1{,}0$$

Zu c) Nachweis der Durchbiegung (ohne Teilsicherheitsbeiwerte):

$r_k = g_k + q_k = 20\ \text{kN/m} + 14\ \text{kN/m} = 34\ \text{kN/m}$

$$\max. M_{y,Ek} = \frac{r_k * l^2}{8} = \frac{34 \frac{kN}{m} * (4{,}3\ m)^2}{8} = 78{,}58\ kNm,\ \text{zul. } w = \frac{l}{500} = \frac{430\ m}{500} = 0{,}86\ cm$$

Durchbiegungsformel:[23]

$$\max. w = \frac{q * l^4}{76{,}8 * E * I} = \frac{34 \frac{kN}{m} * (4{,}30\ m)^4}{76{,}8 * 21000 \frac{kN}{cm^2} * 7760\ cm^4} = 0{,}00000093 * 10^6\ \frac{\frac{kN}{m} * m^4}{\frac{kN}{cm^2} * cm^4}$$

→ max. w = 0,93 cm > 0,86 cm → *nicht in Ordnung.* Oder:[24]

max. $w = n * \max M_{y,Ek} * l^2 / I = 4{,}96 * 78{,}58\ kNm * (4{,}3\ m)^2 / 7.760\ cm^4 = 0{,}93\ cm > 0{,}86\ cm$

[23] Schneider, 2024, S. 4.2.
[24] Schneider, 2024, S. 4.20.

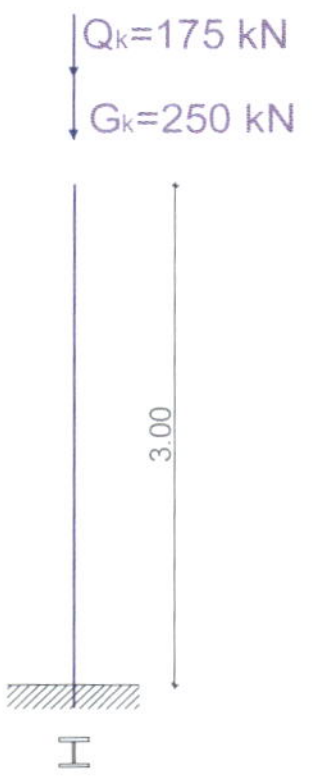

2) Stahlstütze mit zentrischem Druck

geg.: Stütze, HEM 160, S 235, unten eingespannt und oben frei,

Höhe: l = 3,00 m, $F_{G,k}$ = 250 kN, $F_{Q,k}$ = 175 kN

ges.: Biegeknick-Nachweis, Voraussetzung: Nachweis gegen Drillknicken oder Biegedrillknicken ist nicht maßgebend.

Lösung: Nachweis gegen Biegeknicken: $\frac{N_{Ed}}{N_{b,Rd}} \leq 1{,}0$

N_{Ed} = 1,35 * 250 kN + 1,5 * 175 kN = 600,0 kN

Knicklänge: EULER-Fall 1: β = 2,0

$L_{cr} = s_{k,y} = s_{k,z} = \beta * l$ = 2,0 * 3,00 m = 6,00 m = 600 cm

Querschnittswerte: A = 97,1 cm², i_z = 4,26 cm, h = 180 mm, b = 166 mm, t_f = 23 mm

Schlankheitsgrad: max. $\lambda_k = \frac{L_{cr}}{i_z} = \frac{600\text{ cm}}{4{,}26\text{ cm}} = 140{,}8$, λ_1: für S 235: $\lambda_1 = 93{,}9$

bezogener Schlankheitsgrad: $\bar{\lambda} = \frac{\lambda_k}{\lambda_1} = \frac{140{,}8}{93{,}9} = 1{,}50$ für QK 3

Zuordnung der Querschnitte zu Knicklinien:[25]

Gewalzter I-Querschnitt: $\frac{h}{b} = \frac{180\text{ mm}}{166\text{ mm}} = 1{,}08 \leq 1{,}2$, $t_f = 23\text{ mm} \leq 100\text{ mm}$

Ausweichen rechtwinklig zur z-z-Achse: Knickspannungslinie c (für S 235)

für Knickspannungslinie c und bezogener Schlankheitsgrad: $\bar{\lambda}$ = 1,50

→ Abminderungsfaktor: $\varkappa$ = 0,317 *(interpolierter Tabellenwert)*[26]

oder Ermittlung von $\varkappa$ über die Formeln:

bezogener Schlankheitsgrad: $\bar{\lambda}$ = 1,50, Schlankheitsgrad: $\lambda = \frac{L_{cr}}{i} = 140{,}8$

λ_1 für S 235: $\lambda_1 = 93{,}9$[27]

$\Phi = 0{,}5 * [1 + \alpha * (\bar{\lambda} - 0{,}2) + \bar{\lambda}^2]$

$\alpha = 0{,}49$[28]

$\Phi = 0{,}5 * [1 + 0{,}49 * (1{,}50 - 0{,}2) + 1{,}50^2] = 1{,}944$

bei $\bar{\lambda} = 1{,}50 > 0{,}2 \rightarrow \varkappa = \frac{1}{\Phi + \sqrt{\Phi^2 - \bar{\lambda}^2}} = \frac{1}{1{,}944 + \sqrt{1{,}944^2 - 1{,}50^2}} = 0{,}315 \approx 0{,}317 \leq 1$

Es wird mit dem ungünstigeren Wert weitergerechnet. γ_{M1} = 1,1

Normalkraft im plastischen Zustand:

$N_{b,Rd} = \varkappa * N_{pl,Rd} = \varkappa * A * f_y / \gamma_{M1}$ für Querschnittsklasse 1, 2 und 3

$N_{b,Rd} = 0{,}315 * N_{pl,Rd} = 0{,}315 * 97{,}1\text{cm}^2 * 23{,}5\text{ kN/cm}^2 / 1{,}1 = 653{,}4\text{ kN}$

Biegeknick-Nachweis: $\frac{N_{Ed}}{N_{b,Rd}} = \frac{600\text{ kN}}{653{,}4\text{ kN}} = 0{,}92 \leq 1{,}0$

---

[25] Schneider, 2024, S. 8.25.
[26] Schneider, 2024, S. 8.26.
[27] Schneider, 2024, S. 8.24.
[28] Schneider, 2024, S. 8.24.

16 Verbundtragwerke aus Stahl und Beton

Da der Verbundbau immer mehr Einzug in die praktische Bautätigkeit hält, wird ab der zweiten Auflage des Buches durch das Kapitel „Verbundtragwerke aus Stahl und Beton" ergänzt. In diesem Kapitel steht der Begriff Verbundbau stellvertretend für die Verbundtragwerke aus Stahl und Beton. Ebenso wie beim Stahlbau werden zunächst die Gliederung des Eurocodes 4 (EC 4) und der Überblick über die Baustoffe der Verbundtragwerke aus Stahl und Beton vorgestellt. Anschließend wird das Prinzip des Verbundbaus erläutert. Das anschließende Bemessungsbeispiel eines Verbundträgers zeigt die Grundzüge der Tragfähigkeitsnachweise auf. Die Nachweise der Gebrauchstauglichkeit werden dabei ausgeklammert, da Grundlagen, wie z. B. das Schwinden und das Kriechen, in diesem Buch nicht behandelt werden. Hier wird auf die entsprechende Fachliteratur verwiesen.

16.1 Gliederung der DIN EN 1994

Eurocode 4: Bemessung und Konstruktion von Verbundtragwerken aus Stahl und Beton –
Teil 1-1: Allgemeine Bemessungsregeln und Anwendungsregeln für den Hochbau
Teil 1-2: Allgemeine Regeln – Tragwerksbemessung für den Brandfall
Teil 2: Allgemeine Bemessungsregeln und Anwendungsregeln für Brücken

Gliederung der DIN EN 1994-1-1: 2010-12 (Eurocode 4)

Inhalt
Vorwort
Hintergrund des Eurocode-Programms
Status und Gültigkeitsbereich der Eurocodes
Nationale Fassungen der Eurocodes
Verbindung zwischen den Eurocodes und den harmonisierten Technischen Spezifikationen für Bauprodukte (EN und ETAZ)
Besondere Hinweise zu EN 1994-1-1
Nationaler Anhang zu EN 1994-1-1
1 Allgemeines
2 Grundlagen der Tragwerksplanung
3 Werkstoffe
4 Dauerhaftigkeit
5 Tragwerksberechnung
6 Grenzzustände der Tragfähigkeit
7 Grenzzustände der Gebrauchstauglichkeit
8 Verbundanschlüsse in Tragwerken des Hochbaus
9 Verbunddecken mit Profilblechen für Tragwerke des Hochbaus

Anhang A (informativ) Steifigkeit der Grundkomponenten von Verbundanschlüssen bei Tragwerken des Hochbaus

Anhang B (informativ) Experimentelle Untersuchungen

Anhang C (informativ) Berücksichtigung des Schwindens des Betons bei Tragwerken des Hochbaus

Literaturhinweise

16.2 Werkstoffe

Die Baustoffe für die Anwendung im Verbundbau werden im EC 4 als Werkstoffe bezeichnet. Die Angaben zu den Werkstoffen des Verbundbaus findet man in Abschnitt 3 der DIN EN 1994-1-1.[1]

Dort sind als Werkstoffe Beton, Betonstahl, Baustahl sowie Kopfbolzendübel und Profilbleche für Verbunddecken in Tragwerken des Hochbaus aufgeführt.

- Beton: EN 1992-1-1. Betonfestigkeitsklassen: ≥ C20/25 und ≤ C60/75, Bemessungswert $f_{cd} = f_{ck} / \gamma_c$ (abweichende Definition im EC 2), Elastizitätsmodul $E_c = 1{,}05 * E_{cm}$

- Betonstahl: EN 1992-1-1. Materialgüte B 500, Duktilität A und/oder B, Charakteristischer Wert der Streckgrenze $f_{sk} = 500\ N/mm^2$, Bemessungswert $f_{sd} = f_{sk} / \gamma_S$

- Baustahl: EN 1993-1-1, Bemessungswert $f_{yd} = f_y / \gamma_{Mi}$

  mit $\gamma_{M0} = 1{,}0$ (für Querschnittsnachweise) und $\gamma_{M1} = 1{,}1$ (bei Stabilitätsgefahr)

- Kopfbolzendübel: EN 13918

- Profilbleche: EN 1993-1-3.

16.3 Wirkungsweise des Verbundbaus

Die Wirkungsweise und die Vorteile des Verbundbaus sollen an drei einfachen Beispielen gezeigt werden:

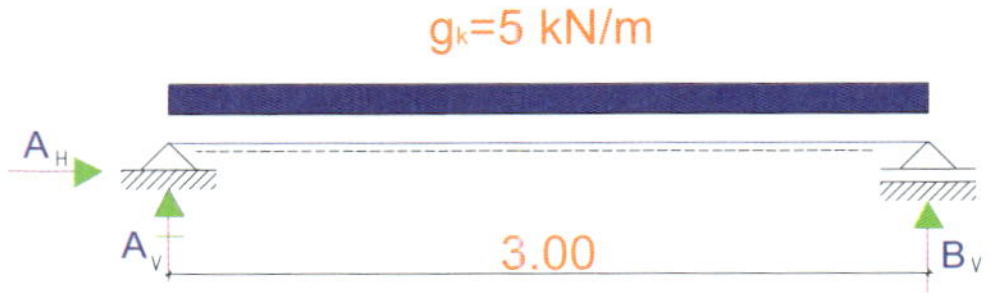

Bei den folgenden drei Beispielen eines Einfeldträgers sei das statische System und die charakteristische Einwirkung identisch:

[1] Eurocode 4: Bemessung und Konstruktion von Verbundtragwerken aus Stahl und Beton - Teil 1-1: Allgemeine Bemessungsregeln und Anwendungsregeln für den Hochbau, 3.

Länge l = 3,00 m und ständige Einwirkung (ohne Teilsicherheitsbeiwert) g_k = 5 kN/m.

1. Beispiel: Balken auf zwei Stützen mit Gleichlast und Rechteckquerschnitt: b/h = 14/20 cm

2. Beispiel: Balken auf zwei Stützen mit Gleichlast und zwei lose aufeinander liegenden Rechteckquerschnitten: jeweils: b/h, also zusammen: 2 x b/h = 14/20 cm (nicht verbunden)

3. Beispiel: Balken auf zwei Stützen mit Gleichlast und zwei starr miteinander verbundenen Rechteckquerschnitten: 2 x b/h = 14/20 cm (verbunden).

Es wird gezeigt, wie sich die charakteristischen Spannungen (ohne Teilsicherheitsbeiwerte) ändern, wenn - bei gleicher Einwirkung und gleicher Spannweite - der Querschnitt des Bauteils geändert wird. Die geringfügige Veränderung des Eigengewichtes sei hier unberücksichtigt. Zunächst wird ein einfacher Rechteckquerschnitt zu Grunde gelegt, dann der gleiche Querschnitt lose auf den ersten Querschnitt daraufgelegt und schließlich werden die beiden Rechteckquerschnitte starr miteinander verbunden.

1) Geg.: Balken auf zwei Stützen mit Gleichlast und Rechteckquerschnitt b/h = 14/20 cm.

Ges.: max. Schubspannung τ_k, max. Biegespannung σ_k

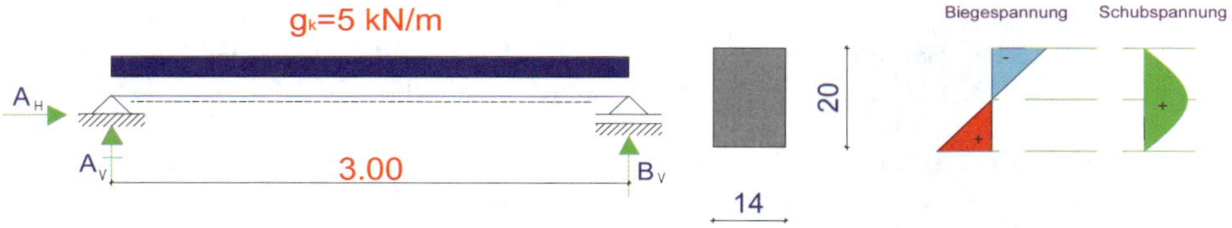

Schnittgrößen:

$$\max. V_k = \frac{g_k * l}{2} = \frac{5\,\frac{kN}{m} * 3\,m}{2} = 7{,}50\ kN$$

$$\max. M_k = \frac{g_k * l^2}{8} = \frac{5\,\frac{kN}{m} * (3\,m)^2}{8} = 5{,}63\ kNm$$

Querschnittswerte:

$$A = b * h = 14\ cm * 20\ cm = 280\ cm^2$$

$$W_y = \frac{b * h^2}{6} = \frac{14\ cm * (20\ cm)^2}{6} = 933\ cm^3$$

$$I_y = \frac{b * h^3}{12} = \frac{14\ cm * (20\ cm)^3}{12} = 9333\ cm^4$$

Spannungen:

$$\text{max. Schubspannung: } \tau_k = 1{,}5 * \frac{V_k}{A} = 1{,}5 * \frac{7{,}5\ kN}{280\ cm^2} = 0{,}04\ \frac{kN}{cm^2}$$

$$\text{max. Biegespannung: } \sigma_k = \frac{M_k}{W_y} = \frac{5{,}63\ kNm * 100}{933\ cm^3} = 0{,}60\ \frac{kN}{cm^2}$$

2) Geg.: Balken auf zwei Stützen mit Gleichlast und zwei lose aufeinander gelegten Rechteckquerschnitten, jeweils: b/h = 14/20 cm. Ges.: max. Schubspannung τ_k, max. Biegespannung σ_k

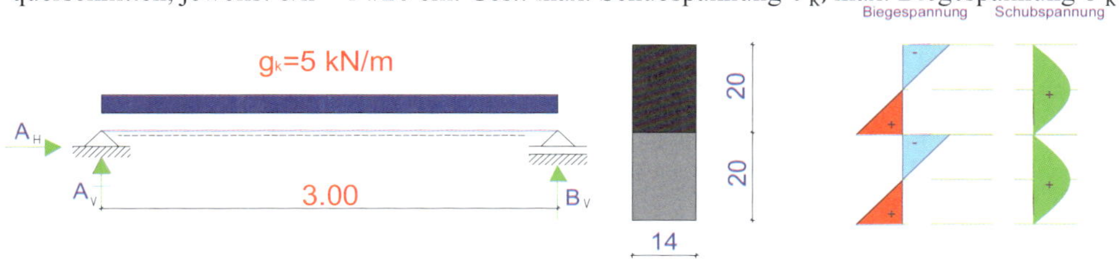

Schnittgrößen:

$$\max.\ V_k = \frac{g_k * l}{2} = \frac{5\,\frac{kN}{m} * 3\ m}{2} = 7{,}50\ kN$$

$$\max.\ M_k = \frac{g_k * l^2}{8} = \frac{5\,\frac{kN}{m} * (3\ m)^2}{8} = 5{,}63\ kNm$$

Querschnittswerte:

$$A = 2 * b * h = 2 * 14\ cm * 20\ cm = 560\ cm^2$$

$$W_y = 2 * \frac{b * h^2}{6} = \frac{b * h^2}{3} = * \frac{14\ cm * (20\ cm)^2}{3} = 1867\ cm^3$$

$$I_y = 2 * \frac{b * h^3}{12} = \frac{b * h^3}{6} = \frac{14\ cm * (20\ cm)^3}{6} = 18667\ cm^4$$

Spannungen:

max. Schubspannung: $\tau_k = 1{,}5 * \frac{V_k}{A} = 1{,}5 * \frac{7{,}5\ kN}{560\ cm^2} = 0{,}02\ \frac{kN}{cm^2}$

max. Biegespannung: $\sigma_k = \frac{M_k}{W_y} = \frac{5{,}63\ kNm * 100}{1867\ cm^3} = 0{,}30\ \frac{kN}{cm^2}$

Fazit: Da sich im zweiten Beispiel alle Querschnittswerte gegenüber dem ersten Beispiel verdoppeln und die Schnittgrößen gleichbleiben, halbieren sich die Spannungen.

3) Geg.: Balken auf zwei Stützen mit Gleichlast und zwei miteinander starr verbundenen Rechteckquerschnitten, jeweils b/h = 14/20 cm, jedoch miteinander verbunden. Ges.: max. Schubspannung τ_k, max. Biegespannung σ_k

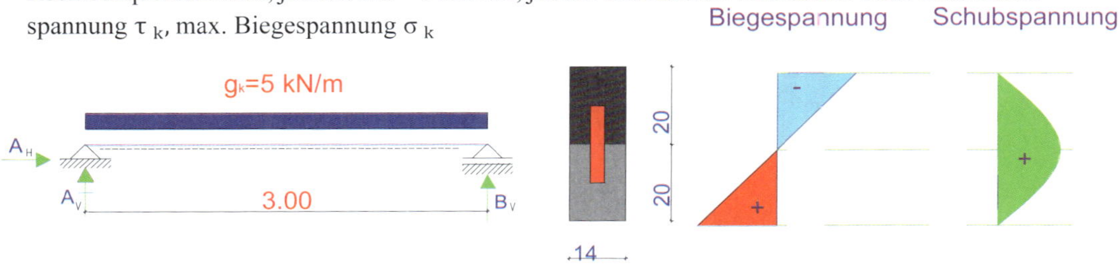

Schnittgrößen:

$$\text{max. } V_k = \frac{g_k * l}{2} = \frac{5 \frac{kN}{m} * 3\,m}{2} = 7{,}50\ kN$$

$$\text{max. } M_k = \frac{g_k * l^2}{8} = \frac{5 \frac{kN}{m} * (3\,m)^2}{8} = 5{,}63\ kNm$$

Querschnittswerte:

$A = b * h = 14\ cm * 40\ cm = 560\ cm^2$

$$W_y = \frac{b * h^2}{6} = \frac{14\ cm * (40\ cm)^2}{6} = 3733\ cm^3$$

$$I_y = \frac{b * h^3}{12} = \frac{14\ cm * (40\ cm)^3}{12} = 74667\ cm^4$$

Spannungen: max. Schubspannung:

$$\tau_k = 1{,}5 * \frac{V_k}{A} = 1{,}5 * \frac{7{,}5\ kN}{560\ cm^2} = 0{,}02\ \frac{kN}{cm^2}$$

max. Biegespannung: $\sigma_k = \frac{M_k}{W_y} = \frac{5{,}63\ kNm * 100}{3733\ cm^3} = 0{,}15\ \frac{kN}{cm^2}$

Fazit:

Betrachtung der Querschnittswerte:[2]

Gegenüber dem zweiten Beispiel bleibt die Fläche im dritten Beispiel gleich. Durch den Verbund verdoppelt sich jedoch das Widerstandsmoment - und das Trägheitsmoment vervierfacht sich.

Betrachtung der Spannungen:

Durch den Verbund der beiden Querschnitte im dritten Beispiel ist die Schubspannung gegenüber Beispiel 2 gleichgeblieben, während sich jedoch die Biegespannung nochmal halbiert hat.

16.4 Anwendungsbereiche und Vorteile

Der Verbundbau wird primär im Geschossbau, Industriebau und Brückenbau angewendet und bietet gegenüber anderen Bauweisen wirtschaftliche und konstruktive Vorteile. Die verschiedenen Baustoffe müssen hierbei allerdings schubfest miteinander verbunden werden. Bei den Verbundtragwerken aus Stahl und Beton werden dazu beispielsweise Kopfbolzendübel verwendet.[3]

---

[2] Vgl. hierzu: http://www.stahlverbundbau.de, abgerufen am 14.02.2025.

[3] Schneider, 2024, S. 8.107.

Tragelemente des Verbundbaus sind hauptsächlich Verbunddecken, Verbundträger und Verbundstützen. Hierzu Fotos und Systemskizzen: (Quelle: Markus Schäfer: Abbildungen 16.1, 16.2 und 16.3 sowie Herr Stefan Böhling[4], Abbildungen 16.4 und 16.5.)

Parkhaus mit HOESCH-Additiv-Decke

Abbildung 16.1

Kammerbetonierter Verbundträger

Abbildung 16.2

Ansicht von unten

Abbildung 16.3

Systemskizze Verbundträger

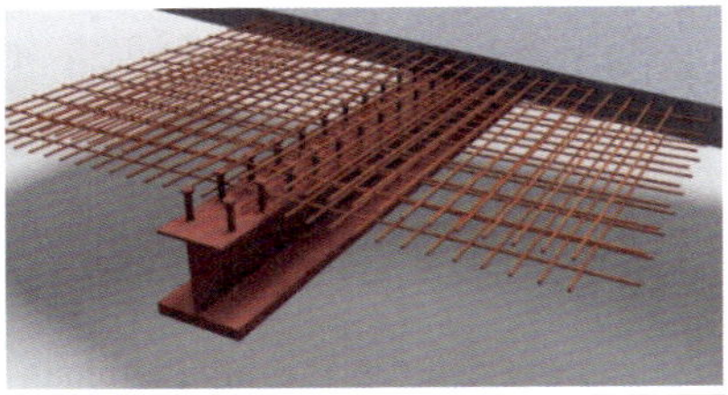

Abbildung 16.4

Systemskizze Verbundstütze

Abbildung 16.5

Die Vorteile des Verbundbaus sind[5]

- eine hohe Tragfähigkeit bei geringen Bauteilabmessungen
- große Stützweiten
- eine hohe Wirtschaftlichkeit
- kurze Bauzeiten
- Reduzierung der Kapitalkosten sowie frühere Nutzung

---

[4] Siehe http://www.spannverbund.de, abgerufen am 12.11.2024.

[5] G. Sedlacek: Umdruck zur Vorlesung und Übung Verbundbau, home.arcor.de/bauing.info/down/skripte/stahlaachen/stahlbau4.pdf, abgerufen am 24.08.2016.

- eine hohe Nutzungsflexibilität
- die Vergrößerung der Nutzfläche
- die Verringerung der Betriebskosten (z.B. Klimatisierung) wegen der geringen Bauteilabmessungen und großen Stützweiten
- eine witterungsunabhängige Bauweise durch Vorfertigung und stahlbaumäßige Anschlusskonstruktionen
- ein geringer Flächenbedarf bei der Baustelleneinrichtung und der Montage.

16.5 Nachweise

Wie auch bei den anderen Bauweisen sind die folgenden Nachweise zu führen:

Nachweis im Grenzzustand der Tragfähigkeit, Nachweis im Grenzzustand der Gebrauchstauglichkeit, Nachweis im Grenzzustand der Ermüdung und Nachweis der Dauerhaftigkeit, wobei auch hier das neue Sicherheitskonzept gemäß EC 0 gilt.

Die Teilsicherheitsbeiwerte γ werden nach Werkstoffen und Bemessungssituationen unterschieden.[6] Für die Einwirkungen gilt EC 1. Eine Übersicht über die Nachweiseverfahren sowie die Berechnungsmethoden und Berechnungsannahmen beim Verbundbau findet man in Schneider 2024, S. 8108 und 8.109.

16.5.1 Tragfähigkeitsnachweise

$$\mathbf{E_d \leq R_d}$$

Biegespannungen

Schubspannungen

Vergleichsspannungen

Längsschubspannungen in den Verbundfugen, in der Dübelumrissfläche sowie im Plattenanschnitt bei Verbundträgern

Verbundmittel

16.5.2 Gebrauchstauglichkeitsnachweise

$$\mathbf{max.\ w \leq zul.\ w}$$

Verformungen, Rissbreitenbegrenzung, Schwingungen, u. a.

---

[6] Schneider, 2024, S. 8.108.

Beispiel: Deckenträger als Einfeldträger in Verbundbauweise

l = 10,00 m, Beton C 35/45, Betonstahl B 500 A, Stahlprofil: S 355, IPE 360, Trägerabstand = 3,50 m, g_k = 15,0 kN/m, q_k = 13,0 kN/m.

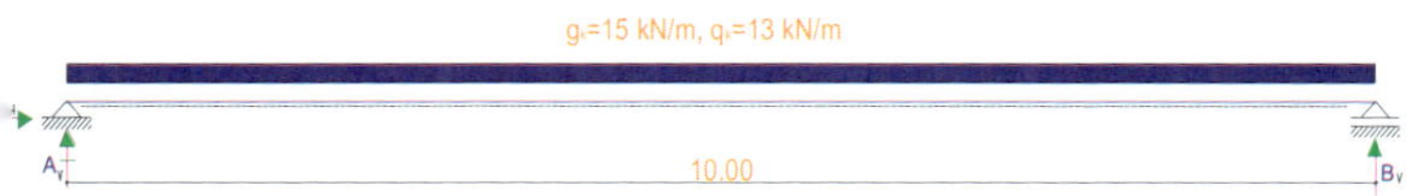

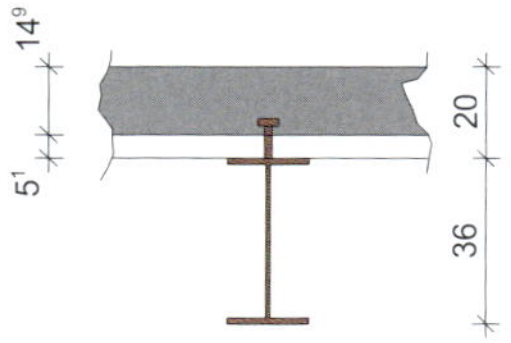

Da einige der nachfolgenden Berechnungen Methoden einbeziehen, die im Rahmen dieses Buches nicht behandelt werden, wird auf die entsprechende Fachliteratur verwiesen.[7]

Spannungen aus den Ausbaulasten sowie zeitabhängige Effekte werden in diesem Einführungsbeispiel aus didaktischen Gründen vernachlässigt.

Einwirkungen:

$r_k = g_k + q_k$ = 15 kN/m + 13 kN/m = 28,00 kN/m (ohne Teilsicherheitsbeiwerte)

$r_d = g_d + q_d$ = 1,35 * 15 kN/m + 1,5 * 13 kN/m = 39,75 kN/m (mit Teilsicherheitsbeiwerten)

Werkstoffe:

Beton:

Betonfestigkeitsklasse C35/45, Zylinderdruckfestigkeit f_{ck} = 35 N/mm², Teilsicherheitsbeiwert γ_c = 1,5, Bemessungswert $f_{cd} = f_{ck} / \gamma_c$, f_{cd} = 35 N/mm² / 1,5 = 23,33 N/mm² = 2,33 kN/cm², Elastizitätsmodul E_{cm} = 3400 kN/cm², Elastizitätsmodul $E_c = 1,05 * E_{cm}$ = 3570 kN/cm².

Deckenhöhe des Betons: h_c = 20,0 cm.

Höhe des Profilbleches[8]:

h_p = 5,1 cm. $h_c - h_p$ = 20 cm – 5,1 cm = 14,9 cm.

Betonstahl: Materialgüte, B 500 A, Charakteristischer Wert der Streckgrenze f_{sk} = 500 N/mm²

Bemessungswert $f_{sd} = f_{sk}/ \gamma_S$ = 500 N/mm² / 1,15 = 435 N/mm² = 43,5 kN/cm²

Baustahl: Materialgüte S 355, Charakteristischer Wert der Streckgrenze f_y = 355 N/mm² = 35,5 kN/cm², Bemessungswert $f_{yd} = f_y / \gamma_{M0}$

f_{yd} = 355 N/mm² / 1,0 = 355 N/mm² = 35,5 kN/cm² (ohne Stabilitätsgefahr)

f_{yd} = 355 N/mm² / 1,1 = 322,73 N/mm² = 32,27 kN/cm² (mit Stabilitätsgefahr)

IPE 360: A = 72,7 cm², S_y = 510 cm³

[7] Hanswille, G., Schäfer, M., Bergmann, M.: Stahlbaukalender 2010.
[8] Holorib-Verbunddecke HR 51/600, siehe: http://www.montana-ag.ch/de/produkte/verbunddecken, abgerufen am 12.11.2024.

Schnittgrößen:

ohne Teilsicherheit:

$$\max. V_{Ek} = \frac{r_k * l}{2} = \frac{28{,}00 \frac{kN}{m} * 10{,}0\ m}{2} = 140{,}00\ kN$$

$$\max. M_{Ek} = \frac{r_k * l^2}{8} = \frac{28{,}00 \frac{kN}{m} * (10{,}0\ m)^2}{8} = 350{,}00\ kNm$$

mit Teilsicherheit: (für die Bemessung)

$$\max. V_{Ed} = \frac{r_d * l}{2} = \frac{39{,}75 \frac{kN}{m} * 10{,}0\ m}{2} = 198{,}75\ kN$$

$$\max. M_{Ed} = \frac{r_d * l^2}{8} = \frac{39{,}75 \frac{kN}{m} * (10\ m)^2}{8} = 496{,}88\ kNm$$

Nachweise im Grenzzustand der Tragfähigkeit

a) Berechnung des vollplastischen Grenzmomentes $M_{pl,Rd}$

$M_{pl,Rd} \geq M_{Ed}$

$z_a = 0{,}5 * h_{(IPE\ 360)} + h_{(Decke)} = 0{,}5 * 36\ cm + 20\ cm = 38\ cm = 0{,}38\ m$

$M_{pl.a.Rd} = 2 * S_y * f_{yd} = 2 * 510\ cm^3 * 35{,}5\ kN/cm^2 = 36210\ kNcm = 362{,}10\ kNm$

b) Bemessungswert der plastischen Normalkraft des Baustahlprofils:

$N_{pl,a,Rd} = f_{yd} * A_a = 35{,}5\ kN/cm^2 * 72{,}7\ cm^2 = 2580{,}85\ kN$

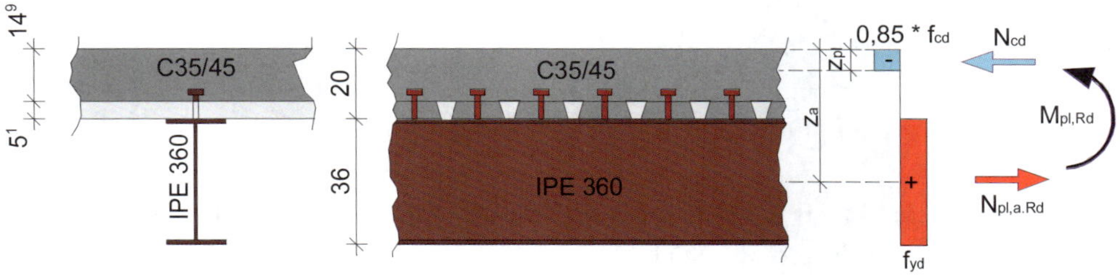

Mittragende Gurtbreite:

$b_{eff} = 2 * L_e / 8 = 2 * 10{,}0\ m / 8 = 2{,}50\ m = 250\ cm < 350\ cm$ = Trägerabstand

Lage der plastischen Nulllinie:

$N_{pl,a,Rd} = 2580{,}85\ kN < N_{C,Rd} = 0{,}85 * f_{cd} * b_{eff} * (h_c - h_p) = 1{,}98\ kN/cm^2 * 250\ cm * (20\ cm - 5{,}1\ cm)$

$N_{pl,a,Rd} = 2580{,}85\ kN < N_{C,Rd} = 7375{,}5\ kN$

$$z_{pl} = \frac{N_{pl,a,Rd}}{0{,}85 * f_{cd} * b_{eff}} = \frac{2580{,}85\ kN}{0{,}85 * 2{,}33 \frac{kN}{cm^2} * 250\ cm} = 5{,}21\ cm < 14{,}9\ cm$$

Die plastische Nulllinie liegt im Betonobergurt oberhalb des Profilbleches. Der Querschnitt kann in die Querschnittsklasse 1 eingestuft werden. Eine Ausnutzung der plastischen Querschnittsreserven ist möglich.

Bemessungswert der plastischen Momententragfähigkeit:

$M_{pl,Rd} = N_{pl,a,Rd} * (z_a - \frac{z_{pl}}{2}) = 2580,85 \text{ kN} * (0,38 \text{ m} - \frac{0,0521 \text{ m}}{2}) = 913,49 \text{ kNm}$

$M_{pl,Rd} = 913,49 \text{ kNm} > 496,88 \text{ kNm} = \max. M_{Ed}$

b) Berechnung der plastischen Querkraftragfähigkeit $V_{pl,Rd}$

$V_{pl,Rd} \geq V_{Ed}$

Da die plastische Nulllinie im Betongurt liegt, wird das Stahlprofil nur durch Zugspannungen beansprucht, und der Stahlquerschnitt kann in die Querschnittsklasse 1 eingestuft werden. Die plastische Querkrafttragfähigkeit kann demzufolge ohne eine Berücksichtigung des Schubbeulens bestimmt werden.

$A_v = A_a - 2 * b_f * t_f + (t_w + 2 * r) * t_f$

$A_v = 72,7 \text{ cm}^2 - 2 * 17 \text{ cm} * 1,27 \text{ cm} + (0,80 \text{ cm} + 2 * 1,8 \text{ cm}) * 1,27 \text{ cm} = 35,11 \text{ cm}^2$

$V_{pl,Rd} = A_v * f_{yd} / \sqrt{3} = 35,11 \text{ cm}^2 * 35,5 \text{ kN/cm}^2 / \sqrt{3} = 719,57 \text{ kN} > 198,75 \text{ kN} = V_{Ed}$

c) Nachweis der Verbundsicherung

Verbundsicherung erfolgt mit Kopfbolzendübeln Ø 19 x 125 mm. Die Profilbleche werden über dem Träger gestoßen. Es dürfen daher die Dübeltragfähigkeiten für Vollbetonplatten in Rechnung gestellt werden. Die Zugfestigkeit des Bolzenmaterials beträgt $f_u = 450 \text{ N/mm}^2 = 45 \text{ kN/cm}^2$.

Tragfähigkeit der Kopfbolzendübel für die Vollbetonplatte:[9]

$\frac{h_{sc}}{d} = \frac{125 \text{ mm}}{19 \text{ mm}} = 6,6 \geq 4 \rightarrow \alpha = 1,0$

$P_{Rd} = 0,8 * f_u * \frac{\pi * d^2}{4} * \frac{1}{\gamma_v} = 0,8 * 45 \text{ kN/cm}^2 * \frac{\pi * (1,9 \text{ cm})^2}{4} * \frac{1}{1,25} = 81,66 \text{ kN}$ bzw.

bzw.

$P_{Rd} = 0,29 * \alpha * d^2 * \sqrt{(f_{ck} * E_{cm}} * \frac{1}{\gamma_v})$

$P_{Rd} = 0,29 * 1,0 * (1,9 \text{ cm})^2 * \sqrt{(3,5 \text{ kN/cm}^2} * 3400 \text{ kN/cm}^2 * \frac{1}{1,5}) = 76,1 \text{ kN}$

(Der kleinere P_{Rd}-Wert ist maßgeblich.)

Maßgeblicher Bemessungswert der Tragfähigkeit der Kopfbolzendübel (= Dübeltragfähigkeit):

$P_{Rd} = 76,1 \text{ kN}$ / Dübel

[9] Schneider, 2024, S. 8.118.

Ermittlung der Dübelanzahl n_f bei vollständiger Verdübelung:

$n_f = N_{pl,a,Rd} / P_{Rd} = 2580{,}85\ kN\ /\ 76{,}1\ kN\ /\ Dübel = 33{,}9 \rightarrow 34$ Dübel

Erforderlicher Mindestverdübelungsgrad in Abhängigkeit von der Stützweite bei einer Anordnung der Dübel mit gleichem Abstand (= äquidistanten Abstand):

$L_e = 10{,}0\ m \leq 25{,}0\ m$

$$\eta_{min} = 1 - \frac{355 \frac{N}{mm}^2}{f_{yk}} (0{,}75 - 0{,}03 * L_e) \geq 0{,}4$$

$$\eta_{min} = 1 - \frac{355 \frac{N}{mm}^2}{355 \frac{N}{mm}^2} (0{,}75 - 0{,}03 * 10{,}0\ m) = 0{,}55 \geq 0{,}4$$

$\eta_{min} = \eta_{min} * n_f = 0{,}55 * 33{,}9 = 18{,}7 \rightarrow 19$ Dübel

Ermittlung der Dübelanzahl bei teilweiser Verdübelung:

Verdübelungsgrad[10]: $\eta = \frac{Nc}{Ncf} = \frac{M_{Ed} - M_{pl,a,Rd}}{M_{pl,Rd} - M_{pl,a,Rd}} = \frac{496{,}88\ kNm - 362{,}10\ kNm}{846{,}26\ kNm - 362{,}10\ kNm} = 0{,}28 < \eta_{min}$

$N_c = \eta_{min} * N_{cf} = 0{,}55 * 2580{,}85\ kN = 1419{,}5\ kN$

Erforderliche Dübelanzahl bei teilweiser Verdübelung:

$n_{erf} = \frac{Nc}{P_{Rd}} = \frac{1419{,}5\ kN}{76{,}1\ kN} = 18{,}7 \rightarrow 19$ Dübel

gew.: Kopfbolzendübel Ø 19 mm mit $e_L = 25$ cm
e_L = Abstand der Kopfbolzen

$n_{vorh} = 5{,}0\ m / 0{,}25\ m = 20$ Dübel $\geq n_{erf} = 19$ Dübel

Grenzwert $M_{pl,a,Rd} / M_{pl,Rd} = 362{,}10\ kNm / 846{,}26\ kNm = 0{,}43 > 1 / 2{,}5 = 0{,}4$

Bild 6.5 — Zusammenhang zwischen M_{Rd} und N_c (für duktile Verbundmittel)[11]

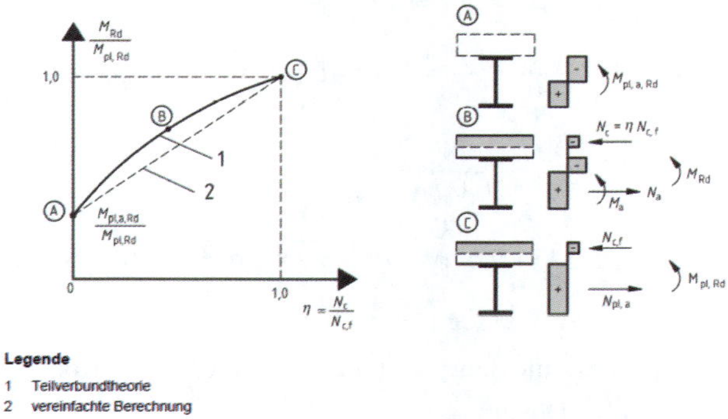

Bild 6.5 — Zusammenhang zwischen M_{Rd} und N_c (für duktile Verbundmittel)

[10] EN 1994, 6.2.1.3 (3).
[11] EN 1994, 6.2.1.3, Bild 6.5.

Holorib-Verbunddecke HOLORIB® HR 51/600:[12]

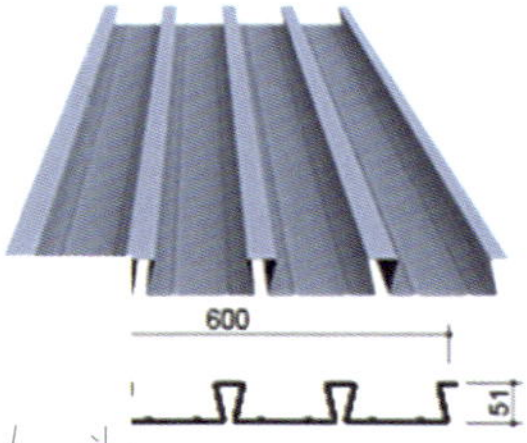

Maßgebende Schnitte für die Krafteinleitung in die Betondecke

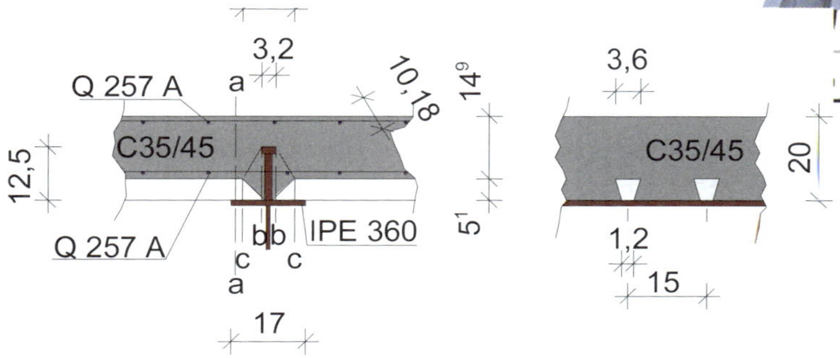

d) Schubsicherung des Betongurtes

Nachweis im Plattenanschnitt: $V_{L,Ed} \leq V_{Rd,max}$

Die vorhandene Längsschubkraft im Plattenanschnitt (Schnitt a) kann aus der Betondruckkraft Nc oder aus den Schubkräften in den Verbundmitteln rückgerechnet werden.

$$V_{L,Ed} = \frac{1}{2} * \frac{N_c}{L_{crit}} * \frac{b_{eff} - b_a}{b_{eff}} = \frac{1}{2} * \frac{1419{,}5\ \text{kN}}{5\ \text{m}} * \frac{250\ \text{cm} - 14\ \text{cm}}{350\ \text{cm}} = 95{,}71\ \text{kN/m}$$

Im Plattenanschnitt darf nur die Betonfläche oberhalb des Profilbleches angerechnet werden.

$A_{cv,a\text{-}a} = h_f * \Delta x = (20\ \text{cm} - 5{,}1\ \text{cm}) * 100\ \text{cm} = 14{,}9\ \text{cm} * 100\ \text{cm} = 1490\ \text{cm}^2/\text{m}$

Bemessungswert der Schubtragfähigkeit bei Druckstrebenbruch:

$V_{Rd,max} = A_{cv} * \nu * f_{cd} * \sin\theta_f * \cos\theta_f$

Mit: $\cos\theta_f = 1{,}2 \rightarrow \sin\theta_f = 0{,}64$, $\cos\theta_f = 0{,}77$

$\nu_2 = (1{,}1 - \frac{35}{500}) = 1{,}03 \leq 1{,}0$

$\nu = \nu_1 = 0{,}75 * \nu_2 = 0{,}75 * 1{,}0 = 0{,}75$

$V_{Rd,max} = 1490\ \text{cm}^2/\text{m} * 0{,}75 * 1{,}98\ \text{kN/cm}^2 * 0{,}64 * 0{,}77 = 1090{,}4\ \text{kN/m} \geq V_{L,Ed} = 95{,}71\ \text{kN/m}$

Bemessungswert der Schubtragfähigkeit der Bewehrung:

Die obere Bewehrung aus der Deckentragwirkung darf im Plattenanschnitt voll angerechnet werden. Mit der oberen ($A_t = 2{,}57\ \text{cm}^2/\text{m}$) und der unteren ($A_b = 2{,}57\ \text{cm}^2/\text{m}$) Grundbewehrung ergibt sich die Längsschubtragfähigkeit zu:

$V_{Rd,s} = \frac{A_{sf}}{s_f} * f_{sd} * \cos\theta_f = (2{,}57\ \text{cm}^2/\text{m} + 2{,}57\ \text{cm}^2/\text{m}) * 43{,}5\ \text{kN/cm}^2 * 1{,}2$

$V_{Rd,s} = 268{,}31\ \text{kN/m} \geq 95{,}71\ \text{kN/m}$

Für den Anschluss der seitlichen Betongurte ist keine zusätzliche Zulagebewehrung erforderlich.

[12] Informationen zu diesen Verbunddecken: http://www.holorib.de, abgerufen am 12.11.2024.

Nachweis der Dübelumrissfläche:

Anrechenbare Betonfläche im Schnitt b – b:

$A_{cv,b-b} = (2 * 12{,}5 \text{ cm} + 3{,}2 \text{ cm}) * 100 \text{ cm} = 2820 \text{ cm}^2/\text{m}$

Anrechenbare Betonfläche im Schnitt c – c:

$A_{cv,c-c} = (3{,}2 \text{ cm} + 2 * 10{,}18 \text{ cm}) * 100 \text{ cm} = 2356 \text{ cm}^2/\text{m}$

Maßgebend für die Bemessung ist der Schnitt c-c. Da die obere Bewehrung nicht im Bereich der Dübelumrissfläche liegt, kann nur die untere Bewehrungslage angerechnet werden. Die vorhandene Längsschubkraft in der Dübelumrissfläche beträgt:

$$V_{L,Ed} = \frac{N_C}{L_{crit}} = \frac{1419{,}5 \text{ kN}}{5 \text{ m}} = 283{,}90 \text{ kN/m}$$

Bemessungswert der Schubtragfähigkeit bei Druckstrebenbruch:

$V_{Rd,max} = A_{cv} * \nu * f_{cd} * \sin\theta_f * \cos\theta_f = 2356 \text{ cm}^2/\text{m} * 0{,}75 * 1{,}98 \text{ kN/cm}^2 * 0{,}64 * 0{,}77$

$V_{Rd,max} = 1724{,}1 \text{ kN/m} \geq V_{L,Ed} = 283{,}90 \text{ kN/m}$

Nachweis der Schubbewehrung:

$V_{Rd,S} = \frac{A_{sf}}{s_f} * f_{cd} * \cot\theta_f = 2 * 2{,}57 \text{ cm}^2/\text{m} * 43{,}5 \text{ kN/cm}^2 * 1{,}2 = 268{,}31 \text{ kN/m}$

$V_{Rd,S} = 268{,}31 \text{ kN/m} < V_{L,Ed} = 283{,}9 \text{ kN/m}$

=> Zulagebewehrung erforderlich.

Nachweise im Grenzzustand der Gebrauchstauglichkeit:

Die Nachweise im Grenzzustand der Gebrauchstauglichkeit (Verformungen, Durchbiegungen) entfallen aus didaktischen Gründen, da die Verformungen unter Beachtung des Schwindens und Kriechens sowie evtl. Überhöhungen des Trägers im Rahmen dieser Einführung nicht behandelt werden.

Übung: Deckenträger als Einfeldträger in Verbundbauweise

Geg.: Deckenträger als Einfeldträger, l = 13,00 m, Beton C 30/37, Betonstahl B 500 A, Stahlprofil: S 355, IPE 400, Trägerabstand = 2,50 m, g_k = 14,0 kN/m, q_k = 11,0 kN/m, untere und obere Deckenbewehrung: Q 257 A

Ges.: Nachweis der Tragfähigkeit

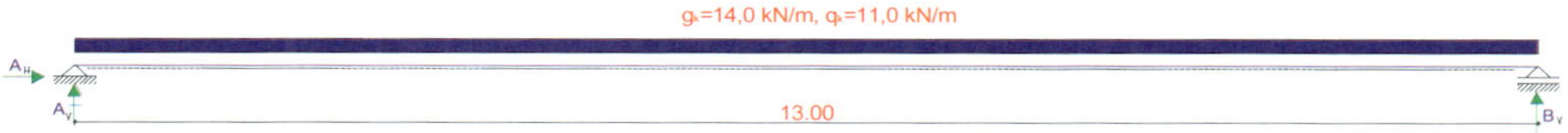

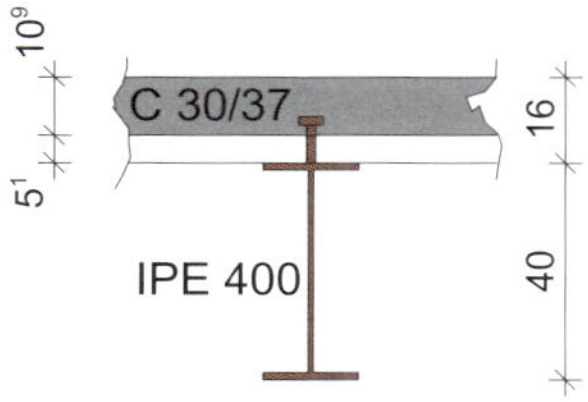

Spannungen aus den Ausbaulasten sowie zeitabhängige Effekte werden auch hier aus didaktischen Gründen vernachlässigt.

Einwirkungen:

$r_k = g_k + q_k$ = 14,0 kN/m + 11,0 kN/m = 25,00 kN/m (ohne Teilsicherheitsbeiwerte)

$r_d = g_d + q_d$ = 1,35 * 14,0 kN/m + 1,5 * 11,0 kN/m = 35,40 kN/m (mit Teilsicherheitsbeiwerten)

Werkstoffe:

Beton:

Betonfestigkeitsklasse C30/37, Zylinderdruckfestigkeit f_{ck} = 30 N/mm², Teilsicherheitsbeiwert γ_c = 1,5, Abminderungsbeiwert α_{cc} = 0,85, Bemessungswert $f_{cd} = f_{ck} / \gamma_c$, f_{cd} = 30 N/mm² / 1,5 = 20,00 N/mm² = 2,00 kN/cm², Elastizitätsmodul E_{cm} = 3300 kN/cm², Elastizitätsmodul $E_c = 1{,}05 * E_{cm}$ = 3465 kN/cm².

Deckenhöhe des Betons: h_c = 16,0 cm.

Höhe des Profilbleches:

h_p = 5,1 cm. $h_c - h_p$ = 16,0 cm - 5,1 cm = 10,9 cm.

Betonstahl:

Materialgüte, B 500 A, Charakteristischer Wert der Streckgrenze f_{sk} = 500 N/mm²

Bemessungswert $f_{sd} = f_{sk} / \gamma_S$ = 500 N/mm² / 1,15 = 435 N/mm² = 43,5 kN/cm²

Baustahl:

Materialgüte S 355, Charakteristischer Wert der Streckgrenze f_{yk} = 355 N/mm² = 35,5 kN/cm², Bemessungswert $f_{yd} = f_{yk} / \gamma_{M0}$

f_{yd} = 355 N/mm² / 1,0 = 355 N/mm² = 35,5 kN/cm² (ohne Stabilitätsgefahr)

f_{yd} = 355 N/mm² / 1,1 = 322,73 N/mm² = 32,27 kN/cm² (mit Stabilitätsgefahr)

IPE 400: A = 84,5 cm², S_y = 654 cm³

Schnittgrößen:

ohne Teilsicherheit:

$$\max.\ V_{Ek} = \frac{r_k * l}{2} = \frac{25{,}00\,\frac{kN}{m} * 13{,}0\ m}{2} = 162{,}50\ kN$$

$$\max.\ M_{Ek} = \frac{r_k * l^2}{8} = \frac{25{,}00\,\frac{kN}{m} * (13{,}0\ m)^2}{8} = 528{,}13\ kNm$$

mit Teilsicherheit: (für die Bemessung)

$$\max.\ V_{Ed} = \frac{r_d * l}{2} = \frac{35{,}40\,\frac{kN}{m} * 13{,}0\ m}{2} = 230{,}10\ kN$$

$$\max.\ M_{Ed} = \frac{r_d * l^2}{8} = \frac{35{,}40\,\frac{kN}{m} * (13{,}0\ m)^2}{8} = 747{,}83\ kNm$$

Nachweise im Grenzzustand der Tragfähigkeit

a) Berechnung des vollplastischen Grenzmomentes $M_{pl,Rd}$

$M_{pl,Rd} \geq M_{Ed}$

$z_a = 0{,}5 * h_{(IPE\ 400)} + h_{(Decke)} = 0{,}5 * 40\ cm + 16\ cm = 36\ cm = 0{,}36\ m$

$M_{pl.a.Rd} = 2 * S_y * f_{yd} = 2 * 654\ cm^3 * 35{,}5\ kN/cm^2 = 46434\ kNcm = 464{,}34\ kNm$

b) Bemessungswert der plastischen Normalkraft des Baustahlprofils:

$N_{pl,a,Rd} = f_{yd} * A_a = 35{,}5\ kN/cm^2 * 84{,}5\ cm^2 = 2999{,}75\ kN$

Mittragende Gurtbreite:

$b_{eff} = 2 * L_e / 8 = 2 * 13{,}0\ m / 8 = 3{,}25\ m = 325\ cm > 250\ cm =$ Trägerabstand

Lage der plastischen Nulllinie:

$N_{pl,a,Rd} = 2999{,}75\ kN < N_{C,Rd} = f_{cd} * b_{eff} * (h_c - h_p) = 2{,}0\ kN/cm^2 * 250\ cm * (16\ cm - 5{,}1\ cm)$

$N_{pl,a,Rd} = 2999{,}75\ kN < N_{C,Rd} = 5450{,}0\ kN$

$$z_{pl} = \frac{N_{pl,a,Rd}}{0{,}85 * f_{cd} * b_{eff}} = \frac{2999{,}75\ kN}{1{,}70\,\frac{kN}{cm^2} * 250\ cm} = 7{,}06\ cm < 10{,}9\ cm$$

Die plastische Nulllinie liegt im Betonobergurt oberhalb des Profilbleches. Daher liegt im Einbauzustand kein Stabilitätsproblem für das Stahlprofil vor.

Bemessungswert der plastischen Momententragfähigkeit:

$$M_{pl,Rd} = N_{pl,a,Rd} * (z_a - \frac{z_{pl}}{2}) = 2999{,}75\ kN * (0{,}36\ m - \frac{0{,}0706\ m}{2}) = 974{,}02\ kNm$$

$M_{pl,Rd} = 974{,}02\ kNm > 747{,}83\ kNm = \max.\ M_{Ed}$

b) Berechnung der plastischen Querkraftragfähigkeit $V_{pl,Rd}$

$V_{pl,Rd} \geq V_{Ed}$

Da die plastische Nulllinie im Betongurt liegt, wird das Stahlprofil nur durch Zugspannungen beansprucht, und der Stahlquerschnitt kann in die Querschnittsklasse 1 eingestuft werden. Die plastische Querkrafttragfähigkeit kann demzufolge ohne eine Berücksichtigung des Schubbeulens bestimmt werden.

$A_v = A_a - 2 * b_f * t_f + (t_w + 2 * r) * t_f$

$A_v = 84{,}5\ cm^2 - 2 * 18\ cm * 1{,}35\ cm + (0{,}86\ cm + 2 * 2{,}1\ cm) * 1{,}35\ cm = 42{,}73\ cm^2$

$V_{pl,Rd} = A_v * f_{yd} / \sqrt{3} = 42{,}73\ cm^2 * 35{,}5\ kN/cm^2 / \sqrt{3} = 875{,}81\ kN > 230{,}10\ kN = V_{Ed}$

c) Nachweis der Verbundsicherung

Verbundsicherung erfolgt mit Kopfbolzendübeln Ø 19 x 125 mm. Die Profilbleche werden über dem Träger gestoßen. Es dürfen daher die Dübeltragfähigkeiten für Vollbetonplatten in Rechnung gestellt werden. Die Zugfestigkeit des Bolzenmaterials beträgt $f_u = 450\ N/mm^2 = 45\ kN/cm^2$.

Tragfähigkeit der Kopfbolzendübel für die Vollbetonplatte:[13]

$\frac{h_{sc}}{d} = \frac{125\ mm}{19\ mm} = 6{,}6 \geq 4 \rightarrow \alpha = 1{,}0$

$P_{Rd} = 0{,}8 * f_u * \frac{\pi * d^2}{4} * \frac{1}{\gamma_v} = 0{,}8 * 45\ kN/cm^2 * \frac{\pi * (1{,}9\ cm)^2}{4} * \frac{1}{1{,}25} = 81{,}66\ kN$ bzw.

bzw.

$P_{Rd} = 0{,}29 * \alpha * d^2 * \sqrt{(f_{ck} * E_{cm} * \frac{1}{\gamma_v})}$

$P_{Rd} = 0{,}29 * 1{,}0 * (1{,}9\ cm)^2 * \sqrt{(3{,}0\ kN/cm^2 * 3300\ kN/cm^2 * \frac{1}{1{,}5})} = 69{,}44\ kN$

(Der kleinere P_{Rd}-Wert ist maßgeblich.)

Maßgeblicher Bemessungswert der Tragfähigkeit der Kopfbolzendübel (= Dübeltragfähigkeit):

$P_{Rd} = 69{,}44\ kN$ / Dübel

Ermittlung der Dübelanzahl n_f bei vollständiger Verdübelung:

$n_f = N_{pl,a,Rd} / P_{Rd} = 2999{,}75\ kN / 69{,}44\ kN$ / Dübel $= 43{,}2 \rightarrow 44$ Dübel

Erforderlicher Mindestverdübelungsgrad in Abhängigkeit von der Stützweite bei einer Anordnung der Dübel mit gleichem Abstand (= äquidistanten Abstand):

$L_e = 12{,}0\ m \leq 25{,}0\ m$

$\eta_{min} = 1 - \frac{355 \frac{N}{mm}^2}{f_{yk}} (0{,}75 - 0{,}03 * L_e) \geq 0{,}4$

[13] Schneider, 2024, S. 8.118.

$\eta_{min} = 1 - \frac{355 \frac{N}{mm}^2}{355 \frac{N}{mm}^2} (0{,}75 - 0{,}03 * 13{,}0\ m) = 0{,}64 \geq 0{,}4$

$\eta_{min} = \eta_{min} * n_f = 0{,}64 * 43{,}2 = 27{,}7 \rightarrow 28$ Dübel

Ermittlung der Dübelanzahl bei teilweiser Verdübelung:

Verdübelungsgrad[14]: $\eta = \frac{Nc}{Ncf} = \frac{M_{Ed} - M_{pl,a,Rd}}{M_{pl,Rd} - M_{pl,a,Rd}} = \frac{747{,}83\ kNm - 464{,}34\ kNm}{974{,}02\ kNm - 464{,}34\ kNm} = 0{,}556$

$N_c = \eta * N_{cf} = 0{,}64 * 2999{,}75\ kN = 1919{,}84\ kN$

Erforderliche Dübelanzahl bei teilweiser Verdübelung:

$n_{erf} = \frac{Nc}{P_{Rd}} = \frac{1919{,}84\ kN}{69{,}44\ kN} = 27{,}7 \rightarrow 28$ Dübel

gew.: Kopfbolzendübel Ø 19 mm mit $e_L = 20$ cm
e_L = Abstand der Kopfbolzen

$n_{vorh} = 6{,}5\ m / 0{,}20\ m = 32{,}5$ Dübel $\geq n_{erf} = 28$ Dübel

d) Schubsicherung des Betongurtes

Nachweis im Plattenanschnitt: $V_{L,Ed} \leq V_{Rd,max}$
Die vorhandene Längsschubkraft im Plattenanschnitt (Schnitt a) kann aus der Betondruckkraft Nc oder aus den Schubkräften in den Verbundmitteln rückgerechnet werden.

$V_{L,Ed} = \frac{1}{2} * \frac{N_c}{L_{crit}} * \frac{b_{eff} - b_a}{b_{eff}} = \frac{1}{2} * \frac{1919{,}84\ kN}{6{,}5\ m} * \frac{250\ cm - 14\ cm}{250\ cm} = 139{,}41\ kN/m$

Im Plattenanschnitt darf nur die Betonfläche oberhalb des Profilbleches angerechnet werden.
$A_{cv,a\text{-}a} = h_f * \Delta x = (16\ cm - 5{,}1\ cm) * 100\ cm = 10{,}9\ cm * 100\ cm = 1090\ cm^2/m$

Bemessungswert der Schubtragfähigkeit bei Druckstrebenbruch:
$V_{Rd,max} = A_{cv} * \nu * f_{cd} * \sin\theta_f * \cos\theta_f$
Mit: $\cos\theta_f = 1{,}2 \rightarrow \sin\theta_f = 0{,}64,\ \cos\theta_f = 0{,}77$
$\nu_2 = (1{,}1 - \frac{35}{500}) = 1{,}03 \leq 1{,}0$
$\nu = \nu_1 = 0{,}75 * \nu_2 = 0{,}75 * 1{,}0 = 0{,}75$
$V_{Rd,max} = 1090\ cm^2/m * 0{,}75 * 1{,}70\ kN/cm^2 * 0{,}64 * 0{,}77 = 684{,}87\ kN/m \geq V_{L,Ed} = 139{,}41\ kN/m$

[14] EN 1994, 6.2.1.3 (3)

Bemessungswert der Schubtragfähigkeit der Bewehrung:

Die obere Bewehrung aus der Deckentragwirkung darf im Plattenanschnitt voll angerechnet werden. Mit der oberen (A_t = 2,57 cm²/m) und der unteren (A_b = 2,57 cm²/m) Grundbewehrung ergibt sich die Längsschubtragfähigkeit zu:

$V_{Rd,s} = \frac{A_{sf}}{s_f} * f_{sd} * \cos\theta_f = (2{,}57\ cm^2/m + 2{,}57\ cm^2/m) * 43{,}5\ kN/cm^2 * 1{,}2$

$V_{Rd,s} = 268{,}31\ kN/m \geq 121{,}16\ kN/m$

Für den Anschluss der seitlichen Betongurte ist keine zusätzliche Zulagebewehrung erforderlich.

Nachweis der Dübelumrissfläche:

Anrechenbare Betonfläche im Schnitt b – b:

$A_{cv,b-b} = (2 * 12{,}5\ cm + 3{,}2\ cm) * 100\ cm = 2820\ cm^2/m$

Anrechenbare Betonfläche im Schnitt c – c:

$A_{cv,c-c} = (3{,}2\ cm + 2 * 10{,}18\ cm) * 100\ cm = 2356\ cm^2/m$

$V_{L,Ed} = \frac{N_C}{L_{crit}} = \frac{1668{,}50\ kN}{6{,}5\ m} = 256{,}69\ kN/m$

Bemessungswert der Schubtragfähigkeit bei Druckstrebenbruch:

$V_{Rd,max} = A_{cv} * \nu * f_{cd} * \sin\theta_f * \cos\theta_f = 2356\ cm^2/m * 0{,}75 * 1{,}70\ kN/cm^2 * 0{,}64 * 0{,}77$

$V_{Rd,max} = 1480{,}32\ kN/m \geq V_{L,Ed} = 256{,}69\ kN/m$

Nachweis der Schubbewehrung:

$V_{Rd,S} = \frac{A_{sf}}{s_f} * f_{cd} * \cot\theta_f = 2 * 2{,}57\ cm^2/m * 43{,}5\ kN/cm^2 * 1{,}2 = 268{,}31\ kN/m$

$V_{Rd,S} = 268{,}31\ kN/m > V_{L,Ed} = 256{,}69\ kN/m$

→ Keine Zulagebewehrung erforderlich.

Die Nachweise im Grenzzustand der Gebrauchstauglichkeit (Verformungen, Durchbiegungen) entfallen auch hier aus den o. a. didaktischen Gründen.

17 Aussteifungen von Gebäuden

Das Thema Aussteifungen spielt in der Praxis eine sehr große Rolle. Deshalb wurde in der dritten Auflage dieses Buches das Kapitel „Aussteifungen von Gebäuden" ergänzt.

Giebelaussteifung durch eine räumliche Fachwerkkonstruktion

17.1 Allgemeines

Nicht nur die vertikalen Kräfte und Einwirkungen, die an einem Gebäude auftreten, müssen sicher in den Baugrund abgeleitet werden, sondern auch die horizontalen Kräfte und Einwirkungen müssen beachtet und ebenfalls sicher in den Baugrund abgeleitet werden.

Dazu werden in der Bautechnik Aussteifungen, genauer gesagt: Konstruktionen mit Aussteifungselementen, angeordnet. Laut Duden ist eine Aussteifung eine Konstruktion, mit der etwas ausgesteift wird.[1]

Die Gesamtstabilität des Bauwerks durch Aussteifungen hat einen noch größeren Stellenwert als die Bemessung eines einzelnen tragenden Bauteils (Position); denn bei Versagen der Gesamtkonstruktion ist die gesamte Sicherheit des Gebäudes betroffen. Deshalb muss der Aussteifung von Gebäuden mindestens die gleiche, wenn nicht höhere Aufmerksamkeit wie die einer einzelnen Position gezollt werden.

Bereits in der Phase der Tragwerksplanung sollte der Statiker Überlegungen zur Aussteifung des Gebäudes anstellen und gegebenenfalls gemeinsam mit dem Architekten fehlende Aussteifungen anordnen.

In der Statischen Berechnung von kleineren Gebäuden, z. B. Ein- und Zweifamilienhäusern, fehlt oftmals der explizite Nachweis der Aussteifung, da unter in den bautechnischen Normen festgelegten Bedingungen auf den rechnerischen Nachweis der Aussteifung des Gebäudes verzichtet werden darf.

Eine Tragkonstruktion kann dann als ausgesteift gelten, wenn sichergestellt ist, dass durch sie alle Horizontallasten einwandfrei in den Baugrund abgeleitet werden können.[2]

---

[1] https://www.duden.de/rechtschreibung/Aussteifung, abgerufen am 13.11.2024.

[2] http://www.ki-smile.de/kismile/seite.php?view=148&strukt=8&page=882&mode=print, abgerufen am 21.06.2019.

17.2 Elemente der Aussteifung

Als Aussteifungselemente kommen mehrere Konstruktionen in Frage, welche auch kombiniert werden können. Nachfolgend in alphabetischer Reihenfolge die üblichen Aussteifungselemente:

- Einspannung
- Kern
- Rahmen
- Ringbalken/Ringanker
- Scheibe
- Verband/Fachwerk.

Die jeweiligen Elemente der Aussteifung werden nachfolgend kurz vorgestellt. Einige dieser Elemente wurden bereits im Kapitel 4 dieses Buches, Statische Systeme, vorgestellt und beschrieben.

17.2.1 Einspannung

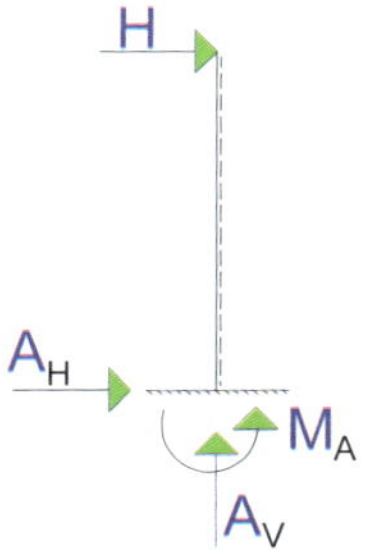

Die Horizontallast H wird in der nebenstehenden Skizze von der Einspannung der Stütze aufgenommen. Eingespannte Stützen können sowohl in Quer- als auch in Längsrichtung des Gebäudes eingespannt werden und benötigen zur Aufnahme der Kräfte und Momente ein entsprechend dimensioniertes Fundament.

17.2.2 Kern

Der Kern ist ein aus mehreren Wänden zusammengesetzter Querschnitt und ist wesentlich steifer als die einzelnen Wände; insbesondere ist die Torsionssteifigkeit größer. Ein Kern aus Stahlbeton wird auch Betonschacht genannt. Beispiele: Treppenhaus mit Stahlbetonwänden, Versorgungsschacht oder Aufzugsschacht.

Hier ein Vergleich der Steifigkeiten (Flächenmomente zweiten Grades = Trägheitsmomente) eines Kerns mit denen einzelner Wände:

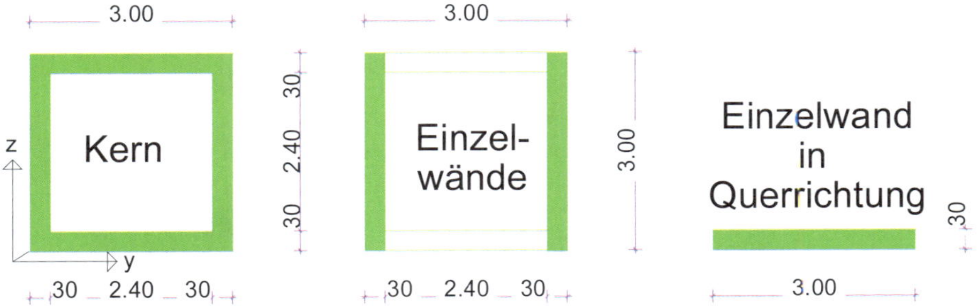

Kern: $I_y = 3{,}0 * 3{,}0^3/12 - 2{,}4 * 2{,}4^3 / 12 = 3{,}99\ m^4$

2 * Einzelwand: $I_y = 2 * 0{,}3 * 3{,}0^3/12 + 2 * 3{,}0 * 0{,}3^3 / 12 = 1{,}51\ m^4$

Wand in Querrichtung: $I_y = 3{,}0 * 0{,}3^3/12 = 0{,}00675\ m^4$.

17.2.3 Rahmen

Der Rahmen bildet ein relativ weiches Aussteifungselement und kann verschiedenartig ausgeführt werden, wobei die Ecken i. d. R. biegesteif konstruiert werden. Diese Aussteifung wird hauptsächlich bei ein- und zweigeschossigen Tragwerken angewendet.[3]

Nachfolgend drei Beispiele mit unterschiedlichen Lagerungen eines Rahmens:

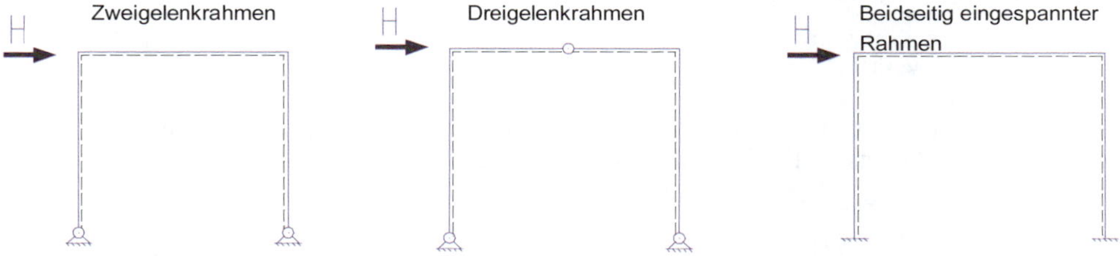

17.2.4 Ringbalken/Ringanker

Fehlt bei Gebäuden die Aussteifung durch Scheiben, kann ein Ringbalken diese Aufgabe übernehmen. Es wird zwischen Ringbalken und Ringanker unterschieden.

Der Ringbalken ist ein i. d. R. rechteckiger, in der Wandebene liegender Balken. Meistens werden Ringbalken aus Stahlbeton hergestellt. Die Ecken sind biegesteif. Der Ringbalken nimmt rechtwinklig zur Wandebene wirkende horizontale Lasten auf.

In der nebenstehenden Skizze ist der umlaufende Ringbalken auf den Wänden blau dargestellt.

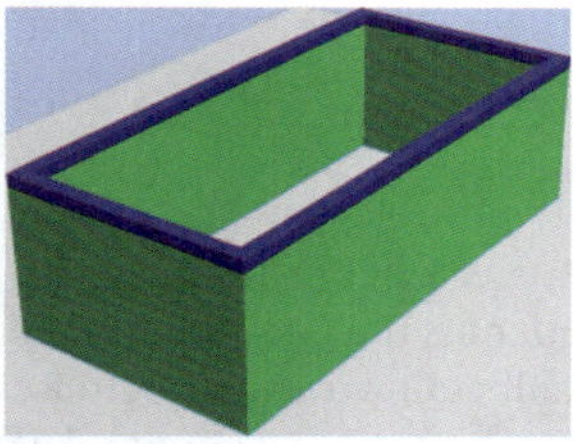

Beispielsweise fehlt bei einer Holzbalkendecke die aussteifende Scheibenwirkung. Deshalb wird in Höhe der Holzbalkendecke oder unmittelbar darunter ein Ringbalken angeordnet. Ringbalken nehmen Querkräfte, Normalkräfte und Biegemomente auf.

Im Gegensatz zum Ringbalken ist der Ringanker ein ausschließlich auf Zug beanspruchtes Bauteil, welches häufig in Form einer Bewehrung aus Stabstahl angeordnet wird. Ringanker werden z. B. bei Fertigteildecken angeordnet. In der nebenstehenden Skizze nimmt der Ringanker die rot dargestellte Zugkraft in der Zugsehne der Decke auf, z. B. mit zwei Stabstählen ϕ 16 mm.

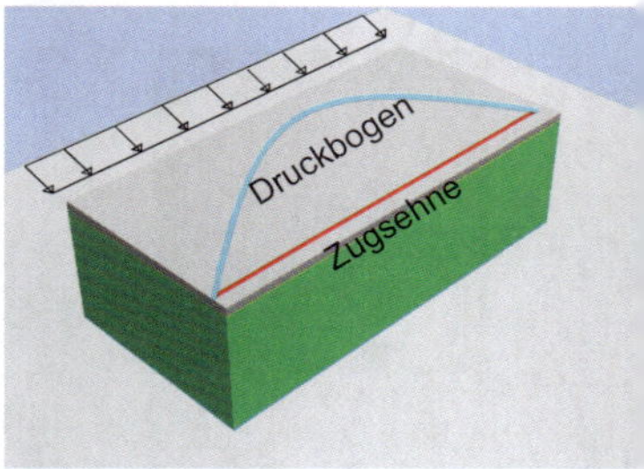

Sowohl Ringbalken als auch Ringanker sind stabförmige Bauglieder. Zum Unterschied zwischen Ringanker und Ringbalken siehe auch Schneider[4] und Graubner[5].

[3] Schneider, 2024, S. 4.134.
[4] Schneider, 2024, S. 7.8.
[5] Graubner: Statikhandbuch, 3. Auflage, S. 95 ff.

17.2.5 Scheibe

Decken aus Stahlbeton wirken beispielsweise als horizontale Scheiben, Wände aus Stahlbeton oder Mauerwerk oder Holztafeln können als vertikale Scheiben wirken.

Die Wandscheibe ist auf Grund ihrer relativ großen Steifigkeit in Wandrichtung das am häufigsten genutzte Element zur Aussteifung bei Gebäuden.

17.2.6 Verband/Fachwerk

Verbände bestehen i. d. R. aus Fachwerken. Siehe hierzu in diesem Buch Kapitel 6.2.10: Fachwerkträger.

Das einfachste Fachwerk ist das Dreieck.

Für die Verbände gilt der Grundsatz:
„Viereck geht, Dreieck steht“.

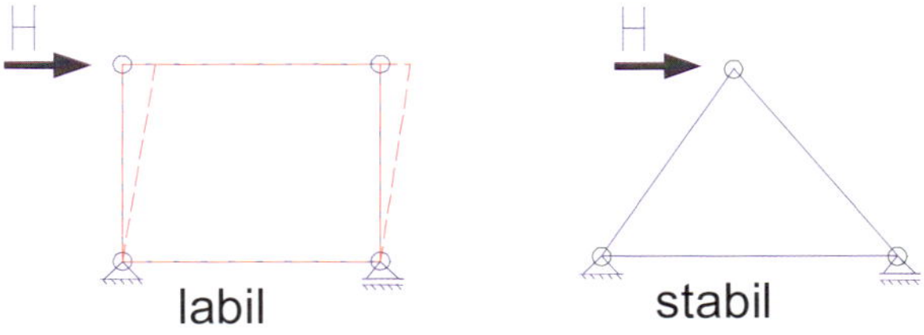

In den nebenstehen Skizzen überträgt die Diagonale die H-Kraft entweder als Zug- oder als Druckdiagonale in die Auflager.

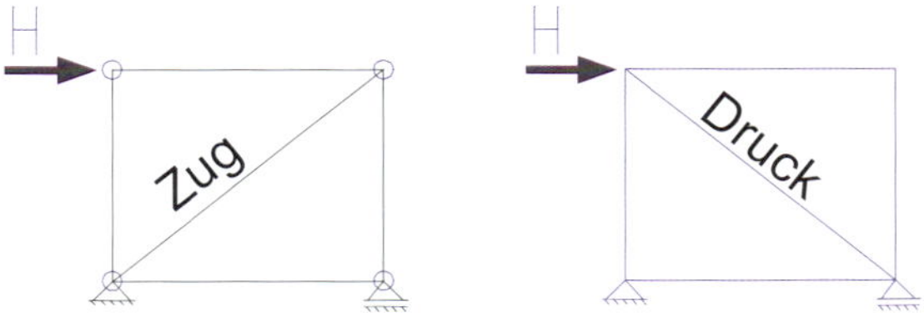

Der skizzierte K-Verband und das Portal sind Verbände, welche häufig bei Hallenwänden angeordnet werden:

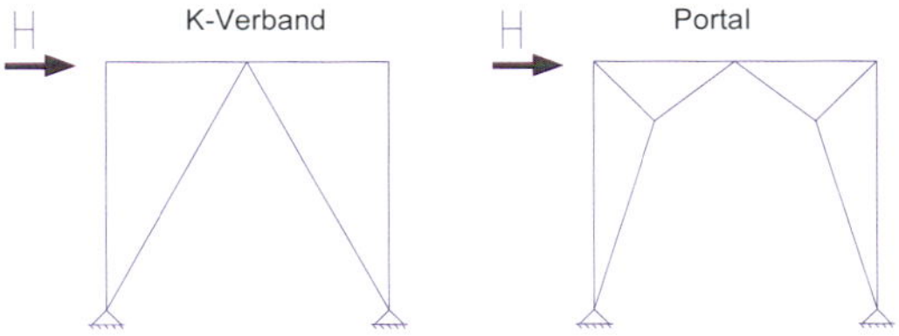

Verbände werden meist aus Stahl oder Holz hergestellt.

17.3 Differenzierungen

Die Aussteifungselemente können nach den folgenden Kriterien differenziert werden:

- Lage des Aussteifungselementes
- Dimension des Aussteifungselementes
- Nach Baustoffen differenzierte Aussteifungselemente
- Vor- und Nachteile.

17.3.1 Lage des Aussteifungselementes

Die Aussteifungskonstruktionen können nach der Lage im Bauteil differenziert werden. Wie bereits erwähnt wurde, können sie horizontal, vertikal oder auch schräg angeordnet sein.

Horizontale Aussteifungselemente sind z. B. Deckenscheiben oder Fachwerkverbände in der Dachebene von Flachdach-Hallen.

Wandverbände von Hallen sind ebenso wie Rahmen und eingespannte Stützen vertikale Aussteifungselemente.

Für die Ableitung der Horizontallasten werden im dreidimensionalen Bauwerk horizontale und vertikale Aussteifungselemente benötigt. Aber auch schräg liegende Verbände sind möglich. Dies können Dachverbände, beispielsweise Windrispenbänder im Dach, oder Dachscheiben sein.

Anordnung von Aussteifungselementen - hier Wänden - im Grundriss

In den nachfolgenden Skizzen werden Beispiele für günstige und ausreichende Aussteifungssysteme im Grundriss gezeigt. Die aussteifenden Wände sind grün dargestellt.

Günstige Aussteifung

Günstige Aussteifung

Ausreichende Aussteifung

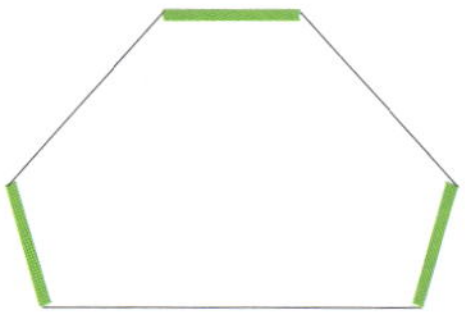

Günstige Aussteifung

In den nachfolgenden Skizzen sind Beispiele für schlechte Aussteifungssysteme dargestellt.

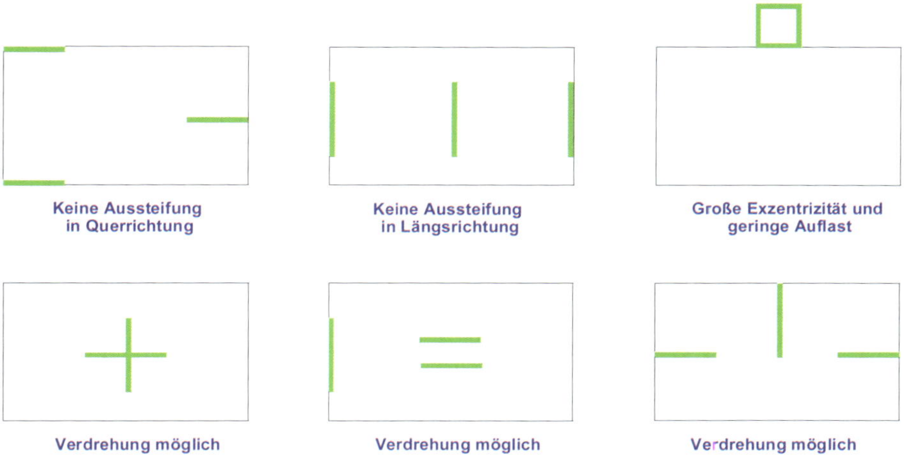

Weitere Beispiele zur Anordnung von Wänden in Grundrissen findet man auch Goris/Bender, S. 6[6] und Schneider, S. 4.137[7].

Merkregeln

Es sind stets mindestens drei Aussteifungselemente für die Aussteifung eines Gebäudes notwendig.

Die Wirkungslinien der Aussteifungselemente dürfen sich nicht alle in einem Punkt schneiden und nicht alle parallel sein.

Die Aussteifungselemente müssen in der Lage sein, die durch die Horizontallasten auftretenden Schnittgrößen aufzunehmen, ohne dabei zu große Verformungen zu erleiden.

Es sollte eine möglichst symmetrische Anordnung der Wände vorhanden sein, Kerne sollten in der Mitte angeordnet sein.

Tragwände sollten über die gesamte Gebäudehöhe kontinuierlich ausgebildet und jeweils von den Fundamenten bis zum Dach durchlaufend ausgeführt werden.

Weiterhin sollten Tragwände, wenn möglich, frei von Öffnungen und Aussparungen sein.

17.3.2 Dimension des Aussteifungselementes

Es werden eindimensionale stabförmige Elemente von zweidimensionalen flächigen und dreidimensionalen räumlichen Aussteifungselementen unterschieden. Stabförmige Aussteifungselemente sind Verbände, Rahmen, eingespannte Stützen, Ringbalken und Ringanker. Flächige Aussteifungselemente sind Scheiben und Kerne. Räumliche Aussteifungselemente können durch Fachwerke oder Kerne konstruiert werden.

---

[6] Goris/Bender: Stahlbetonbau-Praxis nach Eurocode 2, 7. Auflage, Band 2.
[7] Schneider, 2024.

17.3.3 Nach Baustoffen differenzierte Aussteifungselemente

Je nach Baustoff gibt es unterschiedliche Optionen, wie und mit welchen Aussteifungselementen das Gebäude ausgesteift werden kann.

Holzbau

Bei Dachkonstruktionen von Hausdächern und bei Hallen müssen die Queraussteifung und die Längsaussteifung des Gebäudes gewährleistet sein. Für Holzdächer gibt Holzbau Deutschland einen guten Überblick mit Beispielen und ausführlichen Erläuterungen.[8] Dach-, Decken- und Wandscheiben aus Holz werden dort ebenso wie die Anordnung von Hallenverbänden aufgezeigt und nachgewiesen. Die Beispielrechnung einer Gebäudeaussteifung im Holzbau wird dort ebenfalls ausführlich dargestellt.[9] Aussteifungen beim Dach sind beispielsweise: Windrispen, Schalbretter, OSB-Platten und das Dreieck bestehend aus Pfette, Kopfband und Stiel, genannt Bug.[10] Erläuterungen zu der Aussteifung von Hallen aus Holz findet man bei Schmitt, /Windhausen.[11] Von eingespannten Stützen aus Holz als Aussteifungselement wird abgeraten.[12]

Mauerwerksbau

Nach Eurocode 6 ist grundsätzlich nachzuweisen, dass alle horizontalen Einwirkungen sicher in den Baugrund abgeleitet werden. Auf einen rechnerischen Nachweis darf verzichtet werden, wenn die Geschossdecken als steife Scheiben ausgebildet sind bzw. statisch nachgewiesene, ausreichend steife Ringbalken vorliegen und wenn in Längs- und Querrichtung des Gebäudes eine offensichtlich ausreichende Anzahl von genügend langen Wänden vorhanden ist, die ohne größere Schwächungen und Versprünge bis auf die Fundamente geführt werden.[13] Die Mauerwerksnorm unterscheidet aussteifende von auszusteifenden Wänden. Zu den Anforderungen an aussteifende Wände siehe Graubner[14] und Schneider[15]. Scheiben und Kerne sind häufig im Mauerwerksbau und Stahlbetonbau vorzufinden.

Stahlbau

Im Stahlbau werden meist Verbände als Aussteifungselemente benutzt. Siehe hierzu auch: Bauen mit Stahl![16]

Stahlbetonbau

Im Massivbau ist die räumliche Aussteifung häufig durch die vorhandenen Platten und Scheiben in Form von Decken und Wänden gegeben. Sind in einem Bauwerk ausreichend massive Platten

---

[8] Holzbau Deutschland, Aussteifungssysteme, Grundlagen, S. 15 ff.
[9] Holzbau Deutschland, Aussteifungssysteme, Grundlagen, S. 35 ff, S. 75 ff und S. 79 ff.
[10] Zu Aussteifungen von Dachtragwerken siehe Schmitt/Windhausen: Holzbau nach EC 5, 2. Auflage 2019, S. 273 ff.
[11] Schmitt/Windhausen, Holzbau nach EC 5, 2. Auflage, 2019, S. 289 ff.
[12] Schneider, 2018, S. 4.118.
[13] Graubner, Statikhandbuch, 3. Auflage, S. 39.
[14] Graubner, Statikhandbuch, 3. Auflage, S. 48.
[15] Schneider, 2024, S. 7.7.
[16] Bauen mit Stahl: Stahlbau Arbeitshilfe, 23, Aussteifungen von Geschossbauten.

und Scheiben vorhanden, kann ein rechnerischer Nachweis entfallen. Goris/Bender haben für ein zweigeschossiges Bürogebäude aus Stahlbeton sowohl den überschlägigen als auch den genauen rechnerischen Nachweis der Unverschieblichkeit geführt[17]. Bei diesem Nachweis spielt die Labilitätszahl eine wichtige Rolle. Dies ist eine einfach zu berechnende Kennzahl zur Beurteilung, ob die aussteifenden Bauteile eines Bauwerks dieses genügend aussteifen und stabilisieren.

17.3.4 Vorteile und Nachteile[18]

Rahmen:

Vorteil: Bei Einwirkungen durch Erdbeben sowie bei Setzungen wirkt sich die Weichheit der Rahmen positiv aus. Keine Einschränkungen bei der Gestaltung der Räume.

Nachteil: Rahmen sind weich und steifen schlecht gegen Windlasten aus. Der Arbeitsaufwand zur Herstellung der biegesteifen Ecken ist groß.

Scheiben und Verbände:

Vorteile: Scheiben und Verbände sind sehr steif und relativ einfach herzustellen.

Nachteile: Die Gebäudenutzung kann durch aussteifende Wände und Verbände eingeschränkt werden.

Kern:

Vorteile: große Steifigkeiten.

Nachteil: Die Gebäudenutzung kann durch Anordnung eines Kerns eingeschränkt werden.

Im Kern sind keine großen Öffnungen erlaubt.

Da alle Elemente der Aussteifung sowohl Vor- als auch Nachteile aufweisen, werden sie in der Praxis oftmals kombiniert.

17.4 Einwirkungen

Für die Berechnung der Aussteifungen können folgende Einwirkungen - hier in alphabetischer Reihenfolge - angesetzt werden:

- Anprall und Bremskräfte von Fahrzeugen
- Erdbeben
- Erddruck
- Imperfektionen
- Wasserdruck
- Windkräfte

Alle genannten Einwirkungen wirken horizontal und müssen sicher in den Baugrund abgeleitet werden. Meistens sind für die Aussteifungselemente die Einwirkungen aus Wind und Imperfektionen wirksam. Maßgebend für die Einwirkungen sind der Eurocode 1 und die jeweiligen Eurocodes des verwendeten Baustoffs.

---

[17] Goris/Bender: Stahlbetonbau-Praxis nach Eurocode 2, 7. Auflage, Band 2, S. 12.

[18] Holzbau Deutschland, Aussteifungssysteme, Grundlagen, Tabelle 3.

17.4.1 Anprall und Bremskräfte von Fahrzeugen

Anpralllasten sind horizontale Lasten, die durch Anprallobjekte verursacht und als außergewöhnliche Einwirkungen für das betroffene Tragwerk angesetzt werden.[19] Besonders bei Parkhäusern und Bauwerken mit Fahrzeugverkehr werden diese Einwirkungen als horizontale Einzellasten angesetzt. Sie sind in EN 1991-1-7 geregelt.[20] Zu den Bremskräften findet man Hinweise in DIN EN 1991-2.[21]

DIN EN 1998-1/NA:2011-0

Bild NA.1 — Schematische Darstellung der Erdbebenzonen der Bundesrepublik Deutschland

17.4.2 Erdbeben

Die Angaben im Eurocode 8, Auslegung von Bauwerken gegen Erdbeben und im Nationalen Anhang, legen die Grundlagen für diese Berechnung. Nebenstehend die Deutschlandkarte der Erdbebenzonen. In den gekennzeichneten Zonen 1 - 4 sind Erdbeben-Nachweise zu führen.

17.4.3 Erddruck

Für den Erddruck ist Eurocode 7, Entwurf, Berechnung und Bemessung in der Geotechnik, maßgebend.

Die Einwirkungen aus Erddruck sind in dem vorliegenden Buch synoptisch in Kapitel 5.2.8 Erddruck erläutert.

17.4.4 Imperfektionen (Lotabweichung)

Kein Bauwerk kann absolut senkrecht errichtet werden. Diese Abweichung von der Lotrechten wird in der Bautechnik Imperfektion (= Unvollkommenheit) genannt[22] - oder auch Lotabweichung oder Schiefstellung.

Weitere Ursachen für Imperfektionen können Ungenauigkeiten beim Einbau des Bauteils (Schiefstellung), Bauteilkrümmungen (z. B. Sonneneinstrahlung auf Schalung) und Fehlstellen im Bauteil (z.B. Lunker oder Nesterbildung) sein.

Die Imperfektion des Bauwerks kann durch eine Schiefstellung des Bauwerks um den Winkel θ_i (im Bogenmaß) angesetzt werden:[23]

Winkel der Schiefstellung (im Bogenmaß): $\theta_i = \theta_0 * \alpha_h * \alpha_m$

Dabei ist θ_0 der Grundwert; i. d. R. 1/200

[19] Garg, Anpralllasten im Hochbau, S. 1 ff.

[20] Schneider, 2024, S. 3.25.

[21] EN 1991-2, Ab. 4.4.1, Lasten aus Bremsen und Anfahren.

[22] Wikepedia: Imperfektion, https://de.wikipedia.org/wiki/Imperfektion, abgerufen am 13.11.2024.

[23] Schneider, 2024, S. 5.39.

α_h der Abminderungsbeiwert für die Höhe: $\alpha_h = 2/\sqrt{l}$; $2/3\ h \leq \alpha_h \leq 1$;

α_m der Abminderungsbeiwert für die Anzahl der Bauteile: $\alpha_m = \sqrt{(0{,}5 * (1 + 1/m))}$;

l die Länge oder Höhe [m], Gesamthöhe des Bauwerks über der Einspannebene;

m die Anzahl der vertikalen Bauteile, die zur Gesamtauswirkung beitragen.

ANMERKUNG: Der landesspezifische Wert θ_0 darf einem Nationalen Anhang entnommen werden. Der empfohlene Wert ist 1/200.[24]

Die Lotabweichung kann in der Statischen Berechnung durch eine horizontale Ersatzkraft ΔH_j berücksichtigt werden, die in jeder Geschossebene angreift.[25]

$$\Delta H_j = \Sigma\ V_{ji} * \theta_i$$

H_j = Horizontalkraft je Geschoss, V_{ji} = Vertikalkraft je Geschoss

Ausführliche Erläuterungen mit Beispielen zu den Einwirkungen infolge Imperfektion im Stahlbetonbau findet man bei Goris/Bender[26].

Auch für Ringbalken wird eine Ersatzlast für die Imperfektion angesetzt. Ringbalken und ihre Anschlüsse an aussteifende Wände sind für die Windlast und eine horizontale Last von 1/100 der vertikalen Last der Wände und für Windlasten zu bemessen. Bei Ringbalken unter Gleitschichten sind außerdem Zugkräfte zu berücksichtigen, die den verbleibenden Reibungskräften entsprechen.[27]

Im Holzbau wird im Eurocode 5, Abs. 9.2.5.3, als Einwirkungsgröße die Aussteifungskraft von Trägern und Fachwerken (Aussteifungsverband) angegeben.

17.4.5 Wasserdruck

Die Einwirkungen infolge Wasserdruck sind im Kapitel 5.2.7 dieses Buches beschrieben.

17.4.6 Windkräfte

Die Windlasten werden in der Statischen Berechnung nach DIN EN 1991-1-4 angesetzt.[28]

Die Einwirkung infolge Wind sind in diesem Buch im Kapitel 5.2.5 kurz erläutert. Hinweise und Beispiele zu den Einwirkungen aus Wind und Seitenlasten findet man in u. a. Holzbau Deutschland.[29]

---

[24] EC 2-1-1, 5.2.

[25] Schneider, 2024, S. 5.39.

[26] Goris/Bender: Stahlbetonbau-Praxis nach Eurocode 2, 7. Auflage, Band 2, S. 16 ff.

[27] Ziegellexikon, https://www.lebensraum-ziegel.de/de/ziegellexikon/gebaeudestabilitaet/ringanker-und-ringbalken/2-ringbalken.html, abgerufen am 30.06.2019.

[28] Eurocode 1, Einwirkungen auf Tragwerke – Teil 1-4: Allgemeine Einwirkungen – Windlasten.

[29] Holzbau Deutschland, Aussteifungssysteme, Grundlagen, S. 71 ff.

17.5 Beispiele

1) Für die nebenstehend dargestellte Garage soll die Aussteifung untersucht werden! Siehe Projekt Garage, Kapitel 18, in diesem Buch!

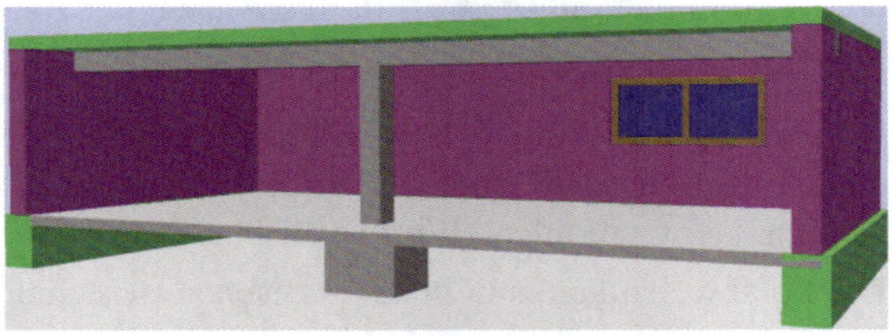

Gemäß Kap. 17.3.1 ist die Anordnung der drei vorhandenen Wände - auch ohne Berücksichtigung des Plattenbalkens und der Stütze – für die Aussteifung der Garage ausreichend.

2) Lastabtragung der Wind- und Aussteifungslasten am Beispiel einer Werkhalle aus Holz

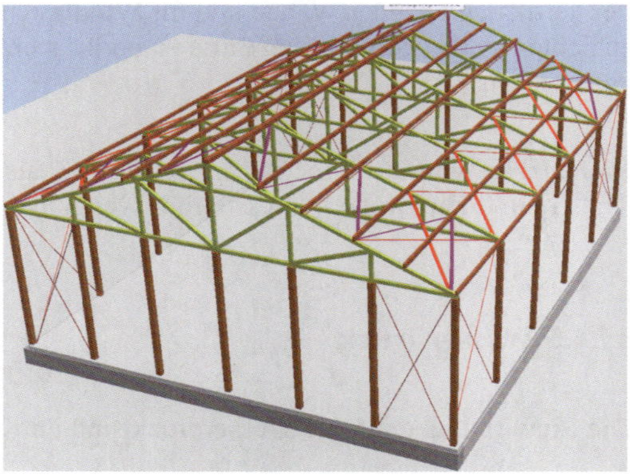

Die Einwirkungen aus Wind und Seitenlasten werden sowohl auf die Giebelwände als auch auf die Längswände der Halle horizontal angesetzt und in die Fundamente abgeleitet.

Einwirkungen auf die Giebelwände:

Die untere Hälfte der horizontalen Last wird über die Stützen im Giebel direkt in das Fundament eingeleitet. Die Stütze ist hier eine Pendelstütze und erhält eine Gleichlast aus Wind und Imperfektion. Das untere Auflager der Stütze ist das Fundament, der horizontal in Dachebene liegende Querverband (lila) stellt das obere Auflager dar. Dieser im ersten und letzten Feld in Dachebene liegende Querverband leitet die horizontalen Kräfte in das linke und rechte Auflager. Diese Auflager sind die beiden vertikalen Wandverbände (rotbraun) in den ersten und letzten Feldern der Längswand.

Einwirkungen auf die Längswände:

Auch hier wird die Hälfte der Last über die Stützen in der Längswand direkt in die Fundamente dieser Stützen eingeleitet. Die Stützen sind auch hier ebenfalls Pendelstützen und erhalten Gleichlasten aus Wind und Imperfektion. Das untere Auflager der Stütze ist das Fundament, der horizontal in Dachebene liegende Längsverband (rot) stellt das obere Auflager dar. Dieser Längsverband leitet die Kräfte aus der Pendelstütze in das linke und rechte Auflager dieses Längsverbandes. Diese Auflager sind auf beiden Seiten der Halle die beiden vertikalen Wandverbände (braun) in den ersten und letzten Feldern der Giebelwand.

3) Aussteifung des International Commerce Centre (= ICC-Tower) in Hong Kong, Beitrag von Prof. Dr. Simon Wong: Outrigger-Braced Structures

Weitere Ausführungen zu den Hochhäusern in Hong Kong finden Sie hier: Structural Design in Hong Kong: Skyscraper.[30]

Abb. 17.3 International Commerce Centre in Hong Kong

Moderne Hochhäuser verfügen heute häufig über zentrale Aufzugskerne sowie großzügige stützenfreie Bodenflächen zwischen Kern und äußeren Stützpfeilern. Dies führt zwar zu einer höheren Funktionseffizienz, trennt aber auch effektiv den Kern und die Umfangsstruktur, um den seitlichen Belastungen zu widerstehen. Durch den Einsatz von geschosshohen oder tieferen Auslegern, die auf einer oder mehreren Ebenen den Kern bilden und die Umfangsstruktur mit dem Kern verbinden, kann der Kippwiderstand eines hohen Gebäudes erheblich erhöht werden. Das International Commerce Centre (ICC) ist das höchste Gebäude Hongkongs. Es handelt sich um einen 118-stöckigen, 484 m hohen kommerziellen Wolkenkratzer, der 2010 in West Kowloon, Hongkong, fertig gestellt wurde, wie in Abbildung 1 dargestellt. Es ist das ikonische Gebäude auf der Spitze der Station Kowloon. Es war zum Zeitpunkt der Fertigstellung im Jahr 2010 das vierthöchste Gebäude.
Um der horizontalen Windbelastung standzuhalten, setzt das Gebäude vier Ausleger (Outrigger) ein, die sich auf verschiedenen Ebenen des Gebäudes befinden, um Zug- und Druckspannungen in den Windsäulen zu erzeugen. Die mit den Säulen verbundenen Ausleger widerstehen der Drehung des Kerns, so dass die seitlichen Durchbiegungen und das Moment im Kern kleiner sind als beim freistehenden Kern unter der horizontalen Belastung. Dieser Effekt des Auslegers kann in Abbildung 2 dargestellt werden. Die Ausleger befinden sich in der Regel auf den mechanischen Anlagenebenen, ohne die Nutz- und Mietfläche des Gebäudes zu beeinträchtigen.

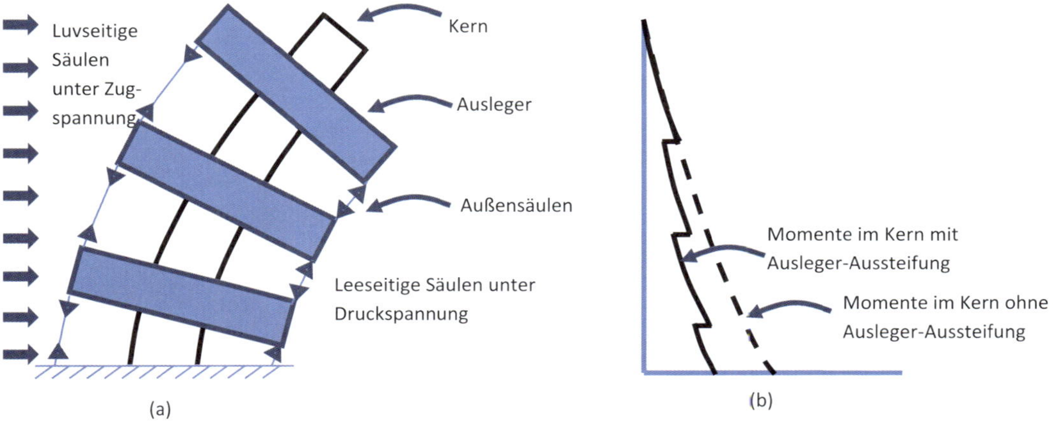

Abb. 17.3. a) Auslegerstruktur unter horizontaler Einwirkung verschoben; b) Resultierende der Kernmomente

[30] Wong: Structural Design in Hong Kong, Skysraper, http://avec-bnt.de/praesentationen-01.html.

18 Projekt Garage

18.1 Aufgabenstellung

An dem folgenden Projekt sollen einige der in den bisherigen Kapiteln behandelten Themen **zusammenhängend** behandelt werden.

Es soll eine Statische Berechnung für eine alleinstehende Garage für vier PKW in Berlin mit Flachdach und überdachtem Vorbereich aufgestellt werden. Die Entwurfspläne des Architekten liegen vor, vgl. Entwurfsplanung Garage. Die Dachdecke soll später begehbar sein, erhält (vorläufig) eine 10 cm Kiesschüttung und wird aus Stahlbeton hergestellt. Die Decke liegt seitlich und hinten auf den Mauerwerkswänden voll - und vorne auf einem Plattenbalken auf. Dieser wird mittig von einem Pfeiler aus Mauerwerk gestützt. Die tragenden Stahlbetonbauteile oberhalb der Gründung werden mit C25/30, B 500 A und B 500 B hergestellt. Der Pfeiler wird aus Kalksand-Vollsteinen, Normalmörtel M 10, gemauert; die Wände aus Leichtbetonsteinen der Festigkeitsklasse 4, Normalmörtel M 2,5 hergestellt. Der Fenstersturz in der hinteren Wand soll aus Stahlbeton hergestellt werden.[1] Unter den Wänden werden unbewehrte Streifenfundamente gewählt und unter der Stütze ein unbewehrtes Einzelfundament angeordnet. Die Bodenplatte wird konstruktiv gewählt. Der Beton für die Gründungsbauteile wird mit C 20/25 vorgegeben. Die zulässige Bodenpressung wird mit $\sigma_{R,d}$ = 270 kN/m² (mit Teilsicherheitsbeiwert) angenommen. Die Garage hat eine Geschosshöhe von 2,625 m.

Es soll die Statische Berechnung für die Garage aufgestellt werden. Folgende Leistungen werden vereinbart:

1) Erstellen der Positionspläne im Grundriss und Schnitt, M = 1:100
2) Manuelle Statische Berechnung der tragenden Bauteile
   - 2.1 Decke (einachsig gespannte Platte; für den Nachweis der Biegeschlankheit gelten erhöhte Anforderungen)
   - 2.2 Plattenbalken
   - 2.3 Fenstersturz (keine monolithische Verbindung zur Decke)
   - 2.4 Mauerpfeiler
   - 2.5 Bodenplatte
   - 2.6 Zentrisches Einzelfundament unter Mauerpfeiler
   - 2.7 Streifenfundamente
3) Vergleichsberechnung durch EDV-Statik
4) Bewehrungspläne: Decke: M 1:50, Balken und Plattenbalken: M 1:25 mit Schneideskizze für die Lagermatten und Biegeliste für die Stabstähle.
5) Fundamentplan

Bei der Bemessung wird auf die Abminderung der Schnittgrößen verzichtet.

---

[1] Alternativ könnte - z. B. aus Übungsgründen - die Decke mit einer geringeren Nutzlast als Holzbalkendecke ausgeführt werden. Die Holzbalkendecke könnte dann vorne auf einem Stahl- oder Leimbinder aufliegen, welcher wiederum in der Mitte von einer Holz- oder Stahlstütze unterstützt ist.

Entwurfsplanung Garage: Grundriss, Schnitt und Isometrie (ohne Maßstab)

Grundriss Garage

Schnitt B-B

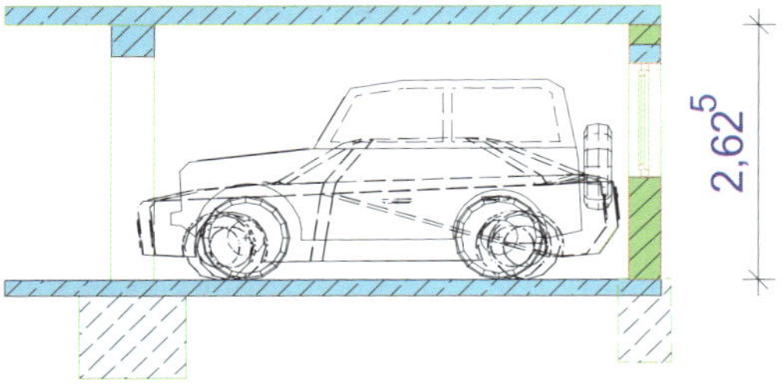

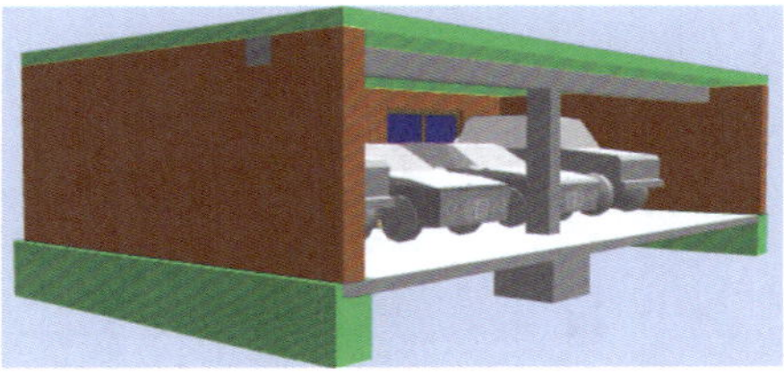

18.2 Statische Berechnung

18.2.1 Positionspläne (hier ohne Maßstab)

Positionsplan Erdgeschoss

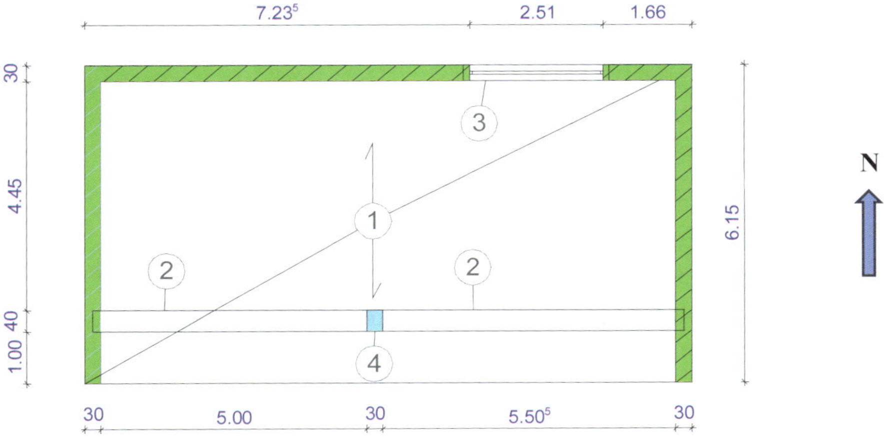

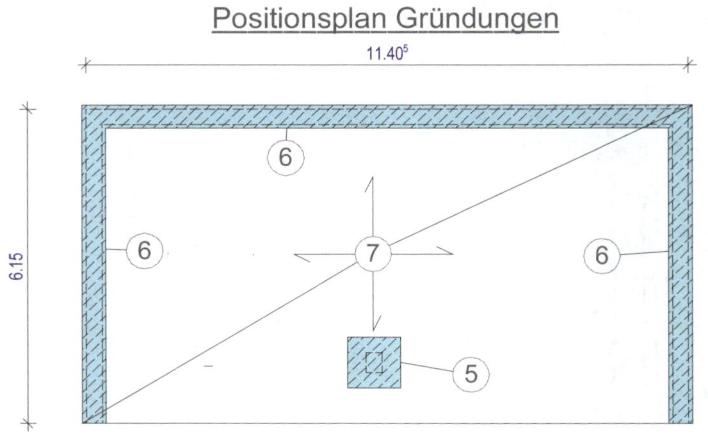

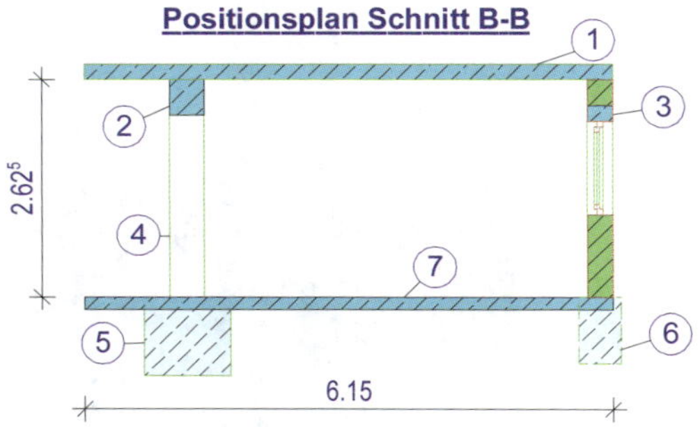

Positionen:
Pos 1: Decke
Pos 2: Plattenbalken
Pos 3: Fenstersturz
Pos 4: Stütze
Pos 5: Einzelfundament
Pos 6: Streifenfundament
Pos 7: Bodenplatte

Da die endgültigen Maße der tragenden Bauteile (Decke, Plattenbalken, Sturz, Stütze, Fundamente) zum Zeitpunkt der Erstellung der Positionspläne noch nicht bekannt sind, werden sie vorab geschätzt und hier nicht bemaßt.

18.2.2 Manuelle Berechnung der tragenden Bauteile

Aus Platzgründen wird hier auf das Deckblatt, Vorwort etc. verzichtet.

Position 1 Stahlbetondecke

Die Decke wird einachsig gespannt.

Vorläufige Ermittlung der Stützweiten: $l_{eff} = l_n + a_1 + a_2$ (da Deckendicke noch unbekannt)

Feld: $l_{eff} = 4{,}45 \text{ m} + \frac{0{,}40 \text{ m}}{2} + \frac{0{,}30 \text{ m}}{2} = 4{,}80 \text{ m}$

Kragarm: $l_{eff} = 1{,}00 \text{ m} + \frac{0{,}40 \text{ m}}{2} = 1{,}20 \text{ m}$

$c_{nom} = c_{min} + c_{dev} = 20 \text{ mm} + 15 \text{ mm} = 35 \text{ mm} = 3{,}5 \text{ cm} = c_v$

Vorbemessung: Ermittlung der Deckendicke nach der einfachen Formel

Vorläufiges statisches System der Decke:

Biegeschlankheit: l_i = ideelle Stützweite = $\alpha * l_{eff}$

Das Feld ist durch die linke Auskragung teilweise eingespannt. Ungünstig wird die Einspannung am Kragarm für die Vorbemessung vernachlässigt und das Deckenfeld als Einfeldträger angenommen: $\alpha = 1{,}0$.

$l_{i,\,Feld} = 1{,}0 * 4{,}80\ m = 4{,}80\ m$

$l_{i,\,Kragarm} = 2{,}4 * 1{,}20\ m = 2{,}88\ m$

erf. $d = l_i / 27{,}5$

erf. $d_{Feld} = 4{,}80\ m / 27{,}5 = 0{,}175\ m = 17{,}5\ cm$

erf. $d_{Kragarm} = 2{,}88\ m / 27{,}5 = 0{,}105\ m = 10{,}5\ cm < 17{,}5\ cm$

erf. h = erf. d + c_{nom} + ø Längsstab / 2 = 17,5 cm + 3,5 cm + 0,5 cm = 21,5 cm

gew.: h = 22 cm **(gleiche Deckendicke im Feld und im Kragarm)**

Rechnerische Stützweiten:

Feld: $l_{eff} = 4{,}45\ m + \frac{0{,}40\ m}{2} + \frac{0{,}30\ m}{2} = 4{,}80\ m$ bzw. $l_{eff} = 4{,}45\ m + 2 * \frac{0{,}22\ m}{2} = 4{,}67\ m < 4{,}80\ m$

Kragarm: $l_{eff} = 1{,}00\ m + \frac{0{,}40\ m}{2} = 1{,}20\ m$ bzw. $l_{eff} = 1{,}00\ m + \frac{0{,}22\ m}{2} = 1{,}11\ m < 1{,}20\ m$

Statisches System:

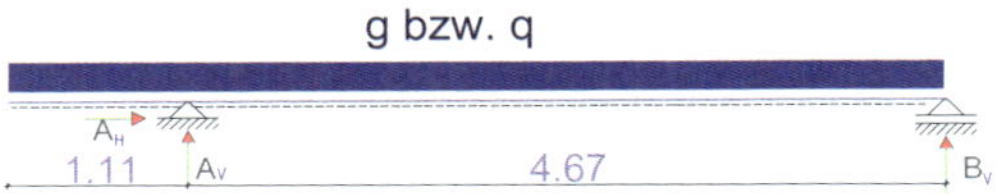

Einwirkungen:

Ständige Last:

Stahlbeton, h = 22 cm: 0,22 m * 25,0 kN/m³	= 5,50 kN/m²
10 cm Kiesschüttung: 0,10 m * 18,0 kN/m³	= 1,80 "
Putz und Isolierung:	≈ 0,50 "
Ständige Last:	g_k = 7,80 kN/m²

Nutzlast: Ungünstig wurde die Nutzlast der Kategorie Z gewählt: $q_k = 4{,}00\ kN/m^2$

$r_k = 7{,}80\ kN/m^2 + 4{,}00\ kN/m^2 = 11{,}80\ kN/m^2$

Eine Überlagerung der Schneelast ist bei dieser Kategorie nicht erforderlich.

Da ein Flachdach vorliegt, wird die Einwirkung infolge Windlast hier nicht berücksichtigt. Das Flachdach muss jedoch ggf. gegen anfallenden Sog geschützt werden.

Berücksichtigung der Teilsicherheiten:

Ständige Last: 1,35 * 7,80 kN/m²	g_d = 10,53 kN/m²
Nutzlast: 1,50 * 4,00 kN/m²	q_d = 6,00 kN/m²

$r_d = 10{,}53\ kN/m^2 + 6{,}00\ kN/m^2 = 16{,}53\ kN/m^2$

Schnittgrößen: a) **Charakteristische Schnittgrößen: Ohne** Teilsicherheiten (Index: k)

Bei allen Lastfällen ist die Normalkraft = 0.

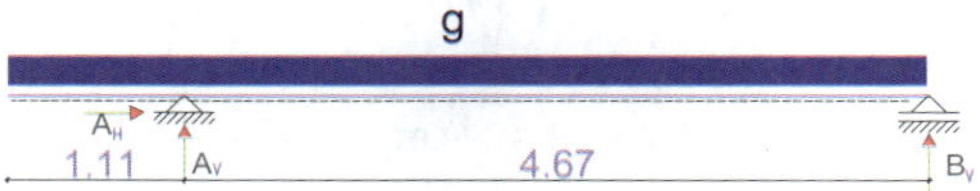

Lastfall 1: $g_k = 7{,}80\ kN/m^2$

Auflagerkräfte

$\Sigma M_A = 0$ $\quad g_k * 4{,}67\ m * 2{,}34\ m = B_{V,k} * 4{,}67\ m + g_k * 1{,}11\ m * 0{,}56\ m$

$\rightarrow B_{Vk} = 17{,}20\ kN/m$

$\Sigma M_B = 0$ $\quad A_{V,k} * 4{,}67\ m = g_k * 5{,}78\ m * 2{,}89\ m \rightarrow A_{Vk} = 27{,}90\ kN/m$

$\Sigma V = 0$ $\quad A_{V,k} + B_{V,k} = g_k * 5{,}79\ m \rightarrow 27{,}9\ kN/m + 17{,}2\ kN/m = 7{,}80\ kN/m^2 * 5{,}78\ m$

$\rightarrow 45{,}10\ kN/m = 45{,}10\ kN/m$

$\Sigma H = 0$ $\quad A_{H,k} = 0$

Querkräfte [kN/m]

$V_{A,l,k} = - g_k * 1{,}11\ m = - 8{,}66$

$V_{A,r,k} = - 8{,}66 + A_V = 19{,}24$

$V_{B,l,k} = 19{,}24 - g_k * 4{,}67\ m = - 17{,}18$

Querkraft-Nullpunkt: x_o

$0 = V_{A,r,k} - g_k * x_o = 19{,}24\ kN/m - 7{,}8\ kN/m^2 * x_o \rightarrow x_o = 2{,}47\ m$ (von A aus)

Biegemomente [kNm/m]

$M_{A,k} = - g_k * 1{,}11\ m * 0{,}56\ m = - 4{,}81$, $M_{B,k} = 0$

$\max M_k = M_{x0,\,k} = M_{k,(x = 2,47\ m)} = V_{A,r,\,k} * 2{,}47\ m - g_k * 2{,}47\ m * 2{,}47\ m / 2 + M_{A,k} = 18{,}92$

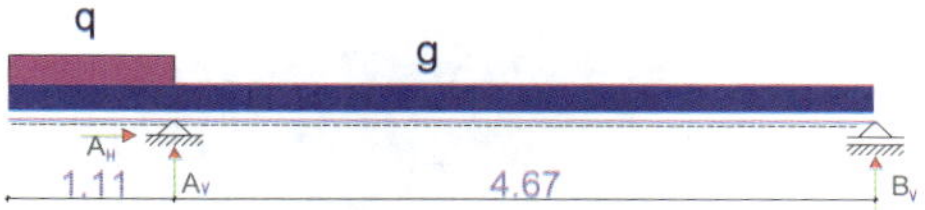

Lastfall 2: $g_k = 7{,}80\ kN/m^2$, $q_k = 4{,}00$

Auflagerkräfte

$\Sigma M_A = 0$ $\quad g_k * 4{,}67\ m * 2{,}34\ m = B_V * 4{,}67\ m + (g_k + q_k) * 1{,}11\ m * 0{,}56\ m$

$\rightarrow B_{V,k} = 16{,}66\ kN/m$

$\Sigma M_B = 0$ $\quad A_V * 4{,}67\ m = (g_k + q_k) * 1{,}11\ m * 5{,}23\ m + g_k * 4{,}67\ m * 2{,}34\ m$

$\rightarrow A_{V,k} = 32{,}88\ kN/m$

$\Sigma V = 0$ $\quad A_{V,k} + B_{V,k} = (g_k + q_k) * 1{,}11\ m + g_k * 4{,}67\ m$

$\rightarrow 32{,}88\ kN/m + 16{,}66\ kN/m = 7{,}80\ kN/m^2 * 5{,}78\ m + 4\ kN/m^2 * 1{,}11\ m$

$\rightarrow 49{,}54\ kN/m = 49{,}54\ kN/m$

$\Sigma H = 0$ $\quad A_{H,k} = 0$

Querkräfte [kN/m]

$V_{A,l,k} = - (g_k + q_k) * 1{,}11\ m = - 13{,}10$

$V_{A,r,k} = - 13{,}10 + A_V = 19{,}78$

$V_{B,\,l,k} = 19{,}78 - g_k * 4{,}67\ m = - 16{,}64$

Querkraft-Nullpunkt: x_o

$0 = V_{A,r,k} - g_k * x_o = 19{,}78\ kN/m - 7{,}8\ kN/m^2 * x_o \rightarrow x_o = 2{,}54\ m$ (von A aus)

Biegemomente [kNm/m]

$M_{A,k} = -(g_k + q_k) * 1{,}11\ m * 0{,}56\ m = -7{,}27$, $M_{B,k} = 0$

$\max M_k = M_{x0,k} = M_{(x = 2{,}54\ m)} = V_{A,k\ r} * 2{,}54\ m - g_k * 2{,}54\ m * 2{,}54\ m / 2 + M_{A,k} = 17{,}81$

Lastfall 3: $g_k = 7{,}80\ kN/m^2$, $q_k = 4{,}00\ kN/m^2$

Auflagerkräfte

$\Sigma M_A = 0$	$(g_k + q_k) * 4{,}67\ m * 2{,}34\ m = B_{V,k} * 4{,}67\ m + g_k * 1{,}11\ m * 0{,}56\ m$ → $B_{V,k} = 26{,}52\ kN/m$
$\Sigma M_B = 0$	$A_{V,k} * 4{,}67\ m = (g_k + q_k) * 4{,}67\ m * 2{,}34\ m + g_k * 1{,}11\ m * 5{,}23\ m$ → $A_V = 37{,}25\ kN/m$
$\Sigma V = 0$	$A_{V,k} + B_{V,k} = (g_k + q_k) * 1{,}11\ m + g_k * 4{,}67\ m$ → $37{,}25\ kN/m + 26{,}52\ kN/m = 7{,}80\ kN/m^2 * 5{,}78\ m + 4\ kN/m^2 * 4{,}67\ m$ → $63{,}77\ kN/m = 63{,}76\ kN/m$
$\Sigma H = 0$	$A_{H,k} = 0$

Querkräfte [kN/m]

$V_{A,l,k} = -g_k * 1{,}11\ m = -8{,}66$

$V_{A,r,k} = -8{,}66 + A_V = 28{,}59$

$V_{B,l,k} = 28{,}59 - (g_k + q_k) * 4{,}67\ m = -26{,}51$

Querkraft-Nullpunkt: x_o

$0 = V_{A,r,k} - (g_k + q_k) * x_o = 26{,}51 - 11{,}8 * x_o$ → $x_o = 2{,}25\ m$ (von A aus)

Biegemomente [kNm/m]

$M_{A,k} = -g_k * 1{,}11\ m * 0{,}56\ m = -4{,}81$, $M_B = 0$

$\max M_k = M_{x0,k} = M_{k\ (x = 2{,}25\ m)} = V_{A,r} * 2{,}25\ m - (g_k + q_k) * 2{,}25\ m * 2{,}25\ m / 2 + M_{A,k} = 29{,}65$

Lastfall 4: Volllast:

$r_k = 7{,}80\ kN/m^2 + 4{,}00\ kN/m^2 = 11{,}80\ kN/m^2$

Die Ergebnisse des vierten Lastfalles erhält man, indem man die Ergebnisse des ersten Lastfalles mit dem Faktor:

Volllast / ständige Last = $r_k / g_k = 11{,}8\ kN/m^2 / 7{,}8\ kN/m^2 = 1{,}513$ multipliziert.

$A_{V,k} = 1{,}513 * 27{,}90\ kN/m = 42{,}21\ kN/m$, $B_{V,k} = 1{,}513 * 17{,}20\ kN/m = 26{,}02\ kN/m$, $A_{H,k} = 0$

Querkräfte [kN/m]

$V_{A,l,k} = 1{,}513 * -8{,}66\ kN/m = -13{,}1\ kN/m$, $V_{A,r,k} = 1{,}513 * 19{,}24\ kN/m = 29{,}11\ kN/m$

$V_{B,l,k} = 1{,}513 * -17{,}18\ kN/m = 25{,}99\ kN/m$

Querkraft-Nullpunkt: x_o

$0 = V_{A,r,k} - (g_k + q_k) * x_o = 29{,}11\ kN/m - 11{,}8\ kN/m^2 * x_o$ → $x_o = 2{,}47\ m$ (von A aus)

Biegemomente [kNm/m]

$M_{A,k} = 1{,}513 * -4{,}81 kNm/m = -7{,}28$, $M_{B,k} = 0$, $\max M_k = 1{,}513 * 18{,}92 = 28{,}62$

b) Bemessungsschnittgrößen: Mit Teilsicherheiten (Index d)

Auch hier kann für Lastfall 1 und Lastfall 4 mit dem jeweiligen Verhältnis der Einwirkungen gerechnet werden.

Lastfall 1: ständige Last: g_d = 10,53 kN/m²

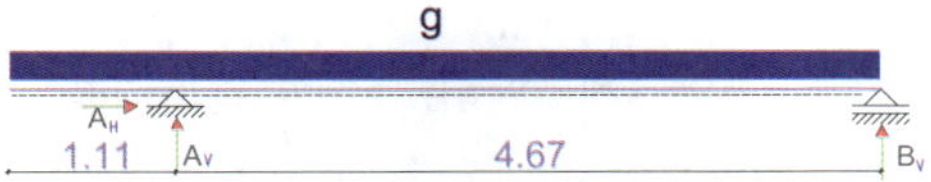

Die Ergebnisse dieses Lastfalles erhält man, indem man die Ergebnisse des ersten Lastfalles (g_k) mit dem Faktor:

ständige $Last_d$ / ständige $Last_k$ = g_d / g_k = 10,53 kN/m² / 7,8 kN/m² = 1,35 (= γ_g) multipliziert.

$A_{V,d}$ = 1,35 * 27,90 kN/m = 37,67 kN/m, $B_{V,d}$ = 1,35 * 17,20 kN/m = 23,22 kN/m, $A_{H,d}$ = 0

Querkräfte [kN/m]

$V_{A,l,d}$ = 1,35 * - 8,66 kN/m = - 11,69 kN/m, $V_{A,r,d}$ = 1,35 * 19,24 kN/m = 25,97 kN/m

$V_{B,l,d}$ = 1,35 * - 17,18 kN/m = - 23,19 kN/m

Querkraft-Nullpunkt: x_o → x_o = 2,47 m (von A aus)

Biegemomente [kNm/m]

$M_{A,d}$ = 1,35 * - 4,81= - 6,49, $M_{B,d}$ = 0, max M_d = 1,35 * 18,92 = 25,54

Lastfall 2: g_d = 10,53 kN/m², q_d = 6,00 kN/m²

Auflagerkräfte

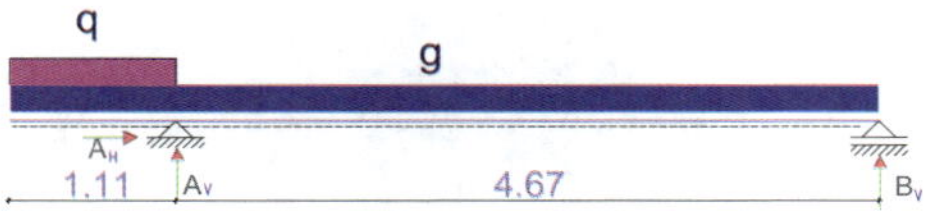

Σ M_A = 0	g_d * 4,67 m * 2,34 m = $B_{V,d}$ * ... q_d) * 1,11 m * 0,56 m → $B_{V,d}$ = 22,41 kN/m
Σ M_B = 0	$A_{V,d}$ * 4,67 m = (g_d + q_d) * 1,11m * 5,23 m + g_d * 4,67 m * 2,34 m → $A_{V,d}$ = 44,95 kN/m
Σ V = 0	$A_{V,d}$ + $B_{V,d}$ = (g_d + q_d) * 1,11 m + g_d * 4,67 m 44,95 kN/m + 22,41 kN/m = 16,53 kN/m² * 1,11 m + 10,53 kN/m² * 4,67 m 67,36 kN/m ≈ 67,52 kN/m
Σ H = 0	$A_{H,d}$ = 0

Querkräfte [kN/m]

$V_{A,l,d}$ = - (g_d + q_d) * 1,11 m = - 18,35

$V_{A,r,d}$ = - 18,35 + A_V = 26,60

$V_{B,l,d}$ = 26,60 - g_d * 4,67 m = - 22,57

Querkraft-Nullpunkt: x_o → 0 = $V_{A,r,d}$ - g_d * x_o = 26,60 kN/m - 10,53 kN/m² * x_o

x_o = 2,53 m (von A aus)

Biegemomente [kNm/m]

$M_{A,d}$ = - (g_d + q_d) * 1,11 m * 0,56 m = -10,18, M_B = 0

max M_d = $M_{x0,d}$ = $M_{d\,(x = 2,53\,m)}$ = $V_{A,r}$ * 2,53 m - g_d * 2,53 m * 2,53 m / 2 + M_A = 23,42

Lastfall 3:

$g_d = 10{,}53$ kN/m², $q_d = 6{,}00$ kN/m²

Auflagerkräfte

$\Sigma M_A = 0$	$(g_d + q_d) * 4{,}67\ m * 2{,}34\ m = B_{V,d} * 4{,}67\ m + g_d * 1{,}11\ m * 0{,}56\ m$ $\rightarrow B_{V,d} = 37{,}21$ kN/m
$\Sigma M_B = 0$	$A_{V,d} * 4{,}67\ m = (g_d + q_d) * 4{,}67\ m * 2{,}34\ m + g_d * 1{,}11\ m * 5{,}23\ m$ $\rightarrow A_{V,d} = 51{,}69$ kN/m
$\Sigma V = 0$	$A_{V,d} + B_{V,d} = (g_d + q_d) * 1{,}11\ m + g_d * 4{,}67\ m$ $\rightarrow 51{,}69$ kN/m $+ 37{,}21$ kN/m $= 10{,}53$ kN/m² $* 5{,}78\ m + 6$ kN/m² $* 4{,}67\ m$ $\rightarrow 88{,}90$ kN/m $\approx 88{,}88$ kN/m
$\Sigma H = 0$	$A_{H,d} = 0$

Querkräfte [kN/m]

$V_{A,l,d} = - g_d * 1{,}11 = - 11{,}69$

$V_{A,r,d} = - 11{,}69 + A_V = 40{,}00$

$V_{B,l,d} = 40{,}00 - (g_d + q_d) * 4{,}67\ m = - 37{,}19$

Querkraft-Nullpunkt: $x_o \rightarrow 0 = V_{A,r} - (g_d + q_d) * x_o = 40{,}00$ kN/m $- 16{,}53$ kN/m² $* x_o$

$x_o = 2{,}42\ m$

Biegemomente [kNm/m]

$M_{A,d} = - g_d * 1{,}11\ m * 0{,}56\ m = - 6{,}49$, $M_{B,d} = 0$

$\max M_d = M_{x0,d} = M_{d\ (x = 2,42\ m)} = V_{A,r} * 2{,}42\ m - (g_d + q_d) * 2{,}42\ m * 2{,}42\ m / 2 + M_A = 41{,}91$

Lastfall 4:

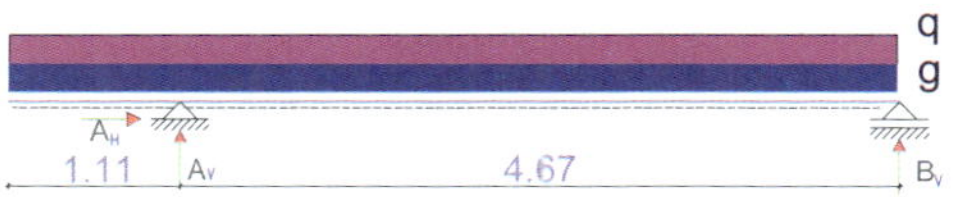

Volllast:

$r_d = 10{,}53$ kN/m² $+ 6{,}00$ kN/m² $= 16{,}53$ kN/m²

Die Ergebnisse des vierten Lastfalles erhält man, indem man die Ergebnisse des ersten Lastfalles mit dem Faktor:

Volllast_d / $\text{ständige Last}_d = r_d / g_d = 16{,}53$ kN/m² / 7,8 kN/m² = 2,119 multipliziert.

$A_{V,d} = 2{,}119 * 27{,}90$ kN/m $= 59{,}13$ kN/m, $B_{V,d} = 2{,}119 * 17{,}20$ kN/m $= 36{,}45$ kN/m, $A_{H,d} = 0$

Querkräfte [kN/m]

$V_{A,l,d} = 2{,}119 * - 8{,}66$ kN/m $= - 18{,}35$ kN/m, $V_{A,r,d} = 2{,}119 * 19{,}24$ kN/m $= 40{,}77$ kN/m

$V_{B,l,d} = 2{,}119 * - 17{,}18$ kN/m $= 36{,}41$ kN/m

Querkraft-Nullpunkt: $x_o \rightarrow x_o = 2{,}47\ m$ (von A aus)

Biegemomente [kNm]

$M_{A,d} = 2{,}119 * - 4{,}81 = - 10{,}18$, $M_{B,d} = 0$, $\max M_d = 2{,}119 * 18{,}92 = 40{,}10$

Ergebnisse der einzelnen Lastfälle in der Übersicht

	LF	A_v (kN/m)	B_v bzw. - V_{Bl} (kN/m)	$V_{A,l}$ (kN/m)	$V_{A,r}$ (kN/m)	x_0 von A aus (m)	$_{max}M_f$ (kNm/m)	M_A (kNm/m)
Ohne Teil-sicher-heit	1	27,90	17,20	- 8,66	19,24	2,47	18,92	- 4,81
	2	32,88	16,66	- 13,10	19,78	2,54	17,81	- 7,27
	3	37,25	26,52	- 8,66	28,59	2,25	29,65	- 4,81
	4	42,21	26,02	- 13,10	29,11	2,47	28,62	- 7,27
Mit Teil-sicher-heit	1	37,67	23,22	- 11,69	25,97	2,47	25,54	- 6,49
	2	44,95	22,41	**- 18,35**	26,60	2,53	23,42	**- 10,18**
	3	51,69	**37,21**	- 11,69	40,00	2,42	**41,91**	- 6,49
	4	59,13	36,45	**- 18,35**	**40,77**	2,47	40,10	**- 10,18**

Bemessung: C25/30, B 500 A (Auf Abminderung der Schnittgrößen wird verzichtet.)

Biegebemessung: Statische Nutzhöhe: vorh. d = 22,0 cm - 3,5 cm - 0,5 cm = 18,0 cm

Biegebewehrung im Feld: max $M_{f,Ed}$ = 41,91 kNm/m

$$k_d = \frac{18\text{ cm}}{\sqrt{\frac{41{,}91\text{ kNm}}{1{,}0\text{ m}}}} = 2{,}78 \rightarrow k_s = 2{,}42$$

$$\text{erf. } A_s = \frac{41{,}91\text{ kNm}}{18\text{ cm}} * 2{,}42 = 5{,}63\text{ cm}^2/\text{m}$$

gew.: R 524 A + Ø 6 / a = 20 cm (unten)

vorh. A_s = 5,24 + 1,41 = 6,65 cm² > erf. A_s = 5,63 cm²

Biegebewehrung über Stütze A: min. $M_{S,Ed}$ = - 10,18 kNm/m

$$k_d = \frac{18\text{ cm}}{\sqrt{\frac{10{,}18\text{ kNm}}{1{,}0\text{ m}}}} = 5{,}64 \rightarrow k_s = 2{,}34$$

$$\text{erf. } A_s = \frac{10{,}18\text{ kNm}}{18\text{ cm}} * 2{,}34 = 1{,}32\text{ cm}^2/\text{m}$$

gew.: R 188 A (oben)

vorh. A_s = 1,88 cm² > erf. A_s = 1,32 cm²

Kragarm unten: **gew.: Q 188 (unten)** konstruktiv gewählt

Querkraftnachweis: $V_{Ed} \leq V_{Rd,ct}$

max V_{Ed} = 40,77 kN/m = $V_{A,r,d}$ (LF 4)

entfällt

$$V_{Rd,c} = \left[0{,}1 * \eta_1 * k * (100 * p_l * f_{ck})^{\frac{1}{3}} + 0{,}12 * \sigma_{ep}\right] * b_w * d$$

η_1 (Wirksamkeitsfaktor) = 1,0, da Normalbeton;

$$\kappa = 1 + \sqrt{\frac{200}{d\ [mm]}} = 1 + \sqrt{\frac{200}{180\ mm}} = 2{,}05 \geq 2$$ → 2 (maßgebend!)

$$\rho_l = \frac{A_{SL}}{b_w * d} = \frac{5{,}24\ cm^2}{100\ cm * 18\ cm} = 0{,}00291 \leq 0{,}02$$ → 0,00291 (maßgebend!)

(Hier wurde eine gestaffelte Bewehrung angenommen, d. h. die Zulagen liegen nur in Feldmitte.)

f_{ck} = 25 MN/m²

$$V_{Rd,c} = \left[0{,}1 * 2{,}0 * (100 * 0{,}00291 * 25\ MN/m^2)^{\frac{1}{3}}\right] * 1{,}0\ m * 0{,}18\ m = 0{,}070\ MN/m$$

$$V_{Rd,c} = 70{,}0\ kN/m > 40{,}77\ kN/m$$

da $V_{Rd,c} > V_{Ed}$ → In der Decke ist keine Querkraftbewehrung erforderlich!

Nachweis der Biegeschlankheit:

$$\frac{l}{d} \leq K * \left[11 + 1{,}5\sqrt{f_{ck}} * \frac{\rho_0}{\rho} + 3{,}2\sqrt{f_{ck}}\left(\frac{\rho_0}{\rho} - 1\right)^{3/2}\right] \leq \left(\frac{l}{d}\right)_{max}, \text{ wenn } \rho \leq \rho_0$$

$$\frac{l}{d} \leq K * \left[11 + 1{,}5\sqrt{f_{ck}} * \frac{\rho_0}{\rho - \rho'} + \frac{1}{12}\sqrt{f_{ck}}\left(\frac{\rho'}{\rho_0}\right)^{1/2}\right] \leq \left(\frac{l}{d}\right)_{max}, \text{ wenn } \rho > \rho_0$$

Erforderlicher Zugbewehrungsgrad in Feldmitte:

$$\rho = \frac{erf.\ A_S}{A_c} = \frac{5{,}77\ cm^2}{18\ cm * 100\ cm} = \frac{5{,}77\ cm^2}{1.800\ cm^2} = 0{,}0032$$

Referenzbewehrungsgrad: $\rho_0 = f_{ck}^{\ 0,5} * 10^{-3} = 25^{\ 0,5} * 10^{-3} = 0{,}0050$

$\rho = 0{,}0032 < \rho_0 = 0{,}0050$ → Erste Formel ist maßgebend.

$$\frac{l}{d} \leq K * \left[11 + 1{,}5\sqrt{f_{ck}} * \frac{\rho_0}{\rho} + 3{,}2\sqrt{f_{ck}}\left(\frac{\rho_0}{\rho} - 1\right)^{3/2}\right] \leq \left(\frac{l}{d}\right) max$$

Ungünstig wird K mit 1,0 angenommen, d. h. die teilweise Einspannung am Kragarm bleibt unberücksichtigt.

wobei: $\left(\frac{l}{d}\right)_{max} = \frac{K^2 * 150}{l} = \frac{1{,}0^{\ 2} * 150}{4{,}67\ m} = 32{,}1$

$$\frac{4{,}67\ m}{0{,}18\ m} \leq K * \left[11 + 1{,}5\sqrt{25\ MN/m^2} * \frac{0{,}005}{0{,}0032} + 3{,}2\sqrt{25\ MN/m^2}\left(\frac{0{,}005}{0{,}0032} - 1\right)^{3/2}\right] \leq 33{,}3$$

$25{,}9 \leq 1{,}0 * 29{,}5 \leq 33{,}3$ → Nachweis erfüllt!

Nach **(alter)** DIN 1045-1: mit $\alpha = 1{,}0$ (ungünstig):

$\frac{l_i^{\ 2}}{d} \leq 150$ → $\frac{(1{,}0 * 4{,}67\ m)^2}{0{,}18\ m} \leq 150$ → $121{,}1 \leq 150$ → Nachweis erfüllt!

An dieser Stelle müssen/können weitere Nachweise wie beispielsweise die Nachweise der Mindestbewehrungen, der Zugkraftdeckung, der Verankerungen etc. erfolgen. Aus didaktischen Gründen werden sie hier nicht aufgeführt. Es wird auf die Fachliteratur verwiesen.

Position 2 Plattenbalken

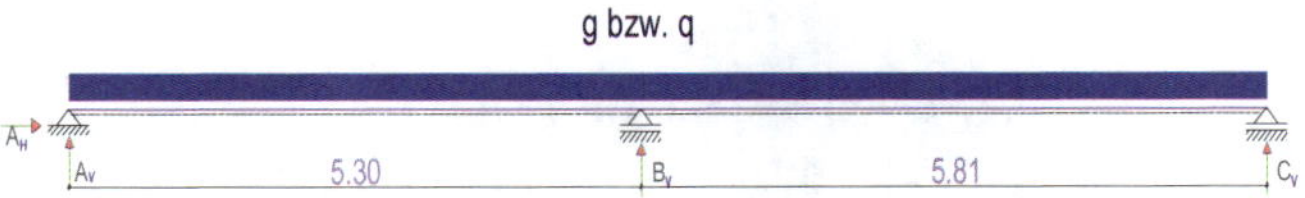

Statisches System des Plattenbalkens: Zweifeldträger

Ermittlung der Stützweiten: $l_{eff} = l_n + a_1 + a_2$

Feld 1: $l_{eff} = 5{,}00\ m + 2 * \frac{0{,}30\ m}{2} = 5{,}30\ m$, Feld 2: $l_{eff} = 5{,}51\ m + 2 * \frac{0{,}30\ m}{2} = 5{,}81\ m$

Für die Vorbemessung wird hier nicht die einfache Formel der Biegeschlankheit eingesetzt, sondern der Mittelwert einer Überschlagsformel:[2]

mittlere Stützweite: $l_m = (5{,}30\ m + 5{,}81\ m) / 2 = 5{,}56\ m$

erf $h_o \approx l_m / 11 = 5{,}56\ m / 11 = 0{,}51\ m$,

→ gew.: $h_0 = 50$ cm

gew.: $h_0 / h_f / b_w = 50 / 22 / 40$ cm

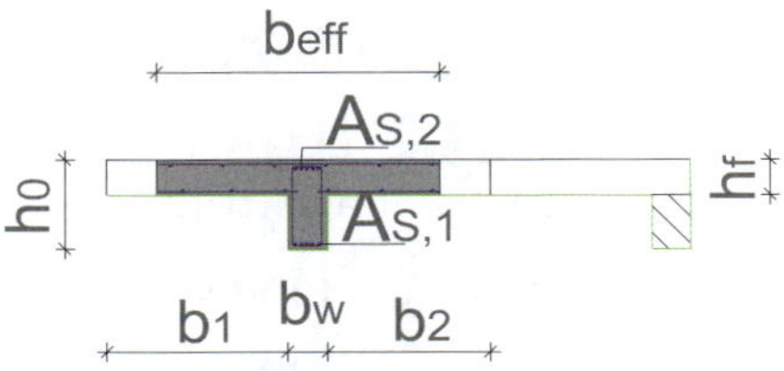

b_{eff} wird bei der Biegebemessung ermittelt.

Feld 1: $l_{eff} = 5{,}30\ m < 5{,}00\ m + 2 * \frac{0{,}50\ m}{2} = 5{,}50\ m$

Feld 2: $l_{eff} = 5{,}81\ m < 5{,}51\ m + 2 * \frac{0{,}50\ m}{2} = 6{,}01\ m$ (Die Stützweiten bleiben unverändert.)

Einwirkungen:

Ständige Last:

Eigengewicht: (0,50 m - 0,22 m) * 0,43 m (mit Putz) * 25,0 kN/m³ = 3,01 kN/m

aus Pos 1/ $A_{g,k}$: = 27,90 “

Ständige Last: $g_k = 30{,}91$ kN/m

Die Einwirkungen aus Pos 1 sind die charakteristischen Lasten von Auflager A. Die Nutzlast ergibt sich aus der Differenz von Volllast zur ständigen Last.

Nutzlast:

aus Pos 1 / $A_{q,k}$: 42,21 kN/m - 27,90 kN/m $q_k = 14{,}31$ kN/m

$r_k = 30{,}91$ kN/m + 14,31 kN/m = 45,22 kN/m

Berücksichtigung der Teilsicherheiten:

Ständige Last: 1,35 * 30,91 kN/m $g_d = 41{,}73$ kN/m

Nutzlast: 1,50 * 14,31 kN/m $q_d = 21{,}47$ kN/m

$r_d = 41{,}73$ kN/m + 21,47 kN/m = 63,20 kN/m

Schnittgrößen: **a) Charakteristische Schnittgrößen: <u>Ohne</u> Teilsicherheiten** (Index: k)

Bei allen Lastfällen ist die Normalkraft = 0. Tabellenwerte:[3]

$l_1 : l_2 = 5{,}30\ m : 5{,}81 m = 1 : 1{,}10$

---

[2] Schneider, 2024, S. 4.117.

[3] Schneider, 2024, S. 4.10.

Lastfall 1:

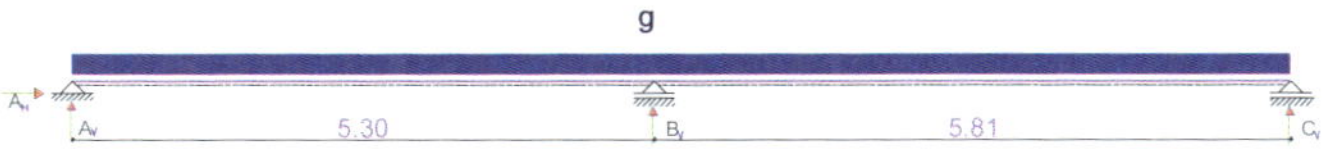

g_k = 30,91 kN/m

$V_{A,k} = A_V$ = 0,361 * 30,91 kN/m * 5,30 m = 59,14 kN

$V_{B,l,k}$ = - 0,639 * 30,91 kN/m * 5,30 m = - 104,68 kN

$V_{B,r,k}$ = 0,676 * 30,91 kN/m * 5,30 m = 110,74 kN

$B_{V,k}$ = 104,68 kN + 110,74 kN = 215,42 kN

$V_{C,k}$ = - $C_{V,k}$ = - 0,424 * 30,91 kN/m * 5,30 m = - 69,46 kN

max $M_{f,1,k}$ = 0,065 * 30,91 kN/m * $(5{,}30\ m)^2$ = 56,44 kNm

max $M_{f,2,k}$ = 0,09 * 30,91 kN/m * $(5{,}30\ m)^2$ = 78,14 kNm

min $M_{B,k}$ = - 0,139 * 30,91 kN/m * $(5{,}30\ m)^2$ = - 120,69 kNm

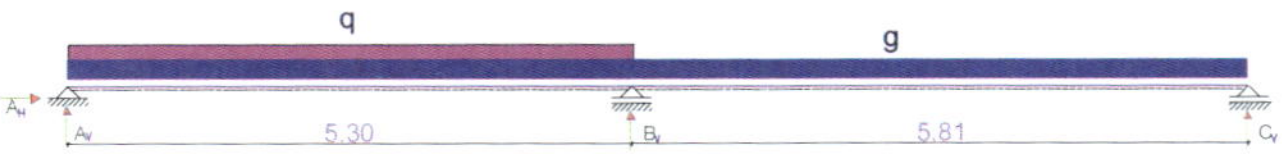

Lastfall 2:

g_k = 30,91 kN/m, q_k =14,31 kN/m

$V_{A,k} = A_{V,k}$ = 0,441 * 14,31 kN/m * 5,30 m + 59,14 kN = 33,45 kN + 59,14 kN = 92,59 kN

$V_{B,l,k}$ = - 0,560 * 14,31 kN/m * 5,30 m - 104,68 kN = - 147,15 kN

$V_{B,r,k}$ = 0,054 * 14,31 kN/m * 5,30 m + 110,74 kN = 114,84 kN

$V_{C,l,k}$ = 114,84 - 30,91 kN/m * 5,81 m = - 64,75 kN

$B_{V,k}$ = 147,15 kN + 114,84 kN = 261,99 kN, $C_{V,k}$ = - $V_{C,l,k}$ = 64,75 kN

max $M_{f,1,k}$ = 0,097 * 14,31 kN/m * $(5{,}30\ m)^2$ + 56,44 = 95,43 kNm

x_{o2} (von C aus) = 64,75 kN / 30,91 kN/m = 2,09 m

max $M_{f,2,k}$ = 64,75 kN * 2,09 m - 30,91 kN/m * $(2{,}09\ m)^2$ / 2 = 67,82 kNm

min $M_{B,k}$ = - 0,060 * 14,31 kN/m * $(5{,}30\ m)^2$ - 120,69 " = - 144,81 kNm

C_V und max $M_{f,2}$ sind nicht tabelliert.

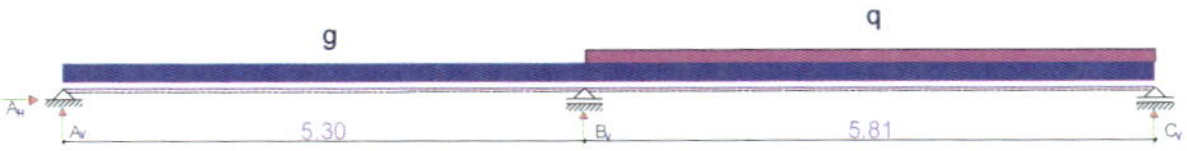

Lastfall 3:

g_k = 30,91 kN/m, q_k =14,31 kN/m

$A_{V,k}$ = 53,30 kN, $V_{B,l,k}$= - 0,079 * 14,31 kN/m * 5,30 m - 104,68 kN = - 110,67 kN

$V_{B,r,k}$ = 0,622 * 14,31 kN/m * 5,30 m + 110,74 kN = 157,91 kN

$B_{V,k}$ = 110,67 kN + 157,91 kN = 268,58 kN

$V_{C,k}$ = - C_V = - 0,478 * 14,31 kN/m * 5,30 m - 69,46 kN = - 105,71 kN

max $M_{f,2,k}$ = 0,114 * 14,31 kN/m * $(5{,}30\ m)^2$ + 78,14 kNm = 123,96 kNm,

max $M_{f,1,k}$ = 45,7 kNm

min $M_{B,k}$ = - 0,079 * 14,31 kN/m * $(5{,}30\ m)^2$ - 120,69 kNm = - 152,45 kNm

A_V und max $M_{f,1}$ sind nicht tabelliert.

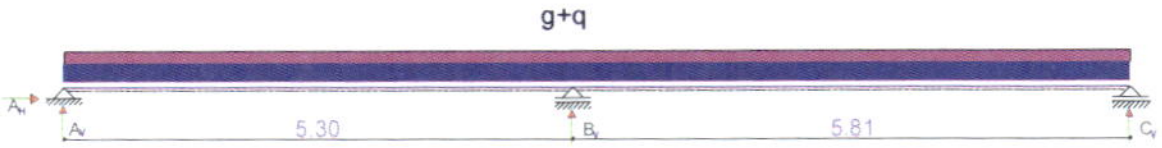

Lastfall 4: g_k = 30,91, q_k = 14,31 kN/m,

Umrechnungsfaktor: r_k / g_k = 45,22 kN/m / 30,91 kN/m = 1,463

$V_{A,k} = A_{V,k}$ = 1,463 * 59,14 kN = 86,52 kN

$V_{B,l,k}$ = 1,463 * - 104,68 kN = - 153,15 kN, $V_{B,r,k}$ = 1,463 * 110,74 kN = 162,01 kN

$B_{V,k} = 1{,}463 * 215{,}42\ kN = 315{,}16\ kN$

$V_{C,k} = - C_{V,k} = - 1{,}463 * 69{,}46\ kN = 101{,}62\ kN$

$max\ M_{f,1,k} = 1{,}463 * 56{,}44\ kNm = 82{,}57\ kNm$, $max\ M_{f,2} = 1{,}463 * 78{,}14\ kNm = 114{,}32\ kNm$

$min\ M_{B,k} = 1{,}463 * - 120{,}69\ kNm = - 176{,}53\ kNm$

b) Bemessungsschnittgrößen: <u>Mit</u> Teilsicherheiten (Index d)

Auch hier kann für Lastfall 1 und Lastfall 4 mit dem jeweiligen Verhältnis der Einwirkungen gerechnet werden.

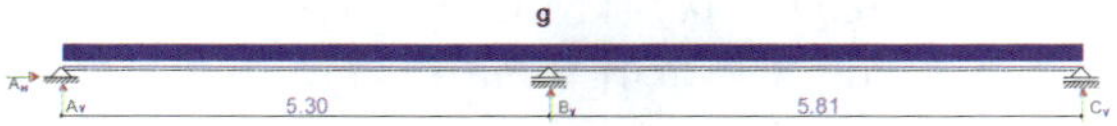

Lastfall 1: $g_d = 41{,}73\ kN/m$

Die Ergebnisse dieses Lastfalles erhält man, indem man die Ergebnisse des ersten Lastfalles (g_k) mit dem Faktor: ständige $Last_d$ / ständige $Last_k$ = $g_d / g_k = 41.73\ kN/m / 30{,}91\ kN/m = 1{,}35$ ($= \gamma_g$) multipliziert.

$V_{A,d} = A_V = 1{,}35 * 59{,}14\ kN = 79{,}84\ kN$

$V_{B,l,d} = 1{,}35 * 104{,}68\ kN = 141{,}32\ kN$, $V_{B,r,d} = 1{,}35 * 110{,}74\ kN = 149{,}50\ kN$

$B_{V,d} = 141{,}32\ kN + 149{,}50\ kN = 290{,}82\ kN$

$V_{C,d} = - C_{V,d} = - 1{,}35 * 69{,}46\ kN = - 93{,}77\ kN$

$max\ M_{f,1,d} = 1{,}35 * 56{,}44\ kNm = 76{,}19\ kNm$, $max\ M_{f,2,d} = 1{,}35 * 78{,}14\ kNm = 105{,}49\ kNm$

$min\ M_{B,d} = 1{,}35 * - 120{,}69\ kNm = - 162{,}93\ kNm$

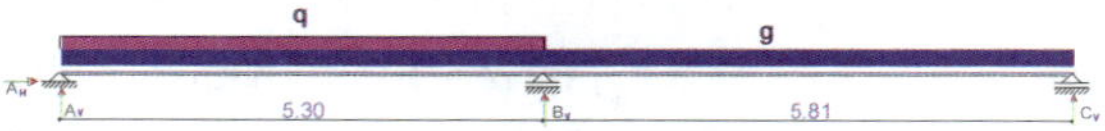

Lastfall 2: $g_d = 41{,}73\ kN/m$, $q_d = 21{,}47\ kN/m$

$V_{A,d} = A_{V,k} = 0{,}441 * 21{,}47\ kN/m * 5{,}30\ m + 79{,}84\ kN = 33{,}42\ kN + 79{,}84\ kN = 129{,}98\ kN$

$V_{B,l,d} = - 0{,}560 * 21{,}47\ kN/m * 5{,}30\ m - 141{,}32\ kN = - 204{,}98\ kN$, $V_{B,r,d} = 0{,}054 * 21{,}47\ kN/m * 5{,}30\ m + 149{,}50\ kN = 155{,}64\ kN$

$B_{V,d} = 204{,}98\ kN + 155{,}64\ kN = 360{,}62\ kN$, $C_{V,d} = - V_{C,l,d} = 87{,}20\ kN$

$max\ M_{f,1,d} = 0{,}097 * 21{,}47\ kN/m * (5{,}30\ m)^2 + 76{,}19 = 134{,}64\ kNm$, $max\ M_{f,2,d} = 91{,}00\ kNm$

$min\ M_{B,d} = - 0{,}060 * 21{,}47\ kN/m * (5{,}30\ m)^2 - 162{,}93\ kNm = 199{,}08\ kNm$

C_V und $max\ M_{f,2}$ sind nicht tabelliert.

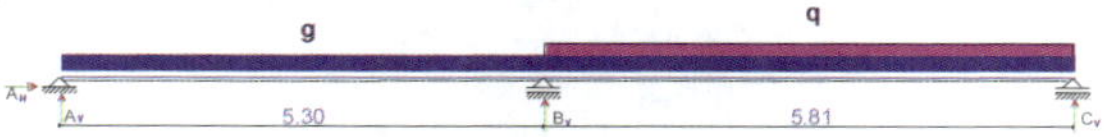

Lastfall 3:

$g_d = 41{,}73\ kN/m$, $q_d = 21{,}47\ kN/m$

$A_{V,d} = 71{,}10\ kN$, $V_{B,l,d} = - 0{,}079 * 21{,}47\ kN/m * 5{,}30\ m - 141{,}32\ kN = - 150{,}30\ kN$

$V_{B,r,d} = 0{,}622 * 21{,}47\ kN/m * 5{,}30\ m + 149{,}50\ kN = 220{,}21\ kN$

$B_{V,d} = 150{,}30\ kN + 189{,}53\ kN = 339{,}83\ kN$

$V_{C,d} = - C_V = - 0{,}478 * 21{,}47\ kN/m * 5{,}30\ m + 93{,}77\ kN = - 148{,}11\ kN$

$max\ M_{f,2,d} = 0{,}114 * 21{,}47\ kN/m * (5{,}30\ m)^2 + 105{,}49\ kN = 174{,}18\ kNm$

$max\ M_{f,1,d} = 60{,}30\ kNm$

$min\ M_{B,d} = - 0{,}079 * 21{,}47\ kN/m * (5{,}30\ m)^2 - 162{,}93\ kN = - 210{,}53\ kNm$

A_V und $max\ M_{f,1}$ sind nicht tabelliert.

Lastfall 4:

g_d = 41,73 kN/m, q_d = 21,47 kN/m

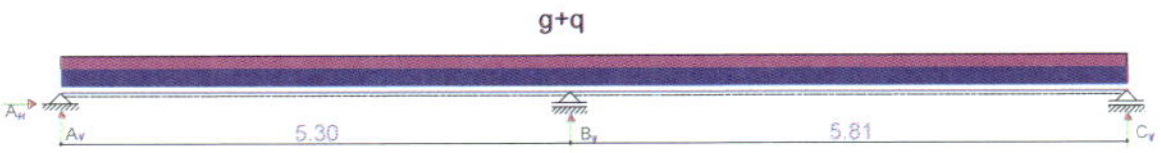

Umrechnungsfaktor: r_d / g_k = 63,18 kN/m / 30,91 kN/m = 2,044

$V_{A,d} = A_{V,d}$ = 2,044 * 59,14 kN = 120,88 kN

$V_{B,l,d}$ = 2,044 * - 104,68 kN = - 213,97 kN , $V_{B,r,d}$ = 2,044 * 110,74 kN = 226,35 kN

$B_{V,d}$ = 2,044 * 215,42 kN = 440,32 kN

$V_{C,d} = - C_{V,d}$ = - 2,044 * 69,46 kN = 141,98 kN

max $M_{f,1dk}$ = 2,044 * 56,44 kNm = 115,36 kNm, max $M_{f,2,d}$ = 2,044 * 78,14 kNm = 159,72 kNm

min $M_{B,d}$ = 2,044 * - 120,69 kNm = - 246,69 kNm

Ergebnisse der einzelnen Lastfälle in der Übersicht:

	LF	A_V bzw. V_A (kN)	$V_{B,l}$ (kN)	$V_{B,r}$ (kN)	B_V (kN)	C_V bzw. $-V_C$ (kN)	M_{f1} (kNm)	M_{f2} (kNm)	M_B (kNm)
Ohne Teil-sicher-heit	1	59,14	- 104,68	110,74	215,42	69,46	56,44	78,14	- 120,69
	2	92,59	- 147,15	114,84	261,99	64,75	95,43	67,82	- 144,81
	3	53,30	- 110,67	157,91	268,58	105,71	45,70	123,96	- 152,45
	4	86,52	- 153,15	162,01	315,16	101,62	82,57	114,32	- 176,53
Mit Teil-sicher-heit	1	79,84	- 141,32	149,50	290,82	93,77	76,19	105,49	- 162,93
	2	**129,98**	- 204,98	155,64	360,62	87,20	**134,64**	91,00	- 199,08
	3	71,10	- 150,30	220,21	339,83	**148,11**	60,30	**174,18**	- 210,53
	4	120,88	**- 213,97**	**226,35**	440,32	141,98	115,36	159,72	**- 246,69**

Bemessung: C25/30, B 500 A (Auf Abminderung der Schnittgrößen wird verzichtet.)

Biegebemessung: c_{nom} = 3,5 cm = c_v

Statische Nutzhöhe: vorh. d ≈ 50,0 cm - 3,5 cm - 0,8 cm - 2,0 cm / 2 = 44,7 cm ≈ 44,5 cm

Biegebewehrung über Stütze B: min. $M_{S,Ed}$ = - 246,69 kNm

$$k_d = \frac{44{,}5\ \text{cm}}{\sqrt{\frac{246{,}69\ \text{kNm}}{0{,}4\ \text{m}}}} = 1{,}79 \rightarrow k_s = 2{,}66$$

$$\text{erf. } A_s = \frac{246{,}69\ \text{kNm}}{44{,}5\ \text{cm}} * 2{,}66 = 14{,}75\ \text{cm}^2$$

gew.: 5 Ø 20 (oben)

vorh. A_s = 15,71 cm² > erf. A_s = 14,75 cm²

Biegebewehrung im Feld 1: max $M_{f,Ed}$ = 134,64 kNm

$l_{0,1} = 0{,}85 * 5{,}30\ m = 4{,}51 m$

$b_{eff} = \Sigma\ b_{eff,i} + b_w$

$b_{eff,1} = 0{,}2 * b_i + 0{,}1 * l_0 = 0{,}2 * 1{,}00\ m + 0{,}1 * 4{,}51\ m = 0{,}65\ m$

$0{,}65\ m \leq 0{,}2 * l_0 = 0{,}2 * 4{,}51\ m = 0{,}90\ m$ und $0{,}65\ m \leq b_i = 1{,}00\ m$

$b_{eff,2} = 0{,}2 * b_i + 0{,}1 * l_0 = 0{,}2 * 4{,}45\ m / 2 + 0{,}1 * 4{,}51\ m = 0{,}90\ m$

$0{,}90\ m \leq 0{,}2 * l_0 = 0{,}2 * 4{,}51\ m = 0{,}90\ m$ und $0{,}90\ m \leq b_i = 4{,}45\ m / 2 = 2{,}23\ m$

$b_{eff} = \Sigma\ b_{eff,i} + b_w = 0{,}65\ m + 0{,}90\ m + 0{,}40\ m = 1{,}95\ m$

$$k_d = \frac{44{,}5\ cm}{\sqrt{\frac{134{,}64\ kNm}{1{,}95\ m}}} = 5{,}36 \rightarrow k_s = 2{,}36,\ \xi = 0{,}069$$

vorh. $x = \xi * d = 0{,}069 * 44{,}5\ cm = 3{,}1\ cm < h_f = 22\ cm$

$$\text{erf. } A_s = \frac{134{,}64\ kNm}{44{,}5\ cm} * 2{,}36 = 7{,}14\ cm^2$$

<u>gew.: 5 Ø 14 (unten)</u>

vorh. $A_s = 7{,}70\ cm^2 >$ erf. $A_s = 7{,}14\ cm^2$

Biegebewehrung im Feld 2: max $M_{f,Ed}$ = 174,18 kNm

$l_{0,2} = 0{,}85 * 5{,}81\ m = 4{,}94 m$

$b_{eff} = \Sigma\ b_{eff,i} + b_w$

$b_{eff,1} = 0{,}2 * b_i + 0{,}1 * l_0 = 0{,}2 * 1{,}00\ m + 0{,}1 * 4{,}94\ m = 0{,}69\ m$

$0{,}69\ m \leq 0{,}2 * l_0 = 0{,}2 * 4{,}94\ m = 0{,}99\ m$ und $0{,}69\ m \leq b_i = 4{,}45\ m / 2 = 2{,}23\ m$

$b_{eff,2} = 0{,}2 * b_i + 0{,}1 * l_0 = 0{,}2 * 4{,}45/2 + 0{,}1 * 4{,}94 = 0{,}94\ m$

$0{,}94\ m \leq 0{,}2 * l_0 = 0{,}2 * 4{,}94\ m = 0{,}99\ m$ und $0{,}94\ m \leq b_i = 4{,}45\ m / 2 = 2{,}23\ m$

$b_{eff} = \Sigma\ b_{eff,i} + b_w = 0{,}69\ m + 0{,}94\ m + 0{,}40\ m = 2{,}03\ m$

$$k_d = \frac{44{,}5\ cm}{\sqrt{\frac{174{,}18\ kNm}{2{,}03\ m}}} = 4{,}80 \rightarrow k_s = 2{,}36\ \xi = 0{,}069$$

vorh. $x = \xi * d = 0{,}069 * 45\ cm = 3{,}1 cm < h_f = 22\ cm$

$$\text{erf. } A_s = \frac{174{,}18\ kNm}{44{,}5\ cm} * 2{,}36 = 9{,}24\ cm^2$$

<u>gew.: 5 Ø 16 (unten)</u>

vorh. $A_s = 10{,}05\ cm^2 >$ erf. $A_s = 9{,}24\ cm^2$

Querkraftbemessung

c) Nachweis der Beton-Druckstrebe: $V_{R,d,max} > V_{Ed}$

max V_{Ed} = 226,35 kN = $V_{B,r}$ Lastfall 4

$z = 0{,}9 * d = 0{,}9 * 0{,}445\ m = 0{,}401\ m = 40{,}1\ cm$

bzw. $z = d - 2 * c_{nom} = 0{,}445\ m - 2 * 0{,}035\ m = 0{,}375\ m$ → maßgebend!

$$V_{Rd,max} = \frac{\nu_1 * f_{cd} * bw * z}{\tan\Theta + \cot\Theta} = \frac{10{,}6\ MN/m^2 * 0{,}40\ m * 0{,}375\ m}{1{,}2 + \frac{1}{1{,}2}} = 0{,}754\ MN \triangleq 754\ kN$$

$\max V_{Ed} = 226{,}35\ kN \leq V_{Rd,max} = 754\ kN$

Nachweis der Zugstrebe (Betonstahl): Annahme $\theta = 40°$ → $\cot\theta = 1{,}2$

Es wird an zwei Stellen bemessen: 1) bei B und 2) bei A bzw. C.

1) Querkraftbewehrung bei B: max $v_{Ed} = 226{,}35$ kN

$$\text{erf. } a_{sw} = \frac{V_{Ed}}{f_{yd} * z * \cot\Theta} = \frac{0{,}22635\ MN}{435\frac{MN}{m^2} * 0{,}375\ m * 1{,}2} = 0{,}00116\ m^2/m = 11{,}56\ cm^2/m$$

gewählt: Ø 8 / a = 8,0 cm / zweischnittig

(vorh. $a_{sw} = 2 * 6{,}28\ cm^2/m = 12{,}56\ cm^2/m > 11{,}56\ cm^2/m$)

Überprüfung der Bügelstände:

$$\frac{V_{Ed}}{V_{Rd,max}} = \frac{0{,}22635\ MN}{0{,}754\ MN} = 0{,}30 \leq 0{,}30 \rightarrow 0{,}7\ h = 0{,}7 * 50\ cm = 35\ cm \geq 30\ cm$$

$\text{vorh. } a = 8\ cm < 30\ cm$

2) Querkraftbewehrung bei A bzw. C: max $V_{Ed} = 148{,}11$ kN (= max V_C)

$$\text{erf. } a_{sw} = \frac{V_{Ed}}{f_{yd} * z * \cot\Theta} = \frac{0{,}14811\ MN}{435\frac{MN}{m^2} * 0{,}375\ m * 1{,}2} = 0{,}000757\ m^2/m = 7{,}57\ cm^2/m$$

gewählt: Ø 8 / a = 13,0 cm / zweischnittig

(vorh. $a_{sw} = 2 * 3{,}87\ cm^2/m = 7{,}74\ cm^2/m > 7{,}57\ cm^2/m$)

Anschluss der Platte an den Balkensteg — Der Nachweis wird für das größere Feld geführt.

gew.: $\Delta x = l_{02} / 4 = 0{,}85 * 5{,}81\ m / 4 = 4{,}94\ m / 4 = 1{,}23\ m$

$M_{Ed\,(\Delta x = 1{,}23\,m)} = 0{,}50 * r_d * \Delta x * (l_0 - \Delta x) = 0{,}50 * 63{,}18\ kN/m * 1{,}23\ m * (4{,}94\ m - 1{,}23\ m)$

$M_{Ed\,(\Delta x = 1{,}23\,m)} = 144{,}15\ kNm$

$z = d - h_f / 2 = 44{,}5\ cm - 22\ cm / 2 = 33{,}5\ cm$

$V_{Ed} = \Delta F_d = (M_{Ed\,(x = \Delta x\,m)} / z) * (b_{eff,1} / b_{eff}) = (144{,}15\ kNm / 0{,}335\ m) * (0{,}69\ m / 2{,}03\ m)$

$V_{Ed} = 146{,}26\ kN$

Nachweis der Druckstrebe (Beton):

$$V_{Rd,max} = \frac{h_f * \Delta x * \nu_1 * f_{cd}}{\cot\Theta + \tan\Theta} = \frac{0{,}22\ m * 1{,}23\ m * 10{,}6\frac{MN}{m^2}}{1{,}2 + \frac{1}{1{,}2}} = 1{,}411\ MN = 1411{,}0\ kN > 146{,}26\ kN$$

Ermittlung der erforderlichen Schubbewehrung (vertikale Bügel):

$$\text{erf. } a_{sw} = \frac{V_{Ed}}{f_{yd} * z * \cot\Theta} = \frac{0{,}14626 \text{ MN}}{435 \frac{\text{MN}}{\text{m}^2} * 1{,}23 \text{ m} * 1{,}2} = 0{,}000228 \text{ m}^2/\text{m} = 2{,}28 \text{ cm}^2/\text{m}$$

$$\text{erf. } a_{sw} = 2{,}28 \text{ cm}^2/\text{m} < 5{,}24 \text{ cm}^2/\text{m} + 1{,}88 \text{ cm}^2/\text{m} = 7{,}12 \text{ cm}^2/\text{m}$$

Nachweis der Auflagerpressungen bei A und C: max $C_{V,k}$ = 105,69 kN > $A_{V,k}$ = 92,56 kN

$N_{Ed} = 1{,}4 * 105{,}69 \text{ kN} = 147{,}97 \text{ kN}$

Steindruckfestigkeitsklasse 4/ M2,5 $\rightarrow f_k = 2{,}2 \text{ N/mm}^2, \gamma_M = 1{,}5$

$f_d = 0{,}85 * 2{,}2 \text{ N/mm}^2 / 1{,}5 = 1{,}25 \text{ N/mm}^2 = 0{,}125 \text{ kN/cm}^2$

$f_k = 2{,}2 \frac{\text{N}}{\text{mm}^2} > 1{,}8 \frac{\text{N}}{\text{mm}^2} \rightarrow \phi_1 = 1{,}6 - l / 6 \leq 0{,}9 * a / t$

$\phi_1 = 1{,}6 - 4{,}67 / 6 = 0{,}82 \qquad \leq 0{,}9 * a / t = 0{,}9 * 30 \text{ cm} / 30 \text{ cm} = 0{,}9$

$\phi_2 = 0{,}85 * a / t - 0{,}0011 * (h_{ef} / t)^2$

$\frac{2{,}35 \text{ m}}{0{,}30 \text{ m}} = 7{,}8$ Auf eine Abminderung von h_{ef} wird hier verzichtet.

$\phi_2 = 0{,}85 * 0{,}30 \text{ m} / 0{,}30 \text{ m} - 0{,}0011 * (2{,}35 \text{ m} / 0{,}30 \text{ m})^2 = 0{,}78 < 0{,}82$

$N_{Rd} = A * f_d * \phi = 30 \text{ cm} * 40 \text{ cm} * 0{,}125 * 0{,}78 = 117{,}00 \text{ kN} < 147{,}97 \text{ kN} = N_{Ed}$

→ Nicht zulässig!

→ Auflagerpolster: **gew.: b = 75 cm, h = 50 cm**

gewählt: Steindruckfestigkeitsklasse 6 / M 2,5 → $f_k = 2{,}9 \text{ N/mm}^2$

Fuge I - I: $f_d = 0{,}85 * 2{,}9 \text{ N/mm}^2 / 1{,}5 = 1{,}64 \text{ N/mm}^2 = 0{,}164 \text{ kN/cm}^2$

$N_{Rd} = A * f_d * \phi = 30 * 40 * 0{,}164 * 0{,}79 = 155{,}47 \text{ kN} > 147{,}97 \text{ kN} = N_{Ed}$

$G_d = 1{,}35 * 0{,}75 \text{ m} * 0{,}30 \text{ m} * 0{,}50 \text{ m} * 18{,}0 \text{ kN/m}^3 = 2{,}73 \text{ kN}$ (Eigengewicht des Polsters)

Fuge II - II: $f_d = 0{,}85 * 2{,}9 \text{ N/mm}^2 / 1{,}5 = 1{,}64 \text{ N/mm}^2 = 0{,}164 \text{ kN/cm}^2$

$$N_{Rd} = A * f_d * \phi = 30 \text{ cm} * 40 \text{ cm} * 0{,}164 \frac{\text{kN}}{\text{cm}^2} * 0{,}79 = 155{,}47 \text{ kN}$$

$N_{Ed} = 147{,}97 \text{ kN} + 2{,}73 \text{ kN} = 150{,}70 \text{ kN} < 155{,}47 \text{ kN} = N_{Rd}$

Das Auflagerpolster wird bei A und C angeordnet.

Ebenso wie bei Pos 1 müssen/können an dieser Stelle weitere Nachweise wie beispielsweise die Nachweise der Mindestbewehrungen, der Zugkraftdeckung, der Verankerungen etc. erfolgen. Aus didaktischen Gründen werden diese hier nicht aufgeführt. Es wird auf die Fachliteratur verwiesen.

Position 3 Fenstersturz

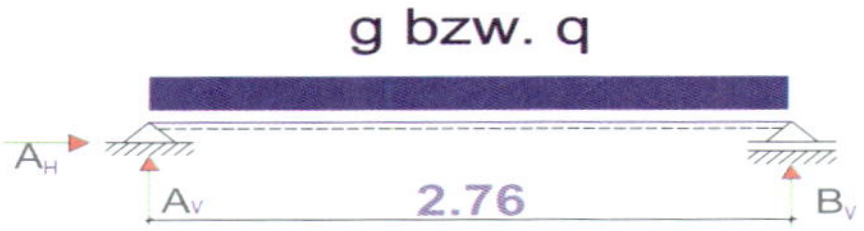

Ermittlung der Stützweiten:

$l_{eff} = l_n + a_1 + a_2 = 2{,}51\ m + 2 * \frac{0{,}25\ m}{2} = 2{,}76\ m$

gew.: b / h / d = 30 / 30 / 25 cm

Biegeschlankheit: erf. d = 2,76 m / 27,5 = 0,10 m < 25 cm = vorh. d

Einwirkungen:

Ständige Last:

Eigengewicht: 0,30 m * 0,33 m (mit Putz) * 25,0 kN/m³	= 2,48 kN/m
Mauerwerk: ≈ 0,30 m * 0,33 (mit Putz) * 18,0 kN/m³	= 1,78 "
aus Pos 1/ $B_{g,k}$:	= 17,20 "
Ständige Last:	g_k = 21,46 kN/m

Die Einwirkungen aus Pos 1 sind die charakteristischen Lasten von Auflager B. Die Nutzlast ergibt sich aus der Differenz von Volllast zur ständigen Last.

Nutzlast: aus Pos 1 / $B_{q,k}$: 26,52 kN/m - 17,20 kN/m $\quad q_k$ = 9,32 kN/m

Volllast: r_k = 21,46 kN/m + 9,32 kN/m = 30,78 kN/m

Berücksichtigung der Teilsicherheiten:

Ständige Last: 1,35 * 21,46 kN/m $\quad g_d$ = 28,97 kN/m

Nutzlast: 1,50 * 9,32 kN/m $\quad q_d$ = 13,98 kN/m

r_d = 28,97 kN/m + 13,98 kN/m = 42,95 kN/m

Schnittgrößen:

a) Charakteristische Schnittgrößen: <u>Ohne</u> Teilsicherheiten (Index: k)

max $A_{V,k}$ = max $B_{V,k}$ = 30,78 kN/m * 2,76 m / 2 = 42,48 kN

b) Bemessungsschnittgrößen: <u>Mit</u> Teilsicherheiten (Index d)

max V_{Ed} = 42,95 kN/m * 2,76 m / 2 = 59,27 kN

max M_{Ed} = 42,95 kN/m * $(2{,}76\ m)^2$ / 8 = 40,90 kNm

Bemessung: C25/30, B 500 B (auf Abminderung der Schnittgrößen wird verzichtet)

Biegebemessung: c_{nom} = 3,5 cm = c_v

Statische Nutzhöhe: vorh. d ≈ 30,0 cm - 3,5 cm - 0,8 cm - 1,4 cm / 2 = 25,0 cm

Biegebewehrung Feld: max M_{Ed} = 40,90 kNm

$$k_d = \frac{25{,}0\ cm}{\sqrt{\frac{40{,}90\ kNm}{0{,}30\ m}}} = 2{,}14 \rightarrow k_s = 2{,}54$$

$$\text{erf. } A_s = \frac{40{,}90\ kNm}{25\ cm} * 2{,}54 = 4{,}16\ cm^2$$

gew.: 4 Ø 12 (unten)

vorh. $A_s = 4{,}52\ cm^2 >$ erf. $A_s = 4{,}16\ cm^2$

ME: 2 Ø 10 (oben)

Querkraftbemessung

Nachweis der Beton-Druckstrebe: $V_{R,d,max} > V_{Ed}$

max $V_{Ed} = 59{,}27$ kN

$z = 0{,}9 * d = 0{,}9 * 0{,}25\ m = 0{,}225\ m = 22{,}5\ cm$

bzw. $z = d - 2 * c_{nom} = 0{,}25\ m - 2 * 0{,}035\ m = 0{,}18\ m = 18\ cm$ → maßgebend!

$$V_{Rd,max} = \frac{\nu_1 * f_{cd} * b_w * z}{\tan\Theta + \cot\Theta} = \frac{10{,}6 \frac{MN}{m^2} * 0{,}30\ m * 0{,}18\ m}{1{,}2 + \frac{1}{1{,}2}} = 0{,}282\ MN \triangleq 282\ kN$$

$\max V_{Ed} = 59{,}27\ kN \leq 282\ kN = V_{Rd,max}$

Nachweis der Zugstrebe (Betonstahl): Annahme θ = 40° →cot θ = 1,2

Der gesamte Fenstersturz wird mit der größten Querkraft bemessen:

Querkraftbewehrung bei A: max $V_{Ed} = 59{,}27$ kN

$$\text{erf. } a_{sw} = \frac{V_{Ed}}{f_{yd} * z * \cot\Theta} = \frac{0{,}05927\ MN}{435 \frac{MN}{m^2} * 0{,}18\ m * 1{,}2} = 0{,}000631\ m^2/m = 6{,}31\ cm^2/m$$

gewählt: Ø 8 / a = 15,0 cm / zweischnittig (vorh. $a_{sw} = 2 * 3{,}35 = 6{,}70\ cm^2/m$)

Überprüfung der Bügelstände:

$$\frac{V_{Ed}}{V_{Rd,max}} = \frac{0{,}05927}{0{,}282} = 0{,}21 < 0{,}30 \rightarrow 0{,}7\ h = 0{,}7 * 30\ cm = 21\ cm \leq 30\ cm$$

vorh. $a = 8\ cm < 30\ cm$

Auch hier müssen/können weitere Nachweise wie beispielsweise die Nachweise der Auflagerpressungen, Mindestbewehrungen, der Zugkraftdeckung, der Verankerungen etc. erfolgen.

Pos 4 Mauerpfeiler

Knicklänge: $h_{ef} (= S_k) = 1{,}0 * (2{,}625\ m - 0{,}28\ m) = 2{,}35\ m$

Auf Abminderung von h_{ef} wird verzichtet.

gew.: b/t = 30/40 cm (oder: t = 36,5 cm als Mauerwerk)

Einwirkungen:

Ständige Last:

Eigengewicht: 2,35 m * 0,33 m * 0,43 m * 18,0 kN/m³ (mit Putz) = 6,00 kN

aus Pos 2 / $B_{g,k}$: = 215,42 kN

Ständige Last: $G_k = 221{,}42\ kN = N_{Gk}$

Nutzlast: 315,08 kN - 215,42 kN $Q_k = 99{,}66$ kN $= N_{Qk}$

$R_k = 221{,}42$ kN + 99,66 kN = 321,08 kN

$N_{Ed} = 1{,}4 * (N_{Gk} + N_{Qk}) = 1{,}4 * 321{,}08$ kN = 449,51 kN

gew.: Kalksand-Vollstein, Steinfestigkeitsklasse 28 / M 10

$N_{Rd} = A * f_d * \Phi = A * (0{,}85 * f_k / \gamma_M) * \Phi$

A = 30 cm * 40 cm = 1200 cm² > 1000 cm²

$f_k = 11{,}0$ N/mm² = 1,10 kN/cm² → $f_d = (0{,}85 * 1{,}10$ kN/cm² / 1,5) = 0,623 kN/cm²

Φ: $\Phi_1 = 1{,}6 - l / 6 = 1{,}6 - 4{,}8$ m / 6 = 0,8 ≤ 0,9 * a / t = 0,9 $f_k = 11{,}0$ N/mm² > 1,8 N/mm²

$\Phi_2 = 0{,}85 * 1{,}0 - 0{,}0011 * (h_{ef} / d)^2$ a / t = 30 cm / 30 cm = 1,0

$\Phi_2 = 0{,}85 - 0{,}0011 * (2{,}35 \text{ m} / 0{,}30 \text{ m})^2 = 0{,}783$

$\Phi = \Phi_2 = 0{,}783$ Der kleinste Φ-Wert ist maßgebend.

$\gamma_M = 1{,}5$

$N_{Rd} = 1200$ cm² * 0,623 kN/cm² * 0,783 = 585,37 kN

N_{Rd} braucht nicht weiter abgemindert zu werden, da der Pfeilerquerschnitt eine Fläche von 1200 cm² hat > 1000 cm².

$N_{Ed} = 449{,}51$ kN < $N_{Rd} = 585{,}37$ kN → Der Pfeiler ist so in Ordnung!

Pos 5 Einzelfundament

Einwirkungen:

Ständige Last: aus Pos 4: $G_k = 221{,}42$ kN

Nutzlast: aus Pos 4: $Q_k = 99{,}66$ kN

$\sigma_{R,d} = 270$ kN/m² (zulässige Bodenpressung mit Sicherheit)

$$\text{erf. } A = \frac{\text{vorh. } F_{Ed}}{\text{zul. } \sigma_{R,d}} = \frac{1{,}35 * 221{,}42 \text{ kN} + 1{,}5 * 99{,}66 \text{ kN}}{270 \frac{\text{kN}}{\text{m}^2} - 30 \frac{\text{kN}}{\text{m}^2}} = \frac{448{,}41 \text{ kN}}{240 \frac{\text{kN}}{\text{m}^2}} = 1{,}87 \text{ m}^2$$

$$\text{erf. } b_x = \text{erf. } b_y = \sqrt{1{,}87 \text{ m}^2} = 1{,}37 \text{ m}$$

gewählt: $b_x = b_y = 140$ cm, h = 80 cm

$$\text{vorh. } \sigma_{E,d} = \frac{\text{vorh. } F_{Ed}}{b_x * b_y} + 1{,}35 * h * \gamma = \frac{448{,}41 \text{ kN}}{1{,}4 \text{ m} * 1{,}4 \text{ m}} + 1{,}35 * 0{,}8 \text{ m} * 24{,}0 \frac{\text{kN}}{\text{m}^3}$$

vorh. $\sigma_{E,d} = 228{,}78$ kN/m² + 25,92 kN/m² = 254,70 kN/m² < $\sigma_{R,d} = 270$ kN/m²

Nachweis der Fundamenthöhe, **C20/25 (unbewehrt)**[4]

$$0{,}85 * \frac{h_f}{a} \geq \sqrt{\frac{3 * \sigma_{gd}}{f_{ctd}}} \quad \text{und} \quad \frac{h_f}{a} \geq 1$$

$h_f = 80$ cm (frostfrei)

[4] Schneider, 2024, S. 5.128.

$a_x = (140\ cm - 30\ cm) / 2 = 55\ cm$ bzw. $a_y = (140 - 40) / 2 = 50\ cm$

$$\frac{h_f}{a} = \frac{80\ cm}{65\ cm} = 1{,}23 \geq 1$$

$\sigma_{gd} = 254{,}70\ kN/m^2 = 0{,}2547\ N/mm^2$

$f_{ctk;0,05} = 1{,}5\ N/mm^2$ für C20/25 → $f_{ctd} = 0{,}85 * f_{ctk;0,05} / \gamma = 0{,}85 * 1{,}5 / 1{,}5 = 0{,}85\ N/mm^2$

$$0{,}85 * \frac{80\ cm}{60\ cm} = 1{,}13 \geq \sqrt{\frac{3 * 0{,}2547 \frac{N}{mm^2}}{0{,}85 \frac{N}{mm^2}}} = 0{,}95$$ → in Ordnung!

Pos 6 Streifenfundament

Einwirkungen:

Es wird zunächst die Last auf das hintere Streifenfundament untersucht und anschließend die Last auf das seitliche Streifenfundament. Mit der größeren Last werden alle Streifenfundamente bemessen.

Ständige Last: aus Pos 1 / B: max $B_{V,g,k}$ = 17,20 kN/m

Mauerwerk: 2,63 m * 0,33 m * 18,0 kN/m³ = 15,62 kN/m

$g_k = 32{,}82\ kN/m$

Nutzlast: aus Pos 1 / B: 26,52 - 17,20 $q_k = 9{,}32\ kN/m$

Volllast (mit Sicherheit): $r_{E,d} = 1{,}35 * 32{,}82 + 1{,}50 * 9{,}32 = 58{,}29\ kN/m$

Einwirkung auf die linke Außenwand:

aus Pos 2: max $C_{V,k} = 105{,}69\ kN$ (> $A_{V,k} = 92{,}56\ kN$) → $N_{Ed} = 1{,}4 * 105{,}69\ kN = 147{,}97\ kN$

Annahme: Lastverteilung unter 60°:

a = 2,35 m / tan 60° = 1,36 m links ist nur 1,00 m vorhanden

Lastverteilungsbreite: vorh. $b_v = 1{,}00\ m + 0{,}40\ m + 1{,}36\ m = 2{,}76\ m$

$r_{Ed} = 147{,}97\ kN / 2{,}76\ m + 1{,}35 * 15{,}62\ kN/m = 74{,}70\ kN/m^2 > 58{,}29\ kN/m$

$\sigma_{R,d} = 270\ kN/m^2$

$$\text{erf. } b = \frac{\text{vorh. } r_{Ed}}{\text{zul. } \sigma_{R,d}} = \frac{74{,}70 \frac{kN}{m^2}}{270 \frac{kN}{m^2} - 30 \frac{kN}{m^2}} = 0{,}31\ m$$

C20/25 (unbewehrt)

gewählt: b / t = 40 / 80 cm (frostfrei)

$$\text{vorh. } \sigma_{E,d} = \frac{\text{vorh. } r_{Ed}}{b_x * 1{,}00\ m} + 1{,}35 * h * \gamma = \frac{74{,}70 \frac{kN}{m^2}}{0{,}4\ m * 1{,}0\ m} + 1{,}35 * 0{,}8\ m * 24{,}0\ kN/m^3$$

vorh. $\sigma_{E,d} = 186{,}75\ kN/m^2 + 25{,}92\ kN/m^2$

vorh. $\sigma_{E,d} = 212{,}67\ kN/m^2 < \sigma_{R,d} = 270\ kN/m^2$

Pos 7 Bodenplatte

Die Bodenplatte wird konstruktiv gewählt:

C20/25, B 500 A, $c_v = 3{,}5$ cm

gew.: h = 15,0 cm,

gew.: Q 188 A (unten + oben)

An der Vorderseite der Bodenplatte wird konstruktiv eine Frostschürze angeordnet:
b/h = 30/80 cm

Wie bereits in der Aufgabenstellung ausgeführt, könnte u. a. aus Übungsgründen eine Alternative zur Stahlbetondecke, zum Plattenbalken und zur Stütze berechnet werden.

Die Decke könnte alternativ mit Holzbalken, Pos 1a, ausgeführt werden. Als vorderes Auflager wäre ein Leimbinder oder ein Stahlträger, Pos 2a, möglich. Dieser könnte mittig auf einer Holz- oder Stahlstütze, Pos 4a, aufliegen.

18.2.3 Vergleichsberechnungen mit Programmen der Fa. Nemetschek Frilo GmbH

Pos 1 Decke über Garage

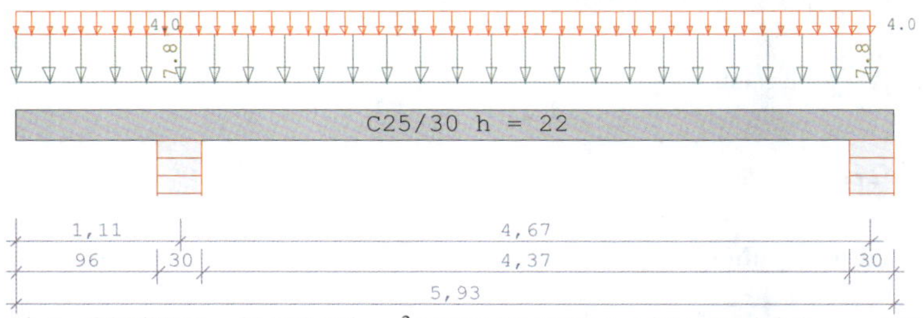

Stahlbetonplatte C25/30 E = 31000 N/mm² DIN EN 1992-1-1/NA Berichtigung 1:2012-06

System	Länge		Querschnittswerte		
Feld	L (m)		b (cm)	h (cm)	I (cm⁴)
1	4.67	konstant	100.0	22.0	88733.3
Kragarmlinks	1.11	konstant	100.0	22.0	88733.3

Belastung Lasttyp: 1=Gleichlast über L 2=Einzellast bei a
(kN,m) 3=Einzelmoment bei a 4=Trapezlast von a - a+b
5=Dreieckslast über L 6=Trapezlast über L

Feld	Typ	EG	Gr	g_l/r	q_l/r	Faktor	Abstand	Länge	aus POS	Phi
1	1		A	7.80	4.00	1.00			g+q	
Kragarm	Krli	1	A	7.80	4.00	1.00			g+q	

Einwirkungen:

Nr	Kl	Bezeichnung	ψ0	ψ1	ψ2	γ
A	1	Wohnräume	0.70	0.50	0.30	1.50

Schadensfolgeklasse CC 2 nach EN 1990 Tab. B1 → K_{Fi}= 1.0 Tab. B3

Ergebnisse für 1-fache Lasten

Feldmomente Maximum (kNm , kN)

Feld	Mf	M li	M re	V li	V re
1 x0 = 2.43	29.81	-4.81	0.00	28.58	-26.52

Stützmomente Maximum (kNm, kN)

Stütze	M li	M re	V li	V re	max F	min F
1	-7.27	-7.27	-13.10	29.11	42.21	27.90
2	0.00	0.00	-26.52	0.00	26.52	16.66

Auflagerkräfte (kN)

Stütze	aus g	max q	min q	Vollast	max	min
1	27.90	14.31	0.00	42.21	42.21	27.90
2	17.18	9.34	-0.53	26.00	26.52	16.66

Summe: 45.08 23.65 -0.53 68.20 68.73 44.56

Auflagerkräfte (kN)

	Stütze 1		Stütze 2	
EG	max	min	max	min
g	27.9	27.9	17.2	17.2
A	14.3	0.0	9.3	-0.5
Sum	42.2	27.9	26.5	16.7

Ergebnisse für γ-fache Lasten

Teilsicherheitsbeiwert $\gamma G * K_{Fi}$=1.35 über Trägerlänge konstant

Feldmomente Maximum (kNm, kN)

Feld		Mfd	Mdli	Mdre	V li	V re
1	x0 = 2.42	41.88	-6.49	0.00	39.99	-37.21

Stützmomente Maximum (kNm , kN)

Stütze	Mdli	Mdre	Vdli	Vdre	max F	min F
1	-10.18	-10.18	-18.35	40.78	59.13	27.90
2	0.00	0.00	-37.21	0.00	37.21	16.39

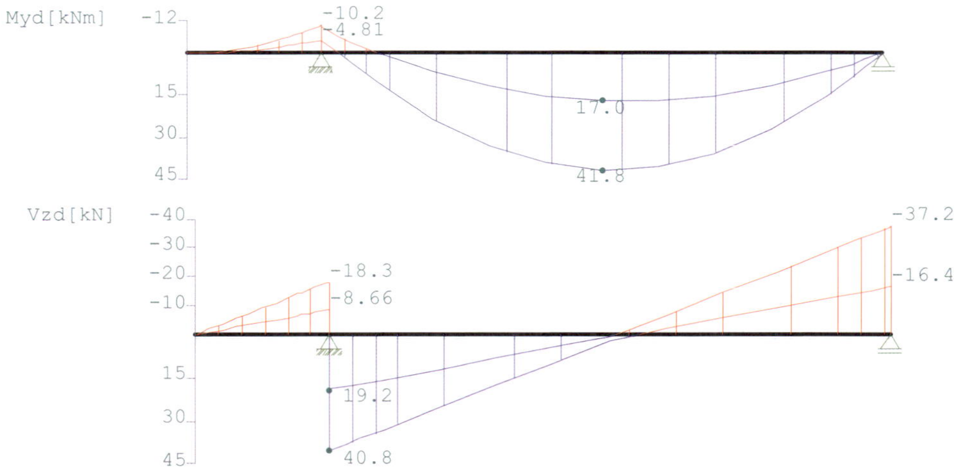

Bemessung DIN EN 1992-1-1/NA Berichtigung 1:2012-06

FLBemBn.DLL: Version 9.0.1.114 (1)

C25/30 B500A normalduktil

Betondeckung: c_v = 3.5 cm > = erf c_v

Bewehrungslage: d_o = 4.0 cm d_B = 0 d_S = 10

Die Feldbewehrung ist nicht gestaffelt.

Die Duktilitätsbewehrung nach 9.2.1.1 ist in erf A_s enthalten.

Kriechbeiwert: φ = 2.90 ε_{cs} = 0.40 ‰ h_0 = 22.50 cm

Alle Auflager gleich: Mauerwerk b = 30.0 cm

Mindestbewehrung EN2 9.2.1.1 (9.1) f_{ctm} = 2.56 N/mm²

Q.Nr.	min M_u (kNm)	erf A_s (cm²)	min M_o (kNm)	erf A_s (cm²)	
1	20.69	2.55	-20.69	2.55	100.0/22.0

Feldbewehrung

Feld Nr.	x (m)	Myd (kNm)	min Myd (kNm)	d (cm)	kx	Asu (cm²)	Aso
1	2.42	41.9		18.0	0.12	5.4	0.0

Am ersten Auflager sind mindestens 2.7 cm² zu verankern.

Am letzten Auflager sind mindestens 2.7 cm² zu verankern.

Querkraft VK-Lager ist mit F = $V_{,Ed}$ * Cot(Theta) / 2 berücksichtigt.

Stützbewehrung DIN EN 1992:2012 5.5

Stütze Nr.	x (m)	Myd (kNm)	Bem. Myd (kNm)	d (cm)	kx	Asu (cm²)	Aso
1 li	0.00	-10.2	-9.0	18.0	0.04	0.0	2.6 *
1 re	0.00	-10.2	-8.3	18.0	0.04	0.0	2.6 *
2 li	0.00	0.0					

* Mindestbewehrung nach DIN EN 1992-1 9.2.1.1 (1)

Pos 2 Plattenbalken

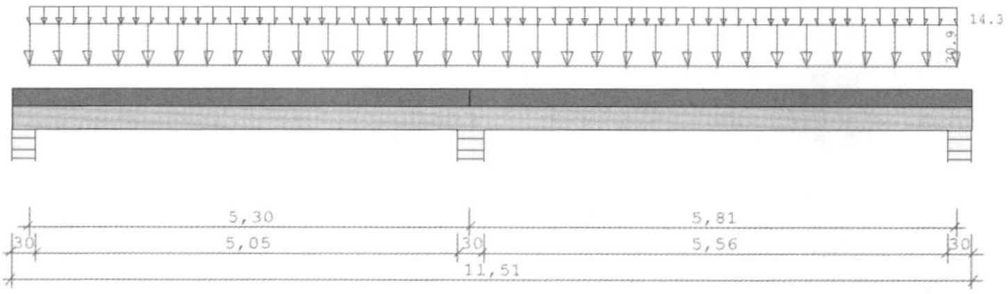

Eff. mitwirkende Breiten für Bemessung

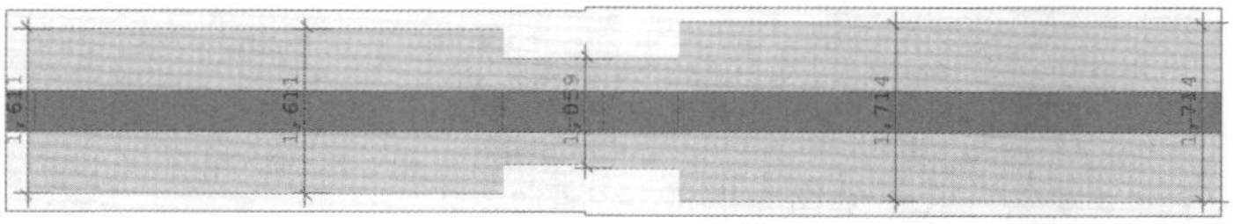

Stahlbetonträger über 2 Felder C25/30 E = 31000 N/mm2

DIN EN 1992-1-1/NA Berichtigung 1:2012-06

System Länge Querschnittswerte

Feld	L (m)		bo	ho	b0	h0	bu	hu
1	5.30	konstant	195.0	22.0	40.0	50.0		
2	5.81	konstant	203.0	22.0	40.0	50.0		

Querschnitte mit eff. mitwirkender Breite

x (m)	bo (cm)	ho (cm)	b0 (cm)	h0 (cm)	bu (cm)	hu (cm)	Wyu (m^3)	Wyo (m^3)
0.00	161.1	22.0	40.0	50.0			0.0227	0.0440
4.50	161.1	22.0	40.0	50.0			0.0227	0.0440
4.51	104.3	22.0	40.0	50.0			0.0207	0.0331
5.30	104.3	22.0	40.0	50.0			0.0207	0.0331
5.30	105.9	22.0	40.0	50.0			0.0207	0.0335
6.17	105.9	22.0	40.0	50.0			0.0207	0.0335
6.17	171.4	22.0	40.0	50.0			0.0230	0.0457
11.11	171.4	22.0	40.0	50.0			0.0230	0.0457

Trägerbezogene Lasten (kN,m)

Belastung (kN,m) Lasttyp: 1=Gleichlast über L 2=Einzellast bei a
3=Einzelmoment bei a 4=Trapezlast von a - a+b
5=Dreieckslast über L 6=Trapezlast über L

Typ	EG	Gr	VK	g_l/r	q_l/r	Fak.	Abst.	Lb/Lc	ausPOS	Phi
1		A		30.91	14.31	1.00			g+q	

Einwirkungen:

Nr	Kl	Bezeichnung	$\psi 0$	$\psi 1$	$\psi 2$	γ
A	1	Wohnräume	0.70	0.50	0.30	1.50

Schadensfolgeklasse CC 2 nach EN 1990 Tab. B1 -> K_{Fi} = 1.0 Tab. B3

In den folgenden Tabellen steht am Ende der Zeilen ein Verweis auf die Nummer der zug. Überlagerung (siehe unten). In Tabellen mit Gammafachen Schnittgrößen steht zusätzlich ein Verweis auf die Leiteinwirkung.

Ergebnisse für 1-fache Lasten

Feldmomente Maximum (kNm, kN)

Feld		Mf	M li	M re	V li	V re	komb
1	x0 = 2.05	94.89	0.00	-144.04	92.63	-146.98	2
2	x0 = 3.48	122.64	-151.24	0.00	157.37	-105.30	3

Stützmomente Maximum (kNm, kN)

Stütze	M li	M re	V li	V re	max F	min F	komb
1	0.00	0.00	0.00	92.63	92.63	53.38	2
2	-175.37	-175.37	-152.90	161.52	314.42	214.97	4
3	0.00	0.00	-105.30	0.00	105.30	65.00	3

Auflagerkräfte (kN)

Stütze	aus g	max q	min q	Vollast	max	min
1	59.29	33.34	-5.91	86.72	92.63	53.38
2	214.97	99.45	0.00	314.42	314.42	214.97
3	69.16	36.15	-4.15	101.15	105.30	65.00
Summe:	343.41	168.94	-10.07	502.28	512.35	333.34

Auflagerkräfte (kN)

	Stütze 1		Stütze 2		Stütze 3	
EG	max	min	max	min	max	min
g	59.3	59.3	215.0	215.0	69.2	69.2
A	33.3	-5.9	99.5	0.0	36.1	-4.2
Sum	92.6	53.4	314.4	215.0	105.3	65.0

Ergebnisse für γ-fache Lasten, Teilsicherheitsbeiwert $\gamma G * K_{Fi} = 1.35$ über Trägerlänge konstant

Feldmomente Maximum (kNm , kN)

Feld		Mfd	Mdli	Mdre	V li	V re	komb
1	x0 = 2.06	133.85	0.00	-198.07	130.05	-204.79	A 2
2	x0 = 3.48	172.37	-208.87	0.00	219.48	-147.58	A 3

Stützmomente Maximum (kNm , kN)

Stütze	Mdli	Mdre	Vdli	Vdre	max F	min F	komb
1	0.00	0.00	0.00	130.05	130.05	50.42	A 2
2	-245.07	-245.07	-213.66	225.72	439.38	214.97	A 4
3	0.00	0.00	-147.58	0.00	147.58	62.93	A 3

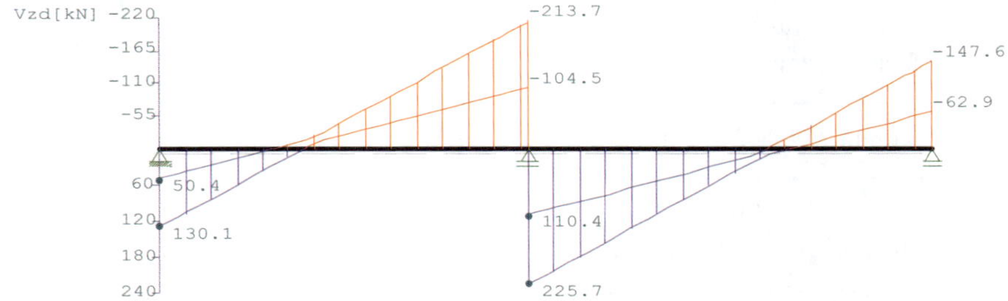

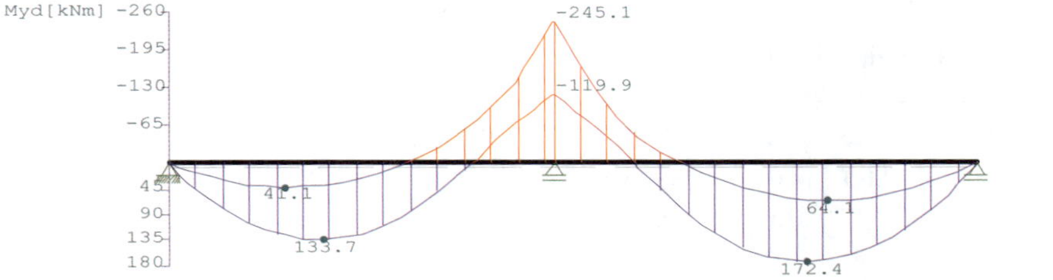

Bemessung DIN EN 1992-1-1/NA Berichtigung 1:2012-06, FLBemBn.DLL: Version 9.0.1.114 (1), C25/30 B500B hochduktil

----

Betondeckung: c_v = 3.5 cm > = erf c_v, Bewehrungslage: d_o = 5.6 cm dB = 8 d_S = 25, d_u = 5.6 cm d_B = 8 d_S = 25

Die Feldbewehrung ist nicht gestaffelt. Die Duktilitätsbewehrung nach 9.2.1.1 ist in erf As enthalten. Kriechbeiwert: φ = 2.90, εcs = 0.40 %o, h0 = 22.50 cm

Alle Auflager gleich: Mauerwerk b = 30.0 cm, Abminderung der Stützmomente <= 0 %

Mindestbewehrung EN2 9.2.1.1 (9.1) fctm = 2.56 N/mm2

Plattenbreite wurde für die Berechnung von Wy auf 3 * b0 begrenzt.

Q.Nr.	min Mu (kNm)	erf As (cm2)	min Mo (kNm)	erf As (cm2)	
1	60.76	3.04	-93.32	4.67	120.0/22.0/40.0/50.0
2	61.35	3.07	-93.32	4.67	120.0/22.0/40.0/50.0

Bemessung DIN EN 1992-1-1/NA Berichtigung 1:2012-06, FLBemBn.DLL: Version 9.0.1.114 (1)

Feldbewehrung

Feld Nr.	x (m)	Myd (kNm)	min Myd (kNm)	d (cm)	kx	Asu (cm^2)	Aso	komb
1	2.06	133.9		44.5	0.05	6.7	0.0	A 2
2	3.48	172.4		44.5	0.06	8.7	0.0	A 3

Am ersten Auflager sind mindestens 1.7 cm2 zu verankern. Am letzten Auflager sind mindestens 2.2 cm^2 zu verankern. Die Querkraft VK-Lager ist mit 50% berücksichtigt.

Stützbewehrung DIN EN 1992:2012 5.5

Stütze Nr.	x (m)	Myd (kNm)	Bem. Myd (kNm)	d (cm)	kx	Asu (cm^2)	Aso	komb
1 re	0.00	0.0						1
2 li	0.00	-245.1	-229.8	44.5	0.29	0.0	13.3	A 4
2 re	0.00	-245.1	-228.9	44.5	0.29	0.0	13.3	A 4
3 li	0.00	0.0			1			

Querkraftbewehrung B500B DIN EN 1992-1-1/NA Berichtigung 1:2012-06 6.2

Stütze Nr.	Abst (m)	kz	VEd (kN)	Θ (°)	VRd,c (kN)	VRd, (kN)	max a (cm)	max asw (cm^2/m)	komb
1 re	0.54	0.84	95.7	40.0	67.2	777.4	30.0	5.0	A 2
1 *	0.99	0.84	67.6	40.0	67.2	777.4	30.0	3.5	A 2
2 li	0.59	0.84	-176.1	40.0	78.9	777.4	30.0	9.1	A 4
2 *	1.04	0.84	-148.0	40.0	78.9	777.4	30.0	7.7	A 4
2 re	0.59	0.84	188.2	40.0	78.8	777.4	30.0	9.8	A 4
2 *	1.04	0 .84	160.1	40.0	78.8	777.4	30.0	8.3	A 4
3 li	0.54	0.84	-113.2	40.0	68.4	777.4	30.0	5.9	A 3
3 *	0.99	0.84	-85.1	40.0	68.4	777.4	30.0	4.4	A 3

Der max Bügelabstand wird mit Θ > = 40° ermittelt (Heft 525 DAfStb).

Schulterschub

Feld	xa (cm)	xe (cm)	Mli (kNm)	Mre (kNm)	av (cm)	beff (cm)	dFcd (kN)	vEd (kN/m^2)	vEd, zul	asf (cm^2/m)
1	0	103	0.0	100.4	103	161	94	416	5232	1.8
1	103	206	100.4	133.9	103	161	31	139	5232	0.6
1	206	312	133.9	98.4	106	161	33	143	5232	0.6
1	312	418	98.4	0.0	106	161	92	397	5232	1.7
2	110	229	0.5	128.0	119	171	122	468	5232	2.0
2	229	348	128.0	172.4	119	171	43	163	5232	0.7
2	348	464	172.4	129.2	117	171	41	161	5232	0.7
2	464	581	129.2	1.5	117	171	122	477	5232	2.0
2	464	581	129.2	1.5	117	171	122	477	5232	2.0
2	464	581	129.2	1.5	117	171	122	477	5232	2.0

In der folgenden Tabelle sind die Lasten mit der internen Nummerierung angegeben. Die anschließende Tabelle der gerechneten Kombinationen referenziert auf diese Nummern.

Belastung (kN,m) Lasttyp: 1=Gleichlast über L 2=Einzellast bei a
3=Einzelmoment bei a 4=Trapezlast von a - a+b
5=Dreieckslast über L 6=Trapezlast über L

Nr.	Feld	Typ	Grp	g1	q1	g_2	q_2	Faktor	Abstand	Länge
1	1	4	A 1	30.91	14.30	30.91	14.30	1.00	0.00	5.30
2	2	4	A 2	30.91	14.30	30.91	14.30	1.00	0.00	5.81

Gerechnete Kombinationen aus 2 Lasten

Last	K1	K2	K3	K4
	g	g	g	g
1	.	x	.	x
2	.	.	x	x

Die vorstehenden Kombinationen werden wie folgt bearbeitet: Beim Nachweis der Tragsicherheit werden die ständigen Lasten alle gleichzeitig alternierend mit GammaG = 1,00 / 1,35 beaufschlagt. Wenn in einer Kombination p-Lasten aus unterschiedlichen Einwirkungen vorhanden sind, dann wird jeweils untersucht, welche Einwirkung die Leiteinwirkung ist.

Die Auswirkung der Lasteinwirkungsdauer wird ebenfalls geprüft.

Pos 3 Fenstersturz

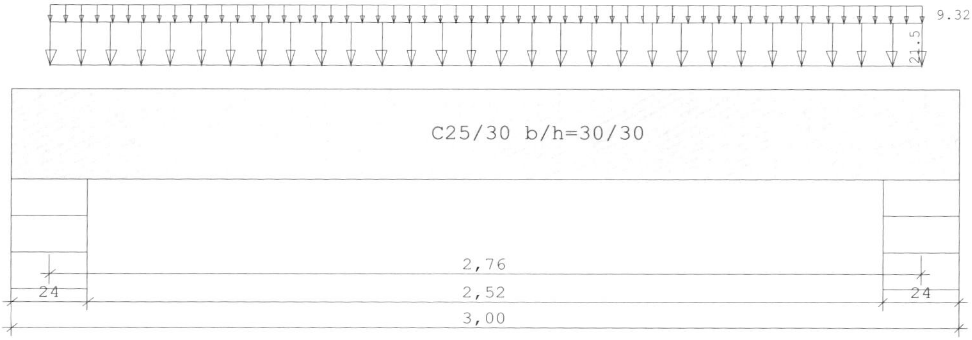

Stahlbetonträger C25/30 E = 31000 N/mm2 DIN EN 1992-1-1/NA:2015-12

System Länge Querschnittswerte

Feld	L (m)		bo	ho	b_0	h_0	bu	hu
1	2.76	konstant			30.0	30.0		

Belastung Lasttyp: 1=Gleichlast über L 2=Einzellast bei a
(kN,m) 3=Einzelmoment bei a 4=Trapezlast von a - a+b
5=Dreieckslast über L 6=Trapezlast über L

Feld	Typ	EG	Gr	g_l/r	q_l/r	Faktor	Abstand	Länge	aus POS	Phi
1	1	A		21.46	9.32	1.00			g+q	

Einwirkungen:

Nr	Kl	Bezeichnung	$\psi 0$	$\psi 1$	$\psi 2$	γ
A	1	Wohnräume	0.70	0.50	0.30	1.50

Schadensfolgeklasse CC 2 nach EN 1990 Tab. B1 -> K_{Fi} = 1.0 Tab. B3

In den folgenden Tabellen steht am Ende der Zeilen ein Verweis auf die Nummer der zug. Überlagerung (siehe unten). In Tabellen mit Gammafachen Schnittgrößen steht zusätzlich ein Verweis auf die Leiteinwirkung.

Ergebnisse für 1-fache Lasten

Feldmomente Maximum (kNm , kN)

Feld		Mf	M li	M re	V li	V re	komb
1	x0 = 1.38	29.31	0.00	0.00	42.48	-42.48	2

Stützmomente Maximum (kNm , kN)

Stütze	M li	M re	V li	V re	max F	min F	komb
1	0.00	0.00	0.00	42.48	42.48	29.61	2
2	0.00	0.00	-42.48	0.00	42.48	29.61	2

Auflagerkräfte (kN)

Stütze	aus g	max q	min q	Vollast	max	min
1	29.61	12.86	0.00	42.48	42.48	29.61
2	29.61	12.86	0.00	42.48	42.48	29.61
Summe:	59.23	25.72	0.00	84.95	84.95	59.23

Auflagerkräfte (kN)

	Stütze 1		Stütze 2	
EG	max	min	max	min
g	29.6	29.6	29.6	29.6
A	12.9	0.0	12.9	0.0
Sum	42.5	29.6	42.5	29.6

Ergebnisse für γ-fache Lasten

Teilsicherheitsbeiwert $\gamma G * K_{Fi} = 1.35$ über Trägerlänge konstant

Feldmomente Maximum (kNm , kN)

Feld		Mfd	Mdli	Mdre	V li	V re	komb
1	x0 = 1.38	40.90	0.00	0.00	59.27	-59.27	A 2

Stützmomente Maximum (kNm , kN)

Stütze	Mdli	Mdre	Vdli	Vdre	max F	min F	komb
1	0.00	0.00	0.00	59.27	59.27	29.61	A 2
2	0.00	0.00	-59.27	0.00	59.27	29.61	A 2

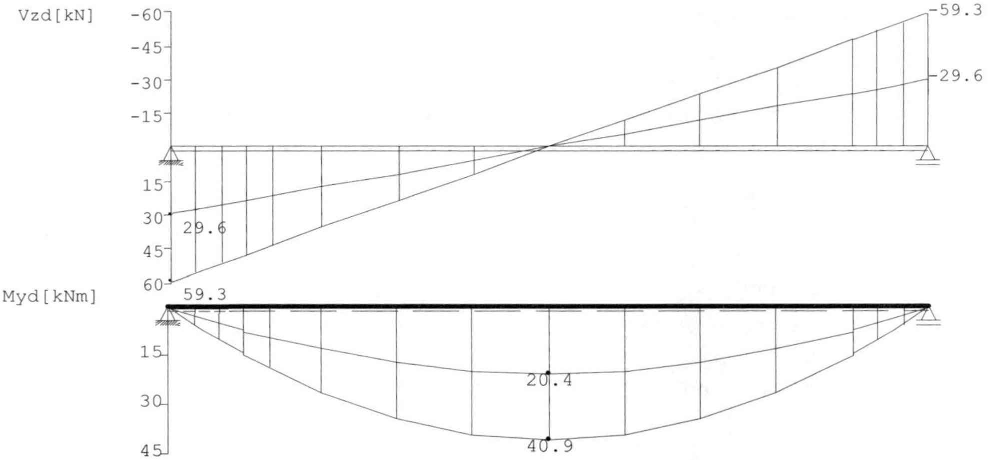

Bemessung DIN EN 1992-1-1/NA:2015-12

FLBemBn.DLL: Version 9.0.1.116 (1), C25/30 B500 B hochduktil

Betondeckung: cv = 3.5 cm >= erf cv, Bewehrungslage: do = 5.0 cm dB = 8 dS = 14

du = 5.0 cm dB = 8 dS = 14

Die Feldbewehrung ist nicht gestaffelt. Die Duktilitätsbewehrung nach 9.2.1.1 ist in erf As enthalten.

Kriechbeiwert: φ = 2.90 εcs = 0.40 %o h_0 = 22.50 cm

Alle Auflager gleich : Mauerwerk b = 24.0 cm

Mindestbewehrung EN2 9.2.1.1 (9.1) fctm = 2.56 N/mm2

Q.Nr.	min Mu (kNm)	erf As (cm^2)	min Mo (kNm)	erf As (cm^2)	
1	11.54	1.03	-11.54	1.03	30.0/30.0

Feldbewehrung

Feld Nr.	x (m)	Myd (kNm)	min Myd (kNm)	d (cm)	kx	Asu (cm^2)	Aso	komb
1	1.38	40.9		25.0	0.21	4.0	0.0	A 2

Am ersten Auflager sind mindestens 1.0 cm^2 zu verankern. Am letzten Auflager sind mindestens 1.0 cm2 zu verankern. Querkraft VK-Lager ist mit F = V,Ed * Cot(Theta) / 2 berücksichtigt.

Querkraftbewehrung B500B DIN EN 1992-1-1/NA:2015-12 6.2

Stütze Nr.	Abst (m)	kz	VEd (kN)	Θ (°	VRd,c (kN)	VRd, (kN)	max a_ (cm)	max asw (cm2/m)	komb
1 re	0.37	0.71	43.4	40.0	34.2	277.8	21.0	4.7	A 2
1 *	0.62	0.71	32.6	40.0	34.2	277.8	21.0	2.5	~ A 2
2 li	0.37	0.71	-43.4	40.0	34.2	277.8	21.0	4.7	A 2
2 *	0.62	0.71	-32.6	40.0	34.2	277.8	21.0	2.5	~ A 2

~ am Zeilenende: Mindestbügelbewehrung

Der max Bügelabstand wird mit Θ >= 40° ermittelt (Heft 525 DAfStb).

In der folgenden Tabelle sind die Lasten mit der internen Numerierung angegeben. Die anschließende Tabelle der gerechneten Kombinationen referenziert auf diese Nummern.

Belastung Lasttyp: 1=Gleichlast über L 2=Einzellast bei a
(kN,m) 3=Einzelmoment bei a 4=Trapezlast von a - a+b
5=Dreieckslast über L 6=Trapezlast über L

Nr.	Feld	Typ	Grp	g1	q1	g2	q2	Faktor	Abstand	Länge
1	1	1	A 1	21.46	9.32			1.00		

Gerechnete Kombinationen aus 1 Lasten

Last	K1	K2
	g	g
1	.	x

Die vorstehenden Kombinationen werden wie folgt bearbeitet:

Beim Nachweis der Tragsicherheit werden die ständigen Lasten alle gleichzeitig alternierend mit GammaG = 1,00 / 1,35 beaufschlagt. Wenn in einer Kombination p-Lasten aus unterschiedlichen Einwirkungen vorhanden sind, dann wird jeweils untersucht, welche Einwirkung die Leiteinwirkung ist. Die Auswirkung der Lasteinwirkungsdauer wird ebenfalls geprüft.

Pos 4 Mauerpfeiler

SYSTEM - PFEILER (Stossfugen unvermörtelt) γw = 2,16 kN/m

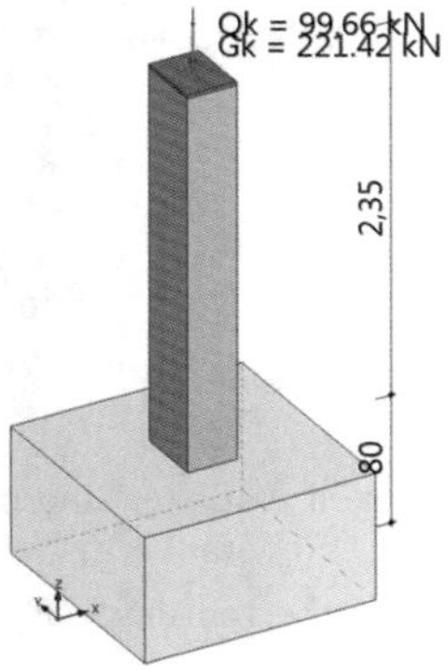

Abmessungen: tx/ty = 30.00 cm / 40.00 cm

lichte Höhe: hs = 2.35 m

Statisches System in x/y-Richtung: Pendelstütze / Pendelstütze

SYSTEM - MATERIALKENNWERTE für DIN EN 1996-3/NA/A1+A2:2015-01

Nr. : Nummer der Wand, unterste Wand = 1

Art : MZ = Mauerziegel, KS = Kalksandstein

P = Porenbeton, LB = Leichtbeton

Stfk : Druckfestigkeitsklasse der Mauersteine

MG : Mörtelgruppe nach DIN V 20000-412

Nr	**Art**	**Stfk**	**MG**	**Bezeichnung**	**fk** [N/mm²]	**fst** [N/mm²]	**fm** [N/mm²]	**fvk0** [N/mm²]	**γ** [kN/m³]
1	KS	28	III	KS-28-1,8-MG	11.00	35.00	10.00	0.22	18.0

VERTIKALE LASTEN

Nr. : Lastnummer

Ric : Wirkunsgrichtung der Last

G : ständiger Lastanteil in [kN]

Q : veränderlicher Lastanteil in [kN]

ex : Ausmitte der einwirkenden Vertikallast in x-Richtung

ey : Ausmitte der einwirkenden Vertikallast in y-Richtung

EGrp : Einwirkung des veränderlichen Lastanteils

ZGrp : Zusammengehörigkeitsgruppe

AGrp : Alternativgruppe

Nr.	**Ric**	**Art**	**G** [kN]	**Q** [kN]	**ex** [cm]	**ey** [cm]	**EGrp**	**ZGrp**	**AGrp**	**Pos**
1	1	2	221.42	99.66	0.00	0.00	1	0	0	

NACHWEIS NACH DIN EN 1996-3/NA/A1+A2:2015-01 (vereinfachtes Verfahren)

Ständige und vorübergehende Bemessungssituation

Lastkombination nach EN 1990, Gl. 6.10

Lastfallkombinationen

Nr.: lfd. Nummer des Lastfalls

Lastfalltyp : Gv = ständige Anteile vertikaler Lasten
: Qv = veränderliche Anteile vertikaler Lasten
: K0 = Nachweis bei Druckbeanspruchung

Nr.	**Typ**	**K0 zugehörige Lasten**
1	Gv	1.35 Gv
2	Qv	1.50 Last 1

Nachweis bei (ex-)zentr. Druckbeanspruchung nach Abs.4.2

zi: Nachweisstelle, gemessen vom Fußpunkt
NE,d: Bemessungswert der einwirkenden Drucknormalkraft
ax,y: äqivalente Deckenauflagertiefen für Lasteinleitungsfläche
Φsm,x: Abminderungsfaktor Schlankheit in x-Richtung
Φsm,y: Abminderungsfaktor Schlankheit in y-Richtung
Φsm: resultierender Abminderungsfaktor
NR,d: Bemessungswert der aufnehmbaren Drucknormalkraft
Knicklänge |-> x-Richtung hef,x = 2.35 m
Knicklänge |-> y-Richtung hef,y = 2.35 m
Bemessungswert der Mauerwerksdruckfestigkeit fd = 6.23 N/mm²

zi [m]	**NE,d** [kN]	**ax** [cm]	**ay** [cm]	**Φsm,x**	**Φsm,y**	**Φsm**	**NR,d** [kN]	**η**
1.18	451.83	30.0	40.0	0.78	0.81	0.64	475.29	0.95

Nachweis Lasteinleitung nach Abs. 4.3

NEdc: Bemessungswert der Auflagerkraft in der Lagerfuge
β: Erhöhungsfaktor für Lasteinleitung
Ab: Übertragungsfläche
NRdc: Bemessungswert der aufnehmbaren Normalkraft in der Lagerfuge
bx/by/h: Bereich einer höheren erforderlichen Festigkeit (α=60°)
Bemessungswert der Mauerwerksdruckfestigkeit: fd = 6.23 N/mm²

NEdc [kN]	**β**	**Ab** [cm²]	**NRdc** [kN]	**η**	**bx** [cm]	**by** [cm]	**h** [cm]
448.4	1.00	1200.0	748.0	0.60			

Pos 5 Einzelfundament

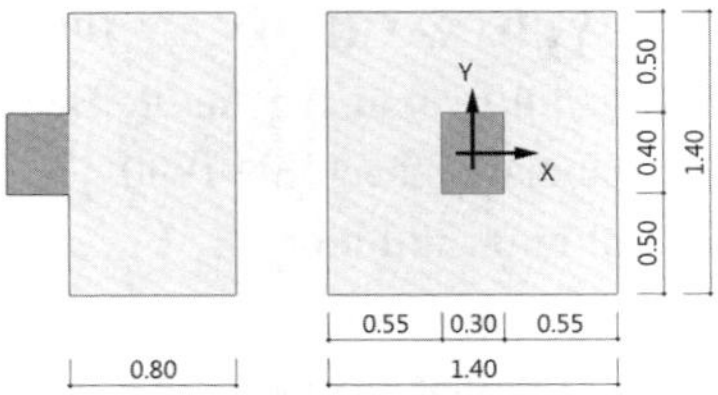

Fundament nach DIN EN 1992-1-1/NA:2015-12 und DIN EN 1997-1/NA:2010-12 Systemgrafik

Systemwerte

Bauteil	Beton	Betonstahl	Breite (x)	Breite (y)	Höhe (z)
			m	m	m
Fundament	C 20/25	B500A	1.40	1.40	0.80
Stütze	Mw		0.30	0.40	0.00 (Mauerpfeiler)

Ohne Grundwasser.Einbindetiefe: 0.80m.

Einwirkungen (Ew)

Ew	Name	ψ_0	ψ_1	ψ_2	zugehörige Lastfälle
A	Kat. A: Wohngebäude	0.70	0.50	0.30	2
g	ständig	1.00	1.00	1.00	1

Stützenlasten - charakteristisch

Nr	Ew	Bezeichnung	N	M_x	M_y	H_x	H_y	Zus	Alt
			kN	kNm	kNm	kN	kN		
1	g	Lastfall 1	221.4	0.0	0.0	0.0	0.0	0	0
2	A	Lastfall 2	99.7	0.0	0.0	0.0	0.0	0	0

Wichte Beton: ρ = 25.0 kN/m³. Gesamtfundament ohne Sockel bzw. Stütze 1.568 m³ / 39.20 kN. Torsion aus Horizontallasten wird nicht berücksichtigt. Eigengewicht ist bei den Nachweisen **nicht** berücksichtigt.

Überlagerungen

Nr	BS	Überlagerung
1	P	1.35 x (1) + 1.5 x (2)
2	P	1.0 x (1) + 1.0 x (2)
3	P	0.9 bzw. 1.1 x (1) + 1.5 x (2)
4	P	Eigengewicht
5	P	1.0 x (1)

BS: Bemessungssituation P: ständig. Die Lastfallnummern stehen in den Klammern.

Ergebnisübersicht Nachweise. Nachweis	Überlagerung	η
Lagesicherheit	3	0.00
klaffende Fuge nur ständige Lasten	5	0.00
klaffende Fuge ständige und veränderliche Lasten	2	0.00
Sohldruck	1	0.85
Neigung der Sohldruckresultierenden	4	0.00
Durchstanzen $v_{Ed}/v_{Rd,c,}$		
Durchstanzen $v_{Ed}/v_{Rd,max}$		

Die Neigung der charakteristischen bzw. repräsentativen Sohldruckresultierenden

tan δ = H/V = 0.00 $\leq$ 0,2

Die Neigung der charakteristischen bzw. repräsentativen Sohldruckresultierenden ermöglicht den vereinfachten Nachweis.

Pos 6 Streifenfundament

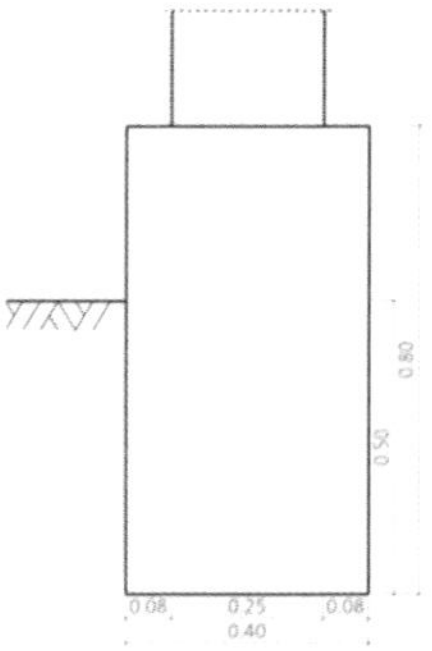

Einwirkung ≈ 74,70 / 1,4 = 53,4 kN/m (ohne Sicherheit)

Streifenfundament nach DIN EN 1992:2012 und DIN EN 1997:2009

Systemwerte

Bauteil	Beton	Betonstahl	Breite m	Länge m	Höhe m
Wand (Mauerwerk)			0.25	1.00	0.00
Fundament	C 20/25	B500A	0.40	1.00	0.80

charakteristische Lastfälle

Nr	Bezeichnung	N kN	M_x kNm	M_y kNm	H_x kN	H_y kN	q_{Li} kN/m²	q_{Re} kN/m²		
1	ständig	53.4	0.0	0.0	0.0	0.0	0.0	0.0	0	0
2	Kat. A: Wohngebäude	0.0	0.0	0.0	0.0	0.0	0.0	0.0	0	0

Grundbaunachweise Überlagerung

Nachweise nach DIN EN 1997: 2009

$\eta_{Sohldruck} = (N_{Ed} / (a'*b')) / \sigma_{R,d,zulässig}$

1,35 x (1) = (82.5/(0.40*1.00))/270.0=206.1 / 270.0=0.76

Unbewehrtes Fundament

$\eta = (3 \text{ x } \sigma/f_{ctd,pl}) / (0{,}85 \text{ x } \tan\alpha)$ kN/m²

$\eta =$ (3 x 206.1 kN/m² / 0.877 N/mm²) / (0,85 x 10.67) kN/m² = 0.09

Biegebemessung: Keine Biegebewehrung erforderlich.

Da die Pos 7, Bodenplatte, konstruktiv gewählt wurde, erübrigt sich hier die Vergleichsrechnung.

18.2.4 Bewehrungspläne und Schneideskizzen bzw. Biegelisten

Die Bauteile werden hier - ohne Maßstab - jeweils einzeln dargestellt. Deshalb beginnt die Positionierung der Bewehrungen bei jedem Bauteil mit der Ziffer 1.

Pos 1: Decke über Garage: <u>h = 22 cm</u>, C25/30, B500 A, c_v = 3,5 cm

Decke Garage

Untere Bewehrung

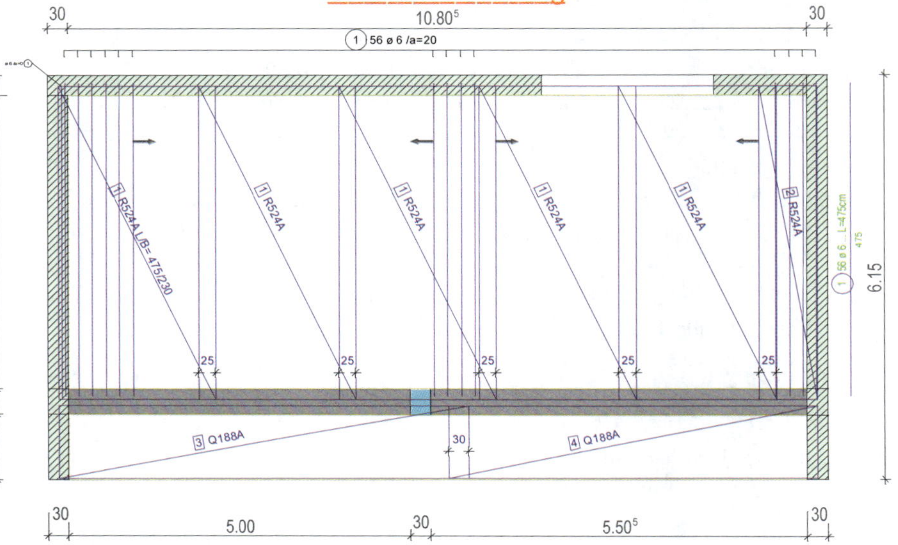

Decke Garage

Obere Bewehrung

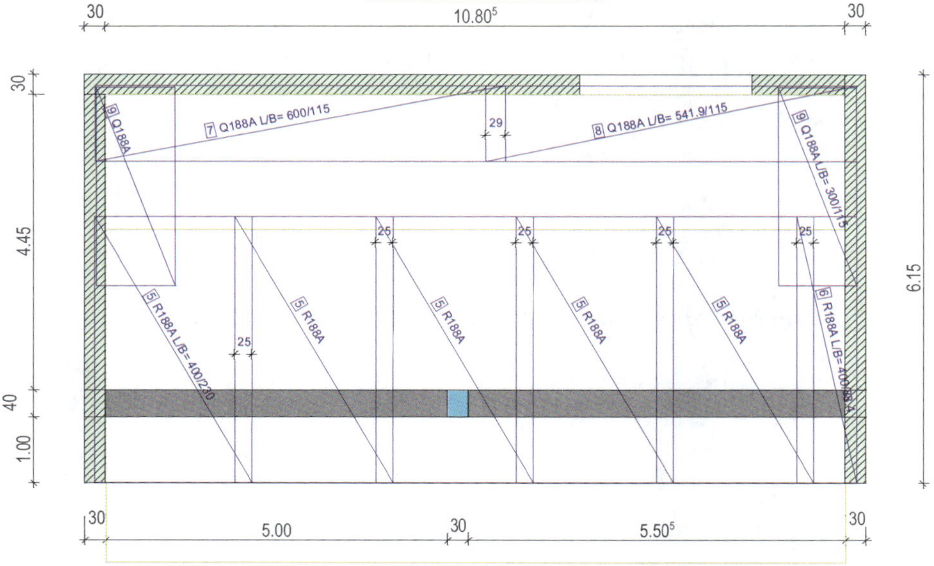

Matten-Schneideskizze und Biegeliste der Stäbe für die Decke, Pos 1

Matten- Schneideskizze

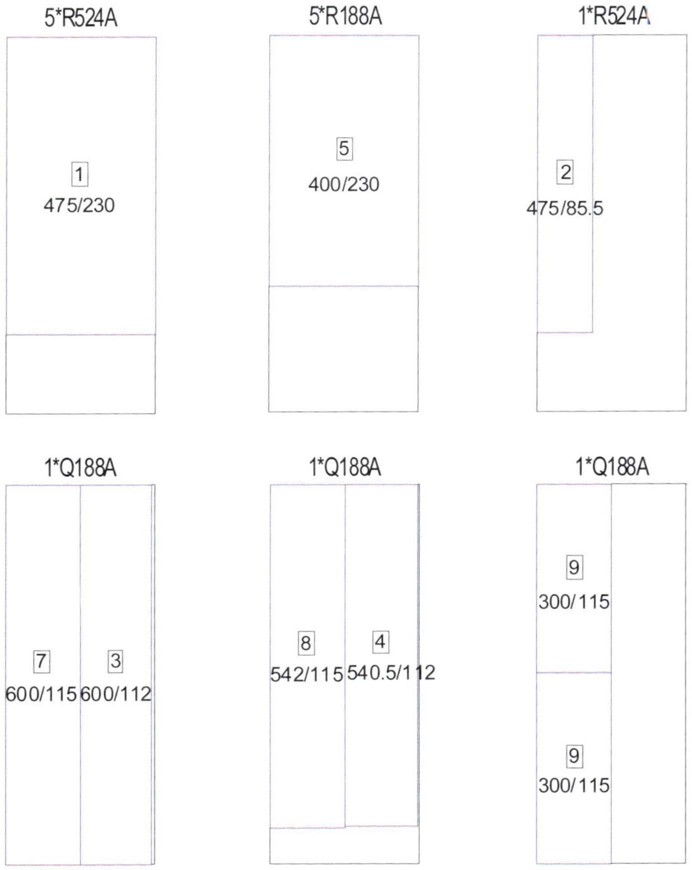

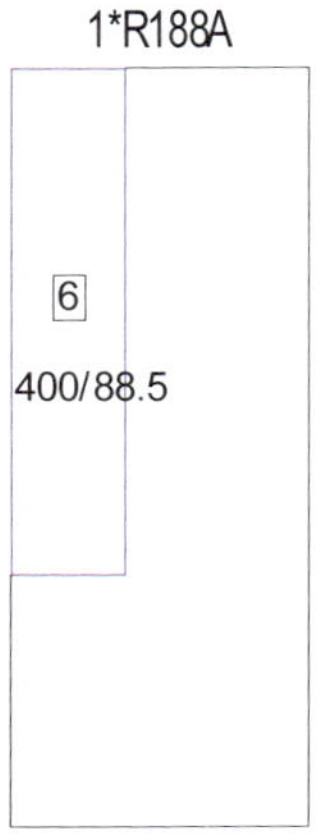

Stück	Bezeichnung	Brutto[kg]	Netto [kg]
3	Q188A	125.10	99.13
6	R524A	454.20	321.92
6	R188A	201.60	120.62
15	Summe	780.90	541.68

Stabliste - Biegeformen

Pos.	Stck	ø [mm]	Einzel Länge [m]	Bemaßte Biegeform (unmaßstäblich)	Gesamt Länge [m]	Masse [kg]
1	56	6	4.75	475	266.00	59.05

Gesamtmasse [kg] : 59.05

Pos 2: Plattenbalken: C25/30, B500 B, c_v = 3,5 cm

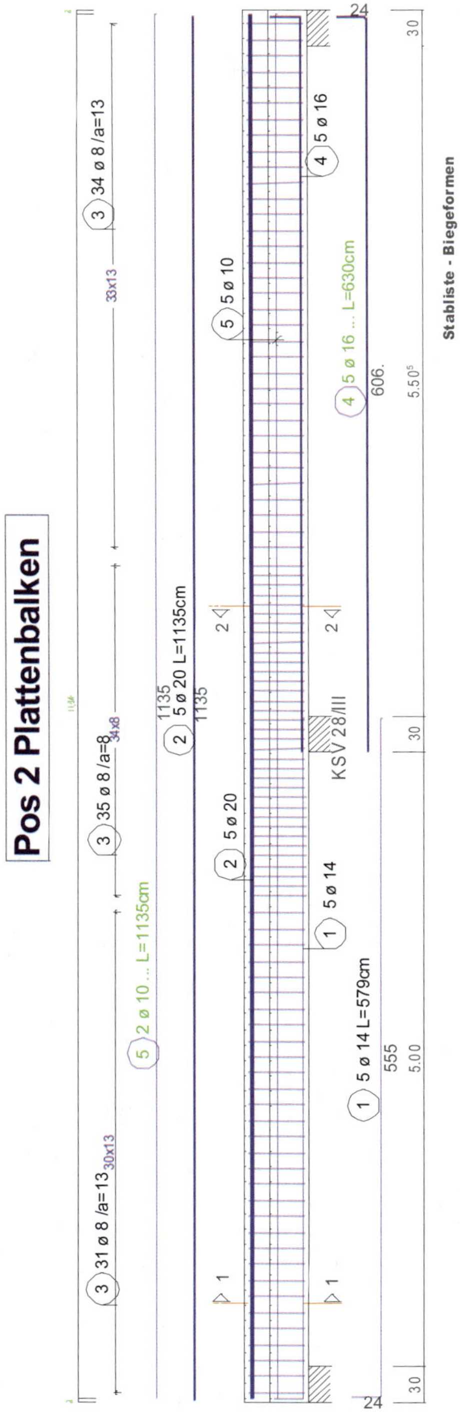

Stabliste - Biegeformen

Pos.	Stck	ø [mm]	Einzel Länge [m]	Bemaßte Biegeform (unmaßstäblich)	Gesamt Länge [m]	Masse [kg]
1	5	14	5.79	24 / 555	28.95	35.03
2	5	20	11.35	1135	56.75	140.17
3	100	8	1.78	11 / 11 / 34 / 44 / 8	178.00	70.31
4	5	16	6.30	606 / 8	31.50	49.77
5	2	10	11.35	1135	22.70	14.01
				Gesamtmasse [kg] :		**309.29**

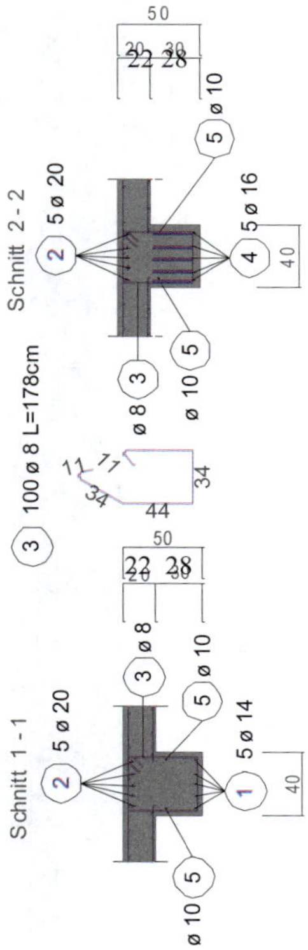

Pos 3: Fenstersturz: C25/30, B500 B, c_v = 3,5 cm

Pos 3 Fenstersturz

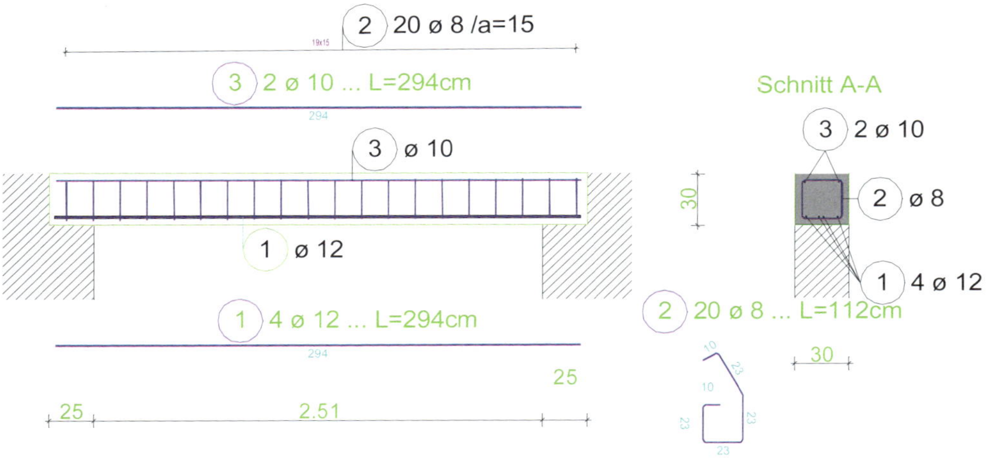

Stabliste - Biegeformen

Pos.	Stck	ø [mm]	Einzel Länge [m]	Bemaßte Biegeform (unmaßstäblich)	Gesamt Länge [m]	Masse [kg]
1	4	12	2.94	294	11.76	10.44
2	20	8	1.12	10 / 23 / 23 / 23 / 23 / 10	22.40	8.85
3	2	10	2.94	294	5.88	3.63

Gesamtmasse [kg] : 22.92

Pos 7: Bodenplatte: h = 15,0 cm, C20/25, B500 A, c_v = 3,5 cm

Bodenplatte

untere + obere Bewehrung

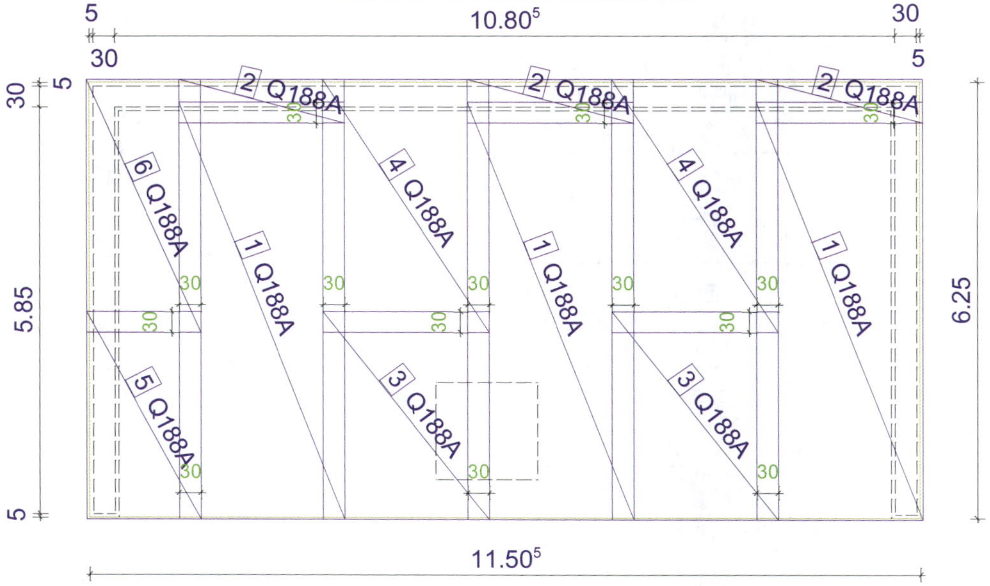

Matten- Schneideskizze

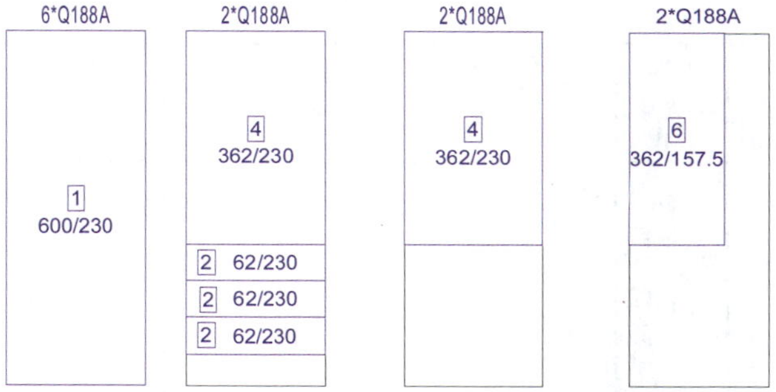

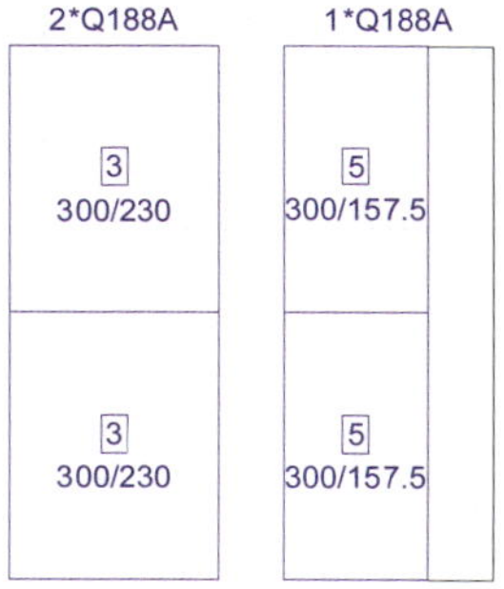

Stück	Bezeichnung	Brutto[kg]	Netto [kg]
15	Q188A	625.50	523.10
15	Summe	625.50	523.10

18.1.1 Fundamentplan: (hier ohne Maßstab)

Unbewehrte Streifenfundamente: b / t = 40 / 80 cm, C20/25

Unbewehrtes Einzelfundament: b_x / b_y / t = 140 /140 / 80 cm, C20/25

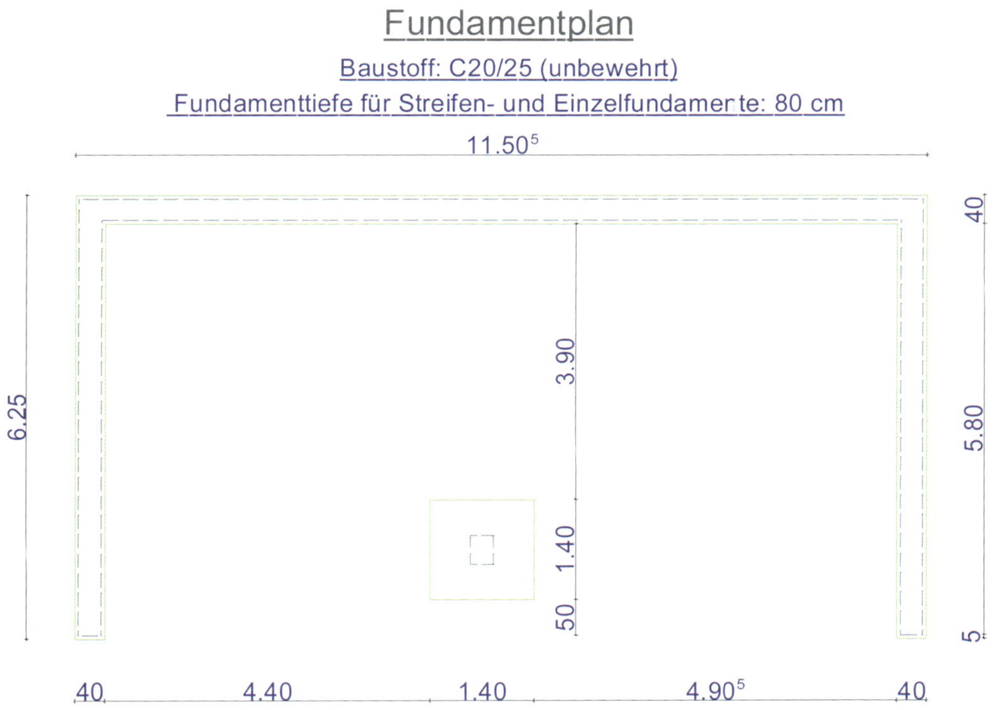

Die Frostschürze wird hier nicht dargestellt!

Literaturverzeichnis

Normen und Vorschriften

Eurocode 0: Grundlagen der Tragwerksplanung (Europäische Norm 1990 = EN 1990)

Eurocode 1: Einwirkungen auf Tragwerke (EN 1991)

Eurocode 2: Entwurf, Berechnung und Bemessung von Stahlbetonbauten (EN 1992)

Eurocode 3: Entwurf, Berechnung und Bemessung von Stahlbauten (EN 1993)

Eurocode 4: Entwurf, Berechnung und Bemessung von Stahl-Beton-Verbundbauten (EN 1994)

Eurocode 5: Entwurf, Berechnung und Bemessung von Holzbauten (EN1995)

Eurocode 6: Entwurf, Berechnung und Bemessung von Mauerwerksbauten (EN 1996)

Eurocode 7: Entwurf, Berechnung und Bemessung in der Geotechnik (EN 1997)

Eurocode 8: Auslegung von Bauwerken gegen Erdbeben (EN 1998)

Eurocode 9: Entwurf, Berechnung und Bemessung von Aluminiumkonstruktionen (EN 1999)

DIN 1356-1: Bauzeichnungen

DIN EN 10027-1: Bezeichnungssysteme für Stähle

Sonstige Literatur

Alfes, Christoph / Brameshuber, Wolfgang / Graubner, Carl-Alexander / Jäger, Wolfram / Seim, Werner: Der Eurocode 6 für Deutschland, Beuth Verlag 2013

Albert, Andrej / Denk, Heiko/ Lubasch, Peer / Nitsch, Andreas: Spannbeton, 3. Auflage, Reguvis Verlag 2023

Albrecht, Uwe: Praxisbeispiele Stahlbetonbau, Teubner 2008

Avak, Ralf / Busch, Denis/ Neff, Carina: Stahlbetonbau in Beispielen, Teil 1, 8. Auflage, 2023, und Teil 2, 6. Auflage, Reguvis Verlag 2023

Beer, Klaus: Bewehren nach DIN 1992-1-1 (EC2), 3. vollst. aktual. Auflage, Springer Vieweg 2012

Bindseil, Peter: Stahlbeton-Fertigteile nach Eurocode 2, 4. Auflage, Werner Verlag 2012

Clemens, Günter: Technische Mechanik im Bauwesen, Werner Verlag 1996

Colling, Francois: Holzbau, 2. Auflage, Vieweg + Teubner 2008

Dinkler, Dieter: Grundlagen der Baustatik, 2. Auflage, Springer Vieweg 2012

Dörken, Wolfram / Dehne, Erhard / Kliesch, Kurt: Grundbau in Beispielen a) Teil 1, 5. Auflage, 2013, b) Teil 2, 5. Auflage, 2013, Teil 3, 3. Auflage, 2011, Werner Verlag

Fingerloos, Frank / Hegger, Josef / Zilch, Konrad: Eurocode 2 für Deutschland, 1. Auflage, Beuth Verlag 2012

Gebbeken, Norbert: Nachhaltige Ingenieurausbildung, in: Deutsches Ingenieurblatt, 6-2014, S. 54 - 59

Gebbeken, Norbert: BIM ist eine logische Konsequenz, in: Deutsches Ingenieurblatt, 6-2016, S. 34 - 36

Graubner, Carl-Alexander / Rast, Ronald / Schneider, Klaus-Jürgen: Mauerwerksbau aktuell 2014, Beuth Verlag

Graubner, Carl-Alexander: Kalksandstein, Statikhandbuch, 3. Auflage, 2014

Goris, Alfons, Bender Michel: Stahlbetonbau-Praxis nach Eurocode 2, Band 1, 7. Auflage, 2023, und Band 2, 7. Auflage, 2023, Beuth Verlag

Goris, Alfons: Bemessungs- und Konstruktionsbeispiele nach Eurocode 2, 2017, Bundesanzeiger Verlag

Gunkler, Erhard / Budelmann, Harald: Mauerwerksbau, Bemessung und Konstruktion, 2. Auflage, Reguvis Verlag 2019

Hanswille, G., Schäfer, M., Bergmann, M.: Verbundtragwerke aus Stahl und Beton - Bemessung und Konstruktion - Kommentar zur DIN 18800-5 Ausgabe März 2007, Stahlbaukalender 2010, WILEY-VCH/Ernst & Sohn Verlag, Berlin (2010)

Hanswille, G., Schäfer, M.: Stahlbaulehrprogramm 2003, Mustervorlesung zu Verbundkonstruktionen aus Stahl und Beton; Stahlbau-Lehrprogramm, 1. Ausgabe 2003, CD-ROM, Stahl-Informationszentrum, Düsseldorf (2003)

Herzog, Max A. M.: Kurze baupraktische Festigkeitslehre, Werner Verlag 1996

Herzog, Max A. M.: Schadensfälle im Stahlbeton- und Spannbetonbau, Werner Verlag 2000

Herzog, Max A. M.: Beispiele prüffähiger Festigkeitsnachweise, Teil 1, Werner Verlag 1999

Hibbeler, Russel C.: Technische Mechanik 1, Statik, 12. aktualisierte Auflage 2012 und Technische Mechanik 2, Festigkeitslehre, 8., aktualisierte Auflage 2013

Hirschfeld, Kurt: Baustatik, Band 1 und 2, 3. neubearbeitete Auflage, Springer 1969

Holzbau Deutschland, Bund Deutscher Zimmermeister: Aussteifungssysteme, Grundlagen, 2017

Ingenieurkammer Rheinland-Pfalz: Honorarordnung für Architekten und Ingenieure HOAI 2013, Wolters-Kluwer-Verlag

Kahlmeyer, Eduard / Hebestreit, Kerstin / Fiebig, Robert: Stahlbau nach EC 3, 8. Auflage, Reguvis Verlag 2023

Kempf, Heike: Lastannahmen nach EC 1, Bundesanzeiger Verlag 2014

Kempfert, Hans Georg / Raithel, Marc: Bodenmechanik und Grundbau, Band 2: Grundbau, 2. Auflage, Verlag Bauwerk 2009

Kindmann, Rolf / Krahwinkel, Manuel: Stahl- und Verbundkonstruktionen, 2. Auflage, Springer 2011

König, Gert / Nguyen, Viet Tue: Grundlagen des Stahlbetonbaus, 2. Auflage, Teubner 2003

Kowalski, Rolf-Dieter: Schal- und Bewehrungspläne, 4. Auflage, Werner Verlag 1992

Krätzig, Wilfried / Wittek, Udo: Tragwerke, 3. Auflage, Springer 1995

Kurrer, Karl-Eugen: Geschichte der Baustatik, Ernst & Sohn 2002

Leonhardt, Fritz: Der Bauingenieur und seine Aufgaben, Deutsche Verlags-Anstalt 1990

Leonhardt, Fritz, Vorlesungen über Massivbau, Teil 1, 2. Auflage, Springer Verlag 1973

Lohmeyer, Gottfried / Baar, Stefan / Ebeling, Karsten: Stahlbetonbau, 9. Auflage, Springer 2012

Lohmeyer, Gottfried / Baar: Baustatik Teil 1, 11. Auflage, Springer 2010, Baustatik Teil 2, 11. Auflage, Springer 2009

Mähner, Dietmar: Konstruieren im Stahlbetonbau, Werner Verlag 2013

Mahringer, Walter: Baustatik, Band 1, 1. Auflage, Europa Verlag 2013

Mayer, Max / Zellerer, Ernst: Die Statische Berechnung, Band I, 1965, und Band II, 1966, Grundlagen und Praxis der Berechnung und Gestaltung, Ullstein Verlag

Müller, Kurt: Festigkeitslehre, Vogel Verlag 2000

Neuhaus, Helmuth: Ingenieurholzbau, 2. Auflage, Vieweg + Teubner 2009

Ramm, Ekkehard / Stein, Erwin / Wunderlich, Walter: Finite Elemente in der Baupraxis, Ernst & Sohn 1995

Rouven, Erhardt: Tech. News Nr. 2015/04, Dach- und Deckenscheiben im Holzbau.

Schmidt, Hans-Henning: Grundlagen der Geotechnik, 3. Auflage, Teubner 2006

Schmidt, Peter / Kempf, Heike / Gütelhöfer, Dominic: Holzbau nach EC 5, Werner Verlag 2012

Schmitt, Peter/Windhausen Saskia: Holzbau nach EC 5, Bemessung und Konstruktion, 2. Auflage, 2019, Reguvis Bundesanzeiger Verlag.

Schneider, Klaus-Jürgen: Baustatik - Zahlenbeispiele Statisch bestimmte Systeme, Werner Verlag 1995

Schneider, Klaus-Jürgen: Bautabellen für Ingenieure, 23. Auflage 2018, Bundesanzeiger Verlag.

Schneider, Klaus-Jürgen / Schweda, Erwin: Baustatik - Statisch bestimmte Systeme, 5. Auflage, Werner Verlag 1999

Schneider, Klaus-Jürgen: Bautabellen für Ingenieure, 18. Auflage 2008, Werner Verlag, 20. Auflage 2012, Werner Verlag und 21. Auflage 2014, Bundesanzeiger Verlag

Schneider, Klaus-Jürgen / Sahner, Georg / Rast, Ronald: Mauerwerksbau aktuell 2010, Bauwerk 2010

Steck, Günter: 100 Holzbau-Beispiele, 5. Auflage, Werner Verlag 2005

Straub, Hans: Die Geschichte der Bauingenieurkunst: Ein Überblick von der Antike bis in die Neuzeit, Verlag Birkhäuser 1964

Teuber, Alfons / Maniecki, Gerhard / Herrmann, Horst: Prüffähige statische Berechnungen in Zahlenbeispielen, 7. Auflage, Werner Verlag 1996

Thiele, Albrecht / Lohse, Wolfram: Stahlbau, Teil 2, 18. Auflage, Teubner 1997

Wagenknecht, Gerd: Stahlbau-Praxis nach Eurocode 3, a) Band 1, 4. Auflage 2011, und b) Band 2, 3. Auflage 2011, Beuth Verlag

Wagner, Walter / Erlhof, Gerhard: Praktische Baustatik, Teil 1, 16. Auflage, 1975, Praktische Baustatik, Teil 2, 12. Auflage, 1976, Praktische Baustatik, Teil 3, 6. Auflage, 1977, Teubner

Werner, Gerhard / Zimmer, Karl-Heinz: Holzbau, Teil 1, 4. Neu bearbeitete Auflage, Springer Verlag 2009

Werner, Gerhard: Holzbau, Teil 2, 4. Auflage, Werner Verlag 1993

Wirz, Niklaus: Aussteifung und Stabilisierung – Konzepte für den mehrgeschossigen Holzbau, Holzbautag Biel 2013.

Wittenburg, Jens / Pestel, Eduard: Festigkeitslehre, 3. Auflage, (Nachdruck), Springer Verlag 2011

Wommelsdorff, Otto / Albert, Andrej / Fischer, Jürgen: Stahlbetonbau, Bemessung und Konstruktion, Teil 1, 11. Auflage, 2017, und Teil 2, 10. Auflage, Reguvis Verlag 2021

Wong, Simon: Structural Design in Hong Kong: Skyscraper, http://avec-bnt.de/praesentationen-01.html.

Zilch, Konrad / Zehetmaier, Gerhard: Bemessung im konstruktiven Betonbau, 2. Auflage, Springer Verlag 2009

Zeitschriften

Deutsches Ingenieurblatt, Planen und Bauen 2014, 12-2013, Von Spiess, Gerd: Was bedeutet BIM für die Planung, S. 22 ff

Deutsches Ingenieurblatt, Nachhaltig planen und bauen, 6-2014, Gebbeken, Norbert: Nachhaltige Ingenieurausbildung, S. 54 - 59 und 6-2016, Gebbeken, Norbert: BIM ist eine logische Konsequenz, S. 34 - 36

Mikado: Unternehmermagazin für Holzbau und Ausbau, 12.2013, Pohlmeyer, Hannsjörg: Zum Restaurant geblockt, S. 66 – 69

Konstruktiver Ingenieurbau, 04-2019, Reguvis, Bundesanzeiger Verlag, Schmidt, Peter: Neuer Nationaler Anhang für Deutschland zu DIN EN 1991-1-3 „Schneelasten“, S. 39 ff.

Internet-Seiten

URL: www.ki-smile.de, zuletzt abgerufen am 24.02.2017

URL: http://www.statik-lernen.de, abgerufen am 20.08.2014

URL: https://bvpi.de/, abgerufen am 17.02.2025

URL: www.eurocode-online.de, abgerufen am 17.02.2025

URL: https://eurocodes.jrc.ec.europa.eu/ abgerufen am 17.02.2025

URL: www.wft-kl.de, abgerufen am 17.02.2025

URL: www.mauerwerk.fd-bau.de, abgerufen am 20.08.2014

URL: https://www.mauerwerksbau-lehre.de, abgerufen am 17.02.2025

URL: http://www.baustahlgewebe.com, abgerufen am 17.02.2025

URL: http://extra.hs21.de/seiten/goettsche/goettsche/rpbtrt10.htm, abgerufen am 20.08.2014

URL: http://vergleichsspannung.de/ abgerufen am 20.01.2017

URL: http://www.beton.org/service/zement-merkblaetter/, abgerufen am 17.02.2025

URL: http://www.wundr.com/pdf/05_06_04.pdf, Wapenhans, Wilfried / Richter, Jens: Die erste Statik der Welt vor 260 Jahren, abgerufen 17.02.2025

URL: http://www.nemetschek.com/fileadmin/user_upload/Eng_Group/Artikelillustration/-Einf%C3%BChrung_EC2_DE.pdf, abgerufen am 19.08.2014. Fingerloos, Frank: Eurocode 2

URL: https://www.michael-zimnik.de/index.php, abgerufen am 17.02.2025

URL: https://informationsdienst-holz.de/, abgerufen am 17.02.2025

URL: http://diestatiker.de, abgerufen am 17.02.2025

URL: https://www.spannverbund.com/, abgerufen am 17.02.2025

URL: http://www.holorib.de, abgerufen am 17.02.2025

URL: https://www.dqr.de/dqr/de/home/home_node.html, abgerufen am 17.02.2025

App

Schnittkraftmeister

Foto

Abraham, Patrick: Wirtschaftlichkeitsanalyse von unterstützungsfreien Halbfertigteildecken, Bachelorarbeit, 2024

Videos

structures in motion - Aussteifung (Bauwerksaussteifung für horizontale Lasten): https://www.youtube.com/watch?v=2PFo1MADSrs, abgerufen am 01.12.2024

Benno Eierle: Statik 1-05a Kap. A.2 Aussteifung am Modell:
https://www.youtube.com/watch?v=6O65bPoEVzg, abgerufen am 01.12.2024

Birger vom Ufer: Kräfte und Lasten: HS Kaiserslautern:
https://www.youtube.com/watch?v=YRzojL-0-FA, abgerufen am 01.12.2024

https://eurocodes.jrc.ec.europa.eu/2nd-generation/eurocodes-evolution-explained-video-series

Stichwortverzeichnis